.NET 内存管理宝典

[波] 康拉德·科克萨(Konrad Kokosa)　著
叶伟民　涂曙光　　　　　　　　　译

清华大学出版社

北　京

北京市版权局著作权合同登记号 图字：01-2019-6302

Pro .NET Memory Management: For Better Code, Performance, and Scalability
Konrad Kokosa
EISBN：978-1-4842-4026-7

图书在版编目(CIP)数据

.NET 内存管理宝典 / (波)康拉德·科克萨(Konrad Kokosa) 著；叶伟民，涂曙光译. —北京：清华大学出版社，2021.1
书名原文：Pro .NET Memory Management: For Better Code, Performance, and Scalability
ISBN 978-7-302-57133-9

Ⅰ. ①N⋯ Ⅱ. ①康⋯ ②叶⋯ ③涂⋯ Ⅲ. ①网页制作工具—程序设计 Ⅳ. ①TP393.092.2

中国版本图书馆 CIP 数据核字(2020)第 257528 号

责任编辑：王 军
装帧设计：孔祥峰
责任校对：成凤进
责任印制：沈 露

出版发行：清华大学出版社
　　　　　网　　址：http://www.tup.com.cn，http://www.wqbook.com
　　　　　地　　址：北京清华大学学研大厦 A 座　　　　邮　　编：100084
　　　　　社 总 机：010-62770175　　　　　　　　　　邮　　购：010-62786544
　　　　　投稿与读者服务：010-62776969，c-service@tup.tsinghua.edu.cn
　　　　　质 量 反 馈：010-62772015，zhiliang@tup.tsinghua.edu.cn
印 装 者：三河市科茂嘉荣印务有限公司
经　　销：全国新华书店
开　　本：170mm×240mm　　　　印　　张：40.25　　　　字　　数：1109 千字
版　　次：2021 年 3 月第 1 版　　　　印　　次：2021 年 3 月第 1 次印刷
定　　价：139.00 元

产品编号：084547-01

译 者 序

为什么要阅读本书

正如本书第 14 章 14.3 节所提到的，如下类型的应用程序十分需要本书的知识。

- 金融软件：特别是实时交易和所有需要基于大量各种数据以尽快得出答案的分析决策。
- 大数据：虽然大数据通常都是批量、慢速处理，但如果处理每笔数据都慢一点点，累加起来就会将总体处理时间拉长数小时或数天。此外，有些应用程序，比如搜索引擎，同样需要快速得到问题的答案。
- 游戏：在一个以帧速率(FPS)决定游戏接受度和图像质量上限的世界中，每一毫秒都不能浪费。
- 机器学习：使用日益广泛的机器学习(ML)需要越来越强的计算能力去执行各种复杂算法。

除了开发以上应用程序之外，正如本书第 1 章开头所说的，如果你想成为一名高级程序员，你不想止步于代码能够工作，还想有追求，关心工作的质量，关心它是如何工作的，那么你应该读这本书。

感谢

一本书的成功出版是许多人辛勤劳动的结晶。在此我要感谢清华大学出版社的编辑们，感谢他们一直以来的耐心和支持。

十分感谢涂曙光，当时我出于对本书的热爱一时激动接下本书的翻译时，才醒觉英文原书有一千一百多页之厚，并且十分专业，诚惶诚恐之下，幸亏找到了同样也服务于金融科技的涂曙光一起翻译。涂曙光翻译了本书第 2、4、6、8、10、12、14 章，我翻译了本书第 1、3、5、7、9、11、13、15 章和其余部分。

十分感谢时任微软 MVP 林德熙，还有刘华军。他们严格细心的试读提升了本书的质量，他们所写的读书笔记让我从不同的角度再次加深了对本书的理解。

十分感谢我的同事 TD 张陶栋，他以金融业从业人员必备的素质——细心和严谨，把守住本书质量的最后一关，让我对本书的质量更有信心和底气！

阅读本书注意事项

- 出于吻合当时章节的语境，让读者能够更精确地找到相关资料，让读者更容易理解等目的，同一专业名词在有些章节会翻译成中义，在有些章节则会保留英文原文不翻译。
- 本书需要一定的.NET 基础知识，如果你在阅读时一下子不能理解，建议你停下来再重新断一下句、查阅一下相关基础知识和亲自跑一下配套示例代码。

风险提示

  风险管理是高端金融业的基石和核心。特别是本书的读者很大可能是服务于所在企业十分重要的项目，因此我认为有必要提醒读者：

- 基于作者和译者视野的局限性，本书的观点并不一定全面。
- 基于作者和译者也会被人误导的可能性，本书的观点并不一定绝对正确。
- 基于知识更新换代速度很快的前提，本书的观点有可能会落伍。
- 决策有风险，决策需谨慎！如果你需要做决策，请不要盲目和偏信本书的观点，请在收集了全面并且真实的信息之后再慎重做决策。

  我们十分欢迎读者随时提出宝贵意见。本书试读者之一的刘华军就是我上一本译著《.NET 并发编程实战》的读者，因为提出宝贵的意见而被我邀请试读本书。以技术交友就是如此简单！读者可以通过搜索"《.NET 内存管理宝典》阅读指南"找到向我们提意见的渠道。

译者 叶伟民

译 者 简 介

叶伟民

《.NET 并发编程实战》的译者。曾在美国旧金山工作,具有 16 年的.NET 开发经验,目前从业于金融科技行业。

涂曙光

前微软技术专家,专注于.NET 和 JavaScript 技术领域。目前在私募基金行业从事低延迟交易系统的开发。

作 者 简 介

Konrad Kokosa 是一位经验丰富的软件设计师和开发人员。他对 Microsoft 公司的技术特别感兴趣，同时对其他所有技术也充满好奇。Konrad 从事编程工作已经有十多年，解决过.NET 世界中的许多性能问题和架构难题，设计和提升过.NET 应用程序的运行速度。他是一名独立顾问，是 meetup 和技术会议讲师，喜欢写 Twitter。Konrad 还分享了他作为.NET 领域培训讲师的激情岁月，特别是在应用程序性能、编码优秀实践和诊断方面。他是华沙 Web 性能小组的创始人。他是 Visual Studio 和开发工具类别中的 Microsoft MVP。他是 Dotnetos.org 的联合创始人。Dotnetos.org 由三位.NET 爱好者发起，主要组织.NET 性能相关的会议。

技术审校者简介

Damien Foggon 是一名尖端技术领域的开发人员、作家和技术评审员，曾为五十多本.NET、C#、Visual Basic 和 ASP.NET 相关的书籍做出了贡献。他是 NEBytes 用户组的共同创始人，是.NET 2.0 以及更高版本中的多个 Microsoft 认证专业开发人员(MCPD)。

Maoni Stephens 是 Microsoft 员工，是.NET GC 的架构师和主要开发人员。

致　谢

首先，我要感谢我的妻子。如果没有她的支持，本书将永远不能得以出版。开始写这本书的时候，我没想到在编写本书的过程中我需要牺牲这么多和她在一起的时间。感谢她在此期间给予我的所有耐心、支持和鼓励！

其次，我要感谢 Maoni Stephens 在审校本书第一版时所做的那么广泛、准确和宝贵的评论。毫无疑问，多亏了她，这本书的质量才会更上一层楼。.NET GC 的主要开发人员帮助我编写本书的这个事实本身就是对我的奖励！也非常感谢其他.NET 团队成员——Stephen Toub、Jared Parsons、Lee Culver、Josh Free 和 Omar Tawfik(按他们贡献的工作量排序)。他们在 Maoni 的组织下帮助审核了本书的某些部分。我还要感谢来自 Xamarin 的 Mark Probst，他审校了有关 Mono 运行时的部分。特别感谢 ".NET GC 之父" Patrick Dussud 抽出宝贵的时间审校了 CLR 的创建史。

然后，我要感谢来自 Apress 的技术审校员 Damien Foggon，他将大量的工作投入到对所有章节的精心审校中。他在出版和写作方面的经验使本书的内容更加清晰和一致。一次又一次，他的评论和建议的正确性令我感到惊讶！

很显然，我要感谢 Apress 的每个人，没有他们，本书将不能顺利付梓。特别感谢 Laura Berendson(开发编辑)、Nancy Chen(协调编辑)和 Joan Murray(高级编辑)在一次又一次地延长期限方面提供的所有支持和耐心。我知道有一段时间，最终版本的交付日期是我们之间的禁忌！我也要感谢 Gwenan Spearing，我一开始是与她合作编写这本书，但是在她离开 Apress 团队之前我却还没有完成它。

我要感谢波兰和世界各地的伟大的.NET 社区，我从如此众多的演讲、你们所撰写的文章和帖子中获得灵感，获得所有的鼓励和支持，以及关于"本书进展得如何"的无数关心和询问。尤其要感谢以下人士：Maciej Aniserowicz、Arkadiusz Benedykt、Sebastian Gębski、Michał Grzegorzewski、Jakub Gutkowski、Paweł Klimczyk、Szymon Kulec、Alicja Musiał、Paweł Sroczyński、Jarek Stadnicki、Piotr Stapp、Michał Śliwoń、Szymon Warda 和 Artur Wincenciak 以及所有 MVP(Azure 类别的 MVP，正看着你们哦!)，还有更多……对于那些被遗漏的人士，我表示由衷的歉意，非常感谢每个应该得到此类感谢的人。要感谢的人实在太多，在此我无法一一列出。你们启发了我并鼓励了我。

我要感谢所有给予我有关书籍写作建议的经验丰富的作家，包括 Ted Neward 和 Jon Skeet，尽管我敢打赌他们已经记不起我们之间的那些对话了！Andrzej Krzywda 和 Gynvael Coldwind 也为我撰写和出版本书提供了许多非常有价值的建议。

接下来，我要感谢我在本书撰写过程中使用的所有出色工具和库的创建者：SharpLab 的创建者 Andrey Shchekin；BenchmarkDotNet 的创建者 Andrey Akinshin 以及它的主要维护者 Adam Sitnik；ObjectLayoutInspector 的创建者 Sergey Teplyakov；dnSpy 的匿名创建者 0xd4d；许多有用的辅助工具的创建者 Sasha Goldshtein；以及 PerfView 和 WinDbg(及其所有与.NET 相关的扩展)等出色工具的创建者。

我还要感谢我的前员工 Bank Millennium，他帮助并支持我开始撰写本书。我也非常感谢我以前的同事，他们对"本书进展得如何"这个问题给予了同样的鼓励和动力。

我要感谢参与了本书相关调查的所有匿名的 Twitter 用户，他们为我提供了.NET 系列相关的、有趣的、有用的和有价值的指导。

最后，但并非最不重要的一点是，我要集体感谢在撰写本书期间想念我的所有家人和朋友。

序　言

十多年前，当我加入 CLR(.NET 的运行时 Common Language Runtime 的缩写)团队时，我几乎不知道这个称为垃圾回收(Garbage Collector，GC)的组件将会成为我以后大部分时间都在上面思考的东西。同组的最初几个人中有 Patrick Dussud，自成立以来，他既是 CLR GC 的架构师又是开发人员。在观察了我几个月的工作后，他同意我通过了试用期，将我转正，从此我成为 CLR 的第二位 GC 专属开发人员。

于是，我开始了我的 GC 旅程。我很快就发现垃圾回收的世界是多么令我着迷——我对 GC 中复杂而广泛的挑战感到惊讶，并喜欢为它们提出高效的解决方案。随着 CLR 被越来越多的用户用于更多的场景中，并且内存是最重要的性能考虑方面之一，内存管理领域的新挑战不断出现。当我刚开始GC 旅程时，200MB 的 GC 堆(Heap)并不常见，如今，20GB 的 GC 堆已很普遍。世界上一些最大的工作负载正在 CLR 上运行。如何为它们更好地处理内存是一个令人兴奋的问题。

2015 年，我们开源了 CoreCLR。宣布这一消息后，社区有人问是否会将 GC 部分的源代码排除在 CoreCLR 代码库之外——这是一个关于公平的问题，因为我们的 GC 包含了许多创新机制和政策。答案是肯定不会排除在外，CoreCLR 代码库中的 GC 部分的源代码与我们在 CLR 中使用的 GC 代码是相同的。这显然吸引了一些好奇的人。一年后，我很高兴地得知，我们的一位客户正在计划写一本专门关于 GC 的书。当我们波兰办事处的技术推广人员问我是否可以审校 Konrad 的书时，我当然答应啦！

当我从 Konrad 那里获得书稿时，很明显他很努力地研究了我们的 GC 代码，而且所涵盖的细节给我留下了深刻印象。我相信你能够通过源代码构建 CoreCLR 并亲自研究 GC 代码。但是，《.NET内存管理宝典》绝对会让你更轻松。而且由于本书的主要读者是使用 GC 的开发人员，因此 Konrad囊括了许多可以更好地理解 GC 行为和编码模式的资料，从而得以更高效地使用 GC。在本书的开始部分还提供了与内存相关的基本信息，并在结尾处讨论了各种库中的内存使用情况。我认为本书在GC 入门、内部原理和用法各个部分做到了完美的平衡，都涵盖了。

如果你使用.NET 并关注内存性能，或者只是对.NET GC 感到好奇，想要了解其内部工作原理，那么本书就是你所需要的。我希望你尽可能多地享受和阅读它，因为我审校过本书，真的十分值得推荐。

Maoni Stephens

前　言

在计算机科学的历史中，内存一直存在——从穿孔卡片到磁带，再到如今复杂的 DRAM 芯片。它也将会永远存在，可能会以科幻全息芯片的形式出现，或者甚至是我们现在无法想象的更神奇的事物。当然，内存的存在并非没有原因。众所周知，计算机程序被认为是结合在一起的算法和数据结构。我非常喜欢这句话。大概多数人都听说过 Niklaus Wirth 撰写的 *Algorithms+Data Structures=Programs* 一书，正是在这本书中创造了这个伟大的句子。

在软件工程领域的最早时期，内存管理就以其重要性而闻名。从第一台计算机开始，工程师就必须考虑算法(程序代码)和数据结构(程序数据)的存储。如何加载和存储以及在何处加载和存储这些数据以供以后使用一直都很重要。

在这方面，软件工程和内存管理总是天生相关的，就像软件工程和算法一样。我相信它将永远都是这样。内存是一种有限的资源，而且将永远都是。因此，在某些时候或某种程度上，内存将永远留在未来的开发人员的脑海中。如果一种资源是有限的，那么总会有某种错误或滥用导致该资源的匮乏。内存也不例外。

话虽如此，关于内存管理，有一件事是肯定不断变化的——就是内存的大小。最早期的开发人员都清楚地知道他们程序里内存的每一位(bit)，那时他们只有几千字节(KB)的内存。每十年这个数字都在增长，今天，内存的单位为吉字节(GB)，而太字节(TB)和拍字节(PB)则在敲门。随着内存大小的增加，访问数据的时间将会减少，从而有可能在令人满意的时间内处理完所有这些数据。但是，即使我们可以说内存处理是很快的，使用简单的内存管理算法来尝试处理所有 GB 量级的数据而不进行任何优化和更复杂的调整也是不可行的。这主要是因为内存访问时间的增长速度比使用它们的 CPU 的处理能力要慢。因此必须格外小心，以免造成内存访问瓶颈，从而限制 CPU 的能力。

这使得内存管理不仅至关重要，而且是计算机科学中非常有趣的一部分。自动的内存管理虽然能够使其变得更好，但这并不像"释放未使用的对象"这么简单的一句话那么容易。所要管理的内容、如何以及何时进行内存管理这些简单方面都使其成为持续不断的改进旧算法和发明新算法的过程。无数的科学论文和博士学位论文正在考虑如何以最佳方式来自动地管理内存。诸如国际内存管理专题研讨会(ISMM)的活动每年都会展示在该领域做了多少工作，比如在垃圾回收、动态分配以及与运行时、编译器和操作系统的交互等方面。然后，这些学术研讨会转变为我们在日常工作中使用的商业化和开源产品。

.NET 是托管环境的一个完美示例，在该环境中，所有这些复杂性都被隐藏在底层，开发人员可以将其作为一个令人愉快的、随时可用的平台使用。确实，我们可以在不用了解这些底层复杂性的情况下使用它，这是.NET 的一项伟大成就。然而，我们的程序对性能敏感度方面的需求越强，就越不可能避免要获得关于底层工作方式和原因的任何知识。而且，在我看来，了解我们每天使用的东西是多么有趣啊！

我写《.NET 内存管理宝典》的方式是很多年前当我开始进入.NET 性能和诊断领域时我喜欢阅读文献资料的一种方式。因此，本书并非从传统的有关每代堆(Heap)和堆栈(Stack)的介绍或说明开始。相反，我会从内存管理的基础知识和原理开始。换言之，我会试着用一种能让你感觉到这是一个非常有趣的话题的方式来写本书，而不仅是展示了"这里有一个.NET 垃圾回收器，它能做这做那"。我不但提供了这些知识的内容，而且提供这些知识的工作方式，更重要的是讲解.NET 内存管理的幕后原理。因此，你以后读到的关于这个话题的所有内容都应该能够更容易地理解。我会试图用不仅仅是与.NET 相关的通用性知识来启发你，尤其是在前两章。这将带来对该主题的更深入理解，这通常也适用于其他软件工程任务(即基于对算法、数据结构和其他优秀工程技术的理解)。

我想以一种让每个.NET 开发人员都满意的方式来编写本书。无论你有没有编程经验，都应该能在本书中找到一些有趣的知识。当我们从基础开始时，初级程序员很快就会有机会深入了解.NET 内部。更高级的程序员会发现许多更有趣的实现细节。最重要的是，无论经验多少，每个人都能够从所提供的实用示例代码和问题诊断中受益。

因此，从本书中获得的知识应该能够帮助你编写更好的代码——更好地了解性能和内存，并充分利用相关功能，而不必先读完所有内容。这些知识还可以提高应用程序的性能和可扩展性——代码要面向的内存越多，则对资源瓶颈的暴露和资源利用率就越少。

我希望所有这些能使这本书比简单描述.NET 框架及其内部状态更全面和持久。不管未来.NET 框架会如何发展，我相信本书中的大部分知识在很长一段时间内都是正确的。即使某些实施细节会发生变化，由于本书的知识，你也应该能够很容易地理解它们，因为基本原则不会变化得这么快。祝你在自动内存管理这个庞大而有趣的主题中度过一段愉快的时光！

说到这里，我还想强调本书中没有特别提到的内容。内存管理的主题，尽管乍一看似乎非常专业且狭窄，但其实却出人意料地广泛。虽然我涉及了很多主题，但由于篇幅所限，有时无法按我希望的方式详细介绍它们。这些省略掉的主题包括对其他托管环境(如 Java、Python 或 Ruby)的全面参考。我也要向 F#粉丝道歉，因为很少提到这种语言。因为没有足够的页面来简单地进行过硬的描述，我不想发布任何不全面的内容。我本来想对 Linux 环境给予更多的关注，但是这个工具主题太新了，在编写本书时，我只在第 3 章给你一些建议(出于同样的原因也完全省略了 macOS 世界)。显然，类似的，我还省略了大部分其他与内存无关的性能部分，如多线程主题。

其次，尽管我已经尽了最大努力来介绍所讨论的主题和技术的实际应用，但是不可能做到覆盖所有方面和尽善尽美。实际应用实在是太多了。我更希望读者能全面阅读，并结合日常工作来重新思考主题并运用起来，从而掌握该知识。当了解到某事物的工作原理后，你将能够使用它！这尤其包括书中场景。请注意，本书中包含的所有场景都是出于演示目的。它们的代码被精简到最低限度，以便更容易地展示出单个问题的根本原因。被观察到的不当行为背后可能有多种原因(例如，许多方法可能会发现有托管内存泄漏)。使用场景这种编写方式有助于用单个示例原因来说明此类问题，因为很显然不可能在一本书中包含所有可能的原因。此外，在真实场景中，你的调查将充斥着大量嘈杂的数据和虚假的调查路径。通常没有单一的方法能解决所描述的问题，但是有许多方法可以在问题分析期间找到根本原因。这使得这种故障排除是纯粹的工程任务与一点点由你的直觉支撑的艺术的混合体。另外请注意，场景有时是会相互引用的，以免重复相同的步骤、图形和描述。

在这本书中，我专门避免提及各种特定技术的案例和问题的来源。这会包含太多的技术细节。如果我是在 10 年前写这本书，我可能不得不列出 ASP.NET WebForms 和 WinForms 中内存泄漏的各种典型场景。如果是在几年前写，则要列出 ASP.NET MVC、WPF、WCF、WF……如果现在写，就要列出 ASP.NET Core、EF Core、Azure Functions 等。说到这里，我希望你能够明白我所说的意思。这样的知识很快就会过时。这本书如果充满了 WCF 内存泄漏的例子，那么今天将几乎没有人会感兴趣。我的一个超级粉丝说："授人以鱼，你养活他一天；授人以渔，你将养活他一辈子"。因此，本书中的所有知识、所有场景，都在教你如何捕鱼。如果你拥有了足够的知识和理解，那么所有问题，无论潜在的特定技术如何，都可以同样的方式得到诊断和解决。

所有这一切也使得阅读这本书相当困难，因为有时书中充满了细节，也许还有海量的信息。无论如何，我鼓励你深入而缓慢地阅读，抵制只是略微一读的诱惑。例如，要想充分利用本书，应该仔细研究展示和呈现的代码(而不仅仅是看它们一眼而已，这些代码是很常见的，因此它们很容易被忽略)。

我们生活在一个好时代，因为 CoreCLR 运行时开源了。这使得对 CLR 运行时的理解能力更上一层楼。不需要猜测，也没有奥秘，一切都在代码中，都可以读取和理解。因此，我的研究主要是基于 CoreCLR 的 GC 代码(该部分代码和 .NET Framework 的 GC 代码是相同的)。我花了无数个日夜来分析这些大量的出色的工程工作。我认为它们棒极了，我相信有些人也会喜欢研究著名的 gc.cpp 文件，它有好几万行代码。然而，它的学习曲线非常陡峭。为了帮助你实现这一点，我经常会留下一些线索，对所描述的主题会说明可以在 CoreCLR 的何处代码中进行研究。我建议请随时从 gc.cpp 文件获得更深刻的理解。

阅读完本书后，你应该能够：

- 在.NET 中编写有性能和内存意识的代码。尽管所提供的示例是用 C#编写的，但是我相信你在此获得的理解和工具箱，也同样可以应用于 F#或 VB.NET。
- 诊断与.NET 内存管理有关的典型问题。由于大多数技术都基于 ETW/LLTng 数据和 SOS 扩展，因此它们在 Windows 和 Linux 上都适用(Windows 上的工具会更高级)。
- 理解 CLR 在内存管理领域的工作原理。我花了很多精力来解释它的运作方式和原因。
- 充分理解 GitHub 上许多有趣的 C#和 CLR 运行时问题，甚至能以你自己的想法参与其中。
- 阅读 CoreCLR(特别是 gc.cpp)文件中的 GC 代码，并充分理解，以便进行进一步的调查和研究。
- 充分了解有关 Java、Python 或 Go 等不同环境中 GC 和内存管理的信息。

本书的内容大概如下。

第 1 章是对内存管理的非常笼统的理论介绍，几乎没有提到.NET。第 2 章同样是硬件和操作系统级别的内存管理的通用性介绍。这两章都可以作为一个重要的、但可选的介绍。它们对该主题进行了有益的、更广泛的研究，对本书的其余部分很有用。虽然我强烈建议你阅读它们，但如果你急于学习最实用的与.NET 相关的主题，则可以忽略它们。给高级读者的一个提示——即使你认为前两章的主题对你来说过于浅显，也请阅读它们。我已尝试把那些你可能感兴趣的信息包括进去。

第 3 章专门介绍测量和各种工具(其中的某些工具在本书后面会经常用到)。这一章主要包含了一个工具列表以及如何使用这些工具。如果你主要对本书的理论部分感兴趣，你可以只略读这一章。另一方面，如果你打算在诊断问题时大量使用本书的知识，你可能会经常回顾这一章。

第 4 章是我们开始深入讨论.NET 的第 1 章，同时仍然依旧以一种通用的方式让我们理解一些相关的内部结构，如.NET 类型系统(包括值类型与引用类型)、字符串内联或静态数据。如果你真的很着急，不妨从这一章开始阅读。第 5 章介绍了第一个真正的内存相关主题——.NET 应用程序中的内存组织方式，介绍了小对象堆(Small Object Heap，SOH)和大对象堆(Large Object Heap，LOH)的概念以及段(Segment)的概念。第 6 章进一步探讨与内存相关的内部结构，这些内部结构专门用于分配内存。出乎一些人意料的是，用了相当大篇幅的一章来专门针对这一理论上简单的主题。该章占用了相当的篇幅来讲述一个重要的部分：对各种分配来源的描述，从而避免这些情况的出现。

第 7~10 章是描述 GC 如何在.NET 中工作的核心部分，并附有结合这些知识的实际示例和注意事项。为了不让读者因同时接收了太多信息而不知所措，这些章节介绍了 GC 最简单的方式——非并发工作站。另一方面，第 11 章专门介绍了所有其他方式，并综合考虑了可供选择的各种方式。第 12 章总结了本书的 GC 部分，描述了三种重要的机制：终结(Finalization)、Disposable 对象和弱引用。

最后三章构成了本书的"高级"部分，解释.NET 内存管理核心部分之外的工作原理。例如，第 13 章介绍了托管指针的主题，并更深入探讨结构(包括最近添加的 ref 结构)。第 14 章对最近越来越流行的类型和技术给予了越来越多的关注，比如 Span<T>和 Memory<T>类型。还有一节专门讨论面向数据设计这一鲜为人知的主题,以及关于最近的 C#特性(比如可以为空的引用类型和管道)等做了简单介绍。第 15 章,也就是最后一章,描述了如何从代码中控制和监视 GC,包括 GC 类 API、CLR Hosting 或 ClrMD 库。

本书的大部分源代码清单可在配套的 GitHub 代码库 https://github.com/Apress/pro-.net-memory 找到,也可扫描封底二维码下载。它们按章节组织,并且其中大多数包含了两个解决方案:一个用于执行基准,另一个用于其他代码清单。请注意,虽然所包含的项目包含了本书的代码清单,但通常会有更多的代码供你查看。如果你想使用或试验一个特定的代码清单,最简单的方法就是搜索它的编号,并对它和它的用法进行试用。但我也鼓励你在项目中寻找特定的主题,以便更好地理解。

在此我想提及一下一些重要的约定。最相关的一个是区分以下两个贯穿了本书的主要概念:

- 垃圾回收——回收不再需要的内存的过程(即大家通常所理解的)。
- 垃圾回收器——实现垃圾回收的特定机制,最明显的是在.NET GC 的上下文中。

本书自成一体,没有涉及许多其他材料或书籍。显然,我需要参考各种资源来获取很多伟大的知识来完成本书。下面列出了我选择的、作为补充知识来源的建议书籍和文章。

- *Pro .NET Performance*,Sasha Goldshtein, Dima Zurbalev, Ido Flatow 著(Apress, 2012)
- *CLR via C#*, Jeffrey Richter 著(Microsoft Press, 2012)
- *Writing High-Performance .NET Code*, Ben Watson 著(Ben Watson, 2014)
- *Advanced .NET Debugging*, Mario Hewardt 著(Addison-Wesley Professional, 2009)
- *.NET IL Assembler*, Serge Lidin 著(Microsoft Press, 2012)
- *Shared Source CLI Essentials*, David Stutz 著(O'Reilly Media, 2003)
- "Book of The Runtime" 运行时开发团队自己编写的开源文档,可通过 https://github.com/dotnet/coreclr/blob/master/Documentation/botr/README.md 访问。

此外,还有大量的知识散落在各种在线博客和文章中。但是,与其用这些页面列表来充斥本书版面,不如将你重定向到由 Adam Sitnik 维护的一个伟大的代码库 https://github.com/adamsitnik/awesome-dot-net-performance。

目　　录

第1章

基 本 概 念

让我们从一个简单但非常重要的问题开始本章的讲解。如果.NET 内存管理全是自动化的,那么我们还需要关心、在乎和了解内存管理吗?正如你可能期望的那样,我写了这本书——我强烈建议你记住每种开发场景下的内存管理。这是个关乎专业精神的问题,关乎我们是努力做到最好还是止步于代码能够工作就足够了。如果我们有追求,关心工作的质量,我们不应该止步于我们的代码能够工作。我们应该关心它是如何工作的。它在 CPU 和内存使用方面是否最佳?它是可维护、可测试、可扩展的吗?它是对扩展开放对修改封闭的吗?代码可靠吗?我相信所有这些问题可以将初学者与有经验的高级程序员区别开来。前者主要只对完成工作感兴趣,对工作中的上述非功能性方面并不在意。后者经验丰富,足以拥有足够的"铁人般的处理能力"来改进其工作质量。我相信每个人都想成为这样的人。但是这当然不是一件容易的事。编写出没有任何错误的优雅代码,并且还满足每一个可能的非功能性要求,真的很难。

然而,上面这种对精通技术的渴望是否应该是学习有关.NET 内存管理的更深入知识的唯一理由呢?没错,出现 AccessViolationException 的内存损坏是非常罕见的,内存使用率不受控制的增长也是非常罕见的。那我们有什么好担心的呢?.NET 运行时已经有了一个精密的 Microsoft 实现,因此我们很幸运,不必过多考虑内存方面的事情[1]。然而,另一方面,当涉及分析基于.NET 的大型应用程序的性能问题时,内存消耗问题始终是问题清单上的重中之重。如果在连续运行数天后出现内存泄漏,从长远来看会不会造成问题?在网上我们看到过一个很有趣的内存泄漏相关的例子,该内存泄漏问题是出在某些特定的战术导弹的软件中,该内存泄漏问题并未得到解决,因为在导弹击中目标之前,内存足够用了,因此不需要解决该内存泄漏问题。然而我们的系统都是这种一次性导弹的系统吗?我们是否意识到内存自动管理可能会为我们的应用程序带来巨大的开销?也许只需要使用两个服务器就够了,而不是十个服务器?此外,即使在无服务器云计算的时代,我们也并非不需要考虑内存问题。其中一个示例是 Azure Functions,它是基于一种称为 GB/s 的度量方式来计费的。通过将平均内存使用大小(以 GB 为单位)乘以执行特定 Function 所花费的时间(以秒为单位)来计算费用。这种情况下,内存消耗直接转化为我们所要花费的金钱。

在上面的各种情况中,我们开始意识到,我们不知道从哪里开始寻找真正的原因和有价值的测量。在这里,我们开始认识到理解应用程序和底层运行时的内部机制是值得的。

为了深入了解 .NET 中的内存管理,最好从头开始。无论你是新手程序员还是非常高级的程序员,我都推荐阅读一遍本章中的理论介绍部分。这对将在本书其余部分中使用的概念建立共同的认识和理解。为了让这些理论不那么枯燥,有时候我会提到具体技术。我们将有机会了解一些软件开发的历史。这些历史都是与内存管理相关的开发概念。我们还将留意到一些有趣的小细节,希望你也觉得这些细节很有趣。了解历史永远是获得这个话题更广阔视野的最佳方式之一。

---

1 AccessViolationException 或其他堆损坏通常是由内存自动管理触发的,但内存自动管理不是其原因,而是由于内存自动管理是运行环境中与内存相关的最重的组件,因此最有可能暴露任何不一致的内存状态。

但是不要害怕，这不是一本历史书籍。我不会描述自 1950 年以来参与开发垃圾回收算法的所有工程师的传记，也不需要你有古代历史背景。不过，我还是希望你会发现，了解这个主题是如何演变的，以及我们现在在历史时间轴上的位置是很有意思的。这也使我们能够将.NET 方法与你可能不时听到的许多其他语言和运行时进行比较。

1.1 内存相关术语

在我们开始之前，先了解一些非常重要的定义是很有用的，没有这些定义，很难想象如何才能讨论内存的主题。

- 位(bit)：它是计算机技术中使用的最小信息单位。它表示两种可能的状态，通常表示数值 0 和 1 或逻辑值 true 和 false。第 2 章简要地提到现代计算机如何存储单个位。要表示更大的数值，则需要使用多个位的组合将其编码为二进制数。指定数据大小时，用小写字母 b 指代位。

- 二进制数(binary number)：表示为一个位序列的整数数值。每个连续的位确定给定值总和中的连续 2 的幂。例如，要表示数字 5，我们可以使用其值分别为 1、0 和 1 的三个连续的位，因为 $1×1+0×2+1×4$ 等于 5。一个 n 位二进制数可以表示的最大值为 2^{n-1}。通常还有一个额外的位专门用于表示该值的正负。还有其他更复杂的方法以二进制形式编码数字值，尤其是对于浮点数。

- 二进制代码(binary code)：除了数值以外，位序列还可以表示一组指定的不同数据，例如文本字符。每个位序列被分配给特定的数据。最基本也是多年来最流行的是 ASCII 码，它使用 7 位二进制代码表示文本和其他字符。还有其他重要的二进制代码，例如操作码编码指令，告诉计算机它应该做什么。

- 字节(byte)：过去是指使用指定的二进制代码对单个字符的文本进行编码的位序列。尽管其取决于计算机架构，并且在不同字节之间可能有所不同，但最常见的字节大小是 8 位长。由于存在这种歧义，因此有一个更精确的术语称为八位字节(octet)，其表示一个正好是 8 位长的数据单位。然而，将字节理解为 8 位长度值已经是事实上的标准，因此它已成为定义数据大小的无可置疑的标准。目前不太可能会见到不同于标准 8 位长字节的架构。在指定数据大小时，字节使用大写字母 B 表示。

在指定数据大小时，我们使用最常见的倍数(前缀)来确定其数量级。这是一个不断造成混乱和误解的原因，因此值得在此进行解释。大多数流行的术语，如千(K)、兆(M)和千兆(G)是指千的倍数。一千即 1000(我们把它表示为大写字母 K)，一兆即 100 万(大写字母 M)，以此类推。另一方面，有一种流行的方法是使用 1024 的连续乘法来表示数量级。在这种情况下，我们谈论 1KB 是指 1024(表示为 KiB)，1MB 是指 1024×1024(表示为 MiB)，1GB(表示为 GiB)是 1024×1024×1024，以此类推。这就引入了常见的歧义。当有人谈论 1 "千兆字节" 时，他们可能会根据上下文理解成大约 10 亿字节(1GB)或 1024^3 字节(1GiB)。实际上，很少有人关心这些前缀的精确使用。如今，当说到计算机中的内存模块的大小为 GB 时，通常是指 GiB，对于硬盘驱动器，则相反。即使在 JEDEC 标准 100B.01《微机、微处理器和内存集成电路的术语、定义和字母符号》里也是指 K、M 和 G 的常见用法为 1024 的乘法，没有明确弃用。这种情况下，我们只能根据常识来理解上下文中的这些前缀。

现在，我们已经非常习惯于 RAM 或持久存储等计算机术语。即使是智能手表现在也配备了 8 GB 的 RAM。我们很容易忘记，第一批计算机并没有配备这些奢侈品。你可以说，它们没有配备任何东西。纵观计算机发展的短暂历史，我们会对内存本身有不同的看法。现在让我们回顾一下历史吧。

我们应该记住，哪个设备可以被称为"第一台计算机"是非常有争议的。同样，很难说出唯一的"计算机发明者"的名字。这取决于"计算机"的定义到底是什么的问题。因此，与其没完没了地讨论哪个设备是第一台计算机，谁是计算机的发明者，不如让我们看看一些最古老的机器，以及它们为程序员提供了什么，尽管程序员这个词是在很多年后才被创造出来。最初，他们被称为编码员或操作员。

要强调的是，可以定义为第一台计算机的机器不是完全电子的，而是机电的。因此，它们速度非常慢，尽管其庞大的身躯令人印象深刻，但所提供的运算能力有限。第一台可编程机电计算机是由康拉德·祖斯(Konrad Zuse)在德国设计的，名为 Z3 计算机。它重达一吨！运行一次加法大约需要一秒钟，运行一次乘法则需要 3 秒钟！它由 2000 个机电继电器组成，提供一个仅能运算加、减、乘、除和平方根的算术单元。算术单元还包括两个用于计算的 22 位存储器。它还提供了 64 个通用存储单元，每个存储单元长 22 位。如今，我们可以说它提供了 176 字节的内存用于存储数据。

数据是通过一个特殊的专用键盘输入的，程序是在计算过程中从穿孔的赛璐珞胶片读取的。将程序存储到内部计算机内存中的可能性在几年后实现，尽管 Zuse 当时充分意识到了这一点。我们很快会再讨论这一点，现在让我们专注于访问 Z3 内存的问题。对 Z3 进行编程时，我们只有 9 条指令可供使用！其中一条指令允许你将 64 个存储单元之一的值加载到算术单元的存储器中，另一条指令则是把值存回去。这就是第一台计算机中"内存管理"的全部内容了。尽管 Z3 在许多方面都领先于它的时代，但由于政治原因和第二次世界大战的爆发，Z3 对计算机发展的影响已经变得微不足道了。第二次世界大战结束后，Zuse 公司多年来一直在开发其计算机产品线，其最新版本的 Z22 计算机建于 1955 年。

在第二次世界大战期间及结束后不久，计算机科学的主要发展中心是美国和英国。美国制造的第一批计算机之一是 IBM 与哈佛大学合作开发的名为"自动序列控制计算器"的哈佛马克一号(Harvard Mark I)计算机。它也是机电的，就像前面提到的 Z3 一样。它的体积庞大，高 8 英尺，长 51 英尺，深 3 英尺。它重达 5 吨！它被称为有史以来最大的计算机。经过数年的努力，第一批程序于 1944 年第二次世界大战结束时启动。在海军项目中，它不仅为海军服务，而且还为约翰·冯·诺依曼(John von Neumann)的曼哈顿项目服务。关于其大小，它仅提供了 72 个带有符号的 23 位数字存储插槽。这样的插槽被称为累加器——一种专用于存储中间算术和逻辑结果的小存储空间。用现在的话说，这台 5 吨重的机器提供了对 72 个内存插槽的访问，每个内存插槽的长度为 78 位(需要 78 位来表示一个相当可观的 23 位数字)。因此，它提供了 702 字节的内存！然后，这些程序实际上是在这 72 个内存插槽上进行的一系列数学计算。它们是第一代编程语言(表示为 1GL)或机器语言，程序存储在打孔的磁带上，并根据需要以物理方式送入机器或由前面板开关进行操作。每秒只能进行 3 次加法或减法。单次乘法需要 20 秒，而 sin(x)的计算则需要 1 分钟！就像在 Z3 中一样，该计算机完全不存在内存管理——你只能将值读取或写入上述内存单元之一。

对我们来说有趣的是，哈佛架构(见图 1-1)术语起源于该计算机。根据该架构，程序的存储和数据的存储是物理分离的。这些数据通过某种电子或机电设备(例如中央处理器)进行处理。这种设备通常还负责控制输入/输出设备，例如穿孔读卡器、键盘或显示设备。尽管 Z3 或 Mark I 计算机使用这种架构是因为它的简单性，但如今这种架构并没有完全被遗忘。正如我们将在第 2 章中所看到的那样，如今，它已作为修改后的哈佛架构在几乎每台计算机中使用。我们甚至会看到它对我们每天编写的程序所产生的影响。

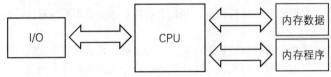

图 1-1　哈佛架构图

于 1946 年完成的知名度更高的计算机 ENIAC 已经是基于真空管的电子设备。它提供的数学运算速度比 Mark I 高出数千倍。但是，在内存方面，它看起来仍然没有吸引力。它仅提供 20 个 10 位带符号的累加器，并且没有内部存储器来存储程序。简而言之，这是因为第二次世界大战的首要任务是为军事目的尽可能快地制造机器，而不是制造复杂的东西。

但是，像康拉德•祖斯、艾伦•图灵(Alan Turing)和约翰•冯•诺依曼这样的学者研究使用内部计算机内存来将程序及其数据一起存储的想法。这使编程(尤其是重新编程)比通过穿孔卡或机械开关进行编码容易得多。冯•诺依曼在 1945 年写了一篇有影响力的论文，名为《EDVAC 报告的初稿》，其中他描述了名为"冯•诺依曼架构"的架构。应该说，这不仅是冯•诺依曼一个人的概念，因为他受到了当时其他学者的启发。

图 1-2 中所示的冯•诺依曼架构是一个简化了的哈佛架构，其中只有一个用于存储数据和程序的存储单元。它肯定会让你想起当前的计算机，从高层次的角度看，这正是在现代计算机的构建方式中冯•诺依曼架构和哈佛架构在经过修改的哈佛架构中相符的地方。

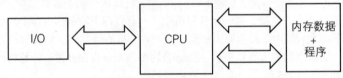

图 1-2　冯•诺依曼架构图

1948 年制造的曼彻斯特小型实验机(SSEM，昵称为"宝贝")和 1949 年制造的剑桥 EDSAC 是世界上第一台将程序指令和数据存储在同一空间中并因此采用冯•诺依曼架构的计算机。"宝贝"具有更现代的创新性，因为它是第一台使用新型存储设备的计算机——基于阴极射线管(CRT)的威廉姆斯(Williams)管。威廉姆斯管可以被看作下面解释的第一个随机存取存储器(RAM)。SSEM 具有 32 个存储单元的内存，每个存储单元长 32 位。因此，我们可以说，第一台带有 RAM 的计算机有 128B。这就是我们经历的旅程，从 1949 年的 128B 到 2018 年的典型 16GB。尽管如此，威廉姆斯管在 20 世纪 40—50 年代初成为标准，当时还建造了许多其他计算机。

以上历史让我们可以从历史的角度完美地解释计算机架构的所有基本概念。所有内容都收集如下，如图 1-3 所示。

- 内存(memory)：负责存储数据和程序本身。内存的实现方式随着时间的推移发生了重大变化，从上述穿孔卡片开始，经历过电子管/真空管，直到目前使用的晶体管。内存可以进一步分为如下两个主要子类别。
  - 随机存取存储器(RAM)：允许我们不管访问的存储器区域如何，都能在相同的访问时间内读取数据。实际上，正如我们将在第 2 章中所看到的，现代存储器满足这个条件仅仅是出于技术原因。
  - 非均匀访问存储器：与 RAM 相反，访问存储器所需的时间取决于其在物理存储器上的位置。这显然包括穿孔卡片、磁性类型、传统硬盘、CD 和 DVD 等，在访问之前必须将存储介质放置(例如旋转)到正确的位置。

- 地址(address)：表示整个存储区中的特定位置。它通常用字节表示，因为单个字节是可能的最小值，从而在许多平台上解决了粒度问题。
- 算术逻辑单元(ALU)：负责执行加法和减法等运算。这是计算机的核心，大部分工作都在这里完成。现代计算机包括多个 ALU，可实现计算的并行化。
- 控制单元(control unit)：解码从内存中读取的程序指令(操作码 [1])。根据内部指令的描述，它知道应该执行哪些算术或逻辑运算以及要对哪些数据进行运算。
- 寄存器(register)：通常包含在内存中的可以从 ALU 和/或控制单元(我们可以统称为执行单元)快速访问的内存位置。前面提到的累加器是一种特殊的、简化的寄存器。就访问速度而言，寄存器是非常快的，并且实际上没有地方比它们更接近执行单元了。
- 字(word)：特定计算机设计中使用的固定大小的基本数据单位。它反映在许多设计领域，例如大多数寄存器的大小、最大地址或在单个操作中传输的最大数据块。最常见的是用位数表示(称为字长)。如今，大多数计算机都是 32 位或 64 位的，因此它们分别具有 32 位和 64 位的字长，32 位或 64 位长的寄存器，以此类推。

SSEM 或 EDSAC 机器中的冯·诺依曼架构产生了"存储程序计算机"这一术语，这一术语在当今很常见，但它并不是在计算机时代的开始就有的。在这种设计中，要执行的程序代码被存储在内存中，因此可以像普通数据一样被访问，包括诸如修改它和用新程序代码覆盖之类的有用操作。

控制单元存储一个称为指令指针(IP)或程序计数器(PC)的附加寄存器，以指向当前执行的指令。正常的程序执行非常简单，只需要将存储在 PC 中的地址递增到后续指令即可。循环或跳转之类的事情就像将指令指针的值更改为另一个地址和指定要移动程序执行的位置一样简单。

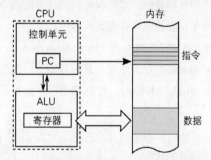

图 1-3　存储程序计算机图——内存 + 指令指针

第一批计算机是用直接描述执行指令的二进制代码编程的。然而，随着程序复杂性的增加，这种解决方案变得越来越繁重。于是就设计出一种新的编程语言(被称为第二代编程语言，2GL)，通过汇编代码以人类更容易理解的方式来描述代码。这是对处理器执行的单个指令的人类文字性的描述。它比直接二进制编码更方便。后来还研发了更高级的语言(3GL)，比如众所周知的 C、C++或 Pascal。

我们感兴趣的是，所有这些语言都必须从文本转换成二进制形式，然后放入计算机内存。这种转换的过程称为编译，而运行该转换的工具称为编译器。对于汇编代码，我们更倾向于将其命名为通过汇编工具进行汇编。最后，输出结果是一个二进制代码格式的程序，可以在以后执行——一系列操作码及其参数(操作数)。

掌握了以上基本知识，我们现在可以踏上内存管理的旅程啦。

---

1 译者注：严格说，操作码只是指令的一部分，指令包括操作码和地址码。

1.1.1 静态分配

大多数早期的编程语言只允许静态内存分配——在编译期间，甚至在执行程序之前，必须知道所需内存的数量和确切位置。对于固定的和预定义的大小这种情况，内存管理很简单。所有主要的"古代"编程语言，从机器或汇编代码到 FORTRAN 和 ALGOL 的第一个版本，都有这样的限制。但是它们也有很多缺点。静态内存分配很容易导致内存使用效率低下——事先不知道要处理多少数据。那么，如何知道应该分配多少内存呢？这使得程序受到限制并且不灵活。一般来说，需要再次编译程序才能处理更大的数据量。

在早期的计算机中，所有的分配都是静态的，因为使用的内存单元(累加器、寄存器或 RAM 内存单元)都是在程序编码期间确定的。因此，定义的"变量"贯穿程序的整个生命周期。现在，我们在创建静态全局变量时，仍然使用这种意义上的静态分配，这些变量存储在程序的特殊数据段中。我们将在后续章节中看到它们在.NET 程序中的存储位置。

1.1.2 寄存器机

到目前为止，我们已经看到了一些使用寄存器(或特殊情况下的累加器)在算术逻辑单元(ALU)上操作的机器的例子。构成这种设计的机器称为寄存器机。这是因为在这样的计算机上执行程序时，我们实际上是在寄存器上进行计算。如果我们要进行加法、除法或其他操作时，我们必须将对应的数据从内存加载到对应的寄存器中。然后我们调用特定的指令对它们执行对应的操作，然后调用另一个指令将其中一个寄存器的结果存储到内存中。

假设我们要编写一个程序，该程序在具有两个寄存器(名为 A 和 B)的计算机上计算表达式 s = x +(2 * y)+ z。还假设 s、x、y 和 z 是内存的地址，其中存储了一些值。我们还假设一些伪指令的低级伪汇编代码，例如 Load、Add、Multiply。可以使用以下简单程序对这种理论上的机器进行编程(参见代码清单 1-1)。

代码清单 1-1 在一个简单的双寄存器的寄存器机上实现 s = x+(2*y)+z 示例程序的伪代码。注释展示了执行每条指令后寄存器的状态。

```
Load      A, y      // A = y
Multiply  A, 2      // A = A * 2 = 2 * y
Load      B, x      // B = x
Add       A, B      // A = A + B = x + 2 * y
Load      B, z      // B = z
Add       A, B      // A = A + B = x + 2 * y + z
Store     s, A      // s = A
```

如果这段代码让你想起了 x86 或者你学过的任何其他汇编代码——这不是巧合！这是因为大多数现代计算机是一种复杂的寄存器机。计算机使用的所有 Intel 和 AMD 的 CPU 都是以这种方式运行的。在编写基于 x86/x64 的汇编代码时，我们在 eax、ebx、ecx 等通用寄存器上进行操作。当然，还有更多的指令和其他专用寄存器，但其背后的概念是相同的。

注意： 能否想象一台机器的指令集允许我们直接在内存上执行操作，而不需要将数据加载到寄存器中呢？遵循伪汇编语言，它可能看起来更简洁、更高级，因为从内存到寄存器及其相反过程没有额外的加载/存储指令：

```
Multiply    s, y, 2      // s = 2 * y
Add         s, x         // s = s + x = 2 * y + x
Add         s, z         // s = s + z = 2 * y + x + z
```

是的，尽管世界上是有像 IBM System/360 这样允许我们直接在内存上执行操作，而不需要将数据加载到寄存器中的机器，但是至今我不知道还有什么此类产品被用于生产环境中。

1.1.3 堆栈(Stack)

从概念上讲，堆栈是一种数据结构，可以简单地描述为"后进先出"(LIFO)列表。它允许执行两个主要操作：在其顶部添加一些数据(push)和从顶部返回一些数据(pop)，如图 1-4 所示。

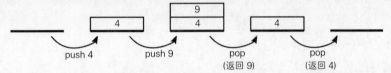

图1-4   pop 和 push 堆栈操作。这只是概念图，并非任何具体内存模型和实现

堆栈从一开始就与计算机编程有着内在的联系，这主要是因为子例程的概念。今天在.NET中大量使用"调用堆栈"和"堆栈"概念，请让我们看看它们是如何开始的。堆栈作为数据结构的原始含义仍然有效(例如，.NET 中有一个 Stack<T>集合)，但是现在让我们看看它如何演变成计算机内存组织里更广泛的含义。

我们之前谈论的最早的计算机只能从打孔卡或胶片中依次读取每个指令，只允许顺序执行程序。顺序执行意味着不能很好地执行某些可以重用的程序，但是编写可以从整个程序的不同角度重用的程序某些部分(子例程)的想法显然很诱人。当然，要能调用程序不同部分的前提是程序支持可寻址，因为我们需要某种方式指向要调用的程序的其他部分。Grace Hooper 在 A-0 系统中使用了第一个方法，这也就是历史上的第一个编译器。她在磁带上编码了一组不同的程序，为每个程序提供了一个后续编号，以使计算机可以找到它。然后，程序由一系列数字(程序的索引)及其参数组成。尽管它确实在调用子例程，但显然这是一种非常受限的方法。一个程序只能依次调用子例程，并且不允许嵌套调用。

嵌套调用则需要更复杂的方法，因为计算机必须记住执行特定子例程后要从何处继续执行(返回到何处)。第一种方法(一种称为 Wheeler jump 的方法)是 David Wheeler 在 EDSAC 机器上发明的，存储在其中一个累加器中的返回地址。但是在他的简化方法中，递归调用是不可能的，因为这意味着从自身调用相同的子例程。

我们今天在计算机架构中所了解的堆栈概念首次被提及，可能是图灵在 20 世纪 40 年代初编写的描述自动计算机引擎(ACE)的报告中提到的。他描述了类似冯·诺依曼计算机的概念，实际上是一台存储程序的计算机。除了许多其他实现细节外，他还描述了对主存储器和累加器进行操作的两条指令——BURY 和 UNBURY。

- 当调用一个子例程时(BURY)，当前执行指令的地址被存储在内存中，该地址递增 1 来指向下一条(返回的)指令，而另一个用作堆栈指针的临时存储器增 1。
- 从子例程返回时(UNBURY)，则执行相反的操作。

这就构成了堆栈的第一个实现，以后进先出的方式组织子例程返回地址。这是一种仍在现代计算机中使用的解决方案，虽然自那时起它显然已经有了很大的发展，但其基础仍然是相同的。

堆栈是内存管理的一个非常重要的方面，因为在.NET 编程中，我们的许多数据都可能放在那里。让我们仔细看看堆栈及其在函数调用中的用法。我们将使用代码清单 1-2 中的示例程序，该程序以类似 C 的伪代码编写，该程序调用两个函数—— main 调用 fun1(传递两个参数 a 和 b)，fun1 具有两个局部变量 x 和 y。然后，函数 fun1 调用函数 fun2(传递单个参数 n)，其中有一个局部变量 z。

代码清单 1-2　函数内调用函数的伪代码程序

```
void main()
{
  ...
  fun1(2, 3);
  ...
}


int fun1(int a, int b)
{
  int x, y;
  ...
  fun2(a+b);
}

int fun2(int n)
{
  int z;
  ...
}
```

首先，想象一个设计用来处理堆栈的连续内存区域，以这样的方式绘制：随后的内存单元具有增长的地址(见图 1-5a 的左侧部分)和程序代码所在的第二个内存区域(见图 1-5a 的右侧部分)，以同样的方式组织。由于函数代码不必彼此相邻，因此 main、fun1 和 fun2 代码块被分开绘制。代码清单 1-2 中程序的执行可以用以下步骤描述。

(1) 在 main 内部调用 fun1 之前(见图 1-5a)。显然，由于程序已经在运行，因此已经创建了一些堆栈区域(图 1-5a 中堆栈区域的灰色部分)。堆栈指针(SP)保留一个地址，该地址指示堆栈的当前边界。程序计数器(PC)指向 main 函数内部的某个位置(我们将其标记为地址 A1)，就在调用 fun1 的指令之前。

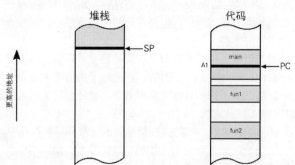

图 1-5a　代码清单 1-2 中调用函数 fun1 之前的堆栈和代码内存区域

(2) 在 main 内部调用 fun1 之后(见图 1-5b)。调用函数时，堆栈将通过移动 SP 来扩展以包含必要的信息。此额外空间包括：

- 参数——所有函数参数都可以保存在堆栈上。在我们的示例中，参数 a 和 b 就存储在那里。
- 返回地址——为了能够在执行 fun1 之后继续执行 main 函数，函数被调用后的下一条指令的地址被保存到堆栈中。在本例中，我们将它表示为 A1+1 地址(指向 A1 地址中指令之后的下一条指令)。
- 局部变量——所有局部变量的位置，也可以保存在堆栈上。在本例中，变量 x 和 y 就存储在那里。

当调用子例程时放在堆栈上的这种结构被称为活动帧(activation frame)。在典型的实现中，堆栈指针会减少对应的偏移量，以指向新的活动帧可以开始的位置。这就是人们常说堆栈向下生长的原因。

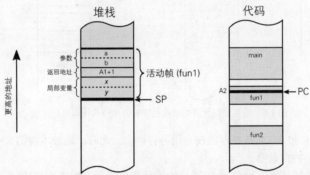

图 1-5b　代码清单 1-2 中调用函数 fun1 之后的堆栈和代码内存区域

(3) 在 fun1 内部调用 fun2 之后(见图 1-5c)。将重复创建新活动帧的相同模式，这一次它包含一个用于参数 n、返回地址 A2 + 1 和局部变量 z 的内存区域。

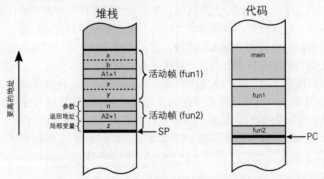

图 1-5c　代码清单 1-2 中从 fun1 调用函数 fun2 之后的堆栈和代码内存区域

活动帧通常也被称为堆栈帧(stack frame)，表示为特定目的保存在堆栈上的任何结构化数据。

正如所见，后续的嵌套子例程调用只需要重复这个模式，即可为每个调用添加一个活动帧。子例程调用的嵌套越多，堆栈上的活动帧就越多。当然，这使得无限嵌套的调用成为不可能，因为这将需要能存储无限数量活动帧的内存[1]。如果你遇到 StackOverflowException，就是这种情况

---

1 这里有一个有趣的例外——尾部调用，这里没有进行描述，因为其缺乏简洁性。

了。你调用了太多嵌套子例程，以至于已达到了堆栈的内存限制。

请记住，此处介绍的机制仅是示范性的，而且非常笼统。实际的实现可能会根据具体架构和操作系统有所不同。在后面的章节中，我们将仔细研究.NET 是如何使用活动帧和堆栈的。

当一个子例程结束时，它的活动帧将被丢弃，只需要用当前活动场的大小递增堆栈指针，而保存的返回地址则用于设置相应的 PC 以继续执行调用函数。换言之，不再需要堆栈帧内的内容(局部变量、参数)，因此递增堆栈指针就足以"释放"到目前为止使用的内存。这些数据将在下一次堆栈使用中被简单地覆盖(见图 1-6)。

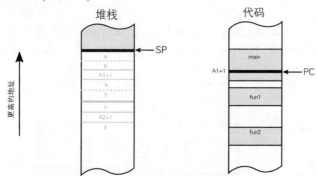

图 1-6　函数返回和活动帧被丢弃后的堆栈和代码内存区域

在实现方面，SP 和 PC 通常都存储在专用寄存器中。此时，地址本身的大小、观察到的内存区域和寄存器并不是特别重要。

现代计算机中的堆栈既有硬件层面(通过为堆栈指针提供专用寄存器)的支持，也有软件层面(通过操作系统对线程及其指定为堆栈的内存部分的抽象)的支持。

值得注意的是，可以从硬件架构的角度来想象很多不同的堆栈实现。堆栈可以存储在 CPU 内部的专用内存块或专用芯片上。它还可以重用普通计算机内存。后者是大多数现代架构中的情况，其中堆栈只是进程内存中的一个固定大小区域。它甚至可以实现具有多个堆栈结构的内存分配。在这种示例性情况下，返回地址、数据参数、局部变量分别使用独立的堆栈。这对于性能提升非常有用，因为它允许同时访问两个分离的堆栈。它允许对 CPU 管道和其他低级机制进行额外的调优。然而，对于当前的个人计算机而言，堆栈只是主内存的一部分。

FORTRAN 可以被看作第一种广泛使用的高级通用编程语言。但自其在 1954 年被定义以来，只能进行静态内存分配。所有数组都必须在编译时定义大小，并且所有分配都是基于堆栈的。ALGOL 是另一种非常重要的语言，或多或少直接启发了多种其他语言(如 C/C++、Pascal、BASIC，甚至 Simula 和 SimalTalk——所有现代的面向对象语言，如 Python 或 Ruby)。ALGOL 60 只有堆栈分配和动态数组(大小由变量指定)。创建 ALGOL 团队的著名成员 Alan Perlis 说：

如果没有堆栈的概念，ALGOL 60 不可能以合理的方式进行对应的内存处理。尽管我们以前有堆栈，但是只有在 ALGOL 60 中，堆栈才在处理器设计中占据了中心位置。

虽然 ALGOL 和 FORTRAN 语言家族主要为科学界使用，但面向商业的编程语言也有另一种发展趋势，从 A-0、FLOW-MATIC 到 COMTRANS 再到广为人知的 COBOL(Common Business Language，面向商业的通用语言)。它们都缺乏显式的内存管理，它们主要是针对数字和字符串等基元数据类型进行操作。

1.1.4 堆栈机

在继续介绍其他内存概念之前，让我们先介绍与堆栈相关的上下文(即堆栈机)。与寄存器机不同，在堆栈机中，所有指令都在专用的表达式堆栈(或求值堆栈)上操作。请记住，该堆栈不必与我们之前讨论的堆栈相同。因此，这样的计算机可以同时具有额外的"表达式堆栈"和通用堆栈，这样就没有寄存器了。在这样的计算机中，默认情况下，指令从表达式堆栈的顶部获取参数——所需的参数数量尽可能多，结果也存储在堆栈的顶部。这种情况下，它们被称为纯堆栈计算机，与不纯的实现相对应(当操作不仅可以从堆栈的顶部访问值，而且还可以访问更深的值时，就称为不纯的实现)。

表达式堆栈上的操作到底是什么样子的呢？例如，假想的乘法指令(不带任何参数)将从求值堆栈的顶部弹出两个值，将它们相乘，然后将结果放回求值堆栈(见图 1-7)。

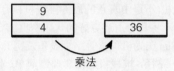

图 1-7　堆栈机里的假想的乘法指令——从堆栈中弹出两个元素并将其相乘的结果推入

让我们回到寄存器机示例中的 s = x+(2*y)+z 表达式示例中，然后以堆栈机的方式对其进行重写(参见代码清单 1-3)。

代码清单 1-3　表达 s = x+(2*y)+z 计算的简单堆栈机伪代码实现。代码注释展示了求值堆栈状态

```
           // 空白堆栈
Push 2     // [2] - 简单堆栈元素，值 2
Push y     // [2][y] - 简单堆栈元素，值 2 和 y
Multiply   // [2*y]
Push x     // [2*y][x]
Add        // [2*y+x]
Push z     // [2*y+x][z]
Add        // [2*y+x+z]
Pop l      // [] (带有副作用 [1] 地写入一个值到 l 指向的地址)
```

此概念带来了非常清晰和易于理解的代码。其主要优点如下：

● 与如何以及在何处存储临时值无关，不管是在寄存器、堆栈还是在主内存，都没有问题。从概念上讲，这比试图以最佳方式管理所有这些可能的目标更容易。因此，它简化了实现。

● 由于存在许多无操作数或单操作数指令，因此在所需内存方面操作码可以更短。这允许对指令进行高效的二进制编码，从而产生高密度的二进制代码。因此，即使指令的数量可能比基于寄存器机的方法要多(由于更多的加载/存储操作)，但这仍然是受益的。

对于内存非常昂贵且有限的早期计算机，这是一个重要的优势。今天，在用于智能手机或Web 应用程序的可下载代码的情况下，这也可能是有益的。高密度的指令二进制编码也意味着更好的 CPU 缓存使用率。

尽管堆栈机有其优点，但它很少在硬件中实现。一个值得注意的例外是像 B5000 这样的Burroughs 机器，它们包括了堆栈的硬件实现。如今，可能还没有可被称为堆栈机的在广泛使用的机器。还有另一个值得注意的例外是 x87 浮点单元(在 x86 兼容的 CPU 内部)，它被设计为一个堆

---

1 译者注：关于副作用的更详细解释，请阅读译者的《.NET 并发编程实战》。

栈机,而且因为要向下兼容的原因,即使在今天它仍然是这样编程的。

那么,为什么要提到这类机器呢?因为这样的架构是设计独立于平台的虚拟机或执行引擎的好方法。Sun 的 Java 虚拟机和.NET 运行时就是堆栈机的完美示例。它们是由著名的 x86 或 ARM 架构的寄存器机执行的,但这并不改变它们实现了堆栈机逻辑的事实。在第 4 章中描述.NET 的中间语言(IL)时,我们将清楚地看到这一点。为什么以这种方式设计.NET 运行时和 JVM(Java 虚拟机)呢?与往常一样,混合了工程和历史原因。堆栈机代码的层次更高,可以更好地从实际的底层硬件抽象出来。可以将 Microsoft 的运行时或 Sun 的 JVM 编写为寄存器机,但是,那样将需要多少个寄存器呢?因为它们是虚拟的,所以最佳答案是无限数量的寄存器。然后,我们还需要一种处理和重用它们的方法。一个最佳的、抽象的基于寄存器的计算机应该是什么样的呢?

如果我们通过让其他东西(在本例中是 Java 或.NET 运行时)进行特定的平台优化来解决这些问题,它将会把基于寄存器或基于堆栈的机制转换为特定的基于寄存器的架构。但是基于堆栈的机器在概念上更简单。虚拟堆栈机(不是由真正的硬件堆栈机执行的堆栈机)可以在生成高性能代码的同时提供良好的平台独立性。将其与上述更好的代码密度结合起来,将是在各种设备上运行的平台的不错选择。这可能就是 Sun 在为机顶盒等小型设备发明 Java 时决定选择这种方式的原因。微软在设计.NET 时也遵循了这一路径。堆栈机的概念非常简单、优雅和高效。这使得实现虚拟机成为一项更好的工程任务!

另一方面,基于寄存器的虚拟机的设计更接近于其运行的真实硬件的设计。对于可能的优化而言,非常有用。这种方法的倡导者说,可以实现更好的性能,尤其是在解释运行时中。解释器进行任何高级优化的时间要少得多,所解释的代码与机器代码相似的地方越多,效果越好。此外,对最常用的寄存器集进行操作提供了很好的缓存引用局部性[1]。

与往常一样,在做出决定时,你需要做出一些妥协。这两种方法的倡导者之间的争论由来已久,并且至今尚未解决。尽管如此,事实上目前.NET 执行引擎是作为一个堆栈机实现的,尽管它不是完全纯的——我们将在第 4 章中提到这一点。我们还将看到如何将求值堆栈映射到包含寄存器和内存的底层硬件上。

注意:所有的虚拟机和执行引擎都是堆栈机吗?绝对不!一个显著例外是 Dalvik,它是 Google Android 4.4 版本之前的虚拟机,这是一个基于寄存器机的 JVM 实现。它是中间 "Dalvik 字节码" 的解释器,但随后 JIT(Just in Time,会在第 4 章中解释的即时编译)被引入 Dalvik 的继任者 Android 运行时(ART)。其他例子包括 BEAM——用于 Erlang / Elixir 的虚拟机,Chakra——IE 9 中的 JavaScript 执行引擎,Parrot(Perl 6 虚拟机)和 Lua VM(Lua 虚拟机)。因此,没有人能说这种机器不受欢迎。

1.1.5 指针

到目前为止,我们仅介绍了两个内存概念:静态分配和堆栈分配(作为堆栈帧的一部分)。指针的概念是非常普遍的,可以发现从计算时代的一开始就有了,就像前面展示的指令指针(程序计数器)或堆栈指针的概念一样。专用于内存寻址的特定寄存器(如索引寄存器)也可以被视为指针[2]。

PL/I 是 IBM 于 1965 年左右推出的一种语言,目标是成为科学界和商业界的通用语言。尽管

---

1 我们将在第 2 章中介绍内存访问模式在缓存使用上下文中的重要性。

2 在内存寻址的上下文中,一个重要的增强功能是在曼彻斯特 Mark 1 机器("宝贝"的继承者)中引入的索引寄存器。索引寄存器允许我们通过将其值添加到另一个寄存器中来间接引用内存。因此,在连续内存区域(如数组)上操作所需的指令更少。

它的目标没有完全实现，但它仍是历史的重要组成部分，因为它是第一种引入指针和内存分配概念的语言。实际上，参与 PL/I 开发的 Harold Lawson 于 2000 年被 IEEE 授予"发明了指针变量，并将这个概念引入 PL/I，从而首次在通用高级语言里提供了灵活处理链接列表的能力"的奖项。这正是指针发明背后的需求——执行列表处理和对其他复杂的数据结构进行操作。指针概念在 C 语言的开发过程中被使用，C 语言是从 B 语言(和前代语言或 BCPL 和 CPL)演变而来的。直到 FORTRAN 90 版本(1991 年定义的 FORTRAN 77 的继承者)才引入了动态内存分配(通过分配/取消分配子例程)、POINTER 属性、指针赋值和 NULLIFY 语句。

指针是将位置地址存储在内存中的变量。简而言之，它允许我们通过地址引用内存中的其他位置。指针大小与前面提到的字长有关，它由计算机的架构决定。因此，如今我们通常处理 32 位或 64 位宽的指针。由于它只是内存的一小部分，因此可以将其放置在堆栈中(例如，作为局部变量或函数参数)或 CPU 寄存器上。图 1-8 展示了一种典型情况，其中一个局部变量(存储在函数活动帧中)是一个指向另一个地址为 Addr 的内存区域的指针。

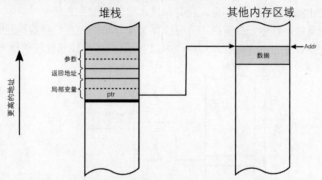

图 1-8　函数的局部变量是指向地址 Addr 下面的内存指针 ptr

在内存寻址的上下文中，一个重要的增强功能是在曼彻斯特 Mark 1 机器("宝贝"的继承者)中引入的索引寄存器。索引寄存器允许我们通过将其值添加到另一个寄存器中来间接引用内存。因此，在连续内存区域(如数组)上操作所需的指令更少。

指针的这种简单思路使得我们能够构建复杂的数据结构，例如链表或树，因为内存中的数据结构可以相互引用，从而能够创建更复杂的结构(见图 1-9)。

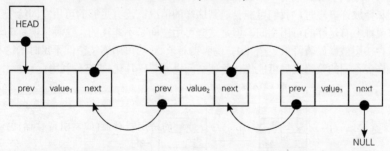

图 1-9　当每个元素指向其上一个和下一个元素时，可用于构建双向链接列表结构的指针

此外，指针可以提供指针算术。它们可以加上或减去内存的相对引用部分。例如，增量运算符将指针的值加上指向的对象大小的值，而不是像预期的那样加上单个字节。

在 Java 或 C#之类的高级语言中，指针通常不可用或必须要显式启用，并将会使得此类代码不安全。在下一小节中讨论使用指针的手动内存管理时，这一点将会更加清楚。

1.1.6 堆(Heap)

现在，我们终于介绍在.NET 内存管理上下文中最重要的概念。堆(也称为自由存储区)是一个用于动态分配对象的内存区域。自由存储区是一个更好的名称，因为它没有体现任何内部结构，而只体现了一个目的。事实上，人们可能会问堆数据结构和堆本身之间的关系。真相是——没有关系。尽管堆栈组织得很好(它是基于 LIFO 数据结构概念的)，但堆更像是一个"黑匣子"，无论它来自何处，都可以要求提供内存。因此，"池(pool)"或前面提到的"自由存储区"可能是一个更恰当的名称。"堆"这个名称可能是因为从一开始就使用了传统的英语含义，即"混乱的地方"——尤其是与有序的堆栈空间相反。从历史上看，ALGOL 68 引入了堆分配，但该标准并未被广泛采用。但是，这个名称可能就来自于此。事实是，这个名字的真正历史渊源目前还不清楚。

堆是一种内存机制，能够提供具有指定大小的连续内存块。该操作被称为动态内存分配，因为在编译时不需要知道内存的大小和实际位置。由于内存的位置在编译时是不知道的，因此动态分配的内存必要要由指针来引用。因此，指针和堆本质上是相关的。

显然，应该在某些指针中记住某些"分配给我 X 个字节的内存"函数返回的地址，以供将来引用已创建的内存块。它可以存储在堆栈中(见图 1-10)、堆本身或其他任何地方。

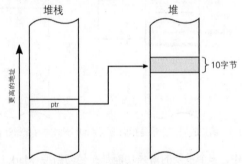

图 1-10　带有指针 ptr 的堆栈和有 10 字节宽的块的堆

将给定的内存块返回内存池以备将来使用时，这个操作即分配操作的反向操作，称之为释放。堆是如何精确地分配具有给定大小的空间，这点是一个实现细节。有许多"分配器"用于实现这个细节，我们将很快了解其中的一些内容。

当分配和释放许多块时，我们可能会遇到这样的情况：没有足够的可用空间给予给定对象，尽管总的来说堆上有足够的可用空间，但是这些可用空间是不连续的。这种情况称为堆碎片，可能会导致内存使用效率显著降低。图 1-11 说明当对象 X 的可用连续空间不足时的这种问题。分配器使用了许多不同的策略来尽可能优化管理空间以避免碎片化(或充分利用)。

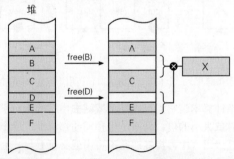

图 1-11　碎片——删除对象 B 和 D 之后，新对象 X 没有足够的空间了，尽管总体有足够的可用空间

同样值得注意的是,在单个进程中是否有一个或多个堆实例是另一个实现细节(我们将在更深入地讨论.NET 时看到它)。

以下是对表 1-1 中的堆栈和堆的差异的一个简短总结。

表 1-1　堆栈和堆特性的比较

特性	堆栈	堆
生存期	局部变量的作用域(在进入时推入,在退出时弹出)	显式(通过分配和可选的自由存储)
作用域	局部(线程[1])	全局(任何有指针的)
访问	局部变量,函数参数	指针
访问时间	快速(可能在 CPU 有缓存区域)	较慢(甚至可能临时保存到硬盘中)
分配	移动堆栈指针	不同的可能策略
分配时间	非常快(更进一步地推动堆栈指针)	较慢(取决于分配策略)
释放	移动堆栈指针	不同的可能策略
使用	子程序参数、局部变量、活动帧,编译时大小已知的不大的数据	一切
容量	有限[通常每个线程只有几兆字节(MB)]	无限制(就硬盘空间而言)
大小可变	否	是[2]
碎片	不会有	可能
主要威胁	堆栈溢出	内存泄漏(忘记释放已分配的内存),碎片

除了它们之间的差异之外,通常堆栈和堆都位于进程地址空间的相对两端。在第 2 章中考虑低级内存管理时,我们将会讲到进程地址空间内的详细堆栈和堆布局。然而,应该记住,它仍然只是一个实现细节。通过提供值和引用类型的抽象(将在第 4 章中介绍),我们不需要理会它们的创建位置。

现在,让我们继续进行有关手动与自动内存管理的讨论。正如 Ellis 和 Stroustrup 在 *The Annotated C++ Reference Manual* 中写道:

> C 程序员认为内存管理太重要了,不能交给计算机。Lisp 程序员认为内存管理太重要了,不能交给用户。

1.2　手动内存管理

本书到目前为止,我们一直看到的都是“手动内存管理”。这意味着开发人员要负责显式分配内存,然后在不再需要内存时,开发人员要负责释放内存。这是真正的手动工作。它就像大多数欧洲汽车的手动挡。我来自欧洲,我们只是习惯于手动变挡汽车。在驾驶过程中,我们必须考虑现在是不是变挡的好时机,还是应该等几秒钟,直到发动机转速足够高才变挡。这有一个很大的优势——我们对汽车有完全控制权,由我们负责发动机是否以最佳方式使用。由于人类仍然能够更加适应不断变化的状况,优秀的驾驶员可以使手动挡比自动挡更好。当然,这里有一个很大的缺点。除了要考虑我们的主要目标——从 A 到 B 位置,我们还要考虑数以百计、数以千计的

1　这并不完全正确,因为可以将指向堆栈变量的指针传递给其他线程。不过,这绝对是不正常的用法。

2　由于堆的动态性质,有些函数允许我们调整(重新分配)给定内存块的大小。

换挡。这既费时又累人。我知道有些人会说这很有趣，控制自动挡很无聊。我甚至可以同意他们的观点。但是，我还是很喜欢这种汽车比喻与内存管理的关系。

当我们谈论显式的内存分配和释放时，就像手动变速器一样。除了考虑我们的主要目标(可能是代码的某种业务目标)之外，还必须考虑如何管理程序的内存。这会使我们脱离主要目标，并带走我们宝贵的注意力。除了要考虑算法、业务逻辑和业务领域之外，我们还必须考虑何时以及需要多少内存。多长时间？谁负责释放它？这些听起来像业务逻辑吗？当然不是。这个问题是好是坏是另一回事。

著名的 C 语言是由 Dennis Ritchie 在 20 世纪 70 年代初期设计的，并已经成为世界上使用最广泛的编程语言之一。从 ALGOL 发展到中间语言 CPL、BCPL 和 B，最后发展到 C 语言的历史很有趣，但在我们的上下文中，重要的是，C 与 Pascal(ALGOL 是 Pascal 的直接祖先)，它们是两种具有显式内存管理的最流行的语言。关于 C，我可以毫无疑问地说，它的编译器已经为任何硬件架构编写过。如果外星飞船拥有它自己的 C 编译器(可能实现 TCP/IP 堆栈作为另一个广泛使用的标准的例子)，我不会感到惊讶。这种语言与其他编程语言有无法想象的巨大的关联。现在让我们停留片刻，在内存管理的背景下更深入地研究它。这将使我们能够列出手动内存管理的一些特征(见代码清单 1-4)。

代码清单 1-4　展示手动内存管理的 C 语言示例代码

```c
#include <stdio.h>

void printReport(int* data)
{
    printf("Report: %d\n", *data);
}

int main(void) {
    int *ptr;
    ptr = (int*)malloc(sizeof(int));
    if (ptr == 0)
    {
        printf("ERROR: Out of memory\n");
        return 1;
    }
    *ptr = 25;
    printReport(ptr);
    free(ptr);
    ptr = NULL;
    return 0;
}
```

当然，这是一个有点夸张的例子，但是通过这个例子，我们可以清楚地说明问题。我们可以注意到，这个简单的代码实际上只有一个简单的业务目标：打印"报告"。为简单起见，该报告仅包含一个整数，但是你可以把它想象成一个更复杂的结构，包含了指向其他数据结构的指针。这个简单的业务目标看起来似乎被许多"仪式代码"束之高阁，这些代码只关心内存。本质上，这是一个手动内存管理。

总结上面的代码，除了要编写业务逻辑之外，开发人员还必须做到：

- 使用 malloc 函数为所需的数据分配适当数量的内存。
- 将返回的泛型(void *)指针强制转换为精确的指针类型(int*)，以指示我们指向的是数值(对于 C，则为 int 类型)。
- 在本地指针变量 ptr 中记住指向内存分配区域的指针。

- 检查是否成功分配了这么多的内存(如果失败，返回的地址将为 0)。
- 取消引用(访问其地址下的内存)指针以存储一些数据(数值为 25)。
- 将指针传递给另一个函数 printReport()，该函数调用上一步的取消引用来达到其自身目的。
- 使用 free 函数释放不再需要使用的已分配内存。
- 为了更放心，我们应该用一个特殊的 NULL 值标记指针(这是一种告诉该指针要指向零点的方法，实际上对应于值 0[1])。

正如我们所看到的，当我们必须要手动管理内存时，我们需要记住很多东西。而且，上述每一个步骤都可能被错误地使用或遗忘，从而导致一堆严重的问题。让我们过一遍上述步骤来看看会发生什么坏事。

- 我们要确切地知道我们需要多少内存。在我们的示例中，它就像 sizeof(int)一样简单，但如果处理更复杂的嵌套数据结构呢？可以很容易地想象出这样一种情况：因为手动计算所需大小有些小错误，导致我们分配的内存太少。后来，当我们想从这样的内存区域进行写入或读取时，我们可能会遇到 Segmentation Fault(段错误)的错误——试图访问没有被我们分配或分配给另一个目的的内存。另一方面，由于类似的错误，我们可能分配了过多的内存，这导致内存效率低下。
- 如果不小心引入了不匹配类型，则转换可能总是容易出错，并且可能会引入难以诊断的错误。我们将尝试解释某种类型的指针，因为它是完全不同的类型，所以很容易导致危险的访问冲突。
- 记住地址是一件容易的事。但如果我们忘记了要记住地址，那怎么办呢？我们将会分配一堆内存，却无法释放它——我们只是忘记了它的地址而已！这就是内存泄漏问题的直接路径，因为无法释放的内存数量会随着时间不断地增多。此外，指针可以存储在比局部变量更复杂的地方。如果由于释放了包含该指针的复杂结构而导致丢失了指向一个复杂对象图的指针地址，那该怎么办？
- 一次检查我们是否能够分配所需的内存量并不麻烦。但在每一个函数中都要做一百次检查，那肯定很麻烦。我们可能会决定省略这些检查，但这可能会导致我们在应用程序的许多地方出现未定义的行为，来试图访问那些最初没有被成功分配的内存。
- 取消引用指针总是很危险的。没有人知道它们所指的地址是什么。是否存在仍然有效的对象，或者它可能已经被释放了？这个指针在最初的地方还有效吗？它指向正确的用户内存地址空间吗？在像 C 这样的对指针完全控制的编程语言中，会导致以上种种担忧。手动控制指针会导致严重的安全问题——将不会有系统和编程语言的辅助，只有程序员自己注意，不要将数据暴露在根据当前内存和类型模型应该可用的区域之外。
- 在多线程环境中，在函数和线程之间传递指针只会增加对前面几点的担忧。
- 我们必须记住释放分配的内存。如果省略此步骤，则会发生内存泄漏。在上面这样一个简单示例中，当然真的很难忘记调用 free(释放内存)函数。但是在更复杂的代码库中，当数据结构的所有权不那么明显，并且指向这些结构的指针在这里和那里传递时，问题就大得多了。还有另外一种风险——没有人能够阻止我们释放那些已经被释放的内存。然而，这是导致不确定行为的又一个机会，并且可能是导致段错误的原因之一。
- 最后但并非最不重要的一点是，我们应该将指针标记为 NULL(或者 0 或者任何我们可以命名的指针)，以标注它已经不再指向有效对象了。否则，它将被称为悬空指针，它早晚

---

1 NULL 值在.NET 中的实现细节将在第 10 章中介绍。

会导致段错误或其他未定义的行为,因为它可以被相信它代表着仍然有效数据的人取消引用。

从开发人员的角度可以看出,显式的内存分配和释放实际上很麻烦。但这是一个非常强大的功能,可以肯定使用它能够写出完美的应用程序。在性能至关重要的情况下,开发人员必须 100%确认哪些在幕后工作——这种方法很有用。

但是"权利越大,责任就越大",这是一把双刃剑。随着软件工程的发展,编程语言在帮助开发人员摆脱所有这些烦恼方面也变得越来越先进。

更进一步说,C 语言的直接继承者 C++在该领域也没有太大变化。但是,值得在 C++上花一些时间,因为它是如此流行并且引入了其他广泛使用的概念。众所周知,C++是一门具有手动内存管理功能的编程语言。将前面的示例转换为 C++,我们得到了如代码清单 1-5 所示的代码。

代码清单 1-5　展示手动内存管理的 C++语言示例代码

```
#include <iostream>
void printReport(int* data)
{
    std::cout << "Report: " << *data << "\n";
}


int main()
{
    try
    {
        int* ptr;
        ptr = new int();
        *ptr = 25;
        printReport(ptr);
        delete ptr;
        ptr = 0;
        return 0;
    }
    catch (std::bad_alloc& ba)
    {
        std::cout << "ERROR: Out of memory\n";
        return 1;
    }
}
```

根据上文,可以发现一些重大改进。

- 由于编译器的支持(能够建议正确的类型大小),new 运算符知道需要多少内存,能够分配足够的内存。
- 不需要将获得的指针强制转换为适当的类型。这消除了我们之前要考虑的一些类型安全问题。
- 错误处理也得到了改进,我们不必手动检查分配是否成功,因为在出现问题时会抛出异常。

尽管如此,在这个例子中我们仍然看到了很多仪式代码,还引入了一个新问题。如果printReport()函数引发异常,该怎么办?如果没有相应的错误处理,我们很容易会忽略 delete 运算符,从而导致内存泄漏。修复示例代码很容易,但是在更复杂的应用程序中它并不是那么明显,因为数据的所有权(应该删除谁和在哪一层删除此类指针)并不清晰。

在多线程环境中,当指针可在多个执行单元之间共享时,我们在本章中看到的所有问题都会被放大。必须仔细同步，以免混合了失效数据。例如，如果一个线程检查给定指针是否有效(而不是 NULL)，而另一个线程在此之后检查该指针所指向的内存，那该怎么办？这种情况可能会导致间歇性和难以诊断的问题。在显式内存管理的世界中，提供一个合适的同步机制来避免这种情况变成开发人员的责任。

代码清单 1-5 所展示的 C++示例故意与该语言中的当前内存使用模式不符。它应该使用某种 RAII (Resource Acquisition Is Initialization，资源获取就是初始化)技术——资源(如内存)由一个实现了某种内存所有权逻辑的类型的局部变量来表示。稍后将在代码清单 1-10 提供此类示例。

虽然这样的模式有助于解决一些问题，但是在我们对手动和自动内存管理的通用讨论中，它们并没有太大改变。

1.3　自动内存管理

为了克服手动内存管理的这些问题并为程序员提供一种更令人满意的处理方式，人们提出了各种不同的自动内存管理方法。有趣的是，最早出现在 1958 年的第二古老的高级编程语言 LISP，在该领域可以提供很多帮助。作为一种主要基于列表处理的函数式语言，手动内存管理会让人很不舒服。函数式编程范式将程序视为组合函数的求值，并强烈避免修改数据(变化)和副作用。分配和释放内存是非常易变的，并且有明显的副作用。在函数式代码中以这种方式处理内存会使它充满命令式的味道，而 LISP 被设计成一种高度声明式的语言。正如 LISP 语言的创建者所说，"必须显式地删除列表，因为它将使一切都变得非常丑陋。"因此，必须开发一些更复杂的东西来解决这些问题。LISP 的第一个版本具有内置的 eralist(擦除列表)函数，但是在引入自动内存管理之后，它被删除了。

一般来说，LISP 是一种具有创新性的语言，它的设计帮助发明了许多重要的计算机科学思想，而自动内存管理就是其中之一。事实上，人工智能的联合创始人之一和 LISP 的发明者约翰•麦卡锡(John McCarthy)也是第一个垃圾回收算法的创建者。当时许多思想仍然有效，并且仍在当今的编程语言中得到使用。可以肯定地说，自动内存管理就是在 LISP 中诞生的。McCarthy 在 1958 年撰写的第一篇论文中介绍了标记清除(Mark-Sweep)算法，我们将在后续章节中对其进行深入研究，因为它仍然在.NET 环境和许多其他地方使用。

LISP 的表现力和简洁性使其能够以代码清单 1-6 中所示的简单形式表达我们的示例程序。

代码清单 1-6　展示自动内存管理的 LISP 语言示例代码

```
(defun printReport(data)
    (write-line (format nil "Report: ~a" data))
)

(prog
   ((ptr 25))
   (printReport ptr)
)
```

感谢有了自动内存管理，所有代码混乱都消失了，我们可以清晰地看到对程序业务目标的高级描述——打印"报告"。

McCarthy 在他有关 LISP 设计的论文中提到的一个有趣的轶事：

"符号表达式的递归函数及其由机器进行的计算，第一部分。"他简要地描述了这种机制，但仅简单地把它命名为"回收"。

后来，他对这一部分进行了注释：

我们已经把这个过程称为"垃圾回收"，但是我想我不敢在论文中使用它——电子语法研究实验室的女士们不允许我这样做。

除了它的名字外，这个想法已经存在并且准备实施。目前，自动内存管理机制和垃圾回收名称可以互换使用。我们可以将其定义为一种机制，该机制一旦创建对象，便会在不再需要时自动销毁(并且恢复它们的内存)，从而使程序员无须承担手动内存管理的责任。

我想在这本书中传达的主要信息之一是，即使内存管理是完全自动化的，也会产生问题。作为一个小小的确认，值得一提的是关于 LISP 第一次实现垃圾回收的有趣事实。正如 McCarthy 在《编程语言史》一书中所回忆的那样，在麻省理工学院的一次工业联络研讨会上，首次对 LISP 进行公开演示时，由于轻微的疏忽，Flexowriter(当时的电动打字机)打印了很多页以下内容开头的错误消息：

垃圾回收器已被调用。以下是一些有趣的统计数据……

因为这一点，观众们大笑，不得不取消演讲。除了 McCarthy 本人，没有人知道这是垃圾回收器的滥用而导致的。尽管它是人为错误而不是算法错误，但我们仍然可以说垃圾回收器从一出生就制造了麻烦！

我们将在本章中熟悉的 Mutator 和其他概念是自动内存管理学术研究中的重要术语。由于其定义清晰，我们可以在学术和技术论文中将它们区分开来而没有歧义。例如，关于特定算法的"Mutator 开销"。在考虑各种垃圾回收设计时，通常会讨论回收器对 Mutator 的影响，反之亦然。现在让我们仔细看看分配器、Mutator 和回收器这几个术语。

1. Mutator

在与内存管理相关的几个基本概念中，最基本的概念和非常重要的概念是一个称为 Mutator 的抽象。在最简单的版本中，我们可以将 Mutator 定义为负责执行应用程序代码的实体。它的名字来源于 Mutator mutates(改变)内存状态的事实——对象正在分配或修改，并且它们之间的引用也正在改变。换言之，Mutator 是应用程序中有关内存的所有更改的驱动器。这个名称是由 Edger Dijkstra 于 1978 年在论文《即时垃圾回收：合作中的实践》中创造的。我们可以在这个主题上找到详细的阐述。一个有趣的附带事实是，Dijkstra 在这篇相当古老的论文中提出的主张现在仍在使用。例如，在 2015 年仍被 GO 语言使用，并取得了不错的成绩。

我喜欢 Mutator 抽象，因为它为特定框架或运行时中的事物提供了一种简洁明了的分类。我们可以将 Mutator 定义为所有可能修改内存的东西，无论是通过修改现有对象还是通过创建新对象。尽管这个定义并不严谨，但是我们可以将其扩展到可以读取内存的所有内容(因为读取是程序执行的关键操作)。这点引出了一个重要的论点——为了完全可操作，Mutator 需要为运行的应用程序提供以下三种操作。

- New(amount)：分配给定数量的内存，然后由新创建的对象使用。请注意，在此抽象级别上，我们不考虑对象的类型信息，该信息可能在运行时可用，也可能不可用。我们只是提供所需要分配的内存大小。
- Write(address, value)：在给定地址下写入指定值。在这里，我们还抽象了我们正在考虑的对象字段(在面向对象的程序设计中)、全局变量或任何其他类型的数据组织。
- Read(address)：从指定地址读取一个值。

在最简单的，不存在任何垃圾回收算法的世界中，这三个操作有简单的实现(在代码清单 1-7 中用类似 C 的伪代码编写)。

代码清单 1-7　在没有自动内存管理的世界中的三个 Mutator 方法实现

```
Mutator.New(amount)
{
  return Allocator.Allocate(amount);
}

Mutator.Write(address, value)
{
  *address = value;
}

Mutator.Read(address) : value
{
  return *address;
}
```

但是在自动垃圾回收的世界中，这三个操作是 Mutator 与垃圾回收器(Collector)和分配器(Allocator)合作的地方。这种合作的外观以及它在多大程度上干扰了上述实现的简单性，是最重要的设计问题之一。在本书中，我们遇到的最常见增强功能是添加 barrier——要么是读取 barrier，要么是写入 barrier。barrier 是在特定操作之前或之后增加其他操作的一种方式。barrier 让我们与垃圾回收器机制同步(直接或间接、同步或异步)，以告知程序的执行情况和内存使用情况。代码清单 1-7 中的三种方法就是每个垃圾回收器可能希望插入的注入点。我们将在后续各章介绍不同的垃圾回收算法时介绍一些最常见的变体。

在开发人员的日常现实中，Mutator 抽象最常见的实现是一个众所周知的线程。它完全符合定义——它是一个运行代码、在对象之间修改对象和引用图的单元。这对我们来说非常直观，因为绝大多数最流行的运行时都使用该实现。在许多其他功能中，线程通过一些附加层与操作系统通信，以允许进行 New、Write 和 Read 操作。

就操作系统线程而言，不必将 Mutator 实现为线程。流行的例子可能是带有进程的 Erlang 生态系统——它们作为运行时本身中存在的超轻量级协同例程进行管理。它们可以被看成"绿色线程"，但就 Erlang VM 而言，最好将它们称为"绿色进程"，因为运行时强制执行的分隔比类线程实体之间的分隔要强得多。这意味着它们是在运行时级别而非操作系统级别上管理的实体。Mutator 的另一个常见实现可能是基于 fiber，即在 Linux 和 Windows 中都实现的轻量级执行单元。

2. 分配器(Allocator)

Mutator 必须能够使用我们在上一点中讨论过的 New 操作。当涉及这些方法的内部时，迟早会提到另一个非常重要的概念——分配器。分配器是一个负责管理动态内存分配和解除分配的实体。如前所述，在诸如 ALGOL 或 FORTRAN 的早期语言中，没有分配器，因为根本就没有动态内存分配。

分配器必须提供两个主要操作。

● Allocator.Allocate(amount)：分配指定数量的内存。如果类型信息可用于分配器，则显然可以通过能够为特定类型的对象分配内存的方法来扩展此方法。如我们所见，它被 Mutator.New 操作内部使用。

● Allocator.Deallocate(address)：释放给定地址下的内存以供将来分配。请注意，在自动内存管理的情况下，此方法是内部方法，不会暴露给 Mutator(因此，没有用户代码可以显式调用它)。

这个想法似乎很简单。但是正如我们将看到的，这并不像人们所期望的那么容易。分配器设计有很多不同的方面。和往常一样，事实上，一切都是权衡，主要是在性能、实现复杂性(直接导致可维护性)和其他方面之间进行权衡。我们将深入研究两种最流行的分配器：顺序和自由列表。但是，由于它是一个实现细节，因此在第 4 章中的.NET 特定上下文中学习它们会更好。

3. 回收器(Collector)

当我们将 Mutator 定义为负责执行应用程序代码的实体时，我们也可以将回收器定义为运行垃圾回收(自动回收内存)代码的实体。换言之，我们可以将回收器视为一段执行它的软件(代码)或线程，或两者兼而有之。这取决于上下文。

回收器如何知道哪些对象是不再需要并且可以释放的呢？这是一个不可能的问题，因为它实际上需要猜测未来——某个特定的对象是否会被使用？它取决于将要执行的代码，还可能取决于其他独立因素，如用户操作、外部数据等。一个理想的回收器应该会知道对象的存活性——存活对象就是那些被需要的对象。相反，死的(或垃圾)对象将不会被使用并且可以被销毁。显然，这就是回收器通常被称为垃圾回收器或简称为 GC 的原因。

Mutator、分配器和回收器相互协作能够得到有趣的结果。请再次注意，由于没有公开的 Allocator.Deallocate 方法，因此 Mutator 无法显式释放获得的内存。Mutator 只能要求分配越来越多的内存，因为它有无限的来源。这意味着垃圾回收机制实际上是对具有无限内存的计算机的模拟。该模拟的工作方式以及效率如何将成为一个实现细节。

可以想到一种特殊的垃圾回收器，它根本不会释放分配过的内存。它被称为 Null 或零垃圾回收器(Zero Garbage Collector)。它只能在具有无限内存的计算机上正常工作，但遗憾的是这种计算机尚不存在。但是 Null 垃圾回收器并非没有任何实际用途。例如，它可以用于寿命很短的程序，在这种情况下无限增长的内存使用量是可以接受的。也许它们会在无服务器、短期运行的单一功能领域中变得越来越流行。第 15 章介绍了该类.NET 零垃圾回收器的示例草稿。

因为不可能知道对象的存活性[1]，所以回收器是基于对象的一个不太严格的属性——它是否可以从任何 Mutator 到达。对象的可到达性意味着对象之间存在一系列引用(从任何 Mutator 的可到达内存开始)，最终引入该对象的引用(见图 1-12)。可到达性显然并不意味着物体的存活性，而只是我们可以拥有的最佳近似值。如果某个对象无法从任何 Mutator 到达，则无法再使用它，认为该对象已死(垃圾)而且可以安全回收。而其反面显然不是事实。可到达对象可以永远保持可到达状态(由一些复杂的引用图来保持)，但由于执行条件可能永远无法访问，因此它实际上已经死了。实际上，大多数托管内存泄漏都处于存活性和可到达性之间。

---

1 在第 4 章中，我们将讨论转义分析———一种至少在某些特定情况下能确定指针真实存活性的方法。

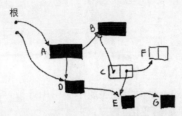

图 1-12 可到达性——对象 C 和 F 是不可到达的，因为没有能从根(Mutator 的位置)到达它们的路径

Mutator 在可到达性方面的起点称为根。它们的确切内容取决于特定的 Mutator 实现。但是在大多数情况下，当 Mutator 只是一个线程(由基于操作系统的原生线程表示)时，根可以是：

- 局部变量和子例程参数 放置在堆栈上或存储在寄存器中。
- 静态分配的对象(例如全局变量) 放置在堆上。
- 存储在回收器自身内部的其他内部数据结构。

在了解了三个主要的构建块(Mutator、分配器和回收器)之后，现在可以继续介绍大量不同的自动内存管理方法。虽然很想提供一个包含所有内容的详细描述的全面清单，但这远远超过了本书可以涵盖的内容。因此只能退而求其次，我们将只学习一些主要的、最流行的方法。

1.4 引用计数

自动内存管理的两种最流行的方法之一称为引用计数，其背后的思想非常简单。它是基于对对象的引用数进行计数。每个对象都有其自己的引用计数器。当一个对象被分配给一个变量或一个字段时，对其引用的数量就会增加。同时，变量原先所引用的对象的引用计数器会减小。

引用计数法中对象的存活性是通过引用引用对象的数量来跟踪的。如果计数器降到零，即没有对象引用该对象，因此可以释放该对象。但是，如果计数器不降为零，怎么办？这并没有说明一个对象的存活性——它只说明了有对象在保留对它的引用，而不是有对象将会使用它。因此，引用计数是猜测对象存活性的另一种不那么严谨的方法。

回到代码清单 1-7 中的那个 Mutator 简单示例，该示例在引用计数的情况下，可以描述成如代码清单 1-8 所示。

代码清单 1-8 描述简单引用计数算法的伪代码示例

```
Mutator.New(amount)
{
    obj = Allocator.Allocate(amount);
    obj.counter = 0;
    return obj;
}


Mutator.Write(address, value)
{
    if (address != NULL)
        ReferenceCountingCollector.DecreaseCounter(address);
    *address = value;
    if (value != NULL)
        value.counter++;
}

ReferenceCountingCollector.DecreaseCounter(address)
```

```
{
    *address.counter--;
    if (*address.counter == 0)
        Allocator.Deallocate(address)
}
```

图 1-13 和代码清单 1-9 中的一个简单程序演示了引用计数行为。根据 Mutator 的方法重写了 3 行简单的代码，以展示引用是如何变化的。

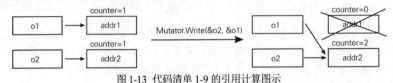

图 1-13 代码清单 1-9 的引用计算图示

代码清单 1-9 演示引用计算的伪代码示例

```
o1 = new SomeObject();
o2 = new SomeObject();
o2 = o1;

// becomes:

addr1 = Mutator.New(SizeOf(SomeObject))    // addr1.counter = 0
Mutator.Write(&o1, addr1)                  // addr1.counter = 1
addr2 = Mutator.New(SizeOf(SomeObject))    // addr2.counter = 0
Mutator.Write(&o2, addr2)                  // addr2.counter = 1
Mutator.Write(&o2, &o1)                    // addr1.counter = 0; addr2.
counter = 2
```

正如我们在代码清单 1-9 中看到的，在 Mutator.Write 操作中增加了很大的开销。它必须检查和修改计数器数据，并在计数器降为零时执行释放操作。在多线程(多个 Mutator 并行工作)环境中，这将变得更加复杂。这种情况下，这些操作应该是线程安全的，因此同步会增加其自身的额外开销。Mutator.Write 是一种非常常见的操作(会由任何分配引入)，其中的开销会为整个程序执行带来大量开销。此外，从实现的角度看，存储对象计数器的地方并不重要。可以是专用的空间或某种尽可能靠近对象本身的头部(header)。在这两种情况下，都不会改变每个分配都会生成额外的内存写入的事实，这是我们不希望看到的。这还可能导致 CPU 缓存使用效率低下，但这是另外一个主题，我们将在下一章中进一步了解。

如果我们讲回前面提到的可到达性，则可以说引用计数是通过局部引用而不是通过跟踪引用对象图的全局状态来近似存活性的。特别是，如果没有任何额外的改进，循环引用时可能会出错。这可以在流行的数据结构(如双链表)中找到这种方法(见图 1-14)。这种情况下，引用计数器永远不会降为零，因为具有值 1 的数据结构和具有值 2 的数据结构会彼此指向对方。

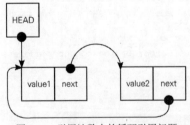

图 1-14 引用计数中的循环引用问题

虽然在语言级别上创建循环引用可能会很困难，但是图 1-14 则是一个成功的案例。在这种情况下，可以使用引用计数算法，而不必担心由于该问题导致的内存泄漏。

引用计数流行的原因和一个非常大的优点就是它不需要任何运行时支持，它可以作为外部库形式的某些特定类型的附加机制来实现。这意味着我们可以保持原始的 Mutator.New 和 Mutator.Write 不变，而只是引入此类逻辑的高级副本，例如带有适当重载的运算符和构造函数的类。最流行的 C++ 实现就是这种情况。

因此引入了智能指针，它能以更复杂的方式来管理它们所指向的对象的生存期。从实现的角度看，C++ 中的智能指针实际上只是模板类，它通过适当的操作符重载来表现出与普通指针类似的行为。在 C++ 的情况下，我们可以使用两种类型：

- unique_ptr 实现唯一所有权语义(例如，指针是对象的唯一所有者，一旦 unique_ptr 超出范围或为其分配了另一个对象，该对象将被销毁)。
- shared_ptr 实现了引用计数语义。

继续代码清单 1-5 中的示例代码，使用智能指针，我们会得到如代码清单 1-10 所示的 C++ 代码。

代码清单 1-10　展示了带智能指针的自动内存管理的 C++ 程序示例

```cpp
#include <iostream>
#include <memory>

void printReport(std::shared_ptr<int> data)
{
    std::cout << "Report: " << *data << "\n";
}

int main()
{
    try
    {
        std::shared_ptr<int> ptr(new int());
        *ptr = 25;
        printReport(ptr);
        return 0;
    }
    catch (std::bad_alloc& ba)
    {
        std::cout << "ERROR: Out of memory\n";
        return 1;
    }
}
```

如果我们在 printReport 函数内部调用 data.use_count()方法，将得到值 2，因为在该函数内部，两个不同的共享指针指向同一个对象。另外，从 try 块作用域退出之后，使用计数将为 0，因为没有更多的智能指针指向我们的对象。

请注意，代码清单 1-10 中的代码与 C++ 的良好实践不符。传递智能指针只是为了读取底层数据，应该通过常量引用(const &)而不是通过值来完成，但是通过常量引用并不会增加引用计数，因此它对于我们所要解释的目的是没有用的。

我们看到此类代码有了更大的改进，因为：

- 我们不必使用 delete 运算符手动销毁对象。
- 异常处理得以简化，如果 printReport() 函数抛出任何异常，则智能指针将超出 try 作用域 (以及所有封闭的作用域)，因此它将被自动销毁。这要归功于之前提到的 RAII(资源获取就是初始化)原理。该原理基于对象所表示的指针的变量作用域来关心对象的生存期。

共享和唯一的指针也可以用作类中的字段，这使它们成为强大和有用的工具。

问题是 C++中的智能指针是在标准库级别上引入的，而不是在语言本身。其他库也在引入它们自己的实现，导致有时要使它们彼此之间能够很好地沟通是有问题的。Qt 具有其自己的 QtSharedPointer，wxWidgets 具有 wxSharedPtr<T>。如果没有编译器和语言的支持，就只能以如此复杂丑陋的方式实现。这就是自动内存管理在.NET 等面向组件[1]的编程中如此重要的原因。.NET 诞生时，将内存管理责任从开发人员转移到运行时本身就是其主要的关键设计决策之一。如何创建、管理和回收对象的通用平台意味着每个组件都将能以相同的方式重用它，并且除了运行时本身之外，组件之间没有其他耦合。

关于 C++，值得注意的是，C++语言之父 Bjorne 允许在 C++标准中使用更复杂的 GC，因此 GC 不是被禁止的，只是尚未实现而已。此外，由于 C++的灵活性，既可以使用内存池系统，也可以使用将垃圾回收作为扩展库形式的 Boehm–Demers–Weiser 垃圾回收器——我们将很快介绍它。

其他语言可以直接在设计中就引入智能指针(将引用计数纳入其中)，Rust 就是这种情况，Rust 是 Mozilla 创建的一种现代的低级编程语言。通过将智能指针(实际上是几种不同的指针)的概念纳入该语言，可以在编译级别上提高数据安全性。它强烈地使用所有权语义和 RAII 原则，允许在编译时检查是否有诸如悬空指针引用之类的违规行为。引用计数的另一种显著用法是 Swift 语言中内置的自动引用计数。

引用计数的优点和缺点概括如下。

优点

- 确定性的释放时刻：我们知道，当对象的引用计数器降至零时，将发生释放。因此，只要不再需要内存，内存就会被回收。
- 更少的内存限制：由于内存回收速度与不再使用对象的速度一样快，等待回收的对象不会占用任何内存开销。
- 不需要任何运行时支持即可实现。

缺点

- 像代码清单 1-8 这样简单的实现在 Mutator 上会引入非常大的开销。
- 引用计数器上的多线程操作需要考虑周全的同步，这可能会带来额外的开销。
- 如果没有任何额外的增强，则无法回收循环引用。

诸如延迟引用计数(Deferred Reference Counting)或合并引用计数(Coalesced Reference Counting)的简单的引用计数算法已有改进，它们以牺牲某些优势(主要是内存的立即回收)为代价消除了其中的一些问题。但是，在此对它们进行描述远远超出了本书的范围。

1.5 跟踪回收器(Tracking Collector)

查找对象的可到达性很困难，因为它是对象的全局属性(取决于整个程序的整个对象图)，并且释放对象的简单显式调用是非常局部的。在该局部上下文中，我们并不了解全局上下文——现

---

1 这由许多较小的、可互换的依赖项组成。

在是否还有其他对象在使用该对象？引用计数试图通过只查看该局部上下文以及一些附加信息(对象的引用数)来克服这一问题。但这显然会导致循环引用而出现问题，并且还带有我们之前看到的其他缺点。

　　跟踪垃圾回收器是基于对象生存期的全局上下文的了解，从而可以更好地决定是否是删除对象(回收内存)的最佳时机。实际上，这是一种非常流行的方法，几乎可以肯定的是，当有人谈到垃圾回收器时，他可能指的就是跟踪垃圾回收器。我们可以在.NET 以及其他不同的 JVM 实现等运行时中遇到它。

　　其核心思路是跟踪垃圾回收器通过从 Mutator 的根开始并递归地跟踪程序的整个对象图，来发现对象的真正可到达性。这显然不是一件容易的事，因为进程内存可能要占用数 GB，并且跟踪这么大的数据量中的所有对象间引用会很困难，尤其是在 Mutator 一直在运行并更改所有这些引用的情况下。跟踪垃圾回收器的最典型方法包括以下两个主要步骤。

- 标记：在该步骤中，回收器通过找到它们的可到达性来确定内存中哪些对象可以被回收。
- 回收：在该步骤中，回收器将回收那些所发现的不再可到达的对象的内存。

　　可以扩展以上简单的两阶段逻辑的实现，就像.NET 中的情况一样，可以将其描述为“标记—计划—清除—压缩”。我们将在下一章详细介绍这些操作的内部工作原理。现在，先让我们只以笼统的方式看一下“标记和回收”步骤，因为它们还会引起一些有趣的问题。

1.5.1　标记阶段

　　在标记步骤中，回收器通过找到其可到达性来确定应该要回收内存中的哪些对象。从 Mutator 的根开始，回收器会遍历整个对象图并标记访问过的对象。在标记阶段结束时那些未标记的对象将是不可到达的。由于对象的标记，将不再存在循环引用问题。如果在图的遍历过程中返回到先前访问的对象，则由于该对象已被标记，因此我们将不再进一步遍历。

　　图 1-15 给出了这种算法的几个起始步骤。从根开始，我们通过对象间引用在对象的图内移动。至于我们是以深度优先还是宽度优先的方式访问该图，这都是实现细节。图 1-15 展示了深度优先方法，展示了每个对象的三种可能状态：

- 尚未访问的对象，标记为白色框。
- 记得要访问的对象，标记为浅灰色框。
- 已经访问过的对象(标记为可到达)，标记为深灰色框。

图 1-15 中所示的每一步可以描述如下(每个步骤都描述了相应的子图)：

(1) 一开始所有对象都是未被访问的。

(2) 添加对象 A 并作为第一个根进行访问。

(3) 由于对象 A 具有指向对象 B 和 D 的指针(作为字段)，因此添加了它们以进行访问。对象 A 本身在该阶段被标记为可到达。

(4) 正在访问“待访问”集中的下一个对象——对象 B。由于它没有任何要传出的引用，因此将其简单标记为可到达。

(5) 正在访问“待访问”集中的下一个对象——对象 D。它包含了对对象 E 的单个引用，因此将对象 E 标记为要访问。对象 D 本身被标记为可到达。

(6) 将对象 E 的传出引用对象 G 标记为要访问。对象 E 本身被标记为可到达。

(7) 在“待访问”集中要访问的最后一个对象是对象 G。它没有包含任何对它的引用，于是仅简单地将其标记为可到达。在这个阶段，没有更多要访问的对象，因此我们已经确定对象 C 和 F 为不可到达(死的)。

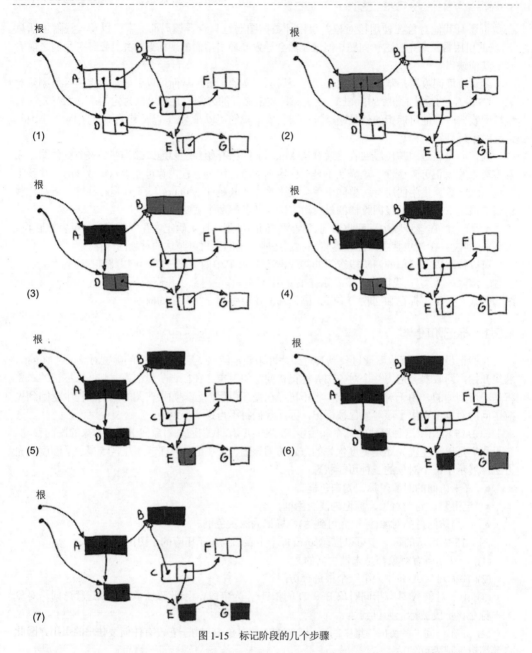

图 1-15 标记阶段的几个步骤

    显然，在正常 Mutator 的工作过程中，遍历这样的图是很困难的，因为这样的图会由于正常程序的执行而不断变化——创建新对象、变量，以及对象的字段分配等。因此，在某些垃圾回收器实现中，所有 Mutator 都在标记阶段的时间内停止。这样就可以安全且一致地遍历图。当然，一旦线程恢复运行，回收器基于对象图所掌握的知识就会过时。但这对于不可到达的对象来说不是问题——如果它们以前不可到达，那么它们将再也无法到达。但是，在许多垃圾回收器实现中，标记阶段是以并发方式完成的，因此标记过程可以与 Mutator 的代码一起运行。JVM 中的 CMS(并发标记清除)、JVM 中的 G1 以及.NET 中的 CMS 等常用算法就是这种情况。第 11 章将详细介绍如何在.NET 中实现这种并发标记。

标记阶段存在一个不明显的问题。为了跟踪可到达性，回收器应该能够知道根，而且要知道堆中的哪些位置放置了对其他对象的引用。如果运行时支持该类信息，这将是一个微不足道的问题，也可以通过其他方式克服它。

1. 保守垃圾回收器(Conservative Garbage Collector)

这种类型的回收器可以被看成一个保底的解决方案。当运行时或编译器无法通过提供确切的类型信息(对象在内存中的布局)从而不能直接支持回收时，并且在使用指针进行操作时回收器不能获得 Mutator 的支持时，则可以使用这个解决方案。如果"保守回收器"想要找出什么对象是可到达的，就要扫描整个堆栈、静态数据区域和寄存器。由于没有任何帮助，它不知道什么是指针，它只能试图去猜测(这就是前面说的保底的意思)。它通过检查几件东西来做到这一点(并且这几件东西都取决于特定的回收器实现)，但是最重要的一项检查是将给定字解释为地址(指针)是否指向由分配器堆区域管理的有效地址。如果结果是肯定的，回收器将保守地(因此得名保守回收器)假定它确实是一个指针，并把它当作一个引用来遵循，进行如前面描述的标记阶段通用图遍历。

显然，回收器在猜测时可能犯错，这将导致某些不准确之处——随机会使有些位看起来像是具有正确地址的有效指针(但实际上并不是)。这将导致在垃圾回收中依旧保留对应的内存不做回收。这不是一个很常见的问题，因为内存中的大多数数值都非常小(计数器、财务数据、索引)，因此唯一的问题可能是高密度的二进制数据，例如位图、浮点数或某些 IP 地址块[1]。有些算法的微妙改进，有助于克服该问题，在此我们不再赘述。此外，保守的报告意味着无法在内存中移动对象。这是因为必须要更新指向已移动对象的指针，如果不确定某个看起来像指针的东西是否确实是指针，这显然是不可能的。

那么，谁会优先需要这样的回收器呢？它的主要优点是可以在没有运行时支持的情况下工作——实际上，它仅扫描内存，因此不需要运行时支持(引用跟踪)。因此，当尚未开发出用于 GC 的完整类型信息的新运行时时，这是一种便捷的方法。在不妨碍工作的情况下，可以进行系统其余部分的开发。当能提供正确的类型信息后，只需要简单地关闭保守跟踪即可。Microsoft 在开发其运行时的某些版本时就使用了这种方法。

但是，保守回收器需要分配器的支持才能解决未知对象的内存布局问题。例如，它可以这样的方式安排对象的分配：将它们分组为相等大小的对象的段。由于对象的边界被定义为特定段对象大小的简单乘法，因此可以保守地扫描此类区域[2]。

在许多语言中，可以在语言(库)级别上替换分配器，这导致了保守垃圾回收作为库形式的流行。Boehm-Demers-Weiser GC(简称 Boehm GC)就是 C 和 C ++的 API 无关实现之一。

例如，保守垃圾回收器在 Mono(开源的 CLR 实现)中一直使用到 2.8 版(2010 年)，Mono 引入了 SGen 垃圾回收器——某种方式混合的方法，它仍然保守地扫描堆栈和寄存器，但是也基于运行时类型信息来扫描堆。

让我们简要总结一下有关保守垃圾回收的要点。

优点

- 对于不支持从头开始进行垃圾回收的环境(例如，早期运行时阶段或非托管语言)而言，更容易使用。

---

1 Boehm GC 和其他保守型 GC 允许分配具有特殊标志的块或区域(如 Boehm 中的 GC_MALLOC_ATOMIC)，向回收器指示该块不包含任何指针，不应对其进行扫描。因此，我们可以使用这种块来存储高密度的二进制数据，例如位图。

2 一个有趣的事实是 .NET 内部已经包含了保守回收器的实现，只是在默认情况下禁用了该实现。

缺点

- 不精确: 随机看起来像一个有效指针的所有内容都会阻止内存被回收——尽管这种情况并不常见, 这可以通过改进算法和附加标志来克服。

在简单方法中, 对象不能移动(压缩)——因为回收器不确定哪些是指针(而且它不能仅仅更新一个仅假定为指针的值)。

2. 精确垃圾回收器(Precise Garbage Collector)

与保守垃圾回收器相比, 精确垃圾回收器则简单得多, 因为编译器和/或运行时为回收器提供了有关对象的内存布局的全部信息。它还可以支持堆栈爬网(枚举堆栈上所有对象的根)。这种情况下, 猜测是毫无意义的。从定义明确的根开始, 它只需要逐个对象来扫描内存。给定一个指向对象开头的内存地址(或指向对象内部的内部指针和对应解释这种引用的内容依据), 回收器只需要知道传出引用(指针)的位置, 以便它可以在图遍历期间递归地跟随它们。

.NET 使用精确垃圾回收器, 我们将在以下各章中看到它的更多内部内容。实际上, 从第 7 章到第 10 章的所有章节都是专门针对这个目的而写的。

1.5.2 回收阶段

跟踪垃圾回收器找到了可到达的对象之后, 它可以从所有其他死对象中回收内存。由于许多方面的原因, 回收器的回收阶段可以多种不同的方式进行设计。在这么一个简短的段落里不可能描述完所有可能的组合和变体。但可以并且应该区分两种主要方法, 它们是各种实现的重点。

1. 清除(Sweep)

在这种方法中, 死对象被简单地标记为可用空间, 以便以后重用。这可能是一个非常快速的操作, 因为仅需要更改存储块的单个位标记(在示例性实现中)。这种情况如图 1-16 所示, 其中不再使用的对象 C 和 F(按照图 1-15 中的示例)仅通过将它们标记为可用空间就变成可用空间。

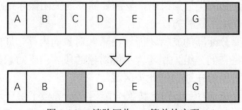

图 1-16　清除回收——简单的实现

然后, 在这种简单实现的分配过程中, 被扫描的内存的间隙大小不小于要创建的对象的大小。

但是不简单的实现则可能需要通过构建数据结构来存储有关可用内存块的信息, 以便更快地检索, 通常采用空闲列表的形式(如图 1-17 所示), 而且这些空闲列表必须足够智能, 以合并相邻的可用内存块。进一步的优化可能会导致存储一组空闲列表, 以存储范围大小不等的内存间隙。在实现细节方面, 也有不同的方式可以扫描此类列表。最流行和最适合的两种方法是最佳匹配和最先匹配方法。在最先匹配方法中, 只要找到任何合适的空闲内存块, 就会停止空闲列表扫描。在最佳匹配方法中, 将始终扫描所有空闲列表条目, 以试图查找到所需大小的最佳匹配项。最先匹配方法速度更快, 但可能导致更大的内存碎片, 而最佳匹配方法恰好相反。

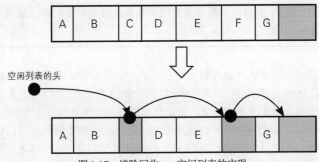

图 1-17 清除回收——空闲列表的实现

　　虽然清除速度很快，但是清除方法有一个主要缺点——最终会导致内存碎片变大或变小。当对象被创建和销毁时，堆上会出现越来越小或越来越大的空闲间隙。这可能会导致以下情况：尽管总体上有足够的空闲内存，但是没有单个连续的空闲空间来用于新对象。一般情况下，在描述堆分配时，我们已经在图 1-11 中看到了这种情况。

2. 压缩(Compact)

　　在这种方法中，消除碎片会降低性能，因为它需要在内存中的对象之间移动。对象的移动方式可以减小删除对象后创建的间隙。在这里，可以进一步区分为两种主要的方法。

　　简单来讲，从实现的角度看，每次进行回收时，所有存活(可到达)的对象都会被复制压缩到内存的不同区域(见图 1-18)。压缩是一个简单的结果，就是一个接一个地复制每个存活对象，而忽略那些不再需要的对象。显然，由于所有存活对象都必须被来回复制，因此会导致较高的内存流量。这也带来了更大的内存开销，因为我们必须维护比正常需求多 2 倍的内存。

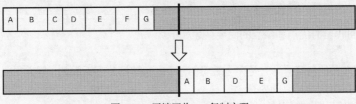

图 1-18 压缩回收——复制实现

　　由于这些缺点，该算法似乎没有被实际应用。但是，实际上它是被高效使用的。我们只需要记住将它只用于特定的小内存区域，而不是用于整个进程内存。在某些 JVM 的实现中，当复制压缩用于较小的内存区域时，就是这种情况了。

　　在更复杂的场景中，可以实现就地压缩。将对象移向彼此，以消除它们之间的间隙(见图 1-19)。这是最直观的解决方案，而也正是我们移动乐高积木的方式。从实现的角度看，它不简单，但仍然可行。这里我们可以发现一个主要问题——如何在不相互覆盖且不使用任何临时缓冲区的情况下相对于彼此来移动对象？

图 1-19 压缩回收——原地实现

如第 9 章所介绍, .NET 正是以一种非常聪明的数据结构来精确地使用这种方法, 因此我们在第 9 章可找到该问题的答案。

比较垃圾回收器

对垃圾回收器进行比较的人可能会提出一个问题: 哪个垃圾回收器更好? 是 HotSpot Java 1.8 还是.NET 4.6? 还是 Python 或 Ruby 有更好的 GC? 首先 "更好的 GC" 究竟是什么意思? 比较垃圾回收算法的第一个也是最重要的规则是, 每次比较都要从源头开始, 非常难确定。这是因为 GC 本身就很难分离和比较。它们与运行时环境融合在一起, 几乎不可能单独测试它们。因此, 很难进行真正的客观比较。如果我们想比较不同 GC 的性能——我们可以使用诸如吞吐量、延迟和暂停时间之类的指标(我们将在第 3 章看到这些概念之间的差异)。但所有这些措施都将在整个运行时的范围内进行, 而不仅是单独的 GC。可以引入一个框架或运行时机制(例如分配模式、内部对象池、附加编译或任何其他隐藏的内部机制), 以使 GC 的开销比起其对总体性能的影响可忽略不计。此外, 每个 GC 中都有许多微调, 使其在某些类型的工作负载中性能更好。有些可以进行优化以在交互式环境中快速响应, 而另一些可以处理庞大的数据集。其他人可能会尝试动态更改其特征以适应当前的工作量。此外, 由于所使用的硬件配置(针对特定处理器架构, CPU 内核数或内存架构进行了优化), 不同的 GC 可能会表现不同。

当然, 我们可以比较 GC 使用的算法和提供的功能, 还有许多其他方法可以对垃圾回收器进行分类。我们提到过的 GC 有保守垃圾回收器(Mono 2.8 及之前)或精确垃圾回收器(.NET), 甚至它们的组合(Mono 2.8 之后)。保守垃圾回收器实现了清除回收, 精确垃圾回收器实现了压缩回收, 而保守和精确垃圾回收器的组合则两者都实现了。另一个重要区别是 GC 如何分区内存。我们将在第 5 章详细了解如何将堆划分为更小的部分。它可能在某些部分使用引用计数, 或者根本不使用引用计数。分配器是如何实现的呢? 是并行的还是并发 GC? (第 11 章)。由于存在这么多可能的功能差异, 因此很难说哪种组合 "更好", 根本没有一个完美的解决方案。

跟踪垃圾回收器的优点和缺点的简要概述如下。

优点

- 从开发人员的角度看, 它是完全透明的——内存被抽象为无限的, 开发人员无须考虑如何释放不再需要的对象的内存。
- 不存在循环引用的问题。
- 在 Mutator 上没有太大的开销。

缺点

- 更复杂的实现。
- 非确定地释放对象——它们将在无法到达的一段时间后释放, 即无法快速回收对象。
- 停止标记阶段所需的世界[1]——但仅限于非并行形式。
- 更大的内存约束——由于在不需要对象之后无法快速回收对象, 因此可能会引入更大内存压力(在一段时间内会有更多的垃圾存在)。

主要是因为第一个优点, 跟踪垃圾回收器在不同的运行时间和环境中非常流行。

1.6 小历史

在学习了大量的基本理论知识之后, 现在让我们简要地介绍一下在不同编程语言背景下的自

---

[1] 译者注: 这里并没有打错字, 原文就是 World。

动内存管理的历史。

LISP 是生存时间最长的语言之一，有许多方言出现和消失，其中最流行的是这两种方言——Common LISP 和 Scheme。但是，毫无疑问，现在最流行的方言是 Clojure，可以编译成 Java 虚拟机、公共语言运行时(.NET)和 JavaScript 等多种语言。这使得它非常灵活和强大，当然，如今它也已成为垃圾回收和 LISP 相遇的化身。

但是，不仅像 LISP 这样的函数式语言在其流行时带有自动内存管理功能，任何与编程语言相关的历史都不应忽略另一种极富影响力的语言——Simula 的影响。它被称为第一种完全面向对象的语言，它引入了对象和类、继承、多态性，以及 OOP 的其他基本支柱的概念。从 Smalltalk 到 C++，再到 Java 和 C#，再到 Python 或 Ruby，所有语言都以某种方式受到了这种语言的启发。重要的是，Simula 67 具有自动内存管理功能，它首先结合了引用计数和跟踪垃圾回收器，但是在语言开发期间，它被 LISP 语言启发的压缩垃圾回收器所取代。连同其祖先 Smalltalk 一样，垃圾回收已成为编程语言设计者的流行选择。软件的日益复杂性促使编程语言设计者引入或多或少的复杂方法来帮助程序员进行内存管理。

网络的普及和 20 世纪 90 年代互联网时代的兴起，推动了软件开发向更高层次的编程发展。C 和 C++是国王的时代正在过去。C 和 C++对系统的底层控制在 Web 应用程序编程和服务器端应用程序的大量增长的背景下毫无价值。随着互联网的飞速发展，增加了 Web 应用程序的复杂性以及更快地生产出更多代码的需求。

没有人能在述说自动内存管理的历史中不提及 Java 语言及其平台。由于 Java 被 Sun Microsystem 公司规划为"更好的 C++"，因此垃圾回收机制就是该新平台需要满足的第一个和基本的假设之一。从 20 世纪 90 年代开始，该项目以 Oak 内部语言开始，它包含了标记和清除机制。第一个公开可用的版本 Java1.0a 是在 1994 年发布的。随着 Java 的迅速普及，人们对垃圾回收机制存在的认识不断提高。从那时起，自动内存管理几乎成为所有高级语言设计者要考虑的功能。

当 Java 诞生时，还诞生了另外两种主流语言——Python 和 Ruby。由于前面提到的相同原因，这两种语言也都配备了自动内存管理功能。2.0 版本之前的 Python 只有引用计数，但随后引入了更复杂的方式来处理循环引用。Ruby 提供了一种基于标记-清除方法的简单机制。

在我们简短的历史故事中，我们不能忽略与 Java 出现在同一年的 JavaScript。尽管 JavaScript 与 Java 的相似实际上是个营销策略，而不是真正的相似，但 JavaScript 也被认为是一种高级脚本语言，因此没有进行手动内存管理的空间。其目的是允许在高级别操作 HTML 内容，而不需要考虑内存使用等方面。内存使用这些任务由 JavaScript 运行时环境来负责。在 JavaScript 单页应用程序和 node.js 后端服务的更长期运行的背景下，JavaScript 引擎中自动垃圾回收的重要性变得越来越重要。例如，node.js 使用的一种非常流行的 V8 JavaScript 引擎就使用了标记、清除和压缩方法(Mark-Sweep-Compact)，并使用了其专属的其他优化。

因此可以看出，虽然具有自动内存管理的编程语言已经存在了 50 年，但它们的真正普及却发生在 20 世纪 90 年代。现在，让我们了解对我们而言最重要的、最有趣的环境的历史——.NET Framework 的历史。

更重要的是，微软当时开发了自己的 JavaScript 实现，名为 JScript。JScript 是我们故事的重要组成部分，因为它为用于创建.NET 的解决方案奠定了基础。当然，我们最感兴趣的话题是内存管理。实际上，这一切都始于由 4 个人在几个周末写的 JScript。其中之一就是 Patrick Dussud，我们可以毫无疑问地将其命名为.NET 垃圾回收器之父。他写了一个简单的保守垃圾回收器作为概念上的证明。

在开始 CLR 工作之前，Patrick Dussud 曾从事于 JVM。是的，Microsoft 在某个时候曾认真考

虑过做自己的 JVM 实现，而不是去创建.NET 运行时。因此，Patrick 受 JVM 的启发，基于已经
实现的 JScript 版本，编写了另一个版本，即保守垃圾回收器。但是后来组成了 CLR 的团队很快
发现 JVM 引入了令人不适的限制。首先，对于新创建的环境的期望是对 COM 和非托管代码的有
力支持。其中一个目标是创建一个环境，在该环境中，用一个新的/CLR 标志重新编译 C++程序，
应该使其能够在新环境下运行。而且，标准化很麻烦，他们可能只是害怕由此带来的限制。他们
甚至考虑过带有垃圾回收扩展功能的 C++运行时的发布。

后来，在咨询了一位朋友(Symbolics 公司的 David Moon，与好几代垃圾回收器打过交道)之后，
Patrick 做出了一个明智决定，从头开始编写"可能最好的 GC"，并用 Common LISP 实现了一个
原型。为什么选择 Common LISP 这种语言来实现？ 因为他多年来一直在使用这种语言，并且效
果很好。此外，他当时对 LISP 使用"最佳调试工具"方面拥有丰富的经验。编写完 LISP 版本后，
他编写了一个转换器，将代码转译[1]为 C++。这就为 JVM 的实验性实现创建了一个实验性垃圾回
收器。当开始 CLR 的工作后，该实验代码的一部分被用于使用 C++从头开始编写的项目中。从
此，CLR 的 GC 代码已经完全从 LISP 转换过来了，只留下了一个传说。

1.7　本章小结

在已经学习了理论基础知识和一些历史之后，现在是时候了解本书将介绍的许多规则中的第
一个了。

本章介绍了非常广泛的材料，广泛到这些主题足以轻松地扩展成好几本单独的书。从位和字
节这样的基本概念开始，我们学习了计算机架构的主要类型——哈佛和冯·诺依曼。我们学习了
构建计算机的基础知识，包括寄存器、地址和字等定义。学习了诸如静态或动态分配、指针、堆
栈或堆之类的概念之后，我们继续讨论了最重要的概念——自动内存管理(也称为垃圾回收)。顺便
说一下，我们还提到了手动内存管理的不便之处以及使其自动化的原因。我们仅简要介绍了 .NET
实现的基本概念，如跟踪垃圾回收及其阶段标记、清除和压缩。我们将在本书的相应章节中更仔
细地研究它们。我们谈论的一切都充满了一些历史和更广泛的背景，使我们能够从更广阔的视角
来看待这个问题。

最后，我们在这里学到的知识将使我们能够更好地理解后面的章节。一章又一章，我们将越
来越接近.NET 环境的实际实现问题。然而，如果不理解本章所介绍的更广泛的背景，那将会得到
一个不完整的看法。现在请你进入第 2 章。在第 2 章，我们将从理论基础过渡到底层计算机和内
存设计的基础知识。

规则 1 – 自学

适用范围：尽可能地通用。

理由：自学是本书中最通用的规则，与单独的内存管理主题相比，它的适用范围更广。我们
应该始终致力于扩展知识，以努力成为一名专业人士。知识是不会自动跑到我们的大脑里的。我
们必须赢取它。这是一个乏味、费时费力的过程。这就是为什么我们必须不断地激励自己。这样
明显的事实是否值得单独强调成一个规则呢？ 我认为是值得的。在日常生活中，我们很容易忘记
它。在我们看来，日常任务可以教会我们一些东西。当然，在某种程度上，它们确实做到了。但
是很明显，要走出舒适区，我们需要有意识地遵循一些步骤。

---

1 转译是指源到源的编译。

这意味着要去看书，看网络教程，阅读文章……可能性是很多的，在这里全部提及它们是没有意义的。但是，自学必须要在每个专业人员的规则清单上。如果你不相信我的话，可以了解一下软件工艺(Software Craftmanship)的概念，并可在 http://manifesto. softwarecraftsmanship.org 上获得规则清单。我也是拉力赛车手 Jackie Stewart 提出的"机械同理心"概念的忠实拥护者：

要成为赛车手，你不一定要先成为一名机械工程师，但是你必须要对机械有同理心有感觉。

这个概念后来被 Martin Thompson 引入 IT 世界。这是什么意思呢？显然，要成为赛车手不一定要先成为一名机械工程师。但是，如果对汽车的工作原理、机械原理、发动机的工作原理以及影响它的力没有更深入的了解，要成为一名优秀的赛车手真的很难——他应该"感受汽车"，与它和谐地一起工作。他应该对机械有同理心、有感觉。对于我们来说，程序员就是这种情况。当然，我们可以考虑用.NET 或 JVM 之类的框架就足够了，然后就到此为止。但是这样我们就会像星期天的司机一样，只能从方向盘和踏板的角度来看待我们的车。

如何应用：在这个如此通用的规则中，几乎没有一种简单的方法可以采用。你可以阅读有关计算机或你选择的框架如何工作的书籍。你可以使用许多在线培训服务。你可以观看或参加会议和本地用户组，你也可以开通一个博客并撰写有关此类主题的文章。只要记住"教育你自己"的座右铭，努力在你的生活中贯彻这条规则吧！

第 2 章
底层内存管理

为了理解内存管理的工作原理，我们需要了解更多与之相关的背景知识。在前一章，我们学习了内存管理的一些理论基础。虽然现在可以直接开始讲解自动内存管理的细节，比如垃圾回收器如何工作、何处最有可能发生内存泄漏等，但如果想全方位地理解内存管理，那就值得再多花一点时间，从另一个角度进一步加深对内存管理的理解。通过本章的介绍，将让我们能够更好地理解创建.NET(以及其他托管运行时环境)垃圾回收器的工程师们所做出的各种设计决策。他们之所以把垃圾回收器设计成现在的样子，是基于当前计算机硬件与操作系统的种种限制与内在机制而做出的合理决定。这些正是本章将要介绍的内容。

通过阅读本章，你可以在底层计算机硬件与操作系统的层面上了解它们的各种核心机制与限制。当然，这些内容本身就是一个很大的话题，大到可以写出专门的书籍对它们进行论述。我们将只关注其中或多或少与内存管理有关的一些基础知识。老实说，在讲述这些内容的时候，为了避免将太多内容一一排列出来，并且能够尽量略去无关紧要的旁支，作者费了不少心思。与此同时，我仍然希望已经把必要的细节讲解得足够细致，以使你可以清晰地看到它们与内存管理存在着的种种关联。我诚挚邀请你阅读本章！

即便只是简要地了解所有这些细节知识，你也能够意识到管理内存的复杂性。在日常工作中编写内存管理相关的代码时，即使我们只是调用 new 操作符，理解这行代码内部在多少个层级涉及了多少种机制，也能让我们受益匪浅。硬件、操作系统、编译器，所有这些东西都会影响.NET的运行机制和代码编写方式，即使有时候这些影响不是那么明显。我希望你会发现它们的乐趣所在。

虽然前面铺垫了这么多，但如果你确实对即将介绍的这些底层知识不太感兴趣，仍然可以跳过本章。本章所包含的这些理论知识虽然确实能帮助你加深对内存管理的理解，但它们对于理解后续章节并非必需。如果你时间有限或者只想快速学习更实用的.NET 底层知识和用法示例，请随意翻阅一下本章或干脆直接跳过它(以后有时间的话，希望你能再回过头把这一章给补上)。

2.1　硬件

一台现代计算机是如何工作的？似乎任何一名程序员都或多或少地能回答出这个问题。如果在学校里学过计算机科学这门课，那么我们可以记起一些课程里面的内容。即使并非科班出身，我们也会从这里或那里读到过一些相关的知识。也许我们凭借记忆可以背诵出以下这些内容：计算机包含处理器，处理器是核心处理单元，负责执行程序；处理器可以访问 RAM(访问速度很快)和硬盘(访问速度很慢)；显卡对于游戏玩家(和各类图形设计师)而言很重要，它负责生成显示在显示器上面的图像。上面这段过于粗略的解释无助于我们真正了解和讨论计算机的工作原理，为此，我将使用一张图片来介绍现代计算机的实际架构，如图 2-1 所示。

现代个人计算机市场主要由 PC 和 MAC 所主导。基于它们，我建模了一个通用计算机架构原理图。如果需要，我会在后面提醒读者不同体系计算机之间的细微差别，例如 ARM 处理器或者更精密的服务器的各自独特之处。

典型计算机架构(见图 2-1)的主要组件如下所列。

- 处理器(CPU)：计算机的主单元，负责执行指令。我们已经在第 1 章见识了它。它包含算术和逻辑单元(ALU)、浮点单元(FPU)、寄存器和指令来执行流水线(负责高效执行被切分成一组更精简指令集的操作指令，并在可能的时候并行执行它们)。
- 前端总线(Front Side Bus，FSB)：连接 CPU 和北桥的数据总线。
- 北桥(Northbridge)：主要包含内存控制器单元，负责控制内存和 CPU 之间的数据通信。
- RAM(随机存取存储器)：计算机主存储器。开启计算机电源后，即由它负责存储数据和程序代码，因此它也被称为动态 RAM(DRAM)或易失性存储器。
- 内存总线(Memory Bus)：连接 RAM 和北桥的数据总线。
- 南桥(Southbridge)：处理计算机所有 I/O 功能的芯片，诸如 USB、音频、串口、系统 BIOS、ISA 总线、中断控制器和 IDE 接口(大容量存储控制器，如 PATA 和/或 SATA)。
- 存储 I/O：存储数据的永久性存储器，包括常见的 HDD 或 SSD 磁盘。

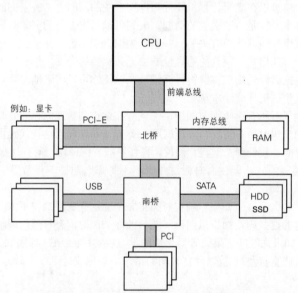

图 2-1　计算机架构——包括了 CPU、RAM、北桥、南桥和其他组件。
不同总线的线条宽度大致对应了其传输数据的能力

值得一提的是，以前的 CPU、北桥和南桥都是各自独立的芯片，但现在它们都被紧密地集成在一起。从 Intel 的 Nehalem 和 AMD 的 Zen 微架构开始，北桥芯片就被内置在 CPU 中(这种架构通常被称为 uncore 或 System Agent)。架构的这种演变如图 2-2 所示。

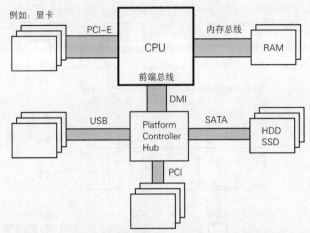

图 2-2　现代硬件架构——包括了内置北桥的 CPU、RAM、南桥(为避免使用 Intel 专用术语,
改称其为 Platform Controller Hub)和其他组件。不同总线的线条宽度大致对应了其传输数据的能力

由于内存控制器(位于北桥内部)与 CPU 的执行单元离得更近,两者的物理间隔更小、协作能力更强,因此这种集成度更高的新架构降低了整体的通信延迟。但是市场上仍然有一些处理器(其中最受欢迎的是 AMD FX 系列)将 CPU、北桥、南桥相互分开。

内存管理背后的主要问题就是当今 CPU 的强大处理能力与内存和大容量存储子系统之间的不匹配。处理器比内存快很多,因此每当处理器需要访问内存时,都会导致额外的延迟。当 CPU需要停下来等待对内存的数据访问(无论读取或写入)完成时,我们称之为停顿。停顿发生得越多,CPU 利用率就越低,因为大量的 CPU 时间都被白白浪费在等待上了。

当今的主流处理器可以 3GHz 或更高频率运行。与此同时,内存内部时钟的频率仅为200~400MHz。它们在性能上的差别是数量级的。由于现代 RAM 的工作原理是基于加载和卸载内部电容,而这些操作所花费的时间很难减少,因此要生产出以 CPU 频率工作的 RAM 的成本过于昂贵、不可接受。

你可能觉得非常惊讶,内存的工作频率不应该如此低才对。实际上,在计算机配件商店,我们可以购买到工作频率标注为高达 1600MHz 或 2400MHz 的内存条,这些频率看起来很接近 CPU的工作频率。为何它们将自己的工作频率标注得这么高?其实,这些所谓的高工作频率,是基于另外一种规格计算出来的速率。

内存模块由内部存储器单元(用于存储数据)和附加缓冲器组成,后者的作用是协助突破内部低时钟频率的限制。内存模块使用了多种技巧以提高数据传输频率(如图 2-3 所示),大部分技巧的作用都是将数据读取速度以倍数提升。

- 在单个时钟周期内,从内部存储器单元发送两次数据。准确地说,是在时钟信号的下降和上升周期分别发送一次数据。最受欢迎的内存模块型号的名称就来自于这个提速技巧的原理:双倍数据传输率(Double Data Rate, DDR)。此技巧也被称为双泵(double-pumping)。
- 在单个时钟周期内,使用内部缓冲一次进行多次读取。在外部的数据接收者看来,内存提供数据的速率是其内部频率的好几倍。DDR2 内存接口可以使数据读取速率翻倍,DDR3和 DDR4 可以使速率达到内部频率的 4 倍。

这些技巧当前已经被应用于 DDR 内存模块中,而过去常用的简单得多的 SDRAM(Synchronous DRAM,同步动态存储器)模块则并未使用这些技巧。

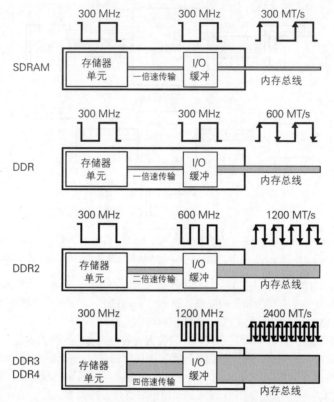

图 2-3 SDRAM、DDR、DDR2、DDR3、DDR4 的内部原理。
这些内存模块的内部时钟频率都是 300MHz。MT/s 的意思是每秒传输多少兆数据

下面以一个典型的 16GB 2400MHz DDR4 内存芯片(其规格是 DDR4-2400, PC4-19200)为例。这个芯片内部 DRAM 阵列时钟的工作频率是 300MHz。由于有了内部 I/O 缓冲器，它的内存总线时钟可以提升 4 倍，达到 1200MHz。另外，由于每个时钟周期可以进行 2 次数据传输(时钟信号的上升期和下降期)，其结果就是数据传输速率可达 2400MT/s(每秒传输 2400 兆)。这就是 2400MHz 规范的由来。简单来说，I/O 时钟频率是内部时钟频率的好几倍，然后再叠加 DDR 内存模块的双泵功能，它的速度再在 I/O 时钟频率的基础上翻上一倍。以 MHz 为单位标注速率(而非使用 MT/s)仅仅是出于营销的目的。第二个标注的规格，PC4-19200，则来自于内存模块的最大理论性能，即 2400MT/s 乘上 8 字节(一次传输一个 64 位长的 word)，结果正是 19200MB/s。

以我自己的桌面 PC 为例，将它的各个组件映射到现代计算机架构中。它装备了运行在 3.5 GHz 的 Intel Core i7-4770K(Haswell 版本)CPU。它的前端总线频率只有 100MHz。内置的 DDR3-1600 内存条(PC3-12800)的内部时钟是 200 MHz，基于 DDR3 机制，它的 I/O 总线时钟是 800 MHz。图 2-4 标注了上述组件的各个指标。使用类似 CPU-Z 的硬件诊断工具，可以获取一台计算机的所有这些信息(如图 2-5 所示)。

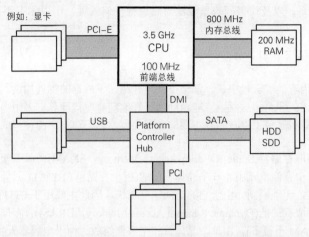

图 2-4　标注了示范时钟频率数据(Intel Core i7-4770K 和 DDR3-1600)的现代计算机硬件架构

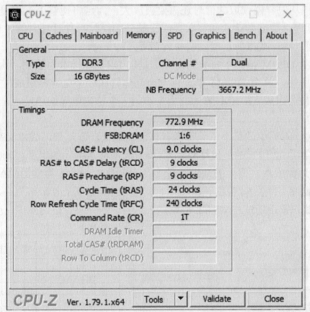

图 2-5　CPU-Z 的截屏——Memory 选项卡中显示了北桥(NB)和 DRAM 的频率,

以及 FSB:DRAM 比率(不过 CPU-Z 当前版本显示的是一个错误的比率,正确比率应该是 1∶8)

即使 DDR 内存已经应用了上面描述的所有那些优化手段,但 CPU 的速度仍然比内存快。为了克服这个问题,在不同层面都引入了一个相似的方法:将一部分数据放到性能更好(同时也更昂贵)的存储器组件中。这种方法被称为缓存。

针对像 HDD 这样的大容量存储设备,数据通常被缓存到内存或者更快但容量更小的专用存储中。比如在一个混合 HDD 驱动器里面,会使用一个固态 SSD 缓存最常用到的小数据。针对内存的情况,数据则被缓存到 CPU 内部缓存中,我们很快就会讲到它。

当然,还存在着更通用的内存优化方法,包括更好的硬件设计、使用更好的内存控制器,以及针对设备进行优化的 DMA(Direct Memory Access,直接内存访问)。然而,因为 DMA 和程序数据并没有直接的关系，以及垃圾回收器无法对它进行任何管理，所以本书不涉及有关 DMA 的介绍。

2.1.1 内存

任何一本有关内存的综合性书籍，都至少应当介绍一下内存的物理构造。你可能会对本节中的部分内容感到惊讶。我希望这些内容能帮助你更好地理解现代计算机采用当前架构的原因。

目前在个人计算机平台上存在两种主要的内存类型，它们在生产与使用成本以及性能上有着很大不同。

- 静态随机存取存储器(Static Random Access Memory，SRAM)：具备极高的访问速度但工艺复杂，每个存储单元由 4~6 个晶体管组成(用于存储单个比特)。只要电源开启，它们就会保存数据，无须刷新。由于它的访问速度很快，因此主要用于 CPU 缓存。
- 动态随机存取存储器(Dynamic Random Access Memory，DRAM)：存储单元的结构要简单很多(比 SRAM 小很多)，由单个晶体管和电容器组成。由于电容器天生的"泄漏"特性，一个存储单元需要不断地刷新其自身保存的数据(这将耗时宝贵的几毫秒并会拖慢读取内存的速度)。从电容器读取的信号还需要被放大，而这将使整个过程更为复杂。由于电容器本身的延迟，数据的读取和写入也需要额外的耗时，并且耗时的时长并非线性(需要等待一段时间以确保数据的正确读取和成功写入)。

我们的计算机的 DIMM 插槽中安装的内存都是以 DRAM 技术为基础，让我们稍微对它多做一点介绍。如上面所述，单个 DRAM 单元由一个晶体管和一个电容器组成，里面存储了 1 比特的数据。这些单元被分组成 DRAM 阵列。用于访问一个特定单元的地址，是通过所谓的地址线(address line)提供的。

如果要让 DRAM 阵列中的每个单元都拥有自己的地址，既复杂，成本又高。比如，在 32 位寻址的场景中，将需要 32 位宽的地址线解码器(负责选中特定单元的组件)。地址线的数量很大程度上影响着系统的总体成本，需要的地址线越多，存储器控制器和存储器(RAM)芯片(模块)之间的引脚与连接也就越多。对于 64 位的计算机而言，当然也就更复杂且价格更高。正因如此，DRAM 阵列使用行线和列线以重用地址线(如图 2-6 所示)，进行一次完整寻址的操作也被分成两个步骤。

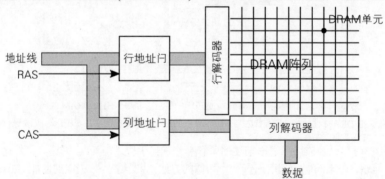

图 2-6　DRAM 芯片示例，图中包含了 DRAM 阵列和最重要的几个通道：数据线、RAS 和 CAS

在一个阵列中，行线用于定位行，列线用于定位列。从一个指定单元读取 1 比特数据的过程如下：

(1) 将行号放在地址线上。

(2) 行地址选通(Row Address Strobe，RAS)信号在行线上触发对行地址的解码。

(3) 将列号放在地址线上。

(4) 列地址选通(Column Address Strobe，CAS)信号在列线上触发对列地址的解码。

(5) 读取 1 比特数据(定位到特定的 DRAM 单元)。

安装在计算机中的 DRAM 模块由许多这样的 DRAM 阵列组成，它们的组成方式使你可以在一个时钟周期中访问多个比特数据。

上面列出了读取 1 比特数据的完整步骤,每个步骤之间的切换时长对内存的性能有巨大影响。你可能曾经见过类似 DDR3 9-9-9-24 这样的 DIMM 模块延时标识,是内存模块规范中的重要参数,内存的价格很大程度上取决于这个参数。所有这些时长的单位都是执行它们所需要的时钟周期。这个参数中每个部分的含义如下。

- tCL(CAS 延迟): 列地址选通(CAS)和起始应答(获取数据)之间的时长。
- tRCD(RAS 到 CAS 的延迟): 行地址选通(RAS)和列地址选通(CAS)之间可能导致的最短延迟时长。
- tRP(行预充): 访问一行之前,对它进行预充(precharge)所花的时长。使用一行之前,必须先对它进行预充。
- tRAS(行激活延迟): 激活一行以访问其信息的最短时长。这个时长通常至少是上面 3 个时长之和。

请注意这些时长的重要性。如果已经设置了需要访问的行和列,那么其所在位置的数据几乎可以被即时读取。如果想更改读取的列,将花费 tCL 个时钟周期。如果想要更改读取的行,情况会更糟。它必须首先充电(tRP 个周期),然后再经历 RAS 和 CAS 所导致的延迟(tCL 和 tRCD 个周期)。

所有这些时长对于需要最高性能计算机的用户很重要。游戏玩家格外关注这些参数。我们只需要知道,购买内存模块时,如果性能是第一要务,就应当选择负担得起的具有最低时长的模块。

然而,我们感兴趣的是 DRAM 存储器架构和它的延迟时长对于内存管理的影响究竟如何。如你所见,更改访问的行是耗时最长的操作,它包含了 RAS 信号、预充等带来的延迟。这是内存循序访问模式远快于非循序访问模式的诸多原因之一。从单行读取批量数据(偶尔更改读取的列)比频繁更改行的速度快很多。如果访问模式完全是随机的,那么每次访问内存,都可能遭遇到行变更带来的延迟。

讲述以上内容的目的只有一个:确保你能牢牢记住为什么应当尽量避免对内存的非循序访问。接下来我们还将看到,对内存的完全随机访问之所以是最糟的场景,内存模块本身并非是唯一的原因。

2.1.2　CPU

让我们现在转到中央处理器这个主题。处理器的兼容性体现在它的指令集架构(Instruction Set Architecture，ISA),指令集架构定义了处理器可以执行的操作集(指令)、寄存器及含义、内存的寻址方式等内容。从这个意义上讲, ISA 是处理器厂商与其用户之间的一份合约(接口),此处的用户指的是基于 ISA 合约所编写的程序。我们在程序中可以看到 ISA 概念的存在,比如,每种不同的架构会有自己的一套汇编语言。ISA IA-32(32 位 i386、Pentium 32 位处理器)和 AMD64(绝大多数现代处理器所使用的架构,包括 Intel Core、AMD FX 和 Zen 等)是.NET 生态系统中最常用到的两大架构体系。ISA 之下,是用于实现 ISA 的处理器微架构。在不影响现有系统和软件,保持向后兼容性的情况下,制造商可以持续不断地改进实现处理器的微架构。

> **注意**：64 位架构标准的名称存在很多混淆，你经常会遇到交叉使用 x86-64、eMT64T、AMD64 这些不同名字的情况。除去名字中包含的厂商名有一些细微差别，基于本书的目的，我们可以假设这些名字表示的是相同的含义，可以交叉互换使用。

如前一章所述，CPU 运行机制中的一个核心角色是寄存器，这是因为当前所有计算机都是以寄存器机器的形式实现的。CPU 操作数据时，访问寄存器是即时可得的，整个操作可以在一个处理器周期内完成，不存在任何形式的延迟。寄存器是最靠近 CPU 的数据存储位置。当然，寄存器存储的是当前指令所需要的数据，因此它们不能用作通用目的的存储器。实际上，处理器通常拥有比 ISA 所定义的更多的寄存器。这有利于实现各种可能的优化(比如寄存器重命名)。然而，这些优化都属于微架构的实现细节，并不影响内存管理的机制。

1. CPU 缓存

如前所述，为了弥补 CPU 和内存在性能上的差距，引入了一个用于存储最常用到和最需要的数据的间接组件：CPU 缓存。图 2-7 以最直观的方式展现了 CPU 缓存。

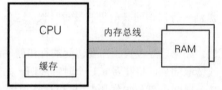

图 2-7　带有缓存的 CPU 以及它们与内存的关系

从 ISA 的角度看，缓存是"透明"的。不管是程序员还是操作系统，都不需要知道它的存在。他们不需要对它的运作进行任何管理。在理想的情况下，正确使用和管理缓存应当仅是 CPU 的责任。

由于我们希望缓存的访问速度越快越好，因此使用了之前提到的 SRAM 芯片用作缓存。受限于缓存本身的成本和尺寸(缓存需要占用处理器内部的宝贵空间)，它们的容量显然无法像主内存那么大。但由于采用高成本的方案，它们的速度可以和 CPU 匹敌，或仅仅慢上一两个数量级。

2. 缓存命中与未命中

缓存的运作机制很简单。当处理器执行的指令需要访问内存(不管是写操作还是读操作)，它会首先查看缓存，检查需要的数据是不是已经位于缓存中。如果是，太好了！处理器可以极快的速度获取内存中的数据，这种情况被称为缓存命中。如果数据没在缓存中(这种情况称为缓存未命中)，处理器则从内存中读取数据，再将数据放到缓存，这个操作显然比命中的情况慢多了。缓存命中率和未命中率是两个非常重要的指标，可以用来告诉我们代码是否有效地使用了缓存。

3. 数据局部性(Data Locality)

缓存为何能有如此大的作用？缓存的理念基于一个非常重要的概念：数据局部性。我们分别对两种不同的局部性进行阐述。

- 时间局部性：如果我们访问了一些内存区域，那么很快还需要重复访问它。这种可能性使得缓存的作用得以完美体现。从内存中读取一些数据后，我们很可能之后还会多次需要重复使用它们。为什么会存在这种时间局部性？原因显而易见。我们通常会将一些数据结构存储在变量中，然后重复使用那些变量。我们的代码中充斥着各种计数器、从文件中读取的临时数据等，它们都需要被多次重复使用。

- 空间局部性：如果我们访问了一些内存区域，那么还需要访问临近的其他区域。如果把实际需要的数据附近的其他数据都放到缓存中，这种局部性的优势就凸显出来。例如，如果我们需要从内存中读取几字节的数据，就干脆将附近更多的数据都读取出来，存放到缓存中。这么做的原因同样显而易见。我们很少只使用独立的一小块内存区域。我们很快会了解到堆栈和堆都被组织成一个一个的段，因此工作线程通常会访问相邻的内存区域。局部变量或数据结构也通常被放在内存中相邻的区域。

记住，如果上述两个条件成立，那么缓存将带来益处。然而，它们也是一把双刃剑。如果我们写出来的程序破坏了数据局部性，缓存反而会带来不必要的负担。本章稍后部分会讲到这一点。

4. 缓存的实现

只要保证与 ISA 内存模型的兼容性，缓存到底如何实现，理论上无关紧要。缓存应当在后台默默起作用，加速对内存的访问，不需要对它进行干预。然而，这是 Joel Spolsky 的"抽象漏洞定律"的一个完美例子：

所有非不证自明的抽象概念，都有某种程度的疏漏。

它的意思是说，理论上应当对外隐藏起来的抽象细节，在某些情况下会不幸地暴露出来。这种暴露是以一种不可预测和/或不希望的方式出现的。这个定律在使用缓存的场景中如何起作用，稍后再说，我们现在先深入了解缓存的实现细节。

在缓存的实现细节中，最重要、影响最大的细节之一是在内存与缓存之间传输数据时以称为缓存行(cache line)的数据块进行。cache line 具有固定的大小，在当今大多数计算机中，它的大小都是 64 字节。记住以下这点非常重要：你不能从内存读出或写入小于 cache line 大小(也就是 64 字节)的数据。即使想要从内存读取 1 比特的数据，也会一次性读取出整个 64 字节大小的一块数据。这个设计的目的是实现更好的循序 DRAM 访问(还记得本章前面介绍的预充和 RAS 延迟吗？)。

如前所述，对 DRAM 的访问是以 64 位(8 字节)为单位，因此填充一个 cache line，需要与内存进行 8 次数据传输。由于 8 次传输需要花费相当多 CPU 周期的时间，因此发展出了多种技术以优化此操作。其中之一是关键词优先和提前重启动(Critical Word First & Early Restart)。这个技巧使 cache line 不是逐个读取词，而是首先读取最需要的词。想象一下，在最坏的情况下，如果所需要的 8 字节词位于 cache line 的尾端，那么必须等待前面 7 次数据传输都完成，CPU 才能访问到所需的数据。而这个技巧会首先读取最重要的词。需要数据的指令拿到数据后，可以立即继续执行，cache line 的剩余部分将以异步方式继续填充。

注意：典型的内存访问模式是怎样的？当某人想要从内存读取数据时，在缓存中会创建出相应的 cache line 条目，然后从内存中读取 64 字节的数据到条目中。当某人想要向内存写入数据时，第一步完全相同：如果缓存中没有创建 cache line，则创建并填充它。当某人写入数据时，缓存中的数据将被修改。接下来，将使用下面两种策略之一。

- 直写(write-through)：修改后的数据写入 cache line 之后，立即保存到内存。这是一种简单的实现方法，但是会在内存总线上产生很大的开销。
- 回写(write-back)：修改后的数据写入 cache line 之后，被标记为脏数据。随后，当缓存中剩余空间不足时，把标记为脏数据的数据块写入内存(然后将它们从缓存中删除)。处理器可以在自己认为合适的时间点(例如，自己比较空闲的时候)执行回写操作。

还有一种称为合并写入(write-combining)的优化技巧。它确保来自给定内存区域的给定 cache line 总是完整写入的(而非只写入单独的词)，以利用内存循序访问速度更快的特性。

由于 cache line 机制的存在，存储在内存中的每项数据都是 64 字节对齐的。因此在最坏的情况下，读取 2 个连续的字节，需要使用总大小为 128 字节的 2 个 cache line。如果除这 2 字节之外，不再需要这个内存区域中的其他数据，将白白浪费很多时间。图 2-8 对这种场景进行了展示。如图所示，我们希望从地址 A 读取仅仅 2 字节。但糟糕的是，地址 A 恰好是 cache line 最末端的 1 字节，因此最终读取的是整整 2 个 cache line。

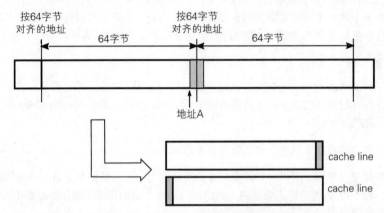

图 2-8　访问 2 个连续的字节时，由于它们所在位置的关系，需要填充 2 个 cache line

虽然上面这个实现细节只是诸多细节中的一个，但是你可能会问，我们为什么需要了解这种具体的硬件实现细节？在可以舒舒服服编写托管代码的美好世界中，它们真的重要吗？让我们继续探索之旅，找出这个问题的答案。

代码清单 2-1 中的示范代码以及表 2-1 中呈现的结果，演示了非连续内存访问模式带来的性能消耗。示范程序使用两种不同的方法(逐行和逐列)访问相同的二维数组。结果展现了在以下 3 个不同环境中的运行结果：PC(Intel Core i7-4770K 3.5GHz)、笔记本电脑(Intel Core i7-4712MQ 2.3GHz)和 Raspberry Pi 2 主板(ARM Cortex-A7 0.9GHz)。

代码清单 2-1　分别使用逐行索引和逐列索引的方法访问一个数组(5000×5000 的整数数组)

```
int[,] tab = new int[n, m];
for (int i = 0; i < n; ++i)
{
  for (int j = 0; j < m; ++j)
  {
    tab[i, j] = 1;
  }
}

int[,] tab = new int[n, m];
for (int i = 0; i < n; ++i)
{
  for (int j = 0; j < m; ++j)
  {
    tab[j, i] = 1;
  }
}
```

表 2-1　逐行索引和逐列索引的结果(n,m = 5000)

访问方法	PC	笔记本电脑	Raspberry Pi 2
逐行	52ms	127ms	918ms
逐列	401ms	413ms	2001ms

这个例子展现了非线性数据检索带来的性能问题。示范程序中的第 2 部分以逐列的方式读取数据。这导致每次数据读取都需要更改 DRAM 单元的活动行。更严重的是，由于每次加载整个 cache line 都只读取 1 字节的数据，缓存的使用效率非常糟糕。每次读取一列后，另一列的数据所在的位置都相隔甚远，因此又必须填充另一个 cache line。如表 2-1 所示，两种数组检索方式的性能可能相差 6 倍！CPU 经常需要停下来等待内存访问操作。

图 2-9 展示了访问一个包含 1 到 40 的数字的小数组时，使用逐行和逐列这两种不同的方式(假设 4 个元素可以填充单个 cache line)。为了方便解释，我们再假设图 2-9 展示场景中的 CPU 仅拥有 4 个 cache line 缓存[1]。以逐行方式读取内存时(如图 2-9 左侧所示)，实际上是在读取与 cache line 大小正好能对齐的连续内存区域。

- 为了读取前 4 个元素(1,2,3,4)，读取第一个 cache line 的内容，cache line 中包含的所有元素都能被用上。
- 为了读取下一批 4 个元素(5,6,7,8)，再次读取第二个 cache line 的内容，同样，cache line 中的所有元素都能被用上。
- 为了读取下一批 4 个元素(9,10,11,12)，读取第三个 cache line 的内容。这样的读取操作将持续下去，直到读完整个数组(没有 cache line 需要被重复读取)。

图 2-9 右侧展示了第 2 种读取模式，这种模式只读取每个 cache line 中的单个整数，然后就移动到下一个 cache line。

- 为了读取前 4 个元素，需要读取 4 个 cache line，但每个 cache line 中都只有一个元素能被用上(第一个 cache line 中的 1，第二个 cache line 中的 9，以此类推)。
- 为了读取下一个元素(33)，需要清空之前已经被使用的某个 cache line，因为整个 CPU 只有 4 个 cache line 缓存，而上一步就已经把它们都用掉了。被清空的 cache line 很可能是只被访问过一次(包含元素 1,2,3,4)的那一个，其中的内容会被立刻替换掉(变为包含元素 33,34,35,36)。

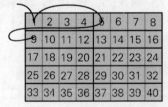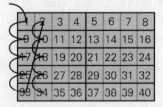

图 2-9　逐行访问模式和逐列访问模式的区别。箭头表示的是(访问前 10 个数据时)
数据访问操作所触发的 cache line 失效

- 为了读取下一个元素(2)，同样需要再次清空访问次数最少的数据，CPU 将需要再次加载内存中第一行的内容(1,2,3,4 那一行)，卸载前面步骤刚刚加载的数据。

1　一个真正的 CPU 中，cache line 缓存就是整个 CPU 的缓存，因此它的容量通常能达到数百或数千个 64 字节大小 cache line 的规模。

● 这种每次都需要填充 4 次 cache line 的访问模式将不断重复。

当然，真实 CPU 的 cache line 缓存数量远远大于 4 个，每个 cache line 也可以容纳比 4 个整数值更多的内容，因此图 2-9 所表现的并非真实 CPU 的情况，仅是为了简化对问题的描述。但是在现实世界场景中出现的问题的性质是完全一样的，这种问题所导致的性能问题通过表 2-1 可以清晰地体现出来。

如你所见，整个.NET 运行时环境和它所用到的高级内存管理技术，都依赖于这些 CPU 实现细节。不合适的内存访问模式会导致代码性能大幅度下降。对 Java 和 C/C++代码进行的类似测试，也会产生非常类似的结论。

5. 数据对齐

访问内存还有另外一个要注意的地方。大多数 CPU 架构都设计成访问已被正确对齐的数据，对齐的意思是指数据的起始地址是给定对齐方式(指定为 N 字节)的整数倍。每种数据类型都有各自的对齐方式，一个数据结构的对齐方式取决于它的字段的对齐方式。必须特别注意，不要访问未对齐的数据，它们的访问速度相比已对齐数据慢很多。将数据对齐的责任在编译器和设计数据结构的程序员身上。对于 CLR 数据结构，数据布局由运行时自身进行管理。这就是为什么在垃圾回收器的代码中，可以发现许多与处理数据对齐相关的代码。我们将在第 13 章了解对象如何在内存中布局，以及如何基于数据对齐的考虑因素手工控制布局。

6. 非时态访问(Non-temporal Access)

我们已经在之前强调过，在大多数常见的 CPU 架构中，不能绕过缓存去直接访问内存。CPU 对 DRAM 的所有内存读取和写入操作，都存储于缓存中。假设有人想要初始化一个非常大的数组，但并非立即，而是在相当一段时间之后才会使用它。根据我们目前所学到的知识，我们知道这样的数组初始化操作会导致很大的内存传输流量。数组将分块以 cache line 为单位依次被写入。此外，每次写入操作都包含 3 个步骤：将 cache line 读入缓存；修改缓存中的内容；然后将 cache line 写回主内存。仅仅为了把数据写回主内存，就需要填充 cache line。这种操作方式并非最优，而且会抢占本来可以用于其他程序的缓存。

我们可以通过使用一种称之为非时态访问的汇编指令避免上面所说的缓存占用，指令包括 MOVNTI、MOVNTQ、MOVNTDQ 等。它们可以让程序员向内存写入数据时避免把数据加载到缓存中。程序员可以通过 _mm_stream_* 这一组 C/C++函数使用这组指令，而不必直接使用汇编语言。例如，_mm_stream_si128 执行 MOVNTDQ 指令，它将单个 quad-word(4 个 4 字节词)写入内存。代码清单 2-2 演示了使用这个方法快速初始化一个数组。

代码清单 2-2　在 C++中使用底层 API 执行非时态写入

```
#include <emmintrin.h>
void setbytes(char *p, int c)
{
  __m128i i = _mm_set_epi8(c, c, c, c, c, c, c, c, c, c, c, c, c, c, c, c);
// sets 16 signed 8-bit integer values
  _mm_stream_si128((__m128i *)&p[0], i);
  _mm_stream_si128((__m128i *)&p[16], i);
  _mm_stream_si128((__m128i *)&p[32], i);
  _mm_stream_si128((__m128i *)&p[48], i);
}
```

为什么我们要提到非时态内存访问？尽管.NET 运行时有计划在内部某些地方使用这个特性，

但.NET 当前并未对非时态写入提供支持。另一种设想是向开发人员提供接口,在代码中显式告诉.NET 运行时应当使用非时态写入(代码清单 2-3 演示了这种接口的大致使用方法)。

代码清单 2-3 未来特性的一种可能实现方案,存储数据时请求运行时使用非时态写入

```
public int[] Sum ( int[] op1, int[] op2 )
{
  var result = new int[op1.Length];
  Contract.Assume( Performance.NonTemporal(result) );
  result[i] = op1[i] + op2[i];
}
```

此外,在 JIT 层面实现此特性之前,有些开发人员经过深思熟虑,可能会在需要高性能的关键场景中用 C#通过适合的 P/Invokes 调用_mm_stream_si128。

注意: 除了非时态写入指令,还有非时态访问(NTA)加载指令 MOVNTDQA,它对应于 C/C++的_mm_stream_load_si128 函数。

7. 预取

数据局部性是一个让缓存机制自动起作用的很好特性,只要程序员不破坏数据局部性就行。除了数据局部性,还有另外一种提高缓存利用率的机制。这种机制是将短期之内可能需要的数据提前填充到缓存,因此称之为预取。它可以两种不同的模式运行。

- 硬件驱动:当 CPU 注意到一些缓存未命中的情况存在某些特定模式时触发。大多数 CPU 会跟踪 8 到 16 个内存访问模式(以补偿典型的多线程/多核工作方式)。注意,虽然我们还没有介绍 memory page 的概念,但是硬件预取受限于 memory page。如果不应用这个限制,预取操作有可能触发 page 未命中,这会在预测不准确时导致不必要的过高代价。
- 软件驱动:在代码中通过 C/C++的_mm_prefetch()函数调用 PREFETCHT0 指令显式触发。

与其他所有缓存机制类似,预取也是一把双刃剑。如果我们很好地理解我们代码中的内存访问模式,使用预取可显著提升程序性能。但另一方面,很难确认我们真正理解了代码中的内存访问模式,代码会同时受到程序中的其他线程、其他程序中的线程、操作系统本身的线程的影响,它们工作时的牵涉面相当广。.NET 代码中调用了 PREFETCHT0 指令,但由于并未定义必需的 PREFETCH 标识符,因此其实并未用到预取特性(如代码清单 2-4 所示)。

代码清单 2-4 .NET 代码中有关预取的部分,它显示默认禁用了预取功能

```
//#define PREFETCH
ifdef PREFETCH
__declspec(naked) void __fastcall Prefetch(void* addr)
{
  __asm {
  PREFETCHT0 [ECX]
    ret
  };
}
else //PREFETCH
inline void Prefetch (void* addr)
{
  UNREFERENCED_PARAMETER(addr);
}
endif //PREFETCH
```

预取调用遍布于 CLR 垃圾回收器代码中的很多地方。但如代码清单 2-4 所演示的，.NET 代码中禁用了 PREFETCHT0。.NET 运行时的代码会在各种情况、各种条件下执行，很难保证预取可以让任何一段代码在所有情况下都受益。因此，默认禁用预取是一个安全的选择。

如果在内存中不以正确的方法排列数据，预取和基于 cache line 访问内存等特性对性能显然起不到多大正面作用。一个例子是，如果我们设计一个垃圾回收算法，把一些非常小的单字节诊断数据随机散布在内存中，将这些数据加载到缓存中的操作将非常耗时。仅仅为了读取单个字节，都必须通过 cache line 填充缓存。而预取则会让情况变得更糟，"如果你正在读取那 64 字节的数据，那顺便多读一倍的数据，因为你很可能随后就需要后面位置的数据。"而实际显然与预取的预测恰恰相反。

对内存进行密集操作的算法(垃圾回收本质上是对内存执行操作)必须考虑这些 CPU 内部的运作细节。内存不仅是一块平坦的空间，如果我们总是从这里读取 1 字节，从那里读取 1 比特，就必然会承受相应的代价。

8. 分层缓存

对于 CPU 的架构，由于一方面我们需要高性能，另一方面又希望成本可控，因此当今的 CPU 都引入了一种更复杂的分层缓存设计。多层缓存的理念很简单，与其只内置单个缓存，不如内置多个不同大小、不同速度的缓存。在这个设计中，有一个非常小且非常快的一级缓存(称之为 L1)，然后有一个稍大且稍慢的二级缓存(L2)，最后是三级缓存(L3)。现代 CPU 架构存在这样三个层级。图 2-10 展示了现代计算机内部的这种分层缓存。有时我们确实能发现内置四级缓存的处理器，但它用的是一种不同类型的内存，主要用于 CPU 内部集成的显卡。

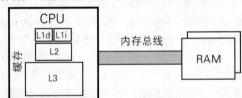

图 2-10　内置分层缓存的 CPU。缓存分成一级指令缓存(L1i)、一级数据缓存(L1d)、
二级缓存(L2)和三级缓存(L3)。CPU 通过内存总线与 DRAM 连接

一级缓存被划分成两个独立的部分，一个用于数据(标记为 L1d)，另一个用于指令(标记为 L1i)。从内存读取并交由处理器执行的指令实际上也是一种可以被执行的数据。层级比 L1 高的缓存里面(L2/L3)，数据和代码指令被同样对待，这种设计实际上符合第 1 章介绍的冯·诺依曼架构。然而实践表明，在最底层的 L1 缓存层面，最好分别对待数据和指令。基于这个原因，当今计算机的架构被称为"改进的哈佛架构"(Modified Harvard Architecture)。在最底层 L1 使用不同存储器区域严格区分数据和程序代码，使得这个解决方案具有很高的效率。

了解了缓存的三个不同层级后，引出一个显而易见的问题：它们与主内存之间在速度和容量上的主要区别是什么？越底层的缓存，其存储器的速度越快，访问 L1(甚至 L2)缓存比流水线执行时长(pipeline execution time)更快(除非必须等到计算出确切地址，这本身是一个相当耗时的操作)。那么访问不同层级存储器所需的时间分别是多长？

我在一台配置了 Intel Core i7-4712MQ 2.30GHz CPU(Haswell 架构)的笔记本电脑上撰写此章。假设我的笔记本电脑上的一个 CPU 周期大约是 0.4 纳秒(大约等于 1/2.30GHz)，并且它使用了 Haswell i7 标准，那么访问不同层级存储器的时间如表 2-2 所示。

表 2-2　访问不同存储器所需的时间

操作	时间/ns
L1 缓存	< 2.0
L2 缓存	4.8
L3 缓存	14.4
主内存	71.4
HDD 硬盘	150 000

我们可以从表 2-2 中清楚地看出优化缓存利用率的必要性。如果 CPU 需要的数据位于 L3 缓存而非内存之中,访问速度将提高 5 倍。而如果数据在 L1 缓存中,则可以提高 30 倍。这就是为什么利用缓存能够大幅提高整体性能的原因。缓存中可以容纳多少数据呢?这取决于具体 CPU 的型号。我用的 i7-4770K 的缓存大小完全体现了它的高端市场定位,它的 L1 缓存有 64KiB(32KiB 用于代码,32KiB 用于数据),L2 缓存有 256KiB,L3 缓存更是多达 8MiB。

不同存储器访问时间上的差异是否对开发人员有所影响,尤其对.NET 托管环境中的开发人员而言?让我们看一个简单的示例,它展示了访问数据时需要使用的内存大小对访问速度所带来的影响。代码清单 2-5 中的代码进行了一系列循序读取操作(这是一种非常高效的操作)。由于使用的数据结构具有 64 字节大小,因此此数据的读取是以 64 字节为单位批次完成的,每次读取都需要加载一个新 cache line。图 2-11 展示了 tab 数组占用不同大小的存储空间时数组中单个元素平均访问时间的变化。

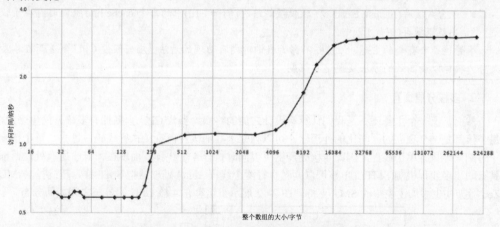

图 2-11　不同数据大小导致了不同的访问时间。测试是在 Intel x86 架构上进行循序读取操作。
请注意,两个坐标轴的刻度都是对数递增的

数据大小分别超过每个层级缓存的容量时,访问时间会显著增加。基准测试是在 Intel i7-4770K 处理器上执行的,因此明显的性能下降发生在数据大小超过 256 KiB 和 8192 KiB 之时,而它们分别对应了 L2 和 L3 缓存的容量。我们可以看到,操作小型数据结构要比操作 L3 缓存无法容纳的大型数据结构快好几倍。

代码清单 2-5　对连续 cache line 进行循序读取

```
public struct OneLineStruct
{
```

```
    public long data1;
    public long data2;
    public long data3;
    public long data4;
    public long data5;
    public long data6;
    public long data7;
    public long data8;
}
public static long OneLineStructSequentialReadPattern(OneLineStruct[] tab)
{
    long sum = 0;
    int n = tab.Length;
    for (int i = 0; i < n; ++i)
    {
        unchecked { sum += tab[i].data1; }
    }
    return sum;
}
```

注意：关于缓存，有一个有趣但不那么重要的主题：驱逐策略。驱逐策略决定了在不同缓存层级上，如果发生缓存未命中，如何为新数据获取空间。有两种不同的策略，有时会在不同层级上混用它们。

- 独占式缓存(Exclusive cache)：数据仅存在于某一层级的缓存中。此方法常用于 AMD 处理器。
- 包含式缓存(Inclusive cache)：较低层级缓存(例如 L1d)中的每个 cache line 也同时存在于较高层级缓存(例如 L2)中。

尽管这是个有趣的主题，但它并不影响我们对内存管理的看法。应当假设 CPU 制造商在尽最大努力确保以最高效的方法实现这些机制。

9. 多核分层缓存

然而，上一个主题还不是我们计算机设计之旅的终点。当代 CPU 大多拥有多核。简单来说，每个核都是一个独立的、简化的处理器，可以独立于其他核各自直接执行代码。过去，每个核同一时刻只能执行单个线程，因此 4 核处理器可以同时执行 4 个线程。而现在，几乎所有处理器都具有同步多线程机制(SMT)，单核可以同时执行两个线程。Intel 处理器把 SMT 称为超线程，AMD Zen 微架构也添加了完整的 SMT 支持。图 2-12 展示了缓存在 4 核 CPU 的各核之间如何分布。

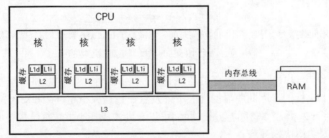

图 2-12　多核 CPU，每个核都有专属的一级缓存(分为存储指令的 L1i 和存储数据的 L1d)和二级缓存(L2)，而三级缓存(L3)则被所有核共享。CPU 通过内存总线与 DRAM 连接

如图 2-12 所示，每个核都有各自的一级与二级缓存，并共享同一个三级缓存。核与三级缓存之间的连接方式属于实现细节。例如，在最新的 Intel CPU 中，有一个双向的极速 32 字节带宽总

线，将它们与集成的 GPU 和系统代理连接起来。请注意，对于 SMT 处理器，位于同一核的两个线程共享使用 L1 和 L2 缓存，因此除非两个线程可以最大限度地共享数据，否则它们能使用的缓存容量实际将减半。操作系统必须提供相应的支持，基于内存访问模式将线程分配到合适的核。

由于每个线程可以在一个单独独立的处理器和/或核上运行，因此这会引发缓存数据一致性问题。每个核都有自己的一级和二级缓存，只有三级缓存是共享的，这种架构引入了一个非常复杂的概念：缓存一致性。此机制用于维护存储数据的一致性，它通过缓存一致性协议(一种将数据变化告知各个核的方法)，得以实现。比如，一种常见的缓存数据状态是本地缓存中的数据已被修改(由一些脏标志或修改标志标识)。这种数据变化的消息必须被广播给其他核，或者按照需要更新其他核的缓存中的数据。

存在许多高级的缓存一致性协议以及对它的扩展，它们的设计目标都是为了提供高效的操作，其中之一是非常流行的 MESI 协议。MESI 这个名字来自 cache line 的 4 种状态：已修改(modified)、独占(exclusive)、共享(shared)和无效(invalid)。不过，缓存一致性协议可以产生很大的内存通信流量，从而严重影响程序总体性能。直观来看，不同的核之间持续不断地更新缓存会导致显著的性能开销。我们编写的代码应当尽量避免从不同的核去访问相同 cache line 下的内存地址，最好能完全避免跨线程通信，或者至少认真关注有哪些数据以及它们是如何被多个线程共享访问。

> **注意**：由于之前提到的非时态指令忽略了正常的缓存一致性规则，因此使用它们时，应当同时使用特殊的 sfence 汇编指令，以保证非时态指令的结果对其他核可见。

同样，这些知识是否对高阶.NET 开发有任何帮助？垃圾回收器的所有知识和内部机制是否涉及如此深入的硬件实现细节？通过下面的示例，可以得到这个问题的答案。

代码清单 2-6 展示了一段多线程代码，它同时运行 threadsCount 个线程访问同一个 sharedData 数组。每个线程只会递增数组中的单个元素而(理论上)不会影响其他线程。这个示例使用两个重要的参数以指示如何在共享数组中布局元素，一个决定了是否有起始间隔，另一个决定了元素之间的距离(偏移量)。由于我们在代码中设置了 threadsCount=4，而且在一台拥有四核处理器的计算机上运行它，因此每个线程很可能将被分配到一个独立的物理核心上。

代码清单 2-6　线程间出现伪共享的可能性

```
const int offset = 1;
const int gap = 0;
public static int[] sharedData = new int[4 * offset + gap * offset];
public static long DoFalseSharingTest(int threadsCount, int size = 100_000_000)
{
 Thread[] workers = new Thread[threadsCount];
 for (int i = 0; i < threadsCount; ++i)
 {
  workers[i] = new Thread(new ParameterizedThreadStart(idx =>
  {
   int index = (int)idx + gap;
   for (int j = 0; j < size; ++j)
   {
    sharedData[index * offset] = sharedData[index * offset] + 1;
   }
  }));
 }
 for (int i = 0; i < threadsCount; ++i)
```

```
    workers[i].Start(i);
    for (int i = 0; i < threadsCount; ++i)
      workers[i].Join();
    return 0;
  }
```

在表 2-3 中，你可以看到使用不同的起始间隔和偏移量参数所带来的性能上的显著差别。如果我们以最直观、最简单的方式使用数组，即起始间隔为 0 且偏移量为 1，数组的布局和线程访问模式将如图 2-13a 所示。很遗憾，这种使用方式将引入巨大的缓存一致性开销。每个线程(核)将各自分别持有相同内存区域的一份本地副本(位于它自己的 cache line 中)，因此每次执行一次递增操作之后，它必须使其他线程(核)所持有的本地副本无效。这迫使每个核不断地无效化它们各自的缓存。

表 2-3　代码清单 2-6 的运行结果展示了伪共享对处理时长的影响

版本	PC	笔记本电脑	Raspberry Pi 2
#1 (offset=1, gap=0)	5.0s	6.7s	29.0s
#2 (offset=16, gap=0)	2.4s	2.6s	13.8s
#3 (offset=16, gap=16)	0.7s	0.8s	12.1s

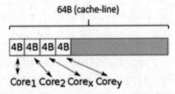

图 2-13a　版本#1 设置了 1 字节的偏移量且没有起始间隔，这导致每个线程访问并修改的都是同一个 cache line

针对这个问题，显而易见的解决方案是把每个线程访问的元素分散到不同的 cache line。最简单的方式是创建一个更大的数组，并且只使用其中位于 16 倍数索引位的元素(Int32 整数占用 4 字节，4 字节乘以 16 正好是 64 字节)。这个版本将偏移量设置为 16，起始间隔仍然设置为 0(如图 2-13b 所示)。如表 2-3 中的结果数据所示，这个版本的性能要好得多，但仍然存在继续优化的空间。

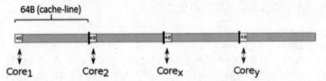

图 2-13b　版本#2 设置了 16 字节的偏移量且没有起始间隔，这导致每个线程访问并修改各自的 cache line

虽然乍一看并不明显，但第二个版本仍然会有一个 cache line 不断地无效，引发伪共享问题。伪共享指的是这样一种数据访问模式：位于一个 cache line 中且理论上未被修改的数据，由于受到其他线程的影响而导致其不断变为无效状态。正如我们将在下一章学到的，.NET 中的每种类型都有一些额外的头信息，附加在对象所用内存的起始区域。数组类型同样也是如此。数组在其起始区域有一项重要的数据：数字的长度。当代码通过索引操作符访问数组元素时，它会在内部检查索引是否越界。这意味着每次访问数组元素，都需要访问数组对象的起始区域以获取数组长度信息。因此，第一个核与其他的核共享了数组对象的起始区域，并不断地无效化对应的 cache line。为了解决这个问题，我们必须将元素移开一个 cache line 的偏移量。这就是版本 3 所用的方法，它的偏移量仍然是 16，但是起始间隔设置也设置为 16(如图 2-13c 所示)。

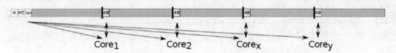

图 2-13c 版本#3 设置了 16 字节的偏移量和 16 字节的起始间隔，每个线程只修改自己的 cache line，并读取共享的 cache line 以获取数组头信息

在这个版本中，每个核都拥有第一个 cache line 的本地副本以用作读取之用途，并修改各自 cache line 的数据。缓存一致性协议所导致的性能延迟不复存在。从表 2-3 中可以看出，这个最终版本的速度比引发了伪共享的版本要快上足足 7 倍。

> 其他 CPU 架构有时会抛弃 x86 架构中的循序访问一致性，这可以简化 CPU 的设计，但会使编程变得更困难(因为需要使用显式内存屏障)。这种架构的例子之一是苹果计算机上使用的 2006 年版 PowerPC。

到目前为止，我们已经花了很多时间来了解数据的缓存。然而，本章前面提到过还有一个专门用于程序指令的缓存(L1i)。基于几个原因，我们不对它专门展开描述。首先，它本身问题不多。编译器可以很好地处理准备良好的代码，CPU 也非常擅长猜测代码访问模式。因此，这个缓存能够高效地工作，编译器和程序执行本身的特性都使得 CPU 可以很好地利用时间和空间局部性[1]。其次，指令缓存管理不属于.NET 内存管理的范畴，后者专指数据管理。对指令缓存唯一的建议是生成尽可能短小的代码。由于指令被缓存在比 L1 更高层的缓存中，因此它可以使用所有缓存资源。然而，即使这个建议也很难落实到实践中，指令的优化都由无比强大的编译器完成，代码的长度主要取决于业务需求。

2.2 操作系统

到目前为止，我们已经花了大量时间了解硬件底层知识。本章开头就提到过本章会介绍操作系统部分的知识，现在就让我们开始吧。实际上，操作系统的设计者必须非常认真地对待本章前面部分讲述过的那些硬件事实，本章对它们的介绍仍然只是概述性的。那些内容仍然只是更多细节中的很小一部分。

不同的操作系统和硬件架构，其物理内存限制从 2GB 到 24TB 不等。当今的典型商用计算机配备了 4GB 到 8GB 内存。如果一个给定的程序必须直接使用物理内存，它将需要管理它所创建和删除的所有内存区域。这种内存管理逻辑不仅复杂，而且每一个程序都不能避免这种负担。此外，从底层编程的角度看，以这样一种方式使用内存也十分麻烦。每个程序都必须记住使用了哪块内存区域，以避免不会干扰其他程序所使用的内存区域。内存分配器也需要知道正确的区域所在，以管理已创建和已删除的对象。从安全角度来看，这种方式也非常危险，在缺少一个中间层的情况下，一个程序可以不受阻挡地访问不属于它的内存区域。

2.2.1 虚拟内存

因此，操作系统引入了一个非常便利的抽象层：虚拟内存。它将内存管理逻辑从程序转移到操作系统，并向程序提供了所谓的虚拟地址空间。这意味着每个进程都认为它是系统中运行着的

---

1 然而，即使在.NET 中，我们仍然可以注意避免会导致 L1i 缓存未命中的方法调用。主要需要避免的是大量使用虚函数调用，以及在一组超大数据集上重复调用相同方法。我们将在第 10 章看到这样的例子。

唯一一个进程，所有内存都为自己所有。此外，由于地址空间是虚拟的，因此它甚至可以大过物理内存的实际大小。这使得它可以使用类似大容量硬件驱动器之类的辅助存储对物理 DRAM 内存进行扩展。

> **注意：** 有不带虚拟内存的操作系统吗？在商用操作系统领域，没有。但是对于特殊用途的，特别是针对嵌入式系统的小型操作系统和框架，是有的。其中一个例子是(micro)Clinux 内核。

下面出场的是操作系统内存管理程序。它有两个主要的职责。

- 将虚拟地址空间映射到物理内存：32 位计算机使用 32 位长的虚拟地址，64 位计算机使用 64 位长的虚拟地址(尽管目前只使用了低 48 位，但仍然可以支持 128TB 的数据地址；这么做是为了简化架构，避免不必要的开销)。
- 将一些此时不需要的内存区域从 DRAM 存储器移动到硬盘驱动器，并在需要它们时再移动回 DRAM。显然，当已用总内存大于实际物理内存时，有时必须将其中某些部分暂时存储到诸如硬盘的慢速介质上。存储此类数据的空间被称为 page file(页面文件)或 swap file(交换文件)。

操作系统内存管理程序还有两个主要的附加职责：管理内存映射文件(memory-mapped files)和写入时复制(copy-on-write)内存机制。但是，由于它们与我们的主题无关，本章不介绍它们。

从内存中删除一段数据并将它们保存到临时存储中，显然会导致性能大幅下降。由于历史原因，不同的操作系统对这个过程有不同的叫法，有的叫 swapping，有的叫 paging。Windows 系统有一个名为 page file 的特定文件用于存储内存中的数据，其名字就来自 paging。对于 Linux 系统，这些数据保存在一个名为 swap 的特定分区中。UNIX 家族操作系统一般使用 swapping 这个术语。

虚拟内存在 CPU 中[通过内存管理单元(Memory Management Unit，MMU)]执行，并与操作系统协同工作。虚拟内存管理按 page 进行组织。将虚拟内存与物理内存按照字节一一映射显然不太实际，因此它们基于一个一个的 page(连续的内存块)被映射。因此，从操作系统的角度，page 是内存管理的基本构建单元。图 2-14 展示了虚拟内存和物理内存的示意图。

每个进程都有一个由操作系统维护的 page 目录，它的作用是将一个虚拟地址映射到物理地址。简而言之，page 目录中的一个条目指向一个 page 的物理起始地址和其他诸如权限等元数据。以前的操作系统所用的 page 目录基于一个简单的单层映射实现，它里面的一个地址由一个 page 选择器和 page 内部偏移量组成，如图 2-15 所示。

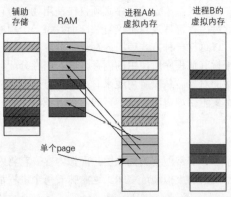

图 2-14　虚拟内存到物理内存的映射。每个进程(进程 A 用淡灰色标识，进程 B 用深灰色标识)看到的都是自己的虚拟地址空间，但物理上，它们的 page 有的位于物理内存中(图中标识为实色填充)，有的则被“分页(交换)”到磁盘上(图中标识为斜线填充)

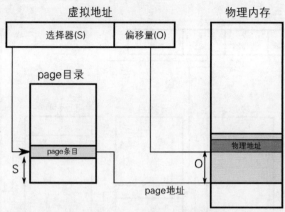

图 2-15　单层 page 目录，虚拟地址由选择一个选择器 S(用以选中 page 目录中的一个 page 条目)和
page 内部偏移量 O 组成

单层 page 目录的主要缺点是难以处理 page 太大或者 page 目录太大的场景。大 page 之所以是一个问题，是因为操作系统分配内存时需要按照 page 对齐，因此大 page 会浪费资源。即使为少量数据分配内存，也需要为它分配整个大 page。另一方面，page 目录太大也是一个问题，每个进程都把它的目录保存在主内存中，目录太大无疑也会浪费资源。让我们看看 32 位和 64 位计算机上不同的 page 大小和 page 目录大小的简单估算(参见表 2-4)。

表 2-4　在不同计算机上可能的单层 page 目录大小

page 大小	偏移量大小	32 位		64 位(48 位寻址)	
		选择器大小	page 目录大小	选择器大小	page 目录大小
4KB	12b	20b	4MB	36b	512GB
4MB	22b	10b	2KB	26b	512MB

注意：偏移量大小必须大到足以覆盖整个 page 的大小。选择器大小是整个地址大小的余数。page 目录大小是：$2^{选择器大小}*$地址大小。

由此可见，在 64 位的情况下，page 目录可能大到不可思议。对于 4KB 大小的 page，每个进程需要专门使用 512GB 用于一个 page 目录，这显然不可能。另一方面，让 page 大小达到 4MB 会导致巨大的开销。即使进程只需要几 KB，也需要从系统获取一个整整 4MB 大小的内存 page。而且，512MB 的 page 目录仍然很大。

此外，进程并不会消耗所有可用的虚拟内存。它们倾向于在逻辑区块(stack、heap、二进制等)中分组使用内存，因此单层目录会非常稀疏，目录中的条目彼此相隔甚远，把整个目录都保存下来是浪费资源。

现今常用的 page 目录组织方式是使用多层索引。这使我们可以在使用较小 page 大小的同时，压缩稀疏的 page 目录所占用的存储空间。如今在大部分的架构中(包括 x86、x64 和 ARM)，典型的 page 大小是 4KB，page 目录分为 4 层(如图 2-16 所示)。

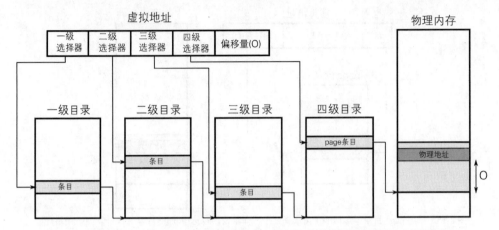

图 2-16　page 大小为 4KB 的 4 层 page 目录，3 层 page 选择器使其可以表示更稀疏的存储空间

当把一个虚拟地址翻译成物理地址时，需要这样查询 page 目录。

- 一级选择器在一级目录中选择一个条目，它指向一个二级目录。
- 二级选择器从特定的二级目录中选择一个条目，它指向一个三级目录。
- 三级选择器从特定的三级目录中选择一个条目，它指向一个四级目录。
- 最终，四级选择器从特定的四级目录中选择一个条目，它直接指向物理内存中的一个 page。
- 偏移量指向了被选中 page 中的特定地址。

这种虚拟地址向物理地址的转换，需要遍历一个 tree 结构才能完成。但正如我们前面所说，与其他数据一样，page 目录也保存在主内存里面，这意味着它同样可以被缓存到 L1/L2/L3 缓存中。但是，如果每次地址转换(发生得很频繁)都需要访问 page 目录(即使使用 L1 缓存)，它仍然会带来巨大开销。因此，引入了一个将转换结果缓存起来的组件：Translation Look-Aside Buffers(TLB)。它的原理很简单，TLB 就像一个键-值对 map 结构，选择器是键，page 的物理起始地址是值。TLBs 的性能极高，因此它们所占存储空间很小。TLB 如果未命中(所需要的虚拟-物理地址转换结果未被缓存)，则会执行一次代价高昂的 full-page 目录遍历。

趣味知识点

与缓存预取一样，TLB 预取同样颇为微妙。如果触发预取的是 CPU(例如，被分支预测触发)，这可能引发不必要的 page 目录遍历(因为分支预测可能不准)。因此，TLBs 预取是软件驱动的。

软件开发是否与 TLB 优化也有关联？需要关注的主要一点是：减少使用的 page 数量，以避免出现太多 TLB 未命中。这样做也会让 page 目录更小，使它可以尽可能长时间地留在 TLB 中。但是，单纯从.NET 的角度，并没有什么可以优化 page 管理的地方。

趣味知识点

L1 通常是在虚拟地址上进行操作，这是因为到物理地址的转换成本太高，转换时间远远超过缓存本身的访问速度。这意味着当 page 被变更时，所有或某些 cache line 必须失效。因此，经常变更 page 会对缓存性能产生负面影响。

2.2.2　large page

如前所述，虚拟地址转换的成本可能很高，应当尽量避免。避免的主要方法是使用较大的page。由于同一个 page 可以容纳许多地址，TLB 缓存了转换结果后，地址转换的需求就变少了。但我们也说过，大 page 会浪费资源。这个问题有一个解决方案，称之为 large(或 huge)pages。通过硬件提供的支持，这个功能可以创建一个包含许多顺序“闲散”正常 page 的大型连续物理内存块。这些 page 通常比普通 page 大 2 到 3 个数量级。当程序需要对 GB 级别的数据进行随机访问时，此功能相当有用。数据库引擎是使用 large pages 功能的一个例子。Windows 操作系统也将它的核心内核镜像和数据映射到 large pages 上。一个 large page 是不可“分页”的(non-pagable，表示不可移动到 page file)，Windows 和 Linux 操作系统都支持这个功能。遗憾的是，由于内存碎片的存在，分配一个 large page 相当困难，而且不一定能找到一块连续的物理内存空间。

.NET 运行时当前并未使用 large pages 功能，因为在大部分的使用场景中，它实际上希望 page 能更小一些。使用 large pages 已经被列入.NET GC 的计划工作列表，但尚未给出时间表。第 15 章设计定制 CLR host 时，我们可以尝试使用 large pages。

2.2.3　虚拟内存碎片

分配和释放内存时，碎片化可能是一个潜在的威胁。第 1 章讨论 heap(堆)的概念时，我们提到过这个概念。对于虚拟内存而言，它意味着由于被占用内存之间的空隙不够大，即使这些空闲区域的总大小远远超过所需的大小，操作系统也无法分配给定大小的连续内存块。

这个问题对于 32 位程序而言尤其严重，因为 32 位可用的虚拟空间太小，无法满足现在的需求。进程为自己分配了大段内存并长时间运行之后，碎片化问题可能特别突出，有些程序的运行场景可能恰好就是如此，比如一个宿主在 IIS 上的 32 位.NET Web 应用程序。为了防止碎片化，进程必须正确地管理内存(对于.NET 进程而言，它就是 CLR 自身)。第 7~10 章介绍垃圾回收算法时，我们会深入讨论防止碎片化的细节，对它的讨论必须建立在对.NET 有更深入了解的前提之下。

2.2.4　通用内存布局

了解了内存有关的基础知识之后，我们现在可以从一个更高的角度讨论内存，于是随之引出了第一个问题：一个程序究竟在内存中是什么样子？当描述一个程序的典型内存布局时，经常能看到图 2-17 所示的这张图。它展现了一个 C 或 C++程序在所有虚拟内存空间上的内存布局结构。我们会在下一章看到，CLR 是用 C++写的，因此一个托管程序的内存布局与它类似。

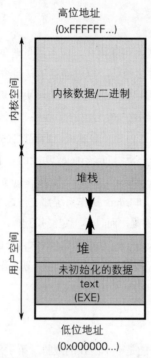

高位地址
(0xFFFFFF...)

内核数据/二进制

堆栈

堆
未初始化的数据
text
(EXE)

低位地址
(0x000000...)

图 2-17　典型的通用进程内存布局

不难看出，虚拟地址空间被划分为两个部分。

- 内核空间：高位地址区间被操作系统占用。之所以称为内核空间，是因为拥有此区域的是内核，而且只有内核才允许对它进行操作。
- 用户空间：低位地址区间被分配给进程。之所以称为用户空间，是因为访问此区间的是用户进程。

当然，从我们的角度看，最有意思的是用户空间，因为这是.NET 程序所在的内存区域。正因为有了虚拟内存机制的存在，每个进程都觉得自己是系统中唯一的一个进程。

呈现内存布局原理图时，最常见的是把低位地址(从 0 开始)放在底部，在上方放置高位地址。还记得第 1 章介绍过的 stack 和 heap 吗？通常的约定是把 stack 画在高位地址，把 heap 画在下面。stack 向下增长，heap 向上增长。这似乎暗示了 stack 和 heap 有可能在内存中最终碰到一起；但实际上，由于它们的大小都是受限的，这种情况永远不会发生。

以下是图 2-17 中其他内存段的描述。

- 数据段包含了已初始化和未初始化的全局变量和静态变量。
- text 段包含了应用程序二进制和字符串文本。这个名字的来由有其历史原因，因为根据定义，它只包含只读数据。

这样一张图非常有助于我们了解通用内存布局。但我们很快会看到，实际情况比这要复杂得多。最好分别针对两个主流操作(Windows 和 Linux)的不同情况，从.NET 的角度分别加以阐述。

2.2.5　Windows 内存管理

毫无疑问，微软 Windows 操作系统是最流行的.NET 平台环境。当我们想要了解不同操作系统的内存管理时，显然应当从 Windows 开始。

由于系统设计的原因，不同的系统版本有不同的虚拟地址空间大小的限制。这些限制的大致情况请查看表 2-5。

表 2-5　Windows 的虚拟地址空间大小限制(用户空间/内核空间)

进程类型	Windows(32 位)	Windows 8/Server 2012	Windows 8.1+/Server 2012+
32 位	2/2GB	2/2GB	2/2GB
32 位 (*)	3/1GB	4GB/8TB	4GB/128TB
64 位	-	8/8TB	128/128TB

* 启用了大地址(large address)特性(即/3GB 参数)

> 注意：有一种被称为 Address Windowing Extensions(AWE)的机制，可以支持分配比上面列出的更多的物理内存，然后通过 AWE Window 仅把部分物理内存映射进虚拟地址空间。这个机制尤其有助于在 32 位环境中突破单个进程最多 2GB 或 3GB 内存的限制。但因为 CLR 不使用此机制，我们不对它加以讨论。

32 位系统退出历史舞台之前，单个进程可以使用的最大虚拟内存限制害苦了工程师。2GB(如果启用了扩展模式，则是 3GB)的最大限制，在大型企业应用中可能导致出现各种问题。典型场景就是宿主在 32 位 Windows Server 上的 ASP.NET Web 应用程序。如果程序触及最大虚拟内存上限，除了重启整个 Web 应用程序之外，别无他法。这个限制导致必须对大型 Web 系统进行横向扩展，为应用创建多个实例，让每个实例只需要处理更少的请求，以达到使其占用更少内存的目的。如今 64 位系统已经占据统治地位，虚拟内存的限制不再是一个问题。如今一个普通程序还不至于需要数十 TB 的内存。但请注意，编译成 32 位的程序即使运行在 64 位 Windows Server 上，它也仍然有 4GB 的虚拟内存限制。

Windows 的内存管理子系统以两个主要层级公开出来。

- Virtual API：这是一个在 page 粒度上进行操作的底层 API。你可能听说过 VirtualAlloc 和 VirtualFree 函数，它们都属于此类 API。
- Heap API：高层 API，向开发人员提供 Allocator 功能(第 1 章介绍过它)，用于分配比 page 更小的内存空间。这一类的 API 包括 HeapAlloc、HeapFree 以及其他一些函数。

Heap API(公开了 Heap Manager)通常被 C/C++运行时用以实现内存管理。你可能熟知 C/C++ 中的 new/delete 或 malloc/free 这些流行的操作符。CLR 基于 Virtual API 实现了自己的用于创建.NET 对象的 Allocator。简单来说，CLR 向操作系统请求更多 page，然后自己在 page 内适当地分配对象。CLR 也使用了 Heap API 来创建许多较小的内部数据结构。

在 Windows 系统中，了解一个进程所关联的各个不同的内存类别非常重要。了解它们并不像看上去那么麻烦。如果缺乏对它们的了解，我们将很难理解一个最重要的问题：我们观察的进程实际上使用了多少内存？

为了回答这个问题，我们需要了解在 Windows 中有关 page 管理的更多知识。page 可以处于如下所列的四种不同状态。

- free：尚未分配给任何进程或操作系统。

- committed(private)：分配给一个进程。由于处于这个状态的 page 被一个特定进程所使用，因此它们被称为 private page。进程首次访问一个 committed page 时，将使用 0 对它进行初始化。committed page 可以被"分页"到磁盘或"分页"回内存。

- reserved：保留给一个进程。内存保留意味着获取一段连续的虚拟地址，但又不实际分配内存。这让我们可以预先保留一些空间，然后按照需要仅提交(commit)其中一部分。保留内存并不会占用物理内存，而只是使用一些内部数据结构做轻量级准备。当程序能清楚地知道此刻自己需要一块多大的内存时，可以一次性同时保留和提交相应大小的内存。

- shareable：保留给一个进程，但可以与其他进程共享。这通常意味着为系统级库(DLLs)和资源(字体、文字翻译等)分配的二进制镜像和内存映射文件。

此外，private page 可以被锁定，以将它保持在物理内存中(它们不会被移到 page file)，直到显式解锁或者结束应用程序。锁定对于提高程序中关键部分的性能大有用处。我们将在第 15 章看到在一个自定义 CLR host 中实现 page 锁定的例子。

进程通过调用 VirtualAlloc/VirtualFree 和 VirtualLock/VirtualUnlock 函数，对 reserved 和 committed page 进行管理。值得注意的是，如果进程尝试访问空闲内存和保留内存，会导致非法访问异常，因为这些内存尚未映射到物理内存。

注意：为什么除了 committed，还需要一种专门的 reserved 类型？正如本章之前所述，从各个方面来讲，循序内存访问模式都是最好的。由一组连续 page 序列组成的内存空间，可以预防内存碎片，从而优化 TLBs 的使用，避免遍历 page 目录。连续内存也有利于缓存的运作。因此，即使暂时不需要，预先保留一些更大的内存空间也是好的。

了解 page 具有不同的状态之后，我们可以看看一个 Windows 进程的内存究竟分成哪些类别(图 2-18 使用图形将这些指标间的关系以重叠形式展现出来)。

- working set：当前位于物理内存中的一组虚拟地址空间。它可以被再划分为

  - private working set：包括物理内存中的 committed(private)page。
  - shareable working set：包括所有 shareable page(不管它们是否实际已被共享)。
  - shared working set：包括已经与其他进程共享的 shareable page。

- private bytes：所有 committed(private)page——不管它们位于物理内存还是分页内存中。

- virtual bytes：所有 committed(private)page 和 reserved page。

- paged bytes：存储在 page file 中的虚拟字节数据。

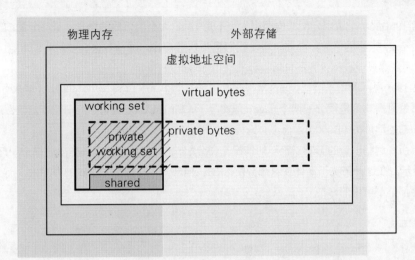

图 2-18　一个 Windows 程序进程中不同内存工作集之间的关系

这些概念确实相当复杂。也许现在我们开始意识到,"我们的.NET 进程真正占用了多少内存?"这个问题并没有一个简单的答案。问题中的"内存"指的是哪个指标?可以假设最重要的指标是 private working set,因为它表示进程对最重要的物理内存的实际消耗量。你将在下一章了解如何监控这些指标。同时我们还将了解,任务管理器中一个进程的"内存"列中显示的信息代表的是什么含义。

当 Windows 为一个进程保留内存区域时,基于其内部结构,它将遵循如下限制:内存区域的起始地址和大小,都必须是系统 page 大小(通常是 4KB)和所谓分配粒度(通常为 64KB)的整数倍。这实际上意味着每个保留区域的起始地址都是 64KB 的倍数,并且其大小也是 64KB 的倍数。如果想分配小于粒度的内存空间,剩余部分将被标记为无法访问(不可用)。因此,为了避免浪费内存,使用合适的对齐方式和大小使用内存块非常关键。

下面举例加以说明。代码清单 2-7 展示了一段简短的代码。它分配了一些虚拟内存 page,参数 baseAddress 表示起始地址,blockSize 表示分配的大小(以字节为单位)。VirtualAlloc 函数返回了最终分配的 page 的地址 ptr。

代码清单 2-7　通过一段使用 Virtual API 的 page 分配代码,演示 page 和分配粒度陷阱

```
IntPtr ptr = DllImports.VirtualAlloc( new IntPtr(baseAddress),
                                      new IntPtr(blockSize),
                                      DllImports.AllocationType.Reserve,
                                      DllImports.MemoryProtection.
                                      ReadWrite);
```

在图 2-19 中,我们可以看到使用不同参数执行上面代码的结果。图 2-19(a)展示了一个尚未被使用的 page,起始地址是 0x9B0000。图 2-19(b)展示了一种典型场景,在一个指定的、正确对齐的地址保留了 64KB 内存(一个 page 的大小)。其结果是在那个地址(ptr 将等于 0x9B0000)获取了 64KB 保留内存。图 2-19(c)展示的场景非常类似,但只在合适的起始地址保留了 4KB 空间,虽然保留了一整个被分配的内存块,但后面的剩余空间(60KB)被标记为不可用。这些空间都被浪费掉了。我们在下一章介绍 VMMap 工具时,可以通过它发现类似这种场景。

图 2-19(d)展示了请求分配的内存块大小不是 page 大小的倍数的场景，最终分配的大小被向上取整为 page 大小的倍数。因此，即使我们想要分配 6KB，系统也会提供给我们 8KB。剩余的 56KB 空间显然只能被标记为不可用。

图 2-19(e)展示的场景类似，但这次将起始地址移动了 17KB(到 0x9B4400)，并请求分配 4KB。理论上系统只需要为进程分配两个 page。但实际上，VirtualAlloc 会基于分配粒度的倍数返回整个内存块的起始地址(0x9B0000)，而不会返回我们提供的那个起始地址。

考虑所有这些因素的影响，最坏的情况是在分配粒度内存块的末端位置保留一段内存，如图 2-19(f)所示。在这种情况下，即使只想分配 8KB，但却消耗了两个 64KB 的内存块，而且其中一半的内存都是不可用的。

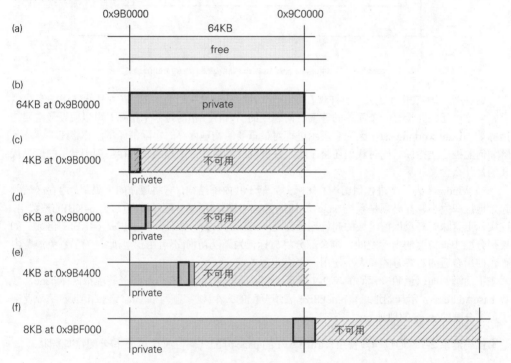

图2-19　从上至下：(a) 进行任何分配操作之前，有一个 free page；(b) 在起始地址 0x9B0000(64KB 的倍数)保留 64KB；(c) 在起始地址 0x9B0000(64KB 的倍数)保留 4KB；(d) 在起始地址 0x9B0000(64KB 的倍数)保留 6KB；(e) 在未按照 2KB 对齐的起始地址(0x9B4400)保留 4KB；(f) 在严重未按照 2KB 对齐的起始地址(0x9BF000)保留 8KB

所有这些都是为了向我们展示确保正确的 page 对齐的重要性。虽然我们并不会每天使用 Virtual API 管理内存，但是这些知识可以帮助我们理解 CLR 代码中有关对齐的种种考量。当然，如果以后我们需要编写这种底层代码，这些知识也是必需的。

细心的读者可能会问，既然 page 的大小是 4KB，那么为什么分配粒度是 64KB 呢？微软员工 Raymond Chen 在 2003 年回答了这个问题，可参见 https://blogs.msdn.microsoft.com/oldnewthing/20031008-00/?p=42223。这个问题的答案非常有趣。这个分配粒度主要是由于历史原因导致。当今整个操作系统家族的内核都可以追溯回早期的 Windows NT 内核。它支持许多平台，包括 DEC

(续)

Alpha 架构的计算机。正是因为适配 DEC Alpha 的需要，才引入了这样一个限制。既然没发现这个设定在其他平台有问题，为了让内核保持通用性，这个其实是针对某个特定平台引入的定制便被保留下来了。上面那篇文章中还详细说明了 DEC Alpha 平台为什么需要将这个值设定为 64KB 的详细原因。

2.2.6　Windows 内存布局

现在，让我们深入研究运行在 Windows 平台并执行.NET 程序的进程。一个进程包含一个默认的进程 heap(大多由 Windows 内部函数使用)和任意数量的可选 heap(由 Heap API 创建)。可选 heap 的一个例子，是由 Microsoft C 运行时创建并被 C/C++操作符使用的 heap。主要的 heap 类型有三种。

- normal(NT) heap：由普通(非 Universal Windows Platform)程序使用。它提供了管理内存块的基本功能。
- low-fragmentation heap：在 normal heap 基础上附加了额外功能，用以在不同大小的预定义内存块中管理内存分配。它可以防止小数据导致的内存碎片化，同时由于操作系统内部的优化，使得对它的访问速度稍快。
- segment heap：用于 Universal Windows Platform 程序，它提供了更精密的 allocator(其中包括与上面类似的 low-fragmentation allocator)。

在讲述通用进程内存布局时提到过，虚拟地址空间被分成两部分，高位地址用于内核，低位地址用于用户(程序)。如图 2-20 所示(左侧为 32 位，右侧为 64 位)。在 32 位机器上，分配给用户的空间是低位的 2GB 或 3GB(如果启用了 large address)。在支持 48 位寻址的现代 64 位 CPU 上，用户空间和内核空间都具有 128TB 的可用虚拟内存(早期 Windows 版本为 8TB，包括 Windows 8 和 Windows Server 2012)。

Windows 平台上.NET 程序的用户空间典型布局如下。

- 前面提到的默认 heap；
- 大多数镜像(exe, dlls)位于高位地址；
- 线程 stack(前一章提到过这个概念)主要位于较低位的地址，但也可以位于任何位置。进程中的每个线程都有其自己的线程 stack 区域。这里说的线程包括使用原生系统线程机制的 CLR 线程；
- 由 CLR 管理，用来存储我们创建的.NET 对象的 GC heap(它们是 Windows 中通过 Virtual API 获取的常规 page)；
- 由 CLR 管理，用于其内部目的的各种专用 CLR heap。我们在后续章节会详细介绍它们；
- 在虚拟地址空间中的某些地方，当然还有大量的空闲虚拟地址空间，包含了多达 GB 和 TB 级别(取决于具体架构)的巨量内存块。

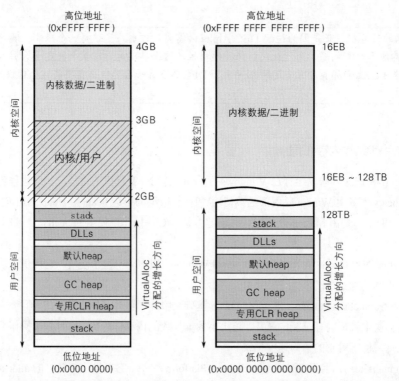

图 2-20　x86/ARM(32 位)和 x64(64 位)架构下，Windows 平台上运行.NET 托管代码的进程的虚拟内存布局

Windows 上的初始线程 stack 大小(包括 reserved 和最初 committed 的)取自可执行文件(即众所周知的 EXE 文件)的标头，但也可以在使用 Windows API 手动创建线程时，由诸如 CreateThread 等方法人为指定。

.NET 运行时计算默认 stack 大小的规则相当复杂。对于典型的 32 位程序，默认值是 1MB；对于典型的 64 位程序，默认值是 4MB。stack 数据通常不多，call stack(调用堆栈)一般也不会太深(数百层嵌套调用很少见)。因此 1MB 或 4MB 都是不错的默认值。

但是，如果你曾经遭遇过 StackOverflowException(堆栈溢出异常)，就表示你已经触及 stack 大小的上限。不过这个异常很可能是由于代码中的无限递归错误所导致，不管 stack 有多大，这种错误显然都会把它耗尽。但如果我们出于某种理由，确实需要在 stack 上存储大量数据，则可以像对待一个普通可执行文件那样去修改.NET 可执行二进制文件的标头，操作系统会读取并应用修改后的值。我们将在第 4 章告诉大家如何提高 stack 大小的上限。

出于安全上的考虑，系统引入了一种地址空间布局随机化(Address Space Layout Randomization, ASLR)的机制，它会将所有组件(镜像、heap、stack)随机放置到整个地址空间，而不会总是遵循一种固定的通用布局模式。这个机制可以避免利用固定布局进行的攻击，但也使得图 2-20 的布局图实际上并不能代表内存中真正的布局。

我希望上面这些概述内容能够帮助我们更好地理解 CLR 内存管理在整个 Windows 生态中所处的位置。之后详细讲述 CLR 进程布局时，我们会再次参考这里所学的知识。

2.2.7　Linux 内存管理

直到不久之前，如果在一本有关.NET 的书中专门有一章是讲 Linux，那只是为了给基于 Mono 开发的项目作参考。但是时代在变。随着.NET Core 环境的出现，.NET 不再与非 Windows 系统泾渭分明。在非 Windows 计算机上运行.NET 程序的情况会变得越来越普遍。我们会使用很多篇幅讲述 CoreCLR 这个.NET Core 的运行时。因为 Linux 将成为日渐流行的.NET 运行平台，所以我们也需要对这个系统有所了解。由于 Linux 使用了相同的硬件技术，包括 page、MMU 和 TLB，因此前面章节讲述的内容已经涵盖了 Linux 所涉及的大部分知识。本节将只关注于两个系统有差异的部分。随着越来越多的人必须了解新的.NET Core，我相信学习一些 Linux 的基础知识对.NET 开发人员非常有益。

流行且被广泛使用的 Linux 操作系统发行版同样也使用虚拟内存的概念。对进程的各种限制也和 Windows 非常类似，这些限制如表 2-6 所示。

表 2-6　Linux 上的虚拟地址空间大小限制(用户空间/内核空间)

进程类型	32 位 Linux	64 位 Linux
32 位进程	3/1, 2/2, 1/3 GB	-
64 位进程	-	128/128 TB*

* 依旧是 48 位寻址

和 Windows 一样，Linux 中的基本内存区块也是 page，它的大小通常是 4KB。page 可以处于下面所列的三种状态。
- free：尚未分配给任何进程或系统。
- allocated：分配给一个进程。
- shared：保留给一个进程，但可以和其他进程共享。这通常意味着为系统级别库和资源分配的二进制镜像和内存映射文件。

与 Windows 操作系统相比，这样的分类可以更容易、更清晰地了解一个进程的内存消耗。如你所见，与 Windows 相比，Linux 中的 page 不存在一个 reserved 状态。Linux 内置了惰性分配机制来实现类似的需求。当在 Linux 上分配内存时，它立即被视为 allocated，但实际上并不会为它分配物理资源(因此，这和 Windows 的保留机制类似)。直到访问该特定的内存区域，实际需要它时，才为它分配实际的资源(消耗物理内存)。如果需要在性能非常关键的场景中主动提前准备好 page，可以通过进行一次内存访问，比如从里面读取 1 字节，来触发实际的物理内存分配。

了解所有 page 状态后，我们可以看看 Linux 中一个进程的内存可以分为哪些类别。这里的分类存在大量的混淆，许多基于 Linux 的工具都会使用稍微不一样的分类。在这里，我将使用尽可能最通用的分类规则。使用以下术语，可以衡量一个进程的内存使用率。
- virtual(有些工具标注为 vsz)：进程迄今为止所保留的虚拟地址空间的总大小。在流行的 top 工具中，它被标识为 VIRT 列。
- resident(常驻工作集大小，RSS)：当前驻留在物理内存中的 page 空间。有些 resident page 可以被多个进程共享(file backed 或 anonymous)。因此，resident 对应到 Windows 平台上的 working set。在 top 工具中，它被标识为 RES 列。它还可以再被分为

- ◆ private resident page：为此进程保留的所有 anonymous resident page(由 MM_ANONPAGES 内核计数器标识)。这在某种程度上对应到 Windows 的 private working set。
- ◆ shared resident page：进程的 file backed(由 MM_FILEPAGES 内核计数器标识)和 anonymous resident page。对应到 Windows 的 shared working set。在 top 工具中，它被标识为 SHR 内存。
- ● private：进程的所有专用 page。在 top 工具中，它被显示在 DATA 列。请注意，private 指的是被保留的内存，并不表示有多少已经被访问过而变成了 resident。对应到 Windows 的 private bytes。
- ● swapped：已存储于交换文件中的虚拟内存部分。

图 2-21 使用图形将这些指标间的关系以重叠形式展现了出来。

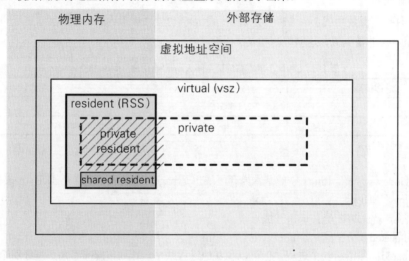

图 2-21　Linux 上一个进程中不同内存工作集之间的关系

　　这些概念相当复杂。和 Windows 一样，对.NET 进程到底消耗了多少内存这个问题，并没有一个简单的答案。最明智的做法是查看 private resident pages 指标，因为它表示的是进程实际使用了多少宝贵的物理内存。

　　Windows 的内存分配粒度是 64KB；而 Linux 分配内存只需要按照 page 大小对齐，后者在大部分情况下都是 4KB。

2.2.8　Linux 内存布局

　　Linux 进程的内存布局与 Windows 非常类似。对于 32 位版本，用户空间为 3GB，内核空间为 1GB。这个分配比例可以在构建内核时，通过修改 CONFIG_PAGE_OFFSET 参数进行调整。对于 64 位版本，两者以类似 Windows 的方式进行拆分(见图 2-22)。

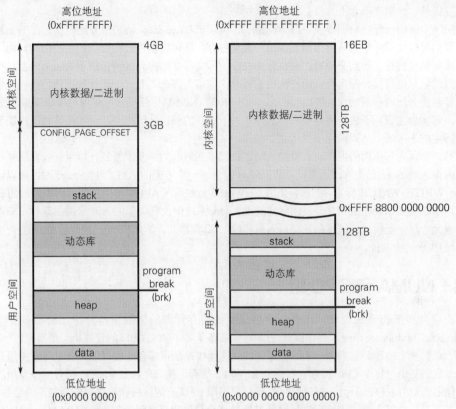

图 2-22   Linux 上 x86/ARM(32 位)和 x64(64 位)的虚拟内存布局

与 Windows 类似，系统提供了一个操作内存 page 的 API。它包括

- mmap：直接操作 page(包括文件映射，被共享的 page 和普通的 page，以及没有关联到任何文件、用来存储程序数据的 anonymous 映射)。
- brk/sbrk：这是与 VirtualAlloc 最类似的方法。它的作用是设置/递增所谓的 program break，其实也就是增加 heap 的大小。

众所周知的 C/C++ allocator 根据需要分配的内存量，选择使用 mmap 或 brk。具体选择哪个 API，取决于一个分配量阈值，可以通过 mallopt 和 M_MMAP_THRESHOLD 设置修改此阈值。稍后我们会看到，CoreCLR 使用了 mmap 分配 anonymous private page。

Linux 和 Windows 对于如何处理线程 stack 存在着显著差别。由于没有两步(two-stage)内存保留机制，Linux 进程的 stack 按照需要进行扩展，不会提前为它保留相应的内存 page。由于下一个 page 是按需创建，因此线程 stack 不会位于连续的内存区域。

2.2.9   操作系统的影响

CoreCLR 内置的跨平台版本垃圾回收器(GC)，是否考虑了不同操作系统在内存管理方面的差异？总的来说，GC 的代码独立于具体平台，但显然，它必须在不同系统上使用那个系统的 API。两个系统的内存管理子系统以相似的方式工作，它们都基于虚拟内存、paging(分页)这些基本概念，并以相似方式分配内存。尽管不可避免地必须使用不同的系统 API，但除了我现在将要描述的两种情况以外，代码在概念上并没有特定的区别。

第一个区别已经在前面提及。Linux 没有使用两步法(two-step way)来分配内存。在 Windows 中，我们可以使用一个系统调用预先保留一大块内存。这可以创建一些恰当的系统结构，而又不占用实际物理内存。等到必要时，再执行第二步，提交需要的内存区间。由于 Linux 没有这个机制，因此它只能直接分配内存，而没法将它暂时"保留"下来。有一个流行的技巧，可以用于模仿这种两步分配内存的动作。在 Linux 上，使用 PROT_NONE 访问模式分配内存可以模拟"保留"动作，它实际上表示不去访问这块内存区域。对于这样的保留区域，可以使用正常权限再次分配其中特定的子区域，从而模拟出"提交"动作。

第二个区别是所谓的内存写入监控机制。我们将在后面的章节中看到，垃圾回收器需要跟踪哪些内存区域(page)已被修改。为此，Windows 提供了一个方便的 API。分配 page 时，可以设置 MEM_WRITE_WATCH 标志。然后，使用 GetWriteWatch 系统 API 即可以获取到已被修改的 page 列表。等到开发 CoreCLR 时，开发团队才发现 Linux 系统中没有类似的 API 来提供这种可靠的机制。因此，这个逻辑只能被移到一个写入屏障(第 5 章将详细介绍此机制)，由运行时自身(而非操作系统)实现这个功能。

2.3 NUMA 和 CPU 组

在硬件和操作系统领域，还有一个更重要的内存管理的主题值得介绍。对称多处理器(Symmetric Multiprocessing，SMP)的意思是一台装备了多个独立 CPU 的计算机，所有 CPU 连接到同一组共享主内存。它们由一个操作系统控制，操作系统可能会、也可能不会平等对待所有处理器。我们知道，每个 CPU 都有它自己的 L1 和 L2 缓存。换言之，每个 CPU 都有一些专用的本地存储器，其访问速度远远快过其他区域。运行在不同 CPU 上的线程和程序可能会共享一些数据，但这并不是一个好主意，因为在 CPU 之间共享数据会导致明显延迟。这就是 NUMA(Non-Uniform Memory Architecture，非统一内存访问)大显身手的舞台。这个架构所隐含的意思是，从性能的角度看，并非所有共享内存都是一样的。软件(主要是操作系统，但也可以是程序本身)应当感知到 NUMA 的存在，并优先选择那些位于本地而非距离更远的内存。NUMA 架构的示意图如图 2-23 所示。

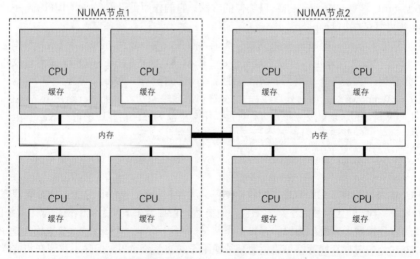

图 2-23 由 8 个处理器组成，分组成 2 个 NUMA 节点的简单 NUMA 配置

这种访问非本地内存所导致的额外开销，被称为 NUMA 效应。由于将每个 CPU 点对点连接起来代价高昂，因此 CPU 通常只与两到三个其他 CPU 连接在一起。为了访问远处的内存，必须在处理器之间跳转几次。CPU 越多，不使用本地内存而导致的 NUMA 效应的影响就越大。一些计算机系统采用了某种混合模式，它们将处理器分组，每组处理器拥有自己的共享内存，组之间的内存各自分开，组与组之间存在很大的 NUMA 效应。实际上，这是有 NUMA 效应的系统最常采用的架构模式。在这个模式下，CPU 被分组成更小的、被称为 NUMA 节点的系统。每个 NUMA 节点都有自己的处理器和内存，同一个节点内的组件由于物理上隔得很近，因此 NUMA 效应更小。当然，多个 NUMA 节点也仍然彼此连接在一起，但节点之间的数据传输所带来的开销就很大。

NUMA 系统对操作系统和程序代码最主要的要求就是需要让进程总是使用执行程序的 CPU 所在 NUMA 节点的本地内存。但如果有些进程所消耗的内存比其他进程多得多，这可能会导致不平衡。在 Linux 中，可以控制每个进程的 NUMA 行为，以决定让它是否坚持只使用本地内存(对小型进程有利)，还是尝试将它的负荷均分出去(对大型进程有利)。在 Windows 平台上，程序开发过程中必须考虑 NUMA 因素。

问题来了，.NET CLR 能否应对 NUMA？简单来说，是的！理论上，可以通过设置 runtime 配置段中的 GCNumaAware 配置项禁用 NUMA 感知，但目前这个配置项尚未公开。

除了 GCNumaAware，还有两个与所谓处理器组有关的重要应用程序设置，如代码清单 2-8 所示。在具有超过 64 个逻辑处理器的 Windows 系统上，它们被分组成上面所提到的 CPU 组。

我们可以在基于 Windows 的.NET 运行时中启用对 CPU 的分组(参见代码清单 2-8)，这对具有 64 个以上逻辑处理器的环境而言非常重要。

代码清单 2-8　在.NET 运行时中配置启用处理器分组

```
<configuration>
  <runtime>
    <Thread_UseAllCpuGroups enabled="true"/>
    <GCCpuGroup enabled="true"/>
    <gcServer enabled="true"/>
  </runtime>
</configuration>
```

GCCpuGroup 设置项指定了垃圾回收器是否应当通过在所有可用分组上创建内部 GC 线程来支持 CPU 分组，以及在创建和管理 heap 时，是否考虑所有可用的核。

Thread_UseAllCpuGroups 指定了 CLR 是否应当在所有 CPU 分组之间分配正常的托管线程(执行我们的代码)。这两个选项应当与 gcServer 一同启用。

2.4　本章小结

本章包含大量内容，简要讲述了最重要的硬件和系统内存管理机制。我希望这些内容连同上一章的理论介绍一起，能够向你提供足够宽泛的与.NET 内存管理有关的背景知识。我还希望你能对内存管理这个主题的复杂性有所认识。是的，到目前为止，讨论的都还只是.NET 垃圾回收器的基础知识。在随后的每一章，将逐渐远离通用的硬件和理论陈述，渐渐深入到.NET 环境中。

规则 2– 避免随机访问，拥抱循序访问

适用范围：大多用于底层的、性能非常关键的代码。

理由：由于各个层面(包括内存和处理器缓存设计)的内部机制的原因，循序访问绝对是最佳选择。处理器访问远处的内存，相比它的缓存而言，需要花费多得多的 CPU 周期。处理器以称为 cache line 的 64 字节块为单位加载数据。每次内存访问如果少于 64 字节，都是一种浪费。而且，随机访问模式使得缓存预取机制几乎不太可能起作用。随机访问内存时，处理器无法找到任何可预测的模式。尤其重要的是，随机访问并不仅仅指完全的随机，而是指没有使用一种可预测的模式进行有序访问。

如何应用：显然，随机访问的反面是循序访问，因此请始终尝试使用循序访问模式。如果你在处理大量数据，可能需要考虑将它们打包到具有良好内存连续性的数组中。遍历双向链表就是一种典型的非结构化访问。我们将在第 13 章讲述面向数据设计时，更详细地讨论这个问题。

规则 3 – 提高空间和时间数据局部性

适用范围：大多用于底层的、性能非常关键的代码。

理由：空间和时间局部性是缓存的基石。如果存在局部性，则可以有效地使用缓存，获得更好的性能。反之，如果打破了时间和空间局部性，则会导致性能的显著下降。

如何应用：设计使用的数据结构时，仔细考虑数据的局部性，并及时地尽量重用它们。正如我们在给出的示例中所看到的，分散的、随机访问的数据对性能非常不利，其速度可能慢很多。有时，在程序的非常高级且高性能的部分中，这意味着要使用 non-intuitive changes，我们将在第 13 章讲述面向数据设计时对它进行介绍。有时，只需要确保数据结构足够小、预先分配并重复使用，就可以保证局部性了。

规则 4 – 不要放弃使用更高级技巧的可能性

适用范围：极其底层、性能极其关键的代码。

理由：.NET 运行时环境是以最通用的方式写出来的，这是为了确保它可以运行在各种可能的场景中。然而，当我们编写程序时，我们对我们的需求了解得非常透彻。我们可能需要编写与内存有关的、极快、性能极高的代码段。如果是这样，我们可以考虑使用一些操作系统专有的更高级的机制。这些机制可能只被全世界 0.0001%的.NET 开发人员所需要。如果你正在编写与内存有关的库，比如 serializer(序列化器)、消息缓冲区，或者某种性能极高的事件处理器，那么或许可以通过使用一些本章提到的系统底层 API(比如非时态内存访问)达成目的。

如何应用：这将需要编写真正硬核的代码。这段代码将很难管理，也许除了你之外，没人愿意维护它。由于它使用了操作系统的底层 API，升级或变更操作系统版本后，它可能就出问题了。也很可能你根本不需要进行这种底层内存管理，因为它需要在写代码时极其小心。同时，写这样的代码还很容易犯错，错误不但不会提高，相反还会大大降低性能。

仔细阅读本书，然后仔细阅读讲述特定操作系统内部机制的书籍，然后再尝试使用诸如 large pages、非时态操作以及本章提到的各种其他高级机制。

第 3 章
内 存 测 量

也许在书的开头就有这样一个标题的章节是令人惊讶的。我们还没有真正谈到有关 .NET 内存管理的任何内容，就已经在研究与之相关的工具啦？ 但这是一个经过深思熟虑的决定。首先，我将使用此处介绍的工具来说明稍后讨论的具体概念。其次，尽管我试图使本书保持平衡，它也有着非常实际的意义。在讨论各种主题时，我们将需要讨论实际的问题和示例。使用本章介绍的工具，你将可以了解到如何识别和诊断这些问题。因此，只要我们不只是处理垃圾回收器构造相关的学术讨论，这些工具就与理论是分不开的。

如果不知道该用什么工具，我们将会变得笨手笨脚。比如我们不知道如何检查进程是否有内存问题。我们不知道如何确认高 CPU 或内存消耗是与.NET 内存管理相关联的。事实是，在这里并没有一把单一的超级通用的瑞士军刀。有些场景一个工具是最适合的，另一些场景则是另一个工具是最适合的。要完全熟悉内存管理主题，最好对每一个工具都学习如何使用。

本书所介绍的工具范围非常广泛。一方面，会讲到 WinDbg 这样的底层工具。有了它的帮助，我们可以进行真正深入的分析。数十种要以正确顺序来使用的魔法命令的知识将值得我们进行大量的研究。在另一方面，会介绍具有友好方便的用户界面的商业产品。这部分内容都很愉快和容易，因此我们可以快速获得很多答案。另一方面，这些工具有时仅仅带有其创建者所提供的内容，自定义功能非常有限。在这两个极端中间，还有许多其他工具在多功能性和易用性之间达成了妥协。据我的经验，这些高级商业程序几乎够用了。但这里的"几乎"视实际情况会有很大的不同。我们不时会遇到一个在这些程序所提供的分析中无法轻易解决的问题。换句话说，常在河边走，迟早打湿鞋。

你可能会对这里介绍的静态代码分析工具缺乏强大的表现能力而感到惊讶。几乎所有工具都是基于运行时分析的。这是因为事情并没有那么简单。根据使用特性，代码可以转换为许多种行为。如果与之相关的操作每小时才执行一次，即使是最低效的内存管理代码片段也不会对进程产生不利影响。静态代码分析会有所帮助，但也会造成伤害。它可能导致不必要地将精力集中在代码中的不相关部分上。

性能比实现功能或代码质量更难，因为我们通常不知道哪些代码是"可能"或"应该"的。有一些工具可以帮助我们指出违反某些阈值的情况。但即便如此，在不了解主题的情况下，我们仍然不能确定这些阈值在特定情况下是否适用于我们的应用程序。这就是为什么本章虽然非常重要，但如果没有整本书的背景知识，它就不会特别实用。

根据我们所使用的操作系统，我们测量.NET 程序行为的方式会完全不同。这就是本章会分为两部分的原因。在每一点上，都会针对两个最流行的操作系统——Windows 和 Linux——有对应的解决方案。由于在 macOS 上使用.NET 的普及程度很低，因此本书没有介绍用于该平台的工具。

重要的是，本章将介绍不同的工具以及如何使用它们的基础知识。它们的具体用法和对结果的解释将在本书的后面部分提供。目前我们还没有足够的垃圾回收器知识来开始使用这些工具去解决具体的问题。你可以将本章视为你应该使用的工具的完整列表。我鼓励你至少在阅读时尝试一下这些工具。多亏这一点，你将获得强大的实用知识和熟悉它们。它们将在接下来的章节中很有用。当然，你很可能已经知道了其中一些或所有工具。那么你可以随意跳过它们的描述，特别是在展示使用它们基本步骤的部分中。

另请注意，本章还存在一点鸡和蛋的问题——如果不使用此处介绍的工具，就不可能展示许多与 GC 有关的主题的实际情况，而此处介绍的工具通常需要对这些 GC 相关主题有很好的了解。为了不让在本书各处出现的工具描述混乱，现在介绍一些基本用法，即使提到了与 GC 相关的概念。因此，如果你不理解这里描述的每个细节，请不要害怕。在日常工作中使用这些工具时，我希望你偶尔会回到本章，并从本书中获得充分的了解。

3.1 尽早测量

当我们询问性能优化方面的专家、框架开发人员，或者仅仅是那些已经看到许多问题的专业人士时，关注性能最重要的是什么？他们的反应都一样：尽早测量。每个人都可能听说过这样一句话：过早的优化是万恶之源。首先，花费数小时或数天来优化代码，如果在没有改变经济性、节省硬件资源或让应用程序处理时间更短的情况下，只给我们带来微不足道的回报，那这算是没有回报。更糟糕的是，这肯定会导致开发成本的增加，而且可能带来了不必要的、复杂的、没有可读性的代码。好的规则正好相反——与其过早地专注于优化，不如先测量评估一下我们是否有这方面的需求。由于这是一本有关.NET 中内存管理的书，因此引出了下一条通用规则——尽早测量 GC，将在本章末介绍这个规则。

每次测量都可能带有或多或少的误差。另外，测量可能会干扰到观察到的过程。我们从物理学中知道这些事实，对于过程参数的测量来说也是如此。因此，"如何测量"这个问题的答案可以是非常简单的(如果我们不细说)，也可以是非常复杂的(如果考虑到精度的话)。不同工具会提供不同的精度，我将对此稍作介绍。但是，关于测量误差的统计讨论超出了本书的范畴。请注意，一旦我们测量了某些东西，就可能出现某些不准确的情况。

尽管如此，我想在此强调一些主要概念和误解，因为这些在测量中是如此重要。关于这些问题，我们将在本章的后半部分以及整本书的其余部分进行讨论。最重要的是，会结合到我们的日常工作中。

3.1.1 开销和侵入性

当使用不同的工具衡量我们的应用程序时，务必牢记以下两个最重要的概念。

- 开销：很难找到一个工具，它在测量应用程序时不会降低应用程序的速度或以某种方式消耗更多资源。我们在讨论这个工具的开销时，通常使用百分比表示它。某些工具在几个百分点的水平上几乎不会带来明显开销。例如，这意味着 Web 应用程序的响应时间只会延长几个百分点而已。或者这几个百分点并不会降低桌面应用程序中动画的流畅度。这种低开销的工具甚至可以在生产环境中使用。另一方面，有些工具通过附加到我们的应用程序上，使其速度降低好几个数量级。总的来说，它们提供了大量详细的信息以作为回报。但是，由于它们所带来的开销，它们只适合在开发环境中使用，或者只适用于单个开发人员的机器上。
- 侵入性：这个概念与开销的概念类似，也涉及该工具在多大程度上影响了应用程序本身的功能。使用该工具是否需要再次运行该应用程序？是否需要其他权限或已安装的扩展程序？理想情况下，非侵入性解决方案可以在应用程序运行期间打开和关闭，而不会对其产生任何影响。另一方面，一个完全侵入性的解决方案将需要重新编译我们的应用程序并将其重新部署到给定的环境中。

3.1.2　采样与跟踪

工具的另一个方面是如何收集诊断信息，主要有两种方法。

- 跟踪：在这种方法中，诊断数据是在特定的、被关注的事件触发时收集的(因此它的另一个名称是基于事件)。例如，在打开或关闭文件时、在单击鼠标时或者开始垃圾回收过程时保存跟踪数据。这种解决方案的优势无疑是数据的精确性，因为它们来自事件发生的那一刻，并且我们可以编写给定类型的所有事件。然而，如果该类事件非常频繁，则会造成很大的开销。因此，这种机制不适用于诸如函数进入或返回的频繁和低级的事件。除非我们能负担得起很大的开销，例如，在开发人员的机器上。

- 采样：在这种方法中，我们接受数据精度的丢失，并且我们仅不时收集诊断数据(因此，它的另一个名称是基于时间)。我们仅尝试对应用程序状态进行采样，并且采样频率越低，从测量中得到的结果就越不准确。这种方法的一个典型例子是周期性保存所有处理器上的函数调用堆栈，例如，1 毫秒/次。这使你能够统计出哪些函数执行的时间最长。当然，我们可能会很遗憾地丢失那些运行时长总是低于 1 毫秒的函数的有关信息。

3.1.3　调用树

最常用的应用程序行为可视化方法之一是构建调用树。在这样的树中，每个节点代表一个函数。该节点的子节点表示该函数已调用的其他函数。每个函数还附有一些测量，很可能是总执行时间。实际上，通常会有如下一对与每个函数(树里的每个元素)相关的指示器。

- 独占：仅测量该特定函数的值。在总执行时间的情况下，则是仅在该特定函数中花费的时间。

- 包含：测量该特定函数的值及其所有子函数的测量值的总和。在总执行时间的情况下，则将递归地计算，即花费在该函数中的时间，再加上它所调用的所有其他函数的时间，以及它们调用的所有函数等时间的总和。

另外，给定测量的百分比通常是相对于整个检查范围来确定的。它们称为包含百分比和独占百分比测量。让我们看一下图 3-1 中的示例，该示例展示了一个假设的分析器的结果。

我们在这里可以看到，main 函数花费了程序的 100%包含时间——也就是 3 秒。这是调用所有其他函数的主函数，因此这是预期内的行为。但是，只有 22%的时间花在 main 函数上，其余的时间则花在它调用的其他函数上。例如，78%的时间花在 SomeClass.Method1 函数上。然后，该函数中的 66.7%的时间用于调用另一个名为 SomeClass.HelperMethod 的方法上。浏览这个调用树，我们将很快找出最慢的应用程序组件。

还请注意，该类树通常会展示汇总数据。在图 3-1 的示例中，它汇总了所有提到的方法调用。因此，main 方法仅被调用一次，而 HelperMethod 方法被调用了 2000 次(这解释了为什么它的总包含时间如此之大)。因此，对这样一棵树的分析涉及寻找持久的方法，或者不一定很慢但被多次调用的方法。

同样的想法也可以用于可视化内存使用情况，其中每个节点代表一种特定类型的对象。它的子级是该对象包含或引用的该类型实例的其他类型。相信我，在分析应用程序的性能或内存消耗时，你将经常使用这些类型的可视化。

方法名	包含 [毫秒]	包含 [%]	独占 [毫秒]	独占 [%]	独占次数
□ 毫秒	3000	100.0	660	22%	1
— SomeClass.Method1	2340	78.0	50	1.7%	3
⊞ SomeClass.HelperMethod	2000	66.7	200	6.7%	2000
⊞ OtherClass.MethodA	360	12.0	10	3.3%	20
⊞ OtherClass.MethodB	120	4.0	10	3.3%	21

图 3-1　展示性能数据的调用树示例

3.1.4　对象图

在内存相关的上下文中，我们经常使用一个表示内存中对象之间关系的图，称为对象图或引用图。在第 1 章的图 1-12 中可以看到这种图的一个示例，图 3-2 给出其说明。在示例中，展示了一组对象，其中一些对象引用另一对象，并且只有一个根。通常，正常程序大小的图可能会非常大，因此它们的可视化并不容易；因此，通常我们只分析其中的一部分。你可以使用它们来展示汇总信息(有多少给定类型的、引用了其他类型的实例)或关于特定实例的信息(其他对象实例具有对给定对象的引用)。

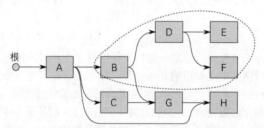

图 3-2　对象图的示例。对象 B 的保留子图已被另外标记

对于对象图，有三个重要的概念将会出现在你有机会使用的不同工具中。

- 最短根路径：取决于所选定的对象，这是从特定对象到某个根的引用的最短路径。由于对象图很复杂，并且根(甚至多个根)和对象之间可能有多条路径，因此显然还存在最短的路径。对于图 3-2 来说，对象 H 的最短根路径是路径 root-A-H。也有较长的路径：root-A-C-G-H 和 root-A-B-G-H。到根的最短路径很重要，因为它通常表示对象之间的主要和最强的关系，并且很好地表明了导致无法将对象视为不可到达(因而不可移动)的主要原因。其他路径通常是由于其他复杂依赖关系的副作用而创建的。但是，有时最短的根路径可能会产生误导，因为它是由一些(有时是临时的)辅助引用(例如缓存)创建的。在这种情况下，我们会在图 3-2 中这么处理，对象 A 为了方便(例如缓存)而持有对对象 H 的引用，而 H 的业务所有者在对象 B、C 或 G 当中。
- 依赖关系子图：取决于所选定的对象，这是包含对象本身以及被其直接或间接引用的所有对象的子图。例如，在图 3-2 中，对象 B 的依赖关系子图包含 B 和对象 D、E、F、G 和 H。
- 保留子图：取决于所选定的对象，保留子图是指如果删除了给定对象本身则也会被删除的对象的子图。由于依赖关系图很复杂，因此删除对象并不一定意味着所有依赖于它的对象都被删除了。对它们的引用可能仍然由其他对象保留着。图 3-2 中对象 B 的保留子图包含对象 B 和对象 D、E 和 F。

除了这些概念，对于工具中如何指示对象大小也有不同的解释。

- 浅大小：对象本身的大小(其所有字段，包括对其他对象的引用的大小)。这显然很容易计算。
- 总大小：对象的浅大小与其直接或间接引用的所有对象的浅大小之和。换言之，它是依赖关系子图中所有对象的总大小。这也很容易计算，因为我们只需要找到一个对象的依赖关系子图，然后将所包含对象的所有浅大小相加即可。
- 保留大小：保留子图中所有对象的总和。换言之，保留大小是删除给定对象后可以释放的内存量。对象图中不同引用共享的对象越多，保留大小就越小于总大小。它是最难计算的，因为它需要对整个对象图进行复杂的分析。

每当我们使用的工具在涉及对象的大小时，都值得问问自己，所提到的"大小"是以上介绍的哪一个"大小"。

3.1.5 统计

每当我们以不同方式汇总一些测量时，我们或多或少都会使用统计工具。如果我们没有意识到需要使用统计工具，就有可能得出错误结论。例如，最常用的汇总数据方法是计算平均值，这应该具有"典型值"的含义。但是，平均值有两个主要缺点：其结果没有指向任何特定的样本(有人看到家庭平均有 2.43 个孩子吗？)。而且，它很容易掩盖数据分发的真实本质(很快就会说明)。与方差之类的其他简单测量方法类似，"Anscombe 的四组数据"很好地说明了这些问题(参见来自 Wikipedia 的图 3-3)。有时，非常不同的数据集可能会得出统计上相同的结论。

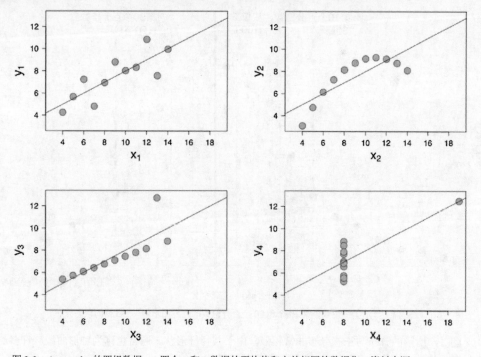

图 3-3　Anscombe 的四组数据——四个 x 和 y 数据的平均值和方差相同的数据集。资料来源：Wikipedia

平均数之所以受欢迎，其优点和原因在于它的直观性，而且它可以在无须存储单个样本的情况下即可轻松地进行计算——对于每个额外的样本，我们增加总和，然后除以所观察的样本数。其他汇总方法则要求所有样本都要保持最新。这会给测量工具带来很多开销。

下面列出你还应该使用的其他汇总方法。

- 中位数：将样本分为高低两半的值。它可以更好地说明典型值，因为它对非常不匹配的样本具有更高的抵抗力。此外，它会指示出一个真实的样本，而不是经过人工计算的。
- 百分位数：低于给定百分比的样本的值。例如，第 95 个百分位数是可以找到 95%的样本的值。这对于我们感兴趣的数据是一个很好的指标，而不用考虑非常不寻常的测量结果。我强烈建议你在所使用的工具中测量百分位数。百分位数通常也是业务驱动的。例如，我们要确保应用程序的 90%的响应时间不会低于 1 秒，而 99%的响应时间不会低于 4 秒。测量响应时间的第 90 个和第 99 个百分位数将使我们能够轻松地控制它。
- 直方图：样本分布的图形表示。它显示了在特定值范围内的样本数量。这是最好的测量方法，因为它可以显示整个数据分布。

所有这些指标都显示在图 3-4 中，该图显示了响应时间分布的示例直方图——每个响应时间(以毫秒表示)范围内有多少个响应。从直方图中，我们可以清楚地看到，最常见的响应时间在110 ±5 毫秒之间，并且响应时间与该值的差异越大，它发生的频率就越低。此外，我们可以说：

- 平均响应时间为 104.3 毫秒。
- 所有响应的 10%小于 60 毫秒(第 10 个百分位数)。
- 中位数为 100 毫秒。
- 所有响应的 90%小于 150 毫秒(第 90 个百分位数)。

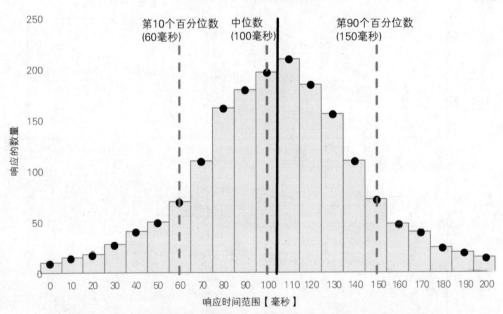

图 3-4　显示了中位数、第 10 个和 90 个百分位数的直方图示例——数据的正态分布

图 3-4 所示的分布与正态分布非常相似，由于其特征形状，通常也称为钟形曲线。许多测量值都属于此类，这使得百分位数(甚至平均值)的解释相当合理。

但是，要特别注意发生双峰(通常是多峰)数据分布的情况，它产生的平均值，甚至中位数和百分位数都没有很大意义(见图 3-5)。显然，测得的响应有两种类型(实际上是两种不同的正态分布)，因此对它们进行任何汇总都是极具误导性的。我们更愿意说，有两种类型的响应，中值分别在 40 毫秒和 150 毫秒左右(并且应该调查出现这种双峰响应时间的原因)。

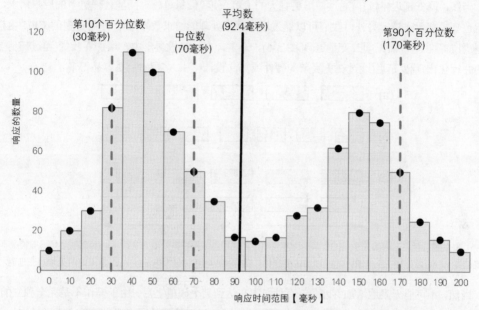

图 3-5 显示了中位数、第 10 个和第 90 个百分位数的直方图示例——数据的双峰分布

幸运的是，在直方图上可以很容易地、直观地检测出多峰分布；因此，在测量时能获得这种数据是非常重要的(或者至少要能够自动指示出已经检测到多峰分布)。

除了工具提供的平均值以外，测量值越多越好。遗憾的是，大多数人仍然只使用平均值(很少有人显示任何直方图)。得出结论时，你需要非常小心。最好尝试使用一个可以通过百分位数或直方图来显示结果的分布的工具。

3.1.6 延迟与吞吐量

在任何性能分析和优化的上下文中，有两个概念非常重要。但是，它们有时也会被误解或错误解释。大多数时候，我们认为一个来自另一个，并且它们完全相互依赖彼此。因此，值得给它们一些解释。让我们从它们的简单定义开始。

- 延迟：执行给定操作所需的时间。它以时间单位表示——天、小时、毫秒等。
- 吞吐量：每个特定时间执行的操作数。它是按某个时间单位的操作(或任何特定项)数量来度量的——例如每秒字节数、每毫秒迭代数或每年预定数。

一个称为利特尔定律(Little's Law)的简单方程式指出了这些指标之间的关系：

$$占用率 = 延迟 \times 吞吐量$$

这里的占用率是指在等待时间指定的时间段内执行的数量。重要的是，该方程式适用于一个稳定的系统，在该系统中没有非自然的排队或对负载变化的动态适应(例如，在系统启动或关闭期间)。

这两个概念在计算机网络环境中是最常见的，但是为了我们的目的，我们将使用一个更有用的 Web 应用程序环境。单个用户请求的处理时间决定了延迟。每单位时间的用户请求数决定了吞吐量。占用率则是系统在考虑的时间段内的请求数。

当然，降低延迟(例如，通过使用更强大的 CPU)使我们每单位时间能处理更多的用户请求，因此也会提高吞吐量。另外，我们可以通过增加并行处理的请求数(例如，使用更多的 CPU 内核等)来增加吞吐量，而无须改变延迟(见图 3-6)。通常，在计算机科学中，增加吞吐量(通过任何类型的并行化)比减少延迟(通过在更复杂的硬件或算法设计中引入复杂性)要容易得多。

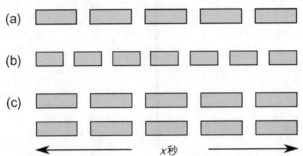

图 3-6　吞吐量与延迟之间的关系：(a)在某些基本延迟下，我们每 x 秒可以处理 5 个请求；(b)在缩短延迟的情况下，我们每 x 秒可以处理 7 个请求；(c)通过加倍并行化，我们使吞吐量加倍为每 x 秒 10 个请求，而无须改变延迟

当然，不可能无限地增加吞吐量。而且通常在达到某个阈值之后，由于操作不是完全独立的，因此进一步提高吞吐量也会对延迟产生负面影响。影响延迟的额外同步成本可能会吞噬掉增加吞吐量所带来的收益。

还有一个流行的阿姆达尔定律(Amdahl's Law[1])，它源于一个事实，即潜在的延迟加速受程序的串行(无法并行化)部分的限制。例如，如果程序的 90% 部分可以并行化，但仍有 10% 的部分是要如常运行的。因此，在这种情况下，最大潜在加速被限制为最多 10 倍。

3.1.7　内存转储、跟踪、实时调试

为了分析我们的应用程序状态，我们有几种不同侵入性的标准方法。

监视：通常是指非侵入性应用程序监视和使用(通过跟踪或采样的方式)生成的诊断信息。有时它会采取更具侵入性的形式(例如重新启动应用程序)，但仍然能让你观察应用程序的运行，即使在生产环境中也是如此。

内核转储(内存转储)：是指在给定时刻保存进程的内存状态。大多数情况下，整个内存的状态被保存到一个文件中，然后再在另一台机器上使用各种工具进行分析。这样的内存转储可能占用数 GB 的空间，但是使用适当的技巧可以提供有关应用程序状态的详细信息。另一方面，它只是进程某一给定时刻的快照，如果没有时间变化的背景，有时很难得出具体结论。因此，经常执行两个或更多个内存转储并将其相互比较。进行内存转储的侵入性不同。通常它会导致进程暂停

---

1 请注意，该定律不仅可以扩展到我们的代码，而且可以扩展到整个应用程序和基础库、运行时以及其他组件。因此，对于一个 ASP.NET Web 应用程序，即使所有的请求处理都可以并行化，仍然可能存在一些串行部分，如会话管理、框架/宿主以及垃圾回收器执行的部分。

一段时间。内存转储的一个重要应用是在应用程序失败后自动执行，这使得以后可以对其原因进行调查(称为事后分析)，因此我们还可以将崩溃转储作为内存转储的一种特殊情况。实际上，崩溃转储和内存转储的概念在你将遇到的工具中是可以互换使用的。

实时调试：最具侵入性的方法是将调试器连接到进程上，然后逐步分析应用程序。这是最不常用的方法，因为前两个方法通常就足够了。实时调试会完全停止应用程序，因此只能在开发环境上进行(并且是在如果完全有必要的前提下)。由于有大量的监视和诊断工具，在解决内存管理问题时实时调试是很少见的。

3.2　Windows 环境

让我们从了解诞生了.NET 的原生平台——Windows——上的工具开始吧。.NET 诞生已经有 15 年了。Windows 上工具的选择能力和完善程度非常好。我们将从学习免费并内置到系统中的低级工具开始。我们将把大部分时间都花在它们身上，只是因为它们将在本书后面被经常使用。但为了完整起见，我们将以对商业程序的回顾作为结束。

3.2.1　概述

Windows 监测和跟踪基础结构已经相当成熟，包括.NET 环境的上下文。有两个主要组件可用：提供时间序列测量的测量驱动的性能计数器和事件驱动的 Windows 事件跟踪(Event Tracing for Windows，ETW)。这两个工具几乎涵盖了所有监测和诊断需求。还有一个 Windows Management Instrumentation(WMI)，但它根本没有用于我们的目的(它更专用于管理)。

在开发.NET 程序时，选择在诊断机制方面的工具使用是显而易见的。成熟的.NET Framework 及其对应的跨平台.NET Core 都支持使用性能计数器和 ETW 作为诊断平台。

- .NET 应用程序：可以使用 EventSource 类(来自 System.Diagnostics.Tracing 命名空间)来发出 ETW 事件，或者使用任何其他库直接记录日志到文件和许多其他可能的目标。
- .NET Framework：发出性能计数器和 ETW 数据。
- 操作系统 API 和内核：也发出性能计数器和 ETW 数据。

现在我们将用大量的文字介绍这两种机制以及如何在各种工具中使用它们。

3.2.2　VMMap

VMMap 这个强大的工具是微软系统工具套装(Windows Sysinternals Suite)的一部分，它可让你从操作系统的角度来分析进程内存的使用情况。我们将在后面的章节中使用它查看.NET 应用程序如何使用内存，与第 2 章中描述的组织有关(可能出于各种目的提交或保留的页)。

它是一个不需要任何安装的独立工具，可以从 https://docs.microsoft.com/en-us/sysinternals/downloads/vmmap 站点下载。在解压缩并运行它之后，我们选择感兴趣的进程并立即查看它的内存使用情况分析(见图 3-7)。VMMap 检测.NET 托管堆使用的页以及专用于堆栈或加载的二进制文件专用的页。

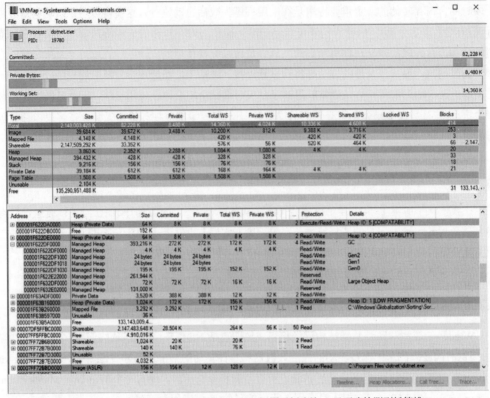

图 3-7　一个简单.NET 应用程序的 VMMap 视图示例(例如，已正确检测到托管堆)

3.2.3　性能计数器

　　用于监控 Windows 几乎所有方面的最常用工具之一就是性能计数器机制。这是一种非常轻量级的机制，可以用一句话描述——进程可以使用性能计数器机制以数字时间序列的形式来共享诊断数据。它的巨大优势在于它是一种完全非侵入性的机制，并且没有明显的开销。缺点是精确度——它每秒只产生一次样本，对于特定目的而言这可能还不够。

　　这些数据发布在许多不同的类别中。因此，我们可以获得有关该系统的非常全面的知识。通用性能计数器架构如图 3-8 所示。

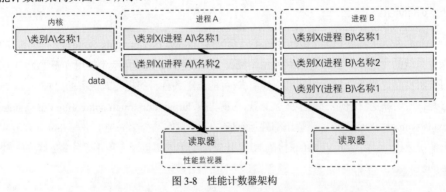

图 3-8　性能计数器架构

通常，每个进程都可以决定在某个特定的性能计数器下发布数据，并且可以有多个进程执行此操作。这种机制是在用户空间而不是在内核级工作的。

每个性能计数器都有以下几个重要属性。

- 类别：定义该计数器与给定主题的通用范围是什么；
- 名称：在给定类别内计数器的唯一标识；
- 实例名称：系统中可能有同一计数器的多个实例。到目前为止，最常见的实例表示是以各个进程来表示。

唯一标识性能计数器的组合格式为" \ <类别>(<实例>)\ <名称>"。例如，指示记事本进程(notepad.exe)占用 CPU 的计数器将称为"\Process(notepad.exe)\%Processor Time"。

我们可以通过这种方式获得哪些样本数据呢？我仅提及其中一些，以演示这种方式所能提供的大量信息。

- CPU 使用率在内核和程序之间的分布(处理器/特权时间百分比，处理器/用户时间百分比)；
- 各个进程消耗 CPU 的程度(进程/处理器时间百分比)；
- 各个进程消耗了多少内存以及如何消耗内存("进程/工作集""进程/工作集-私有")；
- 如何使用硬盘(进程/IO 读取字节/秒、进程/IO 写入字节/秒、进程/页面错误/秒)；
- 是否写/读到磁盘队列(物理磁盘/当前磁盘队列长度)；
- .NET 应用程序生成了多少个异常？ (.NET CLR 异常/异常数/秒)。

当然，我们对.NET CLR 内存类别最感兴趣，在该类别中我们找到了以下计数器(拼写和大小写不变)。

- # Bytes in all Heaps
- # GC Handles
- # Gen 0 Collections, # Gen 1 Collections, # Gen 2 Collections
- # Induced GC
- # of Pinned Objects
- # of Sink Blocks in use
- # Total committed Bytes, # Total reserved Bytes
- % Time in GC
- Allocated Bytes/sec
- Finalization Survivors
- Gen 0 heap size, Gen 1 heap size, Gen 2 heap size, Large Object Heap Size
- Gen 0 Promoted Bytes/Sec, Gen 1 Promoted Bytes/Sec
- Process ID
- Promoted Finalization-Memory from Gen 0
- Promoted Memory from Gen 0, Promoted Memory from Gen 1

注意：这些性能计数器名称(与.NET CLR 类别中的其他名称一样)已被翻译为你的操作系统所对应的语言，因此在计算机或服务器中，你可能会在不同的名称和类别下找到它们。这可能非常烦人，因为在许多翻译中，这些名称听起来有些奇怪。出于这个原因，我建议你切换到英语，并将其作为默认的 Windows 语言[1]。

---

1 译者注：以上内容在 Windows 2012 中文版中依旧显示为英文，读者不会遇到作者所说的这些烦恼。

如果你对垃圾回收主题有一点了解，可能已经猜到了以上大多数计数器的含义了。我们将在本书的其余部分中相继看到它们。可以说，这是一组完整的数据，可以非常深入地了解应用程序的状态。

计数器的计算与垃圾回收生命周期同步。特别是，大多数测量都在 GC 的开始或结束时进行。从这个意义上讲，性能计数器可以提供非常有价值和准确的信息。不过，在这方面，应该要提到一些重要的注意事项。

- 性能计数器值的读取完全由我们使用的工具采样的频率来控制。如果它的采样频率足够(例如每秒一次)，则数据将完全准确。但是，如果采样不够，则可能会导致非常错误的结果。例如，以如此不幸的方式进行采样，以至于我们将永远无法达到完全 GC(消耗资源最多的回收)，而对于 GC 所花费的时间百分比，我们将获得错误的视图。换言之，我们要密切关注使用性能计数器时对数据进行采样的方式。最好的规则是尽可能频繁地对数据进行采样。

- 仅当发生特定事件时(主要是所提到的 GC 开始和结束)，才会更新性能计数器数据，之后它们的值将一直保持不变。这可能会导致误导性的解读。例如，假设在我们的进程中最近发生了完全 GC，在此期间，GC 中的百分比时间处于 50% 的水平。从这一时间点开始，即使被观察到的进程再也没有执行任何工作，GC 中的计数器 "% Time in GC" 的值也会指示为 50%。只要没有新的 GC 发生，这些值就不会更新。换言之，通过观察计数器，我们们应该更多地关注变化而不是当前值。观测值只是最近采样的最后一个值。

从.NET 4.0 开始，Microsoft 更喜欢使用 ETW 数据，而不是性能计数器。然而，性能计数器的使用比 ETW 简单得多，因此这种机制很受欢迎。我们将在第 5 章中详细分析性能计数器和 ETW 的测量之间的差异。

性能计数器提供的数据可能会有许多不同的使用者。许多监控工具都是使用性能计数器作为基础的，因为它是一种非常轻量级、无浪费的获取大量信息的方法。但是，最容易使用的工具之一是内置的 Windows 性能监视器。可以使用 perfmon.exe 命令或通过在"开始"菜单上搜索来运行它。

然后选择左侧的 Performance | Monitoring Tools | Performance Monitor 项。在出现的图表中，右击选择 Add Counters...选项(见图 3-9)。

使用该对话框选择感兴趣的类别(在本例中为.NET CLR Memory)以及特定的计数器和实例(见图 3-10)。

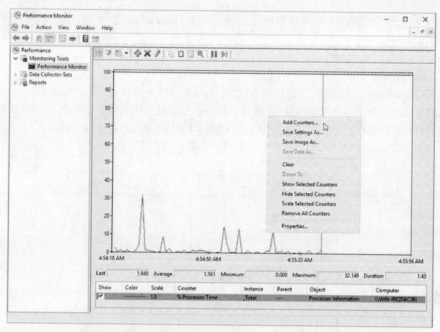

图 3-9　性能监视器—带有 Add Counters 上下文选项的总体视图

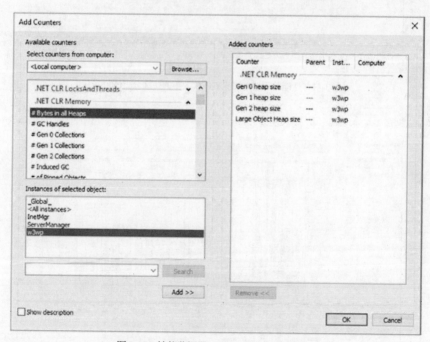

图 3-10　性能监视器—Add Counters 对话框

添加计数器后，我们通常需要花一些时间来调整图表以适应我们的需求。主要包括
- 每个图表的缩放比例(鼠标双击底部相应行后，Data 选项卡中的 Scale 参数);

- 采样的频率和数量(鼠标双击底部相应行后，General 选项卡中的采样的每个参数和 Duration)；
- 图表垂直比例(鼠标双击底部相应行后，Graph 选项卡中的 Vertical scale 的 Minimum 和 Maximum 参数)；
- 图表的滚动方式(鼠标双击底部相应行后，Graph 选项卡中的 Scroll style 参数)。

通过正确地选择上述参数(并可能选择每个数据系列的粗细和颜色)，我们可以调整图表以进行短期分析或观察每日趋势。接下来的图 3-11 和图 3-12 中的示例对此进行了演示。

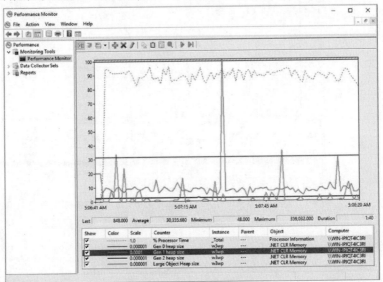

图 3-11　性能监视器—可见 GC 代大小的短期分析(100 秒)

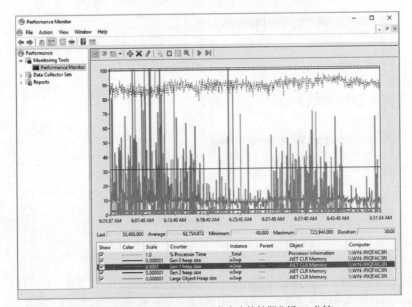

图 3-12　性能监视器—可见 GC 代大小的长期分析(50 分钟)

性能计数器机制有一个令人讨厌的特性，我们将不得不学会与之共处。如前所述，每个以相同名称发布计数器的进程都有一个唯一的实例名。它对应于进程的名称。例如，在 IIS 上托管的 Web 应用程序有一个 \.NET CLR Memory(w3wp)\# Bytes in all Heaps 计数器(因为应用程序池进程名为 w3wp.exe)。但是，如果服务器上有多个应用程序托管在不同的应用程序池中，则会有多个按顺序编号的实例，如 w3wp、w3wp#1、w3wp#2 等。我们如何找出哪个实例对应于哪个应用程序池呢？它将会帮助我们：.NET CLR Memory/Process ID 计数器。多亏了它，我们可以找出每个实例进程的 PID。不过要小心！令人讨厌的部分就是从这里开始的——进程和性能计数器实例之间的分配可能会随着时间而改变！例如，如果某个应用程序池已停止(由于处于不活动状态或其他原因)，则其余进程将覆盖其实例分配(参见表 3-1)。

表 3-1　应用程序池实例动态重命名的问题

在 PID 为 11200 的进程停止之前	在 PID 为 11200 的进程停止之后
w3wp 实例表达为 PID 11200	w3wp 实例表达为 PID 8710
w3wp#1 实例 PID 为 8710	w3wp#1 实例表达为 PID10410
w3wp#2 实例 PID 为 10410	

这非常令人讨厌，特别是如果你想要创建一个自动机制来观察特定的应用程序池时。然后重要的是要确保像应用程序池的自动停止这样的事情不会发生。使用类似的机制，我们还需要处理如果 IIS 启用了"禁用重叠回收"选项来重启应用程序池的情况。这种情况下，我们将会拥有同一计数器的两个实例，因此这种不幸的重新分配实例的情况肯定会发生。

由于上述的映射并不明显，在手动观察 IIS 托管的应用程序的情况下，最常见的场景如下：我们检查感兴趣的应用程序池的当前 PID，并查找该 w3wp 实例相对应的 .NET CLR Memory/Process ID 计数器。然后我们再添加该特定实例计数器。

实际上，这就是关于性能监视器的所有内容。还有许多其他使用性能计数器的程序，但我们就到此为止吧。我们将使用性能监视器来说明 Windows 上的垃圾回收操作。

3.2.4　Windows 事件跟踪

在各种可用的诊断工具中，毫无疑问，最强大的工具之一是称为 Windows 事件跟踪(ETW)的机制。遗憾的是，它的功能似乎仍然有点被低估了。也许这是因为这一机制是多年来逐步发展起来的，从而至今还没有赢得应有的关注。它从 Windows 2000 开始就存在了，但随着系统的每一个新版本的更新，所提供的功能越来越多。它在 Windows Vista 和 Windows Server 2003 中得到了更广泛的发展。在 Windows 7 中，它引入了关键的日志记录功能，可以存储每个事件的调用堆栈(参阅 https://msdn.microsoft.com/en-us/library/windows/desktop/dd392330)。

ETW 机制的强大在于能以非常低的开销(通常小于百分之几)提供大量信息。因此，它可以毫无问题地用于生产系统。它可以在应用程序正在运行的时候打开或关闭，而不必重新启动这些应用程序。事实上，许多工具都受益于 ETW。多到我们甚至可能都不知道有多少。例如，众所周知的事件日志及其浏览器 (eventvwr.exe)和资源监视器(resmon.exe)都是基于该机制构建的。它们只是可视化了通过 ETW 记录的事件。但是，为了消除疑虑，需要提到的是，上一节中介绍的性能计数器机制并不是基于 Windows 事件跟踪的。

在我们开始介绍特定工具之前，最好先熟悉一下这个解决方案的总体架构。使用 ETW 机制必须要能够区分某些概念，这些知识在实际使用中非常有用。这些概念如下。

- ETW 事件：能够记录在系统中的单个事件。
- ETW 会话：整个机制的核心部分。顾名思义，从概念上讲，它意味着一个正在进行的跟踪会话。从技术上讲，这是系统资源的集合，例如内存缓冲区和用于写入磁盘的线程(见图 3-13)。
- ETW provider(提供者)：可以传递事件的每个用户或内核模式元素。有许多内置的系统提供者，可以按某些类别分组，例如网络提供者、进程等。还包括.NET 运行时和我们的代码(如果我们希望发布自定义的 ETW 事件的话)。提供者由全局唯一标识符(GUID)标识。
- ETW 控制器：负责创建会话并将其连接到选定提供者的进程。
- ETW 使用者：任何以某种方式使用事件数据，将其存储到事件跟踪日志(ETL)文件中或实时呈现的工具。

ETW 会话被设计为开销尽可能地低(见图 3-13)。从进程的角度来看，这只是一个快速的、涉及在内核级维护的队列(内存缓冲区)的非阻塞写操作。当应用程序继续正常运行时，专用内核线程将处理这些队列，并将事件写入特定目标——通常是文件或另一个内存缓冲区(以进行实时分析)。

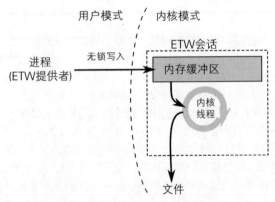

图 3-13　Windows 事件跟踪内部

从概念上讲，同一提供者可为多个会话提供信息(见图 3-14)。相反，会话也可以从多个提供者接收信息。ETW 的特色是在提供者级别而非进程上进行操作。为了从一个或多个提供者中收集信息，在控制器的帮助下，我们创建了一个新会话，并将它们附加到该会话上。自该会话开始以后，系统中实现了该提供者的所有进程都会将事件记录到我们的会话中。因此可以说，它是为整个计算机而不是特定进程来收集事件的。然后在使用者程序中，仅在分析级别上对我们感兴趣的进程进行数据筛选。

将事件保存在应用程序外部的缓冲区中还有另一个优点——应用程序崩溃不会导致诊断数据丢失。当然，在记录大量事件时，对磁盘的访问可能会成为瓶颈，并给整个计算机造成开销。但是，只有当我们为会话选择太多密集的提供者时，我们才会遇到这种情况。另一个威胁可能是磁盘空间用尽，但是有解决方案。你可以在循环缓冲区(circular-buffer)模式下将数据写入文件，而不必担心磁盘溢出。数据将在固定大小的缓冲区中循环地被覆盖。最典型的场景就是运行在循环缓冲区中存储数据的会话，并等待特定场景发生。只有特定场景发生后，我们才关闭会话并将数据从缓冲区保存到文件中。

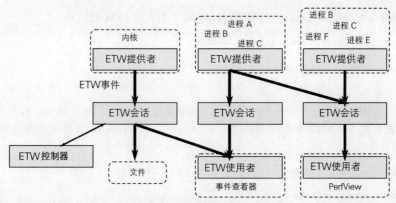

图 3-14　Windows 事件跟踪(ETW)构建块，说明了各种配置可能性。请注意，一个进程可能具有多个 ETW 提供者的角色；因此某些进程会被多次列出

从 Windows 7 开始就可以收集与内核和用户事件相关联的堆栈跟踪。这类与源事件配对的特殊事件的有效负载是堆栈帧上的十六进制地址，只有在分析阶段之后才会对其进行解码。这适用于原生代码，也适用于 CLR 代码，但不适用于 Windows 8 之前的托管代码。在这种情况下，由 64 位 JIT 生成的动态代码的堆栈跟踪将不会被解码(但是，对于 32 位代码，它将会被解码)。该问题已在 Windows 8 中修复，在 Windows 8 中，内核中的 ETW 框架已更改为可识别 64 位 JIT 帧并可以遍历它们而不会出现问题。

例如，内置的 CPU 采样 ETW 事件使我们能够跟踪 CPU 使用率高的问题。在每个采样事件(每 1 毫秒生成一次)中，都会从所有进程中收集所有线程的调用堆栈。多亏了这一点，从统计上，我们可以看出问题的原因——CPU 最常停留的功能。在操作系统提供者的支持下，还可以跟踪同步问题(例如死锁)。例如，Visual Studio 的 Concurrency 并发可视化工具插件就运用了这点。

在 Windows 环境中使用各种诊断工具时，我们经常需要访问符号文件(PDB，即程序数据库)，它允许我们能够从调用堆栈中解码有关方法和函数的信息。最方便的设置是环境变量 _NT_SYMBOL_PATH，在该变量中，我们指定了公共 Microsoft symbol 服务器的地址：

```
srv*C:\Symbols*https://msdl.microsoft.com/download/symbols
```

这将使我们能够获取 Windows 操作系统和 CLR 库的 PDB 文件。另外，在该路径中，我们设置了一个本地文件夹，文件下载后将被缓存在该文件夹中。

有一个特殊的 NT 内核日志程序会话，只能与内核级提供者一起使用，而不能与用户模式提供者一起使用。例如，基本内核组记录进程的开始和结束。例如，Microsoft-Windows-TCPIP uscr provider，它从 tcpip.sys 内核模式驱动程序中记录其事件。

大多数情况下，使用用户模式提供者进行会话时，NT 内核记录器会话也会启动。它提供了有关运行/销毁进程和线程的信息，然后在分析阶段将结果合并在一起。

操作系统提供了很多有趣的信息，如进程和线程管理、网络、I/O 操作等。但是最让我们感兴趣的是，CLR 也是 ETW 提供者，这种机制使我们在应用程序的上下文中学习到很多关于运行时的知识。

我们可以使用内置的 logman.exe 工具查找系统中所有与.NET 相关的提供者(参见代码清单 3-1)。

代码清单 3-1　使用 logman 工具列出所有与.NET 相关的 ETW 提供者

```
> logman query providers | findstr DotNET
Microsoft-Windows-DotNETRuntime          {E13C0D23-CCBC-4E12-931B-D9CC2EEE27E4}
Microsoft-Windows-DotNETRuntimeRundown   {A669021C-C450-4609-A035-
                                         5AF59AF4DF18}
```

我们还可以使用它找出在特定进程的上下文中哪些提供者是可用的。例如，如果我们询问有关在 IIS 上托管的 ASP.NET WebAPI 的信息，将获得一个如代码清单 3-2 所示的列表(结果仅列出了众多提供者中的几个)。

代码清单 3-2　使用 logman 工具列出指定 ASP.NET 进程的所有 ETW 提供者

```
> logman query providers -pid 6228
Provider                                 GUID
-------------------------------------------------------------------------
.NET Common Language Runtime             {E13C0D23-CCBC-4E12-931BD9CC2EEE27E4}
ASP.NET Events                           {AFF081FE-0247-4275-9C4E-
                                         021F3DC1DA35}
IIS: WWW Global                          {D55D3BC9-CBA9-44DF-827E-
                                         132D3A4596C2}
IIS: WWW Isapi Extension                 {A1C2040E-8840-4C31-BA11-
                                         9871031A19EA}
IIS: WWW Server                          {3A2A4E84-4C21-4981-AE10-
                                         3FDA0D9B0F83}
Microsoft-Windows-Application            {C651F5F6-1C0D-492E-8AE1-
                                         Server-Applications B4EFD7C9D503}
Microsoft-Windows-Application-Experience {EEF54E71-0661-422D-9A98-
                                         82FD4940B820}
Microsoft-Windows-DotNETRuntimeRundown   {A669021C-C450-4609-A035-
                                         5AF59AF4DF18}
Microsoft-Windows-IIS                    {DE4649C9-15E8-4FEA-9D85-
                                         1CDDA520C334}
Microsoft-Windows-IIS-Configuration      {DC0B8E51-4863-407A-BC3C-
                                         1B479B2978AC}
...
```

如果我们询问有关在 CoreCLR 上运行的控制台应用程序的信息，那么我们将得到一组稍微不同的提供者(参见代码清单 3-3)。

代码清单 3-3　使用 logman 工具列出控制台.NET Core 进程的所有 ETW 提供者

```
> logman query providers -pid 8528
Provider                                 GUID
-------------------------------------------------------------------------
.NET Common Language Runtime             {E13C0D23-CCBC-4E12-931BD9CC2EEE27E4}
Microsoft-Windows AsynchronousCausality  {19A4C69A-28EB-4D4B-8D94-
                                         5F19055A1B5C}
Microsoft-Windows-COM-Perf               {B8D6861B-D20F-4EEC-BBAE-
                                         87E0DD80602B}
Microsoft-Windows-Crypto-BCrypt          {C7E089AC-BA2A-11E0-9AF7-
                                         68384824019B}
Microsoft-Windows-Crypto-RSAEnh          {152FDB2B-6E9D-4B60-B317-
                                         815D5F174C4A}
Microsoft-Windows-DotNETRuntimeRundown   {A669021C-C450-4609-A035-
                                         5AF59AF4DF18}
```

```
Microsoft-Windows-Networking-Correlation          {83ED54F0-4D48-4E45-B16E-
                                                   726FFD1FA4AF}
Microsoft-Windows-Shell-Core                       {30336ED4-E327-447C-9DE0-
                                                   51B652C86108}
Microsoft-Windows-User-Diagnostic                  {305FC87B-002A-5E26-D297-
                                                   60223012CA9C}
Microsoft-Windows-WinRT-Error                      {A86F8471-C31D-4FBC-A035-
                                                   665D06047B03}
{012616AB-FF6D-4503-A6F0-EFFD0523ACE6}             {012616AB-FF6D-4503-A6F0-
                                                   EFFD0523ACE6}
{05F95EFE-7F75-49C7-A994-60A55CC09571}             {05F95EFE-7F75-49C7-A994-
                                                   60A55CC09571}

...
```

如我们所见，除了众多不同的提供者外，我们还发现了一些与.NET 相关的提供者。WebAPI .NET Framework 和控制台 CoreCLR 应用程序具有相同的 GUID。你还将注意到，同一提供者有两个名称可以互换使用：Microsoft-Windows-DotNETRuntime 也被称为.NET 公共语言运行时。

给定提供者中发出的每个 ETW 事件都有几个重要属性。

- Id：事件的唯一标识符；
- Version：用于事件版本控制；
- Keyword：可用于将事件指定给一种或多种含义(关键字)，该字段实际上是位掩码；
- Level ：日志记录级别；
- Opcode(操作码)：表示给定事件中的特定动作(阶段)。最常用的内置值是 Start(开始)和 End(结束)操作码；
- Task(任务)：用于将提供者内的事件分组到某些功能中。

使用 logman 工具，我们还可以了解特定提供者的详细信息。对于主要的.NET ETW 提供者，我们将获得如代码清单 3-4 所示的信息。

代码清单 3-4　获取.NET ETW 提供者的相关详细信息

```
> logman query providers ".NET Common Language Runtime"

Provider                                  GUID
-------------------------------------------------------------------------
.NET Common Language Runtime              {E13C0D23-CCBC-4E12-931BD9CC2EEE27E4}

Value                Keyword             Description
-------------------------------------------------------------------------
0x0000000000000001   GCKeyword           GC
0x0000000000000002   GCHandleKeyword     GCHandle
0x0000000000000004   FusionKeyword       Binder
0x0000000000000008   LoaderKeyword       Loader
0x0000000000000010   JitKeyword          Jit
0x0000000000000020   NGenKeyword         NGen
0x0000000000000040   StartEnumerationKeyword StartEnumeration
0x0000000000000080   EndEnumerationKeyword StopEnumeration
0x0000000000000400   SecurityKeyword      Security
0x0000000000000800   AppDomainResourceManagementKeyword
                     AppDomainResourceManagement
0x0000000000001000   JitTracingKeyword    JitTracing
```

```
0x0000000000002000    InteropKeyword          Interop
0x0000000000004000    ContentionKeyword       Contention
0x0000000000008000    ExceptionKeyword        Exception
0x0000000000010000    ThreadingKeyword        Threading
0x0000000000020000    JittedMethodILToNativeMapKeyword
                      JittedMethodILToNativeMap
0x0000000000040000    OverrideAndSuppressNGenEventsKeyword
                      OverrideAndSuppressNGenEvents
0x0000000000080000    TypeKeyword             Type
0x0000000000100000    GCHeapDumpKeyword       GCHeapDump
0x0000000000200000    GCSampledObjectAllocationHighKeyword
                      GCSampledObjectAllocationHigh
0x0000000000400000    GCHeapSurvivalAndMovementKeyword
                      GCHeapSurvivalAndMovement
0x0000000000800000    GCHeapCollectKeyword    GCHeapCollect
0x0000000001000000    GCHeapAndTypeNamesKeyword GCHeapAndTypeNames
0x0000000002000000    GCSampledObjectAllocationLowKeyword
                      GCSampledObjectAllocationLow
0x0000000020000000    PerfTrackKeyword        PerfTrack
0x0000000040000000    StackKeyword            Stack
0x0000000080000000    ThreadTransferKeyword   ThreadTransfer
0x0000000100000000    DebuggerKeyword         Debugger
0x0000000200000000    MonitoringKeyword       Monitoring


Value                 Level                   Description
-------------------------------------------------------------------------
0x00                  win:LogAlways           Log Always
0x02                  win:Error               Error
0x04                  win:Informational       Information
0x05                  win:Verbose             Verbose
...
```

例如，关于 .NET 提供者生成的事件的列表，可以使用 MSDN 文档，网址为 https://msdn.microsoft.com/en-us/library/dd264810(v=vs.110).aspx。但是，它并不总是最新的。因此，最好直达源头，即给定提供者的 manifest 文件。ETW manifest 文件定义了由给定提供者生成的强类型事件信息。这允许使用者正确解释记录的会话数据。每个.NET 运行时环境的 manifest 文件都是不同的。因此，你可在不同的位置找到它。

- 对于 CoreCLR，则在- .\coreclr\src\vm\ClrEtwAll.man；
- 对于.NET Framework 4.0，则在 c:\Windows\Microsoft.NET\Framework64\v4.0.30319\CLR-ETW.man；
- 对于.NET Framework 2.0 及更早版本，它是不可用的，因为第一个版本并不支持 ETW。

当查看该文件时，将会看到有关 Microsoft-Windows-DotNETRuntime 和 Microsoft-Windows-DotNETRuntimeRundown provider 的完整信息。代码清单 3-5 给出了该文件的片段。

代码清单 3-5 .NET ETW 提供者的 ETW manifest 文件的片段

```
<instrumentationManifest xmlns="http://schemas.microsoft.com/win/2004/08/
events">
  <instrumentation xmlns:xs="http://www.w3.org/2001/XMLSchema"
xmlns:xsi="http://www.w3.org/2001/XMLSchema-instance" xmlns:win="http://
manifests.microsoft.com/win/2004/08/windows/events">
    <events xmlns="http://schemas.microsoft.com/win/2004/08/events">
      <!--CLR Runtime Publisher-->
```

```xml
<provider name="Microsoft-Windows-DotNETRuntime" guid="{e13c0d23-ccbc-4e12-
931b-d9cc2eee27e4}" symbol="MICROSOFT_WINDOWS_
DOTNETRUNTIME_PROVIDER" resourceFileName="%WINDIR%\Microsoft.NET\
Framework64\v4.0.30319\clretwrc.dll" messageFileName="%WINDIR%\
Microsoft.NET\Framework64\v4.0.30319\clretwrc.dll">
    <!--Keywords-->
    <keywords>
        <keyword name="GCKeyword" mask="0x1" message="$(string.
        RuntimePublisher.GCKeywordMessage)" symbol="CLR_GC_KEYWORD"/>
        <keyword name="GCHandleKeyword" mask="0x2" message="$(string.
        RuntimePublisher.GCHandleKeywordMessage)" symbol="CLR_GCHANDLE_
        KEYWORD"/>
        ...
    </keywords>
    <!--Tasks-->
    <tasks>
      <task name="GarbageCollection" symbol="CLR_GC_
      TASK" value="1" eventGUID="{044973cd-251f-4dff-a3e9-
      9d6307286b05}" message="$(string.RuntimePublisher.
      GarbageCollectionTaskMessage)">
      <opcodes>
          <!-- These opcode use to be 4 through 9 but we added 128 to
          them to avoid using the reserved range 0-10 -->
          <opcode name="GCRestartEEEnd" message="$(string.
          RuntimePublisher.GCRestartEEEndOpcodeMessage)" symbol="CLR_
          GC_RESTARTEEEND_OPCODE" value="132"> </opcode>
          <opcode name="GCHeapStats" message="$(string.
          RuntimePublisher.GCHeapStatsOpcodeMessage)" symbol="CLR_GC_
          HEAPSTATS_OPCODE" value="133"> </opcode>
          ...
      </opcodes>
    </task>
    <task name="WorkerThreadCreation" symbol="CLR_
    WORKERTHREADCREATE_TASK" value="2" eventGUID="{cfc4ba53-fb42-
    4757-8b70-5f5d51fee2f4}" message="$(string.RuntimePublisher.
    WorkerThreadCreationTaskMessage)">
      <opcodes>
      </opcodes>
    </task>
    ...
    </tasks>
    <!--Maps-->
    <maps>
      <!-- ValueMaps -->
      <valueMap name="GCSegmentTypeMap">
          <map value="0x0" message="$(string.RuntimePublisher.GCSegment.
          SmallObjectHeapMapMessage)"/>
          <map value="0x1" message="$(string.RuntimePublisher.GCSegment.
          LargeObjectHeapMapMessage)"/>
          <map value="0x2" message="$(string.RuntimePublisher.GCSegment.
          ReadOnlyHeapMapMessage)"/>
      </valueMap>
      ...
    </maps>
    <!--Templates-->
    <templates>
```

```
            <template tid="GCStart">
              <data name="Count" inType="win:UInt32"
              outType="xs:unsignedInt"/>
              <data name="Reason" inType="win:UInt32" map="GCReasonMap"/>
              <UserData>
                <GCStart xmlns="myNs">
                  <Count> %1 </Count>
                  <Reason> %2 </Reason>
                </GCStart>
              </UserData>
            </template>
            ...
        </templates>
        <events>
        <!-- CLR GC events, value reserved from 0 to 39 and 200 to 239 -->
        <!-- Note the opcode's for GC events do include 0 to 9 for
        backward compatibility, even though they don't mean what those
        predefined opcodes are supposed to mean -->
        <event value="1" version="0" level="win:Informational"
        template="GCStart" keywords="GCKeyword" opcode="win:Start"
        task="GarbageCollection" symbol="GCStart" message="$(string.
        RuntimePublisher.GCStartEventMessage)"/>
        <event value="1" version="1" level="win:Informational"
        template="GCStart_V1" keywords="GCKeyword" opcode="win:Start"
        task="GarbageCollection" symbol="GCStart_V1" message="$(string.
        RuntimePublisher.GCStart_V1EventMessage)"/>
        ...
    </events>
</provider>
```

如果我们想在.NET 环境中使用 ETW，这是一个真正的知识宝库。让我们简要地看一下这两个提供者生成的事件。我们将在本书的以下章节回顾所有这些事件，以便你对它们中的每一个事件都有一个全面的了解。但是，在这里，我们将只关注其中最有趣的部分。这将使你看到 ETW 机制提供的信息有多丰富。

单看生成的事件就可以引出一些有趣的问题。例如，GCSegmentTypeMap 类型的 ReadOnlyHeapMapMessage 段是什么？ 我们将在第 5 章中回答这个问题。

我们最感兴趣的是 Microsoft Windows DotNETRuntime provider，该提供者将事件分为 29 个不同的任务(如在 ETW 术语中一样，任务的事件属性对应于其功能类别)。这些内容包括(括号中显示了给定任务的事件数)：AppDomainResourceManagement(5)，CLRAuthenticodeVerification CLRILStub (2)，CLRLoader (18)，CLRMethod(25)，CLRPerfTrack (1)，CLRRuntimeInformation (1)，CLRStack (1)，CLRStrongNameVerification (4)，Contention (3)，Exception (3)，ExceptionCatch(2)，ExceptionFilter(2)，ExceptionFinally(2)，GarbageCollection(58)，IOThreadCreation(4)，IOThreadRetirement (4)，Thread (2)，ThreadPool (5)，ThreadPoolWorkerThread (3) 和 Type (1)。

我们可以看到，数量最多的组是垃圾回收器的任务——它包含了 58 个不同的事件！实际上，有 44 种不同的版本，因为有些会出现在几个版本中。我们会在那里找到什么呢？会找到非常有趣的东西！表 3-2 中列出一些选定的事件及其描述和数据。

表 3-2　与 GC 相关的 ETW 事件示例

事件	数据
GCStart_V2	ClientSequenceNumber(win:UInt64)、 ClrInstanceID(win:UInt16),Count(win:UInt32)、 Depth(win: UInt32)、Reason(GCReasonMap)、Type(GCTypeMap) 通知垃圾回收的开始，提供原因和触发它的代(如 Depth 字段)
GCEnd_V1	ClrInstanceID(win:UInt16), Count(win:UInt32), Depth(win:UInt32) 通知垃圾回收的结束
GCCreateSegment_V1	Address(win:UInt64),ClrInstanceID(win:UInt16),Size(win:UInt64)、Type(GCSegmentTypeMap) 通知创建新内存段，并提供有关其大小和类型的信息
GCSuspendEEBegin_V1	ClrInstanceID(win:UInt16), Count(win:UInt32),Reason(GCSuspendEEReasonMap) 通知垃圾回收部分所需的运行时挂起的开始
GCSuspendEEEnd_V1	ClrInstanceID(win:UInt16) 通知运行时挂起进程的结束。从现在起，大多数线程都将挂起
GCAllocationTick_V3	Address(win:Pointer),AllocationAmount(win:UInt32),AllocationAmount64(win:UInt64)、AllocationKind(GCAllocationKindMap)、 ClrInstanceID(win:UInt16)、 HeapIndex(win:UInt32)、TypeID(win:Pointer), TypeName(win:UnicodeString) 非常有趣的定期采样事件，(每分配 100KB 之后发出)会通知分配统计信息
GCHeapStats_V1	ClrInstanceID(win:UInt16), FinalizationPromotedCount(win:UInt64)、FinalizationPromotedSize(win:UInt64),GCHandleCount(win:UInt32)、GenerationSize0(win:UInt64),GenerationSize1(win:UInt64)、GenerationSize2(win:UInt64),GenerationSize3(win:UInt64)、PinnedObjectCount(win:UInt32),SinkBlockCount(win:UInt32)、TotalPromotedSize0(win:UInt64),TotalPromotedSize1(win:UInt64)、TotalPromotedSize2(win:UInt64), TotalPromotedSize3(win:UInt64) 另一个非常有趣的事件，提供了堆统计信息的丰富信息，包括代大小

如果我们考虑到每个事件都有精确的时间戳，并且可能包含调用堆栈，那么我们将会看到能够在此基础上创建的强大诊断功能。这就是为什么它被许多不同的工具使用。其中一些将在以下小节中披露。

如果你不了解表 3-2 中给出的 ETW 事件的描述，请不要害怕。显然，需要一些有关 GC 的知识才能正确理解它们。我们将在接下来的章节中回顾许多 ETW 事件(包括表 3-2 中的事件)。

NT 内核日志程序会话还提供许多有价值的信息，包括以下事件：Windows Kernel\ProcessStart、Windows Kernel\ProcessEnd——当进程开始和结束时、Windows Kernel\ImageLoad——当加载动态库时、Windows Kernel\TcpIpRecv——当接收 TCP/IP 数据包时、Windows Kernel\ThreadCSwitch——当线程获取或丢失对 CPU 的访问时。显然还有很多其他的，在这里只列出其中的一小部分是没有任何意义的。有关详细信息，请参阅 MSDN 上的 NT 内核日志跟踪会话文档。

3.2.5　Windows 性能工具包

Windows 性能工具包(Windows Performance Toolkit，WPT)是 Windows 环境中的一组诊断工具。我们最感兴趣的是它们收集和分析 ETW 数据的能力。在 Windows 8 之前，用于该目的的主要工具是相当烦琐的 xperf 程序。而且，xperf 仍然还存在于 WPT 安装文件中。xperf 用于建立和运行 ETW 会话，并在稍后对它们进行分析。因此，在 ETW 术语中，xperf 兼有 ETW 控制器和 ETW 消费者的功能。我们经常可以在许多与 ETW 相关的老文章和博客中见到它。由于 xperf 是一种非常灵活的工具，因此仍然偶尔用于从命令行管理 ETW 会话。但是，从 Windows 8 开始，Windows 性能工具包引入了两个新工具。

- Windows Performance Recorder (WPR，Windows 性能记录器)：充当 ETW 的控制器。
- Windows Performance Analyzer (WPA，Windows 性能分析器)：充当 ETW 的使用者。

Windows 性能工具包中的这两个程序是目前最常用的。我们将简要介绍使用这些程序的基础知识。

注意：Windows 性能工具包可以通过两种方式安装。这两种方式都依赖于安装两个较大的软件包中之一——Windows 评估和部署工具包或 Windows SDK。

---

1. Windows Performance Recorder

从用户的角度来看，Windows Performance Recorder 是一个充当 ETW 控制器的简单对话框(见图 3-15)。配置文件配置将从哪些提供者中记录事件。该工具预装了许多内置的配置文件，如图 3-15 所示。

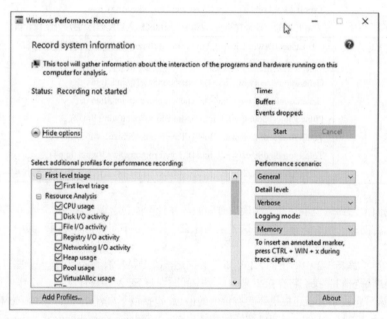

图 3-15　Windows Performance Recorder 对话框

还有两个更重要的选项可用，如下所示。

- 记录数据的详细级别：我们最感兴趣的是详细级别。除了事件发生的时间，还要记录额外的诊断信息。
- 日志记录模式：我们最常使用内存模式，该模式将事件记录到内存中的临时循环缓冲区中。这样可以确保我们永远不会超过缓冲区的大小，因创建太大的文件或内存缓冲区而严重影响整个操作系统和其他应用程序。

配置文件中包含的内容无法在用户界面中看到。但是我们可以在命令行版本中看到。可以使用 profiles 命令开关获得在 GUI 中可见的内置配置文件列表。可参见代码清单 3-6。

代码清单 3-6　使用 wpr 命令行版本列出所有配置文件名称

```
> wpr -profiles
```

然后，我们可以使用 profiledetails 命令开关来询问单个配置文件的详细信息。我们可以看到.NET 活动配置文件启用了哪些提供者和关键字(参见代码清单 3-7)。

代码清单 3-7　使用 wpr 命令行版本列出给定的配置文件配置(为简洁起见，从输出中删除了某些仅按 GUID 列出的提供者)

```
> wpr -profiledetails DotNet

System Keywords: CSwitch, DiskIO, DiskIOInit, HardFaults, Loader,
MemoryInfo, MemoryInfoWS, NetworkTrace, ProcessCounter, ProcessThread,
SampledProfile
System Stacks: CSwitch, DiskFlushInit, DiskReadInit, DiskWriteInit,
FileCreate, FileRead, FileWrite, ImageLoad, ImageUnload, ProcessCreate,
SampledProfile, ReadyThread
Providers
...
Microsoft-Windows-DotNETRuntime: 0x4007ccbd: 0x05
Microsoft-Windows-IIS: : 0xffI
```

对于.NET 运行时，提供者选定关键字掩码的值为 0x4007ccbd。我们可以使用代码清单 3-4 的值将其解码为选定关键字的列表。我们可以很容易地注意到，实际上并不是所有可能的关键字都被选定(包括一些与垃圾回收器相关的关键字)。

还有用于 Windows Heap 和 VirtualAllocation 的内置配置文件。要在进行 CLR 分析时了解全貌，可以决定选择所有这三个配置文件。

使用 Add profile 按钮，可以添加手动定义的配置文件。这是连接到提供我们感兴趣的并微调使用的关键字集合的唯一方法。你可以在随本书附带的 GitHub 代码库(NetMemoryManagement.wprp 文件)中找到 Pro .NET Memory Management with stacks 示例配置文件，该配置文件可启用所有.NET 事件以及调用堆栈记录(但请注意，这种配置跟踪开销会减慢.NET 应用程序的速度，这主要是由于堆回收造成的)。

2. Windows Performance Analyzer

Windows Performance Analyzer 是一个强大的 ETW 使用者，可以进行非常高级的分析。同时，它也是用于便捷地可视化 ETW 数据的主要工具之一。与该工具的第一次接触可能会让人有些不知所措。该工具的界面是以一种非常通用的方式设计的，真正地由用户决定如何去适应它。因此，很难第一眼就看出这个工具的能力。

使用 Windows Performance Analyzer 界面的确切描述超出了本书的范围。因为它是如此强大，所以描述其所有功能可能需要另一本小书。从我们的角度看，我们将重点介绍一些最有用的场景。我们将使用一个用.NET 4.5 编写的，名为 SuperBenchmarker 的开源负载测试程序的示例，该程序可在 GitHub 上找到，网址为 https://github.com/aliostad/SuperBenchmarker。在负载测试期间，它会在目标 Web 应用程序上生成系统负载，因此非常适合于实验。本书附带一个 WPA-Tutorial.zip 文件，其中包含在负载测试期间使用以下参数录制的场景 WPA-Tutorial.ETL 的示例。

```
.\sb.exe -u http://localhost/LeakWebApi/values/concatenated/100 -c 10 -n
100000 -y 100
```

这意味着将进行 10 个并发呼叫，它们之间的间隔为 100 毫秒，总共将进行 100 000 个呼叫。我们的 LeakWebApi 是一个非常简单的 ASP.NET MVC Web API 项目，托管在 IIS 上。由于 ETW 的性质，显然还有许多其他进程被记录下来，但我们将专注于其中两个：sb.exe 本身和 w3wp.exe 托管提到的 Web API 项目。该文件是 Windows Performance Recorder 使用以下配置文件创建的：CPU usage、Heap usage、VirtualAlloc usage 以及我们自定义的.NET Memory Management with stacks.。如果要执行以下练习，请立即将 WPA-Tutorial.zip 解压缩到你所选择的文件夹中。

现在让我们看看一些使用 Windows Performance Analyzer 的可能场景。请记住这个工具的极大灵活性。因此，如果你按照下面描述的练习进行操作，并且某些结果看起来与本书所提供的屏幕截图不同，请仔细检查你的视图配置，特别是表中各列的可见性和顺序。

打开文件和配置

启动程序后，我们将看到一个带有 Getting Started 选项卡的空白窗口。通过从菜单中选择 File | Open...来打开录制文件。

当你打开文件时，在左侧我们将看到一个新 Graph Explorer 面板，其中包含几个图形组——具体取决于记录的数据。对于我们的 WPATutorial.etl 文件，应该有五组图形。

- System Activity：与系统、进程和线程的操作相关的广泛数据。这也是一个非常重要的 Generic Events 图表，我们稍后将进行查看。
- Computation：CPU 相关数据。
- Storage：与磁盘相关的数据，包括使用的磁盘偏移量等精确数据。
- Memory：与内存相关的数据。
- Power：与能力相关的数据，包括 CPU 频率和状态。

每个组名旁边都有一个展开按钮，可用于浏览分组图。可以通过拖动或双击将每个可见图移至 Analysis 选项卡。可以向其中添加许多不同的数据，这些数据将逐个添加到前面数据的下方。Analysis 选项卡中添加的所有视图都是同步的(Graph Explorer 本身也是如此)。因此，如果你在其中一个时间轴上更改了比例，则该更改也反映在其他时间轴上。这类似于对当前调查的数据进行任何形式的过滤或加下画线。

现在创建第一个视图，它使我们可以在实践中学习程序导航的基础知识。从 Graph Explorer 展开 System Activity 组。将 Processes 图拖到工作区(或双击)，它将显示在 Analysis 选项卡中。然后展开 Computation 组并双击 CPU Usage(Sampled)图，它应该出现在前面添加的 Processes 图的下面。我们应该达到如图 3-16 所示的效果。

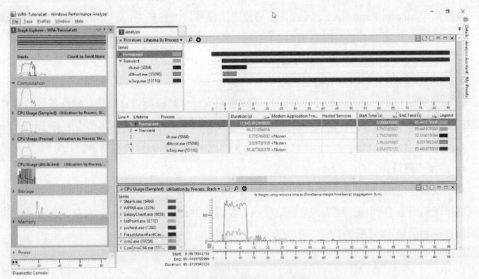

图 3-16　带有进程和 CPU 使用率面板的示例视图

很快我们就会发现很多元素都有包含附加信息的工具提示。在 Processes 窗格中，显示了录制时正在运行的进程。很容易就能找到与 sb.exe 进程相对应的块。用鼠标左键单击它。该过程的时间范围将在所有其他图表上自动突出显示。这对于导航和相互引用数据非常有帮助。

有时以图表或表格的形式更便于对数据进行分析。因此，在每个面板的右上角都放置了三个按钮：仅显示图表(Display graph only)、仅显示表格(Display table only)和同时显示这两个信息(默认情况下选择了 Display graph and table 选项)。现在，为两个显示面板选择 Display graph only 选项。

在 Graph Explorer 中，从 System Activity 组中添加 Stacks 面板，并将其设置为 Display table only。Stacks 面板包含有关所有回收的堆栈跟踪的分组信息。

我们现在可以更仔细地查看 w3wp.exe 进程。首先，从图表中，单击 Processes 面板中的 sb.exe 块，选择与负载测试相对应的时间范围，然后右击 Zoom。有了这样一个选定的时间范围，我们就可以筛选出感兴趣的 Web 应用程序进程的数据。于是从 Processes 面板的下半部分的列表中选择 w3wp.exe 进程，并在其上下文菜单中选择 Filter to selection 选项。接下来，在 Stacks 面板中的 Event Name 列中展开 Thread:CSwitch，在 Stack Tag 列中展开 CLR，选中 JIT，在 Stack(Frame Tags) 列中展开[Root]。在展开了以[Root]元素开头的节点之后，我们可能会注意到缺少有关所调用函数的信息(见图 3-17)。大多数都是用模块名+问号标记出来的。这是因为缺少符号(PDB)。我们现在处理它们的配置。

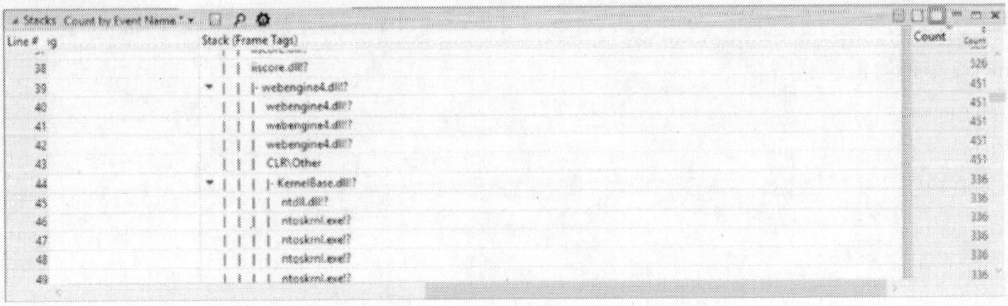

图 3-17　缺少符号导致不完整的堆栈跟踪信息

要配置 Windows Performance Analyzer 要使用的符号，请选择 Trace | Configure Symbol Paths 菜单。我们将在此窗口中配置搜索 PDB 的目录。最好至少设置以下两个源。

- 如果在上一节中设置了环境变量 _NT_SYMBOL_PATH，则默认情况下会将其添加到此处。
- 应用程序的符号文件的路径(也随 WPA-Tutorial.etl 文件一起提供了)。

在同一窗口的 Symcache 选项卡中，还应特意设置一个目录，该目录将存储准备好的符号的本地副本。完成上述配置后，我们可以关闭 Configure Symbols 窗口。当从菜单中选择 Trace | Load symbols 时，将显示 Loading symbols 信息。下载和加载所有需要的符号可能需要几分钟(即使已经缓存)，请耐心等待。

在那次操作之后，我们将得到完整的堆栈跟踪信息。我们可以通过使用 Stacks 面板中的 Quick search(体现为一个小小的放大镜)来看到这一点。使用它并输入 LeakWebApi 来查找来自我们的测试应用程序中的调用(见图 3-18)。

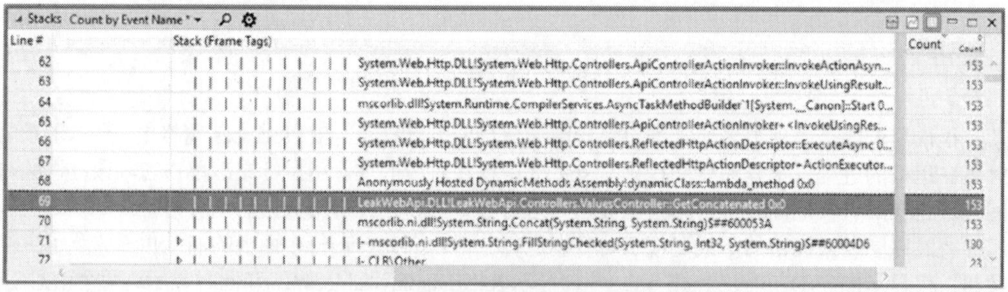

图 3-18　加载符号后的完整堆栈跟踪信息

Generic Events

在 WPA 中，很多事件都以一种特定方式进行解释，并以此方式创建了专用面板，例如 Processes 或 CPU Usage。但是，当然不可能为 ETW 记录的任何可能事件都准备这样的视图。为此，创建了一个名为 Generic Events 的专用面板，包含所有已注册事件的视图。可从 System Activity 组中将其添加到视图中。默认情况下，我们将看到按进程分组的所有事件。通过从 sb.exe 进程的上下文菜单中选择 Filter to selection[1]，我们可以过滤掉除了来自 sb.exe 进程之外的所有内容。通过在 Provider Name 列中展开 Microsoft-Windows-DotNETRuntime，然后展开 Garbage Collection 任务和 win:Start Opcode，我们可以创建出如图 3-19 一样的视图(在适当地放大一个有趣的时间区域之后)。请注意，要获得这样的视图，必须先从 Process 开始，通过 Provider Name、Task Name 和 Opcode Name 设置列的正确顺序。

---

1 如果没有看到 Process 列，请添加它，并将其作为第二列放置在 Generic Events 面板中。

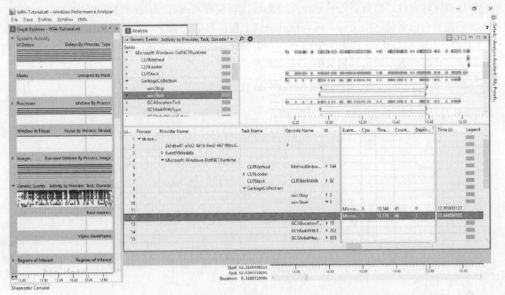

图 3-19 进程 sb.exe 和 Microsoft-Windows-DotNETRuntime 相关事件的 Generic Events 视图

我们已经建立了一个重点关注 sb.exe 进程(第二列)、Microsoft-Windows-DotNETRuntime provider(第三列)以及 GarbageCollection 任务(第四列)的视图。例如,我们看到在所选片段的几乎 0.5 秒内,有两个 GarbageCollection/ Start 事件。

此外,我们可以看到与这些事件相关联的每个数据。为此,我们需要展开组(在本例中是通过展开列 Id 中的最后一个分组的项),并相应地滚动视图以显示黄色标记后面的列。图 3-20 展示了这样一个针对 GCStart 和 GCEnd 事件的准备视图的示例。

Line #	Process	Provider Name	Task Name	Opcode Name	↑ Id	Cpu	ThreadId	Count (Field 1)	Depth (Field 2)	Reason (Field...	Type (Field 4)	Christa...
1	▲ sb.exe (5884)											
2		Microsoft-Windows-Networking-Correla...	▶									
3		▼ Microsoft-Windows-DotNETRuntime										
4			CLRStack	CLRStackWalk	▶ 82							
5			▼ GarbageCollection									
6				win:Stop	▼ 2							
7						6	10,544	45	0		8	
8						1	11,176	46	1		8	
9				win:Start	▼ 1							
10						6	10,544	45	0	AllocSmall	NonConcurrentGC	6
11						1	11,176	46	1	AllocSmall	NonConcurrentGC	6
12				Triggered	▶ 35							
13				PinObjectAtGCTime	▶ 33							

图 3-20 在 Generic Events 表视图中可以见到 Garbage Collection(垃圾回收)的开始和停止事件

通过设置列的可见性并与所需的项分组一起进行排序来调整视图是 Windows Performance Analyzer 中必须处理的主要任务。幸运的是,它在这方面是非常灵活的。

可以对 Windows Performance Analyzer 进行更多的自定义,以使分析更加容易。这要归功于我们自己的自定义感兴趣区域(Region of Interests)、堆栈标签(stack tags)和配置文件(profiles)。

Region of Interests

你可以定义出于某种原因自定义感兴趣的区域。这些区域的边界由指定事件(例如打开和关闭事件)来确定。这是说明垃圾回收持续时间的理想机制,例如,初始事件为 win:Start(Id 1),而最终事件是 win:Stop(Id 2)。区域在另一个单独的文件中定义,然后可以从菜单 Trace | Trace Properties 将其加载到程序中。在出现的选项卡中,我们使用 Regions of Interest Definitions 部分中的 Add ...

按钮来加载区域文件。之后，Regions of Interests 面板将在 Graph Explorer 中可用。

我们需要自己创建这类文件，或者在互联网上搜索有趣的文件。还可以使用为本书准备的文件(位于随书附带的 GitHub 代码库中)：roi_dotnetfinalization.xml 和 roi_dotnetgc.xml。这些文件由以开始和停止事件表示的区域定义组成(参见代码清单 3-8)。

代码清单 3-8　Regions of Interest Definitions 文件示例

```
<Region Guid="{4fbb5999-8f4e-4900-9482-000000000001}"
            Name="DotNETRuntime-GarbageCollection-GC"
            FriendlyName="Garbage Collection">
    <Start>
        <Event Provider="{E13C0D23-CCBC-4E12-931B-D9CC2EEE27E4}" Id="1"
        Version="2" />
    </Start>
    <Stop>
        <Event Provider="{E13C0D23-CCBC-4E12-931B-D9CC2EEE27E4}" Id="2"
        Version="1" />
    </Stop>
    <Match>
        <Event TID="true" PID="true" >
        </Event>
        <Parent PID="true" />
    </Match>
    <Naming>
        <PayloadBased NameField="ClrInstanceID" />
    </Naming>
</Region>
```

如你所见，我们需要具备一些知识来定义区域：我们感兴趣的提供者将会生成的事件以及如何对它们进行配对。

基于垃圾回收器(Garbage Collector)的事件，我们可以指定以下区域。

- Garbage Collection(GCStart 和 GCEnd 事件)；
- Suspending runtime(GCSuspendEEBegin 和 GCSuspendEEEnd 事件)；
- Restarting runtime(GCRestartEEBegin 和 GCRestartEEEnd 事件)；
- Finalization(GCFinalizersBegin 和 GCFinalizersEnd 事件)。

这使你可以可视化和收集统计信息(发生的次数和持续时间)，如图 3-21 所示。注意，已经设置了适当的缩放比例以产生这样的视图，并且适当地展开了左侧(命名为 Series)列表中项目的分组。

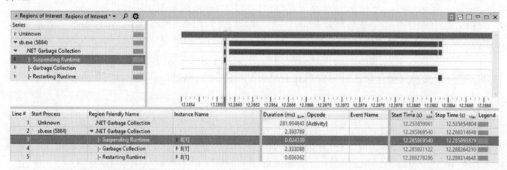

图 3-21　借助自定义感兴趣区域(Region of Interest)来查看垃圾回收(Garbage Collection)周期

Flame Charts(火焰图)

可以使用前面已经概述过的机制来进行性能分析,其中包括通过在 Stacks 面板中对调用进行分组。还有另一种非常方便的机制——Flame Charts(火焰图)。Computation 组的 CPU Usage (Sampled)面板中提供了"Flame by Process, Stack"(按进程、堆栈显示的火焰)视图。我建议你将其用作示例 ETL 文件的一部分。通过使用以下步骤,你应该能够获得如图 3-22 所示的视图。

- 在 CPU Usage 面板的表格部分中,使用上下文菜单中的 Find in Column…选项,然后尝试查找 LeakWebApi 文本。如果符号已经加载,它应该指向 WebAPI 控制器的 GetContatenated 方法。
- 选择其父方法(应为 lambda_method),然后从其上下文菜单中使用 Filter To Selection。这应该将视图放大到单个方法调用。

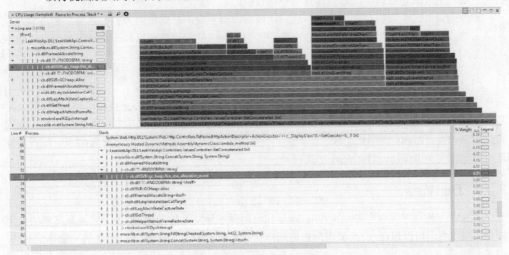

图 3-22　Flame Charts(火焰图)示例

火焰图以非常直观的方式展示了成堆的调用,但它需要一点同化。每个可见的块代表对单个函数的调用。位于彼此顶部的块代表一个函数调用另一个函数。这样,图表向上增长。函数越高,调用堆栈越深。块的宽度与特定函数调用(及其所有子调用)的总持续时间成比例。这样我们就可以快速找出哪些函数与长时间的执行相关联。

例如,在图 3-22 中,我们看到 WebAPI 方法 GetConcatened 花费的大部分时间是由于 System.String.Concat 调用,该调用在大多数情况下花费时间在 SVR::gc_heap::fire_etw_allocation_event 调用中。这是将 ETW 会话连接到应用程序会导致大量开销的切实证据。这与在每个 CLR 事件中写入调用堆栈的选项有关——我们可以通过进一步研究由 fire_etw_allocation_ 事件进行的方法调用来看到这一点。很多时间都花在 clr.dll!ETW::SamplingLog::GetCurrentThreadsCallStack 方法上了。这是因为,为每个频繁的分配事件获取一个调用堆栈并不一定是一个好主意。但对于我们的学习目的来说,这是完全没有问题的。

Stack Tags(堆栈标签)

如我们所见,ETW 事件可以在发生时一起记录堆栈跟踪。Windows Performance Analyzer 使你可以使用 Stack 列来查看该信息。但是,对于比单独从堆栈跟踪进行更广泛的分析,聚合的信息更有价值。这种聚合机制之一就是所谓的 Stack Tags(堆栈标签)。它们允许你根据给定的模式对被调用的方法进行分组。这样，具有与模式匹配的堆栈跟踪的所有事件都将使用提供的 Stack Tag进行标记。

Stack Tags 默认位于 C:\Program Files (x86)\Windows Kits\10\Windows Performance Toolkit\Catalog\default.stacktags 文件，尤其包括与 CLR 和 GC 相关的部分。因此，使用 Stack Tag 列时，我们将看到堆栈分为 CLR 和 GC 节点(而不是在其中列出所有方法)。

Custom Graphs(自定义图表)

从 Windows 性能工具包的 Windows 10 版本开始，有一种方法可以根据事件负载来绘制自己的图形。换言之，我们可以绘制 Y 轴来自所选事件字段之一的图表。X 轴将自动成为事件发生的时间。唯一的要求是所选字段必须具有一个整数值。

遗憾的是，这个限制对我们非常不利。垃圾回收器字段中有意思的大多数事件都是以十六进制格式给出的。这适用于各种大小、内存使用情况等。这使得该机制目前还不是很有用，我们将不会使用它。

Profiles(配置文件)

由于配置所有面板可能会很耗时，因此 Windows Performance Analyzer 提供了使用 Profiles(配置文件)来保存当前视图的功能。我们现在可以使用 Profiles | Export...选项来保存当前视图。我们可以用 Profiles | Apply 选项来加载它们。除了配置视图本身(包括列的顺序和布局)以外，配置文件还可以包括定义 Region of Interests 的文件。

3.2.6　PerfView

Windows 性能工具包主要是为 Windows 和驱动程序开发人员设计的。由于它具有高度的可定制性，因此我们可以像在 3.2.5 节中所做的那样使它适应.NET 环境。但是，还有另一个基于 ETW 的工具，该工具最初设计就是用于帮助分析.NET 性能问题——PerfView。它的创建者和赞助者是.NET Runtime Performance 架构师 Vance Morrison，.NET 团队就使用该工具来处理框架本身和托管代码的性能。因此我们显然也应该对此感兴趣。更重要的是，所有的性能和 CLR 内部专家都很高兴听到 PerfView 已经成为 GitHub 上的完全开源产品。

就 ETW 而言，PerfView 既是控制器又是消费者(提供了广泛的分析功能)。它被编写为非侵入性工具。它不需要任何安装。它仅包含一个可执行文件——perfview. exe。这使其可以在包括生产服务器在内的任何计算机上使用。因此，要开始使用 PerfView，我们有如下两个选项。

- 第一个选项是从 https://www.microsoft.com/en-us/download/details.aspx?id=28567 下载 ZIP 文件，将其解压缩，然后在任何需要的地方运行。
- 第二个选项是从 GitHub 上的源代码编译程序：https://github.com/Microsoft/perfview。

请注意，此工具也可以通过命令行和 PowerShell 来实现自动化，这在生产分析中特别有用(可以准备好命令行传递给系统管理员，以便在受限环境中执行)。

虽然启动很简单，但第一次接触这个工具可能会吓跑你。这个程序应该是有史以来最强大、但乍一看却是最压倒性的工具。界面不是很直观和漂亮，因此甚至不清楚从哪里开始。幸运的是，它具有非常广泛的帮助文档。每个选项和 GUI 元素都有指向帮助文档的链接。你可以在下面找到一些基本的使用场景，但是我建议你经常访问帮助文档部分。你将能够从帮助文档里找到涵盖的主题的扩展和更广泛的解释。相信我，这个工具值得你学习它所花费的每一分钟时间。

　　注意：PerfView 基于 ETW 的分析中的许多功能都基于 TraceEvent 库。我们将在第 15 章中介绍它，以简要了解它的功能。虽然 PerfView 主要基于 ETW，但它也有一个内置的(基于 CLR Profiling API 的)ETWCLrProfiler，它允许 PerfView 拦截.NET 方法调用(在 Collect 对话框中启用.NET 调用以开始使用它)。

　　还可以考虑使用 Sasha Goldshtein 创建的 etrace 工具来作为一个用于 ETW 分析的轻量级工具，该工具可从 https://github.com/goldshtn/etrace 获得。它允许你从命令行控制 ETW 会话，并提供各种筛选功能。

Windows Performance Analyzer 在某种意义上是基于图表的概念，而 PerfView 则专注于表格视图。实际上，我们在这个程序中所看到的几乎所有东西都是以表格形式显示的。有时以同样的方式分析内存消耗、调用堆栈以及其他所有内容可能会引起误导。

启动程序后，我们将看到一个包含大量帮助的窗口。现在可以采取如下三项主要行动。

- 使用 Collect | Collect 选项开始收集 ETW 数据。
- 通过在菜单下面的文本框中输入目录的路径并选择你感兴趣的 ETL 文件来开始数据分析。
- 使用 Memory | Take Heap Snapshot 选项来执行内存转储。

与其他工具一样，必须配置符号路径，这可以通过 File | Set Symbol Path 菜单完成。最好设置以下三个源。

- 公开的 Microsoft 符号服务器，与_NT_ SYMBOL_PATH 环境变量相同。
- 指向位于打开的 ETL 文件旁的 NGEN 映像符号子目录的路径，尽管这并不是绝对必要的，因为 PerfView 能够自动重新创建它们。
- 应用程序符号文件的路径。

1. 数据收集

因为 PerfView 是一个 ETW 控制器，所以它允许你管理 ETW 跟踪会话。选择 Collect 选项后，我们将会看到一个带有许多参数的新对话框(见图 3-23)。

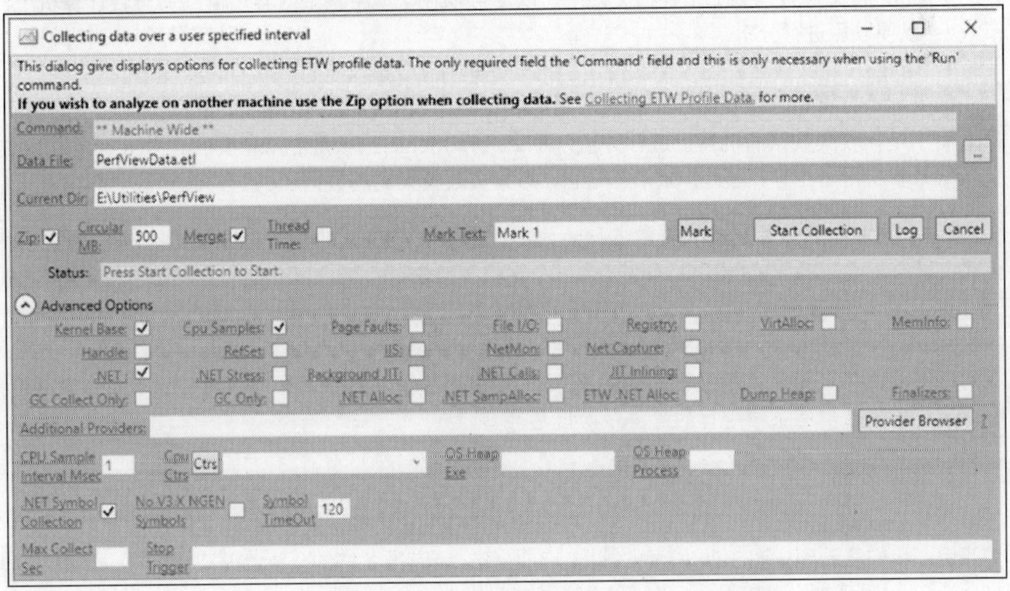

图 3-23　展开了 Advanced Options 部分的 PerfView 收集对话框

通过查看这块可能选择的选项，我们将遇到很多与.NET 相关的信息。值得花一些时间来解释它们，尽管在程序帮助中也对它们进行了描述。从我们的角度来看，位于 Advanced Options 之下最有趣的选项如下。

- .NET：启用来自.NET provider 的默认事件。
- .NET Stress：启用来自 .NET provider 的、与压力测试运行时自身相关的事件。这些是 CLR 团队内部使用的罕见事件。
- GC Collect Only：禁用所有其他 provider，仅启用具有与 GC 进程关联的事件的.NET provider。这是一个非常轻量级的选项，可让你长时间收集与 GC 相关的基本诊断信息。
- GC Only：与上一点类似，但是还启用了用于对 GC 堆上的分配进行采样的堆栈(每次分配 100KB 的对象)。
- .NET Alloc：启用每次在 GC 堆上分配对象时都具有堆栈的事件。这是一个非常昂贵的选择，可能使程序运行速度降低很多。实际上，我们在图 3-21 中就看到了这种开销。
- .NET SampAlloc：启用每次在 GC 堆上分配 10KB 对象时生成的事件。这不是基于内置的 ETW 事件，而是通过将 ETWClrProfiler 库注入进程中来使用 CLR Profiler API。
- ETW.NET Alloc：这将启用用于分配采样的事件，但它是基于.NET 4.5.3 中可用的 GCSampledObjectAllocationHigh 关键字，而不是注入基于 Profiler API 的库。
- Finalizers：启用与 GC 内部的终结进程相关的事件。
- Additional providers：此字段允许你提供所需的任何其他 provider。它还可以用于微调无论如何都会启用的 provider。例如，要为 CLR 异常启用堆栈捕获，我们就可以输入 Microsoft-Windows-DotNETRuntime :ExceptionKeyword:Always:@StacksEnabled=true。(单击最右侧问号处)还提供了有关使用此字段的额外帮助信息。
- CPU Ctrs：此计数器允许你启用与 CPU 相关的底层计数器，例如分支预测错误或缓存未命中。请记住，你要禁用 Hyper-V 虚拟化以访问这些事件。

注意：除了上述讨论的.NET 选项外，还需要记住一些常规的设置。

- Zip：将文件打包到一个存档文件中，以便可以轻松地将整个内容传输到另一台计算机上，以便以后进行分析。
- Merge：将文件合并为一个文件，但不创建单独的 Zip 文件。

如果你不打算将分析发送给其他人，则可以省略这两个选项。但是，如果你计划在不同的机器上而不是在收集数据的机器上进行分析，那么选择 Merge 选项是非常重要的。Merge 选项还要包括符号解析准备工作，因此，如果忽略它，则大多数收集到的数据在另一台计算机上都将无用。

触发 ETW 数据收集的一种非常流行的方法是基于 PerfView 的命令行用法。例如，通过这种方式，你可以要求技术支持团队通过提供一个要执行的命令，轻松地收集生产环境中的数据。例如，以下命令将触发与 GC 相关的事件的轻量级会话记录：perfview /GCCollectOnly /nogui /acceptula /NoV2Rundown /NoNGENRundown /NoRundown /merge:true /zip:true。通过使用命令行，我们还可以提供会话停止触发器，例如在 GC 发生的时间超过特定毫秒数时停止会话。请运行 perfview -? 来获取有关命令行的更多帮助信息。

2. 数据分析

使用 PerfView，我们可以打开由自己和其他所有 ETW 工具记录的 ETL 文件。打开示例 ETL 文件后，我们将看到如图 3-24 所示的视图。在左侧，所有准备好的分析都是可用的——这取决于在会话记录期间选择了哪些 provider 和选择了哪些事件。

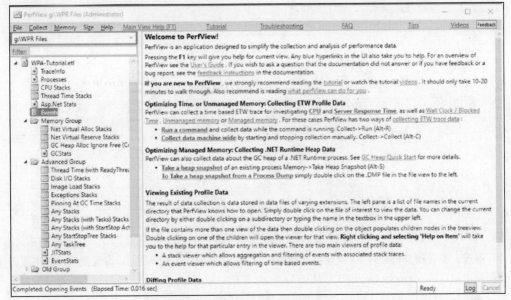

图 3-24　在 PerfView 中打开的示例 ETL 文件

最基本的视图之一是 Generic Events 面板(双击 Events 节点可以进入),可让你查看所有已记录事件的实例。当你打开它并在 Filter 字段中输入 GC 时,将看到所有与 GC 相关的 DotNetRuntime 事件(见图 3-25)。

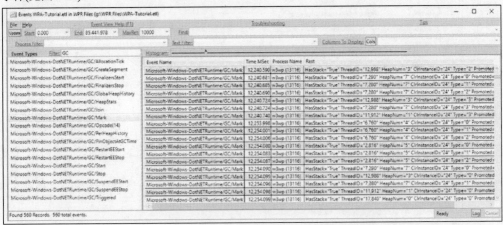

图 3-25　PerfView-Events 面板中显示的与 GC 相关的事件

如你所见,除了与事件相关联的标准列外,还有一个 Rest 列,其包含了事件的所有详细信息。还可以通过单击 Cols 按钮从事件中选择特定数据。例如,通过在 filter 字段中输入其名称的一部分(例如GC/HeapStats)来过滤掉除 Microsoft-Windows-DotNETRuntime/GC/HeapStats 事件以外的所有事件。然后,使用 Cols 按钮选择所有 GenerationSize 字段。另外,在 Process Filter 中填充我们感兴趣的进程的唯一部分。此时我们应该已经创建了一个 GC 统计信息表(见图 3-26),该表可以粘贴到 Excel 以进行可视化。

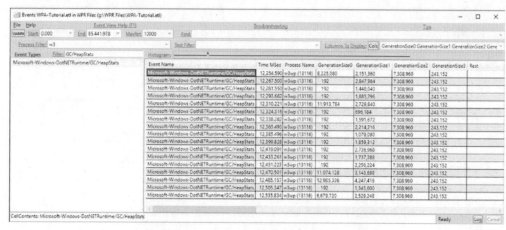

图 3-26　PerfView—与 GC 相关的事件的自定义视图

　　然而，查看和分析个别 ETW 事件是乏味的。当涉及.NET 内存分析时，毫无疑问，最重要的视图是主窗口的 Memory Group 中可用的 GCStats 视图。该视图包含了有关 GC 行为的综合聚合信息，包括已执行 GC 的统计信息(见图 3-27)。我们将在本书中经常回到这一视图。

　　另外，正如你在图 3-25 的 Rest 列中所看到的，所选事件具有 HasTrack ="True"属性。如果要查看该事件的堆栈跟踪，请选择其中一个并从其上下文菜单中选择 Open Any Stacks(但是请注意，必须在 Time MSec 列的上下文菜单中进行操作)。这将打开另一个非常流行的 PerfView 的调用树视图(见图 3-28)。

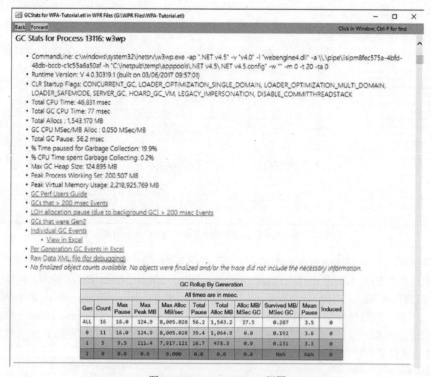

图 3-27　PerfView-GCStats 视图

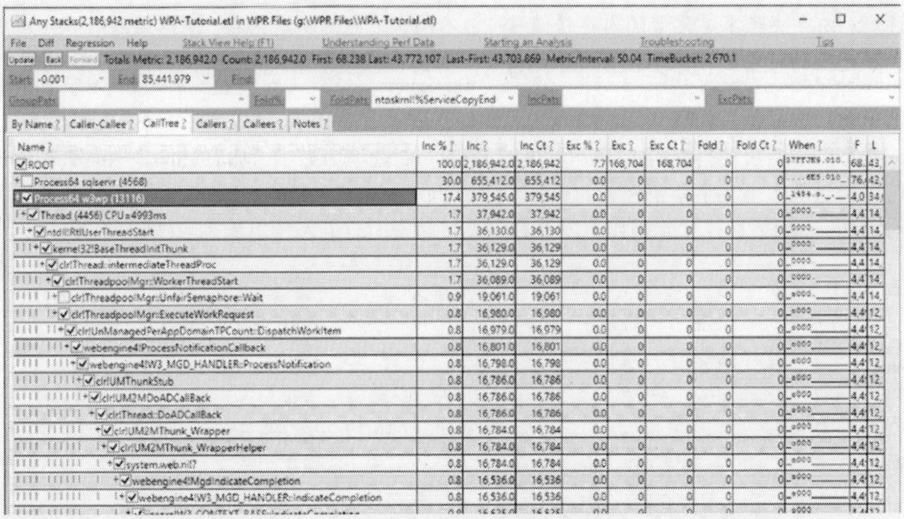

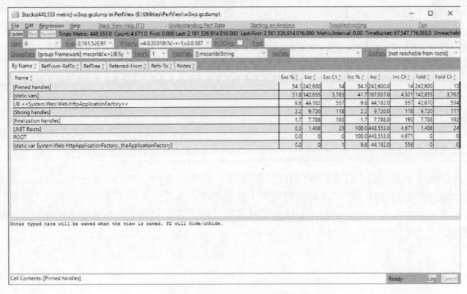

图 3-28   PerfView-Any Stacks 视图

请记住，如果函数名无法识别，请从上下文菜单中选择 Lookup Symbols。它应该触发读取对应的符号。

还有许多其他非常有用的视图，我们以后将会多次使用它们。但是，现在我鼓励你四处看看，包括诸如 CPU Stacks、GC Stats 或 Asp.NET Stats 之类的视图。

3. 内存快照

当你从菜单中选择 Take Heap Snapshot 时，我们将看到一个 Collecting Memory Data 窗口。最好立即使用 Filter 字段查找我们感兴趣的进程。一旦你选择了进程并单击了 Dump GC Heap 之后，你将需要等待几秒或十几秒才能得到结果(见图 3-29)。

图 3-29   PerfView—内存快照视图

注意：内存快照不是典型的内存转储——它不包含进程的所有内存。它只是进程状态的视图，存储了预处理的对象图，但不包含对象的内容，并且忽略了所有非托管内存区域。

结果窗口将显示我们现在已经看到的表，但是这次它并不表示调用树，而是表示节点是对象类型或类型类别的引用树。例如，最初可见的 By Name 选项卡显示了内存转储中所有类型的摘要。我们可以通过从上下文菜单中选择 Memory | View Objects(或 Alt+O)来进一步研究给定的条目。让我们对[static vars]条目执行此操作，以查看内存转储中所有静态变量的列表(见图 3-30)。

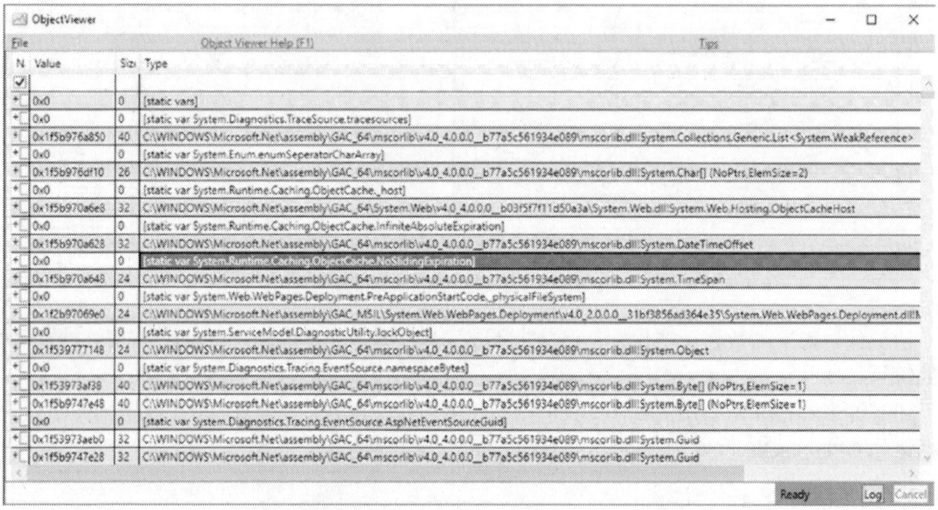

图 3-30　PerfView—所有静态变量的内存快照列表

我们在这里看到一行接一行的 Name-Value 对——其中声明了给定的静态变量以及为其分配的对象。如果我们展开该对象，则可以通过浏览其所有子项(字段)来进一步研究它。

还有一个更重要的内存快照功能——比较它们。这使我们能够跟踪程序的趋势，例如，快速确定内存泄漏的原因。要比较两个快照，请同时打开它们，然后从 Diff 菜单中选择要与第二个文件进行比较的选项。我们将看到 Diff Stacks，该 Diff Stacks 将以类似于单个快照的方式显示数据，但重要的区别在于，列值将指示两个文件之间的差异(见图 3-31)。

请注意，Collecting Memory Data 对话框中默认禁用了 Freeze 选项。它控制我们是否要在生成堆快照时停止整个过程。显然它是非常有侵入性的，但也是个非常精确的方法。在生产环境中，你可能最感兴趣的是禁用 Freeze 选项，遗憾的是，这可能会产生或多或少不一致的数据(因为快照是在正常应用程序工作期间生成的)。

PerfView 的真正威力在于它的低开销和分析生产环境的能力。我们可以使用它进行连续的性能监控或生产故障排除。它可以为我们提供大量的数据，并且使用该工具可以诊断出大多数与性能或内存相关的问题。唯一的缺点是学习曲线非常陡峭，其用户界面所有可用选项都隐藏在此处或那处。

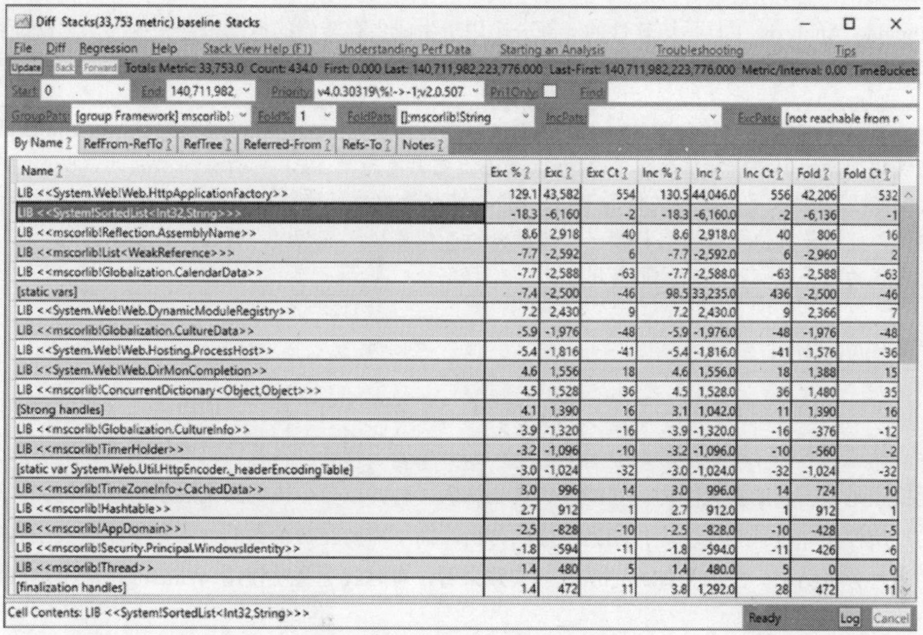

图 3-31　PerfView—内存快照差异

当然，我们应该谨慎对待我们希望通过这种机制回收的信息量。虽然工具的开销很低，但是如果你所收集的信息量太大，它也将不适合用于生产。从多个 provider 和多个选定关键字收集信息应该不是问题。但是，正如我们所看到的，收集每个对象分配的调用堆栈的信息会带来不可接受的开销。最简单的原则永远是最好的——在我们运行在生产环境中收集的所需数据集之前，让我们在任何影响较小的预生产环境中进行测试，以了解它们如何影响应用程序和整个系统。

3.2.7　ProcDump, DebugDiag

当需要分析内存问题时，该问题通常发生在生产系统上。然后，最简单的方法之一是对有问题的应用程序进行内存转储，然后进行脱机分析。用于进行内存转储的各种工具有不少。我想提及其中两个，因为它们可能满足了所有最标准的需求。两种工具均作为独立工具安装，可以从以下网址下载。

- ProcDump：https://docs.microsoft.com/en-us/sysinternals/downloads/procdump
- DebugDiag：https://blogs.msdn.microsoft.com/debugdiag/

ProcDump 是一个命令行工具，它使我们只通过一条命令就可以临时进行内存转储：

```
procdump -ma <process_pid>
```

但是，还有许多其他选项，例如在内存使用率或 CPU 超过给定阈值时进行内存转储，以及其他任何给定的性能计数器值。还可以定期进行一些内存转储等。有关所有可用选项的列表，请查看 ProcDump 的综合命令行帮助信息。

DebugDiag 是一个基于 GUI 的工具，可让你以一种更面向 UI 的方式来执行类似的操作。它具有更广泛的功能范围，例如当给定 HTTP 地址的响应时间超过指定的阈值时进行转储。

DebugDiag Analysis 工具是该软件的一部分，用于生成内存转储的自动报告。这样，你就能够快速轻松地查看报告中最明显的问题。

还可以考虑使用一个由 Sasha Goldshtein 创建的、在 https://github.com/goldshtn/minidumper 上提供的很棒的小型转储程序工具 Minidumper。它具有节省.NET 内存分析所需的最少内存量的强大功能(因此排除了可执行文件和 DLL 文件、非托管内存区域等形式的大量开销)。这样的"小型转储"可以像其他任何内存转储一样进行分析，但可能比常规内存转储小很多。因此，在进行大型进程的内存转储时可能特别有用。

3.2.8 WinDbg

在本章我们介绍的各种工具中，WinDbg 无疑是最底层的工具。我们用它几乎可以完成所有工作：从调试.NET 应用程序开始，到原生 Windows 应用程序，以及调试内核本身。通用而又带点死板正是该工具的强大能力。它能让你真正深入了解并以单个位的级别展示事物。例如，该工具的严肃性允许对某些情况进行相当快速的分析，而不需要花费精美的绘图来呈现其他工具中可用的多种分析结果。正因为如此，从我的实践来看，有时我更喜欢使用 WinDbg，而不是其他更高级的工具。

幸运的是，自 2017 年年中以来，WinDbg 有了一个全新的版本。其用户界面更加友好并且可自定义。

目前有两种安装 WinDbg 的方法——作为 Windows 驱动程序工具包(WDK)的一部分或 Windows 软件开发工具包(旧版本)或 Windows 应用商店(最新版本)。安装 SDK 时，只需要取消选择 Windows 组件(包括 WinDbg)调试工具以外的任何组件。

安装旧版本后，此工具将有两个版本——一个用于 32 位分析，一个用于 64 位分析。我们应该使用哪一个取决于我们要调试的内容——是 32 位或 64 位进程或内存转储。从 Windows 应用商店安装的最新版本则变成了一个通用的版本(但在撰写本文时，仅预览版本可用)。

WinDbg 是一个绝佳的、有助于理解.NET 运行时的实验工具。我们可以附加到托管程序，并且可以调试它(以及运行时本身)，就像我们习惯于从 Visual Studio 所使用的一样。但是在日常工作中，如果我们需要使用 WinDbg，我们可能会使用它来分析先前生成的内存转储。在下文中，我们将使用新的 WinDbg 版本。

注意：WinDbg 实际上是 DbgEng 库的一个非常简单的包装器，该库负责 Windows 上的调试平台。WinDbg 在.NET 分析环境中的真正威力在于下面列出的专门针对.NET 的扩展。

运行 WinDbg 时，我们将看到一个窗口(见图 3-32)，在其中可以执行一些不同的操作。
- 再次使用任何最近的活动：当再次附加或运行同一进程时，这特别有用；
- 启动或附加到进程：通过选择 Attach to process 选项，将显示所有正在运行的进程的列表；
- 打开转储文件。

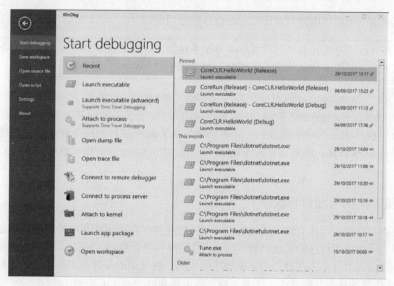

图 3-32　WinDbg 主窗口

还有其他一些可用的选项，例如使用时间调试(当前不适用于托管代码)或远程连接到另一个调试器等。

默认情况下，WinDbg 作为原生调试器工作，因此它不能理解与.NET 相关的结构和概念。我们必须使用 WinDbg 扩展来为它提供这些知识。有许多可能的扩展，其中最受欢迎的扩展如下。

- SOS：这是.NET 运行时本身随附的一个基本功能，但功能具有非常强大的扩展性。该名称是 Son of the Strike(Strike 之子)的缩写。这是因为它是.NET 框架开发过程中所使用的名为 Strike 调试工具的后继产品。
- SOSEX：这是 SOS 的扩展(因此得名)，可以从其作者 Steve Johnson 的网页 http://www.stevestechspot.com/default.aspx 免费下载。在调试托管代码和内存转储时，它添加了更强大的功能。
- NetExt(来自 Rodney Viana，可从 https://github.com/rodneyviana/netext 获得)和 MEX(托管代码调试扩展，可从 https://www.microsoft.com/en-us/download/details.aspx?id=53304 获得)：还有另外两个扩展允许我们做比上面两个更复杂的事情。

要加载扩展，我们应该使用.load<path to file>命令，例如.load g:\Tools\Sosex\64bit\sosex.dll。在.NET 内置 SOS 的情况下，也可以手动输入 sos.dll 扩展路径。或者可以使用便捷的.loadby 方法，该方法使你可以根据第二个参数位置来定位路径。这意味着你可以从 clr.dll(主.NET 运行时库)所在的路径加载 sos.dll：

```
> .loadby sos clr
```

可以通过发出!sos.hclp 命令来显示该命令是否安装成功，该命令将打印出 SOS 中可用的所有命令。你也可以通过!threads 命令快速浏览。要加载另外两个扩展，只需要使用!load <path to sosex.dll>并相应地加载 netext 或 mex。请记住,根据目标应用程序或内存转储使用的版本来使用对应的 x86 或 x64 版本。然后，可以使用!sosex.help 和!netext.help 命令查看可用命令选项。

还有一个有用的工具可以用于 WinDbg——命令树窗口。由于一次又一次地输入所有命令非常麻烦，因此你可以创建一个包含可用命令的结构化列表的文件。然后，通过使用.cmdtree <file>命令，只需要单击一下即可创建具有所有这些命令的专用窗口。

注意：还可以通过连接到远程计算机或分析系统崩溃转储来获取操作系统内核本身的内存转储。对于本书的目的，我们并不需要这样做，但是请记住 WinDbg 是非常强大的。

此外，对于 WinDbg，你可以考虑使用 Sasha Goldshtein 创建的 msos 工具，该工具可从 https://github.com/goldshtn/msos 获得，该工具被描述为"命令行环境的 WinDbg，用于在没有 SOS 的情况下执行 SOS 命令"。我们可以把它看成一个包装了 SOS 功能的命令行，而无须安装 WinDbg 并搜索适当的 SOS 扩展。此外，它还添加了一些附加功能，例如解释对堆对象和类的任意动态查询。

3.2.9　反汇编程序和反编译程序

尽管与内存管理主题没有直接关系，但有时了解不属于你的应用程序的代码片段是有用的，但是我们只有这个应用程序的二进制版本形式。我们很快就会看到，.NET 二进制代码是相当透明的。有一些工具可以让你方便地查看其他程序的代码。我使用的最好的工具之一是由 0xd4d 用户在 GitHub 上创建的免费开源 dnSpy 工具，该工具可从 https://github.com/0xd4d/dnSpy 获得。它不仅是一个允许我们查看代码的工具，而且还可以调试和修改。我们将使用它显示.NET 标准库代码本身和为该框架编译的程序。

还有其他一些流行的工具，如 ILSpy、JetBrains dotPeek 和 Redgate .NET Reflector，但 dnSpy 由于具有编辑功能而特别有用，而且对于我们的目的来说已经足够了。

3.2.10　BenchmarkDotNet

我们经常需要测量某些代码片段的性能。这在本书中将特别有用，因为我们将比较不同优化技术的效果。如果能够测量代码本身的性能(其执行时间)，那将是理想的，如果还可以测量所需的内存量的话。

BenchmarkDotNet 库正是如此，甚至更加强大。有了它，我们可测试每种方法的性能。可方便地比较它们之间的性能，例如，在各个参数方面。我们可针对各种.NET 版本、JIT 和 GC 配置等进行测试。

更重要的是，该库通过编写类似的微基准来避免我们可能犯的任何错误。它对每个测试的各个阶段都进行了周密的考虑，例如预热或冷却。测量是在许多迭代中进行的。所有测量数据均进行了统计处理。计算百分位数并检测数据的多峰分布(包括直观呈现的简化的直方图)。结论：我们得到了一个功能强大但易于使用的工具。

代码清单 3-9 展示了一个简单测试的准备工作。实际上，这取决于我们感兴趣的类和方法的属性。如前所述，我们还可以针对提供的一些附加参数进行测试(如示例基准中的 N)。

代码清单 3-9　BenchmarkDotNet 测试示例

```
[BenchmarkDotNet.Attributes.Jobs.ShortRunJob]
[MemoryDiagnoser]
public class TailCallTest
{
    [Params(5, 10, 20)]
    public int N { get; set; }
    [Benchmark]
    public long FibonacciRecursive()
```

```
    {
        return FibonacciRecursiveHelper(N);
    }
    private long FibonacciRecursiveHelper(long n)
    {
        if (n < 3)
            return 1;
        return FibonacciRecursiveHelper(n - 2) + FibonacciRecursiveHelper
        (n - 1);
    }
}
```

代码清单 3-9 所示的测试的执行就像在我们的程序中调用 BenchmarkRunner.Run<TailCallTest>()
一样简单。这个测试的结果(见图 3-33)显示了两个不同的 JIT(即时)编译器下的每个参数和每个方
法的平均执行时间，从而得到关于结果的丰富的统计数据。

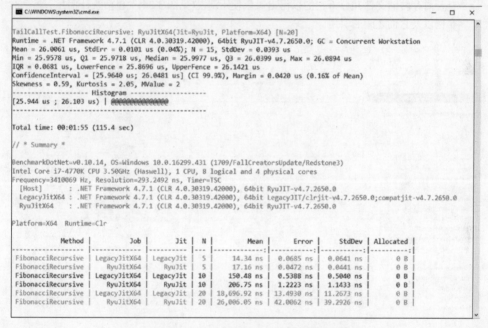

图 3-33　BenchmarkDotNet 测试示例的结果

还可以通过其他记录器、分析器、诊断程序来扩展库。有两个对我们来说特别有趣。GC 和
内存分配诊断程序(MemoryDiagnoser)分析在测试期间发生了多少垃圾回收以及进行了多少分配。
还有一个硬件计数器诊断程序(HardwareCounters)，它仅在 Windows 上可用，它可以让我们深入了
解与硬件相关的统计信息，例如 CPU 缓存未命中。

3.2.11　商业工具

到目前为止所讨论的工具都是免费的。尽管它们提供了强大的功能，但有时使用起来相当麻
烦。而另一方面，商业程序从一开始就是为一个令人愉快的用户界面而编写的。下面你将找到一

个可能使用的商业工具的简短列表。我无法向你保证该列表是完整的。从写稿到出版这段时间，许多事情都可能发生变化。我所指的工具只是我在编写本书时使用的，也是我自己多年的经验。

在使用这些工具时，你的经验里程数可能会有所不同。我鼓励你在阅读本书期间和之后尝试其中的每一种方法。你将决定哪一个最适合你。它们使用起来非常方便，尤其是在非常了解该主题的专家的手中(我希望你在阅读本书后也能成为该主题的专家)。

但是在这本书中，没有必要只专注于这些商业工具中的一个(那我应该选择哪一个呢？)。相反，我把更多的精力放在了免费的、开源的替代方案上。

1. Visual Studio

很难想象会有从未使用过 Visual Studio 的.NET 开发人员。它确实是一个强大而健壮的编程工具。除了常见的功能外，它还提供了用于监视和内存分析的选项。

- 打开内存转储文件并分析它们以得出对象使用情况(见图 3-34)，包括统计信息、单个对象实例以及它们之间的引用。

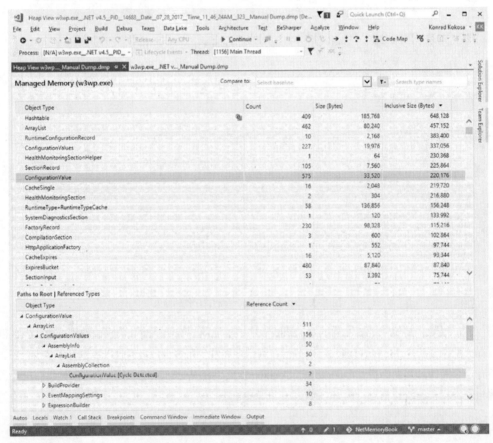

图 3-34　Visual Studio 快照视图

● 也可以进行实时的分析。我们当然对"内存使用率"(Memory Usage)工具感兴趣,但是还有 CPU 使用率(CPU Usage)和 GPU 使用率(GPU Usage)工具(见图 3-35)。通过使用这些工具,我们可以预览当前的内存消耗和 GC 的发生。在任何时候,我们也可以拍摄一张快照,以让我们能够深入了解托管对象。

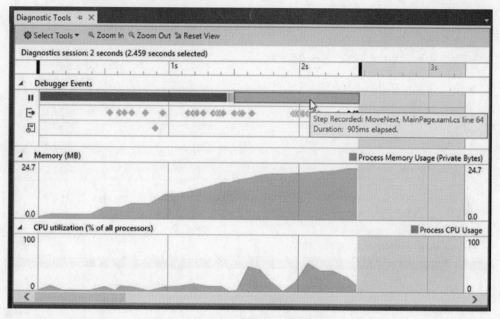

图 3-35   Visual Studio 实时视图

Visual Studio 没有像本节列出的其他商业程序那样广泛的诊断选项。然而,它的最大优点无疑是,你很大概率已经在使用该工具了。

2. Scitech .NET Memory Profiler

Scitech 的工具是用于分析.NET 的专用工具之一。它提供了非常强大的选项来查看对象的状态,包括按不同代的细分、对象的可到达性等。你可以使用它显示非常复杂的引用图。

在每个视图中,你都可以使用各种过滤器,从而大大缩小研究范围。举个例子,我们只需要单击两次,就可以找到第二代中的所有嵌入字符串(我们将在第 4 章介绍)。界面设计得很好,我们可以很容易地使用这个程序。该应用程序在许多地方都会借助图标和工具提示来提示我们可能出现的问题,例如大量重复的字符串或大量被固定的实例。同时,界面也不至于太简单,从而允许用我们选择的方法对情况进行深入分析(见图 3-36 和图 3-37)。

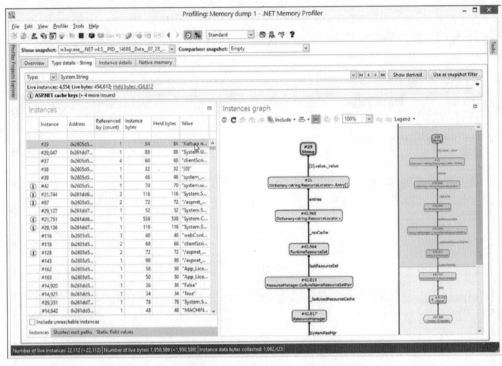

图 3-36 带有引用图的.NET Memory Profiler 快照视图

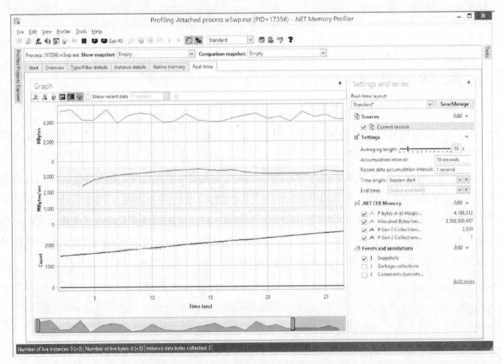

图 3-37 .NET Memory Profiler 快照实时视图

通过该程序，我们可以使用.NET Memory Profiler API 来研究内存使用情况或检测内存泄漏。免费的命令行 NmpCore 程序允许你运行诊断会话，包括在生产环境上。然后我们可以在.NET Memory Profiler 中对这些诊断会话进行分析。

3. JetBrains dotMemory

由于 ReSharper 工具，.NET 界的许多人都知道 JetBrains 公司。但是，该公司还拥有出色的 CPU(dotTrace)和内存(dotMemory)性能分析产品。当然，我们对 dotMemory 感兴趣。dotMemory 是专为实时应用程序性能分析而设计的，它还提供了内存转储分析的可能性。可以远程分析另一台计算机上的应用程序，这在非开发环境(如生产环境)中非常有用。

与.NET Memory Profiler 相比，dotMemory 的界面明显简化了(尽管这可能是一个优点)。许多可能的分析都是在界面本身中提出的，甚至在我们询问之前就给出了结果(见图 3-38 和图 3-39)。

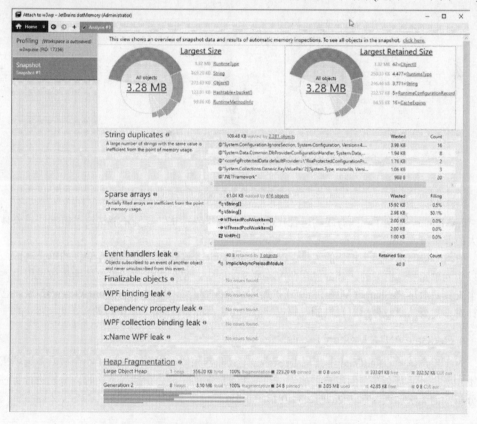

图 3-38　带有引用图的 JetBrains dotMemory 快照视图

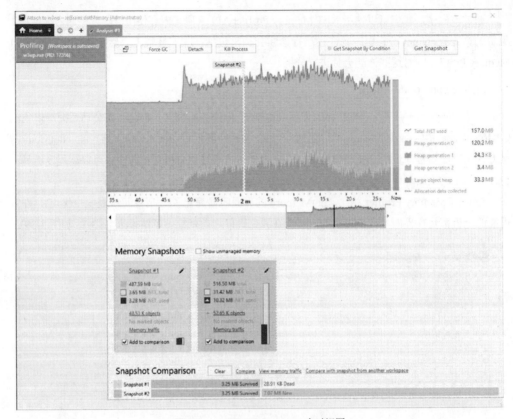

图 3-39　JetBrains dotMemory 实时视图

dotMemory 提供了一些有趣的可视化效果，包括堆碎片化。我们还能快速了解哪些对象具有最大的保留值。

值得一提的还有两个相邻的工具。dotMemory Unit 允许执行考虑到内存消耗的单元测试。它可以作为单元测试框架的一部分包含在 Visual Studio 中，也可以包含在你的持续集成过程中。第二个工具是上述 ReSharper Visual Studio 扩展的堆分配查看器(Heap Allocations Viewer)扩展。它支持针对不需要的隐藏分配对我们的代码进行静态分析(我们将在第 5 章中讨论)。

4. RedGate ANTS Memory Profiler

对于用户体验，RedGate 工具与 JetBrains 工具非常相似。它易于使用，不会被众多选项压倒而不知所措，并且会在询问用户之前尝试获得尽可能多的响应。在撰写本文时，只能进行实时代码分析，而无法加载内存转储(见图 3-40 和图 3-41)。

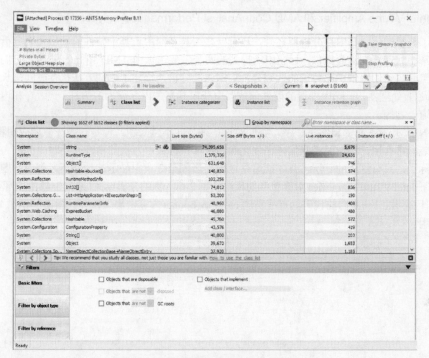

图 3-40　ANTS Memory Profiler 快照视图

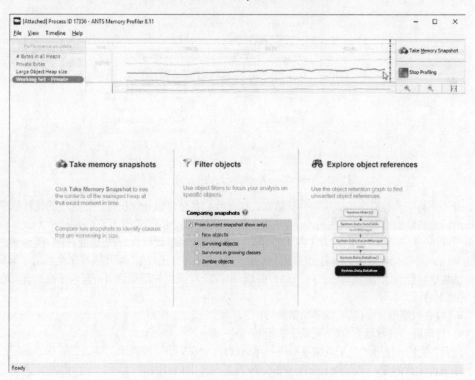

图 3-41　ANTS Memory Profiler 实时视图

5. Intel VTune Amplifier 和 AMD CodeAnalyst Performance Analyzer

除了典型的代码和内存分析器之外，还有一些工具专门用于基于硬件的底层代码分析，这些工具通常由处理器制造商提供。标题中所提到的两个主要选项由 AMD 和 Intel 提供，它们是商业的付费工具。它们提供了比传统的代码分析更深入的分析，描述了哪些方法执行时间最长。我们可以从硬件(处理器、显卡)中内置的硬件计数器中获取其有关内部行为的信息——缓存和内存利用率、管道停顿等。

在.NET 开发人员的日常工作中，我们对这些细节并不感兴趣。但是，当在微调应用程序时，它们可能非常有用，特别是当我们考虑优化热路径和执行数百万次的紧密循环时。

实际上，只有这样的底层工具才能清楚地指出诸如第 2 章中显示的伪共享之类的问题。让我们看一下 Intel VTune Amplifier 对第 2 章的代码清单 2-6 示例的分析结果(见图 3-42)。它清楚地表明出了什么问题——我们的代码具有很高的 memory bound(内存密集型)，并且指出了存在 100% 的访问争用。

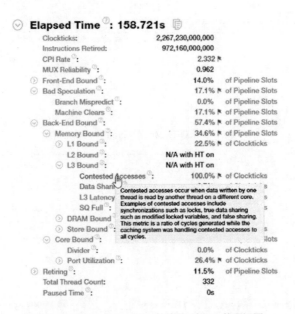

图 3-42　Intel VTune Amplifier 的结果示例——摘要视图

由于此类工具在最底层跟踪硬件计数器，因此我们甚至可以计算出每一行程序的统计信息，以找出问题的精确根源。对于代码清单 2-6 中的程序，这样的分析确实指出了 Contested Accesses(访问争用)的来源。显然，由于在.NET 应用程序下，它是作为原生代码执行的(这要感谢 JIT 编译器)，因此 VTune 将我们引向 JIT 汇编代码的具体行。在对 JIT 和 Intel 的汇编代码有了全面的了解后，就可以将这些行与.NET 代码的具体行进行匹配。例如，就我们的结果而言，有两条特别有问题的线(见图 3-43)。

- 检查数组的大小(高亮显示的第一行)；
- 访问旧的计数器数据(高亮显示的第二行)。

因此，显然，使用此类工具需要对所使用的硬件、.NET 运行时甚至汇编语言有相当底层的了解。还值得注意的是，这两种工具在 Windows 和 Linux 中都可用。

Address	Assembly	Clockticks	☆			
			Locators			
			Back-End Bound			◁
			Memory Bound			◁
			L3 Bound			◁
			Contested Accesses	Data S...	L3 L...	SQ F...
0x7ff8cff94f36	**Block 1:**					
0x7ff8cff94f36	mov rdx, 0x1ffd91f2830	840,000,000	0.0%	0.0%	0.0%	0.0%
0x7ff8cff94f40	mov rdx, qword ptr [rdx]	1,610,000,000	0.0%	0.0%	0.0%	0.0%
0x7ff8cff94f43	mov rcx, rdx	6,930,000,000	0.0%	0.0%	0.0%	0.0%
0x7ff8cff94f46	mov r8d, dword ptr [rdx+0x8]	2,345,000,000	50.0%	1.9%	34.6%	0.0%
0x7ff8cff94f4a	cmp esi, r8d	152,320,000, ...	0.0%	0.0%	0.0%	0.0%
0x7ff8cff94f4d	jnb 0x7ff8cff94f6a					
0x7ff8cff94f4f	**Block 2:**					
0x7ff8cff94f4f	mov edx, dword ptr [rdx+rax*4+0x10]	2,555,000,000	50.0%	2.9%	0.0%	0.0%
0x7ff8cff94f53	inc edx	60,585,000,0...	0.0%	0.0%	0.0%	0.0%
0x7ff8cff94f55	mov dword ptr [rcx+rax*4+0x10], edx	5,950,000,000	0.0%	0.0%	0.0%	0.0%
0x7ff8cff94f59	inc edi	4,865,000,000	0.0%	0.0%	0.0%	0.0%
0x7ff8cff94f5b	cmp edi, 0x5f5e100	1,750,000,000	0.0%	0.0%	0.0%	0.0%
0x7ff8cff94f61	jl 0x7ff8cff94f36 <Block 1>	0	0.0%	0.0%	0.0%	0.0%

图 3-43　Intel VTune Amplifier 的示例结果——汇编代码视图

6. Dynatrace 和 AppDynamics

除了众多专门用于.NET 内存管理的工具之外,还有许多用于监视应用程序性能的上层工具。它们提供了对应用程序的深入了解,特别适合于生产环境或预生产环境。因为内存管理是.NET应用程序的一个重要方面,所以支持此平台的工具还可以方便地了解应用程序的内存使用情况。

标题中所列出的这两家领先供应商所提供的应用程序性能管理(APM)工具就是这种方法的优秀例子。它们持续监视应用程序中的问题及其对最终用户的影响,甚至比仅适用于本地开发人员计算机的最复杂的工具都更有价值。它们与用户所产生的现实和真实流量完全没有冲突。

3.3　Linux 环境

理想情况下,上一节中所提到的所有内容现在都应该能在 Linux 操作系统环境中重复。然而,事实是,Linux 上的.NET 在 2018 年还仍然非常稚嫩。最初的生产部署才刚刚开始。因此,在这个平台上的开发刚刚开始。因为它是一个如此新鲜的领域,所以与 Windows 环境相比,在知识和良好实践的建立方面有着巨大的差异。在 Windows 中,我们已经看到了许多不同的工具:免费的和商业的。但在 Linux 的情况下,这类选择实际上并不引人注目。在这个领域没有标准的程序,甚至没有真正有经验的专家。我们正在向未被开发的地区前进。

3.3.1　概况

Linux 的兴起和发展有赖于开源社区无数贡献者的非凡创造。它不是一开始就由一家公司设计和实现的,就像 Windows 操作系统那样。因此在某些领域缺乏严格的标准化并不奇怪。监视和跟踪我们特别感兴趣的应用程序就是这些方面之一。在这方面有许多机制可用;其中一些正在慢慢失去人气,而另一些才刚刚开始流行。在这种情况下,Linux 中的监控基础设施变得不如 Windows环境中的同类基础设施。

目前还没有一个被广泛接受的诊断跟踪标准适用于所有发行版和系统内核。当将 CoreCLR 迁移到 Linux 环境时,必须要决定使用哪种机制。CoreCLR 文档在 https://github.com/dotnet/corecrl/blob/master/documentation/coding-guidelines/cross-platform-performance-and-eventing.md 中有很好的记录。例如,考虑了其他机制,如 SystemTap、DTrace4Linux、FTrace 和 Extended Berkeley

Packet Filter。

目前，在不同级别上使用了以下机制。

- .NET 应用程序：与 Windows 一样，我们可以使用 EventSource 库，或者显然可以使用任何其他库来直接记录文件和许多其他可能的目标；
- .NET Core 运行时：发出 LTTng(Linux Tracing Toolkit Next Generation)事件；
- 操作系统 API 和内核本身：发出 perf_events 数据。

最后，要全面了解 Linux 上的 CoreCLR 进程，应该使用以下两种机制的组合。

- perf_events：它基于硬件和软件(包括操作系统库和内核本身)提供各种数据。包括系统范围的测量，例如 CPU 采样、上下文切换、内存使用。
- LTTng：在用户模式端进行事件跟踪，但具有内核大小的模块和缓冲区。它提供强类型的事件，因此与 Windows 事件跟踪(ETW)非常相似。遗憾的是，默认情况下它不支持跟踪堆栈跟踪(需要重新编译程序以启用或禁用它们，不适用于诸如 CoreCLR 之类的通用框架)。此处使用的事件名称与 Windows 上的 ETW 事件相同。

虽然 perf_events 是系统范围的，但是 LTTng 机制可以连接到各个进程(所以要组合使用两种机制)。

请参阅表 3-3，它有助于理解 Windows 和 Linux 中跟踪机制的异同。

表 3-3 Linux 与 Windows 的跟踪机制比较

方面	Windows	Linux
静态跟踪		
内核模式	ETW Kernel Logger	perf_events, BCC
用户模式	ETW Providers Performance Counters	LTTng
定义	ETW manifest	Lttng tracepoint definition
系统范围	是	否
动态追踪	不存在	perf_events SystemTrap BCC

最明显的区别是 Windows 中缺少动态跟踪机制。通过动态跟踪，意味着你可以在应用程序运行时启用或禁用单个函数调用跟踪。

3.3.2 Perfcollect

获取跟踪数据的最简单方法是使用官方的 perfcollect bash 脚本，然后在 Windows 上使用 Perfview 分析此记录的数据。这种方法有一些缺点。主要的缺点是可在 PerfView 可用的分析结果相当有限——只有一个可用事件的原始列表。第二个缺点，就是有点累赘，需要在 Windows 上分析 Linux 的数据。

要开始监视 .NET Core 应用程序，请遵循 https://github.com/dotnet/coreclr/blob/master/Documentation/project-docs/linux-performance-tracing.md 上的 CoreCLR 官方说明。这并不复杂。你要从 http://aka.ms/perfcollect 的 CoreCLR Github 代码库中获得 perfcollect 脚本。然后，只需要执行 sudo./perfcollect install，它将在你的 Linux 机器上安装 perf_event 和 LLTng 工具。然后，启动一个跟踪会话，你需要导出两个环境变量(第一个环境变量允许生成解码映射，用于从记录的跟踪中解

码符号,将其存储在/tmp/perf-PID.map 中),如代码清单 3-10 所示。

代码清单 3-10 设置 CoreCLR 监视所需的环境变量

```
> export COMPlus_PerfMapEnabled=1
> export COMPlus_EnableEventLog=1
> sudo ./perfcollect collect sampleTrace [-pid <PID>] [-threadtime]
```

停止会话后,将生成一个包含注册数据的 ZIP 文件。那么 perfcollect 脚本做了些什么呢? 简而言之,它管理会话并准备生成的文件。

- 配置 LTTng 会话
  - ♦ 上下文由 procname、vpid(进程 ID)和 vtid(线程 ID)组成
  - ♦ 默认情况下,所有事件都来自 DotNetRuntime:*和 DotNetRuntimePrivate:*组(我们可以在脚本本身中看到详细列表和可用设置)
- 开始 LTTng 会话
- 开始性能会话并以每 1 毫秒一次(以 999 Hz 频率)进行 CPU 采样
- 准备所有必要数据结果的 ZIP 文件
  - ♦ lttngTrace 子文件夹包含所记录的 LTTng 跟踪
  - ♦ 主文件夹包含:
    - 在会话期间创建的所有 perf.map 文件
    - 借助 crossgen 工具为本机映像(AOT / NGEN)生成的所有符号文件
    - 所有性能数据和相关日志
  - ♦ debuginfo 子文件夹:包含所有其他模块的 debuginfo(符号文件)

录制会话后,我们还可以使用 perfcollect 脚本查看它(参见代码清单 3-11)。

代码清单 3-11 查看 perfcollect 数据

```
> sudo ./perfcollect view <tracefile>
> sudo ./perfcollect view <tracefile> -viewer lttng
```

第一个命令将性能数据显示为调用树,第二个命令只是所有 LTTng 事件的文本列表,没有任何解释。

当然,你也可以手动管理 LTTng 会话(perfcollect 中编写的脚本),以便更好地控制创建的会话和记录的事件(参见代码清单 3-12)。

代码清单 3-12 手动管理 LTTng 会话

```
> lltng create sample_trace
> lltng add-context --userspace --type procname // or vpid, vtid
> lltng enable-event --userspace --tracepoint DotNetRuntime:Exception*
> lltng enable-event --userspace --tracepoint DotNetRuntime:GC*
> lltng start
> lltng stop
> lltng destroy
```

同样,你也可以手动管理 perf_events 来创建 perf 会话(参见代码清单 3-13)。

代码清单 3-13 手动创建 perf 会话

```
> perf record -g -F 999 --pid=<PID> -e cpu-clock
```

这将开始一个带有调用图记录(-g 选项)、并以 999 Hz 频率(-F 999 选项,这实际上意味着每 1毫秒一次)采样的会话。

3.3.3 Trace Compass

正如 Trace Compass 工具的主页所言:" Eclipse Trace Compass 是一个开源应用程序,用于查看和分析任何类型的日志或跟踪。它的目标是提供视图、图表、测量以帮助用户从痕迹中提取有用的信息,其方式比庞大的文本转储更为用户友好和信息丰富。"

在各种支持的格式中,对我们来说最重要的是 CTF 格式(Common Trace Format,通用跟踪格式),其中事件是由 CoreCLR 使用的 LTTng 机制生成。Trace Compass 看起来像是 PerfView 和Windows Performance Analyzer 工具的混合体——它功能强大,可以让我们做很大的事情。但遗憾的是,它的学习曲线非常陡峭。大量的配置选项使你在第一次运行时不知道从哪里开始。如果你对 Linux 诊断不感兴趣,或者不想花时间阅读有关 Trace Compass 适应我们需求的详细说明,请暂时忽略本章节的其余部分。

1. 打开文件

假设你获得了一个 perfcollect 记录,请将其解压缩到某个文件夹中。我们感兴趣的 LTTng 数据位于 lttngTrace 子文件夹中,更具体而言,位于 lttngTrace\auto-20170801-103533\ust\uid\1000\64-bit 之后的路径中。要在 Trace Compass 中打开它,请选择 File | Open Trace...,然后选择元数据文件。我们将看到默认视图包括两个主视图:所有事件的列表(示例文件的 64 位书签),以及随时间变化的事件实例直方图(见图 3-44)。

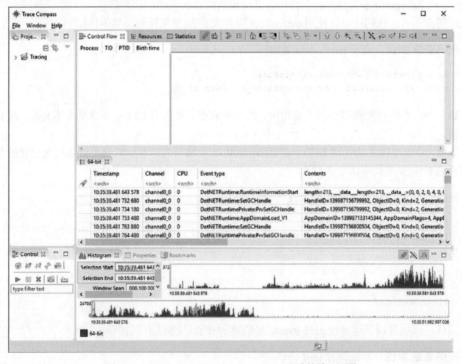

图 3-44 Eclipse Trace Compass——LTTng 跟踪的默认视图

我们可以花一点时间看一下事件选项卡，如你所见，每个事件都有相应的字段(包括通用的
context._vpid 和 context._vtid，分别生成事件的进程 ID 和线程 ID)。你可以通过操作第一行来搜索
和筛选该视图。另一方面，直方图只能帮助我们及时计算出事件的数量，从这个意义上讲，它并
不是很有帮助。我们可以像关闭其他选项卡一样关闭它：Control、 Control Flow、 Resources、
Properties 和 Bookmarks。之后，我们应该只使用 Project Explorer、Statistics 和 tracing 选项卡。但
是，这样的视图并不是特别有用，这只是复杂的定制过程的开始。

现在我们只需要打开一个文件，其中包含为本书准备的现成分析，然后我逐一解释它们的创
建方式和显示方式。为此，最好在 Project Explorer 选项卡的 Tracing | Traces 下的上下文菜单中选
择 Clear 以关闭当前跟踪。下载本书附带的 corecrl_analysis.xml 文件并将其存储在某处。然后从同
一上下文菜单中选择 Manage XML analyses... 。在出现的窗口中，选择 Import，然后指向你刚刚
下载的文件。然后再次打开同一跟踪。在 Tracing | Traces | 64-bit | Views 下，应该可以看到三个新
视图(见图 3-45)。

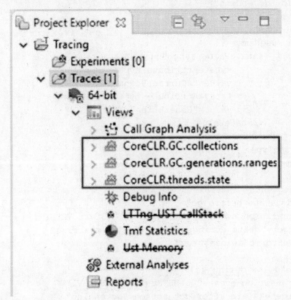

图 3-45   Eclipse Trace Compass——LTTng Trace 的三个新自定义视图

通过展开任何新的自定义视图，你将看到其他可能的视图。你可以双击任何一个将其添加到
主视图中。

所有这些视图都基于 Trace Compass 的数据驱动分析功能 http://archive.eclipse.org/
tracecompass/doc/stable/org.eclipse.tracecompass.doc.user/Data-driven-analysis.html#Data_driven_analysis。
它允许我们通过提供专用的 XML 文件以各种方式指定事件序列的解释。

2. CoreCLR.GC.collections

让我们从最简单的自定义视图开始。它基于一个简单的模式，匹配垃圾回收开始和结束事件。
每一对这样的开始和结束事件都会在 Trace Compass 中生成一个“段”，它可以简单地理解为具有

名称和可能属性的时间间隔。在 Trace Compass 中进行的此类分析是使用有限状态机(FSM)进行的，它描述了我们感兴趣的转变(对后续事件的反应)和相关的动作。代码清单 3-14 展示了一个这种分析的简短结构(为了简单起见，我删除了与同一 GC 的开始和结束相匹配的部分)。

代码清单 3-14 Trace Compass 的 CoreCLR.GC.collections 自定义分析的片段

```xml
<pattern version="0" id="CoreCLR.GC.state">
    ...
    <patternHandler initial="gcsegments">
        <action id="gc_starting">
            <stateChange>
                <stateAttribute type="constant"
                value="#CurrentScenario" />
                <stateAttribute type="constant" value="Generation" />
                <stateValue type="eventField" value="Depth"/>
            </stateChange>
        </action>
        <action id="gc_ending">
            <segment>
                <segType>
                    <segName>
                        <stateValue type="query">
                            <stateAttribute type="constant"
                            value="#CurrentScenario" />
                            <stateAttribute type="constant"
                            value="Generation" />
                        </stateValue>
                    </segName>
                </segType>
            </segment>
        </action>
        <fsm id="gcsegments" initial="state_before_gc">
            <state id="state_before_gc">
                <transition event="DotNETRuntime:GCStart_V2"
                target="state_during_gc" action="gc_starting"
                saveStoredFields="true" />
            </state>
            <state id="state_during_gc">
                <transition event="DotNETRuntime:GCEnd_V1"
                target="state_after_gc" action="gc_ending"
                cond="count_condition" saveStoredFields="true"
                clearStoredFields="true" />
            </state>
            <final id="state_after_gc" />
        </fsm>
    </patternHandler>
</pattern>
```

每个段(segment)的名称对应于生成 GC 的代(以上描述中的 segName 部分)。因此，此分析生成的视图包括每一代的所有垃圾回收及其统计信息的列表(见图 3-46 和图 3-47)，段持续时间称为 Latency。

这意味着在我们的样本跟踪中，在 2 代中有 6 个 GC，它们平均花费了将近 10 毫秒。Type

和 Reason 是来自 GCStart_V2 event 的其他记录字段(尚未记录，但这些字段也存在于 GCStart_V1 事件中(有关详细信息请参阅 https://docs.microsoft.com/en-us/dotnet/framework/performance/garbage-collection-etw-events#gcstartv1-event)。

Level	Minimum	Maximum	Average	Standard Deviation	Count	Total
∨ Total	60,201 µs	21,289 ms	4,639 ms	4,806 ms	40	185,561 ms
0	496,612 µs	10,101 ms	2,918 ms	2,728 ms	28	81,712 ms
1	3,418 ms	11,011 ms	7,639 ms	3,428 ms	6	45,834 ms
2	60,201 µs	21,289 ms	9,669 ms	8,392 ms	6	58,015 ms

图 3-46　Eclipse Trace Compass——记录的跟踪期间所有 GC 的统计信息，Level 列表示 GC 的代

Start Time	End Time	Duration	Name	Content
10:35:40.120 103 098	10:35:40.123 171 168	3 068 070	0	Type= 0, Reason= 0
10:35:40.232 678 765	10:35:40.241 342 762	8 663 997	1	Type= 0, Reason= 0
10:35:40.343 713 296	10:35:40.349 695 932	5 982 636	0	Type= 0, Reason= 0
10:35:40.680 964 283	10:35:40.688 450 054	7 485 771	0	Type= 0, Reason= 0
10:35:40.821 197 380	10:35:40.834 291 678	13 094 298	2	Type= 0, Reason= 0
10:35:40.919 630 424	10:35:40.921 618 469	1 988 045	0	Type= 0, Reason= 0
10:35:41.067 927 596	10:35:41.069 829 839	1 902 243	0	Type= 0, Reason= 0
10:35:41.985 780 706	10:35:41.990 064 403	4 283 697	0	Type= 0, Reason= 0
10:35:42.121 457 668	10:35:42.132 468 816	11 011 148	1	Type= 0, Reason= 0
10:35:42.273 567 798	10:35:42.283 668 626	10 100 828	0	Type= 0, Reason= 0
10:35:42.729 402 778	10:35:42.739 048 095	9 645 317	0	Type= 0, Reason= 0
10:35:42.862 408 377	10:35:42.883 697 457	21 289 080	2	Type= 0, Reason= 0
10:35:42 962 751 540	10:35:42 963 678 061	926 521	0	Type= 0, Reason= 0

图 3-47　Eclipse Trace Compass——记录的跟踪过程中的所有 GC 的列表，包括其他参数，例如 Type 和 Reason

3. CoreCLR.threads.state

这是迄今为止我做过的最复杂的自定义视图。它利用另一个强大的 Trace Compass 功能来创建基于 XML 的数据驱动分析的甘特图。你可以在 CoreCLR.threads.state 视图下双击 CoreCLR.threads.state.view 来打开它。为了展示底层 FSM 的概述，代码清单 3-15 给出了其定义的开头。

代码清单 3-15　Trace Compass 的 CoreCLR.threads.state 自定义分析的片段

```
<patternHandler initial="thread">
    <test id="thread_condition">
        <if>
```

```
                <condition>
                    <stateValue type="eventField" value="context._vtid"/>
                    <stateValue type="query">
                        <stateAttribute type="constant"
                        value="#CurrentScenario" />
                        <stateAttribute type="constant" value="ThreadId" />
                    </stateValue>
                </condition>
            </if>
    </test>
    ...
    <action id="on_thread_restarting_begin">
        <stateChange>
            <stateAttribute type="constant" value="#CurrentScenario" />
            <stateAttribute type="constant" value="Status" />
            <stateValue type="int" value="11"/>
        </stateChange>
    </action>
    ...
    <fsm id="thread" initial="state_before_thread" consuming="false">
        <state id="state_before_thread">
            <transition event="DotNETRuntime:ThreadCreated"
            target="state_normal_thread" action="on_thread_starting" />
        </state>
        <state id="state_normal_thread">
            <transition event="DotNETRuntime:ThreadTerminated"
            target="state_dead_thread" action="on_thread_ending"
            cond="thread_condition" />
            <transition event="DotNETRuntime:GCSuspendEEBegin_V1"
            target="state_suspending_thread" action="on_thread_suspending_
            begin" />
            <transition event="DotNETRuntimePrivate:BGCBegin"
            target="state_during_bgc_nonconcurrent" action="on_bgc_
            starting_nonconcurrent" cond="thread_condition" />
        </state>
        <state id="state_during_gc">
            <transition event="DotNETRuntime:GCEnd_V1" target="state_normal_
            thread" action="on_gc_ending" cond="gc_thread_condition" />
            <transition event="DotNETRuntimePrivate:BGCBegin"
            target="state_during_gc" action="on_bgc_starting_global" />
        </state>
        ...
</patternHandler>
```

这种相当复杂的状态机会响应单个 CoreCLR(主要是与 GC 相关的)事件，从而更改一种称为
scenario 的状态。在这种情况下，由于 thread_condition 条件，scenario 对应于单个线程。换言之，
该事件通常会更改一个选定的、被分配给给定的 scenario 的线程的状态。对于某些会影响所有当
前托管线程的事件，例如 GCSuspendEEBegin_V1，情况并非如此。与这些事件(反应)相关联的动
作主要改变给定 scenario 的 Status 字段，这只是一个数值。然后由代码清单 3-16 所示的
timeGraphView 组件来解析。

代码清单 3-16 显示 CoreCLR.threads.state 分析结果的 timeGraphView 的定义

```
<timeGraphView id="CoreCLR.threads.state.view">
    <head>
        <analysis id="CoreCLR.threads.state" />
        <label value="CoreCLR.threads.state.view" />
    </head>

    <definedValue name="USER THREAD" value="0" color="#CCCCCC"/>
    <definedValue name="GC THREAD" value="1" color="#D6F0FF"/>
    <definedValue name="FINALIZER THREAD" value="2" color="#118811"/>
    <definedValue name="THREADPOOL THREAD" value="4" color="#A0A0A0"/>
    <definedValue name="GCWORK" value="8" color="#0000FF"/>
    <definedValue name="SUSPENDING" value="9" color="#8C5656"/>
    <definedValue name="RESTARTING" value="11" color="#758C56"/>
    <definedValue name="GCPREPARE" value="12" color="#A38A8A"/>
    <definedValue name="BGCWORK NONCONCURRENT" value="16"
    color="#00A4FC"/>
    <definedValue name="BGCWORK CONCURRENT" value="17"
    color="#000099"/>

    <entry path="scenarios/*">
        <display type="self" />
        <name type="self" />
        <entry path="*">
            <display type="constant" value="Status" />
            <name type="constant" value="ThreadId" />
        </entry>
    </entry>
</timeGraphView>
```

该组件将每个 scenario 可视化为一个单独的行,这为每个线程提供了一个单独的行,根据线程的当前状态着色,并根据 ThreadID 命名。这样可以很好地查看应用程序状态(见图 3-48)。特别是,放大后,它向我们展示了单个 GC 运行的详细信息(见图 3-49)。

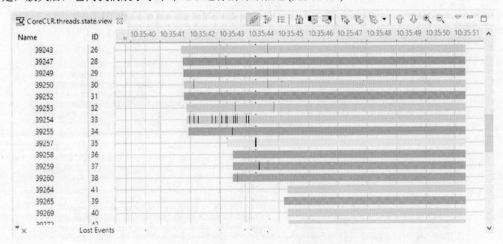

图 3-48　Eclipse Trace Compass——线程整体视图

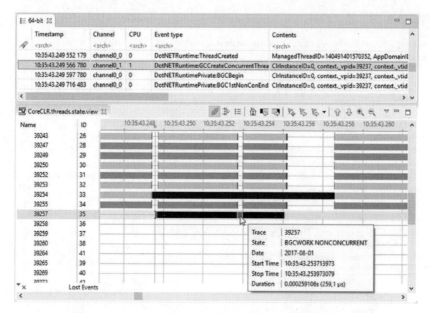

图 3-49　Eclipse Trace Compass——单个后台 GC，创建并发 GC 线程

在以上示例中，我们看到了一个后台的、非并发的、第 2 代垃圾回收的详细信息(关于后台和非并发将在第 11 章中详细说明)。

4. CoreCLR.GC.generations.ranges

最后一个选项是根据事件提供的数据创建 XY 图(有关详细信息请参见 http://archive.eclipse.org/tracecompass/doc/stable/org.eclipse.tracecompass.doc.user/Data-driven-analysis.html#Defining_an_XML_XY_chart)。当然，可视化各种可测量的度量标准(如代的大小等)尤其诱人。这里有一个特别有用的事件—— GCGenerationRange，它在每次 GC 运行结束时为每一代生成(见图 3-50)。

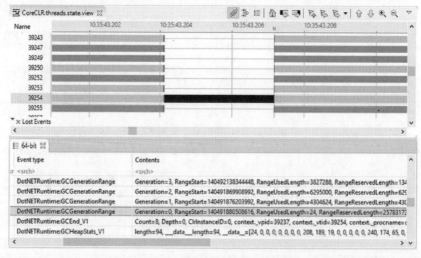

图 3-50　Eclipse Trace Compass——在 GC 运行结束时发出的 DotNETRuntime:GCGenerationRange 事件

我们可以使用它的 Generation、RangeUsedLength 和 RangeReservedLength 字段来可视化代的大小。这样的分析基于更简单的机制，不需要创建单独的 FSM。只是事件处理程序对特定事件做出反应(参见代码清单 3-17)。

代码清单 3-17 CoreCLR.GC.generations.ranges 定义的自定义分析，用于 Trace Compass 及其对应的视图

```
<stateProvider version="0" id="CoreCLR.GC.statistics">
    <head>
        <traceType id="org.eclipse.linuxtools.lttng2.ust.tracetype" />
        <label value="CoreCLR.GC.generations.ranges" />
    </head>
    <eventHandler eventName="DotNETRuntime:GCGenerationRange">
        <stateChange>
            <stateAttribute type="constant" value="Generations" />
            <stateAttribute type="eventField" value="Generation" />
            <stateValue type="eventField" value="RangeUsedLength"
            forcedType="long"/>
        </stateChange>
    </eventHandler>
</stateProvider>

<xyView id="CoreCLR.GC.statistics.view">
    <head>
        <analysis id="CoreCLR.GC.statistics" />
        <label value="CoreCLR.GC.statistics.view" />
    </head>

    <entry path="Generations/*">
        <display type="self" />
    </entry>
</xyView>
```

我们得到了代大小随时间变化的图形可视化，这对于分析非常有用(见图 3-51)。

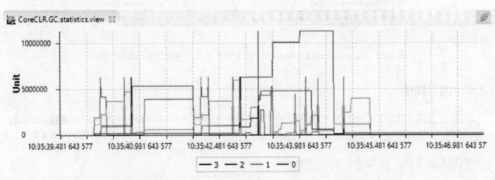

图 3-51　Eclipse Trace Compass——实时的代大小的 XY 可视化

注意：还有另一个非常有趣的事件 DotNETRuntime:GCHeapStats_V1，但遗憾的是，当前其有效载荷被解释为字节数组，因此无法使用它。

5. 最终结果

所有这些都使我们能够自定义 Trace Compass，以便对收集到的跟踪进行相当方便的分析(见图 3-52)。当然，还有很多工作要做，但是这样的分析将得出一些初步结论：GC 运行的频率和原因以及内存消耗随时间的变化。查看事件列表可以让你对细节有所了解。

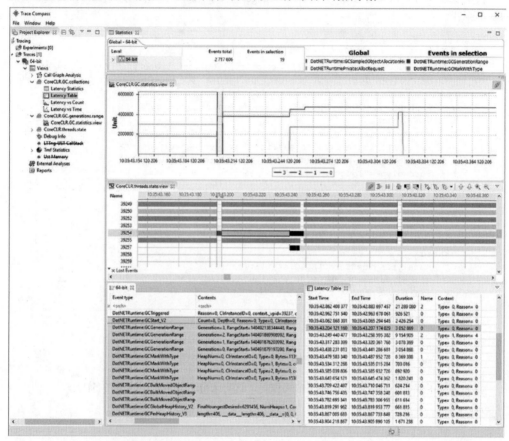

图 3-52　Eclipse Trace Compass——包含所有自定义视图的 CoreCLR 分析

3.3.4　内存转储

从概念上讲，.NET Core 应用程序内存转储与在 Linux 上运行的任何其他程序都是一样的。要进行转储，请执行命令 gcore，这是 gdb(GNU Project Debugger)工具之一，参见代码清单 3-18。

代码清单 3-18　获取进程的内存转储

```
$ gcore <PID>
```

就像在 Windows 上使用已经介绍过的 Procdump 一样。

关于转储分析，当前它主要基于使用 SOS 调试扩展——前面已经提到它是.NET Core 运行时本身随附的一个非常强大的扩展。要继续进行转储分析，必须使用 lldb 调试器打开转储文件，加载 SOS 插件，此外，借助 setclrpath 命令，告诉调试器 CoreCLR 运行时的位置(参见代码清单 3-19)。

代码清单 3-19　将内存转储和适当的配置加载到 lldb 中

```
> lldb --core ./path.to.coreListing 3-20.
(lldb) plugin load /usr/share/dotnet/shared/Microsoft.NETCore.App/2.0.0/
libsosplugin.soListing 3-21.
(lldb) setclrpath /usr/share/dotnet/shared/Microsoft.NETCore.App/2.0.0
```

从现在开始，我们应该能够像在 WinDbg 中一样使用任何 SOS 命令。

注意： lldb 基于 llvm，可以看成一个完全与 gdb 无关的全新调试环境。

3.4　本章小结

本章内容非常丰富，回顾了在.NET 内存管理分析环境中有用的各种工具，无论是从诊断方面还是从监视方面。不可避免的是，这只能是一个简短的回顾，没能深入到每一个服务工具的细节。尽管如此，本章已经发展到相当大的规模。在 Windows 操作系统上运行的工具很多，而 Linux 上运行的工具则少得多。大多数情况下，这些都不是简单的程序，它们的手册可以是一个单独的、专门的书籍的主题。我强烈建议你在日常工作中使用这些工具，并将本章中所包含的清单作为进一步探索的起点。下载并尝试它们。当然，你会更喜欢其中的某些工具(而不是全部)。

作为一点小小的帮助，可以在表 3-4 和表 3-5 中找到到目前为止提到的工具的简要概述。

表 3-4　Windows 的.NET 相关工具的概述

工具	目的	优缺点(+表示优点，-表示缺点)
性能监视器	性能计数查看器。 记录并可视化性能计数器数据	+容易使用 +开销低 -有时可能会引起误读
Windows 性能工具包	记录并直观地分析 ETW 数据。 主要关注 Windows /驱动程序分析	+非常强大 +可能开销很低 -陡峭的学习曲线
Perfview	在许多预定义视图的帮助下记录和分析 ETW 数据。 主要侧重于.NET 相关分析	+对于.NET 非常强大 +可能开销很低 -陡峭的学习曲线
ProcDump, DebugDiag	获取进程的内存转储。临时的或基于各种指标的	+容易使用
WinDbg	调试托管代码和原生代码。借助强大的扩展，可以提供广泛的分析可能性	+能对进程有非常底层的洞察 -非常陡峭的学习曲线 -对于许多日常用途来说，可能太底层了
dnSpy	即使没有源代码，也可以编辑和调试.NET 程序集	
BenchmarkDotNet	基准库使我们可以就执行时间和资源利用率对.NET 代码进行基准测试	

(续表)

工具	目的	优缺点(+表示优点，-表示缺点)
Visual Studio (商业工具)	知名的通用 IDE。包括调试、概要分析和内存转储分析功能	+.NET 开发人员所熟知的 - 与其他专用的商业工具相比，性能分析和转储分析略有限制
Scitech .NET Memory Profiler (商业工具)	.NET 内存分析专用工具	+易用的用户界面 +许多预定义的分析 -付费工具
JetBrains DotMemory(商业工具)		
RedGate ANTS Memory Profiler(商业工具)		
Intel VTune Amplifier 和 AMD CodeAnalyst Performance Analyzer	对原生代码和托管代码在硬件级的分析，包括对缓存利用率、CPU 管道利用率等的深入了解	+能对硬件性能深入了解 -对于许多传统场景可能太详细了 -至少需要一些基本的硬件知识
Dynatrace & Appdynamics (商业工具)	持续监视工具，包括收集与.NET 相关的数据(取决于工具)	+能对正在运行的应用程序深入了解 -付费工具

表 3-5　Linux 的.NET 相关工具的概述

工具	目的	优缺点(+表示优点，-表示缺点)
Perfcollect	用于收集和简单查看 LLTng 和 perf 数据的脚本	+帮助配置 LLTng 和 perf 会话 -非常有限的分析
Trace Compass	记录并直观地分析 LLTng 数据。创建用于通用的分析，也可以针对.NET 相关事件进行调整	+相当强大的可视化效果 +需要大量定制 -陡峭的学习曲线
lldb	通过 SOS 扩展具有托管代码调试功能的原生调试器	+能对进程有非常底层的洞察 -非常陡峭的学习曲线
Intel VTune Amplifier 和 AMD CodeAnalyst Performance Analyze	参阅前面 Windows 部分的对应说明	

　　本章介绍的一些工具将在本书的后面部分使用，以向你展示所讨论的主题。这就是为什么在我们可以实际使用它们之前就将它们展示出来的原因。以后我们将有机会在不同的情况下练习。由于我们还没有介绍在.NET 中任何有关 GC 的详细信息，因此在本章中解决特定的诊断问题还为时过早。以后还会有一些在本章未提及的其他小工具。如果在本章都要全部提及，那就太宽泛了。

　　你刚刚阅读的前三章是对内存管理的一般介绍。在第 1 章中，我们学习了关于该主题的许多理论概念。在第 2 章中，我们学习了它的硬件和系统细节。现在，我们将在第 3 章中结束有关可用工具的广泛介绍。接下来将进入正题，描述.NET 本身、其内部结构和常见的最佳实践。欢迎阅读！

规则 5 – 尽早测量 GC

理由：从应用程序存在之初就对不同指标的持续监控可以回答"我们是否存在内存问题？"。此外，我们还可以观察到一些将能揭示出我们进程性能下降的趋势。当然，这一原则十分通用，而不仅仅适用于 GC 环境。类似地，我们应该测量总体性能(例如响应时间)或同步问题(例如上下文切换次数)。

如何应用：尽早养成从最初在非生产环境中部署一直到持续监控生产环境测量 GC 参数的习惯非常重要。因为它更多的是概念性的而不是实际的建议，所以如何使用它的答案可能非常宽泛。毫无疑问，目标最好应该是自动连续监视应用程序的内存使用情况和 GC 操作的过程。本书中列出的其他规则应该是创建此过程的起点。多亏了它们，我们才能知道要测量什么以及如何解释结果。这个过程在很大程度上取决于我们所使用的工具。对于 Windows，大多数情况下，将基于相关性能计数器(第 3.2 节)或循环 ETW 事件分析(第 3.3 节)的读数进行测量。对于 Linux，将自动分析 perf_events 和 LTTng 数据。此类自动检查可以集成到我们的持续集成和交付流程中，例如在每次构建新产品发布之后。最起码的方法应该是手动监视每次生产部署后选择的测量，并将它们与以前版本的行为进行比较。我们应该测量什么？你的经验里程可能不同。这完全取决于我们监控过程的重要性。但是，我无法想象一个经过深思熟虑的系统不会测量我们应用程序的以下特性。

- 我们的进程中有多少内存，并且不会随着时间的增长而失去控制；
- 调用垃圾回收器的频率和时间，以及整个过程是否有明显的开销。

第 4 章

.NET 基础知识

虽然本书才进行到第 4 章，但我们已经介绍了较多内存管理各个方面的知识。对这些通用知识的介绍，可以让你对内存管理的理论基础有更多了解。虽然本书面向的是.NET 领域，但前面几章的知识并非仅仅针对.NET。但是从本章开始，直到本书的最后一章，我们将紧扣书名，真正地专注于.NET 领域。本章将介绍一些.NET 的背景知识，并开始就.NET 内存管理主题展开讲述。虽然并非必须，但我强烈建议继续阅读本章之前先阅读前面三章，以完善所需的基础知识。从现在开始，随着我们逐渐在.NET 领域不断深入下去，我会假设你对 x86/x64 汇编语言的基础知识已经有一定的了解。如果并非如此，那么建议你阅读 Daniel Kusswurm 撰写的 *Modern X86 Assembly Language Programming*(Apress, 2014)，获取必要的汇编语言知识。

如果把.NET Framework 比作一个人，那么他现在应该正在上初中，并将在几年后开始准备大学入学考试。换言之，它是一个已经面世并被使用了 15 年的产品。在此期间，它丰富的周边生态和其运行时环境本身，都发生了很大的变化。所有.NET 开发人员都必须熟悉.NET 标准库以及作为.NET 主流编程语言的 C#的语法(.NET 开发人员也可以使用其他编程语言，包括使用者日益减少的 VB.NET 和流行度不断提高的 F#)。标准库和 C#是我们每天都要使用的"常规武器"。但是，随着年龄的增长，或者也可以说随着经验的增长，我们通常会觉得对这些"常规武器"再多了解一些，是非常值得的。让我们开始对它们的了解之旅吧！

请注意，本书仅专注于内存管理，对此外的其他主题不会涉猎太多。因此，本书不会详细描述诸如 C#语言特性、多线程编程等内容。已经有很多其他优秀书籍和在线资料专门讲述它们。

4.1 .NET 版本

.NET 环境并不像乍看上去那么简单。说到.NET，首先想到的必定是.NET Framework，它的版本从 1.0 开始，历经 2.0、3.5、4.0，直到当前版本 4.7.2。但是当我们说到.NET 环境时，它其实包含了非常丰富的不同版本与实现。.NET 环境如此丰富的一大保障是它的标准化。从.NET 诞生最开始，它的整个概念都基于名为 Common Language Infrastructure(CLI)的规范。这个基础技术标准(于 2003 年标准化为 ECMA 335 和 ISO/IEC 23271)描述了"代码和运行时"环境的概念，并确保可以在无须重新编译的情况下，在不同计算机上使用它。我将在本章频繁提及 CLI 规范，毕竟它是最权威的信息来源。

我要努力克制住自己，才能消除把 CLI 所有组件(包括实现 CLI 的各个运行时以及它们之间的差异)讲一遍的冲动。我们还是将主要的关注点聚焦到与内存管理有关的主题上来。现在，让我们从内存管理和垃圾回收的角度，列出不同的.NET 实现。

- .NET Framework 1.0 – 4.7.2：.NET Framework 诞生于 2002 年，是我们所有人最熟悉的一个成熟商业产品。它已经存在多年，每个版本都会对垃圾回收器的核心进行开发和改进。

多年以来，垃圾回收器都是一个黑盒，只有发布.NET 新版本时，才会对它或多或少地描述一二。由于.NET Framework 的商业版运行时代码是闭源的，因此它的垃圾回收机制的具体运行原理，只能通过微软自己发布的消息进行了解。这些信息非常详细，足够我们了解和诊断应用程序中的内存问题。但开发人员对它的开放程度仍然不太满意，尤其是和其他开源产品(比如 Java)进行比较的时候。

- Shared Source CLI(也称之为 Rotor)：基于教育和学术的目的，微软于 2002 年(版本 1.0)和 2006 年(版本 2.0)发布的运行时实现。它的目标不是用来运行生产环境的代码，而是让更多人有途径了解 CLR 的众多实现细节。David Stutz、Ted Neward 和 Geoff Shilling 甚至写了一本很棒的书，*Shared Source CLI Essentials* (O'Reilly Media, 2003)，对它进行详细介绍。然而从一开始，它就没有完整地实现.NET Framework 2.0 的全部功能。其次，尤为可惜的是，它在某些部分和 CLR 完全不同，尤其是在内存管理领域。它只实现了一个大大简化了的垃圾回收器。

- .NET Compact Framework：.NET 的"移动"版本，从 Windows CE/Mobile 到 Xbox 360 都使用了它。它的垃圾回收器与主版本差别很大，且已被大大简化，比如，它没有分代的概念。它已经是一个存在于历史中的版本，我们不再需要对它有任何关注。但是在开发这个版本的过程中，由于运行 Windows CE 的设备会使用各种不同的处理器，因此有许多跨平台方面的经验教训被吸收进 CoreCLR。CoreCLR 的跨平台支持起源于此。

- Silverlight：它是一个 Web 浏览器插件，可以运行与普通 Windows 程序相似的 Web 程序。自从微软在.NET 2.0 时代开始开发 Silverlight 以来，它始终基于 2.0 的运行时版本而构建。如果你仍然在使用它，许多适用于当前.NET 的信息也同样适用于它，只不过是基于比较旧的.NET 2.0 版本。Silverlight 运行时被移植到 OSX 平台，这也为现在 CoreCLR(.NET Core) 运行时对 OSX 的支持提供了部分基础代码。

- .NET Core(运行时是 CoreCLR)：.NET 的开源版本，其面貌已经过了许多变化。现在，它已经成为一个足够成熟、可以用于生产环境的平台，并可以让开发人员对它进行深入的研究。更重要的是，它的垃圾回收器代码来自于.NET Framework。.NET Core 似乎已经开始慢慢取代.NET Framework 的功能，对前者进行的改进会相继"合并"回后者。.NET Core 也是官方支持的跨平台解决方案，它可以运行在 Windows、Linux 和 macOS 平台之上。

- Windows Phone 7.x、Windows Phone 8.x 和 Windows 10 移动版：这个系统早期版本(7.x) 的内存管理来自于.NET Compact Framework 3.7 中较为简单的组件。Windows Phone 8.x 对内部.NET 运行时进行了重大改进，改为基于成熟的.NET Framework 4.5 构建，并继承了后者的垃圾回收器。

- .NET Native：一项将 CLI 代码直接编译成机器码的技术。它基于称之为 CoreRT(之前称之为 MRT)的轻量级运行时。它的垃圾回收器来自于.NET Core。

- .NET Micro Framework：一个用于小型设备的开源独立版本。基于此版本的最受欢迎应用程序是.NET Gadgeeter，它包含一个自有的简化版垃圾回收器。由于这个版本较为特殊，仅用于特殊场景，因此本书不会涉及其内容。

- WinRT：一组将操作系统功能暴露给 Metro 程序开发人员的 API，支持 JavaScript、C++、C#和 VB.NET 语言，目标是取代 Win32。它使用 C++写成，实际上根本不是一个.NET 的实现。但它是面向对象的，而且基于.NET 元数据格式，所以使用起来就像是一个普通.NET 库(尤其当我们在.NET 中使用 WinRT 时)。

- Mono：一个完全独立、跨平台的 CLI 实现，内置了自己的内存管理组件。了解 Mono 对学习.NET 没有什么帮助，但是有两个非常流行的解决方案是基于 Mono 构建的：一个是编写移动应用程序的 Xamarin 框架，另一个是流行的游戏引擎 Unity3D。由于这些项目拥有很高的流行度，因此我们有时会通过对比 Mono 和其他实现，以对 Xamarin 和 Unity 有所了解。

通过上面的列表，可以得到这样一个结论：当前被开发人员广泛使用的主流.NET 平台、.NET Framework、.NET Core、.NET Native 等，它们的内存管理机制都非常类似(或者可以说几乎一模一样)。

本书将基于.NET Core 2.1 的源代码完整讲述.NET 垃圾回收器的内部机制。正如我们提到过的，.NET Framework 的主要变体和其他移动变体之间，垃圾回收器的实现有很大一部分相互重合。因此，基于.NET Core 源代码讲解垃圾回收器，在实用性和全面性方面有其优势。当本书的后面章节展示.NET 源代码示例时，除非另有说明，否则默认都是指.NET Core 2.1 源代码。我同时还参考了与运行时同步编写的"Book of the runtime"开源文档，它的位置位于 https://github.com/dotnet/coreclr/blob/master/Documentation/botr/README.md。这份文档包含了许多与运行时实现有关的有价值的信息。

我们需要学习一些.NET 内部原理，才能完整了解内存管理主题。虽然我们即将对内部原理展开讲述，但是并非所有内容都面面俱到。已经有许多其他有价值的资源可供参考，其中包括 Jeffrey Richter 撰写的著名的 *CLR via C#*(Microsoft Press, 2012)、Sasha Goldshtein 撰写的 *Pro .NET Performance*(Apress, 2012)和 Ben Watson 撰写的 *Writing High-Performance .NET Code*(Ben Watson, 2014)。

4.2　.NET 内部原理

使用 C 或 C++编写一个程序时，编译器把代码编译成一个可执行文件。它可以在目标机器上直接运行，因为除了与操作系统进行交互的库之外，它包含了处理器可以直接执行的二进制代码。

与之相对的，为了让我们编写的一个.NET 程序运行起来，.NET 运行时环境需要承担许多重要的职责。与使用 C 或 C++编写的程序不同，当使用 C#、F#或与.NET 兼容的任何其他语言时，代码被编译成 CIL(Common Intermediate Language，通用中间语言)，然后由 Command Language Runtime(CLR)执行它们。CLR 是托管环境的执行核心。在 CLR 之上，是更通用意义上的包括了所有的标准库和工具的整个.NET 框架(所以会有各种不同的.NET 框架版本，它们可能使用，也可能不使用相同的运行时)。CLR 的主要职责包括如下。

- JIT 编译器：它的功能是把 CIL 代码转换成机器码。这种执行托管代码的方式其实是对原生系统机制的巧妙封装，就像内存管理包含了线程堆栈和堆一样。
- 类型系统：负责管理类型控制和兼容性机制。它包括 Common Type System(CTS)和(用于反射机制的)元数据。
- 异常处理：负责在用户程序和运行时两个层次上进行异常处理。这里还同时使用了内建在 Windows SHE(Structured Exceptions Handling)中的原生机制和 C++异常。
- 内存管理(通常指垃圾回收器)：运行时中管理内存的组件，运行时自身和我们的程序都使用它。它的主要职责之一显然就是自动释放不再需要的对象。

- 执行引擎: 负责大部分运行时的职责, 包括上面提到的 JIT 编译和异常处理。它在 ECMA-335 中被称为虚拟执行系统(Virtual Execution System, VES), 并被描述为"负责加载和运行为 CLI 编写的程序。它提供执行托管代码所需的服务, 并通过元数据, 提供在执行阶段将单独生成的模块连接在一起的数据。"
- 垃圾回收器: 负责内存管理、对象分配, 以及回收不再使用的内存区域。ECMA-335 将其描述为"管理托管数据的分配和释放的过程。"

上面列出的所有这些部件, 就像是一台结构复杂的机器里面大大小小的零件一样, 把其中任何一个零件拿掉, 整台机器都不能正常运转。内存管理也是如此。我们在讨论内存管理机制的时候要认识到, 其他组件也与之紧密相关。例如, 垃圾回收器需要使用 JIT 编译器生成的变量生存期信息。类型系统提供的信息, 比如一个类型是否定义了终结器(finalizer), 会影响垃圾回收器的很多关键决策。编写异常处理代码时需要考虑内存回收机制的影响, 比如, 每当垃圾回收介入时, 异常处理代码会暂停执行。CLR 内部各种组件的许多类似功能都非常有趣, 我们对它们不可掉以轻心。

在.NET 领域, 我们可能经常能听到"托管代码"这个词。它确切的含义是, 当运行时执行这些代码时, 需要同时提供各种如上所述的配套功能, 才能让代码正常运行起来。正如 ECMA-335 标准所述:

托管代码: 包含足够额外信息的代码, 这些信息用于使 CLI 为代码执行提供一组核心服务。例如, 给出代码中一个方法的地址, CLI 必须能够定位到描述该方法的元数据。它还必须能够遍历 stack、处理异常、存储和获取安全信息。

总而言之, 让我们看看执行应用程序的.NET 运行时的鸟瞰图(如图 4-1 所示)。

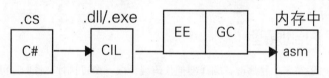

图 4-1 文本文件格式的源代码被编译成二进制格式的通用中间语言。然后在一台安装了.NET 运行时的计算机上由运行时执行。它包含两个主要的单元: 执行引擎(EE)和垃圾回收器(GC)。EE 从二进制文件中取出 CIL, 然后在内存中将其转换为机器码

我们可以将整个流程描述成如下步骤。

- 使用选择的编辑器(Visual Studio、Visual Studio Code 或其他编辑器)编写代码。这样, 我们会得到一个包含一组源代码文件的项目。简单来说, 那些文件就是使用 C#、VB.NET、F#或其他任何支持的语言所编写的程序源代码文本文件。
- 使用合适的编译器编译项目。编译器可能是 Visual Studio 内置的编译器(适用于.NET Framework 项目)或是.NET Core 编译器。这样, 我们就得到了一组描述通用中间语言指令的二进制代码格式文件(程序集)。这些代码将我们的程序表示为运行于"虚拟" stack machine 上的一组底层指令。项目中可能还会存在其他程序集, 其中包含我们程序所引用的库。这些程序现在可以作为一个 ZIP 包或者通过安装程序分发给其他用户。
- 运行程序。这显然是最重要的一个步骤, 它可以再被细分为如下子步骤。
  - 对于.NET Framework: 可执行文件包含了一段引导(bootstrap)代码, 它会在 Windows 操作系统的协助下, 加载正确版本的.NET 运行时。
  - 对于.NET Core: 多平台解决方案无须依赖 Windows 的协助。如果想运行托管程序集,

我们必须在包含程序的目录中显式调用命令行指令(比如 dotnet run)。此指令将引导并启动运行时。

- ♦ .NET 运行时从文件中加载程序集 CIL 代码当前所需的部分,然后将其传给 JIT 编译器。
- ♦ JIT 编译器会把 CIL 代码编译成机器码,并针对当前运行代码的平台进行优化。此外,它会向执行引擎注入不同的调用,在你的代码和.NET 运行时之间提供协作。
- ♦ 从现在开始,你的代码就像普通非托管代码那样执行。不同之处在于,上面提到的运行时始终会向代码的执行提供协作。

现在是解释我们对.NET 环境的一些常见误解的好时机。

- .NET 并非一般意义上的虚拟机。.NET 运行时不会创建一个隔离环境,也不会模拟任何特定的架构或计算机。实际上,.NET 运行时重用了诸如操作系统内存管理之类的内置系统资源,包括 heap 和 stack、进程和线程等。然后,它再在这些内置资源之上构建一些附加功能(自动内存管理等)。
- 计算机上并不会始终运行着一个.NET 运行时。确实存在一个二进制可执行分发包,但是它只会在每个.NET 程序运行的时候才被加载和执行。比如,进程 A 的垃圾回收不会直接影响进程 B 的垃圾回收。显然,在硬件和操作系统层次,有些资源是所有进程共享的,但一般来说,每个.NET 运行时对运行在自己的.NET 运行时实例上的其他托管程序并没有任何感知。实际上,你可以在一个非托管程序内宿主一个.NET 运行时(SQL Server CLR 功能就是这样实现的)。尽管实际使用场景很少,但是你甚至可以在单个进程内宿主多个.NET 运行时。

示范程序揭秘

现在,让我们一步一步地编译并运行一个简单的 Hello World 程序(如代码清单 4-1 所示),以更好地了解一些.NET 内部运作原理。在这个过程中,我们会熟悉一些以后需要的基本概念。任何一个学习过 C#的人都能一眼看明白这个程序,它唯一的作用就是在控制台上显示一段简短的文本。我们将在 Windows 平台上使用.NET Core 2.1 运行时。显然,由于我们最关注的还是内存管理,因此这里不会讲述得过于深入。如果你确实对.NET 运行时如何加载其自身、如何管理类型等类似主题感兴趣,可以阅读我之前介绍的那些书籍。

代码清单 4-1 使用 C#编写的简单 Hello World 程序

```csharp
using System;

namespace HelloWorld
{
 class Program
 {
   static void Main(string[] args)
   {
     Console.WriteLine("Hello world!");
   }
 }
}
```

当使用 C#编译器(如果使用 Visual Studio 2017，编译器将是 Roslyn)编译代码清单 4-1 中的示范代码时，将生成一个 DLL 文件，在我的电脑上此文件名为 CoreCLR.HelloWorld.dll。这个文件包含了运行它所需的所有数据。通过在 dnSpy 工具中打开 DLL 文件，我们可以查看它的详细信息。打开文件后，我们可以查看解码后的文件的不同区域(如图 4-2 所示)。

- 描述文件自身的元数据(即 Windows 或 Linux 二进制文件描述符)：对于 Windows 二进制文件而言，它被称为 DOS 和 PE 标头(如图 4-2 所示)；
- 描述.NET 相关内容的元数据：包括程序集内声明的所有类型、它们的方法和其他属性(显示为 Storage Stream #0，名为#~)；
- 对其他所需文件的引用列表；
- 已声明类型和它们的方法的二进制流，这些是编码成二进制的通用中间语言。

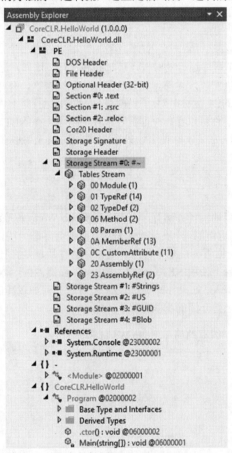

图 4-2 编译代码清单 4-1 的程序所生成的 CoreCLR.HelloWorld.dll 二进制文件的内容

每个方法或类型都有一个称之为 token 的唯一标识符，由于有上面提到的元数据流，因此可以在文件中识别它们的位置。通过这个机制，我们可以识别出包含每个方法体的文件区域。例如，为了查看 Main 方法体，可以在 Assembly Explorer 中选择它，然后使用上下文菜单中的 Show Method Body in Hex Editor 选项(如图 4-3 所示)。

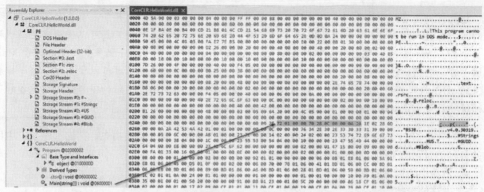

图 4-3　包含 Program.Main 方法的通用中间语言(CIL)指令的一些字节(如箭头所指)

当然，直接查看方法体对应的原始字节很难确切理解它们的含义。但是有了第 3 章提到过的反编译，我们可以把每个方法的 CIL 解码成更易读的形式。要想反编译 Main 方法，只需要在 Assembly Explorer 中选择 Main 方法，然后从 dnSpy 菜单中选择 IL 作为反编译语言。

CoreCLR.HelloWorld.dll 中 Program 类型的反编译结果如代码清单 4-2 所示(为了更容易阅读而省略了构造函数)。在注释中，我们可以看到给定指令的原始字节码(例如，字节 2A 代表 CIL 指令 ret)，于是，现在我们可以完全理解图 4-3 中突出显示的 7201000070280C00000A2A 这些字节到底是何含义了。

如果查看 Main 方法的简单 CIL 代码(参见代码清单 4-2)，可以看到它们是如何被编译成 stack machine 代码。

- ldstr "Hello World!"：将一个字符串文本引用推入 evaluation stack；
- call System.Console::WriteLine：调用静态方法，从 evaluation stack 获取第一个参数；
- ret：方法返回(evaluation stack 为空，因此没有返回值)。

代码清单 4-2　由代码清单 4-1 的简单程序编译而成的通用中间语言。此结果取自 dnSpy 工具

```
// Token: 0x02000002
.class private auto ansi beforefieldinit CoreCLR.HelloWorld.Program
    extends [System.Runtime]System.Object
{
 // Token: 0x06000001
 .method private hidebysig static
   void Main (
     string[] args
   ) cil managed
 {
  // Header Size: 1 byte
  // Code Size: 11 (0xB) bytes
  .maxstack 8
  .entrypoint

  /* 7201000070 */ IL_0000: ldstr      "Hello World!"
  /* 280C00000A */ IL_0005: call       void [System.Console]System.
                                        Console::WriteLine(string)
  /* 2A         */ IL_000A: ret
 } // end of method Program::Main
} // end of class CoreCLR.HelloWorld.Program
```

如果仔细查看代码清单 4-2 的代码,你可以看到一个 .maxstack 8 指令,看起来它似乎与程序的执行有关。然而它其实不是 CIL 指令。它是一个元数据描述,其他工具可以使用它验证代码的安全性。.maxstack 描述了方法执行期间 evaluation stack 中最多可以分配多少字节。对于 Main 方法而言,它需要使用 8 字节用于字符串文本引用。PEVerify 之类的工具可以使用这些信息校验方法的 CIL 代码想要进行的操作。这让.NET 代码可被校验从而具有更好的安全性,毕竟各种各样的缓冲区溢出是计算机领域中最危险的一种安全漏洞。

面对一个.NET stack machine 时,我们需要认识到"位置"这个重要概念。存储程序执行中所需的各种值时,有下面这些可能的逻辑位置。

- 方法中的局部变量;
- 方法的参数;
- 另一个值的实例字段;
- (类、接口或模块的)静态字段;
- 本地内存池;
- 暂时放在 evaluation stack 上。

将每个逻辑位置映射到特定的计算机架构,是 JIT 编译器义不容辞的职责。我们稍后会再就此进行讨论。

注意:.NET 生态系统目前存在几个不同的 JIT 编译引擎:
- .NET 运行时(版本 4.5.2 之前)和.NET Core 1.0/1.1 用于 x86 架构(32 位版本)的旧版 x86 JIT
- .NET 运行时在版本 4.5.2 之前使用的旧版 x64 JIT
- .NET Core 2.0(及更高版本)和.NET Framework 4.6(及更高版本)用于 32 和 64 位编译的 RyuJIT
- 适用于 32 位和 64 位平台的 Mono JIT

由于旧版 JIT 编译器正在逐渐被淘汰,因此我仅把重点放在新的 RyuJIT 引擎上。

如果想在 64 位 Windows 上查看 JIT 如何将程序转换成机器码,可以使用 WinDbg。显然,我们需要先把程序运行起来,因为只有启动后,才会触发运行时和 JIT 编译需要运行的方法。

假如使用的是以 Universal Windows App 发布的最新版 WinDbg,我们可以从文件面板选择 Launch executable(advanced)菜单项,然后为各个文本框提供如下参数(假设解决方案位于 C:\Projects 目录)。

- Executable: C:\Program Files\dotnet\dotnet.exe
- Arguments: \CoreCLR.HelloWorld.dll
- Start directory: C:\Projects\CoreCLR.HelloWorld\bin\Release\netcoreapp2.1

很多人更喜欢从命令行启动 WinDbg 来调试程序。在我们这个场景中,可以使用如下命令行指令启动一个调试 session: windbgx C:\Program Files\dotnet\dotnet.exe C:\Projects\CoreCLR.HelloWorld\bin\x64\Release\netcoreapp2.1\CoreCLR.HelloWorld.dll。

单击 OK 按钮后,Hello world 程序将启动,它的执行会立即中断。我们现在需要设置一个断点,在程序终止前(打印出 Hello World!消息之后)停止它。我们可以输入如下指令:

```
bp coreclr!EEShutDown
```

单击 Go，然后等一会儿，直到断点被命中。之后，我们应当加载一个(第 3 章提到过的)SOS 扩展，并使用如下指令找到 Main 方法。

```
.loadby sos coreclr
!name2ee *!CoreCLR.HelloWorld.Program.Main
```

第二行指令应当会产生如下输出(假设 Main 方法被 JIT 编译后的代码位于地址 00007ffbca3e06b0):

```
Module:      00007ffbca284d78
Assembly:    CoreCLR.HelloWorld.dll
Token:       0000000006000001
MethodDesc:  00007ffbca285d30
Name:        CoreCLR.HelloWorld.Program.Main(System.String[])
JITTED Code Address: 00007ffbca3e06b0
```

你可以使用!U 00007ffbca3b0480 指令查看生成的汇编代码，结果如代码清单 4-3 所示。它的执行步骤如下。

- sub rsp,28h：将 stack 指针移动 40 字节；
- mov rcx,24D6CCA3068h：将地址 24D6CCA3068h 保存进 rcx 寄存器(这是一个指向"Hello World!"字符串文本的句柄，之所以这里用它，是因为稍后会解释的字符串暂存机制的原因。);
- mov rcx,qword ptr [rcx]：解引用(dereference)rcx 寄存器中存储的地址，这个地址指向一个存储字符串文本的字符串对象；
- call 00007ffb`ca3b0330：调用静态方法 Console.WriteLine，将 rcx 寄存器指向的文本传递给它；
- nop, add rsp,28h and ret：结束函数调用。

代码清单 4-3　代码清单 4-2 中的 JIT 代码所生成的机器码

```
Normal JIT generated code
CoreCLR.HelloWorld.Program.Main(System.String[])
Begin 00007ffbca3b0480, size 1c
00007ffb`ca3b0480 4883ec28            sub    rsp,28h
00007ffb`ca3b0484 48b96830ca6c4d020000 mov rcx,24D6CCA3068h
00007ffb`ca3b048e 488b09              mov    rcx,qword ptr [rcx]
00007ffb`ca3b0491 e89afeffff          call   00007ffb`ca3b0330 (System.
Console.WriteLine(System.String), mdToken: 0000000006000083)
00007ffb`ca3b0496 90                  nop
00007ffb`ca3b0497 4883c428            add rsp,28h
00007ffb`ca3b049b c3                  ret
```

我们这个简单的 C#程序就这样通过 CIL 转换成可执行的机器码。CIL 指令 ldstr 和 call 用到的 evaluation stack 地址，被 JIT 编译器转换成一个 CPU 寄存器 rcx。在 Main 方法内部，既没有 stack 也没有 heap 分配发生，但请记住，运行时本身和框架程序集的代码会产生额外的分配。

由于在函数调用期间可以有多种使用寄存器和内存的方式，因此需要将使用方式标准化，这种标准称为调用约定(calling convention)。调用约定定义了在方法调用期间如何传递参数，如何管理 stack，以及如何返回一个值。当在本书中展示汇编代码时，我假设使用的是 Microsoft x64 调用约定。简单来说，这个约定的规则如下：

(续)

- 前 4 个整数和指针参数，传递进 RCX、RDX、R8 和 R9 寄存器；
- 前 4 个浮点参数，传递进 XMM0-XMM3 寄存器；
- 其他参数被压入堆栈；
- 如果整数返回值不超过 64 位，则使用 RAX 寄存器。

请注意，Linux x64 调用约定与 Microsoft x64 约定不同，如果需要了解 Linux x64 约定，请查阅相关文档。

我希望本小节这些非常简短但有些过于深入的介绍，能够向你清楚地展示什么是.NET 运行时。最终，通过选择性地使用运行时中某些"托管"组件，所有方法都被 JIT 编译成常规的汇编代码。

4.3 程序集和应用程序域

程序集是.NET 环境中的基本功能单元。它可以被看成一堆被.NET 运行时执行的 CIL 代码。一个程序至少由一个或多个程序集组成。例如，当我们编译代码清单 4-1 的代码时，会生成一个表现为 CoreCLR.HelloWorld.dll 文件的程序集。程序还会使用其他程序集，包括基础类库(称为 mscorlib，它包含非常重要的几个命名空间，比如 System.IO、System.Collections.Generic)等。一个复杂的.NET 程序可能由包含我们代码的许多不同的程序集组成。从源代码项目管理角度来看，有一个简单的对应关系：解决方案中的每一个项目，都编译成单独一个程序集。程序执行期间，可以创建动态程序集(通常用来将动态创建的代码发出到此类动态程序集里面)，各种 serializer 经常使用这个功能。

换言之，一个程序集可以被视为托管代码的部署单元，它通常一对一地对应到 DLL 或 EXE 文件(这种文件被称为模块)。

.NET Framework 提供了将托管应用程序代码(程序集)的不同部分隔离到应用程序域(根据它们的 BCL 类型名称，通常会简称为 AppDomain)的功能。这种隔离是为了满足安全性、可靠性或版本化的需求。为了执行程序集中的代码(包括动态创建的程序集)，必须将它们加载到某个应用程序域中。

程序集和应用程序域的关系相当复杂，欲知详情，请参考.NET Framework 文档：https://docs.microsoft.com/en-us/dotnet/framework/app-domains/application-domains。

为了让.NET Core 保持精简，必须将一些功能从里面移除，其中之一就是应用程序域。对于它所提供的功能和它所依赖的功能而言，应用程序域太"重"了，因此.NET Core 没有提供处理应用程序域的 AppDomain API。然而，CoreCLR 运行时仍然在内部使用了应用程序域，因此实现它的代码其实仍然包含在.NET Core 中。微软建议开发人员要么使用传统的进程，要么使用新式的容器，实现.NET Core 程序的隔离。对于程序集的动态加载，.NET Core 提供了一个新的 AssemblyLoadContext 类。

我们之所以对应用程序域感兴趣，是因为它会影响.NET 进程的内存结构。通常，运行时会创建如下几个不同的应用程序域。

- 共享域(Shared Domain)：不同应用程序域之间共享的代码将加载到此域。它包括 Basic Class Library 程序集、System 命名空间中的类型。

- 系统域(Systcm Domain)：核心运行时组件加载到此域，负责创建和初始化其他应用程序域。它还保存了进程范围内暂存的字符串文本(本章稍后会介绍这个主题)。
- 默认域(Default Domain，有时也称之为 Domain 1)：用户代码加载到这个默认应用程序域。
- 动态域(Dynamic Domain)：在运行时的帮助下，通过使用 AppDomain.CreateDomain 方法，.NET Framework 程序可以根据需要创建(并稍后删除)任意多个应用程序域。但如上所说，.NET Core 不提供此功能。

.NET Core 程序显然无法动态创建应用程序域。所有共享代码由共享域负责处理，所有用户代码由单个默认域负责处理。系统域在进程内存中不可见，但它的结构和逻辑仍在。

可回收程序集

我们加载的程序集包含一个清单，其中描述了它们需要的其他程序集。CLR 处理所有被依赖程序集的标准行为，是将它们加载到整个程序执行周期中一定会存在的主应用程序域中。这个标准行为对于大部分场景都是适用的，但是有些时候，我们希望能够控制一个程序集的生存期。

- 脚本支持：如果允许应用程序(例如，在 Roslyn API 的帮助下)执行用户定义的脚本，那么最好将这些脚本编译到一些临时程序集中，并在不再需要脚本时，立即将它们删除。
- 对象关系映射(ORM)：我们可能希望将一些数据库数据映射到.NET 对象，但又不需要在整个程序生存期内都使用这个功能，特别是对那种会临时连接到许多不同数据源的程序而言。清理已创建的(分隔在其他程序集中的)ORM 数据将是一个不错的功能。
- 序列化器：与使用 ORM 的场景类似，我们可能需要序列化/反序列化许多不同的实体对象(无论是文件或是 HTTP 请求)，如果我们需要执行许多次序列化/反序列化操作，最好能够清除不再需要的临时程序集。序列化器基于性能的考虑，会创建包含处理具体数据类型序列化的临时程序集，这样可以避免太通用的处理方法带来的性能损失。
- 插件：我们的程序可以通过加载用户提供的插件提供更好的扩展性。按需加载和卸载插件显然是好的设计。

在.NET Framework 中，可以通过将加载程序集的整个应用程序域卸载掉，间接实现卸载程序集的功能。例如，执行用户自定义脚本的典型处理步骤是：创建一个动态应用程序域，把编译的脚本发到一个创建的动态程序集中，将程序集加载到临时应用程序域，执行代码，最后，卸载创建的应用程序域。由于.NET Core 没有提供应用程序域的 API，所以(撰写本书时可用的.NET Core 2.1)不能实现类似场景的功能。

虽然在.NET Framework 中可以使用这个工作得很完美的解决方案，但也有需要注意的地方，尤其是应用程序域之间进行远程通信的性能开销成本。

正因为存在上面提到的性能开销，因此在大部分情况下，即使需要创建动态程序集，它们也会被直接加载到主应用程序域，这意味着不能稍后卸载它们(因为它们与整个主应用程序身处同一个应用程序域)。这也是.NET 中使用广泛的 XmlSerializer 类会导致内存泄漏的原因(本章后面的场景 4-4 小节将对此进行描述)。

因此，更轻量级的可回收程序集功能便出现了。可回收程序集是一个动态程序集，无须卸载它所在的应用程序域，即可将它单独卸载。对于上面提到的那些使用场景，这个功能都非常适用。但是，此功能尚未在当前两个 Microsoft .NET 运行时(.NET Framework 和.NET Core)中实现，包含可卸载功能的 AssemblyLoadContext 正在开发中，请持续关注.NET Core 团队的公告。

通过使用 Reflection.Emit 手动发出代码，.NET Framework 部分实现了可回收程序集功能。根据 MSDN 文档所述："反射发出(reflection emit)是支持加载可回收程序集的唯一机制。使用任何其他形式的程序集加载机制加载的程序集都无法卸载。"

4.4 进程内存区域

根据第 2 章和图 2-20 所描述的内容，进程中的.NET 运行时管理着多个内存区域。当我们考虑.NET 进程的内存占用率时，应当同时考虑所有这些区域。让我们逐个查看这些区域，以完成对.NET 进程的剖析。剖析过程会用到 VMMap 这个优秀的工具，它可以附加到一个进程并展现该进程的内存区域。下面所展现的内存区域是代码清单 4-1 的程序退出之前的内存状态。

查看 Hello World 程序的内部时，可以看到如图 4-4 所示的内存区域。为了解释 VMMap 输出的结果，需要回忆一下第 2 章对虚拟内存区域的描述。我们可以看到，进程具有接近 128TB 的可用内存(对应了 64 位平台的 128TB 虚拟地址空间)。

Type	Size	Committed	Private	Total WS	Private WS
Total	2,147,961,700 K	78,568 K	6,828 K	11,740 K	2,388 K
Image	37,924 K	37,908 K	3,436 K	9,236 K	772 K
Mapped File	4,064 K	4,064 K		388 K	
Shareable	2,147,508,516 K	33,140 K		512 K	20 K
Heap	3,828 K	2,344 K	2,280 K	1,084 K	1,080 K
Managed Heap	393,856 K	380 K	380 K	272 K	272 K
Stack	4,608 K	104 K	104 K	60 K	60 K
Private Data	7,000 K	592 K	592 K	152 K	148 K
Page Table	36 K	36 K	36 K	36 K	36 K
Unusable	1,868 K				
Free	135,290,991,744 K				

图 4-4　代码清单 4-1 的程序在 VMMap 中显示的内存区域(基于 64 位.NET Core 2.0 运行时)

让我们从.NET 的角度对 VMMap 中显示的所有条目的含义进行简要说明。

- Shareable(约 2GiB)：不必太关注的可共享内存。只有 32MiB 被提交，且只有 20KiB 存在于物理内存。这些区域专门用于与.NET 无关的系统管理之目的。

- Mapped files(约 4MiB)：如第 2 章所述，这些区域包含了映射文件，它们用于保存字体和本地化文件等数据。虽然.NET 运行时会通过调用本地化 API 使用这些区域，但它们一般不会对我们的应用程序造成任何影响。

- Images(约 37MiB)：二进制镜像，包括了.NET 运行时自身和我们的.NET 程序集附带的库的二进制文件镜像。请注意，这些空间大部分都是共享的，只有 772KiB 是 private working set。这些是应用程序启动时从磁盘读取的文件。

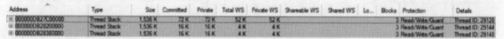

- Stacks(约 4.5MiB)：Hello World 应用程序有 3 个线程，因此分别有 3 个对应的 stack
  区域。

- Heap 和 Private Data(约 9MiB)：.NET Core 管理了多个用于其内部目的的原生内存区域。
  它们大多存储与我们无关的东西(如果没有对 CoreCLR 源代码进行深入分析，甚至不会为
  人所知)。但是，我们可能会注意到，执行引擎和垃圾回收器在这里存储了一些基础的数
  据结构。例如

  ◆ Mark 列表和 card 表，我们将在第 5、8、11 章了解它们。

  ◆ 这些区域中用到的字符串暂存(string interning)。

  ◆ 还请注意，最后两个内存区域标有 Execute/Read/Write 保护标志。这些是 JIT 编译器编
    译 CIL 代码时发出机器码的区域。因为它们通常必须像任何其他程序代码一样可以被
    调用，所以才被标记了 Execute 标志。这些区域实际上是我们使用 C#或其他.NET 语
    言编写的程序执行代码的核心。如果由于某种原因，应用程序执行了大量的 JIT 编译，
    我们可以观察到这种带有 Execute/Read/Write 标志的 private 内存区域在不断增长。

  ◆ 可以在这里看到 JIT 编译期间所需的其他各种临时内存区域。

- Managed Heap(约 384MiB)：.NET 内存管理的核心部分是由垃圾回收器维护的 Managed
  Heap 和运行时使用的其他堆。由于这些绝对是最重要的内存区域，我们稍后再单独对它
  们进行讲述。

Address	Type	Size	Committed	Private	Total WS	Private WS	Shareable WS	Shared WS	Lo...	Blocks	Protection	Details
⊟ 0000028 9C9550000	Managed Heap	393,216 K	272 K	272 K	164 K	164 K				4	Read/Write	GC
0000028 9C9550000	Managed Heap	4 K	4 K	4 K	4 K	4 K					Read/Write	Gen2
0000028 9C9551000	Managed Heap	24 bytes	24 bytes	24 bytes							Read/Write	Gen1
0000028 9C9551018	Managed Heap	24 bytes	24 bytes	24 bytes							Read/Write	Gen1
0000028 9C9551030	Managed Heap	195 K	195 K	195 K	144 K	144 K					Read/Write	Gen0
0000028 9C9582000	Managed Heap	261,944 K									Reserved	
0000028 9D9550000	Managed Heap	72 K	72 K	72 K	16 K	16 K					Read/Write	Large Object Heap
0000028 9D9562000	Managed Heap	131,000 K									Reserved	
⊟ 00007FFEE8570000	Managed Heap	64 K	24 K	24 K	24 K	24 K				8	Execute/Read/Write	Shared Domain
00007FFEE8570000	Managed Heap	8 K	8 K	8 K	8 K	8 K					Read/Write	Shared Domain Low Frequency Heap
00007FFEE8572000	Managed Heap	4 K									Reserved	
00007FFEE8573000	Managed Heap	4 K	4 K	4 K	4 K	4 K					Execute/Read/Write	
00007FFEE8574000	Managed Heap	8 K									Reserved	
00007FFEE8576000	Managed Heap	8 K	8 K	8 K	8 K	8 K					Read/Write	Shared Domain High Frequency Heap
00007FFEE8578000	Managed Heap	20 K									Reserved	
00007FFEE857D000	Managed Heap	4 K	4 K	4 K	4 K	4 K					Read/Write	Shared Domain Stub Heap
00007FFEE857E000	Managed Heap	8 K									Reserved	
⊟ 00007FFEE8580000	Managed Heap	64 K	40 K	40 K	40 K	40 K				2	Read/Write	Domain 1
00007FFEE8580000	Managed Heap	12 K	12 K	12 K	12 K	12 K					Read/Write	Domain 1 Low Frequency Heap
00007FFEE8583000	Managed Heap	28 K	28 K	28 K	28 K	28 K					Read/Write	Domain 1 High Frequency Heap
00007FFEE858A000	Managed Heap	24 K									Reserved	
⊟ 00007FFEE8620000	Managed Heap	448 K	20 K	20 K	20 K	20 K				10	Execute/Read/Write	Shared Domain Virtual Call Stub
00007FFEE8620000	Managed Heap	4 K	4 K	4 K	4 K	4 K					Read/Write	Shared Domain Virtual Call Stub Indcell Heap
00007FFEE8621000	Managed Heap	20 K									Reserved	
00007FFEE8626000	Managed Heap	4 K	4 K	4 K	4 K	4 K					Read/Write	Shared Domain Virtual Call Stub Cache Entry Heap
00007FFEE8627000	Managed Heap	20 K									Reserved	
00007FFEE862C000	Managed Heap	4 K	4 K	4 K	4 K	4 K					Execute/Read/Write	Shared Domain Virtual Call Stub Lookup Heap
00007FFEE862D000	Managed Heap	12 K									Reserved	
00007FFEE8630000	Managed Heap	4 K	4 K	4 K	4 K	4 K					Execute/Read/Write	Shared Domain Virtual Call Stub Dispatch Heap
00007FFEE8631000	Managed Heap	148 K									Reserved	
00007FFEE8656000	Managed Heap	4 K	4 K	4 K	4 K	4 K					Execute/Read/Write	Shared Domain Virtual Call Stub Resolve Heap
00007FFEE8657000	Managed Heap	228 K									Reserved	
⊟ 00007FFEE86D0000	Managed Heap	64 K	24 K	24 K	24 K	24 K				2	Read/Write	Domain 1
00007FFEE86D0000	Managed Heap	24 K	24 K	24 K	24 K	24 K					Read/Write	Domain 1 Low Frequency Heap
00007FFEE86D6000	Managed Heap	40 K										

- Page Tables(小小的 36KiB 区域)：第 2 章描述的 page 目录表就位于此区域。
- Unusable(约 2MiB)：由于第 2 章讲述过的 page 分配粒度的原因，内存的某些部分已变为不可用状态。

我们可以将上面所说的 Managed Heap 进一步分成下面几个类别。

- GC Heap：这是由垃圾回收器(GC)管理的堆，也是到目前为止对我们最重要的一种堆。我们的应用程序创建的大部分对象都会存放在这里，因此它是我们需要了解的最重要的地方，也是任何内存问题最可能的源头。从第 5 章到本书末尾的所有章节，都将讲述 GC 如何管理此堆。根据我们到目前为止所学到的，这是一个由垃圾回收机制和它的 Allocator 所管理的 Free Store。然而请注意，虽然还没有开始讲述这个内存区域，我们也已经学到了许多有趣的知识。后面的许多章节都将专门详细讲述这个区域。

- 其他应用程序域的堆：每个应用程序域，包括共享域、系统域、默认域以及其他所有动态加载的域，都各自有自己的一组堆。每个域包含多个堆子区域。

  - High Frequency Heap(高频堆)：应用程序域基于其内部目的，将频繁访问的数据存储在这里。CoreCLR 描述如下："这些堆用于分配应用程序域生命周期内始终存在的数据。为了更好地管理 page，应当将频繁分配的对象分配到高频堆。"因此，共享域的高频堆包含了使用最频繁的类型相关数据，比如详细的方法和字段描述等。基元(primitive)静态数据也存放在这里。

  - Low Frequency Heap(低频堆)：包含了较少使用的类型相关数据，包括 EEClass 和 JIT 编译、反射、类型加载机制所需要的其他数据。

  - Stub Heap：文档对它的描述如下："它保存了实现代码访问安全(CAS)、COM 包装调用和 P/Invoke 的 stub。"

  - Virtual Call Stub：包含用于虚拟 stub 调度(Virtual Stub Dispatching，VSD)技术所使用的数据结构和代码。所谓 VSD，是指使用 stub 用于虚拟方法调用，而非使用传统的虚拟方法表。它们进一步可以划分为 Cache Entry Heap、Dispatch Heap、Indcell Heap、Lookup Heap 和 Resolve Heap 等多个类型。所有这些堆都包含了 VSD 所需的各种数据。即使应用程序包含数千个接口，这些堆也都很小(几百 KB)。

  - High Frequency Heap、Low Frequency Heap、Stub Hub 和各种 Virtual Call Stub Heap，都统称为 Loader Heap 类型，因为它们存储的都是类型系统所需要的各种数据(因此加载任何一个类型时都需要它们)。虽然有时我们会听到 Loader Heap 这个术语，但内存中其实并不存在一个 Loader Heap。它代表的其实是上面提到的那些内存区域的统称。

注意：默认情况下，这些堆都很小，它们的大小被定义为单个页大小的整数倍，通常约为 64KiB。在 CoreCLR 默认大小定义中可以看到它们的具体大小：

```
#define LOW_FREQUENCY_HEAP_RESERVE_SIZE        (3 * GetOsPageSize())
#define LOW_FREQUENCY_HEAP_COMMIT_SIZE         (1 * GetOsPageSize())

#define HIGH_FREQUENCY_HEAP_RESERVE_SIZE       (10 * GetOsPageSize())
#define HIGH_FREQUENCY_HEAP_COMMIT_SIZE        (1 * GetOsPageSize())
#define STUB_HEAP_RESERVE_SIZE                 (3 * GetOsPageSize())
#define STUB_HEAP_COMMIT_SIZE                  (1 * GetOsPageSize())
```

请记住，卸载整个对应的应用程序域之前，已被加载到 Loader Heap 区域的任何一个类型都不会被卸载。如果我们不断加载大量类型(例如，通过动态加载或生成程序集的方式)，则最终会使用大量的内存。此外，程序停止运行之前，不会卸载默认的应用程序域。

第 2 章曾经提到过，可以修改程序线程的默认堆栈大小。通过使用随 Visual Studio 发布的命令行工具 dumpbin(译者注：dumpbin 可以查看一个可执行文件的堆栈大小，另外一个命令行工具 editbin 则可以修改堆栈大小)，并执行如下指令，即可编辑指定可执行文件的二进制标头，实现修改默认堆栈大小的功能：

```
editbin DotNet.HelloWorld.exe /stack:8000000
```

这个技巧当前对基于.NET Framework 的可执行文件(如上所示)有效，但应当把它看成一个未被官方支持的方法，并不保证以后.NET Framework 不会在创建线程时忽略标头中的这个参数值。而对于基于.NET Core 的程序，所谓的可执行文件其实只是一个通常位于 C:\Program Files\dotnet\dotnet.exe 的运行时启动器。如果想更改.NET Core 程序的线程堆栈大小，需要使用 editbin 编辑 dotnet.exe 文件，这个方法在大部分情况下显然无法接受。因此，尽管使用描述的这个方法修改堆栈大小是可能的，但我们不应该使用它。

现在，让我们开始讲述本书的一个重点内容：使用场景。每个场景首先描述一个问题，然后再讲解如何分析和解决这个问题。

4.4.1　场景 4-1：我的程序占用了多大内存

问题：我们为其编写.NET 程序的客户问我们，这个程序需要多少内存？它的典型内存使用率情况如何(因为客户怀疑它占用了太多内存)？这个问题让团队有些吃惊，因为突然间我们发现，没人知道确切的答案，我们甚至不知道如何正确地衡量它。团队成员纷纷提出各自建议的工具和衡量方法(假设我们是 Paint.NET(https://www.getpaint.net/)的开发团队)。

回答：为了正确地回答客户的问题，我们需要了解操作系统如何看待一个进程的内存使用率。在第 2 章，我们已经简要地对此进行了描述，你也许会注意到，不同的工具显示出来的结果并不一致。

- private working set：进程占用物理内存量的最重要衡量指标。这个指标很明显是主要瓶颈，我们应当首先看看它的值。

- private bytes(又称为 commit size)：包含物理内存中的和分页到磁盘上的内存使用量。我们不希望分页发生得太频繁，因此，如果这个值比 private working set 大太多，就应当开始怀疑哪里有问题。Paging file 无限制地膨胀也很危险，因为硬盘空间是有限的。
- virtual bytes：表示所有 virtual 内存量，包括 committed(private)状态的和仅仅 reserved 状态的，无论其存在于物理内存还是 paging file 中。这个指标是最抽象的一个指标，因为除了一定位于物理内存中的 page 目录表以外，它并不能指示进程是否占用了大量物理资源(请参考第 2 章)。但是，如果这个值达到几百 GB 的程度或者持续不断地增长，那么也表明哪里存在问题。

在 Windows 平台，为了衡量上面这些指标值，可以直接使用任务管理器的 Details(译者注：中文版 Windows 为"详细信息")选项卡，Memory (private working set)(中文版 Windows 为"内存(专用工作集)")和 Commit size(中文版 Windows 为"提交大小")列包含了这些信息(此处未显示 virtual bytes)，如图 4-5 所示。

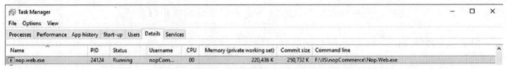

图 4-5　Windows 的任务管理器显示了基本的内存使用率数据

我们还可以在 Performance Monitor 工具中分别添加\Process(processname)\Working Set – Private、\Process(processname)\Private Bytes 和 \Process(processname)\Virtual Bytes 计数器(如图 4-6 所示)，实时记录这些指标值。除了记录指标的确切值，它们的变化趋势同样重要。在 Linux 平台，你可以在 top 工具中查看显示相应指标值的列，第 2 章曾介绍过 top 工具的使用。

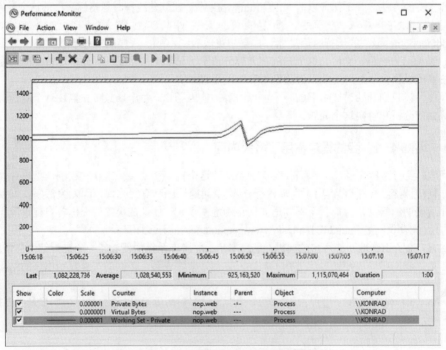

图 4-6　性能计数器显示了基本的内存使用率数据

还可以考虑在 Windows 平台使用 VMMap 工具，分析进程的各种内存区域所占大小(如图 4-4 所示)。上面提到的这几个衡量指标所对应的 VMMap 列分别是：Private WS、Private 和 Size。当然，不管是哪种内存类型，重要的是首先查看 Managed Heap。但是，即使知道了.NET 进程由哪些部分组成，除 Managed Heap 之外的其他内存类型所占的大小也仍然值得一看。如果你怀疑存在内存泄漏，应及时查看所有内存类型的大小，并努力找到哪些类型在持续增长。内存泄漏问题有可能同时存在于你亲自编写的托管代码和你(直接或间接)引用的某些非托管组件中。

4.4.2　场景 4-2：我的程序的内存使用率持续攀升(1)

描述：当一个.NET 编写的 Windows Service 持续运行几天之后，客户报告说它出现了 OutOfMemory 异常。我们必须赶紧调查出现这个异常的原因。

回答：鉴于我们没有拿到进程的完整 dump，因此只能先从观察程序的实时内存使用率开始。可以使用 Performance Monitor 观察程序的几个重要计数器(如图 4-7 所示)。

- \Process(processname)\Working Set - Private
- \Process(processname)\Private Bytes
- \Process(processname)\Virtual Bytes
- \.NET CLR Memory(processname)\# Total committed Bytes(这是监控 Managed Heap 内存使用率的计数器)

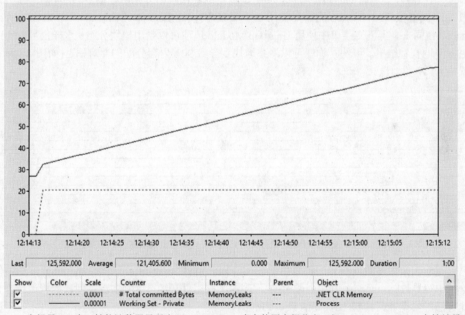

图 4-7　在场景 4-2 中，性能计数器显示出 Managed Heap 内存使用率很稳定，但 private working set 在持续攀升

根据 Performance Monitor 所展现的情况，很明显，确实存在内存泄漏，内存的使用率在持续攀升。但由于 Managed Heap 的大小非常稳定，因此这很可能是一个非托管内存泄漏，与我们的.NET 代码无关(但通过场景 4-3 可以看出这也并非绝对)。知道了这一点之后，再使用 VMMap 查看进程的内部状况。这时立即就会注意到，Heap 内存类型的 Private 大小在不断增长。我们的程序在缓慢地吃掉一个又一个 16MiB 大小的 Heap 内存区域(如图 4-8 所示)。

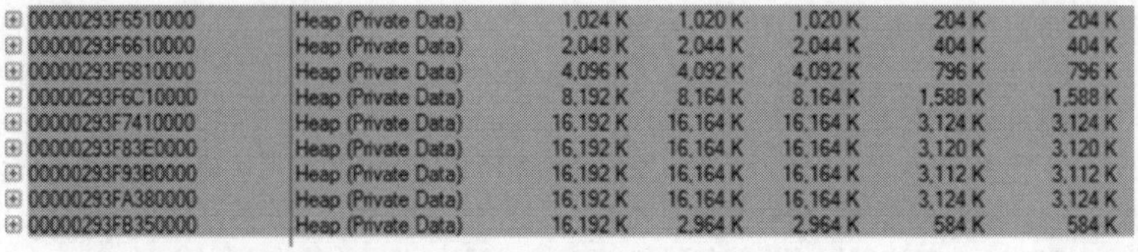

⊞ 00000293F6510000	Heap (Private Data)	1,024 K	1,020 K	1,020 K	204 K	204 K
⊞ 00000293F6610000	Heap (Private Data)	2,048 K	2,044 K	2,044 K	404 K	404 K
⊞ 00000293F6810000	Heap (Private Data)	4,096 K	4,092 K	4,092 K	796 K	796 K
⊞ 00000293F6C10000	Heap (Private Data)	8,192 K	8,164 K	8,164 K	1,588 K	1,588 K
⊞ 00000293F7410000	Heap (Private Data)	16,192 K	16,164 K	16,164 K	3,124 K	3,124 K
⊞ 00000293F83E0000	Heap (Private Data)	16,192 K	16,164 K	16,164 K	3,120 K	3,120 K
⊞ 00000293F93B0000	Heap (Private Data)	16,192 K	16,164 K	16,164 K	3,112 K	3,112 K
⊞ 00000293FA380000	Heap (Private Data)	16,192 K	16,164 K	16,164 K	3,124 K	3,124 K
⊞ 00000293FB350000	Heap (Private Data)	16,192 K	2,964 K	2,964 K	584 K	584 K

图 4-8　VMMap 显示了场景 4-2 中的 Heap 内存区域的情况。这些区域的大小在持续增长，并不断创建新的
Heap(Private Data)内存区域

于是我们得到了第一条线索：很可能由于大量使用代价高昂的 Heap API(比如在 C 代码中调用 malloc 或者在 C++代码中使用 new 操作符)，导致 Heap 区域不断增大。现在我们应当搞清楚到底是哪里的代码在使用 Heap API。对进程做一次内存 dump 分析虽然可以帮助我们找到目标，但是其步骤烦琐，因为非托管内存分析非常困难(尤其.NET 开发人员可能对非托管环境也不太熟悉)。幸运的是，除了内存 dump 分析，还有另外一种更简单的方法，那就是使用 PerfView。在 PerfView 的 Collect 对话框中，将可执行文件名填入 OS Heap Exe 字段或将进程 ID 填入 OS Heap Process 字段(后者用于将 PerfView 附加到运行中的进程上)，都将启用对 Heap API 调用的 ETW 跟踪。接着让 PerfView 开始收集数据，根据进程内存的增长速度，等待一段合适的时间。

停止收集并等待所有处理过程结束之后，打开 Memory Group 文件夹中的 Net OS Heap Alloc Stacks。依次展开节点树上的每个节点，向下逐步定位到代码中分配内存最多的部分(在 Inc%列显示最高比例值)。有些节点可能需要使用上下文菜单中的 Lookup Symbols 菜单来加载所需的 symbol。在同一个上下文菜单中使用 Ungroup Module 选项可以禁用模块分组，这样也可以帮助我们更方便地查看结果。很快，你就可以清楚地找到导致 90%内存分配的罪魁祸首(如图 4-9 所示)。这就是 ETW 的力量！

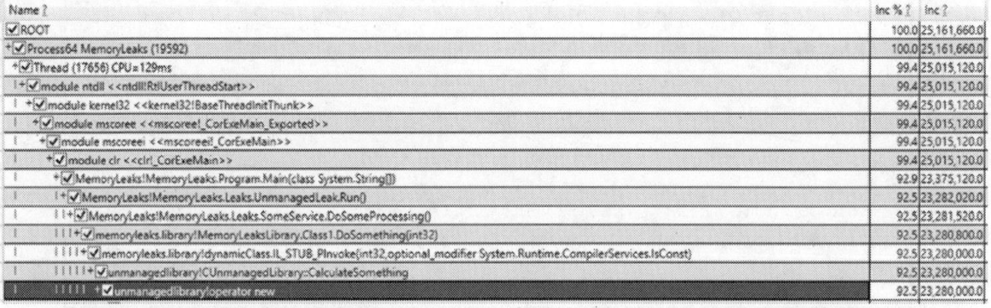

图 4-9　对场景 4-2 使用 PerfView 进行分析的结果。可以看到 new 操作符的聚合调用堆栈

可以看出，大多数内存分配都是由于在 CUnmanagedLibrary::CalculateSomething 方法中使用 new 操作符导致的，而这个方法则被.NET 程序的某些组件调用。这确实就是问题的根源所在，因为此方法的实现非常糟糕(如代码清单 4-4 所示)。

代码清单 4-4　场景 4-2 中内存泄漏背后的原因

```
int CUnmanagedLibrary::CalculateSomething(int size)
{
 int* buffer = new int[size];
 return 2 * size;
}
```

在真实场景中，可能会在 PerfView 中找到许多可疑的问题源，你必须对它们进行调查，并根据情况进行合理的猜测，这个分析调查的过程非常麻烦且耗时。另外请注意，如果我们没有非托管库的 symbol 文件，那么在 Net Virtual Alloc Stacks 视图中也就不会显示具体的方法和函数名。不过，我们仍然能发现是哪个组件有问题，因此我们可以联系非托管库的开发商或在线搜索问题的解决方案。另外，Heap API 的 ETW 跟踪有很大的性能开销，启用它时要小心，尤其当我们在生产环境进行分析之时。

4.4.3 场景 4-3：我的程序的内存使用率持续攀升(2)

描述：运行在一位客户计算机上的程序发生了一些奇怪的事情。尽管程序执行正常，而且也没有可以观察到的负面影响，但它的内存使用率似乎在无限增长。客户报告说程序使用了"好几个 G 的内存"，但我们在自己的环境中从未观察到此类行为。没人知道我们是否应该担心此事。

分析：同样，我们应当从分析程序的实时内存使用率开始。使用 Performance Monitor 查看如下几个计数器：

- \Process(processname)\Working Set - Private
- \Process(processname)\Private Bytes
- \Process(processname)\Virtual Bytes
- \.NET CLR Memory(processname)\# Total committed Bytes

很快就会注意到，managed heap 使用率和 private working set 的大小保持稳定，但是 private bytes 却在不断增长，这也许说明大部分分配的内存都没有驻留在物理内存中。Virtual Bytes 同步不断增长，说明程序"使用"了 GB 级别的虚拟内存！当使用 VMMap 查看进程时，可以看到其背后的原因(如图 4-10 所示)。程序的确使用了超过 40GB 的虚拟内存，但是其中有 37GB 被标记为 unusable！这表明某个地方在非常低效地分配 page(请回忆一下第 2 章的内容)。通过查看内存区域列表(如图 4-11 所示)，我们可以看到非常多的包含不可用数据的 page。

Type	Size	Committed	Private	Total WS	Private WS
Total	40,117,824 K	2,615,052 K	2,558,776 K	89,832 K	80,228 K
Image	52,668 K	52,656 K	5,316 K	9,220 K	356 K
Mapped File	4,064 K	4,064 K		424 K	
Shareable	24,996 K	4,808 K		308 K	
Heap	2,988 K	2,000 K	1,936 K	376 K	372 K
Managed Heap	393,856 K	4,264 K	4,264 K	4,228 K	4,228 K
Stack	12,288 K	116 K	116 K	16 K	16 K
Private Data	2,478,796 K	2,471,944 K	2,471,944 K	60 K	56 K
Page Table	75,200 K	75,200 K	75,200 K	75,200 K	75,200 K
Unusable	37,072,968 K				
Free	137,398,910,784 K				

图 4-10　使用 VMMap 展示场景 4-3 进程的状态。虚拟内存(Size)非常大，但其中大部分都是 Unusable

Address	Type	Size	Committed	Private
⊞ 0000019492DB0000	Private Data	4 K	4 K	4 K
0000019492DB1000	Unusable	60 K		
⊞ 0000019492DC0000	Private Data	4 K	4 K	4 K
0000019492DC1000	Unusable	60 K		
⊞ 0000019492DD0000	Private Data	4 K	4 K	4 K
0000019492DD1000	Unusable	60 K		
⊞ 0000019492DE0000	Private Data	4 K	4 K	4 K
0000019492DE1000	Unusable	60 K		
⊞ 0000019492DF0000	Private Data	4 K	4 K	4 K
0000019492DF1000	Unusable	60 K		
⊞ 0000019492E00000	Private Data	4 K	4 K	4 K
0000019492E01000	Unusable	60 K		
⊞ 0000019492E10000	Private Data	4 K	4 K	4 K
0000019492E11000	Unusable	60 K		
⊞ 0000019492E20000	Private Data	4 K	4 K	4 K
0000019492E21000	Unusable	60 K		
⊞ 0000019492E30000	Private Data	4 K	4 K	4 K
0000019492E31000	Unusable	60 K		

图 4-11　使用 VMMap 查看场景 4-3 进程的 Unusable 区域。其中有非常多的交错内存区域，每个区域都包含单个 page 大小的 Private Data

现在，我们需要找到程序中何处在不当地使用 page。同样，我们将使用 PerfView 进行分析。由于这次程序使用的是 Private Data 内存类型，因此我们将关注 Virtual API(比如调用 VirtualAlloc 函数)。分析方法仍然是使用 PerfView 收集相关的 ETW 数据，但这次，我们应当在 Collect 对话框中选中 VirtAlloc 选项，并在有问题的程序运行的时候开始收集数据。启用这个选项导致的性能开销，小于场景 4-2 中跟踪 Heap API 的情况。

停止收集并等待所有处理完成之后，打开 Memory Group 文件夹中的 Net Virtual Alloc Stacks。如果内存泄漏问题很严重，你可能会在所展现列表的顶上直接找到问题源所在。在我们这个场景中，70.4%的内存分配都是通过 VirtualAlloc 调用完成的(见图 4-12)！

Name ?	Exc % ?	Exc ?
OTHER <<kernelbase!VirtualAlloc>>	70.4	15,859,710
OTHER <<ntdll!RtlUserThreadStart>>	13.1	2,953,216
OTHER <<mscorlib.ni!System.String.FormatHelper(System.IFormatProvider, System.String, System.ParamsArray)>>	9.9	2,232,320
OTHER <<mscorlib.ni!System.Console.WriteLine(System.String)>>	2.6	593,920

图 4-12　使用 PerfView 分析场景 4-3，显示存在大量 VirtualAlloc 调用

如果双击列表中的 VirtualAlloc 条目，将显示一个调用树。展开最大分配比例的节点。如果需要，在上下文菜单中使用 Lookup Symbols 选项加载 symbol，并使用 Ungroup Module 选项禁用模块分组。我们应该可以就此找到程序中最大的内存分配源。在我们的场景中，这个源头是 MemoryLeaks 模块的 MemoryLeaks.Leaks.UnusableLeak.Run()方法(如图 4-13 所示)。

Name ?	Inc % ?	Inc ?
☑OTHER <<kernelbase!VirtualAlloc>>	70.4	15,859,710.0
+☑memoryleaks!dynamicClass.IL_STUB_PInvoke(int,int,value class AllocationType,value class MemoryProtection)	70.4	15,859,710.0
+☑memoryleaks!MemoryLeaks.Leaks.UnusableLeak.Run()	70.4	15,859,710.0
+☑memoryleaks!MemoryLeaks.Program.Main(class System.String[])	70.4	15,859,710.0
+☑OTHER <<ntdll!RtlUserThreadStart>>	70.4	15,859,710.0
+☑Thread (31964) CPU=424ms (Startup Thread)	70.4	15,859,710.0
+☑Process64 MemoryLeaks (45900)	70.4	15,859,710.0
+☑ROOT	70.4	15,859,710.0

图 4-13　使用 PerfView 分析场景 4-3，显示了 VirtualAlloc 的聚合调用堆栈

这个方法确实调用了 VirtualAlloc(如代码清单 4-5 所示)，它会请求分配单个 page(通常为 4KiB)，而我们知道，Windows 的分配粒度是 64KiB。因此，每次调用 VirtualAlloc 都将浪费未使用的 60KiB 内存。

代码清单 4-5　导致场景 4-3 问题的代码片段

```
ulong block = (ulong)DllImports.VirtualAlloc(IntPtr.Zero,
new IntPtr(pageSize),
    DllImports.AllocationType.Commit,
    DllImports.MemoryProtection.ReadWrite);
```

在真实场景中，我们使用的一些非托管库确实在以如此低效的方式使用 VirtualAlloc。通过使用 Virtual API 的 ETW 数据，我们可以跟踪到导致问题的方法调用所在。

4.4.4　场景 4-4：我的程序的内存使用率持续攀升(3)

描述：我们的客户抱怨程序的内存使用率太高。它持续增长到几个 GB，然后由于 OutOfMemory 异常而崩溃。我们确信程序中未使用任何非托管组件，因此，很显然是 C#代码导致了内存泄漏(但请注意，程序引用的某个托管库可能在内部使用了非托管代码，应始终保持谨慎，

并记住前面场景提供的分析方法)。客户给我们发送了一些任务管理器的截图,上面显示出所有内存的大小都在持续增长。

分析:首先,我们仍然使用 Performance Monitor 对进程的几个计数器监控几个小时。

- \Process(processname)\Working Set - Private
- \Process(processname)\Private Bytes
- \Process(processname)\Virtual Bytes
- \.NET CLR Memory(processname)\# Total committed Bytes

令我们颇感惊讶的是,程序 Managed Heap 的大小始终稳定。但确实,所有其他观察的内存区域大小都在增长,包括问题最严重的 private working set。我们本能地使用 VMMap 对进程一探究竟。几分钟后,我们发现 Managed Heap 的 private working set 不断增长,显然,内存泄漏确实与.NET 有关。但是为什么这里的内存泄漏没有影响到性能计数器呢?在 VMMap 中查看 Managed Heap 类型列表,我们注意到了一些异常情况(如图 4-14 所示)。标记为 GC 的 Managed Heap 区域(这个部分中存储了我们的程序分配的对象)增长得非常缓慢,但是,列表中同时存在几十个 Domain 1、Domain 1 Low Frequency Heap 和 Domain 1 High Frequency Heap 内存区域。这意味着程序创建了许多额外的程序集,问题很可能是由于动态程序集加载所导致。

Address	Type	Size	Committed	Private	Total WS	Private WS	Shareable WS	Shared WS	Lo...	Blocks	Protection	Details
000301600D33E0000	Managed Heap	393,216 K	5,512 K	5,512 K	5,352 K	5,352 K				4	Read/Write	GC
00007FF88D020000	Managed Heap	64 K	56 K	56 K	56 K	56 K				4	Execute/Read/Write	Shared Domain
00007FF88D030000	Managed Heap	64 K								3	Execute/Read/Write	Domain 1
00007FF88D040000	Managed Heap	576 K	48 K	48 K	48 K	48 K				8	Execute/Read/Write	Domain 1 Virtual Call Stub
00007FF88D0D0000	Managed Heap	448 K	20 K	20 K	20 K	20 K				10	Execute/Read/Write	Shared Domain Virtual Call Stub
00007FF88D0E0000	Managed Heap	64 K	64 K	64 K	64 K	64 K				1	Read/Write	
00007FF88D0E9000	Managed Heap	64 K	64 K	64 K	64 K	64 K				1	Read/Write	Domain 1 Low Frequency Heap
00007FF88D0EA000	Managed Heap	64 K	64 K	64 K	64 K	64 K				1	Read/Write	Domain 1 High Frequency Heap
00007FF88D0EB000	Managed Heap	64 K	64 K	64 K	64 K	64 K				1	Read/Write	Domain 1 Low Frequency Heap
00007FF88D0EC000	Managed Heap	64 K	64 K	64 K	64 K	64 K				1	Read/Write	Domain 1 High Frequency Heap
00007FF88D0ED000	Managed Heap	64 K	64 K	64 K	64 K	64 K				1	Read/Write	Domain 1 Low Frequency Heap
00007FF88D0E0000	Managed Heap	64 K	60 K	60 K	60 K	60 K				2	Read/Write	Domain 1
00007FF88D0F0000	Managed Heap	64 K	60 K	60 K	60 K	60 K				2	Read/Write	Domain 1 High Frequency Heap
00007FF88D10000	Managed Heap	64 K	60 K	60 K	60 K	60 K				2	Read/Write	
00007FF88D020000	Managed Heap	64 K	60 K	60 K	60 K	60 K				2	Read/Write	
00007FF88D030000	Managed Heap	64 K	60 K	60 K	60 K	60 K				2	Read/Write	
00007FF88D040000	Managed Heap	64 K	60 K	60 K	60 K	60 K				2	Read/Write	Domain 1 High Frequency Heap
00007FF88D050000	Managed Heap	64 K	60 K	60 K	60 K	60 K				2	Read/Write	
00007FF88D060000	Managed Heap	64 K	60 K	60 K	60 K	60 K				2	Read/Write	
00007FF88D070000	Managed Heap	64 K	60 K	60 K	60 K	60 K				2	Read/Write	
00007FF88D080000	Managed Heap	64 K	60 K	60 K	60 K	60 K				2	Read/Write	
00007FF88D090000	Managed Heap	64 K	60 K	60 K	60 K	60 K				2	Read/Write	
00007FF88D0A0000	Managed Heap	64 K	60 K	60 K	60 K	60 K				2	Read/Write	Domain 1 High Frequency Heap
00007FF88D0B0000	Managed Heap	64 K	60 K	60 K	60 K	60 K				2	Read/Write	
00007FF88D0C0000	Managed Heap	64 K	60 K	60 K	60 K	60 K				2	Read/Write	
00007FF88D0D0000	Managed Heap	64 K	60 K	60 K	60 K	60 K				1	Read/Write	Domain 1
00007FF88D0E0000	Managed Heap	64 K	60 K	60 K	60 K	60 K				2	Read/Write	
00007FF88E010000	Managed Heap	64 K	60 K	60 K	60 K	60 K				2	Read/Write	
00007FF88E020000	Managed Heap	64 K	60 K	60 K	60 K	60 K				2	Read/Write	
00007FF88E030000	Managed Heap	64 K	60 K	60 K	60 K	60 K				1	Read/Write	Domain 1
00007FF88E040000	Managed Heap	64 K	60 K	60 K	60 K	60 K				2	Read/Write	
00007FF88E050000	Managed Heap	64 K	60 K	60 K	60 K	60 K				2	Read/Write	Domain 1
00007FF88E060000	Managed Heap	64 K	60 K	60 K	60 K	60 K				2	Read/Write	
00007FF88E070000	Managed Heap	64 K	62 K	62 K	62 K	62 K				2	Read/Write	
00007FF88E080000	Managed Heap	64 K	60 K	60 K	60 K	60 K				2	Read/Write	
00007FF88E090000	Managed Heap	64 K	60 K	60 K	60 K	60 K				2	Read/Write	Domain 1 High Frequency Heap
00007FF88E0A0000	Managed Heap	64 K	60 K	60 K	60 K	60 K				2	Read/Write	
00007FF88E0B0000	Managed Heap	64 K	60 K	60 K	60 K	60 K				2	Read/Write	
00007FF88E0C0000	Managed Heap	64 K	64 K	64 K	64 K	64 K				1	Read/Write	Domain 1 Low Frequency Heap

图 4-14　VMMap 中看到的 Managed Heap 列表

通过在 Performance Monitor 中添加如下计数器,证明了我们的猜测。

- \.NET CLR Loading(processname)\Bytes in Loader Heap
- \.NET CLR Loading(processname)\Current Classes Loaded
- \.NET CLR Loading(processname)\Current Assemblies
- \.NET CLR Loading(processname)\Current appdomains

前三个计数器的值不断增长,我们显然找到了内存泄漏的根本原因。我们代码中的某些地方加载了几十个动态程序集。遗憾的是,即使借助 JetBrains dotMemory 或.NET Memory Profiler 等商业产品,我们也没法深入分析此类内存泄漏问题(至少在我编写本书时是如此)。虽然这种内存泄漏与.NET 运行时有关,但在这些工具中,这种内存增长通常被视为"未识别"内存,无法进一步对它深入分析。再一次,ETW 和 PerfView 充当了拯救者的角色!我们这次将关注与程序集加载有关的事件。在 Collect 对话框的 Additional Providers 字段中填入 Microsoft- Windows-DotNETRuntime:LoaderKeyword:Always:@StacksEnabled=true，表明需要跟踪 loader 有关的事件，并在事件发生时注册堆栈调用。启动收集并等待一段合适的时间(例如，等到 Current Assemblies 性能计数器下可以看到加载了一些新程序集为止)。

停止收集并等待所有处理完成之后，打开我们程序的 Events 列表并找到 Microsoft-Windows-DotNETRuntime/Loader/AssemblyLoad 事件(如图 4-15 所示)。

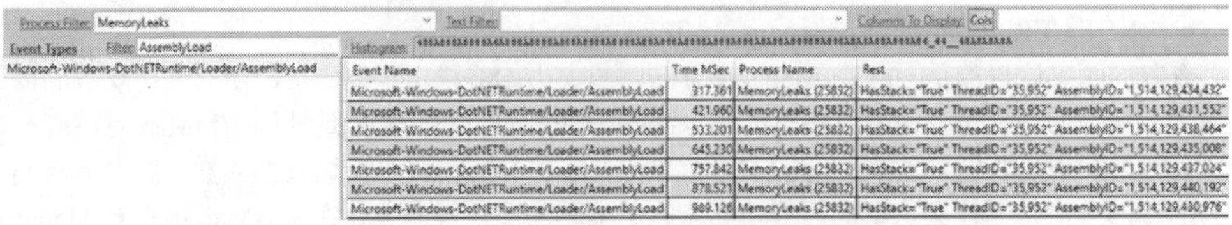

图 4-15　PerfView 显示的事件视图。可以看到大量的 AssemblyLoad 事件

从列表中选择一个事件，并从 Time MSec 列的上下文菜单中选择 Open Any Stacks 选项(右击其他列并没有这个选项)。事件的调用堆栈跟踪信息将显示出来。通过把我们不感兴趣的模块(比如 clr、mscoree 或 mscoreei 等.NET 运行时模块)分组，再把我们自己的模块反分组，可以清楚地定位到动态创建程序集的源头(如图 4-16 所示)。源头位于 XmlSerializerLeak.Run()方法中对 XmlSerializer 构造函数的调用。

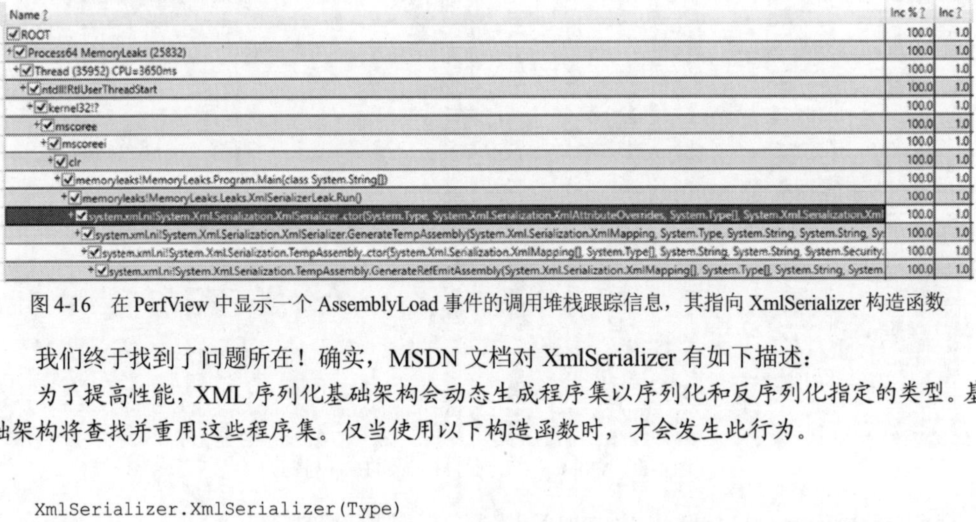

图 4-16　在 PerfView 中显示一个 AssemblyLoad 事件的调用堆栈跟踪信息，其指向 XmlSerializer 构造函数

我们终于找到了问题所在！确实，MSDN 文档对 XmlSerializer 有如下描述：

为了提高性能，XML 序列化基础架构会动态生成程序集以序列化和反序列化指定的类型。基础架构将查找并重用这些程序集。仅当使用以下构造函数时，才会发生此行为。

```
XmlSerializer.XmlSerializer(Type)

XmlSerializer.XmlSerializer(Type, String)
```

如果使用其他任何构造函数，则生成同一程序集的多个版本，并且永远不会卸载，这会导致内存泄漏和性能不佳。最简单的解决方案是使用前面提到的两个构造函数之一。否则，你必须使用一个哈希表缓存程序集，如下面的示例所示。

在我们的场景中，正如图 4-16 所展现的，代码使用的构造函数版本不会重用生成的程序集，从而导致内存泄漏。

注意：可能导致类似问题的与动态创建程序集有关的其他情景还包括调用 AppDomain.CreateDomain 后不卸载它，或者使用会将脚本编译成临时程序集的脚本引擎。

4.5　类型系统

类型(type)是 CLI 中的一个基本概念，它在 ECMA 335 中定义如下："描述值，并指定该类型的所有值必须支持的合约。"关于 Common Type System(通用类型系统)，可以使用大量篇幅对其展开描述。基于本书讲述内存管理的目的，我们只需要根据日常使用 C#或其他语言的经验，保持对"类型"的直观理解即可。我们稍后将深入了解.NET 中各种不同的类型类别。

.NET 中的每种类型都由一个称之为 MethodTable 的数据结构描述。MethodTable 包含类型的大量信息，从我们的视角出发，其中最重要的信息包括：

- GCInfo：用于垃圾回收器用途的数据结构；
- 标志：描述各种类型的属性；
- 基本实例大小：每个对象的大小；
- EEClass 引用：存储通常仅用于类型加载、JIT 编译或反射的"冷"数据，包括所有方法、字段和接口的描述信息；
- 调用所有方法(包括继承自基类的方法)所需要的描述信息；
- 静态字段有关的数据：包括与基元静态字段有关的数据。

只要有需要，运行时将通过访问 MethodTable 的地址(表示为 TypeHandle)获取被加载的类型的信息。我们会在本书的后面部分不断遇到 MethodTable，因为它是让执行引擎和垃圾回收器协同工作的基本构件之一。

4.5.1　类型的分类

几乎所有.NET 内存主题的文章都会包含这样一个说法："值类型分配在堆栈上，引用类型分配在堆上"，以及"类是引用类型，结构是值类型"。许多流行的.NET 面试问题都与此主题有关。但是，上面这个说法并不是描述值类型和引用类型两者区别的最合适的方法。为什么呢？因为它是从实现的角度对两个概念进行描述，而非基于两种类型内在的真正差别。

我们稍后将深入探讨两者的实现细节，但值得注意的是，实现细节并不能体现概念上的根本差异。所有的实现细节一定都是为了体现某种抽象概念，而概念背后的实现细节是可以更改的。真正重要的是它们提供给开发人员的抽象概念。因此，与其立刻开始讲述实现细节，不如先展现它们的基本原理。只有这样，我们才能真正地、知其所以然地理解当前的实现方式。

让我们先从 ECMA 335 标准对各种名词的定义开始了解它们。可惜的是，标准中的定义有些含糊不清，各种不同含义、令人困惑的名词混杂在一起，比如类型、值、值类型、类型的值等。关于这些名词的使用，有一个需要记住的通用规则："由一个类型所描述的值，称之为该类型的实例。"换言之，"值类型的值"或"引用类型的值"都是正确的用法，这里的"值"等同于"实例"。标准中对值类型和引用类型的定义如下。

- 值类型：这种类型的实例直接包含其所有数据。(…)值类型的值是自包含的。
- 引用类型：这种类型的实例包含对其数据的引用。(…)引用类型所描述的值指示的其他值的位置。

上面的定义从抽象概念的层面说出了两种类型之间真正的区别：值类型的实例(值)直接包含它的所有数据(它们本质上就是值本身)，而引用类型的值仅仅指向数据之所在(它们只是引用了某些数据)。但是这种数据位置的抽象导致了一个非常重要的、与某些基础概念相关的后果。

生存期

- 值类型的值包含了其所有数据，我们可以将它看成一个单独的、自包含的存在。值类型实例包含的数据，它们的生存期与实例本身一样长。
- 引用类型的值描述了其他值的位置，那些值的生存期并不取决于引用类型值本身。

可共享性

- 值类型的值不可共享，如果我们想在其他地方使用它(比如，通过方法参数或另一个局部变量的方式)，默认只会按字节复制一份出来。它使用的是一种"传值"语义。当值的副本传递到另一个地方之后，原始值的生存期不会受到影响。
- 引用类型的值可被共享，如果我们想在其他地方使用它，默认使用的是"传引用"语义。因此在传递之后，会多出一个指向同一个位置的引用类型实例。第 1 章已经讲过，我们必须设法跟踪所有引用，才能知道值的确切生存期。

相等性

- 值类型不存在相等性。值类型当且仅当它们的值的二进制序列一样时才认为完全相同。
- 引用类型当且仅当它们所指示的位置一样就是完全相同的。

可以看到，到目前为止，对两者的描述没有任何地方提到堆或堆栈。两者的定义和概念差异才是它们最根本的区别。下次在面试中当被问到值类型的存储位置时，你也许可以试着换一种方式回答，将问题展开进行阐述。

除了值类型和引用类型，还有另外一种你应当了解的类型：不可变类型(immutable type)。它的定义只需要一句话：不可变类型指的是创建后无法更改其值的类型。定义中没有提到任何有关值或引用语义的地方。换言之，不管是值类型还是引用类型，都可以是不可变类型。在面向对象编程中，通过不暴露任何可能更改对象状态的方法或属性，我们可以使一个类型具有不可变性。

4.5.2 类型的存储

但是，有人可能坚持问道：这两种基本类型的标准定义里面，到底哪里暗示了它们一个存储在堆栈，另一个存储在堆？答案是：哪里也没说。这只是设计 Microsoft .NET Framework CLI 标准期间所做出的一个实现细节上的决策。由于多年来，"值类型分配在堆栈上，应用类型分配在堆上"的说法非常流行，我们一次又一次地听到这个说法，于是不假思索地将它当成一个标准。由于它确实是一个非常好的设计决策，因此微软在实现不同 CLI 时，重复使用了这个决策。但请记住，这个说法并非百分之百正确。对于如何存储值这个问题，不同的地方有不同的方法。我们很快会看到 CLI 如何做出这个决策。

为某个特定平台设计 CLI 实现时，必须考虑值类型和引用类型的存储问题。我们只需要知道在那个特定的平台上是否有可用的堆栈或堆即可。由于当今大多数计算机都具备堆栈和堆，因此问题不大。但是，虽然我们的计算机几乎都有 CPU 寄存器，但在"值类型分配在哪里"的说法里面，从没有出现过寄存器这个容器，而实际上，它与堆栈或堆一样，都是实现细节的一部分。

事实上，类型的存储实现细节主要通过 JIT 编译器的设计米体现。JIT 编译器是钊对每个不同平台单独设计的，在设计的时候，就已经知道了每个平台有哪些资源可用。基于 x86/x64 的 JIT 显然可以随意使用堆栈、堆和寄存器。但是，将哪种类型的值保存在哪里，不仅全由 JIT 编译器做主。我们可以让编译器基于它对代码进行的分析影响存储位置的决策。我们甚至可以在编程语言的层次，以某种方式让开发人员能够自己做出决策(就像 C++代码可以自主决定在堆栈或堆上分配对象一样)。

Java 采取的策略比.NET 简单，它根本不支持用户自定义值类型，因此也就不存在需要决定将它存储在哪里的问题。除了少数几个内置的基元类型(整数之类)被称为值类型以外，其他所有类型都在堆上分配(如果不考虑之后将讨论的转义分析)。对于.NET 而言，我们也完全可以把所有类型的实例全部分配到堆上，只要不违反值类型和引用类型的语义就行。关于不同类型所在的内存位置，ECMA-335 标准给了相当高的自由度：

> 方法的状态由四个逻辑上分属不同区域的部分组成，它们分别是传入参数数组、局部变量数组、局部内存池和 evaluation stack。一个符合 CLI 标准的实现可以将这些区域映射到一段连续内存阵列中，将其作为常规的 stack frame 保存在底层目标基础架构上，或者使用任何其他等同的技术将其存储。

后面的小节将分别讨论值类型和引用类型，并解释为何标准中并未指定关于存储位置的任何实现细节决策。

虽然我们现在知道了 stack 和 heap 属于实现细节，但是了解这些具体的实现细节仍然有其必要性。这是因为，为了更好的性能、更优的内存使用率，我们不但需要理解抽象概念，也同时需要深入了解具体实现。如果我们面向 x86/x64 或 ARM 架构的计算机编写 C#代码，我们可以清楚地知道，在哪些情况下，哪些类型会如何使用堆、堆栈和寄存器。值类型或引用类型的抽象概念存在"泄露"。如果需要，我们可以从对其实现细节的了解中掌握优化代码性能的各种技巧。

4.5.3 值类型

如前所说，值类型"直接包含其所有数据"。ECMA 335 将它定义为：

> 类似于整数或浮点数，值类型使用了一种简单的将数据直接按位(bit)存储的模式。每个值都有一个类型，该类型既描述了它使用的存储空间以及它的表现方法中各个位(bit)的含义，也描述了可以对该表现方式进行的操作。在编程语言中，值通常用于表现简单类型和非对象(non-objects)。

通用语言规范(Common Language Specification)定义了两种值类型。
- 结构：包括许多内置的整型类型(char、byte、integer 等)、浮点类型和布尔类型。当然，用户也可以定义自己的结构。
- 枚举：它们基本上是整型类型的扩展，由一组命名常量构成。从内存管理的角度来看，它们就是整型类型。由于其内部本质上就是结构，本书将不对它加以赘述。

1. 值类型的存储

那么，如何理解"值类型存储在堆栈上"这个说法呢？如果仅为实现值类型的抽象概念，将所有值类型保存到堆上是完全可行的。但是，使用堆栈或 CPU 寄存器的确是一个好得多的解决方案。正如第 1 章所述，堆栈是一种轻量级机制，只需要创建一个大小合适的 activation frame 并在不再需要时将其关闭，就可以在堆栈上"分配"和"回收"对象。既然堆栈看起来性能这么好，那么我们应该一直使用它，不是吗？可问题是，有时候这是做不到的。其原因主要在于堆栈数据的生存期和值本身需要的生存期不匹配。生存期和值共享这两个因素，决定了我们可以使用何种机制存储值类型数据。

现在，让我们考虑一下值类型每一个可能出现的位置，以及可以如何存储它们。
- 方法中的局部变量：它们具有非常严格且定义良好的生存期，其长度和方法(以及所有子方法)的调用时长相同。我们可以在堆上分配所有值类型的局部变量，然后在方法结束时释放它们。但由于我们知道值只会有一个实例(它不会被共享)，因此完全可以使用堆栈存储它们。不存在方法结束后或从另外一个线程并发使用这个值的问题。使用 activation frame 内的堆栈用于局部值类型的存储，实在是一个完美的方案。此外，CLI 明确指出："引用局部变量或参数变量的托管指针，有可能出现引用失效的问题，因为它的行为无法验证。"(我们将在第 14 章介绍托管指针)

- 方法的参数：它们可以完全被视作局部变量，同样的，可以使用堆栈存储它们。
- 引用类型的实例字段：其生存期取决于父值(包含此实例的引用类型值)的生存期。可以肯定的是，它们肯定活得比当前或其他任何 activation frame 更长，因此不适合将它们存储在堆栈上。因此，作为引用类型(比如类)字段的值类型，将和引用类型本身一起被分配到堆上。
- 另一个值类型的实例字段：这里的情况稍稍复杂。如果父值位于堆栈，则该值也可以位于堆栈。如果父值已经位于堆，则该值也随之使用堆。
- (类/接口/模块中的)静态字段：情况与使用类型的实例字段类似。静态字段的生存期和定义此字段的类型等长。这意味着肯定不能使用堆栈保存它，因为 activation frame 的生存期要短得多。
- 局部内存池：它的生存期与方法的生存期严格等长(ECMA 标准表示"在方法退出时回收局部内存池")。这意味着我们可以毫无压力地使用堆栈，这也就是为什么局部内存池是通过增加 activation frame 来实现的原因。
- evaluation stack 上的临时值：evaluation stack 上的值，其生存期由 JIT 严格控制。JIT 完全清楚该值存在的目的以及使用该值的时间。因此，不管使用堆、堆栈或寄存器中的哪个容器存储该值，都可以。出于性能的考虑，JIT 显然会尽量尝试使用 CPU 寄存器和堆栈。

这就是我们对"值类型存储在堆栈上"这个说法的解释。可以看出，这个说法其实并不准确，更准确的描述应该是，"如果值类型是一个局部变量或位于局部内存池中时，它存储在堆栈上。但当它是其他位于堆上的对象的一部分或者是静态字段时，则存储在堆上。而当它们是 evaluation stack 处理过程中所需数据的一部分时，则可以存储在 CPU 寄存器中。"这个新的描述比之前的说法稍微复杂一点，不是吗？其实这段描述仍然没有包括所有情况，我们之后会遇到另外一个场景，当闭包把局部变量捕获进一个引用类型上下文之后，这个局部变量值将被提升至存储于堆上。

2. 结构

虽然结构自从.NET 诞生之初就已经存在，但它可能是 C#中最被忽视和低估的特性之一。其原因不外乎以下几点。

- 如果将结构的定义简化成"值类型存储在堆栈上"，则很难理解结构存在的意义。
- 结构引入了许多限制(无法定义无参构造函数，也无法实现继承)。
- 只使用类也可以，看不出需要使用结构的必要性。
- 了解到它们具有传值语义之后，将它们作为参数传递给方法或者在变量之间相互赋值。由于必须进行数据复制，因此将导致性能损失(这个说法并不正确，我们将很快了解这一点)。
- 它们的行为有些奇特，如果没有特别的理由，完全无须使用它们。

那么，为什么我们需要在代码中使用结构呢？下面是使用结构的主要优点。

- 它们分配于堆栈而非堆上：是的，这里确实涉及了实现细节，但从性能角度来看，我们可以从实现细节中受益。在堆栈上分配值可以避免 GC 管理它们所带来的开销，这是一大优点。
- 它们较小：由于结构只存储其数据而无须存储任何额外的元数据，因此它们需要的内存比类少。尽管内存很便宜，但如果数据量很大，较小的数据结构仍然是一个优势。

- 它们提供了更佳的数据局部性：由于结构更小，因此可以更密集地在集合中打包数据(稍后会证明这一点)。根据第 2 章所述，这样更有利于提高缓存利用率。
- 它们的访问速度更快：它们直接包含数据，访问它们无须进行额外的解引用(dereferencing)操作。
- 它们天然具有传值语义：如果想创建一个不可变类型，使用结构是不错的主意。但是我们也能对它们使用传引用语义(后面马上会解释)，将值类型和引用类型的优势结合起来。

由于使用结构是最常见、最有效的一种优化内存与性能的手段，因此我们将在本书后面的章节详细介绍上面所述的各个优点。我们还将在第 13 和第 14 章介绍如何使用 in、out 和 ref 关键字实现传引用之时(特别是在使用 Span<T>这种类型的时候)再对结构的优点详细讲述。在本章，我们只需要对结构进行简要、概览性的介绍即可。

3. 结构概述

结构可以被看成一种这样的类型，它描述了其内部的内存区域布局，同时可以在结构实例上调用定义的方法。结构实例仅包含它的数据(与值类型的定义相呼应)，因此当我们定义一个如代码清单 4-6 所示的简单结构时，它将具有如图 4-17 所示的内存布局(同时适用于 32 位和 64 位架构)。每个整数占用 4 字节，结构需要包含 4 个整数，因此结构将占用 16 字节。

对于 32 位系统，通用的位长标准是 ILP32，即 int、long 和指针都是 32 位长。对于 64 位系统，Windows 和 Linux 稍有不同。主流的 UNIX 标准是 LP64，即 long 和指针是 64 位(但 int 仍然是 32 位)。Windows 64 位标准则是 LLP64，特别定义的"长整型"(long long)和指针是 64 位(但 long 和 int 都是 32 位)。

代码清单 4-6   结构定义

```
public struct SomeStruct
{
  public int Value1;
  public int Value2;
  public int Value3;
  public int Value4;
}
```

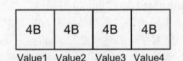

图 4-17   代码清单 4-6 中结构的内存布局

根据存储结构值所用位置的不同(以及实现方式的不同)，上面所示的内存区域既可能位于堆栈也可能位于堆中(如我们即将解释的，甚至可能位于 CPU 寄存器中)。但是，当前的 CLR 实现不允许直接在 Managed Heap 上使用上面这种内存布局。Managed Heap 中的对象必须是自描述的引用类型。因此，当需要在堆中存储结构时，将执行所谓的"装箱(boxing)"。本章后续将详细介绍装箱。我们还将在第 13 章稍加讨论内存布局如何依赖于给定类型的字段，因为这个主题同时涉及了结构和类。

我们现在感兴趣的是从内存管理的角度如何使用结构。如果结构被装箱(它的副本在堆上分配)，将很难再获得结构的种种优点。结构的真正能力只有在它未被装箱的情况下才能得以体现。

换言之，我们希望从它并非分配到堆这一事实中受益。优化性能和内存的核心规则之一是"避免分配"，结构就是能帮助我们应用这条规则的利器。此外，由于结构本身的诸多限制，比如不带继承功能，导致编译器和/或 JIT 编译器可以对它们的使用方式进行大量预判。换言之，继承功能意味着虚拟调用和多态，因此对可能使用继承功能的类数据进行预判要困难得多 [1]。

4. 结构的存储

代码清单 4-7 所展示的示例使用了在代码清单 4-6 中定义的结构。可以看到，Main 方法包含一个局部变量 sd，它存储了结构类型 SomeStruct 的一个实例。基于目前已知的信息，我们可以对它做出如下描述：

- sd 实例以传值方式传递给 Helper 方法，这意味着将它的数据复制了一份。Helper 方法操作的是属于自己的那份数据副本，因此它不会影响到原始 sd 值。
- sd 是一个局部值类型变量，因此它将(非常可能)分配在堆栈而非堆上。

代码清单 4-7 示例代码，其中使用了代码清单 4-6 中定义的结构

```
public class ExampleClass
{
  public int Main(int data)
  {
    SomeStruct sd = new SomeStruct();
    sd.Value1 = data;
    return Helper(sd);
  }
  private int Helper(SomeStruct arg)
  {
    return arg.Value1;
  }
}
```

如果使用 dnSpy 之类的工具查看 Main 方法的 CIL 代码(如代码清单 4-8 所示)，我们可以看到它是如何被编译成在 evaluation stack 上运行的 stack machine，以及它的每一个执行步骤。

- ldloca.s 0：将第一个局部变量的地址(带有索引 0)推入 evaluation stack。
- initobj Samples.SomeStruct：从 evaluation stack 取出(并移除)地址，将这个地址所指向的内存区域初始化为 SomeStruct(MSDN 对 initobj 的描述："在一个指定的地址初始化值类型的每个字段，如果字段是引用类型，则初始化为 null；如果是值类型，则初始化为 0")。
- ldloca.s 0：重新将第一个局部变量的地址推入 evaluation stack。
- ldarg.1：将方法的第二个参数推入 evaluation stack(参数是 int 数据，第一个参数默认是实例对象自身)。
- stfld int32 Samples.SomeStruct::Value1：将 evaluation stack 中第一个元素的值保存到位于 evaluation stack 第二个元素所指向地址的 SomeStruct.Value1 字段。两个元素都将从 evaluation stack 移除。
- ldarg.0：将方法的第一个参数(实例对象自身，即 C#中的 this 关键字)推入 evaluation stack。
- ldloc.0：将第一个局部变量的值推入 evaluation stack，这时我们可以确认整个 16 字节长的 SomeStruct 数据将被复制一份，Helper 方法将访问复制的副本。

---

1 编写本书时，.NET 团队正缓慢筹划将 devirtualization 功能添加到.NET 中，此功能可以在编译时发现最终将要调用的是哪个方法。

- call instance int32 Samples.ExampleClass::Helper(valuetype Samples.SomeStruct)：调用 Helper 方法，将结果推入 evaluation stack。
- ret：从方法返回至调用者。

代码清单 4-8 从代码清单 4-7 的 Main 方法编译出来的通用中间语言

```
.method public hidebysig instance int32 Main (int32 data) cil managed
{
  // Method begins at RVA 0x2048
  // Code size 24 (0x18)
  .maxstack 2
  .locals init (
    [0] valuetype Samples.SomeStruct
  )
  IL_0000: ldloca.s 0
  IL_0002: initobj Samples.SomeStruct
  IL_0008: ldloca.s 0
  IL_000a: ldarg.1
  IL_000b: stfld int32 Samples.SomeStruct::Value1
  IL_0010: ldarg.0
  IL_0011: ldloc.0
  IL_0012: call instance int32 Samples.ExampleClass::Helper(valuetype
  Samples.SomeStruct)
  IL_0017: ret
} // end of method ExampleClass::Main
```

代码清单 4-8 所示的代码使用了三处不同的存储位置：局部变量、方法参数和 evaluation stack。可以清楚地看到，执行过程中确实没有进行任何堆分配(堆分配会用到 newobj 指令，我们稍后在代码清单 4-13 中会看到该指令)，这是我们所期望的优化。我们能看到在堆栈上分配了 SomeStruct 值，并在调用 Helper 方法时，将值复制进 Helper 方法的 activation frame。这个结果显然意味着我们应当考虑尽量选择使用结构以从中获益(但请参考下方的提示)。

由于传值语义将导致对结构值的复制，这种复制操作本身的性能消耗有可能高过因为避免堆分配而获得的性能提升。但是，下面这两个因素在一定程度上能弥补复制操作带来的损失，因此编写高性能代码时，仍然值得认真考虑选择使用结构。
- 对于小型结构数据，JIT 编译器可以仅使用 CPU 寄存器从而完全避免使用堆栈(下面的段落即将演示此场景)，从而极大优化对它们的操作。
- 另外一个常见的解决方案是对结构数据使用传引用(通过使用之前提到的 ref、in 和 out 关键字可以实现传引用，本书也将对该用法详加描述)。

现在，你应该已经清楚了解使用值类型时，对应的 CIL 代码如何完成工作。但是，我们可以更进一步，探查 JIT 编译器如何将运行于抽象 stack machine 上的代码转换成真正的机器码。上面提到的三个位置(局部变量、方法参数和 evaluation stack)如何对应到堆、堆栈和 CPU 寄存器？答案显然取决于使用的是哪个 JIT 编译器。让我们以最常见的 x64 平台.NET Framework 中的 RyuJIT 为例，对此探查一番。RyuJIT 编译后的机器码如代码清单 4-9 所示。可以看到，JIT 编译后的结果相当不错，整个 evaluation stack 处理过程都被优化成单条 mov 指令，优化效果惊人！这行代码的作用如下。

- mov eax, edx：该指令将第二个参数的数据(根据 Microsoft x64 调用规范，它存储于 edx 寄存器中)移动到寄存器 eax，此寄存器中将包含方法退出时的结果值。
- ret：从方法退出。

对 Helper 方法的调用不见了(它被内联优化掉了)，对结构数据的复制也不见了，实际上，机器码中根本没有出现任何结构!

代码清单 4-9 代码清单 4-7 的 Main 方法被 RyuJIT x64 进行 JIT 编译后的结果

```
Samples.ExampleClass.Main(Int32)
0x00007FFA`5178BA40:          L0000: mov eax, edx
0x00007FFA`5178BA42:          L0002: ret
```

有人可能会争辩说，Helper 方法之所以被彻底优化，只是因为它非常短小的缘故。但实情是，即使在 Helper 方法中进行更复杂的操作，甚至使用 SomeStruct 结构值的所有字段，也不会在堆栈上分配任何 SomeStruct。这就是当今 JIT 算法能达到的优化程度。

我希望向你阐述的理念是，结构是高效的数据容器，它的简洁性提供了极大的代码优化潜力。"局部结构类型变量分配在堆栈上"确实不假，但正如所见，实际情况有可能比这更好。局部变量可以被优化成完全由 CPU 寄存器处理，根本无须用到堆栈。我们可能以为，按值传递一个结构数据将会导致内存复制操作，但 JIT 编译器可能会把整个操作优化成只需要对 CPU 寄存器进行一些操作而已。

只有使用 release 模式进行编译时，由于启用了所有优化选项，代码清单 4-9 所展示的优化才会发生。如果我们在 debug 模式编译代码清单 4-7 中的示例代码，Main 方法将被 JIT 编译成长达 41 行的汇编代码，代码中将包含对 SomeStruct 的 stack 复制，甚至 Helper 方法也不会被内联(并且它还需要另外 25 行汇编代码)。因此相对于 release 模式的两行汇编代码，debug 模式的汇编代码则足足有 66 行!

还有一点需要提醒你，.NET 运行时会根据结构的大小对它们采取不同的处理和优化策略。例如，如果向代码清单 4-6 中的 SomeStruct 再添加一个整数字段，JIT 将不会优化 Main 方法，Stack 分配和内存复制将不可避免。影响 JIT 优化与否的结构大小具体是多少，属于另一个埋藏得很深的实现细节，但是通过观察，我们可以看出来大概是 24 字节。根据其他信息源的说法，可以安全地假设 JIT 将对不超过 16 字节的结构进行优化，但我相信 24 字节大小也是没问题的。

在某些情况下，通过尽可能利用处理器的功能，也可以对内存的复制操作进行优化。例如，我的 Intel 第四代 Haswell 处理器可以使用 vmovdqu 指令复制数据。这个 AVX(Advanced Vector Extensions)汇编指令可以在一个整数向量和一个未对齐内存地址之间来回移动数据。总之，如果我们对代码性能有要求，应当尽量避免复制操作。

有一个可能你也已经知道的有趣的事实，在一个结构的方法中，可以将新值赋给 this 字段。尽管从编程语言的角度来看有些奇怪，但这种用法并没有什么特别之处。

```
public struct SomeData
{
  public int Value1;
  public int Value2;
  public int Value3;
  public int Value4;
```

```
public void Bizzarre()
{
  this = new SomeData();
}
}
```

由于值类型直接存储它们的数据，因此可以把这种赋值操作当成结构字段的再次初始化。

定义自定义结构时，要尽量使其不可变。在代码中使用方法参数或字段赋值传递对象时，可能误以为修改对象副本将修改原始对象值。我们当然知道，由于值类型的传值语义，这种想法是错的。最好通过显式使结构不可变，禁止对对象状态的修改，比如把结构设计成所有字段都只有 getter 属性且所有方法都不修改数据。这种设计有助于避免意料之外的行为。

4.5.4 引用类型

正如之前所述，引用类型的实例只包含对其数据的引用。通用语言规范中定义了两种主要的引用类型。

- 对象类型：如 ECMA 335 所描述，对象是"自描述值的引用类型"，而且"它的类型显式存储于其表现形式中"。这种引用类型包括类和委托。.NET 内置有一些引用类型，其中最有名的是 Object 类型。
- 指针类型：它是一个指向某个内存位置的特定于当前计算机的纯地址(请参见第 1 章)。指针分托管指针和非托管指针两种。托管指针将在第 13 章详细介绍，它们在实现传引用语义方面起着重要作用。

讨论引用类型时，分清楚下面两个概念有助于避免混淆(如图 4-18 所示)。

- 引用：一个引用类型的值是对其数据的引用。此处的"引用"指的是存储在其他位置的数据的地址。引用本身可以视为一个值类型，因为它内部是一个 32 位或 64 位的地址。引用具有传值语义，因此传递引用即复制此引用。
- 引用类型的数据：被引用的一段内存区域。标准中并未定义数据的存储位置，反正它肯定存储在引用本身以外的其他位置。

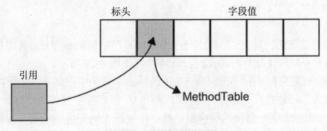

图 4-18 引用类型原理图

图 4-18 让我们想起第 1 章中描述指针和指针所指向数据的图 1-10。引用可以被视为指针的一种，但与普通指针不同的是，运行时为引用提供了额外的安全性。

考虑可以将引用类型存储到哪里的过程比值类型要简单得多。如前所述，由于引用可以共享数据，因此它们的生存期并不确定。通常来说，不可能在堆栈上存储引用类型，因为引用类型的生存期可能远远长过 activation frame(activation frame 的生存期取决于方法调用的时长)。因此很显然，能存储引用类型的地方只有一个，根据流传已久的说法，"引用类型存储在堆上"。当然，.NET

运行时有好几个堆可供使用，因此即使这个说法也并非安全正确。

说到在堆上分配引用类型，存在一个例外。如果我们能够知道一个引用类型实例的使用场景和一个局部值类型变量相同，我们可以像对待值类型一样将它分配到堆栈上。这意味着我们需要知道一个引用是否"逃逸"到它所处的局部作用域之外(逃逸出当前堆栈或当前线程)。进行这种检查的方法称为逃逸分析(Escape Analysis，如代码清单 4-10 所示)。Java 已经成功实现了逃逸分析，由于 Java 默认总是在堆上分配所有东西，因此这个功能对它尤其有用。当作者撰写本书时，.NET 仍未支持 Escape Analysis(逃逸分析)。[1]

代码清单 4-10　对 Helper 方法的逃逸分析可能发现本地变量 c 并未逃逸出方法之外，因此可以安全地将它分配在堆栈上。.NET 运行时当前并未实现此功能。

```
private int Helper(SomeData data)
{
  SomeClass c = new SomeClass();
  c.Calculate(data);
  return c.Result;
}
```

类

每个使用.NET 语言的开发人员都一定使用过并声明过类。类是一种自定义引用类型。它们是CTS 中的一等公民，也是每个 C#应用程序的基石。它们可以包含字段、属性、方法、静态字段和静态方法等成员。让我们对应代码清单 4-6 中的结构定义一个类，以此讲述结构和类的区别(如代码清单 4-11 所示)。

代码清单 4-11　示例类定义(对应于代码清单 4-6 中的结构)

```
public class SomeClass
{
  public int Value1;
  public int Value2;
  public int Value3;
  public int Value4;
}
```

由于.NET 内存管理的设计方式，堆上每个对象都有严格的内存布局，其中包含下面这些部分(每个部分占用的大小取决于运行时是 32 位或 64 位，如图 4-19 所示。

- object header(对象标头)：按照 CoreCLR 的描述，标头中存储了"需要附加到对象上的所有附加信息"。虽然标头大多时候存储的都是 0，但它最常见的用途包括：此对象上的 lock 信息或 GetHashCode 结果的缓存值。此字段遵循先到先得的规则。如果运行时需要它提供与 lock 有关的信息，那么 hash code 则不会缓存在这里，反之亦然。标头对垃圾回收器同样重要，垃圾回收器在其内部运作期间使用它。

- method table reference：前面曾提到过，对象的"类型显式存储于其表现形式中"从实现的角度来看，它指的是 MethodTable。这里也是对象间互相引用时的引用点，换言之，如果有一些引用指向某个特定的对象，引用者将指向该对象 method table reference 的地址。这也是为什么说对象标头位于"负索引"的原因(译者注：这里的意思是指，由于对一个

---

1 但是，.NET 团队正在开发此功能，并很可能将其包含进.NET Core 3.0(或者至少作为一个可选功能存在)。

对象的引用是指向它的 method table reference,因此通常把 method table reference 的位置定义为索引 0。而由于对象标头在 method table reference 的前面,因此标头位置的相对索引为负数)。MethodTable 引用项也是一个指针,指向类型的描述数据结构中的一个相应条目(类型描述数据结构位于包含此类型的应用程序域的 High Frequency Heap 中)。

- 数据占位符(如果类型没有字段):当前的垃圾回收器要求每个对象至少有一个指针大小的字段。这个字段不必专门用于垃圾回收器,而是可以被其他各种用途重用,比如用作存储对象的第一个字段(如果对象包含字段,就像图 4-19 演示的那样),或存储数组对象的长度。总之,这个字段对 GC 非常重要,我们将在第 7 章详细解释。

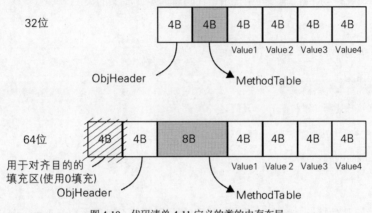

图 4-19   代码清单 4-11 定义的类的内存布局

根据上面介绍的内存布局,可以知道堆上每个对象至少包含这 3 个字段(请参考代码清单 4-12 演示的 CoreCLR 源代码)。这意味着在 32 位运行时的情况下,堆上最小的对象(不包含任何字段)将有 12 字节。

- 4 字节用于对象标头
- 4 字节(一个指针的大小)用于 method table reference
- 4 字节(一个指针的大小)用于内部数据占位符

如果是 64 位运行时,则最小的对象将占用 24 字节。

- 8 字节用于对象标头:实际用到的只有 4 字节,另外以 0 填充的 4 字节仅用于对齐的目的(因为 64 位架构的内存布局基于 8 字节对齐)
- 8 字节(一个指针的大小)用于 method table reference
- 8 字节(一个指针的大小)用于内部数据占位符

代码清单 4-12   堆上分配的对象的最小占用空间

```
// The generational GC requires that every object be at least 12 bytes in size.
#define MIN_OBJECT_SIZE        (2*sizeof(BYTE*) + sizeof(ObjHeader))
```

我们将在"类型数据局部性"小节进行性能差异对比测试,但两者的内存开销很明显。一个包含 1 字节数据的分配在堆栈上的结构,仅占用 1 字节的空间 [1]。而一个包含 1 字节数据的分配在堆上的类,将在 64 位运行时环境中占用 24 字节的空间。

现在让我们看看代码清单 4-13 所示的示范代码,它使用了代码清单 4-11 中定义的类。我们

---

[1] 由于需要内存对齐,可能会导致一些额外开销。第 11 章详细介绍对象内存布局时将讲解内存对齐造成的影响。

可以看到 Main 方法中有一个 SomeClass 类型的局部变量 sd。基于目前学到的知识，可以做出如下阐述。

- 使用局部变量 sd 引用的数据将以传引用方式传递给 Helper 方法，无须复制数据。对引用自身的复制只需要操作单个内存地址。Helper 对这个共享的引用进行操作。修改其内部的值，将影响原始的 sd 变量。
- 使用局部变量 sd 引用的数据是一个局部引用类型变量，因此在.NET 引入逃逸分析之前，它将分配在堆上。

代码清单 4-13 示例代码，其中使用了代码清单 4-11 定义的类

```
public class ExampleClass
{
  public int Main(int data)
  {
    SomeClass sd = new SomeClass();
    sd.Value1 = data;
    return Helper(sd);
  }
  private int Helper(SomeClass arg)
  {
    return arg.Value1;
  }
}
```

现在让我们看看 Main 方法生成的 CIL 代码(如代码清单 4-14 所示)。stack machine 在 evaluation stack 上依次执行的指令如下所列。

- newobj instance void Samples.SomeClass::.ctor()：调用 Allocator，创建一个新 SomeClass 对象实例，将对它的引用推入 evaluation stack。第 6 章将深入讲解这个步骤。
- stloc.0：移除 evaluation stack 顶部的引用，将其存入第一个局部变量位置。
- ldloc.0：将第一个变量位置的值推入 evaluation stack。
- ldarg.1：将第二个参数的值(同样，第一个参数是对当前对象的引用，即 this)推入 evaluation stack。
- stfld int32 Samples.SomeClass::Value1：将 evaluation stack 上的第一个元素存储到第二个元素所引用对象的 Value1 字段(之后从 evaluation stack 移除这两个元素)。
- ldarg.0：再次将第一个参数的值(当前对象的引用)推入 evaluation stack。
- ldloc.0：将第一个局部变量位置的值(对新创建 SomeClass 实例的引用)推入 evaluation stack。
- call instance int32 Samples.ExampleClass::Helper(class Samples.SomeClass)：调用方法，从 evaluation stack 获取两个参数(根据方法的定义可知)。
- ret：从方法返回。

代码清单 4-14 将代码清单 4-13 的 Main 方法编译成通用中间语言

```
.method public hidebysig instance int32 Main (int32 message) cil managed
{
  .locals init ([0] class Samples.SomeClass)
  IL_0000: newobj instance void Samples.SomeClass::.ctor()
  IL_0005: stloc.0
  IL_0006: ldloc.0
```

```
IL_0007: ldarg.1
IL_0008: stfld int32 Samples.SomeClass::Value1
IL_000d: ldarg.0
IL_000e: ldloc.0
IL_000f: call instance int32 Samples.ExampleClass::Helper(class Samples.SomeClass)
IL_0014: ret
} // end of method ExampleClass::Main
```

上面代码中有一些明显可见的冗余，它调用 stloc.0 指令后，又立即调用了 ldloc.0。由于编译器必须设计得具有一定的通用性，因此我们经常会遇到这种看起来似乎可以优化的代码。

然而，x64 .NET Framework JIT 最终生成的汇编代码非常精简且优化良好(如代码列表 4-15 所示)。它主要调用.NET 运行时的内部 Allocator 函数 JIT_TrialAllocSFastMP_InlineGetThread。但不管怎么说，相比使用结构时的 2 行汇编代码(参考代码清单 4-9)，这次生成的汇编代码复杂得多！

代码清单 4-15　代码清单 4-13 的 Main 方法被 RyuJIT x64 进行 JIT 编译后的结果

```
Samples.ExampleClass.Main(Int32)
0x00007FFA`5176E5A0:    L0000: push rsi
0x00007FFA`5176E5A1:    L0001: sub rsp, 0x20
0x00007FFA`5176E5A5:    L0005: mov esi, edx
0x00007FFA`5176E5A7:    L0007: mov rcx, 0x7ffa5192f838
0x00007FFA`5176E5B1:    L0011: call clr.dll!JIT_TrialAllocSFastMP_
InlineGetThread+0x0
0x00007FFA`5176E5B6:    L0016: mov [rax+0x8], esi
0x00007FFA`5176E5B9:    L0019: mov eax, [rax+0x8]
0x00007FFA`5176E5BC:    L001c: add rsp, 0x20
0x00007FFA`5176E5C0:    L0020: pop rsi
0x00007FFA`5176E5C1:    L0021: ret
```

最终生成的汇编代码的不同，会对性能造成多大的影响呢？我们可以将代码清单 4-7 和代码清单 4-13 中 Main 方法的性能进行对比评测(如表 4-1 所示)。使用类的方法由于需要进行对象分配，相比不需要分配内存的使用结构的方法，两者性能差距超过 4 倍。

表 4-1　代码清单 4-7 和代码清单 4-13 中 Main 方法的性能评测结果。评测由 BenchmarkDotNet 基于.NET Framework 4.7 进行

方法	平均值	Gen 0(第 0 代垃圾回收)	分配的内存
ConsumeStruct	0.6864 ns	-	0 B
ConsumeClass	3.3206 ns	0.0076	32 B

在 C++语言中，我们可以将对象分配在堆栈上(MyClass c)或者堆上(MyClass* c = new MyClass())。但在 C++/CLI 语言中，当我们使用堆栈语义创建一个引用类型的实例时，编译器内部仍将在堆上创建此实例(使用 gcnew 关键字)。

4.6　字符串

字符串是最为我们所知的引用类型之一，它表示一串字符序列，或者也可以说，它表示一些文本文字。即使我们未曾察觉，但字符串确实是迄今为止在普通.NET 程序中用得最多的数据类型

之一。那是因为现在大多数的程序都或多或少依赖于文本处理。不管文本是来自数据库、REST 服务、SOAP Web 请求或磁盘上的 XML 文件，我们都必须拿到它们之后，对其进行某些处理，然后(在大部分情况下)将结果转换成另一种文本展现形式。这就是为什么在分析典型.NET 程序(尤其是 Web 程序)的内存 dump 时，字符串总是内存中最多数量的对象类型之一。

大量使用字符串对象是很常见的情况，因此在分析程序的内存消耗状况时，如果发现存在大量字符串，不要一开始就假设它们是内存问题的根源。有可能它们确实是，但也并非总是如此。只有透彻地分析，比较前后不同时间的内存 dump，才能给出正确答案。

.NET 对字符串的处理有一个特别之处：它们默认是不可变的。与 C 或 C++等非托管语言不同，一旦在 C#中创建一个字符串值之后，便不可更改其内容。这就是为何代码清单 4-16 所示的代码会导致 Property or indexer 'string.this[int]' cannot be assigned to -- it is read only 编译错误。

代码清单 4-16   演示字符串的不可变性

```
string s = "Hello world!";
s[6] = 'W';
```

切记，"字符串具有不可变性，创建后即不可更改"这句话并不完全正确。不可变性只体现在 Basic Class Library 并未暴露任何修改字符串值的 API(即使通过反射 API 也无法做到)，但在运行时级别并没有这个限制。字符串的内容无非是一段连续的、以某种编码表示字符的字节区块而已。我们完全可以在 unsafe 模式下，使用指针修改一个字符串内存块的内容。当然，这是不受支持的行为，如果真这样做而导致出现任何问题，能依靠的只有自己。

开发人员首次接触 C#语言时，字符串的不可变性会让他们产生诸多混淆。代码清单 4-17 所示的示例就能说明问题。Greet 方法创建了一个将一些字符串文本与方法参数连接在一起的新字符串。一位 C#新手程序员可能以为对 result 变量使用+=操作符的作用是不断地修改该变量(就像对一个整数值变量使用+=操作符一样)。

代码清单 4-17   字符串串接示例，它将隐式创建多个临时字符串对象

```
public string Greet(string firstName, string secondName)
{
    string result = "Hello ";
    result += firstName;
    result += " ";
    result += secondName;
    result += "!";
    return result;
}
```

程序员或早或迟会了解到，一个字符串的值小可能更改，字符串都是不可变的，代码清单 4-17 的代码实际上每行都会创建一个临时字符串对象(如代码清单 4-18 所示)。因此，Greet 方法会在无意中总共创建 4 个临时字符串。由于每个临时字符串仅被用于下一次 Concat 调用，因此它们的生存期极短。正如我们将在后面章节中所了解到的，避免对象分配是改进代码性能的最常见方法之一。

代码清单 4-18 代码清单 4-17 对应的 CIL 方法。可以看到，每个+=操作符都转换成一次对 String::Concat 方法的调用，Concat 方法的功能是将 evaluation stack 顶上的两个字符串串接起来，并将串接的结果推回 evaluation stack。

```
.method public hidebysig instance string Write (string firstName, string
secondName) cil managed
{
    IL_0000: ldstr "Hello "
    IL_0005: ldarg.1
    IL_0006: call string [mscorlib]System.String::Concat(string, string)
    IL_000b: ldstr " "
    IL_0010: call string [mscorlib]System.String::Concat(string, string)
    IL_0015: ldarg.2
    IL_0016: call string [mscorlib]System.String::Concat(string, string)
    IL_001b: ldstr "!"
    IL_0020: call string [mscorlib]System.String::Concat(string, string)
    IL_0025: ret
}
```

如何才能改进这段代码呢？常见的解决方案之一是使用提供可变字符串行为的 StringBuilder 类型(如代码清单 4-19 所示)。StringBuilder 在内部将文本保存为字符块(称之为 chunk；如图 4-20 所示)的链表。可以将 StringBuilder 视为一串内部缓冲区链的入口点。随着内部存储文本的增长，其所使用 chunk 的大小和数量也将随之动态调整。如果需要获取一个常规字符串对象，可以调用它的 ToString 方法，该方法将分配一个新字符串并将所有 chunk 的文本数据复制进去。

代码清单 4-19 使用"可变字符串"类型 StringBuilder 重写代码清单 4-17 的示例

```
public string Greet(string firstName, string secondName)
{
    StringBuilder sb = new StringBuilder();
    sb.Append("Hello ");
    sb.Append(firstName);
    sb.Append(" ");
    sb.Append(secondName);
    sb.Append("!");
    return sb.ToString();
}
```

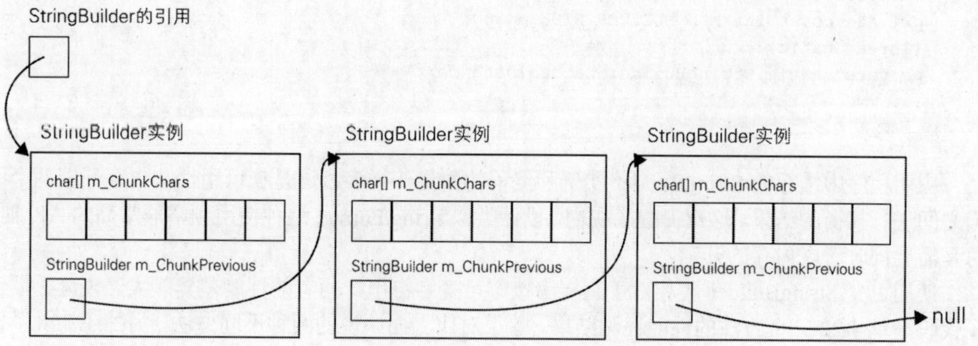

图 4-20 StringBuilder 的内部数据结构

如果创建字符串的过程较为复杂(比如，从集合聚合出一个字符串文本)，应优先考虑使用
StringBuilder。

请注意，上面这种将几个参数串接成一个完整字符串的简单示例，最有效的方案是直接使用
string.Format 或基于它实现的字符串内插(string interpolation)：public string Greet(string firstName,
string secondName) => $"Hello {firstName} {secondName}!";

string.Format、string.Join 等常见辅助函数的内部已经使用了 StringBuilder。为了得到更好的优
化效果，它们甚至更进一步，使用封装了缓存 StringBuilder 对象功能的 StringBuilderCache 类(如
代码清单 4-20 所示)。

代码清单 4-20 被各个 string.Format 重写调用的 FormatHelper 方法，它在内部使用了
StringBuilder

```
private static String FormatHelper(IFormatProvider provider, String format, ParamsArray
args) {
  ...
  return StringBuilderCache.GetStringAndRelease(
    StringBuilderCache
      .Acquire(format.Length + args.Length * 8)
      .AppendFormatHelper(provider, format, args));
}
```

StringBuilderCache 在内部存储一个 ThreadStatic static StringBuilder 实例(如代码清单 4-21 所
示)。由于在每个线程上都会创建一个专门的实例(第 13 章将详细介绍线程静态存储，即
ThreadStatic 特性的具体作用)，因此可以安全地重用缓存的 StringBuilder 实例，无须担心多线程
冲突。

代码清单 4-21 StringBuilderCache 类的起始部分揭示了它的内部结构

```
internal static class StringBuilderCache
{
  // The value 360 was chosen in discussion with performance experts as a
  compromise between using as litle memory (per thread) as possible and
  still covering a large part of short-lived StringBuilder creations on
  the startup path of VS designers.
  private const int MAX_BUILDER_SIZE = 360;
  [ThreadStatic]
  private static StringBuilder CachedInstance;
  ...
}
```

应用程序中缓存的 StringBuilder 实例和线程的数量一样多，这是在可用性与内存开销两个因
素之间进行权衡的结果。这也提醒了我们，设计类似 string.Format 这种使用频率非常高的 API 时，
总是需要同时考虑内存的开销。

使用可变 StringBuilder 类相对于直接串接不可变字符串，两者的性能差异颇大。表 4-2 展示
了代码清单 4-22 三个方法的性能评测结果。除了对比上面所说的两种不同方法，另外还加入了使
用 StringBuilderCache 的第三个方法。尽管无法直接引用非 public 的 StringBuilderCache 类，但可
以轻松地从.NET Framework 源代码中将它复制出来使用(https://referencesource.microsoft.com/

#mscorlib/system/text/stringbuildercache.cs)。

代码清单 4-22 构建复杂字符串的三种不同途径。第一个使用传统的字符串串接，它将分配许多生存期极短的临时字符串。第二个使用 StringBuilder，第三个重复使用缓存的 StringBuilder 实例(获取足够大的缓存实例以确保它可以包含所有生成的文本)。

```
[Benchmark]
public static string StringConcatenation()
{
  string result = string.Empty;
  foreach (var num in Enumerable.Range(0, 64))
    result += string.Format("{0:D4}", num);
  return result;
}

[Benchmark]
public static string StringBuilder()
{
  StringBuilder sb = new StringBuilder();
  foreach (var num in Enumerable.Range(0, 64))
    sb.AppendFormat("{0:D4}", num);
  return sb.ToString();
}

[Benchmark]
public static string StringBuilderCached()
{
  StringBuilder sb = StringBuilderCache.Acquire(2 * 4 * 64);
  foreach (var num in Enumerable.Range(0, 64))
    sb.AppendFormat("{0:D4}", num);
  return StringBuilderCache.GetStringAndRelease(sb);
}
```

表 4-2   代码清单 4-22 的三种字符串构建方法的性能评测结果。评测由 BenchmarkDotNet 在.NET Core 2.10 上进行

方法	平均值	Gen 0	分配的内存
StringConcatenation	12.420 us	6.3477	26.75 KB
StringBuilder	7.708 us	1.7090	7.64 KB
StringBuilderCached	7.630 us	1.4648	6.57 KB

从表 4-2 展示的结果可以清楚地看到，如果使用不恰当的字符串串接方法，内存消耗量可能增加 4 倍，并由此导致 4 倍的 GC 开销。不同方法的性能差异对于我们这个示例而言可能不太起眼，但对于处理数千个请求的大型 Web 应用程序而言，差异相当大。

字符串的设计决策引出了如下几个问题。

- 为什么字符串不可变：如果它的不可变性导致反直觉的行为和隐式内存分配问题，为什么还要让字符串不可变呢？答案很简单，虽然不可变性确实会引入一些问题，但它的好处也很多，使字符串这种使用范围极广的类型具有不可变性，总体上是划算的。不可变性带来的好处包括

  ◆ 安全性：字符串被广泛使用于其他数据结构之中。允许直接修改字符串可能导致许多

潜在的问题。想象一个使用字符串为键(key)的字典型数据结构。如果一个键本身的值被修改了，可能会导致这个结构的内部表现形式(通常基于不同类型的平衡树构建)失效。许多 API 都设计成接收一个字符串参数用以表示用户凭据、文件名和路径等，如果 API 校验完参数的有效性之后字符串内容又被修改，这将非常危险。

♦ 并发性：数据不可修改，意味着在多个线程间共享数据毫无风险。不需要对数据加锁，也无须承担 False Sharing 的风险。

● 带来的主要缺点之一是：

♦ 修改操作将导致创建额外的字符串实例(正如前面的 Concat 操作所展示的)。在长文本数据的使用场景中，这一点尤其令人痛苦。想象对一个存储了 MB 级别文本的字符串执行一个简单的 Replace('a', 'b')调用，它将创建几个 MB 大小的新字符串实例，而其实新字符串只被修改了几个字符而已。

● 所有这些因素综合起来，使得字符串不可变成为一个完美的设计。如果你确实需要对字符串执行一些修改操作，请使用 StringBuilder。这迫使开发人员根据各自的使用场景，显式选择使用不同的类型。

● 既然字符串不可变，为何它不是结构，而是一个类？值类型非常适合用于不可变的需求，它们直接存储自己的所有数据，默认的传值语义使它们天然具备不可变性。那么，何不将字符串设计成一个结构？但仔细想想，尽管值类型非常适合用作不可变类型，但不可变类型并不一定适合选择使用值类型。传值语义会导致频繁地复制字符串，而复制大字符串的开销颇大，因此对它们使用传引用语义要高效得多。

更进一步，如果不变性具备那么多优点，何不让所有类型默认不可变？这确实是大多数函数式语言所采用的设计，包括.NET 中的 F#语言。在 F#语言中，类型的可变性反而不是默认行为，需要使用 mutable 关键字显式声明。

4.6.1　字符串暂存

.NET 运行时内部有一个名为字符串暂存(string interning)的机制，它有时会造成不少混淆。这也是求职面试中不断被提及的话题之一。字符串暂存是为了有效使用相同文本的内存而设计的一个优化技巧。有了字符串暂存，不再需要重复复制相同的文本，而只需要在内存中保留一份即可。但问题是，此机制默认仅适用于字符串字面量(string literal)，无法用于一个普通程序执行期间动态创建的字符串。正如 ECMA 335 所述，"默认情况下，如果两个 ldstr 指令引用的元数据令牌具有相同的字符序列，CLI 保证返回完全相同的字符串对象(此过程称为字符串暂存)。"我们已经在代码清单 4-18 中见过使用 ldstr 指令加载字符串字面量的用法。

字符串暂存功能通常可以通过代码清单 4-23 的示例加以展示。可以看到，在不同的地方使用了两个完全相同的"Hello world!"字符串字面量(literal)。Main 方法的第 4 行输出 True，这是因为运行时暂存了"Hello world!"字面量，因此 s1 和 Global 将引用同一个字符串实例。

由于字符串暂存默认只适用于字符串字面量，使得此机制对开发人员而言意义不是很大。它属于运行时内存优化的实现细节之一，其目的不言而喻，避免不断重复复制内容相同的硬编码文本。我需要再次强调，默认只有字符串字面量才会被暂存。代码清单 4-23 清楚地展示了这一点。尽管字符串 s3 的值也是"Hello world!"，但第 5 行代码将输出 False，表明 s3 引用了一个非暂存的实例。因此，尽管字面量"Hello "和"world!"会被暂存，动态创建的字符串 s3 却不会。

代码清单 4-23 字符串暂存示例，代码的输出内容参见其中的注释

```
private static string Global = "Hello world!";
static void Main(string[] args)
{
  string s1 = "Hello world!";
  string s2 = "Hello ";
  string s3 = s2 + "world!";
  Console.WriteLine(string.ReferenceEquals(s1, Global)); // True
  Console.WriteLine(string.ReferenceEquals(s1, s3));     // False
  ...
```

为什么默认不暂存动态创建的字符串？因为这样做的开销巨大。尝试创建一个新字符串时，运行时需要检测它是否已被暂存。但如果已被暂存的字符串数量庞大，这样的检测无疑相当耗时。检测带来的性能消耗完全抵消了避免创建一个新字符串的好处。

然而，我们可以使用.NET 提供的 API 显式管理字符串暂存。调用静态方法 string.IsInterned 时，如果传入的值未被暂存，则返回 null，否则返回被暂存的字符串引用。代码清单 4-24 展示了代码清单 4-23 中 Main 方法的后续部分。在第 1 行，如果使用 string.IsInterned 方法检查是否存在包含变量 s3 的值(它的值是"Hello world!")的已暂存字符串，由于确实存在一个已暂存的"Hello world!"字符串字面量，方法将返回已暂存的字符串引用。利用这个技巧，我们可以使用已经被暂存的字符串版本，而原始的 s3 实例最终将被垃圾回收，因为我们不再需要用到它了。

甚至还可以使用 string.Intern 方法，显式暂存一个字符串(参见代码清单 4-24 的第 8 行)。方法将返回一个已暂存字符串引用。如果调用 string.Intern 方法之前，该字符串值未被暂存，它将先暂存这个引用，然后返回此已暂存字符串。换言之，暂存动态创建的字符串，无非就是在某些内部数据结构中保存它。我们的示例代码调用 string.Intern 暂存了引用 message，因此 s6 和 message 将引用同一个实例。

代码清单 4-24 手动暂存字符串的示例

```
string s4 = string.IsInterned(s3);
Console.WriteLine(s4); // Hello world!
Console.WriteLine(string.ReferenceEquals(s4, Global)); // True
string message = args[0];
string s5 = string.IsInterned(message);
Console.WriteLine(s5); // null
string s6 = string.Intern(message);
Console.WriteLine(string.ReferenceEquals(s6, message)); // True
```

这不禁带给我们一个新问题。关于暂存字符串的位置，有许多相互混淆的说法。代码清单 4-24 中动态创建的字符串 message 被暂存后，它将被存储于何处？我们通常会在一些文档中读到，已暂存字符串存储于一个名为 String Intern Pool 的地方，String Intern Pool 位于 Large Object Heap(LOH；我们将在第 5 章介绍它)中，而 LOH 属于 Managed Heap 的一部分。但问题是，我们很快将了解到，LOH 被指定为仅用于存储大于 85 000 字节的对象。字符串显然比这小得多。这

是否意味着字符串被暂存时，将被移动到某种更大的缓冲中(缓冲对象大于 85 000 字节)？我们有时也会听到另外一种说法，提到已暂存字符串存储于可执行文件中，但既然可以暂存动态创建的 message 字符串，这个说法显然不准确。正确答案比这些说法稍微复杂一点。

字符串暂存涉及内存中的几个地方(如图 4-21 所示)。其核心部分是驻留于.NET 框架中的一个内部 String Literal Map(位于一个专有非托管 heap 中)。它管理一个分组到不同 bucket 中的字符串哈希表。每个被暂存的字符串在其中都有自己的条目，条目中包含一个计算出的哈希值和一个地址，地址指向另外一个数据结构 LargeHeapHandleTable 中的某个条目。LargeHeapHandleTable 表位于 Large Object Heap 中，其中包含对字符串实例的引用，其引用的字符串实例都是位于 Managed Heap 中的普通字符串。因此，暂存的字符串其实并未保存在某些特别的 String Intern Pool 数据结构中，它们只是由 String Literal Map 和 LargeHeapHandleTable 注册和管理。这几个数据结构的生存期和.NET 程序一样长，因此一旦注册了一个暂存的字符串，字符串将被这些结构一直引用。换用 GC 的术语来说，暂存的字符串永远处于可到达(reachable)状态，因此它们永远不会被回收！由于暂存的字符串和其他所有对象一样位于 Managed Heap 中，无论其位于 SOH(如果对象小于 85 000 字节，则分配至 SOH)，或位于 LOH(如果对象大于 85 000 字节，则分配至 LOH)，它们最终将被提升到第 2 代并永远停留在其中。

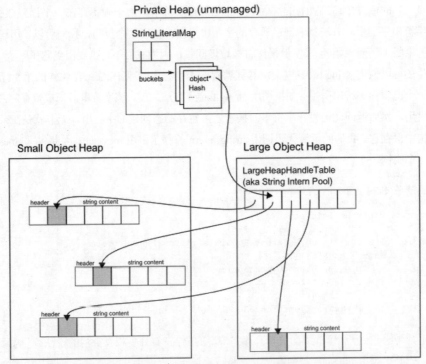

图 4-21　字符串暂存内部示意图。所有已暂存字符串实际上都是普通字符串实例，取决于每个实例的大小，它们仍然位于 Small Object Heap 或 Large Object Heap 中。位于 Large Object Heap 中的 LargeHeapHandleTable 引用所有已暂存字符串，同时有关此表的信息则被存储在内部.NET 运行时数据结构中

已暂存的字符串字面量又如何存储呢？有趣的是，它们的行为基本上大同小异。下面假设有如下这行代码：

```
string s = "Hello world!";
```

编译源代码时，所有字符串字面量(包括"Hello world!")将被存储到可执行文件的一个名为#US的存储流中(US 是 user strings 的缩写)。上面这行代码将被转换成我们熟知的 CIL 指令，指令的参数表示相对于#US 流的地址(0x70000000)偏移 1 个索引位的最终地址(0x70000001)，我们假设"Hello world!"文本位于此地址。

```
ldstr 0x70000001
```

JIT 编译该指令时，将按照下面的步骤执行操作。

- 从#US 流的指定索引位置读取字符串数据。
- 检查 String Literal Map 中是否存在此字符串数据。如果已存在,直接返回 LargeHeapHandleTable 表中对应的句柄地址。如果不存在，则
  - ◆ 分配一个新字符串：与普通字符串一样，将在第 0 代(如果它够大，则在 LOH 中)创建新实例！
  - ◆ 把数据从流复制进字符串。
  - ◆ 在 LargeHeapHandleTable 表中创建一个指向新创建字符串的新句柄。
  - ◆ 在 String Literal Map 中创建一个新条目。

通过 string.Intern 方法，字符串暂存功能被暴露给开发人员，使开发人员可以按照自己的需求选择是否使用暂存。我们可以显式地暂存任何字符串，包括动态创建的字符串。但这也是“选择困难症”的一大来源。我们为何以及何时可以从手动字符串暂存中受益？让我们分别分析一下字符串暂存的优缺点。

字符串暂存的优点如下。

- 消除重复字符串：最显然易见的优点，也是字符串暂存背后的原理，是它消除了重复的字符串，从而避免不必要的内存开销。这个优点对于字符串字面量而言无可置疑，运行时在 JIT 编译时负责处理它们的暂存。但是对于动态生成的字符串而言，优点就不那么明显了。我们应当分析程序中存在多少重复的字符串，以及这些重复字符串消耗了多少内存。考虑到下面将提到的缺点，进行字符串暂存有可能得不偿失。
- 提高相等比较性能：比较两个字符串的值是否相等，有可能需要按字节一一比对，因此性能可能颇慢，尤其在两个字符串比较长的情况下。但是，如果两个字符串变量引用了同一个实例，相等操作符可以快速给出答案(如代码清单 4-25 所示)。因此，如果我们的代码需要比较重复率较高的字符串，能从这种优化中获益。

字符串暂存的缺点如下。

- 永续性：如前面所提到的，暂存字符串将永远保持可到达状态，直到程序退出。我们暂存的大部分字符串很可能很快将不再需要，可以被 GC 回收掉，但是一旦暂存功能介入，它们将变得永续，永远不会被回收。因此我们暂存字符串之前应当三思而后行，认真考虑是否值得暂存它。完全有可能由于使用字符串暂存反而导致内存使用效率更差。这就像不停地保留应用程序中的所有字符串，对大部分场景而言，这都并非是个好主意。
- 创建临时字符串：我们只能暂存已经创建的字符串。因此，即使仅仅用于检查是否存在某个已暂存字符串，也会有一个留存极短时间的未暂存字符串。

代码清单 4-25 执行字符串相等性比较的代码起始片段。如果两个字符串引用同一个实例，则可以快速返回比较结果。

```
public static bool Equals(String a, String b)
{
    if ((Object)a==(Object)b) {
        return true;
    }
    ...
```

如果从文件、Web 请求等处读取数据，这些数据源将返回字符串实例。这些实例默认未被暂存，如果它们的重复概率较高(例如，XML 标签和属性的名称)，我们可能会尝试暂存它们。但问题是，这些字符串的生存期有多长？如果仅在处理输入数据时才需要将它们临时读入内存，它们很快就会被垃圾回收。但如果暂存它们，它们将永远驻留在内存中，而底层库很可能会继续生成相同的临时字符串 [1]。这些普通字符串最终将被提升到第 2 代，并拖慢整个垃圾回收的性能。

至此，我们可以得到最终结论：如果需要将大量重复的字符串长时间保留在内存中，应当考虑使用字符串暂存，这是可以从字符串暂存中获益的重要场景。这种场景其实不太常见，大部分程序只需要处理一些突发性文本数据，处理完成后即可丢弃它们。此外，如果需要大量比较重复率很高的字符串，也可以考虑使用字符串暂存。

请注意，如果能够很好地控制字符串的实例化方式，可以选择自行实现消除重复字符串的方案。这需要你能完全掌控生成字符串的具体流程，比如接收字节流数据后将其反序列化为一个字符串。在这种情况下，我们可以编写定制代码去消除重复字符串，并同时避免创建临时字符串。但同样，只有当程序中存在大量重复字符串时，这种优化手段才能有实际效果。

下面的场景将演示如何平衡字符串暂存的优缺点。

4.6.2 场景 4-5：我的程序的内存使用率太高

描述：在应用程序开发期间，测试人员发现经过数小时的连续运行后，进程占用了几个 GB 的内存。得知这个情况后，通过在本地计算机使用测试自动化工具，你确定可以很容易地重现此问题。

分析：你可以完全控制运行程序的本地测试环境，因此可用的分析手段有很多。通过查看性能计数器或 VMMap 的输出信息，你很容易地确认 Managed Heap 确实增长到 GB 级别。在没有出现问题的开发环境中，我们可以使用各种工具附加到进程或者分析内存 dump。商业内存分析工具(以 JetBrains dotMemory 为例)向我们展示了一些预定义的问题分析结果，并指出由于存在大量重复字符串，因而浪费了大量内存(如图 4-22 所示)。

---

[1] 由于字符串暂存的优点不明显，即使处理 XML 或 HTTP 的系统库也默认未使用字符串暂存。

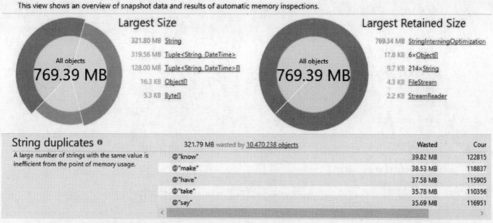

图 4-22　对场景 4-5 使用 JetBrains dotMemory 工具进行分析，结果显示存在大量重复字符串

在 PerfView 的 Collect 对话框中选中.NET Alloc 复选框，可以在 PerfView 中得到相似的结论。这是一个开销极大的跟踪操作，不应当在生产环境中启用它。但是，在本地测试环境中进行这样的大开销跟踪分析是没问题的。请注意，对于启用了.NET Alloc 选项的场景，应当在开始收集之后再启动被分析的应用程序。停止收集数据后，打开 Memory Group 中的 GC Heap Net Mem analysis 将打开分配得最多的类型列表。在我们这个示例场景中，位于列表第一位的应该就是字符串。如果双击字符串条目，将打开字符串分配的聚合堆栈信息(如图 4-23 所示)。如图所示，我们找到了示例程序中分配字符串的主要源头：System.IO.ReadLinesIterator.MoveNext()方法。

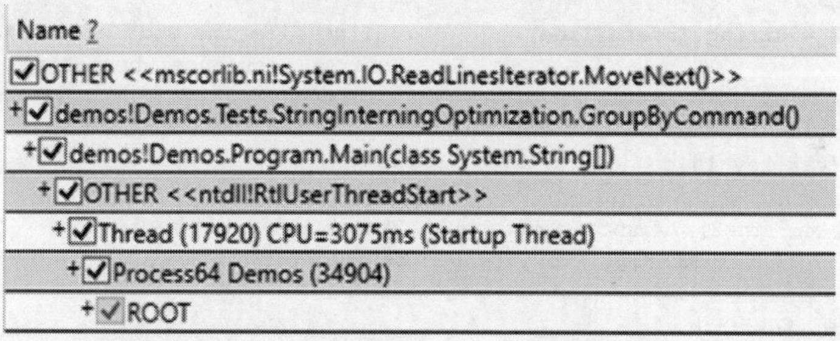

图 4-23　PerfView 展示的字符串分配分析图

如果跟踪.NET Alloc 的开销过大，你也可以使用.NET SampAlloc 或 GC only 选项，通过采样跟踪对象分配。通常采样分析已经足够找出问题所在了(如果导致问题的分配在程序的其他分配中显得非常突出)。

如果查看分析结果定位到的 System.IO.ReadLinesIterator.MoveNext()所在的代码段(如代码清单 4-26 所示)，会发现这段代码的作用非常简单。它逐行解析文件，计算每一行的文本重复出现的次数，并将结果连同每行出现的时间戳保存起来。显然，如果文件中的重复行很多，内存中将存在大量重复的字符串。

代码清单 4-26　一段非常简单的行计数 C#代码，用以演示可能出现的字符串重复问题

```
foreach (var line in File.ReadLines(file))
{
```

```
bool counted = false;
foreach (var key in counter.Keys)
{
  if (key == line)
  {
    counter[key]++;
    counted = true;
    break;
  }
}
if (!counted)
{
  counter.Add(line, 0);
}
list.Add(new Tuple<string, DateTime>(line, DateTime.Now));
}
```

我们可以修改这段代码，让它使用字符串暂存功能。从文件中读出一行后可以立即暂存它(如代码清单 4-27 所示)。每一行仍然会分配一个新字符串，但是它们的生存期极短。只有已暂存的字符串才会添加到字典中。这些已暂存字符串在整个程序生存期之内都将存在，因此可以有效消除重复的字符串。由于字符串的比较可能通过引用相等性快速得到结果，因此还可以从这里获得额外的性能提升。

代码清单 4-27　修改代码清单 4-26 的代码，显式使用字符串暂存

```
foreach (var line in File.ReadLines(file))
{
  var line2 = string.Intern(line);          // line lifetime ends here (except
                                            first occurence when it will be
                                            interned)

  bool counted = false;
  foreach (var key in counter.Keys)
  {
    if (key == line2) // should often use ReferenceEquals because of
                      comparing two interned string
    {
      counter[key]++;
      counted = true;
      break;
    }
  }
  if (!counted)
  {
    counter.Add(line2, 0); // adding interned string
  }
  list.Add(new Tuple<string, DateTime>(line2, DateTime.Now));
}
```

只有文件中确实存在大量内容重复的行，对代码进行的上述改进才能获得真正的好处。如果不满足这个条件，字符串暂存不但无法提高性能，反而可能降低性能。

4.7 装箱与拆箱

在.NET 中，值类型和引用类型可以相互转换。正如 ECMA-335 所说：

对于每种值类型，CTS 都定义了一种对应的(称之为装箱类型的)引用类型，但引用类型通常并没有对应的值类型。装箱类型的值(一个装箱值)的表现形式是一个可以保存值类型值的位置。装箱类型是一种对象类型，一个装箱值是一个对象。

(…)

所有值类型都有一种名为装箱的操作。装箱任何一种值类型的值，都将产生其装箱值；即，一个装箱类型的值，包含了其原始值按位复制而得的副本。

由于值类型和引用类型的定义中根本未提及堆栈和堆，因此装箱的定义也无须提及它们。我们可以将装箱视为把值类型实例转换为引用类型实例的过程，因此装箱也就改变了这些值的语义。

之前提到过，值类型实例(比如结构)在某些特定情况下需要分配在堆上。如前所述，所有位于托管堆上的对象都需要包含一些额外数据，比如对象标头和 MethodTable 引用。因此，如果想在堆上分配一个值类型，需要将它的值封装起来，附加那些必需的额外数据。换言之，装箱操作分为两步：

- 为值类型在堆上分配对应的装箱类型(一个新的引用类型实例)。
- 将数据从值类型实例复制到新创建的引用类型实例。

基于直觉，我们也许就能感觉到装箱是一个效率颇低的操作。在堆上分配对象、复制它的值，这些操作需要占用一些宝贵的时钟周期。更糟糕的是，一段时间之后还需要回收装箱类型的实例，这将给 GC 带来更多压力。

让我们看看代码清单 4-28 所示的典型装箱示例。代码将值类型整数复制给一个引用对象类型，在这种情况下，整数值必须被装箱。

代码清单 4-28：隐式装箱示例

```
int i = 123;
object o = i; // implicit boxing
```

代码清单 4-29 所示的通用中间语言代码展示了从底层 stack machine 的角度如何进行装箱。Box 指令接收一个值，然后把装箱的结果(即一个指向新创建引用类型实例的引用)推入 evaluation stack。

代码清单 4-29 代码清单 4-28 的 C#代码所生成的 CIL 代码

```
IL_0000: ldc.i4.s 123
IL_0002: box System.Int32
IL_0007: ret
```

最终的汇编代码直接对应上面提到的两个步骤(如代码清单 4-30 所示)。它们首先分配一个装箱类型 System.Int32，然后将值(在此示例中，整数值为 123，对应的十六进制为 0x7b)复制进去。

代码清单 4-30 代码清单 4-29 的 CIL 代码所生成的汇编代码(使用 Release x64 模式)

```
Samples.Echoer.Write(System.String)
0x00007FFB`7BE56180:    L0000: sub rsp, 0x28
0x00007FFB`7BE56184:    L0004: mov rcx, 0x7ffbd85e9288 ; (MT: System.Int32)
0x00007FFB`7BE5618E:    L000e: call clr!JIT_TrialAllocSFastMP_
```

```
                          InlineGetThread
0x00007FFB`7BE56193:    L0013: mov dword [rax+0x8], 0x7b
0x00007FFB`7BE5619A:    L001a: add rsp, 0x28
0x00007FFB`7BE5619E:    L001e: ret
```

.NET 内存管理的规则之一是避免装箱。大量的装箱代码确实会导致性能问题。遗憾的是，大部分装箱是隐式的，我们不一定能发现它们的存在。因此，我们需要了解导致隐式装箱的几个常见场景。

- 在需要对象(引用类型)的地方使用值类型：这种场景需要将值类型装箱。除了代码清单 4-28 所示的示例以外，最常遇到装箱的情况是调用 string.Format、string.Concat 等参数类型为 object 的方法。

```
int i = 123;
return string.Format("{0}", i);
```

在生成的 CIL 代码中可以看到对 System.Int32 进行的装箱。

```
IL_0003: ldstr "{0}"
IL_0000: ldc.i4.s 123
IL_0009: box [mscorlib]System.Int32
IL_000e: call string [mscorlib]System.String::Format(string,
object)
```

可惜，针对上面这个示例，装箱无可避免。甚至使用更高级的语法，比如字符串内插(对应上面的示例，用法是 return $"{i}")，也会因为它需要字符串而导致装箱。我们可以主动调用值类型的 ToString(string.Format("{0}", i.ToString()))以避免装箱，但这会分配一个新字符串，因此其实并未减轻对内存的压力。作为一条通用规则，应该在可能的情况下尽量避免调用以 object 类型作为参数的方法。.NET Framework 2.0 引入泛型之前，由于集合类型必须足够灵活以容纳任何可能的类型，所有元素都以 object 引用的形式保存在集合中，因此，.NET 中存在许多类似 ArrayList.Add(Object value)的方法，它们会导致经常性的装箱。幸好有了泛型，由于可以将泛型类型或泛型方法编译成特定具体类型(比如 List<T>特型化为 List<int>)，因此不再需要装箱，类似这样的问题终于得以解决。

- 以接口类型使用值类型实例(如果值类型确实实现了该接口)。由于接口是引用类型，因此需要装箱值类型实例。假设 SomeStruct 结构实现了带有 GetMessage 方法的 ISomeInterface 接口。

```
public string Main(string args)
{
  SomeStruct some;
  var message = Helper(some);
  return message;
}
string Helper(ISomeInterface data)
{
  return data.GetMessage();
}
```

同样，在生成的 CIL 代码中可以看到发生了隐式装箱。

```
IL_0000: ldarg.0
IL_0001: ldloc.0
IL_0002: box Samples.SomeStruct
IL_0007: call instance string Samples.Program::Helper(class
Samples.ISomeInterface)
```

通过使用泛型方法并指定泛型类型参数为所需接口，可以避免装箱。

```
string Helper<T>(T data) where T : ISomeInterface
{
  return data.GetMessage();
}
```

泛型方法将被编译为特定具体类型的方法，因此不再需要装箱。

```
IL_0000: ldarg.0
IL_0001: ldloc.0
IL_0002: call instance string Samples.Program::Helper<valuetype
Samples.SomeStruct>(!!0)
```

导致装箱的最常见源头之一是对 IEnumerable<T>执行 foreach 指令(如代码清单 4-31 所示)，其中需要将一个值类型当作接口使用。在这个场景中，List<int>实例作为 IEnumerable<T>传递给 Print 方法。foreach 指令实质上基于一种迭代器(enumerator)的概念，它调用集合的 GetEnumerator() 获取集合的迭代器，然后顺序调用迭代器的 Current()和 MoveNext()方法。在 Print 方法中，列表集合被视为 IEnumerable<int>类型，因此将调用 IEnumerable<int>.GetEnumerator()，返回一个 IEnumerator<int>。List<T>显然实现了 IEnumerable<int>，但重要的是，它的 GetEnumerator()返回的 Enumerator 是一个…结构。由于这个结构被当作 IEnumerator<int>使用，因此 foreach 循环的顶部将发生装箱操作。

代码清单 4-31　使用 foreach 语句时，装箱会导致隐式内存分配

```
public int Main(string args)
{
  List<int> list = new List<int>() {1, 2, 3};
  Print(list);
  return list.Count;
}

public void Print(IEnumerable<int> list)
{
  foreach (var x in list)
  {
    Console.WriteLine(x);
  }
}
```

Enumerator 导致的单次装箱显然不会产生太大开销，它很可能远远不及 foreach 循环内部的操作导致的开销。与其他类似的问题一样，只有当高频执行的代码中存在大量 foreach 循环，它才可能成为一个需要关注的问题。类似的，我们可以调查 Enumerator 分配的数量，尽早发现应用程序中是否存在此问题。如果希望在这个使用场景中避免装箱，只需要将 Print 方法的参数类型改为 List<int>即可(将方法签名改为 public void Print(List<int> list))。这样当 foreach 调用

List<int>.GetEnumerator()时，它知道返回的 List<int>.Enumerator 是一个结构，于是会使用局部变量保存此迭代器。良好编程实践与代码优化在这里产生了矛盾。通常来说，最好让 Print 方法接收 IEnumerable<T>，而不要绑定到 List<T>类型。但是另一方面，这样做会导致装箱，因此我们必须在可能的性能损耗与良好的代码实践之间做出选择。

一个显而易见的问题随之浮出水面，为什么像 List<T>这样常见的集合类型会选择使用结构实现枚举器，即使这意味着会带来隐藏的装箱消耗？答案很简单，你甚至可能已经猜到了。在绝大多数使用场景中，枚举器都被当作一个局部变量，如果它是值类型，可以快速且代价低廉地在堆栈上分配它。这个好处远远超过装箱可能带来的问题。

装箱的反向操作是拆箱，它表示将一个已被装箱的引用类型值转换成一个值类型实例。由于拆箱不会导致太大的内存开销，因此它不太受到关注。首先，我们总得先装箱，才能拆箱。其次，拆箱不会产生堆分配。将该值从堆复制回堆栈，将导致内存复制开销。但正如我们已知的，堆栈分配并不会对性能产生太大影响，因此也无须担心拆箱。

有一个与拆箱有关的小且不甚明显的注意事项。根据 ECMA-335 所述："所有装箱类型都有称之为拆箱的操作，这将导致有一个指向值的 bit 数据所在位置的托管指针。"实际上，CIL 中的 unbox 指令就是将指向已装箱实例数据的托管指针压入 evaluation stack。因此，纯粹的拆箱既不会复制数据也不会分配数据，而只是准备好一个用以获取实际数据的指针。然后 ldobj 指令才"将存储于地址 src 的值复制到堆栈"。当 C#编译器想要拆箱时，它发出 CIL 指令 unbox.any，该指令等同于 unbox 后面再跟一个 ldobj 指令。

可能导致隐式装箱的地方有很多，实在很难一一将它们全部了解清楚。对于这个问题，有什么是我们能做的呢？当然，我们可以让自己熟悉可能导致装箱的最基本、最常见的一些情况。此外，有一些工具能够帮助我们。Visual Studio 插件 Heap Allocations Viewer 和 ReSharper 插件 Roslyn C# Heap Allocation Analyzer 就是用于这种用途。它们会显示所有隐藏的分配，包括那些由隐式装箱所导致的分配。我强烈建议你在日常工作中使用它们。我们将在第 6 章展示更多可能导致隐藏内存分配的因素(包括装箱)，并讲解如何分析和调查它们。

4.8 按引用传递

我们已经简要学习了值类型和引用类型，也了解了与之关联的传值(按值传递)和传引用(按引用传递)语义。除了两种类型默认对应的传递方式之外，还可以对传递方式进一步控制。之前曾提到过，我们可以按引用传递任何值，无论它是值类型实例还是引用类型实例。

因此，本节将讲解这两种不同的场景。

4.8.1 按引用传递值类型实例

正如多次指出的，值类型具有传值语义，因此当对值类型变量进行赋值时，实际进行的是创建值的一个完整副本。代码清单 4-32 是一个非常常见的按值传递示例。我们使用了代码清单 4-6 中定义的结构。Helper 方法有一个值类型参数。当我们向它传递一个 SomeStruct 实例时，即在 Helper 方法中创建了一个本地副本。因此，修改 data.Value1 没有任何意义，代码修改的是本地副本的值，原始的 ss 变量完全不受影响。Main 方法仍将返回 10。

代码清单 4-32   按值传递结构的 C#代码示例

```
public int Main(int data)
{
  SomeStruct ss = new SomeStruct();
  ss.Value1 = 10;
  Helper(ss);
  return ss.Value1;
}

private void Helper(SomeStruct data)
{
  data.Value1 = 11;
}
```

通过使用 ref 关键字,按引用传递数据实例,上面所示的默认行为将发生变化(如代码清单 4-33 所示)。在这种情况下,我们使用的是位于堆栈上的原始值实例的引用。在 Helper 方法中对它进行的修改将直接影响原始的 ss 实例。因此,Main 方法这次将返回 11。

代码清单 4-33   按引用传递结构的 C#代码示例

```
public int Main(int data)
{
     SomeStruct ss = new SomeStruct();
     ss.Value1 = 10;
     Helper(ref ss);
     return ss.Value1;
}

private void Helper(ref SomeStruct data)
{
     data.Value1 = 11;
}
```

使用结构(值类型)作为局部变量并按引用传递它,是一个很好的优化技巧。这不仅因为不会产生堆分配,同时还一并消除了复制大结构可能带来的开销。

请记住,JIT 编译器非常擅长代码优化。使用 Release 模式编译代码清单 4-33 时,JIT 编译器会发现根本不需要在堆栈上分配结构(我们已经在代码清单 4-9 中见过这个优化)。因此,Main 方法将被 JIT 编译成仅包含 mov eax, 0xb 和 ret 汇编指令。

4.8.2   按引用传递引用类型实例

谈到按引用传递引用类型时,将出现"对引用的引用"概念。我们可能会被这个词绕晕,但如果你熟悉 C/C++,那么它其实类似于"指针的指针"概念。

使用代码清单 4-11 中定义的类,通过代码清单 4-34 演示按引用传递一个 SomeClass 引用类型实例。Helper 方法可以照常访问传入的实例(由于需要进行额外的指针解引用操作,访问速度比普通引用稍慢)。但是通过对引用类型的引用,我们可以修改引用本身,让它指向另一个引用类型实例。在我们的示例中,Main 方法将返回 11。如果仅简单地传递 SomeClass,Helper 代码中使局部数据指向新创建的实例，只会影响此局部引用变量，而不会对方法外面造成任何影响。你可能需要考虑一两分钟，才能转过弯来，弄清此示例代码的原理。

代码清单 4-34　按引用传递引用类型的 C#代码示例

```
public int Main(int data)
{
  SomeClass sc = new SomeClass();
  sc.Value1 = 10;
  Helper(ref sc);
  return sc.Value1;
}

private void Helper(ref SomeClass data)
{
  data = new SomeClass();
  data.Value1 = 11;
}
```

我们将在本书第 14 章详细讲述按引用传递。这是一个强大且饶有趣味的主题，同时也是最强大的优化技巧之一。如果你需要编写对性能要求极高的高效率类库，绝对应当关注这个优化技巧。最高性能需求的应用程序(比如 Roslyn 编译器或 Kestrel 服务器)经常使用此优化方案。现在，我们只需要记住按引用传递机制是提高结构和类使用性能的一个好方法，同时也是在代码中避免堆分配的一个完美工具。

按引用传递对于优化各个库的通用代码如此重要，以至于它获得了.NET 和 C#创建者越来越多的关注。C# 7.0 添加了 ref 局部变量和 ref 返回值等功能。从 C# 7.1 和 7.2 开始，可以按只读引用传递参数(通过使用 in 关键字取代 ref 关键字)，以显式声明传递的引用仅用于访问数据，而不能通过它修改数据。我们将在第 14 章介绍这些功能。

4.9　类型数据局部性

由于结构不包含其他任何额外数据，它非常紧凑。其优势体现在以下两点。

- 需要处理的数据越少越好：这个好处不言而喻。即使现在内存便宜，更快的处理速度仍然是我们追求的目标。
- 可以充分利用缓存：由于对象更小，在单个 cache line 中可以加载更多对象，性能也将随之提升。正如我们在第 2 章所见，将数据排列成更利于加载进 cache line 的形式，总能带来性能上的回报。结构短小精悍的特点正有利于此。

相比于需要额外开销的引用类型，结构的数据构造提供了更好的内存使用效率。更重要的是，结构的数组由包含其数据的连续内存区域组成，可以循序依次访问每个元素。而引用类型的数组只包含连续的引用，引用指向的实际值分散在整个托管堆中，我们对此无能为力(如图 4-24 所示)。

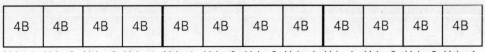

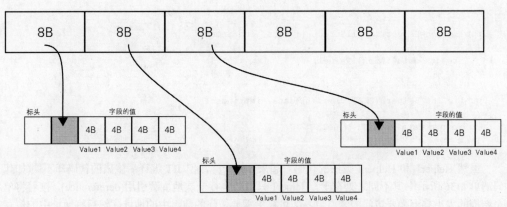

图 4-24　由于值类型直接包含其数据，结构数组(位于顶部)由连续的内存区域组成。类数组(位于底部)实际上是仅包含一堆引用的数组，每个引用指向位于堆中未知位置的对象

代码清单 4-35 展示了两种类型数组的不同数据局部性所导致的性能差异。这个程序分两次累计了所有数组元素第一个字段的总和，第一次遍历结构数组，第二次遍历类数组。

代码清单 4-35　评测访问结构数组和访问类数组的性能差异

```
public struct SmallStruct
{
    public int Value1;
    public int Value2;
}

public class SmallClass
{
    public int Value1;
    public int Value2;
}

// both arrays are initialized with one million elements
private SmallClass[] classes;
private SmallStruct[] structs;

[Benchmark]
public int StructArrayAccess()
{
    int result = 0;
    for (int i = 0; i < items; i++)
        result += Helper1(structs, i);
    return result;
}

[Benchmark]
```

```
public int ClassArrayAccess()
{
    int result = 0;
    for (int i = 0; i < items; i++)
        result += Helper2(classes, i);
    return result;
}

public int Helper1(SmallStruct [] data, int index)
{
    return data[index].Value1;
}

public int Helper2(SmallClass [] data, int index)
{
    return data[index].Value1;
}
```

虽然 Helper1 和 Helper2 方法的代码看起来一模一样，但 JIT 编译后生成的代码却不同(如代码清单 4-36 所示)。其不同之处在于，Helper1 只需要执行一次地址解引用(dereference)，接着将单个结构的大小乘上需要访问的索引位，即可算出需要访问的数组中的地址，然后将地址中的值存放到结果寄存器即可。Helper2 则需要执行两次解引用操作，第一次获取指定索引位置存放的对象引用，第二次获取引用指向的值。

代码清单 4-36 代码清单 4-35 的两个 Helper 方法所生成的汇编代码片段。rdx 寄存器中保存了数组对象的地址，rax 保存了该数组的索引位。

```
Helper1(Samples.SomeStruct[], Int32)
...
0x00007FFA`526A0E8D:            L000d: mov eax, [rdx+rax*8+0x10]
...
Helper2(Samples.SomeClass[], Int32)
...
0x00007FFA`526A0E4D:            L000d: mov rax, [rdx+rax*8+0x10]
0x00007FFA`526A0E52:            L0012: mov eax, [rax+0x8]
...
```

注意： 两个 Helper 方法生成的汇编代码实际上被内联进行评测的父方法，但为了更清楚地展示它们，代码清单 4-36 假设汇编代码仍然对应于各自的 Helper 方法。

表 4-3 展示了两者的评测结果。我们可以注意到两者的性能差别相当大，显然不能仅用 Helper2 方法多执行了一次地址解引用操作来解释。由于类数组包含的诸多类实例无法在内存中连续排列在一起，因此类数组具有更差的数据局部性，加载类数组时必须使用更多 cache line，这才是两者性能差距如此之大的原因。

表 4-3 代码清单 4-35 中访问结构数组和访问类数组的性能对比评测结果。评测使用 BenchmarkDotNet 基于.NET Core 2.0.0 进行

方法	平均值	分配的内存
StructArrayAccess	618.7 us	0 B
ClassArrayAccess	1816.5 us	0 B

4.10 静态数据

静态数据可以被视作程序中的一种全局变量。虽然全局变量通常是良好设计实践的反义词，但它们仍然有其用武之地。C#语言只支持一种静态数据类型：静态字段。VB.NET 则允许在函数中声明静态变量，尽管这种局部静态变量其实只是常规静态字段的一种语法糖(在 Shared 函数中使用它的情况下)。接下来让我们深入介绍静态字段。

4.10.1 静态字段

每个.NET 程序员都非常了解静态字段，静态字段的值被该类型的所有实例所共享。通过使用类型名称，在任何可以访问该类型的地方都可以访问该类型上定义的静态字段(如代码清单 4-37 所示)。静态字段的用法无须过多解释。

代码清单 4-37 静态字段用法示例

```
public class C {
  public void Method1()
  {
    S.Value = 10;
  }
  public void Method2() {
    Console.WriteLine(S.Value);
  }
}

public class S
{
  public static int Value;
}
```

但从内存管理的角度，仍然需要对它做一点额外说明。

- 静态数据具有应用程序域作用域：如果将一个程序集加载到多个应用程序域，则静态数据在每个应用程序域都有一份单独的实例。
- 定义在一个程序集的类型上的静态数据将一直存活到应用程序域被卸载，即程序集被卸载之时。因此在卸载程序集之前，它引用的所有静态数据和对象都将保持可到达状态(因此不会被垃圾回收)。
- 下面是一些你可能感兴趣的实现细节。
  - ◆ 静态基元数据(比如数字)存储于相应应用程序域的一个 High Frequency Heap 中。
  - ◆ 静态引用类型实例(对象)存储于常规 GC Heap 中，和普通对象的唯一区别在于，它们额外被一个内部 statics table 引用。由于静态对象的生存期很长，因此它们最终将提升并停留在第 2 代。(译者注：如果静态对象是一个大对象，它将位于 Large Object Heap 中。)
  - ◆ 静态用户自定义值类型实例(结构)将以装箱形式存储于常规 GC Heap 中。

如果对.NET 如何实现静态数据感兴趣，请阅读下面的小节。

4.10.2　静态数据揭秘

一个.NET 程序中的每个应用程序域都包含一组内部数据结构(如图 4-25 所示)。被加载的程序集中的每个模块都将维护一个 DomainLocalModule 数据结构。对于实现静态数据的内部机制而言，它包含两个关键区域。

- 引用类型和(以装箱形式存储的)结构类型静态字段：一个指向 Object[ ]表内某个位置的引用(图 4-25 中的 m_pGCstatics)。加载到应用程序域中的所有模块和程序集共用同一个 Object[]表。
- 基元类型静态字段：按照不同类型分组，将静态值直接存放在 DomainLocalModule 结构中(图 4-25 中的 statics blob)。由于内存对齐的需要，此内存区域中将包含必要的间隔块(padding)。

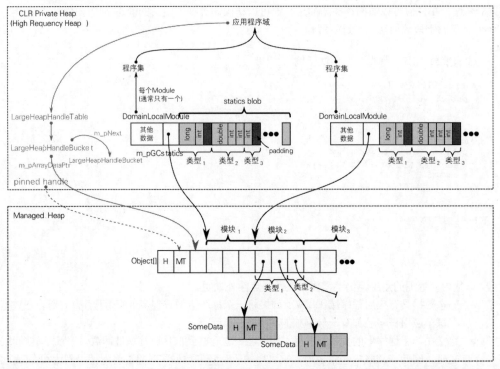

图 4-25　.NET Core 中存储静态字段的原理图(图中展示了一个加载两个程序集的应用程序域)。静态数据实际所在的位置被标记为灰色(其他所有数据结构可以被视作支持性辅助数据)。对于.NET Framework，static blob 存储于每个类型的 MethodTable 中

上面提到的共享 Object[]数组由内部 LargeHeapHandleTable 数据结构(介绍字符串暂存时提到过此数据结构)维护，它分配在一个 Large Object Heap 中(Object[]数组在内存中的位置将被锁定，以便能安全地存储指向数组内部的地址)。LargeHeapHandleTable 使用 bucket 存储和维护数组，如果当前使用的数组被填满，则将创建一个新 bucket 和对应的新数组(例如，如果需要构造一个新的带有静态字段的泛型类型，则可能发生这种情况)。

请注意，如果移除一个应用程序域，图 4-25 所示的所有数据结构(以及加载的程序集中的所有静态数据)也将被移除。但如果移除的是本章前面提到的可回收程序集(collectible assembly)，则同时被移除的只有对应的 DomainLocalModule 以及共享的 LargeHeapHandleTable 中对应的条目。总之，这将导致所有静态引用类型实例(以及被它们引用的所有对象)都变为不可到达(unreachable)状态，并最终被垃圾回收。

此外，构建静态数据时，所有静态字段的偏移量将被计算并存储在对应的 MethodTable 字段说明中。当 JIT 编译器发出访问静态字段的代码时，它以如下方式使用此数据。

- 对于基元类型静态字段：已知维护此静态字段的 DomainLocalModule 地址和要访问的字段在 statics blob 中的偏移量，计算后即可得到静态数据的绝对地址。
- 对于引用类型静态字段(包括结构类型，它们以装箱形式分配在堆上)：(通过 LargeHeapHandleTable 和它的 bucket 的地址)已知对应 Object[]数组的地址和要访问的字段的偏移量，计算出静态字段的绝对地址(此地址存储了一个引用，指向托管堆中真正的静态实例)。

使用代码清单 4-38 中定义的几个简单类型作为示例，我们马上可看到对图 4-25 中所示数据结构的使用。

代码清单 4-38　下面代码示范中使用的简单类型

```
public class ExampleClass
{
  public static int StaticPrimitive;
  public static S StaticStruct;
  public static R StaticObject = new R();
}

public class R
{
  public int Value;
}

public struct S
{
  public int Value;
}
```

访问一个基元静态字段时(如代码清单 4-39 所示)，JIT 编译生成的汇编代码确实非常简单(如代码清单 4-40 所示)，它唯一做的操作是从适当的 statics blob 区域读取一个指定值。因此，访问基元静态数据的速度非常快，不需要额外开销(至少在我们使用 lock 机制确保访问代码的线程安全之前是如此)。

代码清单 4-39　访问基元静态字段的简单示例

```
[MethodImpl(MethodImplOptions.NoInlining)]
public void Method1()
{
  Console.WriteLine(ExampleClass.StaticPrimitive);
}
```

代码清单 4-40   对代码清单 4-39 执行 JIT 编译后的代码(仅展示相关部分)

```
...
mov ecx,dword ptr [00007ff9`3c8a4bd8] ; address in High Frequency Heap
(inside statics blob)
call 00007ff9`3c9c1380 (System.Console.WriteLine(Int32), mdToken:
000000000600007e)
...
```

用作静态字段的结构将以装箱形式分配在堆上；因此，对结构的处理方式与对象相同。当访问此类静态字段数据时(如代码清单 4-41 所示)，JIT 生成的汇编代码将访问 handle table(LargeHeapHandleTable)，以获取位于 GC Heap 中的结构实例的地址(如代码清单 4-42 所示)。因此，和基元类型不同，访问结构静态字段需要执行解引用操作，并随之带来额外的开销。

代码清单 4-41   访问用户自定义值类型静态字段数据的简单实例

```
[MethodImpl(MethodImplOptions.NoInlining)]
public void Method2()
{
Console.WriteLine(ExampleClass.StaticStruct.Value);
}
```

代码清单 4-42   对代码清单 4-41 执行 JIT 编译后的代码

```
...
mov rcx,19510002938h         ; address in LOH (inside handle table)
mov rcx,qword ptr [rcx]      ; dereference handle (rcx contains boxed
struct address)
mov ecx,dword ptr [rcx+8] ; access the first field of a boxed struct
call 00007ff9`3c9c2b60 (System.Console.WriteLine(Int32), mdToken:
000000000600007e)
...
```

访问引用类型静态字段数据(如代码清单 4-43 所示)基本上与之前看到的代码一模一样：它将访问 handle table 以获取对象地址(如代码清单 4-44 所示)。同样，访问引用类型静态字段也需要将导致额外开销的解引用操作。

代码清单 4-43   访问引用类型静态字段数据的简单示例

```
[MethodImpl(MethodImplOptions.NoInlining)]
public void Method3()
{
  Console.WriteLine(ExampleClass.StaticObject.Value);
}
```

代码清单 4-44   对代码清单 4-43 执行 JIT 编译后的代码

```
mov rcx,19510002940h         ; address in LOH (inside handle table)
mov rcx,qword ptr [rcx]      ; dereference handle (rcx contains object address)
mov ecx,dword ptr [rcx+8] ; access the first field of an object
call 00007ff9`3c9c2b60 (System.Console.WriteLine(Int32), mdToken:
000000000600007e)
```

如果 ExampleClass 是结构，生成的代码将完全一样(当然其中的地址会稍有不同)。这是因为重要的是静态字段是什么类型，而非定义静态字段的是什么类型。

4.11 本章小结

本书前三章仅与.NET 稍稍相关，它们介绍了一些算法和计算机架构基础知识。不同于前三章，本章开始更深入地专注于.NET。了解一些基本的历史背景之后，我们进入.NET 的内部探究了一番。我们花了一些篇幅讲述.NET 进程的各个内存区域，对其中一些区域进行了深入探讨，并学着分析诊断了与之相关的几个问题场景。我们将在本书中见到更多的场景分析，每个场景都旨在向我们展示某类特定的问题以及分析此类问题的步骤和方法。我希望这能让你感到学到的不仅是理论，同时也是.NET 内存管理的实用技能。

我们已经学习了内存管理的很多知识，但还没有接触到垃圾回收器这个核心主题。本章讲述的内容将在本书后面的章节中不断出现。但不难看出，本章大部分内容都是专注于类型系统以及.NET 各个不同类型的方方面面。使用大量篇幅详细介绍了结构和类之后，值得再花一点点时间，总结一下它们各自的优缺点。

结构

- 更好的数据局部性：它们直接包含其持有的数据，没有任何其他额外数据存储的开销，因此缓存利用率更佳。
- 可以分配在堆栈上：在适当的条件下，结构局部变量是一种分配在堆栈上的轻量级数据，可以避免 GC 有关的开销。
- 可以得到相当程度的优化：正如我们在某些场景中看到的，生成的机器码中彻底没有了结构的概念，所有处理都通过 CPU 寄存器完成。
- 意外装箱的风险：一不小心，结构将被装箱，从而导致隐藏的堆分配。
- 更难理解：传值语义和其他一些因素可能导致使用结构不如使用类直观。
- 大多数性能优势皆强烈依赖于具体实现：虽然现在存在性能上的优势，但不保证未来改变结构的实现细节后，这些优势依然存在。

类

- 用法直观：类是基本的.NET 构建基块，我们可以非常直观的方式使用它。我们通常会选择使用类。
- GC 的开销：分配类实例将产生堆分配，这意味着为 GC 带来更多压力。

接下来我们将介绍几个与本章内容有关的新规则。随着每章内容的实用性越来越高，列出的规则也随之增多。请注意，第 5 章的"避免隐藏的内存分配"规则与本章的字符串驻存主题密切相关。

规则 6 – 测量你的程序

理由：如果不知道如何测量你的程序，你很难知道它是否确实占用了大量内存。"我的程序占用了多大内存？"这个问题并不易回答。与内存有关的指标有好几个，如果对它们没有深入理解，很容易把它们搞混。我们既无法知道如何比较不同程序占用的内存大小，也无法知道如何要求客户查看正确的指标值。

如何应用：利用第 2 章和第 4 章学习到的知识，我们可以准确理解每个内存指标的确切含义。分析不同的内存问题时，我们应当首先调查指标值的大小并观测它的变化趋势。我们应当首先检查那些最能将问题表现出来的指标，即表示程序占用了多少物理内存的指标。我们还应当查看整个 private 和 virtual 的大小。只有知道不同指标所代表的不同含义，才可能进行后续分析。

相关场景：场景 4-1。

规则 7 – 不要假设内存泄漏不存在

理由：很容易假设托管.NET 程序不存在内存泄漏。既然.NET 能自动管理内存，那它怎么可能会发生泄漏？在绝大部分情况下，这个假设都是成立的，并且这也是.NET 运行时创造者孜孜以求的目标。然而，仍然会有不少内存泄漏的情况发生，而且大部分可能在客户的生产环境中才显现出来。

如何应用：不要做出这样的假设。测量你的程序(规则 6)，并尽早测量 GC(规则 5)。时刻关注可疑趋势，尤其当某个内存指标开始不断攀升时。

相关场景：场景 4-2、4-3 和 4-4。

规则 8 – 考虑使用结构

理由：使用 C#进行面向对象编程时，大多数时候会毫不迟疑地默认使用类。既然类确实用法直观，那干嘛不用呢？然而，.NET 团队并非无缘无故发明结构。日常工作中，应当把结构当作一件有用的工具。你不必从现在开始到处都用结构，但阅读完第 4 章之后，请试着考虑使用它们。

如何应用：阅读介绍结构的章节，学习它们的优缺点。理解传值(按值传递)和传引用(按引用传递)语义。尽早测量代码，确认优化某个部分的代码是否值得。如果值得，尝试利用结构的基于堆栈分配、JIT 优化等优势。如果决定在代码中使用结构，请记住它们也可以按引用传递，考虑使用 ref 参数、ref 局部变量和 ref 返回值等特性。这些特性将帮助你获得更好的性能。此外，请记住堆栈是一项宝贵资源，不要把太多数据放到堆栈中。

规则 9 – 考虑使用字符串暂存

理由：字符串是程序内存中占比最大的类型之一。在内存中保存大量内容重复的字符串显然效率不高。.NET 运行时自动消除了字符串字面量的重复问题。如果我们想同样处理动态创建的字符串(例如，从文件或 HTTP 请求等外部数据源加载或接收的文本)，可以手动使用字符串暂存功能。

如何应用：检测是否确实存在大量重复的字符串。考虑字符串的生存期和重复率。进程中是否存在大量生存期长达几分钟甚至几小时的重复字符串？是否仅在处理某些输入数据时才会存在大量临时字符串？字符串暂存有它自己的缺点，只有在第一个场景中它才能提高整体性能。记住，一旦暂存一个字符串，它将存活到运行时终止。因此，暂存字符串是一个风险很高的决定，必须慎之又慎。

相关场景：场景 4-5。

规则 10 – 避免装箱

理由：装箱操作将值类型转换为对应的引用类型。由于引用类型必须分配在堆上，装箱必然会导致隐藏的分配。避免堆分配(规则 14)是最重要的优化途径之一，因此我们应当尽可能避免装箱，尤其是因为大部分隐式装箱都发生在我们不知情的情况下。

　　如何应用：了解常见的隐式装箱场景，并尝试避免之。你可以尽早测量 GC(规则 5)，检测程序是否进行了大量堆分配，并找出装箱是否是导致大量分配的原因之一。Visual Studio 的 Heap Allocation Viewer 插件和 ReSharper 的 Roslyn C# Heap Allocation Analyzer 插件可以帮助你发现隐式装箱。

第5章
内 存 分 区

在上一章中，我们已经学习了有关.NET 内部的一些与内存有关的基本事实。我们已经观看了运行托管代码的进程内存内部。如我们所见，进程内存内部有许多不同的内存段。其中一些由 .NET 框架本身内部使用；其中一些是操作系统合作的一部分；还有更重要的堆——托管堆。

正如第 4 章所述，其中一些包含执行引擎所需的各种数据，例如类型描述。它们是域堆、低频堆和高频堆。但是，在所有这些不同的堆中，还有一个最重要的堆，这种堆仅仅用于垃圾回收器(见图 5-1)。这些是在第 1 章中从 CLI 角度定义的包含 CLI 堆(或自由存储区)的内存段。我们把这些内存区域称为垃圾回收器的托管堆(简称为 GC 托管堆或 GC 堆)。

⊕ 0000000BF8800000	Private Data	2,048 K	52 K	52 K	52 K	52 K	3 Read/Write	Thread Environment Block ID: 18376
⊕ 0000000BF8A00000	Thread Stack	1,536 K	20 K	20 K	8 K	8 K	3 Read/Write/Guard	Thread ID: 17980
⊕ 0000000BF8B00000	Thread Stack	1,536 K	20 K	20 K	8 K	8 K	3 Read/Write/Guard	Thread ID: 2432
⊕ 0000000BF8C00000	Thread Stack	1,536 K	20 K	20 K	8 K	8 K	3 Read/Write/Guard	Thread ID: 14436
⊕ 0000000BF8E00000	Thread Stack	1,536 K	20 K	20 K	8 K	8 K	3 Read/Write/Guard	Thread ID: 19740
⊕ 0000000BF9000000	Thread Stack	1,536 K	20 K	20 K	8 K	8 K	3 Read/Write/Guard	Thread ID: 18712
0000000BF9180000	Free	1,992,407,552 K						
000000BF9200000	Managed Heap	339,816 K	335 K	335 K	224 K	224 K	4 Read/Write	GC
00000267B000000	Free	1,610,688 K						
⊕ 00000267M4F0000	Heap (Shareable)	64 K	64 K		4 K		1 Read/Write	Heap ID: 2 [COMPATABILITY]
00000267A500000	Private Data	4 K	4 K	4 K	4 K	4 K	1 Read/Write	
00000267A501000	Unusable	60 K						
00000267A510000	Shareable	88 K	88 K		88 K		1 Read	

图 5-1　在运行.NET 应用程序的进程中存在的各种堆中，有一种类型对我们来说是最有趣的——包含由我们的程序分配的所有对象的GC堆

当我们的应用程序运行时，.NET 运行时分配器将在 GC 堆内部分配对象。.NET 运行时的回收器跟踪位于 GC 堆中的对象的可到达性，以回收不再可到达的对象的内存。

正如我们在上一章中所看到的那样，任何这些不同堆的异常行为都可能表明存在一些问题。但是，从.NET 开发人员的角度来看，GC 堆是最令人感兴趣的地方。因此，我们可以毫无疑问地说，本书的其余部分将集中在这一个领域的内存。

5.1　分区策略

GC 堆可以增长到数 GB 的大小。从分配器的角度来看，这可能不是问题。但是考虑到如此大的数据量，很难想象回收器能够统一处理这么多数据。作为一个整体设计回收器时，最重要的参数之一是它带来的开销。例如，在其他事情中，由于垃圾回收而停止线程活动的时间。或者它消耗了多少 CPU。大家希望实现少于毫秒级的停顿。但是，由于第 2 章中所列出的内存访问延迟时间，在毫秒级的时间内，我们可能只能读取 MB 级而不是 GB 级的数据。这就是为什么每个垃圾回收器实现背后最重要的设计决策之一就是内存分区策略。

简而言之，我们希望将整个 GC 堆拆分为较小的部分，以便能够独立地对其进行操作。如果处理得当，它可以极大地加快垃圾回收器的工作，因为事实证明，实际上没有必要在程序执行期间平等地对待所有数据。

可能有许多不同的分区策略，它们通常基于现有对象的以下属性之一。

- 大小：我们可以将 GC 堆按对象的大小拆分为各个部分。例如，你可能想用不同的方法来对待小对象和大对象。当使用压缩回收时，这可能尤其重要。复制大对象可能会带来很大的内存开销，因此我们决定仅压缩小对象的区域，并对大对象使用清除回收。
- 生存期：对象的生存期相当重要。直观地讲，值得将寿命短的对象与应用程序整个生存期中的大部分对象来区别对待。显然，我们不知道未来应用程序运行的情况，但是至少我们可以将寿命长的对象与最近创建的对象区分开来。具有不同生存期的对象的存储区域通常称为代，并冠以"年轻的"／"老的"或顺序数字。
- 可变性：对象的最重要属性之一是可变性。如果一个对象一旦创建就不能更改(它是不可变的)，那么将它与可变对象区别对待也许是值得的。
- 类型：人们可能会决定以不同方式来对待某些特定类型的对象。我们是否要为字符串、整数或任何其他特殊类、接口实现或属性维护单独的堆？根据你的经验里程可能会有所不同。
- 种类：对象可以多种不同的方式进行分类，并在这方面进行分区。例如，对象是否包含任何指针(传出的引用)？ 如果没有，当其他对象的压缩发生时，我们就不必担心它们。对象是否被固定(固定将在第 7 章中详细介绍)，以便即使在压缩回收期间也不会移动该对象？如果是，也许值得将其移动到另一个内存分区，以便不引入与在这些固定实例周围移动对象相关的所有开销[1]。

对于 Microsoft 的.NET 实现和 Mono 实现，仅选择了前两种策略。它们的 GC 并不特别关心对象的类型或可变性，它们只管理适当数量的所需字节(例如"给我的新对象 N 个字节")。但是，随着 GC 设计的不断发展，没人知道将来是否会在.NET 或 Mono 的 GC 中实施额外的策略。

现在，让我们详细介绍这两种分区策略。与往常一样，大多数细节都与 Microsoft 的实现有关，只有在与 Mono 或任何其他运行时有关时才会额外添加旁注。

5.2 按大小分区

第一个策略是按大小处理不同的对象。如上所述，其背后的主要原因是为了减少压缩回收时的内存复制开销。由于没有特别的理由将其划分为多个大小范围，因此只选择了一个阈值来定义小对象和大对象之间的边界，然后将 GC 堆分为两个物理上分开的内存区域。

- 小对象堆(SOH)：所有小于 85 000 字节的对象都在此处创建。
- 大对象堆(LOH)：所有等于或大于 85 000 字节的对象都在此处创建。

它们之间的大多数逻辑和代码都是共享的，但是显然存在重要的区别。请注意，该阈值为 85 000 字节，但人们倾向于错误地将其理解为 85 乘 1024 字节，即 85KiB。

因为我们以"小"和"大"对象的这种方式分开，所以我们可以不同的方式区别对待这两个堆：

- 压缩回收可用于 SOH，因为对于小对象，我们不那么担心内存复制。正如我们将在第 7 章中所看到的那样，在 Microsoft 的小对象堆的情况下，已经实现了清除和就地压缩回收。在附加计划阶段，将决定执行清除和就地压缩回收两个操作的其中一个。

---

1 然而，这听起来要复杂得多。例如，.NET 中的对象并非一创建就固定死——我们以后可以随时决定固定和取消固定它们。因此，CLR 针对当前固定对象的这种单独区域可能适得其反，需要在固定/取消固定期间来回复制对象。

- 由于大型对象的压缩(复制)成本较大(尽管用户可能会显式触发 LOH 压缩)，在 LOH 中仅
  使用一次清除回收。

当前对于 Mono 5.4，单个对象大小的阈值为 8 000 字节。所有较大的对象都在 Mono 大对象
存储区(LOS)的区域里分配，较小的对象则在托儿所(Nursery)里分配。与 Microsoft .NET 相似，小
对象的空间可能会被压缩，而 LOS 只能通过清除来清理。

我们可能想知道为什么选择了 85 000 字节而不是另外一个阈值，工程和历史原因常常混合在
一起。最简单的答案是，该值是根据.NET 刚开始时进行的大量测试实验中选择得出的。有传言说
这些测试主要是在 SharePoint 产品的背景中进行的，但这是完全未经证实的。这些测试选择了一
系列包括内部和外部团队的不同方案。从那时起到现在，根本就没有证据表明改变此值会带来任
何好处。

你可能还想知道 85 000 字节阈值适用于什么样的大小。很明显，它将对象引用的浅表大小计
算为引用，而不是它们引用的对象的大小。因为这个原因，在 LOH 中，我们经常会发现数组。
很难想象一个对象会具有如此多的大型字段，以至于其浅表大小超过了 85 000 字节。还请注意，
将大数组作为字段的对象本身并不是很大的——该字段只是对数组的一个小引用。

有一个值得注意的实现细节值得一提。SOH 在不同的平台上具有不同的内存对齐方式。对
于 32 位运行时，对齐方式为 4 字节。这意味着所有分配的对象都以其起始地址乘以 4 的方式进行
排列。这样就不会发生未对齐的内存访问，未对齐的内存访问通常会带来显著的性能代价。对于
64 位平台，SOH 的对齐方式为 8 字节。LOH 则与之不同，因为无论框架是 32 位还是 64 位，内
存对齐方式始终都为 8 字节。对于 64 位平台来说，这似乎是很自然的。但是，为什么在 32 位运
行时要 8 字节对齐，而不是 SOH 的 4 字节对齐？因为它主要用于 double 数组，所以它们的访问
是对齐的(稍后将进行解释)。而且由于 8 字节与一个大对象的大小相比非常小，因此 LOH 为 8 字
节对齐是毫无疑问的。

5.2.1 小对象堆

小对象堆是目前最流行的内存区域，因为我们创建的大多数对象的浅表大小都小于 85 000 字
节。因此，通常在 SOH 中分配的对象的数量会在数量级上超过位于 LOH 的对象的数量。由于大
量的对象会引起各种问题(例如遍历标记阶段的大图)，因此值得考虑将该区域划分为更小的、分
离的部分。大多数已知的环境都会做出这种决定，这些环境都自动管理内存，根据对象的生存期
来分隔对象。

由于小对象堆组织与生存期分区严格相关，因此在后面将提供有关它的更多详细信息。

5.2.2 大对象堆

大对象堆有时被称为第 3 代，或者是被第 3 个索引引用(驻留在 SOH 中，位于 0、1 和 2
这三代之后，我们很快就会看到)。尽管背后的理念很简单——存储所有等于或大于 85 000 字节的
对象。

从回收器的角度看，LOH 中的大对象在逻辑上属于第 2 代，因为它们仅在第 2 代被回收时才
被回收。

有一种假设是，大对象分配是相当罕见的，因为大多数程序不需要那么多的大数据结构。在某些情况下可能并非如此，并且可能导致性能下降(请参阅第 6 章中的规则 15 "避免过多的 LOH 分配")。通常，在大对象堆中只分配大于 85 000 字节的对象是正确的。但是，关于放置在此处的内容，也有一些小的例外。

1. 大对象堆 – double 数组

在 LOH 中可以找到的、最值得注意的例外情况是在 32 位运行时环境下(即使是在 64 位计算机上执行的)的 double 数组。double 数组被视为 "大对象"，因此当它们具有等于或大于 1000 个元素时就在 LOH 中进行分配(参见代码清单 5-1)。由于 double 总是 8 字节长，这意味着 LOH 至少包含大约 8000 字节的大数组，这打破了仅包含大于 85 000 字节的对象的规则。

代码清单 5-1 对于 32 位.NET 运行时，在 LOH 中分配等于或大于 1000 个元素的 double 数组，因此以下示例程序将分别打印 0 和 3。

```
double[] array1 = new double[999];
Console.WriteLine(GC.GetGeneration(array1)); // prints 0
double[] array2 = new double[1000];
Console.WriteLine(GC.GetGeneration(array2)); // prints 3
```

为什么会有这样一个奇怪而又非常具体的例外呢？如前所述，在这种情况下，原因与内存对齐有关，而与内存复制开销无关。double 是 8 字节长的。对 double 的未对齐访问非常昂贵(远远超过对 int 类型)。对于 64 位环境来说，这不是问题，因为 64 位环境总是对 SOH 和 LOH 使用 8 字节对齐。但是对于 4 字节对齐的 32 位 SOH 来说，这可能是个问题。

因此，使用 LOH 是值得的，如前所述，LOH 总是使用 8 字节对齐方式。这样，我们就避免了对大型数组进行未对齐访问的巨大成本。那么为什么 32 位运行时不总是在 LOH 中分配 double 数组呢？因为在 LOH 中分配有其自身的缺点——由于没有进行压缩，许多较小的结构可能会引入不需要的碎片。经过实验，决定数组是否分配到小对象堆或大对象堆的阈值再次选中了使用 1000 字节作为界限。

在使用 32 位框架时，我们仍然应该注意由 double 数组引起的碎片。例如，在某种信号处理过程中，可能会创建大量连续创建和回收的、大于 1000 个元素的 double 数组。在这种情况下，我们应该创建一个可重用的数组缓冲区(池)，而不是不断创建新的数组。有关更多详细信息，参见场景 6-1。

2. 大对象堆 – 内部 CLR 数据

我们在代码中分配的、并且不大于给定的人小阈值的人对象堆分配并没有其他例外情况。但是，.NET Framework 在内部也使用 LOH 存储一些额外的数据。我们在这里指的是 LargeHeapHandleTable 结构。

LargeHeapHandleTable

LargeHeapHandleTable 是由.NET 运行时维护的一种数据结构，该结构管理在大对象堆中分配用于内部用途的对象数组。在内部，它被组织到 Bucket 中(见图 5-2 中 CoreCLR 结构化数据的说明)。每个 Bucket 表示在 LOH 中分配的单个 Object[]数组。这些数组被固定了，因此永远不会被垃圾回收器移动。这是由于 CLR 的各个非托管部分都有可能会存储指向数组元素的指针，因此移动它们将需要更新这些指针，这需要大量的工作。

每个 Bucket 会将一个固定的句柄存储到相应的数组中。它还(为了方便起见)存储了指向数组数据开头的直接指针(m_pArrayDataPtr)和尚未使用的数组元素的当前索引(m_currentPos，因为这些数组在创建时预先带有一些备用空间)。如果所有数组元素都已被使用，则会创建一个新Bucket(这将导致会在大对象堆中创建一个新 Object []数组)。LargeHeapHandleTable 中的 Bucket被链接到一个链表中(每个 Bucket 都存储指向下一个 Bucket 的 m_pNext 指针，如果是最后一个元素，则为 null)。

如前所述，LargeHeapHandleTable 结构有两种主要用法。如 CoreCLR 源代码所述：

```
// There are two locations you can find a LargeHeapHandleTable
// 1) there is one in every BaseDomain, it is used to keep track of the
static members in that domain
// 2) there is one in the System Domain that is used for the
        GlobalStringLiteralMap
```

代码注释说明如下：

你可以在这两个位置找到 LargeHeapHandleTable

1) 其中一个位置在每个 BaseDomain 中，用于跟踪该域中的静态成员。

2) 另一个位置在 System Domain 中，用于 GlobalStringLiteralMap。

图 5-2 对此进行了说明。换言之，在 LOH 中将有：

- 用于全局字符串文字映射(也称为 String Intern 池)的一个或多个 Object []：由单个LargeHeapHandleTable 管理，至少包含一个 Bucket；
- 用于每个域的静态成员的一个或多个 Object []：由 BaseDomain 中的 LargeHeapHandleTable管理，至少包含一个 Bucket。

一般来说，SystemDomain 通常是一个域，它派生自 BaseDomain，因此它包含m_pLargeHeapHandleTable，但是它并没有被使用——SystemDomain 不包含任何托管模块，因此不需要跟踪模块中的静态成员。

我们可以使用 WinDbg 来查看句柄表数组。在附加到.NET 进程之后，我们应该加载 SOS 扩展，并通过 eeheap 命令列出所有与 GC 相关的内存区域(参见代码清单 5-2)。在得到 LOH 对应的地址范围之后，使用dumpheap 命令列出其中的所有对象。代码清单5-2还列出了简单的Hello world控制台程序的结果。如我们所见，在这样的一个纯程序中，只有三个 Object[]数组(值为00007ffb8f34a5b8 的列对应于 Object[]的 MethodTable)。

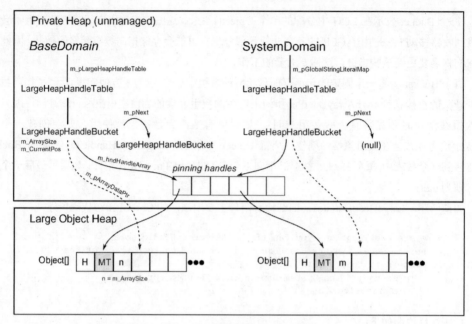

图 5-2　LargeHeapHandleTable 结构

代码清单 5-2　使用 WinDbg 和 SOS 扩展来列出大对象堆中的句柄表

```
> .loadby sos clr
> !eeheap
...
Large object heap starts at 0x000001e5ad231000
     segment              begin            allocated                    size
000001e5ad230000 000001e5ad231000 000001e5ad235480 0x4480(17536)
> !dumpheap 000001e5ad231000 000001e5ad235480
         Address            MT       Size
000001e5ad231000 000001e59afc2ff0    24 Free
000001e5ad231018 000001e59afc2ff0    30 Free
000001e5ad231038 00007ffb8f34a5b8  8184
000001e5ad233030 000001e59afc2ff0    30 Free
000001e5ad233050 00007ffb8f34a5b8  1048
000001e5ad233468 000001e59afc2ff0    30 Free
000001e5ad233488 00007ffb8f34a5b8  8184
```

这三个数组如下所示。

- 在 000001e5ad231038 地址下：Domain 1 的句柄表(包含我们程序本身的大多数库和模块)；
- 在 000001e5ad233050 地址下：String Intern 池；
- 在 000001e5ad233488 地址下：Shared Domain 的句柄表(在简单控制台应用程序的情况下，它可能仅包含 System.Private.CoreLib.dll 模块)。

如果你想知道为什么在代码清单 5-1 中还能看到很小的可用空间(Free)，答案在第 6 章的 6.4.2 节"大对象堆分配"中。

遗憾的是，目前还没有一种单一的方法可以知道哪个数组对应于哪个用法——我们可以主要通过查看每个数组的内容(通过对每个地址发出 dumparray 命令)来调查它。

显然，一个 string 暂留池将包含对暂留 string 的引用。另外两个将主要包含所用库和我们代码中的各种静态成员。

它们还将包含在解析 NGen 生成的程序集的字符串文本期间创建的字符串(并且由于 NoStringIntern 选项而未使用 string 暂留的)。

句柄表还有另一种用法——运行时使用它们来存储各种与反射有关的数据。如果使用 GetType、typeof 或任何其他反射 API，底层 RuntimeType 和其他信息也通过句柄表中的句柄保存。因此，我们可能还会发现许多这些数组引用的、与类型相关的对象。

在我们的应用程序中，不太可能出现 LargeHeapHandleTable 的问题。一般来说，可能出现问题是在需要(动态地)创建大量静态成员或加载许多动态 AppDomain 时。另一个可能的原因是大量的 string 暂留。如果你在一个大对象堆中看到许多大对象数组，它们的唯一根是一个被固定的句柄——这可能表明你刚刚碰到了这种罕见的情况。但是，由于这些数组仅仅存储引用，因此你可能会首先注意到案发现场其他地方的许多对象(而不是这些数组)。

5.3　按生存期分区

如前所述，由于小对象堆中可能存在大量对象，因此决定将其按对象的生存期分成若干部分。这个概念被称为"分代垃圾回收"(Generational Garbage Collection)，因为对象被分为几代，所以以某些特定方式定义了类似的生存期。我们可以用许多可能的方式定义生存期，这里让我们介绍两个最明显的方法。

- 绝对时间：我们可以以某种方式将对象生存期与实时关联起来。最简单的方法是在创建对象时使用 CPU 时钟周期数。但是，这种方法有一些缺点。到底持续多长时间才算"长寿"呢？到底持续多长时间才算"短寿"呢？一秒钟到底是长寿还是短寿呢？几乎不可能提供一个通用的答案，因为它取决于特定的程序特征——它分配了多少对象，垃圾回收的频率等。我们可以创建一种自学习机制来计算短寿对象和长寿对象之间的阈值，但这可能过于复杂。

- 相对时间：我们可以将对象的生存期与某些特定事件(如垃圾回收本身)相关联，而不是与实时进行关联。通过这种方式，我们可以计算出该对象存活了多少个垃圾回收。

我们可以管理一些内部计数器，这些计数器计算每个对象的生存时间。如果它超过某个给定的(或计算出的)阈值，我们就将此类对象视为"较老"。

我们甚至可以想象出一些不太明显的用来指示对象寿命的方法。例如，如果回收器和分配器的设计方式永远不会将对象推回较低的地址，那么我们可以将对象的寿命计算为对象的地址相对于内存中另一个位置的差异。

有趣的是，许多垃圾回收描述几乎总是从.NET 具有分代 GC 这一事实开始的。但是，正如我们所看到的，在我们进一步了解其实现细节之前，还有很多事情要做。

为什么分代垃圾回收完全适用呢？ 为什么根据对象的年龄进行分割和不同的处理是有道理的呢？这主要来自一种称为按代假设(generational hypothesis)的观察。实际上，有较弱(较不通用)和较强(较通用)的版本，它们共同构成了分代垃圾回收的基础，它们有点违背人类生活的直觉。

- 弱代假说(weak generational hypothesis)：观察到大部分对象很年轻活得很短。换言之，程序分配的大多数对象很快就会变得不被使用了。这些都是由局部变量、临时(隐藏)分配和所有短期处理表示的临时对象。这一假说得到了各种计算机科学研究的广泛证实。
- 强代假说(strong generational hypothesis)：观察到一个对象的寿命越长，它就会活得越久。这会是各种长寿命对象，如长缓存、管理器、帮助器、对象池、业务工作流等。然而，研究并没有完全证实这一假说，因为一个对象的生存期特征似乎比这么单一的句子要复杂得多。这个假说甚至没有一个普适的定义。

了解对象的这种年龄分布可以使我们受益(见图 5-3)。如果大多数对象很年轻，很快死亡，则值得尽快回收它们的内存(通过将它们分到"年轻"的一代)，而且也值得减少频率。

如果老对象很少死亡，则通过将它们分到"老"的一代来回收它们的内存。当然，我们也可以决定在它们之间创建任意数量的"临时"中间代。

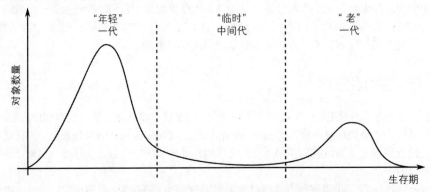

图 5-3　弱代假说和强代假说，展示为与对象的(年龄)生存期相关

将对象分组到不同的代中，我们就可以分别对待它们。例如，我们只对最年轻的一代或只对最老的一代进行垃圾回收。我们还可能决定回收所有代，这通常称为完全垃圾回收。

当一个对象达到某个生存期阈值时，它被认为可以提升到更老的一代。换言之，在提升后，我们会将对象视为属于更老的一代。这种提升意味着什么呢？为什么在不同的 GC 实施方案之间有显著的差异呢？

其中一种可能性包括复制到其他一些内存区域。在这种情况下，它实现了第 1 章(图 1-18)中提到的 GC 的复制。想象一下图 5-4 中各代的组织，我们为名为 0、1 和 2 的代提供了三个单独的内存区域。示例步骤可能如下所示。

- 经过一段时间的程序执行，我们创建了对象 A、B 和 C：它们被分配在最年轻的一代 0，见图 5-4(a)。
- 过一段时间后，GC 发生了：我们假设对象 A 是不可到达的。因此，只有对象 B 和 C 被复制到 1 代，见图 5-4(b)。
- 过一段时间后，我们创建了对象 D ：它被分配到 0 代，见图 5-4(c)。
- 过一段时间后，GC 又再次发生了：我们假设现在 B 不再是可到达的。因此，对象 C 和 D 被复制到老一代，见图 5-4(d)。
- 过一段时间后，我们创建了对象 E：它被分配到 0 代中，见图 5-4(e)。

有时我们会遇到这样的一种说法：即 Microsoft .NET 中的代是以这种相当直观的方式工作的。记住！这是不正确的！这一点非常重要！Microsoft 的 CLR 实现略有不同，更加复杂，但是更加高效，这会在第 7 章中进行详细的说明。

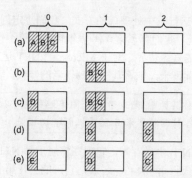

图 5-4　GC 复制时的代，体现为独立分离的内存区域。提升意味着将对象复制到其他区域

还有另一种方法，可以按地址边界在逻辑上定义代。提升将只是移动这些边界，而不是移动对象本身(见图 5-5)。这是一种比复制快得多的方法，因为移动这些逻辑边界几乎不需要任何时间。另外，我们可能会、也可能不会压缩存活的对象(尽管如果这样做的话，它会变得复杂很多)。想象一下在图 5-5 中那几代的组织，其中我们有一个连续的内存块。示例步骤可能如下所示。

- 程序执行一段时间后，我们创建了对象A、B和C；但是只有一个最年轻的0代(见图 5-5(a))。第 1 代和第 2 代的边界被降级为零或非常小(这取决于具体的实现细节)。
- 过一段时间后，GC 发生了：我们再次假设对象 A 是不可到达的。我们还假设正在做一个简单的清除回收。对象 A 的内存已被回收，并且由于现在对象 B 和 C 应该属于较老的 1 代，因此我们将其边界移到对象 C 之后(见图 5-5(b))，同时也调整了 0 代的边界。不需要内存复制。
- 过一段时间后，我们创建了对象 D：它被分配到 0 代(见图 5-5(c))。但这根本没有缺点。
- 过一段时间后，清除 GC 再次发生：让我们再次假设 B 不再是可到达的，因此它的内存已经被回收了。我们必须再次重新调整代际之间的边界。对象 D 现在属于 1 代，对象 C 属于 2 代(见图 5-5(d))。第 0 代边界也进行了适当的调整。
- 过一段时间后，我们创建了对象 E：它被分配到 0 代(见图 5-5(e))。

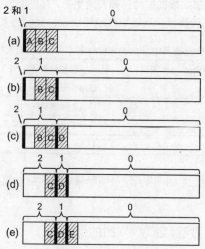

图 5-5　在单个连续内存区域内通过逻辑边界来形成代。提升的真相只是由于代际间边界的变化从而变成属于不同的代

这正是在 Microsoft .NET 运行时中处理代的方式。我们决定创建三个以连续数字命名的代，就像我们前面的例子一样。因此，我们有了第 0 代("年轻")，第 1 代("临时")和第 2 代("老")。另一个决定是如何计算代之间的寿命边界。对于 Microsoft .NET 运行时来说，它非常简单——通常，如果对象在垃圾回收中幸存下来，则将其提升到较老的一代。

这种规则也有例外，我们称其为降级(或者就是简单地称为不提升)。为何会发生这种情况，将在下一章中说明，因为它与各种回收器和分配器机制密切相关。

换言之，当一个对象在第 N 代中幸存时，它现在将属于第 N+1 代(我们可以说它已经被提升到 N+1 代了)。这也意味着，在连续两次 GC 之后，它可能会在第 2 代着陆，并停留在那里，直到不再需要它。

Mono 作为 Microsoft .NET 的主要替代方案，对于小对象(小于 8000 字节)有类似的组织。它只分为两代——"年轻"被称为托儿所，"老"被称为老空间或仅是大堆。它还使用了前面描述的一种更简单的提升复制机制——当托儿所中的对象在垃圾回收中幸存下来时，它将被复制到老一代中。

但是，分代垃圾回收具有一个非常明显的缺点。由于代际假设是该构造的基础，因此在我们的应用中如果未能遵守这些假设将会导致严重的不利行为。这就得出了一个重要的结论——在一个符合代际假设的健康系统中，代越老，就应该越少垃圾回收。我们应严格遵守第 7 章中所述的规则 18 – 避免"中年危机"。

但是，我们对代的大小也非常感兴趣。实际上，这是我们最容易确认应用程序是否存在内存泄漏的方式。观察代大小的最简单方法是使用性能计数器或 ETW 机制(参见表 5-1)。它们都在垃圾回收发生后测量堆的状态。只有两个小的注意事项，如下所示。

- 由于遗留原因，\.NET CLR Memory(processname)\Gen 0 heap size 计数器未显示真实的第 0 代大小，而显示其分配预算(用最简单的话来说——在该代触发 GC 之前要分配给该代的字节数)。因此，查看该计数器会产生误导。
- 我们应该记住，无论基础数据被如何频繁地更新，在性能监视器中最高的采样时间都是一秒钟。因此，如果每秒执行一次以上的垃圾回收，我们将失去一些测量值。

表 5-1 基本代大小测量(其中 Processname 显然是与你的进程相对应的实例名称)

代	ETW (GCHeapStats_V1 事件)	性能计数器(\.NET CLR Memory(processname))
0	GenerationSize0	Gen 0 heap size ("allocation budget")
1	GenerationSize1	Gen 1 heap size
2	GenerationSize2	Gen 2 heap size
3(LOH)	GenerationSize2	Large object heap size

但是，这些警告并不是很烦人，因为垃圾回收最频繁的第 0 代和第 1 代通常很小，不会引起任何问题。

5.3.1 场景 5-1：我的程序健康吗？实时的代大小

描述：我们希望在 Web 应用程序执行期间观察各代的大小。理想情况下，我们希望在预生产环境中执行负载测试期间以非侵入性的方式进行操作。这将给予我们一些信心，在我们的代码中没有内存泄漏。被测试的应用程序是普通的 nopCommerce 4.0 安装版——这是一个用 ASP.NET 编写的通用开源电子商务平台(你可能还希望看到场景 5-2，其中有在稍微不同的条件下执行类似的测试)。

分析：让我们跳过负载测试准备的技术部分，假设相应的程序和工具已经就位。负载测试将每秒执行约 7 个请求，并持续 170 分钟，以创建机会来发现内存泄漏(如果存在)。nopCommerce 通过.NET Core Windows Server Hosting 托管在 IIS 上。这意味着尽管有代表应用程序池的 w3wp.exe 进程，但它仅将请求传递给自托管的.NET Core Web 应用程序。在我们的例子中，该进程名为 Nop.Web.exe。

首先，我们希望根据第 4 章中的场景 4-1 来检查应用程序的总体内存使用情况。这包括从 Process(Nop.Web)Working Set-Private、Private Bytes、Virtual Bytes 以及 \.NET CLR Memory (Nop.Web)\# Total committed Bytes 等计数器中观察。

其次，最简单的观察方法是使用性能监视器工具观察表 5-1 中列出的计数器。结果如图 5-6 所示，表 5-2 提供了一个简单的数值摘要。请注意，这些代是以不同的比例绘制的，以便清晰地显示它们。我们可能会注意到

- 第 0 代大小(细实线)在 4 194 300 字节和 6 291 456 字节之间连续变化。如前所述，这些不是真正的代大小，而只是分配预算。尽管它们不是真正的值，但我们可以把它们理解为健康状态的标志。代大小是稳定的。如果它随着时间增长，图示的计数器也会增长(即使它只显示与大小相关的值)。

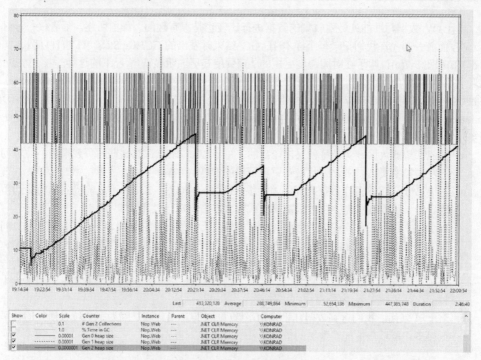

图 5-6　ASP.NET 应用程序在近三小时的长时间负载测试过程中的代大小的性能监视器视图

- 第 1 代的大小(虚线)由于其是中间代的性质而变化很大。由于没有明显的上升趋势，此处的测量也证实了应用程序的健康状态。

- 第 2 代大小(粗实线)显示为典型的三角形模式:对象在最古老的一代中回收,并不时地被垃圾回收。通常将完全垃圾回收推迟到真正需要时才进行,因此定期回收最旧的数据是非常典型的。对于 Web 应用程序,大部分对象的可到达性与用户会话的生存期和可能的数据缓存有关。因此,这种三角形模式可能是正常的。但是,这也可能是出现问题的一个小迹象,我们应将其视为触发进一步调查的一个警告。下一步应该是在更长的时间内观察这种模式,并验证第 2 代的最大大小是否存在增加的趋势。我们还应该在 GC 计数器中观察\.NET CLR Memory(Nop.Web)\% Time(有关详细信息请参阅场景 7-1),以检查整个过程的 GC 开销。

另请注意,第 0 代和第 1 代的总和都非常小,因此该处的任何变化都不应该让我们担心太多。这是一种典型的场景,因为任何内存泄漏都会随着最老一代的不断增加(将持有越来越多的长寿命对象)而显露出来。

表 5-2　图 5-6 中所示的测量摘要

代	最小值	最大值
0	4 194 300	6 291 456
1	~18 268	7 384 704
2	52 654 336	447 385 748
LOH	0	38 826 368

将 ETW 数据与性能计数器收集的数据进行比较也是很有趣的。如前所述,后者仅每秒钟采样一次,而前者则允许我们记录每个样本(在 GC 结束时发出的 GCHeapStats_V1 事件)。图 5-7(a)、图 5-7(b)和图 5-7(c)说明了在时间跨度更短的 20 秒(使其更加明显)的情况下的这种差异。Perfview记录了基于 ETW 的代大小,并选择了低开销的 GC Collect Only 选项。来自 GCHeapStats_V1 事件的数据随后被导出到 CSV 文件。性能计数器数据是由性能监视器中可用的数据收集器集(Data Collector Set)机制收集的,这将允许将会话记录到文件(包括 CSV 文本文件格式)中,而不是记录到实时绘制图中。我们可以看到

- 性能计数器数据确实是每秒采样一次的。由于 Web 站点在测试期间负载很重,垃圾回收的发生频率要高得多。因此,有更多可用的 ETW 样本。
- 对于第 0 代,这两个数据之间的差异很大(见图 5-7(a)),这是由于之前提到的历史遗留原因。如果我们确实需要及时跟踪第 0 代的大小,则应该使用 ETW。
- 对于第 1 代,很明显某些性能计数器样本对应于 ETW 数据(见图 5-7(b))。但是,这之间又发生了很多事情。可以清楚地看到第 1 代大小的变化有多动态。当然,这些是我们不一定需要的知识。基于每秒一次的性能计数器采样可能会很好。在大多数应用中,GC 不会那么频繁地发生,因此差异甚至可以被完全消除(如果 GC 大多数情况下发生的频率少于每秒一次)。但是,一定要意识到这种差异。
- 对于第 2 代,我们看到数据几乎完全足够(见图 5-7(c))。这是因为完全垃圾回收的频率要低得多,所以在性能计数器的情况下几乎没有样本丢失。

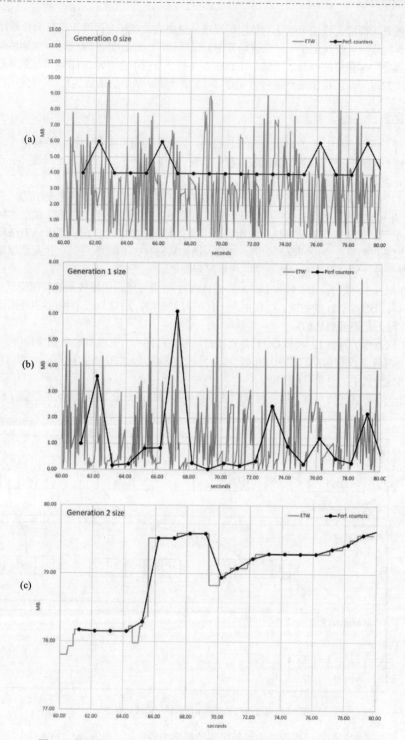

图 5-7　根据从 ETW 导出的 CSV 数据和性能计数器数据所创建的代大小图表

总体判断是正面的。我们可以认为该应用程序是健康的。对相应性能计数器的长期观察并没有显示出任何特别令人担忧的现象。在该场景中,仅展示了一小部分 ETW 数据,以可视化 ETW 和性能计数器之间测量值的差异。对整个 ETW 数据的分析也不会显示出任何令人震惊的情况。但是,应该采取进一步的措施来测量总体 GC 开销(参见第 7 章中的场景 7-1)。

5.3.2 记忆集

我们已经了解到 SOH 中的对象是分成几代的,因此可以分别处理它们。特别是,这意味着我们应该能够分别对每个代运行垃圾回收。我们只在"年轻"一代中回收垃圾,或只在"老"一代中。然而,这是一个过于简单化的观点。

如果我们还记得第 1 章中描述的一般垃圾回收机制,可能会回忆起回收器使用的标记阶段。它的责任是找出对象的可到达性——从根开始遍历对象图。在此过程中,GC 将跟踪已访问对象中包含的传出引用。如果我们要访问包含应用程序中所有对象的整个对象图,那么该方法将效果很好。但是,如果我们只想垃圾回收其中的一部分,比如只回收"年轻"一代? 让我们想象一下图 5-8 中所示的情况。它显示了某一时刻的三代垃圾回收器。

- 第 0 代包含对象 A、B、C 和 D。A 是直接根对象(很可能是由堆栈上的局部变量保持的),它具有引用对象 B 的字段。C 仅由老一代的对象引用。对象 D 没有指向它的引用(因此,它实际上是不可到达的)。
- 第 1 代包含了对象 E、F 和 G。E 是直接根对象,它有一个引用对象 C 的字段(来自年轻一代)。对象 F 没有指向它的引用(因此这是另一个实际上无法访问的对象)。对象 G 具有来自年轻一代中的对象 D 的引用。
- 第 2 代不包含任何对象,以免使我们的解释变得混乱:无论"老"一代是指第 1 代还是第 2 代,其机制均保持不变。

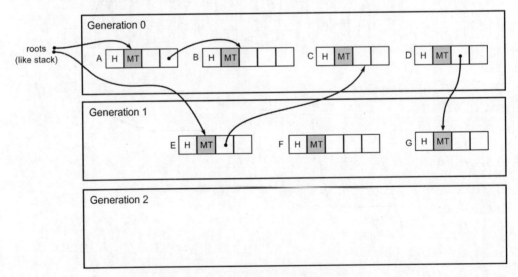

图 5-8　通过两代来演示示例场景中的跨代引用

图 5-8 展示了在我们的应用程序中可能出现的最典型的引用。这里展示的跨代引用是完全有效的。

- 从年轻到老：最近创建的对象可能会带着对已经存在的老对象(如对象 D 和 G)的引用来创建。
- 从老到年轻：在一段时间之前创建的对象(如对象 E 和 C)可能会被设置为包含新创建的对象的引用。

从标记阶段的角度来看，这类跨代引用是需要处理的。当然，我们可以遍历整个对象图来找到对象 A、B、C、D、E、F 和 G 的可到达性。但是遍历整个图显然会破坏将对象划分为几代的目的。因此，让我们采用一种幼稚的方法：只标记"年轻"的一代——这意味着只遍历年轻一代中的对象。更确切地说，我们从根开始遍历，直到遇到"年轻"一代以外的一代的对象。这显然会导致错误的结果。

从根开始，我们仅将对象 A 和 B 标记为可到达对象。即使对象 E 是根对象，也被忽略，因为它位于"老"一代中。我们不会访问对象 C，因为没有根或其他"年轻"对象引用它。我们不会注意到对象 C 被 E 引用了。结果，我们将对象 C 和 D 视为不可到达。对象 D 确实是不可到达的，可能会被删除。但是，即使对象 E 仍在使用对象 C，对象 C 也会被垃圾回收；我们之前根本没有注意到这一点！这清楚地表明，从老一代到年轻一代的跨代引用必须要有某种方式来处理！如果我们只想回收年轻一代，那么在考虑对象在年轻一代中的可到达性时，必须将从老一代到年轻一代的跨代引用包括在内。

为了处理老一代到年轻一代的跨代引用，引入了一种称为"记忆集"(remembered sets)的技术。通常，记忆集是指对象独立集之间引用的独立托管回收。在我们的例子中，它是一组记忆从老一代到年轻一代的引用、用于跨代回收的集。然后在标记阶段对它们进行简单的审查。

在我们的示例场景中，在年轻一代垃圾回收时，我们遍历从根开始的对象以及从存储在记忆集中的引用(其中包括了 E 到 C 引用)开始的对象。这将带来预期的正确结果。

请注意，只有在仅回收老一代(不同时回收年轻一代)的情况下，从年轻一代到老一代的跨代引用才可能有问题。另一方面，如果我们在示例场景中只进行年轻一代回收，则即使对象 D 引用了某些内容，我们也可以正确地垃圾回收对象 D。我们将对象 G 设置为未引用。稍后执行老一代的垃圾回收时，它被标记为不可到达。因此对象 D 和 G 最终都会被回收。

但是，在尝试执行仅老一代垃圾回收时，我们也会遇到同样的问题。我们不会注意到 G 被 D 引用了。我们应该为从年轻一代到老一代的跨代引用创建另一个记忆集。正如我们很快就会看到的那样，实现记忆集并不是一件容易的事，因此我们做了一个更简单的决定。正如微软的文档所说："回收一代意味着回收该代以及比它更年轻代的对象。"这引出一些有关.NET 内存管理的最重要信息。.NET 中的垃圾回收应该是如下所示发生的。

- 仅回收第 0 代；
- 回收第 0 代和第 1 代；
- 回收所有第 0 代、第 1 代和第 2 代以及大对象堆(完全垃圾回收)。

但是，如何维护一组记忆集呢？我们什么时候添加或删除引用呢？常见的解决方案是在创建此类引用时记住它，这主要发生在字段分配期间(参见代码清单 5-3)。这可以直接触发(在非 private 字段的情况下)，也可以通过属性分配或构造函数和方法调用间接触发。

代码清单 5-3 以 public 字段分配为例，创建从老一代到年轻一代的跨代引用(假设对象 E 生存在比对象 C 更老的一代中)

```
E e = new E();
...
C c = new C();
```

```
e.SomeField = c;
```

代码清单 5-3 的最后一行是一个记住记忆集中新创建的引用的完美位置。但是，我们应该用更普遍的方式看待这个问题。C#中定义的字段只是保存引用的可能方法之一，该方法是由 C# 规范产生的。但是，我们不应该将记忆集机制与一种特定语言相关联。将来可能会有其他方式来存储引用——以 C#或者一种新的但目前尚不存在的语言。

因此，要实现这种机制，我们应该利用在运行时级别上更底层的技术——在第 1 章中提到的写屏障概念。我们可以在 Mutator.Write 操作中添加适当的写屏障代码(参见第 1 章中的代码清单1-7)。当我们想要在给定地址下存储某些值时，将始终由 Mutator 执行该操作。显然，这是一个极为常见的操作，因此向其中添加任何内容都会带来巨大的开销。在设计这样的写屏障时，必须格外小心。在如下情况下(表示存储引用时)，我们只需要通过这样的写屏障来增强 Write 操作，对我们是有益的。

- 值是对托管对象的引用;
- 地址位于托管堆中，它表示一些有效对象的字段;
- 地址位于比值引用的对象所在的那一代还要老一代的内部。

结果最终会使用如代码清单 5-4 所示的原理图实现，该实现检查上述条件，并在适当时记住引用。当执行标记阶段时，我们应该包含存储在"记忆集"中的引用以及其他根。

代码清单 5-4 一个支持记忆集的、非常简单的、写屏障示意图伪代码

```
Mutator.Write(address, value)
{
    *address = value;
    if (AreWriteBarrierConditionMeet(address, value))
    {
        RememberedSet.AddOrUpdate(address, value);
    }
}
```

这是一个泛泛的、说明了.NET 运行时如何实现它的概念。显然，每次检查所有这些条件会带来巨大开销。如果我们仔细思考它们，会注意到许多可能的优化。其中大多数来自这样的一个事实，即这些条件可以在实时编译期间预先检查。JIT 编译器可以从 IL 代码完全了解我们是否将对托管对象的引用存储到另一个托管对象的字段中。在生成汇编代码的过程中，JIT 可以生成正确版本的 Mutator.Write，具体取决于是否需要写屏障。这正是.NET 运行时使用的方法。

如果你有兴趣获取更多详细信息，可以从查看方法 CodeGen::genCodeForTreeNode 的 CoreCLR代码开始(对于 GT_STOREIND 操作数)。它调用 CodeGen :: genCodeForStoreInd，内部决定(通过调用 gcIsWriteBarrierCandidate) 是否需要写屏障。如果决定是正面的，则将调用CodeGen::genGCWriteBarrier 方法。该方法生成称为 CORINFO_HELP_ASSIGN_REF 或 CORINFO_HELP_CHECKED_ASSIGN_REF 的两个帮助器之一的汇编代码(当 JIT 编译器知道它可以优化检查目标是否位于托管堆中时，则使用前者; 否则使用后者)。这两个帮助器对应于可以在.\src\vm\amd64\JitHelpers_Fast.asm 文件中找到的函数 JIT_WriteBarrier 和 JIT_CheckedWriteBarrier的汇编代码。请注意，所有这一切都发生在 JIT 编译期间，而在运行时只有 JIT_WriteBarrier 或JIT_CheckedWriteBarrier 函数被调用(对应于上面提到的两个帮助器)。另请注意，这仅是 x64 运行时的描述。x86 对写屏障的处理是类似的，但采用了不同的路径，为简洁起见，此处不再赘述。

让我们更深入地了解如何在我们的.NET 应用程序中看到写屏障,从代码清单 5-5 中非常简单的 C#代码行开始。它创建了两个对象并将后者指定给前者的字段。

代码清单 5-5 演示.NET 中写屏障的示例代码

```
ClassA someClass = new ClassA();
ClassB otherClass = new ClassB();
someClass.FieldB = otherClass;
```

代码清单 5-5 中的代码可以编译成代码清单 5-6 中所示的 CIL 代码(它略有简化,但没有丢失重要细节)。我们看到有创建 ClassA 和 ClassB 类型的对象。这两个实例都保留在计算堆栈上。然后调用 stfld 指令,将来自计算堆栈中的第一个值存储到来自计算堆栈的第二个值中的对象的字段(用令牌描述)。

代码清单 5-6 将代码清单 5-5 编译成 CIL 的示例代码

```
newobj CoreCLR.WriteBarrier.ClassA::.ctor
newobj CoreCLR.WriteBarrier.ClassB::.ctor
stfld CoreCLR.WriteBarrier.ClassA::FieldB
```

执行 JIT 编译时,此类代码可能转换为代码清单 5-7 中的汇编代码。我们不能肯定地说它会是这样,因为我们已经下降到了一个非常低的实现级别。该代码的样子取决于许多因素,包括运行时版本等。但是,它足以有助于说明问题。如你所见,stfld 指令已转换为 JIT_WriteBarrier 函数调用(由于 JIT 编译器知道它是此处访问的托管对象,因此没有使用 checked 版本)。

代码清单 5-7 代码清单 5-6 在 x64 机器上进行 JIT 编译后的 CIL 代码

```
; Those lines correspond to allocating memory for ClassA object and calling
its constructor
mov  rcx,7FFCC4BA6600h (MT: CoreCLR.WriteBarrier.ClassA)
call  CoreCLR!JIT_TrialAllocSFastMP_InlineGetThread (00007ffd`241d2130)
mov   rdi,rax ; rdi contains ClassA reference
mov   rcx,rdi
call  System_Private_CoreLib+0xc04060 (00007ffd`22e44060) (System.
Object..ctor(), mdToken: 0000000006000103)

; Those lines correspond to allocating memory for ClassB object and calling
its constructor
mov rcx,7FFCC4BA67B8h (MT: CoreCLR.WriteBarrier.ClassB)
call   CoreCLR!JIT_TrialAllocSFastMP_InlineGetThread (00007ffd`241d2130)
mov rsi,rax ; rsi contains ClassB reference
mov rcx,rsi
call System_Private_CoreLib+0xc04060 (00007ffd`22e44060) (System.
Object..ctor(), mdToken: 0000000006000103)

; Those lines are calling WriteBarrier, storing reference and using
remembered sets inside
lea rcx,[rdi+8]    ; rcx contains address of FieldB field in ClassA
object
mov   rdx,rsi        ; rdx contains ClassB reference
call  CoreCLR!JIT_WriteBarrier (00007ffd`2403fae0)
```

我们将深入研究 JIT_WriteBarrier 函数,但在此之前,我们必须学习另一种称为卡表(Card

Tables)的重要技术。

5.3.3　卡表(Card Tables)

你可能会注意到，在将每个引用存储在记忆集中的方法中，有一个严重的警告。在如图 5-8 所示的简单场景中，记忆集很小(实际上它只包含一个引用)。但是，在拥有数百或数千甚至数百万个对象相互引用的实际应用程序中又将如何呢？更糟糕的是，.NET 有三代，因此可能的跨代引用的数量更大。此外，在对象之间更改引用是很常见的操作。将一个记忆集作为每个跨代引用的幼稚的回收管理只会带来过大的开销。

通常，为了解决这个问题，我们必须做出一些妥协。为了减少回收管理的开销，将不会跟踪单个引用，因此我们会失去准确性。相反，将跟踪某些预定义的内存区域。它们将由一种称为卡表的技术来进行管理。

为了解释它们，让我们从图 5-8 的那一刻开始稍微回顾一下(见图 5-9a)。在图 5-9a 中我们看到了对象 E 开始持有对对象 C 的跨代引用之前的时刻。卡表背后的理念非常简单——我们将老一代拆分成恒定大小的区域(具有给定字节数的连续内存区域) 。在图 5-9a 的示例中，我们看到了四个这样的区域和第五个区域中的一部分。第一个区域恰好不包含任何对象；第二个区域仅包含一个对象；第三个区域仅包含某些对象的一部分(因为可能会出现一个对象恰好位于区域边界上的情况)；第四个区域包含一个对象的一部分；而另一区域则包含同一对象的其余部分，以此类推。

每个这样的区域由卡表数据结构中的单个卡条目表示。在开始时，所有卡都是干净的，因此相应的卡条目都有一个设置为 clean 的标志(可以由单个位值 0 表示)。干净的卡表示相应的内存区域内没有从老一代到年轻一代的跨代引用。

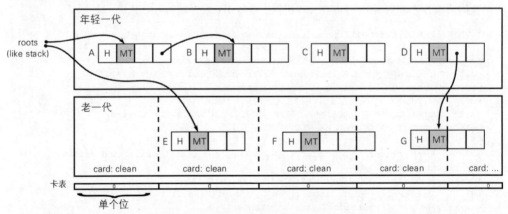

图 5-9a　管理从老一代到年轻一代的跨代引用的卡表。讲述了图 5-8 中那一刻的情况。所有卡都是干净的(不存在这样的引用)

当我们在应用程序代码中的某个地方将对象 C 分配给对象的 E 字段时，最终得到图 5-9b 所示的情况。我们计算对象 E 的卡，并将整个卡标记为 dirty，通常称为设置卡(就像将二进制值设置为 1 一样)。

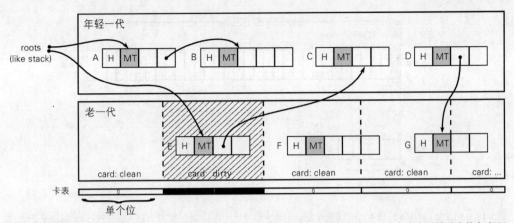

图 5-9b 管理从老一代到年轻一代的跨代引用的卡表。将对象 C 分配给对象 E 之后,在卡表中设置对应的卡(标记为 dirty)

从现在起,这样一个卡中的所有对象都被视为附加的根。换言之,当发生年轻一代的垃圾回收时,我们将开始从根和卡中的所有对象来遍历对象图(通过这种方式,我们发现样本中的 C 是可到达的,因为从卡的角度考虑到了 E)。

细心的读者可能会问,如果我们改变了对象 F 的最后一个字段,该字段在第四张卡中,但是对象 F 却是从第三张卡开始的,那我们到底应该设置哪一张卡?因为写屏障必须尽可能轻量,所以只需要设置第四张卡(因为它对应于更改的地址)。稍后,在标记阶段,由于第 9 章中所述的砖表技术,我们将找到包含卡起始地址的对象(在本例中为 F)。

这显然会带有开销。即使只有一个从老一代到年轻一代的引用,我们也必须访问卡中的所有对象并遵循它们的引用。这是性能和准确性之间的权衡。我们可以通过选择较小或较大的卡大小来平衡这种权衡。如果一张卡片很小,小到最多只能包含一个对象,那么我们最终将会得到一种典型的记忆集方法(每个引用都会被跟踪)。如果一张卡片很大以至于覆盖了整整一代,那么我们最终将变成遍历整个对象图的方法。

在.NET 运行时中,一张卡对应于 256 字节(64 位)或 128 字节(32 位)。每个这样的卡都由一个位标志表示。如果该 128 字节或 256 字节长区域的任何部分有写入的引用,则对其进行设置。这些位显然被分组成字节,因此 1 字节能够表示 8 倍 256 字节(即 2048 字节)的存储区域。卡片被分为 32 个元素,称为卡片字。这意味着卡片字是 4 字节宽的 DWORD 类型(unsigned long)。因此,单个卡片字表示 8192 字节。图 5-10(在 64 位平台下的情况)对此进行了说明。

有了这些知识,我们现在就可以跳入前面提到的 JIT_WriteBarrier 函数。有趣的是,JIT_WriteBarrier 函数的内存区域仅被视为其更具体的实现之一的占位符。这些屏障可以在运行时通过将特定实现复制到其中而改变(很明显,它是在程序执行被挂起时发生的)。该占位符大小等于最大的函数实现,因此任何其他占位符都可以放入其中。我们将查看最简单的版本(参见代码清单 5-8),但它们之间的差别非常小,因此只看一个版本就足够了。

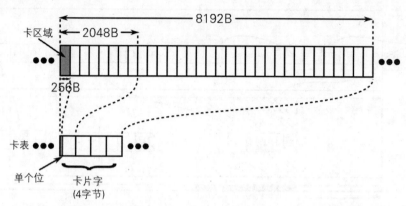

图 5-10 .NET 运行时(64 位版本)中的卡表组织。卡表中的每一位表示 256 字节的内存。这些位被分组为字节(因此每个字节表示 2048 字节的内存区域)。字节被分组为代表 4 倍大内存区域的卡片字

可以在 CoreCLR 源代码的.\src\vm\amd64\JitHelpers_FastWriteBarriers.asm 文件中找到不同的 JIT_WriteBarrier 实现(相对于 amd64 实现)。它包含以下版本。

- JIT_WriteBarrier_PreGrow64 和 JIT_WriteBarrier_PostGrow64: 在工作站 GC 模式下使用。当第 0 代和第 1 代位于其默认位置时,将使用第 0 代。一段时间后,运行时会决定将其移至另一个位置,然后注入 PostGrow 版本。

- JIT_WriteBarrier_SVR64: 在服务器 GC 模式下使用,其中有多个堆,因此也有多个第 0 代和第 1 代,检查值是否属于它们的速度将会太慢,将无条件设置卡。

- JIT_WriteBarrier_WriteWatch_PreGrow64 、 JIT_WriteBarrier_WriteWatch_PostGrow64 和 JIT_WriteBarrier_WriteWatch_SVR64: 使用 CLR 实现的写入监视技术的先前函数的相应版本,即将介绍(当 OS 实现不可用时)。

当运行时决定更改写屏障时,它将调用以下方法:

```
method:int WriteBarrierManager::ChangeWriteBarrierTo(Write
BarrierType newWriteBarrier, bool isRuntimeSuspended)
{
    ...
    memcpy((PVOID)JIT_WriteBarrier,
    (LPVOID)GetCurrentWriteBarrierCode(), GetCurrentWriteBarrierSize());
    ...
}
```

有关更多详细信息,请查看.\src\vm\amd64\JITInterfaceAMD64.cpp 中的 StompWriteBarrierResize 和 StompWriteBarrierEphemeral 方法。

如代码清单 5-8 所示,写屏障代码实际上非常简单。
- 存储在寄存器 rcx 中的参数包含目标地址(即在我们的 Mutator.Write 示例中的地址),而寄存器 rdx 则包含源引用(即在 Mutator.Write 示例中的值)。
- 第 3 行的主要工作是在给定地址下以给定值写入内存。我们仅在 rdx 属于年轻一代的情况下才希望操纵卡表(设置卡片),因为运行时仅对从老一代到年轻一代的跨代引用感兴趣(它将第 0 代和第 1 代视为年轻一代,将第 2 代视为老一代)。

- 从 6 到 14 的这几行代码检查源引用是否属于临时区域(意味着第 0 代和第 1 代)。如果否，则函数结束。如果是，则检查卡表是否尚未设置。这些是我们要讨论的最重要的代码。
- 第 16 行将卡表的地址(这里奇怪的 0F0F0F0F0F0F0F0Fh 常数将会在运行时被适当的值所替换)存储到 rax 寄存器中。
- 第 17 行将(存储在 rcx 中的)目标地址除以 2048[1]。
- 第 18 到 22 行将卡表中的一个字节与 FFh 值进行比较，如果尚未设置，则存储它。

代码清单 5-8 JIT_WriteBarrier_PostGrow64 函数的实现，删除了一些原始注释，并添加了另一些注释

```
01. LEAF_ENTRY JIT_WriteBarrier_PostGrow64, _TEXT
02.      align 8
03.      mov [rcx], rdx              ; store value from register rdx
         under address rcx
04.      NOP_3_BYTE                  ; padding for alignment of constant
05. PATCH_LABEL JIT_WriteBarrier_PostGrow64_Patch_Label_Lower
06.      mov rax, 0F0F0F0F0F0F0F0Fh ; 0F0F0F0F0F0F0F0Fh will be
         patched at runtime with proper address
07.      cmp  rdx, rax              ; Check the lower ephemeral region
         bound (if rdx <            ; rax, jump to Exit)
08.      jb    Exit
09.      nop                        ; padding for alignment of constant
10. PATCH_LABEL JIT_WriteBarrier_PostGrow64_Patch_Label_Upper
11.      mov   r8, 0F0F0F0F0F0F0F0Fh ; 0F0F0F0F0F0F0F0Fh will be
                                        patched at runtime with
                                        proper address
12.      cmp   rdx, r8             ; Check the upper ephemeral
                                     region bound (if rdx >= r8,
                                     jump to Exit)
13.      jae   Exit
14.      nop                       ; padding for alignment of
                                     constant
15. PATCH_LABEL JIT_WriteBarrier_PostGrow64_Patch_Label_CardTable
16.      mov   rax, 0F0F0F0F0F0F0F0Fh ; 0F0F0F0F0F0F0F0Fh will be
                                         patched at runtime with
                                         proper card table address
17.      s hr   rcx, 0Bh              ; Touch the card table entry,
                                         if not already dirty.
18.      cmp   byte ptr [rcx + rax], 0FFh
19.      jne   UpdateCardTable
20.      REPRET
21. UpdateCardTable:
22.      mov   byte ptr [rcx + rax], 0FFh
23.      ret
24.   align 16
25.   Exit:
26. REPRET
27. LEAF_END_MARKED JIT_WriteBarrier_PostGrow64, _TEXT
```

重要的是这样一个事实，即代表 8 张卡的整个字节都被设置了，而我们其实只需要设置其中的一位。这是因为性能原因。比较和存储整个字节(如我们所见，这只需要一个指令就能实现)，

---

[1] shr rcx, 0Bh 指令将 rcx 中的值偏移 0Bh 位——即 11 位。偏移 n 位等于除以 2^n。2^{11} 等于 2048。

比进行位操作(这需要准备和操作对应的位掩码)要高效得多。

当然，这会带来一些开销。我们不是只设置了一张卡(256 字节宽的内存区域)，而是设置了相当于 2048 字节。这是作为设计决策做出妥协的又一个例子。

> 请注意，当前的写屏障实现(包括代码清单 5-8 中的示例)只检查源引用是否属于年轻一代。它不会检查目标地址是否确实属于老一代的引用。因此，卡表也将被标记为 dirty，以进行年轻一代到年轻一代的引用。但是，这是可以接受的，因为：
>
> - 在标记阶段，只检查卡表中是否有属于老一代的地址。那些年轻一代到年轻一代的引用将被忽略。
> - 在运行时检查 WriteBarrier 内部的 rcx 是否属于老一代会过于复杂。与进行所有必需的检查相比，将卡标记为 dirty 的速度更快。

5.3.4 卡包(Card Bundles)

卡表技术优化了记忆集的使用。我们不是跟踪每一个跨代引用，而是跟踪它们的组。正如我们所看到的，在.NET Framework 64 位的情况下，会观察到 256 字节长的内存区域被卡覆盖。如果这个块中的任何对象被修改以包含对年轻一代的引用，则应该通过设置相应的位来将整个块视为 dirty 块。更重要的是，由于底层的优化，我们标记了对应于 2048 字节长内存区域的整个字节，但仍有优化的可能性。

假设我们正在服务器上运行一个典型的 Web 应用程序。其内存使用量约为几 GB。假设老一代大小为 2GB，卡表中的每个字节都代表 2KB。因此，我们需要一个 1MB 的卡表来覆盖整个老一代。乍一看，这似乎不算什么。但是，这些字节必须在年轻一代的每个回收中扫描(以查找所有可能的从老一代到年轻一代的引用)。年轻一代的回收速度应该非常快，并且扫描这么大的卡表会开销太大，即使也有可能只需要几毫秒。这些开销应该消耗在整个垃圾回收过程中，而不仅仅是在扫描卡片表时。此外，卡表可能非常稀疏——偶尔会有许多未设置的卡与已设置的卡交错。

这就是为什么又增加了另一个级别的观察(称为卡包)的原因。一个卡字将多个卡组合在一起，一个卡包字则将多个卡字组合在一起。卡包字的设计密度更高，可以覆盖更大的内存区域(见图 5-11)。卡包字中的单个位代表了 32 个卡字(它们覆盖了 256KB 区域)。因此，每个字节代表 2 MB，而由 4 字节组成的整个卡包字则覆盖了 8 MB。

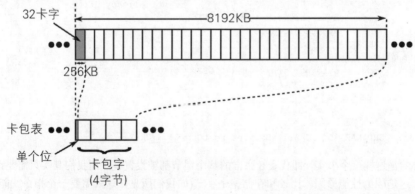

图 5-11 .NET 运行时(64 位版本)中的卡包组织。卡包表中的每个位代表 32 个卡字(256KB)。这些位组合成字节(因此每个字节代表 2048KB 的内存区域)。字节再被组合成代表 4 倍大的内存区域(8MB)的卡包字

　　这样就可以非常快速地(可能缓存)对已设置的卡进行扫描。首先,扫描卡包表以查找 dirty 的大区域,然后只对其中的卡表进行更精确的扫描。在我们具有 2GB 大小的老一代的示例场景中,卡包表仅需要 1024 字节即可表示它们。如果设置了其中的任何位,将从卡表中扫描相应的 32 个卡字以找到已设置的卡。

　　但是,是什么设置了卡包(dirty)?我们并没有看到任何相关的负责写屏障的代码。

　　对于 Windows,将使用第 1 章中提到的操作系统写入监视机制。当虚拟 API 为卡表区域保留页面时,将使用特殊的 MEM_WRITE_WATCH 标志保留这些页面。在这种情况下,当稍后修改页面时(由于写屏障设置了一些卡),在特殊的 Windows 操作系统结构中将被标记为 dirty。然后,可以通过 WinAPI GetWriteWatch 函数请求该类 dirty 页面的列表。此函数由.NET 运行时在标记阶段开始时在 gc_heap::update_card_table_bundle()方法中调用。该方法从系统获取所有这些 dirty 页面的列表,并在卡包表中设置相应的位。

　　对于 Linux,.NET Core 团队找不到一个可靠的、等效于基于操作系统的写入监视机制。但是,更高级别的卡管理的优势是如此重要,以至于.NET Core 团队决定手动实施写入监视机制的替代品。这就是为什么在 Linux 的情况下,在写屏障中实现写入监视机制的原因。我们可以在.\src\amd64\jithelpers_fastwritebarriers.S 文件的写屏障代码中看到它(参见代码清单 5-9,显示了其中一个函数的重要部分)。

　　代码清单 5-9　Linux 版.NET 运行时的写屏障汇编代码的一部分。它展示了管理卡包的写监视机制的手动实现

```
#ifdef FEATURE_MANUALLY_MANAGED_CARD_BUNDLES
        NOP_6_BYTE // padding for alignment of constant
PATCH_LABEL JIT_WriteBarrier_PreGrow64_Patch_Label_CardBundleTable
        movabs rax, 0xF0F0F0F0F0F0F0F0
        // Touch the card bundle, if not already dirty.
        // rdi is already shifted by 0xB, so shift by 0xA more
        shr    rdi, 0x0A
        cmp    byte ptr [rdi + rax], 0FFh
        .byte 0x75, 0x02
        // jne    UpdateCardBundle_PreGrow64
        REPRET
   UpdateCardBundle_PreGrow64:
        mov    byte ptr [rdi + rax], 0FFh
#endif
```

　　从此也可以看到,整个字节都被标记为 dirty,因此基于 Linux 的.NET Core 中的卡表是以 2MB 的粒度工作的。

　　还有一个更有趣的主题需要讨论——通过卡表处理数组。想象一个位于老一代的对象的大型表。该数组足够大,大到足以跨越许多卡甚至卡包。我们还假设将一个新创建的对象分配给该表的元素之一。这会发生什么?卡字中只有一个对应的字节以及卡包字中的相应位会被设置为 dirty。但是,标记过程以后将如何使用这些信息?将扫描表的哪些元素?仅对应卡的一部分还是整个数组?答案很简单——仅扫描数组中已设置卡的部分。

我们已经学到了很多关于.NET 运行时中记忆集、卡表和卡包的知识。由于该主题是允许 GC 在.NET 中运行的关键机制之一，因此在该主题上投入了大量的篇幅。另一方面，这是迄今为止现有文献中描述得不那么详细的机制之一。其中一个原因可能是因为它是一个隐藏的实现细节。它是高度优化的，这意味着它不会引起问题，也不必在通识层面上知晓。但是，我认为没有比.NET 中有关内存管理的书更好地解释这个主题的机会。根据到目前为止我们已经学到的所有知识，我们还可以推导出本章末尾引入的规则——避免不必要的堆引用。

5.4 按物理分区

我们已经知道托管内存被划分为两个单独的内存区域。大对象堆是大于 85 000 字节(以及一些其他例外)的对象的内存区域。小对象堆包含较小的对象，并进一步划分为若干代。我们还知道，从操作系统的角度来看，所有这些都存在于一个表示为堆的内存区域中(如本章开头的图 5-1 所示)。我们还缺少 GC 托管堆是如何精确组织包括 LOH 和 SOH 等代的知识。在这里，我们将研究 GC 堆的物理组织，并将到目前为止我们所学的知识汇总在一起。

从物理上讲，托管堆由一组堆段组成。一个段要么属于 LOH 要么属于 SOH。对于 SOH 段，如果有多个段，则每个段都是第 2 代的段，除了一个段之外，我们称其为临时段，该段包含了第 0 代和第 1 代(以及可选的第 2 代)的对象。还需要注意的是，Microsoft 实现中的垃圾回收器可能会以两种截然不同的模式工作。

- 工作站模式：它包含了一个托管堆(因此将有一个 SOH 和 LOH)。
- 服务器模式：它包含了多个托管堆(因此将有多个 SOH 和 LOH)。默认情况下，它们的数量与运行.NET 应用程序的计算机上的逻辑内核数量相同。

在接下来的章节中，我们将深入探讨这两种模式之间的许多其他差异。现在，仅需要注意托管堆数量的区别即可。

通过在.NET 运行时启动期间创建单个元素的示例，最能解释所有这些概念。图 5-12 展示了在最简单的场景下(在工作站模式下运行)创建托管堆的三个阶段。稍后将介绍更复杂的方案。

在这种简单的场景下，将会发生以下步骤。

- .NET 运行时尝试为初始段分配(保留)单个连续的内存块(见图 5-12(a))。这样做是为了优化，使所有段保持在一起。如果没有可用的虚拟地址空间，则分段将是不连续的。
- 然后需要为 SOH 和 LOH 创建两个单独的段。它们是在一个新的保留块中创建的，只是在逻辑上把它分成两部分(见图 5-12(b))。
- 第 0 代、第 1 代和第 2 代通过提交一些指定数量的内存在 SOH 段内创建，并且 LOH 也提交一定数量的内存(见图 5-12(c))。

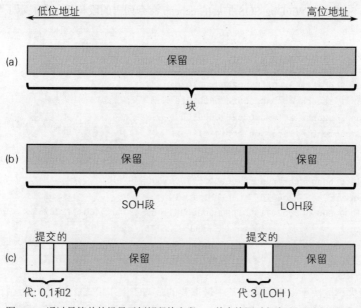

图 5-12 通过最简单的场景示例解释块和段——单个块同时包含 SOH 和 LOH 段

段由.NET 运行时中的 heap_segment 对象表示，我们将在下一章和后续章节中对其进行更详细的介绍。它们跟踪有关内存地址、已保留和已提交内存数量等信息。正如我们将在下一章中看到的，堆段是从低地址到高地址使用的。我们分配的对象越多，段内必须提交的内存就越多。

通过对一个简单的控制台应用程序使用 VMMap 工具，可以很容易地从图 5-12 中看到现实世界中的实际情况。如果展开图 5-1 中可见的 GC Managed Heap 块，我们将注意到与上述布局和图 5-12(c)所示布局一致的布局(见图 5-13)。我们在其中看到以下内存区域：

- 大约 260KB 专用于第 0 代(259KB)、第 1 代(24 字节)和第 2 代(24 字节)；
- SOH 段的其余部分保留近 256MB；
- 72 KB 专用于大对象堆；
- LOH 段的其余部分保留了近 128 MB。

0000026700000000	Managed Heap	393,216 K	336 K	336 K	224 K	224 K	4 Read/Write	GC
0000026700000000	Managed Heap	4 K	4 K	4 K	4 K	4 K	Read/Write	
0000026700001000	Managed Heap	24 bytes	24 bytes	24 bytes			Read/Write	Gen2
0000026700001018	Managed Heap	24 bytes	24 bytes	24 bytes			Read/Write	Gen1
0000026700001030	Managed Heap	259 K	259 K	259 K	204 K	204 K	Read/Write	Gen0
0000026700042000	Managed Heap	261,880 K					Reserved	
0000026710000000	Managed Heap	72 K	72 K	72 K	16 K	16 K	Read/Write	Large Object Heap
0000026710012000	Managed Heap	131,000 K					Reserved	

图 5-13 在 VMMap 工具中可以看到，在简单控制台.NET 应用程序中的单个块包含了两个段(SOH 和 LOH)

如前所述，包含第 0 代和第 1 代的段称为临时段。这是 GC 在许多地方的实现中出现的一个重要区别。因此，我们还将在本书中多次提到这一点。

通过发出 eeheap 命令(参见代码清单 5-10)，可以使用 SOS 扩展来列出 WinDbg 中的所有段和代信息。其中列出了有关两个单独段的信息，与我们在图 5-13 中看到的情况相对应。你可能会正确地注意到，实际上，代是从段开头偏移 0x1000 开始的。

代码清单 5-10 由 WinDbg SOS 扩展的 eeheap 命令列出的段和代。它展示了与图 5-13 相同过程的状态

```
> !eeheap
Number of GC Heaps: 1
generation 0 starts at 0x0000026700001030
generation 1 starts at 0x0000026700001018
generation 2 starts at 0x0000026700001000
ephemeral segment allocation context: none
     segment        begin        allocated              size
0000026700000000 0000026700001000 0000026700033b18 0x32b18(207640)
Large object heap starts at 0x0000026710001000
     segment        begin        allocated              size
0000026710000000 0000026710001000 0000026710005480 0x4480(17536)
Total Size:            Size: 0x36f98 (225176) bytes.
-----------------------------
GC Heap Size:          Size: 0x36f98 (225176) bytes.
```

默认的段大小取决于多个因素，其中最重要的是 GC 操作模式。第二个是运行时环境的位性 (32 位还是 64 位)。表 5-3 对此进行了总结。例如，代码清单 5-10 所示的控制台应用程序是在以工作站模式工作的 64 位运行时执行的。因此，SOH 段为 256MB，LOH 段为 128 MB。我们还可以看到，在服务器模式下，默认的 SOH 段大小取决于 CPU 逻辑内核的数量(核越多，段越小)。

表 5-3　不同条件下的默认段大小

	工作站模式		服务器模式	
	32 位	64 位	32 位	64 位
SOH	16 MB	256 MB	64 MB (#CPU≤4)	4 GB (#CPU≤4)
			32 MB (#CPU≤8)	2 GB (#CPU≤8)
			16 MB (#CPU >8)	1 GB (#CPU >8)
LOH	16 MB	128 MB	32 MB	256 MB

服务器模式中的段在图 5-14 中通过托管在八核计算机上的、启用了服务器模式的、64 位.NET 运行时的 ASP.NET 4.5 应用程序的 VMMap 视图进行说明。如我们所见，一个单独的、巨大的、连续的内存块被保留了下来。它包含了八个 SOH 段和八个 LOH 段。段大小对应于表 5-3 中列出的默认大小(SOH 为 2 GB，LOH 为 256 MB)。

现在我们可以理解为什么了解保留内存和提交内存之间的区别是如此重要(如第 2 章所述)。尽管图 5-14 中的 Web 应用程序中的托管堆似乎消耗了巨大的 18GB(保留内存)，但显然实际使用量仅为 8MB(提交内存)。

Address	Type	Size	Committed	Private	Total WS	Private WS	Blocks	Protection	Details
⊟ 000001A971E50000	Managed Heap	18,874,368 K	8,704 K	8,704 K	8,348 K	8,348 K	32	Read/Write	GC
000001A971E50000	Managed Heap	4 K	4 K	4 K	4 K	4 K		Read/Write	
000001A971E51000	Managed Heap	24 bytes	24 bytes	24 bytes				Read/Write	Gen2
000001A971E51018	Managed Heap	24 bytes	24 bytes	24 bytes				Read/Write	Gen1
000001A971E51030	Managed Heap	1,987 K	1,987 K	1,987 K	1,964 K	1,964 K		Read/Write	Gen0
000001A972042000	Managed Heap	2,095,160 K						Reserved	
000001A9F1E50000	Managed Heap	4 K	4 K	4 K	4 K	4 K		Read/Write	
000001A9F1E51000	Managed Heap	24 bytes	24 bytes	24 bytes				Read/Write	Gen2
000001A9F1E51018	Managed Heap	24 bytes	24 bytes	24 bytes				Read/Write	Gen1
000001A9F1E51030	Managed Heap	1,155 K	1,155 K	1,155 K	1,124 K	1,124 K		Read/Write	Gen0
000001A9F1F72000	Managed Heap	2,095,992 K						Reserved	
000001AA71E50000	Managed Heap	4 K	4 K	4 K	4 K	4 K		Read/Write	
000001AA71E51000	Managed Heap	24 bytes	24 bytes	24 bytes				Read/Write	Gen2
000001AA71E51018	Managed Heap	24 bytes	24 bytes	24 bytes				Read/Write	Gen1
000001AA71E51030	Managed Heap	1,475 K	1,475 K	1,475 K	1,428 K	1,428 K		Read/Write	Gen0
000001AA71FC2000	Managed Heap	2,095,672 K						Reserved	
000001AAF1E50000	Managed Heap	4 K	4 K	4 K	4 K	4 K		Read/Write	
000001AAF1E51000	Managed Heap	24 bytes	24 bytes	24 bytes				Read/Write	Gen2
000001AAF1E51018	Managed Heap	24 bytes	24 bytes	24 bytes				Read/Write	Gen1
000001AAF1E51030	Managed Heap	195 K	195 K	195 K	180 K	180 K		Read/Write	Gen0
000001AAF1E82000	Managed Heap	2,096,952 K						Reserved	
000001AB71E50000	Managed Heap	4 K	4 K	4 K	4 K	4 K		Read/Write	
000001AB71E51000	Managed Heap	24 bytes	24 bytes	24 bytes				Read/Write	Gen2
000001AB71E51018	Managed Heap	24 bytes	24 bytes	24 bytes				Read/Write	Gen1
000001AB71E51030	Managed Heap	1,027 K	1,027 K	1,027 K	1,012 K	1,012 K		Read/Write	Gen0
000001AB71F52000	Managed Heap	2,096,120 K						Reserved	
000001ABF1E50000	Managed Heap	4 K	4 K	4 K	4 K	4 K		Read/Write	
000001ABF1E51018	Managed Heap	24 bytes	24 bytes	24 bytes				Read/Write	Gen1
000001ABF1E51030	Managed Heap	771 K	771 K	771 K	716 K	716 K		Read/Write	Gen0
000001ABF1F12000	Managed Heap	2,096,376 K						Reserved	
000001AC71E50000	Managed Heap	4 K	4 K	4 K	4 K	4 K		Read/Write	
000001AC71E51000	Managed Heap	24 bytes	24 bytes	24 bytes				Read/Write	Gen2
000001AC71E51018	Managed Heap	24 bytes	24 bytes	24 bytes				Read/Write	Gen1
000001AC71E51030	Managed Heap	1,027 K	1,027 K	1,027 K	980 K	980 K		Read/Write	Gen0
000001AC71F52000	Managed Heap	2,096,120 K						Reserved	
000001ACF1E50000	Managed Heap	4 K	4 K	4 K	4 K	4 K		Read/Write	
000001ACF1E51000	Managed Heap	24 bytes	24 bytes	24 bytes				Read/Write	Gen2
000001ACF1E51018	Managed Heap	24 bytes	24 bytes	24 bytes				Read/Write	Gen1
000001ACF1E51030	Managed Heap	707 K	707 K	707 K	676 K	676 K		Read/Write	Gen0
000001ACF1F02000	Managed Heap	2,096,440 K						Reserved	
000001AD71E50000	Managed Heap	264 K	264 K	264 K	180 K	180 K		Read/Write	Large Object Heap
000001AD71E92000	Managed Heap	261,880 K						Reserved	
000001AD81E50000	Managed Heap	8 K	8 K	8 K	8 K	8 K		Read/Write	Large Object Heap
000001AD81E52000	Managed Heap	262,136 K						Reserved	
000001AD91E50000	Managed Heap	8 K	8 K	8 K	8 K	8 K		Read/Write	Large Object Heap
000001AD91E52000	Managed Heap	262,136 K						Reserved	
000001ADA1E50000	Managed Heap	8 K	8 K	8 K	8 K	8 K		Read/Write	Large Object Heap
000001ADA1E52000	Managed Heap	262,136 K						Reserved	
000001ADB1E50000	Managed Heap	8 K	8 K	8 K	8 K	8 K		Read/Write	Large Object Heap
000001ADB1E52000	Managed Heap	262,136 K						Reserved	
000001ADC1E50000	Managed Heap	8 K	8 K	8 K	8 K	8 K		Read/Write	Large Object Heap
000001ADC1E52000	Managed Heap	262,136 K						Reserved	
000001ADD1E50000	Managed Heap	8 K	8 K	8 K	8 K	8 K		Read/Write	Large Object Heap
000001ADD1E52000	Managed Heap	262,136 K						Reserved	
000001ADE1E50000	Managed Heap	8 K	8 K	8 K	8 K	8 K		Read/Write	Large Object Heap
000001ADE1E52000	Managed Heap	262,136 K						Reserved	

图 5-14　在 VMMap 工具中可以看到：在 ASP.NET 应用程序中有一个巨大的单独的块，该块包含了 8 个段(SOH 和 LOH)。该应用程序托管在一台有 8 个 CPU 逻辑内核(4 个物理内核并启用了超线程)，在服务器模式下以 64 位运行时工作的机器上

　　到目前为止显示的两种场景都有共同的属性——所有段都是在单个连续块内创建的。这是最常见的初始场景，称为“一次性分配”模式(如图 5-15(a)和图 5-16(a)所示)。但是，还有其他两种可能的分配模式。

- 两阶段——有两个单独的块：分别用于 SOH 和 LOH 段(见图 5-15(b)和 5-16(b))；
- 每个块——每个段都有一个单独的块(见图 5-16(c))。

　　例如，当.NET 运行时无法保留单个连续的虚拟内存块时，可能会发生这些情况。如果发生这种情况，将先尝试两阶段模式。如果失败，在服务器模式下选择更细粒度的每个块模式。

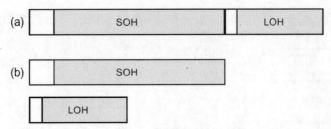

图 5-15　　可能的工作站 GC 初始段配置：(a)一次性配置，(b)两阶段配置(与每个块的配置相同)

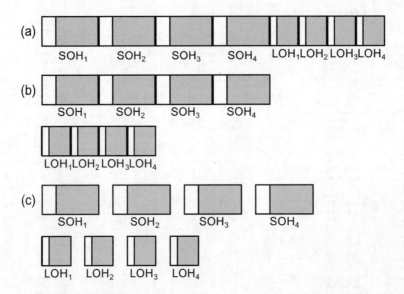

图 5-16　　可能的服务器 GC 初始段配置(以四核计算机为例)：(a)一次性配置，(b)两阶段配置，(c)每个块配置

　　当我们的应用程序正在运行并分配大量对象时，临时段或 LOH 可能会变满。在这种情况下，可以分配额外的段。我们将在第 6 章中看到处理这种情况的一些典型方法。另请注意，对于 .NET Core，此处描述的段配置的 Windows 和 Linux 版本是相同的。

　　对于 Mono(以当前 5.4 版本为例)，各代的物理组织略有不同。

- 小对象存储在两种内存区域中。托儿所(代表年轻一代)是一个连续的内存块，大小为 4MB。它不会动态更改，但可以在 Mono 启动时通过配置进行设置。这里使用了 Fast bumppointer 分配技术。老一代被组织成 16KB 的块(但它们会以更大的块分配以避免碎片化)。
- 大对象存储区中的大对象被组织为 1MB 的部分，而比这些大的对象由则虚拟 API 直接分配，并且作为单链表被记忆。

段可以是以下三种类型。

- 小对象堆
- 大对象堆
- 只读堆

　　从.NET Framework 3.5 版本和.NET Core 开始，不推荐使用第三个选项。但是，其他框架可能仍在使用它(当前仅是.NET Native)，因此我们可以在各个地方找到对它的引用——包括 CoreCLR 源代码、ETW 事件和文档(我们甚至在第 3 章中已经注意到，在查看 ETW 事件数据时，它是

GCSegmentType 的 ReadOnlyHeapMapMessage 枚举值)。对象冻结功能使用只读堆段,可以通过使用 StringFreezingAttribute 标记程序集来启用该功能。

当这样的程序集在本机映像生成器(Ngen.exe)的帮助下序列化为本机映像时,所有字符串文本都将被预编译(以托管形式)为生成的映像。该映像中包含此类字符串的内存区域(或一般的对象,尽管没有处理它们的 API)随后可以注册为只读段并立即变得可用(因为对象已经以托管、分配的形式存在了)。

请注意与字符串暂存的区别,即需要在运行时进行常规字符串分配。此外,正如 MSDN 声明:请注意,公共语言运行时(CLR)无法卸载任何具有冻结字符串的本机映像,因为堆中的任何对象都可能引用该冻结字符串。因此,仅在包含冻结字符串的本机映像被大量共享的情况下,才应使用 StringFreezingAttribute 类。

5.4.1 场景 5-2:nopCommerce 可能发生内存泄漏

描述:我们刚刚下载了 nopCommerce 的普通版安装文件——nopCommerce 是一个用 ASP.NET 编写的开源电子商务平台。正如文档中关于托管 ZIP 文件的说明所述:"如果要使用最少的必需文件将实时站点部署到 Web 服务器,请下载该软件安装包。" 安装非常容易:"使用 IIS,将提取的 nopCommerce 文件夹的内容复制到 IIS 虚拟目录(或站点根目录)。"我们想要验证 nopCommerce 的性能,包括内存使用模式。我们使用流行的开源负载测试工具 JMeter 3.2 准备了一个简单的负载测试方案。它循环执行三个步骤——访问主页、访问其中一个类别(Computers)和访问其中一个标签(awesome)。我们在每个请求之间添加了思考时间(暂停)以模拟真实用户。测试将持续一小时。

注意:这个场景很长,因为它包含了一些方法以向你展示你可以采用的不同方法。此外,nopCommerce 被选中是因为 nopCommerce 是一项稳定且经过充分考验的技术。为了说明如何解决各种问题,我们专门犯了某些错误,因此不应将这些错误用于从产品角度来评估 nopCommerce。

分析:该场景与场景 5-1 类似,因此我们可以用相同的方式开始分析。我们将借助性能监视器(实时或通过数据收集器集)观察以下性能计数器:

- \Process(Nop.Web)\Working Set - Private
- \Process(Nop.Web)\Private Bytes
- \Process(Nop.Web)\Virtual Bytes
- \.NET CLR Memory(Nop.Web)\# Total committed Bytes
- \.NET CLR Memory(Nop.Web)\Gen 0 heap size
- \.NET CLR Memory(Nop.Web)\Gen 1 heap size
- \.NET CLR Memory(Nop.Web)\Gen 2 heap size
- \.NET CLR Memory(Nop.Web)\Large Object Heap size

我们可能会很快注意到,在测试的前 20 分钟,托管# Total committed Bytes 正在快速增长。然后突然内存下降,但是又很快再次增长。该模式反复出现。通过性能监视器记录的代大小如下所示(见图 5-17)。

- 第 0 代大小(长虚线)在 4 194 300 和 6 291 456 之间稳定变化。正如我们已经知道的,这不是真正的第 0 代大小。但是,该测量所表示的"分配预算"是稳定的,因此可以假设第 0 代没有问题。
- 第 1 代大小(短虚线)动态变化,但也是稳定的。那里没有发现任何增长趋势,因此我们可以假设也没有问题。

- 第 2 代大小(细实线)表现非常突出。它导致了一种奇怪的三角形内存消耗模式。这似乎有问题，因为它最大达到了 1 314 381 592 字节。我们必须深入挖掘，以找出问题的根源。
- 大对象堆大小(粗实线)的增长非常缓慢。这能够指示出相同的问题，但不太可能是根本原因。请注意，这种"内存泄漏"并不是很沉重。经过一小时的高强度工作后，LOH 增长到大约 38 MB(峰值为 46 MB)。与超过 1GB 的第 2 代内存相比，这几乎不是什么问题。

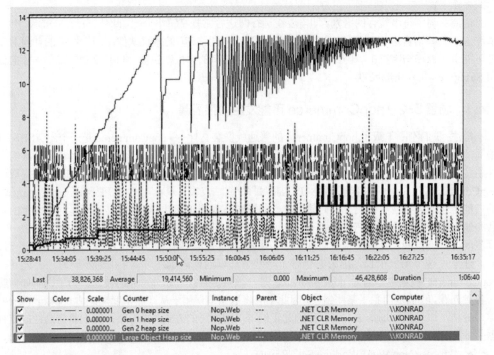

图 5-17　ASP.NET Core 应用程序在一小时长时间负载测试期间的代大小的性能监视器视图

　　如果在测试过程中我们通过 VMMap 工具查看 Nop.Web.exe 进程的状态，就会发现第一条线索。有大量 Domain 1 的低频堆和高频堆(见图 5-18a，仅显示其中的一小部分)。由于它们太多了，这可能指示出创建了大量动态类型，例如，通过反射或加载大量程序集。我们可能还记得场景 4-4，它正好说明了 XmlSerializer 的这类问题。

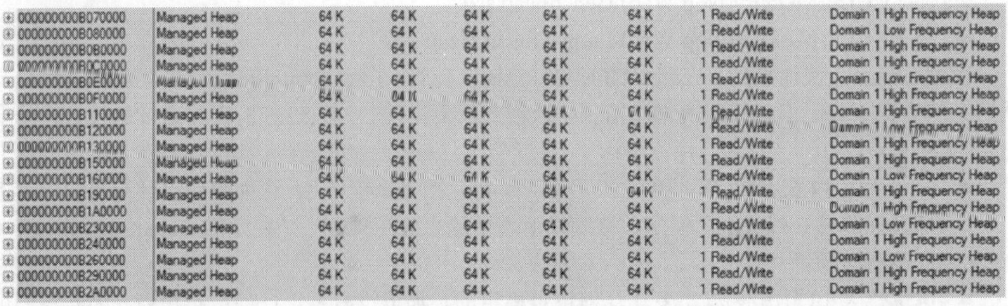

图 5-18a　测试过程中 Nop.Web.exe 进程的 VMMap 视图的一小部分，显示了大量 Domain 1 的低频堆和高频堆

　　然而，我们不要急于下结论。正如场景 4-4 中所做的那样，我们应该通过在观察中添加以下

计数器来确认我们的怀疑。

- \.NET CLR Loading(Nop.Web)\Bytes in Loader Heap
- \.NET CLR Loading(Nop.Web)\Current Classes Loaded
- \.NET CLR Loading(Nop.Web)\Current Assemblies
- \.NET CLR Loading(Nop.Web)\Current appdomains

我们可能会惊讶地发现，这些计数器即使在测试的几小时后也没有改变其值。我们的线索被证明是错误的。事实上，即使有大量的低频堆和高频堆也不意味着有问题。如果我们不时通过 VMMap 查看它们，我们会注意到它们的数量没有变化。我们被自己愚弄了。它们之所以如此之多，可能是因为 nopCommerce 框架中有很多动态创建的类型。然而，在该步骤中，对其进行调查是没有意义的。

抛弃这条线索后，让我们看看主要的可疑对象——第 2 代。再次查看 VMMap，可以按明细对 Managed Heap 区域进行排序，以使所有 GCManaged Heap 彼此相邻(见图 5-18b)。通过它们，我们很快就会看到许多只包含第二代的段。而且，我们还可以注意到三件事情。

- 地址很短(前半部分为零)：因此该进程使用的是 32 位.NET 运行时，但我们应该在部署过程中就知道这一点。
- 只有一个具有第 0 代和第 1 代的段(临时段)：这表明 GC 很可能是在工作站模式下运行的。
- 包含第 2 代的段的大小为 16MB：根据表 5-3，它只能在 32 位工作站 GC 上发生，这证实了上述两个事实。

Address	Type	Size	Committed	Private	Total WS	Private WS	...	Protection	Details
⊞ 000000000FB20000	Managed Heap	16,384 K	16,384 K	16,384 K	15,948 K	15,948 K	1	Read/Write	GC
⊟ 00000000122B0000	Managed Heap	16,384 K	16,384 K	16,384 K	16,372 K	16,372 K	1	Read/Write	GC
00000000122B0000	Managed Heap	16,384 K	16,384 K	16,384 K	16,372 K	16,372 K		Read/Write	Gen2
⊟ 00000000142F0000	Managed Heap	16,384 K	16,384 K	16,384 K	16,384 K	16,384 K	1	Read/Write	GC
00000000142F0000	Managed Heap	16,384 K	16,384 K	16,384 K	16,384 K	16,384 K		Read/Write	Gen2
⊟ 0000000016C90000	Managed Heap	16,384 K	16,384 K	16,384 K	16,384 K	16,384 K	1	Read/Write	GC
0000000016C90000	Managed Heap	16,384 K	16,384 K	16,384 K	16,384 K	16,384 K		Read/Write	Gen2
⊟ 0000000017C90000	Managed Heap	16,384 K	16,384 K	16,384 K	16,384 K	16,384 K	1	Read/Write	GC
0000000017C90000	Managed Heap	16,384 K	16,384 K	16,384 K	16,384 K	16,384 K		Read/Write	Gen2
⊟ 000000001A6E0000	Managed Heap	16,384 K	16,384 K	16,384 K	16,384 K	16,384 K	1	Read/Write	GC
000000001A6E0000	Managed Heap	16,384 K	16,384 K	16,384 K	16,384 K	16,384 K		Read/Write	Gen2
⊟ 000000001BCC0000	Managed Heap	16,384 K	16,384 K	16,384 K	16,384 K	16,384 K	1	Read/Write	GC
000000001BCC0000	Managed Heap	16,384 K	16,384 K	16,384 K	16,384 K	16,384 K		Read/Write	Gen2
⊟ 000000001D2C0000	Managed Heap	16,384 K	16,384 K	16,384 K	16,384 K	16,384 K	1	Read/Write	GC
000000001D2C0000	Managed Heap	16,384 K	16,384 K	16,384 K	16,384 K	16,384 K		Read/Write	Gen2
⊟ 000000001E2C0000	Managed Heap	16,384 K	16,384 K	16,384 K	16,384 K	16,384 K	1	Read/Write	GC
000000001E2C0000	Managed Heap	16,384 K	16,384 K	16,384 K	16,384 K	16,384 K		Read/Write	Gen2
⊞ 000000001F2C0000	Managed Heap	16,384 K	16,384 K	16,384 K	16,384 K	16,384 K	1	Read/Write	GC
⊞ 00000000202C0000	Managed Heap	16,384 K	16,384 K	16,384 K	16,384 K	16,384 K	1	Read/Write	GC
⊞ 00000000212C0000	Managed Heap	16,384 K	16,384 K	16,384 K	16,384 K	16,384 K	1	Read/Write	GC
⊞ 00000000224A0000	Managed Heap	16,384 K	16,384 K	16,384 K	16,384 K	16,384 K	1	Read/Write	GC
⊞ 00000000234A0000	Managed Heap	16,384 K	16,384 K	16,384 K	16,384 K	16,384 K	1	Read/Write	GC
⊞ 00000000244A0000	Managed Heap	16,384 K	16,384 K	16,384 K	16,384 K	16,384 K	1	Read/Write	GC

图 5-18b　测试过程中 Nop.Web.exe 进程的 VMMap 视图的一小部分，显示了很多包含第 2 代的 GC Managed Heap

该 Web 应用程序配置为以工作站 GC 模式在 32 位.NET 运行时上运行可能不是最佳的配置。虽然这是一个非常重要的发现，我们之前都没有发现这点，但是这个发现也不一定能解释我们所观察到的内存泄漏。我们应该继续我们的调查 [1]。

该场景中所包含的 VMMap 工具的用法，主要是为了显示.NET 应用程序的物理结构，以便与本章中所介绍的知识保持一致。另外，如果决定使用它，它还能显示可能的警告(例如将大量高频堆视为一个问题)。在解决问题时，将 VMMap 放在工具箱中当然是件好事。但是，使用 VMMap 并不是人们开始调查此类问题的典型方式。在看到所显示的性能计数器之后，我们也许应该直接

---

1 顺便说一下，还有其他更好的方法来检查正在运行的应用程序的 GC 配置。它们在第 8 章中有描述(特别是在专用场景 8-1 中)。

跳转到 WinDbg 或 PerfView。

此时，我们必须寻找其他工具了。第一个选择是带有 SOS 扩展的 WinDbg。先用 ProcDump 工具获取 Nop.Web.exe 的完整内存转储。然后将其加载到 WinDbg 中后，我们应该通过发出.loadby sos clr 命令来加载 SOS。然后，我们可以再发出另外两个命令：eeversion(打印 .NET 运行时信息)和 lmf(列出所有加载的模块)——参见代码清单 5-11。正如我们所看到的，该进程正在使用.NET Framework 4.7 和工作站 GC 模式。它加载了 32 位版本的 clr.dll(64 位版本则位于目录 C:\Windows\Microsoft.NET\Framework64 下)。这最终确认了我们先前的研究结果。

代码清单 5-11 在加载了 SOS 的 WinDbg 中，使用命令 eeversion 和 lmf 来揭示该进程正在使用 32 位.NET Framework 和工作站 GC 模式

```
> !eeversion
4.7.2117.0 retail
Workstation mode
SOS Version: 4.7.2117.0 retail build
> lmf
...
72f70000 73656000 clr        C:\Windows\Microsoft.NET\Framework\v4.0.30319\
                             clr.dll
...
```

为了开始对第 2 代的研究，我们发出 heapstat 和 eeheap 命令(参见代码清单 5-12)。正如我们所看到的，第 2 代确实是巨大的(1 217 024 356 字节)，并且所包含的可用空间并不多(10 981 728 字节)。碎片化可能不是问题。eeheap 命令列出了我们先前在 VMMap 工具中所看到的许多段的详细信息。

代码清单 5-12 在加载了 SOS 的 WinDbg 中，使用命令 heapstat 和 eeheap 来揭示有关 GC Managed Heap 的详细信息。eeheap 命令输出已被剥离出来，仅显示了几行相关的行。

```
> !heapstat
Heap      Gen0     Gen1     Gen2        LOH
Heap0   9719400   280232   1217024356  38826368
Free space:                                      Percentage
Heap0   7042304   1152     10981728    12587408 SOH: 1% LOH: 32%
> !eeheap
segment       begin allocated    size
024c0000 024c1000 034bffe4 0xffefe4(16773092)
0a070000 0a071000 0b06ffe0 0xffefe0(16773088)
0fb20000 0fb21000 10b1ffdc 0xffefdc(16773084)
122b0000 122b1000 132affe0 0xffefe0(16773088)
142f0000 142f1000 152effe0 0xffefe0(16773088)
...
41820000 41821000 4281ffec 0xffefec(16773100)
43820000 43821000 4410ea14 0x8eda14(9361940)
42820000 42821000 431aa510 0x989510(9999632)
```

在知道了段的地址范围后，我们可以通过 dumpheap 命令来调查它的内容。因为内存泄漏看起来很大，而且对象存活了很长时间，所以让我们来研究第一个段中的内容(这很可能就是最老的段)。代码清单 5-13 显示了 dumpheap 命令的结果，即第四段中的对象的统计数据。为了清晰起见，很多行都被删除掉，只显示了最后几行。我们可以看到，有大量命名空间 Microsoft.Extensions.Caching.Memory 中的对象。一个特别有趣的类 CacheEntry 似乎指出了缓存的

问题。

代码清单 5-13 在加载了 SOS 的 WinDbg 中，使用命令 dumpheap 显示其中一个段内对象的统计数据(为清晰起见，删除了很多输出行)

```
> !dumpheap -stat 122b1000 132affe0
      MT      Count      TotalSize Class Name

...
04aa58e4     33795         946260 Microsoft.Extensions.Primitives.IChangeToken[]
0b542680     33808         946624 Microsoft.Extensions.Caching.Memory.
PostEvictionCallbackRegistration[]
089f26fc     33818        1082176 Microsoft.Extensions.Caching.Memory.
PostEvictionDelegate
71f91d64     34858        4327314 System.String
089e2b70     33786        4459752 Microsoft.Extensions.Caching.Memory.CacheEntry
Total 431540 objects
```

现在我们可以开始一个相当乏味的过程来调查 CacheEntry 对象的不同实例。它的 MethodTable 有一个地址 089e2b70，因此我们可以据此修改 dumpheap 命令，以只列出第四段中的 Microsoft.Extensions.Caching.Memory.CacheEntry 实例(参见代码清单 5-14)。输出将是一个包含了 33 786 个实例的巨大列表，因此这里我们只显示最后几行内容。

代码清单 5-14 在加载了 SOS 的 WinDbg 中，通过 dumpheap 命令使用给定的 MethodTable 列出指定段内的所有对象

```
> !dumpheap -mt 089e2b70 122b1000 132affe0
Address      MT        Size
...
132af460 089e2b70     132
132af64c 089e2b70     132
132af98c 089e2b70     132
132afd08 089e2b70     132
Statistics:
    MT     Count      TotalSize Class Name
089e2b70 33786        4459752 Microsoft.Extensions.Caching.Memory.CacheEntry
Total 33786 objects
```

我们可以借助 DumpObj 命令，通过提供实例的地址来调查每个实例(参见代码清单 5-15)。其中有一个字段名为<Key>k__BackingField，我们可以检查一下该 cache entry 的 key 是什么(同样参见代码清单 5-15)。原来是 Nop.pres.widget-79740-1-left_side_column_after_category_navigation-DefaultClean，它似乎是为页面上某些 widget 缓存的数据。

代码清单 5-15 在加载了 SOS 的 WinDbg 中，通过 DumpObj 命令显示代码清单 5-13 中列出的实例之一的详细信息。

```
> !DumpObj 132afd08
Name:        Microsoft.Extensions.Caching.Memory.CacheEntry
MethodTable: 089e2b70
EEClass:     089c4f2c
Size:        132(0x84) bytes
File:        F:\IIS\nopCommerce\Microsoft.Extensions.Caching.Memory.dll
Fields:
...
```

```
71f81404 400000b        34 ...ffset, mscorlib]] 1 instance 132afd3c _
absoluteExpiration
...
71f92104 4000012        20      System.Object 0 instance 132afc18
<Key>k__BackingField
...
> !DumpObj 132afc18
Name:         System.String
...
String:       Nop.pres.widget-79740-1-left_side_column_after_category_
navigation-DefaultClean
```

以这种方式浏览段内的所有 CacheEntry 实例将非常麻烦且耗时。幸运的是，我们可以为了该目的而使用在第 3 章中提到的 netext 扩展。它的 wfrom 命令使我们可以对对象编写类似于 SQL 的查询(如果你需要，也可以编写类似 LINQ 的查询)。我们可以仅列出具有指定 MethodTable 的对象的_Key_k__BackingField，并根据我们感兴趣的段的地址对其进行过滤(参见代码清单 5-16)。

注意：列出字段的名称会稍有不同，这里使用了_Key_k__BackingField 来代替<Key>k__BackingField。

代码清单 5-16   在加载了 netext 的 WinDbg 中。这里显示了 wfrom 命令输出的一部分，该输出从具有 089e2b70 MethodTable 且在指定地址范围内的对象中选择_Key_k__BackingField。

```
> !wfrom -mt 089e2b70 where (($addr() > 122b1000) && ($addr() < 132affe0))
select _Key_k__BackingField
...
_Key_k__BackingField: Nop.
pres.widget-74954-1-mob_header_menu_after-
DefaultClean
_Key_k__BackingField: Nop.pres.widget-76130-1-header_menu_before-
DefaultClean
_Key_k__BackingField: Nop.pres.widget-75965-1-body_start_html_tag_after-
DefaultClean
_Key_k__BackingField: Nop.pres.widget-75369-1-searchbox_
before_search_
button-DefaultClean
_Key_k__BackingField: Nop.pres.widget-75965-1-searchbox_
before_search_
button-DefaultClean
_Key_k__BackingField: Nop.pres.widget-75867-1-header_selectors-DefaultClean
_Key_k__BackingField: Nop.pres.widget-75965-1-header_menu_before-
DefaultClean
_Key_k__BackingField: Nop.pres.widget-75573-1-body_start_html_tag_after-
DefaultClean
_Key_k__BackingField: Nop.pres.widget-75680-1-mob_header_menu_after-
DefaultClean
...
```

我们很快就从结果中找到了明显的规律。实际上，几乎所有名字都是以 Nop.pres.widget 开头，后接一些数字和 widget 的名字。现在，我们应该确信 widget 的数据缓存在某种程度上是有问题的。问题就是为什么会有这么多被缓存的相似条目。为什么会有几乎相同的条目(只有第一个数字不同)？我们马上就想到了一个问题，它们是否就是针对每个请求所做的缓存？

通过使用 gcroot 命令查看一些引用图, 我们可能会注意到这些条目是由 ProductTagService 中的 MemoryCacheManager 或类似条目持有的(参见代码清单 5-17)。

代码清单 5-17 在加载了 SOS 的 WinDbg 中, 使用 gcroot 命令显示 CacheEntry 实例的引用路径。由于该路径相当长, 因此仅显示了几个相关的节点。

```
> !gcroot 132afd08
Thread 6d5c:
    0bc8f128 71ec99fa System.Threading.ExecutionContext.RunInternal(System.
Threading.ExecutionContext, System.Threading.ContextCallback, System.
Object, Boolean)
        ebp+4c: 0bc8f13c
            -> 0348777c System.Threading.Thread
            -> 025416d8 System.Runtime.Remoting.Contexts.Context
            -> 024c12e0 System.AppDomain
                ...
            -> 0ac5df50 Nop.Services.Catalog.ProductTagService
            -> 033dbacc Nop.Core.Caching.MemoryCacheManager
            -> 033db504 Microsoft.Extensions.Caching.Memory.MemoryCache
                ...
                -> 132afd08 Microsoft.Extensions.Caching.Memory.CacheEntry
```

如果不能访问源代码, 这将是本难题中最难回答的部分。幸运的是, 在大多数情况下, 我们是在分析自己的应用程序, 因此我们可以访问熟知的代码。在我们的场景中, 事实证明, 缓存 key 包含了从匿名用户的 cookie 中获取的客户标识符。但是我们在 JMeter 中的测试场景并不包含管理 cookie 的 HTTP Cookie Manager 元素。换言之, 每个 HTTP 请求都被视为是由一个没有 Cookie 的新客户发出的。我们在准备负载测试脚本阶段就出错了, 当然不会给我们带来所需的场景。

nopCommerce 是开源的, 因此我们也许可以迅速地找到问题的根本原因。

- 通过从 cache entry 的 key(例如 mob_ header_menu_after 标识符)中搜索示例名称, 我们将在./src/Presentation/Nop.Web/Views/Shared/Components/TopMenu/Default.cshtml 文件中找到以下代码:

```
@await Component.InvokeAsync("Widget", new { widgetZone = "mob_header_menu_after" })
```

- Widget 组件定义了一个文件./src/Presentation/Nop.Web/ Components / Widget.cs, 里面包含了调用 Widget 工厂的简单 Invoke 方法:

```
var model = _widgetModelFactory.PrepareRenderWidgetModel(widgetZone, additionalData);
```

- WidgetModelFactory 的 PrepareRenderWidgetModel 方法通过以下方式构建 cacheKey。

```
var cacheKey = string.Format(ModelCacheEventConsumer.WIDGET_MODEL_KEY,
_workContext.CurrentCustomer.Id,
_storeContext.CurrentStore.Id,
widgetZone,
_themeContext.WorkingThemeName);
```

可以看到, widget 使用了 CurrentCustomer.Id, 在没有登录的用户的情况下, 由 Cookie 管理。如果 Cookie 不存在, 则使用新的整数值。

该场景是为了表明, 通过了解代和段的概念, 我们可以注意到问题, 并使用底层工具来查找其原因。当然, 在你会遇到的情况下, 问题的原因可能是非常多样的。像本场景中配置负载测试时所犯的错误可能是最罕见的错误之一。但是, 本练习并不是要显示这一特定问题以及其解决方案，而是要说明如何解决它。我们还可以使用更舒适的工具，如 PerfView 或任何其他商业工具来分析这样的内存泄漏。这种方法将在以后的场景中采用。

5.4.2 场景 5-3：大对象堆浪费了

描述：在我们的 64 位工作站应用程序中，我们处理着大量的对象列表——这让它成为某种"大数据"进程。但是，经过一段时间后，我们收到了 OutOfMemoryException 异常，因此无法继续处理所有数据。我们的进程是从预处理阶段开始的——我们创建了大量的预处理对象列表。每个这样的块都包含了对位于其他位置的对象的 10 000 000 个引用。在分配这些数组期间发生了 OutOfMemoryException 异常。我们希望使该进程能够正常工作，因此我们开始调查。

分析：在 OutOfMemoryException 异常发生之前，通过 VMMap 工具查看该进程是值得的(见图 5-19)。我们看到确实有大量的内存被消耗。一个进程的 Private Working Set 大约需要 15GB，这几乎是所有可用的物理内存(机器配备了 16GB 的 RAM)。而且，如果我们查看系统的页面文件，将看到 pagefile.sys 占用了几乎 32GB——这是系统管理员设置的最大可能值。这意味着没有剩余的内存留给更多的数组，而我们对此无能为力(除了通过添加更多的 RAM 和/或扩展最大页面文件大小来改变系统配置)。

Type	Size	Committed	Private	Total WS	Private WS	Shareable WS	Shared WS	Locke
Total	2,217,056,684 K	41,533,868 K	41,461,692 K	13,515,100 K	13,513,696 K	1,404 K	584 K	
Image	39,656 K	39,644 K	3,908 K	1,600 K	248 K	1,352 K	556 K	
Mapped File	4,064 K	4,064 K						
Shareable	2,147,508,528 K	32,312 K		44 K		44 K	20 K	
Heap	9,296 K	3,400 K	3,336 K	400 K	396 K	4 K	4 K	
Managed Heap	68,682,368 K	40,707,112 K	40,707,112 K	13,364,264 K	13,364,264 K			
Stack	6,144 K	124 K	124 K	32 K	32 K			
Private Data	667,276 K	610,784 K	610,784 K	12,332 K	12,328 K	4 K	4 K	
Page Table	136,428 K	136,428 K	136,428 K	136,428 K	135,428 K			
Unusable	2,924 K							
Free	135,222,033,152 K							

Address	Type	Size	Committed	Private	Total WS	Private WS	...	Protection	Details
⊟ 00000248927B0000	Managed Heap	131,072 K	78,132 K	78,132 K	78,132 K	78,132 K		2 Read/Write	Large Object Heap
00000248927B0000	Managed Heap	78,132 K	78,132 K	78,132 K	78,132 K			Read/Write	Large Object Heap
00000248973FD000	Managed Heap	52,940 K							Reserved
⊟ 00000248A97B0000	Managed Heap	131,072 K	78,132 K	78,132 K	78,132 K	78,132 K		2 Read/Write	Large Object Heap
00000248A97B0000	Managed Heap	78,132 K	78,132 K	78,132 K	78,132 K	78,132 K		Read/Write	Large Object Heap
00000248A9F3FD000	Managed Heap	52,940 K							Reserved
⊟ 00000248A27B0000	Managed Heap	131,072 K	78,132 K	78,132 K	78,132 K	78,132 K		2 Read/Write	Large Object Heap
00000248A27B0000	Managed Heap	78,132 K	78,132 K	78,132 K	78,132 K	78,132 K		Read/Write	Large Object Heap
00000248A73FD000	Managed Heap	52,940 K							Reserved
⊟ 00000248AA7B0000	Managed Heap	131,072 K	78,132 K	78,132 K	78,132 K	78,132 K		2 Read/Write	Large Object Heap
00000248AA7B0000	Managed Heap	78,132 K	78,132 K	78,132 K	78,132 K	78,132 K		Read/Write	Large Object Heap
00000248AF3FD000	Managed Heap	52,940 K							Reserved
⊞ 00000248B27B0000	Managed Heap	131,072 K	78,132 K	78,132 K	78,132 K	78,132 K		2 Read/Write	Large Object Heap
⊞ 00000248BA7B0000	Managed Heap	131,072 K	78,132 K	78,132 K	78,132 K	78,132 K		2 Read/Write	Large Object Heap
⊞ 00000248C27B0000	Managed Heap	131,072 K	78,132 K	78,132 K	78,132 K	78,132 K		2 Read/Write	Large Object Heap
⊞ 00000248CA7B0000	Managed Heap	131,072 K	78,132 K	78,132 K	78,132 K	78,132 K		2 Read/Write	Large Object Heap
⊞ 00000248D27B0000	Managed Heap	131,072 K	78,132 K	78,132 K	78,132 K	78,132 K		2 Read/Write	Large Object Heap

图 5-19　在 OutOfMemoryException 发生之前的，该进程的 VMMap 视图的一部分

但是，你会注意到令人震惊的段消耗情况。那里有着大量的 LOH 段，每个段都仅占提交区域的一半左右，而其余部分作为保留区域。为什么会这样？如果我们看看表 5-3，会想起在 64 位工作站 GC 的情况下，LOH 段的大小是 128MB。为了便于处理，我们创建了包含 10 000 000 个引用的数组。每个引用的长度为 8 字节，因此整个数组需要大约 76MB 的数据。当一个新的数组被分配时，一个现有的 LOH 段将不适合它，因为只剩下大约 52MB。因此，必须为我们创建的每个新数组创建一个新段。这将导致"浪费"了每个 LOH 段中的 52MB(假设我们的应用程序没有在 LOH 中密集地创建适合这个额外空间的较小对象)。

但是细心的读者会发现我们思维中的某些错误。记住第 2 章中所说过的内容，保留的虚拟内存不会直接消耗物理内存(只需要记住小小的保留描述符)。如果我们仔细查看图 5-19，会注意

到 LOH 段的保留部分并未计入 Committed 字节或 Private 字节。它几乎没有在"浪费"内存。我们不要被这些测量所愚弄了。事实上，我们确实消耗了所有可用的内存，而我们对此无能为力(除了一次性分配更少的数组之外，别无他法)。

但是，仅在 64 位配置的情况下，由于 LOH 段中无法使用的保留空间而导致的这种内存浪费并不是一个问题，因为我们有着大量的虚拟地址空间。但是在 32 位.NET 运行时上，这可能会是一个严重的问题，因为在该环境中，虚拟地址空间受限。如果你遇到的是这种情况，则应该考虑将处理后的数据拆分为较小的数组，以更好地利用单个 LOH 段并避免碎片化。

5.4.3 段和堆解析

正如后面将要解释的，段是托管堆的物理表示。它的内部结构很简单，但是值得了解(见图 5-20)。如代码清单 5-10 所示，示例程序具有一个地址为 0x00000267000000 的临时段，但它"开始"于地址 0x0000026700001000。起始的 4096 字节(十六进制为 0x1000)专门用于存储由运行时管理的段信息。对象是在随后的地址中创建的。每个 SOH 和 LOH 段都具有以下结构。

- 在开始处存储段信息(heap_segment 类的一个实例)。尽管这个类只有十几个字节大，但在大多数情况下，整个页面都是为此目的而提交的。这是一个在支持流行的后台 GC 的运行时版本中的性能优化(在撰写本书时所有公开可用的运行时都支持后台 GC)。该结构的开头(以及整个段本身)已在前面看到的 eeheap 命令输出中作为段地址列出。
- 对象是从名为 mem 的地址(在.NET 源代码中)分配的。但是，在使用 eeheap 命令的情况下，此地址被列为 begin。正如我们将在第 6 章中所看到的，该段的保留内存是预先提交的(不仅是针对单个对象)，因此提交的内存将比当前对象所需的内存略多一些。
- 当前已分配对象结束的地址被命名为 allocated。

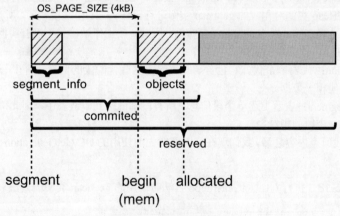

图 5-20　堆段的内部结构

尽管对于.NET 中的日常工作来说，它不是那么有用，但是在尝试分析 .NET Core 代码时，值得了解表示此处描述的实体的几种基本类之间的关系。如果你愿意，它将使你更容易开始你的 CoreCLR 源代码之旅。

以下是代表 Core 垃圾回收功能的重要类(见图 5-21)。

- GCHeap：此高级 API 始终存在一个实例——它用作回收器和执行引擎之间的接口(它们都保留全局实例 g_pGCHeap 和 g_theGCHeap)。它包含了 Alloc 和 GarbageCollect 之类的方法。此外，在服务器模式下，每个托管堆都由一个附加的 GCHeap 实例表示。因此，在工作站模式下将有一个实例，在服务器模式下将有 CPU 内核数+1 的实例。

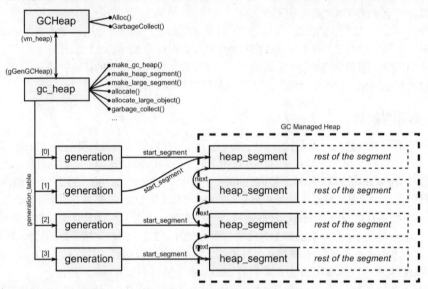

图 5-21　.NET 源代码(基于.NET Core 代码)中与 GC 相关的基本类之间的关系。heap_segment 实例位于托管堆中，位于前面所说的段的开头。所有其他数据都位于运行时的私有堆中

- gc_heap：单个托管堆的底层 API，由 GCHeap 使用。它包含了 GC 的所有繁重工作，包括 allocate、garbage_collect、make_gc_heap、make_heap_segment 等方法。在服务器模式下，GCHeap 实例对相应的 gc_heap 实例进行操作。在工作站模式下，所有相关的 gc_heap 方法都是静态的，根本不需要任何实例。因此，在工作站模式下没有实例，在服务器模式下有 CPU 内核数量的实例。
- generation：代表单个代。它包含了有关包含这些代的段的信息、许多与分配相关的信息以及其他相关数据。
- heap_segment：表示上述单个段信息。所有段都链接到单链表中，因此每个段都可能包含指向下一个段的指针。

在了解上述所有内容之后，我们现在能够理解先前使用的 GC.GetGeneration 方法的实现(参见代码清单 5-18)。

代码清单 5-18　执行 GC.GetGeneration 方法时调用的 gc_heap 类中的方法

```
// return the generation number of an object.
// It is assumed that the object is valid.
// Note that this will return max_generation for a LOH object
int gc_heap::object_gennum (uint8_t* o)
{
    if (in_range_for_segment (o, ephemeral_heap_segment) &&
        (o >= generation_allocation_start (generation_of (max_
        generation-1))))
    {
        // in an ephemeral generation.
        for ( int i = 0; i < max_generation-1; i++)
```

```
        {
            if ((o >= generation_allocation_start (generation_of (i))))
                return i;
        }
        return max_generation-1;
    }
    else
    {
        return max_generation;
    }
}
```

5.4.4　段重用

在程序执行期间，可能会创建越来越多的段来包含所有分配的对象。问题是，是否要删除段？答案是肯定的。但是，正如经常发生的那样，答案比简单的"是"要复杂得多。

首先，让我们从.NET 运行时可以决定删除段的情况开始。事实上，只有一个原因——回收后，该段变为空了(它根本不包含任何对象)。当我们详细了解了垃圾回收后，我们将会看到它会在何时发生。

其次，"删除段"意味着什么？最简单的方式是在一个段的整个保留内存区域上调用VirtualFree(或 Linux 对应项)。这样，我们只需要回收该内存并将其返回到操作系统即可。让我们想象一下如图 5-22(a)所示的情况。我们的程序分为四个段。第二代相当大，它占用了两个段。如前所述，由于预先准备了内存，因此已提交的内存(白色区域)比当前对象(虚线区域)所需的要多。一段时间后，可能会发生压缩垃圾回收，其中第 2 代中的许多对象已被删除(见图 5-22(b))。事实上，已经回收了太多空间，以至于包含第 2 代的一个段变为空(不包含任何对象)。但是此时此刻，整个内存仍是已提交的。现在最简单的方案就是释放这种内存(见图 5-22(c))。

尽管这看起来是一个非常明智的方法，但它有一个严重的缺点。连续创建和删除段可能会导致碎片问题。在虚拟内存空间不大的 32 位应用程序中，情况可能会特别严重，尤其是在长时间运行的 Web 应用程序中。那是.NET 2.0 和 ASP. NET 2.0 的年代，这就是为什么引入了更智能的段处理(称为虚拟机囤积——即 VM Hoarding)。它背后的理念很简单。与其完全释放空段，不如将其存储(囤积)以供以后重用(见图 5-22(d))。在这种情况下：

- 整个段的内存都将保持保留；
- 该段的大部分内存都被取消提交状态(不消耗物理内存)，只有少量的开始内存依旧保持提交状态，包括段信息本身；
- 段会在一个可重用段列表中被记住(如果使用 CoreCLR，则为 segment_standby_list)——当需要一个新段时，将会首先检查该列表以查找可重复使用的可能性。然后，可以将其中一个段初始化为新的有效段。

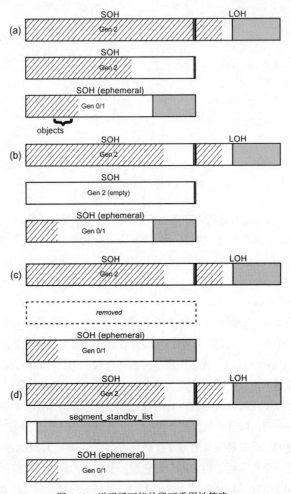

图 5-22　说明了可能的段可重用性策略

在 64 位执行引擎中，由于虚拟地址空间要大得多，因此囤积就不那么重要了。另外，在非常动态的场景中，当有许多段被创建和销毁时，重用保留的内存比要求系统创建新内存还要快。因此，即使是在 64 位的情况下，运用段重用也是值得的。

但是，默认情况下会禁用段囤积功能，因为.NET 运行时不希望保留它不使用的虚拟内存(即使仅用于保留的)。如果运行的是普通桌面或控制台.NET 应用程序(没有在外部进程中托管)，则很可能只是禁用了虚拟机囤积。此行为可能会被配置为环境变量或注册表中(在 Windows 的情况下)的 GCRetainVM 设置所覆盖。此外，托管.NET 运行时的进程可能会使用 System.GC.RetainVM 配置来启用它。这是在 IIS 中托管 ASP.NET Web 应用程序的情况下发生的，默认情况下将其启用。如果我们通过托管 API 在应用程序内部托管.NET 运行时，则还可以手动启用它(有关详细信息，请参见第 15 章)。

如果你希望跟踪在应用程序中创建或销毁段的内容、时间以及原因，最简单的方法是使用 ETW 事件(启用堆栈跟踪)。

- GCCreateSegment_V1：显示 Address、Size、ClrInstanceID 和 Type

- GCFreeSegment_V1：显示 Address 和 ClrInstanceID

上面列出的 Type 包含两个可能的值：SmallObjectHeap 或 LargeObjectHeap。它还可以包含前面提到的 ReadOnlyHeap 值，但是在.NET Runtime 和.NET Core 中都不应发生这种情况，因为它们都禁用了只读段。

5.5　本章小结

本章涵盖了许多主题，使我们更进一步了解.NET 中内存管理的工作方式。本章描述了垃圾回收器所管理的内存在物理和逻辑上是如何组织的。基于前几章的知识，它不仅描述了某事是如何做的，还尝试解释其原因。我希望这可以使你更好地理解小对象堆、大对象堆以及分代。

本章详细描述了与托管堆中内存组织相关的各个方面。其中一些方面是基本的，如果不了解它们就很难理解.NET，其中包括代际垃圾回收的概念。代是一个关键概念，几乎总是出现在.NET 程序的内存管理上下文中。因此，这些主题应被视为非常实用。另一方面，还描述了实际使用较少的主题，因为它使我们可以更深入地了解 CLR 内部，并了解 GC 设计的某些特定方面是如何实现的。

本章还包含了三个示例场景，用于解决与此处讨论的主题相关的问题。它们使你可以从更实际的角度来看待代或段的主题。

规则 11 – 监视代大小

理由：弱代假设是.NET 运行时中实现的代际垃圾回收器的基础。一个程序由于不常见(或错误)的对象创建模式而违反了弱代假设，可能会给 GC 性能造成严重的问题。

如何应用：根据规则 5 和规则 6，我们应该测量程序以检查内存管理行为。其中一个最重要的测量标准包括代大小在时间上的变化。即使没有通过持续监视，我们也应该知道第 0 代、第 1 代、第 2 代和 LOH 代的大小。两种常见的不当行为应引起我们的注意。

- 一个或多个代在不断增长(即使它随着时间的推移而发生，并且发生在大量内存垃圾回收之后)：这可能意味着或大或小的内存泄漏。
- 一个或多个代在时间上的变化非常频繁：这可能表明内存流量大，触发了代价高昂的 GC 进程。

显然，代大小本身并不是唯一重要的测量标准。可以想象第 2 代的大小是稳定的，但还会有很大的变动(这意味着我们经常更换其中对象的日志)，因此我们花了大量时间在第 2 代 GC 上。测量 CPU 开销(例如 GC 计数器中的% Time)至少与监视代大小同等重要。

相关场景：场景 5-1、5-2。

规则 12 – 避免不必要的堆引用

理由：在"跨代垃圾回收"中，存在一种特殊技术来跟踪跨代之间的引用。这通常称为"记忆集"技术。.NET 运行时使用写屏障和卡表来实现这种技术。如本章所述，它具有一个相当复杂的实现，会尽其所能提供尽可能小的开销。然而，最好的代内引用是不存在的。我们可以通过注意不引入太多引用(有时是不必要的引用)来帮助 GC 减少开销。

如何应用：在构造任何长时间运行的缓冲区或缓存时，一种非常典型的情况是为其分配新创建的对象。这可能会导致创建代内引用(触发卡表机制)。但是，在某些情况下可以避免这样的引用——例如，在设计二叉树时，不保留对节点的引用。

```
class Node
{
    Data d;
    Node left;
    Node right;
};
```

可以只存储一个索引,而将节点存储在数组中:

```
class Node
{
    Data d;
    uint left_index;
    uint right_index;
};
```

但是,请记住,这样的更改带来的改变远不止避免触发卡表机制。例如,如何分配这样的节点数组?这样的更改将如何影响遍历图的性能(现在每个节点都需要额外的数组查找)?只有坚实的基准测试才能给出应用此规则是有益的或是完全相反的答案。

规则 13 - 监视段使用情况

理由:段是托管垃圾回收器堆组织形式的具体实现细节。在大多数情况下,它是完全隐藏的,因此我们根本不应该意识到它。但是,和往常一样,也有一些例外。在分析内存使用问题时,段本身及其布局可能会为我们提供一些诊断线索。它们甚至很少会引起此类问题,尤其是在紧凑的32 位环境中。

如何应用:在适当的 WinDbg 命令(或 VMMap 等工具)的帮助下,查看我们正在调查的进程有时是很好的。通过对 GC 产生的段的分析,我们可能会获得一些有关可能问题的线索。在 WinDbg之类的工具中进行底层分析时,了解各代在段中的位置会特别有用。

相关场景:场景 5-2、5-3。

第 6 章
内 存 分 配

我们已经在第 1 章对内存的通用与底层原理展开了讨论,并从第 4 章开始逐渐进入.NET 内存管理领域。我们已经在第 4 章基本了解了一些.NET 内部原理,并在第 5 章学习了内存如何在结构上被组织成不同的区域。基于已经学习的这些知识,我们将在本章开始讲述本书中最重要的主题:.NET 垃圾回收器的运行与使用原理。随着在这个主题上不断深入,除了实现细节以外,我们还将通过问题诊断和示例代码学习越来越多的实践知识。

我们先从一个所有程序都离不开的重要机制开始讲起:分配内存。这个机制用于向程序中创建的对象提供内存。无论何种类型的程序,它必然需要创建对象。即使运行一个最简单的控制台应用程序,在执行我们为它编写的第一行代码之前,它就已经创建了许多辅助对象。由于此机制如此重要,使用得如此频繁,因此正如你将在本章中所了解的,.NET 中的分配器(allocator)被以尽可能高效的方式进行设计。

你可能还记得第 1 章中提到的"分配器(allocator)"的概念,它是"负责管理分配并释放动态内存的实体。"分配器中定义了一个 Allocator.Allocate(amount)方法,负责提供指定大小的内存。的确,在如此高的抽象层次上,分配器根本不在乎内存中需要存储的是哪种类型的对象,它只需要向请求者提供正确数量字节的空间即可(然后运行时将以适当的方式填充它们)。

6.1 内存分配简介

显然,抽象的 Allocator.Allocate(amount)仅是冰山一角。我们将花费整整一章的篇幅,向你介绍该方法的实现细节以及各种实用技巧。

第 2 章曾经介绍过,操作系统向运行在其中的应用程序提供了一套自己的内存分配机制。诸如 C/C++等非托管环境直接使用原生分配机制来获取所需的内存。Windows 的原生分配机制称为 Heap API,Linux 的分配机制则是组合调用 mmap 和 sbrk。然而,.NET 环境在操作系统和用户程序之间引入了一个附加层:.NET 运行时。最常见的托管环境(如.NET)会预先分配连续内存块,然后在其内部实现自己的分配机制。这样做比每次创建一个新对象都直接向操作系统请求内存快得多。调用操作系统 API 的成本可能很高,而且正如我们将看到的,.NET 可以使用简单得多的内存分配机制。

从上一章我们知道,GC Managed Heap 由多个段(segment)组成。这些段正是对象分配之所在。虽然现在了解得不够透彻,但你可能已经知道,对象的分配发生于如下位置。

- 对于 Small Object Heap,分配发生在第 0 代中。上一章的图 5-4 和图 5-5 已经展示了此场景。物理上,分配发生于一个暂留段内。(此段包含第 0 代和第 1 代)。
- 对于 Large Object Heap,分配直接发生在 Large Object Heap 中,它不再按代区分。物理上,分配发生于包含 LOH 的多个段中的一个。

Book Of The Runtime 这本书对此总结道:"每次分配一个大对象时会考虑整个 Large Object

Heap。分配小对象仅考虑暂留段。"

有两种流行的实现分配器的方法，.NET 同时使用了两者。第 1 章已经介绍过它们：循序分配(sequential allocation)和自由列表分配(free-list allocation)。让我们在.NET 的背景中逐一深入介绍它们。

6.2 bump pointer 分配

分配器具有可供使用的内存段。在段内分配内存的最简单、最快速的方法，是移动一些标识当前内存使用到哪个位置的指针。我们将该指针称为分配指针(allocation pointer)。如果根据要创建的对象的大小将指针移动相应的字节，那么可喜可贺，我们成功为一个给定对象分配了内存！此流程如图 6-1 所示。假设内存段中已经创建了一些对象(如图 6-1(a)所示)，分配指针指向这些对象的末端。当在段内为新对象 A 请求一些内存时，指针的值将成为新对象的地址，然后，分配器将指针移动相应的字节数(如图 6-1(b)所示)。

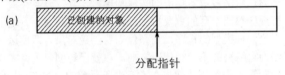

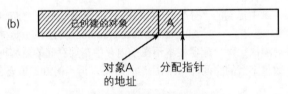

图 6-1　简单的循序分配示意图

代码清单 6-1 所示的伪代码展示了这个简单而有效的技巧。稍后我们将看到，这种实现是 CLR 内部可能使用的分配机制之一。短短几条汇编指令即可完成整个分配操作，这使得这种分配机制的效率极高。

代码清单 6-1　实现简单的 bump pointer 分配

```
Allocator.Allocate(amount)
{
  PTR result = alloc_ptr;
  alloc_ptr += amount;
  return result;
}
```

这种 bump pointer 分配机制的名称，正是来源于它不断通过"bump(碰撞、挤压)"分配指针以实现内存分配。它有两个主要的特征。

- 首先，顾名思义，这是一种循序算法：分配内存时，总是在内存中朝一个方向移动。这种模式具有良好的数据局部性。如果程序一次创建一堆对象，它们很可能是一些相同且自依赖的数据结构，因此将它们在内存中彼此相邻地放在一起是个好主意。换言之，在一段相

244

近时间内创建的数据，很可能稍后被同时使用(正如第 2 章所说，时间局部性和空间局部性最能发挥 CPU 架构的效能)。

- 其次，此模型假设用户拥有无限大的内存。这个假设显然过于乐观。我倒是希望我的 PC 拥有无限大内存，但实情是，它的内存只有 16GB。这个假设会使循序分配变得毫无用武之地吗？当然不是，我们只需要对指针左侧的已使用内存空间进行一些适当的操作即可。例如，移除不再使用的对象，然后压缩掉由此留下的内存空洞。这显然是垃圾回收大显身手的地方。将不再使用的对象回收之后，我们有时需要将分配指针"拨回"到左侧的某个位置。

有人会好奇在对象 A 所在的内存中发生了什么。为了使新对象处于干净状态，它所在的内存必须被清零(构造函数会设置对象的某些字段，但这是执行引擎，而非垃圾回收器的工作)[1]。这将需要把对清零函数的调用添加到代码清单 6-1 的 Allocate 方法中(如代码清单 6-2 所示)。

代码清单 6-2　实现简单的循序分配(带有内存清零操作)

```
Allocator.Allocate(amount)
{
 PTR result = alloc_ptr;
 ZeroMemory(alloc_ptr, amount);
 alloc_ptr += amount;
 return result;
}
```

虽然将内存清零会引入额外开销，但在创建新对象这样极其重要且通用的操作中，清零必不可少。因此，为了让分配操作尽可能快，值得事先准备好一些已经清零的内存。这个技巧使我们能够使用代码清单 6-1 中的代码作为快速分支，仅在需要时才进入代码清单 6-2 所示的带有清零操作的分支。提前内存清零也使 CPU 缓存的使用效率更高，因为对内存的提前访问将"预热"缓存。

提前清零将引入一个额外的指针：分配限制位(allocation limit)，它指向提前清零区域的尾端。已提前清零的区域被称为 allocation context(如图 6-2 所示)。在 allocation context 区域中，可以快速、乐观地通过指针 bumping 执行内存分配。

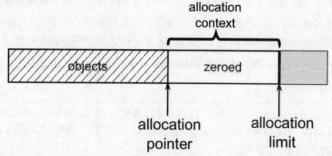

图 6-2　位于分配指针和分配限制位之间的 allocation context。它包含一段已被清零的预备用内存

如果 allocation context 的空间不足以应付分配需求，将触发后备机制(如代码清单 6-3 所示)。

---

1 这不是必须的，在.NET5 中可以通过 SkipLocalsInit Attribute 特性标记让对象申请内存时不清空。

此后备机制的复杂性可大可小。对于 CLR 而言，它是一个包含可能采取的动作的复杂状态机，我们将在后续讲述 Small/Large Object Heap 分配细节时对此展开描述。其中一个显而易见需要包含的动作，是增加 allocation context 的大小或者找到一个能满足需求的新 allocation context。每次增大 allocation context 时所增加的量，被称为 allocation quantum(分配量)。换言之，在典型情况下，当 allocation context 空间不足时，它将至少扩大一个 allocation quantum 大小的空间(如果请求的内存更多，则扩大更多空间)。

代码清单 6-3　更真实的 bump pointer 分配示例代码，其中使用了已预先清零的 allocation context 缓冲

```
Allocator.Allocate(amount)
{
  if (alloc_ptr + amount <= alloc_limit)
  {
    // This is the fast path - we have enough memory to bump the pointer
    PTR result = alloc_ptr;
    alloc_ptr += amount;
    return result;
  }
  else
  {
    // This is the slow path - allocation context will be changed to fit
      the amount (i.e. grow by at least allocation quantum bytes)
    if (!try_allocate_more_space())
    {
      throw OutOfMemoryException;
    }
    PTR result = alloc_ptr;
    alloc_ptr += amount;
    return result;
  }
}
```

根据上一章讲解的内容，GC 已经包含一种准备内存的机制：两步式段构建。首先，它将保留一大块内存，然后根据需要提交后续的 page。但是当段随着不断提交更多 page 而不断增大时，不一定需要将所有 page 立即清零。换言之，不必将所有已经提交的内存都用作 allocation context(如图 6-3 所示)。这是在提前准备内存所获得的性能提升与将其清零所消耗的性能损耗之间的折中。例如，对于 Small Object Heap 而言，默认的 allocation quantum 是 8KB，增大段时，每次提交 16 个 page(每个通常为 64KB)。

虽然默认的 allocation quantum 大小是 8KB，但在某些情况下，可以动态更改它。根据内存分配的频繁程度和活动的 allocation context 数量，当前的 CLR 实现可以将 allocation quantum 在 1024 到 8096 字节之间进行调整。

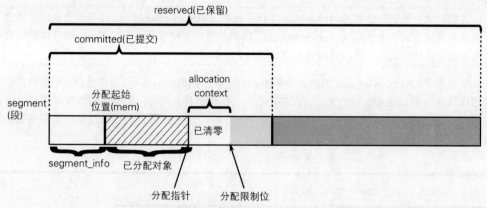

图6-3　位于段(segment)中的 allocation context，它位于当前已分配内存的尾端

通过这种方式，请求操作系统提交内存 page 的频率大为降低，执行内存分配时，只需要扩大 allocation context 即可。正如所见，这是一种经过深思熟虑的请求内存的方法。相反，如果每次分配一个对象就向操作系统请求一次内存，效率将非常低下。

allocation context 也可以放置在段尾端之外的其他位置。它可以位于现有已分配对象之间的可用空闲空间内(如图 6-4 所示)。在这种情况下，它的起始端是指向可用空间头部的分配指针，尾端是指向可用空间尾部的分配限制位。

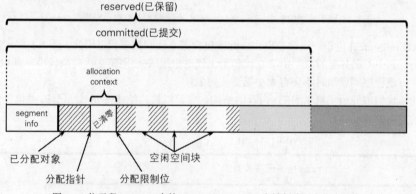

图6-4　位于段(segment)中的 allocation context，它被创建于空闲空间内

allocation context 最重要的特性之一是它的线程相关性。也就是说，每个执行.NET 代码的托管线程都有其自己的 allocation context。正如 *Book Of The Runtime* 这本书中写道："allocation context 和 quantum 的线程相关性确保了每个给定的 allocation quantum 只会被单个线程写入。其结果就是，只要当前 allocation context 没有被用尽，就不需要对对象分配操作加锁。"

这个特性对性能具有重要的意义。如果在线程间共享 allocation context，则 Allocate 方法必须添加额外的同步开销。但是，由于每个线程都有自己的专用 context，因此可以使用简单的 bump pointer 技巧执行分配，而不必担心 context 的分配指针或限制位被其他线程修改。这个机制使用了线程本地存储(Thread-local Storage，TLS)来保存每个线程的 allocation context。这种使用 TLS 的技巧通常被称为线程本地分配缓冲(Thread Local Allocation Buffer)。

注意： 仅安装单个处理器的计算机上只会有一个 allocation context。在这样的情况下，由于不同线程可能访问同一个全局 allocation context，因此必须同步对它的访问。但是，由于计算机同一时间只能执行一个线程，因此这种情况下的同步化开销不大。

具有多个 allocation context 的特点将为图 6-3 和图 6-4 稍微添加一点复杂性。段尾部不再像之前那样只有一个 context。我们的应用程序中有许多托管线程，因此，更典型的情况是单个段中存在多个 allocation context(如图 6-5 所示)。在程序运行时，有些 context 位于段尾部，而有些则将重用已分配对象之间的空余空间。

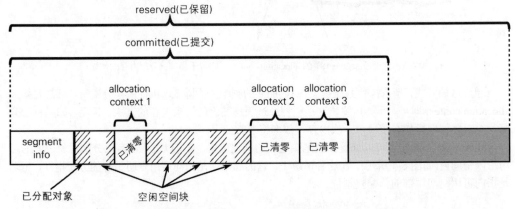

图 6-5　位于段中的多个 allocation context，每个线程都有自己专属的 context

allocation context 位于一个暂留段中，此段包含第 0 代和第 1 代。因此，图 6-5 展示的是暂留段的结构，其中“已分配对象”由第 0 代和第 1 代对象组成(如果第 2 代对象较少，则也包含第 2 代对象，一般程序刚启动时不会有太多第 2 代对象)。

至此，我们很好地了解了.NET 内存的结构，它可以被总结成图 6-6。记住，“代”仅仅是一个段内的逻辑和移动边界。

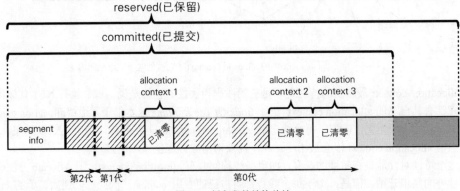

图 6-6　暂留段的结构总结

原始版本的 bump pointer 分配有一个缺点。如果对已经分配的对象运行清除式垃圾回收，显然将导致内存碎片化。分配指针的左侧将出现许多空闲内存空洞(如图 6-7(a)所示)。一种非常初级的 bump pointer 方案(.NET 并未使用它)是完全忽略之，这会导致消耗越来越多的内存。显然，任何一个成熟的 GC 方案都会去尝试使用清除垃圾之后导致的空闲内存空间。最简单的解决方案是运行压缩式垃圾回收，从而使得存活的对象可以彼此相邻放置，同时整个 allocation context 将会往回推(如图 6-7(b)所示)。此外，还有一个比压缩更好的解决方案。

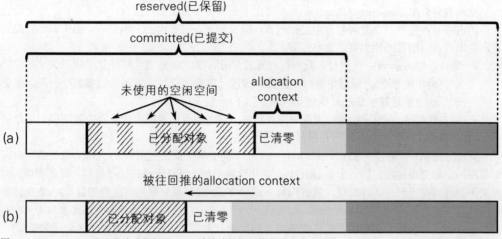

图 6-7 bump pointer 分配和碎片化问题：(a) 清除式垃圾回收导致了内存碎片，allocation context 无法识别并利用这些空余内存，(b) 压缩式垃圾回收通过把 allocation context 往回推，重新利用空余内存，但同时需要执行大量内存复制操作

幸运的是，.NET 使用了一个智能的综合方案。.NET 运行时在 allocation context 中进行循序分配，同时如图 6-4 和图 6-5 所示，它也在空闲空间内创建 allocation context(变废为宝)。每隔一段时间 GC 会决定执行压缩，于是它将在段尾部以自然的方式重组 allocation context(如图 6-8 所示)。

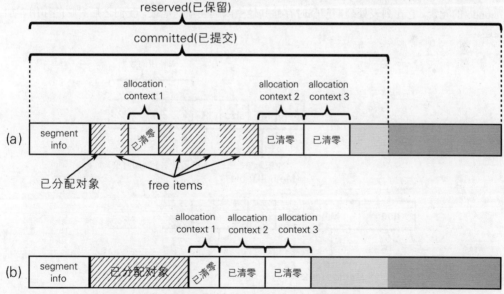

图 6-8 执行压缩式垃圾回收后，将重组所有 allocation context——(a) 压缩之前，3 个 allocation context 分布在段的不同位置，(b) 压缩回收之后，allocation context 被优化重组

6.3 空闲列表分配

空闲列表分配(Free-List Allocation)机制诞生于一个微小的想法。当运行时要求 GC 分配给定大小的内存时，它在一个空闲列表中进行搜索，以找到一块足够大的空闲空隙。第 1 章已经提到过，空闲列表扫描有两种主要的策略方案。

- 最佳匹配(best-fit)：找到最匹配所需空间的空闲内存空隙(所有大于或等于所需大小的空隙中，最小的那个)，以尽可能减少浪费。实现此策略的较初级方案是扫描整个列表，但更典型的方案是基于 bucket 的优化方案，如下所述。
- 最先匹配(first-fit)：扫描空闲列表，找到第一块能满足需求的空闲内存空隙即停。这个策略很快，但它的效果远不及最佳匹配。

Microsoft .NET 使用 bucket 管理一组对应大小不同空闲空隙的空闲列表(大小大致处于同一区间范围的空闲空隙被放到同一个 bucket 中)。利用这种机制，可以快速扫描寻找到合适的空隙，同时又不会导致过于严重的碎片化。通过控制 bucket 的数量(空闲空隙大小区间的数量)，能在提高扫描性能与降低碎片化之间取得平衡。如果只有一个 bucket(所有不同大小的空隙都将位于其中)，那将意味着必须使用较初级的最先匹配策略。但如果有许多 bucket(空闲大小的区间粒度很细)，则可以使用最佳匹配策略。我们将看到，每一代的 bucket 数量各不相同。

由于空闲空间所使用数据结构的特点(如下所述)，空闲列表部分地直接存储于 GC Heap 上。位于已分配对象中间的空闲空隙使用几乎类似于常规数组的形式进行组织，因此，它的结构与普通对象非常相似(如图 6-9 所示)。它使用一种特殊的 MethodTable，以表示这是一个"空闲对象"。在 MethodTable 指针之后，存储了许多空闲空间"元素"，就像在数组中存储数组元素一样。"空闲对象"数组假定元素大小为 1 字节，因此元素的数量也就代表了以字节为单位的空闲空间大小。另外，不同于常规对象有一个对象标头(object header)，"空闲对象"不需要标头，而是包含一个名为 undo 的元素。它在列表处理期间临时存储其他空闲列表项的地址，我们之后对它的作用详加描述。

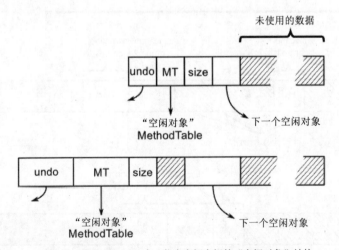

图 6-9　位于 GC Heap 中，代表空闲空间的"空闲对象"结构

注意：如果你对 CoreCLR 中有关"空闲对象"的实现感兴趣，可以查看 gc_heap::make_unused_array 方法的源代码，此方法用于准备空闲对象。如你所见，它使用指向 g_pFreeObjectMethodTable 的静态全局指针作为新 MT。然后调用 generation_allocator(gen)->thread_item(gap_start, size)，将此内存空隙添加到空闲列表中。但是，只有大于最小对象尺寸两倍的内存空隙才会被串联进空闲列表，这样可以避免太多小空隙所导致的空闲列表管理开销。

每代的分配器都维护一个 bucket 列表(如图 6-10 所示)。第一个 bucket 维护的空闲列表用于小于 first_bucket_size 的空隙；第二个 bucket 用于小于两倍 first_bucket_size 的空隙；后续的 bucket 继续依次加倍；最后一个 bucket 则用于最大(直至无限大小)的空隙。每个 bucket 都维护了一个对应的空闲项列表描述(图 6-10 中的 alloc_list)，其中包括指向首个"空闲对象"的引用(图 6-10 中 alloc_list 上的 head)。正如我们在图 6-10 中所见，列表本身被实现成 GC Heap 上"空闲对象"之间的单链接列表。由于至少有部分 heap 数据已经位于缓存中，因此这种设计使得可以对列表进行快速遍历。不需要再单独维护一个引用所有"空闲对象"的列表。

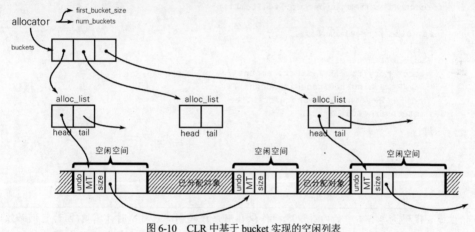

图 6-10　CLR 中基于 bucket 实现的空闲列表

你也许会惊讶于每一代都有其自己的分配器，因为书中清楚地指出了对象的分配发生于 SOH 的第 0 代或 LOH 中。的确，用户代码导致的分配仅发生在 gen0(第 0 代)和 LOH 中。但当 GC 将幸存者从低代提升至高代时，分配将在高代中发生。

每一代都有各自不同的 bucket 数量与大小配置，如表 6-1 所示。正如我们在表中所见，两个暂留代(ephemeral generation)都只维护了一个 bucket，用于所有大小的空隙。第 2 代根据 32 位和 64 位运行时而具有不同的配置值。例如，64 位运行时 GC 分别维护了用于小于 256B、512B、1KB、2KB、4KB、8KB 空闲对象的多个 bucket，最后一个 bucket 则用于所有大于 8KB 的空闲对象。

表 6-1　每一代的空闲列表 bucket 配置

区域	第一个 bucket 大小	bucket 数量
第 0 代	Int.Max	1
第 1 代	Int.Max	1
第 2 代	256B(64 位)	12
	128B(32 位)	12
LOH	64KB	7

基于 bucket 的空闲列表分配非常简单(如代码清单 6-4 所示)。我们必须从第一个合适的 bucket 开始，尝试在相应的空闲列表中找到第一个匹配的空闲项。从空闲列表分配到所需的内存量之后，可能还会剩下一定空间的空闲内存。如果剩下的空间大于最小对象尺寸(在 64 位平台上是 48 字节)的两倍，将为它创建一个新的空闲项并将其添加到空闲列表中。如果剩下的空间太小，则将被视为无法使用的碎片。

代码清单 6-4　实现空闲列表分配的伪代码

```
Allocator.Allocate(amount)
{
  foreach (bucket in buckets)
  {
    if (amount < bucket.BucketSize) // this will skip buckets with too
                                    small items
    {
      foreach (freeItem in bucket.FreeItemList)
      {
        if (size < freeItem.Size)
        {
          UnlinkItem(freeItem);
          ZeroMemory(freeItem.Start, amount);
          if (RemainingFreeSpaceBigEnough())
            ThreadRemainingFreeSpace(freeItem, amount);
          return freeItem.Start;
        }
      }
    }
  }
}
```

请注意，代码清单 6-4 中的内存清零操作仅在用户代码创建新对象时才需要(因为它们必须以全新状态创建)，但当在较老代中为提升的对象进行内存分配时则可以省略(因为内存将被提升后的对象内容覆盖)。.NET 使用的正是这种策略。此外，对于第 0 代和第 1 代，如果一个空闲项无法满足所需大小，则将立即被丢弃(变为不可用的碎片)。这意味着对于第 0 代和第 1 代，每个空闲项仅会被检查一次。这是在维护空闲列表开销和允许适当碎片化开销之间的又一个折中。两个最年轻的代将被频繁压缩，因此空闲列表也将被频繁创建。

垃圾回收器在计划阶段决定使用一个空闲项用于分配时，将用到“空闲对象”的 undo 元素。更确切地说，是当回收器为一个被提升的对象在较老代中寻找空闲项时，才会用到 undo。在这种情况下，GC 通过典型的指针操作(如同操作单链接列表那样)，从空闲列表中“拆除(unlink)”用到的空闲项(如图 6-11 所示)。

- 被移除的空闲项地址存储在前置空闲项的 undo 中(如果它有前置空闲项)。
- 修改前置空闲项的 next 指针，让它指向(被移除空闲项指向的)下一个可用的空闲项。

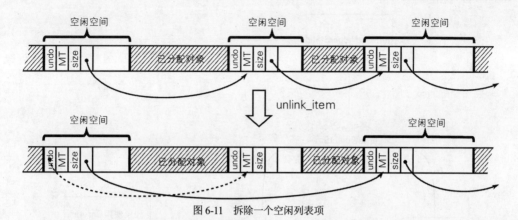

图 6-11 拆除一个空闲列表项

但是，如前所述，这些操作是在计划阶段完成的，GC 稍后会决定执行清除操作。这时，已使用的空闲列表项必须被撤销(如果执行清除，较老代必须维持原状，因此需要逆转计划性分配)。通过使用存储在 undo 中的空闲项地址，可以恢复原始列表。我们将在第 7 章更详细地学习计划、压缩和清除阶段之间的关系。

6.4 创建新对象

阐述了为对象分配内存的两种基本技术之后，我们现在可以继续介绍.NET 如何将这两种技术结合使用。Small Object Heap 和 Large Object Heap 的分配非常不同，我们将分别介绍它们。

创建一个新的引用类型对象时(例如，使用 C#中的 new 关键字，如代码清单 6-5 所示)，它将被转换为 CIL 指令 newobj(如代码清单 6-6 所示)。

代码清单 6-5 在 C#中创建对象的示例

```
var obj = new SomeClass();
```

代码清单 6-6 在通用中间语言中创建对象的示例

```
newobj instance void SomeClass::.ctor()
```

JIT 编译器将根据多个条件，为 newobj 指令发出正确的函数调用。最典型的情况是最终调用一个 allocation helper 完成分配操作。图 6-12 展示了 JIT 编译器的决策树。所有决定均基于运行时启动之前、运行时启动时或 JIT 编译期间的已知条件。我们可以从决策树中发现两个主要的决策项。

- 如果对象超出大尺寸阈值(它在 LOH 中创建)，或者它有终结器(一个特殊方法，将在第 12 章详加描述)，则使用通用且稍慢的 JIT_New 辅助函数。
- 否则使用较快的辅助函数，具体使用哪个取决于平台和 GC 模式。

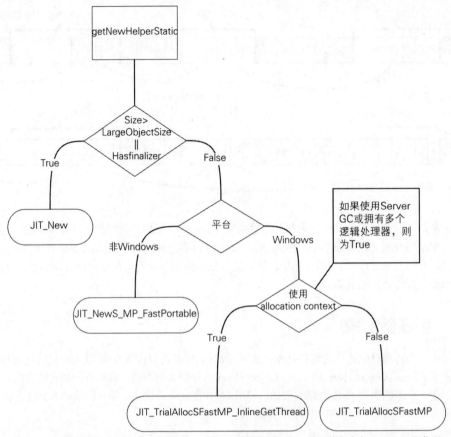

图 6-12　JIT 编译期间选择使用哪个 allocation helper 的决策树(helper 的函数名来自 CoreCLR 源代码)

重要的是要记住，仅在 JIT 编译期间才会使用这个决策树并根据决策结果发出相应的 allocation helper。因此，它不会给程序的正常执行带来任何性能开销。程序执行期间，只需要调用上述某个 helper 函数即可。

注意　如果创建的是数组，发出的指令将是 CIL 指令 newarr，它有多个不同的版本：例如，用于创建一维对象数据的优化版本；或用于创建一维值类型数据的优化版本。但是，不同版本的底层实现基本相同，因此为了简洁起见，不再对其赘述。

如果想进一步研究 CoreCLR 源代码中有关分配的细节，请从 JIT 导入器中 JIT 编译器对不同 CEE_NEWOBJ 操作码所采取的不同处理开始(importer.cpp:Compiler::impImportBlockCode)。这里决定了后续执行何种操作，是创建一个数字、一个字符串、一个值类型，或一个引用类型。对于除字符串和数组以外的引用类型，它将调用 CEEInfo::getNewHelper，执行图 6-12 所示策略树中的部分分支。常量 CORINFO_HELP_NEWFAST 表示使用较慢且较通用的 helper 函数，CORINFO_HELP_NEWSFAST 则表示使用较快的函数。运行时启动时，由 InitJITHelpers1 方法确定应当使用哪些函数来实现那些 helper。InitJITHelpers1 方法实现了图 6-12 所示决策树中的另外一些分支。

6.4.1　小对象堆分配

小型对象分配在小对象堆中，并且基本使用 bump pointer 分配。小型对象分配的目标是尽量将大部分对象通过 bump pointer 方法分配到 allocation context 中，否则，分配器将执行一种速度较慢的分配方法(如下所述)。

SOH 分配场景中，代码清单 6-3 中仅仅使用几行汇编代码实现的 allocation helper 是最快的(如代码清单 6-7 所示)。在 Server GC 模式或者具有多个逻辑处理器的计算机上，SOH 中所有没有终结器的对象都将使用这个快速 allocation helper(基于图 6-12 所示的决策树)。

> 运行在单处理器计算机上的 helper 称为 JIT_TrialAllocSFastSP，它包含 locking 机制，以确保可以安全访问唯一的全局 synchronization context。

此 allocation helper 的代码非常高效，里面仅包含几个执行比较和加法运算的汇编指令。这就是为什么人们常说 ".NET 中的内存分配开销很低" 的原因。正如我们在代码清单 6-7 中所见(在注释的帮助下)，对于位于快速分支中的乐观场景，为对象 "分配" 内存的速度超快，只需要将位于 Committed 内存中的已清零 allocation context 内存段中的分配指针移动一下即可。

代码清单 6-7　最快的 allocation helper

```
; 作为输入值，rcx 寄存器中存放了 MethodTable 指针
; 作为结果值，rax 寄存器中存放了新对象的地址
LEAF_ENTRY JIT_TrialAllocSFastMP_InlineGetThread, _TEXT
    ; 将对象大小读入 edx
    mov edx, [rcx + OFFSET__MethodTable__m_BaseSize]
    ; m_BaseSize 一定是 8 的倍数。
    ; 将 Thread Local Storage 的地址读入 r11
    INLINE_GETTHREAD r11
    ; 将 alloc_limit(分配限制位)读入 r10
    mov r10, [r11 + OFFSET__Thread__m_alloc_context__alloc_limit]
    ; 将 alloc_ptr(分配指针)读入 rax
    mov rax, [r11 + OFFSET__Thread__m_alloc_context__alloc_ptr]
    add rdx, rax ; rdx = alloc_ptr + size
    cmp rdx, r10 ; rdx 是否小于 alloc_limit
    ja AllocFailed
    ; 将 alloc_ptr 更新到 TLS
    mov [r11 + OFFSET__Thread__m_alloc_context__alloc_ptr], rdx
    ; 将 MT 保存到 alloc_ptr 指向的地址(构建新对象)
    mov [rax], rcx
    ret
AllocFailed:
    jmp JIT_NEW ; 快速分支失败，跳到慢速分支
LEAF_END JIT_TrialAllocSFastMP_InlineGetThread, _TEXT
```

如果当前 allocation context 无法满足所需大小，则将回退到调用更通用的 JIT_NEW helper 函数(它同时也用于带终结器的对象或 LOH 分配)，此函数包含完成分配的慢速分支代码。由于对象分配有可能进入此慢速分支，因此 "内存分配开销很低" 这句话并不一定总是成立。慢速分支使用一种相当复杂的状态机以尝试找到一块大小合适的内存空间。

慢速分支有多复杂？图 6-13 展示了它所用的状态机。快速分配失败时，它以 a_state_start 状态开始，再无条件地更改为 a_state_try_fit 状态，并调用 gc_heap::soh_try_fit()方法(如图 6-14 所示)。

这个调用触发了后续的各种判断和决策，其中最重要的一些决策如下所列。

- 慢速分支首先尝试使用暂留段中已有的未使用空间(见图 6-14 中对 soh_try_fit 方法的描述)。它将
  - 尝试使用空闲列表找到一块合适的内存空隙，用它创建一个新的 allocation context(请回忆图 6-4)。
  - 尝试调整 Commited 内存中的分配限制位。
  - 尝试从 Reserved 内存中提交更多内存，并调整位于其内部的分配限制位。
- 如果上面的操作皆失败，将触发垃圾回收。回收根据具体情况执行多次。
- 如果上面的操作皆失败，分配器将无法分配所需内存，这是一个严重的问题，也就是 OutOfMemoryException 句柄的开端。

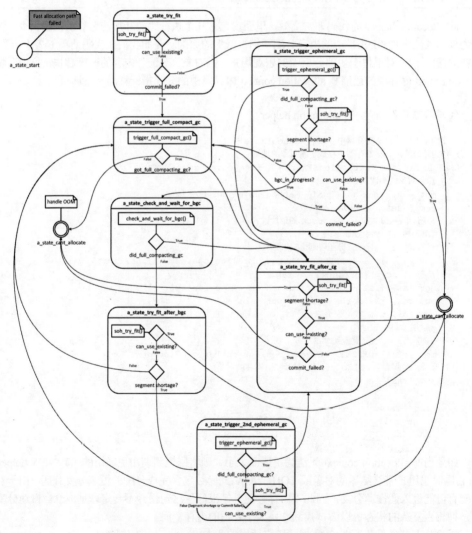

图 6-13　小对象堆慢速分配的复杂状态机图示

对于小对象堆分配，可以在 CoreCLR 源代码的 gc_heap::allocate_small 方法中找到慢速分支的代码，其逻辑如图 6-13 所示。

由于 SOH 分配而触发 GC(这是最常见的原因)在 ETW 数据中通常显示为 AllocSmall。

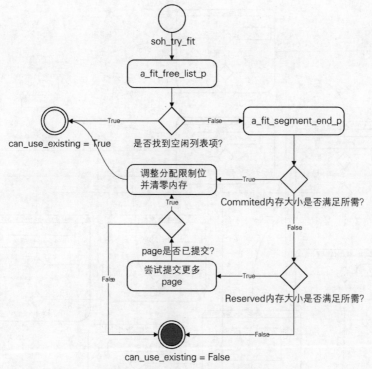

图 6-14　soh_try_fit 方法使用的决策树

使用图 6-13 描述整个状态机的用处并不大。这些是非常底层的实现细节，它们在本书出版之前就可能发生变化(但我仍然鼓励你花一点时间自行分析一下)。但是，知道分配的慢速分支相比快速分支要复杂多少(诸如尝试寻找空闲列表项、尝试一次甚至多次 GC 的开销)，仍是非常有用的。我们应当谨记，"内存分配开销很低"这句话仅在某些特定条件下才成立。我们应当了解分配所涉及的方方面面并谨慎使用它，以免在不必要的情况下分配对象，或是在不理解其作用的情况下盲目使用会导致大量对象分配的类库。正如上面所描述的，即使不触发 GC，慢速分支的开销也不小。在性能攸关的代码中，最佳的分配规则就是彻底避免它们(由此引出了与性能有关的规则14—避免分配)。

此外请记住，带有终结器的对象默认使用更通用的 allocation helper。除了分配之外，终结器机制还有其他的额外开销(将在第 12 章讲述)。于是，这引出了规则 25—避免使用终结器。

6.4.2　大对象堆分配

发生在大对象堆中的大型对象分配主要使用空闲列表分配机制，并同时在段空间末尾使用一种简化的 bump pointer 技术(不使用 allocation context)。allocation context 和相关的优化相比，清除一个大型对象的成本而言，显得无关紧要，因此，在这些用处没有那么大的优化手段上投入太大精力显然意义不大。相反，LOH 分配更关注如何避免由于只进行清除式垃圾回收(直到我们显式请求执行压缩)而导致的内存碎片。

因此，LOH 分配器中没有分别实现快速分支和慢速分支。它总是采取与 SOH 慢速分支类似的方法(如图 6-15 所示)执行分配。

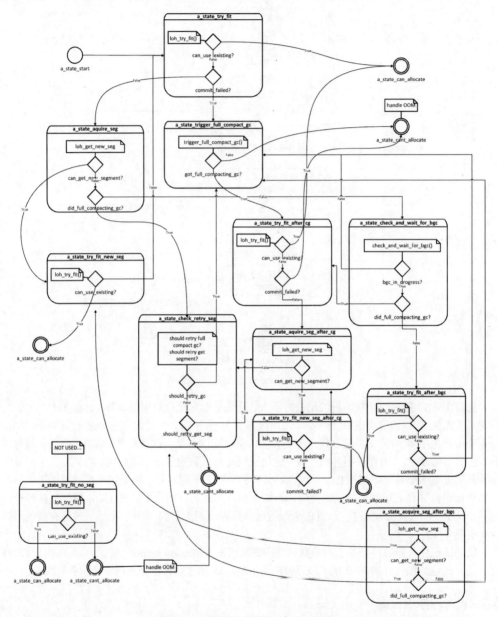

图 6-15　大对象堆分配的复杂状态机图示

- 首先尝试使用未使用的现有空间(见图 6-16 对 loh_try_fit 方法的描述)。它将
  - ◆ 尝试使用空闲列表为对象寻找一个合适的内存空隙

  在每个包含 LOH 的段中：

　　　◆ 尝试调整 Committed 内存内的分配限制位；

　　　◆ 尝试从 Reserved 内存提交更多内存，并调整其内部的分配限制位。

● 如果上面的操作皆失败，将触发垃圾回收。回收根据具体情况执行多次。

● 如果上面的操作皆失败，分配器将无法分配所需内存，这是一个严重的问题，也就是
OutOfMemoryException 句柄的开端。

对于大对象堆分配，可以在 CoreCLR 源代码的 gc_heap::allocate_large 方法中找到慢速分支的
代码，其逻辑如图 6-16 所示。

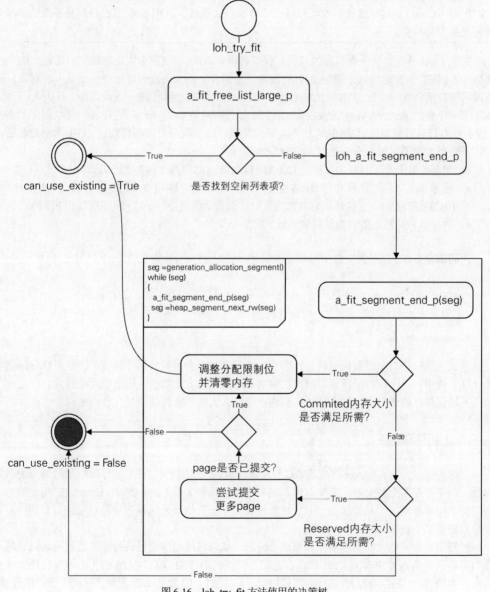

图 6-16　loh_try_fit 方法使用的决策树

如你所见，LOH 的状态机甚至比图 6-13 所示的状态机更复杂，因此，没有必要将其中的每个状态转换和行为一一描述出来。请注意，LOH 分配没有使用 allocation context，但是分配器仍然必须保证对象创建后具有正确的初始状态，因此分配给对象的内存必须被清零。将大型对象的内存清零的开销非常高。考虑到第 4 章介绍过的内存访问延迟，清零一个大小为几兆字节的对象可能需要数十毫秒。对于我们的应用程序而言，这是一段很长的时间。

因此，切记 LOH 分配的开销要远远大过 SOH 分配。我们应当尽量避免 LOH 分配，由此引出了规则 15-避免过多 LOH 分配。解决此问题的最简单方案是创建一个可重用对象池。

注意：.NET GC 在持续进化，每个新版运行时通常都会引入重要的改进。例如，自.NET 4.5(及.NET Core 1.0)起，通过引入之前描述过的 bucket 策略，LOH 分配器已得到显著改进，以更好地使用空闲列表。

关于 LOH 分配，有一个有趣的问题。我们可以在.NET 中创建多大的对象？对象最大的大小是多少？.NET 一开始将这个限制设置为 2GB。虽然我们不太可能创建一个如此之大的对象，但有时可能需要创建一个比 2GB 更大的数组。.NET 4.5 之前的版本无法修改此限制，但从 4.5 开始，添加了一个新的 gcAllowVeryLargeObjects 设置(如代码清单 6-8 所示)，它使我们可以创建大小符合 64 位有符号长整型值(值稍小但无关紧要)的对象。这使我们可以创建超过 2GB 大小的数组，但它不会更改有关对象大小或数组大小的其他限制：

- 一个数组中元素的最大数量是 UInt32.MaxValue(此值为 2 147 483 591)。
- 元素类型是字节或单字节结构的数组，其任何维度的最大索引是 2 147 483 591 (0x7FFFFFC7)。元素是其他类型的数组，最大索引是 2 146 435 071(0X7FEFFFFF)。
- 字符串和其他非数组类型对象的最大大小不变。

代码清单 6-8 在配置文件中启用 gcAllowVeryLargeObjects 设置(默认不启用)

```
<configuration>
  <runtime>
    <gcAllowVeryLargeObjects enabled="true" />
  </runtime>
</configuration>
```

这么大的一个对象将创建于何处？当然，由于它大于大型对象尺寸阈值，因此必然分配到一个 LOH 段中。由于现有的段很可能没法容纳这个如此之大的对象，因此很可能会为它创建一个新段。请记住，由于内存访问有延迟，创建一个这么大的对象将花费好几秒的时间！

6.5 堆再平衡

之前提到过，处于 Server 模式的 GC 管理多个堆，分别用于对.NET 运行时可用的每个逻辑处理器。由于存在多个托管堆，意味着也存在多个暂留段和多个 Large Object Heap 段。与此同时，应用程序中运行着多个托管线程。多个托管堆和多个托管线程之间存在何种对应关系？如何将一个堆指定给某个线程？

解答上面的问题之前，需要先解答这个问题：如何将堆指定给逻辑处理器？讨论此问题时，我们需要回忆第 4 章中有关 CPU 和内存之间如何彼此协作的知识。显然，CLR 希望使托管堆离特定逻辑处理器(核)越近越好(访问时间越短越好)。同时，CLR 还希望避免任何同步导致的开销。

于是，CLR 制定了如下设计决策。

- 如果操作系统支持提供当前线程运行在哪个核的信息(Windows 和大部分 Linux 与 macOS 版本皆支持)：将每个逻辑 CPU 指定到一个托管堆，且这种关系永不更改。这样可以在程序执行中相应地填充 CPU 缓存，而不必经常清除缓存。另一方面，不在多个核之间共享托管堆，也避免了缓存一致性协议导致的开销[1]。
- 如果操作系统不支持提供此信息：执行微型基准测试，根据经验确定哪个堆对于哪个核具有最佳访问时间。
- 如果计算机使用 NUMA 组(第 2 章曾介绍过)，堆将被指定到单个组内部。

如果你对如何执行微型基准测试感兴趣，可以参考 heap_select::access_time 方法。

当一个托管线程开始分配内存时，将把运行此线程的处理器所对应的堆指定给线程。GC Managed Heap、线程和逻辑核心之间关系的典型情况如图 6-17 所示。两个逻辑处理器正在使用基于 all-at-once 策略所构建的托管内存。第一个 CPU 被指定了 SOH1 和 LOH1 段；第二个 CPU 被指定了 SOH2 和 LOH2 段(两个 CPU 并未共享任何段)。请注意，处理器只需要简单地使用某些内存区域即可(感谢有段的概念以实现相互隔离)，但是内存中并没有通过某种操作系统或硬件支持的神奇机制将内存真正分隔开。然而，由于每个 CPU 经常且专注访问特定的段，因此这种隔离性有效提高了缓存利用率。

运行于 CPU #1 上的线程(标称为 T_1 和 T_2)在 SOH1 中有它们各自的 allocation context。运行于 CPU #2 上的线程(只有一个，标记为 T_3)则使用第二个堆，以此类推。LOH 中没有 allocation context，因此图中并未加以标识。

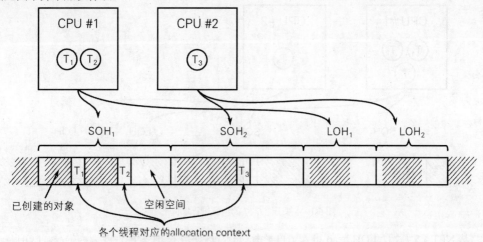

图 6-17　演示了逻辑处理器、线程和 GC Managed Heap 之间的指定关系

创建一个线程后，操作系统将决定在哪个逻辑处理器上执行它。如果应用程序中的所有托管线程都分配了大致相同数量的内存，那么情况还好。但在某些情况下，其中一个或多个线程分配的资源可能远远多于其他线程，这将导致图 6-18 所示的堆不均衡的状况。线程 3 和 4 分配的内存远多于线程 1 和 2(因此 SOH2 的可用空间要少得多)。这种情况将引发两个主要问题：

- 第二个 SOH 的空闲空间可能很快耗尽。这将触发 GC，并可能最终导致必须创建新的 SOH。

---

1 但是，如果由于某些原因使我们将 GC 配置成托管堆的数量少于逻辑处理器的数量，多个核仍然能共享堆。

● CPU 缓存利用率不均衡。

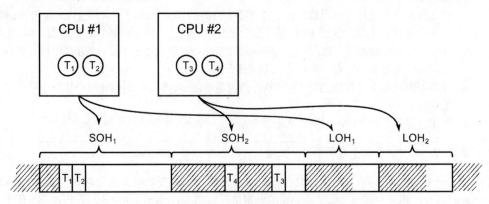

图 6-18　因某些线程分配量远大于其他线程而导致的堆不均衡

GC 会定期(在分配时)执行堆均衡检查。如果它注意到有一个堆不均衡，会将此堆指定给分配发生得最多的线程。这意味着它的 allocation context 将被移至其他堆。这显然违反了上面提到的设计原则，因为在一个逻辑处理器上执行的线程将使用分配给另一个逻辑处理器的堆。这就是为什么 GC 会立即要求操作系统将此线程的执行转移至对应的逻辑 CPU。目前，只有 Windows 通过 SetThreadIdealProcessor 函数调用支持此行为(其他操作系统未提供等效 API)。对图 6-18 所示的场景进行再平衡操作之后，最终的状况如图 6-19 所示。

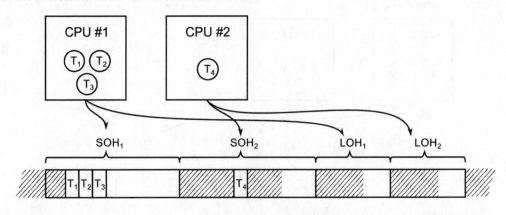

图 6-19　基于图 6-17 的情况进行堆再平衡

从.NET 4.5 开始，LOH heap 引入了再平衡功能，这使得 LOH 分配性能大大提高。LOH heap 实现再平衡的方式与 SOH heap 相同，因此不再赘述。

6.6　OutOfMemoryException 异常

正如我们在分配器决策树中所见，有时会出现无法分配所需内存的情况。让我们稍停片刻，对这个场景中存在的各种常见误解解释一二。

首先，何时会发生 OutOfMemoryException 异常？作为图 6-12 和图 6-15 中分配路径的最后一个节点，它意味着：

- 已经触发垃圾回收器。由于 GC 执行了多次，其中包括完整的压缩式 GC，因此 SOH 碎片应该不是导致 OutOfMemoryException 异常的元凶。你遇到的问题通常不太可能是间歇性、偶发性的，(在分配器引发的 GC 之外)再次执行一次 GC 也通常不太可能解决 OutOfMemoryException 异常问题。可以肯定的是，OutOfMemoryException 异常不会因为.NET 运行时忘记调用 GC 回收内存而发生。但另一方面，如果在 LOH 分配期间发生 OutOfMemoryException 异常，倒可以考虑显式触发 LOH 压缩(方法如第 7 章所述)以再次触发一次 GC。
- 分配器无法准备所需大小的内存区域。发生这种情况的原因有两个。
  - 虚拟内存已耗尽，因此分配器无法保留足够大的内存区域(例如，用以创建一个新段)。这主要是由于虚拟内存碎片所导致，特别是在 32 位运行时环境中。内存碎片会使得实际内存使用率失真，即使操作系统显示仍然有很多空闲内存，也可能因为碎片而导致 OutOfMemoryException 异常。请谨记表 2-5 中严格的虚拟地址空间大小限制。即使在配置有大量内存的 64 位系统上，一个 32 位运行时也只能使用 2GB 或 3GB 虚拟地址空间。
  - 物理后备存储(同时包括物理内存和 page/swap file)已耗尽，分配器无法提交足够的内存(例如，用以增大现有段)。请注意，操作系统在管理内存时会考虑系统中的所有进程，而非仅仅单独某个.NET 程序的进程。因此，即使系统显示还有一些可用内存，但你的程序的总内存消耗量(包括对物理内存和磁盘的消耗)太多，对系统造成了太大压力时，系统完全有可能拒绝运行时提交更多内存。

基于上面的描述，我们由此推导出两个重要结论。

- 如果遇到 OutOfMemoryException 异常，手动触发 GC 是没用的(除非异常是在分配一个大型对象时发生，这时可以考虑显式执行 LOH 压缩)。
- OutOfMemoryException 异常发生时，完全有可能系统还有一些空闲内存。

如果遇到 OutOfMemoryException 异常，应当如何改进程序呢？你可以考虑下面这几个方法

- 少分配一些对象：调查程序的内存使用率，去除不必要的内存分配。正如我们即将在本章后面看到的那样，有很多场景会导致内存分配，其中有一些你甚至意识不到它们的存在。
- 使用对象池：少分配一些对象的解决方案之一是通过对象池实现对象重用。正如我们将看到的，有一些立即可以直接使用的对象池(当然你也可以编写自己的对象池方案)。
- 使用 VM Hoarding：此特性在第 5 章进行了描述(特别是在 32 位运行时的情况下)。
- 将程序重编译为 64 位：这可能是最简单的一个方法，64 位运行时可以使用更大的虚拟地址空间。

场景 6-1：OutOfMemoryException 异常

描述：在生产环境中，.NET Core 进程间歇性地由于 OutOfMemoryException 异常而崩溃。我们无法在其他环境中重现此问题。由于这个现象发生频率较低，因此不太可能在生产环境中附加一个复杂的监控工具。我们想要截取一个完整的内存 dump 以分析内存消耗，但是无法预测何时出现 OutOfMemoryException 异常。

分析：好消息是，发生 OutOfMemoryException 异常时，可以自动执行完整内存 dump！此方法对于 Windows 上的.NET Framework 和.NET Core 皆适用。请按照下面的步骤进行操作。

- 使用 regedit 工具：在 HKEY_LOCAL_MACHINE\SOFTWARE\ Microsoft\.NETFramework 键中添加(如果已存在，则设置)一个名为 GCBreakOnOOM，类型为 REG_DWORD，值为

0x2 的注册表项。此设置使得发生 OutOfMemoryException 异常时发出 Breakpoint Exception，这样就可以在 DebugDiag 中处理该异常。

- 相应地配置 DebugDiag 规则。
  - ◆ 添加一个新规则，选择 Crash 类型规则。
  - ◆ 选择 A specific process，选择你感兴趣的进程。
  - ◆ 在 Advanced Settings 中单击 Exceptions，然后选择 Add Exception。
  - ◆ 从异常列表中选择：80000003 Breakpoint Exception。
  - ◆ 从 Action Type 列表中选择：Full userdump，将 Action limit 设置为 1。
  - ◆ 单击 Save & Close 按钮。
  - ◆ 为规则指定一个名称，并指定将 dump 文件保存在哪里。
  - ◆ 选择 Active the rule now，单击 Finish。
- 从现在开始，DebugDiag 对你的进程进行监控，当发生 OutOfMemoryException 异常时，它把进程的完整内存 dump 保存下来。
- 如果异常最终发生，有多种分析生成的 dump 数据的方法，其中第一个就是使用 WinDbg。首先在 WinDbg 中加载相应的 SOS 扩展，然后使用 analyzeoom 指令，它将输出所有有关 OutOfMemoryException 异常的详细信息(如代码清单 6-9 所示)。

代码清单 6-9　使用 WinDbg 分析完整内存 dump – 有关 OutOfMemoryException 异常的信息

```
> .loadby sos coreclr
> !analyzeoom
Managed OOM occurred after GC #4 (Requested to allocate 0 bytes)
Reason: Didn't have enough memory to allocate an LOH segment
Detail: LOH: Failed to reserve memory (50331648 bytes)
```

还可以调查执行内存 dump 时的线程信息，找到触发 OOM 的线程，方法是先使用 threads 指令，再使用 clrstack 指令(如代码清单 6-10 所示)。这些指令直接指出代码中有问题的地方。

代码清单 6-10　使用 WinDbg 分析完整内存 dump – 有关线程的信息

```
> !threads
ThreadCount:       3
UnstartedThread:   0
BackgroundThread:  2
PendingThread:     0
DeadThread:        0
Hosted Runtime:    no
                                                                            Lock
     ID OSID ThreadOBJ    State    GC Mode    GC Alloc Context      Domain
          Count   Apt Exception
0  1  3a5c  00a09c60   20020    Preemptive   0715D9C8:00000000    00a0c2e0
          0         Ukn System.OutOfMemoryException 0715d954
2  2  512c  00a9ba78   21220    Preemptive   00000000:00000000    00a0c2e0
          0         Ukn (Finalizer)
4  3  5660  00aa7758   21220    Preemptive   00000000:00000000    00a0c2e0
          0         Ukn
> ~0s
> !clrstack
OS Thread Id: 0x3a5c (0)
```

```
Child SP IP Call Site
0097ead8 73e008b2 [HelperMethodFrame: 0097ead8]
0097eb5c 06b404bf CoreCLR.LOHWaste.Program.Main(System.String[])
0097ecf0 0f8b926f [GCFrame: 0097ecf0]
0097f004 0f8b926f [GCFrame: 0097f004]
```

我们可以使用本书前面介绍过的其他内存 dump 分析方法对这些 dump 数据进行各种分析，包括分析进程的段和堆等信息。切记，触发 OutOfMemoryException 异常的代码不一定是导致异常的直接原因，它可能只是恰好在内存耗尽的那一刻请求分配器为一个新对象分配一段空闲内存，但真正导致内存耗尽的其实是其他地方。因此，有必要仔细检查记录下来的内存 dump，获取并调查各种统计数据，比如数量最多的对象类型、最大的对象类型、对象在不同代之间的分布状况等。

6.7　堆栈分配

到目前为止，我们仅涉及 GC Managed Heap 上的对象分配。显然，堆分配确实是最流行和最常用的内存分配方法，我们也了解到.NET 如何尽力使得堆分配尽可能的高效。但正如我们在前几章所介绍的，默认情况下，在堆栈上进行分配和释放的速度相比堆要快得多。堆栈分配只需要移动 stack 指针，不会造成任何 GC 开销。

如前所述，在满足某些条件的情况下，值类型将在堆栈上分配。但好消息是，我们可以显式请求在堆栈上分配。考虑到应当尽量避免堆分配(规则 14)，堆栈分配是一个非常有用的候选项。

在 C#中显式进行堆栈分配的方法是使用 stackalloc 操作符(如代码清单 6-11 所示)。该操作符返回一个指针，指向位于堆栈上一块请求到的内存区域。由于使用了指针类型，因此代码必须在 unsafe 代码区间中执行(除非使用稍后介绍的 Span<T>类型)。新分配的内存包含不确定的初始化内容，我们不应当对它进行任何假设(比如，假设内存已被清零)。

代码清单 6-11　使用 stackalloc 显式地在堆栈上进行分配

```
static unsafe void Test(int t)
{
    SomeStruct* array = stackalloc SomeStruct[20];
}
```

普通 C#代码中极少用到 stackalloc，这主要是因为程序员意识不到它的存在，或是对它的作用有所误解。如果我们希望非常高效率地处理数据同时又不想在堆上分配大型数据表，则可以使用它。它能带来两个好处。

- 如前所述，销毁以这种方式创建的对象与销毁堆栈上其他对象的速度一样快。无须使用 heap allocation helper，不会进入分配决策树的慢速分支，也完全不需要 GC。
- 由于 stack frames 不会在内存中移动，因此此类对象的地址也被隐式固定住(不会移动)。我们可以安全地将指向此类数据的指针传给非托管代码，不会产生额外固定(pinning)开销。

stackalloc 操作符被转换成 CIL 指令 localloc(如代码清单 6-12 所示)。ECMA 标准对 localloc 的描述是(有所精简)，它"从本地动态内存池中分配所需空间。当前方法返回时，本地内存池可被重用。"请注意，标准中没有明确提到堆栈，而使用了更通用的"本地内存池"概念(第 4 章曾介绍过它)。正如我们在第 4 章中了解到的，ECMA 标准试图独立于具体实现，它未在任何地方直接使用堆栈或堆等概念。

代码清单 6-12 代码清单 6-11 生成的部分 CIL 代码，展示了 stackalloc 操作符如何转换为 localloc 指令调用

```
IL_0000: ldc.i4.s 10
IL_0002: conv.u
IL_0003: sizeof SomeStruct
IL_0009: mul.ovf.un
IL_000a: localloc
```

哪些类型的对象可以像这样分配在堆栈上呢？ECMA 标准并未提及 localloc 指令支持的对象类型，而是仅承诺它可以分配指定数量的字节。由于 CIL 保证的只是一块内存区域，因此 CLR 当前只能将它用作简单数据类型的容器。C#语言规范对 stackalloc 操作符的定义详细描述了它支持的对象类型限制。规范声明，stackalloc 仅能用于分配一个 unmanaged_type 元素类型的数组。unmanaged_type 包括如下类型。

- 基元类型：sbyte、byte、short、ushort、int、uint、long、ulong、char、float、double、decimal 或 bool
- 枚举类型
- 指针类型
- 所有非构造类型[1]且仅包含 unmanaged_type 字段的用户自定义结构

切记，无法显式释放使用 stackalloc 分配的内存。方法结束时将隐式释放它。我们应当对大量使用堆栈保持谨慎，因为长时间运行的方法可能由于堆栈耗尽而抛出 StackOverflowException 异常。

localloc 指令被 JIT 转换成一系列 push 和 sub rsp, [size]汇编指令，以相应地扩展 stack frame 的大小。32 位和 64 位平台分别以 8 字节和 16 字节为单位进行扩展。因此，即使只使用 stackalloc 分配一个包含两个整数、只需要使用 8 字节空间的数组，stack frame 也将扩展 16 字节(在 64 位平台上)。这是因为在 x64 架构上，堆栈需要按 16 字节对齐。如果你对更多细节感兴趣，请参见 https://docs.microsoft.com/en-us/cpp/build/stack-allocation。

如前所述，使用 stackalloc 时，不必一定使用 unsafe 代码。从 C# 7.2 和.NET Core 2.1 开始，新增了一个 Span<T>类型(将在第 15 章进行详细介绍)，使用它可以安全地写出如代码清单 6-13 所示的代码。

代码清单 6-13 有了 Span<T>的支持，可以在安全代码中使用 stackalloc 显式执行堆栈分配

```
static void Test(int t)
{
    Span<SomeStruct> array = stackalloc SomeStruct[20];
}
```

6.8 避免分配

到目前为止，本章已经讨论了大量有关分配和其底层机制的内容。我们现在已经完全明了，

---

[1] 包含类型参数的泛型类型

感谢 allocation context 中的 bump pointer 分配技巧，.NET 中"内存分配开销很低"的说法有时候是成立的。但同时也不要忘记：

- 如果使用快速分支，分配的开销很低。但在某些情况下，由于代码所导致的不确定性，变更 allocation context 的需求将触发更复杂(也更慢)的分配分支。
- 更复杂的分配分支有时会触发垃圾回收。
- 由于不可忽视的内存清零开销，在 LOH 中分配大型对象的速度更慢。
- 分配大量对象将给垃圾回收施加更大的压力：这是一个显而易见，但非常重要的因素。如果我们分配了许多临时对象，则必须清除它们。创建的对象越多，对象的潜在生存期越长，它们越有可能存活到更老的代。

基于上面提到的几点，.NET 中最有效的内存优化方法之一是避免分配，或者至少对分配保持警惕。很少的分配意味着 GC 的压力很小，内存访问的开销较低，同时与操作系统的通信也较少。因此，关注性能的.NET 开发人员需要掌握的核心知识点之一就是知道哪些情况会导致分配，以及如何去除或尽量降低分配的开销。

本小节列出了最常见的分配场景以及避免它们的方法。但是，请记住一个非常重要的提示：我们需要全盘考虑并关注减少分配行为。有这样一句话："过早的优化是万恶之源。"确实，分析程序中每个地方、每一行代码分配了多少内存是毫无必要的。这只会加重我们的工作负担且回报有限。将每分钟执行一次的代码的分配量从 800 字节优化到 200 字节，真的重要吗？答案很可能是否定的。优化的重要程度完全取决于你对代码的期望。因此，分析对性能影响最大的代码的分配情况，可以收到事半功倍的效果。

首先，你应当了解最常见的分配场景，以避免一些很明显的错误用法，或者至少要清楚刚刚编写的代码的分配"力度"如何。只有了解整个程序的来龙去脉以及某个特定部分的需求，我们才能知道它当前的分配"力度"是否合适。其次，当我们应用"规则 2 – 尽早测量 GC"时，清楚知道哪些场景会导致分配大有裨益。只有通过测量，我们才能避免过早优化代码中错误的部分。也只有通过测量，我们才能确定是否需要尽量消除分配。我们能够通过测量定位到代码中合适的部分，集中火力对其进行优化。

后面几小节列出了最常见的分配场景。其中一些场景颇为显而易见，另外一些则不然。除了将这些场景的各种信息一一列出，我们还将同时讲述是否应该以及如何避免这些分配。

本章稍后展示 C#编译器使用的某些机制时，查看编译器如何转换我们编写的原始代码可以帮助我们更好地理解幕后的运行原理，并确认代码优化的有效性。为了查看编译后的代码，我们将再次使用 dnSpy 这个出色的工具。我鼓励你尝试使用 dnSpy，这样可以更好地理解后面讲述的内容。编写一些代码、修改它、反编译它，通过不断重复这个过程，了解你做的每个修改如何影响由运行时执行的最终代码。

6.8.1 显式的引用类型分配

直接在代码中创建对象是最明显也是最常见的分配场景，但这并不表示我们应当忽视此场景。我们可以认真评估，在特定情况下，是否真有必要在堆上创建引用类型对象。我们将描述一些不同的应用场景以及针对它们的解决方案。

1. 通用场景 – 考虑使用结构

我们使用类的原因，很可能只是因为并未考虑使用其他替代选项。通过方法参数和返回值传递小型数据结构时，使用结构替代类，是一种最典型的优化手段。第 4 章的代码清单 4-7 展示了这种优化手段，并清楚展现了如何通过避免在堆上创建小型对象，生成效率最佳的汇编代码(如代码清单 4-8 和 4-9 所示)。表 4-1 中的测试结果显示了两种不同方式之间巨大的性能差异。

因此，当向方法传递或者从方法返回小型数据结构时，如果数据是这些方法的局部数据(不存储于任何基于堆的数据内部)，强烈建议使用结构。实际上，许多常见的业务逻辑都满足这个条件，它们获取一些数据，在方法内部对数据进行处理，然后返回一些结果。代码清单 6-14 演示了一个类似的示例，它返回工作地点距离某个特定位置一段距离之内的员工姓名。它展示了从外部服务(或数据库)返回一个数据集合的典型用法。然而，这个示例会显式创建许多对象：

- 一个 PersonDataClass 对象列表以及其中包含的众多 PersonDataClass 对象。
- 从外部服务返回的员工对象

代码清单 6-14　完全使用类的业务逻辑代码示例

```
[Benchmark]
public List<string> PeopleEmployeedWithinLocation_Classes(int amount,
LocationClass location)
{
  List<string> result = new List<string>();
  List<PersonDataClass> input = service.GetPersonsInBatchClasses(amount);
  DateTime now = DateTime.Now;
  for (int i = 0; i < input.Count; ++i)
  {
    PersonDataClass item = input[i];
    if (now.Subtract(item.BirthDate).TotalDays > 18 * 365)
    {
      var employee = service.GetEmployeeClass(item.EmployeeId);
      if (locationService.DistanceWithClass(location, employee.
      Address) < 10.0)
      {
        string name = string.Format("{0} {1}", item.Firstname,
        item.Lastname);
        result.Add(name);
      }
    }
  }
  return result;
}
internal List<PersonDataClass> GetPersonsInBatchClasses(int amount)
{
  List<PersonDataClass> result = new List<PersonDataClass>(amount);
  // Populate list from external source
  return result;
}
```

如果将代码清单 6-14 的代码重构成尽量使用结构，结果将会怎样？实际上，只有 PeopleEmployeedWithinLocation_Classes 方法的内部才需要使用有关人员和员工的数据，因此可以使用结构将它们安全地保存在堆栈上(如代码清单 6-15 所示)。GetPersonsInBatch 方法可以返回一个结构数组，以获得更好的数据局部性和更小的开销(如第 4 章所述)。诸如 GetEmployeeStruct 方法之类的外部服务可以返回小型结构，而非对象。通过按引用传递值类型参数(比如 DistranceWithStruct 方法)还可以显式避免复制。

代码清单 6-15　尽量使用结构的业务逻辑代码示例

```
[Benchmark]
public List<string> PeopleEmployeedWithinLocation_Structs(int amount,
LocationStruct location)
{
 List<string> result = new List<string>();
 PersonDataStruct[] input = service.GetPersonsInBatchStructs(amount);
 DateTime now = DateTime.Now;
 for (int i = 0; i < input.Length; ++i)
 {
  ref PersonDataStruct item = ref input[i];
  if (now.Subtract(item.BirthDate).TotalDays > 18 * 365)
  {
   var employee = service.GetEmployeeStruct(item.EmployeeId);
   if (locationService.DistanceWithStruct(ref location, employee.
   Address) < 10.0)
   {
     string name = string.Format("{0} {1}", item.Firstname,
     item.Lastname);
     result.Add(name);
   }
  }
 }
 return result;
}
internal PersonDataStruct[] GetPersonsInBatchStructs(int amount)
{
 PersonDataStruct[] result = new PersonDataStruct[amount];
 // Populate list from external source
 return result;
}
```

代码清单 6-15 的代码是否比代码清单 6-14 的代码稍"丑"一点(见表 6-2)？由于使用了按引用传参(以及 ref local，第 14 章将讲述此特性)，可能确实有一点。但是，美丑只是一种个人喜好。代码清单 6-15 的代码仍然具有良好的可读性和自描述性，进行的修改带来了内存分配数量(和由此引发的 GC 触发次数)上的改进。使用结构的代码的内存分配数量只有使用对象的代码的一半。如果这段代码的调用频率很高，这将带来非常显著的性能提升！

表 6-2　DotNetBenchmark 对代码清单 6-14 和 6-15 进行测量的结果(假定数据量为 1000，即代码创建了 1000 个对象或结构)

方法	平均值	Gen 0	分配的内存
PeopleEmployeedWithinLocation_Classes	348.8 us	15.1367	62.60 KB
PeopleEmployeedWithinLocation_Structs	344.7 us	9.2773	39.13 KB

2. 元组 – 使用 ValueTuple 替代之

代码中经常有返回或传递一个仅包含少许字段的简单数据结构的需求。如果仅需要用到此数据结构一次，相比定义一个专门的类，我们可能更倾向于使用元组或匿名类型(如代码清单 6-16 所示)。但值得注意的是，Tuple 和匿名类型都是引用类型，因此它们全都创建于堆上。

代码清单 6-16 　使用 Tuple 和匿名类型创建仅用一次的数据

```
var tuple1 = new Tuple<int, double>(0, 0.0);
var tuple2 = Tuple.Create(0, 0.0);
var tuple3 = new {A = 1, B = 0.0};
```

　　基于这个原因，我们应当考虑使用自定义结构用于此类场景。好在 C# 7.0 引入了一个新的表示值元组的值类型 ValueTuple(如代码清单 6-17 所示)。它完美地替代了前面提到的 Tuple 和匿名类型，避免了创建自定义结构的需要。

代码清单 6-17 　C# 7.0 引入的值元组

```
var tuple4 = (0, 0.0);
var tuple5 = (A: 0, B: 0.0);
tuple5.A = 3;
```

　　值元组的典型使用场景包括从一个方法返回多个值。通常我们会使用一个 Tuple(或自定义类)以包含所有结果值(如代码清单 6-18 中的 ProcessData1 方法所示)。但现在我们可以使用一个仅包含其他结构的值元组，完美地满足我们的需求(如代码清单 6-18 中 ProcessData2 方法所示)。

代码清单 6-18 　对比使用 Tuple 和 ValueTuple 实现从一个方法返回多个值

```
public static Tuple<ResultDesc, ResultData> ProcessData1(IEnumerable<
SomeClass> data)
{
  // Do some processing
  return new Tuple<ResultDesc, ResultData >(new ResultDesc() { ... }, new
  ResultData() { ... });
  // Or use:
  // return Tuple.Create(new ResultDesc() { ... }, new ResultData() {
  Average = 0.0, Sum = 10.0 });
}
public static (ResultDescStruct, ResultDataStruct) ProcessData2(IEnumerable
<SomeClass> data)
{
  // Do some processing
  return (new ResultDescStruct() { ... }, new ResultDataStruct() { ... });
}
public class ResultDesc
{
  public int Count;
}
public class ResultData
{
  public double Sum;
  public double Average;
}
public struct ResultDescStruct
{
  public int Count;
}
public struct ResultDataStruct
{
  public double Sum;
```

```
    public double Average;
}
```

这将显著减少从方法返回多个值的开销(如表6-3所示)。由于仅使用结构,ProcessData2不需要任何分配! 它的执行速度提高了一倍。

表6-3   DotNetBenchmark 对代码清单 6-18 进行测量的结果

方法	平均值	分配的内存
ProcessData1	11.326 ns	88 B
ProcessData2	5.207 ns	0 B

值元组还有一个很好的称之为解构(deconstruction)的特性,它允许我们将方法返回的元组直接赋值给元组。如果对元组中的某些元素不感兴趣,可以使用弃元(discarding)显式忽略它们(如代码清单 6-19 所示)(译者注:弃元特性通过使用一个名为_(下画线字符)的只读变量实现。)。弃元在某些情况下可能很有用,编译器和 JIT 可以使用这些信息,进一步优化底层的数据结构。

代码清单 6-19   使用了弃元特性的元组解构

```
(ResultDescStruct desc, _) = ProcessData2(list);
```

各个 ORM 框架已有计划将数据库查询结果改为使用值元组和结构保存。这将进一步增强框架的实用性。请关注你使用的 ORM 框架,或者访问项目网站亲自投票支持此类修改!

3. 小型临时局部数据 – 考虑使用 stackalloc

我们已经向你展示过,使用结构替代对象用于局部临时数据可以带来切实的好处。虽然可以使用结构数组替代对象列表,但结构数组仍然分配在堆上,使用结构数组的唯一好处是内存中的数据排列得更紧密。不过,我们可以更进一步,通过使用 stackalloc 消除所有堆分配。

想象有这样一个简单的方法,它获取一个对象列表,将其转换成一个临时列表,然后再对它进行处理,计算出一些统计值。代码清单 6-20 展示了这样一个典型的基于 LINQ 实现的方法,希望你可以由它想到其他更复杂的场景。此方法创建了一堆临时对象,由此引发大量分配。

代码清单 6-20   全部使用类的简单列表处理示例

```
public double ProcessEnumerable(List<BigData> list)
{
  double avg = ProcessData1(list.Select(x => new DataClass()
   {
     Age = x.Age,
     Sex = Helper(x.Description) ? Sex.Female : Sex.Male
   }));
  _logger.Debug("Result: {0}", avg / _items);
  return avg;
}

public double ProcessData1(IEnumerable<DataClass> list)
{
  // Do some processing on list items
  return result;
```

```
}

public class BigData
{
  public string Description;
  public double Age;
}
```

我们可以像之前的示例那样使用结构数组替代对象列表。但是，这次我们将使用 stackalloc，并同时使用 Span<T>以避免必须将代码标记为 unsafe(如代码清单 6-21 所示)。

代码清单6-21　完全使用结构和 stackalloc 的列表处理示例

```
public double ProcessStackalloc(List<BigData> list)
{
  // Dangerous!
  Span<DataStruct> data = stackalloc DataStruct[list.Count];
  for (int i = 0; i < list.Count; ++i)
  {
    data[i].Age = list[i].Age;
    data[i].Sex = Helper(list[i].Description) ? Sex.Female : Sex.Male;
  }
  double result = ProcessData2(new ReadOnlySpan<DataStruct>(data));
  return result;
}

// Pass Span as read-only to explictly say it should not be modified
public double ProcessData2(ReadOnlySpan<DataStruct> list)
{
  // Do some processing on list[i] items
  return result;
}
```

新代码版本与旧版本差异巨大(如表 6-4 所示)。实际上，改进后的版本不需要任何分配，执行速度是旧版本的 4 倍！如果这段代码的执行频率很高，绝对值得考虑进行这种改进。

表 6-4　DotNetBenchmark 对代码清单 6-20 和 6-21 进行测量的结果(处理 100 个元素)

方法	平均值	分配的内存
ProcessEnumerable	2208.6 ns	3272 B
ProcessStackalloc	542.9 ns	0 B

但是请切记，stackalloc 只应当用于少量数据(比如不超过 1KB)的场景。使用 stackalloc 的主要风险在于它可能耗尽堆栈空间，引发 StackOverflowException 异常。StackOverflowException 是无法捕获的异常之一，它将杀死整个应用程序，不给程序任何恢复的机会。因此，使用过大的缓冲区是有风险的。这就是为什么代码清单 6-21 中使用 stackalloc 的那行代码上有一个提示危险的注释。

从性能角度来看，在堆栈上分配大量数据甚至会损害性能，因为在一个线程的堆栈上填充一大块内存区域，会把大量内存 page 带入 working set 中(导致 page faults)。由于这些 page 不被其他线程共享，因此这些操作是一种浪费。

如果你决定使用 stackalloc 并且希望百分百确保不会发生 StackOverflowException 异常，可以尝试使用 RuntimeHelpers.TryEnsureSufficientExecutionStack() 或 RuntimeHelpers.EnsureSufficient-ExecutionStack() 方法。根据文档的说法，这两个方法"确保有足够剩余堆栈空间，以执行常规的.NET Framework 函数。"在 64 位和 32 位环境中，当前被认为足够的剩余堆栈空间值分别是 128KB 和 64KB。换言之，如果 RuntimeHelpers.TryEnsureSufficientExecutionStack() 返回 true，则使用 stackalloc 请求低于 128KB 的缓冲区是大致安全的。之所以是"大致安全"，是因为这两个值属于实现细节，并不保证不会发生变化。文档中也说了，它只保证有足够空间用于"执行常规的.NET Framework 函数"，而"常规的.NET Framework 函数"一般不会使用 stackalloc 占用一大块堆栈空间。换言之，只有 stackalloc 占用的缓冲区足够小(前面提到的 1KB 看起来是一个很保险的值)，才能确保安全。

4. 创建数组 – 使用 ArrayPool

我们已经在表 6-2 中看到，使用结构数组替代对象集合可以带来很大的益处。但是，每次根据需要分配一个结构数组，仍然会在分配的性能和内存的占用上导致额外开销。大型数组的开销尤为明显。针对此类场景的最佳解决方案是使用对象池，即重用预分配对象池中的对象。ArrayPool 正是一个提供可重用托管数组池的专用方案(包含在 System.Buffers 包中)。

ArrayPool 管理指定类型的不同大小的数组集，并将数组分组到不同 bucket 中。指定的类型可以是引用类型或值类型。值类型数据数组的池化效率更高，因为数组本身和数组内的值将同时被存储到池中。

默认 ArrayPool 有 17 个 bucket，每个 bucket 中的数组大小都是前一个 bucket 中数组大小的两倍，第一个 bucket 中的数组包含 16 个元素，这 17 个 bucket 中的数组大小分别是：16, 32, 64, 128, 256, 512, 1024, 2048, 4096, 8192, 16 384, 32 768, 65 536, 131 072, 26 2144, 524 288 和 1 048 576。请注意，所有数组都是按需创建，因此并不会一开始提前创建出如此多的数组。

通过静态属性 ArrayPool<T>.Shared 可以获得此类型的默认数组池。当需要一个数组时，调用数组池的 Rent 方法。当不再需要数组时，调用 Return 方法，将数组还给数组池(如代码清单 6-22 所示)。

代码清单 6-22 ArrayPool 的用法示例

```
var pool = ArrayPool<int>.Shared;
int[] buffer = pool.Rent(minLength);
try
{
    Consume(buffer);
}
finally
{
    pool.Return(buffer);
}
```

请注意，Rent 方法确保返回的数组长度不低于指定值。由于 bucket 中的数组长度是从 16 开始按照倍数提前确定好，因此很可能返回的数组长度实际上大于所需的值。

ArrayPool<T>.Shared 返回一个 TlsOverPerCoreLockedStacksArrayPool<T> 类的实例，其内部使用了相当复杂的缓存技术。每个线程上针对每个数组大小都有一个小缓存；同时，还有一个按照 CPU 内核划分成多个 stack(类名称的由来)，被所有线程共享的缓存。我们将在第 13 章讲述 Thread Local Storage(TLS)时再稍微回顾一下此话题。

现在,让我们使用 ArrayPool 重新对代码清单 6-15 中的 PeopleEmployeedWithinLocation_Structs 示例做一点修改。这次,我们不再每次创建一个普通数组,而是使用默认 ArrayPool 实例提供的数组(见代码清单 6-23)。

代码清单 6-23   基于结构和 ArrayPool 的业务逻辑代码示例

```
public List<string> PeopleEmployeedWithinLocation_ArrayPoolStructs(int amount,
LocationStruct location)
{
  List<string> result = new List<string>();
  PersonDataStruct[] input = service.GetDataArrayPoolStructs(amount);
  DateTime now = DateTime.Now;
  for (int i = 0; i < amount; ++i)
  {
    ref PersonDataStruct item = ref input[i];
    if (now.Subtract(item.BirthDate).TotalDays > Constants.MaturityDays)
    {
      var employee = service.GetEmployeeStruct(item.EmployeeId);
      if (locationService.DistanceWithStruct(ref location, employee.
      Address) < Constants.DistanceOfInterest)
      {
        string name = string.Format("{0} {1}", item.Firstname, item.
        Lastname);
        result.Add(name);
      }
    }
  }
  ArrayPool<InputDataStruct>.Shared.Return(input);
  return result;
}
internal PersonDataStruct[] GetDataArrayPoolStructs(int amount)
{
  PersonDataStruct[] result = ArrayPool<PersonDataStruct>.Shared.
  Rent(amount);
  // Populate array from external source
  return result;
}
```

将代码清单 6-23 的代码与代码清单 6-14(使用对象集合)、代码清单 6-15(使用分配的结构数组)的代码进行对比,可以发现使用 ArrayPool 究竟可以获得多少收益(如表 6-5 所示)。相比显式分配数组的代码,新代码的分配量大约只有前者的 3.5%(并且在测量期间没有触发 GC)。在内存消耗量受到严格限制的场景中,这种程度的提升很有价值。请记住,分配得越少,垃圾回收器的负担就越轻!

表 6-5   DotNetBenchmark 对代码清单 6-14、6-15、6-23 进行测量的结果(假定数据量为 1000,即代码处理了 1000 个对象或结构)

方法	平均值	Gen 0	分配的内存
PeopleEmployeedWithinLocation_Classes	348.8 us	15.1367	62.66 KB
PeopleEmployeedWithinLocation_Structs	344.7 us	9.2773	39.13 KB
PeopleEmployeedWithinLocation_ArrayPoolStructs	343.4 us	-	1.35 KB

表 6-5 展现的测量结果相当有趣。但我们应当同时意识到，它们也可能具有误导性，因为这种综合基准测量结果可能无法很好地反映真实世界中的情况。比如，如果有数百个操作并行执行，则只有其中一小部分能真正从池中获得数组，其他大部分操作尽管花费了时间查看数组池，但最后仍然不得不分配新的数组。我们应该假设表 6-5 的结果反映的是一种最好的情况，但不要指望在真实世界的多线程应用程序中一定能获得如此巨大的提升。

当代码需要频繁操作大型缓冲区时，ArrayPool 是一个很好的默认选择。与其创建一个又一个新的数组对象，不如通过 ArrayPool 重用它们。越来越多的库开始支持 ArrayPool(正如之前提到过的，.NET 标准库已经开始大量使用它)，其中包括非常流行的 Json.NET 库。我们仍然可以标准用法使用 Json.NET 的 JsonTextReader 和 JsonTextWriter 类(如代码清单 6-24 所示)。但从版本 8.0 开始，通过指定一个实现了 IArrayPool 接口的对象，Json.NET 可以在内部使用它所提供的数组池功能(如代码清单 6-25 所示)。实现 IArrayPool 接口的自定义对象可以在内部使用 ArrayPool 实现功能(如代码清单 6-25 中的 JsonArrayPool 所示)。

代码清单 6-24　Json.NET 库的标准用法示例

```
public IList<int> ReadPlain()
{
  IList<int> value;

  JsonSerializer serializer = new JsonSerializer();
  using (JsonTextReader reader = new JsonTextReader(new
  StringReader(Input)))
  {
    value = serializer.Deserialize<IList<int>>(reader);
    return value;
  }
}
```

代码清单 6-25　在 Json.NET 库中使用 ArrayPool 的用法示例

```
public int[] ReadWithArrayPool()
{
  JsonSerializer serializer = new JsonSerializer();
  using (JsonTextReader reader = new JsonTextReader(new
  StringReader(Input)))
  {
    // reader will get buffer from array pool
    reader.ArrayPool = JsonArrayPool.Instance;
    var value = serializer.Deserialize<int[]>(reader);
    return value;
  }
}
public class JsonArrayPool : IArrayPool<char>
{
  public static readonly JsonArrayPool Instance = new JsonArrayPool();
  public char[] Rent(int minimumLength)
  {
```

```
    // get char array from System.Buffers shared pool
    return ArrayPool<char>.Shared.Rent(minimumLength);
  }
  public void Return(char[] array)
  {
    // return char array to System.Buffers shared pool
    ArrayPool<char>.Shared.Return(array);
  }
}
```

通过为 Json.NET 序列化器提供 ArrayPool 可以显著减少内存分配(如表 6-6 所示)。请注意,
Json.NET 暂时还只是在内部使用 ArrayPool 提供的缓冲区存储字符数组。虽然需求呼声很高,但
当前它还不能直接将数据反序列化到缓冲的数组中(在上面的示例中,数据被反序列化为 int[])。

表 6-6   DotNetBenchmark 对代码清单 6-24 和 6-25 进行测试的结果

方法	平均值	分配的内存
ReadPlain	14.58 us	6.10KB
ReadWithArrayPool	13.37 us	4.42KB

还 有 一 点 需 要 特 别 提 醒 。 借 助 ArrayPool<T>.Create(int maxArrayLength, int
maxArraysPerBucket)方法,可以创建一个 ConfigurableArrayPool<T>类型的数组池。它的实现原理
虽然同样基于 bucket,但更简洁一些,也并未使用 Thread Local Storage。但是通过此方法签名中
的两个参数,你可以指定在每个 bucket 中最多创建多少个数组以及缓存数组的最大长度(这将影响
bucket 的总数)。这种数组池中数组的默认最大长度是 1024×1024(1 048 576),每个 bucket 中默认
包含 50 个数组。

使用 ArrayPool 时(无论使用的是共享池,或单独创建的独立池),可以使用名为 System.
Buffers.ArrayPoolEventSource 的自定义 ETW provider 监控其使用情况。我们可以使用 PerfView 收
集这种数据。在 Collect 对话框中定义收集属性时,在 Additional Providers 字段中输入:

- *System.Buffers.ArrayPoolEventSource——如果你只想收集事件数据。
- *System.Buffers.ArrayPoolEventSource:::@StacksEnabled=true——如果你想同时记录事件
  的堆栈跟踪信息。

通过上面所说的方法,我们可以看到所有数组的"租用"和分配情况(如图 6-20 所示)。尤其
需要关注的是由于 OverMaximumSize 和 PoolExhausted 这两种原因导致的 BufferAllocated 事件。
如果这两种情况经常发生,说明 ArrayPool 的当前配置可能不匹配你的需求。经常出现
OverMaximumSize 表示数组池的最大数组长度设置得太小,PoolExhausted 则表示可能需要增加一
个 bucket 中数组的数量。另外一种仅被 ConfigurableArrayPool 使用的导致 BufferAllocated 事件的
原因是 Pooled,其引发时机是每当必须在一个 bucket 中分配一个新数组时。

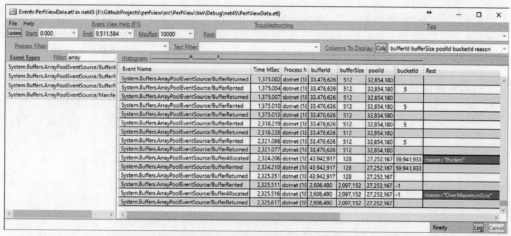

图6-20 使用 PerfView 工具查看由 ArrayPool 生成的 ETW 事件

使用 ArrayPool 有一个需要注意的地方。请切记，位于数组池中的数组将永远存活，它并没有一种"过期清除"机制。如果程序中对数组的使用情况相对稳定且分布均匀，那么这不会成为一个问题。但是，如果你需要的只是短时间内大量使用数组，使用 ArrayPool 反而可能导致对内存 workking set 的长时间无效占用。考虑是否使用 ArrayPool 时，请基于数组的"重用频率"加以权衡。

请注意，ArrayPool 是.NET Core 发展进程中的主要改进之一(例如，.NET Core 从 2.0 升级到 2.1 时，对它进行了显著改进)。尽管上面对 ArrayPool 进行的总体概述不会变化，但不保证它的实现细节不会在未来的版本中有所改变。比如，说不定哪天就会为它添加上面提到的 trimming 机制。

5. 创建 Streams – 使用 RecyclableMemoryStream

如果应用程序中大量使用了 System.IO.MemoryStream 类，则应当考虑使用对象池。.NET 的 MemoryStream 对象已经通过 Microsoft.IO.RecyclableMemoryStream 包中的 RecyclableMemoryStream 和 RecylableMemoryStreamManager 类实现了池化功能。正如这些类的代码中包含的注释所完美解释的那样，大量使用 MemoryStream 将导致如下负面影响。

- LOH 分配：由于 MemoryStream 的内部缓冲区往往很大，因此它们将被分配到 LOH，这无疑将导致较为高昂的分配和回收成本。
- 浪费内存：MemoryStream 内部的缓冲区不够时，它以倍增的方式扩展其大小。这导致其占用的内存不断增长，并不断地分配越来越大的数组。
- 复制内存：每次扩展一个 MemoryStream 时，需要将它的所有字节复制到新的缓冲区中，这将导致大量的内存复制操作。
- 每次创建固定大小的内部缓冲区时都将产生内存碎片。

RecyclableMemoryStream 旨在解决所有这些问题。RecyclableMemoryStream 类的注释对其自身进行了很好的描述："Stream 是基于一系列大小一致的内存块实现的。随着 stream 长度的增长，需要从内存管理器不断获取内存块。放入池中的不是 stream 对象本身，而是这些内存块"。

实现中最为关键之处是对 GetBuffer()的调用。此方法请求单个连续缓冲区。如果仅需要单个内存块，则返回此内存块。如果需要多个内存块，则将从内存管理器获取一个更大的缓冲区。这些大缓冲区同样被放入池中并按照大小拆分，拆分单位是一块内存片大小(默认为 1MB)的整数倍。

代码清单 6-26 演示了使用 MemoryStream 序列化一个对象的标准用法。代码除了创建 XmlWriter 和 DataContractSerializer(应当缓存它)之外，还创建了一个新的 MemoryStream 对象。如果被序列化的对象很大且序列化操作很频繁，这段代码无疑将导致上面提到的那些问题。

代码清单 6-26　使用 DataContractSerializer 和 MemoryStream 进行 XML 序列化的示例

```
public string SerializeXmlWithMemoryStream(object obj)
{
  using (var ms = new MemoryStream())
  {
    using (var xw = XmlWriter.Create(ms, XmlWriterSettings))
    {
      var serializer = new DataContractSerializer(obj.GetType());
      // could be cached!
      serializer.WriteObject(xw, obj);
      xw.Flush();
      ms.Seek(0, SeekOrigin.Begin);
      var reader = new StreamReader(ms);
      return reader.ReadToEnd();
    }
  }
}
```

在大量使用 stream 的场景中，应考虑使用 RecyclableMemoryStream(如代码清单 6-27 所示)。首先需要创建一个 RecyclableMemoryStreamManager，然后通过它的 GetStream()方法获取池化的 stream 对象。这种 stream 对象实现 IDisposable 接口的方式与标准 MemoryStream 不同，当清理(dispose)它时，将把它内部使用的内存归还回对象池。创建 RecyclableMemoryStreamManager 时，可以为它传递一组参数(代码清单 6-27 展示了这些参数的默认值)。

- blockSize：池中每个内存块的大小。
- largeBufferMultiple：每个大缓冲区的大小都是这个值的整数倍。
- maximumBufferSize：大于这个值的缓冲区不会被放入池中。

代码清单 6-27　使用 DataContractSerializer 和 RecyclableMemoryStream 进行 XML 序列化的示例

```
static RecyclableMemoryStreamManager manager =
      new RecyclableMemoryStreamManager(blockSize: 128 * 1024,
                                        largeBufferMultiple: 1024 * 1024,
                                        maximumBufferSize: 128 * 1024 * 1024);
public string SerializeXmlWithRecyclableMemoryStream<T>(T obj)
{
  using (var ms = manager.GetStream())
  {
    using (var xw = XmlWriter.Create(ms, XmlWriterSettings))
    {
      var serializer = new DataContractSerializer(obj.GetType()); // could be cached!
      serializer.WriteObject(xw, obj);
      xw.Flush();
      ms.Seek(0, SeekOrigin.Begin);
      var reader = new StreamReader(ms);
      return reader.ReadToEnd();
    }
```

```
    }
}
```

使用 RecyclableMemoryStream 时，可以使用名为 Microsoft-IO-RecyclableMemoryStream 的 ETW provider 监控其使用情况。我们可以使用 PerfView 收集它的使用数据。打开 Collect 对话框定义收集属性时，在 Additional Providers 字段中输入。

- *Microsoft-IO-RecyclableMemoryStream：如果只想收集事件数据
- *Microsoft-IO-RecyclableMemoryStream:::@StacksEnabled=true：如果还想记录事件的堆栈跟踪信息

注意：当我收集 RecyclableMemoryStream 事件时，发现按照其名称使用 ETW provider 的方法无法正常工作。我需要参考它的指南，才能找到解决此问题的方法。因此，你可能需要使用 B80CD4E4-890E-468D-9CBA-90EB7C82DFC7 而非*Microsoft-IO-RecyclableMemoryStream，作为上面步骤中输入的 provider 的名称。

RecyclableMemoryStream 可以提供对象池使用情况的详细信息(如图 6-21 所示)。你尤其需要关注的是 MemoryStreamOverCapacity 事件，它表示请求的缓冲区大小超过了可以提供的最大缓冲区大小。

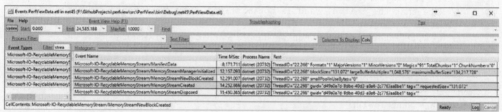

图 6-21　使用 PerfView 工具查看 RecyclableMemoryStream 生成的 ETW 事件

注意：如果程序中需要密集使用 MemoryStream，还可以考虑使用 System.IO.Pipelines API。相比 Stream，后者更高效，内存分配更少。

6. 创建大量对象 – 使用对象池

与使用集合(数组)的场景类似，如果程序中大量使用了某种类型的对象，可以考虑为此类型的对象创建对象池。但请记住，如果分配大量对象之后在很短时间内立即将它们丢弃，这样的用法符合分代式 GC 的设计理念。因此，这种用法不会产生太大问题，垃圾回收器将在第 0 代快速回收这些对象。只有出现了以下几种情况之一，才应当考虑使用对象池。

- 分配对象的操作位于一个重要且执行次数非常多的地方，此处需要关注 CPU 使用率：在这种情况下，通过提供更可靠的机制以避免对象分配(尤其是会进入慢速分支的分配操作)将使程序受益。正确实现的对象池可以很好地利用 CPU 缓存，因此操作对象池中对象的效率非常高。
- 对象大到足以担心其分配开销：在这种情况下，应当避免内存清零的开销(尤其对于 LOH 对象)。此外，如果初始化对象字段的过程非常复杂，我们可能担心对象的初始化开销，因此希望避免一次又一次地不断创建新对象。通过重用已经初始化的对象将使程序从中受益。

编写一个好对象池并不容易，除非仅需要考虑单线程执行环境。但如果需要对象池能够保证线程安全，同时避免同步机制的开销，就不是那么简单了。许多不当的实现方式可能带来比原始对象分配更大的开销。代码清单 6-28 提供了一个经过测试的对象池实现示例，它来自 Roslyn C# 编译器代码中出色的 ObjectPool 类(示例中已附加解释高性能技巧的原始注释文本)。

代码清单 6-28　来自 Roslyn 编译器的 ObjectPool 类

```
public class ObjectPool<T> where T : class
{
  private T firstItem;
  private readonly T[] items;
  private readonly Func<T> generator;
  public ObjectPool(Func<T> generator, int size)
  {
    this.generator = generator ?? throw new ArgumentNullException   ("generator");
    this.items = new T[size - 1];
  }
  public T Rent()
  {
    // PERF: Examine the first element. If that fails, RentSlow will
      look at the remaining elements.
    // Note that the initial read is optimistically not synchronized.
      That is intentional.
    // We will interlock only when we have a candidate. in a worst case
      we may miss some recently returned objects. Not a big deal.
    T inst = firstItem;
    if (inst == null || inst != Interlocked.CompareExchange(ref firstItem, null, inst))
    {
      inst = RentSlow();
    }
    return inst;
  }
  public void Return(T item)
  {
    if (firstItem == null)
    {
      // Intentionally not using interlocked here.
      // In a worst case scenario two objects may be stored into same
        slot.
      // It is very unlikely to happen and will only mean that one of
        the objects will get collected.
      firstItem = item;
    }
    else
    {
      ReturnSlow(item);
    }
  }
  private T RentSlow()
  {
    for (int i = 0; i < items.Length; i++)
    {
      // Note that the initial read is optimistically not
        synchronized. That is intentional.
      // We will interlock only when we have a candidate. in a worst
```

```
    case we may miss some recently returned objects. Not a big
    deal.
  T inst = items[i];
  if (inst != null)
  {
    if (inst == Interlocked.CompareExchange(ref items[i], null, inst))
    {
      return inst;
    }
  }
}
return generator();
}
private void ReturnSlow(T obj)
{
  for (int i = 0; i < items.Length; i++)
  {
    if (items[i] == null)
    {
      // Intentionally not using interlocked here.
      // In a worst case scenario two objects may be stored into
        same slot.
      // It is very unlikely to happen and will only mean that
        one of the objects will get collected.
      items[i] = obj;
      break;
    }
  }
}
}
```

7. 返回 Task 对象的异步方法 – 使用 ValueTask

自从 C# 5.0 引入 async 以来，它几乎已经成为一种惯用的编程风格。实际上，我们到处都能看到异步代码。值得注意的是，异步代码同时也带来了额外的内存开销。以一段简单的读取文件全部内容的异步代码为例(如代码清单 6-29 所示)，它首先检查文件是否存在，只有文件确实存在，它才会异步等待文件读取操作完成。

代码清单 6-29 一个异步方法示例

```
public async Task<string> ReadFileAsync(string filename)
{
  if (!File.Exists(filename))
    return string.Empty;
  return await File.ReadAllTextAsync(filename);
}
```

可能大部分.NET 程序员已经知道，使用关键字 async 将使方法变成一个相当复杂的状态机。后续的异步操作完成时，此状态机负责正确执行计划好的步骤。编译代码清单 6-29 后所生成的代码如代码清单 6-30 所示。原本的方法被转换成启动一个状态机的代码，该状态机的名字颇为奇特，它名为 Program.<ReadFileAsync>d__14。已经有不少文章对此状态机进行了很好的介绍，为了精简起见，我们在此不再赘述。

代码清单 6-30　代码清单 6-29 中的 ReadFileAsync 方法被编译后的样子

```
[AsyncStateMachine(typeof(Program.<ReadFileAsync>d__14))]
public Task<string> ReadFileAsync(string filename)
{
  Program.<ReadFileAsync>d__14 <ReadFileAsync>d__;
  <ReadFileAsync>d__.filename = filename;
  <ReadFileAsync>d__.<>t__builder = AsyncTaskMethodBuilder<string>.Create();
  <ReadFileAsync>d__.<>1__state = -1;
  AsyncTaskMethodBuilder<string> <>t__builder = <ReadFileAsync>d__.<>t__builder;
  <>t__builder.Start<Program.<ReadFileAsync>d__14>(ref <ReadFileAsync>d__);
  return <ReadFileAsync>d__.<>t__builder.Task;
}
```

我们需要关注的有以下几点(基于代码清单 6-31 所展示的代码):

- 在代码清单 6-30 展示的编译器生成的代码中，所有数据都是结构(包括 Program.
  <ReadFileAsync>d__14 和 AsyncTaskMethodBuilder<string>): 这是一个特意使用结构的好
  例子，很多程序员只会不假思索地使用类。
- 编译器生成的表示状态机的<ReadFileAsync>d__14 结构: 如果异步操作没有立即结束(代
  码清单 6-31 中的 AwaitUnsafeOnCompleted 即是如此)，它将被装箱 [1]。在这种情况下，"状
  态"将离开当前方法，因为异步操作有可能是在与进入方法的初始线程不同的其他线程上
  执行。因此，它必须保存到堆而非堆栈上。但是，将<ReadFileAsync>d__14 定义成结构仍
  然有其意义，因为存在代码执行到不装箱分支的可能性(代码清单 6-31 中的 File.Exists 如
  果返回 false，则无须执行装箱的分支)。
- 编译器生成的表示状态机的结构，会记住(捕获)方法中所有必需的本地变量(在我们的示例
  中，需要记住的是 filename): 我们应当意识到，如果状态机(<ReadFileAsync>d__14)被分
  配到堆上，这些被捕获的变量的生存期将显著延长。

代码清单 6-31　代码清单 6-30 中 ReadFileAsync 方法所使用的表示状态机的结构

```
[CompilerGenerated]
[StructLayout(LayoutKind.Auto)]
private struct <ReadFileAsync>d__14 : IAsyncStateMachine
{
  void IAsyncStateMachine.MoveNext()
  {
    int num = this.<>1__state;
    string result;
    try
    {
      TaskAwaiter<string> awaiter;
      if (num != 0)
      {
        if (!File.Exists(this.filename))
        {
          result = string.Empty;
          goto IL_A4;
        }
        awaiter = File.ReadAllTextAsync(this.filename,
```

---

1 从.NET Core 2.1 开始，情况有所不同。它以一个类的强类型字段的形式被移动到堆，不再需要被装箱。

```
    default(CancellationToken)).GetAwaiter();
    if (!awaiter.get_IsCompleted())
    {
        this.<>1__state = 0;
        this.<>u__1 = awaiter;
        this.<>t__builder.AwaitUnsafeOnCompleted<TaskAwaiter
        <string>, Program.<ReadFileAsync>d__14>(ref awaiter, ref
        this);
        return;
    }
    else
    {
     awaiter = this.<>u__1;
     this.<>u__1 = default(TaskAwaiter<string>);
     this.<>1__state = -1;
    }
    result = awaiter.GetResult();
}
catch (Exception exception)
{
 this.<>1__state = -2;
 this.<>t__builder.SetException(exception);
 return;
}
IL_A4:
this.<>1__state = -2;
this.<>t__builder.SetResult(result);
}
}
```

除了需要在堆上分配状态机对象可能产生的开销以外，异步方法还有另外一个需要注意的地方。在代码清单 6-31 中，如果精确跟踪处理文件不存在的情况的分支，我们会发现执行 goto 语句之后紧接着调用了 AsyncTaskMethodBuilder<string>结构的 SetResult 方法。理论上，这个分支可以非常快速地同步执行，不需要任何其他异步开销。但是，SetResult 方法会分配一个 Task 对象，使用它包含结果值(如代码清单 6-32 所示)。

代码清单 6-32　AsyncTaskMethodBuilder 结构

```
public struct AsyncTaskMethodBuilder<TResult>
{
  public static AsyncTaskMethodBuilder<TResult> Create()
  {
    return default(AsyncTaskMethodBuilder<TResult>);
  }
  public void Start<TStateMachine>(ref TStateMachine stateMachine) where
  TStateMachine : IAsyncStateMachine
  {
    // ...
    stateMachine.MoveNext();
  }
  // ...

  public void SetResult(TResult result)
  {
```

```
        Task<TResult> task = this.m_task;
        if (task == null)
        {
          this.m_task = this.GetTaskForResult(result);
          return;
        }
        // ...
      }

      public Task<TResult> Task
      {
        get
        {
          Task<TResult> task = this.m_task;
          if (task == null)
          {
            task = (this.m_task = new Task<TResult>());
          }
          return task;
        }
      }
    }
```

在 SetResult 中对 GetTaskForResult 的调用很可能会分配一个包装结果值的新 Task 对象。但是出于性能的考虑，在如下情况不必分配新 Task 对象。

- 对于 Task<bool>，将使用两个缓存的 Task 对象之一(分别用于 true 和 false 值)；
- 对于 Task<int>且结果值为 – 1~9，将使用缓存的对象，但其他整数结果值将创建新对象；
- 对于许多底层值是数字类型且结果值为 0 的 Task<T>，使用缓存的对象；
- 对于结果值是 null 的引用类型，使用缓存的对象；
- 对于其他情况，都将创建一个新 Task 对象。

分配一个仅用于包装结果值的 Task 对象并非一个有效率的做法。如果我们的异步方法调用频繁而且经常进入快速同步执行返回的分支，那么将导致分配许多不必要的 Task 对象。正是出于这个目的，.NET 提供了一个 Task 的轻量级版本：ValueTask(见代码清单 6-33)。它其实是一个作为可区分联合用途的结构类型，它的值可以是下面这三种可能的值之一。

- 准备就绪的结果值(如果操作成功地同步执行完成)。
- 一个可能需要等待完成的普通 Task。
- 它还可以封装一个 IValueTaskSource<T>，此接口可被由 ValueTask<T>表示的任意对象实现(当前仅能在.NET Core 2.1 中使用)。这些对象可以被放入对象池中重用，尽量减少分配新对象。

代码清单 6-33　(.NET Core 2.1 包含的)C# 7.0 引入的 ValueTask

```
public struct ValueTask<TResult>
{
  // null if _result has the result, otherwise a Task<TResult> or a
     IValueTaskSource<TResult>
  internal readonly object _obj;
  internal readonly TResult _result;
}
```

在 ValueTask<TResult>对应的 AsyncValueTaskMethodBuilder<TResult>的 SetResult 方法中,要么直接设置结果值(如果结果值可用),要么按照之前的常规方法创建一个 Task 对象(如果进入了常规异步执行分支)。如果异步方法同步执行完成,使用 ValueTask<T>可以完全避免分配,唯一要做的只是将返回值的类型从 Task<T>改成 ValueTask<T>(如代码清单 6-34 所示)。编译器将自动使用 AsyncValueTaskMethodBuilder 替代 AsyncTaskMethodBuilder 完成幕后的工作。

代码清单 6-34 ValueTask 示例

```
public async ValueTask<string> ReadFileAsync2(string filename)
{
  if (!File.Exists(filename))
    return string.Empty;
  return await File.ReadAllTextAsync(filename);
}
```

使用返回值是 ValueTask 类型的异步方法时,可以像对待其他常规异步方法那样等待它。只有在密集执行的循环中,在性能至关重要的代码模块中,才可能需要直接检查它是否已经完成,并直接访问其 Result 结果值(如代码清单 6-35 所示)。这种用法仅仅用到了结构类型数据,因此完全不会发生分配。如果异步任务未完成,则进入正常的任务等待分支。

代码清单 6-35 返回 ValueTask 的异步方法示例

```
var valueTask = ReadFileAsync2();
if(valueTask.IsCompleted)
{
  return valueTask.Result;
}
else
{
  return await valueTask.AsTask();
}
```

除了使用 ValueTuple 作为返回值,还有另外一种可能的优化手段。如前所述,在异步执行分支中仍然必须分配一个 Task 对象。但是,如果程序逻辑经常进入异步执行分支而且这个部分的代码性能至关重要,最好也能够避免这个分配。为了实现这个需求,可以基于前面提到的 IValueTaskSource 接口实现一个自定义类,然后创建一个 ValueTask 将实现此接口的对象封装起来。如果对象可以被缓存或被池化,则使性能大为提升。换言之,异步操作体现为这个被缓存或被池化的对象实例(如代码清单 6-36 所示)。在这种情况下,根本无须分配 Task 对象。

代码清单 6-36 使用 ValueTask 封装自定义 IValueTaskSource 实现的示例

```
public ValueTask<string> ReadFileAsync3(string filename)
{
  if (!File.Exists(filename))
    return new ValueTask<string>("!");
  var cachedOp = pool.Rent();
  return cachedOp.RunAsync(filename, pool);
}
private ObjectPool<PooledValueTaskSource> pool =
```

```
new ObjectPool<PooledValueTaskSource>(() => new
PooledValueTaskSource (), 10);
```

实现 IValueTaskSource 接口时，必须实现以下三个方法。

- GetResult：仅在异步状态机需要获取异步操作的结果时调用一次；
- GetStatus：异步状态机调用此方法以获取异步操作的状态；
- OnCompleted：当等待被封装的 ValueTask 时，由异步状态机调用。在这里，我们应当记住等到异步操作完成后调用后续操作(但如果异步操作已经完成，则应立即调用后续操作)。

另外，为了方便起见，实现 IValueTaskSource 的类型应当提供一个启动操作的方法和一个响应操作完成的方法。

虽然说起来似乎很简单，但我们应当意识到，实现一个工作正常、符合需求、线程安全的 IValueTaskSource 远比想象中复杂。如何实现 IValueTaskSource 和(代码清单 6-36 用到的)PooledValueTaskSource，远非本书的篇幅所能涵盖。实际上，可能也只有少数开发人员才需要自己实现它们。本书配套的 GitHub 项目网站包含了完整的 PooledValueTaskSource 实现(以及大量注释)。

请注意，不应该不顾场合地将 ValueTask 用作 Task 的万能替代品。大多数情况下，可能并不值得使用 ValueTask 去获得那么一点性能上的提升。但是，如果异步方法调用频繁且经常同步完成，那么 ValueTask 可能还值得一用。ValueTask API 的文档很好地说明了使用 ValueTask 替代 Task 的各种权衡考量。

- 虽然 ValueTask<TResult>可以在结果值立即可用的情况下避免堆分配，但它包含了两个字段，而引用类型的 Task<TResult>只有一个字段。这意味着方法调用结束后，返回的是包含两个字段而非一个字段的数据，这将需要执行更多数据复制操作。这同时意味着如果在异步方法中等待一个返回两者之一的方法完成，异步方法的状态机将更大，因为它需要存储包含两个字段的结构而非单个引用。
- 此外，在使用 await 获取异步操作结果值的用法中，ValueTask<TResult>会让编程模型更复杂，从而实际上导致更多分配。例如，考虑这样一个方法，它可以返回 Task<TResult>(大部分情况下可以使用一个缓存起来的 Task 对象)或者 ValueTask<TResult>。如果这个方法的调用者需要将方法返回值当作 Task<TResult>使用，比如，用作 Task.WhenAll 和 Task.WhenAny 方法的参数，这就必须先调用 ValueTask<TResult>的 AsTask 方法将其转换成 Task<TResult>，而这无疑导致了额外的分配。如果方法一开始返回的就是一个缓存起来的 Task<TResult>，则可以避免这种额外的分配。

6.8.2 隐式的分配

除了显式创建新对象实例以外，很多时候，有些操作会隐式创建对象，这种情况通常被称为隐式分配。为了避免隐式分配，开发人员付出了大量的努力。除非我们主动了解它们，否则它们的存在并不显而易见，这使得它们比显式分配更难以处理。

1. 委托导致的分配

创建一个新委托(包括常见的 Func 和 Action 委托)很可能会导致一次隐式分配。无论从所谓的方法组创建委托(使用方法名称引用方法，如代码清单 6-37 所示)，还是从一个 lambda 表达式创建委托(lambda 表达式被转换为编译器生成的方法，如代码清单 6-38 所示)，都可能发生隐式分配。

代码清单 6-37 从方法组创建委托导致的分配

```
Func<double> action = ProcessWithLogging; // hidden
Func<double> action = new Func<double>(this.ProcessWithLogging); // explicit
```

代码清单 6-38 从 lambda 创建委托导致的隐式分配

```
Func<double> action = () => ProcessWithLogging(); // hidden
Func<double> action = new Func<double>(this.<SomeMethod>b__31_0)(); //explicit
```

这种分配无可避免，但是意识到它们的存在可以帮助我们更好地编写代码(例如，避免在循环内重复创建委托)。

C#编译器对 lambda 表达式有一个重要的优化。如果表达式未包含(捕获)任何数据，C#编译器很可能生成额外的代码，将委托实例作为静态字段缓存起来(因此只会在第一次使用委托实例时进行分配)。

2. 装箱

第 4 章已经讲述过装箱并描述了两种最可能导致装箱的场景，它们是：
- 在需要使用对象(引用类型)的地方使用值类型(如代码清单 6-39 所示)，许多明显的隐式类型转换也属于这种情况。
- 以接口类型使用值类型实例(如代码清单 6-40 所示)。

代码清单 6-39 典型装箱场景 – 常见的类型转换

```
object obj = 0; // Int32 struct boxed
FooBar(0); // 0 will be boxed
static void FooBar(object obj)
{
}
```

代码清单 6-40 典型装箱场景 – 以接口类型传递

```
// ValueTuple to ITuple
FooBar(new ValueTuple() {A = 1});

static void FooBar(ITuple tuple)
{
  // ValueTuple will be boxed
}
```

第一种装箱场景并非总是可以避免。但是，当使用 object 作为方法的参数类型时(如代码清单 6-39 中的 FooBar)，最好改用泛型(如代码清单 6-41 所示)。

代码清单 6-41 通过使用泛型方法避免装箱

```
void FooBar<T>(T obj)
{
```

```
    // FooBar<Int32> will be called without boxing
}
```

第二种装箱场景可以通过使用带有泛型约束的泛型方法得以避免(如代码清单 6-42 所示)。

代码清单 6-42　使用带有约束的泛型方法避免装箱

```
void FooBar<T>(T tuple) where T : ITuple
{
 // ValueTuple will not be boxed
 Console.WriteLine($"# of elements: {tuple.Length}");
 Console.WriteLine($"Second to last element: {tuple[tuple.Length - 2]}");
}
```

此外，还有三种鲜为人知的值类型装箱场景：

- 调用 valueType.GetHashCode()和 valueType.ToString()虚方法，但值类型并未重写它们；
- 调用 valueType.GetType()一定会将值类型装箱；
- 从一个值类型的方法创建委托时一定会将其装箱(如代码清单 6-43 和 6-44 所示)。

代码清单 6-43　从值类型方法组创建委托而导致的装箱

```
SomeStruct valueType;
Func<double> action2 = valueType.SomeMethod;
```

代码清单 6-44　代码清单 6-43 生成的 IL 代码

```
ldarg.1
box CoreCLR.Program.SomeStruct
ldftn instance float64 CoreCLR.Program.SomeStruct::SomeMethod()
newobj instance void class [System.Runtime]System.Func`1<float64>::
      .ctor(object, native int)
callvirt instance !0 class [System.Runtime]System.Func`1<float64>::Invoke()
```

3. 闭包(Closures)

闭包是一种用来管理计算过程中的状态的机制。维基百科将它描述为"一个函数以及该函数非局部变量的引用环境"。为了更好地理解闭包，让我们看一个使用 LINQ 的简单示例，该示例中使用 lambda 表达式过滤和选择列表中的值(如代码清单 6-45 所示)。如果你已阅读本章前面的部分，可能已经注意到，在这个闭包示例程序中存在两个可能的分配来源：从两个 lambda 表达式创建了两个委托，Where 和 Select 方法分别使用它们作为参数 [1]。

代码清单 6-45　使用 lambda 表达式的代码示例

```
private IEnumerable<string> Closures(int value)
{
 var filteredList = _list.Where(x => x > value);
 var result = filteredList.Select(x => x.ToString());
 return result;
```

---

1 但是，由于前面提到过的闭包优化，很可能只需要为传递给 Where 的参数分配一个委托实例。由于传递给 Select 的 lambda 表达式并未引入任何外部数据，因此 C#编译器会生成额外的代码以缓存此委托。代码清单 6-46 中，被命名为 arg_43_1 的字段就是被缓存的委托对象。

}

但是除委托以外,还有另外一种同样重要的分配来源。代码清单 6-45 中的代码被转换为更复杂的代码结构,其中使用一个名为<>c__DisplayClass1_0 的实现闭包所需功能的类(如代码清单 6-46 所示)。它既包含需要执行的函数(名为<Closures>b__0),也包含执行时需要的所有变量(本示例中为 value)。对于程序代码中出现的闭包,请注意以下几个要点:

- 闭包通过一个类实现,因此它必然导致分配。在我们的示例中,每次执行 Closures 方法时,都会分配一个 Program.<>c__DisplayClass1_0 对象。
- 存储(捕获)在闭包内部的局部变量的多少,将影响位于堆中的闭包的大小。上面的示例捕获了一个整数变量 value。捕获的变量越多,"闭包类"越大。

代码清单 6-46 编译器对使用 lambda 表达式的代码进行转换后的结果示例

```
private IEnumerable<string> Closures(int value)
{
  Program.<>c__DisplayClass1_0 <>c__DisplayClass1_ = new Program.<>
c__DisplayClass1_0();
  <>c__DisplayClass1_.value = value;
  IEnumerable<int> arg_43_0 = this._list.Where(new Func<int, bool>(<>
c__DisplayClass1_.<Closures>b__0));
  Func<int, string> arg_43_1;
  if ((arg_43_1 = Program.<>c.<>9__1_1) == null)
  {
    arg_43_1 = (Program.<>c.<>9__1_1 = new Func<int, string>(Program.<>
c.<>9.<Closures>b__1_1));
  }
  return arg_43_0.Select(arg_43_1);
}
[CompilerGenerated]
private sealed class <>c__DisplayClass1_0
{
  public <>c__DisplayClass1_0()
  {
  }
  internal bool <Closures>b__0(int x)
  {
    return x > this.value;
  }
  public int value;
}
```

尝试编写内存使用率较低的代码时,应当注意闭包所导致的分配,闭包捕获的变量越少越好。我们可以使用 dnSpy 之类的工具反编译代码,检查闭包的影响到底有多大。

代码清单 6-47 进一步展示了闭包捕获了哪些变量以及它们何时被捕获。请注意,编译器对生成的闭包类进行了大量的优化。这中间存在太多规则和例外,有时对捕获的目标和时机进行分析之后,只能得到这样一个结论:这是一个神奇的黑盒子(或者更准确地说,这牵涉到当前使用的优化技巧的某些内部实现细节)。另外请注意,代码清单 6-47 中的所有示例都可能包含从 lambda 表达式创建委托而导致的隐式分配。

代码清单 6-47   闭包捕获状态的不同情况示例

```
// There is no closure because nothing to be captured (this is not
   captured):
Func<double> action1 = () => InstanceMethodNotUsingThis();

// There is no closure because nothing to be captured (this still is not captured)
Func<double> action2 = () => InstanceMethodUsingThis();

// There is nothing to be captured
Func<double> action3 = () => StaticMethod();

// Captures ss
Func<double> action3 = () => StaticMethodUsingLocalVariable(ss);

// Closure captures ss and this (to call this.<>4__this.
ProcessSomeStruct(this.ss); inside)

// if ss argument was missing, nothing would be captured (this would not be capture solely)
Func<double> action6 = () => InstanceMethodUsingLocalVariable(ss);
```

如果希望摆脱闭包，应该创建不捕获任何变量的 lambda 表达式或干脆根本不使用 lambda 表达式。代码清单 6-48 重写了代码清单 6-45 中的方法。请注意，这个方法现在需要分配一个存储结果的列表，列表分配的效率有可能比闭包分配的效率更低。

代码清单 6-48   避免 lambda 表达式和闭包的代码示例

```
private IEnumerable<string> WithoutClosures(int value)
{
  List<string> result = new List<string>();
  foreach (int x in _list)
    if (x > value)
      result.Add(x.ToString());
  return result;
}
```

C# 7.0 引入的本地函数特性与 lambda 表达式类似，并且同样需要分配闭包。将代码清单 6-45 中的代码使用本地函数特性重写后，我们将得到包含 2 个本地函数的代码(如代码清单 6-49 所示)。但是，以这种方式重写代码并不能避免捕获 value 变量。

代码清单 6-49   使用本地函数重写代码清单 6-45 的代码

```
private IEnumerable<string> ClosuresWithLocalFunction(int value)
{
  bool WhereCondition(int x) => x > value;
  string SelectAction(int x) => x.ToString();

  var filteredList = _list.Where(WhereCondition);
  var result = filteredList.Select(SelectAction);
  return result;
}
```

编译器生成的代码(如代码清单 6-50 所示)仍然包含一个捕获 value 变量的闭包。

代码清单 6-50 编译器转换本地函数后的代码示例

```
private IEnumerable<string> ClosuresWithLocalFunction(int value)
{
    Program.<>c__DisplayClass26_0 <>c__DisplayClass26_ = new Program.<>
c__DisplayClass26_0();
    <>c__DisplayClass26_.value = value;
    return this._list.Where(new Func<int, bool>(<>c__DisplayClass26_
.<ClosuresWithLocalFunction>g__WhereCondition0)).Select(new Func<int, string>
(Program.<>c.<>9.<ClosuresWithLocalFunction>g__SelectAction26_1));
}
```

4. Yield Return

除了异步方法和闭包外，还有另外一种由编译器生成的辅助类所导致的隐式分配：yield return。它用于快速方便地创建迭代器方法，编译器负责实现 yield 操作符所需的所有操作，包括创建一个保存迭代状态的迭代器类。如果使用 yield 操作符重写代码清单 6-45 中的方法，我们可以轻松摆脱 lambda 表达式(如代码清单 6-51 所示)。

代码清单 6-51 使用 yield 操作符的代码示例

```
private IEnumerable<string> WithoutClosures(int value)
{
  foreach (int x in _list)
    if (x > value)
      yield return x.ToString();
}
```

但是，使用yield操作符也会导致分配一个保存迭代器状态的临时对象(如代码清单6-52所示)。可以从代码中看到，此对象捕获了 value 变量和 this 引用。不过，代码清单 6-45 不但有闭包分配，还有使用 Where 和 Select 方法对列表进行遍历而导致的分配；因此综合来说，使用 yield 导致的分配仍然更少。

代码清单 6-52 编译器转换 yield 操作符后的代码示例

```
[IteratorStateMachine(typeof(Program.<WithoutClosures>d__26))]
private IEnumerable<string> WithoutClosures(int value)
{
  Program.<WithoutClosures>d__26 expr_07 = new Program.<WithoutClosures>d__26(-2);
  expr_07.<>4__this = this;
  expr_07.<>3__value = value;
  return expr_07;
}
```

5. 参数数组

从 C# 2.0 开始，可以借助 params 关键字创建一个具有可变数量参数的方法(如代码清单 6-53 所示)。你应该了解到，params 只是编译器提供的一个语法糖。在底层实现上，可变数量参数其实只是将一个 object 数组用作方法的最后一个参数。

代码清单 6-53　方法具有可变数量参数的示例

```
public void MethodWithParams(string str, params object[] args)
{
  Console.WriteLine(str, args);
}
```

因此，当把参数传递给具有 params 参数的方法时，将分配一个新的 object[]数组。如果并未传递实参，则会进行一个简单的优化(如代码清单 6-54 所示)。

代码清单 6-54　具有 params 参数的方法示例

```
SomeClass sc;
MethodWithParams("Log {0}", sc); // Allocates new object[] with single
                                                 element sc
int counter;
MethodWithParams("Counter {0}", counter); // Boxes integer and allocates
                                                 new object[] with single
                                                 element counter

p.MethodWithParams("Hello!"); // No allocation, uses static Array.
                                 Empty<object>()
```

为了避免参数数组导致的隐式分配，许多支持不同数量参数的方法通常会提供多个重载，用于参数较少的场景。参数类型要么使用 object，要么使用泛型(如代码清单 6-55 所示)。

代码清单 6-55　方法为不同数量参数提供多个重载版本的示例

```
public void MethodWithParams(string str, object arg1)
{
  Console.WriteLine(str, arg1);
}
public void MethodWithParams(string str, object arg1, object arg2)
{
  Console.WriteLine(str, arg1, arg2);
}
public void GenericMethodWithParams<T1>(string str, T1 arg1)
{
  Console.WriteLine(str, arg1);
}
public void GenericMethodWithParams<T1,T2>(string str, T1 arg1, T2 arg2)
{
  Console.WriteLine(str, arg1, arg2);
}
```

6. 串联多个字符串

第 4 章对字符串串联和字符串不可变性背后的设计决策进行了描述。让我们使用一个例子，演示字符串的典型用法如何导致分配临时字符串(如代码清单 6-56 所示)。

代码清单 6-56 通用字符串用法示例

```
// This will produce a temporary string "Hello " + otherString
string str = "Hello " + otherString + "!";
// This allocates str + "you are welcome" (previous str will become garbage)
str += " you are welcome";
```

如第 4 章所述，中等长度的字符串操作最好使用 String.Format 重写版本，因为它内部使用了缓存的 StringBuilder。对于通过将较短字符串附加在一起来创建较长的字符串，使用 StringBuilder 是最佳选择。但是对于仅仅串联两个字符串的最简单场景，最好还是使用加号操作符(如代码清单 6-56 的第一行所示)，该操作符在底层使用一个高效的 string.Concat(如代码清单 6-57 所示)直接操作字符串数据(或者干脆直接显式调用 Concat 方法以替代加法操作符)。

代码清单 6-57 高效的 string.Concat 实现(FillStringChecked 直接操作内部字符串数据)

```
public static String Concat(String str0, String str1)
{
  if (IsNullOrEmpty(str0)) {
    if (IsNullOrEmpty(str1)) {
      return String.Empty;
    }
    return str1;
  }
  if (IsNullOrEmpty(str1)) {
    return str0;
  }
  int str0Length = str0.Length;
  String result = FastAllocateString(str0Length + str1.Length);
  FillStringChecked(result, 0, str0);
  FillStringChecked(result, str0Length, str1);
  return result;
}
```

如果格式化字符串的代码位于调用非常频繁的执行路径中，而且你确实希望避免任何分配，请考虑使用诸如 StringFormatter(https://github.com/MikePopoloski/StringFormatter)的外部库。这是一个零分配(allocation-free)类库，其 API 与 string.Format 非常类似。在它的基础之上还有其他实现具体功能的高层类库，比如零分配日志库 ZeroLog(https://github.com/Abc-Arbitrage/ZeroLog)。从.NET Core 2.1 开始，还可以使用全新的 Span<T> API 操作字符串(第 14 章将进行更详细的介绍)。

6.8.3 类库中的各种隐式分配

用其他类库显然可能带来风险，导致各种我们意识不到的(显式的和隐式的)分配。我们不可能在这里介绍所有可能的分配场景，因为这需要对我们可以使用的最流行的类库进行大量描述。因此，本小节仅介绍几个最常见的分配场景。

1. System.Generics 集合

System.Generics 命名空间中的一些常用集合可以被视作对数组的封装。让我们看一个被广泛使用的 List<T>类的示例(如代码清单 6-58 所示)。List<T>内部仅仅存储了一个预定义大小(除非在构造函数中手动指定了其容量)的数组。当列表增长时(比如通过 Add 方法向列表中添加数据项)，如果内部的数组不够用，它将创建一个更大的新数组，并将原数组中的所有数据项复制到新数组中。

代码清单 6-58 List<T>类的开头(来自.NET 参考源代码)

```
public class List<T> : IList<T>, System.Collections.IList, IReadOnlyList<T>
{
  private const int _defaultCapacity = 4;
  private T[] _items;
  ...
```

因此，使用 List<T>和其他诸如 Stack<T>、SortedList<T>或 Queue<T>等数据结构时，可能需要多次调整其内部数组的大小。如果你能提前大概预知其最终大小，最好使用带有 capacity 参数的构造函数创建 List<T>对象。只要有可能，最好在创建对象时指定期望的容量。不用担心 List<T>将如何使用你指定的容量值，只需要相信它会以最佳的方式利用此信息即可。

2. LINQ – 委托

使用 LINQ 是一件令人赏心悦目的事情。只需要短短几行代码，就可以简洁地进行复杂的数据操作。但是，LINQ 是 C#中最能导致分配的机制之一。使用 LINQ 会导致许多隐式分配。我们已经描述过其中最常见的一种分配来源：委托。由于 LINQ 方法都是基于委托来实现，因此使用 LINQ 时会创建大量委托(如代码清单 6-59 所示)。

代码清单 6-59 在 LINQ 查询中由于委托而导致分配的示例

```
// Alocates delegates for lambda
var linq = list.Where(x => x.X > 0);
```

但是，如前面所述，如果执行的函数无须捕获任何变量，这些委托将被缓存起来。因此，它们只会被分配一次(如代码清单 6-60 所示)，这是一项相当不错的编译器优化措施。

代码清单 6-60 编译器转换代码清单 6-59 后，在 LINQ 查询中由于委托导致分配的示例

```
Func<SomeClass, bool> arg_152_1;
if ((arg_152_1 = Program.<>c.<>9__0_0) == null)
{
  arg_152_1 = (Program.<>c.<>9__0_0 = new Func<SomeClass, bool>
(Program.<>c.<>9.<Main>b__0_0));
}
arg_152_0.Where(arg_152_1);
```

3. LINQ – 创建匿名类型

编写 LINQ 查询时很容易创建临时匿名类型，这会导致额外的对象分配。代码清单 6-61 演示了一个简单的使用 SQL 风格语法的 LINQ 查询。

代码清单 6-61 使用 SQL 查询语法的简单 LINQ 查询示例

```
public IEnumerable<Double> Main(List<SomeClass> list) {
  var linq = from x in list
```

```
        let s = x.X + x.Y
        select s;
    return linq;
}
```

我们应当意识到，let 语句将创建一个匿名的临时对象(代码清单 6-62 展示了编译器生成的 <Main>b__0_0 方法)。

代码清单 6-62　编译器对 LINQ 查询进行转换后的代码示例

```
[CompilerGenerated]
private sealed class <>c
{
  internal <>f__AnonymousType0<SomeClass, double> <Main>b__0_0(SomeClass x)
  {
    return new <>f__AnonymousType0<SomeClass, double>(x, x.X + x.Y);
  }
  ...
}
public IEnumerable<double> Main(List<SomeClass> list)
{
  return list.Select( <>c.<>9__0_0 ?? (<>c.<>9__0_0 = <>c.<>9.<Main
            >b__0_0))
        .Select( <>c.<>9__0_1 ?? (<>c.<>9__0_1 = <>c.<>9.<Main
            >b__0_1));
}
```

为了编写优雅的 LINQ 查询代码，有时需要用到临时类型。但是，我们应当不断提醒自己，使用它们究竟是真的确实需要或仅仅因为好用且美观。上面的示例显然并非必须用到临时类型，因为我们可以直接返回累加结果(如代码清单 6-63 所示)，这使代码更简单且无须分配临时对象(如代码清单 6-64 所示)。

代码清单 6-63　使用方法语法的简单 LINQ 查询示例

```
public IEnumerable<Double> Main(List<SomeClass> list) {
  var linq = list.Select(x => x.X + x.Y);
  return linq;
}
```

代码清单 6-64　编译器对代码清单 6-63 中的 LINQ 查询进行转换后的代码示例

```
[CompilerGenerated]
private sealed class <>c
{
  internal double <Main>b__0_0(SomeClass x)
  {
    return x.X + x.Y;
  }
  ...
}
public IEnumerable<double> Main(List<SomeClass> list)
```

```
{
  return list.Select( <>c.<>9__0_0 ?? (<>c.<>9__0_0 = <>c.<>9.<Main
           >b__0_0));
}
```

4. LINQ – 枚举

我们可能没有意识到，LINQ 方式本质上是在构建枚举链，而所谓枚举，指的是一种遍历集合中每个元素的行为。这些枚举操作必然导致分配。即使最简单的 LINQ 方法，比如静态 Enumerable.Range 方法，也会分配一个迭代器对象，它是实现枚举的特定方法之一(如代码清单 6-65 所示)。

代码清单 6-65　一个隐式迭代器分配的简单示例

```
// Allocates System.Linq.Enumerable/'<RangeIterator>d__111'
var range = Enumerable.Range(0, 100);
```

诸如 Where 或 Select 等被广泛使用的 LINQ 方法也同样会分配它们的迭代器。例如，Where 方法会分配以下三种迭代器中的一种：

- WhereArrayIterator：如果在一个数组上调用 Where
- WhereListIterator：如果在一个列表上调用 Where
- WhereEnumerableIterator：如果在其他通用集合序列上调用 Where

这些迭代器对象的大小在 48 字节左右，它们包含的数据包括对一个源集合的引用，用于选择的委托、线程 ID 等。仅仅由于使用 LINQ 就需要在单个方法中多次分配 48 字节，可能是，也可能不是性能问题。一如既往，这取决于你如何定义程序中性能的标准。

LINQ 内部使用了一些优化手段，只要可能，它便会将迭代器合并起来，但遗憾的是，这样做并无法避免分配。比如，当成对使用 Where 和 Select 时，LINQ 将使用合并的 WhereSelectArrayIterator(或 WhereSelectListIterator，或 WhereSelectEnumerableIterator)，但它仍将在内部创建 WhereArrayIterator(或对应的其他迭代器)。

让我们看一个简单的实现字符串过滤功能的方法(如代码清单 6-66 所示)。它将分配两个不同的迭代器。

- WhereArrayIterator：大小为 48 字节，由于很快将被下一个迭代器替换，生存期非常短。
- WhereSelectorArrayIterator：大小为 56 字节。

代码清单 6-66　一个隐式迭代器分配的简单示例

```
string[] FilterStrings(string[] inputs, int min, int max, int charIndex)
{
  var results = inputs.Where(x => x.Length >= min && x.Length <= max)
                   .Select(x => x.ToLower());
  return results.ToArray();
}
```

除了迭代器，上面的示例代码还将分配一个委托和捕获两个整数(min 和 max)的闭包。

通过使用下面这两个自动将 LINQ 查询重写成常规过程式代码的类库，你可以既享受 LINQ 查询的好处，又避免分配的缺点。它们一个是 roslyn-linq-rewrite(https://github.com/antiufo/roslyn-linq-rewrite)，一个是 LinqOptimizer(http://nessos.github.io/LinqOptimizer)。

如今，函数式编程在.NET 环境中正变得越来越流行，这主要归功于 F#语言的日益流行以及人们对函数式语言的普遍兴趣。函数式编程语言的核心原则之一是数据的不可变性。F#之类的函数式语言通过创建不修改现有数据而返回新数据的函数，达到实现不可变性的目标。当然，这可能会引发对性能的担忧。在 C#的世界中，我们清楚地知道字符串的不可变性会导致创建大量的临时对象。想象一下一个从头到尾贯彻不可变性原则的程序，那该创建多少对象，需要在对象间执行多少次数据复制操作！F#正是以类似的方式对数据进行操作。通常来说，使用不可变性类型和函数式编程时，我们需要切换大脑的思维模式。如果与典型的数据可变场景进行对比，不可变类型在性能上确实可能慢不少。一个典型的性能对比示例是比较可变的 List<T>和不可变集合的性能。显然，由于不可变集合很可能需要一次次地创建自身的副本并添加新元素，它的添加操作会慢得多(顺便一提，函数式语言的设计者可能会努力使此类操作的效率更高，比如重用数据集合中不变的部分)。但这不是一种合理的性能比较方式。不可变性具有非常重要的优势，尤其是在日益流行的多线程编程中。在高竞态场景中(许多线程相互竞争，访问共享资源)，安全、无锁地访问只读数据带来的性能优势可以远远抵过不可变性本身所产生的开销。这使得不可变类型成为多线程和/或并行处理的首选。由于其不可变性的特质，不可变类型可以充分利用 CPU 缓存，不会因为缓存一致性因素而导致额外开销。这些因素同样适用于 C# 可用的位于 System.Collections.Immutable 中的不可变集合(比如 ImmutableArray<T>、ImmutableList<T>等)。因此，重要的是你需要为你的问题选择一个正确的工具。即使测试结果表明修改不可变集合的状态速度很慢，你也应当明白，这并非不可变集合所针对的典型场景，你应当按照它们的设计意图去使用它们！

6.8.4　场景 6-2：调查程序中的分配情况

问题描述：部署新版 ASP.NET Core Web 应用程序后，通过观察 Process(dotnet)计数器中的 Working Set – Private、Private Bytes 和 Virtual Bytes，以及.NET CLR Memory(dotnet)\# Total committed Bytes 计数器，我们注意到内存使用量有显著增长。此版本对代码的修改很可能是导致内存使用量增加的原因，但开发人员无法在代码中找到任何可疑之处。我们希望通过对新部署的程序进行分析，帮助开发人员找到问题的答案。

分析过程：调查程序内存分配的最佳工具是 PerfView。你可以选择第 4 章讲述的三种不同分配采样方法中的任何一种。为了获得最准确的结果，应当尽量尝试使用.NET Alloc 方法。它使用.NET Profiling API，将 EtwCorProfiler 库注入采样进程中。每个分配操作都以这种方式进行注册。显然，这会带来很大的开销，因为这种方法只能用于本地或严格可控的并发环境。如果条件不允许，请考虑使用.NET SampAlloc，它使用相同的分析技巧但采样粒度较小。另外，基于 ETW 的 ETW .NET Alloc 的开销很小，可以在生产环境中安全地使用它。但请记住，后两种方法都是采样式，因此只能得到较粗略的结果。

PerfView .NET Alloc 和.NET SampAlloc 使用 CLR Profiling API 跟踪程序中的分配。每次分配一个新对象时，运行时会调用 ICorProfilerCallback3::ObjectAllocated 回调。为了确保回调被调用，JIT 将禁用基于汇编代码的快速分配分支。因此，被观测程序的性能会稍慢。

让我们使用.NET Alloc 方法调查程序的内存分配。

- 运行 PerfView。
- 使用 Collect，选中.NET Alloc 选项。
- 运行想要调查的 Web 应用程序。一定要在开始.NET Alloc(或.NET SampAlloc)收集之后再运行 Web 应用程序。
- 浏览 Web 网站。尽量使用最近的版本做了修改的部分。
- 停止收集。
- 在 PerfView 中，选择 Memory Group 中的 GC Heap Net Mem Stacks。
- 选择 dotnet.exe 应用程序。

接下来，我们可以使用以下两种主要的调查步骤中的任何一种。

(1) 获取 high-level 分配视图

- 在 By Name 选项卡上基于 Exc 列倒序排序，这将快速显示出影响最大的分配来源(如图 6-22 所示)。请注意，<Unknown>类型通常是最大的分配来源之一。但是，ETWClrProfiler 并不总是能够从运行时获取到类型信息。在这种情况下，它将类型都归为<Unknown>。

By Name ?	Caller-Callee ?	CallTree ?	Callers ?	Callees ?	Flame Graph ?	Notes ?				
Name ?						Exc % ?	Exc ?	Exc Ct ?	Inc % ?	Inc ?	Inc Ct ?
Type <Unknown>						98.7	24,549,600	405,260	98.7	24,549,600.0	405,260
Type System.Collections.Immutable.SortedInt32KeyNode`1						1.0	238,560	4,260	1.0	238,560.0	4,260
Type System.Collections.Immutable.ImmutableHashSet`1						0.1	19,760	494	0.1	19,760.0	494
Type <>c__DisplayClass42_0						0.1	16,160	505	0.1	16,160.0	505
Type ?[]						0.0	3,992	52	0.0	3,992.0	52
Type Microsoft.AspNetCore.Razor.Language.Extensions.DefaultTagHelperPropertyIntermediateNode						0.0	3,960	33	0.0	3,960.0	33
Type Microsoft.CodeAnalysis.CSharp.Syntax.CastExpressionSyntax						0.0	3,840	60	0.0	3,840.0	60
Type Microsoft.AspNetCore.Razor.Language.Extensions.PreallocatedTagHelperPropertyIntermediateN						0.0	3,600	30	0.0	3,600.0	30
Type Microsoft.AspNetCore.Razor.Language.Intermediate.TagHelperPropertyIntermediateNode						0.0	3,432	33	0.0	3,432.0	33
Type Microsoft.Net.Http.Headers.EntityTagHeaderValue[]						0.0	3,384	61	0.0	3,384.0	61
Type Microsoft.Net.Http.Headers.EntityTagHeaderValue						0.0	2,880	72	0.0	2,880.0	72
Type Microsoft.AspNetCore.Razor.Language.Extensions.PreallocatedTagHelperPropertyValueIntermed						0.0	2,016	21	0.0	2,016.0	21
Type <GetEnumerator>d__7						0.0	1,920	48	0.0	1,920.0	48

图 6-22　ASP.NET Core Web 应用程序内部的 high-level 分配视图

但是，类型并不是唯一可供使用的信息，分配的汇总源(堆栈跟踪)同样有用。例如，要调查分配那些<Unknown>类型的来源，请从相应条目的上下文菜单上选择 Goto | Goto Item in Callers。在调查过程中请牢记以下几点。

- 对于未命名模块(以?!结尾的模块，比如<<microsoft.codeanalysis.csharp!?>>)，可以尝试通过上下文菜单中的 Lookup Symbols 为它们加载 symbol。
- 可以通过上下文菜单中的 Grouping | Group Module 对模块分组。
- 通过上面的操作，我们可以将分配<Unknown>类型的大部分模块分组起来(如图 6-23 所示)。

Methods that call Type <Unknown>				
Name ?		Inc % ?	Inc ?	Inc Ct ?
☑Type <Unknown>		98.7	24,549,600.0	405,260
+☑ntdll!NtTraceEvent		98.7	24,549,590.0	405,260
+☑ntdll!EtwpEventWriteFull		98.7	24,549,590.0	405,260
+☑ntdll!EtwEventWrite		98.7	24,549,590.0	405,260
*☑etwclrprofiler!template_xxxx		98.7	24,549,590.0	405,260
+☑etwclrprofiler!CorProfilerTracer::ObjectAllocated		98.7	24,549,590.0	405,260
+☑coreclr!EEToProfInterfaceImpl::ObjectAllocated		98.7	24,549,590.0	405,260
+☑coreclr!ProfilerObjectAllocatedCallback		98.7	24,549,590.0	405,260
+☑coreclr!JIT_New		62.7	15,604,170.0	315,857
|+☐microsoft.codeanalysis.csharp		19.7	4,913,008.0	67,713
|+☐microsoft.aspnetcore.mvc.razor.extensions		19.1	4,743,088.0	115,424
|+☐system.linq		7.5	1,871,536.0	32,889
|+☐microsoft.aspnetcore.razor.language		5.9	1,465,576.0	42,897
|+☐system.private.corelib		3.2	796,712.0	19,524

图 6-23　<Unknown>类型分配的大部分常见来源

我们应当对创建频繁的对象进行彻底分析，但这是一个烦琐的任务。为了定位到值得分析的可疑区域，可以通过比较 PerfView 截取的 heap 快照，找出导致最大内存占用的对象。

(2) 为了调查一个特定方法所导致的分配。

- 在 By Name 选项卡选择 GroupPats 中的[No grouping]，将所有条目打散。
- 在 Find 文本框输入函数的名称，比如 HomeController.Contact。
- 在找到的条目的上下文菜单单击 Goto | Goto Item in Callees，查看这个方法和它的所有子方法所导致的分配(如图 6-24 所示)。

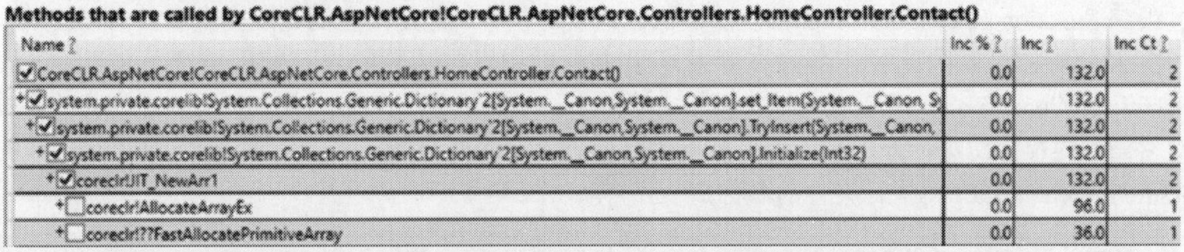

Methods that are called by CoreCLR.AspNetCore!CoreCLR.AspNetCore.Controllers.HomeController.Contact()			
Name ?	Inc % ?	Inc ?	Inc Ct ?
☑ CoreCLR.AspNetCore!CoreCLR.AspNetCore.Controllers.HomeController.Contact()	0.0	132.0	2
+ ☑ system.private.corelib!System.Collections.Generic.Dictionary`2[System.__Canon,System.__Canon].set_Item(System.__Canon, S	0.0	132.0	2
+ ☑ system.private.corelib!System.Collections.Generic.Dictionary`2[System.__Canon,System.__Canon].TryInsert(System.__Canon,	0.0	132.0	2
+ ☑ system.private.corelib!System.Collections.Generic.Dictionary`2[System.__Canon,System.__Canon].Initialize(Int32)	0.0	132.0	2
+ ☑ coreclr!JIT_NewArr1	0.0	132.0	2
+ ☐ coreclr!AllocateArrayEx	0.0	96.0	1
+ ☐ coreclr!??FastAllocatePrimitiveArray	0.0	36.0	1

图 6-24　单个方法和它依赖的所有子方法调用所导致的分配

我们可以看到 HomeController.Contact 方法在 System.Collections.Generic.Dictionary<>.Initialize 方法中分配了 2 个数组。实际上，在我们的示例程序中，Contact 做的事情相当简单，它仅在 ViewData 字典中设置了一个数据项(如代码清单 6-67 所示)。如果查看 Dictionary<TKey,TValue>.Initialize，会发现它实际上分配了 2 个数组，一个用于 bucket，一个用于数据条目。当然，这个程序只是一个用来演示如何获取分配详细信息的示例。在调查的过程中，你只会关注自己的代码所导致的分配，因此将所有其他外部模块分组到一起会更有帮助。

代码清单 6-67　HomeController.Contact 方法

```
public IActionResult Contact()
{
  ViewData["Message"] = "Your contact page.";
  return View();
}
```

请注意，Linux 系统下的内存分配诊断并不像 Windows 系统这样轻松愉快。PerfView 和它的分析器在这里并无用武之地。.NET Profiling API for Linux 并不成熟，因此尚未有基于它们且经过良好测试的工具可用。你可以利用 GCAllocationTick LTTng 事件对分配进行采样，并得到分配数量最多的对象类型的统计信息。由于 LTTng 机制的限制，你将无法以这种方法获取到分配的堆栈跟踪信息。通过探测 libcoreclr.so 中的事件发出函数 EventXplatGCEnabledAllocationTick 可以获取到堆栈跟踪信息，但这时却又会缺少类型信息。当前还没有将此两类信息结合在一起的分析机制，同时也缺乏好的商业诊断工具的支持。

6.8.5　场景 6-3：Azure Functions

问题描述：Azure Functions 根据每秒资源消耗量(以 Gigabyte-Seconds (GB-s)为单位)和执行次数计价。Microsoft 网站对函数定价的描述是："函数使用的内存以每 128MB 为单位进行计算，其最大可用内存大小为 1536MB，执行时间以 1ms 为单位进行计算。单个函数的最小执行时间和内存分别是 100ms 和 128MB。"这意味着每个函数调用将至少消耗 0.0125GB-s(100ms 乘以 128MB，即 0.1s 乘以 0.125GB)。此外，每月拥有 40 万 GB-s 和 100 万次执行次数的免费额度。

考虑到这种定价模式，显然，Azure Functions 的使用者需要尽可能地减少内存使用量。如果我们的 Azure Functions 使用内存的效率较低，则会超过免费额度。每当内存使用量超过另一个128MB 时，成本都会成比例增加。除了 Azure Functions，很难在.NET 世界中再找到另外一个地方，如此直接地将内存使用量与金钱挂钩在一起。

分析过程: Azure 通过 Application Insights 提供了一种监控 Azure Functions 资源消耗量的方式。我们可以在 Application Insights 中跟踪所谓的 Function Execution Units。它们目前以MB-ms(Megabyte-Milliseconds)为单位计算资源消耗量，因此我们需要将结果值转换为 GB-s。通过跟踪 Function Execution Units 可以监控执行函数的成本，但是，它们无法提供函数内存使用率的深入分析信息。因此我们最好在开发环境中分析和优化函数的内存使用情况。借助 Azure Functions Core Tools，可以在本地计算机上运行 Functions，因此可以使用与场景 6-2 相同的方式对它们的内存分配进行分析和调查。分析的目标进程只需要选择 func.exe 即可(它是执行函数的 Azure Functions CLI 可执行文件的名称)。

注意: 如果想跟踪程序的分配强度，一个最简单的方案是使用 GC.GetAllocatedBytesFor-CurrentThread 静态方法。通过它，你可以获得当前线程自创建以来总共分配了多少字节内存的准确信息。

6.9 本章小结

本章深入介绍了如何在.NET 中创建对象。现在我们应该已经了解，分配一个对象有时可以非常快，但有时也可能触发一段为新对象寻找可用空闲位置的复杂逻辑，有时甚至还可能触发垃圾回收器。

本章第一部分介绍了.NET 分配器的实现细节，并展示了它们如何尽可能高效地完成自己的任务。分配器付出了大量的努力，使得创建新对象的过程异常快速，这些实现细节着实令人着迷。从某个角度来说，对分配器的了解使我们对内存分配主题的复杂性以及.NET CLR 如何良好地实现内存分配有更充分的认识。

本章第二部分从实用性的角度讲述了高效管理内存最重要的一个原则：避免分配。显然，避免分配就避免了分配本身的开销和 GC 开销。因此，.NET 领域主要的性能优化手段之一是避免分配。第二部分列出了相当详尽的分配来源，以及如何可以避免它们的种种技巧。

本章还包含三个解决内存分配问题的示例场景。除了与避免分配相关的内容之外，它们还让你可以从更实用的角度探究一番新对象的创建过程。

规则 14 – 在性能攸关的地方，避免堆分配

理由: 据说.NET 中的内存分配开销很低。但是，本章仔细论证了此论断并非总是正确。你应当了解不同代码可能导致的内存分配开销。程序对性能的需求决定了是否需要关注内存分配开销的影响。请记住，分配意味着更频繁地访问内存，与操作系统通信，甚至引发垃圾回收。我们分配的对象越多，GC 的压力越大。因此，在代码中性能攸关的地方，最好的优化方案是避免分配。

如何应用: 有多少种分配的场景，就有多少种避免分配的解决方案。本章的"避免分配"一节已经对它们进行了详细描述。有些分配是显式的，我们对它们也有透彻的认识。如果希望避免它们，可以使用对象池或值类型作为解决方案。有些分配是隐式的，各种类库和编程技巧都可能在我们觉察不到的情况下导致分配。为了避免它们，我们需要先知道它们的存在。通过学习一些

最常见的隐式分配来源，我们可以在代码中快速定位到它们。对于不那么常见的隐式分配，则可以使用诊断工具跟踪它们。

相关场景：场景 6-2、6-3。

规则 15 - 避免过多的 LOH 分配

理由：虽然.NET 中的内存分配开销并不总是很低，但在 Large Object Heap 中分配对象的开销比 SOH 更高。.NET 设计人员假设 LOH 中的分配很少而且分配的对象很大，所以这导致了不会为它们预先分配内存空间。因此，LOH 中对象分配的开销主要耗费在内存清零操作上。如果我们经常使用非常大的对象，那么通过对象池实现对象重用可能是一个好主意。这将使内存使用率更稳定，不仅可以降低分配的开销，也可以减轻一些 GC 的工作量。

如何应用：如果我们频繁地分配大对象，那么可能无法完全避免 LOH 分配。由于堆栈的空间限制，使用值类型替代大对象是不可行的。最好的解决方案是使用一种对象池机制，请参考本章"避免分配"小节中的相关内容。

规则 16 - 如果可行，在堆栈上分配

理由：类是.NET 中的基本数据类型。我们学习 C#时，一开始就会接触到类。当我们一想到数据结构，立刻就会同时想到类。创建和使用类是我们在开发过程中的默认选择。与之相对的，结构则似乎是一些充满"异域风情"的东西，我们一开始会学习结构的概念，但接着便迅速将其抛之脑后。它们看起来似乎颇为奇怪、不可理解。但是，结构提供了非常有价值的特性，比如更好的数据局部性，可以完全避免堆分配，同时编译器和 JIT 可以非常好地优化对它们的使用。

如何应用：我们应该稍微了解一下结构并尝试在日常开发工作中使用它们。实现新功能时，方法是否需要使用一个类？还是说可以用一个简单的结构替代它？我们需要一个对象集合吗？还是说一个小型结构数组就足够了？不要害怕复制结构，越来越强大的 C#语言可以各种方式按引用传递它们。当然，不要过度追求极简化。只有在代码中性能攸关、执行频繁、性能和资源使用率影响很大的部分，才需要像这样充分利用结构的特性。

第7章

垃圾回收——简介

欢迎阅读本书最重要的部分。前面的章节相当广泛地讲述了内存管理的主题。我们获得了一些理论上和硬件上的介绍，了解了有关.NET 环境中内存组织的许多详细信息，例如内存如何划分为段和代以及所有这些基础结构是如何与操作系统一起工作的。这些知识大部分本身就很有价值，例如它们能使我们诊断分配过多的问题或者如何使用不同方法避免这些问题。

然而，不可否认的是，当涉及内存管理时，.NET 世界与其自动内存回收机制有着内在的联系。我们已经了解了分配器，因此我们已经知道如何创建对象。现在是时候学习如何和何时删除对象，以及在不再需要对象时回收内存。

本章以及接下来的三章构成了一个关于 GC 在.NET 中如何工作的长篇故事。它被分为四章，这样读者不会立刻被所有知识淹没。不过，这四章有着内在的联系，如果你想要获得全面的知识，那么这四章应该全部都要阅读。

此外，这些章节都是基于前几章的知识构建的。因此，如果你不能逐章地阅读本书，我还是强烈建议你至少在阅读本章之前先浏览前几章(尤其是第 5 章和第 6 章)。

在本章中，我们将了解 GC 会在哪些情况下发生，搞清楚其执行的各个阶段并深入研究起始步骤的细节。所有这些内容都将提供注释和示例，这样你除了拥有此类知识外，还可以在实践中应用它们。

7.1　高层视图

在进一步讨论之前，最好从高层面了解在 Microsoft .NET 运行时中实现的垃圾回收器。最重要的是前面几章已经提到的事实: GC 可以在两种主要操作模式下运行。

- 工作站模式: 从托管线程的角度看，这旨在最大限度地减少 GC 引入的延迟。通常，可以用这样一种策略概括，即 GC 发生的频率将更高，它要做的工作将更少，因此可以感觉到的停顿将会更短。该模式对于桌面应用程序特别有用，在该类应用程序中，延迟对于用户体验至关重要，我们不希望因为发生长时间运行的 GC 而冻结整个应用程序。
- 服务器模式: 这旨在最大限度地提高应用程序吞吐量。其策略是 GC 的执行频率将较低，因此在最终发生 GC 时会引入较长的停顿时间。这也意味着内存消耗将更高，GC 将允许内存因为很少的回收而增长到更高的值。然而，停顿和内存使用对于统计结果吞吐量(在给定时间内处理多少数据)来说并不是那么重要。

工作站和服务器模式之间存在一些重要的设计差异。最重要的一个差异是存在多少托管堆。如第 5 章所述，在工作站模式下，只有一个托管堆；而在服务器模式下，计算机上可能会有许多逻辑内核。

此外，上述每种模式都可能以下列子模式之一进行工作。

- 非并发: 在该模式下，GC 在应用程序的所有托管线程都挂起时执行。

- 并发：在该模式下，GC 的某些部分在托管线程还在工作时执行。

这两类工作模式总共提供四种关于如何在应用程序中配置 GC 的选项。第 11 章将对这些组合进行详细描述，并讨论每种组合在何时何处使用最合适。为了学习起来更简单，第 7~10 章中将仅讨论最简单的情况——非并发工作站模式。这样我们既能够了解 GC 的绝大部分内容，又不必陷入杂乱的细节中。实际上，其他模式仅在细节上有所不同，因此从该模式以及接下来的三章中所获得的知识对于所有其他模式都是完全有效的。

还要回顾一个关于托管堆的两个区域的行为的重要事实。

- 小对象堆可能使用清除回收或压缩回收：这主要是一个自主的 GC 决策。如果我们想手动调用 GC，那么可以要求 GC 选择其中一种。
- 大对象堆默认情况下仅使用清除回收，但我们可以显式要求进行单个压缩回收。

下面将为那些希望自己研究所描述主题的人介绍各种 CoreCLR 源代码内部构件。在 CoreCLR 中启动垃圾回收时，有几个表示已选定选项的标志。其中最重要的是 collection_mode 枚举，它可以设置为以下标志。

- collection_non_blocking：非阻塞(并发)GC。
- collection_blocking：阻塞("停止世界")GC。
- collection_optimized：仅在需要时才执行 GC(即指定代的分配预算用尽了)。
- collection_compacting：使用小对象堆进行压缩回收。
- collection_gcstress：内部 CLR 的压力测试模式。

所有这些手动调优技术将在稍后介绍，现在让我们详细介绍最简单的非并发工作站 GC。

7.2　GC 过程的示例

我认为此时有必要明确地摒弃目前在各处提到的某些事实，以便我们直观地展示 GC 活动的高层视图。

首先，垃圾回收是在特定代的上下文中发生的，该代通常被称为"被判决的代"。一整代 GC 技术得益于这样一个事实：我们可以决定只从一代中回收对象。如第 5 章所述，可决定同时回收比当前被判决的那代更小的所有代。此外，大对象堆中的对象被视为位于第 2 代中。这可能会导致以下情况。

- 第 0 代被判决：只回收第 0 代。
- 第 1 代被判决：只回收第 0 代和第 1 代。
- 第 2 代被判决：回收所有三代(包括第 0、1 和 2 代)以及大对象堆。这种情况通常被称为"完全垃圾回收"(下文将称其为"完全 GC")。

GC 在其工作过程中将只会检查被判决的代和比它更小代的对象的可到达性(通过标记)。因此，GC 每次都必须决定是执行清除回收还是压缩回收。

现在，让我们展示类似于图 5-5 中的所有这些可能的情况。请花一些时间彻底理解所描述的示例场景，因为它们真正构成了 GC 在.NET 中工作的核心。

首先，让我们想象一个示例情形，在某个时间点，程序中的.NET 内存如图 7-1 所示。基于第 5 章的知识，我们可以识别出这种典型布局——一个包含 SOH(临时)段和 LOH 段的单独内存块。SOH 段进一步划分为第 0、1 和 2 代。所有代都包含一些对象并且标记了代的边界。

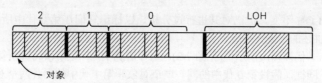

图 7-1　图 7-2~图 7-4 中使用的初始内存状态。对象已使用虚线填充图案标记。第 0 代的末尾有一些空闲空间。SOH 段没有被所有代完全消耗完

让我们看一个第 0 代被判决的示例(见图 7-2)。这种情况下，标记阶段将只分析第 0 代中对象的可到达性。假设第 0 代中只有一个对象被标记为可到达(见图 7-2(a)；被标记的对象用深灰色填充)。现在，GC 必须决定选择哪种回收技术。

* 清除回收(见图 7-2(b))：这种情况下，第 0 代中所有无法到达的对象都被视为空闲空间。第 1 代边界已相应移动，以包含提升的可到达对象(我们的单个被标记对象已提升到第 1 代)。正如清除回收经常发生的情况一样，第 1 代中的碎片明显增加了——现在出现一个很大的空洞[1]。
* 压缩回收(见图 7-2(c))：这种情况下，第 0 代中的可到达对象被压缩并包含在相应增长的第 1 代中。这显然没有碎片，但整个操作更加复杂(需要进行内存复制和更新对移动对象的引用)。

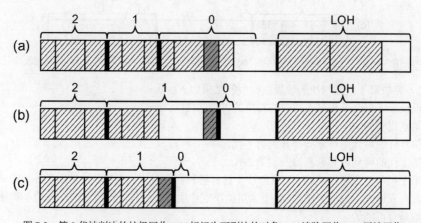

图 7-2　第 0 代被判决的垃圾回收：(a)标记为可到达的对象；(b)清除回收；(c)压缩回收

总之，完成第 0 代被判决的垃圾回收后的结果如下所示：

* 仅检查了第 0 代中的对象的可到达性(已标记)。
* 第 0 代变为空(只有意保留非常小的空间)，这是默认行为。最小一代的所有对象要么被回收，要么被提升到更大一代。正如我们将在本章稍后看到的那样，可能会出现一些例外情况。不过，现在我们只假设这种最简单的场景。
* 第 0 代的可到达对象被提升到第 1 代。
* 第 1 代增长，而不管回收方式是清除(由于碎片的存在而增长较大)还是压缩(增长较小)。

---

1 我们从前一章中可知，这个空闲空间并不是不可用的，它是由一个空闲列表分配器管理的。但对于第 0 代和第 1 代，只检查一次空闲列表条目，然后就将其丢弃，因此该空闲空间可能很快就会变得不可用；不过，请记住，第 0/1 代回收也时有发生，因此它们经常得以重新生成。

- 第 2 代和 LOH 不变，但已对其进行过分析，以标记它们在第 0 代中所指向的内容(使用第 5 章中讲述的卡表)。

现在看一个第 1 代被判决的示例(见图 7-3)。这种情况下，标记阶段将分析第 0 代和第 1 代中对象的可到达性。同样，假设第 0 代中的同一单个对象和第 1 代中的另外两个对象已标记为可到达(见图 7-3(a))。GC 必须在两种技术之间进行选择。

- 清除回收(见图 7-3(b))：这种情况下，第 0 代和第 1 代中的所有无法到达的对象都被视为空闲空间。第 2 代和第 1 代边界被相应移动，以包含提升的可到达对象。同样，这带来了巨大的碎片(这里我们以第 1 代为例，但第 2 代也可能变得碎片化)。
- 压缩回收(见图 7-3(c))：这种情况下，第 0 代和第 1 代中的可到达对象被压缩并包含在第 2 代和第 1 代相应更改的边界中。

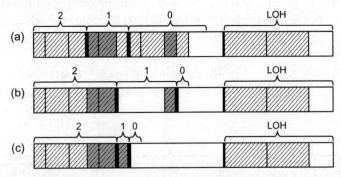

图 7-3　第 1 代被判决的垃圾回收：(a)标记为可到达的对象；(b)清除回收；(c)压缩回收

总之，完成第 1 代被判决的垃圾回收后的结果如下所示：

- 仅检查了第 0 代和第 1 代中的对象的可到达性(已标记)。
- 第 0 代变为空。
- 第 0 代的可到达对象被提升到第 1 代。
- 第 1 代的可到达对象被提升到第 2 代。
- 第 1 代可能会增长或缩小，这取决于选择哪种回收技术。当然，这是由于碎片造成的，因此在我们的示例场景中，GC 不太可能决定使用清除回收。不过，这在理论上和技术上仍然是有可能的。
- 第 2 代增长。
- LOH 不变，但已对其进行过分析，以标记它们在第 0 代和第 1 代(以及第 2 代)中所指向的内容。
- 从性能上讲，第 1 代被判决的垃圾回收与第 0 代被判决的垃圾回收稍有不同：显然更多的对象将被分析，并且可能被移动/接触。但是，在这两种情况下，GC 都在单个临时段内运行(很可能有一部分内容已被 CPU 缓存)，因此可观察到的差异应该不会很大。

在第 0 代或第 1 代被判决的情况下，还存在另一种提升技术。除了简单地扩展较大的一代以包含被判决的一代中的提升对象外，GC 还可以通过在较大的一代中使用空闲空间(由空闲列表管理)来决定“在较大的一代中分配它们”。这使得我们能够利用碎片(同时减少碎片)而不是盲目地扩展代的区域。

在类似于图 7-3 的示例中，可以在可用的空闲空间中分配一个对象，如图 7-4 所示。

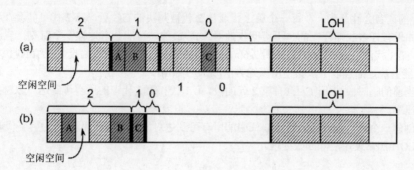

图 7-4　分配一个对象

显然，该技术只在压缩回收的情况下才有意义。在清除回收的情况下，对象没有被移动，因此不可能将它们放入现有的空闲空间内。

现在，让我们看一个第 2 代被判决的示例(见图 7-5)。与前面的两种情况相比，这种"完全 GC"需要分析更多的对象。这就是为什么要注意不要像我们稍后讨论的那样引入太多不必要的完全 GC。如果是完全 GC，则标记阶段将分析整个托管堆——第 0、1、2 代和 LOH。该示例已标记某些对象(见图 7-5(a))。GC 现在必须在两种技术之间进行选择。

- 清除回收(见图 7-5(b))：所有代(包括 LOH)中所有无法到达的对象都被视为空闲空间。所有代的边界都相应地被移动。注意，我们在第 2 代、第 1 代和 LOH 中引入了相当大的碎片。
- 压缩回收(见图 7-5(c))：SOH 内部的所有对象都已被压缩(记住，LOH 不会自动被压缩)。就内存使用而言，这是一个最佳解决方案，但显然需要做复制许多对象的工作。

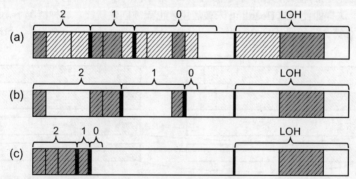

图 7-5　第 2 代被判决的垃圾回收：(a)标记为可到达的对象；(b)清除回收；(c)压缩回收

总之，完成第 2 代被判决的垃圾回收后的结果如下所示：
- 所有代和 LOH 的所有对象的可到达性都经过了检查。
- 第 0 代变为空。
- 第 0 代和第 1 代的可到达对象已相应提升到第 1 代和第 2 代。
- 第 2 代中的可到达对象都留在第 2 代中。
- LOH 在没有压缩的情况下被回收。我们引入了碎片，但该空闲空间将被空闲列表 LOH 的分配器重用。

细心的读者会注意到，在每一个第 1 代或第 2 代被判决的 GC 后，第 2 代可能会在我们的段中增长(如果有许多长期存在的、不可回收的对象)。最终，可能会有这样一个时刻，它会大到令第 0 代或第 1 代没有足够的空间(见图 7-6(a))。这种情况下，简单的清除回收或压缩回收是不够的。GC 很可能会决定通过以下步骤使用压缩方法(见图 7-6(b))。

- 当前的临时段被更改为只有第 2 代的段，第 1 代和第 2 代中的所有可到达对象都在那里被压缩。
- 创建一个新的临时段，将第 0 代中的所有可到达对象都压缩在那里(作为第 1 代对象)。
- LOH 照常使用清除回收处理。

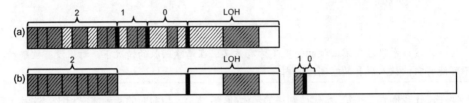

图 7-6　大型第 2 代被判决的垃圾回收：(a)标记为可到达的对象；(b)压缩回收，创建一个新的临时段

这样第 2 代可能会"无限地"增长。如果在新的临时段中重复出现同样的情况，那么它将变成只有第 2 代的段，并且可能发生三种不同的情况。

- 新的临时段可以通过提交和保留内存创建，例如刚刚在图 7-6 中所描述的情况。
- 如果该段的备用列表上有任何段，则可以从备用列表上的段中创建一个新的临时段。我们已经在本书图 5-22 中看到过构建段备用列表的情况，其中讨论了段的重用。这要求启用 VM Hoarding，但情况并非总是如此。
- 一个已经存在的且具有较小第 2 代的"只有第 2 代的段"可以作为新的临时段重新使用(见图 7-7)，这样即使 VM Hoarding 未被启用，也无须创建新段。这种情况下，旧的临时段将成为只有第 2 代的段。

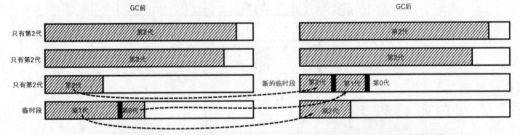

图 7-7　第 2 代被判决的垃圾回收——将只有第 2 代的段压缩为新的临时段的压缩回收

注意，将当前的临时段转换为只有第 2 代的段(并通过重用一些现有的段或创建一个全新的临时段创建新的临时段)可能是由于大范围的对象被固定所致，许多被固定的对象位于临时段中使得其难以使用(例如，碎片阻碍了分配上下文的创建)，因此整个段将被提升到第 2 代。从钉住对象需求角度来看，这是非常好的，因为被固定对象的地址不会因此而改变——只有在逻辑上，这样的区域才开始代表第 2 代。

值得反复强调的一点是：完全垃圾回收包括标记所有代和 LOH 的全部对象。它们可能跨越多个段，并且如果保留了大量内存，那么会非常昂贵。而且，在该过程中，可以重用第 2 代段或创建新段。因此，与第 0 代或第 1 代被判决(包括仅在单个临时段上运行，最有可能缓存在 CPU 内部的某些部分上)的垃圾回收相比，完全垃圾回收的性能开销要大得多。因此，完全垃圾回收和(第 0 代或第 1 代被判决的)临时垃圾回收之间的开销差异可能是几个数量级的。我们应尽可能避免完全垃圾回收。

7.3　GC 过程的步骤

在了解了垃圾回收器的工作效果后，让我们学习构成这个过程的步骤。从高层次的角度看，与 GC 工作相关的步骤如下所示。

(1) 触发垃圾回收：由一些事情触发对 GC 的需求。

(2) 挂起托管线程：执行引擎被要求挂起所有执行托管代码的线程(在非并发垃圾回收的情况下，在垃圾回收进行时将会一直挂起)。

(3) 用户线程启动 GC 代码：触发 GC 的线程开始执行垃圾回收器代码。

(4) 选择要判决的代：作为第一步，GC 根据各种条件决定应判决哪一代。

(5) 标记：对被判决者及其更小一代中的可到达对象进行标记。

(6) 计划：GC 决定是否进行压缩，或者可能清除就足够了。该步骤包含完成整个 GC 所需的大部分计算。

(7) 清除或压缩：在做出决策后，在计划阶段回收的信息的帮助下使用清除或压缩技术。如果选择压缩技术，则必须先执行一个额外的重新定位阶段，以将所有地址更新为新地址。

(8) 恢复托管线程：执行引擎被要求恢复所有执行托管代码的线程。

以上就是完整的 GC 步骤，本章的剩余部分以及第 8~10 章将对每个步骤进行详细讲述。你可以把这些描述当作一张地图，以引领你前进。

在这些步骤中，会使用众所周知的性能计数器和 ETW/LLTng 事件机制立即发出各种诊断数据，也会在过程结束时收集并发出一些诊断数据。某些数据可以由 SOS 命令从内部获得，因此我们需要使用 WinDbg 访问它们。在本章中，我们将在各种场景中使用这些数据和 SOS 命令。

场景 7-1：分析 GC 的使用情况

描述：我们想观察 Web 应用程序执行期间 GC 的使用情况，希望在预生产环境中执行负载测试期间以非侵入性的方式执行该操作。被测试的应用程序是普通的 nopCommerce 4.0——一个用 ASP.NET Core 编写的、通用的、开源的电子商务平台(这是第 5 章场景 5-1 的延续)。

分析：这里先跳过负载测试准备工作的技术部分，我们假设相应的程序和工具已经就位。负载测试是使用 JMeter 工具准备和执行的。它使用一个简单的场景(访问主页、单个产品页面和单个标签页面)，每秒执行大约 7 个请求。它与场景 5-1 中使用的 JMeter 测试完全相同。不过，这一次将只执行两分钟的分析，以快速识别 GC 利用率。我们将监测自托管的.NET Web 应用程序(进程名为 Nop.Web.exe)。

首先，我们可能希望检查应用程序的总体.NET 内存和 GC 使用情况。这包括观察以下性能计数器：

- \.NET CLR Memory(Nop.Web)\Gen 0 heap size(如前几章所述，这实际上是第 0 代分配预算)
- \.NET CLR Memory(Nop.Web)\Gen 1 heap size
- \.NET CLR Memory(Nop.Web)\Gen 2 heap size
- \.NET CLR Memory(Nop.Web)\Large Object Heap size
- \.NET CLR Memory(Nop.Web)\% Time in GC

应用程序运行的前两分钟的结果如图 7-8 和图 7-9 所示。我们可以看到相当稳定的代大小——临时代大小变化迅速，但并没有随着时间继续增长。最老的代稳定在 89 520 308 字节。不过，花费在 GC 上的时间百分比令人震惊。平均值约为 24%(这在图 7-9 中清晰可见)意味着 1/4 的处理时间用于垃圾回收。这是一个相当大的开销。

我们可以通过使用 PerfView 分析 ETW 事件对这种情况进行进一步的分析。在负载测试期间，通过在 Collect 对话框中选择 GC Collect Only 选项，将注册来自 Microsoft-Windows-DotNETRuntime 提供者的 GC 关键字事件。停止回收并结束处理后，根据 Memory Group 文件夹中提供的 GCStats 报告，我们将能够调查 GC 的使用情况。

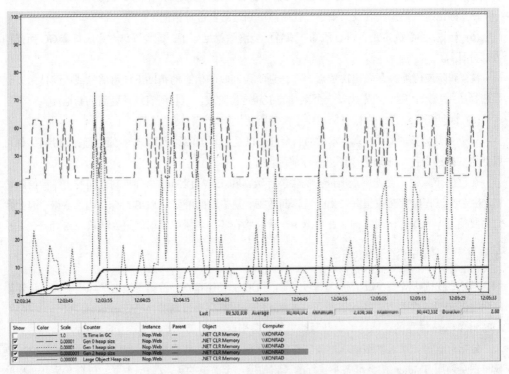

图 7-8 在将近两分钟的 ASP.NET Core 应用程序负载测试期间代大小的性能监视器视图

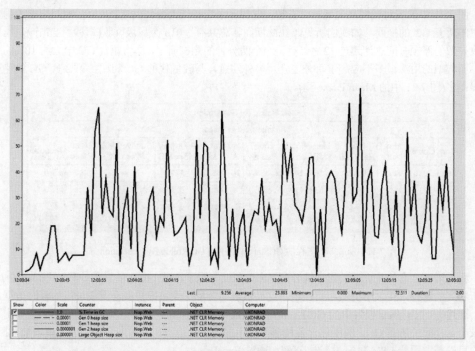

图 7-9 在将近两分钟的 ASP.NET Core 应用程序负载测试期间 GC 使用率的性能监视器视图

GCStats 报告显示了会话记录期间所有.NET 运行时提供者的 GC 相关事件的摘要。在报告的开头，列出了所有该类提供者，因此我们选择 Nop.Web 进程。该报告的开头还显示了各种诊断数据(见图 7-10)。例如，被列为 None 的 CLR 启动标志表示使用的 GC 是一个简单的非并发工作站 GC。

GC Stats for Process 8724: nop.web

- CommandLine: F:\IIS\nopCommerce\Nop.Web.exe
- Runtime Version: V 4.0.30319.0
- CLR Startup Flags: None
- Total CPU Time: 0 msec
- Total GC CPU Time: 0 msec
- Total Allocs : 14,483.212 MB
- GC CPU MSec/MB Alloc : 0.000 MSec/MB
- Total GC Pause: 12,350.2 msec
- % Time paused for Garbage Collection: 10.2%
- % CPU Time spent Garbage Collecting: NaN%
- Max GC Heap Size: 86.492 MB
- GC Perf Users Guide
- GCs that > 200 msec Events
- LOH allocation pause (due to background GC) > 200 msec Events
- GCs that were Gen2
- Individual GC Events
  - View in Excel
- Per Generation GC Events in Excel
- Raw Data XML file (for debugging)
- *No finalized object counts available. No objects were finalized and/or the trace did not include the necessary information.*

图 7-10 Nop.Web 进程的 GCStats 报告的开头

图 7-11 中的表对我们来说可能更有趣，它显示了在持续两分钟的 ETW 会话期间给定进程中发生的所有 GC 的摘要。如我们所见，在此期间，总共有 3 016 个垃圾回收(每秒约 25 个)。垃圾回收导致的停顿时间总计超过 12 秒。对于一个两分钟的测试而言，这将花费 GC 中大约 10%的时间，而典型的用法最多不应超过百分之几。另外注意，与较低代的 GC 相比，第 2 代 GC 的速度要慢得多(图 7-11 中的 Mean Pause 列)。

GC Rollup By Generation										
All times are in msec.										
Gen	Count	Max Pause	Max Peak MB	Max Alloc MB/sec	Total Pause	Total Alloc MB	Alloc MB/ MSec GC	Survived MB/ MSec GC	Mean Pause	Induced
ALL	3016	91.4	86.5	3,100.147	12,350.2	14,483.2	1.2	∞	4.1	0
0	1932	13.0	78.5	3,033.417	5,087.4	8,248.1	0.4	∞	2.6	0
1	1059	22.2	86.5	3,100.147	5,147.7	6,083.1	0.4	∞	4.9	0
2	25	91.4	84.2	2,264.039	2,115.1	152.0	0.1	∞	84.6	0

图 7-11　Nop.Web 进程的 GCStats 报告中的 GC Rollup By Generation 表

我们需要注意的是大量的指示性分配。这里总计分配了超过 12GB 的对象。正如我们在图 7-8 中所看到的那样，代大小仍然相当稳定，这显然表明分配了大量很快就会变成垃圾的临时数据。

通过同一 GCStats 报告中的 GC Events by Time 表可以完成进一步分析(见图 7-12)。它列出了记录会话期间的所有 GC，其中包含各种非常有用的数据。由于是长时间会话，因此该表被截断，但你可以获取原始 CSV 数据并查看它(例如通过 Excel)。

GC Events by Time

All times are in msec. Hover over columns for help.

GC Index	Pause Start	Trigger Reason	Gen	Suspend Msec	Pause MSec	% Pause Time	% GC	Gen0 Alloc MB	Gen0 Alloc Rate MB/sec	Peak MB	After MB	Ratio Peak/After	Promoted MB	Gen0 MB	Gen0 Survival Rate %	Gen0 Frag %	Gen1 MB	Gen1 Survival Rate %	Gen1 Frag %	Gen2 MB	Gen2 Survival Rate %	Gen2 Frag %	LOH MB	LOH Survival Rate %	LOH Frag %	Finalizable Surv MB	Pinned Obj
2016 Beginning entries truncated, use View in Excel to view all...																											
2184	83,609.139	AllocSmall	1N	0.091	5.867	50.3	NaN	4.147	714.17	70.049	70.182	1.00	0.435	12.561	7	99.22	0.205	58	0.00	53.857	NaN	0.01	3.155	NaN	4.70	0.01	15
2185	83,645.298	AllocSmall	1N	0.012	4.875	13.9	NaN	4.135	136.47	70.182	70.312	1.00	0.503	12.897	8	99.20	0.273	62	0.00	53.987	NaN	0.01	3.155	NaN	4.70	0.02	16
2186	83,720.348	AllocSmall	1N	0.009	4.851	6.5	NaN	4.153	59.18	70.312	70.530	1.00	0.572	12.928	8	99.11	0.242	79	0.00	54.206	NaN	0.01	3.155	NaN	4.70	0.02	16
2187	83,733.031	AllocSmall	1N	0.094	4.631	37.1	NaN	4.148	529.28	70.530	61.478	1.15	0.876	3.277	16	98.71	0.682	65	0.00	54.364	NaN	0.01	3.155	NaN	4.70	0.00	12
2188	83,741.551	AllocSmall	0N	0.065	5.152	56.9	NaN	4.105	1,053.78	62.451	61.478	1.02	0.691	2.596	16	99.46	1.363	NaN	0.00	54.364	NaN	0.00	3.155	NaN	0.00	0.00	4
2189	83,751.447	AllocSmall	1N	0.126	8.001	62.7	NaN	3.214	1,728.88	67.288	59.627	1.13	2.095	0.000	11	0.00	0.921	86	0.00	55.551	NaN	0.01	3.155	NaN	4.70	0.00	0

图 7-12　Nop.Web 进程的 GCStats 报告中的 GC Events by Time 表

在所展示的表片段中，我们可以看到一些有趣的事实。

- 所有 GC 是由于 AllocSmall 原因而触发的，这意味着这些 GC 是因为 SOH 分配而触发的。
- 许多 GC 是在一秒钟内被触发的(参见 Pause Start 列中的变更)，并且分配量很大(参见 Gen0 Alloc MB 列)——这证实了我们之前对分配大量 GC 的怀疑。

在这个阶段，我们应该调查第 6 章的场景 6-2 中经常分配的内容。

我们将在其他场景下遇到 GC Events by Time 表中的不同列。在本章的后续章节中，GCStats 报告中越来越多的部分将变得可理解。最终，你将完全理解其内容。

注意在 Gen 列中有一些有趣的信息，这些信息不仅描述了被判决的代，而且描述了 GC 的类型。

- N：非并发 GC(阻塞)。
- B：后台 GC。
- F：前台 GC(在后台 GC 期间阻塞临时代的回收)。
- I：诱导型(手动触发的)阻塞 GC。
- i：诱导型非阻塞 GC。

7.4 分析 GC

要粗略地估计这些单独步骤之间的相对成本,可查看图 7-13,该图收集了分析数据,这要归功于在另一个简单的负载测试期间进行的 ETW CPU 分析。Inc 列显示在每个列出的方法(及其所有被调用者)中花费的总时间(以毫秒为单位)。被测试的应用程序使用的是工作站 GC。在测试过程中,发生了 627 次垃圾回收(参见其 ETW 报告),每个 GC 的平均停顿时间为 4.33 毫秒。

Methods that are called by clr!WKS::gc_heap::garbage_collect

Name ?	Inc % ?	Inc ?	Exc % ?	Exc ?
☑ clr!WKS::gc_heap::garbage_collect	6.1	2,717.8	0.0	0
+ ☑ clr!WKS::gc_heap::gc1	6.0	2,700.8	0.0	0
| + ☑ clr!WKS::gc_heap::plan_phase	3.1	1,408.8	0.6	282
| | + ☐ clr!WKS::gc_heap::relocate_phase	1.9	864.6	0.0	0
| | + ☐ clr!WKS::gc_heap::compact_phase	0.3	143.8	0.0	2
| + ☐ clr!WKS::gc_heap::mark_phase	2.9	1,276.4	0.0	0

图 7-13 采用工作站 GC 的应用程序 GC 阶段的分析数据

标记和计划步骤的成本相对接近。由于 GC 代码结构的原因,计划阶段包含压缩阶段和重新定位阶段。令人惊讶的是,重新定位(更新地址)花费的时间比压缩本身(移动对象)更多。

不过,不要过分在意这些数字。它们可能因各种条件而有很大的差异,例如存活对象的比例、对象之间的引用数或对象总数。如果你真的感兴趣,可针对自己的特定场景自行进行调查。这就像使用 PerfView 进行以下两个步骤一样简单。

- 在启用 CPU 分析的情况下收集 ETW 会话(通过启用 CPU Samples 选项)。你可能还希望将 CPU Sample Interval MSec 中的采样间隔从 1 更改为更低的值,以获得更精确的结果。
- 从 CPU Stacks 视图分析收集到的数据。你很可能需要执行以下简单更改(再次清除所有分组和折叠)。
    - ◆ 找到 clr?!或 coreclr?行(在完整的.NET 或.NET Core 的情况下)并在其上发出 Lookup Symbols 命令。
    - ◆ 找到 garbage_collect 方法并通过发出 Goto Item in Callees 命令开始调查。

你可以思考一些与 GC 活动性质有关的问题,特别是以下条件是如何影响 GC 总成本的(就 CPU 使用率和处理时间而言)。

- 整体对象数量很多:对象的数量越多,计划阶段需要做的工作就越多。这包括逐个对象地扫描整个托管堆,大量的对象自然会导致计划阶段需要较长的执行时间。但是,其优点是可以严格线性地访问内存,从而通过缓存机制降低总体成本。
- 存活的对象数量很多:存活的对象越多,标记阶段需要做的工作就越多。它以非结构化的方式诱导大量托管堆遍历。对象之间存在的引用越多,开销就越高。此外,如果是执行压缩阶段,则大量的存活对象意味着大量的内存通信以及更新大量引用的昂贵需求。计划阶段对存活对象的数量不太敏感,它对许多存活对象的"插头"(第 9 章中将进行详细说明)进行操作,因此可以降低成本。

这些应用程序简单而直观(我们创建的对象越少越好)。例如,在 LOH 中创建一个大型数组并重用其片段(例如通过使用 Span<T>)比创建许多较小的数组更好。

7.5 垃圾回收性能调优数据

在开始进行 GC 工作的后续阶段之前，需要注意它所管理的数据。我们经常会听到 GC 用于其内部工作的各种"启发式方法"或"内部调整"。这正是我们将在本节中要介绍的内容。

GC 管理的数据可以分为两大类：静态数据和动态数据。两者在 GC 的功能和形式中都扮演着非常重要的角色。用太多篇幅描述它们并不是特别明智，因为它们是一些隐藏得很深的实现细节。我们不能以任何方式保证具有该类值的数据在后续版本的框架中不会被更改。

另一方面，这些数据非常重要，极大地影响了 GC 的运行方式，因此不可能在整个过程的描述中完全忽略它们。我们也很难预料一些最重要的指标的功能在不久的将来是否会发生重大的变化，因此我们将在本节中重点介绍它们。

7.5.1 静态数据

静态数据表示.NET 运行时初始设置的配置，以后将永远不会更改。这些数据包含每一代的以下属性。

- 最小大小：最小的分配预算(这个术语将在后文中详细说明)。
- 最大大小：最大的分配预算。
- 碎片限制和碎片比率限制：在决定是否应该压缩时使用。
- 限制和最大限制：用于计算代分配预算的增长。
- 时间限制：指定开始回收代要达到的时间(在某些场景下)。
- 时间时钟：指定开始回收代要达到的时间，以性能计数(参见 QueryPerformanceCounter)为准。
- GC 时钟：指定开始回收代要达到的 GC 数量。

在 CoreCLR 中，此处描述的静态数据由.\src\gc\gcpriv.h 文件中定义的 static_data 结构体表示。在.\src\gc\gc.cpp 文件中针对两种不同的延迟模式初始化静态表 static_data_table。某些值是在运行时开始时使用 gc_heap::init_static_data 方法计算得出的。

静态数据根据 GC 延迟级别配置(将在第 11 章进行讨论)进行调整。目前，存在两种关于静态数据的模式，主要在代大小方面有所不同。

- "均衡"模式：停顿更可预测和更频繁，并且针对延迟和内存占用之间的平衡进行了优化。这是默认设置。
- "内存占用"模式：针对最小内存占用进行了优化；停顿可能会更长和不频繁。

表 7-1 和表 7-2 中列出了两种延迟模式的静态数据值(假设在具有 8MB L3 缓存的计算机上运行)。我们在那里可以找到一些有趣的信息。

- 第 0 代最小分配预算与 CPU 缓存大小严格相关。这些设置确保最常用的第 0 代将占用 CPU 缓存的合理部分。
- 临时代的最大分配预算都与临时段大小严格相关。这些设置在工作站和 32 位服务器模式下尤其重要，因为那里的段相对较小(参见表 5-3)。
- 第 2 代和大对象堆的最大分配预算仅受最大地址限制(SSIZE_T_MAX 为字长的一半)。由于所有长存对象都聚集在这里，因此这很合理。这样的空间在逻辑上必须是"无限的"，以处理任何内存使用情况。显然，这些大小受到物理资源(RAM、分页文件和寻址)的限制。

表 7-1　静态 GC 数据——"均衡"模式(假设为 8MB LLC 缓存)

	min_alloc_budget	max_alloc_budget	fragmentation_limit	fragmentation_burden_limit	limit	max_limit	time_clock	gc_clock
第 0 代	1) 4/15 MB	2) 6~200MB	40000	0.5	9.0	20.0	1 000ms	1
第 1 代	160KB	3) 至少 6MB	80000	0.5	2.0	7.0	10 000ms	10
第 2 代	256KB	SSIZE_T_MAX	200000	0.25	1.2	1.8	10 000ms	100
LOH	3MB	SSIZE_T_MAX	0	0.0	1.25	4.5	0ms	0

表 7-2　静态 GC 数据——"内存占用"模式(假设为 8MB LLC 缓存)

	min_alloc_budget	Max_alloc_budget	fragmentation_limit	fragmentation_burden_limit	limit	max_limit	time_clock	gc_clock
第 0 代	1) 4/15 MB	2) 6~200MB	40000	0.5	4) 9.0/20.0	4) 20.0/40.0	1 000ms	1
第 1 代	288KB	3) 至少 6MB	80000	0.5	2.0	7.0	10 000ms	10
第 2 代	256KB	SSIZE_T_MAX	200000	0.25	1.2	1.8	10 000ms	100
LOH	3MB	SSIZE_T_MAX	0	0.0	1.25	4.5	0ms	0

- 最小分配预算与 CPU 缓存大小(此处假设为 8 MB)有关,这是针对不同芯片(由硬件供应商完成)计算得出的。通常,工作站模式(第一个数字)比服务器模式(第二个数字)小一些。
- 并发工作站 GC: 6MB;非并发服务器 GC 和工作站 GC: 临时段大小的一半(参见表 5-3),不少于 6MB 且不超过 200MB。
- 工作站和服务器 GC 的值不同。

这些不同的限制(尤其是每一代的最小大小和最大大小)将在本章后面进行解释。垃圾回收器在其工作期间会使用这些数据做出各种决策。

7.5.2　动态数据

从一代的角度看,动态数据表示托管堆的当前状态。它们会在 GC 期间进行更新,以计算各种决策所需的数据(包括是否应压缩 GC、代是否"已满"以及是否应触发 GC 等)。动态数据包含每一代的许多不同属性,其中最重要的是如下这些。

- 分配预算(也称为"所需分配"): GC 希望在下一次 GC 之前用于新分配的大小。
- 新分配: 在当前分配预算下,在下一次 GC 之前剩余分配空间的大小。
- 碎片: 该代中空闲对象消耗的总大小。
- 存活的大小: 存活对象占用的总大小。
- 存活固定的大小: 存活固定插头占用的总大小(本章稍后将详细介绍)。
- 存活率: 存活字节数除以总字节数的比率。
- 当前大小: GC 发生后所有对象的总大小(不包括碎片部分)。
- GC "时钟": 回收这一代的 GC 的数量。
- 时间 "时钟": 回收这一代的上一次 GC 开始的时间。

"新分配"属性对于分配器和 GC 的合作至关重要。它跟踪一代中相对于其分配预算进行了多少分配: 如果为负数,则意味着已超出分配预算,并且将为该代触发垃圾回收。

这就引出了最重要的属性之一——分配预算。它代表 GC 希望用于特定代分配的总大小。正如第 6 章中介绍的，用户代码触发的分配仅发生在第 0 代和 LOH 中。但是，将跟踪每一代的分配预算。如果我们意识到代与代之间的对象提升被视为它们在上一代中的分配，则这种明显的矛盾很容易解释。正如我们在计划阶段的描述中所看到的，GC 使用内部分配器查找提升对象的"位置"。这两种类型的分配都消耗了分配预算。

在回收该代的每个 GC 上，分配预算会动态更改。它的新值主要基于该代的存活率。如果存活率很高(许多对象在 GC 后存活)，则分配预算会更积极地增加，因为预期下一次 GC 中的死对象与活对象的比率会更好。在 GC 结束时，将根据存活率重新计算。超过一定比率阈值时，新分配预算将始终为预算的上限。如果存活率足够低，它可能被设定在接近预算下限的水平。有时还使用线性模型进一步优化计算值，该模型针对边界存活率将当前和先前的分配预算按比例混合在一起。

图 7-14 显示了一个用存活率描述新分配预算的函数。斜坡的陡度、代大小上限开始的阈值以及该类函数的次要属性都取决于表 7-1 和表 7-2 中提供的静态参数 limit 和 max_limit。这些限制值越小，斜坡越陡，设置上限值的速度越快。

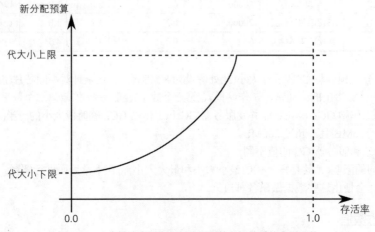

图 7-14　一个描述存活率与新分配预算之间关系的典型函数

对于我们来说，通过表 7-1 和表 7-2 中的值可以看出，年轻一代对存活率的反应比老一代要灵活得多。特别是第 0 代的反应非常灵敏，以至于新分配预算常常成为边界情况之一——代大小的上限和下限。

这就是在使用 .NET Memory/Gen 0 heap size 性能计数器时会显示第 0 代分配预算，并且在应用程序的整个生命周期中经常保持为两个可能值中的一个的原因。这在本书的图 5-6 和图 5-7 中非常明显，其中 Gen 0 heap size 在 4MB 和 6MB 的值之间不断变化。根据表 7-1 和表 7-2，这反过来意味着该 GC 处于工作站 GC 的并发模式。

在运行时初始化期间，每一代的分配预算根据其静态数据(参见表 7-1 和表 7-2)设置为最小预算。代大小和分配预算之间是如何相互关联的？关键是要明白分配预算是一个逻辑值。它表示给定代中的分配限制，该限制可能已用尽，但将来也可能会由于条件的变化而改变。在给定代中，分配会力求用尽其限制，但限制本身可能会改变。可以看出，分配预算会动态地对存活率做出反应，而代大小会以一种试图达到最优的方式动态变化。

注意，实际上关于"默认代大小"的问题是没有道理的。代只是简单地被创建为空，跟它们的默认大小没有什么关系。随着对象被分配和提升，它们的大小会根据分配预算而增加。

可以通过 CoreCLR 源代码中的 current_generation_size 方法以最简单的方式描述新分配、分配预算和代大小之间的关系(参见代码清单 7-1)。任何时候，近似的代数据大小(不包括碎片)都是其当前数据大小加上分配预算和新分配之间的差。在 GC 结束时，新分配将设置为分配预算的值。当对象在第 0 代或 LOH 中进行分配时，这些代的新分配会相应减少。因此，自上次 GC 以来的分配量以这两个值的差表示。

代码清单 7-1 计算当前代大小的方法(CoreCLR 源代码)

```
size_t gc_heap::current_generation_size (int gen_number)
{
    dynamic_data* dd = dynamic_data_of (gen_number);
    size_t gen_size = (dd_current_size (dd) + dd_desired_allocation (dd)
                        - dd_new_allocation (dd));
    return gen_size;
}
```

细心的读者可能会好奇是如何使用每个对象分配更新新分配的。第 6 章根本没有提到它,也很难期望这会在代码清单 6-7 中所示的快速分配中或其他地方实际发生。这是完全有理由的怀疑。实际上，新分配只能通过创建或增加作为 GC 提供的内存单元的分配上下文来减少。

如果你有兴趣想更好地了解分配预算是如何影响 GC 工作的以及它与代大小的关系，强烈建议你阅读展示了示例进程的前五次 GC 的综合场景 7-2。

7.5.3 场景 7-2：了解分配预算

描述：我们希望更好地理解分配预算概念，特别是它与代大小的关系以及对 GC 工作的总体影响。当试图了解在你的过程中究竟是什么触发了 GC 时，可以使用这种彻底的分析。

分析：没有比彻底的调试会话分析更好的解决方案。我们在此准备了一个简单的 C#程序(参见代码清单 7-2)。它在一个循环中分配了一百万字节的数组并将其引用存储在另一个数组中，因此在应用程序的整个生命周期中，所有内容都是可访问的(将在 GC 中存活)。每个单独字节数组的大小为 25 024 字节(25 000 字节的数据加上 8 字节的数组长度和 16 字节的对象元数据)。

代码清单 7-2 场景中使用的示例程序

```
1 static void Main(string[] args)
2 {
3      Console.ReadLine();
4      Console.WriteLine("Hello, Windows");
5      Console.WriteLine("Love from CoreCLR.");
6      GC.Collect();
7      Console.ReadLine();
8      const int LEN = 1_000_000;
9      byte[][] list = new byte[LEN][];
10      for (int i = 0; i < LEN; ++i)
11      {
12          list[i] = new byte[25000];
13          if (i % 100 == 0)
```

```
14        {
15            Console.WriteLine("Allocated 100 arrays");
16        }
17    }
18 }
```

由于在 Visual Studio 和 ETW 日志记录中进行了详细的调试，因此可以从分配预算的角度对前五次垃圾回收进行全面描述，这使我们可以更好地理解它。

本实验着重于 GC 操作的最简单变体——具有"内存占用"模式的非并发工作站 GC。表 7-3(根据表 7-2 计算)展示了在作者计算机上运行的静态数据的值。临时代大小上限为 128MB，因为在该配置中，临时段的大小为 256MB(参见第 5 章中的表 5-3)。

表 7-3　静态 GC 数据示例——64 位"内存占用"模式下的非并发工作站 GC(假设为 8MB LLC 缓存)

	min_size	max_size	limit	max_limit
第 0 代	4MB	128MB	9.0	20.0
第 1 代	288KB	128MB	2.0	7.0
第 2 代	256KB	SSIZE_T_MAX	1.2	1.8
LOH	3MB	SSIZE_T_MAX	1.25	4.5

为了在这个场景中提供完整的信息，我们在 CoreCLR 运行时调试期间设置了一组断点，以打印每一代的"新分配"值。显然，在正常问题分析中不需要执行此步骤(可能仅基于下面描述的 ETW 数据)。

通过 Per Generation GC Events in Excel 选项导出来自 GCStats 报告的数据，可以从 PerfView 的基于 ETW 的会话分析中获取以下信息。

- GC 开始的代大小(开始大小)：来自 Before0/1/2/3 列。
- 分配预算：来自 Budget0/1/2/3 列。此外，第 0 代预算被列为 Microsoft-Windows-DotNETRuntime/GC/GlobalHeapHistory 事件中的 FinalYoungestDesired 字段，如前所述，是作为.NET Memory/Gen 0 heap size 性能计数器。
- 提升的对象大小(提升大小)：来自 Surv0/1/2/3 列。此外，它们可以从 Microsoft-Windows-DotNETRuntime/GC/HeapStats 事件中读取。
- GC 最后的代大小(最终大小)：来自 After0/1/2/3 列。

此外，还可获得有关 GC 启动和停止、被判决的代以及碎片的数据。

下面详细说明该类实验中内部 GC 的工作方式。注意，在这个场景中，我们还使用 PerfView 的 GCStats 报告中的 All GC Events 表，这个表已经在场景 7-1 中出现过。

1. GC 之前

在应用程序开始时(在创建任何对象之前)，分配预算被设置为预算下限(参见表 7-3)。因此，初始值如表 7-4 所示(以字节表示)。

表 7-4　初始值

	第 0 代	第 1 代	第 2 代	LOH
分配预算	4 194 304	294 912	262 144	3 145 728
新分配	4 194 304	294 912	262 144	3 145 728
开始大小	24	24	24	24

如前所述，每一代的新分配值也被设置为这些值，以反映分配的可用空间。所有代在进程开始时物理上是空的；大小只是表示用一个最小大小的对象作为代的开始。

2. GC #1——由显式 GC.Collect()调用触发

示例程序中的第一次垃圾回收是被显式触发的(参见代码清单 7-2 的第 6 行)。PerfView 的 GCStats 报告中的 All GC Events 表的相应摘录如表 7-5 所示[1]。

表 7-5 All GC Events 表的摘录

GCIndex	Trigger Reason	Gen	Gen0 Alloc [MB]	Promoted [MB]	Gen0 Survival Rate [%]	Gen1 [MB]	Gen1 Survival Rate [%]	LOH [MB]	LOH Survival Rate [%]
1	Induced	2NI	0.213	0.082	33	0.192	0	0.018	99

它证实了一个诱导型非并发完全 GC(2NI)已经被触发。自程序启动起，已在 SOH 中分配 0.213MB，在 LOH 中分配 0.018 MB。这实际上反映在 GC 的开始大小和新分配的值中，如表 7-6 所示。

● 第 0 代和 LOH 的新分配已相应减少，而第 1 代和第 2 代则保持不变。
● 第 0 代和 LOH 的开始大小已增加，而第 1 代和第 2 代则保持不变。

表 7-6 新分配和开始大小

	第 0 代	第 1 代	第 2 代	LOH
新分配	3 995 024	294 912	262 144	3 128 216
开始大小	192 256	24	24	17 512

每个代的提升大小如表 7-7 所示。

表 7-7 每个代的提升大小

	第 0 代	第 1 代	第 2 代	LOH
提升大小	64 088	0	0	17 440

这意味着在第 0 代中，从分配的总共 192 256 字节中可以访问 64 088 字节并将其提升为第 1 代(大约 33%的存活率)。此外，大多数分配给 LOH 的对象都将存活(总的 17 512 字节中的 17 440 字节，即 99%的存活率)。

在该阶段，将主要根据上述存活率为回收的和所有更小一代(这在完全 GC 的情况下是指所有代)计算新分配预算。由于这些比率对于第 1 代和第 2 代来说为 0，因此这些代分配预算再次设置为最低预算。第 0 代存活率很高，因为它在该进程的启动阶段很常见，通常 GC 会尝试在最小的一代中调整几个百分点或更少的存活率。新分配预算如表 7-8 所示。

---

1 注意，这些值是以分配上下文的更改来表示的，这些更改是 GC 提供的内存单元。此外，新分配值(在 Visual Studio 中的断点处读取)与来自各种 ETW 事件的值之间几乎没有差异。

表 7-8　新分配预算

	第 0 代	第 1 代	第 2 代	LOH
分配预算	4 194 304	294 912	262 144	3 145 728

每一代的新分配值也将设置为与分配预算相同。

最后，最终代大小取决于物理上提升的对象，如表 7-9 所示。

表 7-9　最终大小

	第 0 代	第 1 代	第 2 代	LOH
最终大小	24	192 304[1]	24	17 536

3. GC #2——由分配触发

由于 byte[]数组的循环分配，因此会发生第二次和后续的垃圾回收。All GC Events 表的相应摘录如表 7-10 所示。

表 7-10　All GC Events 表的摘录

GCIndex	Trigger Reason	Gen	Gen0 Alloc [MB]	Promoted [MB]	Gen0 Survival Rate [%]	Gen1 [MB]	Gen1 Survival Rate [%]	LOH [MB]	LOH Survival Rate [%]
2	AllocSmall	2N	4.204	12.286	99	4.204	100	8.018	99

自上次 GC 以来，我们看到如下结果。

- 在第 0 代中分配了 4.204MB(由于自身分配了许多字节数组)。
- 大对象堆中大约 8MB(因为在第 9 行分配了 byte[1_000_000][]数组，这是一个包含一百万 8 字节长引用的数组)。[2]

发生此类分配后，我们可以预见:

- 4.204 MB 显然应该超过了第 0 代分配预算(原来设置为 4 194 304 字节)。
- 8 MB 的 LOH 分配也超过了 LOH 分配预算(原来设置为 3MB)。

我们可以通过查看 GC 开始时第 0 代和 LOH 的负的新分配值确认这一点，如表 7-11 所示。

表 7-11　新分配和开始大小

	第 0 代	第 1 代	第 2 代	LOH
新分配	− 21 952	294 912	262 144	−4 854 328
开始大小	4 204 064	64 040	0	8 017 472

LOH 预算被超出了，该 GC 被提升为完全 GC(即使最初只能回收第 0 代)。

每个代的提升大小显示为如表 7-12 所示的值。

---

1 第 1 代比预期的要大。它的大小为 192 304 字节，而从第 0 代仅提升 64 088 字节。这是因为在这个 GC 之后引入了大碎片。从 PerfView 的 GCStats 报告的 GC Events in Time 表中可看到 Gen1 Frag%值很大——66.69%。这显然表明仅完成了清除回收，而没有进行压缩。

2 8 字节是在 x86 平台上。

表 7-12 每个代的提升大小

	第 0 代	第 1 代	第 2 代	
提升大小	4 204 032	64 088	0	8 017 464

这样得出了以下观察结果:
- 完全提升了第 0 代,因为所有创建的字节数组都是可到达的(引用由 byte[][]数组保存)。
- 第 1 代会提升上一步中提升的数据。

在分配预算方面,我们可能会注意到如表 7-13 所示的变化。

表 7-13 分配预算

	第 0 代	第 1 代	第 2 代	
分配预算	84 080 640	448 616	262 144	28 061 128

当前的预算值可以解释如下:
- 第 0 代的存活率现在非常接近 100%,因此代分配预算显著增加。
- 第 1 代存活率也为 100%,因此其预算也有所增加。
- 第 2 代分配预算未更改,因为其初始数据大小为 0。
- LOH 分配预算增加了 3.5 倍(这种因数是通过类似于图 7-13 的函数计算得出的)。

最后,最终代大小取决于物理上提升的对象,如表 7-14 所示。

表 7-14 最终大小

	第 0 代	第 1 代	第 2 代	
最终大小	24	4 204 088	192 328	8 017 592

在到目前为止描述的两个连续的 GC 之后,我们的情况如下所示。
- 由于存活率高,第 0 代分配预算已经增长到约 80MB——许多对象在最小的一代中存活下来,因此可能还会扩展。根据新的预算,我们预期下一次 GC 大约在 80MB 的 SOH 分配之后。
- 第 1 代分配预算小于实际的代大小,这种情况的发生可能是因为 GC 尚未能够容纳大的分配/提升率。进一步的 GC 将通过稳定分配预算(如果是单一内存抖动)或不断增长(如果是稳定的内存增长)优化这一点。这清楚地表明了分配预算和预期分配的逻辑性质。它不表示实际的代大小。
- 第 2 代分配预算没有更改,但与对象一起"促成"了更大的碎片。从 GC Events in Time 表中的 Gen2 Frag%值(66.69%)可以看到这一点。
- LOH 分配预算有所增加,以适应新的大对象分配。

4. GC #3——由分配触发

第三次垃圾回收的发生是因为进一步分配了 byte[]数组。All GC Events 表的摘录如表 7-15 所示。

表 7-15　All GC Events 表的摘录

GCIndex	Trigger Reason	Gen	Gen0 Alloc [MB]	Promoted [MB]	Gen0 Survival Rate [%]	Gen1 [MB]	Gen1 Survival Rate [%]	LOH [MB]	LOH Survival Rate [%]
3	AllocSmall	0N	84.081	84.081	99	88.285	—	8.018	—

我们看到，自从上一次 GC 以来，如预期的那样，第 0 代分配了大约 84 MB。这应该会消耗其分配预算。因为仅回收了第 0 代(Gen 列中的 0N 值)，所以这使它成为最典型的、由 SOH 分配触发的最小 GC。

我们可以通过查看 GC 开始时第 0 代的负的新分配值确认这一点(见表 7-16)。

表 7-16　新分配值

	第 0 代	第 1 代	第 2 代	LOH
新分配	− 5 496	448 616	262 144	28 061 128
开始大小	84 080 640	—	—	—

每个代的提升大小显示为如表 7-17 所示的值。

表 7-17　每个代的提升大小

	第 0 代	第 1 代	第 2 代	LOH
提升大小	84,080,640	—	—	—

这导致在计算新分配预算时出现一种有趣的情况(见表 7-18)。

表 7-18　分配预算

	第 0 代	第 1 代	第 2 代	LOH
分配预算	134 217 728	− 83 632 024	262 144	28 061 128

如我们所见，发生了以下更改。

- 由于存活率高，已将第 0 代新分配预算设置为最大代大小(128 MB)。
- 第 1 代的分配预算已减少了从第 0 代提升的对象的大小。这导致超出了其分配预算，因此可以在下一次 GC 中考虑。

记住，每一代的新分配值也将相应地动态重新计算。

最后，最终代人小将根据以前和提升的大小呈现为直观的值——仅更改了第 0 代和第 1 代的大小(见表 7-19)。

表 7-19　最终大小

	第 0 代	第 1 代	第 2 代	LOH
最终大小	24	88 284 752	192 328	8 017 592

5. GC #4——由分配触发

发生第四次 GC 的原因也是因为进一步分配了 byte[]数组并超出了第 0 代的预算。All GC Events 表的摘录如表 7-20 所示。

我们看到确实分配了 134.229 MB，它超过先前设置的第 0 代分配预算。但是，正如我们所记得的，由于先前的 GC 提升了分配，因此第 1 代分配预算也会超出。因此，GC 被提升到第 1 代，不会只回收第 0 代，也将包括第 1 代((参见 Gen 列中的值 1N)。

表 7-20　All GC Events 表的摘录

GCIndex	Trigger Reason	Gen	Gen0 Alloc [MB]	Promoted [MB]	Gen0 Survival Rate [%]	Gen1 [MB]	Gen1 Survival Rate [%]	LOH [MB]	LOH Survival Rate [%]
4	AllocSmall	1N	134.229	222.513	99	134.229	99	8.018	—

如表 7-21 所示，我们可以通过查看 GC 开始时第 0 代和第 1 代的负的新分配值确认这一点(其中第 1 代值已在上一次 GC 中进行了设置)。

表 7-21　新分配和开始大小

	第 0 代	第 1 代	第 2 代	LOH
新分配	−14 504	−83 632 024	262 144	28 061 128
开始大小	134 228 736	88 284 672	—	—

每个代的提升大小显示为如表 7-22 所示的值。

表 7-22　每个代的提升大小

	第 0 代	第 1 代	第 2 代	LOH
提升大小	134 228 736	88 284 672	—	—

因为同时回收了第 0 代和第 1 代，并且它们仅包含可到达的字节数组，所以它们中的所有内容都得到了提升(第 0 代和第 1 代的存活率高达 99%)。

关于新分配预算，我们可能会注意到如表 7-23 所示的变化。

表 7-23　分配预算

	第 0 代	第 1 代	第 2 代	LOH
分配预算	134 217 728	134 217 728	−88 022 528	28 061 128

分配预算发生了以下更改。

- 第 0 代分配预算保持不变。尽管存活率很高，但由于它已经达到代大小的上限，因此无法将其更改为更高的值。
- 第 1 代分配预算已增加到代大小的上限，这是对高存活率和高提升大小的反应。
- 第 2 代的分配预算已减少了从第 1 代提升的对象的大小。这意味着第 2 代的分配预算已超出，因此预计将在下一次 GC 期间考虑回收。

最终代大小将根据以前和提升的大小呈现为直观的值——所有 SOH 代大小都已更改(见表 7-24)。

表 7-24　最终大小

	第 0 代	第 1 代	第 2 代	LOH
最终大小	24	134 228 760	88 477 048	8 017 592

6. GC #5——由分配触发

细心的读者可能会像往常一样预期 SOH 分配触发的 GC 超过第 0 代分配预算。但是，在此之前，另一个条件会触发 GC。All GC Events 表的摘录如表 7-25 所示。

表 7-25　All GC Events 表的摘录

GCIndex	Trigger Reason	Gen	Gen0 Alloc [MB]	Promoted [MB]	Gen0 Survival Rate[%]	Gen1 [MB]	Gen1 Survival Rate [%]	LOH [MB]	LOH Survival Rate [%]
5	OutOfSpaceSOH	2N	134.179	364.774	99	134.179	99	8.018	—

我们可以看到触发完全 GC 的新的 OutSpaceSOH 原因。在查看内部 GC 数据时可以很容易地解释它(见表 7-26)。

表 7-26　新分配和开始大小

	第 0 代	第 1 代	第 2 代	LOH
新分配	35 592	134 217 728	−88 022 528	28 061 128
开始大小	134 178 688	134 228 736	88 348 760	8 017 440

仅第 2 代超出了分配预算(由于先前的 GC 中的提升)，但这不是触发此 GC 的原因。真正的原因是两个临时代的总大小(开始大小)超过了临时代段大小的上限(256MB)。这种情况下，将触发 GC 以至少回收临时代。同时，由于超出了第 2 代的预算，因此该 GC 被额外提升为完全 GC。

每个代的提升大小显示为如表 7-27 所示的值。

表 7-27　每个代的提升大小

	第 0 代	第 1 代	第 2 代	LOH
提升大小	134 178 688	134 228 736	88 348 760	—

由于存活率高，第 0 代和第 1 代的分配预算仍然保持在最大值(见表 7-28)。

表 7-28　分配预算

	第 0 代	第 1 代	第 2 代	LOH
分配预算	134 217 728	134 217 728	178 062 152	28 061 128

第 2 代分配预算增加了两倍(这个因数是通过类似于图 7-13 的函数计算得出的)，以对应其高存活率。

最后，代大小如表 7-29 所示。

表 7-29 最终大小

	第 0 代	第 1 代	第 2 代	LOH
最终大小	24	134 178 712	222 705 808	8 017 592

这些大小与预期的一样。第 0 代为空，第 1 代最大化，而第 2 代回收所有其他 SOH 对象。

7. 后续 GC

由于示例程序的内存使用量是恒定的，因此后面的 GC 将重复这里介绍的模式。可以交替调用 GC 的原因有两个：AllocSmall(超过第 0 代预算)和 OutOfSpaceSOH(超过临时段总大小)。第 2 代的大小将逐渐增加，而其余的将处于同一水平。

静态数据与定期更新的动态数据一起控制 GC 的工作。它们控制 GC 何时触发、判决哪一代以及应执行压缩还是清除。最好对它们是什么以及它们如何影响进程有一个总体的了解。

我们希望场景 7-2 的详细描述能够说明这些静态和动态数据之间的关系以及分配的影响。代大小可以被视为由相应代的分配预算驱动的动态值，该动态值是根据它们的存活率计算得出的。因此，GC 不断调整代大小，以适应当前的分配和存活模式，且与表 7-1 和表 7-2 中的静态数据相关(特别是影响图 7-14 中那个重要函数的外观)。

记住，这些是深入的实现细节。我们不能保证这些参数在未来几年还会以完全相同的方式影响 GC 的工作。然而，我认为，分配预算的概念不大可能发生巨大的变化。

> 对于 CoreCLR 代码，此处描述的动态数据由.\src\gc\gcpriv.h 文件中定义的 dynamic_data 类表示。你可以轻松地将上面列出的每个属性映射到该类的相应字段。其中，最重要的一项是由 desired_allocation 字段表示的分配预算。在 GC 结束时，使用各种启发式方法在 gc_heap::desired_new_allocation 方法中进行计算(在图 7-13 中主要与存活率相关，并通过 gc_heap::linear_allocation_model 方法进行校正——基于代的完整性的上一个值和新值之间的线性校正)。你可以从 GC 结束时调用的 gc_ heap::compute_new_dynamic_data 开始对该字段进行进一步研究。

7.6 回收触发器

我们可能会问的关于 GC 的问题是：它是什么时候真正发生的？什么触发了它？在给出具体答案之前，有必要了解 GC 实现背后的设计决策(这些决策已经被写到 *Book Of The Runtime* 中)。

- GC 应该要经常发生，从而避免托管堆包含大量(按比率或绝对计数衡量)未使用但已分配的对象(垃圾)，导致不必要的内存使用。
- GC 应该不要太过于频繁地发生，以避免使用其他有用的 CPU 时间(尽管频繁的 GC 会降低内存的使用量)。
- GC 应该是高效的。如果 GC 只回收了少量内存，则会浪费 GC(包括相关的 CPU 周期)。
- 每次 GC 应该要很快，因为许多工作负载具有低延迟的要求。
- 托管代码开发人员应该不需要知道很多关于 GC 实现良好的内存利用率(相对于其工作负载)的知识，GC 应该能够进行自我调整以满足不同的内存使用模式。

考虑到这些设计决策，答案应该是这样的：尽可能少地调用 GC，从而提供尽可能好的结果。当然，考虑到无数的用例和快速变化的条件，设计这样一个自调整的 GC 是一个极其困难的挑战。然而，认识到 GC 带来的上述挑战就很容易拒绝其循环调用的想法。但是，循环调用可能是经验不足的.NET 开发人员的最初想法之一，他们认为也许 GC 会定期调用(例如经过一定毫秒数后)。其实答案很简短，仅调用它并"查看接下来会发生什么"是不会有什么成效的。

启动垃圾回收的原因有很多。本节的其余部分将介绍它们并根据这些原因背后的主因进行分组。

各种 GC 原因由 CoreCLR 内部的 gc_reason 枚举表示。如果你想自己研究该主题，可从此处入手。

7.6.1　分配触发器

正如我们在第 6 章中所看到的，如果无法为正在创建的对象找到合适的空间，那么小对象堆分配器和大对象堆分配器都可能触发垃圾回收。视情况而定，可能会触发一个甚至两个临时 GC(第 0 代或第 1 代被判决)以及完全 GC。

这是迄今为止在我们的应用程序中发生 GC 的最常见原因。造成这种情况的主要原因有 4 个(和前面一样，括号中的名称表示 PerfView 报告中使用的名称)。

- 小对象分配(AllocSmall)：在对象分配期间，第 0 代的预算已用完。这是最常见的情况，在第 0 代分配预算超出的情况下触发(如第 6 章所述)。
- 大对象分配(AllocLarge)：在大对象分配期间，LOH 的预算已用完。
- 慢速路径上的小对象分配(OutOfSpaceSOH)：在 SOH 中的"慢速路径"对象分配期间，分配器空间不足，即使经过一些段重组，甚至可能已经运行了 GC，但仍然没有所需的可用空间。在具有较大虚拟内存空间的 64 位运行时中，这应该是一个相当罕见的原因。不过，即使是 64 位运行时，这种情况也可能发生在工作站 GC 中，如场景 7-2 所示。
- 慢速路径上的大对象分配(OutOfSpaceLOH)：在 LOH 中的"慢速路径"对象分配期间，分配器空间不足。与 OutOfSpaceSOH 类似，它应该并不常见。

当然，良好的内存管理通常可以归结为创建最少数量的对象。这就是分配触发器是 GC 最优的来源的原因——如果没有分配，则不会发生这种触发。因为没有分配，所以根本没有 GC。

7.6.2　显式触发器

在某些情况下，你可能希望显式要求进行 GC。这种垃圾回收通常被称为诱导型垃圾回收。借助公开的 API，可以通过几种方式完成这些操作。最常见的一种是通过显式调用 GC.Collect 方法触发 GC。它具有多个不同控制级别的重写。

- GC.Collect()：请求触发完全 GC，阻塞但不强制压缩。
- GC.Collect(int generation)：请求触发指定代的 GC，阻塞但不强制压缩。
- GC.Collect(int generation, System.GCCollectionMode mode)：请求触发指定代的阻塞 GC，模式可以为 Forced 或 Optimized(将决策留给 GC 本身)。
- GC.Collect(int generation, System.GCCollectionMode mode, bool blocking)：请求触发指定代的 GC，同时指定是否显式阻塞，模式可以为 Forced 或 Optimized(将决策留给 GC 本身)。
- GC.Collect(int generation, System.GCCollectionMode mode, bool blocking, bool compacting)：要求 GC 所有选项都显式指定。

正如稍后将要解释的那样，GC 包含了一个步骤用于检查大量条件，以查看哪个代回收最高效。因此，即使我们为 GC.Collect 调用提供了特定的代，可以确保它(以及所有较小的代)会垃圾回收，一些较大的代也可能会受到判决(如果当前情况为较大的代已经超出预算)。

调用 GC.Collect(2, GCCollectionMode.Forced, blocking: false, compacting: true)似乎很奇怪。正如我们将在第 11 章中了解到的那样，非阻塞(并发)完全 GC 是非压缩的，因此这些参数似乎相互矛盾。这种情况下，触发的 GC 实际上是非阻塞/非压缩的或阻塞/压缩的(决定权留给 GC)。

调用 GC.Collect 很少是合理的。整本书都致力于描述.NET GC 是一个复杂且经过优化的东西。它保留了各种统计数据，这些统计数据支持关于是否进行垃圾回收的启发式决策(如果是，那么哪一代将是回收效率最高的一代)。通过显式调用 GC.Collect，我们会干扰这些启发式方法。

而且，真的很难找到使用这种方法的理由。正如我们将在第 8~10 章中所看到的那样，CLR 会尽其所能尽快地回收对象。确定哪些对象符合回收条件是基于标记的。如果一个对象没有被垃圾回收，那是因为某些对象仍然保持着对它的引用。调用 GC.Collect 也无济于事。如果没有产出，则不会(自动)调用 GC。因此，显式调用 GC.Collect 也将是没有产出的。

以下是我们希望回收每一代内存的一些情形。

- 第 0 代：你认为最年轻的一代中有许多死对象并希望强行回收它们。但是，如果在应用程序中分配了一些对象，则无论如何都会非常频繁地回收这一代。而且，根据 CLR 的设置(参见表 7-1)，第 0 代不会一开始就变大。因此，最好是让 GC 自己去完成它的工作。因为基于分配和存活率进行了自我调整，所以它将以最佳频率回收第 0 代。如果进行显式调用，我们只会破坏这些自我调整。

- 第 1 代：这一代是中间代。我们很难推断出对象在何时、何地以及停留多长时间，因为它很大程度上取决于应用程序的动态条件。第 1 代不会将年轻一代的对象直接提升为更老的第 2 代对象。它使对象有机会在进入第 2 代之前被回收。GC 跟踪的分配和存活率对此有所帮助。通过显式调用回收第 1 代，可以将其全部丢弃。所有仍然可到达的对象将被提升到第 2 代，其中一些可能是过早和不必要被提升的。避免提升到最老一代是我们应该考虑的真正重要的事情之一。显式触发临时回收可能很诱人，因为它相当快，并且是在调用成熟的完全 GC 之前的最后手段。但是，我希望你从缩短它们寿命的角度重新思考你的数据结构。

- 第 2 代：完全 GC 比其他类型 GC 昂贵得多，但是它能完成工作——可以回收的所有东西都将被回收。你可能想显式调用它，因为你已经注意到第 2 代是"庞大的"或"持续增长的"。最有可能发生这种情况的原因是我们不了解某些根源，而不是因为 GC 忘记做它的工作。实际上，由于内存压力，GC 可能已经在进行完全垃圾回收。添加你自己的显式调用只会增加额外的开销，而不会产生任何积极影响。与其触发 GC，不如重新设计你的应用程序，使其不会生成这样的长存对象，从而在最早的一代中结束。

记住，无论我们给出哪一代作为 GC.Collect 调用的参数，它都能够以完全 GC 结束。

话虽如此，有哪些情况可以证明使用 GC.Collect 是正当合理的？这可以分为如下几种情况。

- 你的应用程序有一些 GC 不太可能理解的问歇性行为，例如偶尔的批处理导致了大量的分配，最终在第 2 代中回收。如果此类分配改动很少，则以后 GC 可能很长一段时间都不会决定回收第 2 代。因此，在批处理期间创建的所有垃圾都将保留在那里，从而会增加总内存使用量。它不会导致 GC 开销，但会使你的进程一直保持很大，而你知道并不需要这样。另一个示例是在预期的巨大分配改动之前清理内存，例如前面提到的偶尔进行的批处理、在游戏中加载新关卡等。在将应用程序转换为需要尽可能低的 GC(通常是运行时)开销的低延迟模式之前，这种方法可能也有用。

所有这些场景与能够处理稳定数量请求的稳定运行的 Web 应用程序正好相反。GC 对分配和存活特征具有很好的洞察力，这使其能够做出比我们能做的更好的决策。

- 在程序执行过程中有意识地选择要主动清理的部分。与第一点类似，我们可以利用应用程序的特殊性，在用户没有注意到的时刻提前回收垃圾。典型的例子是在等待用户输入或显示各种加载屏幕时进行垃圾回收。但是，这是一个比第一点更弱的原因。我们真的对这种调用的意义深信不疑吗？这样的调用是否真的有效？或者只是以防万一？记住，它们会破坏 GC 调优的工作。

- 因为基准测试而进行清理(任何测量都需要精心准备的环境)。为确保 GC 开销是可重复的，我们应准备一个测试环境，使其在每个基准测试之前处于一致状态。这需要清除所有可以清除的内存。在基准测试之前调用完全 GC 是一种常见模式。

- 单元测试和集成测试的特殊情况，例如那些使用 WeakReference(第 12 章中展示了一个示例)或使用怀疑导致内存泄漏的第三方代码的测试。通过在测试之前和之后显式调用 GC.Collect(以清理所有可以清理的内容)，我们可以创建可重复的测试结果。

作为一种使用了第三方库的内存使用特性的解决方案，正在使用的库的行为可能涉及与这里提到的前两个原因类似的内容。尽管我们无法控制此类代码，但唯一能做的(更改库除外)就是在使用之前和/或之后清除垃圾。不过，GC.Collect 仍然只应该是一个偶然的调用。为克服一些问题而循环使用 GC.Collect 意味着你很可能只是想把整个问题掩盖起来。事实上，这些问题都不是通过显式的 GC 调用解决的。

还有另一种方法可以接近于显式地触发 GC，即使用 AddMemoryPressure 方法(将在第 15 章中介绍)。通过调用它，我们告知 GC 一些托管对象正持有指定数量的非托管内存。因为从 GC 的角度看，此类非托管数据不会由 GC 堆跟踪，所以它无法将此类数据大小纳入有关内存使用情况的决策中。如果 GC.AddMemoryPressure 调用设置的非托管内存总大小超过动态调整的阈值，则将触发基于内部启发式方法的一代的非阻塞 GC。

当前实现从阈值 100 000 字节开始(并且永远不会低于此值)。然后后据通过 GC.AddMemoryPressure(将其增加指定大小的 10%或 8 倍，取决于较大的那个结果)和 GC.RemoveMemoryPressure 调用传递的大小进行动态调整。它还会考虑每代回收计数之间的比率。尽管这些是最有可能更改的内部实现细节，但值得注意的是，内存压力逻辑作用于其内部启发式方法上，与由核心 GC 逻辑管理的方法无关。

7.6.3 场景 7-3：分析显式 GC 调用

描述：我们正在开发一个用 WPF 编写的桌面应用程序。考虑到前面的说明，我们想检查它是否显式触发了 GC。因为已有其源代码，所以最简单的解决方案就是搜索 GC.Collect 调用。但是，首先，我们的应用程序由各种组件组成，我们并没有所有组件的源代码。其次，单纯的 GC.Collect 调用并不能说明其实际用途(它是否发生以及发生的频率)。例如，我们将研究 dnSpy 应用程序的操作——它是一个免费的、开源的.NET 调试器和程序集编辑器，在前面的章节中已经介绍过。

分析：我们将通过检查程序运行期间是否存在显式的 GC 触发器开始对程序的分析。最快和最简单的方法是使用.\NET CLR Memory(dnSpy)\# Induced GC 性能计数器，该计数器对所有这种类型的 GC 调用进行计数(见图 7-15)。很明显，我们看到确实发生了一些诱发型 GC(在一分钟的测试中有 6 个)。通过在测试过程中观察该图，我们还可以很快注意到这些情况是在从 Assembly Explorer 面板中打开新程序集时发生的。

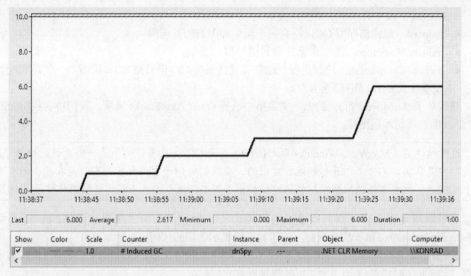

图 7-15　dnSpy 应用程序运行的第一分钟期间的.\NET CLR Memory(dnSpy)\# Induced GC 性能计数器

在确认此类调用确实发生后，让我们分析它所发生的地方。为此，我们必须再次使用 PerfView 工具和 GC 分析以及收集事件堆栈跟踪。我们应该在 Collect 对话框的 Addition Providers 字段中输入 Microsoft-Windows-DotNETRuntime:GCKeyword:Informational: @StacksEnabled=true 选项。

记录会话后，从 Memory Group 文件夹中打开 GCStats 报告。在 dnSpy 进程的 GC Rollup By Generation 表中，我们还发现一个对诱导型 GC 调用的确认(见图 7-16 中的 Induced 列)。

GC Rollup By Generation									
All times are in msec.									
Gen	Count	Max Pause	Max Peak MB	Max Alloc MB/sec	Total Pause	Total Alloc MB	Alloc MB/ MSec GC	Survived MB/ MSec GC	Mean Pause	Induced
ALL	8	27.7	216.9	654.519	95.6	304.8	3.2	0.496	11.9	8
0	4	12.9	178.0	654.519	30.2	151.5	0.1	0.173	7.5	4
1	2	27.7	216.9	19.184	35.6	89.0	0.1	0.200	17.8	2
2	2	26.5	150.3	6.746	29.8	64.3	0.1	0.995	14.9	2

图 7-16　dnSpy 进程的 GCStats 报告中的 GC Rollup By Generation 表

现在，从记录的会话中打开 Events 面板并找到发生显式 GC 调用时发出的 Microsoft-Windows-DotNETRuntime/GC/Triggered 事件。由于 StacksEnabled 选项已打开，因此每个事件发生时都有对应的堆栈跟踪(见图 7-17)。

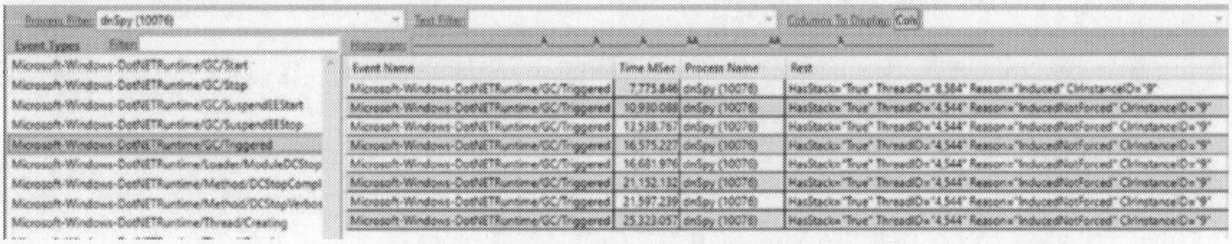

图 7-17　已过滤到 dnSpy 进程的 Events 视图

在 Reason 字段中有以下 3 个值。

- Induced：显式诱导型 GC，没有关于压缩和阻塞的首选项。
- InducedNotForced：不必阻塞的显式诱导型 GC。
- InducedCompacting：应该进行压缩的显式诱导型 GC(但只是 SOH 压缩，一般是通过其他设置显式启用 LOH 压缩)。

通过从 Time MSec 列的值的上下文菜单中选择 Open Any Stacks 选项，我们将看到每个显式 GC 触发器的确切堆栈跟踪。

这种情况下，Microsoft-Windows-DotNETRuntime/GC/Start 事件似乎是一个更好的分析起点。但是，它是从实际 GC 工作开始的地方发出的。在我们的例子中，大多数 GC 是在后台的专用线程上处理的。此类事件的堆栈跟踪将始终仅指示专用 GC 线程在其上获得开始工作信号的位置。

通过堆栈跟踪分析，我们能够识别出显式 GC 触发器的两个主要来源(dnSpy 工具可从 https://github.com/0xd4d/dnSpy 获得，该工具可以显示确切的代码)。

① 程序集反编译后的内存清理(见图 7-18)。发生这种情况后，临时缓存可能不再包含所需的数据。显式的 GC.Collect 调用会尽可能快地回收它们。

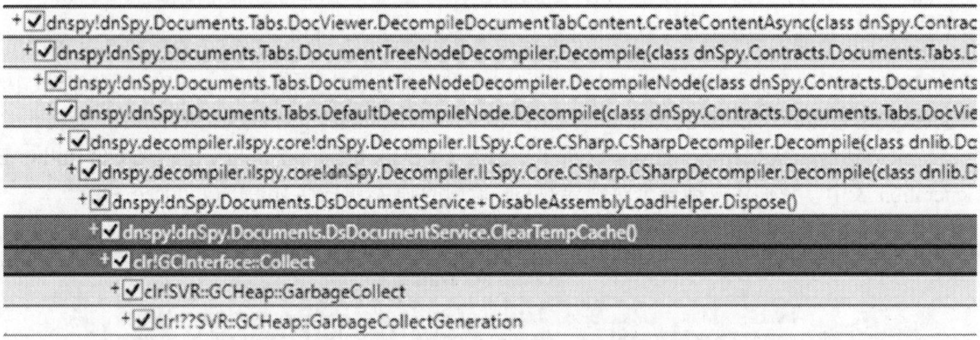

图 7-18　第一种显式 GC.Collect 调用的堆栈跟踪

相应的代码摘录见代码清单 7-3。它表示为一种使用实现了 IDisposable 接口的帮助器包装资源密集型对象(在本例中为 DsDocumentService 实例)的方法。这样的帮助器实现了一种非常简单的引用计数技术来跟踪被包装对象的使用情况。如果不再使用它，则对大量资源进行显式清理。

代码清单 7-3　dnSpy 代码中的显式 GC 调用示例

```
sealed class DsDocumentService : IDsDocumentService {
  int counter_DisableAssemblyLoad;
  // ...
  public IDisposable DisableAssemblyLoad() => new DisableAssemblyLoadHelper
  (this);
    sealed class DisableAssemblyLoadHelper : IDisposable
    {
    readonly DsDocumentService documentService;
    public DisableAssemblyLoadHelper(DsDocumentService document
    Service) {
        this.documentService = documentService;
        Interlocked.Increment(ref documentService.counter_Disable
        AssemblyLoad);
    }
```

```
        public void Dispose() {
            int value = Interlocked.Decrement(ref documentService.counter_
            DisableAssemblyLoad);
            if (value == 0)
                documentService.ClearTempCache();
        }
    }
    // ...
    void ClearTempCache() {
      bool collect;
        lock (tempCache) {
            collect = tempCache.Count > 0;
            tempCache.Clear();
        }
        if (collect) {
            GC.Collect();
            GC.WaitForPendingFinalizers();
      }
    }
    // ...
}
```

这样的类的用法很简单，如代码清单 7-4 所示。

代码清单 7-4 代码清单 7-3 中代码的示例用法

```
using (context.DisableAssemblyLoad()) {
    // inside this block helper reference counter is incremented
    // context contains reference to the DsDocumentService instance
}
```

代码清单 7-3 中的代码只是如何实现这种防御性内存清理的示例之一。除了引用计数，还可以在应用程序注意到某个程序集已反编译(例如从 UI 发送的事件)的某个明确定义的时间点调用 GC.Collect。使 DsDocumentService 直接实现 IDisposable 接口并从其 Dispose 方法内部调用 GC.Collect 也很有诱惑力。但是，这将改变使用 DsDocumentService 的语义，而这种语义并不总是合适的。另一个解决方案是从 DsDocumentService 终结器内部调用 GC.Collect。

这里介绍的手动内存清理是上面列出的第一种用例的示例。开发人员决定进行显式的 GC 调用，因为我们知道与用户输入有关的间歇性操作需要清除大量临时数据。

② 由于使用了位图而控制非托管内存(见图 7-19)。如我们所见，这次 GC 是由 Windows Presentation Foundation(PresentationCore.dll 是 WPF 框架的一部分)在内部触发的，原因是加载了一个图像。

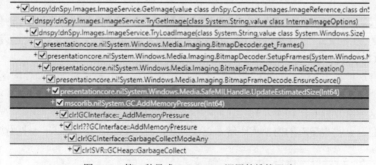

图 7-19　第二种显式 GC.Collect 调用的堆栈跟踪

事实证明这是一个已知的问题。由 WPF 中的 BitmapSource 类表示的位图是小型托管对象，它们将图像数据作为非托管内存进行保存。这使得它们对于 GC 来说是很小的，因为非托管数据不包括在对象大小中。可以通过使 BitmapSource 实现 IDisposable 接口并分别在其构造函数和 Dispose 方法中调用 GC.AddMemoryPressure 和 GC.RemoveMemoryPressure 来完成 [1]。遗憾的是，设计决策最终是另一个。因此，作为 WPF 内部解决方法，位图数据由带有引用计数的处理 GC.AddMemoryPressure 和 GC. RemoveMemoryPressure 的附加句柄持有(参见代码清单 7-5)。如前所述，如果超过某些阈值，AddMemoryPressure 方法会触发 GC，而这正是我们在场景中所看到的。

代码清单 7-5　PresentationCore.dll 中的 SafeMILHandleMemoryPressure 类

```
namespace System.Windows.Media
{
  internal class SafeMILHandleMemoryPressure
  {
      [SecurityCritical]
      internal SafeMILHandleMemoryPressure(long gcPressure)
      {
          this._gcPressure = gcPressure;
          this._refCount = 0;
          GC.AddMemoryPressure(this._gcPressure);
      }

      internal void AddRef()
      {
          Interlocked.Increment(ref this._refCount);
      }

      [SecurityCritical]
      internal void Release()
      {
        if (Interlocked.Decrement(ref this._refCount) == 0)
        {
            GC.RemoveMemoryPressure(this._gcPressure);
            this._gcPressure = 0L;
        }
      }
      private long _gcPressure;
      private int _refCount;
  }
}
```

此示例展示了与前面显示的程序集反编译情况类似的引用计数包装器方法。但是，这一次包装器没有显式调用 GC，而只是通知 GC 有关额外的非托管的内存压力。这里将触发垃圾回收的决定留给了 GC 本身。

如果没有这种技巧，GC 发生的频率将大大低于它应该发生的频率，从而使应用程序长时间处于高内存使用状态。随着加载更多的图像，问题将更严重。你很可能会在自己的 WPF 应用程序中注意到这种诱发型 GC 调用。只要它们不引入大的开销，就可以忽略。如果情况变得严重，你显然不能通过更改 WPF 的内部代码解决这个问题。作为应用程序级别的一种解决方法，可以

---

1 此处与官方描述不一致，请自行查阅最新官方文档并进行实操验证。

创建一个 WriteableBitmap 对象池并相应地重用它们。

以前，SafeMILHandleMemoryPressure 管理自己的一组计数器来控制内存使用情况并调用 GC.Collect 以在超出上限时显式触发完全 GC。然而，它带来的问题比收益多。从.NET Framework 4.6.2 开始，这个逻辑通过一对 AddMemoryPressure/RemoveMemoryPressure 方法迁移到 GC。

如果 CLR 被托管，则可以通过 ICLRGCManager::Collect 方法使用另一个显式 GC 触发器。它诱导阻塞指定代的完全 GC。

7.6.4　低内存级别系统触发器

垃圾回收可能是由"外部"触发的。如果操作系统发现内存不足，则会广播"内存不足通知"信号。行为良好的应用程序可能会(但不必)监听此类通知，以尝试帮助或应对这种情况。它们可以按照它们认为适当的方式开始减少工作集，也可以只是忽略通知。

.NET 运行时负责侦听这类信号。在接收到信号后，会触发一个临时 GC(但在高内存压力下，可能会变成完全 GC)。此外，GC 在这些回收过程中变得更加激进。例如，更有可能执行完全 GC。好处是相互的，因为降低内存压力有利于系统中的所有应用程序(包括基于.NET 的应用程序)。

内存不足通知机制当前仅在 Windows 上受支持。它在内部使用 WinAPI 函数 CreateMemoryResourceNotification，然后通过 Finalizer 线程(将在第 11 章中介绍)观察这种通知。之所以选择这么做，是因为这样可以确保在应用程序的整个生命周期中都能观察到该通知。在收到通知后，将从 Finalizer 线程中调用 GC。根据 System.Runtime.Caching.PhysicalMemoryMonitor 内部类中的注释(该注释基于来自 Windows 内部实现的注释)，当占用 97%~99%的物理内存时，将发出内存不足通知(取决于系统中安装的物理内存数量)。

如果我们想检查低内存级别通知是否在应用程序中触发了 GC，最简单的方法是记录 ETW 会话并查看报告或 GC 的带有如下原因的 Microsoft-Windows-DotNETRuntime/GC/Start 事件。

- LowMemory：操作系统发出内存不足通知信号。
- InducedLowMemory：操作系统发出内存不足通知信号并要求运行时阻塞 GC。
- LowMemoryHost：主机发出内存不足通知信号(当前未使用)。

7.6.5　各种内部触发器

在运行时和标准库中还有许多其他地方需要内部请求 GC。此类 GC 大多被标记为诱导型 GC(例如在显式调用的情况下)，因为从 GC 的角度看，不管是从用户、运行时还是从托管库代码中调用它，都并不重要。

其最常见的原因包括下列这些。

- AppDomain 卸载：清理与 AppDomain 相关的对象是执行垃圾回收的一个很好理由。这种情况下，将触发阻塞型完全 GC。
- 清理表示为死线程的线程对象：在长时间运行的应用程序中，可能会创建和删除各种线程。每个这样的线程由一个托管对象表示。这种场景会触发对大多数死线程对象所在的代的非阻塞回收，但不会比默认的 30 分钟周期值更频繁。
- 在启动 NoGC 区域(参见第 15 章)之前，要求不触发 GC 的代码区域可能会对内存造成压力。因此，最好事先进行主动清理。此场景将触发阻塞型完全 GC，以确保回收每个死对象。

.NET 团队还使用一种称为 "GC 压力" 的内部机制。它常常因为诊断原因而触发 GC，主要是为了发现 GC 漏洞，例如应该向 GC 报告但没有报告。

对于这里列出的内部触发器，其中大多数将在基于 ETW 的数据中以 Induced 原因而可见。此外，还存在以下原因。

- Internal：运行时在压力测试模式下使用的内部原因。
- Empty 和 PMFullGC：当前未使用。

7.7　EE 挂起

在垃圾回收工作期间，执行应用程序代码的线程有时不应工作，因为它们会访问和修改由 GC 本身访问的内存区域。根据 GC 模式的不同，这些时刻可能较短或较长。在非并发模式下，整个 GC 会在用户线程挂起时执行。即使在并发模式下(将在第 11 章进行说明)，也只有部分 GC 是在托管线程工作时完成的，因此这种情况下，也需要暂停这些部分的托管线程。

挂起执行用户代码的所有线程的过程称为 "EE 挂起"(即执行引擎挂起，意为 "挂起托管线程")。在非并发 GC 模式的情况下，GC 要求 "挂起服务" 在其工作开始时挂起所有托管线程并在其工作结束时恢复它们。这种侵入性的方法通常被称为 "停止世界" 技术，因为从应用程序的角度看，整个世界都是在垃圾回收时暂停的。

正如 *Book Of The Runtime* 中所说，"CLR 必须确保所有托管线程都已停止(因此它们不会修改堆)，以便安全可靠地找到所有托管对象。它只在安全点停止，此时可以检查寄存器和堆栈位置是否存在实时引用"。

因此，安全点是一个可以检查寄存器和堆栈位置的实时引用的代码位置。安全点的实现并非易事。挂起显然也必须是非常高效的，因为挂起和恢复线程会影响整个 GC 的暂停时间。从.NET 内存管理以及整本书的角度看，这些实现细节并不是那么重要。线程挂起根本不是 GC 的一部分。但是，熟悉这一术语是一件好事，它可能在我们分析内存消耗时出现在各种工具中(尤其是在 WinDbg 中)。此外，线程挂起逻辑与本地数据活性密切相关，我们将很快看到这一点。

从 GC 的角度看，每个托管线程可能处于两种不同的模式。

- 协作：正如 CoreCLR 源代码在注释中所说，"当线程处于协作模式时，基本上是在说它有可能修改 GC 引用，因此运行时必须与之协作才能到达可以枚举 GC 引用的 GC Safe 位置"。这是运行托管代码时大多数时间内线程所处的模式。
- 抢占：这种模式意味着挂起服务不需要关心它——可以保证它位于可以发生 GC 的位置，因为它正在执行着不会访问和操纵 GC 引用的代码。大多数情况下，这只是意味着这样一个线程知道如何挂起自身。

话虽如此，EE 挂起可以定义为强制所有托管线程都处于抢占模式的情况。从协作模式到抢占模式的转变只能在安全点发生。在每个安全点上，线程状态的视图都会被记住——描述堆栈和寄存器的布局，因为它们可能包含对象的引用(构成对象树的根)。这种数据被称为 GC 信息。将应用程序中的所有指令视为安全点(使得在运行每个指令时抢占线程成为可能)需要为每个指令存储 GC 信息。这将消耗大量的内存。

因此，这种情况下往往会引入折中方案。托管代码可以即时编译为两种代码。

- 局部可中断：唯一的安全点是在调用其他方法期间(包括检查 GC 是否挂起的显式 GC 池调用[1])。方法调用之间的指令数是一个普通.NET 方法的数量级别，它很小。因此，这种方法以合理的 GC 信息存储开销提供了良好的安全点密度。生成局部可中断的代码是 JIT 编译器的首选。

- 全部可中断：除了 prolog 和 epilog(分别在方法开始和结束时执行的小代码片段)，一个方法的每条指令都被视为安全点(整个代码是抢占式的)。JIT 编译器必须以某种方式为每条指令存储 GC 信息，但这会使全部可中断的代码迅速挂起。由于存在存储开销，因此 JIT 编译器宁愿尝试避免这种方法。JIT 选择它的典型场景之一是未知重复大小的循环，其中内部没有任何方法调用(它们不能保证不会导致阻塞 GC 的快速结束)。解决此类问题的其他典型解决方案之一是在循环的回跳上注入 GC 池调用。但是，这种冗余池调用的效率令人怀疑。

如果你想进一步研究，可在 CoreCLR 源代码中搜索实现上述 GC 池调用的 FC_GC_POLL 和 FC_GC_POLL_RET 宏。

正如 *Book Of The Runtime* 中所说，"JIT 根据启发式方法选择是发出全部可中断的代码还是局部可中断的代码，以在代码质量、GC 信息大小和 GC 暂停延迟之间找到最佳平衡"。

在挂起执行引擎的过程中，会尝试强制当前以协作模式运行的所有线程在其安全点处进入抢占模式。首先，调用操作系统 API 挂起底层本机线程(在 Windows API 的情况下为 SuspendThread 函数)，然后分情况而定。

- 对于全部可中断的代码，这是很容易的。线程已经处于安全点，因此可以将其挂起。

- 对于局部可中断的代码，我们可能很幸运并在安全点期间挂起了线程。这种情况下，可以如上所述将其挂起。如果一个线程被挂在安全点之外(这很有可能)，那么当前堆栈帧的返回地址将被操作到一个特殊的存根，这个存根将把它"停"在一个安全点上，并且线程会被恢复一小段时间(在这段时间内，它也可能会到达自己的安全点)。

恢复线程比挂起要简单得多。GC 完成后，所有挂起的线程将通过发出有关挂起结束事件的信号来唤醒，它们将恢复其执行。

我们可以借助 ETW 事件(GCSuspendEE_V1/GCSuspendEEEnd_V1 和 GCRestartEEBegin_V1/GCRestartEEEnd_V1)监控 GC 挂起和线程恢复。[2]

场景 7-4：分析 GC 挂起时间

描述：在开发.NET 应用程序时，我们也许会好奇地检查 GC 挂起实际上需要多长时间。

分析：通过前面提到的 ETW 事件，可以很容易地计算 GC 挂起和恢复时间。最简单的方法是在 PerfView 中查看 GCStats 报告。GC Events by Time 表显示了每个事件的详细摘要，包括挂起和 GC 执行时间(见图 7-20 中的 Suspend Msec 和 Pause MSec 列)。我们可以看到，挂起所需的时间比 GC 本身要少得多。

---

[1] 这样的 GC 池调用分布在运行时本身的各处，并且在某些场景下，JIT 也会发出这些调用。但是，它们很少见，因为池不是一种高效的方法，一般等待第一个方法调用(这也是一个安全点)就足够了。

[2] 注意，为简洁起见，这里简化了这种描述。如果你对非常详细的实现细节感兴趣，请参阅 *Book Of The Runtime* 中的"CLR 线程概述"部分，以及在 CoreCLR 源代码的.\src\vm\threads.h 文件开头处所添加的大量注释。

GC Index	Pause Start	Trigger Reason	Gen	Suspend Msec	Pause MSec	% Pause Time	% GC	Gen0 Alloc MB	Gen0 Alloc Rate MB/sec
4	3,877.501	AllocSmall	2N	0.006	4.822	32.7	NaN	4.194	422.62
33	4,929.946	AllocSmall	2N	0.006	13.602	27.8	NaN	6.291	177.97
72	6,241.174	AllocSmall	2B	0.011	2.851	7.6	NaN	0.000	0.00
92	7,748.723	AllocSmall	2B	0.012	1.096	8.0	NaN	0.000	0.00
109	10,513.568	AllocSmall	2B	0.020	7.109	7.4	NaN	0.000	0.00
230	21,402.063	AllocSmall	2B	0.021	1.940	12.7	NaN	0.000	0.00
275	22,536.014	AllocSmall	2B	0.249	5.347	55.4	NaN	0.000	0.00
306	23,672.918	AllocSmall	2B	0.085	2.890	10.1	NaN	0.000	0.00
321	24,249.275	AllocSmall	2B	0.017	3.835	9.0	NaN	0.000	0.00
375	25,915.426	AllocSmall	2B	0.099	3.191	33.2	NaN	0.000	0.00
487	28,916.898	AllocSmall	2B	0.529	7.109	50.3	NaN	0.000	0.00
506	29,400.041	AllocSmall	2B	0.581	6.658	37.0	NaN	0.000	0.00
628	33,148.673	AllocSmall	2B	0.255	3.313	40.2	NaN	0.000	0.00
668	34,169.166	AllocSmall	2B	0.153	2.612	23.5	NaN	0.000	0.00

图 7-20　来自 PerfView 的 GCStats 报告中的 GC Events by Time 表的 GC 挂起和 GC 执行时间

我们不应该在应用程序执行期间观察到明显的挂起时间。这很可能意味着运行时出现了 bug,因为我们无法控制 GC 挂起机制。例如,.NET 2.0 在某些情况下(执行相同代码的 CPU 密集型循环,并且没有触及任何安全点)会导致挂起时间延长到秒级别。这个问题已在.NET 4.0 中修复。在常规应用程序中,如果 I/O 操作时间长或线程优先级混乱,我们会观察到更长的挂起时间(例如超过 1 毫秒)。

非托管线程不会挂起和重启。如果创建一个后台本机线程来执行其工作(例如执行计时器回调),则它将独立于 EE 挂起运行。但是,P/Invoke 机制肯定会在从非托管代码返回到托管代码时进行阻塞。

7.8　要判决的代

在触发要回收特定代的 GC 时,GC 可以决定判决比指定代更老的代。因此,如果某些机制(包括你的 GC.Collect 调用)要求回收某个特定的代,则它可能会决定回收更老的一代——基于它内部跟踪的各种启发式方法。我们已经在本章关于静态和动态 GC 数据的小节中看到这些数据。

本节提供了改变被判决的代的可能原因的详尽列表。这使你能够更好地了解在我们的应用程序中发生 GC 的原因。

这里所提出的决策顺序很重要。每个后续决策(启发式方法)都能够提升被判决的代,但不能降低该代。换言之,如果其中一个检查决定判决第 2 代,而后来的某个检查想要判决第 1 代,则最终将判决更老的那一代(实际上是忽略判决第 1 代的建议)。

以下是可能改变被判决的代的各种决策的综合列表(括号中的名称取自 PerfView 的 Condemned reasons for GCs 表,这是可以分析此阶段的最佳且唯一的位置)。

- 分配预算已超出(Generation Budget Exceeded):超出分配预算的最老一代将受到判决。这包括将判决第 2 代(触发完全 GC)的大对象堆(但仅当后台 GC 尚未运行时)。注意,这意味着即使在对象分配过程中最初仅检测到第 0 代预算违规,也可能由于其分配预算而判决更老的一代。我们已经在场景 7-2 中看到过这样一个典型情况。

- 基于时间的调优(Time Tuning):这可能令人惊讶,但 GC 也关注基于时间依赖关系及其计数的单个代回收的适当比例。这仅在工作站模式下完成,而不是在服务器模式下,并且仅在 Interactive 或 SustainedLowLatency 模式的情况下完成。如果从上一代 GC 到下一代 GC 的时间足够长且下一代 GC 的数量超过某个阈值,则 GC 可以决定判决下一代。阈值已经在表 7-1 和表 7-2 的 clock_time 和 gc_time 列中列出。这意味着如下内容。
  - 如果在 10 秒和 10 个 GC 后都未回收,则会判决第 1 代。
  - 如果在 100 秒和 100 个 GC 后都未回收,则会判决第 2 代(触发完全 GC)。

  这是为了适应这样一个事实,即在工作站 GC 模式下运行的进程不如服务器 GC 模式下的进程规则,因此 GC 希望有机会更快地看到分配/存活模式。

  我们有时会遇到 GC 黄金法则,即在一个健康的应用程序中,代的回收计数之间的比例应该是 1:10:100(这显然是由于此处所述的时间调整所致的结果)。但是,注意这只适用于工作站 GC,一般认为它不再有效。GC 的"健康"比例计数比这样简单的比率要复杂和动态得多。

- 卡表效率低(Internal Tuning):卡表有太多的"代错误"。如果我们回看第 5 章中关于卡表的信息,会想到它们会带来一定的开销。每张卡片表示可能存在多个对象的连续内存区域。这些对象中的每一个都包含对其他对象的引用,但只有其中一些对象是真正跨代的(将指向正在回收的各代中的对象)。这些有用的引用与所有引用之间的比率称为卡表效率。低卡表效率意味着不必要地遍历了许多对象。因此,如果它降到某个阈值以下,就值得判决第 1 代。这会将长存的对象分组到同一代,从而有可能删除大多数跨代引用。

- 临时段的空间用尽(Ephemeral Low 和 Ephemeral Low with Very Fragmented Gen2):包含第 0 代和第 1 代的段空间不足(更确切地说,在段的保留内存中没有第 0 代最小大小的两倍的空间)。这种情况下,第 1 代将被判决释放临时内存(原因是 Ephemeral Low)。另外,如果第 2 代中存在足够大的碎片以适合(压缩后)第 1 代,则将判决第 2 代触发完全 GC(原因是 Ephemeral Low with Very Fragmented Gen2)。这通常意味着,如果临时段空间不足,GC 会更积极地执行回收(意味着主要执行更多的第 1 代回收),以避免获取新的堆段(或扩展当前的堆段)。

- 临时代过于碎片化(Fragmented Ephemeral):超过碎片阈值的临时代将受到判决(即第 0 代或第 1 代)。

- 临时段空间不足导致需要对其进行扩展(Expand Heap):如果除了扩展段外,没有其他方法可以适应不断增长的临时代,则将判决第 2 代(触发完全阻塞 GC)。

- 分配期间空间不足(Compacting Full-GC):作为在分配器工作期间抛出 OutOfMemoryException 的最后手段,将触发完全的阻塞型压缩 GC。

- 系统中的物理内存负载超过 90%[1] 或操作系统已发送低内存通知(High Memory)：如果第 2 代严重碎片化或已被占用超过其分配预算的 10%，则判决第 2 代(许多情况下会进行阻塞型 GC)。注意，这意味着 CLR 可能会忽略来自 OS 的内存不足通知，并且如果它认为不值得这样做，则根本不会触发 GC。但总的来说，由于这一点，如果可能产生空闲空间，则系统范围的内存压力会使 GC 更积极。这对于防止在整个计算机上进行不必要的分页很重要。
- 第 2 代的碎片过多(Fragmented Gen2)：超过了第 2 代碎片的阈值，因此受到判决。
- 第 2 代或 LOH 对于执行后台 GC 而言太小(Small Heap)：这种情况下，将触发阻塞型 GC。
- 在低延迟模式下，只能判决第 0 代或第 1 代(重写任何之前的决策)。

此外，在后台 GC(将在第 11 章中进行讲述)的情况下有一个特殊原因需要注意，即在后台 GC 之前启动临时 GC(PerfView 中的 Ephemeral Before BGC)。

在上述某些决策中，超过碎片阈值起着重要作用。有人会问它的值是多少。每一代都有自己的阈值，该阈值由两个从静态代数据中获取的值组成(参见表 7-1 和表 7-2)。

- 由于不可用的碎片而浪费的总内存大小。不可用的碎片包括两类：
  - 不由代分配器管理的未使用的空闲空间，包括在清除期间创建的小间隙(我们将在后面看到)以及在未成功匹配后被丢弃的临时代中的空间(如第 5 章所述，这些代中的空闲列表项只检查一次，然后释放)。
  - 预期的分配器效率，即到目前为止，重用空闲列表项的可能性有多大。

该值由表 7-1 和表 7-2 中的 fragmentation_limit 列进行表示(有关摘要参见表 7-30)。

表 7-30   代的碎片阈值

	碎片限制	碎片比率
第 0 代	40 000	75%
第 1 代	80 000	75%
第 2 代	200 000	50%

- 碎片比率：这是上述不可用碎片总大小与整代大小之比。该值是通过将表 7-1 和表 7-2 中的 fragmentation_burden_limit 列加倍但不超过 75%进行计算的(有关摘要参见表 7-30)。

例如，如果无法使用的碎片的大小超过 200 000 字节，并且超过第 2 代总大小的 50%，则第 2 代将被视为碎片过多。

场景 7-5：被判决的代的分析

描述：我们想知道在应用程序中发生 GC 的最常见的原因，了解哪些代被判决以及为何受到判决的知识。这种分析非常深入，可能只有在非常特殊的情况下才有必要(例如，我们看到发生了太多的完全 GC，并且想了解为什么要完全 GC)。

分析：目前没有比分析 PerfView 中的 GCStats 报告更好的工具来理解被判决的代。在记录了最简单的 GC Collect Only 会话后，它提供了 Condemned reasons for GCs 表，这几乎可以解释所有内容(见图 7-21)。该场景是场景 7-2 的后续，其中对前五次 GC 进行了彻底的分析。现在我们可以观察它们在 PerfView 中的描述。在分析过程中，可参考上述判决决策列表中的名称。

---

1 这是在大多数情况下使用的值。对于具有许多逻辑内核的功能强大的计算机，此阈值可能会更大，高达 97%。

Condemned reasons for GCs

This table gives a more detailed account of exactly why a GC decided to collect that generation. Hover over the column headings for more info.

GC Index	Initial Requested Generation	Final Generation	Generation Budget Exceeded	Time Tuning	Induced	Ephemeral Low	Expand Heap	Fragmented Ephemeral	Very Fragmented Ephemeral	Fragmented Gen2	High Memory	Compacting Full GC	Small Heap	Ephemeral Before BGC	Internal Tuning
1	2	2	0	0	Blocking	0	0	0	0	0	0	0	1	0	0
2	0	2	2	0		0	0	0	0	0	0	0	0	0	0
3	0	0	0	0		0	0	0	0	0	0	0	0	0	0
4	0	1	1	0		0	0	0	0	0	0	0	0	0	0
5	1	2	2	0		1	0	0	0	0	0	0	0	0	0
6	0	1	1	0		1	0	0	0	0	0	0	0	0	0
7	1	1	0	0		0	0	0	0	0	0	0	0	0	0
8	0	2	2	0		1	0	0	0	0	0	0	0	0	0
9	0	0	0	0		0	0	0	0	0	0	0	0	0	0
10	1	1	0	0		0	0	0	0	0	0	0	0	0	0

图 7-21 来自 PerfView 中的 GCStats 报告的 Condemned reasons for GCs 表

从图中可以看到，我们对场景 7-2 中前五次 GC 的分析得到了证实。

- GC #1 被显式地诱导(Induced 列中的值 Blocking)为完全 GC(Initial Requested Generation 列中的值 2)。它实际上是作为完全 GC(Final Generation 列中的值 2)执行的。
- GC #2 最初是为第 0 代请求的(Initial Requested Generation 列中的值 0)，因为该代的分配预算超出了。但是，它变为了完全 GC，因为也超过了第 2 代预算(Final Generation 列中的值 2)。我们知道，这事实上超出了 LOH 分配预算，但正如已经说明的那样，它被视为第 2 代。
- GC #3 最初是为第 0 代请求的并且实际执行了。没有理由判决其他代。
- GC #4 最初是为第 0 代请求的，但由于第 1 代的预算超出了，因此最终判决了第 1 代。
- GC #5 最初是为第 1 代请求的，在 OutOfSpaceSOH 原因的情况下发生(参见 Ephemeral Low 列中的值 1)。但是，由于超出第 2 代预算，因此它变为完全 GC。

通过仔细分析 GC 的判决原因以及 GC Events by Time 表，可以深入了解你的应用程序 GC。但是，这是一项相当枯燥而艰巨的任务。你可以查看 Condemned reasons for GC 表并查找常见模式、频繁重复的原因等。遗憾的是，目前没有任何工具可以尝试从总体上总结和分析被判决的原因。

值得特别注意以下列，这些列可能指示代码中存在问题。

- Induced：显式 GC 调用很少是合理的。如果它们频繁发生，我们不妨调查其原因(参见场景 7-3)。
- Fragmented Ephemeral 和 Fragmented Gen2：如果它们频繁发生，将显示出有内存碎片问题。我们或许应该更好地了解应用程序中的分配模式(参见场景 5-2 和场景 6-2)。

如果你想执行自己的 CoreCLR 代码分析，请仔细阅读 gc_heap::generation_to_condemn 方法。那里逐一检查了这里描述的所有判决原因。

7.9 本章小结

在本章中，我们深入研究了.NET 内存管理的核心——垃圾回收器。我们从高层次的角度出发，提出了 GC 工作的整体概念，包括 GC 过程的示例并逐步进行了解释。然后，对 GC 的所有主要阶段进行了详尽的讲述。后面的三章会对它们进行详细介绍，但本章对这三章进行了概括性的说明。

- 触发垃圾回收的机制。
- 整个运行时如何协调进行 EE 挂起，即停止所有托管线程。
- GC 如何选择应回收哪一代。

由于这些主题非常重要，因此本章还给出了 5 个实际场景，包括如何分析 GC 使用情况和查找显式 GC 调用。

通过利用本章的所有知识，我们可以继续解释 GC 的下一阶段。第 8 章将详细介绍标记阶段。

第 8 章
垃圾回收——标记阶段

我们在上一章中学习了一些与 GC 主题有关的知识，例如它的触发时间、它如何确定应该回收哪一代等。现在让我们深入了解第一个主要 GC 阶段(标记阶段)的具体实现细节。

GC 现在要确定将回收哪一代，它需要搞清楚具体可以回收哪些对象。如前所述，CLR 实现了一个跟踪式垃圾回收器。它从多个根开始递归遍历当前程序状态的整个对象图。从任何根都无法到达的对象将被视为死对象(参见图 1-15)。

在本章所描述的非并发 GC 的情况下，一开始所有托管线程均会挂起。托管堆以此确保自己不会发生任何变化，保持 GC 的独占性。因此，GC 可以安全地浏览堆，从中搜寻出所有可到达的对象。

8.1 对象的遍历与标记

尽管存在许多不同的根，但是从根出发寻找所有可到达对象的机制皆大同小异。对于一个特定的根地址，遍历例程将执行以下步骤。

- 将其转换为一个托管对象的确切地址：如果根地址是一个内部指针(表示它并不指向托管对象的开头，而是指向对象内部的某个位置)，则需要进行此转换步骤。通过利用稍后将介绍的砖表机制，此步骤可以高效完成。
- 设置固定标记：如果一个对象被固定住(通过遍历固定句柄表或报告给 GC 的标记得知)，则在对象头中设置一个合适的位。
- 开始遍历对象的引用：由于有存储于 MethodTable 中的类型信息，GC 可以知道哪些偏移位置(字段)代表传出的引用。GC 以深度优先方式访问所有这些引用并将访问的引用维护到一个对象集合中。这被称为标记堆栈，因为它是一个支持推入和弹出操作的堆栈数据结构。在访问一个对象的过程中，将有下列几种情况。
  - 已访问过的对象将被跳过。
  - 尚未访问的对象将被标记：通过在对象的 MethodTable 指针中设置一个位来完成[1]。
  - 添加传出引用到标记堆栈集合中。

当标记堆栈中不再有尚未访问的对象时，遍历操作即完成。

实现深度优先图遍历的最典型途径是使用递归调用，但这很难保证不会发生堆栈溢出错误。用迭代替代递归无疑更简单也更安全——基于堆分配的类似堆栈的集合(如 CLR 中的标记堆栈)，即使超出当前大小，也可以轻松地进行扩展。

---

[1] 此操作不会破坏 MT 指针，因为 MethodTable 数据地址是字对齐的(它是 4 或 8 字节的整数倍)，所以至少会有两个未被使用的最低位(始终设置为 0)。从经过修改的指针数据中获取正确 MT 指针需要将两个最低位重置为 0。请参考 CoreCLR 中的 GetMethodTable 方法。

注意，pinned 和 marked 标记都是在标记阶段被设置的。计划阶段将使用这些标记并随后将它们清除。在正常对象的生命周期内(托管线程处于运行期间)，这两个标记既不会出现在对象头中，也不会出现在它的 MT 指针中。

如果你对此中细节感兴趣并且想研究 CoreCLR 代码，可查看 GCHeap::Promote 方法。它调用 go_through_object_cl 宏，触发对所有对象引用的遍历操作。操作的主要步骤.在 gc_heap::mark_object_simple1 方法中完成，该方法使用一个名为 mark_stack_array 的辅助堆栈式集合(mark_stack_bos 和 mark_stack_tos 索引分别指向堆栈的底部和顶部)实现深度优先对象图遍历。

了解了标记操作的来龙去脉，让我们开始探究应用程序中可能存在的各种 GC 根。GC 根是.NET 内存管理中最有用的部分。根包含可到达对象的整个图并可能导致如下两个常见问题。

- 占用大量内存：我们可能并未意识到某些根的存在，这些根会引用大量可到达对象，其数量远超预期。可到达的对象的数量越多，GC 的开销越大。
- 内存泄漏：根可能导致其持有的对象图不断增大，从而使得内存使用量不断增加。

8.2　局部变量根

局部变量是最常见的根类型之一。有些变量的生存期非常短(如代码清单 8-1 所示)，有些变量则在整个应用程序生命周期中持续存活(如代码清单 8-2 所示)。我们会在代码中不断地创建局部变量。

代码清单 8-1　生存周期非常短的局部变量 fullPath

```
public static void Delete(string path)
{
    string fullPath = Path.GetFullPath(path);
    FileSystem.Current.DeleteFile(fullPath);
}
```

代码清单 8-2　在整个自托管 ASP.NET 应用程序生命周期中持续存活的局部变量 host

```
public static void Main(string[] args)
{
    var host = BuildWebHost(args);
    host.Run();
}
```

局部变量通常被显式创建(如代码清单 8-1 和代码清单 8-2 所示)，但很多时候也会被隐式创建(如代码清单 8-3 所示)。

代码清单 8-3　隐式创建一个存活期超长的局部变量 host(该代码实际上和代码清单 8-2 一样)

```
public static void Main(string[] args)
{
    BuildWebHost(args).Run();
}
```

局部变量既可能是值类型(如结构体)，也可能是一个指向引用类型值的引用 [1](第 4 章讨论过

---

1 局部变量还可能是基元类型(如数字)，但由于它们并非堆分配的对象，因此无须关注。

"引用"和"引用类型数据"之间的重要区别)。本小节探讨的是分配到堆上的对象的垃圾回收,因此我们将对持有引用的局部变量详加探讨(而不管它是引用类型还是值类型)。

8.2.1　局部变量存储

当把一个托管对象引用赋值给一个局部变量时,将创建如代码清单 8-4 所示的根,局部变量 c 被赋值为一个指向新创建的 SomeClass 类型对象实例的引用。这时,我们应当把这个对象实例视为可到达。因此,假设 c 是唯一的根,则在 Helper 方法结束之前不会回收任何对象,因为局部变量 c 对整个 Helper 方法都处于使用状态。

代码清单 8-4　持有局部变量的示例

```
private int Helper(SomeData data)
{
  SomeClass c = new SomeClass();
  c.Calculate(data);
  return c.Result;
}
```

一般而言,第 1 章的图 1-10 可以很好地将代码清单 8-4 的情况描述清楚。我们也许已对这种使用场景司空见惯并将局部变量视为堆栈分配的(因为引用本身可以被视为值类型)。因此,代码清单 8-4 的场景可以这样描述:分配器在托管堆中创建一个对象实例,而局部变量 c 则存储在 Helper 方法的活动帧的堆栈中。但正如我们在第 4 章看到的,由于 JIT 编译器拥有出色的优化特性,因此局部变量可以被寄存器化(存储于 CPU 寄存器中)。这推导出一个重要结论:局部变量根可以存储在堆栈或 CPU 寄存器中。JIT 编译器会尽可能高效地分配寄存器或堆栈插槽。

8.2.2　堆栈根

本章前面描述的根被称为堆栈根。.NET Guide Docs 的"垃圾回收基础知识"部分将堆栈根描述为"由 JIT 编译器和 Stack Walker 提供的堆栈变量"。这个描述可能略显含糊。众所周知,堆栈变量的概念既包含正在运行的方法内的局部变量,也包含当前调用堆栈中所有方法的局部变量。术语"堆栈根"指的是调用堆栈。但请切记,此类"堆栈根"既可能位于堆栈中,也可能位于 CPU 寄存器中。

将 EE 挂起后,必须扫描所有托管线程的调用堆栈以定位到所有局部变量,因为它们都有可能成为堆栈根。这个工作由 Stack Walker 完成。如果当前调用堆栈中的某个方法持有对托管对象的引用,则该对象被视为存活对象并开始遍历它的对象图。不过,要确定代码中指定的行(确切来说是指令地址)是否有局部变量以及变量是否是对一个对象的引用并不简单。

按照第 7 章对挂起的描述,线程可以在安全点被挂起,安全点包括几乎每条指令(对于全部可中断方法而言)或仅包括其他方法的调用(对于局部可中断方法而言)。这导致我们得出如下结论:GC 需要以某种方式存储方法中每个安全点的存活"堆栈根"(包括堆栈和寄存器插槽)的信息。这里说到的信息就是之前提到的 GC 信息。

8.2.3　词法作用域

在 C#中,词法作用域与局部变量这两个概念密不可分。简而言之,在综合考虑所有嵌套代码块后,对于一个给定的变量,词法作用域定义了此变量可见的代码区域。以代码清单 8-5 的示例代码为例，它定义了 3 个局部变量。

- c1：此局部变量表示一个对 ClassOne 类型托管对象的引用。c1 的词法作用域涵盖整个 LexicalScopeExample 方法。由于 c1 声明在方法的最上层作用域中，因此整个方法都可以访问它。
- c2：此局部变量表示一个对 ClassTwo 类型托管对象的引用。c2 的词法作用域仅限于条件代码块内部。
- data：基本的整数类型的局部变量。

代码清单 8-5 拥有不同词法作用域的局部变量示例

```
1 private int LexicalScopeExample(int value)
2 {
3     ClassOne c1 = new ClassOne();
4     if (c1.Check())
5     {
6         ClassTwo c2 = new ClassTwo();
7         int data = c2.CalculateSomething(value);
8         DoSomeLongRunningCall(data);
9         return 1;
10    }
11    return 0;
12 }
```

现在，让我们详细说明方法中创建的对象的可到达性与其词法作用域有何关联。

8.2.4 存活堆栈根与词法作用域

如果是用局部变量表示一个对象，则可以立刻想到一个非常直观的确定其可到达性的方案：其可到达性应与局部变量的词法作用域直接相关。这里以代码清单 8-5 为例。

- 创建的 ClassOne 实例在整个方法生命周期内(从创建它的第 3 行到方法结束的第 11 行)皆可到达。换言之，从第 3 行到第 11 行，局部变量 c1 都是存活堆栈根。
- 创建的 ClassTwo 实例仅在条件代码块内(从创建它的第 6 行到代码块结束的第 9 行)可到达。换言之，从第 6 行到第 9 行，局部变量 c2 都是存活堆栈根。

通过采用这种分析方法，可得到代码清单 8-5 中 LexicalScopeExample 方法的 GC 信息。

- 对于全部可中断的情况，GC 信息如代码清单 8-6 所示。可以看到，每一行都有对应的 GC 信息(虽然 GC 信息将在汇编层创建，但为简洁起见，我们使用与 C#代码对应的行数标识)。
- 对于局部可中断的情况，GC 信息如代码清单 8-7 所示。可以看到，只有带方法调用(包括分配/构造函数)的代码行才有对应的 GC 信息。

代码清单 8-6 代码清单 8-5 中的 LexicalScopeExample 方法在全部可中断情况下的 GC 信息(每行列出的是存活堆栈根)

```
1    No live slots
2    No live slots
3    Live slot of c1
4    Live slot of c1
5    Live slot of c1
6    Live slot of c1, live slot of c2
7    Live slot of c1, live slot of c2
8    Live slot of c1, live slot of c2
```

```
9    Live slot of c1, live slot of c2
10   Live slot of c1
11   Live slot of c1
12   No live slots
```

代码清单 8-7 代码清单 8-5 中的 LexicalScopeExample 方法在局部可中断情况下的 GC 信息 (每行列出的是存活堆栈根)

```
3    Live slot of c1
4    Live slot of c1
6    Live slot of c1, live slot of c2
7    Live slot of c1, live slot of c2
8    Live slot of c1, live slot of c2
```

GC 信息存储了 JIT 编译后的汇编代码的信息。因此，它不会对应到具体的 C#变量上，而是对应到特定的堆栈或 CPU 寄存器插槽上。例如，代码清单 8-6 对应的更实际的 GC 信息如代码清单 8-8 所示(假设 JIT 编译器将寄存器 rax 分配给局部变量 c1，将 rbx 分配给局部变量 c2)。

代码清单 8-8 代码清单 8-5 中的 LexicalScopeExample 方法在全部可中断情况下的 GC 信息 (处于 JIT 编译后的汇编代码层级)

```
1    No live slots
2    No live slots
3    Live slots: rax
4    Live slots: rax
5    Live slots: rax
6    Live slots: rax, rbx
7    Live slots: rax, rbx
8    Live slots: rax, rbx
9    Live slots: rax, rbx
10   Live slots: rax
11   Live slots: rax
12   No live slots
```

想象由于触发 GC,运行时在第 7 行挂起了正在执行 LexicalScopeExample 方法的线程(假设此方法已被 JIT 处理成全部可中断)。幸亏有代码清单 8-8 所呈现的 GC 信息，GC 立刻知道 CPU 寄存器 rax 和 rbx 中存在存活堆栈根。标记操作可以从存储在那些寄存器中的地址开始进行。

上面描述的方法堪称完美，可以让 GC 得到正确结果。引用类型局部变量的词法作用域显然会影响引用类型对象的可到达性。使用 Debug 模式编译程序时，可以采用更宽松的方法，JIT 编译器将所有局部变量的可到达性延长至方法结束。这非常有助于开发人员调试程序(例如检查变量的值)。但在 Release 模式下，编译器可以进行更多优化，降低内存使用率。

8.2.5 带有激进式根回收的存活堆栈根

再次查看代码清单 7-10 中的代码，我们会注意到,词法作用域并未完美体现对象的可到达性。一个局部变量的词法作用域并不意味着它确实仅在其作用域内被使用，真正重要的是是否实际使用了那些变量。从这个角度观察 LexicalScopeExample 方法，我们会注意到如下情况。

- 创建的 ClassOne 实例在第 5 行之后就不再使用。因此，尽管变量 c1 的词法作用域是整个方法，但它仅从第 3 行到第 4 行才是存活堆栈根。

- 创建的 ClassTwo 实例仅在第 6 行和第 7 行使用。因此，不管变量 c2 的词法作用域有多大，它仅在这两行才是存活堆栈根。

换言之，C#编译器会(通过局部变量)关注每个对象的实际用法并保存此信息。然后，JIT 编译器将在插槽分配期间(更短的对象生命周期使得它可以重用宝贵的 CPU 寄存器)和生成 GC 信息时使用此信息。这将使生成的 GC 信息更有效率(如代码清单 8-9 所示)。

代码清单 8-9　代码清单 8-5 中的 LexicalScopeExample 方法在全部可中断情况下使用激进式根回收的 GC 信息(处于 JIT 编译后的汇编代码层级)

```
1   No live slots
2   No live slots
3   Live slots: rax
4   Live slots: rax
5   No live slots
6   Live slots: rax
7   Live slots: rax
8   No live slots
9   No live slots
10  No live slots
11  No live slots
12  No live slots
```

根据新 GC 信息所展示的情况，该方法运行的大部分时间内都没有存活堆栈根。当确实不再需要某个对象时，它将被视为无法通过局部变量访问。这种激进地尽快回收对象的风格被称为激进式根回收。由于它将对象生存期缩短到最短的程度，因此显然可以提高内存使用效率。同时，由于可以更频繁地重用 CPU 寄存器(如代码清单 8-9 中对 rax 寄存器的重用)，这也随之提高了寄存器的使用频率。为局部可中断方法生成的 GC 信息甚至可以更短(如代码清单 8-10 所示)。

代码清单 8-10　代码清单 8-5 中的 LexicalScopeExample 方法在局部可中断情况下使用激进式根回收的 GC 信息

```
3   Live slots: rax
4   Live slots: rax
6   Live slots: rax
7   Live slots: rax
```

本小节的所有示例都仅使用了 CPU 寄存器插槽。这种情况很常见，因为 JIT 会尽量使用超快速的 CPU 寄存器而非堆栈插槽。JIT 在某些情况下会决定使用堆栈插槽，但此处描述的激进回收机制仍然适用。在使用堆栈插槽的情况下，GC 信息中列出的将不再是寄存器名称，而是一个堆栈插槽的位置。堆栈插槽的位置表示为相对 rsp 或 rbp 地址(选择使用哪个寄存器取决于具体方法)的偏移量。因此，GC 信息会同时存储每个安全点的当前 rsp 和 rbp 寄存器值。此外，由于 x64 平台增加了 8 个新的通用寄存器(命名为 r8~r15)，因此 x64 JIT 使用寄存器的可能性更高。

当线程挂起时，其当前上下文(包括寄存器)将被保存下来。如果 LexicalScopeExample 在第 6 行挂起，基于其 GC 信息，将从 rax 寄存器中获取一个存活堆栈根的地址(rax 寄存器的值存储于线程上下文中)。通过逐帧检视调用堆栈，将对调用堆栈上的所有方法重复执行此相同的逻辑，并且通过活动帧内的信息(例如寄存器之前的值)恢复正确的线程上下文。

使用 Release 模式编译代码时，JIT 将使用激进式根回收。有时这会导致一些令人惊讶甚至误导的行为，它们大多体现为"在 Debug 模式中，代码会这样做；但在 Release 模式中，代码却那样做"。

首先，在大多数情况下，不需要通过将局部变量设置为 null 来"通知"GC 我们不再使用此对象(如代码清单 8-11 所示)。即使调用一个运行时间较长的方法之前，也是如此。通过激进式根回收，编译器和 JIT 可以完美地确定变量的实际使用范围，不需要通过代码告诉它们。代码清单 8-5 和代码清单 8-11 的运行效果完全相同，它们将生成相同的 GC 信息和汇编代码(JIT 一开始就会优化掉冗余的 null 赋值语句)。

代码清单 8-11　多余的 null 赋值示例

```
private int LexicalScopeExample(int value)
{
    ClassOne c1 = new ClassOne();
    if (c1.Check())
    {
        c1 = null;
        ClassTwo c2 = new ClassTwo();
        int data = c2.CalculateSomething(value);
        c2 = null;
        DoSomeLongRunningCall(data);
        return 1;
    }
    return 0;
}
```

此规则有一个例外情况，即未跟踪变量(将在稍后说明)，这种变量的生存期长达整个方法。因此，在资源非常关键的场景中，你可能希望手动将一个局部变量赋值为 null，以帮助 JIT 编译器确认它的实际使用范围。

其次，如果方法有副作用，当处理具有此方法的对象时，激进式根回收可能导致奇怪的结果。我们可能基于特定对象的词法作用域判断其生存期，但由于生存期并不完全等长于词法作用域，因此这会导致一些副作用。这种问题的典型场景包括使用各种计时器、同步基元(如 Mutex)或系统范围的资源访问(如文件)。

代码清单 8-12 演示了一个典型场景，如果不了解激进式根回收，则很难真正理解代码的实际运行逻辑。直观上来说，我们期望 Timer 对象的生存期与局部变量 timer 的词法作用域相对应，因此这个程序应当不断地打印出当前时间直到用户按下任意键。Debug 编译版本的程序确实如我们所期待的那样运行。但在 Release 编译版本中，激进式根回收将介入并发挥作用。由于从第 3 行开始便不再使用 Timer 对象，因此 JIT 编译器将据此生成 GC 信息。第 3 行代码之后，Timer 对象将不再处于可到达状态。如果执行完第 3 行后，Main 方法触发 GC，该对象将被回收(它将不再打印出当前时间)。取决于 GC 的触发速度，计时器可能会打印有限次数的当前时间。

代码清单 8-12　由于激进式根回收所导致的 Timer 行为示例

```
1 static void Main(string[] args)
2 {
3   Timer timer = new Timer((obj) => Console.WriteLine(DateTime.Now.
    ToString()), null, 0, 100);
4   Console.WriteLine("Hello World!");
5   GC.Collect(); // simulate GC happening here
```

```
6   Console.ReadLine();
7 }
```

程序的输出结果如下所示:

```
Hello World!
28/03/2018 14:29:01
```

注意,上面的示例显式调用了 GC 以重现其潜在问题。在实际场景中,GC 可能是由于其他线程的内存分配而触发。

此外,激进式根回收恰如其名,它的工作方式非常激进。即使一个对象的某个方法还在执行,如果执行的方法并未引用对象本身(this),它也可能被视为不可到达。代码清单 8-13 展示了这样的一个场景。当 DoSomething 方法还在执行时,触发了 GC(同样,为了演示的目的,GC 由代码显式触发)。SomeClass 有一个终结器方法(第 12 章将详细解释终结器),此方法在对象被垃圾回收时执行。

代码清单 8-13 由于激进式根回收所导致的对象行为示例

```
static void Main(string[] args)
{
    SomeClass sc = new SomeClass();
    sc.DoSomething("Hello world!");
    Console.ReadKey();
}

class SomeClass
{
    public void DoSomething(string msg)
    {
        GC.Collect();
        Console.WriteLine(msg);
    }

    ~SomeClass()
    {
        Console.WriteLine("Killing...");
    }
}
```

程序的输出结果如下所示:

```
Killing...
Hello world!
```

令人惊讶的是,示例程序的输出结果表明,一个对象在执行完它的方法之前就已终结。这是因为 DoSomething 没有引用对象本身,实际上它并不需要自己所属的对象实例。

更进一步地说,在某些情况下,即使对象的方法尚在执行且方法引用了对象本身,激进式根回收仍然可能回收此对象。代码清单 8-14 展示了一个这样的场景。虽然 DoSomethingElse 方法引用了 this,但是 SomeClass 对象实例仍然会像上个示例那样被激进地回收掉。

代码清单 8-14　由于激进式根回收所导致的对象行为示例

```
static void Main(string[] args)
{
    SomeClass sc = new SomeClass() { Field = new Random().Next() };
    sc.DoSomethingElse();
    Console.ReadKey();
}

class SomeClass
{
    public int Field;

    public void DoSomethingElse()
    {
    Console.WriteLine(this.Field.ToString());
    // further code
        Console.WriteLine("Am I dead?");
    }

    ~SomeClass()
    {
        Console.WriteLine("Killing...");
    }
}
```

程序的输出结果如下所示：

```
615323
Killing...
Am I dead?
```

为什么会出现这种情况？可能是方法内联所致。如果 JIT 编译器决定内联一个方法，此方法将成为调用方法的一部分(如代码清单 8-15 所示)。这将导致进一步的优化。例如，DoSomethingElse 只在方法开头使用 this.Field。当它被内联进 Main 方法后，sc.Field 将是最后一次对对象的引用，之后即使对象被回收，后面的代码也可以顺利继续执行。

代码清单 8-15　由于激进式根回收所导致的对象行为示例

```
static void Main(string[] args)
{
    SomeClass sc = new SomeClass() { Field = new Random().Next() };
    Console.WriteLine(sc.Field.ToString());
    // further code
      Console.WriteLine("Am I dead?");
    Console.ReadKey();
}
```

记住，由于 JIT 编译器会尽量最短化局部变量的生存期，因此此类优化相当常见。大多数情况下，JIT 编译器的优化都不会变更程序的逻辑，因此它不会带来危害。由于此类优化而导致程序出现意料之外的行为实属罕见，如果真的出现，通常都与对象生存期导致的副作用有关。

有时出于某些原因，我们需要更精确地控制对象的生存期。回到代码清单 8-12，我们需要计时器对象在程序的整个生存期内保持运行。GC.KeepAlive 方法就是为了这种场景而准备的(如代码清单 8-16 所示)。

代码清单 8-16 修复由于激进式根回收所导致的 Timer 行为(基于代码清单 8-17)

```
static void Main(string[] args)
{
    Timer timer = new Timer((obj) => Console.WriteLine(DateTime.Now.
    ToString()), null, 0, 100);
    Console.WriteLine("Hello World!");
    GC.Collect(); // simulate GC happening here
    Console.ReadLine();
    GC.KeepAlive(timer);
}
```

GC.KeepAlive 是一个延长堆栈根生存期的简单方法。它的实现不包含任何代码(如代码清单 8-17 所示),而是仅使用 MethodImplOptions.NoInlining 选项为方法添加一个特性。这使 KeepAlive 不会被内联,因此编译器将认为需要使用传入的参数,传入参数将被视为可到达。在使用 GC.KeepAlive 时,GC 信息将延长传入对象的生存期。

代码清单 8-17 基础类库中 GC.KeepAlive 方法的实现

```
[MethodImplAttribute(MethodImplOptions.NoInlining)] // disable optimizations
public static void KeepAlive(Object obj)
{
}
```

> **注意：** 大多数情况下,具有此类副作用的对象(例如 Mutex 或 Timer)都实现了 IDisposable 接口。因此,在 Main 方法的结尾调用 timer.Dispose()或者使用 using 语句可正确地指定对象的生存期,而无须使用 GC.KeepAlive。不过,牢记激进式回收可能带来的各种问题仍然很重要。

8.2.6　GC 信息

到目前为止,代码清单 8-6~代码清单 8-10 中展示的 GC 信息都经过了适当的简化。GC 信息实际上是非常紧密的二进制数据。这些数据的具体实现细节虽然很有趣,但与本书的主题无关,其背后的概念与我们目前所展示的并无二致。

当前唯一可以查看 GC 信息的工具是带有 SOS 扩展的 WinDbg。

为了使用 WinDbg 查看 GC 信息以及内存转储或附加的进程,需要找到目标方法的 MethodDesc(如代码清单 8-18 所示)。

代码清单 8-18 在加载了 SOS 的 WinDdg 中查看托管堆

```
> .loadby sos coreclr
> !name2ee *!Scenarios.EagerRootCollection.LexicalScopeExample
...
Module:      00007ffea9944f30
Assembly:    Scenarios.dll
Token:       000000000600000d
MethodDesc:  00007ffea9948598
Name:        Scenarios.EagerRootCollection.LexicalScopeExample(Int32)
```

```
JITTED Code Address: 00007ffea9a63310
...
```

然后，可以使用!gcinfo <MethodDesc>命令查看 GC 信息详情(如代码清单 8-19 所示)。现在让我们借助此命令分析代码清单 8-5 中的 LexicalScopeExample 方法。命令输出的结果中包含此方法的各种常规信息(例如返回值的类型、是否使用可变数量参数等)。对我们而言，更重要的是它列出了所有安全点以及每个安全点中的存活堆栈根。对于每个安全点，信息中还包含对应指令在方法内的偏移量。

代码清单 8-19　对 LexicalScopeExample 方法执行!gcinfo 命令的输出结果

```
> !gcinfo 00007ffea9948598
entry point 00007ffea9a63310
Normal JIT generated code
GC info 00007ffea9b29188
Pointer table:
Prolog size: 0
Security object: <none>
GS cookie: <none>
PSPSym: <none>
Generics inst context: <none>
PSP slot: <none>
GenericInst slot: <none>
Varargs: 0
Frame pointer: <none>
Wants Report Only Leaf: 0
Size of parameter area: 0
Return Kind: Scalar
Code size: 71
00000017 is a safepoint:
00000022 is a safepoint:
00000021 +rdi
0000002d is a safepoint:
00000040 is a safepoint:
0000004b is a safepoint:
0000004a +rdi
00000055 is a safepoint:
0000005c is a safepoint:
```

根据代码清单 8-19 所展示的 LexiculScopcExample 方法的信息，可知一共有 7 个安全点。有一个地方可以看出此方法被 JIT 编译成局部可中断。对于全部可中断方法，GC 信息只会存储堆栈根的变化而不会列出方法的安全点(我们将很快看到全部可中断的例子)。在代码清单 8-19 中，只有两个包含单个堆栈根(位于 CPU 寄存器 rdi 中)的安全点。每个安全点都会使所有其他堆栈根无效。因此，从代码清单 8-19 可以推导出如下结论：

- 从代码指令偏移量 21 到偏移量 2d，寄存器 rdi 是存活堆栈根。
- 从代码指令偏移量 4a 到偏移量 55，寄存器 rdi 是存活堆栈根。

全部可中断方法可能需要大量的存储空间(其占用量与代码本身不相上下)。为了在解码时间和存储效率之间取得平衡，GC 信息的主要部分以位块的形式存储于内部，这些位块表示相应代码区域堆栈根存活状态的变化。此外，每个位块的初始存活状态也会被记录下来。这样，如果需要解码一个特定的代码偏移量位置的堆栈根存活状态，则可以分析对应的位块，先从初始存活状态开始，然后不断叠加每个偏移量的存活状态变化，直到到达代码所处的偏移量。WinDbg 的 SOS 扩展对方法内的每个合法指令偏移量会重复执行上面的步骤，以生成代码清单中所展示的结果。

但是，这种未与代码对应起来的 GC 信息所包含的内容有限。幸运的是，还有另外一个将 JIT 编译后的代码与 GC 信息交织展示的命令，即!u -gcinfo <MethodDesc>(如代码清单 8-20 所示)。

代码清单 8-20 对 LexicalScopeExample 方法执行!u -gcinfo 命令的输出结果

```
> !u –gcinfo 00007ffea9948598
Normal JIT generated code
Scenarios.EagerRootCollection.LexicalScopeExample(Int32)
Begin 00007ff81c5e3310, size 71
push   rdi
push   rsi
sub    rsp,28h
mov    esi,edx
mov    rcx,7FF81C69AD08h (MT: Scenarios.EagerRootCollection+ClassOne )
call   CoreCLR!JIT_New
0017 is a safepoint:
mov    rdi,rax
mov    rcx,rdi
call   System_Private_CoreLib+0xc890f0 (System.Object..ctor())
0022 is a safepoint:
0021 +rdi
mov    dword ptr [rdi+8],esi
mov    rcx,rdi
call   00007ff8`1c5e2bb8 (Scenarios.EagerRootCollection+ClassOne .Check())
002d is a safepoint:
test   eax,eax
je     00007ff8`1c5e3378
mov    rcx,7FF81C69AFE8h (MT: Scenarios.EagerRootCollection+ClassTwo )
call   CoreCLR!JIT_TrialAllocSFastMP_InlineGetThread
0040 is a safepoint:
mov    rdi,rax
mov    rcx,rdi
call   System_Private_CoreLib+0xc890f0 (System.Object..ctor())
004b is a safepoint:
004a +rdi
mov    rcx,rdi
mov    edx,esi
call   00007ff8`1c5e2be0 (Scenarios.EagerRootCollection+ClassTwo.
       CalculateSomething(Int32),)
0055 is a safepoint:
mov    ecx,eax
call   00007ff8`1c5e2d70 (Scenarios.EagerRootCollection.
DoSomeLongRunningCall(Int32))
005c is a safepoint:
mov    eax,1
add    rsp,28h
pop    rsi
pop    rdi
ret
```

```
xor    eax,eax
add    rsp,28h
pop    rsi
pop    rdi
ret
```

对!u -gcinfo 命令的输出结果进行分析后，可以确认仅在调用方法时才设置了安全点。调用的方法既有内部运行时方法(分配器)，也有其他托管方法(包括对象构造函数)。代码清单 8-20 展示的 GC 信息和代码清单 8-10 展示的信息非常相似。我们可以看到如下内容。

- 首先，寄存器 rdi 在偏移量 21 处成为存活堆栈根，直到偏移量 2d 处的下一个安全点为止。此偏移量区间一直持有一个对 ClassOne 对象的引用，从它的构造函数开始，直至调用它的 Check 方法结束。
- 其次，寄存器 rdi 在偏移量 4a 处成为存活堆栈根，直到偏移量 55 处的下一个安全点为止。此偏移量区间一直持有一个对 ClassTwo 对象的引用，从它的构造函数开始，直至调用它的 CalulateSomething 方法结束。

如果想查看全部可中断方法的 GC 信息是什么样子，我们必须写一个全部可中断方法。如前所述，选择生成全部可中断或局部可中断代码的责任全系于 JIT。不过，在代码中使用具有动态迭代次数的循环更有可能生成一个全部可中断版本(如代码清单 8-21 所示)。

代码清单 8-21 将被 JIT 编译成全部可中断代码的方法示例

```
private int RegisterMap(int value)
{
    int total = 0;
    SomeClass local = new SomeClass();
    for (int i = 0; i < value; ++i)
    {
        total += local.DoSomeStuff(i);
    }
    return total;
}
public int DoSomeStuff(int value)
{
    return value * value;
}
```

当在 WinDbg 中使用!u -gcinfo 命令查看 RegisterMap 方法时，可以看到它确实生成了全部可中断代码(如代码清单 8-22 所示)。记住，生成全部可中断或局部可中断代码的选择是基于内部的 JIT 启发式机制，其结果可能因版本、运行时和其他不可知条件而不同。因此，为确保可以生成全部可中断代码，在不同的环境中可能需要采取更多额外措施修改 RegisterMap。

代码清单 8-22 对全部可中断的 RegisterMap 方法执行!u -gcinfo 命令的输出结果

```
> !u -gcinfo 00007fff42c18518
Normal JIT generated code
Scenarios.EagerRootCollection.RegisterMap(Int32)
Begin 00007fff42d32f20, size 3d
push   rdi
push   rsi
sub    rsp,28h
mov    esi,edx
```

```
00000008 interruptible
xor      edi,edi
mov      rcx,7FFF42DEAAC8h (MT: Scenarios.EagerRootCollection+SomeClass)
call     CoreCLR!JIT_TrialAllocSFastMP_InlineGetThread
00000019 +rax
mov      rcx,rax
0000001c +rcx
call     System_Private_CoreLib+0xc890f0 (System.Object..ctor())
00000021 -rcx -rax
xor      eax,eax
test     esi,esi
jle      00007fff`42d32f54
mov      edx,eax
imul     edx,eax
add      edi,edx
inc      eax
cmp      eax,esi
jl       00007fff`42d32f47
mov      eax,edi
00000036 not interruptible
add      rsp,28h
pop      rsi
pop      rdi
ret
```

即使在全部可中断的代码中也存在不可中断的区域(默认包括 prolog 和 epilog 函数)，这在上面所示的输出信息中有所反映，可中断区域为从偏移量 8 到偏移量 36 的区间。输出信息中没有位于方法调用附近的安全点信息，而只包含了不同存储位置(在上面的示例中是寄存器 rax 和 rcx)的存活状态变化。实际上，可中断区域内的所有指令都是安全点，因此无须将其打印出来。根据本章前面所讲述的内容再加上一点汇编语言的知识，可以很容易理解为何如此以及为何没有生成其他 GC 信息。注意，由于在循环内部内联了 DoSomeStuff 方法，因此在循环开始之前，SomeClass 对象根就不再存活。

使用 !gcinfo 或!u -gcinfo 命令时，你可能会遇到未跟踪根。它们表示持有一个引用的参数或局部变量，但是其生存期信息在运行时不可用。如果它们明显不包含零值，则 GC 将假设这些未跟踪根在整个方法体范围内处于存活状态。

如果希望从堆栈根的角度了解标记阶段的详细步骤，可以查看 gc_heap::mark_phase 以及它对 GCScan::GcScanRoots 方法的调用。它调用 Thread::StackWalkFrames 并对每个托管线程的当前调用堆栈的堆栈帧使用 GCHeap::Promote 回调。分析 Promote 回调是对标记阶段进行整体分析的一个好起点。

8.2.7 固定局部变量

固定局部变量是一种特殊类型的局部变量。在 C#和 F#中使用 fixed 关键字可以显式创建这种局部变量(如代码清单 8-23 所示)。VB.NET 没有类似功能的关键字，它根本不允许使用指针。

代码清单 8-23 使用 fixed 关键字的 C#代码示例

```
public class Program
{
    private List<byte[]> list = new List<byte[]>();
```

```
public unsafe int Run()
{
    // ...
    fixed (byte* array = list[7])
    {
        // ...
        Console.ReadLine();
    }
}
```

如果查看代码清单 8-23 中的 Run 方法所生成的 CIL 代码，我们会注意到有一个特殊的固定局部变量，在此示例中为索引位置 2 处的局部变量(如代码清单 8-24 所示)。CIL 代码中的 pinned 关键字正如其名，GC 不能移动使用此关键字修饰的局部变量内容。

代码清单 8-24　代码清单 8-23 生成的 CIL 代码的开头部分

```
.method public final hidebysig newslot virtual
instance int32 Run () cil managed
{
    // Header Size: 12 bytes
    // Code Size: 166 (0xA6) bytes
    // LocalVarSig Token: 0x11000016 RID: 22
    .maxstack 4
    .locals init (
        [0] int32 i,
        [1] uint8[] bigArray,
        [2] uint8& pinned 'array',
        [3] uint8[],
        [4] int32 i)
    // ...
    // IL code
}
```

JIT 编译器会针对固定局部变量生成适当的 GC 信息。这种情况下，有关根本身的信息也被保持为固定状态。通过查看为代码清单 8-24 的 Run 方法所生成的 GC 信息(如代码清单 8-25 所示)可以观察到这一点。地址 sp+20(相对于方法执行开始时的堆栈指针)下的一个堆栈位置被标记为 untracked 和 pinned。这意味着如果线程在 Run 方法中挂起，则在 GC 对堆栈根进行标记期间，此堆栈地址的内容将被视为被固定的根。

代码清单 8-25　对代码清单 8-24 的方法进行反编译后的代码片段(带有 GC 信息)

```
> !u –gcinfo 00007ff9fa9277d8
Normal JIT generated code
CoreCLR.CollectScenarios.Scenarios.SOHCompactionWithPinning.Run()
Begin 00007ff9faa43070, size 103
Untracked: +sp+20(pinned)(interior)
00007ff9`faa43070 57              push    rdi
00007ff9`faa43071 56              push    rsi
00007ff9`faa43072 4883ec28        sub     rsp,28h
00007ff9`faa43076 33c0            xor     eax,eax
00007ff9`faa43078 4889442420      mov     qword ptr [rsp+20h],rax
...
00007ff9`faa430bd 488b4e08        mov     rcx,qword ptr [rsi+8]
```

```
00007ff9`faa430c1 ba07000000    mov     edx,7
00007ff9`faa430c6 3909          cmp     dword ptr [rcx],ecx
00007ff9`faa430c8 e8830d155e    call    System.Collections.Generic.
                                         List`1.get_Item(Int32)
...
00007ff9`faa430eb 4883c010      add     rax,10h
00007ff9`faa430ef 4889442420    mov     qword ptr [rsp+20h],rax
```

代码清单 8-25 展示了整个方法中的相关片段。在方法执行的起始，sp+20 堆栈位置被清零。然后，调用泛型 List<T> 的 get_Item 方法，将结果(对列表中第 7 个元素的引用，元素本身是一个对字节数组的引用)保存到 rax 寄存器中。之后的指令对 rax 进行了相应修改，以获取数组对象内数组数据的地址。代码清单展示的最后一行代码将该地址保存到堆栈中的 sp+20 位置下。如果线程在此行代码之后挂起，GC 会看到这个地址并将地址对应的整个对象视为被固定。

这就是 sp+20 根在代码清单 8-25 中也被标记为 interior 的原因。sp+20 位置上存储的地址实际上指向数组对象内部。GC 之后会对这些信息做出适当的解读。

这种被固定的根只在很短时间内可见(仅在包含它的方法执行期间)。实际上，它们仅在 GC 执行期间才会被标记为被固定(基于 GC 信息进行堆栈根扫描并根据情况将根标记为被固定)。在计划阶段，被固定标记位将被清除。这使得很难在内存中发现此类标记。例如，进行内存转储通常不会发生在 GC 执行到一半的时候。在应用程序正常执行期间的内存转储中，根本没有对象会被标记为被固定。

但是，有些工具可以列出此类被固定标记。使用在当前线程上执行的所有方法的 GC 信息以及它们的所有局部变量，工具可以检查出如果在内存转储时发生 GC，会固定哪些变量。当然，这只是推算出来的大致数据，因为 GC 只会在安全点挂起线程，而内存转储却无须满足此要求。此外请记住，内存转储只是一个给定时刻的内存快照。通常来讲，单个快照不会包含太多有关局部变量固定的内容。为了获得更完善的信息，需要保存许多个快照。

幸运的是，每次固定一个对象时都会发出一个名为 PinObjectAtGCTime 的 ETW 事件，它是查看被固定对象(包括固定局部变量)的重要信息来源。

我们可以在 WinDbg 中列出固定句柄(稍后即可看到)。但它们不同于此处讨论的固定局部变量。在 WinDbg 中看到的信息与我们在 \.NET CLR Memory\# of Pinned Objects 计数器中看到的信息并不一致，后者会计算 GC 期间所有被固定(不能移动)的对象，而 WinDbg 只会列出固定句柄。另一方面，PerfView 足够智能，它可以通过堆快照列出两种类型的固定根。场景 9-2 将介绍这些实际应用场景，包括研究 ETW 事件 PinObjectAtGCTime。

8.2.8　堆栈根扫描

通过到目前为止的所有介绍，可以很容易地理解 GC 信息如何协助构造出堆栈根。当所有线程在安全点挂起时，可以从 GC 信息中解码出存在哪些存活插槽。每个这样的插槽(无论位于堆栈或寄存器中)都被视为根并从它们开始执行标记遍历操作。

有人可能想了解如何在堆栈根的上下文中处理 goto 语句。此语句可以通过无条件跳转，将程序控制流直接转到一个标签化语句。线程可以突然在一块全然不同的代码块内执行全然不同的数据集，这种执行方式可能会破坏以上描述的与 GC 信息有关的整个技术操作。然而，goto 语句并非可以为所欲为。正如 C#语言规范对标签(goto 语句的跳转目标)的描述，"可以在该标签的范围内从 goto 语句引用标签。这意味着 goto 语句可以在代码块内部将控制流转移到外部，但绝不能转移进代码块中"。因此，goto 语句不能直接从一个方法跳转到另一个不同的方法。它也不能跳转进嵌套的代码块从而忽略掉中间的代码。换言之，goto 语句是安全的。这种安全性对 GC Info 机制而言也是一种保证。在当前的限制下，执行 goto 语句无非是将指令指针变更到方法内部的适当代码位置。

8.3　终结根

终结是一种用于在回收对象时执行某些操作的机制。它的作用通常是确保释放对象拥有的非托管资源。由于它非常重要且存在一些潜在的陷阱，我们将在第 12 章详细介绍该机制。

我们现在只需要知道，为跟踪需要"终结"的对象，GC 会维护一个特殊的队列。这个队列持有对"预备终结"对象的引用。因此，这些对象也构成应当扫描处理的根。

扫描预备终结队列的过程颇为直观，GC 逐一遍历其中的对象并从每个对象开始执行标记遍历操作。

如果想更详细地了解 CoreCLR 源代码中有关扫描终结根的内容，可以查看 gc_heap::mark_phase 方法(带有 GCHeap::Promote 回调)调用的 CFinalize::GcScanRoots 方法。

第 12 章会包含更多与终结有关的更实用的开发内容。

8.4　GC 内部根

如第 5 章所解释的，在局部 GC 的场景中需要将较老代对年轻代对象的引用包括在内(如图 5-8 所示)。此步骤将通过卡机制，遍历存储在跨代记忆集中的对象内部的引用。第 5 章介绍过的卡字和卡包有助于快速定位到存储此类引用源的内存区域。由于这些根源自用户代码，因此将它们称为 GC 内部根。

有了卡的信息，扫描它们只需要以下几个颇为简单的步骤。

外层循环寻找"已设置卡"的连续内存区域，此区域(我们将其称为"已设置卡区域")包含了带有跨代引用的对象。对于每个这样的区域，执行如下操作。

- 找到第一个对象(如果是小对象堆，可以利用第 9 章介绍的"砖")。
- 逐个扫描此区域内的对象，检查对象包含的引用是否是跨代引用。如果是，则将对象视为根并从它开始执行标记遍历操作。

GC 会在处理的过程中同时计算卡的效率比，这是为了检测有多少卡实际指向第 0 代区域以及有多少卡指向临时区域。然后，当决定应当回收哪个代的对象时将利用计算出的效率比。如果此比率太低，GC 将选择回收第 1 代而非第 0 代。

卡根扫描是在上述堆栈根扫描之后进行的。这意味着许多对象可能已被访问(标记)过，因此卡根访问的对象数量可能不会太多。

对卡的标记是通过 gc_heap::mark_phase 方法调用的 gc_heap::mark_through_cards_for_segments 方法(用于 SOH)和 gc_heap::mark_through_cards_for_large_objects 方法(用于 LOH)实现的。

用于 SOH 的方法使用 gc_heap::find_card 查找已设置卡区域并对找到的区域调用 gc_heap::find_first_object 方法。用这种方法找到(包含传出引用的)对象后,对它调用 gc_heap::mark_through_cards_helper 以遍历对象的引用字段。对于跨代目标对象则调用 gc_heap::mark_object_simple 回调,开始执行标记遍历操作。

用于 LOH 的方法的逻辑非常类似,它也使用 gc_heap::find_card 和 gc_heap::mark_through_cards_helper 方法。与 SOH 方法的主要区别在于脏区域是逐个对象扫描的,因为 LOH 没有砖的概念。

低下的卡效率是导致请求判决较老代的原因之一。7.8 节已对此进行过描述。在 PerfView 的 GCStats 报告的 Condemned reasons for GCs 表中可以观察到是否由于卡效率导致判决代的变化。如果确实导致了,Internal Tuning 列将显示其导致判决了哪个代。

规律出现的 Internal Tunings 通常不是问题,我们无须担心它。从用户的角度看,它唯一导致的结果是执行第 1 代 GC 而非第 0 代,两者的差异并不大。

8.5 GC 句柄根

最后一种根类型是各种 GC 句柄,我们已经在第 4 章对它们有过了解。句柄有各种不同的类型,但它们全都存储在一个全局句柄表映射中。扫描句柄表后,扫描到的一组句柄类型与它们指向的目标都将被视为根,以执行标记遍历操作。需要扫描的两个最重要的句柄类型如下所示。

- 强句柄:强句柄类似普通引用。调用 GCHandle.Alloc 可以显式创建强句柄。CLR 内部也会使用强句柄,例如用它们存储 Exception、OutOfMemoryException 或 ExecutionEngineException 等预分配异常。
- 固定句柄:强句柄的子类别。当通过固定句柄将一个对象固定起来时(以相应的方式调用 GCHandle.Alloc),将创建一个以该对象为目标的"固定"类型新句柄。这些句柄在标记阶段将被视为根,它们所指对象的对象头中的"固定位"将被标记以表示此对象已被固定。GC 的计划阶段后面将使用此标记位并在整个 GC 结束前清除它。

固定句柄有一个重要的变种,名为异步固定句柄。它的含义与常规的固定句柄相同(使对象不可移动),但它只由 CLR 在内部与异步 I/O(例如文件或套接字的读取和写入)一起使用。该句柄包含一个额外功能:一旦异步操作完成(无须等待在代码中显式释放此类句柄),它即在内部取消对象的固定状态。这个功能使得固定状态的持续时间尽可能短,以降低由此导致的开销。由于此种句柄仅用于 CLR 的内部需求,因此在我们的日常工作中并不需要关注它们,除非我们在代码中执行了大量长耗时异步 I/O 操作或大量进入没有被释放的内核锁导致固定操作的开销成为一个问题。

注意,这里描述的使用句柄固定一个对象(通过 GCHandle.Alloc(obj, GCHandleType.Pinned))和使用 fixed 关键字固定一个对象(在 8.2.7 节已作描述)是不同的。两者导致的结果相同,即在堆压缩阶段使一个对象不被移动。它们的区别仅在于这类对象的根不同:使用 GCHandle 时是句柄表;使用 fixed 关键字时是堆栈。

句柄根在当前的运行时实现中所扮演的角色比乍看之下重要得多。每个 AppDomain 的大对象堆中有两个关键数组:一个数组存储对暂存字符串的引用,另一个数组存储对静态对象的引用(如图 8-1 所示)。运行时会固定住这些数组。由于不少 CLR 内部数据均包含数组元素的地址,因此将数组固定住大有好处。例如,图 8-1 中展示的字符串字面量映射清楚地表明它未被视为暂存字符串的根，它仅是用于快速搜索的一个辅助数据结构(指向暂存字符串引用数组中的相应元素)。

　　了解 CLR 在内部使用何种机制实现内存管理逻辑着实令人大开眼界。

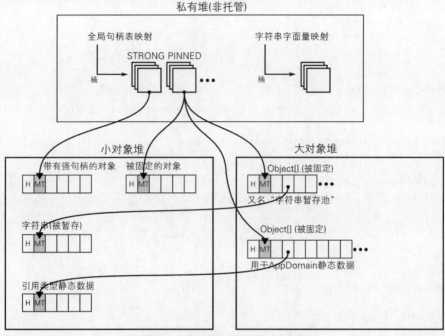

图 8-1　句柄表作为不同托管对象的根

　　CoreCLR 源代码中有关 GC 句柄根的代码从 GCScan::GcScanHandles(带有 GCHeap::Promote 回调)方法开始，它调用了 Ref_TracePinningRoots(用于 HNDTYPE_PINNED 和 HNDTYPE_ ASYNCPINNED 类型)、Ref_TraceNormalRoots(用于 HNDTYPE_STRONG、HNDTYPE_SIZEDREF 和 HNDTYPE_REFCOUNTED 类型)和 Ref_ScanDependentHandlesForRelocation 方法。

　　借助 WinDbg 和 SOS 扩展，我们可以很容易地看到句柄根的作用。以代码清单 8-26 中的简单代码为例，我们了解不同对象的根如何呈现于报告中。这对于分析各种内存使用率疯涨的案例场景很有用，可以让我们了解不断增长的对象图有哪些根。

代码清单 8-26　用于展示不同句柄根的程序示例

```
public int Run()
{
    Normal normal - new Normal();

    Pinned onlyPinned = new Pinned();
    GCHandle handle = GCHandle.Alloc(onlyPinned, GCHandleType.Pinned);

    ObjectWithStatic obj = new ObjectWithStatic();
    Console.WriteLine(ObjectWithStatic.StaticField);

    Marked strong = new Marked();
    GCHandle strongHandle = GCHandle.Alloc(strong, GCHandleType.Normal);
```

```
        string literal = "Hello world!";
        GCHandle literalHandle = GCHandle.Alloc(literal, GCHandleType.Normal);

        Console.ReadLine();
        GC.KeepAlive(obj);
        // ... free handles
        return 0;
    }

    public class Normal
    {
    }

    [StructLayout(LayoutKind.Sequential)]
    public class Pinned
    {
        public long F1 = 301;
    }

    public class Marked
    {
        public long F1 = 401;
    }

    public class ObjectWithStatic
    {
        public static Static StaticField = new Static();
    }

    public class Static
    {
        public long F1 = 501;
    }
```

当代码清单 8-26 所示的程序执行到 Console.ReadLine 时可附加 WinDbg，使用!gcroot 命令查看各种对象的根。首先，我们可以确认由于 JIT 优化(激进式根回收)的作用，程序已将普通对象判定为不可到达(如代码清单 8-27 所示)。

代码清单 8-27　普通对象不可到达(由于激进式根回收的作用)

```
> !dumpheap -type CoreCLR.CollectScenarios.Scenarios.VariousRoots+Normal
        Address               MT     Size
000001c6b4dd26a0 00007fff8e84bce0       24

> !gcroot 000001c6b4dd26a0
Found 0 unique roots
```

接下来让我们查看被显式固定的 onlyPinned 对象(如代码清单 8-28 所示)。显示的结果与图 8-1 所示一致，这个根是来自 HandleTable(一个非托管的 CLR 内部数据结构)的句柄(如代码清单 8-28 所示)。

代码清单 8-28　被固定对象可从固定句柄表(非托管)到达

```
> !dumpheap -type CoreCLR.CollectScenarios.Scenarios.VariousRoots+Pinned
        Address               MT     Size
000001c6b4dd26b8 00007fff8e84be80       24
```

```
> !gcroot 000001c6b4dd26b8
HandleTable:
    000001c6b0d015d8 (pinned handle)
    -> 000001c6b4dd26b8 CoreCLR.CollectScenarios.Scenarios.
       VariousRoots+Pinned
Found 1 unique roots
```

```
> !gcwhere 000001c6b0d015d8
Address 0x1c6b0d015d8 not found in the managed heap.
```

Static 类型的 ObjectWithStatic.StaticField 字段是静态引用类型数据。此类对象实例的根的信息同样与图 8-1 所示一致。对实例的引用存储在 LOH 分配的数组中(标注为第 3 代)，此数组由来自 HandleTable 的一个固定句柄持有(如代码清单 8-29 所示)。

代码清单 8-29　静态对象可从来自 LOH(来自非托管固定句柄表)的固定数组到达

```
> !dumpheap -type CoreCLR.CollectScenarios.Scenarios.VariousRoots+Static
         Address          MT   Size
000001c6b4dd2700 00007fff8e84c3b0    24
```

```
> !gcroot 000001c6b4dd2700
HandleTable:
    000001c6b0d015f8 (pinned handle)
    -> 000001c6c4dc1038 System.Object[]
    -> 000001c6b4dd2700 CoreCLR.CollectScenarios.Scenarios.VariousRoots+Static
Found 1 unique roots
```

```
> !gcwhere 000001c6c4dc1038
Address          Gen  Heap          segment            begin
allocated        size
000001c6c4dc1038 3     0    000001c6c4dc0000     000001c6c4dc1000
000001c6c4dc5480  0x1ff8(8184)
```

你可能经常会看到很多对象的根都是 System.Object[]数组，请别被这个信息误导。大多数情况下，这是因为这些对象是静态对象或暂存字符串(正如本示例所示)。

强句柄和固定句柄类似，代码清单 8-26 中的 strong 对象由 HandleTable 中的字符串类型句柄引用(如代码清单 8-30 所示)。

代码清单 8-30　带有强句柄的对象可从强句柄表(非托管)到达

```
> !dumpheap -type CoreCLR.CollectScenarios.Scenarios.VariousRoots+Marked
         Address          MT   Size
000001c6b4dd26d0 00007fff8e84c020    24
```

```
> !gcroot 000001c6b4dd26d0
HandleTable:
    000001c6b0d01190 (strong handle)
    -> 000001c6b4dd26d0 CoreCLR.CollectScenarios.Scenarios.
       VariousRoots+Marked
Found 1 unique roots
```

代码清单 8-26 示例中的字符串字面量有两个根。一个是字符串暂存池(一个位于包含暂存字符串引用的 LOH 内的被固定数组)，另一个是显式创建的强句柄。!gcroot 命令的输出结果确认了这一点(如代码清单 8-31 所示)。

代码清单 8-31　带有额外强句柄的字符串字面量(通过!dumpheap -mt 00007fffed021400 -min 32 -max 32 命令找到的实例)

```
! do 000001c6b4dd2650
Name:           System.String
MethodTable:    00007fffed021400
EEClass:        00007fffebcdddc0
Size:           50(0x32) bytes
File:           F:\GithubProjects\coreclr\bin\Product\Windows_NT.x64.Debug\
                System.Private.CoreLib.dll
String:         Hello world!

> !gcroot 000001c6b4dd2650
HandleTable:
    000001c6b0d01198 (strong handle)
    -> 000001c6b4dd2650 System.String

    000001c6b0d015e8 (pinned handle)
    -> 000001c6c4dc3050 System.Object[]
    -> 000001c6b4dd2650 System.String
Found 2 unique roots
```

此外，我们还可以查看普通对象实例 ObjectWithStatic 的信息，它只有堆栈根而没有句柄根(如代码清单 8-32 所示)。更准确地说，堆栈根保存在寄存器 rsi 中。

代码清单 8-32　普通对象实例可从堆栈根(寄存于 rsi 中)到达(由于 GC.KeepAlive 调用)

```
> !dumpheap -type CoreCLR.CollectScenarios.Scenarios.
VariousRoots+ObjectWithStatic
        Address              MT      Size
000001c6b4dd26e8 00007fff8e84c200      24

> !gcroot 000001c6b4dd26e8
Thread 273c:
    000000793097d530 00007fff8e79319d CoreCLR.CollectScenarios.Scenarios.
    VariousRoots.Run()
        rsi:
                -> 000001c6b4dd26e8 CoreCLR.CollectScenarios.Scenarios.
VariousRoots+ObjectWithStatic

Found 1 unique roots
```

使用!gchandles 命令可以列出应用程序中的所有(或指定类型的)句柄(如代码清单 8-33 所示)。

代码清单 8-33　使用!gchandles 命令列出应用程序中的所有句柄(可过滤输出结果)

```
> !gchandles
        Handle Type              Object      Size
Data Type
000001c6b0d013e8 WeakShort       000001c6b4dc1e20       152
System.Buffers.ArrayPoolEventSource
000001c6b0d017a8 WeakLong        000001c6b4dd2740       152
System.RuntimeType+RuntimeTypeCache
```

```
000001c6b0d017f8 WeakLong          000001c6b4dc2878        64
Microsoft.Win32.UnsafeNativeMethods+ManifestEtw+EtwEnableCallback
000001c6b0d01190 Strong            000001c6b4dd26d0        24
CoreCLR.CollectScenarios.Scenarios.VariousRoots+Marked
000001c6b0d01198 Strong            000001c6b4dd2650        50
System.String
000001c6b0d011a0 Strong            000001c6b4dc2de0        32
System.Object[]
000001c6b0d011a8 Strong            000001c6b4dc2d78        104
System.Object[]
000001c6b0d011b0 Strong            000001c6b4dc13e0        24
System.SharedStatics
000001c6b0d011b8 Strong            000001c6b4dc1300        144
System.Threading.ThreadAbortException
000001c6b0d011c0 Strong            000001c6b4dc1270        144
System.Threading.ThreadAbortException
000001c6b0d011c8 Strong            000001c6b4dc11e0        144
System.ExecutionEngineException
000001c6b0d011d0 Strong            000001c6b4dc1150        144
System.StackOverflowException
000001c6b0d011d8 Strong            000001c6b4dc10c0        144
System.OutOfMemoryException
000001c6b0d011e0 Strong            000001c6b4dc1030        144
System.Exception
000001c6b0d011f8 Strong            000001c6b4dc13f8        128
System.AppDomain
000001c6b0d015d8 Pinned            000001c6b4dd26b8        24
CoreCLR.CollectScenarios.Scenarios.VariousRoots+Pinned
000001c6b0d015e0 Pinned            000001c6c4dc3488        8184
System.Object[]
000001c6b0d015e8 Pinned            000001c6c4dc3050        1048
System.Object[]
000001c6b0d015f0 Pinned            000001c6b4dc13a8        24
System.Object
000001c6b0d015f8 Pinned            000001c6c4dc1038        8184
System.Object[]
// ...
// statistical data
```

除了上面介绍的类型外，还存在其他一些句柄类型，特别是将在第 12 章介绍的弱句柄。但由于它们与本章介绍的内容类似，因此不再对其赘述。

8.6 处理内存泄漏

你是否曾经遇到过.NET 程序内存使用率持续攀升的情况？无论垃圾回收的标记阶段有多么复杂，它几乎不会出错。换言之，持续增长的内存使用率和内存泄漏一定不会是因为垃圾回收器无法正确识别对象是否处于可到达状态。如果程序存在内存泄漏，很可能是因为有些对象持续持有对其他对象的引用。因此，整个.NET 内存管理主题中最典型的问题是如何找到此类内存泄漏的根源(换言之，找出是哪些根在持有应当回收但始终存活的对象)。

但首先，你需要确定是否确实存在内存泄漏以及内存泄漏是否真正来自托管代码。因此，调查应从以下两个步骤开始。

- 检查进程内存的哪个部分在增长。内存增长可能来自某些非托管库的 bug 或误用，产生泄漏的是非托管内存。第 4 章对此已有描述。
- 如果排除了非托管内存泄漏，则只需要按照如下所述，调查托管内存即可。

确定是否存在托管内存泄漏的唯一依据是执行完全第 2 代 GC 回收后内存依旧持续增长。如果不满足此假设，问题可能只是因为 GC 尚未对整个堆执行回收。当内存的增长发生在第 2 代时，GC 有可能因为触发条件尚未满足而认为无须执行完全回收(例如它觉得尚有大量可用内存)。又或者，GC 只执行了非压缩式后台完全回收，因此内存因为其中存在的碎片而增长。只有当压缩式完全回收也无法阻止内存持续增长，我们才会怀疑确实存在内存泄漏。

为区分这两种情况，我们应当首先检测 GC 的执行情况，确认是否执行过以及执行过多少次第 2 代 GC。检测可以使用你偏好的工具进行，例如性能计数器或者 PerfView 的 GCStats 视图。基于本书介绍的知识，你应当已知晓如何通过 GCStats 视图中的 GC Events by Time 和 Condemned reasons for GCs 表找到未触发完全 GC 的原因。

确认第 2 代 GC 确实已执行过后，就可以开始调查内存泄漏的原因。是哪些根在持有越来越多的对象，使它们保持存活状态？这不是一个容易回答的问题。对于简单的应用程序，有时只需要仔细分析新旧源代码版本之间的差别即可，因为问题通常发生在新版本上线之后。但是，很难总结出一个万能解决方案。

对于不断创建数万甚至数百万个对象的大型应用程序而言，很难看出内存泄漏的真正源头。对象之间错综复杂的引用关系使得追踪源头变得异常困难。有两种处理内存泄漏问题的诊断方法。

- 第一种方法是分析应用程序的单个内存转储，这个方法相对简单，但多少需要一点运气。我们将在转储中寻找数量很多且占用大量内存的对象。进行各种后续分析之前可以先指定一个范围，例如指定某一代(实践中通常指定第 2 代或 LOH)以缩小搜寻范围。我们可以观察应用程序的某些部件(特定业务逻辑、特定纵切领域或类似数据库访问的特定组件)中是否存在大量对象。在此过程中，对应用程序的结构和整体源代码了解得越深，定位问题越容易。但这并不会改变这样一个事实：这样的分析相当依赖直觉。应用程序中可能确实存在许多同类对象，但它们不一定是内存泄漏的源头。很多时候，应用程序的正常逻辑就是需要创建大量对象。这一点使得分析内存泄漏问题变成一个费时费力的挑战。第 5 章的场景 5-2 和本章的场景 8-1 展示的正是这个分析方法。在这些场景中，分析内存使用率攀升过程中不同时刻的多份转储会大有帮助。通过逐个分析多份内存转储，可以锻炼出自己的直觉。但是，自动比较多份内存快照的差异可以进一步提高分析效率。这引出了另外一种分析方法。
- 第二种方法(其实也是首选的方法)是分析两份或更多份先后截取的内存转储并专注于它们之间的差异。这个方法使得分析工作更为容易，我们无须关注关系复杂的各式各样的对象，而只需要关注不断增长的对象组。使用的工具越好，分析工作越容易。但这个方法仍然需要一定的直觉并需要对应用程序的结构和设计有深入了解，因为伴随着程序运行，可能各种不同对象都会持续增长(而只有其中一种对象的增长才是预期之外的)。场景 8-1 即将同时呈现此分析方法。

由于内存泄漏的分析过程既烦琐又复杂，因此不存在一个万能方法。大部分时候，为解决实际应用程序中的内存泄漏问题，需要混合使用上面提到的各种分析方法，不断挖掘问题之所在。

最后提供一个建议。无论我们的应用程序用于何种用途，也无论内存泄漏的源头何在，分析内存转储时，字符串几乎总是数量最多的对象类型。如今大部分应用程序都会处理大量文本，这些文本可能来自文件、HTTP 请求或数据库。我们只需要对此有所心理准备并清楚分析工作不一定需要从字符串开始即可。字符串可能是也可能不是最终问题的源头，它们可能最终会引导我们找到真正导致内存泄漏的根，毕竟不断增长的对象很可能包含一些字符串数据。

8.6.1 场景 8-1：nopCommerce 可能发生内存泄漏

描述：我们以标准方式安装了 nopCommerce 应用程序(一个使用 ASP.NET 编写的开源电子商务平台)。我们想验证 nopCommerce 的性能并了解它的内存使用模式。我们使用 JMeter 3.2(一个流行的开源负载测试工具)准备了一个简单的压力测试场景。场景包括循环执行 3 个步骤：访问首页、某个分类和某个标签。每个请求中间添加额外的思考时间(暂停)以模拟真实用户的行为模式。在测试期间，我们发现第 2 代 GC 定期触发的同时，内存使用率仍不断攀升，貌似程序中存在内存泄漏。我们遇到的问题与场景 5-2 相同，但这次将采用一种不同的分析方法。

分析：我们已经知道，托管内存在负载测试期间不知为何发生了泄漏(如图 8-2 所示)。完全 GC 已触发，但长生存期对象显然仍旧在第 2 代不断聚集。我们将尝试使用前面介绍过的方法，找到其中原因。我们将使用 PerfView 作为分析工具，因为它提供了收集和分析内存快照的强大功能。使用 PerfView 进行这种分析时，请提前阅读 Collecting Memory Data 对话框中的 Collecting GC Heap Data 和 Understanding GC Heap Data 等帮助主题。

注意，在开始分析.NET 内存之前，需要检查产生泄漏的是否确实是托管内存(参见场景 4-2~场景 4-4)。

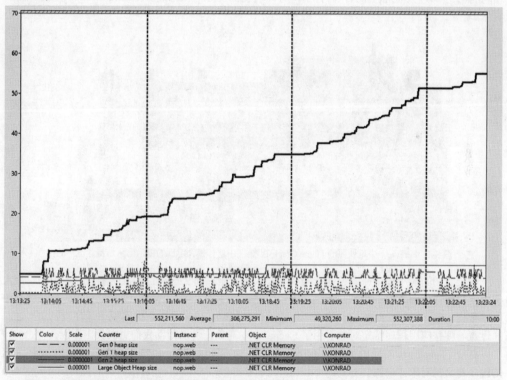

图 8-2 负载测试前 10 分钟的性能计数器，其中显示了所有代的大小(图中已标示执行内存转储的时间点)

1. 方法 1：分析单个内存快照

在第一个方法中，我们通过 PerfView 获取单个内存快照(使用 Memory | Take Heap Snapshot

选项)，此操作在图 8-2 上标示为第一个时间点。我们可能会在对象的统计信息中发现一些有趣的事情。图 8-3 以各类对象的非独占(总)内存占用空间排序，展示了它们的总体内存使用率。显然，由于[.NET Roots]引用了所有数据，因此它占据了 100%内存空间(参见 Inc 列)。其中大部分都是静态根，但大部分内存(包括了所有对象的 74%)似乎由 Autofac IoC 容器持有。我们尚不确定这是否就是问题所在。对于一个使用 IoC 的应用程序而言，IoC 容器持有大部分对象的现象并不奇怪，但这显然为我们提供了一些线索。此外，大量与 memory cache 相关的对象也占用了不少内存空间。

Name ?	Exc % ?	Exc ?	Exc Ct ?	Inc % ?	Inc ?	Inc Ct ?	Fold ?	Fold Ct ?
[.NET Roots]	0.3	407,591	8,736	100.0	144,170,600.0	3,724,871	407,591	8,735
ROOT	0.0	0	0	100.0	144,170,600.0	3,724,871	0	0
[static vars]	5.4	7,779,199	176,526	97.5	140,536,300.0	3,664,079	7,779,199	176,525
[static var Nop.Core.Infrastructure.Singleton.allSingletons]	0.0	0	1	74.0	106,755,100.0	2,792,296	0	0
LIB <<mscorlib!Dictionary<Type,Object>>>	0.0	1,404	46	74.0	106,755,100.0	2,792,295	1,284	43
Nop.Core!Nop.Core.Infrastructure.NopEngine	0.0	12	1	74.0	106,753,700.0	2,792,249		
Autofac.Extensions.DependencyInjection!Autofac.Extensions.DependencyInjection.AutofacServiceProvider	0.0	138	12	74.0	106,753,700.0	2,792,248		
Autofac!Autofac.Core.Container	0.3	476,568	14,590	74.0	106,753,600.0	2,792,237	476,548	14,589
Autofac!Autofac.Core.Lifetime.LifetimeScope	0.0	247	5	73.7	106,276,800.0	2,777,605		
LIB <<mscorlib!Dictionary<Guid,Object>>>	2.7	3,917,683	84,396	73.7	106,276,300.0	2,777,582	3,917,455	84,391
Microsoft.Extensions.Caching.Memory!Microsoft.Extensions.Caching.Memory.MemoryCache	0.0	64	1	48.4	69,808,310.0	1,963,239		
LIB <<mscorlib!ConcurrentDictionary<Object,Microsoft.Extensions.Caching.Memory.CacheEntry>>>	10.7	15,486,060	203,556	48.4	69,808,250.0	1,963,238	15,485,970	203,553
Microsoft.Extensions.Caching.Memory!Microsoft.Extensions.Caching.Memory.CacheEntry	11.1	16,030,910	222,660	38.0	54,777,400.0	1,772,371	1,725,223	114,307
Nop.Core!Nop.Core.Caching.MemoryCacheManager	0.0	16	1	21.3	30,773,610.0	703,282		
LIB <<mscorlib!CancellationTokenSource>>	18.1	26,143,850	477,556	21.3	30,773,590.0	703,281	26,143,160	477,556

图 8-3　PerfView 中堆快照的 By Name 视图(按 Inc 列倒序排列)

我们可以通过更清楚的 Flame Graph 视图进一步查看这些数据(如图 8-4 所示)。此视图提供了相同的结论(通过 Autofac 容器，内存中持有许多 Microsoft.Extensions.Caching.Memory.CacheEntry 实体)。

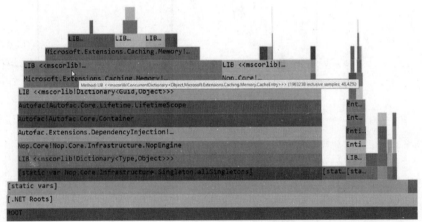

图 8-4　PerfView 中堆快照的 Flame Graph 视图(图中鼠标指针附近的提示信息是特意留下的)

如果我们的应用程序原本设计成需要缓存大量数据，那么这种行为可能是意料之中的。令人担心的是内存使用率的不断攀升，也许应用程序缓存了越来越多的数据，但没有相应地释放其中一些数据。毫无疑问，此时应当检查应用程序的源代码，确认是否正确实现了缓存机制。不过，通过查看哪些应用程序特定对象引用了 CacheEntry 对象，可以帮助我们更快找出原因。

打开 CacheEntry 对象的 Referred-From 视图，确实可以找到一些线索。查看 nopCommerce 应用程序定义的对象，很快会看到由 Nop.Services.Catalog.ProductTagService 实例持有的 Nop.Core. Caching.MemoryCacheManager 实例(如图 8-5 所示)。虽然尚未给出最终答案，但它至少提供了不少接近答案的线索。

Name	Inc %	Inc	Inc Ct	Exc %	Exc	Exc Ct
☑ Microsoft.Extensions.Caching.Memory!Microsoft.Extensions.Caching.Memory.CacheEntry	38.0	54,777,400.0	1,772,371	11.1	16,030,910	222,660
⊟ LIB <<mscorlib!ConcurrentDictionary<Object,Microsoft.Extensions.Caching.Memory.CacheEntry>>>	37.7	54,312,120.0	1,759,621	0.0	0	0
⊞ LIB <<mscorlib!Dictionary<Guid,Object>>>	37.7	54,312,120.0	1,759,621	0.0	0	0
[finalization handles] [MinDepth 2]	0.0	0.0	0	0.0	0	17,313
⊞ ☑ Nop.Core!Nop.Core.Caching.MemoryCacheManager (MinDepth 10)	0.0	0.0	0	0.2	277,008	17,313
⊞ ☑ LIB <<mscorlib!Dictionary<Guid,Object>>> [MinDepth 9]	0.0	0.0	0	66.4	95,706,260	17,313
☑ Microsoft.Extensions.Caching.Abstractions!Microsoft.Extensions.Caching.Memory.PostEvictionDelegate (MinDepth 15)	0.0	0.0	0	372.4	536,870,900	17,313
□ Nop.Services!Nop.Services.Catalog.ProductTagService (MinDepth 17)	0.0	0.0	0	0.5	761,772	17,313

图 8-5　PerfView 中堆快照(Microsoft.Extensions.Caching.Memory.CacheEntry 类型)的 Referred-From 视图

分析到这里，我们可以打开源代码查看 ProductTagService 服务如何使用缓存，找出问题的真正原因并修复它。无须多言，问题其实并非出在 nopCommerce 本身，而是来自错误的负载压力测试场景。虽然这并非是一个精心设计的示例，但我们可以通过它了解整个分析思路和方法。

有时，使用这个分析方法很难找到问题的真正原因。这是因为对象之间的引用关系时有时无，而这种引用关系对于分析而言非常重要。例如上面这个示例中，在用户请求期间，Nop.Services.Catalog.ProductTagService 确实引用了 Nop.Core.Caching.MemoryCacheManager，但这个引用关系很快会解除，实际上持有 CacheEntry 实体的是缓存机制本身(而非 ProductTagService)。

2. 方法 2：比较内存快照

第二个方法将在 PerfView 中获取两个内存快照(使用 Memory | Take Heap Snapshot 选项)，它们在图 8-2 上分别标示为第二和第三个时间点。由于内存泄漏发展得相当快，因此两次操作仅间隔 3 分钟。在其他分析场景中，你可能需要分析间隔几十分钟的快照。获取两个快照后，通过 Diff 菜单对比它们。By Name 视图展现的结果无疑已直指问题所在(如图 8-6 所示)。两个快照之间绝大多数新增的对象都是 CacheEntry 以及其他与缓存有关的类型。新增量表现为 Exc 列(某个类型占用的独占空间)和 Inc 列(某个类型占用的非独占空间)中的正数，这表示从第一个快照到第二个快照期间这些类型占用的总空间增加了多少。

Name	Exc %	Exc	Exc Ct	Inc %	Inc	Inc Ct	Fold	Fold Ct
ROOT	0.0	0	0	100.0	68,687,080.0	1,700,950	0	0
[.NET Roots]	0.0	-18,380	3,929	100.0	68,687,080.0	1,700,950	-18,380	3,929
[static vars]	1.5	997,758	33,546	93.2	64,034,470.0	1,652,405	997,758	33,546
Microsoft.Extensions.Caching.Memory!Microsoft.Extensions.Caching.Memory.CacheEntry	19.4	13,345,800	102,257	82.4	56,583,260.0	1,518,337	5,019,994	39,201
LIB <<mscorlib!List<IDisposable>>>	43.0	29,524,780	645,303	71.0	48,765,210.0	1,238,704	28,007,190	582,108
LIB <<mscorlib!Action<Microsoft.Extensions.Caching.Memory.CacheEntry>>>	0.0	128	4	15.1	10,366,680.0	386,366	0	0
LIB <<mscorlib!ConcurrentDictionary<Object,Microsoft.Extensions.Caching.Memory.Cach...	4.5	3,077,782	74,918	15.1	10,366,560.0	386,362	3,077,781	74,918
Microsoft.Extensions.Caching.Memory!Microsoft.Extensions.Caching.Memory.MemoryCac...	0.0	0	0	15.1	10,366,560.0	386,360	0	0
LIB <<mscorlib!List<Microsoft.Extensions.Caching.Memory.PostEvictionCallbackRegistrati...	4.8	3,280,897	126,321	9.2	6,308,843.0	252,470	1,768,929	63,187

图 8-6　PerfView 中两个堆快照差别的 By Name 视图(按 Inc 列倒序排列)

在一个运行正常的系统中，新缓存条目的数量应当与过期缓存条目的数量接近(假定页面访问量比较稳定)。因此，CacheEntry 实例以及其他与缓存相关的类型占用空间的增加量应趋近于 0[1]。如果增加量的绝对值很大，表明问题出在缓存机制。接下来可以继续仔细分析其中一个或两个快照中 CacheEntry 实例的具体占用情况，分析方法与上一个方法一致。

8.6.2　场景 8-2：找出最常出现的根

描述：我们想分析应用程序中最常出现的根是哪种类型。这对于分析内存泄漏可能有帮助。通过找出最常出现的根以及它们在不同时期的变化，我们可能会发现有意思的模式并据此得出一

---

[1] 当然，由于页面访问量的波动，增加量不会恰好等于 0。

些结论。期望这种分析能直接为我们指出产生问题的根源并不现实。但在这个分析过程中，我们可以得到更多有用的信息，帮助我们进一步接近真相。

分析：.NET 运行时触发的事件是一种可供利用的宝贵信息源，进行根类型统计时也不例外。ETW/LTTng 事件 MarkWithType 提供的信息可以让我们知道特定 GC 期间共标记了多少字节不同类型的根。每种不同类型的根会分别触发一次该事件，因此每次 GC 通常会触发多次事件。_GC_ROOT_KIND 枚举中定义了根的所有类型(如代码清单 8-34 所示)。

代码清单 8-34 由枚举值代表的各个根类型

```
namespace ETW
{
typedef enum _GC_ROOT_KIND {
        GC_ROOT_STACK = 0,
        GC_ROOT_FQ = 1,
        GC_ROOT_HANDLES = 2,
        GC_ROOT_OLDER = 3,
        GC_ROOT_SIZEDREF = 4,
        GC_ROOT_OVERFLOW = 5
    } GC_ROOT_KIND;
};
```

在 PerfView 的 Collect 对话框中使用 GC Collect Only 选项可记录下 MarkWithType 事件。记录完成后，可以在 Events 视图中列出所有事件并基于进程进行过滤(如图 8-7 所示)。遗憾的是，目前 PerfView 中没有为任何此类数据提供摘要或图形化视图，这让分析事件的过程颇为烦琐。

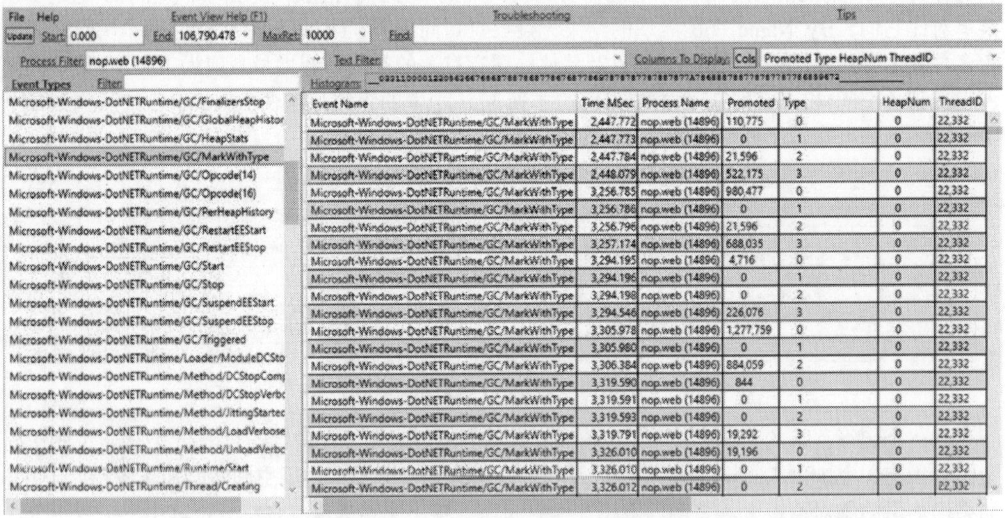

图 8-7 示例进程的 MarkWithType 事件(显示了 Promoted、Type、HeapNum 和 ThreadID 列)

但是，我们可以将过滤后的事件导出为一个 CSV 文件(通过上下文菜单中的 Open View in Excel 选项)，然后使用可以解析 CSV 的工具进行分析。最显而易见的工具是 MS Excel 或其他电子表格软件。导入 CSV 数据后，我们可以用自己喜欢的方式分析它们。例如，图 8-8 展示了在 MS Excel 中以时间轴显示被提升对象的内存空间大小走势。注意，纵坐标刻度以对数递增。

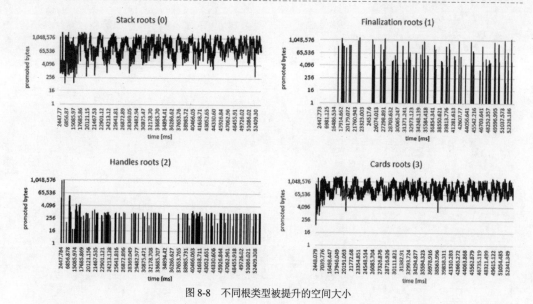

图 8-8　不同根类型被提升的空间大小

此事件的值表示的是按照代码清单 8-34 所列出的顺序所体现的递增值(不包括相对少见的 GC_ROOT_SIZEDREF)。在 GC 期间，每个后续触发的 MarkWithType 事件都指示了由于某种根类型而额外提升的字节大小。例如，由于终结根而导致被提升的字节数不会包括由于堆栈根而被标记的对象字节数。同样，句柄根的事件值不会包括由于堆栈根或终结根已被提升的对象字节数。

8.7　本章小结

本章全面介绍了 GC 的一个关键部分：标记阶段。了解它对于理解哪些对象为何能存活下来至关重要。因此，它是.NET 内存管理知识领域中最重要的实践部分之一。

标记机制始于各种不同类型的根并随之逐渐构建出包含所有可到达对象的完整对象图。当某一类根设置了存储在对象内的 marked 标记后，后续根类型会参考此标记，避免重复访问同一个对象的传出引用(以及由此展开的整个对象子图)。其他类型的根只会扩展当前已生成的对象图。

我们希望通过本章对标记机制的全面描述，可以让你更好地了解它。其中特别令人惊奇的是，暂存字符串和静态引用数据采用了和其他对象完全一致的标记机制。

第 9 章将介绍 GC 过程的下一个重要步骤：计划阶段。

垃圾回收——计划阶段

标记阶段之后，所有对象都被标识为可到达或不可到达。那些可到达的对象将用一个专用位进行标记。某些被标记的对象可能还要用额外的一个位标记为固定的。此时，垃圾回收器已拥有启动其工作所需的所有信息。但问题是它应该进行清除回收还是压缩回收呢？

要回答这个问题，我们可以采用以下两个方法之一。我们可以根据先前的内存使用模式或者清除和压缩回收的先前效果进行有根据的猜测。然而，这仍然只是一个猜测。在不断创建和删除对象的动态条件下，很难指望我们猜测的准确率会比中彩票的概率高。

另一个则不是通过猜测，我们可以以某种方式计算在当前条件下压缩是否会有回报，或者所产生的碎片是否不是那么大，从而可以只执行清除。这是一种更有希望的方法。根据计算的准确性，我们会离最优解决方案越来越近。但是，正如我们很快就会注意到的，要精确预测所产生的碎片并不是那么容易。我们遇到了一个悖论——要知道是否值得进行压缩，你需要先进行压缩然后查看其结果。

但是如何在不这样做的情况下进行压缩呢？这正是计划阶段真正要做的。它计算与压缩过程结果直接对应的所有信息。这些信息是"在侧面"准备的，并没有实际去移动对象。通过这种方式，我们可以知道压缩的确切结果。

而且，以这种方式准备的信息是可以被随后的压缩和清除使用的。如果压缩结果很有希望(我们将在本章后面更详细地讨论此决策)，则 GC 直接使用收集到的信息执行压缩。如果满足清除的要求，这些所收集到的信息也可以直接用于清除。由于压缩比清除要频繁得多，特别是对于临时回收，因此此类模拟压缩结果很少被丢弃。

这样，我们可以将计划阶段视为整个 GC 过程的主要马力。它做着所有繁重的、必要的计算。清除或压缩阶段只是以一种或多或少复杂但直接的方式消耗这些计算的结果。

那么，计划阶段是如何在不操作托管堆上的对象的情况下同时"执行"压缩和清除的？答案很有意思，请继续往下阅读。记住，了解计划阶段可以最好地了解 GC 的真正工作原理。

本章中所描述的过程在 SOH 和 LOH 中会略有不同。

9.1 小对象堆

让我们先从 SOH 计划阶段的描述开始。它比 LOH 的情况要复杂一些，因此在理解它之后，我们将很容易理解 LOH 版本。

9.1.1 插头和间隙

假设有一个正好位于 GC 进程开头的托管堆(在小对象堆中)的片段(见图 9-1)。这里有一些彼此相邻的对象。每个对象都由一个头、Method Table 指针和至少一个指针大小的字段(尽管没有使用)组成。有些对象较大，有些较小。

图 9-1　一个位于 GC 进程开头的托管堆的片段(H 代表头，MT 代表 Method Table 指针，对象用浅灰色填充标记)

　　想象在上一章所描述的标记阶段后，所有可到达的对象都被标记了(见图 9-2)。此时将开始执行计划阶段。

图 9-2　标记阶段之后的托管堆片段

　　在计划阶段，所有被判决和年轻一代的对象都会逐个扫描。这很容易，因为当前对象的大小可根据对象内部的"热"信息计算出来。对于数组，这是对象的基本大小加上组件数量乘以组件大小。在这样的扫描过程中，只需要使用一个专用指针按当前对象的大小(即对齐的大小)前进。

　　计划阶段的核心原理是在此类逐个对象的扫描过程中将所有已被标记和未被标记的对象分组(见图 9-3)。因此，可以创建两种类型的组。

- 插头(plug)：代表一组相邻的已被标记(可到达)的对象。
- 间隙(gap)：代表一组相邻的未被标记(无法到达)的对象。

图 9-3　托管堆上的插头和间隙

通过将整个托管堆拆分成一系列的插头和间隙，我们可以轻松地计算出重要信息(见图 9-4)。

- 每个间隙的大小和位置都会被记住。如果最终选择了清除回收，则大多数间隙将成为由空闲列表项管理的可用空间。
- 每个插头的重定位偏移量和位置都会被记住。如果最终选择了压缩回收，则将通过使用这些重定位偏移量逐个移动插头来执行。

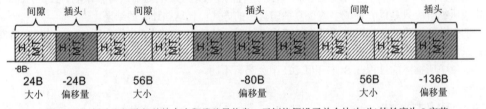

图 9-4　与插头和间隙相关的大小和偏移量信息。示例值假设了单个块(如头)的长度为 8 字节

　　那如何计算重定位偏移量呢？在最简单的场景中，我们可以将其计算为先前间隙的所有大小的累加(如图 9-4 所示)。但是，在实际实现中，要复杂得多。它使用自己的内部分配器为要重新定位的每个连续插头找到合适的地址，然后记录该地址，而不是实际地将插头移到那里。

　　如果你对细节感兴趣并且想研究 CoreCLR 代码，则所有这些都在 gc_heap::plan_phase 方法中进行。在该方法中，通过扫描连续对象来发现插头和间隙。每个插头的新位置是通过调用 allocate_in_condemned_generations 或 allocate_in_older_generations 计算出来的。你可以从这里开始你的研究。

在一个我们可以移动插头的简单场景中，也就是说它不是固定的，一个转储指针分配器会将每个插头彼此相邻放置。图 9-5 展示了一些"虚拟空间"，这是从内部分配器的角度看到的托管堆(它表示压缩后的堆外观)。这只是一个为了方便起见的例证——通常，分配器仅需要对指针进行操作即可相应地对其进行更新。小段的堆的计划阶段将包括以下步骤。

- 首先，将分配指针重置到代的开始(见图 9-5(a))。
- 当遇到第一个插头(本例中由一个对象组成)时，分配器会为其找到分配指针所在的位置(见图 9-5(b))并相应地移动分配指针。插头的新位置和旧位置之间的差异将被记为其重定位偏移量。
- 当遇到下一个插头(本例中由三个对象组成)时，分配器将在上一个"已分配"插头之后为其找到一个新位置。同样，将插头的新位置和旧位置之间的差异记为其重定位偏移量。
- 当遇到最后一个插头时，会发生同样的逻辑。

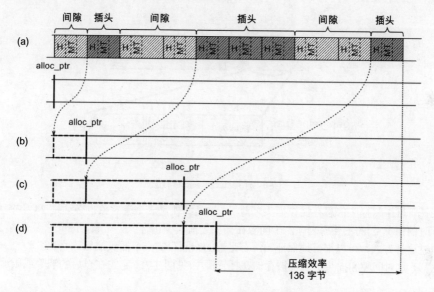

图 9-5 插头重定位偏移量的计算是基于内部分配器为每个插头计算一个新地址：(a)图 9-4 中的对象布局和托管堆上分配器的结果视图；(b)内部分配器为第一个插头找到一个位置；(c)内部分配器为第二个插头找到一个位置；(d)内部分配器为最后一个插头找到一个位置

结果，所有的重定位偏移量都被计算出来，因此 GC 可以准确地知道，如果发生压缩，最终何时放置分配指针。这提供了有关压缩效率的直接信息，这些信息稍后将在 GC 决定压缩时使用。

在图 9-5 的示例中，我们知道在压缩后，对象占用的空间将缩减 136 字节，因为这是分配指针的当前位置与未来位置之间的差异。

我们的简化案例还不能说明为什么需要更复杂的内部分配器。当我们讨论对象的固定时，就会发生这种情况(即需要更复杂的内部分配器)。

总之，通过将对象组织成插头和间隙，可以非常高效地获得如下一整套信息。

- 压缩效率是多少。
- 如果是清除回收，则应在哪里创建空闲列表项。
- 如果是压缩回收，将把可到达对象移到哪里。

　　问题出现了，即在哪里存储与插头和间隙相关的数据？GC 可以为此目的使用由其管理的专用内存区域。但是，如果出现许多小插头和间隙的情况，使用该区域将会消耗大量内存。另外，由于 CPU 高速缓存的使用，密集访问托管堆的内存区域和用于此类信息的单独区域将效率不高。因此，既然 GC 已经大量地使用了托管堆内存区域，为什么不重用它来存储与插头和间隙相关的信息呢？这正是 Microsoft .NET 所决定采用的方法。[1]

　　如果我们适当地建立间隙和插头，则每个插头将在其之前都会具有其对应的间隙。这就是为什么 GC 只为每个插头存储有趣的信息——只记录其开始的地方，即先前间隙结尾的位置(见图 9-6)。间隙的内容可以被安全地覆盖，它只包含将不再使用的不可到达对象。这样的插头信息精确地占用了 24 字节(在 64 位运行时上)或 12 字节(在 32 位运行时上)，它包含相应的间隙大小、插头重定位偏移量以及一些稍后会解释的附加数据(作为重定位偏移量一部分的两个位以及两个附加的左/右偏移量)。

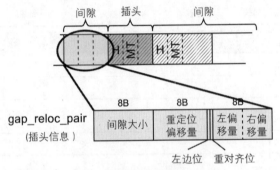

图 9-6　托管堆上插头信息的位置

　　在托管堆中将插头信息存储在插头之前——这是即使是一个空对象也必须是 24 字节大(在 64 位运行时的情况下)的主要原因。由于间隙在插头之前至少包含一个对象，因此它至少有 24 字节长。通过这种方式，可以很好地保证始终有足够的空间存储一个插头信息。

　　这样，每对间隙和插头信息都被存储在托管堆中(见图 9-7)。它将在以后的清除或压缩阶段中使用。

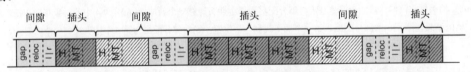

图 9-7　与存储在托管堆中的插头和间隙相关的大小和偏移量信息(基于图 9-4 中的情况)

　　如果 GC 决定执行压缩回收，它将非常频繁地使用插头信息。注意，有了这些信息，它可以回答最常见的问题(在翻译地址时使用)：在地址 X 处的对象的新地址是什么？这种情况下，我们只需要检查地址 X 是否属于某个插头，如果是，则从 X 中减去相应的插头重定位偏移量。这个问题可能会被频繁访问，因此必须尽一切努力高效应对。这就是将插头组织到二叉搜索树(BST)中的原因。

　　每个插头信息都包含与给定插头开头相关的左/右子插头信息的偏移量(我们在图 9-6 中已经看到过)，如果没有对应的子插头信息，则为 0。这样就可以构建一个包含所有插头地址的二叉插

---

[1] 唯一的例外可能是第一个插头之前没有任何间隙，但是我们可以在考虑时忽略它。正如我们很快就会看到的那样，实际上每一代都是从单个空对象开始的，因此即使第一个插头也始终是带有间隙的。

头树(见图 9-8)。因此对于一个节点而言,其所有左子节点都位于较小的地址,而其所有右子节点都位于较高的地址。

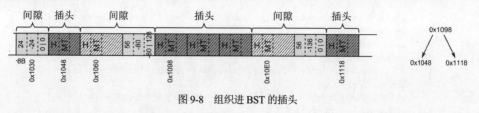

图 9-8　组织进 BST 的插头

插头树中的地址指向插头中的第一个对象(其 MT 字段,和 CLR 中的一样)。GC 知道在哪里可以通过与其相关的常量偏移量查找对应的插头信息。

9.1.2　场景 9-1:具有无效结构的内存转储

描述:在一些问题调查中,.NET 应用程序已经完成完整的内存转储。但是,它似乎不可用,因为数据结构是无效的。例如,在调用大多数 SOS 命令时,将显示以下消息。

```
> !dumpheap -stat

The garbage collector data structures are not in a valid state for traversal.
It is either in the "plan phase," where objects are being moved around, or
we are at the initialization or shutdown of the gc heap. Commands related to
displaying, finding or traversing objects as well as gc heap segments may not
work properly. !dumpheap and !verifyheap may incorrectly complain of heap
consistency errors.
```

分析:内存转储的确是可以在 GC 计划阶段进行的,但此时无法保证对象是处于"正常状态"情况下的,因为堆无法通过常规方式进行遍历(这意味着从段的开头开始并按我们在本章前面讨论的对象大小前进)。实际上,如果我们查看 CoreCLR 代码,将会在计划阶段看到以下防护措施。

```
GCScan::GcRuntimeStructuresValid (FALSE);
plan_phase (n);
GCScan::GcRuntimeStructuresValid (TRUE);
```

这是唯一一个有这类保护措施的地方。因此,通过查找执行 GC 相关代码的线程,可以很容易地检查我们的内存转储是否确实是在如此不幸的时刻进行的。有如下 4 种可能的库和命名空间组合,具体取决于我们的环境。

- coreclr!wks:.NET Core 和工作站 GC。
- coreclr!srv:.NET Core 和服务器 GC。
- clr!wks:.NET Framework 和工作站 GC。
- clr!srv:.NET Framework 和服务器 GC。

因此,如果我们有一个启用了工作站 GC 的.NET Core 应用程序转储,则可以通过以下方式查找它。

```
> !findstack coreclr!wks
Thread 000, 6 frame(s) match
```

```
* 00 000000a963b7cd30 00007ff903bb0b48 CoreCLR!
  WKS::gc_heap::
  plan_phase+0xa9
* 01 000000a963b7ce40 00007ff903bb095a CoreCLR!WKS::gc_heap::
  gc1+0x178
* 02 000000a963b7ceb0 00007ff903b90d21 CoreCLR!WKS::gc_heap::
  garbage_collect+0x5ca
* 03 000000a963b7cf20 00007ff903b90e98 CoreCLR!WKS::GCHeap::
  GarbageCollectGeneration+0x191
* 04 000000a963b7cf60 00007ff903b90b15 CoreCLR!WKS::GCHeap::
  GarbageCollectTry+0xe8
* 05 000000a963b7cff0 00007ff903670613 CoreCLR!WKS::GCHeap::
  GarbageCollect+0x2a5
```

显然，在我们的例子中，我们确实处于计划阶段中，因为有一个线程正在执行它。

但是，根据作者自己的经验，如果由于未加载正确版本的 SOS 而导致获取 GC 数据的一般性问题，也会显示此消息。

9.1.3 砖表

插头树的根需要存储在某个地方。为整个托管堆创建一个巨大的插头树是不切实际的。在调查连续的间隙和插头时，向树中添加新条目可能需要重新平衡它。如果一棵大树覆盖每一个插头，则可能会非常昂贵。在查找期间遍历这样的树也会很昂贵，因为这将涉及需要跳过树的许多级别。

一种更实际的方法是为连续地址范围构建插头树。这样的范围在 CLR 中被称为"砖"。砖大小为 2048B(32 位运行时)和 4096B(64 位运行时)。换言之，托管堆中的每个 2KB 或 4KB 都由一个砖表示，其中包含了有关其插头树的信息。砖存储在覆盖整个托管堆的砖表中(见图 9-9)。每个砖表条目都是一个 16 位整数，可以采用三个逻辑上不同的值。

- 0：砖没有分配插头信息(在指定的地址范围内没有插头)。
- >0：表示插头树根在相应存储区域中的偏移量(此值是在上一点中所述的表示无信息的 0 上面加 1)。
- <0：表示这样的砖是先前砖的延续(有一个跨越多个砖的大插头)，我们应该按给定数量的砖跳回起点。

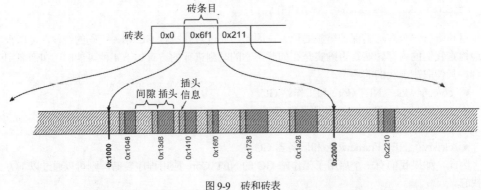

图 9-9 砖和砖表

通过将砖表条目与每个插头头的左/右偏移量组合在一起,可以高效地表示插头树(见图 9-10)。一个示例砖表条目包含值 0x6f1——它表示对应内存区域内的插头树根的偏移量。因为它是第二个砖表条目，所以它表示地址 0x1000 和 0x2000 之间的区域。这意味着根位于地址 0x6f0(如上文所示，正值必须减少 1)加上 0x1000 处，这在托管堆上给出了地址 0x16f0。从这个地址开始，我们可以使用插头信息中所包含的对应偏移量访问整个插头树。

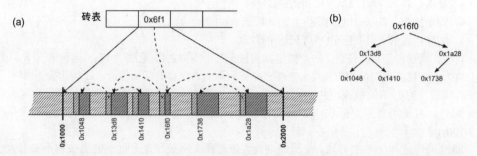

图 9-10　砖和砖表示例：(a)砖条目作为插头树的根，插头信息条目包含子信息；(b)逻辑插头树表示

砖表条目和左/右偏移量都是 short 类型的整数(16 位)，它们允许我们存储 −32767~32767 的值，这足以表示最多 4KB 地址范围内的偏移量。

在回答"在地址 X 处的对象的新地址是什么"这一问题时，必须采取以下简单步骤。

● 根据地址 X 计算砖表条目，只需要将其除以砖大小即可。

● 如果砖表条目是<0，则跳至正确的砖表条目并重复。

● 如果砖表条目是>0，则开始遍历插头树以查找正确的插头。

● 从插头获取重定位偏移量，然后从 X 中减去它。

至此，我们可以结束对计划阶段操作的描述。由于已经收集了所有必要的信息，因此 GC 可以继续进一步进行。可以从最后一个插头的重定位偏移量中获得压缩效率。然而，仍然有一个非常重要的难题需要讲述，它使得整个技术变得更加复杂。

9.1.4　固定

如果一个对象被固定，则很可能是因为我们想把它的地址传递给非托管代码(见图 9-11)。

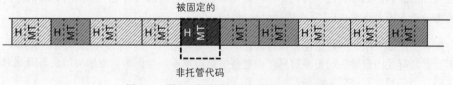

图 9-11　固定示例(被固定的对象标记为深灰色)

我们不能在压缩过程中简单地移动固定的对象，因为非托管代码没有机会意识到它。它仍将引用同一个地址，但是该地址现在将指向一组完全不同的数据(见图 9-12)。

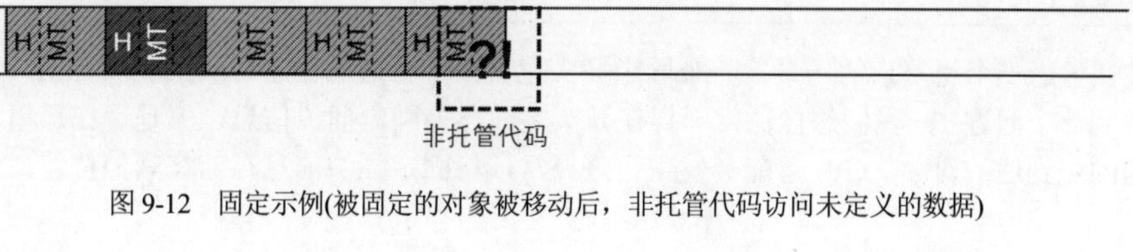

被固定的

非托管代码

图 9-12　固定示例(被固定的对象被移动后，非托管代码访问未定义的数据)

固定使上一节中介绍的简单技术变得相当复杂。因此在内部分配器构建插头树时，必须以特殊方式考虑固定对象。本节说明它是如何实现的。

因为要固定，所以实际上可能有三种对象组。

- 插头：表示一组已标记(可到达)的对象。
- 固定插头：表示一组被固定(并因此标记)的对象。
- 间隙：表示一组未标记(不可到达)的对象。

首先，考虑最简单的场景：一个固定插头位于某个间隙之后(见图 9-13)。这种情况下，我们不会有太大变化。我们可能会像往常一样在相应间隙的末尾存储插头信息。在构建插头树时，我们将存储适当的左/右偏移量。主要区别在于，对于此类插头，我们应将重定位偏移量归零。

此外，对于所有固定插头，如果选择压缩，在其存储之前将有对应大小的可用空间(见图 9-13(b))。

通过采用这种简单的方式，在压缩期间，普通插头将被移动，而固定插头将不被移动(见图 9-13(c))。这是因为前面所述的内部分配器根本不会移动固定插头(它会为插头精确地"分配"一个空间)。

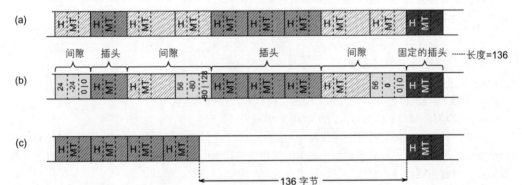

图 9-13　当固定插头位于间隙之后时的插头管理：(a)具有单个固定插头的示例对象布局；(b)插头信息的组织；(c)压缩结果

注意，在图 9-13(c)中的这种情况下，我们可能会在普通插头和固定间隙之间引入较大的空闲空间间隙，此类场景将在 9.1.7 节中进行讨论。

与所有固定插头相关的数据也会被存储在固定插头队列中。正如我们将很快看到的那样，GC经常需要存储有关固定插头的更多信息，而这些信息根本不适合作为标准插头信息，因此有必要维护这样一个单独的固定插头队列。

有趣的是，为存储固定插头数据，重用了我们已知的 mark_stack_array。不过，这一次它是将指针而不是对象的地址存储到专用的标记类实例中。因此，除了名称外，在分析 CoreCLR 代码时，在与固定插头处理相关的代码中，你会经常遇到 mark_stack_array(以及相应的 mark_stack_tos 和 mark_stack_bos 指针)。

现在考虑一个更复杂的场景：一个固定插头位于某个普通插头之后(见图 9-14(a))。我们在这里就遇到一个问题——我们想像往常一样在开头之前存储固定插头信息，但是现在那里已经有一个普通的可到达的对象。GC 可能会发生一些异常，将固定插头信息存储在其他位置，但有趣的是，它实际上会覆盖固定插头之前的此类对象(见图 9-14(b))。这是有可能的，因为计划阶段要保证在所有托管线程都挂起时才运行。因此，在我们稍后"恢复"之前，任何.NET 代码都没有机会尝试访问这种"已销毁"的对象。

最后一个对象(64 位上为 3 指针大小的 24 字节)的截止端与其他固定插头数据一起存储在新的固定插头队列条目中。这种对象结尾称为前置插头(因为它位于固定插头之前)。稍后将在执行压缩或清除期间使用它。

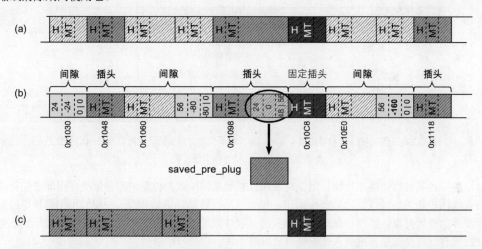

图 9-14　当固定插头位于普通插头之后时的插头管理：(a)在普通对象之后具有单个固定插头的对象布局示例；(b)插头信息的组织，将对象末端存储为前置插头；(c)压缩的可能结果

再次提醒，对象的长度至少为 24 字节的要求在这里帮助很大——这确保了在这种场景下，即使前面的对象再小，也将有足够的空间用于插头信息。

这种方法使我们能够以一种通用的方式处理固定插头。相关的重定位偏移量将为 0，间隙大小将被人为设置为 24 字节[1]，并且此类插头信息将像往常一样并入插头树中(见图 9-15)。

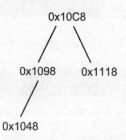

图 9-15　图 7-43 中插头的插头树的逻辑表示

然而，这并不是冒险的终点，因为固定对象会带来复杂性。想象这样一种场景：一个固定插头位于某个普通插头之前(见图 9-16(a))。这就引发了另一个问题：普通插头希望在其开始之前(固定对象结束的地方)存储其信息。但是，固定对象可能会被即使在 GC 期间也不会挂起的非托管线程访问(见图 9-16(b))。因此，必须保证固定对象始终保持不动。解决方案很简单，不是创建一个

1　尽管这里没有真正的间隙，但是出于统计目的，GC 还是需要计算它。

新插头，而是将对象合并到固定插头中(见图 9-16(c))。单个固定插头条目将被相应修改。我们将在后面的小节中看到压缩情况下是如何使用此类信息的。

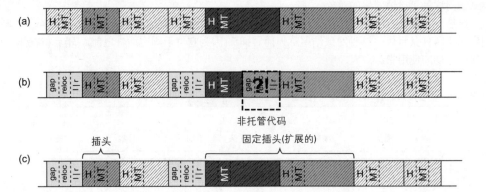

图 9-16 当固定插头位于普通插头之前时的插头管理：(a)具有单个固定插头的示例对象布局；(b)需要正确处理的插头信息的组织；(c)插头信息的组织

这是一种妥协。从现在开始，固定对象和普通对象都被视为扩展的固定插头，因此它们将计入所有与固定相关的缺点。应该避免固定，但是这里所做的却恰恰相反——我们正在积极地固定一个额外的普通对象。然而，在这里，插头的一般性处理的优点仍然多过缺点。如果位于固定对象之后的普通对象很小，则引入的干扰可以忽略不计。

但是，如果固定对象后面跟着一大块标记对象，则可能会出现问题。是否应将它们全部都作为扩展的固定插头包含在内呢？显然不是。固定插头的扩展只能由第一个单一对象完成。

假设一个固定对象后面跟着至少两个标记对象(见图 9-17(a))。固定插头将如前所述进行扩展。这使我们能够通过紧跟着的标记对象创建普通插头，因为可以安全地覆盖最后一个普通对象(见图 9-17(b))。显然，这种"已销毁"对象的结尾必须存储在其他地方，就像在前置插头数据的情况下一样。这样的对象结尾被称为后置插头。稍后将在执行压缩或清除过程中使用它。

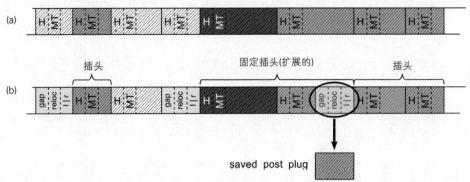

图 9-17 当固定插头位于至少两个标记对象之前时的插头管理：(a)具有单个固定插头的示例对象布局；(b)插头信息的组织

总之，最典型的场景是固定对象位于较大的标记对象块内(见图 9-18(a))。这种情况下，必须同时保存前置插头和后置插头并创建三个单独的插头(包括一个固定插头和扩展插头)，如图 9-18(b)所示。

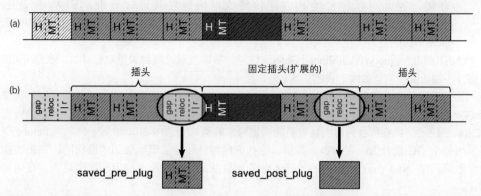

图 9-18　当固定插头位于较大的标记对象块内时的插头管理：(a)具有单个插头的示例对象布局；(b)插头信息的组织

这有以下几个含义。

- 复制前置插头和后置插头会带来内存流量：固定对象越多，就可能带来越多的麻烦。
- 固定插头可以由单个对象扩展，因此要固定的内存比可能的要多：如果该普通对象很大，我们将冻结一大块内存区域，从而干扰小碎片的形成。
- 在计划阶段，托管堆中的某些对象被"销毁"，使其无法以正常方式"行走"。在分析内存转储时，我们可能会遇到此问题(参见场景 9-1)。

9.1.5　场景 9-2：调查固定

描述：通过\.NET CLR Memory\# of Pinned Objects 性能计数器，可看到我们的应用程序在生产环境中有很多固定操作(见图 9-19)。我们想调查这是否是故意的。

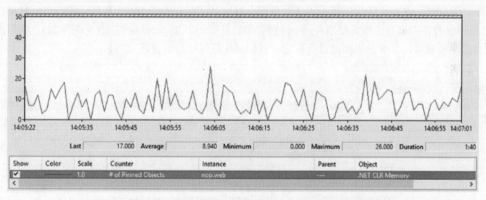

图 9-19　\.NET CLR Memory()\# of Pinned Objects 性能计数器

分析：正如前面所介绍的，实际上有两种固定源。

- 固定局部变量：通常通过使用 fixed 关键字隐式创建的局部变量对象。它们的寿命受限于所包含方法的寿命。因此，内存转储或堆快照(来自 PerfView)将根据当前执行的内容仅显示其中的一小部分。但是，每个这样的对象都会发出 ETW 事件 PinObjectAtGCTime。
- 固定句柄：通过固定句柄引用显式固定的对象。其中包括 CLR 本身持有的一些内部对象，以及由 GCHandle.Allocate 调用显式创建的对象。句柄表驻留在内存中的整个应用程序生存期，因此可以轻松地从内存转储或堆快照对其进行分析。ETW 会话还以 PinObjectAtGCTime 事件的形式包含此类信息，但仅限于 GC 正在回收的代(因为句柄表可以感知代)。

\.NET CLR Memory()\# of Pinned Objects 性能计数器也对这两种类型进行计数。在刚开始时，我们并不知道哪种类型的固定贡献更大。

我们可能会通过在# of Pinned Objects 较高时记录的基于 ETW 的会话开始分析。在使用 PerfView 时，勾上.NET 选项(不用勾选 GC Collect Only)即可。从 Memory Group 文件夹中打开 GCStats 报告后，我们可看到对明显数量的固定对象的确认(见图 9-20)。最后一列名为 Pinned Obj，指示出每个 GC 提升的固定对象的数量。这些值应与性能计数器观察到的值相同。如果性能计数器不可用(在.NET Core 运行时的情况下)，则可以从此处开始检查应用程序中是否存在明显的固定。

显然，在我们的例子中，# of Pinned Objects 值主要来自 PinObjectAtGCTime 事件观察到的固定局部变量。

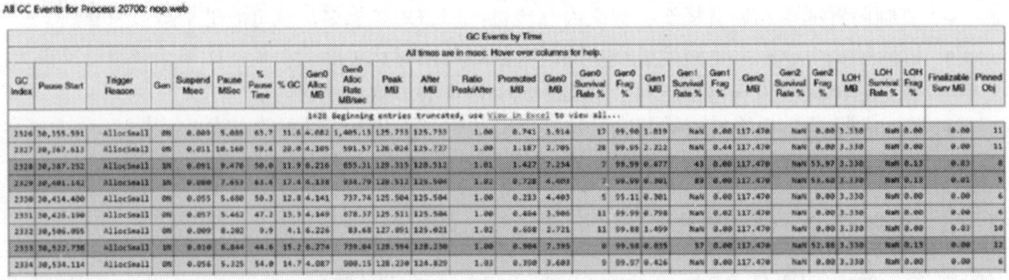

图 9-20　GC Events by Time 表中的 Pinned Obj 列

如前所述，在标记阶段，每个固定对象都会发出 PinObjectAtGCTime 事件。我们可以简单地从 Events 视图中调查这些单个事件——特别有趣的是有一个 TypeName 字段(见图 9-21)。如果固定类型足够独特，那么只需要通过查看它，我们就能够轻松地确定固定源。

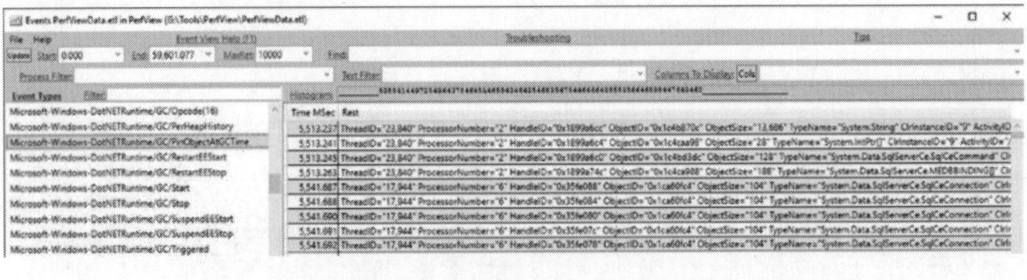

图 9-21　Microsoft-Windows-DotNETRuntime/GC/PinObjectAtGCTime

注意，PinObjectAtGCTime 没有附加的堆栈跟踪。我们可以通过对.NET ETW 提供者使用 @StacksEnabled=true 选项启用它们，但它对我们完全没有帮助。此类事件的堆栈跟踪始终位于 GC 代码内部，而不是在使用固定对象的位置。

但是，还有一个更好的视图可分析该固定源——Advanced Group 中专用的 Pinning At GC Time Stacks 视图。它进行额外的分析和分组以提供汇总数据。默认的 By Name 视图将显示固定类型的主要贡献(见图 9-22)。我们看到所有固定对象都被分组进 NonGen2 源。

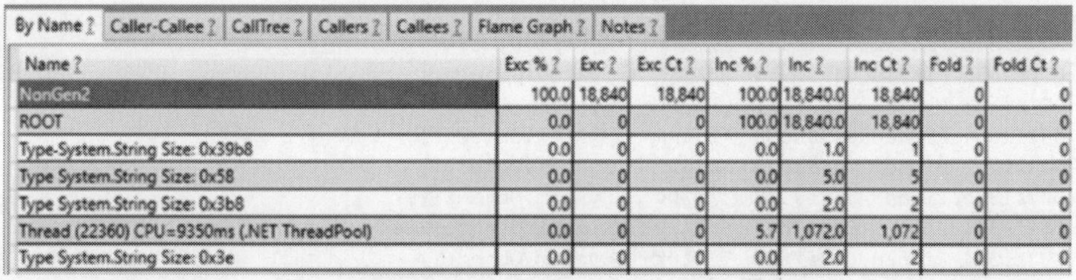

Name	Exc %	Exc	Exc Ct	Inc %	Inc	Inc Ct	Fold	Fold Ct
NonGen2	100.0	18,840	18,840	100.0	18,840.0	18,840	0	0
ROOT	0.0	0	0	100.0	18,840.0	18,840	0	0
Type-System.String Size: 0x39b8	0.0	0	0	0.0	1.0	1	0	0
Type System.String Size: 0x58	0.0	0	0	0.0	5.0	5	0	0
Type System.String Size: 0x3b8	0.0	0	0	0.0	2.0	2	0	0
Thread (22360) CPU=9350ms (.NET ThreadPool)	0.0	0	0	5.7	1,072.0	1,072	0	0
Type System.String Size: 0x3e	0.0	0	0	0.0	2.0	2	0	0

图 9-22　Pinning At GC Time Stacks——By Name 视图

通过选择 Goto Item in Callers 命令，我们将能够进一步分析哪些类型是固定的主要来源。我们可能会注意到它们实际上大部分都是 StackPinned 的(见图 9-23)。在我们的示例中，显然来自 System.Data.SqlServerCe 命名空间的类型贡献最大(即 SqlCeCommand、SqlCeConnection 和 MEDBBINDING[]数组)。

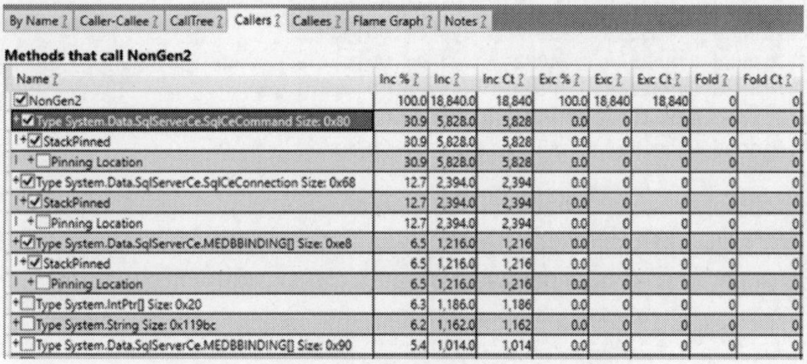

Name	Inc %	Inc	Inc Ct	Exc %	Exc	Exc Ct	Fold	Fold Ct
NonGen2	100.0	18,840.0	18,840	100.0	18,840	18,840	0	0
+Type System.Data.SqlServerCe.SqlCeCommand Size: 0x80	30.9	5,828.0	5,828	0.0	0	0	0	0
|+StackPinned	30.9	5,828.0	5,828	0.0	0	0	0	0
| +Pinning Location	30.9	5,828.0	5,828	0.0	0	0	0	0
+Type System.Data.SqlServerCe.SqlCeConnection Size: 0x68	12.7	2,394.0	2,394	0.0	0	0	0	0
|+StackPinned	12.7	2,394.0	2,394	0.0	0	0	0	0
| +Pinning Location	12.7	2,394.0	2,394	0.0	0	0	0	0
+Type System.Data.SqlServerCe.MEDBBINDING[] Size: 0xe8	6.5	1,216.0	1,216	0.0	0	0	0	0
|+StackPinned	6.5	1,216.0	1,216	0.0	0	0	0	0
| +Pinning Location	6.5	1,216.0	1,216	0.0	0	0	0	0
+Type System.IntPtr[] Size: 0x20	6.3	1,186.0	1,186	0.0	0	0	0	0
+Type System.String Size: 0x119bc	6.2	1,162.0	1,162	0.0	0	0	0	0
+Type System.Data.SqlServerCe.MEDBBINDING[] Size: 0x90	5.4	1,014.0	1,014	0.0	0	0	0	0

图 9-23　Pinning At GC Time Stacks——Callers 视图

在该阶段，通过在源代码中搜索这些类型实例使用情况(带有 fixed 关键字)可足以明确标识此类固定的根源。例如，System.Data.SqlServerCe.SqlCeCommand.ExecuteCommandText 方法包含代码清单 9-1 中所示的代码，其中 DbBinding 字段的类型为 MEDBBINDING[]。

代码清单 9-1　System.Data.SqlServerCe.dll 中固定局部变量的示例(由 dnSpy 反编译)

```
fixed (IntPtr* ptr = this.accessor.DbBinding)
{
   // ...
}
```

分析句柄固定的对象的另一种方法是 WinDbg 中的!GCHandles SOS 命令。我们在\.NET CLR Memory\# of Pinned Objects 值较高时进行内存转储。在 WinDbg 中打开该内存转储并加载 SOS 扩展后，我们可以借助!GCHandles 命令列出所有固定句柄(参见代码清单 9-2)。我们将看到被固定句柄所固定的对象的列表，包括 CLR 内部数组、Kestrel 服务器使用的各种缓冲区等。目前还没有 WinDbg 扩展可以帮助我们列出基于堆栈的固定源。

代码清单 9-2　!GCHandles 命令列出所有固定句柄

```
> !GCHandles -type Pinned
   Handle Type    Object     Size   Data Type
007f1374 Pinned 04988078 131084    System.Byte[]
```

```
007f1378 Pinned 04968058 131084    System.Byte[]
007f137c Pinned 04948038 131084    System.Byte[]
007f1398 Pinned 0490f058  32780    System.Object[]
007f13ac Pinned 04928018 131084    System.Byte[]
007f13b4 Pinned 0490b038  16396    System.Object[]
007f13b8 Pinned 048fb028  65532    System.Object[]
007f13bc Pinned 048f9008   8204    System.Object[]
007f13c0 Pinned 0403dbac     12    Bid+BindingCookie
007f13c4 Pinned 048f7fe8   4108    System.Object[]
007f13c8 Pinned 04918008  65532    System.Object[]
007f13cc Pinned 048e7fd8  65532    System.Object[]
007f13d0 Pinned 048e3ff8  16332    System.Object[]
007f13d4 Pinned 048e1ff8   8172    System.Object[]
007f13d8 Pinned 048e17d8   2060    System.Object[]
007f13dc Pinned 048d18b8  65292    System.Object[]
007f13e0 Pinned 048c9918  32652    System.Object[]
007f13e4 Pinned 048c94f8   1036    System.Object[]
007f13e8 Pinned 048c5518  16332    System.Object[]
007f13ec Pinned 048c3518   8172    System.Object[]
007f13f0 Pinned 048c2508   4092    System.Object[]
007f13f4 Pinned 048c22e8    524    System.Object[]
007f13f8 Pinned 038c121c     12    System.Object
007f13fc Pinned 048c1020   4788    System.Object[]

Statistics:
      MT Count    TotalSize  Class Name
720dff90     1           12  System.Object
57fbb464     1           12  Bid+BindingCookie
720dffe4    18       417536  System.Object[]
720e419c     4       524336  System.Byte[]
Total 24 objects
```

结论很简单：要对固定有一个很好的了解，我们应该查看将两种固定源都考虑在内的 ETW 事件 PinObjectAtGCTime。注意，SOS 扩展仅列出与句柄相关的固定源。

PerfView 分析其堆快照的功能在此稍微有点用。打开此类快照后，我们可能会寻找[.NET Roots]行并选择 Goto Item in CallTree 命令。取消折叠后(通过清除 Fold%字段)，将能够列出所有类型的根，包括固定局部变量(见图 9-24)。我们可以再次确认 MEDBBINDING[]类型是此类固定的主要来源。记住，它仍然只是一个静态快照，因此不会详尽地列出基于堆栈的固定源。

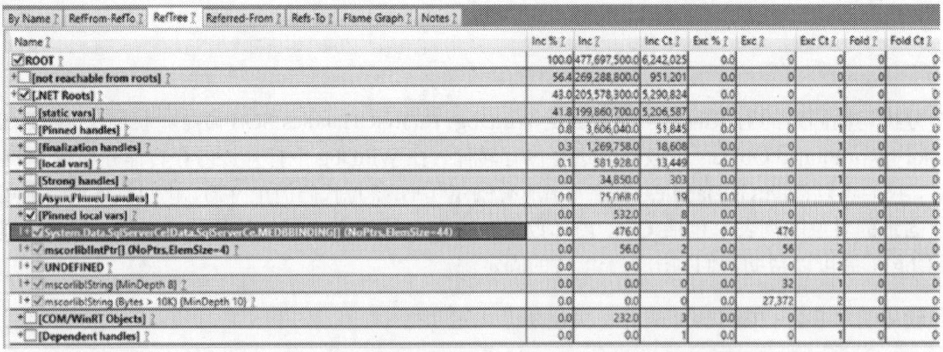

Name	Inc %	Inc	Inc Ct	Exc %	Exc	Exc Ct	Fold	Fold Ct
ROOT	100.0	477,697,500.0	6,242,025	0.0	0	0	0	0
[not reachable from roots]	56.4	269,288,800.0	951,201	0.0	0	0	0	0
[.NET Roots]	43.0	205,578,300.0	5,290,824	0.0	0	1	0	0
[static vars]	41.8	199,860,700.0	5,206,587	0.0	0	1	0	0
[Pinned handles]	0.8	3,606,040.0	51,845	0.0	0	1	0	0
[finalization handles]	0.3	1,269,758.0	18,608	0.0	0	1	0	0
[local vars]	0.1	581,928.0	13,449	0.0	0	1	0	0
[Strong handles]	0.0	34,850.0	303	0.0	0	1	0	0
[AsyncPinned handles]	0.0	25,068.0	19	0.0	0	1	0	0
[Pinned local vars]	0.0	532.0	8	0.0	0	1	0	0
System.Data.SqlServerCe!Data.SqlServerCe.MEDBBINDING[] (NoPtrs,ElemSize=44)	0.0	476.0	3	0.0	476	3	0	0
mscorlib!IntPtr[] (NoPtrs,ElemSize=4)	0.0	56.0	2	0.0	56	2	0	0
UNDEFINED	0.0	0.0	2	0.0	0	2	0	0
mscorlib!String [MinDepth 8]	0.0	0.0	0	0.0	32	1	0	0
mscorlib!String (Bytes > 10K) [MinDepth 10]	0.0	0.0	0	0.0	27,372	2	0	0
[COM/WinRT Objects]	0.0	232.0	3	0.0	0	1	0	0
[Dependent handles]	0.0	0.0	1	0.0	0	1	0	0

图 9-24　PerfView 堆快照分析中[.NET Roots]的 RefTree 视图

有时也可以从 GroupPats 字段中删除任何分组并从 FoldPats 字段中取消任何折叠。这将产生更精细但更具描述性的结果。图 9-24 就是用这种方法准备的。

在确定固定源后，我们可以决定它们是否可以避免。如果它们没有造成较大的碎片，很可能我们会保持原状。如果出现了问题(例如造成较大的碎片)，我们必须要找出一些解决方案。第 13 章介绍了避免过度固定的方法。

9.1.6 代边界

在清除或压缩后，代边界将相应地更改。在没有固定对象的场景下，执行该操作非常简单。以这种方式对齐的代边界将包含所有相应提升的对象。

例如，假设有一个完全回收期间的对象布局(如图 9-25(a)所示)。该布局呈现了所有三代，并且在每个代中都标记了一些对象(可到达)。正如我们已经知道的，在计划阶段，内部分配器计算插头的新地址(见图 9-25(b))，但是此外也计算新的代边界。所有这些操作都是在实际上没有移动任何对象的情况下完成的，因此图 9-25(b)将托管堆上内部分配器的结果视图显示为虚线。

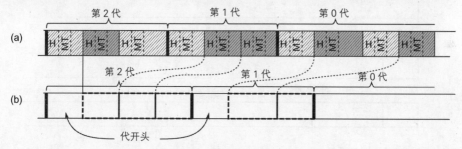

图 9-25 计算代边界：(a)对象布局；(b)托管堆上分配器的结果视图(浅灰色为死对象，中灰色为根据虚线移动的存活对象)

新的代边界将位于能包含所有必需的存活对象的位置。这在计划阶段很容易计算出来。但是，有一点需要提到。每一代(即使是空的一代)都以一个具有最小对象大小的空闲空间开头。当考虑为该代中的第一个插头存储插头信息时，这种代开头非常有用。它还允许以通用的方式处理它们，而不必担心有跨越两代的插头。

在下文中，这种代开头常常被省略，以免使图过于混乱。不过，如果在分析内存转储时发现每一代都是以 24 字节长的可用空间开头，请不要感到惊讶。

9.1.7 降级

之前在图 9-13 和图 9-14 中已展示了压缩的可能结果。目前还尚不清楚内部分配器是如何围绕固定插头工作的，以及代将从何处开始。从实现的角度看，最简单的解决方案是在每个固定插头之后重置累积的重定位偏移量，以便在其后分配每个后续插头。然后该代将在相应的位置开始覆盖所有存活的对象。

从碎片化的角度看，这显然效率很低，因为它有时会引入较大的空闲内存区域。相反，内部分配器试图用普通插头和代开头填充固定插头之间的所有间隙(见图 9-26)。我们的一小段示例堆的计划阶段将包括以下步骤：

- 在第一次分配时，指针将重置到代的开头(见图 9-26(a))。

- 分配器为第一个(见图 9-26(b))和第二个(见图 9-26(b))插头找到位置。
- 分配器在其原始地址下"分配"固定插头(见图 9-26(d))。
- 分配器在固定插头之前找到最后一个插头的位置——有足够的空间放置它(见图 9-26(e))。

现在必须决定代应该从哪里开始。在我们的示例开始时，所有对象都在第 0 代中。如果我们希望按预期的那样将所有存活的对象都提升到第 1 代(包括固定对象)，第 0 代应在固定插头之后开始——第 0 代的固定对象应提升到第 1 代。但这将会在第 1 代中引入很大的碎片。更好的决策是重用现有的间隙并更早地终止第 1 代。第 0 代将计划在固定对象之前开始(见图 9-26(f))。

因此，由于这样的决策，固定对象仍留在第 0 代中——它没有像往常一样从第 0 代提升到第 1 代。在我们的示例中，这将发生在位于我们的固定插头之后的所有固定插头身上。

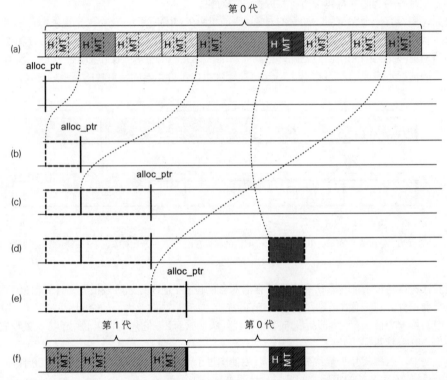

图 9-26　内部分配器填充由于固定而创建的间隙：(a)取自图 9-14 的对象布局和托管堆上分配器的结果视图；(b)内部分配器找到了第一个插头的位置；(c)内部分配器找到了第二个插头的位置；(d)固定插头没有被移动；(e)内部分配器在固定插头之前找到了最后一个插头的位置(有足够的空间供其使用)；(f)第 1 代在理论上提升的固定插头之前开始，它被降级(未提升)

这样的事件被称为降级(与提升相反)，它意味着该对象最终不会出现在它应该存在的代中。降级可能意味着该对象没有被提升，但也可能意味着它是降到更低的一代。

因此，因为固定的存在，有关对象提升的所有三种可能性都是可能的。让我们从第 1 代的固定插头(在其后由单个对象扩展)的角度分析它。对于这种固定插头，可能会出现以下三种情况。

- 在它之前，有一个足够大的开始于第 1 代和第 0 代的间隙分配普通插头。这种情况下，固定插头将从第 1 代降级到第 0 代(见图 9-27)。

- 在它之前，有一个足够大的开始于第 1 代的间隙分配普通插头。这种情况下，固定插头将被降级，停留在第 1 代中(见图 9-28)。
- 在它之前，没有足够的间隙分配普通插头。因此，必须将固定插头和普通插头(包括较大的空闲空间间隙)都提升到老一代中(见图 9-29)。

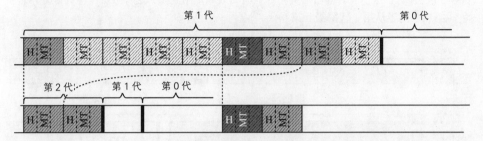

图 9-27　从第 1 代降级到第 0 代：(a)对象布局；(b)压缩结果

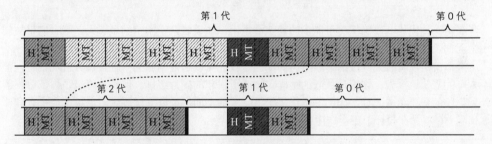

图 9-28　在第 1 代中降级：(a)对象布局；(b)压缩结果

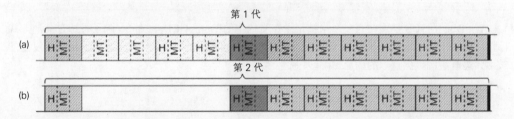

图 9-29　从第 1 代到第 2 代的正常提升：(a)对象布局；(b)压缩结果(引入了不需要的碎片)

内部分配器在插头上(而不是在单个对象上)操作。这意味着，即使在图 9-29 中的固定对象之前有足够的空间，对于普通插头中的某些对象，也不会拆分成更小的插头来填充这样的间隙。这是内部分配器复杂度与其引入的碎片开销之间的折中。但是，一般来说，这样的开销可以忽略不计。典型的固定应该是短寿或长寿的。

- 在前一种情况下(即短寿)，它将死于第 0 代中，该代很小且动态到足以容纳该开销而不会引入碎片。
- 在后一种情况下(即长寿)，固定对象存活在第 2 代中，因此固定的事实在大多数情况下都是不相关的(只要第 2 代中的压缩不发生，无论是否固定，都与 GC 不相关)。

注意： 在当前实现中，只有固定插头可以降级(这意味着固定对象可以有选择地由紧随其后的单个非固定对象扩展)。

显然，当存在多个固定插头时，只有其中一部分会降级。这完全取决于插头和间隙的当前布局。图 9-30 已说明了这一点。普通插头会尽可能高效地重用间隙。这导致第一个间隙通常被提升为白色，第二个间隙从第 1 代降级到第 0 代。

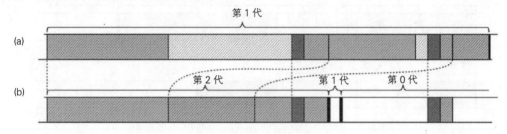

图 9-30　提升和降级的示例

降级是一种优化，以确保尽可能多的间隙被重用。如果剩余空闲空间足够大，则它们将被转换为空闲列表项，这样它们将有机会被重用。

这大概就是没有有关降级的诊断数据的原因。我们可以通过彻底的内存转储分析观察它，但你不太可能需要这样做。你应该关心的是固定插头所引起的碎片级别。但是，降级是内部分配器和计划阶段的重要组成部分，因此不描述降级将会不够全面。最好知道固定对象可能会提升和降级。代际 GC 概念在设计上不会产生任何限制。

在先前提到的通过重用已经存在的第 2 代段而构建的临时段的情况下，存活在那里的固定插头将从第 2 代降级到第 1 代和第 0 代。

WinDbg 的 SOS 扩展中有一个未被记录在文档中的!DumpGCData 命令。除了可通过其他方式(例如使用 ETW)也能获得的数据(如压缩原因、许多不同种类的 GC)，它还包含其他地方都没有的被称为 "有趣的数据点" 的信息。

```
Interesting data points
        pre short: 0
       post short: 0
      merged pins: 0
   converted pins: 0
          pre pin: 0
         post pin: 0
 pre and post pin: 0
 pre short padded: 0
post short padded: 0
```

如我们所见，它们包括如下内容。
- 各种类型的前后固定：带有前置插头和后置插头信息的固定插头。
- 各种类型的前固定：只带有前置插头信息的固定插头。
- 各种类型的后固定：只带有后置插头信息的固定插头。
- 转换的固定：由于固定插头扩展而转换为固定的对象。

此方法显然对 GC 开发人员最有用，因为这些数据对用户几乎没有实际用途，甚至不能保证该命令将依旧会存在于 SOS 扩展的未来版本中。如果你想进一步研究，可在 CoreCLR 源代码中搜索 gc_heap::record_interesting_data_point 方法。

9.2 大对象堆

事实上，LOH 中的计划阶段真的几乎不需要，因为它基本只是清除。但是，如果我们明确要求 GC 进行压缩，则 LOH 的组织方式必须是允许压缩才行。

插头和间隙

我们仅在压缩时才需要大对象堆的计划阶段。默认设置为始终清除，它不使用插头和间隙(如后面所述)。对于大对象堆，则必须显式打开压缩，默认情况下是不执行。这意味着在绝大多数.NET 应用程序中，LOH 永远不会被压缩。但是，还是必须要准备好大对象堆被压缩的可能。因此，它以简化的形式结合了插头和间隙的概念。

LOH 是特殊的，因为它确保只有大对象活在其中。这使得一些简化成为可能。

- 由于单独对象本身就已经相当大，因此不是迫切需要将对象分组到插头中。因而，为简化 LOH 计划阶段，将每个可到达对象都视为一个单独的插头。首先，这足以提供良好的地址转换效率(LOH 中的对象密度比 SOH 中的对象密度低很多)。其次，它有助于避免碎片化(高效重定位由许多大对象组成的巨大插头要困难得多)。
- 为克服插头信息存储处理(包括固定插头周围的前置插头和后置插头)的开销，LOH 中的对象使用它们之间的小填充进行分配(见图 9-31)。当前实现中的这种填充采用了 4 指针大小的字(64 位上为 32 字节)并被做成普通的空闲对象。

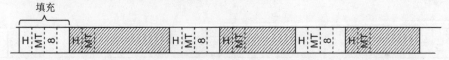

图 9-31 大对象堆中的对象布局(包括在运行时支持 LOH 压缩的情况下对象之间的填充)

此处描述的 LOH 中的填充用于所有当前的.NET 运行时编译，从而实现显式的 LOH 压缩。但是，.NET 运行时可能会在未启用此功能的情况下进行编译，这会将 LOH 中的分配转换为"无填充"模式。由于此类运行时并不支持 LOH 压缩，因此不需要计划阶段和创建插头(以及存储其信息)。

在标记阶段，每个对象可能会被标识为已标记或者已标记并固定。然后，从每个此类对象中创建相应的插头(见图 9-32)。

图 9-32 标记阶段之后的大对象堆中的对象布局

在每个插头之前都需要存储其信息，但是由于填充的原因，总是有足够的空间(见图 9-33)。该信息非常简单，仅包含插头的重定位偏移量。

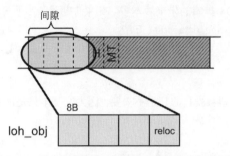

图 9-33 存储在大对象堆中的插头信息(在前面的填充中)

重定位偏移量的计算基础与小对象堆相同。内部分配器为连续的插头查找合适的位置。如前所述,这就是为什么最好将每个对象都视为一个插头,而不是将它们分组到单个巨大的插头中。分配器很可能在要在固定插头之间找到如此大的插头的合适位置时遇到很大的问题。

因为插头信息不可能覆盖 LOH 中的另一个对象,所以无须维护前置插头和后置插头的数据。

由于对象数量相对较少且对象大小较大,因此无须为 LOH 中的插头管理插头树。在回答"在地址 X 处的对象的新地址是什么"这一问题时,必须采取一个简单的步骤——从 X 的插头信息中获取重定位偏移量,然后从 X 中减去它。因此,也无须为大对象堆维护砖和砖表。

由于大对象堆内部也没有代,因此也无须重新计算代边界,也没有降级的可能性。

考虑到所有这些因素,LOH 中的计划阶段比 SOH 要简单得多。在每个普通或已标记并固定的插头之前,将存储相应的信息(见图 9-34)。另外,对于所有固定插头,在压缩的情况下,将在相应的固定插头队列条目中存储压缩之前的空闲空间大小。

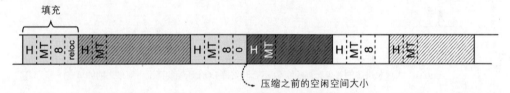

图 9-34 大对象堆中计划阶段的结果

作为一个重要的补充说明,与 SOH 相比,LOH 中的固定并没有区别。因此它一样会引入可能碎片化的问题。

> 可以从 CoreCLR 源代码的 gc_heap::plan_loh 方法中找到大对象堆的计划代码。

9.3 压缩的决策

在计划阶段执行了复杂的计算后,GC 必须决定是否值得压缩。有一些客观原因可以迫使做出这个决策。但是,大多数情况下,该决策是基于碎片化级别。

GC 可能决定压缩的原因列表如下所示。

● 这是抛出 OutOfMemoryException 之前的最后一个完全 GC,GC 应该尽最大努力尝试回收内存。

● 显式地诱导了压缩,例如通过提供适当的 GC.Collect 参数。

- 我们用完了临时段中的空间。正如在关于判决代的章节中所提到的，GC 在决定扩展现有段或创建新的临时段之前会积极尝试回收内存。
- 代的碎片化程度很高。如果某个代具有很高的碎片化程度，则通过压缩回收该代将是具有生产力的，可能会回收大量内存区域。
- 系统中的物理内存负载很高。如果推算出由于压缩而导致的可能的内存回收会超过特定的阈值，则 GC 将决定进行压缩。

在上面描述的一些决策中，突破碎片化阈值起着重要的作用。有人会问它的值是多少。每一代都有其自己的阈值，该阈值由从静态代数据中获取的两个值组成(参见表 7-1 和表 7-2)。

- 碎片总大小：利用在计划阶段收集的信息，很容易计算出特定代的碎片化程度。在计划阶段结束时最终分配在单个段中的地址以及由于固定而创建的任何空闲空间等这些信息足以计算出该值。该值由表 7-1 和表 7-2 中的 fragmentation_limit 列表示(有关摘要参见表 9-1)。
- 碎片比率：这是上一点中的碎片总大小与整个代的大小之比。该值由表 7-1 和表 7-2 中的 fragmentation_burden_limit 列表示(有关摘要参见表 9-1)。

表 9-1 代碎片阈值

	碎片大小	碎片比率
第 0 代	40 000	50%
第 1 代	80 000	50%
第 2 代	200 000	25%

例如，如果第 2 代所有碎片的大小总计超过 200 000 字节，并且超过第 2 代总大小的 25%，则第 2 代将被视为过于碎片化。

可以从 CoreCLR 源代码的 gc_heap::decide_on_compacting 方法内找到压缩决策的代码。

9.4 本章小结

本章中所描述的计划阶段在简单的 GC 描述中往往会被忽略，因为简单的 GC 描述只是由"标记-清除-压缩"阶段组成。在阅读本章后，希望你已经了解到该阶段的重要性。该阶段准备了所有必要数据，其后续阶段将只是以适当的方式使用这些数据。

就我个人而言，我发现将插头、间隙和砖表组合起来用于计算压缩和清除结果而无须实际操作是聪明的做法。这是迄今为止在 GC 相关材料中几乎没有记载的部分。因此，尽管本章知识的实际意义并不大，但我相信好奇的读者会发现所有这些信息都非常有趣。

第 10 章将以最后一个阶段结束 GC 的讨论——压缩和清除。

第 10 章

垃圾回收——清除和压缩

本章将讲述整个 GC 过程的最后一个步骤，相比前面几章，本章篇幅最为精简。尽管本章讲述的是作为 GC 关键阶段的清除和压缩，但大量预备工作已在此阶段之前完成。GC 在计划阶段做出各种决策(上一章已对它们进行过介绍)后，接下来将继续执行下一步操作，即本章即将讲述的清除和压缩。

但是请切记，尽管大部分计算操作已经完成，但从性能开销的角度看，清除和压缩仍然是性能消耗最大的一个阶段，毕竟修改和/或移动内存中的数据是最耗时间的操作。因此，尽管这个阶段的实现复杂度比不上前面的阶段，但从性能角度而言最为重要。

同时还请注意，最典型的 GC 组合是执行 SOH 压缩和 LOH 清除，并且在 SOH 压缩之前完成 LOH 清除。

10.1 清除阶段

如果 GC 决定不压缩(或是处理 LOH 时未被显式告知需要压缩)，它将仅执行清除操作。如第 1 章所述,清除回收很简单。所有不可到达的对象都必须转换成空闲内存空间。我们知道,在.NET GC 术语中，这意味着 GC 将把所有或某些内存间隙转换成空闲列表项。

如前所述，清除和压缩阶段不需要自己做太多事情，它所需要的信息都已经在计划阶段收集完成，所有繁重的计算工作也已经在计划阶段完成。

10.1.1 小对象堆

清除小对象堆的步骤如下所示(见图 10-1)。

- 基于内存中的间隙创建空闲列表项：通过每个尺寸大于两个最小对象的间隙创建一个新的空闲列表项并将它们组织进一个空闲列表(如第 6 章所述)。尺寸更小的间隙将被视为未使用空闲空间(但会纳入内存碎片统计)。
- 恢复已保存的前置和后置插头：通过重新写回前置和后置插头，恢复所有"被销毁"的对象。
- 完成其他的统计工作以更新终结队列(反应新的代边界)并提升(或降级)适当类型的存活句柄。
- 相应地重排段，例如移除掉一些不再需要的段(或在 VM Hoarding 的情况下将它们保存到一个可重用列表中)。

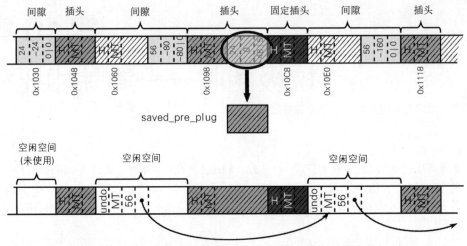

图 10-1　在小对象堆中执行清除操作的示例(基于计划阶段提供的信息)

如果想深入研究 CoreCLR 中与 SOH 清除有关的源代码，可以查看 gc_heap::plan_phase 方法。在 should_compact 条件判断语句的 else 分支中，调用了两个最重要的方法：gc_heap::make_free_lists(用来通过间隙创建空闲列表项)和 gc_heap::recover_saved_pinned_info(用来恢复被前置和后置插头销毁的对象)。

10.1.2　大对象堆

清除大对象堆时，完全不涉及计划阶段。清除操作将逐个扫描对象(就像在 SOH 计划阶段所进行的那样)并简单地在被标记对象之间创建空闲列表项。此外，所有不再需要的 LOH 段将被删除(除非启用了 VM Hoarding，这时它们将被放入可重用列表)。

实现 LOH 清除的方法既简单又高效。它只有一个缺点：碎片化。通常这不是什么大问题。大对象的尺寸大小分布很可能非常平均，基本上都是一些波动幅度不大的常见尺寸。这种情况下，空闲列表项的重用率理应很好。如果情况并非如此，可以考虑主动请求压缩 LOH。

10.2　压缩阶段

如果 GC 决定执行压缩(或 GC 被显式要求执行 GC)，它将在压缩阶段完成此操作。如前所述，它将使用计划阶段收集的各种信息。总的来说，压缩阶段包含两个主要子步骤：移动(或复制)对象并将所有指向被移动对象的引用更新到对象所在的新位置。这使压缩阶段比清除阶段复杂得多。本节将详细描述针对 SOH 和 LOH 的压缩(尽管它们原则上非常类似)。

10.2.1　小对象堆

压缩小对象堆的动作必须非常高效地执行。默认情况下，大量间隙和插头会在大到 GB 字节的空间中彼此交错排列。移动如此之多的内存并同时保持所有引用的正确性从性能角度看不是一项简单任务。让我们深入了解它的实现细节。

如果想深入研究 CoreCLR 中有关 SOH 压缩的源代码，可查看 relocate_phase 方法(它负责更新被移动对象的地址)和 compact_phase 方法(它负责调用 compact_plug 和 compact_in_brick 方法以逐块砖地遍历插头树)。

利用计划阶段提供的信息，压缩操作将按照下列小节的描述逐步完成。

1. 如果需要，则获取一个新的临时段

如果计划阶段觉得需要扩展临时段(压缩后第 0/1 代空间不足)，将执行此步骤。此步骤可以通过扩展当前临时段、重用另一个段(如第 7 章所述)或创建一个新段实现。

2. 重定位引用

此步骤更新所有对稍后将要移动的对象的引用。因为有了计划阶段收集的数据，GC 可以在实际移动那些对象之前就完成引用重定位操作。显然这需要执行大量操作，因为托管堆中分布着许多需要更新的引用。重定位操作大量使用砖和插头树，以快速将当前地址转换为新地址。为了在这个步骤中更新所有地址，需要扫描多个内存区域，包括如下这些。

- 堆栈上的引用：运行时支持扫描所有托管线程的堆栈帧以找出所有对托管对象的引用，更新它们指向的地址。
- 存储在跨代记忆集中的对象内的引用：对于非完全 GC，必须更新所有存储于卡中的跨代引用(参见第 5 章)，以反映这些引用(包括 SOH 和 LOH 跨代引用)的新地址。
- SOH 和 LOH 中的对象内的引用：存活的对象如果包含对其他对象的引用，这些引用也必须被更新。对于 SOH，将使用砖和插头树快速找到存活对象(我们知道它们被分组到插头中)。对于完全 GC 场景的 LOH，由于 LOH 清除已在 SOH 压缩之前完成，因此此时通常只包含存活的对象。我们可以高效地逐个扫描存活下来的 LOH 对象，无须使用砖技术。
- 前置和后置插头内的引用：我们知道，某些对象的结尾部分可能由于被插头信息覆盖而遭到损坏。其原始内存内容存储在固定插头队列的条目中。如果其中包含引用，同样必须更新。
- 终结队列中的对象内的引用：需要更新位于此队列(第 12 章将详细介绍它)中的对象的地址。
- 句柄表中的引用：句柄需要更新它们的指针。

指向对象的引用越多，GC 在这个阶段需要做的事也越多。这在常规的应用程序中可能不是问题。但是，如果在性能关键代码路径上使用了非常复杂的数据结构，则值得考虑是否应当避免直接对象引用。

如果想深入研究 CoreCLR 中有关重定位阶段的源代码，可查看 gc_heap::relocate_phase 方法。它内部调用的最重要的方法是 gc_heap::relocate_address，此方法利用砖和一个插头树将地址转换成一个新的重定位地址值。其他一些方法也调用了它，包括 GCScan::GcScanRoots、gc_heap::relocate_in_large_objects 和 gc_heap::relocate_survivors。

3. 压缩对象

在上个步骤更新完所有必需的引用后，GC 要移动所有存活的对象。它由以下步骤组成(如图 10-2 所示)。

- 复制对象：使用计算出的重定位偏移量逐个插头完成复制。
- 恢复前置和后置插头信息：从存储于固定插头队列条目内的副本中恢复对象的损坏部分。

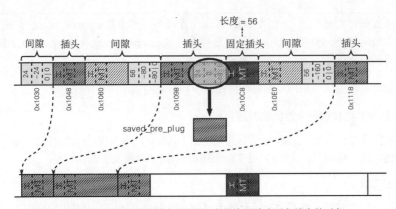

图 10-2   通过使用计划阶段计算出的信息压缩小对象堆中的对象

虽然此步骤被描述得简洁明了，但要知道这其中牵涉大量繁重的工作。对于完全 GC，复制所有托管堆中的所有插头涉及大量内存操作。实际上，这是压缩式 GC 中最耗时的部分。

读者可能想知道对象复制究竟如何实现。由于复制操作是分组逐个进行，考虑到插头理论上可以非常长，它们如何做到不互相覆盖(包括覆盖其自身)呢(如图 10-3 所示)?

图 10-3   理论上复制对象时可能遇到问题(它们可能覆盖掉其自身)

可以立刻想到的一个解决方案是使用中间缓冲器(如图 10-4 所示)。但是这将导致双倍的内存操作，每个对象都需要被复制两次。这个方案显然无法被接受。

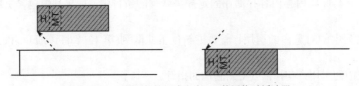

图 10-4   一种可能的解决方案——使用临时缓冲器

然而，经过更深入的思考，我们发现其实这个问题并不存在。对象不需要像乐高积木那样整块复制。需要复制的是连续的内存区域，它们完全可以更小的单位逐块复制。这正是 CLR 选择使用的复制方法。滑动压缩的要点在于总是首先复制低位地址的内存空间，只要复制的单位足够小，自然不会产生覆盖问题(.NET 最小的重定位地址空间至少需要一个指针大小)。因此，复制一个对象时，memcopy 函数每次复制 4 个指针大小的内存区域，最后再复制剩余的 2 个或 1 个指针大小的内存区域(如代码清单 10-1 所示)。

代码清单 10-1   用于复制对象的 memcopy 方法的主体部分

```
void memcopy (uint8_t* dmem, uint8_t* smem, size_t size)
{
    const size_t sz4ptr = sizeof(PTR_PTR)*4;
    // ...
    // copy in groups of four pointer sized things at a time
```

```
if (size >= sz4ptr)
{
    do
    {
      ((PTR_PTR)dmem)[0] = ((PTR_PTR)smem)[0];
      ((PTR_PTR)dmem)[1] = ((PTR_PTR)smem)[1];
      ((PTR_PTR)dmem)[2] = ((PTR_PTR)smem)[2];
      ((PTR_PTR)dmem)[3] = ((PTR_PTR)smem)[3];
      dmem += sz4ptr;
      smem += sz4ptr;
    }
    while ((size -= sz4ptr) >= sz4ptr);
}
// copy remaining 16 and/or 8 bytes
}
```

代码清单 10-1 所示的内存复制代码将被编译为多条 mov 汇编指令，因此复制操作的执行效率极高。

如果想深入研究 CoreCLR 中有关压缩阶段的源代码，可以查看 gc_heap::compact_phase 方法。它的主要工作是为每个活动砖调用 gc_heap::compact_in_brick 方法，后者将调用 gc_heap::compact_plug 方法。

---

4. 修复代边界

压缩操作完成后，将通过此步骤修复所有代的边界。此步骤的操作包括重置内部分配指针、为计划的分配上下文创建空闲空间和执行其他必要的修正。

5. 如果需要，则删除或反提交段

此步骤相应地重新排列段，例如删除不再需要的段(或在 VM Hoarding 的情况下将它们保存到一个可重用列表中)。

6. 创建空闲列表项

在每个固定插头之前创建一个新的空闲对象，如果它足够大(它的长度已经在计划阶段计算好并被保存到固定插头队列条目中)，将其添加到空闲列表(如图 10-5 所示)。

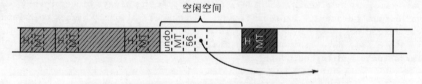

图 10-5　在固定插头之前创建适当的空闲对象(延续图 10-2)

7. 提升根

执行额外的提升操作以更新终结队列(反映出新的代边界)，提升(或降级)适当类型的存活句柄。

10.2.2　大对象堆

压缩大对象堆的方法基本上和小对象堆类似。但是，由于 LOH 不分代，没有复杂的插头、

砖和插头树，因此它的实现简单得多。

如果启用了 LOH 压缩，则在 SOH 压缩之前执行它。LOH 压缩的步骤包括循环扫描 LOH 中的已标记对象并将它们逐个复制到目标位置(使用 LOH 计划阶段计算出的重定位偏移量)。此外，对于被固定的对象，将在它们前面创建一个对应的空闲空间(如图 10-6 所示)并将其加入空闲列表。对象间的填充显然仍将保持不动，因为下一次执行 GC 时可能需要它们。

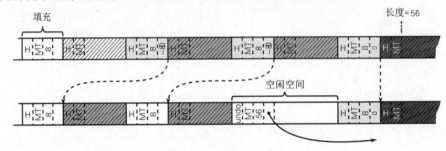

图 10-6　使用计划阶段计算出的信息压缩大对象堆中的对象

10.2.3　场景 10-1：大对象堆的碎片化

描述：开发应用程序的过程中，我们注意到它的内存占用率明显高于预期。此应用程序的功能包含处理大数据包并生成结果数据包(假设它是一个图片批处理程序)。代码清单 10-2 展示了它的部分处理代码。请注意代码中描述被处理数据大小的注释。由于输入帧和输出帧都大于 85 000 字节，因此它们都被分配到 LOH 中。我们想要存储的数据是 100KB(largeBlock)，它们将同样创建到 LOH 中。

代码清单 10-2　一段演示 LOH 碎片化的示例代码

```
void Main()
{
// ...
List<byte[]> largeBlocks = new List<byte[]>();
while (someCondition)
  {
    // ...
    var frame = reader.ReadBytes(size); // input frame is always bigger than 85 000 bytes
    var output = processor.Process(frame); // output is slightly bigger than input frame
    var largeBlock = new byte[102_400];
    // store some data from output in smallBlock
    largeBlocks.Add(largeBlock);
}
// ...
}
```

别以为这只是一个精心设计的示例，觉得现实场景中并不会真的有这样的场景。显然，你不太可能直接写出代码清单 10-2 中那样幼稚的代码。但是，处理大批量数据并生成一些中间结果是一种很常见的应用场景。使用数组(特别是字节数组)也并非完全没有道理。如果不使用数组和字符串，很少出现 LOH 碎片化问题，因为它们是大对象堆中最常见的两种类型。很少需要创建一个字段多到足够使其分配到 LOH 中的普通对象。因此，这个场景中的这些代码相当真实地反映了现实世界中可能遭遇的此类问题的真实源头。

分析：让我们假设，基于一些初步分析的结果，已确认 LOH 大于预期(如表 10-1 所示)。确认手段包括使用性能计数器或基于 ETW 的数据。

表 10-1　大对象堆的预期大小和观察到的实际大小

对象的数量	预期值[MB]	观察到的实际值[MB]
1000	102 400 000	152 769 104
2000	204 800 000	324 972 048
3000	307 200 000	463 287 752
4000	409 600 000	686 795 056

通过在 PerfView 中记录基于 ETW 事件的会话(使用标准的 GC Collect Only 选项)，我们可以快速观察到 LOH 大于预期的原因是 LOH 碎片化(如图 10-7 所示)。正如 LOH Frag %列所述，碎片率约为 48%。大量空间被浪费了。

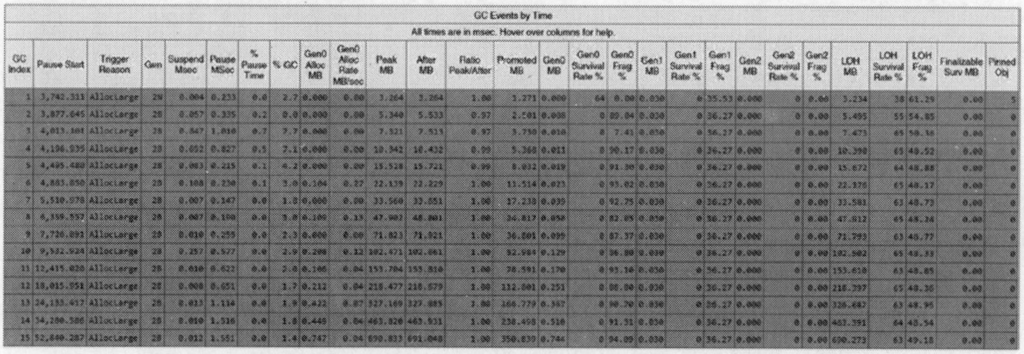

GC Events by Time

All times are in msec. Hover over columns for help.

GC Index	Pause Start	Trigger Reason	Gen	Suspend Msec	Pause MSec	% Pause Time	% GC	Gen0 Alloc MB	Gen0 Alloc Rate MB/sec	Peak MB	After MB	Ratio Peak/After	Promoted MB
1	3,742.311	AllocLarge	2N	0.004	0.233	0.0	2.7	0.000	0.00	3.264	3.264	1.00	3.271
2	3,877.645	AllocLarge	2N	0.057	0.335	0.2	0.0	0.000	0.00	5.340	5.533	0.97	2.501
3	4,013.304	AllocLarge	2N	0.047	1.010	0.7	7.7	0.000	0.00	7.521	7.513	0.97	3.750
4	4,196.935	AllocLarge	2N	0.052	0.827	0.5	7.1	0.000	0.00	10.342	10.432	0.99	5.368
5	4,495.480	AllocLarge	2N	0.083	0.215	0.1	4.2	0.000	0.00	15.528	15.721	0.99	8.032
6	4,883.850	AllocLarge	2N	0.108	0.230	0.1	3.0	0.104	0.27	22.139	22.229	1.00	11.514
7	5,510.578	AllocLarge	2N	0.007	0.147	0.0	1.3	0.000	0.00	33.560	33.851	1.00	17.238
8	6,359.557	AllocLarge	2N	0.007	0.190	0.0	3.0	0.109	0.13	47.902	48.001	1.00	34.817
9	7,720.891	AllocLarge	2N	0.010	0.255	0.0	2.3	0.000	0.00	71.821	71.921	1.00	36.801
10	9,532.924	AllocLarge	2N	0.257	0.577	0.0	2.9	0.208	0.12	102.471	102.061	1.00	52.984
11	12,415.020	AllocLarge	2N	0.010	0.622	0.0	2.0	0.106	0.04	153.704	153.810	1.00	78.591
12	18,015.951	AllocLarge	2N	0.008	0.651	0.0	1.7	0.212	0.04	218.477	218.579	1.00	132.001
13	24,133.457	AllocLarge	2N	0.013	1.114	0.0	1.9	0.422	0.07	327.169	327.085	1.00	166.779
14	34,200.586	AllocLarge	2N	0.010	1.516	0.0	1.8	0.445	0.04	463.820	463.931	1.00	238.495
15	52,840.287	AllocLarge	2N	0.012	1.551	0.0	1.4	0.747	0.04	690.833	691.048	1.00	350.839

GC Index	Gen0 MB	Gen0 Survival Rate %	Gen0 Frag %	Gen1 MB	Gen1 Survival Rate %	Gen1 Frag %	Gen2 MB	Gen2 Survival Rate %	Gen2 Frag %	LOH MB	LOH Survival Rate %	LOH Frag %	Finalizable Surv MB	Pinned Obj
1	0.000	64	0.00	0.030	0	35.53	0.000	0	0.00	3.234	38	61.29	0.00	5
2	0.000	0	89.04	0.030	0	36.27	0.000	0	0.00	5.495	55	54.85	0.00	0
3	0.010	0	7.41	0.030	0	36.27	0.000	0	0.00	7.473	65	50.38	0.00	0
4	0.011	0	90.17	0.030	0	36.27	0.000	0	0.00	10.390	65	48.52	0.00	0
5	0.019	0	91.30	0.030	0	36.27	0.000	0	0.00	15.672	64	48.88	0.00	0
6	0.023	0	93.02	0.030	0	36.27	0.000	0	0.00	22.376	65	48.17	0.00	0
7	0.035	0	92.75	0.030	0	36.27	0.000	0	0.00	33.581	63	48.73	0.00	0
8	0.050	0	82.05	0.050	0	36.27	0.000	0	0.00	47.812	65	48.34	0.00	0
9	0.095	0	87.37	0.030	0	36.27	0.000	0	0.00	71.793	63	48.77	0.00	0
10	0.129	0	36.80	0.030	0	36.27	0.000	0	0.00	102.502	65	48.33	0.00	0
11	0.170	0	93.10	0.050	0	36.27	0.000	0	0.00	153.610	63	48.85	0.00	0
12	0.251	0	88.00	0.030	0	36.27	0.000	0	0.00	218.397	65	48.30	0.00	0
13	0.367	0	90.70	0.030	0	36.27	0.000	0	0.00	326.687	63	48.95	0.00	0
14	0.510	0	91.31	0.030	0	36.27	0.000	0	0.00	463.351	64	48.54	0.00	0
15	0.744	0	94.09	0.030	0	36.27	0.000	0	0.00	690.273	63	49.18	0.00	0

图 10-7　PerfView 分析应用程序所生成的 GCStats 报告中的 GC Events by Time 表

和往常一样，我们可以简单地分析代码，找出何时在 LOH 中分配了何种对象。有什么办法可以帮助我们更快地找到答案吗？当然仍旧是 PerfView。LOH 碎片化来自被回收的对象，正是它们在 LOH 中创建了碎片。因此，最好检查大对象堆中最常回收的是什么对象。在这种碎片化如此明显的场景中，它们很可能就是问题的根源。幸运的是，如果在 PerfView 记录 ETW 会话时启用了.NET 选项(而非启用 GC Collect Only 或 GC Only 选项)，它可以提供此类统计信息。完成记录后，我们可以从 Memory Group 文件夹中打开 Gen 2 Object Deaths (Coarse Sampling) Stacks(如图 10-8 所示)。这个分析报告中包含了 LOH 对象。如图中所示，有许多“垂死”的 System.Byte[]数组。这个信息本身可能已经非常有用(如果它能像这样明确指出此类分配的源头)，但我们还可以进一步地进行分析。

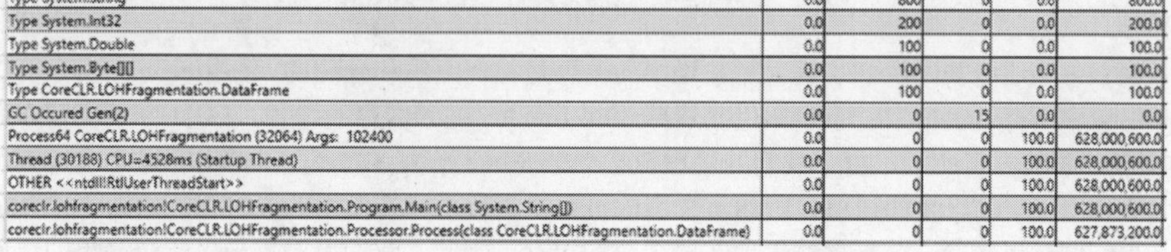

Name ?	Exc % ?	Exc ?	Exc Ct ?	Inc % ?	Inc ?
Type System.Byte[]	100.0	627,998,500	3,422	100.0	627,998,500.0
Type System.Char[]	0.0	800	0	0.0	800.0
Type System.String	0.0	800	0	0.0	800.0
Type System.Int32	0.0	200	0	0.0	200.0
Type System.Double	0.0	100	0	0.0	100.0
Type System.Byte[][]	0.0	100	0	0.0	100.0
Type CoreCLR.LOHFragmentation.DataFrame	0.0	100	0	0.0	100.0
GC Occured Gen(2)	0.0	0	15	0.0	0.0
Process64 CoreCLR.LOHFragmentation (32064) Args: 102400	0.0	0	0	100.0	628,000,600.0
Thread (30188) CPU=4528ms (Startup Thread)	0.0	0	0	100.0	628,000,600.0
OTHER <<ntdll!RtlUserThreadStart>>	0.0	0	0	100.0	628,000,600.0
coreclr.lohfragmentation!CoreCLR.LOHFragmentation.Program.Main(class System.String[])	0.0	0	0	100.0	628,000,600.0
coreclr.lohfragmentation!CoreCLR.LOHFragmentation.Processor.Process(class CoreCLR.LOHFragmentation.DataFrame)	0.0	0	0	100.0	627,873,200.0

图 10-8　PerfView 的 Gen 2 Object Deaths (Coarse Sampling) Stacks 的 By Name 视图展现了在第 2 代中垂死的对象

在 System.Byte[]类型的上下文菜单的 Goto 组中选择 Goto Item in Callers 选项，可以看到这个类型对象的分配堆栈跟踪信息(如图 10-9 所示)。这是非常有用的信息。

记住，这些都是基于 ETW 事件 GCAllocationTick 的采样信息。但对于 LOH 对象而言，这些信息已经足够，因为每分配 100KB 空间才会生成一次此事件。在 LOH 中，由于每个对象至少有 85 000 字节大小，100KB 内存还不够包含两个完整对象。如果分析的是 SOH 碎片化，可以在 PerfView 中选择.NET Alloc 或者.NET SampleAlloc 选项以获得更精细的分析结果。

Methods that call Type System.Byte[]		Inc % ?	Inc ?	Inc Ct ?	Exc % ?
☑Type System.Byte[]		100.0	627,998,500.0	3,422	100.0
+☑OTHER <<clr!JIT_NewArr1>>		100.0	627,998,500.0	3,422	0.0
+☑coreclr.lohfragmentation!CoreCLR.LOHFragmentation.Processor.Process(class CoreCLR.LOHFragmentation.DataFrame)		100.0	627,873,200.0	3,421	0.0
+☑coreclr.lohfragmentation!CoreCLR.LOHFragmentation.Program.Main(class System.String[])		100.0	627,873,200.0	3,421	0.0
+☑OTHER <<ntdll!RtlUserThreadStart>>		100.0	627,873,200.0	3,421	0.0
+☑Thread (30188) CPU =4528ms (Startup Thread)		100.0	627,873,200.0	3,421	0.0
+☑Process64 CoreCLR.LOHFragmentation (32064) Args: 102400		100.0	627,873,200.0	3,421	0.0
+☑ROOT		100.0	627,873,200.0	3,421	0.0
☑coreclr.lohfragmentation!CoreCLR.LOHFragmentation.Reader.ReadBytes(int32)		0.0	125,296.0	1	0.0
+☑coreclr.lohfragmentation!CoreCLR.LOHFragmentation.Program.Main(class System.String[])		0.0	125,296.0	1	0.0
+☑OTHER <<ntdll!RtlUserThreadStart>>		0.0	125,296.0	1	0.0
+☑Thread (30188) CPU =4528ms (Startup Thread)		0.0	125,296.0	1	0.0
+☑Process64 CoreCLR.LOHFragmentation (32064) Args: 102400		0.0	125,296.0	1	0.0
+☑ROOT		0.0	125,296.0	1	0.0

图 10-9 PerfView 的 Gen 2 Object Deaths (Coarse Sampling) Stacks 的 Callers 视图展现了分配 System.Byte[]的方法

从 Callers 视图中可以清楚地看到垂死 byte[]分配的两个源头。其中的 Reader.ReadBytes()方法只分配了一个数组，而 Processor.Process()则分配了好几千个。

当然，在许多应用程序中，可能存在许多不同类型的"经常垂死"的对象。通常来说，最好从此类对象列表的顶部(也就是从占比最高的对象类型开始)搜索问题的源头。对于我们这个示例，需要怀疑的是分配许多垂死字节数组的 Process.Process()方法。

诊断此类问题的另一种方法是使用 WinDbg 和 SOS 扩展分析内存转储或者直接附加到需要分析的进程。使用!heapstat 命令可以获得整个托管堆的概览(如代码清单 10-3 所示)。根据输出的结果，确实能看出 LOH 碎片化很严重(达到了 22%)，而且存在很多尚未回收但已经处于不可到达状态的对象(达到了 25%)。两者总共贡献了 47%的碎片率，这无疑再次证实我们之前的发现。

代码清单 10-3 分析碎片化——使用!heapstat 命令获取托管堆概览

```
> !heapstat -inclUnrooted
Heap          Gen0       Gen1      Gen2            LOH
Heap0      1579192      96024        24     1907001192

Free space:                                  Percentage
Heap0         7816      11160         0     434527752SOH: 1% LOH: 22%

Unrooted objects:                            Percentage
Heap0       156?816      65560         0     48842?824SOH: 97% LOH: 25%
```

这个方法还能帮助我们了解大对象堆中的内存是如何组织和分配的。使用!eeheap 命令可以获取一份包含所有 LOH 段的列表(如代码清单 10-4 所示)。随着内存的增长，LOH 预期会包含许多段(如表 5-3 的内容所示，由于我们的进程位于一个使用工作站 GC 的 64 位运行时之上，因此段的大小为 128MB)。我们知道，段通常采用的机制是当耗尽当前使用的段内存后随即创建一个新段。我们同时还知道，分配器线性地在段内分配内存。因此，我们可以推导出一个简单的结论：

地址位置越高,其包含的数据越新。

代码清单 10-4　分析碎片化——使用!eeheap 命令列出 LOH 段

```
> !eeheap –gc
Number of GC Heaps: 1
generation 0 starts at 0x0000013acb3c8730
generation 1 starts at 0x0000013acb3b1018
generation 2 starts at 0x0000013acb3b1000
ephemeral segment allocation context: none
        segment            begin          allocated            size
0000013acb3b0000 0000013acb3b1000 0000013acb549fe8 0x198fe8(1675240)
Large object heap starts at 0x0000013adb3b1000
        segment            begin          allocated            size
0000013adb3b0000 0000013adb3b1000 0000013ae33af528 0x7ffe528(134210856)
0000013ae4a60000 0000013ae4a61000 0000013aeca5fdb0 0x7ffedb0(134213040)
0000013aed130000 0000013aed131000 0000013af512f300 0x7ffe300(134210304)
0000013af5130000 0000013af5131000 0000013afd11c870 0x7feb870(134133872)
0000013a80000000 0000013a80001000 0000013a87fecf10 0x7febf10(134135568)
0000013a8a890000 0000013a8a891000 0000013a9287d0d0 0x7fec0d0(134136016)
0000013a92890000 0000013a92891000 0000013a9a8811c8 0x7ff01c8(134152648)
0000013a9a890000 0000013a9a891000 0000013aa28881a0 0x7ff71a0(134181280)
0000013aa2890000 0000013aa2891000 0000013aaa879090 0x7fe8090(134119568)
0000013aaa890000 0000013aaa891000 0000013ab287d060 0x7fec060(134135904)
0000013ab2890000 0000013ab2891000 0000013aba87bb20 0x7feab20(134130464)
0000013aba890000 0000013aba891000 0000013ac2880680 0x7fef680(134149760)
0000013afd130000 0000013afd131000 0000013b05117f28 0x7fe6f28(134115112)
0000013b05130000 0000013b05131000 0000013b0d118458 0x7fe7458(134116440)
0000013b0d130000 0000013b0d131000 0000013b0ecb6fc8 0x1b85fc8(28860360)
Total Size:            Size: 0x71c41750 (1908676432) bytes.
--------------------------------------
GC Heap Size:          Size: 0x71c41750 (1908676432) bytes.
```

通过转储最老的一个段的内容(代码清单 10-4 所示的第一个),我们可以了解"历史最悠久"的碎片是如何形成的(如代码清单 10-5 所示)。碎片的状态非常显而易见,102 424 字节长度的对象与 78 974 字节的空闲内存区域相互交错。使用!gcroot 命令可以轻松识别出它们(也如代码清单 10-5 所示)。例如,最后一个对象(字节数组)的唯一一个根是位于 Main 方法中的 List<byte[]>类型的局部变量 largeBlocks。这是碎片化的典型形态,一大堆存活对象(主要是数组)与空闲内存块犬牙交错。

代码清单 10-5: 分析碎片化——使用!dumpheap 命令列出首个 LOH 段中的对象(仅列出了输出结果的最后几行),使用!gcroot 命令标识出示例对象的根

```
> !dumpheap 0000013adb3b1000 0000013ae33af528
...
0000013ae22b4cd8 00007fff857ebe10 102424
0000013ae22cdcf0 0000013ac914e200  78974 Free
0000013ae22e1170 00007fff857ebe10 102424
0000013ae22fa188 0000013ac914e200     30 Free
0000013ae22fa1a8 00007fff857ebe10 102424
0000013ae23131c0 0000013ac914e200  78974 Free
0000013ae2326640 00007fff857ebe10 102424
0000013ae233f658 0000013ac914e200     30 Free
0000013ae233f678 00007fff857ebe10 102424
```

```
0000013ae2358690 0000013ac914e200   78974 Free
0000013ae236bb10 00007fff857ebe10  102424
0000013ae2384b28 0000013ac914e200      30 Free
0000013ae2384b48 00007fff857ebe10  102424
0000013ae239db60 0000013ac914e200   78974 Free
0000013ae23b0fe0 00007fff857ebe10  102424
0000013ae23c9ff8 0000013ac914e200      30 Free
0000013ae23ca018 00007fff857ebe10  102424
> !gcroot 0000013ae23ca018
Thread 811c:
    000000233e9feeb0 00007fff28fc0645 CoreCLR.LOHFragmentation.Program.
    Main(System.String[])
        rbp-80: 000000233e9fef20
            -> 0000013acb3b68d0 System.Collections.Generic.List`1
            [[System.Byte[], mscorlib]]
            -> 0000013abaf50a68 System.Byte[][]
            -> 0000013ae23ca018 System.Byte[]

Found 1 unique roots (run '!GCRoot -all' to see all roots).
```

但是，仅知道存活的对象之间存在空洞还不够。真正的问题在于，这些空洞创建于哪些对象的后面。我们可以在最新的刚刚分配的数据中寻找答案。通过转储最新的一个段(代码清单 10-4 所示的最后一个)的内容，我们可以了解最新的内存碎片的形态(如代码清单 10-6 所示)。如果足够幸运，最新的段中不会只有供未来使用的空闲列表项，而应该包含一些对象。代码清单 10-6 所示的情况正是如此。最新的 LOH 段包含了用于填充的一些小型空闲列表项(如前所述)和前面曾经看到过的 102 424 字节长度的对象，但是两者之间还有一些其他对象。

代码清单 10-6　分析碎片化——使用!dumpheap 命令列出最新 LOH 段中的对象(仅列出了输出结果的最后一行)

```
> !dumpheap 0000013b0d131000 0000013b0ecb6fc8

0000013b0ec0b4b0 0000013ac914e200      30 Free
0000013b0ec0b4d0 00007fff857ebe10   99634
0000013b0ec23a08 0000013ac914e200      30 Free
0000013b0ec23a28 00007fff857ebe10  102424
0000013b0ec3ca40 0000013ac914e200      30 Free
0000013b0ec3ca60 00007fff857ebe10   99627
0000013b0ec54f90 0000013ac914e200      30 Free
0000013b0ec54fb0 00007fff857ebe10   99635
0000013b0ec6d4e8 0000013ac914e200      30 Free
0000013b0ec6d508 00007fff857ebe10  102424
0000013b0ec86520 0000013ac914e200      30 Free
0000013b0ec86540 00007fff857ebe10   99628
0000013b0ec9ea70 0000013ac914e200      30 Free
0000013b0ec9ea90 00007fff857ebe10   99636
```

通过分析这些对象的根，我们可以识别出导致内存碎片化的源头(如代码清单 10-7 所示)。显然，这些对象是 Program.Main 和 Processor.Process 方法中创建的 DataFrame 类内部的字节数组。

代码清单 10-7　分析碎片化——使用!gcroot 命令识别导致碎片化的对象的根

```
0:000> !gcroot 0000013b0ec3ca60
Found 0 unique roots (run '!GCRoot -all' to see all roots).
```

```
0:000> !gcroot 0000013b0ec54fb0
Found 0 unique roots (run '!GCRoot -all' to see all roots).
0:000> !gcroot 0000013b0ec86540
Thread 811c:
    000000233e9feeb0 00007fff28fc0645 CoreCLR.LOHFragmentation.Program.
    Main(System.String[])
        r15:
            -> 0000013acb549228 CoreCLR.LOHFragmentation.DataFrame
            -> 0000013b0ec86540 System.Byte[]

Found 1 unique roots (run '!GCRoot -all' to see all roots).
0:000> !gcroot 0000013b0ec9ea90
Thread 811c:
    000000233e9fee50 00007fff28fc0aad CoreCLR.LOHFragmentation.Processor.
    Process(CoreCLR.LOHFragmentation.DataFrame)
        rbx:
            -> 0000013acb549240 CoreCLR.LOHFragmentation.DataFrame
            -> 0000013b0ec9ea90 System.Byte[]
Found 1 unique roots (run '!GCRoot -all' to see all roots).
```

调查工作到此结束。该示例很简单，由于在 LOH 中仅分配了少数几种类型，同时由于代码使用一种特别的大对象分配模式(每个后续的输入帧都比上一个稍大)，因此最终导致了悲剧。这使得几乎无法重用前面对象被回收后产生的空闲列表项"空洞"。这种情况下，新创建的对象不断分配到尾段内存区域，我们可以很容易地在最新的段中找到尚未被回收的对象。

对于复杂的应用程序，LOH 中会有更多不同大小的对象。在这种场景中分析可能变成不可用空洞的对象的源头将变得很烦琐。不存在一条分析碎片化问题的黄金法则。实际上，在各种与内存有关的问题中，碎片化是最难分析的一类问题。这是由其所具有的暂时性特性导致的。我们看到内存中有空洞，但要查出变为空洞之前那里曾经是何种对象非常困难。大多数情况下，空闲列表分配器使这些空洞得以重用。由于新对象分布在整个第 2 代或 LOH 被重用的空洞中，因此调查工作变得更加困难。正如之前的调查过程所展示的，能找到的只有间接证据。

> 记住，大对象堆包含了一些 CLR 内部使用的数组。程序集加载期间创建的包含静态数据的数组应该不会导致碎片化，但 LOH 中还有用于字符串暂存的数组(参见图 8-1 和 4.6.1 节)。如果程序进行过多的显式字符串暂存，则创建相关的数据表也可能导致 LOH 碎片化。

既然已经知道 LOH 碎片化是一个问题，那么应该如何解决它？从.NET Framework 4.5.1(以及.NET Core 1.0)开始，通过将静态属性 GCSettings.LargeObjectHeapCompactionMode 设置为 GCLargeObjectHeapCompactionMode.CompactOnce，可以显式请求压缩大对象堆。LOH 压缩只会在随后的第一个阻塞式 GC 时执行一次。注意，只有阻塞式 GC 才会执行此请求，典型的非阻塞式(后台)GC 则不会考虑此设置。因此大多数时候，我们会在设置此属性后立即显式触发阻塞式完全 GC。

我们可以显式触发 LOH 压缩以作为 LOH 碎片化问题的解决之道，可以定期地也可以仅在内存使用率超过某个限制值时(如代码清单 10-8 所示)执行此操作。这两种方案都并非完美，应用它们时应仔细考虑。它们会带来显式 GC 调用引发的所有问题。

代码清单 10-8 演示 LOH 碎片化的示例代码

```
if (GC.GetTotalMemory() > LOH_COMPACTION_THRESHOLD)
{
```

```
    GCSettings.LargeObjectHeapCompactionMode = GCLargeObjectHeapCompactionMode.
CompactOnce;
    GC.Collect();
}
```

此外，由于 LOH 压缩是阻塞式的，因此它很慢。它导致的暂停时间与存活对象的总大小呈线性关系。即使对于仅数百 MB 的小型 LOH，它也会将应用程序暂停 100~200 毫秒。存活对象的大小越大，情况越糟。对于数 GB 的 LOH，应用程序会冻结超过 1 秒。图 10-10 同时演示了工作站和服务器两种 GC 模式的情况(记住，实际的暂停时间可能因硬件性能而异)。

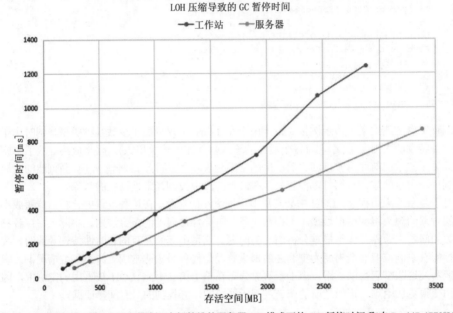

图 10-10　LOH 压缩在工作站 GC 和带有 8 个托管堆的服务器 GC 模式下的 GC 暂停时间(取自 Intel i7-4770K/16GB DDR3-1600 内存的硬件环境)

服务器 GC 模式下的大对象堆压缩稍快一点，因为 LOH 在此模式下被分割成多个可以被并行压缩的段。

有时压缩 LOH 是解决问题的唯一方法，尤其当导致问题的代码不归你所有并且你无法通过重构代码更好地管理 LOH 对象时。如果源代码归你所有，那么更好的解决方案是使用大型对象池或数组池(参见第 6 章的相关小节)。

有一些尚未确定何时完成的开发计划将实现在某些场景下自动压缩 LOH。GitHub 上的评论对此类计划进行了描述：在不久的将来，LOH 仍然不会自动压缩，除非满足如下条件——与第 2 代相比 LOH 中存活的对象很少，LOH 的碎片化率很高(例如碎片化达到 75%)且/或 LOH 中都是不包含引用的对象(因为重定位操作实在太费时)。

10.3　本章小结

如你所见，由于 GC 的清除阶段不涉及太多内存操作，因此它可以执行得非常快。它只需要对内存做一些局部修改以创建空闲列表项并在插头信息后面恢复内存。压缩阶段相对来说更复杂，可能导致大量内存操作。是否执行清除或压缩的决策由第 9 章介绍的计划阶段做出。

从第 7~10 章，本书用四章的篇幅讲述了.NET 内存管理的大量核心知识。这些章节之前的内容属于介绍性知识，而这些章节之后的内容则是对核心知识的进一步扩展。

这些章节按照 GC 的所有主要阶段逐个对它们进行了介绍。

- 触发垃圾回收的机制(第 7 章)。
- 整个运行时如何协作处理 GC 挂起来暂停所有托管线程(第 7 章)。
- GC 如何选择回收哪代(第 7 章)。
- GC 如何通过标记各种类型的根找到所有可到达对象(第 8 章)。
- GC 如何同时计划压缩和清除式回收并随后决定哪种回收效率更高(第 9 章)。
- GC 如何执行压缩和清除(第 10 章)。

其中许多内容既包含理论知识(如何以及为何起作用)，同时也有实践场景(如何将知识应用于问题分析和代码开发)。如果你逐个章节读完所有这些内容，应当已经对.NET GC 有了非常透彻的了解。其中的实践场景可以让你了解如何调查常见问题以及如何避免犯下常见错误。

由于这些知识前后连贯，因此在本章的结尾将同时介绍所有与之相关的规则。

但是这些规则并不全面，GC 仍然有许多等待我们继续探究的角落。从下一章开始，本书内容将越来越偏向实战。当然，后续章节仍然会继续介绍 GC 的一些内部机制，包括不同的 GC 模式(第 11 章)和终结器(第 12 章)。

注意： 讲述 GC 的所有章节从未在任何地方提到过 IDisposable 接口。有时，有些经验不足的程序员以为它和垃圾回收机制有关系。他们认为 IDisposable 以某种方式“触发”了对一个对象的回收。这显然是错误的观点。IDisposable 只是一个接口，是对象与开发人员之间的一份契约，表示对象的生存期应当被仔细跟踪，当不再需要对象时需要执行一些额外操作。为了不加深误解同时也为了精简本章的内容，对 IDisposable 机制的讲解将放在第 12 章。

规则 17 – 观察运行时挂起

适用范围： 广泛但很少进行。

理由： 运行时挂起是 GC 用于挂起所有托管线程以便为 GC 的正常运行奠定基础的服务。换言之，在非并发 GC 期间，用户线程不应该修改或访问正由 GC 操作的内存。挂起操作必须效率极高，应使暂停(和恢复)线程的过程尽可能快。此操作确实很快，它只需要不到 1 毫秒即可挂起所有线程。在极少数情况下，如果挂起花费的时间很长，一定哪里出了问题，如果此现象持续发生，应对此进行调查。

如何应用： 首先，我们可以测量应用程序中的 EE 挂起时间。最方便的测量方法是通过 ETW 事件。分析它们的最简单的方法是查看 PerfView 的 GCStats 报告的 GC Events by Time 表中的 GC 挂起时间。如果挂起时间超过 1 毫秒，则需要对此予以关注。

如果确实发现有问题，可以在挂起期间通过仔细的调试或 CPU 采样进行调查。我们可能会发现代码在将执行控制权交给运行时方面受到了干扰(由于需要执行高优先级线程或同步执行长耗时 IO 操作)。

相关场景： 场景 7-4。

规则 18 – 避免 "中年危机"

适用范围: 广泛且非常普遍。

理由: 分代假设是.NET GC 的基础,它假定对象要么很快死亡,要么存活很长时间。我们应当已经充分意识到回收第 0/1 代的开销比回收第 2 代小得多。所谓 "中年危机",是指我们的应用程序并未遵循分代假设,许多对象的生存期长到会被提升到第 2 代,然后又很快死亡。这种模型非常不符合第 2 代的设计初衷。

如何应用: 我们知道应用程序中有大量对象分配,而且许多对象最终被提升到第 2 代,然后在第 2 代中死亡。因此,你应当更加关注对象的生存期。创建一大堆临时数据并过长地保留它们是导致 "中年危机" 的直接原因。但是,对于复杂的应用程序,通常很难推断出对象的生存期。因此,应用此规则的常见方法是被动响应,也就是对应用程序进行测量并在观察到% Time in GC 值很高后再响应。然后对应用程序进行诊断,开始进行分析调查工作。

我们应当在调查过程中检查如下信息。

- 较老的代中有什么内容:可以使用任何你喜欢的转储分析工具进行检查。
- 较老的代中有哪些垂死对象:可以使用 PerfView 会话分析中的 Gen 2 Object Deaths 视图进行检查(参见场景 10-1)。
- 最常见的分配是什么:"中年危机"必然意味着创建了大量最终被提升到第 2 代的对象(参见场景 6-2)。
- 判决最老一代的原因是什么(参见场景 7-5)。

相关场景: 场景 5-1、6-2、7-5 和 10-1。

规则 19 – 避免老的代和 LOH 碎片化

适用范围: 广泛且非常普遍。

理由: 只要碎片能够被分配器分配给新对象重用,它就不是一个问题。但是如果它不受控制,执行完指定代 GC 后碎片率仍然不下降,则一定是一个问题。即使我们实际只使用少量对象,程序的内存使用率仍然会超预期地不断增长。在小对象堆中,高碎片化意味着需要执行更多次且更耗时的压缩式 GC。在大对象堆中,处理碎片化问题更加困难。我们需要显式请求压缩 LOH,而且可以确定压缩过程将花费不少时间。

如何应用: SOH 碎片化如果只发生在第 0/1 代,则问题不大。SOH 压缩非常快,因此无须为此担心。导致问题的是第 2 代的碎片化,其原因有两个。

- 由于第 2 代通常跨越多个段,因此压缩第 2 代比压缩第 0/1 代耗时更多。压缩第 2 代需要执行更多内存操作。
- 第 2 代段的碎片化会导致创建更多段,而更多段意味着对它们执行垃圾回收更耗时。

基于同样的原因,我们还应当小心大对象堆碎片化。但是 LOH 的主要问题在于它不会自动压缩,这使得 LOH 碎片化问题更加麻烦。

可以肯定的是,我们应该观察应用程序的碎片化率,例如通过使用 ETW/LTTng 会话对碎片化率进行测量。但是知道应用程序的碎片化率很高只是第一步。接下来,我们应当考虑它是否是一个需要解决的问题。它会导致大量的 GC 开销或令人担忧的内存使用率吗?如果是,那么接下来将进行最困难的部分:诊断碎片化的源头。不存在碎片化诊断的黄金法则。场景 10-1 介绍了最常见的几个诊断方法。

没有通用的碎片化解决方案。常见方案是对导致碎片化的对象(尤其是各种类型的数组)使用对象池。

相关场景：场景 10-1。

规则 20 – 避免显式 GC

适用范围：广泛且非常普遍。

理由：显式垃圾回收调用干扰了 GC 的工作。显式调用 GC 会完全无视它的内部调优，让 GC 在特定时刻触发。虽然在某些场景中调用 GC 可能是合理的，但大多数情况下并非如此。

如何应用：通过阅读本书了解 GC，了解它为何、如何和何时工作。然后你会明白，大部分情况下，显式调用 GC 都不是解决你遇到的问题的正确之道。每次需要在代码中显式调用 GC 时，都应考虑再三。很少有情况值得这样去做(第 7 章的 7.6.2 节列出了部分情况)。

相关场景：场景 7-3。

规则 21 – 避免内存泄漏

适用范围：广泛且非常普遍。

理由：内存泄漏很糟糕。它们导致我们的程序彻底不可用或者越用越慢，最终不得不重启。在最坏的情况下，它们会导致程序崩溃。我相信所有人都同意需要避免内存泄漏。尽管如此，有些小的不可避免的内存泄漏只要它导致的内存增长率很小，不造成实际伤害，仍然是可以接受的。就像我们必须每隔几天重启应用程序进程以部署新版本一样，我们知道程序中存在内存泄漏，但是既然它们占用的内存很少，我们可能无须在它们身上花费太多宝贵的时间。通常，这种"可接受"的内存泄漏来自我们根本无法修复的第三方代码。

如何应用：在.NET 世界中，内存泄漏意味着由于可到达对象数量的增加所导致的不受控制的内存增长。简而言之，有事物持有对泄漏对象的引用(即使那些对象已不再使用并且应该早已死亡)。

这是软件开发领域最常见的问题之一。"不可见"的根有很多：静态变量、事件、配置错误的 IoC 容器等。

本书通过一些场景介绍了如何诊断内存泄漏问题。场景中不包含由于某项特定技术导致的泄漏(例如使用 WCF 或 WPF 时可能遇到的某些内存泄漏)。不管我们现在以及未来几年将用到哪种.NET 技术，GC(以及类似 WinDbg、SOS 和 PerfView 等核心工具)的演进速度都要慢得多。如果你遇到一个内存泄漏问题，可用本书中介绍的知识对其进行调查。

相关场景：场景 5-2、8-1、8-2 和 9-1 以及场景 4-1~4-5(区分托管泄漏和非托管泄漏)。

规则 22 – 避免固定

适用范围：广泛且中等普遍，高性能代码场景中很重要。

理由：由于对象固定可能导致碎片，因此它不是一件好事(参见规则 21)。它对 GC 本身也会造成一定的压力，因为会使内部分配器的工作复杂化。

如第 9 章所述，固定既可能是短暂的，也可能是长期的，但造成麻烦的是中等生存期的固定。在最常见的并发 GC 中，如果被固定的对象位于第 2 代，大多数情况下都无关紧要，它不会产生碎片，因为大多数时候第 2 代回收都是后台 GC(后台 GC 不执行压缩，因此无须关心对象是否被固定)。短生存期被固定对象也没有机会在第 0 代被回收之前产生大量碎片。

因此，最麻烦的是生存期长到足以提升到更老代的被固定对象，它们会导致各种糟糕的副作用，例如限制分代计划的自由度和促使段重组(如果临时段包含许多被固定的元素，它将变得几乎不可用)。

如何应用：一般来说，最好的方法是避免固定，但显然有时我们必须使用它。如果必须使用固定，最好记住中等生存期对象的固定是最大的问题来源。因此，使用固定时，最好按如下所示操作。

- 只固定一小段时间，如只在很短的代码区间内使用 fixed 关键字。如第 8 章所述，它仅影响方法的 GC 信息，使其在 GC 期间成为一个特殊的根。因此，如果方法执行期间未触发 GC，则 fixed 关键字没有任何开销。
- 创建将生存很长时间的固定缓冲区。这个方法既延长了此类可重用固定对象的生存期(因此使它们存活于开销较小的第 2 代)，同时带来了更好的局部性(使固定对象聚集在一起而不是分散到托管堆各处)。

观察应用程序碎片化的同时，还应当观察其固定对象的数量。并不是一见到有固定对象就需要消除它。对于一个典型的应用程序，只要它不会导致太多内存碎片，我们无须过于担心。另一方面，对于需要计较每个毫秒的高性能程序，我们可能希望搞清楚每个固定对象的情况。你需要根据需求自行判断采用何种应对方式。

相关场景：场景 9-2。

第 11 章

GC 风格

前面四章非常详细地讲述了.NET 中的垃圾回收器，绝大多数都是以其最简单的形式出现。然而，在本章中，我们将介绍所有 GC 种类。除了如何以及为何这样设计 GC 的知识外，我们还将介绍它们的优缺点。我们将讨论 GC 操作模式和延迟设置。

就.NET 中可用的不同 GC 风格而言，最常见的问题是应该选择哪一种。因此，在了解了它们之间的区别后，我们将在本章中尝试回答这一重要问题。此外，本章中所包含的场景在这种上下文中可能很有趣，它们检验了所选模式对应用程序的性能和行为的影响。

11.1　模式概述

在 7.1 节中已经提供了.NET GC 可能操作的各种模式的简短摘要，但还是有必要给出其中描述的 GC 版本的整体上下文。现在，让我们更深入地了解这些模式、它们的不同之处以及原因。

11.1.1　工作站模式与服务器模式

第一种划分方式是将 GC 划分为工作站模式和服务器模式。这自.NET 运行时问世时就已经存在。这两种模式的名称均来自其所预期用于的典型应用程序。但是，我们别把这些名字当回事。尽管这些名字体现了其典型用法，但是在桌面应用程序中使用服务器模式或在 Web 应用程序中使用工作站模式可能是非常好的(这完全取决于你当前的需求)。最好将工作站模式和服务器模式视为两组明显不同的 GC 配置集。但是，这并不会改变这些模式的名称来自适应这两个主要环境的设置这一事实。

1. 工作站模式

工作站模式主要是为满足交互式的基于 UI 的应用程序所需的响应性而设计的。交互式意味着应用程序中的显著停顿要尽可能短。我们不想因为触发了较长的 GC 而停顿 UI，较长的停顿可能会影响总体上所有操作的流畅性和响应性。因此会有如下结果。

- GC 将会更频繁地发生：由于这一点，它们的工作量减少了(创建的对象更少，因此可以成为垃圾的对象更少)。
- 作为上一点的副作用，内存使用率将更低：GC 越频繁就意味着内存的回收就越积极，并且没有大量的"挂起"垃圾。
- 只有一个托管堆：因为桌面应用程序通常是执行与用户操作有关的一个主要操作，所以并不需要对其工作进行特殊的并行化。此外，该模式假定计算机正在运行着许多个应用程序。它们中的每一个都利用了一些 CPU 内核和内存。因此，不需要或并不特别希望增加同时处理多个堆的 GC 线程。从一开始，工作站模式就被设计为一次只能由一个线程处理一个托管堆。

- 段更小：在更小的内存区域上操作。

注意，尽管大多数交互式应用程序实际上都符合以上几点，但并不一定适用于所有应用程序。我们可以有这样的一个桌面应用程序，它非常适合在后台进行并行处理。

2. 服务器模式

服务器模式是为同时进行的基于请求而处理的应用程序设计的。这意味着要满足大吞吐量的需求(在一个时间单位内处理尽可能多的数据)。我们会假设处理请求的时间相对较短，零星的应用程序停顿不会对其产生重大影响，因为据统计，GC 最多会发生在多个请求的处理过程中。因此会有如下结果。

- GC 发生的频率将会更低：这可能意味着停顿时间 [1] 更长，因为在 GC 之间创建了更多对象。但是，这使我们能够提高吞吐量，因为我们可以在较长的非停顿时间内并行处理多个请求。
- 作为上一点的副作用，内存使用率将更高：更少的 GC 意味着更多的"挂起"垃圾将在 GC 之间聚集。这意味着工作集将比工作站模式更大。然而，一般会认为"服务器"配备了大量内存，因此这不是一个大问题。
- 有多个托管堆：这可以确保相关计算机处理能力的可伸缩性。如果 GC 已经发生，我们希望尽快完成它。多个堆的并行处理比单个大堆的处理更快。[2] 此外，服务器应用程序通常托管在专用服务器上，因此它们可以非常自由地使用所有可用的 CPU 内核。
- 默认段大小更大，尤其是在 64 位系统上：如果需要，可以在触发 GC 之前容纳更多的分配。
- 考虑到上述因素，服务器模式通常会消耗更多的内存，但会给你带来更小的%Time in GC 值。

也许你想知道这两种不同的模式在.NET 源代码中是如何组织的以及它们有多少共同的代码。以 CoreCLR 为例(尽管所有.NET SKU 都共享相同的 GC 代码)，绝大多数是在同一个.src\gc\gc.cpp 文件中实现的，该文件包含了许多由#if 预处理器指令管理的部分。然后，该文件在两个不同的命名空间和组定义中编译了两次——.\src\gc\gcsvr.cpp 定义了 SERVER_GC 常量和 SVR 命名空间。

```
#define SERVER_GC 1
namespace SVR {
    #include "gcimpl.h"
    #include "gc.cpp"
}
```

.\src\gc\gcwks.cpp 定义了 WKS 命名空间。

```
namespace WKS {
    #include "gcimpl.h"
    #include "gc.cpp"
}
```

因此，当看到各种与 GC 相关的类型或方法时，它们将来自 WKS::或 SRV::命名空间。SERVER_GC 的定义也意味着其他一些重要的定义，尤其是 MULTIPLE_HEAPS(gc.cpp 内部的许多区域都依赖于此定义)。

---

1 由于它们是在多个 CPU 内核上并行处理的，因此停顿可能要比工作站短。

2 记住，访问内存将会是一个瓶颈。因此具有四个 CPU 内核的并行堆处理并不会比一个 CPU 内核处理相同内存大小的速度快 4 倍。不过，毫无疑问它更快。

11.1.2　非并发模式与并发模式

GC 在相对于用户线程的工作上下文中还有两种操作方式，通常是按非并发或并发区分。我们可以将非并发理解为不是与其他事情同时发生的，而并发则恰好相反。

1. 非并发模式

非并发 GC 版本自.NET 问世以来就已经存在，并且工作站模式和服务器模式都适用。在 GC 期间，所有托管用户线程都将被挂起。从概念上讲，它非常简单：我们必须停止所有用户线程，执行 GC，然后再恢复用户线程。

2. 并发模式

并发 GC 是在普通用户线程工作时运行的。这使它在概念和实现方面都变得更加复杂。用户线程和回收器在工作期间必须进行额外的同步，以便两者具有一致的视野，从而不会造成严重的问题(如修改被回收的对象或回收仍然存在的对象)。这种同步显然不容易实现，尤其是对整体性能的要求很高。我们将很快看到如何在.NET 中实现这种技术。

GC 的并发风格在.NET 的不同版本中有不同的名称。我们可以总结如下。

- 对于工作站 GC，从.NET 1.0 开始就可以使用并发风格，它被称为并发工作站 GC。在.NET 4.0 中，在引入了重要的改进后，它又被重命名为后台工作站 GC。
- 对于服务器 GC，并发风格在.NET 4.5 版之前都不可用。它被称为后台服务器 GC。

就源代码组织结构而言，这两种模式都在同一.\src\gc\gc.cpp 文件中实现。并发版本包含在#if BACKGROUND_GC 预处理程序指令中。不过，在 SVR 和 WKS 版本中定义了 BACKGROUND_GC。它们包含了用于在运行时启动期间启用或禁用的并发和非并发风格的代码。

11.2　模式配置

从前面的部分可以清楚地看到，我们有两个正交设置，每个设置都有两个可能的值。因此它提供了 4 种可能的 GC 操作模式。这就是我们在 GC 方面所能设置的绝大部分内容。那些习惯了 JVM 世界中非常细粒度设置的用户可能会感到惊讶。当然，这是一个在充分考虑各方面的情况下所做出的设计决策。JVM 提供了一种以 GC 为中心的方法——我们几乎可以配置 GC 操作的每一个方面，但是需要非常了解它，以确定我们更改了什么以及为什么更改。而微软选择了以应用程序为中心的道路。在获知我们正在编写哪种类型的应用程序后，我们可以设置一种 GC 操作模式，剩下的都是 GC 的工作。它负责根据所提供的应用模式的负载和特性进行适当的调整。

接下来的部分将简要地介绍如何在.NET Framework 和新的.NET Core 中更改 GC 工作模式。

当通过 ICLRRuntimeHost 接口(包括.NET Framework 和.NET Core 运行时)在自己的进程中托管 CLR 时，还可以使用适当的启动标志设置这些模式。第 15 章简要介绍了 CLR 托管以及所提到的标志。如果你是通过源代码构建 CoreCLR，那么这恰好是一个简单的 CoreRun 托管应用程序所做的事情。CoreRun 使用其自己的非常简化的配置提供者忽略下文描述的设置。CoreRun 托管只考虑两个环境变量：CORECLR_SERVER_GC 和 CORECLR_CONCURRENT_GC(两者的值均可以为 0 或 1)。如果想拥有由 CoreRun 托管的自定义构建的 CoreCLR，可使用它们。

　　正如你可能注意到的，这里没有描述如何在项目文件级别上(例如在 Visual Studio 中)表示这些设置。整个.NET 生态系统中可能有许多工具和项目格式。只需要参考你最喜欢的工具的当前文档。这里显示的是运行时本身使用的设置，这些设置在不久的将来都不太可能改变。

　　注意，在一台只有一个 CPU 逻辑内核的计算机上，无论 gcServer 设置成什么，都将始终使用工作站 GC。

11.2.1　.NET Framework

　　对于.NET Framework 应用程序，更改 GC 模式的主要方法是通过一个标准配置文件(参见代码清单 11-1)。

- ASP.NET Web 应用程序：如果 Web 应用程序托管在 IIS 中，则使用 web.config 文件。注意，这种情况下，ASP.NET 主机默认启用服务器 GC(此外，在高于.NET 4.5 版本的运行时中启用了后台模式)。
- 控制台应用程序或 Windows 服务：默认使用[应用程序名].exe.config 文件。如果此类文件未指定这些设置，则默认情况下将打开并发工作站模式。这可能非常重要，尤其是对于以类似请求的方式处理大量数据的 Windows 服务而言。这类服务的行为更像是服务器应用程序，而不是交互式应用程序。这种情况下，改变服务器 GC 的某些风格可能会显著提高性能。

代码清单 11-1　.NET Framework 应用程序与 GC 相关的配置

```
<?xml version="1.0" encoding="utf-8" ?>
<configuration>
    <startup>
        <supportedRuntime version="v4.0" sku=".NETFramework,Version=v4.7" />
    </startup>
  <runtime>
  <gcServer enabled="true"/>
  <gcConcurrent enabled="true"/>
  </runtime>
</configuration>
```

11.2.2　.NET Core

　　对于.NET Core，在配置方面有更好的灵活性。除了存在基于文件的解决方案，还存在另外两种解决方案。

　　.NET Core 的文件配置与.NET Framework 的配置非常相似，只是配置文件格式从 XML 改为 JSON(参见代码清单 11-2)。

代码清单 11-2　.NET Core 应用程序与 GC 相关的配置

```
SomeApplication.runtimeconfig.json
{
    "runtimeOptions": {
      "tfm": "netcoreapp2.0",
      "framework": {
        "name": "Microsoft.NETCore.App",
        "version": "2.0.0"
      },
```

```
    "configProperties": {
      "System.GC.Server": false,
      "System.GC.Concurrent": false
    }
  }
}
```

CoreCLR 引入了配置旋钮的概念。它们的值可以通过多种方式提供，其中最有趣的一种是通过设置环境变量(在 Windows 中则为注册表)。这在严格隔离的环境中可能特别有用。你可以在相应的 CoreCLR 文档页面上找到配置旋钮的完整列表。

若要设置名称为 X 的配置旋钮，则应添加具有所需值的环境变量 COMPlus_X 或添加具有 X 的值的 HKCU\Software\Microsoft\.NETFramework 注册表项。因此，在 GC 模式设置下，它将会是如下值。

- 环境变量 COMPlus_gcServer =0 或 1 或者是值为 0 或 1 的 gcServer 注册表项。
- 环境变量 COMPlus_ gcConcurrent =0 或 1 或者是值为 0 或 1 的 gcConcurrent 注册表项。

注意：COMPlus_设置将会覆盖 JSON 版本的值(如果在这两处都进行了设置)。

11.3　GC 停顿和开销

自动内存管理的主题与它带来的开销有着内在的关系。毕竟，GC 是作为我们应用程序的一部分代码工作的。它会消耗 CPU 周期，并且在应用程序的其余部分什么都不做时可能会导致停顿。到目前为止，我们还没有特别关注 GC 活动开销的主题。不同的 GC 操作模式会带来不同的开销，因此在本章讨论这个主题是个理想的选择。

但是如何测量这种开销呢？我们所谈论的开销是指什么？在整个.NET 应用程序性能的上下文中，我们可以从两个方面进行研究。

- GC 方面：如前所述，GC 工作有两个最重要的不希望出现的副作用。
  - ◆ GC 停顿：当前还不存在无停顿的 GC。[1] 我们显然是不希望 GC 暂停应用程序线程的，尤其是在交互式应用程序中。我们可能对测量 GC 停顿时间感兴趣(总和、平均值、百分位数等)。停顿的可接受阈值取决于特定应用程序的特性。我个人认为，如果单个 GC 停顿时间超过数十毫秒，则会相当令人震惊(如果还频繁发生)。
  - ◆ GC CPU 开销：与执行其他任何代码一样，执行 GC 代码也会消耗 CPU 资源。GC 工作时间越长或使用的 CPU 内核越多，则 GC 从你的常规代码和其他应用程序执行中所窃取的 CPU 周期就越多。这对于并发和非并发 GC 都很重要。同样，GC 使用率的可接受阈值取决于特定应用程序的特性。在常规 Web 应用程序中，我见过经常使用率超过 10%~20%的情况，这相当令人震惊。
- 应用程序方面：关于测量应用程序性能的主题，可以专门编写出另一本书。然而，最明显的指标应该包括以下内容。
  - ◆ 吞吐量：应用程序执行的速度。例如，处理特定用户操作的单个 HTTP 请求所需的时间。
  - ◆ 延迟：通常是查看尾部延迟，例如最长 x%操作需要多长时间。

---

1 尽管你可能会在 JVM 世界中遇到一个名为 Azul Pauseless GC 的商业 GC，但它并不是真正的无停顿 GC，因为有时线程需要停止分配以"追赶"(例如 GC 无法足够快地提供空闲空间进行分配)。这样的 GC 后继者被称为 Continuously Concurrent Compacting Collector(C4)，这可能是一个不那么容易混淆的名称。

◆ 内存消耗：内存消耗情况，尤其是内存使用峰值方面。

图 11-1 说明了.NET 中指示 GC 开销的两个最常用的度量值。它展示了两个用户线程(T1 和 T2)和一个 GC 线程(GC1)。如你所见，该图展示了线程随时间变化的状态。当线程不占用处理器时间(它正在等待某些东西)时，将使用虚线标记。当线程执行与 GC 相关的代码时，将使用箭头标记。执行程序代码的线程将使用浅灰色矩形表示。此外，挂起和恢复线程的时刻将标记为深灰色区域。我们将在本章后面继续使用这个约定，说明每个 GC 模式的工作原理。

通过这种方法，很容易说明两个最常用的.NET 指标。

- GC 停顿时间：它们被认为是 GC 的非并发阶段，包括 GC 挂起和恢复步骤。它们通常是从 ETW/LLTng 事件获得的(即 SuspendEEStart 和 RestartEEStop 事件之间的时间)。我们可以在 PerfView 的 GCStats 报告的 GC Events by Time 表中观察到它们(如 Pause MSec 列)。
- GC 在 CPU 中花费的相对时间：它描述了在 GC 中花费的全部时间(包括 GC 的并发部分)与自上一个 GC 以来的时间之间的比率。我们可以在 PerfView 的 GCStats 报告的 GC Events by Time 表的% GC 列中观察到它。

% Time in GC 性能计数器也可用于测量 GC 的 CPU 开销。但是，它的准确性较低，因此.NET 团队建议采用基于 ETW 的测量(由于引入了后台 GC，因此他们在 ETW 上投入了更多的开发，以支持总体性能计数器)。注意，在使用性能计数器的情况下，如果没有 GC，则不会刷新该计数器，它将依旧指示为之前的值。因此，不要对性能监视器工具中 99％ 的% Time in GC 值感到惊讶，这可能只是由于未再发生 GC 而未刷新的最后一个测量值。如果需要始终检查 GC 是否发生，可以查看# Gen 0 Collections 计数器。

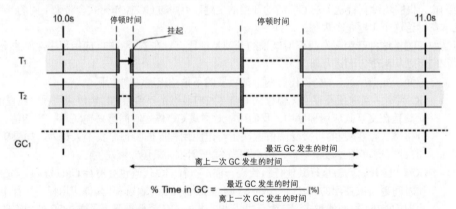

$$\% \text{ Time in GC} = \frac{\text{最近 GC 发生的时间}}{\text{离上一次 GC 发生的时间}}[\%]$$

图 11-1 有代表性的.NET GC 测量指标——GC 停顿时间和% Time in GC

显然，许多免费或商业工具都用它们自己的方法提供这些测量指标。关于其实现细节是如何精确地测量这些测量指标的，请参阅它们的文档以了解详细信息。

我们将在考虑各种 GC 模式时再讨论这些测量指标。现在，让我们全面描述.NET 中可以运行的 4 种可能的 GC 风格。

11.4 模式描述

本节接下来将介绍.NET 中可用的 4 种 GC 模式的工作原理。它们将通过类似于图 11-1 的图加以说明。为清楚起见，我们从大多数方块中移除了挂起方块。只需要记住，这些挂起方块位于

GC 的每个非并发阶段周边。此外，所有的图都假设在某些时候分配器满足了 GC 的需要。图表中的长度仅供说明之用。实际上，GC/用户线程需要多长时间应该通过适当的工具去测量。

除了对操作的描述外，每个模式还包含了一个典型情况列表，你可以将其作为参考。

11.4.1 非并发工作站模式

最简单的 GC 模式实际上已经在第 7~10 章中详细描述过。它是 GC 在.NET 中工作的基础。现在，让我们以与其他模式对比的方式研究它。

非并发工作站 GC 模式执行典型的 GC，我们在下文中将其简单地称为非并发 GC。它具有以下特性(见图 11-2)。

- 在整个 GC 期间，所有托管线程都将挂起，而不管它是第 0、1 或 2 代(完全 GC)的垃圾回收——单个临时 GC 应该花费很少的时间，因此使其成为非并发将不是个问题。但正如图中特别指出的，完全阻塞式 GC(当以非并发方式完成时，这些完全 GC 被称为完全阻塞式GC)可能需要比临时 GC 花费更多的时间。因此，完全阻塞式 GC 更加不可取。
- GC 代码在触发回收的用户线程上执行(从分配器内部)，不更改用户线程的优先级(通常是普通优先级)。这种情况下，它必须与其他应用程序的其他线程竞争。
- GC 总是在"停止世界"阶段执行；如果决定这样做，则可以进行压缩。

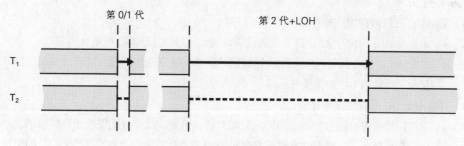

图 11-2 非并发工作站 GC 模式

如果我们想根据 ETW/LLTng 事件跟踪此类 GC，则会生成如图 11-3 所示的这些事件。

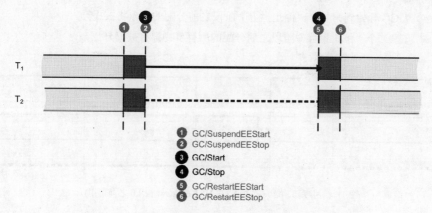

1 GC/SuspendEEStart
2 GC/SuspendEEStop
3 **GC/Start**
4 **GC/Stop**
5 GC/RestartEEStart
6 GC/RestartEEStop

图 11-3 非并发工作站 GC 模式期间发出的 ETW/LLTng 事件

典型的使用场景如下所示。

- 在一个高度饱和的环境中,在工作的应用程序比可用的 CPU 资源更多:由于没有额外的 GC 线程,只有那些常规的 GC 线程,GC 不会增加自己的开销,而这些开销会消耗宝贵的 CPU 内核。
- 具有许多轻量级 Web 应用程序的环境:如果它们是轻量级且其内存使用量较小,则非并发 GC 就可以了。但是,我们获得了少量需要操作的线程,这对于同一时间运行许多应用程序的 CPU 内核利用率而言可能是有价值的。

11.4.2 并发工作站模式(4.0 版本之前)

如前所述,这被称为"并发 GC",在 4.0 及更高版本中被"后台 GC" 所取代。因此,我们将不会对此给予太多关注。下一节基本上也描述这种模式。

并发工作站 GC 模式具有以下特性(见图 11-4)。

- 有一个专用于 GC 目的的额外线程,大多数时间它只是挂起以等待工作。
- 临时回收总是非并发的(它们的速度足够快,足以使它们成为非并发的)。当然,它们也可以进行压缩。
- 完全 GC 可以两种模式执行。
    - 非并发 GC:由于"停止世界"的性质,因此这样的完全 GC 可进行压缩。
    - 并发 GC:它在托管线程正常执行的同时执行大部分工作。因为这会使实现变得非常复杂,所以该 GC 变体没有压缩。
- 并发完全 GC 具有以下附加特性。
    - 用户托管线程可能会在其工作期间分配对象。但是,此类分配仅限于临时段的大小,因为如果用完了,则无法腾出更多空间(在并发 GC 期间不会触发其他 GC)。如果发生这种情况,用户线程将被挂起,直到完全 GC 结束。
    - 它包含了两个短的"停止世界"阶段(在开始和中间)。
    - 从 GC 开始到第二个"停止世界"阶段之前分配的对象将被提升。
    - 在第二个"停止世界"阶段之后分配的所有事物都将被提升。

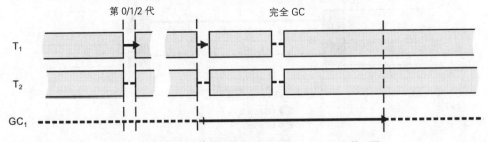

图 11-4 并发工作站 GC 模式(在.NET Framework 4.0 之前可用)

典型的使用场景如下所示:

主要是.NET 4.0 之前的大多数 UI 应用程序。并发 GC 在缩短停顿时间方面有一个很大的改进,因此在交互式应用程序中是可取的。显然,并发 GC 并没有压缩,因此应该不时地触发一个非并发完全 GC 来对抗碎片化。然而,当临时段耗尽时,它不得不阻塞分配线程的这个事实将是一个严重的限制。工作站模式下的段大小并不大(特别是 32 位模式下仅有 16MB)。因此,即使是并发 GC,也会比预期的更频繁地挂起线程,因为所需的临时段空间不足。克服这些限制则是后台工作站 GC 模式的主要改进。

11.4.3　后台工作站模式

自.NET Framework 4.0 以来,后台工作站 GC 取代了工作站并发 GC,并且它还存在于.NET Core 中。主要的改进在于,即使在并发 GC 期间,如果需要,也可以触发临时 GC。它将分配限制从普通线程的工作中移除,从而使它们与在后台运行的 GC 的工作完全独立。

后台工作站 GC 模式具有以下特性,主要类似于工作站并发 GC(见图 11-5)。

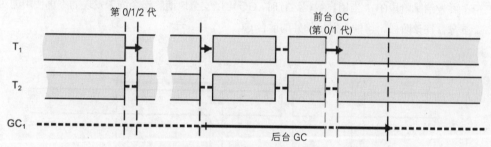

图 11-5　后台工作站 GC 模式(从.NET Framework 4.0 起可用)

- 有一个专用于 GC 目的的额外线程,大多数时间它只是挂起以等待工作。
- 临时回收总是非并发的(它们的速度足够快,足以使它们成为非并发的)。当然,它们也可以进行压缩。
- 完全 GC 可以两种模式执行。
  - 非并发 GC:由于"停止世界"的性质,因此这样的完全 GC 可进行压缩。
  - 并发 GC:它在托管线程正常执行的同时执行大部分工作。与并发 GC 的情况完全一样,此模式没有压缩。
- 后台完全 GC 具有以下附加特征。
  - 用户托管线程可能会在其工作期间分配对象,此类分配可能会触发常规的临时回收(称为"前台 GC",与"后台 GC"相对)。
  - 在后台 GC 期间,前台 GC 可能会发生多次。正如.NET 文档中所说,"专用后台垃圾回收线程会在频繁的安全点进行检查,以确定是否存在前台垃圾回收请求"。前台 GC 是常规的非并发 GC,在此期间,后台 GC 会被暂时挂起。它们可能压缩,甚至可以通过创建额外的段扩展堆。

◆ 它包含了两个短的"停止世界"阶段(在开始和中间);这两者后面会作进一步的简要说明。

现在让我们深入了解后台工作站模式。第 0、1 或 2 代的非并发 GC 是微不足道的。但是,后台 GC 是如何工作的?前台 GC 究竟何时可能发生?在考虑后台 GC 时,可以将其拆分为以下几个阶段(见图 11-6)。

● 初始的"停止世界"阶段(**A**):此时分配器触发常规 GC 代码并决定启动后台 GC。此外,可能需要在该阶段执行一个常规的临时 GC(例如超出了某些分配预算)。在该阶段,对象的初始标记也会完成,稍后将被后台 GC 使用。

● 并发标记阶段(**B**):当用户线程恢复时,后台 GC 将继续并发地发现对象的可到达性。如何完全地解决用户线程同时操作这个问题将在本章后面描述。此外,在此阶段,由于分配操作,可能会触发零或多个前台 GC。

● 最终标记(停止世界)阶段(**C**):当用户线程被挂起时,后台 GC 确定将在下一阶段回收的对象的最终可到达性。

● 并发清除阶段(**D**):当用户线程运行时,GC 可以安全地清除迄今尚未发现的不再使用的对象。在该阶段,可能会发生额外的前台 GC。

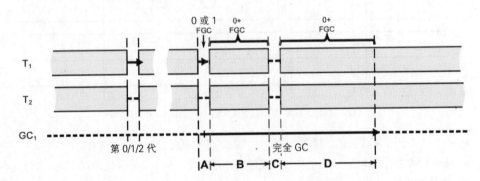

图 11-6 后台工作站 GC 模式的深入视图

如果我们想根据 ETW/LLTng 事件跟踪此类后台 GC 和前台 GC,则结果会如图 11-7 所示。其内容比简单的非并发 GC 的情形要多得多(如图 11-3 所示)。我们可以看到,除了典型的与 GC 相关的事件外,还有许多与 BGC(即后台 GC)相关的事件,它们详细描述了后台 GC。其中有两个事件(BGCRevisit 和 BGCDrainMark)需要作进一步解释。其他事件则简单明了。注意,图 11-7 展示了在后台 GC 期间只有一个前台 GC 的情况。

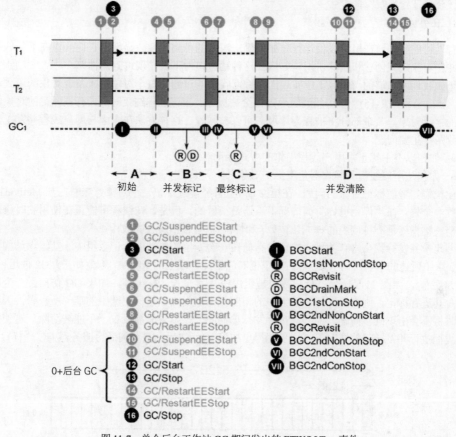

图 11-7　单个后台工作站 GC 期间发出的 ETW/LLTng 事件

后台 GC 代码主要在工作站版本和服务器版本之间共享(主要区别是执行该代码的线程数)，因此显然在 SVR 和 WKS 命名空间中编译了两次。如果你想从 CoreCLR 代码中研究它，请从 gc_heap::garbage_collect 方法开始，然后查找 do_concurrent_p 标志的用法。如果要运行后台 GC，则将调用 gc_heap::do_background_gc 方法唤醒后台 GC 线程。有趣的是，前台和后台 GC 都由同一个 gc_heap::gc1 方法表示；区别只在于全局 settings.concurrent 标志。

- 对于前台 GC，则禁用 concurrent 标志并执行 gc_heap::gc1 方法(这就是第 7~10 章介绍过的变体)。
- 对于后台 GC，则启用 concurrent 标志并在单独的线程上执行 gc_heap::gc1 方法。这将会触发执行 gc_heap::background_mark_phase 和 gc_heap::background_sweep 方法。接下来的两节将会对它们进行简要描述。

典型的使用场景如下所示：

在大多数 UI 应用程序中，已经做了很多努力使后台工作站 GC 中的 GC 停顿时间尽可能短。这使后台工作站 GC 成为各种交互式应用程序(因此大多数是基于 UI 的)的完美选择。由于后台 GC 仍然没有压缩，因此碎片化会成为一个问题，有时可能会触发阻塞式完全 GC 来对抗碎片化，但这样会破坏低延迟的效果。

1. 并发标记

有人可能想知道在用户线程运行时如何确定对象的可到达性。显然，它们一直在不断地修改对象并在对象之间创建和删除引用。如何在这种动态条件下去发现可到达性？

正如我们所知道的，在.NET 中实现的跟踪回收器通过遍历整个对象图来发现对象的可到达性(参见 1.5.1 节和图 1-15)。它访问过的地方都会被标记。在该过程结束时，只有被标记的对象才会被视为存活对象。其余部分将被视为垃圾，可以被回收。这种方法在考虑与用户线程并发工作时会导致两个主要问题。

- 如何以不干扰正常用户线程工作的方式标记对象？
- 如何从用户线程和回收器角度维护对象之间关系的一致视图？

让我们先考虑标记对象的问题。在第 9 章中，曾经说过标记一个对象意味着在其 MethodTable 中设置一个位。在"停止世界"的情况下，这是很好的。但是，在线程可能正在使用它时修改这样一个关键指针是不可接受的——出于安全和性能原因(包括缓存失效)。

因此，并发标记会将有关标记的信息存储在一个专用的单独的标记数组中。其组织结构类似于第 5 章中所述的卡表。标记数组中的每个位对应于托管堆上的 16 字节区域(如果是 32 位运行时，则为 8 字节)，如图 11-8 所示。标记数组被组织成 4 字节长的标记字。如果 GC 访问了一个对象并想对其进行标记，则将设置标记数组中的相应位。由于 GC 是标记数组的唯一所有者，因此访问它时将不会出现同步问题。此外，在并发标记期间，该位只能被设置，不能被清除。这使得在许多线程执行并发标记的情况下，同步变得更加简单(就像后面描述的后台服务器 GC 一样)。

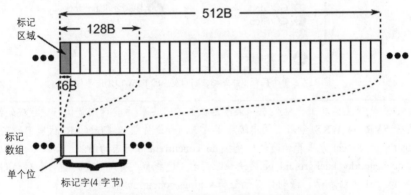

图 11-8   标记数组的组织结构(在 64 位运行时的情况下)

注意，16 字节的粒度就足够了，因为只有一个对象会放在这样的区域中(记住，最小对象大小是 4 字节)。稍后，通过扫描标记数组中的设置位，我们将获得有关相应对象可到达性的信息。这是解决第一个并发标记问题的一个简单解决方案。

第二个问题则需要一点反思。在回收器遍历对象图时如果修改对象之间的引用会产生什么问题？我们可能最终会遇到以下情况：

- 尚未访问的对象会修改(添加、删除或二者兼有)对某些其他对象的引用。该对象尚未被访问，因此如果 GC 访问它，将仅包含那些更改。
- 已经访问过的对象会删除对其他不可到达对象的引用(见图 11-9(a))。我们将暂时创建浮动垃圾。接下来，GC 将会发现此类对象是不可到达的并将回收它。

- 已经访问过的对象会添加对其他不可到达对象的引用(见图 11-9(b))。例如，通过创建一个新的对象或通过重新分配来自另一个对象的引用(这是危险的)。这可能意味着在这样的更改后(即从另一个对象访问该对象)，我们将没有机会访问(标记)一个对象。该对象将会被视为垃圾并将在仍可以使用的时候被回收。这就是所谓的"丢失的对象"问题。正确的并发标记实现不应该允许这种情况发生。
- 已经访问过的对象会修改对其他可到达对象的引用。要确定这是否是"丢失的对象"问题，需要检查实际上我们是否将有机会访问此类对象。
- 当前访问的对象将修改其引用，需要检查此类引用是否已被访问。如果不是，我们将回到第一点；如果是，则此处可能适用前面三点之一。

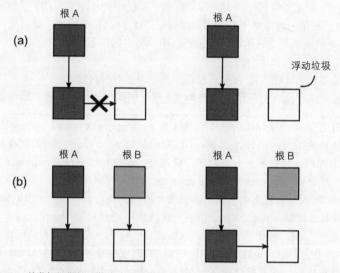

图 11-9 并发标记期间可能会出现的问题：(a)创建浮动垃圾；(b)"丢失的对象"问题

上述问题的解决方案似乎很明显：有问题的对象应该要重新访问。对此有各种各样的并发标记技术，这些技术在"浮动垃圾"的数量、要重新访问的对象的数量以及用户线程和垃圾回收器的整体同步成本之间做出了不同的权衡。

对于.NET，我们选择了一种简单而高效的写屏障技术。每当一个已访问(或当前访问)对象被修改时，都应将其视为一个"要重新访问"的对象。但是，为简单起见，每次修改对象都应如此。对于 Windows，修改列表由具有 WriteWatch 机制的操作系统管理(也可使用卡表)。该机制具有页面范围的粒度，因此即使是单个修改对象也会使整个 4KB 页面失效。对于非 Windows 运行时，CLR 将实现其自己的 WriteWatch——借助 JIT 注入的用于修改专用数组中相应字节的写入屏障。在 GC 期间的某些时刻，会扫描此类修改列表(我们称之为"写入监视列表")并重新访问标记的对象(将它们视为附加根)。这是解决第二个并发标记问题的一个非常简单的解决方案。

回到后台 GC 阶段，如图 11-6 或图 11-7 所示，它们将执行以下操作。

- 初始的"停止世界"阶段(A)：在线程挂起期间，将准备初始列表。仅扫描堆栈和终结队列以填充"工作列表"，以用于将来进行的并发标记。这样的工作列表仅包含已发现的对象，并且在此阶段不会跟踪它们的传出引用。
- 并发标记阶段(B)：当用户线程正在工作时，将执行并发标记的主要部分。它执行以下根对象的图遍历(标记数组中的对象)。

- ◆ 句柄。
- ◆ 上一步中准备的工作列表(因此此处会考虑来自堆栈中的大对象图)。在该步骤中，ETW/LLTng 事件 BGCDrainMark 会将有关工作列表中对象数量的信息一起发出。
- ◆ 写入监视列表(在并发标记结束时，将考虑在此阶段发生的所有对象修改)。在此步骤中，将发出 ETW/LLTng 事件 BGCRevisit，该事件描述了最初有多少页面是"脏"的，以及有多少对象最终因此被标记。

- ● 最终标记(停止世界)阶段(C)：所有线程都将被挂起，GC 有机会"追上"。此刻，标记数组应该能够很好地反映对象可到达性的实际状态。但是，可以肯定的是，必须要再次检查它们。注意，这是增量工作。遍历对象图会考虑标记数组中的标记标志，因此许多对象将不会再被访问。重新访问根只是为了确保没有新的可到达对象可用。当然，这会引入一些浮动垃圾(已标记的对象将不会被"取消标记")，但是如前所述，就结果的正确性方面而言，这不是问题。在这样的最终标记过程中，将考虑以下根。
  - ◆ 堆栈、终结队列和句柄。
  - ◆ 写入监视列表(包括 GC 在先前检查中无法跟上的所有修改)。
  - ◆ 此外还完成了所有与标记相关的典型工作，例如扫描依赖句柄和弱引用。

对于 CoreCLR，负责并发标记的核心代码位于 gc_heap::background_mark_phase 方法中。两个最重要的数据结构是 mark_array(实现图 11-8 中的数组)和 c_mark_list(实现在初始阶段填充的"工作列表")。在堆栈和终结队列扫描期间，使用 gc_heap::background_promote_callback 方法填充 c_mark_list，然后由 gc_heap::background_drain_mark_list 方法使用它。

对于 Windows，写入监视列表由系统本身管理并被 GC 中的 gc_heap::revisit_writer_pages 方法使用。它从系统获取当前脏页表(从托管堆内存区域中)，并借助 gc_heap::revisit_writing_page 方法逐个对象对其进行扫描。对于非 Windows CoreCLR 构建，定义 DFEATURE_MANUALLY_MANAGED_CARD_BUNDLES 和 DFEATURE_USE_SOFTWARE_WRITE_WATCH_FOR_GC_HEAP 并启用软件写入监视机制。你可能会在诸如 JIT_WriteBarrier_WriteWatch_PreGrow64 之类的写入屏障中看到它的用法。

所有并发标记都是通过 gc_heap::background_promot 方法完成的，该方法通过 gc_heap::background_mark_simple 和 gc_heap::background_mark_simple1 方法遍历对象图(在 gc_heap::background_mark1 方法中标记 mark_array 中的相应位)。

综上所述，并发标记操作的结论如下所示：
- ● 它会产生一些浮动垃圾，因此会导致不太激进的垃圾回收：与阻塞标记相比，更多的死对象将会占用空间更长时间。
- ● 在后台 GC 期间对对象之间的依赖关系进行的大量修改可能会使许多页面失效，从而迫使 GC 重新访问许多对象(记住，该页面有 4KB 大小并且可能会包含许多小对象)。

2. 并发清除

在进行并发清除时，标记数组已经包含所有存活对象的信息。与第 9、10 章中描述的非并发计划和清除阶段类似，此类信息可用于清除死对象。在该阶段中，将逐个扫描堆中的对象，对照标记数组进行检查并创建对应的空闲列表项(完全按照第 10 章中描述的方式，包括更新代分配器)。因为 SOH 分配可能在并发清除期间发生，所以查看它们之间的交互方式也很有趣。

我们可以将该过程描述为以下步骤：

- 在运行时恢复执行用户线程之前清除所有代中的空闲列表：此后分配器将在短时间内并不知道空闲空间(在已使用的段部分的末尾进行分配)。

- 在临时代上进行并发清除：它在第 0 代和第 1 代中创建空闲列表项，在最后发布给分配器的单独列表上操作(以避免分配用户线程和并发 GC 对空闲列表的多线程访问)。因此，一旦这一快速步骤结束，临时代的分配器就能够使用创建的空闲空间。另外，在此步骤中，不允许使用前台 GC，因为它可能会被压缩，这将与正在进行的逐个对象扫描产生冲突。

- 在第 2 代和大对象堆上并发清除：它在第 2 代和 LOH 中创建空闲列表项并立即发布到其分配器。在此步骤中可以执行如下操作。

  ◆ 用户线程在分配时能够使用第 0 代中已发布的空闲列表。

  ◆ 允许进行前台 GC，因此如果对象从第 1 代提升到第 2 代，则将使用在第 2 代中已创建的空闲列表项。这是安全的，因为前台 GC 是常规的非并发 GC，在此期间，后台 GC 将被暂时挂起，因此不会同时访问列表。

- 在整个过程中，不允许进行 LOH 分配。这是因为当 GC 修改空闲列表时，它需要 LOH 分配器对其进行多线程访问。如果用户线程想在并发清除期间分配一个大对象，则会将其阻塞直到结束。当这种等待发生时，会发出 ETW/LLTng 事件对 BGCAllocWaitBegin/BGCAllocWaitEnd，因此我们可以在跟踪中搜索它，以了解这种不想要的延迟。

- 在并发清除期间，与在非并发版本中一样，如果段为空，则可以删除它(通过取消提交其内存)。

对于 CoreCLR 代码，并发清除阶段包含在 gc_heap::background_sweep 方法中。它调用 gc_heap::background_ephemeral_sweep 方法扫描第 0 代和第 1 代中的对象，然后扫描第 2 代和大对象堆中的对象(在 256 个对象都被扫描后，在一些定义明确的安全点调用 gc_heap::allow_fgc 方法)。在对象扫描期间，已知的 gc_heap::thread_gap 或 gc_heap::make_unused_array 方法分别用于创建空闲列表项或较小的不能够使用的空闲空间。

上述 LOH 分配将会被全局 gc_heap::gc_lh_block_event 阻塞，该事件在 gc_heap::wait_for_background_planning 中通过调用 gc_heap::user_thread_wait 来使用。该路径在 gc_heap::a_fit_free_list_large_p 方法的开头使用，实际上是整个 LOH 分配路径的开头(如第 6 章所述)。

11.4.4　非并发服务器模式

从.NET 问世到.NET Framework 4.5，非并发服务器模式都是专用于服务器(主要是 Web)应用程序的默认模式。实际上，它是前面所描述的非并发工作站模式的一个相当简单的扩展。所有 GC 都将处于阻塞状态(无论回收的是哪一代)。正如我们所记得的，从内存管理的角度看，还有一个重要的区别——默认情况下，托管堆的数量与 CPU 逻辑内核的数量一样多。

非并发服务器 GC 模式具有以下特征(见图 11-10)。

- 还有其他专用于 GC 的线程：默认情况下，它们与托管堆的数量完全相同(它们被简称为服务器 GC 线程)。大多数情况下，它们被挂起以等待工作。每个这样的单线程都专用于处理相应的托管堆。

- 所有回收都是非并发 GC：由于是来自许多 GC 线程的并行回收，因此所导致的暂停时间比工作站模式下相应堆大小的暂停时间要短。作为“停止世界”回收，如果愿意，也允许压缩。

- 标记是从多个 GC 线程并行完成的: 这加快了阻塞阶段。此外, 标记窃取技术用于平衡多个线程之间的标记工作。堆在所需的标记作业方面可能会不平衡, 因为包含实时传出引用的对象分布不同。因此, GC 线程可能偶尔会从要访问的对象的其他批处理中"窃取"。

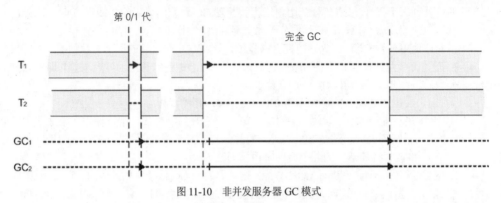

图 11-10 非并发服务器 GC 模式

对于服务器 GC, GC 堆的数量和 GC 线程的数量不必等于计算机上的 CPU 逻辑内核的数量。从.NET Framework 4.6+和.NET Core 开始, 新增加了一个配置——GCHeapCount。它指定 GC 使用的线程数和托管堆数。它只针对服务器 GC 模式, 可以通过 COMPlus_GCHeapCount 环境变量或通过 XML/JSON 配置文件(参见代码清单 11-3)设置。所提供的值必须小于允许进程在其上运行的 CPU 逻辑内核的数量(因为操作系统提供了各种限制该数量的方法); 否则它将被裁剪为该数量。

代码清单 11-3 配置与 GC 相关的线程和托管堆的数量

```
<configuration>
   <runtime>
      <gcServer enabled="true"/>
      <GCHeapCount enabled="6"/>
   </runtime>
</configuration>
```

以前, 这种限制必须通过所提到的操作系统技术进行配置, 以使运行时认为其可用的逻辑内核比实际真正拥有的逻辑内核要少。但它有一个严重警告——整个运行时都会被施加这样的限制, 而不只是 GC。这意味着对整个.NET 程序可能的并发性进行了不必要的限制, 而人们希望通过该方式仅限制 GC 配置。因此, 自从引入 GCHeapCount 设置以来, 这是控制 GC 该方面的首选方法。

还有另外一对与线程/堆 CPU 亲和性相关的设置: GCNoAffinitize 和 GCHeapAffinitizeMask。由于 GCHeapCount 等设置, 你可能希望在大量 CPU 尚未被完全消耗的情况下就先霸占住它们。通过使用该设置, 你可以将特定的 CPU 专用于特定的应用程序, 从而使你的应用程序有一个 CPU 感知分布。

典型的使用场景如下所示。
- 在严重饱和的 Web 服务器中, 因为来自多个应用程序的多个并发线程而导致密集的 CPU 内核争用, 该模式可能比后面描述的会消耗更多资源的后台服务器 GC 更好。另外, 还可以使用 GCHeapCount 设置限制线程的使用。
- 因为所有 GC(包括完全 GC)都可能会压缩, 所以该模式比并发版本更能应对碎片化。它会产生更小的工作集。

- 由于所有 GC 都处于阻塞状态，因此在并发标记状态期间不会引入浮动垃圾。它进一步减小了工作集。

11.4.5　后台服务器模式

从.NET Framework 4.5 开始，后台服务器是服务器应用程序的默认模式。这是迄今为止最复杂的 GC。但是，在了解了非并发服务器 GC 和后台工作站 GC 后，我们将会很容易注意到后台服务器实际上是它们的组合。

后台服务器 GC 模式具有以下特征(见图 11-11)，与后台工作站 GC 非常相似。

- 每个托管堆都有以下两个专门用于 GC 目的的线程，大多数时间它们都会被挂起以等待工作。
    - 服务器 GC 线程：与非并发服务器 GC 一样，它们负责执行所有阻塞 GC(包括前台 GC)。
    - 后台 GC 线程：每个堆中负责执行后台 GC 的另一个线程。
- 临时回收是非并发 GC。它们的速度足够快，快到足以使其成为非并发 GC。如果愿意，还允许压缩。它们由前台 GC 线程并行执行，每个此类线程负责其专用的托管堆。
- 完全 GC 可能会以以下两种模式执行。
    - 非并发 GC：由于"停止世界"性质，因此可能会压缩。像临时回收一样，所有服务器 GC 线程都并行执行此类 GC。
    - 后台 GC：它在托管线程正常执行的同时执行大部分工作。该模式没有压缩。与后台工作站情况一样，该 GC 由专门的后台 GC 线程(并行)执行。
- 后台完全 GC 还具有以下额外特征。
    - 用户托管线程能够在其工作期间分配对象，这些分配可以触发临时回收(前台 GC)。
    - 在后台 GC 期间，前台 GC 可能会多次发生。
    - 它包含了两个短暂的"停止世界"阶段(在 GC 的开始和中间)。

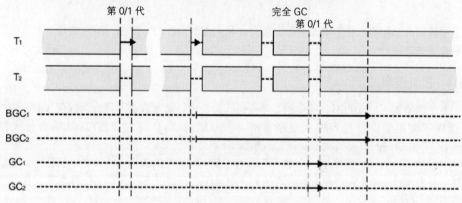

图 11-11　后台服务器 GC 模式

有关后台服务器 GC 的准确描述将需要重复后台工作站 GC 描述中的大部分内容。主要的区别在于，取代一个额外 GC 线程的是有许多可用的 CPU 内核。

这显然引入了一个相当高级的解决方案，结合了后台工作站 GC(短停顿、弱线程分配限制)和非并发服务器 GC(由于并行回收而带来的可扩展性)的优点。就线程利用率而言，这是最消耗资源的 GC。在八核计算机上，将会有 16 个专用于 GC 的线程。

典型的使用场景如下所示:

- 大多数基于服务器的应用程序的默认 GC。如果在同一个服务器实例上运行数十个.NET 应用程序,则不希望它们都使用后台服务器 GC。
- 在专用计算机上运行的资源密集型的桌面应用程序。如果使用受控环境,其中仅运行你的应用程序,那可以考虑使用该模式——因为有更多的资源可供其使用,这种最高级的 GC 应该会运行良好。

11.5　延迟模式

除了以上 4 种可用的 GC 模式外,还可以使用正交设置来控制延迟(或停顿)行为。借助延迟模式设置,我们可以控制 GC 的侵入性——导致阻塞停顿的意愿。与到目前为止介绍过的 GC 模式设置不同,延迟模式设置可以在程序操作期间动态更改。这点提供了我们将要提及的有趣的可能性。

虽然可以通过配置旋钮(使用 COMPlus_GCLatencyMode 环境变量)配置延迟模式,但是受官方支持的方法则是从代码中通过 GCSettings.LatencyMode 静态字段对其进行设置。可以采用 GCLatencyMode 枚举值之一(参见代码清单 11-4),其对应于本节中描述的模式。

代码清单 11-4　延迟模式枚举

```
public enum GCLatencyMode
{
        Batch = 0,
        Interactive = 1,
        LowLatency = 2,
        SustainedLowLatency = 3,
        NoGCRegion = 4
}
```

正如我们将看到的,延迟模式实际上还允许我们控制 GC 的并发性。下面的几个小节简要介绍了所有这些选项。

11.5.1　批处理模式

在批处理模式下,我们不必过多担心停顿时间的长度。这允许在不同方面优化 GC,例如吞吐量或内存使用率。批处理模式是所有非并发 GC 的默认延迟设置(这意味着是在禁用 System.GC.Concurrent 或 gcConcurrent 设置的情况下开始的)。

在实践中,这为我们提供了一个禁用后台 GC 发生可能性的选项。换言之,我们可以使用它动态禁用并发 GC,即使它是在运行时开始的。但是在这种情况下,后台 GC 线程会发生什么情况? 答案因 GC 模式而异。

- 在服务器 GC 的情况下,它们只是无限挂起,直到将延迟模式还原为交互式模式为止。
- 在工作站 GC 的情况下,它们将在一段时间(当前为 20 秒)后超时并会被销毁,发出 ETW/LLTng 事件 GCTerminateConcurrentThread。

11.5.2　交互式模式

在交互式模式下,最需要的是短停顿,即使内存使用成本高(例如我们正在运行一个基于 UI

的交互式应用程序)。它是所有并发 GC 的默认设置,它启用了后台 GC 可能性。因此,它是.NET 的默认设置,因为工作站和服务器 GC 模式默认都是并发的。

与批处理模式互补,我们可以使用它动态启用并发 GC。这种情况下,将创建适当的后台 GC 线程并发出 ETW/LLTng 事件 GCCreateConcurrentThread。

此外,对于带有交互式模式的工作站 GC 模式(因此是默认模式),启用 GC 时间调优已经在 7.8 节中进行了描述。

11.5.3 低延迟模式

低延迟模式主要用于需要尽可能短的停顿而不惜任何代价的时候。它仅在工作站 GC 模式下可用。低延迟模式禁用所有常规的、并发的和非并发的第 2 代(完全)垃圾回收——这是一个很强的需求。只有在接收到内存不足的系统通知或通过显式触发器(如调用 GC.Collect 方法)触发时,才能执行完全 GC。

该模式实际上对应用程序的运行有很大的影响。

- 总体停顿时间将非常短,因为仅会发生快速临时回收。
- 内存使用量可能会大大增加,因为第 2 代或大对象堆中收集的所有对象根本不会被回收。

这么强的延迟模式应该只在很短的时间内使用(当延迟需求绝对必要时,例如在与用户的密集交互期间)。我们应该意识到,以这种模式运行后,迟早会进行大量的垃圾回收,通常最好是在之后的受控时刻内尽快调用 GC。

设置低延迟模式时应格外小心,以确保能够尽快恢复。常规的 try/finally 构造可能还不够,因为仍然可能会出现 finally 代码块没有被执行的少数情况。要使延迟模式设置受到双重保护,最好使用"受约束的执行区域(Constrained Execution Region,CER)"。正如.NET 文档所说,"CER 是编写可靠托管代码的机制的一部分。它定义了一个区域,在该区域内,CLR 会受到约束,不能抛出会阻止该区域中的代码整体执行的带外异常"。例如,对于在 CER 中执行的代码,CLR 会延迟线程中止。使用 CER 的方式很简单,在 try 代码块之前调用 PrepareConstrainedRegions 方法即可(参见代码清单 11-5),而不需要管其内部是如何工作的。

代码清单 11-5 通过 CER 可以安全地设置低延迟模式

```
GCLatencyMode oldMode = GCSettings.LatencyMode;
RuntimeHelpers.PrepareConstrainedRegions();
try
{
    GCSettings.LatencyMode = GCLatencyMode.LowLatency;
    //Perform time-sensitive, short work here
}
finally
{
    GCSettings.LatencyMode = oldMode;
}
```

11.5.4 持续低延迟模式

由于低延迟模式的延迟需求很强,堆可能增长过快,因此在.NET Framework 4.5 中引入了另一个低延迟需求版本,它在工作站和服务器 GC 模式下都可用。持续低延迟模式是所需的短停顿和内存使用之间的一点折中——在持续低延迟模式下,只禁用了非并发完全 GC。换言之,只允许临时和后台垃圾回收。该模式只在运行时一开始就启用并发设置时才可用(不管以后是否通过批处理和交互延迟模式更改过它)。与前面的低延迟模式一样,只有在接收到内存不足的系统通知或通过显式触发器(如调用 GC.Collect 方法)触发时,才能执行完全阻塞 GC。

持续低延迟模式允许我们在较长的时间内保持低延迟模式,而不会出现如此快速的堆增长,停顿时间仍然很短,但不如低延迟模式那么短(由于临时和后台 GC 引入的停顿)。在处理用户输入的情况下,这可能是一个很好的折中方案。当用户执行一些基于 UI 的操作时,我们可以启用它改善交互性。这个场景可以在 Visual Studio 使用的 Roslyn 解析器的源代码中找到。当用户在编辑器中输入某些内容时,将启用持续低延迟模式,在指定的超时后,延迟将会恢复为原始值(参见代码清单 11-6)。

代码清单 11-6 Roslyn 源代码中设置持续低延迟模式的示例

```
/// <summary>
/// This class manages setting the GC mode to SustainedLowLatency.
///
/// It is safe to call from any thread, but is intended to be called from
/// the UI thread whenever user keyboard or mouse input is received.
/// </summary>
internal static class GCManager
{
    /// <summary>
    /// Call this method to suppress expensive blocking Gen 2 garbage GCs in
    /// scenarios where high-latency is unacceptable (e.g. processing
    typing input).
    ///
    /// Blocking GCs will be re-enabled automatically after a short
    duration unless
    /// UseLowLatencyModeForProcessingUserInput is called again.
    /// </summary>
    internal static void UseLowLatencyModeForProcessingUserInput()
    {
        var currentMode = GCSettings.LatencyMode;
        var currentDelay = s_delay;
        if (currentMode != GCLatencyMode.SustainedLowLatency)
        {
            GCSettings.LatencyMode = GCLatencyMode.SustainedLowLatency;
            // Restore the LatencyMode a short duration after the
            // last request to UseLowLatencyModeForProcessingUserInput.
            currentDelay = new ResettableDelay(s_delayMilliseconds);
            currentDelay.Task.SafeContinueWith(_ => RestoreGCLatency
            Mode(currentMode), TaskScheduler.Default);
            s_delay = currentDelay;
        }
        if (currentDelay != null)
        {
            currentDelay.Reset();
        }
    }
}
```

11.5.5　无 GC 区域模式

这是迄今为止可以设置的最强需求，已在.NET Framework 4.6 中添加。正如 MSDN 文档所说，"如果有指定数量的内存可以使用，该模式会在执行关键路径期间尝试禁止垃圾回收"。换言之，它将尝试完全禁用 GC，但不能无限期地禁用。因此，我们不能简单地通过 GCSettings.LatencyMode 字段设置成无 GC 区域模式(将其设置为 GCLatencyMode.NoGCRegion 是无效的)。相反，还引入了一个专门的方法，它具有多个重载形式。

- bool GC.TryStartNoGCRegion(long totalSize)
- bool GC.TryStartNoGCRegion(long totalSize, bool disallowFullBlockingGC)
- bool GC.TryStartNoGCRegion(long totalSize, long lohSize)
- bool GC.TryStartNoGCRegion(long totalSize, long lohSize, bool disallowFullBlockingGC)

如我们所见，所有这些方法都调用了内存数量参数(即 totalSize，以字节为单位)，它指定我们希望在每个对象堆能够分配多少内存时不触发任何 GC(换言之，应该预先有多少内存可用)。如果 GC 确认确实有那么多内存可用，并且我们没有进入任何 GC 延迟模式，则 TryStartNoGCRegion 方法将返回 true。此外，我们可以指定这些分配中有多少可以专用于大对象堆(lohSize 参数)。如果我们不指定 lohSize，totalSize 限制将会分别应用于 SOH 和 LOH(因此，实际上我们能够分配 totalSize 大小的两倍)。

如果最初可用内存少于请求的可用内存，则会在 TryStartNoGCRegion 方法实现中触发完全非并发 GC 以尝试获取它。但是我们可以通过 disallowFullBlockingGC 参数禁止这种行为。

一个重要的限制是指定的大小必须小于或等于所有临时段的总大小(即在服务器GC 的情况下是临时段大小的对应乘积)。

- 在指定 lohSize 的情况下，totalSize 减去 lohSize 值(SOH 大小)必须小于或等于临时段的大小。
- 在仅指定 totalSize 的情况下，无法判断其意思是 SOH、LOH 还是它们的某些组合，因此从最安全的一方假设它——totalSize 的整个值必须小于或等于一个临时段的大小。

这是因为只要分配不需要由于临时段短缺而进行段重组，就不会触发 GC。如果我们指定的大小超过了临时段的大小，则将抛出 ArgumentOutOfRangeException。

进入无 GC 延迟模式后，我们可以正常执行程序。只要在 SOH 和 LOH 中分配量不超过指定的大小，就不会触发任何 GC。但是，我们应该记住要通过调用 GC.EndNoGCRegion()方法显式地结束无 GC 延迟模式。从 GC 的角度看，这并不是那么重要——即使我们忘记了，也能够确保在超出 totalSize 分配后，延迟模式恢复为原始模式。

但是，从无 GC API 的角度来看，GC.TryStartNoGCRegion 方法要具有对应的 GC.EndNoGCRegion 调用这点很重要，否则后续的 GC.TryStartNoGCRegion 调用将会抛出 InvalidOperationException 并显示消息"NoGCRegion 模式已在进行中"。即使在违反了分配限制并且延迟模式已恢复为原始模式时，也会发生这种情况。这种情况下，我们仍然必须调用 EndNoGCRegion，因为知道它将抛出 InvalidOperationException 并显示消息"分配的内存超出了为 NoGCRegion 模式指定的内存"。

由于无 GC 区域模式在设计上被限制在一定的分配量内，因此禁用它不必像设置低延迟模式时那样通过使用 CER 获得更多的保护。即使是在最坏的情况下，GC 都将被触发。但是，在调用 TryStartNoGCRegion 之前，最好检查是否已经结束了之前的无 GC 区域，以防止抛出 InvalidOperationException。

考虑到所有这些因素，使用无 GC 区域模式可能需要进行一些安全检查，将采用类似于代码清单 11-7 中的代码结尾。

代码清单 11-7   创建无 GC 区域的示例

```
// in case of previous finally block not executed
if (GCSettings.LatencyMode == GCLatencyMode.NoGCRegion)
    GC.EndNoGCRegion();
if (GC.TryStartNoGCRegion(1024, true))
{
    try
    {
        // Do some work.
    }
    finally
    {
        try
        {
            GC.EndNoGCRegion();
        }
        catch (InvalidOperationException ex)
        {
            // Log message
        }
    }
}
```

注意，在没有成功调用 GC.TryStartNoGCRegion 之前就调用 GC.EndNoGCRegion 方法将会抛出 InvalidOperationException 并显示消息"必须设置 NoGCRegion 模式"。因此，你可能会看到提前检查延迟模式的建议，如在代码(GCSettings.LatencyMode == GCLatencyMode. NoGCRegion) GC.EndNoGCRegion 中。但是，这在代码清单 11-7 中的 finally 代码块中是没有用的。如前所述，在分配限制冲突的情况下，我们仍然需要调用 GC.EndNoGCRegion(即使 GCSettings.LatencyMode 已经还原为 Batch 或 Interactive 等值)。

如果你想要研究 CoreCLR 代码中的无 GC 延迟模式，可从 GCHeap::StartNoGCRegion 方法开始，该方法实现了前面列出的 GC.TryStartNoGCRegion 方法。它可能调用 GCHeap::GarbageCollect 和 gc_heap::prepare_for_ugc_region 方法——检查临时段大小条件和设置无 GC 分配量。之后，在正常程序执行期间，GC 将被触发，将调用 gc_heap::should_proceed_for_no_gc 来检查违反分配限制的情况。

11.5.6   延迟优化目标

7.5.1 节介绍了额外的延迟控制级别，即延迟优化目标(级别)，它会影响静态数据的值。正如 CoreCLR 注释所说，"延迟模式要求用户具备特定的 GC 知识(例如预算、完全阻塞 GC)。我们正在努力摆脱它们，因为对于用户来说，让用户告诉我们哪些性能方面对他们来说最重要(这些方面包括内存占用量、吞吐量和停顿可预测性)更加有意义"。因此，在未来的.NET 版本中，我们可能期望从前面描述的延迟模式转变为更面向方面的延迟目标。当前计划了 4 个这样的目标(级别)。

- 内存占用量(级别 1)：停顿可能很长且更频繁，但堆大小仍然保持很小。

- 吞吐量(级别 2)：停顿是不可预测的，但不是很频繁(可能很长)。
- 停顿与吞吐量之间的平衡(级别 3)：停顿更可预测且更频繁。最长的停顿时间短于级别 1 的停顿时间。
- 短停顿(级别 4)：停顿更可预测且更频繁。最长的停顿时间短于级别 3 的停顿时间。

如第 7 章所述，目前(在.NET Framework 4.7 和.NET Core 2.1 时代)仅支持级别 1 和级别 3，并且它们在运行时和 GC 中的使用也仍然非常有限。

延迟级别可通过 GCLatencyLevel 配置旋钮访问，因此可以通过将 COMPlus_GCLatencyLevel 变量的值设置为 1 或 3 进行设置。

11.6　选择 GC 风格

我们已经知道很多关于 GC 可能运行的各种模式以及通过延迟设置对其进行侵入性控制的知识。尽管已经讨论过所述模式的优缺点，但对于"具体情况下最佳的 GC 选择是什么"这个问题还尚未给出一个明确的答案。

简单的答案是使用默认的 GC 模式。在许多情况下，这个答案已经足够，你不必纠结于其他选择。但是，我们可以打开和关闭各种旋钮。在某些情况下，值得考虑使用它们。最常见的两个例外如下。

- 托管在运行许多其他应用程序的服务器上的 Web 应用程序。这种情况下，默认后台服务器可能会占用太多资源。你可以使用 GCHeapCount 设置对其进行微调或将其更改为其他模式。
- 会进行大量处理的 Windows 服务。这种情况下，默认的后台工作站的扩展性可能会不够，因此你可能希望将其更改为某些服务器模式。

表 11-1 列出了到目前为止所学的可用模式的知识摘要。

表 11-1　各种 GC 模式的摘要

	工作站		服务器	
	非并发	后台	非并发	后台
CPU 使用率	没有 GC 线程	只有一个 GC 线程	GC 线程数等于可见 CPU 逻辑内核数	GC 线程数等于可见 CPU 逻辑内核数的两倍
批处理	是(默认)	是(禁用后台 GC)	是(默认)	是(禁用后台 GC)
交互式	是(启用后台 GC)	是(默认)	是(启用后台 GC)	是(默认)
低延迟	是	是	否	否
持续低延迟	否	是	否	是
GCHeapCount 设置	无	无	有	有
典型使用场景	可以接受较长中断的在单台机器上的许多轻量级应用程序(可能控制为较短的低延迟周期)	具有严格响应性要求的交互式应用程序(由低延迟和持续低延迟模式控制)	目前相当罕见。它可以作为消耗更多资源的后台服务器和后台工作站之间的折中方案，会导致更长的 GC 停顿。GC 通知可以容许长时间阻塞 GC	基于处理请求的大多数应用程序(IIS 托管的 Web 应用程序、处理 Windows 服务)

11.6.1　场景 11-1：检查 GC 设置

描述：我们正在开发或维护一个.NET 应用程序。由于各种原因，我们希望确定它在生产环境中的当前 GC 设置(假设根据观察到的行为，我们怀疑它配置错误了)。显然，我们可以检查该应用程序的配置文件，但这不能给我们百分之百的确定性。正如我们所知道的，基于文件的配置可能会被环境变量或注册表覆盖，或者文件本身就配置错误(如拼写错误)。为什么不检查 .NET 进程本身对其当前设置的采用情况呢？

分析：检查进程设置的最简单的、最快的和侵入性较小的方法是使用 ETW/LLTng 机制。每次 ETW 会话开始和停止时，.NET 运行时都会发送诊断事件(由解释工具使用)。我们对 Microsoft-Windows-DotNETRuntimeRundown/Runtime/Start 事件感兴趣。尽管它是在运行时启动时发出的，但如前所述，在 ETW 会话开始和结束时也会发出它。

启动和结束 ETW 会话以及查看该事件都非常简单，该事件包含了我们感兴趣的 StartupFlags 字段。例如，我们可以使用 PerfView 记录一个非常短的标准.NET 会话并在事件列表中查看该事件(见图 11-12)。StartupFlags 颇具自我描述性，我们主要对以下三个值感兴趣。

- CONCURRENT_GC：运行时在启用并发 GC 的情况下启动。如果未列出此值，则启用非并发 GC。
- SERVER_GC：运行时以服务器 GC 启动。如果未列出此值，则启用工作站 GC。
- HOARD_GC_VM：启用 VM Hoarding(参见第 5 章)。

这些值可以相互组合。例如，后台服务器 GC 将同时列出 CONCURRENT_GC 和 SERVER_GC，而非并发工作站 GC 没有列出任何内容。

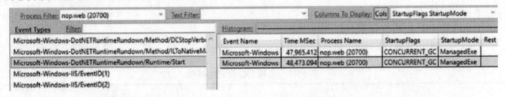

图 11-12　显示 CLR 运行时设置的 Microsoft-Windows-DotNETRuntimeRundown/Runtime/Start 事件

为了使这种检查的侵入性更低，我们可以使用 Sasha Goldshtein 创建的出色的 etrace 工具。它允许你从命令行控制 ETW 会话并提供各种筛选功能。在我们的例子中，我们只对单个进程的单个事件感兴趣。因为 etrace 会启动与.NET 相关的 ETW 会话，所以将发出所提到的诊断事件，包括 Runtime/Start 事件。代码清单 11-8 显示了相应的命令及其结果。

代码清单 11-8　etrace 工具——用于列出来自给定提供者并应用筛选器(如进程 ID)后的特定 ETW 事件

```
.\etrace.exe --other Microsoft-Windows-DotNETRuntimeRundown --event
Runtime/Start --pid=21316
Processing start time: 30/04/2018 10:21:51
Runtime/Start [PNAME= PID=21316 TID=14648 TIME=30/04/2018 10:21:51]
    ClrInstanceID       = 9
    Sku                 = 1
    BclMajorVersion     = 4
    BclMinorVersion     = 0
    BclBuildNumber      = 0
    BclQfeNumber        = 0
    VMMajorVersion      = 4
```

```
VMMinorVersion        = 0
VMBuildNumber         = 30319
VMQfeNumber           = 0
StartupFlags          = 1
StartupMode           = 1
CommandLine           = F:\IIS\nopCommerce\Nop.Web.exe
ComObjectGuid         = 00000000-0000-0000-0000-000000000000
RuntimeDllPath        = C:\Windows\Microsoft.NET\Framework\v4.0.30319\clr.dll
```

这种方法的唯一不便之处在于 StartupFlags 值是以数字形式给出的，我们必须自己了解相应枚举的值来对其进行解释(参见代码清单 11-9)。对于代码清单 11-8 的结果，StartupFlags 的值为 1，这意味着仅设置 CONCURRENT_GC 标志。

代码清单 11-9 运行时的 StartupFlags 枚举

```
public enum StartupFlags
{
    None = 0,
    CONCURRENT_GC = 0x000001,
    LOADER_OPTIMIZATION_SINGLE_DOMAIN = 0x000002,
    LOADER_OPTIMIZATION_MULTI_DOMAIN = 0x000004,
    LOADER_SAFEMODE = 0x000010,
    LOADER_SETPREFERENCE = 0x000100,
    SERVER_GC = 0x001000,
    HOARD_GC_VM = 0x002000,
    SINGLE_VERSION_HOSTING_INTERFACE = 0x004000,
    LEGACY_IMPERSONATION = 0x010000,
    DISABLE_COMMITTHREADSTACK = 0x020000,
    ALWAYSFLOW_IMPERSONATION = 0x040000,
    TRIM_GC_COMMIT = 0x080000,
    ETW = 0x100000,
    SERVER_BUILD = 0x200000,
    ARM = 0x400000,
}
```

驻留在 IIS 上的 ASP.NET Web 应用程序的 StartupFlags 值为 208919(即十六进制的 33017)，该值对应于如下标志：CONCURRENT_GC、LOADER_OPTIMIZATION_SINGLE_DOMAIN、LOADER_OPTIMIZATION_MULTI_DOMAIN、LOADER_SAFEMODE、SERVER_GC、HOARD_GC_VM、LEGACY_IMPERSONATION 和 DISABLE_COMMITTHREADSTACK。

11.6.2 场景 11-2：对不同 GC 模式进行基准测试

描述：不同 GC 操作模式的主题与一个问题有着内在的联系：哪一个模式最适合我们的应用程序？一方面，答案是显而易见的，在大多数情况下，默认模式已经足够好。一般很少有理由禁用并发模式。另一方面，每个应用程序都是不同的，因此无法确定默认模式是否最适合它。在这一点上，除了简单地衡量个别选择的影响外没有其他答案。

但是如何衡量这种影响？用什么工具？需要查找什么内容？这些就是本场景要处理的问题。我们假设是在分析已知的 Web 应用程序 nopCommerce。不过，不要过多地关注结果，它们仅对于该应用程序的当前开发阶段有意义。不要将该场景中的分析结论直接应用到你的应用程序中。该场景旨在演示如何进行此类分析，以便你可以将其应用于你的特定情况。我们还将看到在分析此类测量时可能会遇到的典型陷阱。

分析：首先，如何测量不同 GC 设置的效果？11.3 节已经讨论过该问题。受测的 nopCommerce 应用程序是一个基于 Windows 的应用程序。因此，为全面了解情况，我们将从以下几个方面进行测量。

- GC 开销(使用 Perf View 中 GCStats 报告的 GC Rollup By Generation 数据)。
- 要计算停顿时间(Pause MSec 列)和 CPU 开销(% GC 列)的百分位数以及内存使用量，将使用下列内容。
    - 来自 PerfView 中 GCStats 报告的 Individual GC Events 文件的处理过的 CSV 数据：使用 After MB 列计算托管堆的大小(在这里，我们还可以相似的精度使用/.NET CLR Memory/# Bytes in all Heaps 性能计数器)。
    - 从任务管理器手动测量进程私有工作集(在这里，我们还可以使用/Process/Working Set - Private 性能计数器)。
- 应用程序方面。
    - 来自 JMeter 测试的 Summary Report 中的响应时间数据。
    - 来自 JMeter 测试的 Response Times Percentiles 中的处理过的 CSV 数据(以百分比计算)。

处理所有这些数据使得这种基准测试变得相当烦琐。该过程主要是手动的，因为缺乏能够自动合并和处理所有这些结果的良好工具。不过，我强烈建议你以这样一种全面的方式查看 GC 设置测量。否则，对实验的观察将是不完整的，可能会导致错误的结论。

测试方案包括以下步骤：

- 在 JMeter 的帮助下运行负载测试，模拟站点上典型用户的流量(与往常一样，注意可重复的启动条件：重新启动应用程序池、对其进行一些预热、禁用任何其他后台应用程序等)。
- 立即从 PerfView 启动 ETW 会话。这是非常简单的会话并具有最低的开销。只选中.NET 选项即可。
- 让负载测试持续指定的时间。
- 停止一切并开始分析，包括生成类似于下文所示的图表。可能包括一些 Excel(或任何其他类似的工具)操作来解释 CSV 数据，但为了简洁起见，此处省略了这些琐碎的方面。

这种方法的主要优点是其侵入性非常低。我们可以随时开始测试(甚至是在生产环境中)。我们不需要执行任何负载测试。如果我们确定情况是可重复的，那么只要以相似的用户流量(一天中的时间、一周中的时间、一个月中的时间等)进行观察即可。

第 3 章中提到了这种测量的一个更重要的方面——小心平均值。平均值是一个统计值，它给人一种有价值信息的错觉，但实际上会掩盖许多重要的事实。因此，在测量上述值时，要注意它们随着时间推移而出现的行为。例如，如果私有工作集没有显著变化，则只需要平均值就已经足够。但是对于诸如应用程序的响应时间(或者我们的例子中的 GC 停顿)这样的关键参数，仅靠平均值通常是不够的。

对于关键指标，真正有价值的信息应该是用百分比数字提供的。因此，对于 GC 停顿时间和应用程序响应时间，CSV 数据均用于生成百分比数字图。百分比数字直接转换为业务需求，例如我们希望 99%的用户的响应时间低于 2 秒，99.99%的用户的响应时间低于 10 秒。在这个场景中，百分比数字是借助于 Microsoft Excel 中的手动工作从观察到的数据(ETW 和 JMeter 样本)计算得出的。如果我们能够承受更大的侵入性，包括更改应用程序代码，那可以使用出色的 HdrHistogram.NET 库(https://github.com/HdrHistogram/HdrHistogram.NET)，从应用程序内部计算它们。

在这个场景中，我们尝试回答四种 GC 配置中哪一种最合适的问题。

- 非并发工作站
- 后台工作站
- 非并发服务器
- 后台服务器

当然,"适合性"应该是由业务驱动的——无论是响应时间 SLA、资源消耗(CPU、内存)还是我们想象的任何其他指标。注意,GC 开销本身并不是真正以业务为中心的指标。你能想象一个公司管理层要求% Time in GC 值少于 10%吗?事实上,在该场景中,我们还将看到 GC 开销对整个应用程序的影响。

在每次测试之前都会在配置文件中设置正确的运行时设置。对于每种模式都进行了一些测试,以最大限度地减少外部因素影响的机会。

让我们首先讨论 CPU 开销。正如我们在图 11-13 中所看到的,从这些结果中可以注意到一些事实。

- 临时 GC 在两种服务器 GC 风格中都要快一些。
- 完全 GC 在两种并发风格中都会带来更少一些的开销。

这使我们得出结论,这里最好的选择是后台服务器 GC。然而,在我们的场景中,测量到的差异并不是压倒性的,因此从 CPU 开销的角度看,我们可以说每个模式的行为都是相似的。关键是,我们必须进行详细的测量以确认这一点。这种基于 ETW 的数据分析是借助数据处理工具(如 Excel)完成的,以获得平均测量值(同时要仔细检查直方图是否显示出多峰分布)。

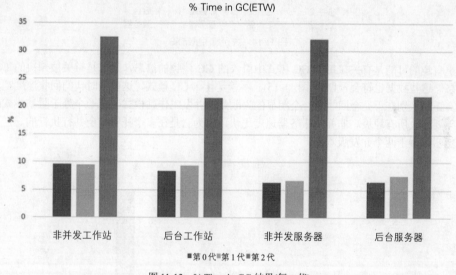

图 11-13　% Time in GC 结果(每一代)

如果我们使用% Time in GC 性能计数器测量,最终将会得到误导性的结果,因为与服务器模式相比,两种工作站模式下的结果要大得多。% Time in GC 是当前 GC 的时间与上一次 GC 的时间之比。在服务器模式的情况下,在 GC 中花费的时间很小,但是同时处理了多个托管堆(在多个内核上)。即使时间更短,但是 CPU 的总体使用率是差不多的,因此% Time in GC 并不能准确地显示了这一点。这对我们来说是一个重要的观察。应该要将% Time in GC 计数器与我们所处的GC 模式一起考虑:在工作站模式下,我们应该要比在服务器模式下容忍更高的值。但是,如前所述,最好首先使用基于 ETW 的数据,而不是基于性能计数器的数据。

更好的方法是通过内存使用量分辨不同的 GC 模式(见图 11-14)。与非并发版本相比,两种并发(后台)版本的托管堆相比都明显更大,它证实了前面所提到的频繁的非压缩的后台 GC 会导致更严重的碎片化。此外,每种模式的总体工作集也明显不同。较小的那个是较简单的非并发工作站模式,通常可以压缩其较小的段。最复杂的是后台服务器,它创建了最大的段并产生了碎片和浮动垃圾。如果内存使用量对你来说是最重要的指标,那么这些数据应该可以帮助你做决策。

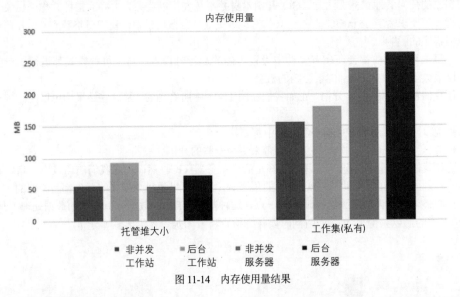

图 11-14　内存使用量结果

更有趣的可能是有关在每个 GC 模式中引入的 GC 停顿的信息,最好是有关被判决的每一代的信息。这些数据也符合预期(见图 11-15)。不管是什么 GC 模式,这些临时代的回收速度都非常快。真正的区别在于完全回收。一个明显的失败是非并发工作站模式—— 一个处于阻塞模式的线程必须要回收所有垃圾。非并发服务器速度更快,因为它是在多个托管堆上并行执行的。但是,它仍然明显慢于两个并发版本。

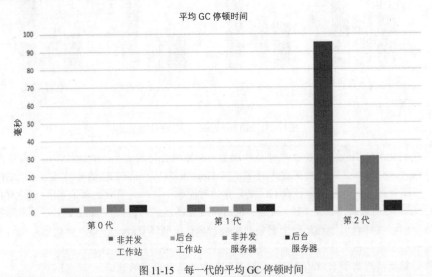

图 11-15　每一代的平均 GC 停顿时间

　　然而，如前所述，对于这种有趣的测量，平均值并不能提供足够的精确信息。令人惊讶的是，当我们查看百分比数值时(见图 11-16)，后台工作站看起来是最好的，而非并发工作站显然是最差的(严重到百分比大于 99)。这就是我们全面考虑应用程序中的停顿时间的方式。

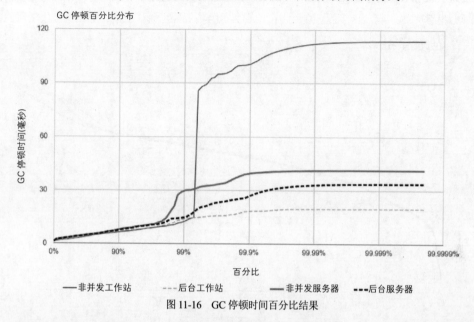

图 11-16　GC 停顿时间百分比结果

　　但如前所述，GC 开销(包括 GC 停顿)仅对更面向业务的指标有所贡献。从应用程序的角度如何看待这些测试？令人惊讶的是，所准备场景的平均响应时间很长，长到几乎抵消了 GC 设置的好处(见图 11-17)。在大多数配置中，应用程序处理的请求数量相似(尽管如此，吞吐量驱动的并发服务器 GC 仍然能够处理更多的请求)。我们选择的 GC 版本越"复杂"，平均响应时间就越短，但差异并不大。这些是要测试的应用程序的细节。如果响应时间通常短得多，则 GC 的影响可能会更为重要。

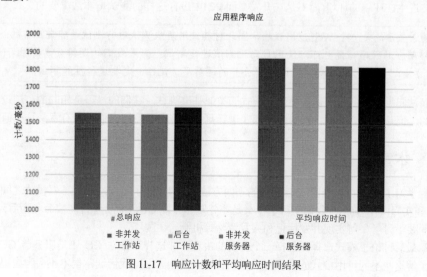

图 11-17　响应计数和平均响应时间结果

但只有平均值是不够的，因此让我们查看响应时间的百分比数(见图 11-18)。它仅证实了 GC 设置的影响可以忽略不计。但是，这并不会使整个场景变得毫无意义。恰恰相反，它显示了不仅要测量% Time in GC 或停顿时间的综合百分比，而且最重要的是对应用程序以及对实际用户获得的指标的重要性。

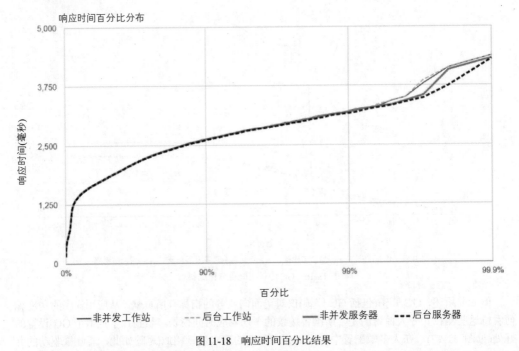

图 11-18　响应时间百分比结果

对于我们的案例的结论是，最好使用两个并发 GC 版本之一。记住，这些都是基于一些假设，如生成的用户负载、特定环境(CPU 内核数、内存量、其他正在运行的应用程序)。这就是为什么在可能接近生产环境的环境(而不是在开发桌面 PC)中进行这样的测试是非常重要的。

> 该场景展示的是一个 Web 应用程序，因此对其使用负载测试进行测试是非常正常的。但是，桌面或移动应用程序一样也可以使用自动化测试进行测试。如果我们的逻辑分离得很好(如采用 MVVM 方法)，则还可以只测试通过 API 公开的逻辑层。记住一定要进行性能测试。

为简洁起见，我们省略了各种延迟模式的类似基准测试。它们的过程是相同的。结论也是符合预期的。但是，只有对你自己的应用程序进行测量才能回答使用它们是否有意义这个问题。

11.7　本章小结

本章学习了在.NET 中配置 GC 活动的不同方法。我们了解了工作站和服务器模式之间的差异(从实现和实际操作方面)。我们学习了什么是非并发和并发 GC，而后者目前被命名为后台 GC。我们还简要学习了如何实现并发标记和并发清除等机制。

本章最后讨论了模式选择，包括一个重要的决策，即选择工作站 GC 还是服务器 GC。一方面，对了解这些不同可用模式的诉求似乎相当普遍。另一方面，我们通常根本不会考虑更改默认设置。.NET 团队的巨大成功在于，这些默认设置表现得如此出色，以至实际上我们通常不必费心更改它。

但是总是会出现默认设置可能不够用的情况。因此，本章的最后一个场景详细描述了如何根据精细的基准测试来做出明智的选择设置的决策。

以下两个规则总结了本章的知识。第 12 章将专门讨论与对象生存期相关的重要机制——终结。

规则 23 – 有意识地选择 GC 模式

适用范围：广泛且中等普遍，对于高性能代码非常重要。

理由：正如我们在第 8 章中所学到的那样，有多种 GC 模式和设置可用。我们控制着关键的 GC 参数：堆数量、GC 线程数量、积极性等。大多数情况下，默认设置已经很好。但是，你应该要知道其他的选择以及如何做出一个明智的决策。

如何应用：首先，你应该从正确反映你的应用程序特征的主要风格入手。例如，你的应用程序是服务器应用程序还是工作站应用程序以及你是否关心停顿问题。这个工作量应该很少，因为你应该了解你的应用程序的特征。其次，每种 GC 模式在 CPU 和内存使用方面都有其优缺点。它们可能导致整体应用程序性能的不同特征。如果没有对它们进行测量，很难说哪种模式最适合你的需求。因此，如果你真的很在意性能，请检查并测量它们。尽早应用规则 5 和规则 6 可能有助于你做到这一点，特别是在预生产环境中(甚至在生产环境中)。在进行测试时，请记住要谨慎，尤其是在对你最重要的测量中要使用百分比数值。

相关场景：场景 11-1 和 11-2。

规则 24 – 记住延迟模式的相关知识

适用范围：广泛但很少见，对于高性能代码非常重要。

理由：除了 4 种.NET 垃圾回收模式外，我们还可以通过使用延迟模式影响 GC 的积极性。它们控制执行阻塞 GC 时 GC 的意愿(从而引入不需要的停顿)。这将在响应性(由于只有短暂的阻塞停顿)和内存使用(由于大多数非压缩的后台 GC)之间取得明确的平衡。因此，当我们在交互式应用程序中想要对 UI 响应度进行更多控制时，侧重于短延迟的模式是最常用的方法，以在短时间内获得最大流畅度(例如键盘输入)。一些服务器应用程序(例如交易应用程序)也使用 SustainedLowLatency 来表示它们不希望被完全阻塞 GC 中断，同时要确保它们在交易时间内有足够的内存可用。

如何应用：延迟模式可从应用程序代码中进行更改。本章介绍了各种方法和相关模式。我们总是在一定时间内设置成低延迟模式，时间越短，我们的期望就越强。一方面是 SustainedLowLatency 模式，该模式可能会持续很长时间，因为它只会禁用完全阻塞 GC。另一方面，我们还有无 GC 区域模式来禁用所有垃圾回收。此外，我们可以在并发和非并发 GC 版本之间动态切换。如果我们很好地了解到用户是如何使用我们的应用程序的，就可以更好地优化内存和 CPU 使用率。但是，在典型应用程序中并不需要这种精确的调优。只有当我们接近性能要求的极限时，才会有兴趣考虑延迟模式。

相关场景：场景 11-2(使用相同的测试方法)。

第12章

对象生存期

前几章全面讲述了.NET 自动内存管理的整个过程。第 6 章介绍了如何创建对象，第 7~11 章详细介绍了如何回收不再需要的对象。除了这些内容之外，.NET 内存管理还包含一些辅助机制，如果不对它们加以介绍，我们的知识体系有所缺失。我们将在本章集中介绍三个辅助机制。虽然它们各自单独存在并且可以独立使用，但它们在概念上彼此关联。所有这些机制都涉及一个常见的主题：对象的生存期。

本章涵盖的三个机制分别是终结、可清理对象(以及应用广泛的 Disposable 模式)和弱引用。阅读完本章之后，你将了解如何、为何实现这三个机制以及它们的使用方法。同样，本章也将展示几个实践场景并介绍如何诊断与之相关的问题。但请记住，本章对它们的介绍主要基于内存管理的角度。其他书籍对它们有更全面的描述，包括它们的利弊以及使用它们时可能遇到的问题。本书并非一本 C#学习用书，因此不会对通用 C#编程主题过多赘述。

终结和 Disposable 模式都与非托管代码互操作性(和 P/Invoke 机制)密切相关，因此本章将用大半篇幅介绍它们。但切记，这三个机制(尤其是弱引用机制)完全可以在与非托管资源管理无关的常规托管代码中使用，比如用于日志记录和缓存等场景。因此，即使你平时不使用非托管代码和 P/Invoke，阅读本章也有益无害。

12.1 对象与资源的生命周期

在托管代码的世界中，一切看起来都很轻松自在。我们创建对象，使用它们，然后 GC 在我们不再使用它们之后的某个时刻销毁它们。虽然我们不知道垃圾回收确切发生的时间，但无须担心这种不确定性。只要我们使用某个对象时不会发现它已经被GC删除了就行(这种情况不会发生，否则这将是一个超级大 bug)。这种非确定性对象回收机制在跟踪式回收器中非常常见，.NET GC正是这样一种跟踪式回收器。

如果需要在某个对象被销毁时(我们将其称为终结)执行某些操作，麻烦就来了。GC 的非确定性导致开发人员找不到一个合适的地方放置执行那些操作的代码。从代码的角度，对象只存在确定的创建时间点(构造函数)，却不存在确定的回收时间点。

.NET 托管运行时提供了专门的终结机制，其中包含一个明确定义的、允许程序员把对象变成垃圾时需要执行的代码放置于其中的地方。实际上，本章大部分内容将围绕着这个终结机制进行阐述。由于此机制与垃圾回收的非确定本质息息相关，因此通常将其称为非确定性终结，表示我们只知道它会发生但不知道它何时发生。

此外，有时可能在代码中需要确定性终结机制，使我们可以在对象变为不可用时显式执行一些操作。.NET 提供的 IDisposable 接口正是用于这种场景。本章后半部分将对它进行介绍。

除了使用"非确定性终结"和"确定性终结"这两个术语，有时还会将它们分别称为"隐式清除"和"显式清除"。

请注意，终结机制和垃圾回收机制在概念上并没有直接关系。和有些开发人员以为的不同，终结不代表垃圾回收。终结只是一种副作用，它意味着当一个对象变为不可到达或者不再需要时可能需要执行某些操作。但是终结器(我们学习 C#语言时可能听过这个名字)和 IDisposable 接口都不负责回收不再需要的对象所占用的内存！招聘面试时，我听到过好几次这样的说法，说 Dispose 方法的作用是释放对象占用的内存。我希望你阅读完前面的章节之后，能意识到这种说法完全是错误的。

但是，究竟为什么需要终结机制？如果是一个完全使用托管代码的场景，确实不需要它。所有托管对象彼此相互引用，整个对象图由 GC 正确管理。如果删除一个对象(比如把对其最后一个引用赋值为 null)，跟踪式 GC 将负责删除所有其他无法再访问到的关联对象。在非托管(即 C/C++)环境中，删除所有关联对象(和拥有的子对象)通常是析构函数的责任。

在托管环境中，终结机制主要用于处理对象持有的不被 GC 和运行时管理的资源。那些非托管资源通常是各种类型的句柄、描述符和必须显式释放的与系统资源有关的其他数据。程序越依赖与非托管的互动，终结机制越重要。.NET 环境最开始就被设计成可以与非托管资源良好协作。之前曾经说过，.NET 的设计目标之一，是只需要进行很小的改动就可以把常规 C++代码编译成.NET 程序(类似于现在的 C++/CLI 语言)。许多非常常用的 API 的底层都依赖于非托管资源(例如文件、套接字、位图等)。因此，.NET 开发人员从一开始就已意识到终结机制(包括确定性 IDisposable 接口和非确定性终结)的必要性。

JVM 作为一个与.NET 非常类似的托管环境，它很少关注非确定性终结。非确定性终结被认为既不可靠又有问题，而且还会给 GC 添加不必要的开销。实际上，它们是如此不受欢迎，以至于从 Java 9 开始，它们被标记成"弃用"状态。多年以来取而代之的是更受青睐的各种确定性终结机制：开发人员提供一个显式清理方法，然后等到不再需要对象时调用此方法(通常是把对清理方法的调用包装到 try-finally 块中)。这种机制非常类似于.NET 中的 IDisposable 模式。

作为被弃用的 java.lang.Object.finalize 方法的替代方案，推荐的非确定性终结机制是使用 java.lang.ref.Cleaner 类，它管理由 java.lang.ref.PhantomReference 引用的对象并对它们执行相应的清理操作。当回收器确认这些"虚引用"所引用的对象可以回收后，将队列化处理它们(因此它也是一种非确定性终结机制)。

由于托管和非托管环境同时并存，我们应当分别考虑两个问题：对象生存期的管理以及对象持有的(非托管)资源的管理。对象生存期的管理完全由 GC 负责。而另一方面，运行时并不清楚如何管理非托管资源，因此，我们应当使用本章所介绍的功能，实现对非托管资源的正确管理。

切记，终结是移除对象的副作用，我们将在本章了解.NET 终结机制对对象生存期产生的影响。

12.2 终结

.NET 中的"终结"通常被理解为非确定性终结。根据 ECMA-335 标准所说："构建对象类型的类定义中，可以包含一个当类实例不可到达时调用的实例方法(其名为终结器)。"这正是本小节将介绍的内容：如何声明、使用终结器方法，以及 CLR 内部如何实现它们。

12.2.1 简介

为了在 C#类型中声明一个终结器，需要使用一种特殊的语法：析构函数(如代码清单 12-1 所示)。析构函数包含对象不可到达且即将被删除时需要调用的代码。在我们的示例中，它用来关闭一个已打开文件的句柄(如果不关闭句柄，迟早会超过系统允许可打开句柄数量的最大限制)。在 Windows 中，系统资源体现为"句柄(handle)"，并通常被表现为一个 IntPtr 结构 [1]。

代码清单 12-1　在 C#中使用终结器的简单示例(通过定义析构函数)

```
class FileWrapper
{
 private IntPtr handle;
 public FileWrapper(string filename)
 {
   Unmanaged.OFSTRUCT s;
   handle = Unmanaged.OpenFile(filename, out s, 0x00000000);
 }

 // Destructor
 ~FileWrapper()
 {
  if (handle != IntPtr.Zero)
  Unmanaged.CloseHandle(handle);
 }
```

C#的析构函数只是一种编写终结器的语法，C#编译器把析构函数编译成一个重写 System.Object.Finalize 的方法(如代码清单 12-2 所示)。

代码清单 12-2　析构函数对应的实际 IL 代码

```
.method family hidebysig virtual
instance void Finalize () cil managed
{
 .override method instance void [System.Runtime]System.Object::Finalize()
 // ...
}
```

重写 Finalize 方法非常重要。这是类型与 GC 之间的一个约定，重写了 Finalize 方法的对象被 GC 视为可终结对象，GC 对它们有特殊的处理。

在 F#或 VB.NET 中声明可终结类型只需要直接重写 Finalize 方法，但 C#不支持直接重写 Finalize 方法。如果尝试在 C#中这样做，会产生一个编译错误："不要重写 Object.Finalize，应当提供一个析构函数。"因此，C#必须使用"~类名()"的语法定义终结器。"析构函数"这个名字其实并不确切，因为我们知道，它和"析构"一点也扯不上关系，它的作用是进行资源管理。有趣的是，由于 C++已经使用"~类名()"语法用于定义析构函数，因此 C++/CLI 定义终结器的语法是"!类名()"。

MSDN 同时也提醒说："派生类型中 Finalize 的每个实现必须调用其基类的 Finalize。这是允许应用程序代码显式调用 Finalize 方法的唯一场景。"C#的析构函数语法会自动保证这一点，但如果使用其他语言，需要记住此规则。

---

1 Linux 资源的句柄通常表现为一个常规整数。

使用终结器的一个应用场景是通过它管理由某种消耗内存的资源(即使它是一种托管资源,但我们知道它内部消耗了远超预期的内存)所引发的额外内存压力(通过 GC.AddMemoryPressure 和 GC.RemoveMemoryPressure 方法)。典型场景之一是使用 System.Drawing.Bitmap 类,该类实际上代表一个系统资源句柄,但显然在使用位图数据时,它需要占用一些额外的内存(如代码清单 12-3 所示)。

代码清单 12-3　使用终结器维护额外内存压力的示例

```
class MemoryAwareBitmap
{
  private System.Drawing.Bitmap bitmap;
  private long memoryPressure;

  public MemoryAwareBitmap(string file, long size)
  {
    bitmap = new System.Drawing.Bitmap(file);
    if (bitmap != null)
    {
      memoryPressure = size;
      GC.AddMemoryPressure(memoryPressure);
    }
  }

  ~MemoryAwareBitmap()
  {
    if (bitmap != null)
    {
      bitmap.Dispose();
      GC.RemoveMemoryPressure(memoryPressure);
    }
  }
  ...
}
```

但是,使用终结器有如下几项限制。

- 如前所述,它们的执行时间是非确定的。虽然我们知道终结器会被调用(在大多数情况下如此,但有例外,请参考本章后续内容),但并不知道何时被调用。从资源管理的角度来看,这是一件坏事。如果可用的资源有限,那么应当尽快释放它们。等待资源清理在非确定的时间完成肯定不是最佳选择。如果确实需要确保终结器已执行完成,则可以调用 GC.WaitForPendingFinalizers 方法。本章后面将多次介绍此方法。
- 终结器的执行顺序是未定义的。即使一个可终结对象引用了另外一个可终结对象,也不保证它们的终结器以某种符合逻辑的顺序执行(比如"从属对象"的终结器总是先于"主对象"的终结器执行,或者反过来)。因此,我们不应在终结器内引用其他任何可终结对象,即便两者具有从属关系。无序执行是一个经过深思熟虑的设计决策,有时根本不可能找到一种自然的执行顺序(比如,有些对象相互循环引用,要如何定义它们的终结器的执行顺序?)。但如后所述,终结器之间可以通过"关键终结器"的形式进行某种形式的排序。不过,如果一个可终结对象持有对另一个普通托管对象的引用,前者的终结器代码可以引用后者,并且可以确保后者持有的整个对象图只有运行完终结器之后才被回收。

- 由哪个线程执行终结器也是未定义的。虽然我们会了解当前的.NET 实现如何定义终结器执行线程，但 ECMA-335 并未对此有任何强制。因此应当避免在终结器代码中依赖任何线程上下文(包括避免使用锁之类的线程同步机制，由于执行线程的不确定性，使用锁同步可能导致死锁)。
- 不保证终结器代码一定会执行一次。可能只有部分终结器代码被执行，比如，如果终结器代码运行出错且无限期阻塞住执行线程或者进程被快速终止，都会导致 GC 没有机会执行所有代码。甚至，由于后面介绍的"复活"机制，终结器可能执行不止一次[1]。
- 在终结器引发异常非常危险。默认情况下，这会直接杀死整个进程。由于终结器代码被视为非常重要(例如某个程序使用终结器释放系统级同步基元)，因此无法执行终结器被视为最严重的故障。我们应当非常小心，不要从终结器引发任何异常。
- 可终结对象将给 GC 带来额外的开销，影响应用程序的整体性能。正如我们稍后在描述终结机制实现原理时将看到的，该机制要求对可终结对象执行额外处理，而这无疑将带来性能开销。

上面的内容引出一个结论：实现终结器是棘手的，使用终结器是不可靠的，因此最好避免用它。只有当开发人员没有通过首选的显式清理方法(比如 Disposable 模式)释放资源时，才应把终结器当作兜底的隐式"安全网"。稍后讨论 Disposable 模式时我们将看到这种典型的"安全网"使用场景。

ECMA-335 声明："可以为值类型定义终结器。但是，该终结器只会在值类型的装箱实例上运行。"但至少对于.NET Core 运行时而言，值类型终结器不再有效。运行时在装箱期间会直接忽略值类型定义的终结器。

从程序员的角度，唯一重要的是必须在对象变为不可到达后的"某个时间"调用它的终结器。虽然这是一个实现细节，但最好知道终结器可能在哪个时候被调用。通常来说，存在两个调用时间点。

- 当 GC 结束时：无论由谁触发 GC，GC 结束时都将调用此次 GC 期间变为不可到达对象的终结器。请记住，这意味着只会调用来自判决代(和更低代)的对象的终结器。
- 当 CLR 内部簿记时：当运行时卸载 AppDomain 和运行时中止时。

如前所述，终结器不一定必须与非托管资源有关。我们可以设想出一些其他的用法，比如代码清单 12-4 所示的生存期记录。如果出于某种原因希望记录对象的创建和删除，可以将记录代码写在构造函数和终结器中。如果一个对象包含非常关键或者耗用资源甚多的功能，我们可能有此需求。

代码清单 12-4　在 C#中使用终结器的简单示例(通过定义析构函数)

```
class LoggedObject
{
  private ILogger logger;
  public LoggedObject(ILogger logger)
  {
    this.logger = logger;
    // ...
    this.logger.Log("Object created.");
  }
```

---

1 更糟糕的是，由于复活机制和其可能发生的时间，可能会多处同时调用同一个终结器。

```
// Destructor
~LoggedObject()
{
  this.logger.Log("Object destroyed.");
}
```

请注意，即使在"全托管"代码场景中，正确实现终结器也并非易事。比如在代码清单 12-4 中，终结器使用一个通过依赖注入以接口形式传入此类中的 logger 对象，这时我们将遇到由终结器执行顺序不确定所带来的一个典型问题，那就是无法保证在终结器中使用这个注入的对象实例时此实例一定处于未终结状态。这是一个简单但很具代表性的示例。

如何降低这个问题所导致的风险呢？可行的解决方案包括使用代码审查和自动静态分析，确保实现 ILogger 接口的类是不可终结或者是关键性可终结的。但首选的解决方案仍然是避免使用终结器。如果某种类型对象的生存期非常重要，应当使用 Disposable 模式使它的资源清理时机具有可预测性，从而可以在日志记录等场景安全地使用它。

12.2.2 激进式根回收问题

将对象和资源的生存期分开管理可能导致一些较为罕见的副作用。第 8 章的代码清单 8-13 和 8-16 曾对此展示一二，它们大部分与激进式根回收技术有关。这种技术本身是一种非常好的 JIT 优化，其目的是尽量缩短对象的生存期，但它在资源管理场景中可能导致一些问题的发生。

引发这种问题的最典型场景之一是使用 Stream 流访问文件(如代码清单 12-5 所示)。如果反注释 ProblematicObject.UseMe 方法中的 GC 调用(以模拟方法执行过程中触发 GC 的情况)，这个程序最后会抛出一个未捕获异常："System.ObjectDisposedException:无法访问一个已关闭文件"。这是由于基于 JIT 优化，UseMe 方法最后一次用到 this 引用之后，整个 ProblematicObject 实例将被视为不可到达 [1]。因此，把 stream 赋值给一个 localStream 变量之后，ProblematicObject 的终结器必然立即执行。由于终结器关闭了 stream，后续的 ReadByte 调用将触发异常。对于这个简单示例，只需要坚持使用实例的 stream 字段而非局部变量(比如将方法的最后一行改成 return this.stream.ReadByte())就可以避免异常。这样，UseMe 方法直到最后一行都将一直引用 ProblematicObject 实例(通过使用 this 引用)，避免了激进式根回收优化。

代码清单 12-5　终结器过早释放资源所引发的问题

```
class ProblematicObject
{
  Stream stream;

  public ProblematicObject() => stream = File.OpenRead(@"C:\Temp.txt");

  ~ProblematicObject()
  {

    Console.WriteLine("Finalizing ProblemticObject");
    stream.Close();
  }

  public int UseMe()
  {
```

---

1 第 8 章详细描述了激进式根回收在这种场景中的具体优化细节。

```
    var localStream = this.stream;
    // Normal code, complex enough to make this method not inlineable and partialy or
fully-interrptible
    ...
    // GC happens here and finalizers had enough time to execute.
    // You can simulate that by the following calls:
    // GC.Collect();
    // GC.WaitForPendingFinalizers();
    return localStream.ReadByte();
  }
}

class Program
{
  static void Main(string[] args)
  {
    var pf = new ProblematicObject();
    Console.WriteLine(pf.UseMe());
    Console.ReadLine();
  }
}
```

　　执行 P/Invoke 调用时也会遇到同样的问题，因此.NET 提供了相应的改进方案。首先让我们向代码清单 12-1 的代码添加一个 UseMe 方法，在方法中直接使用 P/Invoke 调用(如代码清单 12-6 所示)。我们将遇到和刚才同样的问题，激进式根回收将提前回收 ProblematicFileWrapper 实例，触发它的终结器并关闭它使用的文件句柄，导致 UseMe 方法随后尝试使用句柄时出错。Unmanaged.ReadFile 调用失败，UseMe 方法返回－1。通过在此示例中使用 this.handle 替代局部变量 hnd 即可修复问题，但这个修复方案并非总是可用，IntPtr 不一定总是声明为托管对象的一部分(例如它可能是一个静态变量或局部变量)。

　　代码清单 12-6　终结器过早释放资源所引发的问题(扩充自代码清单 12-1)

```
public class ProblematicFileWrapper
{
  private IntPtr handle;
  public ProblematicFileWrapper(string filename)
  {
    Unmanaged.OFSTRUCT s;
    handle = Unmanaged.OpenFile(filename, out s, 0x00000000);
  }
  ~ProblematicFileWrapper()
  {
    Console.WriteLine("Finalizing ProblematicFileWrapper");
    if (handle != IntPtr.Zero)
      Unmanaged.CloseHandle(handle);
  }

  public int UseMe()
  {
    var hnd = this.handle;
    // Normal code
    // GC happens here and finalizers had enough time to execute.
    // You can simulate that by the following calls:
    //GC.Collect();
    //GC.WaitForPendingFinalizers();
```

```
byte[] buffer = new byte[1];
if (Unmanaged.ReadFile(hnd, buffer, 1, out uint read, IntPtr.Zero))
{
  return buffer[0];
}
return -1;
}
```

针对这个问题的第一种通用解决方案是控制激进式根回收，在 UseMe 方法的 return 语句之前添加 GC.KeepAlive(this)调用。这个方案虽然可以延长持有句柄的对象的生存期，但它使代码更加混乱，使用起来也比较烦琐。

为了解决这种问题，.NET 引入了一个辅助结构：HandleRef。它简单封装了一个句柄和拥有此句柄的对象。Interop marshaler 会特别处理它，在整个 P/Invoke 调用期间延长它封装的对象的生存期。这类 P/Invoke 调用的 API 参数使用 HandleRef 类型取代了裸 IntPtr 类型(如代码清单 12-7 所示)。

代码清单 12-7　使用 HandleRef 结构解决终结器引发的问题

```
public int UseMe()
{
 var hnd = this.handle;
 // Normal code

 // GC happens here and finalizers had enough time to execute.
 // You can simulate that by the following calls:
 //GC.Collect();
 //GC.WaitForPendingFinalizers();

 byte[] buffer = new byte[1];
 if (Unmanaged.ReadFile(new HandleRef(this, hnd), buffer, 1, out uint read, IntPtr.Zero))
 {
   return buffer[0];
 }
 return -1;
}
```

但使用 HandleRef 并不能解决所有问题，尤其不能解决与即将介绍的恶意句柄回收攻击相关的问题。因此它是一个较古老且已被弃用的方案，主要被用在以前的旧代码中(超过 80%的使用场景来自 Windows Forms 和 System.Drawing)。

另外一个与 HandleRef 一同引入的类是 HandleCollector，它实现了句柄的引用计数功能。如果创建的句柄超过某个阈值，它将触发 GC。同样，它也主要用在以前的旧代码中，现在已很少使用。

不要使用 HandleRef 和它的老朋友 HandleCollector 类。本小节对它们的讲述只是为了介绍一些资源管理主题的历史背景并引出稍后即将登场的 SafeHandle。即使在旧代码中遇到合适的场景也不要用它们。.NET Framework 2.0 引入的安全句柄是一个更好的替代方案，本章将有专门的小节介绍安全句柄。

12.2.3　关键终结器

由于终结器带来的那些问题，.NET Framework 提供了一种名为关键终结器的机制。关键终结器是一种常规的终结器，但它带有额外的保证，保证其代码一定会执行，即使在 AppDomain 或线程被粗暴中止的情况下也是如此。正如 MSDN 声明："对于继承自 CriticalFinalizerObject 的类，只要终结器遵循约束执行区域(CER)规则，公共语言运行时(CLR)保证所有关键的终结代码都有机会执行，即使在 CLR 强制卸载应用程序域或中止一个线程的情况下也是如此。"

关键终结器必须是一个定义在 CriticalFinalizerObject 子类中的终结器。CriticalFinalizerObject 本身是一个不包含任何实现的抽象类(如代码清单 12-8 所示)。它只是类型系统和运行时之间的一个协议。运行时将采取一些预防措施以确保在任何情况下都执行关键终结器。比如，运行时会提前 JIT 编译关键终结器的代码，避免未来可能由于 out-of-memory 异常(内存不足)而无法 JIT 编译并执行它们。

代码清单 12-8　CriticalFinalizerObject 类的定义(为了简洁而省略了部分 attribute)

```
public abstract class CriticalFinalizerObject
{
  [ReliabilityContract(Consistency.WillNotCorruptState, Cer.MayFail)]
  protected CriticalFinalizerObject()
  {
  }

  [ReliabilityContract(Consistency.WillNotCorruptState, Cer.Success)]
  ~CriticalFinalizerObject()
  {
  }
}
```

由于终结器执行顺序不确定在有些时候可能导致问题，因此关键终结器增加了一些执行顺序上的保证。正如 MSDN 声明："CLR 对普通终结器和关键终结器的执行顺序设定了一条简单的规则：对于同时被垃圾回收的对象，会确保优先调用所有非关键终结器。比如，FileStream 类将数据保存在一个继承自 CriticalFinalizerObject 的 SafeHandle 中，FileStream 可以使用标准终结器刷新现有缓冲数据(而不用担心持有数据的 SafeHandle 在此时已经提前终结)。"

很少需要定义直接继承 CriticalFinalizerObject 的类型，更常见的使用方式是选择继承 SafeHandle 类型(SafeHandle 继承自 CriticalFinalizerObject)。但由于 SafeHandle 类型与终结和 Disposable 模式都密切相关，因此本章将在介绍完 Disposable 模式后再回过头详细介绍 SafeHandle。

12.2.4　终结的内部实现

知道终结器的含义后，让我们了解一下当前运行时如何实现它们。到目前为止，对终结器的介绍主要集中在语义上：设计它们的目的何在？它们提供了何种保证？它们有何限制？但通过了解它们的实现细节以及与之相关的问题，可以帮助我们更好地使用它们。

首先，正如第 6 章曾经提到的，如果一个类型具有终结器，将使用慢速分支执行分配操作。这是类型重写 Finalize 方法所带来的第一个重要的性能开销。

如果希望进一步探究 CoreCLR 源代码中有关慢速分配分支的内容，可以查看 JIT importer 中实现 CEE_NEWOBJ 操作码的源代码 (importer.cpp:Compiler::impImportBlockCode)。它在 CEEInfo::getNewHelperStatic 中检查该类型是否定义了终结器。如果是，则选择 CORINFO_HELP_NEWFAST helper，它将在运行阶段启动 JIT_New 函数。在 JIT_New 函数内部将最终调用 GCHeap::Alloc 或 GCHeap::AllocLHeap，而它们最终会包含宏 CHECK_ALLOC_AND_POSSIBLY_REGISTER_FOR_FINALIZATION。该宏调用 CFinalize::RegisterForFinalization 方法——其负责执行后面描述的可终结对象的簿记操作。之前曾经提到，虽然 ECMA-335 说装箱对象的终结器会被调用，但这个说法现在已不再正确。当 JIT 决定由哪个函数代表 CORINFO_HELP_BOX helper 时不会考虑类型是否定义了终结器，在大多数时候，JIT 会使用快速、基于汇编代码的 JIT_BoxFastMP_InlineGetThread 辅助函数执行简单的 bump 指针分配。

GC 必须知道哪些对象是可终结对象，并在它们变为不可到达时调用它们的终结器。GC 使用一个 finalization queue 记录所有可终结对象。换言之，在任何一个时刻，finalization queue 都包含了当前处于存活状态的所有可终结对象。如果 finalization queue 中有许多对象，并不一定是一件坏事，这只表示当前存在许多定义了终结器的对象。

在执行 GC 期间，GC 会在标记阶段结束后检查 finalization queue，查看是否有可终结对象已死亡。如果有，还不能将它们马上删除，因为它们的终结器尚未执行。因此，这些对象将移动到另外一个 fReachable queue 中。fReachable queue 这个名字表示它包含的是 finalization reachable 对象[1]，也就是仅因为终结机制尚处于可到达状态的对象。一旦有对象被放入 fReachable queue，GC 就通知专门的终结器线程有活要干了。

终结器线程是一个由.NET 运行时创建的线程。它逐个将对象从 fReachable queue 中移除并执行它们的终结器。由于终结器中的代码也可能需要分配对象，因此终结器线程执行终结器发生在 GC 将托管线程从挂起恢复到正常状态之后。由于引用这些对象的唯一的根已经从 fReachable queue 移除，因此下一次判决对象所在代的 GC 将把对象视为不可到达并最终回收它。

请注意，这由此引出了终结机制所导致的最大开销之一：可终结对象至少可以存活到下一次 GC。如果它被提升到第 2 代，意味着需要一次 Gen2 GC 而非 Gen1 GC 才能回收它。

此外，由于终结器线程不一定来得及在两次 GC 之间处理完所有对象，因此 fReachable queue 在标记阶段也被视为一个根(如第 8 章所述)。这使得可终结对象更容易面临"中年危机"，由于它们的终结器在等待执行，它们可能在 fReachable queue 中一直到被提升至第 2 代。

为了应对终结器总是异步执行的特点，.NET 公开了一个 GC.WaitForPendingFinalizers 方法。此方法正如其名，它阻塞住调用线程直到 fReachable queue 中的所有对象处理完毕(所有终结器都执行完毕)。作为调用此方法的一个副作用，调用完成后，所有到目前为止的 finalization reachable 对象将变为真正不可到达，一定会被下一次 GC 回收。

这个副作用引出了一个非常流行的"终极显式垃圾回收"模式(如代码清单 12-9 所示)。此模式在希望精确清理内存的场景被广泛使用。它初看似乎莫名其妙，但其实正合其理。

- 首先显式执行完整阻塞式 GC，找出所有 fReachable 对象；
- 让线程等待 GC 处理完所有 fReachable 对象，使它们处于真正的不可到达状态；
- 再次显式执行完整阻塞式 GC，回收所有不可到达对象。

---

[1] 其他文献称其为 finalizer reachable，但书中使用的名称更符合.NET 命名规范。

代码清单 12-9　考虑了终结机制根影响的常用显式 GC 模式

```
GC.Collect();
GC.WaitForPendingFinalizers();
GC.Collect();
```

显然，如果执行 WaitForPendingFinalizers 方法期间其他线程又分配了新的可终结对象，那么第二次调用 GC.Collect 时仍然可能有新的 fReachable 对象存在。这导致了一个悖论：似乎永远无法完全回收内存(至少在不主动阻塞进程中所有可能分配新对象的线程时是如此)。GC.GetTotalMemory 方法的源代码是演示这个问题的一个完美示例，此方法返回当前存活状态对象所占用的内存总量(如代码清单 12-10 所示)。如果希望获得精确的内存占用量，应当为 forceFullCollection 参数传入 true。传入 true 将导致其多次触发完整 GC 并等待终结器执行完成，直到得到的结果和上一次相比差别在 5%以内(对迭代的最大次数有所限制以避免无限循环)。

代码清单 12-10　GC.GetTotalMemory 的实现源代码

```
[System.Security.SecuritySafeCritical] // auto-generated
public static long GetTotalMemory(bool forceFullCollection) {
  long size = GetTotalMemory();
  if (!forceFullCollection)
  return size;
  // If we force a full collection, we will run the finalizers on all
  // existing objects and do a collection until the value stabilizes.
  // The value is "stable" when either the value is within 5% of the
  // previous call to GetTotalMemory, or if we have been sitting
  // here for more than x times (we don't want to loop forever here).
  int reps = 20; // Number of iterations
  long newSize = size;
  float diff;
  do {
    GC.WaitForPendingFinalizers();
    GC.Collect();
    size = newSize;
    newSize = GetTotalMemory();
    diff = ((float)(newSize - size)) / size;
  } while (reps-- > 0 && !(-.05 < diff && diff < .05));
  return newSize;
}
```

可以将代码清单 12-10 中的代码当作 "最终显式垃圾回收" 模式进行重用(或者直接调用 GC.GetTotalMemory(true)，只要它的实现方式没有发生变化，就可以通过调用它实现显式垃圾回收)。另外一个更激进的方法是在首次甚至每次调用 GC.Collect 之前将 GCSettings.LargeObjectHeap-CompactionMode 设置为 GCLargeObjectHeapCompactionMode. CompactOnce。

现在你知道了调用 GC.GetTotalMemory 且给 forceFullCollection 参数传入 true 的成本有多高。如果应用程序使用内存的模式非常动态化，那么调用 GC.GetTotalMemory 可能导致执行 20 次完整阻塞式 GC！因此在大型且内存动态化较高的应用程序中，这个调用甚至可能耗时超过 1 秒钟才能得到结果。

另外一个尚未解释的细节是：如前所述，执行 GC 期间只会处理判决代和更低代的可终结对象。比如执行第 1 代 GC 时，只有 finalization queue 中的第 0 代和第 1 代可终结对象才会在变为不可到达时移动到 fReachable queue。

这需要 finalization queue 能够基于代管理其内部的数据，才可能从中找到任意指定代的存活对象。可以想到的一个解决方案是在处理 finalization queue 时检查每个对象，检查它位于哪一代的地址范围内。但请记住，第 2 代和 LOH 可能位于多个段中，因此这种检查的开销很大，会消耗宝贵的 GC 时间。正因如此，finalization queue 本身是分代管理的，它将对象地址组织到不同的段中，每个段对应到特定的代。执行某一代的 GC 时，它只需要处理对应的段即可。当一个对象被提升或降级时，对象地址也需要提升或降级到相应的段中！这又是一个终结机制带来的性能开销。

finalization queue 和 fReachable queue 当前都通过一个普通的对象数组实现(如图 12-1 所示)，在后面会将其称为 finalization array。它在逻辑上分成以下 3 个区域。

- 终结部分：此部分再被细分成 4 段，分别对应到 3 个代和 LOH；
- fReachable 部分：此部分再被细分成分别具有关键终结器或普通终结器的对象地址；
- 空闲部分：上述段扩展其自身大小时就可以使用此部分。

不同段之间的边界由另外一个被称为 fill pointers 的小型地址数组进行管理。因此，访问某个指定代的 finalization queue 只需要访问由相应 fill pointer 指定的某个范围内的数组元素即可。将对象从 finalization queue 提升到 fReachable queue，意味着需要在不同段之间复制一个给定的地址(对象使用的是关键终结器还是普通终结器决定了它会被复制到 fReachable 区域的哪个部分)。在不同代之间提升或降级对象同样意味着需要在不同代所对应的段之间复制一个给定的地址。由于 finalization array 的元素之间不会留空，因此这种复制操作实际上需要在源位置和目标位置之间移动所有元素(并相应地更新 fill pointers)。

如前所述，一个带有终结器的新对象必须被添加到 finalization queue，此行为被称为"终结注册(registering for finalization)"。从实现的角度来看，这个对象必须被添加到 finalization array 中的第 0 代段(是的，这同样需要将它后面的位于 Critical 和 Normal fReachable 段中的元素全部往右移动一个位置)。正因如此，由于可能有多个线程同时访问 finalization queue(访问来自于每个线程的 allocator)，因此有一个控制对它的访问的锁。此外，如果 finalization array 满了，将创建一个大 20% 的新数组。这显然又是一个终结导致的开销，对锁的使用以及复制数组元素操作都可能减慢分配速度，影响用户线程的执行效率。

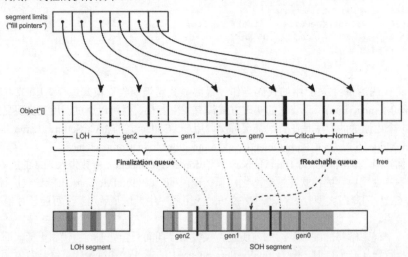

图 12-1　包含 finalization 和 fReachable queue 的终结内部实现机制图示。为了简化的目的，图中只画出了少量对象的引用，在实际场景中，所有 finalization array 的元素(除了空闲部分)都包含了某个对象的有效地址

GC 类提供了两个重要的与终结机制有关的 API。第一个是 GC.ReRegisterForFinalize(object) 方法，它再次注册一个已经注册过的可终结对象。本章后面部分将解释为什么需要再次执行终结注册操作。GC.ReRegisterForFinalize(object)内部调用的运行时方法和回收阶段常规终结注册过程中调用的方法相同，因此它的开销也和上面描述的常规终结注册导致的开销相同。但由于通常会在一个终结器中调用此 API，因此它的开销无关紧要。

第二个 API 是 GC.SuppressFinalize(object)方法，它显式禁止执行一个可终结对象的终结器。这个操作被称为"抑制终结(suppressing finalization)"，本章稍后解释它的重要性。由于用户线程经常调用它(作为 Disposable 模式的一个步骤)，因此它进行了高度优化。抑制终结的过程完全不需要操作 finalization array，此操作不需要真正从 finalization array 移除对象地址并移动一大堆后续数组元素。此 API 通过避免同步访问 finalization array 而避免了相关的开销。它仅执行一个非常高效的操作：设置对象标头中的一个 bit。终结器线程工作期间，不会调用此 bit 被设置过的对象的 Finalize 方法。

如前所述，GC 会在标记阶段结束时扫描 finalization array 中存储特定代对象地址的段，检查那些对象是否已被标记(被标记则表示对象仍被某个根引用)。如果一个对象未被标记，它的地址将移动到 Critical 或 Normal fReachable 段。

之后，终结器线程会读取那些段的元素并相应更新 fill pointers[因此，一旦读取一个对象，它将位于不会再被扫描的空闲部分(图 12-1 所示的 free 区域)并变为真正的不可到达]。当前的.NET 实现只有一个终结器线程，曾有传闻会为运行时添加多个终结器线程，但尚未得到 CLR 团队的确认。从实现角度而言，完全可以让多个终结器线程同时读取并处理 fReachable queue 中的元素。

如果对与终结有关的 CoreCLR 源代码感兴趣，可以从阅读 CFinalize 类开始，它实现了此处描述的机制。此类的实例存储于 gc_heap::finalize_queue 字段，因此，如果应用程序有多个堆，实际上也会相应地存在多个 finalization array(但终结器线程仍然只有一个)。CFinalize 将 finalization array 存储于 m_Array 字段，其类型是 Object**(Object 指针的数组)，fill pointers 则由 Object**[] m_FillPointers 字段管理(指向 finalization array 元素的指针的数组)。m_Array 最开始有 100 个元素，然后由 CFinalize::GrowArray 方法对它按需扩展(创建一个增大 20%的新数组，然后将现有元素复制至新数组)。

GC.SuppressFinalize 方法的实现很简单，它调用 GCHeap::SetFinalizationRun 方法，设置指定对象标头中的 BIT_SBLK_FINALIZER_RUN 位。

上面提到的 GCHeap::RegisterForFinalization 方法调用 CFinalize::RegisterForFinalization 方法，移动相应元素(中间如果有需要，会调用 GrowArray)以将一个对象地址存储到 finalize queue。

GC 在标记阶段会调用 CFinalize::GcScanRoots 方法，开始标记两个 fReachable 段(两个最后使用的 m_Array 段)中的对象。在标记阶段结束时，针对适当的段(对应此次 GC 的判决代和更低代)调用 CFinalize::ScanForFinalization 方法，此方法将使用适当的参数(取决于对象具有的是普通终结器还是关键终结器)调用 MoveItem 执行终结提升(finalization promotion)。如果找到了任何 fReachable 对象，它会触发 hEventFinalizer 事件，唤醒终结器线程。最终在 GC 结束时，调用 CFinalize::UpdatePromotedGenerations 方法检查位于 finalization queue 中所有当前代的对象，将它们相应地移动到合适的段中。

FinalizerThread::FinalizerThreadWorker 方法实现了终结器线程的主循环。它总是等待 hEventFinalizer 事件，等到后，调用 FinalizerThread::FinalizeAllObjects 和 FinalizerThread::DoOneFinalization (内部先检查对象标头中的 BIT_SBLK_FINALIZER_RUN 是否设置，如果未设置，调用对象的终结器方法)开始进行处理。

细心的读者可能会问：为什么要使用这些专门的 queue 和终结器线程呢？为什么不直接在 GC 中调用终结器？这是个好问题。请记住，终结器的代码是用户写的。理论上，程序员可以在终结器中写任何代码，包括调用 Thread.Sleep 让线程休眠 1 小时。如果 GC 在工作期间调用终结器，它就会被阻塞 1 小时！更糟糕的是，终结器代码可能导致死锁，这会让整个 GC 都变成死锁状态。在 GC 中执行用户编写的终结器代码将使 GC 挂起时间完全无法预测。因此，以异步方式处理终结操作安全得多。

终结的开销

终结带来的开销是什么量级？通常来说，测量 GC 期间由于终结而导致的额外对象提升和整体 finalization queue 处理带来的开销并非易事。但我们可以很容易地测量由于终结而导致的慢速分配分支带来的开销。使用 BenchmarkDotNet 对比测试创建多个可终结对象和不可终结对象的场景(如代码清单 12-11 所示)可以得到我们想要的数据。

代码清单 12-11 分配可终结对象开销基准测试

```
public class NonFinalizableClass
{
  public int Value1;
  public int Value2;
  public int Value3;
  public int Value4;
}

public class FinalizableClass
{
  public int Value1;
  public int Value2;
  public int Value3;
  public int Value4;
  ~FinalizableClass()
  {
  }
}

[Benchmark]
public void ConsumeNonFinalizableClass()
{
  for (int i = 0; i < N; ++i)
  {
    var obj = new NonFinalizableClass();
    obj.Value1 = Data;
  }
}

[Benchmark]
public void ConsumeFinalizableClass()
{
  for (int i = 0; i < N; ++i)
  {
    var obj = new FinalizableClass();
    obj.Value1 = Data;
  }
}
```

测试结果令人大开眼界(如图 12-2 所示)。在如此简单的场景中，分配小型可终结对象要比分配一个常规(不可终结)对象慢很多(并且，终结器导致的额外提升触发了第 1 代 GC)！两个方法的 JIT 编译生成的底层汇编代码是一样的(除了调用的分配器函数不同)。如果很少创建可终结对象，那么它带来的性能问题并不严重，但如果在应用程序的性能关键代码块中需要大量创建某种类型的对象，请仔细衡量为它添加终结器的代价。

Method	N	Mean	Gen 0	Gen 1	Allocated
ConsumeNonFinalizableClass	1	2.777 ns	0.0076	-	32 B
ConsumeFinalizableClass	1	132.138 ns	0.0074	0.0036	32 B
ConsumeNonFinalizableClass	10	30.667 ns	0.0762	-	320 B
ConsumeFinalizableClass	10	1,342.092 ns	0.0744	0.0362	320 B
ConsumeNonFinalizableClass	100	316.633 ns	0.7625	-	3200 B
ConsumeFinalizableClass	100	13,607.436 ns	0.7477	0.3662	3200 B
ConsumeNonFinalizableClass	1000	3,244.837 ns	7.6256	-	32000 B
ConsumeFinalizableClass	1000	131,725.089 ns	7.5684	3.6621	32000 B

图 12-2　对代码清单 12-11 使用 BenchmarkDotNet 进行基准测试的结果(Gen 0 和 Gen 1 列显示了每个测试执行周期触发第 0 代和第 1 代 GC 的平均次数)

根据目前为止描述的所有终结机制实现细节，我们可以将终结的缺点总结如下。

- 默认情况下，它在分配对象时强制使用慢速分支，且在分配时还因为需要操作 finalization queue 而引入额外的开销；
- 默认情况下，它会让对象被提升至少一次，这既使得对象的生存期更长，也会在对象仍然存活时由于对象的可终结特性而导致一些额外开销(主要是因为对象所在的代发生变化后，需要将它的地址移动到对应代的 finalization list)；
- 如果可终结对象的分配速度快于它们被终结的速度，将导致危险的结果(如场景 12-1 所示)。

12.2.5　场景 12-1：由于终结而导致的内存泄漏

描述：我们的应用程序内存使用率随时间不断攀升。所有堆的\.NET CLR Memory\# Bytes 和 \.NET CLR Memory\Gen 2 heap size 性能计数器都在增长。我们试图调查为什么会有内存泄漏，但没有找到任何明显的原因。此场景模拟了一种不太常见但仍可能发生的内存泄漏问题。

有一种颇为微妙的导致内存泄漏的可能性。由于 fReachable queue 中的终结器是逐个顺序执行的，如果有些终结器执行得很慢，整个 fReachable queue 的处理时间也会随之延长。如果可终结对象的分配速度快于它们被终结的速度，fReachable queue 将不断增长，里面堆满了等待执行终结器的可终结对象。这也是另外一个应当使终结器代码尽量保持简洁的原因。

代码清单 12-12 演示了这样一个"邪恶"的终结器。此示范应用程序创建可终结对象的速度比终结器得以运行的速度快得多。通过模拟这样一个高流量场景，当我们面临前面章节所提到的"中年危机"问题时，GC 将频繁触发[1]。

代码清单 12-12　演示由终结导致的内存泄漏的实验代码

```
public class LeakyApplication
{
  public void Run()
```

[1] 为方便演示，我们在每次迭代时手动触发 GC。这个精心设计的示例使问题体现得更为明显。

```
    {
      while (true)
      {
        Thread.Sleep(100);
        var obj = new EvilFinalizableClass(10, 10000);
        GC.KeepAlive(obj); // prevent optimizing out obj completely
        GC.Collect();
      }
    }
  }

  public class EvilFinalizableClass
  {
    private readonly int finalizationDelay;

    public EvilFinalizableClass(int allocationDelay, int finalizationDelay)
    {
      this.finalizationDelay = finalizationDelay;
      Thread.Sleep(allocationDelay);
    }

    ~EvilFinalizableClass()
    {
      Thread.Sleep(finalizationDelay);
    }
```

虽然已经知道了导致泄漏的原因，但还是让我们从诊断的角度看看它有何具体表现。顺便说一下，我希望读者已经知道了这个问题的解决方案——避免使用终结器，如果确实必须使用终结器，尽可能让它既快速又简单。

让我们先从侵入性较低同时也是最简单的工具开始——性能计数器。查看此应用程序运行阶段的特性时，确实会注意到第 2 代内存空间持续增长(如图 12-3 中的细线所示)。与此同时，还可以查看两个与终结相关的性能计数器指标。

- \.NET CLR Memory \Finalization Survivors：由于终结而使得从上次 GC 中幸存下来的对象数量(更确切地说，应该是在上次 GC 期间从 finalization queue 移动到 fReachable queue 的对象数量)。
- \.NET CLR Memory\Promoted Finalization-Memory from Gen 0：由于终结而使得从上次 GC 中幸存下来的所有对象大小(同样，如上所说，指的是从 finalization queue 移动到 fReachable queue 的所有对象总大小)。除了这个计数器指标的略带误导性的名字之外，请注意它包含了所有回收的代的对象，而不是仅仅第 0 代。

如果不使用性能计数器，也可以从 ETW/LLTgn 事件中获取到这些信息：GCHeapStats_V_1 事件的 FinalizationPromotedCount 和 FinalizationPromotedSize 字段包含了上面的两个值。

上面提到的两个性能计数器在图 12-3 上显示的曲线几乎是一条直线，它们展示了不断提升一个 24 字节大小的对象后所发生的情况。监控这样一个应用程序的过程中，这种情况不会让我们太紧张。由于 GC 在每次分配一个对象后触发，因此每次 GC 只会提升一个可终结对象。请注意，这些计数器的显示结果与可终结对象的分配速度息息相关，创建的对象个数越多，(由于终结因素)被提升的对象数量也越多。这些计数器无法告诉我们被提升对象身上到底发生了什么。

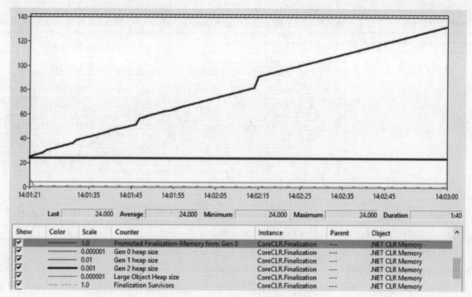

图 12-3　与终结有关的性能计数器

可惜的是，没有性能计数器可以直接展示终结速率或 fReachable queue 的大小。由于许多工具完全不将 fReachable queue 计入内存统计(用户代码认为那些对象已经死亡，fReachable queue 是唯一引用它们的根)，因此分析此类问题颇为棘手。有些工具(即使不是所有工具)会将 EvilFinalizableClass 实例显示为不可到达，这不会在我们的大脑中触发任何警报，通常我们不会从它们身上寻找内存泄漏的根源(我们会觉得毕竟它们已经是不可到达了，因此它们不可能是问题的根源所在)。我们暂且假设已经知道问题与终结有关，直接跳到分析终结的步骤。但是，解决"第 2 代内存空间不断增加"问题的典型方法是查看第 2 代中的对象到底持有何内容(通过在 PerfView 中分析 heap 快照或在 WinDbg 中借助 SOS 扩展分析内存)。我们稍后将展示这个典型分析方法的步骤。

我们可以使用 Microsoft-Windows-DotNETRuntime/GC 组中与终结有关的 ETW 事件(在 PerfView 的 Collect 对话框中使用标准.NET 选项可以记录这些事件)监控如下终结事件。

- FinalizersStart：GC 完成后，当终结器线程被唤醒以开始执行终结器时触发；
- FinalizeObject：终结器线程处理每个可终结对象时触发；
- FinalizersStop：执行完当前这批对象的终结器之后(所有 fReachable queue 中的对象都处理完毕)触发。

查看 PerfView 记录下来的这些事件，可以很快揭示出问题根源之所在(如图 12-4 所示)。尽管应用程序一开始完成了一次快速的终结处理，但接下来的第二次终结处理变得很不正常，每个终结器的执行都间隔整整 10 秒！终结器线程的执行速度远远跟不上创建 EvilFinalizableClass 实例的速度(因为在记录的事件列表中再也看不到 FinalizersStop 事件)。

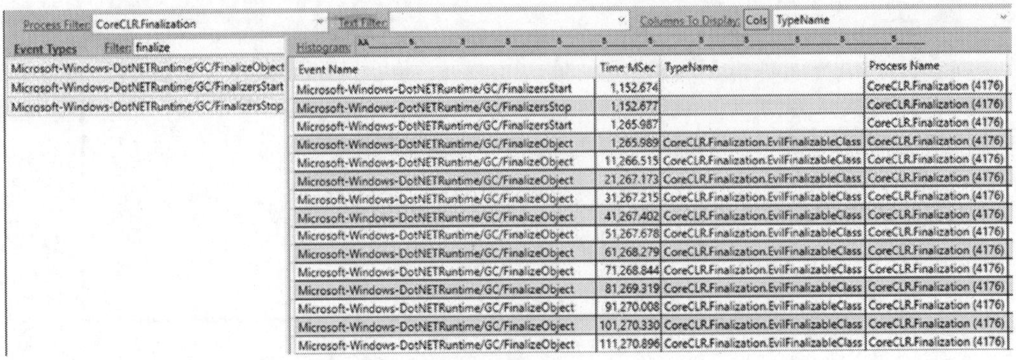

图 12-4　与终结有关的 ETW 事件

显然在一个真实的应用程序场景中，这种问题所展现出来的事件列表会更复杂。但总的来说，运行时间过长的终结器会导致与图 12-4 类似的结果。

虽然终结处理时间过长是一个有用的线索，但最好有办法可以直接展示问题的根源，即 fReachable queue 的不断增大。可惜，当前的 PerfView heap 快照功能不会列出 fReachable queue 类型的根 [1]，而只会列出 finalization queue(如图 12-5 所示)。同样，其他工具通常会把这些对象简单地显示成不可到达，不会直接检查 fReachable queue。

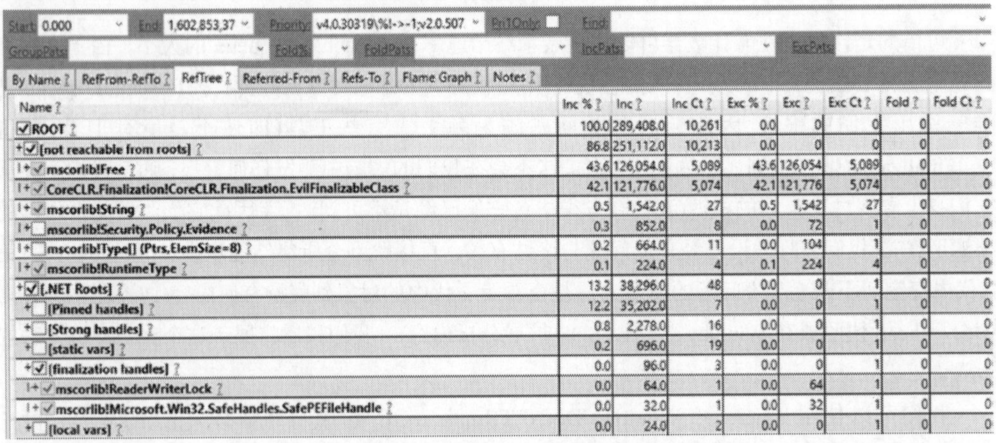

图 12-5　heap 快照的 Roots 列表中不包含 fReachable queue

但使用 WinDbg 可以直接查看 finalization queue 和 fReachable queue。进行实时调试或内存转储分析时，使用 SOS 指令!finalizequeue 可以列出非常详细的信息(如代码清单 12-14 所示)。正如所见，它会同时列出"finalizable objects"(由于可终结对象是分代的，因此它也会按不同代分别列出)和"ready for finalization"对象，后者指的正是 fReachable queue 中的对象。我们一下子就能看出问题所在，如代码清单 12-13 所示，有多达 5175 个 fReachable 对象！

代码清单 12-13　使用 SOS 的 finalizequeue 指令检查 finalization queue

```
> !finalizequeue
SyncBlocks to be cleaned up: 0
```

---

1 已针对此问题创建一个 issue: https://github.com/Microsoft/perfview/issues/722，阅读本书时，你可以跟踪此 issue 的最新状态。

```
Free-Threaded Interfaces to be released: 0
MTA Interfaces to be released: 0
STA Interfaces to be released: 0
----------------------------------
generation 0 has 1 finalizable objects (000001751fe7e700->000001751fe7e708)
generation 1 has 0 finalizable objects (000001751fe7e700->000001751fe7e700)
generation 2 has 2 finalizable objects (000001751fe7e6f0->000001751fe7e700)
Ready for finalization 5175 objects (000001751fe7e708->000001751fe888c0)
Statistics for all finalizable objects (including all objects ready for
finalization):
             MT   Count    TotalSize Class Name
00007ffcee93c3e0     1            32 Microsoft.Win32.SafeHandles.
SafePEFileHandle
00007ffcee93d680     1            64 System.Threading.ReaderWriterLock
00007ffc93a35c98  5176        124224 CoreCLR.Finalization.
EvilFinalizableClass
Total 5178 objects
```

在指令后面附加 –allReady 参数可以仅显示 fReachable queue 的内容(如代码清单 12-14 所示)。它清楚地显示出一共存在 5175 个 EvilFinalizableClass 实例。有这么多 fReachable 对象一定是有问题的。我们还可以通过采集内存转储并查看数量是否不断增加,以进一步得到确认。

代码清单 12-14　使用 SOS 的 finalizequeue 指令仅检查 fReachable queue

```
> !finalizequeue -allReady
SyncBlocks to be cleaned up: 0
Free-Threaded Interfaces to be released: 0
MTA Interfaces to be released: 0
STA Interfaces to be released: 0
----------------------------------
generation 0 has 1 finalizable objects (000001751fe7e700->000001751fe7e708)
generation 1 has 0 finalizable objects (000001751fe7e700->000001751fe7e700)
generation 2 has 2 finalizable objects (000001751fe7e6f0->000001751fe7e700)
Finalizable but not rooted:
Ready for finalization 5175 objects (000001751fe7e708->000001751fe888c0)
Statistics for all finalizable objects that are no longer rooted:
             MT   Count    TotalSize Class Name
00007ffc93a35c98  5175        124200 CoreCLR.Finalization.EvilFinalizableClass
Total 5175 objects
```

代码清单 12-14 还列出了位于底层 finalization array 中相应可终结对象段的地址范围(显示于括号内)。我们可以转储给定地址范围内的数组内容,获取具体的可终结对象引用(代码清单 12-15 显示了 fReachable queue 范围内的内容)。

代码清单 12-15　查看 fReachable queue 的内容

```
> dq 000001751fe7e708 000001751fe888c0
...
00000175`1fe88888 00000175`21850358 00000175`21850388
00000175`1fe88898 00000175`218503b8 00000175`218503e8
00000175`1fe888a8 00000175`21850418 00000175`21850448
00000175`1fe888b8 00000175`21850478 00000175`2182ae28
> !do 00000175`2182ae28
Name:         CoreCLR.Finalization.EvilFinalizableClass
MethodTable:  00007ffc93a35c98
```

```
EEClass:        00007ffc93b41208
Size:           24(0x18) bytes
...
```

SOSEX 扩展提供的 finq 和 frq 指令也可以用来执行类似分析，它们会相应列出 finalization 和 fReachable queue 的内容(如代码清单 12-16 所示)。我之所以提到它们，是因为它们的输出结果似乎更直观。

代码清单 12-16   使用 SOSEX 的 finq 和 frq 指令检查 2 个 finalization queue

```
> .load g:\Tools\Sosex\64bit\sosex.dll
> !finq -stat
Generation 0:
        Count        Total Size    Type
        -------------------------------------------------------------
            1            24        CoreCLR.Finalization.EvilFinalizableClass

1 object, 24 bytes

Generation 1:
0 objects, 0 bytes

Generation 2:
        Count        Total Size    Type
        -------------------------------------------------------------
            1            32        Microsoft.Win32.SafeHandles.SafePEFileHandle
            1            64        System.Threading.ReaderWriterLock

2 objects, 96 bytes

TOTAL: 3 objects, 120 bytes

> !frq -stat
Freachable Queue:
        Count        Total Size    Type
        -------------------------------------------------------------
         5175         124200       CoreCLR.Finalization.EvilFinalizableClass

5,175 objects, 124,200 bytes
```

当前，MEX WinDbg 扩展中的!mex.finalizable 指令似乎不会正确列出.NET Core 应用程序中的 fReachable 对象。

12.2.6 复活(Resurrection)

有一个与终结有关的非常有趣的主题。我们已经知道，当对象的根只剩下 fReachable queue 时，它的终结器将被调用。终结器线程调用对象的 Finalize 方法，然后将它的引用从 queue 中移除。对象由此变为不可到达状态，并将在下一次其所在代的 GC 中被回收。

但 Finalize 方法可以包含任何用户代码，而且它是一个实例方法(可以访问 this)。因此，终结器代码完全可以将此对象自己的引用(this)赋值给某个全局根(如静态成员)，突然间，此对象重新变成了可到达状态(如代码清单 12-17 所示)！这种情况被称为复活(Resurrection)，其根源来自于终结器代码的不可控。

代码清单 12-17　对象复活的示例(并非完全正确)

```
class FinalizableObject
{
  ~FinalizableObject()
  {
    Program.GlobalFinalizableObject = this;
  }
}
```

正要被回收的对象摇身一变,重新变回一个普通的可到达对象。现在那个全局引用(在我们的示例中是 Program.GlobalFinalizableObject)是此对象唯一的根,但如果愿意,当然可以扩展出其他引用它的根。

如果复活的对象重新变成不可到达状态,又将发生什么呢?它会被回收还是会再次复活?为了回答这个问题,我们要记得分配对象期间有一个终结注册的步骤。执行终结器之后,对象的引用从 fReachable queue 移除。复活不会将对象再次放进 finalization queue,因此当代码清单 12-18 中的 FinalizableObject 实例第二次变为不可到达状态时,不会再次执行它的终结器,实际上它根本不会再出现在 finalization queue 中!

但是当对象可以复活时,我们希望它总是可以随时被复活,而不仅仅只能复活一次。因此,我们需要使用之前提到过的 GC.ReRegisterForFinalize 方法,重新对这个对象执行一次终结注册(如代码清单 12-18 所示)。重新终结注册后,我们创造了一个永生对象,它永远不会被回收。但代码清单 12-18 中的这个简单示例做不到真正的永生,因为我们会创建多个 FinalizableObject 类的实例,由于存在竞态条件,因此只有最后一个可终结对象才会重新终结注册并正确复活。

代码清单 12-18　对象复活的示例(对代码清单 12-17 的修正)

```
class FinalizableObject
{
  ~FinalizableObject()
  {
    Program.GlobalFinalizableObject = this;
    GC.ReRegisterForFinalize(this);
  }
}
```

复活并不是一个常见的技巧,即使 Microsoft 自己的代码中也很少使用它。这是因为复活以一种隐蔽的方式戏弄了对象的生存期管理机制,它不但拥有而且放大了终结机制的所有缺点。

使用复活的场景之一是对象池,终结器可以用来将一个对象归还至某个共享的池子(复活它),如代码清单 12-19 所示。但作者使用 EvilPool 命名它并且没有将所有必需的代码补全是有原因的。基于显式池化管理接口(比如第 6 章介绍过的 ArrayPool<T>)可以更好的方式实现对象池。基于终结器实现隐式池化管理并没有特别的好处。请始终牢记终结器的首要使用原则:最好不使用终结器(尤其是在存在更简单替代方案的情况下)。但是,虽然不一定有实用价值,尝试完整地实现 EvilPool 可以作为一项饶有乐趣的练习。

代码清单 12-19　对象复活实用场景示例

```
public class EvilPool<T> where T : class
{
  static private List<T> items = new List<T>();
  static public void ReturnToPool(T obj)
  {
    // ...
    // Add obj to items
    GC.ReRegisterForFinalize(obj);
  }

  static public T GetFromPool() { ... }
}

public class SomeClass
{
  ~SomeClass()
  {
    EvilPool<SomeClass>.ReturnToPool(this);
  }
}
```

可以对每个定义了终结器的对象调用 GC.ReRegisterForFinalize 和 GC.SuppressFinalize 方法，方法的参数是普通 object 类型(但它们内部会检查作为参数传入的对象是否确实定义有终结器)。这意味着通过在代码中手动调用这些方法，可以“戏弄”对象资源管理，在某种程度上控制对对象终结器的调用。对于有些对象，这种“戏弄”会导致预期之外的结果。System.Threading.Timer 类就是一个例子，它的作用是按照指定间隔在线程池上定期执行一个方法。Timer 类的终结器的作用应当是告诉线程池取消此定时器。因此，如果对一个 Timer 对象调用 GC.SuppressFinalize，抑制其终结器的执行，这个定时器的行为将产生异常，它永远也不会停止。这可能是也可能不是一个糟糕的设计决策。但在大部分使用 Timer 的场景中，这种以奇怪的方式控制对象内部运作的行为都会令人感到意外。

如果真的想让某个类型依赖终结机制但又不希望遭遇此类问题，应当让终结器不能被人为抑制。首先应当使类变为 sealed，这样它不能被继承，也就无法通过子类重写其 Finalize 方法。其次是引入专门的辅助程序或可终结对象，由它们负责终结主对象。System.Threading.Timer 类正是使用了这些技巧，代码清单 12-20 对它们进行了简要展示。在其内部，一个私有的 TimerHolder 类持有对主 Timer 对象的引用。当 Timer 实例变为不可到达状态时，timerHolder 字段也将变为此状态，这使得后者的终结器被调用，并通过它完成对父对象的清理(请注意，此示例同时包含 Disposable 模式的一部分内容)。

代码清单 12-20　Timer 类源代码的简化版本(内部使用了内嵌的可终结对象)

```
public sealed class Timer : IDisposable
{
  private TimerHolder timerHolder;

  public Timer()
  {
    timerHolder = new TimerHolder(this);
  }
```

```
private sealed class TimerHolder
{
  internal Timer m_timer;

  public TimerHolder(Timer timer) => m_timer = timer;

  ~TimerHolder() => m_timer?.Close();

  public void Close()
  {
    m_timer.Close();
    GC.SuppressFinalize(this);
  }
}

public void Close()
{
  Console.WriteLine("Finalizing Timer!");
}

public void Dispose()
{
  timerHolder.Close();
}
```

通过这个方法，我们既使用了终结机制又没有将它暴露出来，Timer 并非由它自己终结！无法对 Timer 对象调用 GC.ReRegisterForFinalize 和 GC.SuppressFinalize 方法。

在复活对象的场景中，只调用 GC.ReRegisterForFinalize 而不将对象复制给任何根(比如在代码清单 12-18 中不包含 Program.GlobalFinalizableObject = this 这行代码)是否有任何意义？当然有！这样做会发生什么呢？重新注册一个对象会将它添加到 finalization queue 并在下次 GC 时得到处理。然后整个循环再来一次：它被提升到 fReachable queue，它的终结器被调用，于是它再一次被复活……我们创建了一个仅被两个终结 queue 引用的永生对象。本章稍后的代码清单 12-36 将展示这种用法的一个用途。但在大部分场景中，重新终结注册是可选的行为，这样做会导致多次执行终结器代码(如果终结逻辑非常复杂或至关重要，才有必要多次执行终结器代码)。请切记，知道这种技巧的存在并不表示你应当这样做。

12.3　Disposable 对象

本书到目前为止已经介绍了许多有关非确定性终结的内容。现在让我们将目光转向资源清理的首选方法：确定性显式终结。它在概念上比使用终结器的非确定性终结简单很多，这也是它最大的优点之一。确定性终结没有那么多陷阱和缺点。实际上，确定性终结在概念上只有两个方法。

- 一个初始化方法：用于创建和存储资源。在.NET 环境中对应的是运行时支持的构造函数，分配一个对象时会调用其构造函数。
- 一个清理方法：用于释放资源。在.NET 环境中没有一个专门的运行时支持的清理方法。此方法的命名也是多种多样。

让我们回过头看看代码清单 12-1 所示的 FileWrapper 类，尝试去掉其中定义的终结器并添加一个显式清理方法，最终我们将得到类似代码清单 12-21 所示的结果。Cleanup 只是一个可以调用的普通方法，它在其内部释放所有相关资源。代码清单中还添加了一个用于演示的 UseMe 方法。

代码清单 12-21　使用显式清理的简单示例

```
class FileWrapper
{
  private IntPtr handle;
  public FileWrapper(string filename)
  {
    Unmanaged.OFSTRUCT s;
    handle = Unmanaged.OpenFile(filename, out s, 0x00000000);
  }

  // Cleanup
  public void Close()
  {
    if (handle != IntPtr.Zero)
      Unmanaged.CloseHandle(handle);
  }

  public int UseMe()
  {
    byte[] buffer = new byte[1];
    If (Unmanaged.ReadFile(this.handle, buffer, 1, out uint read, IntPtr.Zero))
    {
      return buffer[0];
    }
    return -1;
  }
}
```

使用显式清理时，一切都是如此简单(如代码清单 12-22 所示)。所有操作都以可见的顺序执行，没有任何隐藏的"机巧"。所有对象的使用都被放在它的初始化(构造函数)和清理方法之间，因此激进式根回收不会干扰对象的正常使用。我们完全清楚地知道底层资源何时被分配，何时被释放。

代码清单 12-22　使用代码清单 12-21 定义的 FileWrapper

```
var file = new FileWrapper(@"C:\temp.txt");
Console.WriteLine(file.UseMe());
file.Close();
```

既然这种方法如此美好，为什么还有人费心去发明一种替代方案(基于终结器的非确定性终结)呢？这是因为这种方法有一个巨大的缺点：程序员必须记住调用清理方法。忘记调用清理方法将导致(很可能有限的)资源未释放。

为了帮助程序员，C#通过引入 IDisposable 接口将显式清理标准化。此接口的声明异常简洁(如代码清单 12-23 所示)。它代表一份声明："我有一些完成工作之后需要清理的东西"。

代码清单 12-23　IDisposable 接口声明

```
namespace System {
  public interface IDisposable {
    void Dispose();
  }
}
```

因此基于这个设计，代码清单 12-21 的 FileWrapper 类应当实现 IDisposable 接口并在 Dispose 方法的实现中调用 Close 方法(或如代码清单 12-24 所示，直接用 Dispose 方法替代 Close 方法)。

代码清单 12-24　使用 IDisposable 接口实现显式清理的简单示例

```
class FileWrapper : IDisposable
{
  private IntPtr handle;
  public FileWrapper(string filename)
  {
    Unmanaged.OFSTRUCT s;
    handle = Unmanaged.OpenFile(filename, out s, 0x00000000);
  }

  // Cleanup
  public void Dispose()
  {
    if (handle != IntPtr.Zero)
      Unmanaged.CloseHandle(handle);
  }

  public int UseMe()
  {
    byte[] buffer = new byte[1];
    if (Unmanaged.ReadFile(this.handle, buffer, 1, out uint read, IntPtr.Zero))
    {
      return buffer[0];
    }
    return -1;
  }
}
```

有了 IDisposable 这个成熟的接口，有助于对代码进行各种人工或自动化审查。如果有人创建了一个实现 IDisposable 接口的类型的实例(以下简称为 disposable 对象)却从未调用过它的 Dispose 方法，则很明显可能有问题。各种自动化工具(如 ReSharper)非常擅长检查出这种问题。

> IDisposable 接口的注释中写道："理论上，编译器可以将此接口作为一个标记，如果方法中分配了 disposable 对象，则编译器可以沿所有使用它的代码路径确认是否对它进行了清理，但在实践中，约束力如此强的编译器会难倒许多程序员。"

如果只能通过外部工具审查是否正确调用了清理方法，无疑是一个遗憾。为了进一步标准化显式清理，C#特意引入了 using 子句。这是一个让我们可以避免手动调用 Dispose 的简单语法糖(如代码清单 12-25 所示)。

代码清单 12-25　using 子句示例

```
public static void Main()
{
  using (var file = new FileWrapper())
  {
    Console.WriteLine(file.UseMe());
  }
}
```

C#编译器把 using 子句转换成 try-finally 代码块，并在 finally 中调用 Dispose 方法(如代码清单 12-26 所示)。请注意，这同时也确保了激进式根回收不会过早回收一个对象实例，因为在代码块的结尾才会调用对象的 Dispose 方法。

代码清单 12-26　using 子句所生成的结果代码(转换自代码清单 12-25)

```
public static void Main()
{
  FileWrapper fileWrapper = new FileWrapper();
  try
  {
    Console.WriteLine(file.UseMe());
  }
  finally
  {
    if (fileWrapper != null)
    {
      ((IDisposable)fileWrapper).Dispose();
    }
  }
}
```

但即使 C#提供了 using 子句,也没法保证程序员一定会使用它。换言之,程序员完全可能直接实例化一个 disposable 对象后忘记调用它的 Dispose 方法。using 子句体现的只是一种好的代码风格而非强制性约束。

如果从资源管理角度而言,执行清理工作至关重要(大部分情况都是如此),有两种可能的策略:

- 礼貌地请求程序员一定记得调用 disposable 对象的 Dispose 方法:虽然听起来有点好笑,但实际上这是首选的策略。如果此请求的必要性很高,可以使用前面提到的辅助工具来检查 disposable 对象是否总是在 using 子句中被使用。很容易就能检查出没有正确遵循标准用法的代码,甚至可以拒绝包含这种问题的代码的 pull request。
- 利用终结器作为调用 Dispose 的兜底方案:这是一个相当流行的方案。如果用户代码没有显式调用 Dispose,终结器将代为调用。这个方案只有一个缺点,我们将被迫使用尽量避免使用的终结器。在这种终结器的使用场景中,终结器中的代码会非常简单且仅用于保护性用途,因此我们可以假设它们不会引发太多与终结器有关的问题。但使用终结器仍然会导致分配对象时速度稍慢,而且会在 finalization queue 中添加一个对象。请确保仅在必要时才使用此方案。

使用第二个方案时,如果终结器的唯一作用就是通过调用 Dispose 清理资源,那么当一个合格的程序员显式调用 Dispose 后就没有必要再执行终结器了。前面曾提到的 GC.SuppressFinalize 方法正是用于这种用途,它将禁止调用一个对象的终结器。这引出了一种非常流行的模式,即让 Dispose 方法调用 GC.SuppressFinalize 以避免执行不再需要的终结器。System.Reflection 库中定义的抽象 CriticalDisposableObject 类是此模式的标准示范(如代码清单 12-27 所示)。CriticalDisposableObject 类实现了一个必须执行资源清理操作的可终结对象,它通过 Dispose 执行资源清理并使用终结器兜底。

代码清单 12-27　System.Reflection 中的 internal 类型 CriticalDisposableObject

```
namespace System.Reflection.Internal
{
  internal abstract class CriticalDisposableObject :
CriticalFinalizerObject, IDisposable
  {
    protected abstract void Release();
```

```
    public void Dispose()
    {
      Release();
      GC.SuppressFinalize(this);
    }


    ~CriticalDisposableObject()
    {
      Release();


    }
  }
}
```

这种将通过 IDisposable 执行显式清理和通过终结器执行隐式清理整合起来的方法，被称为 Disposable 模式(或 IDisposable 模式)。两者的整合可以一种更具结构性的方式进行(如代码清单 12-28 所示)。Disposable 模式几乎可以被视为.NET 的一项标准。它与 CriticalDisposableObject 的主要区别是定义了一个虚拟 Dispose 方法，终结器和显式 Dispose 方法都统一调用此虚拟 Dispose 方法，并分别将 disposing 参数指定为 false 和 true。子类通过重写虚拟 Dispose 方法，可以在保持终结逻辑的前提下添加自己特定的资源清理代码。此外，定义了一个专门的 disposed 字段以防止多次执行清理代码。每个 public 方法都应检查 disposed 标志并抛出 ObjectDisposedException 异常告知调用者不应再使用此实例。

代码清单 12-28 结合了隐式和显式清理的 IDisposable 模式的简单示例

```
class FileWrapper : IDisposable
{
  private bool disposed = false;

  private IntPtr handle;
  public FileWrapper(string filename)
  {
    Unmanaged.OFSTRUCT s;
    handle = Unmanaged.OpenFile(filename, out s, 0x00000000);
  }

  // Cleanup
  protected virtual void Dispose(bool disposing)
  {
    if (!disposed)
    {
      if (disposing)
      {
        // Put here code required only in case of explicit Dispose call
      }

      // Common cleanup - including unmanaged resources
      if (handle != IntPtr.Zero)
        Unmanaged.CloseHandle(handle);
      disposed = true;
    }
  }
}
```

```
~FileWrapper()
{
  Dispose(false);
}

public void Dispose()
{
  Dispose(true);
  GC.SuppressFinalize(this);
}

public int UseMe()
{
  if (this.disposed) throw new ObjectDisposedException("...");

  byte[] buffer = new byte[1];
  if (Unmanaged.ReadFile(this.handle, buffer, 1, out uint read, IntPtr.Zero))
  {
    return buffer[0];
  }
  return -1;
}
}
```

将 Disposable 对象和 using 子句结合使用可以实现简单的引用计数功能，第 7 章的代码清单 7-3 对此有过演示。那个示例专门定义了一个辅助类并在 using 子句中使用它。辅助类的构造函数递增一个引用计数器，它的 Dispose 方法则相应递减计数器。当引用数量降为 0，则触发目标对象的清理。显然，我们可以为类实现完整的 Disposable 模式，以确保即使引用计数工作不正常也能最终执行清理操作。

根据.NET 源代码中 IDisposable 接口的注释所写，实现的 Dispose 方法需要满足如下需求。

- 可以安全地多次调用；
- 释放与此实例关联的所有资源；
- 如果需要，调用基类的 Dispose 方法；
- 抑制此实例的终结，减少 finalization queue 中对象的数量[1]；
- Dispose 一般不应抛出异常，除非遇到了意料之外的非常严重的错误(如 OutOfMemoryException 异常)。

介绍完 IDisposable、disposable 对象和 Disposable 模式之后，请记住，它们与 GC 并没有直接的关系！Dispose 方法并不会回收对象占用的内存，也和诸如杀死对象之类的操作无关。如果本章只能让你记住一个知识点，那就记住这个。正如你所注意到的，本小节根本未曾提及运行时(除了提及终结的时候)。Disposable 对象完全是在语言层面上实现的。

12.4 安全句柄

实现终结器有许多需要注意的地方。非托管资源在很多时候都表示为一个句柄或指针(对

---

1 如前所述，抑制终结的操作很简单，只需要设置对象标头中的一个 bit 即可。因此我们无须担心由此导致的性能开销(即使分别在父类和子类的虚拟 Dispose 方法中执行两次抑制终结操作也无伤大雅)。

应.NET 的 IntPtr 类型)。正因为这两个原因，.NET Framework 2.0 引入了一种帮助我们处理非托管资源的新类型：构建于关键终结器之上的 SafeHandle 类。它的出现标志着有了一种更胜一筹的管理系统资源的方法(相比于使用终结器、裸 IntPtr 和 HandleRef)。由于几乎所有句柄都可以表示为 IntPtr，因此它将其封装起来，给予其额外的默认行为并提供了运行时支持。

因此，相比于直接实现一个终结器，首选且建议的替代方案是创建一个继承自 System.Runtime.InteropServices.SafeHandle 抽象类的类型(如代码清单 12-29 所示)，并使用它作为句柄的封装器。由于它已经内置实现了许多逻辑，因此避免了很多我们自行实现终结逻辑时可能遇到的问题。SafeHandle 拥有关键终结器并实现了 Disposable 模式，它的 Dispose 和 Finalize 方法的逻辑实际上都对外隐藏起来了(在运行时内部实现)。

代码清单 12-29 SafeHandle 类的代码片段(为了简洁起见，未列出包括成员 attribute 在内的许多代码)

```
public abstract class SafeHandle : CriticalFinalizerObject, IDisposable
{
  protected IntPtr handle; // this must be protected so derived classes can use out params.
  private int _state; // Combined ref count and closed/disposed flags (so we can atomically
modify them).

  ~SafeHandle()
  {
    Dispose(false);
  }

  public void Dispose() {
    Dispose(true);
  }

  protected virtual void Dispose(bool disposing)
  {
    if (disposing)
      InternalDispose();
    else
      InternalFinalize();
  }

  [MethodImplAttribute(MethodImplOptions.InternalCall)]
  extern void InternalFinalize();

  [MethodImplAttribute(MethodImplOptions.InternalCall)]
  private extern void InternalDispose();

  public abstract bool IsInvalid { get; }

  protected abstract bool ReleaseHandle();
}
```

InternalDispose 和 InternalFinalize 方法由 CoreCLR 源码中的 SafeHandle::DisposeNative 和 SafeHandle::Finalize 实现。SafeHandle::DisposeNative 和 SafeHandle::Finalize 都调用 SafeHandle::Dispose，后者再调用 SafeHandle::Release——这个包含真正逻辑的方法。它将调用 IsInvalidHandle 托管方法，如果返回 true，则(通过 SafeHandle::RunReleaseMethod)调用托管的 ReleaseHandle 方法。

使用 SafeHandle 不仅是一个好的设计实践,运行时对它还有特别对待。最特别也是最重要的一点,是 CLR 在 P/Invoke 调用期间会以特殊方式处理它,它不会(像 HandleRef 那样)被垃圾回收,而是基于安全的原因使用引用计数逻辑。这意味着每个 P/Invoke 调用都包含 JIT 编译的用于递增引用计数器的逻辑,并在调用结束后递减计数器。只有引用计数器归零的对象实例才会释放它们的句柄,也只有引用计数器归零的显式清理才会真正释放资源。这种特别的处理方式可以防止所谓的恶意句柄重用攻击(请参考下面的解释)。

句柄重用攻击

直接使用系统句柄(就像在 FileWrapper 示例中直接使用最常见的 IntPtr 类型)存在一个微小的安全缺陷。在 Windows 中,由于系统句柄是一种非常有限的系统级资源,因此倾向于尽量重用它们。在一个.NET 进程内可以使用所谓的句柄重用攻击,从(只拥有有限安全权限的)非完全信任线程中获取到只有完全信任线程才能访问的句柄。当一个托管对象持有一个句柄而且提供了某种显式的释放资源的方法(比如通过常见的 Disposable 模式暴露了 Dispose 方法),就可以实施这种攻击。在其他线程仍在使用某个资源(句柄)时,不被完全信任的攻击线程可以显式清理它也持有的这个资源(关闭底层句柄,但仍然保留句柄值)。其他线程这时会发现自己的状态遭到了某种程度的破坏,因为它使用的句柄被突然关闭了。此外,在同一时间,其他被完全信任的线程可能刚刚打开一个新资源并收到相同的、重用的句柄值。攻击线程现在就有了指向新资源的新的句柄值,而它可能原本并不具备对资源的访问权限。

因此,相比其他替代者,使用 SafeHandle 有诸多好处。

- SafeHandle 拥有关键终结器,这使它既比常规可终结对象更可靠,也不需要为它编写定制的终结器代码:程序员避免了写出错误终结代码的可能性。
- SafeHandle 仅对非托管资源(句柄)进行了最小化的简单封装:这消除了创建包含大量依赖项的大型对象的风险,那些依赖项将由于终结而提升。
- 使用 SafeHandle 的对象完全无须使用终结器:当一个持有并使用 SafeHandle 子类对象的对象变为不可到达,它持有的 SafeHandle 子类对象也将变为不可到达。因此,SafeHandle 的终结器最终将被调用并释放句柄。
- 更好的生存期管理:GC 在 P/Invoke 调用期间对 SafeHandle 的特别处理会使其自动保持存活状态,无须使用 GC.KeepAlive 技巧或使用 HandleRef。
- 由于有多个对应不同资源的 SafeHandle 子类型,因此使用它比直接使用 IntPtr 拥有更好的强类型支持:因为有更好的强类型支持,P/Invoke API 不必直接使用毫无意义的 IntPtr 句柄,你也避免了将一个文件句柄传递给 Mutex API 之类的错误。
- 对句柄重用攻击的防范使得安全性得以提高。

可惜的是,虽然 SafeHandle 已经引入.NET 生态系统许久,但它从未得到广泛使用(尽管框架本身经常使用它)。人们通常仍然倾向于直接实现终结器,即使需要封装简单 IntPtr 句柄的场景也依然如此。

如果对 JIT 如何特别处理 SafeHandle 感兴趣,可以从阅读 ILSafeHandleMarshaler::ArgumentOverride 方法的源代码开始。在 P/Invoke 调用期间,此方法会在内部相应调用 SafeHandle::AddRef 和 SafeHandle::Release。

定义继承 SafeHandle 的类型非常简单。继承 SafeHandle 必须重写它的两个成员:IsInvalid 和 ReleaseHandle。为方便程序员,.NET 甚至内置了两个更具体的抽象类:SafeHandleMinusOneIsInvalid

和 SafeHandleZeroOrMinusOneIsInvalid，它们内置实现了简单的 IsInvalid 逻辑(从类名可以推断出它们使用的内置判断逻辑)。

派生类可以访问 protected 的 IntPtr 句柄并通过 SetHandle 方法设置它。为了改进 FileWrapper，我们首先需要创建定制的处理文件的 SafeHandle(如代码清单 12-30 所示)。此 SafeHandle 派生类的核心逻辑位于构造函数(用于分配句柄)和 ReleaseHandle 方法中 [1]。

代码清单 12-30　实现 SafeHandle 派生类的示例

```
class CustomFileSafeHandle : SafeHandleZeroOrMinusOneIsInvalid {
  // Called by P/Invoke when returning SafeHandles. Valid handle value will be set
     afterwards.
  private CustomFileSafeHandle() : base(true)
  {
  }

  // If and only if you need to support user-supplied handles
  internal CustomFileSafeHandle (IntPtr preexistingHandle, bool
ownsHandle) : base(ownsHandle)
  {
    SetHandle(preexistingHandle);
  }

  internal CustomFileSafeHandle(string filename) : base(true)
  {
    Unmanaged.OFSTRUCT s;
    IntPtr handle = Unmanaged.OpenFile(filename, out s, 0x00000000);;
    SetHandle(handle);
  }

override protected bool ReleaseHandle()
  {
    return Unmanaged.CloseHandle(handle);
  }
}
```

改进后的 FileWrapper 类可以使用上面这个 SafeHandle 派生类作为一个字段(如代码清单 12-31 所示)。新 FileWrapper 类依旧实现了类似代码清单 12-28 的 Disposable 模式，但由于现在它不再直接包含任何非托管资源(非托管资源已经被封装到 CustomFileSafeHandle 的一个字段中)，因此不再需要定义终结器。显式清理会释放句柄，但即使忘记调用 Dispose 方法，CustomFileSafeHandle 的终结器也会代替我们完成句柄的释放。

代码清单 12-31　使用基于 SafeHandle 的资源的简单示例

```
public class FileWrapper : IDisposable
{
  private bool disposed = false;
  private CustomFileSafeHandle handle;
  public FileWrapper(string filename)
  {
    Unmanaged.OFSTRUCT s;
    handle = Unmanaged.OpenFile(filename, out s, 0x00000000);
  }
```

---

1 它们的目的是提供一种使用句柄的标准方式，因为这些值(0、−1)通常被视为句柄无效的标志。

```
    public void Dispose()
    {
      if (!disposed)
      {
        handle?.Dispose();
        disposed = true;
      }
    }

    public int UseMe()
    {
      byte[] buffer = new byte[1];
      if (Unmanaged.ReadFile(handle, buffer, 1, out uint read, IntPtr.Zero))
      {
        return buffer[0];
      }
      return -1;
    }
}
```

请注意，代码清单 12-31 中出现的两个 P/Invoke 调用(OpenFile 和 ReadFile)的返回值和参数都是 CustomFileSafeHandle 类型(如代码清单 12-32 所示)。之所以可以这样使用，是因为 P/Invoke marshaling 机制可以在底层将 SafeHandle 派生类视为 IntPtr。使用句柄时，这种用法提供了更好的类型安全性。

代码清单 12-32　在 P/Invoke 方法中使用基于 SafeHandle 的句柄

```
public static class Unmanaged
{
  [DllImport("kernel32.dll", BestFitMapping = false, ThrowOnUnmappableChar = true)]
  public static extern CustomFileSafeHandle OpenFile2([MarshalAs(Unmanaged
  Type.LPStr)]string lpFileName,
    out OFSTRUCT lpReOpenBuff,
    long uStyle);

  [DllImport("kernel32.dll", SetLastError = true)]
  public static extern bool ReadFile(CustomFileSafeHandle hFile,
  [Out] byte[] lpBuffer, uint nNumberOfBytesToRead, out uint
  lpNumberOfBytesRead, IntPtr lpOverlapped);
  ...
}
```

在我们的示例中，甚至不需要为文件句柄定义专门的 SafeHandle。.NET 已内置实现了针对如下典型资源类型的预定义安全句柄。

- SafeFileHandle：用于文件句柄的安全句柄；
- SafeMemoryMappedFileHandle 和 SafeMemoryMappedViewHandle：与内存映射文件句柄相关的安全句柄；
- SafeNCryptKeyHandle、SafeNCryptProviderHandle 和 SafeNCryptSecretHandle：用于加密资源的安全句柄；
- SafePipeHandle：用于命名管道句柄的安全句柄；
- SafeProcessHandle：用于进程的安全句柄；

- SafeRegistryHandle：用于注册表键的安全句柄；
- SafeWaitHandle：安全等待句柄(用于同步场景)。

如果对 SafeHandle 实现的原生部分(运行时部分)感兴趣，可以阅读 CoreCLR 源码的.\src\vm\safehandle.cpp 文件。

如果在非托管相关代码的某些部分确实需要直接使用 IntPtr，可以通过 DangerousGetHandle 方法获取底层原始句柄。但请记住，由于原始 IntPtr 无法以任何方式进行跟踪，这将使它暴露于潜在的泄漏风险之中。因此，使用来自 SafeHandle 的原始句柄时，应当调用它提供的两个引用计数方法(DangerousAddRef 和 DangerousRelease)以通知 SafeHandle，达到保护的目的。

终结器存在的必要性实际上没有想象中那么高。我们越来越少看到，也越来越少需要编写自定义终结器。终结器的大多数使用场景都可以由 SafeHandle 代劳。

12.5 弱引用

弱句柄(weak handle)是一种尚未介绍过的句柄类型，也是一种非常有趣的根类型。它的概念非常简单：它存储了对一个对象的引用，但其自身不被视作一个根(它对目标对象的引用不会使后者保持可到达状态)。换言之，GC 在标记阶段不会扫描弱句柄以确定对象的生存期。只要目标对象处于可到达状态，弱句柄就一直"活着"，但只要目标对象变为不可到达，弱句柄便也被清零。

存在两种弱句柄类型，如下。

- 短期弱句柄(short weak handles)：当 GC 决定回收对象时，它们在终结器运行之前即被清零。即使终结器复活了对象，引用它的短期弱句柄将保持被清零状态。
- 长期弱句柄(long weak handles)：当对象由于终结被提升时，它们的目标仍然保持有效。如果终结器复活了对象，引用它的长期弱句柄将保持有效状态(指向同一个对象)。因此，这种弱句柄可以跟踪复活对象。

让我们在下面的示例中创建一个非常简单的类，并使它可以选择性复活(如代码清单 12-33 所示)。

代码清单 12-33 一个在终结器内实现了复活功能的类

```
public class LargeClass
{
  private readonly bool ressurect;
  public LargeClass(bool ressurect) => this.ressurect = ressurect;
  ~LargeClass()
  {
    if (ressurect)
    {
      GC.ReRegisterForFinalize(this);
    }
  }
}
```

调用 GCHandle.Alloc 并为它传入 GCHandleType.Weak 或 GCHandleType.WeakTrack-Resurrection 参数将创建一个弱句柄(如代码清单 12-34 和 12-35 所示)。它的 Target 属性指向目标对象，如果目标已被回收，Target(根据是否考虑复活的影响)返回 null。

代码清单 12-34 短期弱句柄用法示例

```
var obj = new LargeClass(ressurect: true);
GCHandle weakHandle = GCHandle.Alloc(obj, GCHandleType.Weak);
GC.Collect();
GC.WaitForPendingFinalizers();
GC.Collect();
Console.WriteLine(weakHandle.Target ?? "<null>"); // prints <null>
```

代码清单 12-35 长期弱句柄用法示例

```
var obj = new LargeClass(ressurect: true);
GCHandle weakHandle = GCHandle.Alloc(obj, GCHandleType.
WeakTrackResurrection);
GC.Collect();
GC.WaitForPendingFinalizers();
GC.Collect();
Console.WriteLine(weakHandle.Target ?? "<null>"); // prints CoreCLR.
Finalization.LargeClass
```

短期弱句柄在对象第一次被回收时即被清零(即使对象可能被复活),而长期弱句柄只有在对象最终真正被回收时才会被清零。

但是弱引用有什么用处呢? 以下是它们的两个主要应用场景。

● 各种类型的观察者和侦听器(如事件):你希望在对象被其他第三方使用时保持对它的引用,但是又不想对象状态被这样的观察所影响。

● 缓存:我们可以创建存储普通引用的缓存,但如果一段时间未用到它,则将缓存从普通引用转换为弱引用。不需要主动剔除缓存项,某个特定代(由于缓存已经在内存中待了一段时间,因此很可能是第 2 代)的下一次 GC 自然会将缓存项回收。通过控制“弱缓存移除”的时机,可以在内存占用率(缓存存在的时间越长,占用内存越多)和对象创建开销(缓存被移除之后,再次访问它时必须重建对象)之间取得平衡。

位于核心.NET 库中的 Gen2GcCallback 类(如代码清单 12-36 所示)是一个展现弱引用“观察者本质”的有趣示例。经过本章的各种介绍,你已经能看出它是一个带有可选复活功能的关键可终结对象。它通过持有对一个指定目标对象的短期弱引用对它进行观察。它会在每次执行终结器时执行指定的回调,因此回调会在每一次目标对象所在代的 GC 时被执行。回调会在头两次第 0 代和第 1 代 GC 以及随后的每次第 2 代 GC 时执行,因此 Gen2GcCallback 只能“大致”(而不能精确地)实现“第 2 代 GC 回调”(代码清单 12-36 头部注释中有针对此问题的修补方案)。如果弱句柄被清零,Gen2GcCallback 对象将不再复活,因此一旦目标对象被回收,将不再执行回调。如果没有弱引用,将无法实现 Gen2GcCallback 所需的功能,因为 Gen2GcCallback 会直接引用目标对象并使其永远保持存活。

PinnableBufferCache 内部利用 Gen2GcCallback 在每次第 2 代 GC 时调用自己的 TrimFreeListIfNeeded 方法[1]。

代码清单 12-36 System 库中使用弱引用和复活功能的有趣示例

```
/// <summary>
/// Schedules a callback roughly every gen 2 GC (you may see a Gen 0 an Gen
    1 but only once)
```

---

1 我们是在边缘地带疯狂试探,此处非常依赖于对象如何提升的具体实现细节。比如对于当前实现而言,如果目标对象被固定(pinned)或成为 extended pinned plug 的一部分,它可能被降级,这样我们将在第 0 代或第 1 代执行更多次回调。

```
/// (We can fix this by capturing the Gen 2 count at startup and testing, but I mostly
don't care)
/// </summary>
internal sealed class Gen2GcCallback : CriticalFinalizerObject
{
  private Gen2GcCallback()
  {
  }

  public static void Register(Func<object, bool> callback, object targetObj)
  {
    // Create a unreachable object that remembers the callback function and target object.
    Gen2GcCallback gcCallback = new Gen2GcCallback();
    gcCallback.Setup(callback, targetObj);
  }

  private Func<object, bool> _callback;
  private GCHandle _weakTargetObj;

  private void Setup(Func<object, bool> callback, object targetObj)
  {
    _callback = callback;
    _weakTargetObj = GCHandle.Alloc(targetObj, GCHandleType.Weak);
  }

  ~Gen2GcCallback()
  {
    // Check to see if the target object is still alive.
    object targetObj = _weakTargetObj.Target;
    if (targetObj == null)
    {
      // The target object is dead, so this callback object is no longer needed.
      _weakTargetObj.Free();
      return;
    }

    // Execute the callback method.
    try
    {
      if (!_callback(targetObj))
      {
        // If the callback returns false, this callback object is no longer needed.
        return;
      }
    }
    catch
    {
      // Ensure that we still get a chance to resurrect this object, even if the callback
          throws an exception.
    }

    // Resurrect ourselves by re-registering for finalization.
```

```
    if (!Environment.HasShutdownStarted)
    {
        GC.ReRegisterForFinalize(this);
    }
}
```

除了手动创建以 GCHandle 表示的弱句柄，还可以选择使用专门的 WeakReference 和 WeakReference<T>类型(如代码清单 12-37 和 12-38 所示)。它们实现了与弱句柄完全相同的功能且带有强类型支持，因此它们是使用弱句柄功能的首选。请注意它们的名字是 WeakReference 而非 WeakHandle，这是因为弱句柄实现的是弱引用语义，使用 WeakReference 作为名字可以将内部的实现细节隐藏起来(类的使用者可能对它们内部实际由弱句柄实现的细节不感兴趣)。

WeakReference 使用 object 作为目标对象的类型，它提供 3 个重要的成员。
- IsAlive：检查目标对象是否仍然存活。
- Target：访问目标对象。
- TrackResurrection：检查是否在目标对象复活后仍然应当保持对它的跟踪。

但这个 API 中存在一个小问题，如代码清单 12-37 所示。在 weakReference.IsAlive 和 weakReference.Target 两个调用之间，GC 有可能被触发并回收目标对象，使得条件检查的结果不再有效。此外，将普通 object 用于目标对象类型绝非好的设计实践，使用目标对象之前需要将它强制转换成其实际类型。

代码清单 12-37 使用 WeakReference 类型的示例

```
var obj = new LargeClass(ressurect: true);
WeakReference weakReference = new WeakReference(obj, trackResurrection: false);
if (weakReference.IsAlive)
  Console.WriteLine(weakReference.Target ?? "<null>"); // prints <null>
```

因此，.NET Framework 4.5 引入了一个新的泛型版本。除了提供泛型支持，新版本的 API 也有一点变化。现在它只有一个以原子操作方式获取目标对象信息的 TryGetTarget 方法(如代码清单 12-38 所示)。

代码清单 12-38 使用 WeakReference<T>类型的示例

```
var obj = new LargeClass(ressurect: true);
WeakReference<LargeClass> weakReference = new
WeakReference<LargeClass>(obj, trackResurrection: false);
if (weakReference.TryGetTarget(out var target))
  Console.WriteLine(target);
```

请注意，通过把弱引用的目标对象赋值给某个可到达的根，可以轻易将它转换成一个强引用。internal 的 System.StrongToWeakReference<T>类在其内部使用了这个方法(如代码清单12-39所示)。它是一个弱引用，但可以根据需要同时保持对目标对象的强引用。将强引用设置为 null 即可将其转换为一个纯粹的弱引用。如果弱引用仍然存活，也可以将其再转回成一个强引用。显然，如果目标对象已被垃圾回收，转回成强引用的操作将失败(因此我更倾向于应该提供一个返回 bool 的 TryMakeStrong()方法，而不是提供一个可能失败的 MakeStrong()方法)。

代码清单 12-39 StrongToWeakReference 类是一个可以在强引用和弱引用之间转换的示例

```
internal sealed class StrongToWeakReference<T> : WeakReference where T : class
{
  private T _strongRef;

  public StrongToWeakReference(T obj) : base(obj)
  {
    _strongRef = obj;
  }

  public void MakeWeak() => _strongRef = null;
  public void MakeStrong()
  {
    _strongRef = WeakTarget;
  }

  public new T Target => _strongRef ?? WeakTarget;
  private T WeakTarget => base.Target as T;
```

现在介绍弱引用的两个最典型的应用场景：缓存与事件监听器。

12.5.1　缓存

听到或读到有关弱引用的内容时，程序员立刻会想到的第一件事就是将它和缓存联系到一起。在内存中将对象以"弱缓存"的形式保存下来是一种很有诱惑力的想法。对象仍将以标准方式使用它，但在缓存中同时会创建一个专门的指向它的弱引用，这样就不会由于缓存此对象行为本身而延长对象的生存期。目标对象处于存活状态时，缓存中的弱引用也同样保活，当应用程序不再用到目标对象，它会被正常回收，不受缓存中弱引用的影响。以这种方式，我们可以缓存应用程序正在使用的对象(这样当其他代码需要同样的对象时，不必重新创建一个重复的对象)。这是弱引用的一个相当有用的应用场景。

在大多数情况下，缓存还应考虑时间因素，即使某些数据暂时不再使用，也仍然将它们在缓存中保留一段时间。显然，仅用弱引用尚不足以实现此功能。我们需要在一段固定时间或距离对象最后使用时间之后一段时间之内，在缓存中仍然保留对目标对象的强引用。超过阈值时间后，再从缓存中删除(逐出)它们。

我们可以更进一步，设计一种"弱逐出缓存(weak eviction cache)"策略。此策略在一段时间后并非直接删除被缓存的强引用，而是将其转换为弱引用。这是一种更和缓的缓存策略，缓存将在一定时间内保留目标对象，在这之后则仅在对象仍被使用时继续保留它。换言之，当缓存项已过期但仍被使用时并不立即将它从缓存中移除，而是在它仍被使用期间继续保留它。在不使用弱引用的常规缓存使用场景中，只能在一段时间之后无条件地移除缓存项，这是因为没有弱引用的帮助，缓存找不到办法检查是否有其他地方仍在使用某个对象(假设没有特定 API 可以用来通知缓存是否仍在使用某个对象，我们这里讨论的通用对象缓存通常不会提供这种功能)。

让我们假设代码清单 12-39 中的 StrongToWeakReference 类有一个扩展的 StrongTime 字段来跟踪转换成强引用的时间。通过 StrongToWeakReference 类可以实现一个非常简洁的弱逐出缓存，如代码清单 12-40 所示。它将缓存项保存到一个字典中，字典的值是可以表示强/弱引用的 StrongToWeakReference 对象。缓存项首先以强引用保存在字典中，然后定期执行的 DoWeakEviction 方法会在某个时刻将相应的强引用转换为弱引用(并清除已失效的缓存项)。

代码清单 12-40　使用弱引用实现的定期时间弱逐出缓存

```
public class WeakEvictionCache<TKey, TValue> where TValue : class
{
  private readonly TimeSpan weakEvictionThreshold;
  private Dictionary<TKey, StrongToWeakReference<TValue>> items;

  WeakEvictionCache(TimeSpan weakEvictionThreshold)
  {
    this.weakEvictionThreshold = weakEvictionThreshold;
    this.items = new Dictionary<TKey, StrongToWeakReference<TValue>>();
  }

  public void Add(TKey key, TValue value)
  {
    items.Add(key, new StrongToWeakReference<TValue>(value));
  }

  public bool TryGet(TKey key, out TValue result)
  {
    result = null;
    if (items.TryGetValue(key, out var value))
    {
      result = value.Target;
      if (result != null)
      {
        // Item was used, try to make it strong again
        value.MakeStrong();
        return true;
      }
    }
    return false;
  }

  public void DoWeakEviction()
  {
    List<TKey> toRemove = new List<TKey>();
    foreach (var strongToWeakReference in items)
    {
      var reference = strongToWeakReference.Value;
      var target = reference.Target;
      if (target != null)
      {
        if (DateTime.Now.Subtract(reference.StrongTime) >= weakEvictionThreshold)
        {
          reference.MakeWeak();
        }
      }
      else
      {
        // Remove already zeroed weak references
        toRemove.Add(strongToWeakReference.Key);
      }
    }

    foreach (var key in toRemove)
```

```
    {
      items.Remove(key);
    }
  }
```

请注意，WeakEvictionCache 类的实现过于简洁，如果考虑在真实项目中使用它，需要对它进行大量改进(包括提供更好的 API 和线程安全性)。

12.5.2　弱事件模式

弱引用的另外一种典型应用场景是弱事件。.NET 代码可以很方便地使用事件，但同时事件也是内存泄漏最常见的源头之一。我们将首先介绍事件引发内存泄漏的场景，然后再讲解如何使用弱事件解决这个问题。

代码清单 12-41 展示了两个简单的模拟 Windows 界面应用场景(例如 Windows Forms、WPF 或其他类似 UI 框架)的类。它们体现了典型的 Windows 界面元素组织方式，几乎所有元素都彼此以父子关系相互关联。在元素之间互相订阅彼此的事件是非常常见的用法。示例中准备了一个 SettingsChanged 事件和位于其他组件中用于订阅此事件的 RegisterEvents 方法。

代码清单 12-41　模拟 UI 库的两个简单类

```
public class MainWindow
{
  public delegate void SettingsChangedEventHandler(string message);
  public event SettingsChangedEventHandler SettingsChanged;
}

public class ChildWindow
{
  private MainWindow parent;
  public ChildWindow(MainWindow parent)
  {
  this.parent = parent;
  }

  public void RegisterEvents(MainWindow parent)
  {
    // ChildWindow - target, MainWindow - source
    parent.SettingsChanged += OnParentSettingsChanged;
  }

  private void OnParentSettingsChanged(string message)
  {
    Console.WriteLine(message);
  }
}
```

代码清单 12-42 的示例代码使用上面定义的两个类型演示了一个 UI 应用程序的典型用法。示例创建了一个主窗体和多个执行某些工作的子窗体，子窗体将订阅父窗体的事件。每次循环都会触发 GC，积极回收所有可回收的对象。为了让我们更清楚地看到执行结果，代码维护一个跟踪所有子窗体的弱引用列表(WeakReference 非常完美地契合此示例的需求)。

代码清单 12-42　由于未退订事件而导致的内存泄漏示例

```
public void Run()
{
  List<WeakReference> observer = new List<WeakReference>();

  MainWindow mainWindow = new MainWindow();
  while (true)
  {
    Thread.Sleep(1000);
    ChildWindow childWindow = new ChildWindow(mainWindow);
    observer.Add(new WeakReference(childWindow));

    childWindow.RegisterEvents(mainWindow);    // Leave this line uncommented to leak
                                               //                 child windows

    childWindow.Show();

    GC.Collect();
    foreach (var weakReference in observer)
    {
      Console.Write(weakReference.IsAlive ? "1" : "0");
    }
    Console.WriteLine();
  }
```

　　显然，如果注释掉调用 RegisterEvents 方法的代码，子窗体对象会因为激进式根回收的介入而在调用 GC.Collect 之前变成不可到达状态。因此代码的运行结果将完全符合预期(如代码清单 12-43 所示)，每个子窗体都在当前循环中被回收。

代码清单 12-43　代码清单 12-42 的执行结果(注释掉 RegisterEvents 调用的情况)

```
ChildWindows showed
0
ChildWindows showed
00
ChildWindows showed
000
ChildWindows showed
0000
ChildWindows showed
00000
```

　　但只要子窗体注册了父窗体的事件，就会产生很明显的内存泄漏(如代码清单 12-44 所示)。内存中将保存越来越多的仍然存活的子窗体对象。

代码清单 12-44　代码清单 12-42 的执行结果(执行 RegisterEvents 调用的情况)

```
ChildWindows showed
1
ChildWindows showed
11
ChildWindows showed
111
ChildWindows showed
1111
```

```
ChildWindows showed
11111
```

这个问题显然有一个非常简单的解决方案，那就是需要有一个对应的 UnregisterEvents 方法，由它负责使用 -= 操作符退订父窗体的事件。这个解决方案虽然简单，但需要程序员有好记性，每次订阅一个事件后都记住执行相应的退订操作。我们稍后将继续讨论更合适的解决方案。现在先让我们深入探讨一下这种内存泄漏的深层原因。

注册事件是一个稍微有些复杂的过程。在类中定义一个相应的委托时，它在内部表现为一个继承自 System.MulticastDelegate 类型的嵌套类(如代码清单 12-45 所示)。可以看到，它的构造函数需要传入一个对象和一个方法，因为委托代表的是在某个目标上(对象实例)调用某个东西(方法)。

代码清单 12-45　SettingsChangedEventHandler 的内部实现

```
.class public auto ansi beforefieldinit CoreCLR.Finalization.MainWindow
  extends [System.Runtime]System.Object
{
 // Nested Types
 .class nested public auto ansi sealed SettingsChangedEventHandler
   extends [System.Runtime]System.MulticastDelegate
 {
  // Methods
  .method public hidebysig specialname rtspecialname
    instance void .ctor (
      object 'object',
      native int 'method'
    ) runtime managed
  {
  } // end of method SettingsChangedEventHandler::.ctor

  ...

  .method public hidebysig newslot virtual
    instance void Invoke (
      string message
    ) runtime managed
  {
  } // end of method SettingsChangedEventHandler::Invoke

 } // end of class SettingsChangedEventHandler
```

这正是 RegisterEvents 方法内部发生的事情(如代码清单 12-46 所示)。this 字段(ChildWindow 引用)被传递给 SettingsChangedEventHandler 的构造函数，然后调用 add_SettingsChanged 方法将此委托对象合并到当前的委托调用列表(如代码清单 12-47 所示)。

代码清单 12-46　RegisterEvents 方法所生成的 CIL 代码

```
.method public hidebysig
  instance void RegisterEvents (
    class CoreCLR.Finalization.MainWindow parent
  ) cil managed
{
  .maxstack 8
```

```
IL_0000: ldarg.1    // parent
IL_0001: ldarg.0    // this
IL_0002: ldftn     instance void ChildWindow::OnParentSettingsChanged
                    (string)
IL_0008: newobj    instance void MainWindow/
                    SettingsChangedEventHandler::.ctor(object, native int)
IL_000D: callvirt  instance void MainWindow::add_SettingsChanged
                    (class CoreCLR.Finalization.MainWindow/
                    SettingsChangedEventHandler)
IL_0012: ret
} // end of method ChildWindow::RegisterEvents
```

代码清单 12-47 SettingsChanged 事件的内部实现(为了简洁起见做了大量精简，省略了保证线程安全的代码)

```
public event MainWindow.SettingsChangedEventHandler SettingsChanged
{
  [CompilerGenerated]
  add
  {
    // value is of type SettingsChangedEventHandler (and contains ChildWindows reference
       in our example)
    this.SettingsChanged = (MainWindow.SettingsChangedEventHandler)
    Delegate.Combine(this.SettingsChanged, value);
  }
  remove
  {
    ...
  }
}
```

因此，ChildWindow 实例被放进表示 SettingsChanged 事件的委托调用列表中。换言之，事件成为它们唯一的根，使它们在应当被回收的时候仍然保持存活状态。甚至当 ChildWindows 实例不再对 SettingsChanged 事件感兴趣后，它们也依然由于事件的缘故无法被回收。这是一个可大可小的内存泄漏 bug，其严重程度取决于事件源的生存期比目标对象长多久。最糟糕的情况是静态事件(或者定义在静态类中的事件)，因为静态事件的生存期和 AppDomain 一样长(基本上也就相当于和整个应用程序一样长)，它们有足够的时间产生大量泄漏的内存。

事件源生存期越长，目标对象越重(占用的内存越大)，导致的内存泄漏问题就越严重。我曾经见过应用程序由于未退订静态事件而导致轻微内存泄漏之后，依然顺利运行了好几天的情况，也见过由于同样原因而导致严重内存泄漏之后，应用程序只坚持了几个小时就崩溃的情况。

请注意，上面的示例事件的定义方式特意不走寻常路。事件通常会使用第一个参数表示事件源(参数名通常为 sender):

```
public delegate void SettingsChangedEventHandler(object sender, string message);
```

但由于 sender 取自 MulticastDelegate 实例，这并不会对内存泄漏问题本身产生任何影响。我指出这一点是为了向你保证，导致事件源和目标对象紧紧绑定并产生内存泄漏的原因并非是这个参数。

此问题有何解决方案？由于你已经对弱引用有所了解，因此这个问题的解决方案应该呼之欲

出。事件源和目标对象之间的关系应该是弱引用，如果后者被回收，则没有必要仍然保存前者，反之亦然。

但是，完整且正确地实现"弱事件"模式并不是一件简单的事情。将它从头到尾讲解一遍需要占用太大篇幅，还是让我们大致看看 Windows Presentation Foundation 如何实现此模式。

遗憾的是，C#中漂亮且简洁的事件订阅/退订语法(表现为 += 和 -= 操作符)无法被定制用于弱事件模式场景。因此，弱事件模式的每种实现都使用基于普通方法调用的 API。例如，如果上面的示例 UI 应用程序是在 WPF 中编写的，则可以在 RegisterEvents 方法中使用类似代码清单 12-48 的方法订阅弱事件。WPF 有多种订阅弱事件的方法，但一般推荐使用通用的 WeakEventManager 静态 AddHandler 方法，由它连接事件各方。在代码清单 12-48 中，它将 parent 对象的 SettingsChanged 事件与 OnParentSettingsChanged 事件处理函数连接到一起(target 由底层委托隐式获取)。

代码清单 12-48　在 WPF 中使用弱事件模式

```
public void RegisterEvents(MainWindow parent)
{
  // ChildWindow - target
  // MainWindow - source
  WeakEventManager<MainWindow, string>.AddHandler(parent, "SettingsChanged",
OnParentSettingsChanged);
}
```

研究 WeakEventManager 的实现大有裨益。甚至 WeakEventManager 类的头部注释中也包含有丰富的内容(如代码清单 12-49 所示)。

代码清单 12-49　WeakEventManager.cs 源码文件的头部注释

```
// Normally, A listens by adding an event handler to B's Foo event:
//    B.Foo += new FooEventHandler(OnFoo);
// but the handler contains a strong reference to A, and thus B now
effectively has a strong reference to A. (...)
// The solution to this kind of leak is to introduce an intermediate
"proxy" object P with the following properties:
// 1. P does the actual listening to B.
// 2. P maintains a list of "real listeners" such as A, using weak
       references.
// 3. When P receives an event, it forwards it to the real listeners that
       are still alive.
// 4. P's lifetime is expected to be as long as the app (or Dispatcher).
```

如果想亲手实践弱引用，我强烈建议你研究 WPF 弱事件模式的实现方法。WeakEventManager 的核心部件之一是 WeakEventTable。其他需要关注的部件包括 Listener 结构(包含了指向目标对象的弱引用)和 EventKey 结构(包含了指向事件源对象的弱引用)。

为什么.NET 事件的默认实现方式不采用弱事件模式呢？弱事件模式不必显式退订事件，这难道不是更有帮助，与自动内存管理的风格更能保持一致吗？主要原因是弱事件模式导致的性能开销和由此获得的 API 便利性(不必显式退订)之间需要有所权衡。使用弱事件必然会用到弱句柄，而后者会引入性能和内存开销。事件的使用频率是不受限的，即使通常在一个应用程序中只会有十多个基于 UI 的事件，但它在设计上必须考虑到处理数百个实例的场景。因此相比使用句柄，使用常规的实例成员(本质上它们即事件)在开销角度而言安全得多。

所有这一切的目的都是为了让懒惰的程序员过得更轻松一点，使他无须思考应当在哪里退订事件。在大多数情况下，退订事件的正确时机都相当明显。MSDN 对 WPF 的弱事件有如下描述："当事件源和事件监听器的生存期彼此独立，则应当使用弱事件模式。使用具有集中事件调度功能的 WeakEventManager，即使源对象仍然存活，监听器的处理程序也可以被垃圾回收。"源对象与侦听器拥有彼此独立生存期的情况并不常见，因此默认情况下，使用显式清理(显式退订事件)仍然是更好的选择。而且，C#简洁的事件语法也为程序员提供了很好的使用体验。

如果你对 CoreCLR 中实现弱引用的源代码感兴趣，可以从 WeakReferenceNative::Create 方法开始，它的作用是在常规句柄存储中创建 HNDTYPE_WEAK_LONG 或 HNDTYPE_WEAK_SHORT 类型的句柄。在 GC 标记阶段，GCScan::GcShortWeakPtrScan 方法将未被提升的短期弱引用置为 null。稍后完成对 finalization roots 的扫描后，GCScan::GcWeakPtrScan 方法将长期弱引用的目标置为 null。

12.5.3 场景 12-2：由于事件导致的内存泄漏

描述：应用程序的内存占用率不断攀升。使用性能计数器进行仔细检查后，我们确认不断增长的确实是 Managed Heap。第 2 代中累积了越来越多的对象，但其碎片率随时间保持稳定(通过 PerfView 会话进行检查)。显然，我们遇到了一个内存泄漏问题，某些对象由于被未知的根引用而总是维持可到达状态。

让我们使用代码清单 12-42 中的代码作为此场景的简单模拟。当然，我们已经知道了这个示例的问题根源，但仍然使用它演示如何诊断此类问题。

分析：分析内存泄漏的过程中，有两种基本分析方法。

- 在内存占用率很高时采集一个内存转储。我们有充分理由可以假设，泄漏的对象总会以某种形式现形，无论是通过其数量、其占用内存总大小，还是在 finalization queue 中出现的次数(如果我们足够幸运，泄漏的对象恰好是可终结类型)等。在某些时候，这可能是唯一可行的分析方法，比如某个应用程序的内存泄漏问题可能非常难以重现，我们只有一次在生产环境中采集内存转储的机会。不过，分析此类内存转储的过程非常乏味，这主要是因为这种内存泄漏比单个大型对象的泄漏更复杂。内存转储中可能存在一大堆彼此关联的微型对象，它们由许多隐藏在整个对象图(object graph)中的某些难以察觉的根所持有。因此，分析此类内存转储需要我们有很好的直觉、对应用程序内部结构相当程度的了解(能快速识别出预期的对象引用结构)，以及少许运气。
- 先后采集两个或更多的内存转储然后分析它们之间的差异(最好能自动标识出差异)。如果可能，应尽量采用此方法。比较应用程序的前后状态可以消除不必要的噪音，泄漏的对象可以从其他对象中凸显出来，它们的分配和回收将呈现出某种规律。本书已经介绍过多种可行的分析工具。我个人更喜欢使用 WinDbg 中的底层分析工具，但这需要手动比对。更为推荐的方法是在 PerfView 中对采集的 heap 快照进行对比，这个方法开销较低，而且 PerfView 对差异分析具有良好支持。当然，所有商业分析工具也都能支持这个分析方法，因为它确实是分析内存泄漏根源的最佳途径。

让我们使用 PerfView 的 heap 快照对比功能来分析有内存泄漏的应用程序。运行此应用程序时，在观察到内存有显著增长之前和之后(以保证可以观察到泄漏的对象)分别采集两个 heap 快照(使用 Memory | Take Heap Snapshot 菜单项)。我总是喜欢在应用程序运行一段时间后再开始采集快照，以便应用程序运行完常规初始化代码后有机会预热并回收内存。

打开两个 heap 快照后，使用菜单中的 Diff | With baseline…对它们进行对比。根据使用的视图的不同，其对比分析的方式也各有不同。你可以从 ByName 视图(并基于 Inc 或 Exc 列排序)或 RefTree 视图开始分析，也可以直接查看 Flame Graph 视图。有时 Flame Graph 视图就已经可以提供足够的信息。对于我们的示例应用程序案例，可以立即在 Flame Graph 视图中看到两个快照的最大差异是 MainWindow 类型，它持有 SettingsChangedEventHandler，而 SettingsChangedEventHandler 再持有 ChildWindows 实例(如图 12-6 所示)。我们发现了一个非常可疑的嫌犯！

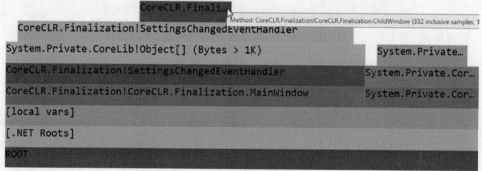

图 12-6　PerfView 中对比两个 heap 快照的 Flame Graph 视图

通过查看 RefTree 视图可以立即确认嫌犯的身份。生成两个快照之间共创建了超过 300 个 ChildWindow 和 SettingsChangedEventHandler 实例(如图 12-7 所示)。

Name ?	Inc % ?	Inc ?	Inc Ct ?	Exc % ?	Exc ?	Exc Ct ?
☑ROOT ?	100.0	41,280.0	996	0.0	0	0
+ ☑ [.NET Roots] ?	100.0	41,280.0	996	0.0	0	0
+ ☑ [local vars] ?	100.0	41,280.0	996	0.0	0	0
+ ☑ CoreCLR.Finalization!CoreCLR.Finalization.MainWindow ?	75.7	31,264.0	664	0.0	0	0
+ ☑ CoreCLR.Finalization!SettingsChangedEventHandler ?	75.7	31,264.0	664	0.0	0	0
+ ☑ System.Private.CoreLib!Object[] (Bytes > 1K) ?	75.7	31,264.0	664	5.0	2,048	0
+ ☑ CoreCLR.Finalization!SettingsChangedEventHandler ?	70.8	29,216.0	664	51.5	21,248	332
+ ☑ CoreCLR.Finalization!CoreCLR.Finalization.ChildWindow ?	19.3	7,968.0	332	19.3	7,968	332
+ ☑ System.Private.CoreLib!List<WeakReference> ?	24.3	10,016.0	332	0.0	0	0
+ ☑ UNDEFINED ?	0.0	0.0	0	0.0	0	0
+ ☑ System.Private.CoreLib!String[] ?	0.0	0.0	0	0.0	0	0
+ ☐ [static vars] ?	0.0	0.0	0	0.0	0	0
+ ☑ [COM/WinRT Objects] ?	0.0	0.0	0	0.0	0	0
+ ☐ [other roots] ?	0.0	0.0	0	0.0	0	0

图 12-7　PerfView 中对比两个 heap 快照的 RefTree 视图

上面的分析直接将问题源头指向了应用程序中有问题的事件处理程序。请注意，SettingsChangedEventHandler 对象使用了一个额外的 Object[]数组。该数组正是前面提到过的调用链列表，因为 SettingsChangedEventHandler 就是一个 MulticastDelegate(没错，这种委托在其内部保存了一个监听委托数组，里面都是一个个的委托。如果对 MulticastDelegate 实现细节感兴趣，可以查看它的源代码来进一步了解)。

为了演示在商用分析工具中如何分析内存泄漏，让我们看看.NET Memory Profiler 中的 heap 快照对比界面(两个快照先后采集自实时会话期间)，如图 12-8 所示。显然，我们看到了完全一样的分析结果，泄漏来自同一个有问题的事件处理程序。我们还看到有不少由弱引用持有的 GCHandle，但由于它们确实被保存在 observer 列表中(请参考代码清单 12-42)，因此这种情况是预期之内的。

Types

Show: All types		With any allocation					Show hierarchical					

			Live instances				Live bytes				
	Namespace	Name	Total	New	Removed	Delta ▼	Total	New	Remo...	Delta	Held
net	CoreCLR.Finalization	MainWindow_SettingsChangedEventHandler	1,341	452	1	451	85,824	28,908	64	28,864	114,352
net	CoreCLR.Finalization	ChildWindow	1,340	451	0	451	32,160	10,824	0	10,824	32,160
net	System	WeakReference	1,341	451	0	451	32,184	10,824	0	10,824	42,912
net		<GCHandle>	1,365	451	0	451	10,920	3,608	0	3,608	10,728
net	System.Text	OSEncoder	1	0	0	0	48	0	0	0	48
net	System.IO	SyncTextWriter	1	0	0	0	48	0	0	0	4,544

图 12-8　.NET Memory Profiler 中对比两个 heap 快照的概览视图

如前所述，所有其他可用的商业分析工具皆包含类似的快照对比功能(避免作者有推销.NET Memory Profiler 之嫌)。

12.6　本章小结

可终结对象和 disposable 对象与非托管互动的场景密切相关。与其说它们事关对象生存期管理，不如说它们事关资源管理。但包括弱引用在内，所有这些主题都或多或少地彼此关联。

Disposable 对象以 IDisposable 接口的形式引入，它提供了一种标准化的显式资源清理模式，并通过 C#的 using 子句在语法层面得到支持。当一个局部变量在其语法作用域内同时也是某些资源的所有者时，Disposable 模式可以起到和源自非托管环境的 RAII(Resource Acquisition Is Initialization)概念相同的作用，对象在创建时(构造函数内)获取资源的所有权，并在离开其作用域时(析构函数内)释放资源。虽然 IDisposable 从一开始就是服务于此目的，但它同时也在其他应用场景中得到了更广泛的使用。日志、跟踪、监测，这些都是与非托管资源管理完全无关的常见的 Disposable 模式应用场景。每当哪里需要显式的控制区间，Disposable 模式就会多一个用武之地。当然，显式清理依然是管理非托管资源的首选方法。

另一方面，终结机制仍被广泛使用，特别是在完整的 Disposable 模式实现场景中，终结被用作忘记执行显式清理后的最后安全网。但你必须对终结引发的各种问题和性能开销有充分了解。我希望本章讲述的所有终结机制实现细节以及场景 12-1 所展示的评测结果，能多多少少说服你。终结机制的通用使用规则是尽量避免使用它。不要将它视为一个花哨功能并把它添加到日志或其他组件中，这样做看似机智，实则不然！

弱引用很可能是本章介绍的各种概念中最不为人所知的一个。它大多用于少量特定场景，通常不需要在你的代码中用到它。但是，了解弱引用的各种用法尤其是流行的弱事件设计模式，对我们颇有裨益。当进行一些有趣的代码试验时，弱引用非常有用，只有它才提供检查对象可到达状态的功能(如果你的试验需要此功能)。

必须要说，本章是讲述.NET 内存管理内部机制核心内容的最后一章。到本章为止，我们走过了一段非常漫长的旅程。基于我们已经掌握的知识，接下来的两章将更偏向实用性。我强烈建议你继续读下去！

规则 25 – 避免终结器

适用范围：通用且广泛。高性能代码场景中很重要。

理由：终结器是为了一个非常特定的目的所设计：在无法显式清理非托管资源时，提供对它们的隐式清理。但是，真正无法执行显式清理的情况是很少的，而使用终结器会让我们遇到诸多问题。考虑到各种边界情况(比如重入、多线程、可能仅部分执行或完全不执行)，正确实现一个好的终结器并非易事。此外由于实现上的需要，它们还会带来许多不可忽视的性能和内存开销。

如何应用：尝试使用一些其他可能的替代方案，如下所示。

- SafeHandle：一个设计良好、带有运行时支持的可终结句柄；
- Disposable 模式：很可能你应当避免使用终结，显式管理你的资源；
- 关键终结器：如果确保资源的释放对你非常关键。

如果确信不得不使用终结器，请切记如下最佳实践。

- 编写仅用于封装非托管资源而不包含其他任何托管引用的小型封装类：避免由于终结而提升太多对象。
- 避免在终结器和关键终结器中分配内存：在终结器内部抛出 OutOfMemoryException 异常会引发大麻烦。
- 总是检查是否确实拥有期待的资源：典型场景包括从构造函数抛出异常，这会导致终结器在对象状态未完全初始化(因为构造函数没有执行完)的情况下执行。
- 避免任何线程上下文依赖：不要对执行终结器的线程有任何假设。这也表明应避免使用任何可能阻塞执行的同步技术。
- 不要从终结器抛出任何异常：也不要允许第三方代码抛出异常。记住总是使用 try-finally 保护终结器代码！
- 避免从终结器调用 virtual 成员：这可能引发上面列出的各种行为。

相关场景：场景 12-1。

规则 26 – 首选显式清理

适用范围：通用且广泛。高性能代码场景中很重要。

理由：确定性清理是管理资源的首选方案。清理资源的时间应当定义清晰且(如果设计良好)越早越好，这有助于管理数量有限的资源。显然这对程序员提出了更高的要求。程序员不能以"创建完就忘"的风格创建资源，而是必须仔细地正确释放由他们初始化的所有资源。是的，我们知道，这和托管编程环境在最开始承诺的自动内存管理有一点点冲突。但是，非托管资源是非托管的。我们应当谨记这一点。

如何应用：坚持遵循.NET 生态系统的建议，使用 IDisposable 和 disposable 对象。绝大多数资源清理工作都可以在 Dispose 方法中完成，不需要用到专门的重量级终结器。这需要程序员付出额外的努力，但 C#的 using 子句以及 ReSharper 或 Visual Studio rules 等工具可以帮助程序员更轻松地完成工作。

第13章
其 他 主 题

到目前为止,所有章节都侧重于.NET 内存管理的不同方面的工作方式(也就是.NET 中的绝大多数垃圾回收器的工作原理)。本书读到这里,我们已经获得了要深入了解计算机底层工作方式所需的绝大部分知识。我之所以说"绝大部分",是由于本书的篇幅有限,我们还是有一些或多或少的方面未能涉及。但是,我希望你现在已经掌握了对分区(代、段)、分配和释放、垃圾回收的进行方式等方面的知识。

所有这些知识都已经与一些实用技巧和各种场景(通常是诊断性的)交织在一起。但是,为了清晰起见,没有过多增长各个章节,因此并未能提及所有更高级的实践。正是针对此类情况,本章和下一章将专门讨论这些问题。让我们把它们视为 .NET 内存管理的实践知识,并且还涉及更高级的主题。这并不意味着此处讨论的主题在程序员的日常工作中没有用处。恰恰相反,我们可能会看到越来越多的此类技术被采用,因为大家正在使用.NET 编写越来越多的性能敏感的代码——特别是包括使用 Span <T>及围绕其周围的所有内容。

由于本章知识所具有的一般性和互补性,导致了一个缺点,各个子章节之间是松散联系的。先选择你最感兴趣的或者(我强烈推荐的)内容,然后再连续阅读所有内容吧!

13.1　依赖句柄

除了已知类型的句柄之外,.NET Framework 4.0(以及.NET Core)中还添加了一个到目前为止本书尚未提及的可用句柄——依赖句柄(Dependent Handles)。它允许我们将两个对象的生存期耦合起来。依赖句柄就像其他 GC 句柄一样指向一个目标。而它的行为像一个弱句柄,也就是说,它不能使目标保持一直存活。该目标就是依赖句柄的主要对象。依赖句柄还携带一个次要对象。依赖句柄的行为如下:

- 主要对象和次要对象的"弱"句柄(句柄本身不会影响两个对象的生存期);
- 从主要对象到次要对象的强句柄(只要主对象存活,次要对象也存活)。

这使得它们成为一个非常灵活的工具,使你可以动态地将字段添加到对象上。实际上,这种"添加字段"的用法正是它的目的,正如我们将很快就会看到的。

依赖句柄不能通过 GCHandle API 用作其他类型的句柄。它们并没有被任何公共 API 直接公开。使用它的唯一方法就是使用包装类 ConditionalWeakTable。正如它自己的源代码注释所述,它为运行时生成的"对象字段"提供了编译器支持,并且让 DLR 和其他语言编译器公开了在运行时将任意"属性"附加到实例托管对象上的能力。

有一个内置的 DependentHandle 结构(在 System.Runtime. CompilerServices 命名空间中),该结构直接在运行时级别上包装依赖句柄。它具有一个简单的构造函数 DependentHandle(object primary, object secondary)和 GetPrimary、GetPrimaryAndSecondary 等方法。但是它是 internal 的,因此并没有直接对外公开。DependentHandle 结构就被上述 ConditionalWeakTable 类所使用。

另外,有趣的是,运行时在内部使用依赖句柄类型来支持在 "编辑并继续" 调试器功能期间添加字段。由于被修改类型的实例可能已经存在于堆上,因此这类功能不能通过简单地更改对象的运行时布局来添加新字段。因此,在这种情况下,依赖句柄将保持维护这两个对象之间的生存期关系。

ConditionalWeakTable 被组织为 Dictionary,其中的 key 用来存储主要对象,value 用来存储要附加的 "属性" (次要对象)。请注意,此类 Dictionary 的 key 是弱引用,不会使这些对象保持活动状态(与常规 Dictionary 的 key 不同)。一旦 key 消失,Dictionary 将会自动删除相应的 Dictionary 条目。

ConditionalWeakTable 的 API 直观易懂,类似于常规的通用 Dictionary <TKey,TValue>(参见代码清单 13-1)。通过使用 Add 方法,我们创建了一个新的底层依赖句柄,将 value 实例 "添加" 进 key 实例。请注意,ConditionalWeakTable 是泛型类型,因此采用了强类型(只允许将特定类型的 value 添加到另一特定类型的 key 上)。因为 key 必须是唯一的(key 通过 Object.ReferenceEquals 的帮助进行了比较),所以此类只支持为每个托管对象附加一个值(你需要附加另一个类似 Dictionary 的对象作为值来模拟附加多个属性)。你可以尝试使用 TryGetValue 方法来获取由给定 key 表示的值,如代码清单 13-1 所示。

代码清单 13-1　ConditionalWeakTable 用法示例

```
class SomeClass
{
    public int Field;
}

class SomeData
{
    public int Data;
}

public static void SimpleConditionalWeakTableUsage()
{
    // Dependent handles between SomeClass (primary) and SomeData
       (secondary)
    ConditionalWeakTable<SomeClass, SomeData> weakTable = new
    ConditionalWeakTable<SomeClass, SomeData>();

    var obj1 = new SomeClass();
    var data1 = new SomeData();
    var obj1weakRef = new WeakReference(obj1);
    var data1weakRef = new WeakReference(data1);
    weakTable.Add(obj1, data1); // Throws an exception if key already added
    weakTable.AddOrUpdate(obj1, data1);

    GC.Collect();
    Console.WriteLine($"{obj1weakRef.IsAlive} {data1weakRef.IsAlive}");
    // Prints True True
```

```
    if (weakTable.TryGetValue(obj1, out var value))
    {
        Console.WriteLine(value.Data);
    }
    GC.KeepAlive(obj1);
    GC.Collect();
    Console.WriteLine($"{obj1weakRef.IsAlive} {data1weakRef.IsAlive}");
    // Prints False False
}
```

如果没有代码清单 13-1 中的 GC.KeepAlive 调用，则 obj1 和 data1 实例可能在第一个 GC.Collect 之后就已经死了(如果 JIT 编译器决定使用如第 8 章所述的早期根回收)。另一方面，如果我们改为调用 GC. KeepAlive(data1)使次要对象(value)，而不是主要对象(key)保持活动状态，那么第一个 Console.WriteLine 很可能会打印：False True。此时，key 将会被回收，因为没有任何内容保留了对它的引用。

请注意，ConditionalWeakTable 实际上是一个容器，用于维护一组依赖句柄，这些依赖句柄是非托管资源(如 GChandleallocated 的资源)。通过使用 Add 或 AddOrUpdate 来隐式创建它们，但是何时释放它们呢？ 在当前的实现中，它们由内部容器的终结器隐式释放(因此，ConditionalWeakTable 实例稍后将变得不可到达)。但是，我们可以通过调用 Clear 方法(在.NET Core 2.0 中添加了该方法)来进行显式清理。即使调用 Remove 方法，当前也不会释放底层句柄(因为可能会引发多线程问题)。

当然，我们可以通过使用 Object 类型作为其泛型类型来越过 ConditionalWeakTable 的强类型限制(参见代码清单 13-2)。这样，我们就能够将任何对象添加到任何其他对象中。

代码清单 13-2　ConditionalWeakTable 用法示例

```
ConditionalWeakTable<object, object> weakTable = new
ConditionalWeakTable<object, object>();
var obj1 = new SomeClass();
var data1 = new SomeData();
weakTable.Add(obj1, data1);
```

此外，请记住，每个托管对象(key)只能装单个 value 的限制其实是来自 ConditionalWeakTable，而不是依赖句柄本身。因此，没有什么可以阻止我们通过使用多个 ConditionalWeakTable 实例这种方式来将多个 value 添加到同一个对象上(参见代码清单 13-3)。

代码清单 13-3　ConditionalWeakTable 用法示例

```
var obj1 = new SomeClass();
var weakTable1 = new ConditionalWeakTable<object, object>();
var weakTable2 = new ConditionalWeakTable<object, object>();
var data1 = new SomeData();
var data2 = new SomeData();
weakTable1.Add(obj1, data1);
weakTable2.Add(obj1, data2);
```

依赖句柄的底层弱引用的行为就像长弱引用一样，因此，即使主要对象终结之后，它们仍然会保持维护主要对象和次要对象之间的关系(参见代码清单 13-4)。它使我们能够正确处理复活场景。

代码清单 13-4　依赖句柄的终结行为

```
class FinalizableClass : SomeClass
{
    ~FinalizableClass()
    {
    }
}

public static void FinalizationUsage()
{
    ConditionalWeakTable<SomeClass, SomeData> weakTable = new
    ConditionalWeakTable<SomeClass, SomeData>();

    var obj1 = new FinalizableClass();
    var data1 = new SomeData();

    var obj1weakRef = new WeakReference(obj1, trackResurrection: true);
    var data1weakRef = new WeakReference(data1, trackResurrection: true);
    weakTable.Add(obj1, data1);

    GC.Collect();
    Console.WriteLine($"{obj1weakRef.IsAlive} {data1weakRef.IsAlive}");
    // Prints True True
    GC.KeepAlive(obj1);
    GC.Collect();
    Console.WriteLine($"{obj1weakRef.IsAlive} {data1weakRef.IsAlive}");
    // Prints True True
    GC.WaitForPendingFinalizers();
    GC.Collect();
    Console.WriteLine($"{obj1weakRef.IsAlive} {data1weakRef.IsAlive}");
    // Prints False False
}
```

依赖句柄在 WinDbg 中被视为句柄类型之一，因此我们可以使用常规的!gchandles SOS 命令对其进行调查(参见代码清单 13-5)。因为内部 ConditionalWeakTable 容器是可终结的，所以我们也经常会在终结队列中看到它(参见代码清单 13-6)。

代码清单 13-5　!gchandles SOS 扩展命令的结果(适用于类似代码清单 13-3 中的代码)

```
> !gchandles -stat
...
Handles:
    Strong Handles:        10
    Pinned Handles:         4
    Weak Long Handles:      1
    Weak Short Handles:     1
    Dependent Handles:      2

> !gchandles -type Dependent
            Handle Type          Object       Size         Data
Type
00000292abfe1bf0 Dependent    00000292b034d188   24     00000292b034d448
CoreCLR.DependentHandles.SomeClass
00000292abfe1bf8 Dependent    00000292b034d188   24     00000292b034d430
```

```
CoreCLR.DependentHandles.SomeClass

Statistics:
          MT            Count    TotalSize Class Name
00007fff033166b8          2             48 CoreCLR.DependentHandles.SomeClass
Total 2 objects
```

代码清单 13-6   !finalizequeue SOS 扩展命令的结果(适用于类似代码清单 13-3 中的代码)

```
> !finalizequeue
...
Statistics for all finalizable objects (including all objects ready for
finalization):
          MT            Count    TotalSize Class Name
...
00007fff03429678          2            112
System.Runtime.CompilerServices.ConditionalWeakTable`2+Container[[System.
Object, System.Private.CoreLib],[System.Object, System.Private.CoreLib]]
Total 5 objects
```

ConditionalWeakTable 在实现缓存或弱事件模式时非常有用。在前一种情况下，我们可以缓存
一些与对象有关的数据，只要该对象存活即可。在后一种情况下，我们可以适当地将处理程序(委
托)生存期与目标生存期结合起来(参见第 12 章有关更广泛的弱事件模式的描述)。代码清单 13-7
展示了在 Windows Presentation Foundation 中使用 WeakEventManager 类的代码片段。为了将委托
生存期与其目标结合在一起，可以使用 ConditionalWeakTable(这里用_cwt 字段表示)。这样，只要
目标本身还存活，委托列表就还是存活的。

代码清单 13-7   ListenerList 类的方法(来自 WPF 的 WeakEventManager 类的一部分)

```
public void AddHandler(Delegate handler)
{
    object target = handler.Target;
    ...
    // add a record to the main list
    _list.Add(new Listener(target, handler));
    AddHandlerToCWT(target, handler);
}

void AddHandlerToCWT(object target, Delegate handler)
{
    // add the handler to the CWT - this keeps the handler alive throughout
    // the lifetime of the target, without prolonging the lifetime of
    // the target
    object value;
    if (!_cwt.TryGetValue(target, out value))
    {
        // 99% case - the target only listens once
        _cwt.Add(target, handler);
    }
    else
    {
        // 1% case - the target listens multiple times
        // we store the delegates in a list
        List<Delegate> list = value as List<Delegate>;
        if (list == null)
```

```
        {
            // lazily allocate the list, and add the old handler
            Delegate oldHandler = value as Delegate;
            list = new List<Delegate>();
            list.Add(oldHandler);

            // install the list as the CWT value
            _cwt.Remove(target);
            _cwt.Add(target, list);
        }

        // add the new handler to the list
        list.Add(handler);
    }
}
```

在标记阶段，依赖句柄需要以特殊的方式进行扫描，因为它们可能会创建复杂的依赖项，而单次扫描是远远不够的。假设在句柄表中按以下顺序保存三个依赖句柄：对象 C 指向对象 A，对象 B 指向对象 C，对象 A 指向对象 B。第三次扫描不会改变任何内容(A 已被标记)，因此整个分析将被终止。从理论上讲，这样的多重扫描可能会带来一些开销，其中包括数百万个依赖句柄，它们之间具有复杂的依赖关系；然而，人们通常假设并没有那么多。

如果你想在 CoreCLR 代码中进一步研究该功能，可以从 gc_heap::background_scan_dependent_handles 和 gc_heap::scan_dependent_handles 方法开始。这两者以及它们所调用的方法都有大量的文档记录：GcDhReScan 和 GcDhUnpromotedHandlesExist。在标记阶段的开始，调用了 GcDhInitialScan，其注释也对依赖句柄的实现提供了一些帮助。

13.2 线程局部存储

普通静态变量可被视为单个 AppDomain 中的全局变量。应用程序中的每个线程都可以访问它。因此，通常需要多线程同步技术来保证其线程安全性。还有另一种类型的"几乎"全局数据，但是对于每个线程来说都是唯一的——线程局部存储(TLS)。换言之，它的行为就像一个全局变量——每个线程都使用相同的名称或标识符来访问它——但数据是为每个线程单独存储的。它使我们避免了同步问题，因为每个数据只能由其专用线程进行访问。

当前在.NET 中，有三种使用线程局部存储的方法。

- 线程静态字段：加了 ThreadStatic 属性标记之后，就可以作为静态字段使用；
- 包装线程静态字段的类帮助器：可用作 ThreadLocal <T>类型；
- 线程数据插槽：在 Thread.SetData 和 Thread.GetData 方法的帮助下可用。

.NET 文档明确地指出，线程静态字段提供的性能比数据插槽好得多，因此应尽可能使用它。我们将研究这两种技术的内部原理，以了解它们之间的区别。此外，静态字段是强类型的(与.NET 中的任何其他字段一样，它们也一样具有类型)，而数据插槽则始终是对 Object 类型进行操作的，而在数据插槽命名方面，则是基于字符串的标识符，这些都可能导致编译时难以捕获的问题。

13.2.1 线程静态字段

使用线程静态字段很容易! 使用 ThreadStatic 属性标记常规静态字段即可。值和引用类型都可以用作线程静态字段(参见代码清单 13-8)。在我们的示例中，尽管 SomeClass 的同一个实例是被两个不同的线程使用,并且它们的静态字段值对于两个线程都是分开调用的。但因为是线程静态字段的缘故,所以: 一个线程将打印出 Worker 1:1,而另一个线程将打印出 Worker 2:2。如果两个静态字段都只是常规的静态值,那么在写入它们时就可能会发生多线程争用(结果将存储 1 和 2 的一些不确定组合)。

代码清单 13-8 使用线程静态字段的示例

```
class SomeData
{
    public int Field;
}

class SomeClass
{
  [ThreadStatic]
  private static int threadStaticValueData;
  [ThreadStatic]
  private static SomeData threadStaticReferenceData;

  public void Run(object param)
  {
      int arg = int.Parse(param.ToString());
      threadStaticValueData = arg;
      threadStaticReferenceData = new SomeData() { Field = arg };
      while (true)
      {
          Thread.Sleep(1000);
          Console.WriteLine($"Worker {threadStaticValueData}:{threadStatic
          ReferenceData.Field}.");
      }
  }
}
static void Main(string[] args)
{
    SomeClass runner = new SomeClass();
    Thread t1 = new Thread(new ParameterizedThreadStart(runner.Run));
    t1.Start(1);
    Thread t2 = new Thread(new ParameterizedThreadStart(runner.Run));
    t2.Start(2);
    Console.ReadLine();
}
```

普通线程静态有一个令人意外的不便之处——如果静态字段具有初始化程序,它将仅在执行静态构造函数的线程上调用一次。换言之,只有首次使用给定类型的那个线程才具有正确初始化的线程静态字段。其他线程会将这样的字段初始化为其默认值(参见代码清单 13-9)。SomeOtherClass.Run 方法将会因为此类行为而打印出 Worker 100 或 Worker 0,这点真的很令人意外!

代码清单 13-9 令人意外的线程静态字段初始化的示例

```
class SomeOtherClass
{
    [ThreadStatic]
    private static int threadStaticValueData = 100;
```

```
    public void Run()
    {
        while (true)
        {
            Thread.Sleep(1000);
            Console.WriteLine($"Worker {threadStaticValueData}");
            // Will print Worker 100 or Worker 0.
        }
    }
}

static void Main(string[] args)
{
    SomeOtherClass runner = new SomeOtherClass();
    Thread t1 = new Thread(runner.Run);
    t1.Start();
    Thread t2 = new Thread(runner.Run);
    t2.Start();
}
```

为了克服类似的问题，从.NET Framework 4.0 开始提供了 ThreadLocal <T>类，该类提供了更好的、更具确定性的初始化行为。我们可以为其构造函数提供一个值工厂，该工厂将在第一次通过 Value 属性进行访问时延迟初始化此类实例(参见代码清单 13-10)。

代码清单 13-10　ThreadLocal <T>用法示例

```
class SomeOtherClass
{
    private ThreadLocal<int> threadValueLocal = new ThreadLocal<int>(() =>
    100, trackAllValues: true);

    public void Run()
    {
        while (true)
        {
            Thread.Sleep(1000);
            Console.WriteLine($"Worker {threadStaticValueData}:{threadValue
            Local.Value}.");
            Console.WriteLine(threadValueLocal.Values.Count);
        }
    }
}
```

此外，ThreadLocal<T>通过向其构造函数的 trackAllValues 参数传递 true 来提供跟踪所有初始化值的功能。稍后我们可以使用 Values 属性来迭代所有当前值。但是，要小心，因为这是一条会出问题的路——我们可能会开始在线程之间传递引用实例，而这个引用实例原本只是在线程局部的。

在 ThreadLocal <T>下面仍然是围绕线程静态字段的瘦包装器。随着对其内部结构的额外处理，可能会发现一些性能问题(参见代码清单 13-11)。但是，如果性能不是你主要关心的因素，则与使用常规线程静态字段相比，ThreadLocal <T>更为可取。

代码清单 13-11　DotNetBenchmark 对基元和引用线程局部存储的访问比较结果—通过线程静态字段和 ThreadLocal <T>

```
         Method |    Mean | Allocated |
---------------------- |--------:|----------:|
PrimitiveThreadStatic  | 4.072 ns |      0 B |
ReferenceThreadStatic  | 5.076 ns |      0 B |
 PrimitiveThreadLocal  | 7.866 ns |      0 B |
  ReferenceThreadLocal |11.762 ns |      0 B |
```

如果你确实需要常规线程静态字段的性能,同时又想克服初始化的问题,则可以使用一个小技巧,通过一个常规静态字段将线程静态字段和延迟初始化一起包装起来(参见代码清单 13-12)。

代码清单 13-12　线程静态数据初始化问题的解决方案

```
[ThreadStatic]
private static int? threadStaticData;
public static int ThreadStaticData
{
    get
    {
        if (threadStaticData == null)
            threadStaticData = 44;
        return threadStaticData.Value;
    }
}
```

13.2.2　线程数据插槽

线程数据插槽(thread data slot)的使用非常简单明了。有两种不同类型的数据插槽可用(参见代码清单 13-13)。

- 已命名的线程数据插槽:它们可以通过 Thread.GetNamedDataSlot 以基于字符串的名称访问。你可以存储和重用此方法返回的 LocalDataStoreSlot 实例,也可以在需要时使用对应的名称来调用它。
- 未命名的线程数据插槽:只能通过由 Thread.AllocateDataSlot 方法返回的 LocalDataStoreSlot 实例来访问它们。

代码清单 13-13　使用线程数据插槽的示例

```
public void UseDataSlots()
{
    // Named data slots
    Thread.SetData(Thread.GetNamedDataSlot("SlotName"), new SomeData());
    object data = Thread.GetData(Thread.GetNamedDataSlot("SlotName"));
    Console.WriteLine(data);
    Thread.FreeNamedDataSlot("SlotName");

    // Unnamed data slots
    LocalDataStoreSlot slot = Thread.AllocateDataSlot();
    Thread.SetData(slot, new SomeData());
    object data = Thread.GetData(slot);
```

```
        Console.WriteLine(data);
    }
```

正如在后面所提到的，由于使用了线程数据插槽 API，我们将丢失强类型——无论是 Thread.SetData 还是 Thread.GetData 都期望并返回 Object 类型。数据插槽为丢失强类型所带来的回报主要是灵活性——我们可以用字符串来动态定义标识的线程静态字段。但是，这种灵活性很少是必需的，实际上，线程静态字段或 ThreadLocal <T>应该是首选的方法。

访问基元值(整数)和引用类型的整型字段的简单基准测试清楚地展示了常规线程静态变量的显著性能优势(参见图 13-1)。我希望这样的基准测试能够印证这个结论：为什么数据插槽不受欢迎——例如，在所有与.NET 相关的开源代码库(包括 WPF 和 ASP.NET Core)中，我们只能找到一个使用它的地方。

```
                Method |      Mean | Allocated |
------------------------ |----------:|----------:|
    PrimitiveThreadStatic |   3.938 ns|       0 B |
    ReferenceThreadStatic |   5.061 ns|       0 B |
  PrimitiveThreadDataSlot |  51.843 ns|       0 B |
  ReferenceThreadDataSlot |  48.616 ns|       0 B |
```

图 13-1 DotNetBenchmark 对基元和引用线程局部存储的访问比较结果——通过线程静态字段和数据插槽

更清楚地说，你最好一劳永逸地把数据插槽忘记掉。

13.2.3 线程局部存储的内部

最好了解一下线程局部存储是如何实现的，因为它很容易被视为某种神奇的、超级快速的线程关联存储(thread-affinity storage)。线程关联存储使我们想起了堆栈，堆栈速度很快，对吧？ 因此，将这种特殊的线程局部存储保存在与线程相关的秘密空间中，可能会更快，对吧？ 事实要复杂得多，知道线程局部存储的工作原理将有助于你记住该技术的优缺点。

首先，确实有一个特殊的内存区域专用于每个线程自己的目的。在 Windows 中称为线程局部存储(Thread Local Storage，TLS)，在 Linux 中称为线程专用数据(thread-specific data)。但是，这样的区域相当小，是用单个内存页表示的。这样的区域是按单个指针大小的插槽来组织的。例如，Windows 保证每个进程仅有 64 个此类插槽可用，并且插槽的最大数量不会超过 1088 个。这些要求非常严格——在 64 位进程中，保证 64 个插槽只占用了 512 字节的内存！

因此，让我们谨慎地说，这些数据保存在 TLS 中。使用保存在 TLS 中的插槽意味着在其中存储用来表示被分配内存的地址。这是一种常规的技术，不仅在.NET 中使用，在其他任何编译器(包括 C 和 C++)中都使用。线程局部存储实在太受限制了，无法保存数据本身。即使这样，这种存储仍然具有以下性能优势。

- 如果我们定期使用 TLS 的数据，则很可能将它的内存页保存在物理内存中；
- 不能同步访问该页面，因为只有单个线程可以看到该页面。

CLR 使用了 C++中使用线程局部存储的常规方法。定义了一个 ThreadLocalInfo struct 类型的全局线程静态变量(参见代码清单 13-14)。C++编译器使用单个 TLS 插槽来存储此类结构实例的地址(并且每个底层系统线程都保存其自己的 ThreadLocalInfo 副本的地址)。

代码清单 13-14　CoreCLR 中的线程局部存储定义

```
#ifndef __llvm__
EXTERN_C __declspec(thread) ThreadLocalInfo gCurrentThreadInfo;
```

```
#else // !__llvm__
EXTERN_C __thread ThreadLocalInfo gCurrentThreadInfo;
#endif // !__llvm__
```

ThreadLocalInfo 保留了以下三个 CLR 内部数据的地址。

- 表示当前正在运行的托管线程的非托管 Thread 类的实例：这是至关重要的部分，在整个运行时中被大量地使用(例如通过 GetThread 方法调用)；
- 正在执行当前线程代码的 AppDomain 实例：这是一条高效的捷径，因为可以从 Thread 类实例中获得相同的指针；
- ClrTlsInfo 结构的实例：这是许多与线程相关的内部 CLR 结构的地址的数组(主要用于诊断和分析)。

因此，实际上，当我们在.NET 中使用任何线程局部存储技术时，只存储了 ThreadLocalInfo 结构的指针在 TLS 中。其他所有内容则都驻留在 CLR 私有堆和 GC 堆中，这与常规静态变量的实现方式类似(见图 13-2)。Thread 类实例将其与线程局部存储相关的数据组织到另外两个类中。

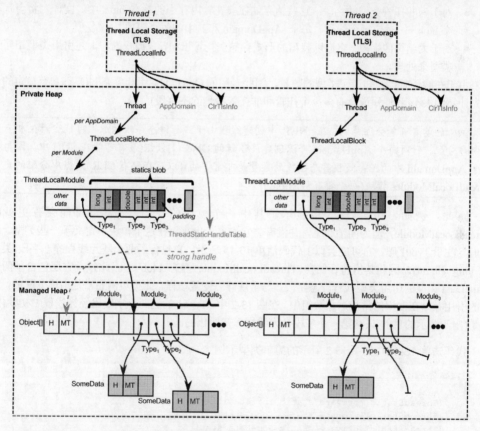

图 13-2 .NET 中线程局部存储的内部结构。线程局部数据实际上存储的地方被标记为灰色

- ThreadLocalBlock：它是为应用程序中的每个 AppDomain 创建的(因此，在.NET Core 应用程序中只有一个实例)。它还维护了 ThreadStaticHandleTable，保留了对专用托管数组的强句柄引用，并存储了线程静态字段实例的引用。

- ThreadLocalModule：它是为每个 AppDomain 中的每个模块创建的。它由两个关键数据组成。
    - 非托管静态 blob：此处存储了所有线程静态非托管值。为了高效地访问内存，blob 中的数据使用了填充(考虑到内存对齐)。
    - 该模块的静态引用开始的托管数组中的偏移量：此处的引用也被分组到类型中。

换言之，线程静态数据是以下方式存储的。

- 对于为引用类型的字段：实例通常由堆分配，并且对它们的引用存储在一个专用的 Object[] 数组中，该数组由 ThreadStaticHandleTable 管理的强句柄来保持存活状态。请注意，这尤其意味着
    - 可能有多个相同类型的堆分配实例(如果这些字段都被初始化了，则都不为 null)：每个都对应于运行的每个托管线程。
    - 将会有多个堆分配的 Object[]数组来存储对上述对象的引用：每个数组都对应于运行的每个 AppDomain 和托管线程。
- 对于为非托管类型的字段：这些值存储在非托管内存中的静态 blob 中。同样，将会有多个 blob——对应每个线程、每个 AppDomain 和其中的每个模块。
- 对于为结构的字段：它们以装箱的形式存储在托管堆中，并被视为与上述引用类型相同的类型来处理。

由于在编译时已经知道了类型的数量，因此专用的 Object []数组和静态 blob 都具有恒定的、预先计算的大小(我们知道会有多少个托管和非托管线程静态字段)[1]。

细心的读者可能会注意到，在 .NET 中创建线程由于线程静态字段的原因可能会产生相当多的内存分配。针对每个 AppDomain 可以创建许多新的 Object []数组(最有可能在 SOH 中，因为在单个 AppDomain 中的托管线程静态字段的数量是非常少的)，以及在私有 CLR 数据中分配的更多 ThreadLocalModules 模块(每个都有静态 blob)。

因此，例如，在图 13-2 中显示了其中一个模块的视图——甚至可能会有更多的 ThreadLocalModule，但为简洁起见，并没有将它们展示出来。在这个模块中定义了一些类型。让我们专注于 Type1 吧，它可能类似于代码清单 13-15 所示。它包含了两个基元线程静态字段(类型为 long 和 int)，因此其值将存储在 ThreadLocalModule 静态 blob 中。此外，它还包含了两个 SomeData 类型的引用类型线程静态字段。与常规静态变量一样，此类实例通常是由堆分配的，它们的引用存储在专用的常规对象数组中。在图 13-2 中，Type1 的这两个字段已经为线程 1 初始化，但是(出于演示的目的)只有第一个字段是为线程 2 初始化的。

代码清单 13-15 如图 13-2 所示的简单类型示例

```
class Type1
{
    [ThreadStatic] private static int static1;
    [ThreadStatic] private static long static2;
    [ThreadStatic] private static SomeData static3;
    [ThreadStatic] private static SomeData static4;
    ...
}
```

---

1 意味着：基元类型或不包含引用的值类型。

显然，乍看之下，我们认为是"纯线程静态"的对象只是位于 GC 堆中彼此相邻的某个地方，这看起来似乎很不舒服。但是，请记住，除非发生了可怕的事情，否则从托管线程的角度来看，它们彼此之间是不可见的(因此，它们仍然是线程安全的)。另一方面，我们能够无意识地在这些实例之间引入了伪共享(参见第 2 章)，因为它们可能位于单个缓存行边界之内。

因此再次重申一遍，当把 TLS 看作"快速、神奇的内存"时，请记起图 13-2。实际上，这里的 TLS 仅用作对应数据结构的线程相关性的功能实现细节。总的来说，它并没有加快任何速度。

当代码被 JIT 时，会为线程静态字段计算对应的偏移量——对于非托管类型，则在静态 blob 中计算；对于引用类型，则在引用数组中计算。这些偏移量存储在与 MethodTable 相关的区域中，因此 JIT 编译器可以使用它们来生成数据访问的地址。实际上，数据访问需要获取当前线程相应的 ThreadLocalModule。访问线程静态数据会带来额外的并且显著的开销(参见代码清单 13-16 和 13-17)。

代码清单 13-16　分配线程静态非托管变量(如代码清单 13-8 中的 threadStaticValueData)

```
// Assume esi register contains value to store
// Pass info about module and class (type) index into rcx and edx registers
mov    rcx,7FFD3E295690h
mov    edx,2
// Accesses ThreadLocalModule inside (via TLS-stored pointer)
// As a result, rax contains ThreadLocalModule address
call   CoreCLR!JIT_GetSharedNonGCThreadStaticBase
mov    rdi,rax
// Store the value:
// 1Ch is an pre-calculated offset in the statics blob, esi contains value
to storemov    dword ptr [rdi+1Ch],esi
```

代码清单 13-17　分配线程静态引用变量(如代码清单 13-8 中的 threadStaticReferenceData)

```
// Assume rbx contains value (reference) to store
// Pass info about module and class (type) index into rcx and edx registers
mov rcx,7FFD3E295690h
mov edx,2
// Accesses ThreadLocalModule inside (via TLS-stored pointer)
// As a result, rax contains reference to an array element where references
of that type begins
call CoreCLR!JIT_GetSharedGCThreadStaticBase
mov rcx,rax

// Store the reference (in rbx) under given array element (in rcx) by
calling write barrier
mov rdx,rbx
call CoreCLR!JIT_WriteBarrier (00007ffd`9d6c57d0)
```

另一方面，如果没有字段是静态的(常规字段或线程字段)，数据访问速度会快多个数量级，因为它不需要任何运行时调用(在这种情况下，一个或两个简单的 mov 指令就足够了)。

JIT_GetSharedNonGCThreadStaticBase 和 JIT_GetSharedGCThreadStaticBase 都是开始与线程局部存储相关的 CoreCLR 代码分析的好方法。JIT 生成的方法通常包含 INLINE_GETTHREAD 宏，该宏从 TLS 存储中获取 gCurrentThreadInfo(线程静态 ThreadLocalInfo 实例)——例如，在 Windows 中，它使用 OFFSET__TEB__ThreadLocalStoragePointer 在当前线程环境块中查找 TLS 地址。如前所列，ThreadLocalInfo 包含了一个指向非托管 Thread 实例的指针。AppDomain 指针和 m_EETlsData

(续)

指针数组与我们的上下文无关。.\src\vm\threadstatics.h 文件中的 ThreadLocalModule、ThreadLocalBlock 和 ThreadStatics 类型包含了与处理线程局部存储相关的主要逻辑。

关于字段偏移量的计算(包括常规的和线程静态的),Module::BuildStaticsOffsets 方法将填充模块内所有偏移量的附加 helper 数组(参见字段 m_pRegularStaticOffsets 和 m_pThreadStaticOffsets 数组),稍后将被 MethodTable Bulder::PlaceRegularStaticFields 和 MethodTableBulder::Place ThreadStaticFields 使用。

有人可能会对包含线程静态字段的泛型类型是什么感到好奇? 我们说过,在编译时,有许多线程静态字段是已知的,但是对于泛型类型,显然不是这样的——编译器不知道将会发生多少种不同的泛型类型实例化(而且每个泛型类型都可能需要全新的线程静态变量集)。解决方案类似于泛型类型的常规静态变量——ThreadLocalModule 维护一个额外的动态数组,指向类似于 ThreadLocalModule 本身的较小结构(见图 13-3 和对应的代码清单 13-18)。每个这种类结构都专用于单个泛型类型实例化,并且包含相同的数据——引用类型字段从 ThreadStaticHandleTable(可以动态调整大小)和静态 blob 字段中开始的位置的偏移量。

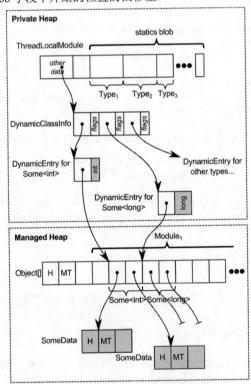

图 13-3　泛型类型的线程局部存储的内部

代码清单 13-18　图 13-3 中所示的简单 Some <T>泛型类型

```
class Some<T>
{
    [ThreadStatic]
    private static T static1;
```

```
    [ThreadStatic]
    private static SomeData static2;
    [ThreadStatic]
    private static SomeData static3;
    ...
}
```

从 GC 的角度看，引用类型的线程静态数据就是一个由上述专用 Object[]数组为根的常规对象，这些数组由 ThreadLocalBlock 维护的强句柄来保持存活。因此，只要相应的线程和 AppDomain 是存活的，它们就是存活的。

使用数据插槽的速度甚至更慢，因为它的通用机制是建立在内部的线程静态数据存储上(参见代码清单 13-19)。因此，它显然比使用常规的线程静态字段要慢。它增加了一些内部 dictionary 式结构的额外 bookkeeping 工作(以维护插槽的 key-value 列表)和多线程同步工作。对于非托管、基元类型，它还会引入装箱和拆箱的开销。请随意研究代码清单 13-19 中所示的其他类型，以了解除了简单地访问静态线程变量之外，还有多少工作要做。

代码清单 13-19　Thread 类定义中与线程数据存储相关的部分

```
public sealed class Thread : CriticalFinalizerObject, _Thread
{
    /*================================================================
    ** Thread-local data store
    ================================================================*/
    [ThreadStatic]
    static private LocalDataStoreHolder s_LocalDataStore; // stores
    LocalDataStore
    sealed internal class LocalDataStore
    {
        private LocalDataStoreElement[] m_DataTable;
        private LocalDataStoreMgr m_Manager;
```

如果从概念上将线程数据插槽使用的所有托管数据结构都添加到图 13-2 中，那么你可以得出为什么数据插槽会明显这么慢。

13.2.4　使用场景

尽管上面对线程数据存储的描述清楚地表明了它增加了一些开销，但是从性能角度看，它有一个主要优点——摆脱了多线程同步。显然，线程相关性是另一个主要的功能性特性，它能与其他数据区别开来。

通常，线程局部存储在以下情况被视为有用。

- 需要存储和管理线程敏感数据：例如，某些非托管资源可能需要由同一线程来获取和释放；
- 可以利用单线程相关性，例如
  - ◆ 日志记录或诊断：每个线程都可能在不同步的情况下操作某些用于诊断目的的局部数据，而不会干扰其他线程(System.Diagnostics. Tracing 就是一个例子)。
  - ◆ 缓存：提供一些线程局部缓存非常好，尽管我们应该知道，与运行托管线程一样，会有尽可能多的高速缓存重复项。第 4 章中展示的 StringBuilderCache 示例——每个线程都有一个小型 StringBuilder 的缓存实例，不需要从某种全局池进行线程同步即可高效地访问它。另一个示例是 System.Buffers 命名空间中的 TlsOverPerCoreLocked-StacksArrayPool<T>，它是使用分层缓存方案的 ArrayPool 的实现，每个数组大小都有一个小的每个线程的缓存，然后是所有线程共享的每个数组大小的缓存(分成多个分区，每个分区都有自己的锁，目的是最大限度地减少多个 CPU 内核访问之间的争用访问)——这是使用 ArrayPool<T>.Shared 实例时返回的方法 [1]。

使用线程静态变量显然不适合异步编程，因为异步方法的延续不能保证会在同一个线程上执行——在异步方法继续执行后，我们会丢失线程局部数据。因此，作为 ThreadLocal<T>的补充，AsyncLocal <T>类型可用于在所有异步方法执行期间保留数据。从内存管理的角度来看，该类并不是那么有趣——它是一个实例(连同相应的值)都保留在执行上下文(ExecutionContext 类)中存储的字典中的类。

13.3 托管指针

到目前为止，为了简洁起见，托管指针(简称 byref)的主题被略过了(尽管细心的读者可能会记得提到过一两次)。大多数情况下，一个常规的.NET 开发人员使用对象引用就足够了，因为这就是构建托管世界的方式——对象通过对象引用来相互引用。如第 4 章所述，对象引用实际上是一个类型安全的指针(地址)，该指针始终指向对象 MethodTable 引用字段(通常说它指向对象的开头)。因此，使用它们可能非常高效。有了对象引用，我们就拥有了整个对象地址。例如，GC 可以通过常量偏移量来快速访问其标头。通过 MethodTable 中存储的信息，字段的地址也很容易计算。

不过，CLR 中还有另一种指针类型——托管指针。它可以定义为一种更通用的指针类型，它可以指向其他位置，而不仅是对象的开头。ECMA-335 表示托管指针可以指向

- 局部变量：无论是对堆分配对象的引用，还是只是堆栈分配的类型；
- 参数：如上面一样；
- 复合类型的字段：表示其他类型的字段(无论是值类型还是引用类型)；
- 数组的元素。

尽管有这种灵活性，但是托管指针仍然还是类型。有一个指向 System.Int32 对象的托管指针类型，无论其局部化如何，在 CIL 中都表示为 System.Int32&，或指向我们的自定义 SomeNamespace.SomeClass 实例的 SomeNamespace.SomeClass&类型。强类型使它们比纯粹的、非托管的指针更安全。这也是为什么托管指针没有提供知晓原始指针的指针算法的原因——尤其是对于它们所表示的"加"或"减"地址，指向对象内部的不同位置或局部变量，这是没有意义的。

但是，灵活性并非没有代价。它揭示了其自身的局限性，即我们可以在其中使用托管指针。正如 ECMA-335 所说的，托管指针类型只允许用于局部变量和参数签名。

ECMA-335 直接表示"它们不能用于字段签名，因为数组的元素类型和装箱托管指针类型的值是不允许的。对方法的返回类型使用托管指针类型是不可验证的。"

由于这些限制，托管指针不会直接暴露到 C#语言中。然而，它们一直以众所周知的 ref 参数形式存在。通过引用传递参数，无非是使用其下面的托管指针。因此，托管指针通常也称为 byref 类型(或简称为 byref)。我们已经在第 4 章的代码清单 4-30 和 4-31 中看到了通过引用传递的示例。

最近，从 C#7.0 开始，托管指针的使用已经以 ref 局部变量(ref locals)和 ref 返回值(ref returns)

---

1 在.NET Core 2.1 中确实如此，但在.NET Core 2.0 中，它仅用于 char 和 byte 的数组池。

的形式进行了扩展。因此，上述 ECMA 引文中关于使用托管指针类型作为返回类型的最后一句话已经放宽了。

13.3.1 ref 局部变量

你可以将 ref 局部变量视为存储托管指针的局部变量。因此，这是创建 helper 变量的一种便捷方法，以后可用于直接访问给定的字段、数组元素或其他局部变量(参见代码清单 13-20)。请注意，赋值的左侧和右侧都必须使用 ref 关键字标记，以表示是对托管指针的操作。

代码清单 13-20　ref 局部变量的基本用法

```
public static void UsingRefLocal(SomeClass data)
{
    ref int refLocal = ref data.Field;
    refLocal = 2;
}
```

代码清单 13-20 中的一个小例子只起到了演示性的作用——我们将直接访问 int 字段，因此该例的性能提升可忽略不计。更常见的是，你可能希望使用 ref 局部变量来获得指向某个重量级实例的直接指针，以确保不会发生复制(代码参见清单 13-21)，并通过引用将其传递到某个地方或在局部使用。ref 局部变量也通常用于存储 ref 返回值方法的结果(我们将很快看到)。

代码清单 13-21　ref 局部变量的可能用法(MSDN 中的示例)

```
ref VeryLargeStruct reflocal = ref veryLargeStruct;
// afterwards, using reflocal we use veryLargeStruct without copying
```

ref 局部变量可以将自身赋值为 null 的引用(参见代码清单 13-22)。乍一看，这可能很奇怪，但很有道理。你可以将 ref 局部变量看作一个存储引用地址的变量，但这并不意味着引用本身指向了任何内容。

代码清单 13-22　将 null 引用赋值给 ref 局部变量

```
SomeClass local = null;
ref SomeClass localRef = ref local;
```

13.3.2 ref 返回值

ref 返回值允许我们从方法中返回托管指针。显然，使用它们必须引入一些限制。正如 MSDN 声明: "返回值的生存期必须超出方法的执行范围。换言之，它不能是返回它的方法中的局部变量。它可以是类的实例或静态字段，也可以是传递给方法的参数"。尝试返回它的方法中的局部变量会生成编译器错误 CS8168，"Cannot return local 'obj' by reference because it is not a ref local."

代码清单 13-23 展示了上述局部变量限制的一个示例。显然，我们不能返回一个指向堆栈分配(或注册)localInt 变量的托管指针，因为一旦 ReturnByRefValueTypeInterior 方法结束，它就变得无效。

代码清单 13-23　尝试 ref 返回值局部变量的无效代码示例

```
public static ref int ReturnByRefValueTypeInterior(int index)
{
```

```
    int localInt = 7;
    return ref localInt; // Compilation error: Cannot return local
'localInt' by reference because it is not a ref local
}
```

但是，对方法输入参数设置 ref 返回值是完全正确的，因为从方法的角度来看，此参数的寿命比方法本身更长(参见代码清单 13-24)。在我们的示例中，GetArrayElementByRef 方法返回指向数组参数的给定元素的托管指针。

代码清单 13-24　ref 返回值用法示例

```
public static ref int GetArrayElementByRef(int[] array, int index)
{
    return ref array[index];
}
```

使用 ref 返回值方法很简单，可以通过两种方式来完成(参见代码清单 13-25)。

- 通过使用返回的托管指针：到目前为止，这是使用 ref 返回方法的最典型方式，因为我们想利用它返回引用的这点优势。在这种情况下，我们必须使用 ref 关键字调用方法，并将结果存储在局部 ref 变量中。代码清单 13-25 中的第一个 GetArrayElementByRef 调用就是这种方式。因为我们返回了一个指向数组元素的托管指针，所以我们可以直接修改其内容(将会输出 423)。
- 通过使用由返回的托管指针所指向的值：还可以通过省略左右两侧的 ref 关键字来回退到常规方法调用(参见代码清单 13-25 中的第二个 GetArrayElementByRef 调用)。在这种方式中，该方法会返回值，因此修改此类结果不会直接修改原始内容(仍然会输出 423，而忽略我们将第一个元素更改为 5 的尝试)。

代码清单 13-25　使用 ref 返回值方法

```
int[] array = {1, 2, 3};

ref int arrElementRef = ref PassingByref.GetArrayElementByRef(array, 0);
arrElementRef = 4;
Console.WriteLine(string.Join("", array)); // Will write 423

int arrElementVal = PassingByref.GetArrayElementByRef(array, 0);
arrElementVal = 5;
Console.WriteLine(string.Join("", array)); // Will still write 423
```

请注意，与 ref 局部变量一样，可以用 ref 返回一个空引用的引用(参见代码清单 13-26)。该示例受.NET 示例的启发，提供了一种非常简单的 book collection 类型。其 GetBookByTitle 方法通过 ref 来返回给定标题的 book(如果存在)。如果不存在，则返回一个事先已经定义的实例引用 nobook，nobook 的值为 null。这样，检查 GetBookByTitle 是否返回了指向某个对象的引用将完全没问题。

代码清单 13-26　ref 返回 null 引用

```
public class BookCollection
{
    private Book[] books =
    {
```

```
            new Book { Title = "Call of the Wild, The", Author = "Jack London" },
            new Book { Title = "Tale of Two Cities, A", Author = "Charles
            Dickens" }
        };
        private Book nobook = null;
        public ref Book GetBookByTitle(string title)
        {
            // Book nobook = null; // Would not work
            for (int ctr = 0; ctr < books.Length; ctr++)
            {
                if (title == books[ctr].Title)
                    return ref books[ctr];
            }
            return ref nobook;
        }
    }

    static void Main(string[] args)
    {
        var collection = new BookCollection();
        ref var book = ref collection.GetBookByTitle("<Not exists>");
        if (book != null)
        {
            Console.WriteLine(book.Author);
        }
    }
```

请注意，我们不能简单地使用局部变量 nobook(如 GetBookByTitle 中的注释行所示)，因为不可能使用 ref 返回未超出该方法执行范围生存期的局部变量值(译者注：在编译期间就会报错)。

13.3.3 只读 ref 变量和 in 参数

ref 类型非常强大，因为我们可以更改它的目标。因此，在 C# 7.2 中引入了只读 ref，它用于控制 ref 变量存储变化的能力。请注意，在此类上下文中，指向值类型的托管指针与引用类型之间存在细微的差别。

- 对于值类型的目标：它保证该值不会被更改。由于此处的值是整个对象(内存区域)，因此，它能保证所有字段都不会被修改。
- 对于引用类型的目标：它保证该引用不会被更改。由于此处的值是引用本身(指向另一个对象)，因此可以保证我们不会将其更改为指向另一个对象。但是我们仍然可以修改引用对象的属性。

让我们修改代码清单 13-26 中的示例以返回只读 ref(参见代码清单 13-27)。代码实际上是相同的，唯一的区别就是 GetBookByTitle 方法的签名更改。

代码清单 13-27 摘自 dotnet 文档的示例

```
public class BookCollection
{
    private Book[] books =
    {
        new Book { Title = "Call of the Wild, The", Author = "Jack London" },
        new Book { Title = "Tale of Two Cities, A", Author = "Charles
        Dickens" }
```

```
    };
    private Book nobook = null;
    public ref readonly Book GetBookByTitle(string title)
    {
        // Book nobook = null; // Would not work
        for (int ctr = 0; ctr < books.Length; ctr++)
        {
            if (title == books[ctr].Title)
            return ref books[ctr];
        }
        return ref nobook;
    }
}

static void Main(string[] args)
{
    var collection = new BookCollection();
    ref readonly var book = ref collection.GetBookByTitle("<Not exists>");
    if (book != null)
    {
        Console.WriteLine(book.Author);
    }
}
```

可以通过我们的 BookCollection 演示只读 ref 在值类型和引用类型两种情况之间的区别。如果 Book 是一个类，则可以保证我们不会更改该引用，就像在代码清单 13-28 的注释行中尝试将其指向另一个新对象一样。但是，修改该引用所指向的目标实例的字段则是完全可以的(比如修改代码清单 13-28 中的 Author)。

代码清单 13-28 当代码清单 13-27 中的 Book 是一个类时

```
static void Main(string[] args)
{
    var collection = new BookCollection();
    ref readonly var book = ref collection.GetBookByTitle("Call of the Wild,
    The");
    // book = new Book();      // Not possible. Would be possible
                                       without readonly
    book.Author = "Konrad Kokosa";
}
```

但是，如果 Book 是一个结构，则可以保证我们无法更改它的值，例如尝试修改代码清单 13-29 中的 Author(并且出于同样的原因，也无法在上面的一行中为它分配一个新值)。

代码清单 13-29 当代码清单 13-27 中的 Book 是一个结构时

```
static void Main(string[] args)
{
    var collection = new BookCollection();
    ref readonly var book = ref collection.GetBookByTitle("Call of the Wild,
    The");
    // book = new Book();              // Not possible. Would be possible
                                               without readonly
    // book.Author = "Konrad Kokosa"; // Not possible. Would be possible
```

```
                    without readonly
}
```

如果我们能够记住受保护的值是什么——是整个对象(对于值类型)还是只是引用(对于引用类型)，那么这些看似困难的细微差别就很容易记住了。

在这方面还有一个重要问题需要提及。假设我们的 Book 结构具有能够修改其字段的方法(参见代码清单 13-30)。如果我们在所返回的只读 ref 引用值上调用它会发生什么呢？即使在这种情况下，也可以保证原始值不会被更改(参见代码清单 13-31)。它是通过防御性复制方法来实现的——在执行 ModifyAuthor 方法之前，会生成返回值类型(在我们的例子中则是 Book 结构)的一个副本，然后是对该副本调用方法。编译器不会去分析被调用的方法是否确实会修改状态，因为这样真的很困难(假设方法内部有很多可能的条件，甚至可能依赖于外部数据)。因此，对此类结构调用的任何方法都会以这种方式来处理。

因此，实际上，ModifyAuthor 方法仍然会执行，但仅在很快将不会再使用的临时实例上执行。应用于此类防御性副本的任何更改显然不会对原始值执行。

代码清单 13-30 简单值类型中修改其状态的方法

```
public struct Book
{
  ...
  public void ModifyAuthor()
  {
     this.Author = "XXX";
  }
}
```

代码清单 13-31 当代码清单 13-27 中的 Book 是一个结构时

```
static void Main(string[] args)
{
    var collection = new BookCollection();
    ref readonly var book = ref collection.GetBookByTitle("Call of the Wild,
    The");
    book.ModifyAuthor();
    Console.WriteLine(collection.GetBookByTitle("Call of the Wild, The")
    .Author); // Prints Jack London
}
```

这样的防御性副本既令人意外又成本高昂——如果 ModifyAuthor 方法能够成功执行，则人们可能预期会修改该字段，而结果却令人意外。创建结构的防御性副本也是一个明显的性能开销。

请注意，在 Book 是一个类的情况下，预期的行为仍然存在——ModifyAuthor 会修改对象的状态，即使返回了只读 ref 也是如此。记住，只读 ref 是禁用引用本身的变化，而不是引用所指向目标的值。

请注意，只读 ref 不必仅在集合的上下文中使用。有一个很好的示例，在 MSDN 中使用只读 ref 返回静态值类型，以表示一些全局的、常用的值(参见代码清单 13-32)。如果没有返回只读 ref，则 Origin 的值可能会被修改，这显然是不可接受的，因为 Origin 应该被视为一个常量。在引入 ref 返回值之前，此类值可以作为常规值类型公开，但是可能会导致多次此类结构的复制。

代码清单 13-32 对公共静态值使用只读 ref 的示例(基于 MSDN 文档示例)

```
struct Point3D
{
    private static Point3D origin = new Point3D();
    public static ref readonly Point3D Origin => ref origin;
    ...
}
```

只读 ref 的形式也可以使用 in 参数的形式。这是对在 C#7.2 中添加的按引用传递功能的一个很小但非常重要的补充。当使用 ref 参数通过引用传递时，可以在这种方法中更改参数——这就会暴露与 ref 返回值同样的问题。因此，在参数上添加 in 修饰符，以指定该参数是通过引用传递的，但不应被调用的方法修改(参见代码清单 13-33)。

代码清单 13-33 使用 in 参数的示例

```
public class BookCollection
{
    ...
    public void CheckBook(in Book book)
    {
      book.Title = "XXX"; // Compilation error: Cannot assign to a
                          //      member of variable 'in Book' because it
                          //      is a readonly variable.
    }
}
```

请注意，此处适用的规则与前面解释的只读 ref 中的规则相同：仅保证参数的值不会被修改。因此，如果 in 参数是引用类型，则只有引用是不可更改的——而所引用的目标实例是可以修改的。因此，在代码清单 13-33 中，如果 Book 是一个类，则可以编译通过，并且可以更改 Title。只有像 book = new Book()这样的赋值是不可能的。

因此，在值类型参数中调用方法时，也将使用同样的防御性复制方法(参见代码清单 13-34)。请记住，要避免这种没有意义的隐式复制开销(因为所有修改都会被丢弃)。

代码清单 13-34 使用 in 参数的示例

```
public class BookCollection
{
    ...
    public void CheckBook(in Book book)
    {
        book.ModifyAuthor(); // Called on book defensive copy, original book
                             //      Title will not be changed.
    }
}
```

也可以通过将此类结构设为只读(如果适用)来避免防御性复制——将在下一小节中对它们进行说明。因为只读结构禁用了对其字段进行任何可能的修改，所以编译器可以安全地略过直接在传递的值类型参数上创建防御性复制和调用方法的操作。

13.3.4 ref 类型的内部

细心的读者可能会对代码清单 13-21~13-33 提出很多有趣的问题。例如，传递所有这些托管指针是如何与 GC 协作的呢？JIT 编译器在其底层到底生成了什么代码？使用了所有这些复杂的机械，实际上性能提高了多少？如果你对这些答案感兴趣，请继续阅读。但是，你可以随时忽略这一节，直接进入下一节，描述 C#中 ref 类型的实际用法。

让我们更深入地探讨托管指针用法分组的主要用例。了解它们可以揭示出上述限制背后的原因，并有助于我们更好地了解它们。在接下来的代码示例中，将使用代码清单 13-35 中的两种简单的类型。在这些示例中，托管指针在 C#中的所有三种显示方式都会得以使用——ref 参数、ref 局部变量和 ref 返回值。

代码清单 13-35 接下来的代码示例中所使用的两种简单类型

```
public class SomeClass
{
    public int Field;
}

public struct SomeStruct
{
    public int Field;
}
```

我们将从研究托管指针工作底层的一些细节开始。最终，会引导我们到实际的使用注意事项。

1. 指向堆栈分配对象的托管指针

托管指针可以指向方法的局部变量或参数。从实现的角度来看，正如我们在第 8 章中所看到的那样，局部变量或参数可以被堆栈分配或注册到 CPU 寄存器中(如果 JIT 编译器决定这样做的话)。那么在这种情况下，托管指针是如何工作的呢？ 简而言之，托管指针指向堆栈地址是非常好的！这就是为什么托管指针可能不是对象的字段(并且可能没有装箱)的原因之一。如果以这种方式出现在托管堆上，那么它可能比指定的堆栈地址所在的方法更长寿。这将是非常危险的(所指向的堆栈地址会包含未定义的数据，很可能是其他方法的堆栈帧)。因此，通过将托管指针的使用限制为局部变量和参数，它们的生存期将被限制为它们可以指向的目标的最严格的生存期——堆栈中的数据。

那注册的局部变量和参数呢？请记住，这样的注册目标只是一个优化细节。它必须提供至少与堆栈分配目标相同的生存期特征。这里很大程度上取决于 JIT 编译器。如果某个目标被注册了，那就更好了！这样的寄存器可以简单地用作托管指针。换言之，从 JIT 编译器的角度来看，使用 CPU 寄存器而不是堆栈地址不会有太大的变化。

但是，如何将托管指针(或更准确地说，由它们指向的对象)报告给 GC 呢？它们必须是要能够被报告给 GC 的，否则 GC 可能无法检测到目标对象的可达性； 如果发生这种情况，则托管指针将变成当前的唯一根。

让我们分析一个非常简单的通过引用传递的场景，类似于第 4 章中的代码清单 4-34(参见代码清单 13-36)。为了消除内联的影响并使事情更清楚，使用了 NoInlining 属性，该属性可以防止 Test 方法的内联(内联的版本也将在稍后进行讨论)。

代码清单 13-36 简单的通过引用传递的场景(通过引用传递整个引用类型对象)

```
static void Main(string[] args)
{
    SomeClass someClass = new SomeClass();
    PassingByref.Test(ref someClass);
    Console.WriteLine(someClass.Field); // Prints "11"
}

public class PassingByref
{
    [MethodImpl(MethodImplOptions.NoInlining)]
    public static void Test(ref SomeClass data)
    {
        //data = new SomeClass();
        data.Field = 11; // at least to this line corresponding SomeClass
        instance must be live (not garbage collected)
    }
}
```

目前我们感兴趣的是，在 JIT 之后，这些代码在 CIL 和汇编级别上是如何表示的。相应的 CIL 代码揭示了强类型 SomeClass&托管指针的用法(参见代码清单 13-37)。在 Main 方法中，使用 ldloca 指令将局部变量在特定索引处的地址(索引 0 对应于我们的 someClass 变量)加载到计算堆栈中，传递给 Test 方法。然后，Test 方法使用 ldind.ref 指令取消对该地址的引用，并将结果对象引用推送到计算堆栈上。

代码清单 13-37 代码清单 13-36 的 CIL 代码

```
.method private hidebysig static
    void Main (string[] args) cil managed
{
    .locals init (
        [0] class SomeClass
    )
    IL_0000: newobj instance void SomeClass::.ctor()
    IL_0005: stloc.0
    IL_0006: ldloca.s 0
    IL_0008: call void PassingByref::Test(class SomeClass&)
    IL_000d: ret
}

.method public hidebysig static
    void Test (class SomeClass& data) cil managed noinlining
{
    IL_0000: ldarg.0
    IL_0001: ldind.ref
    IL_0002: ldc.i4.s 11
    IL_0004: stfld int32 SomeClass::Field
    IL_0009: ret
}
```

虽然 CIL 代码很有趣，但是我们已经看到了一些示例，只有 JIT 后的代码才能揭示事情背后发生的真正本质。查看这两个方法的程序集代码，我们确实看到 Test 方法收到一个指向堆栈的地址，该地址指向存储对新创建的 SomeClass 实例的引用的堆栈(参见代码清单 13-38 的注释)。

代码清单 13-38 代码清单 13-37 的方法的汇编代码

```
Program.Main(System.String[])
    L0000: sub rsp, 0x28            // Growing stack frame
    L0004: xor eax, eax             // Zeroing EAX register
    L0006: mov [rsp+0x20], rax      // Zeroing the stack under rsp+0x20
                                       address (where local variable is
                                       stored)
    L000b: mov rcx, 0x7ffa69398840  // Moving MT of SomeClass into RCX
                                       register
    L0015: call 0x7ffac3452520      // Calling allocator (as a result,
                                       RAX will contain address of the
                                       new object)
    L001a: mov [rsp+0x20], rax      // Storing the address of new
                                       object onto the stack
    L001f: lea rcx, [rsp+0x20]      // Moving the local variable's stack
    address into RCX register (which
    is first Test method argument)
    L0024: call PassingByref.Test(SomeClass ByRef)
    L0029: nop
    L002a: add rsp, 0x28
    L002e: ret

PassingByref.Test(SomeClass ByRef)
    L0000: mov rax, [rcx]           // Dereferencing the address in
                                       RCX into RAX (As a result, RAX
                                       contains object instance address)
    L0003: mov dword [rax+0x8], 0xb // Storing value 11 (0x0B) in the
                                       proper field of an object
    L000a: ret
```

从纯汇编代码的角度看，例如，如果在 C++ 中使用指向指针的指针，则会生成类似于代码清单 13-38 的代码。但是，当执行 Test 方法时，GC 是如何知道 RCX 寄存器包含一个对象地址的呢？答案对我们来说很有趣——代码清单 13-38 中的 Test 方法包含了一个空的 GCInfo。换言之，Test 方法非常简单，GC 不会中断其工作。因此，它不需要报告任何内容。

在代码清单 13-38 的示例中，由于 Main 方法，SomeClass 实例是存活的。Main 方法的 GCInfo 将显示 rsp+0x20 堆栈地址被报告为包含活动根(!u -gcinfo 命令将会列出+sp+20)。但是，这并不会改变是否通过引用进一步传递此类实例的任何事情。

如果 Test 方法更复杂，则可以将其进行 JIT 以转换为完全或部分可中断的方法(参见第 8 章)。例如，在后一种情况下，我们可以看到各种安全点，其中一些安全点将一些 CPU 寄存器(或堆栈地址)列为存活插槽——参见作为示例的代码清单 13-39，其中显示了 WinDbg 中 SOS 扩展的!u-gcinfo 命令(已在第 8 章中说明过)。

代码清单 13-39 更复杂的 Test 方法变体的 JIT 后的代码示例和相应的 GCInfo(与前面展示的 C# 源代码无关)

```
> !u -gcinfo 00007ffc86850d00
Normal JIT generated code
CoreCLR.Unsafe.PassingByref.Test(CoreCLR.Unsafe.SomeClass ByRef)
Begin 00007ffc86850d00, size 44
push   rdi
```

```
push   rsi
sub    rsp,28h
mov    rsi,rcx
...
call 00007ffc`86850938
00000029 is a safepoint:
00000028 +rsi(interior)
...
call 00007ffc`868508a0
00000033 is a safepoint:
00000032 +rsi(interior)
...
add    rsp,28h
pop    rsi
pop    rdi
ret
```

这些存活插槽被列为所谓的内部指针，因为托管指针通常可能指向对象内部(稍后将进行解释)。因此，托管指针总是被报告为内部根。此外，在我们的例子中，它们实际上指向对象的开头。此类指针的解释是在 GC 端，稍后将会进行解释。

如前所述，我们的示例在某种程度上显式地禁用了内联可能性。如果我们在代码清单 13-36 中注释掉 NoInlining 属性，则我们将在 JIT 之后会得到以下代码:

```
Program.Main(System.String[])
    L0000: sub rsp, 0x28
    L0004: mov rcx, 0x7ffa69398840   // Moving MT of SomeClass
                                         into RCX register
    L000e: call 0x7ffac3452520       // Calling allocator (as a
                                         result, RAX will contain
                                         address of the new object)
    L0013: mov dword [rax+0x8], 0xb  // Directly storing value 11
                                         into proper field of an
                                         object
    L001a: add rsp, 0x28
    L001e: ret
```

JIT 编译器优化的威力再一次可能会被注意到。托管指针的整个概念已简化为对直接对象地址的最简单处理。

如果使用结构而不是类，则会生成非常相似的代码(参见代码清单 13-40，类似于第 4 章的代码清单 4-33)。更有趣的是，即使从理论上说，代码清单 13-40 的 Test 方法仅对堆栈分配的数据(SomeStruct 值类型的局部变量)起作用，对应的 GCInfo 仍然会因为使用了托管指针而列出存活插槽，将由 GC 忽略它们。

代码清单 13-40 简单的通过引用传递的场景(通过引用传递整个值类型对象)

```
static void Main(string[] args)
{
    SomeStruct someStruct = new SomeStruct();
    PassingByref.Test(ref someStruct);
    Console.WriteLine(someStruct.Field);
}
```

```
[MethodImpl(MethodImplOptions.NoInlining)]
public static void Test(ref SomeStruct data)
{
    data.Field = 11;
}
```

2. 指向堆分配对象的托管指针

尽管指向堆栈的托管指针看起来很有趣，但是那些指向托管堆上的对象的指针更有趣。与对象引用相反，托管指针可以指向对象的内部——如已引用的 ECMA 标准所说的数组类型或元素的字段(见图 13-4)。这就是它们实际上是"内部指针"的原因，正如文献中所提到的那样。你稍微再想一想，它可能看起来非常有趣——指向托管对象内部的内部指针是如何报告给 GC 的呢?

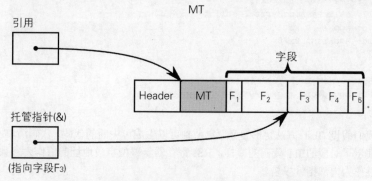

图 13-4 托管指针(也称为内部指针或 byref)与常规对象引用

让我们修改代码清单 13-36 的一些代码，以便只通过引用传递堆分配的 SomeClass 实例的一个字段(参见代码清单 13-41)。Main 方法看起来很简单。它实例化 SomeClass 对象，将对其某个字段的引用传递给 Test 方法，然后打印结果。

但是我们修改后的 Test 方法现在期待接受的参数是 System.Int32&托管指针。在执行过程中，Test 方法仅对指向 int 的托管指针进行操作。但这不仅是一个指向 int 的常规指针，它还是堆分配对象的字段! GC 可能会无法回收，因为 GC 无法知道对应的对象从属的托管指针以及其位置。对于 int&指针的来源，也绝对没有什么可说的。

代码清单 13-41　简单的通过引用传递的场景(通过引用对象的字段传递)

```
static void Main(string[] args)
{
    SomeClass someClass = new SomeClass();
    PassingByref.Test(ref someClass.Field);
    Console.WriteLine(someClass.Field); // Prints "11"
}

public class PassingByref
{
    [MethodImpl(MethodImplOptions.NoInlining)]
    public static void Test(ref int data)
    {
```

```
        data = 11; // this should keep containing object life!
    }
}
```

首先，请注意，我们精心设计的 Test 方法示例将会被 JIT 成原子方法(从 GC 的角度看)，GC 根本不会中断——与代码清单 13-36 的代码类似(参见代码清单 13-42)。因此，对于这样一个简单的方法，根本不需要考虑正确的根报告问题。

代码清单 13-42 代码清单 13-41 的代码 JIT 之后的汇编代码

```
Program.Main(System.String[])
    L0000: sub rsp, 0x28
    L0004: mov rcx, 0x7ffa6d128840
    L000e: call 0x7ffac3452520
    L0013: lea rcx, [rax+0x8]
    L0017: call PassingByref.Test(Int32 ByRef)
    L001c: nop
    L001d: add rsp, 0x28
    L0021: ret

PassingByref.Test(Int32 ByRef)
    L0000: mov dword [rcx], 0xb
    L0006: ret
```

但是让我们假设 Test 方法足够复杂，复杂到可以生成可中断的代码。代码清单 13-43 展示了一个示例，演示了对应的 JIT 代码的模样。RSI 寄存器将整型字段地址的值作为参数传递到 RCX 寄存器中，并作为内部指针报告。

代码清单 13-43 变得完全可中断的 JIT 代码的汇编程序代码片段

```
> !u -gcinfo 00007ffc86fb0ce0
Normal JIT generated code
CoreCLR.Unsafe.PassingByref.Test(Int32 ByRef)
Begin 00007ffc86fb0ce0, size 41
push   rdi
push   rsi
sub    rsp,28h
mov    rsi,rcx
00000009 interruptible
00000009 +rsi(interior)
...
0000003a not interruptible
0000003a -rsi(interior)
add    rsp,28h
pop    rsi
pop    rdi
ret
```

当 RSI 包含这样的内部指针时，如果 GC 发生并且 Test 方法被挂起，则 GC 必须对其进行解析以找到相应的对象。通常这并非易事。我们可以考虑一个简单的算法，从此类指针的地址开始，然后尝试通过往左逐字节扫描内存来找到对象的开头。这显然效率不高，而且有许多缺点。

- 内部指针指向一个大对象的遥远字段(或非常大的数组的遥远元素)，因此必须执行许多这样幼稚的扫描。

- 检测对象的开头并非易事——可以检查随后的 8 个字节(在 32 位下则为 4 个)是否形成有效的 MT 地址,但这只会增加这种算法的复杂度。我们可以想象在每个对象的开头分配一些"标记"字节,但这会增加不必要的内存开销,而仅是为了支持理论上稀有的内部指针的使用(而且很难定义足够唯一的标记字节来明确地标识对象的开头)。
- 所有托管指针均报告为内部指针——它们会指向堆栈,因此找到包含对象的第一现场是没有意义的(例如,它可能指向堆栈分配的结构内部)。

我希望你们明白这种算法是不切实际的。需要一些更智能的支持才能高效地解析内部指针[1]。

实际上,我们已经看到这里使用的机制了。在 GC 期间,归功于第 9 章中介绍过的 Brick 表和 plug 树,内部指针被转换为相应的对象。给定一个指定的地址,将计算对应的 brick 表条目和遍历相应的 plug 树,以找到该地址所在的 plug(参见第 9 章的图 9-9 和图 9-10)。然后,对这样的 plug 逐对象进行扫描,以找到包含所考虑地址的 plug。

显然,这种算法也是有其代价的。plug 树遍历和 plug 扫描需要一些时间。取消引用内部指针并不是一件容易的事。这就是为什么不允许托管指针驻留在堆上(尤其是作为对象的字段)的第二个重要原因——创建内部指针引用的对象的复杂图会使遍历这样的图的成本很高。其所提供的灵活性根本不值得引入这么大的开销。

还请注意,通过这种实现,只有在计划阶段之后的 GC 期间才能取消对内部指针的引用。只有这样才能一起构建 plug 和 gap,以及相应的 plug 树。

如果你想自己研究内部指针,请从 CoreCLR 的 gc_heap::find_object(uint8_t* interior, ...)方法开始——plug 扫描将在 gc_heap::find_first_object(uint8_t* start, uint8_t* first_object)方法中完成。

内部指针解析允许一些神奇的事情发生,这乍一看很危险。例如,我们能够返回指向局部创建的类实例或数组的托管指针(参见代码清单 13-44)。这似乎是有违直觉的——当数组对象本身看起来不可到达时,是如何从方法引用返回到单个整数数组元素的呢? 显然,不是这样的,因为在这种方法结束后,返回的内部指针将成为数组的唯一根[2]。

代码清单 13-44 内部指针成为唯一根的示例

```
public static ref int ReturnByRefReferenceTypeInterior(int index)
{
    int[] localArray = new[] { 1, 2, 3 };
    return ref localArray[index];
}

static void Main(string[] args)
{
    ref int byRef = ref ReturnByRefReferenceTypeInterior(0);
    // Array created in above method is no longer accessible from code,
        while still alive
    byRef = 4; // using by byRef to prevent eager root collection
}
```

然后,由于内部指针,数组本身仍然处于存活状态。但是,我们丢失了数组对象引用(见

---

1 必须是用单字节偏移来完成的,因为不能以任何方式来保证内部指针相对于对象开头的对齐方式。
2 plug 扫描是可能的,因为 plug 是始于一个对象的,然后可以很容易地找到接下来的对象,因为对象大小是已知的。

图 13-5)。由于前面所提到的限制(brick 和 plug 树的可用性),该类指针无法在运行时"转换回"它所指向的对象的正确引用。

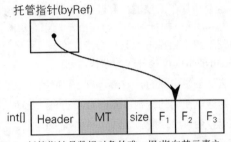

图 13-5　托管指针是数组对象的唯一根(指向其元素之一)

我们可能会使用 WeakReference 类型来进行一些操作以观察内部指针的行为(用于有趣的实验或精美的单元测试)。代码清单 13-45 中稍加修改的代码使用了 ArrayWrapper 类而不是普通数组,这很快就会对我们的实验有用。byref 返回 ArrayWrapper 的整型字段。此外,ObservableReturnByRefReferenceTypeInterior 返回对所创建对象的 WeakReference,以使其存活状态变成可观察的。

代码清单 13-45　内部指针成为唯一根的示例

```
public static ref int ObservableReturnByRefReferenceTypeInterior(int index,
out WeakReference wr)
{
    ArrayWrapper wrapper = new ArrayWrapper() { Array = new[] {1, 2, 3},
    Field = 0 };
    wr = new WeakReference(wrapper);
    return ref wrapper.Field;
}

static void Main(string[] args)
{
    ref int byRef = ref ObservableReturnByRefReferenceTypeInterior(2, out
    WeakReference wr);
    byRef = 4;
    for (int i = 0; i < 3; ++i)
    {
        GC.Collect();
        Console.WriteLine(byRef + " " + wr.IsAlive);
    }
    GC.Collect();
    Console.WriteLine(wr.IsALive);
}
```

这样,我们就可以在 Main 方法中对其进行观察,通过使用返回的内部指针(用 ref byRef 局部变量表示),即可确认 ArrayWrapper 实例是否存活(代码参见清单 13-46)。

代码清单 13-46　代码清单 13-45 的代码结果

```
4 True
4 True
4 True
```

False

如果我们在代码清单 13-45 的 Main 方法的 for 循环中进行了内存转储,那么借助于 WinDbg,我们可以发现 ArrayWrapper 实例的根是作为一个内部指针保存在堆栈中的(参见代码清单 13-47)。

代码清单 13-47 WinDbg 的 Dumpheap 和 gcroot SOS 命令——内部指针存储在堆栈中(RBP 即堆栈寻址寄存器)

```
> !dumpheap -type ArrayWrapper
      Address              MT    Size
0000027b00023d20 00007ffdace07220    32
...
> !gcroot 0000027b00023d20
Thread 3f48:
    000000a65857de60 00007ffdacf60598 CoreCLR.Unsafe.Program.Main
    (System.String[])
        rbp-50: 000000a65857dec0 (interior)
            -> 0000027b00023d20 CoreCLR.Unsafe.ArrayWrapper
Found 1 unique roots (run '!GCRoot -all' to see all roots).
```

其他工具,包括 PerfView,通常将此类对象列为常规局部变量根(在 PerfView 中则为[local vars] root)。这有时会具有误导性,因为在代码中 Main 方法和 ArrayWrapper 类型之间没有直接的连接(如果内部指针指向更嵌套的类型,则这种关系可能会更加隐藏)。

更有趣的是,这种内部指针的使用会导致令人惊讶(但仍然是明智的)行为。让我们将代码清单 13-45 中的代码更改为返回内部 ArrayWrapper 数组的 byref 给定元素,类似于代码清单 13-44(参见代码清单 13-48)。

在这样的更改之后,Main 方法会产生不同的结果(参见代码清单 13-49)。显然,在 ObservableReturnByRefReferenceTypeInterior 方法结束后不久,返回的 ArrayWrapper 实例就变得不可到达(因此垃圾被回收)。这可能是令人惊讶的,因为底层数组仍然由 byRef 内部指针保持着存活状态!

代码清单 13-48 内部指针成为唯一根的示例

```
public static ref int ObservableReturnByRefReferenceTypeInterior(int index,
out WeakReference wr)
{
    ArrayWrapper wrapper = new ArrayWrapper() {Array = new[] {1, 2, 3},
    Field = 0};
    wr = new WeakReference(wrapper);
    return ref wrapper.Array[index];
}
```

代码清单 13-49 代码清单 13-48 的代码结果

```
4 False
4 False
4 False
False
```

细心的读者可能已经注意到了。通过相关关系的图示就能很容易地解释发生了什么(见图 13-6)。在 ObservableReturnByRefReferenceTypeInterior 方法结束之后但在第一个 GC.Collect 调用之前，如图 13-6(a)所示——ArrayWrapper 实例仍然处于存活状态，通过 Array 字段引用了 int[]数组。并且还有指向同一数组的 byRef ref 局部变量。当 GC 发生时，int[]数组仍然由内部指针持有。但是，事实上，并没有任何内容指向 ArrayWrapper 实例，因为它被检测为不可到达并且被垃圾回收了。

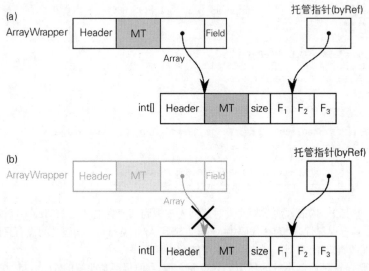

图 13-6　代码清单 13-48 中的对象关系的图示：(a)在 GC 运行之前，(b)在 GC 运行之后

我希望你已经注意到这个描述所选择的方向——避免此类 ref 返回值返回仅内部根(interior-only rooted)对象。它们很有趣，但可能会误导人！

当然，在压缩 GC 的重定位过程中也会考虑内部指针。它们的值(地址)会根据相应的 plug 偏移量进行相应更改，就像对常规引用一样。

代码清单 13-44 的代码能被 GC 正确处理会让你感到非常惊讶。同样，代码清单 13-50 的代码可能也会令人惊讶，尽管我们应该已经理解了它的工作原理。即使 int 数组看起来只是临时的，由于内部指针指向第一个元素，只要使用这样的指针，它也会保持存活状态。

代码清单 13-50　带有指向临时(至今仍然存活的)托管数组的内部指针的 ref 局部变量

```
ref var local = ref (new int[1])[0];
```

我们可以使用这种"魔术般"的语法来创建用于创建内部指针的通用 helper(参见代码清单 13-51)。其用法应仅限于测试和基准测试场景(至少我无法想象出它的任何实际用法)。

代码清单 13-51　创建指向给定对象的内部指针的代码

```
public class Helpers {
    public static ref T MakeInterior<T>(T obj) => ref (new T[] { obj })[0];
}
```

为了灵活性，托管指针还可能指向非托管内存区域。在标记或压缩阶段，它们显然会被 GC 忽略。

13.3.5　C#中的托管指针——ref 变量

如前所述，ref 变量(ref 参数、ref 局部变量和 ref 返回值用法)都是围绕托管指针的小型包装器。它们显然不应被视为指针。它们是变量！阅读由 Vladimir Sadov 撰写的出色的"ref 返回值不是指针"这篇文章(http://mustoverride.com/refs-not-ptrs/)可以了解到更多信息。

尝试使用所有这些较大或较小的托管指针和 ref 变量是很好的，但是为什么我们需要它们呢？为什么所有这些 ref 局部变量、ref 返回值和 ref 参数都是首先引入的呢？它们背后有一个非常重要的原因：

避免复制数据——特别是在使用大型结构时！——以类型安全的方式

我们已经在本书中看到了，值类型具有许多优点：避免堆分配和更好的数据局部性可以显著加快代码的性能速度。但是，它们的值传递语义(在第 4 章中有详细说明)使它们变得有点麻烦——JIT 编译器正在尽最大努力避免复制小型结构，但实际上它是我们控制之下的一个实现细节。每次我们将值类型(很可能是我们的自定义结构)作为参数传递或从方法返回时，我们都应假定发生了不希望的内存复制。

引入 ref 变量可以克服这一主要缺点。它们保证通过引用来传递值的类型，并结合两个世界中的优点——避免了堆分配，同时仍然可以以类似引用的方式使用它们(因为它们提供了引用语义)。

让我们看一个简单的基准测试，让数字说话(参见代码清单 13-52)。我们定义了一些方法，这些方法通过值和引用来传递值类型(结构)。为了测量传递的结构大小的影响，使用了三个不同的结构——包含 8、28 和 48 个整数(分别具有 32、112 和 192 字节的大小)。为了简洁起见，只展示了最小的结构定义。此外，还有一个将类似大小的类作为参数的方法。

代码清单 13-52　按值传递和按引用传递的基准测量对比

```
public unsafe class ByRef
{
    [GlobalSetup]
    public void Setup()
    {
        this.struct32B = new Struct32B();
        // ...
    }

    [Benchmark]
    public int StructAccess()
    {
        int result = 0;
        result = Helper1(struct32B);
        return result;
    }

    [Benchmark]
    public int ByRefStructAccess()
    {
        int result = 0;
        result = Helper1(ref struct32B);
        return result;
    }
```

```
[Benchmark]
public int ClassAccess()
{
    int result = 0;
    result = Helper2(bigClass);
    return result;
}

[MethodImpl(MethodImplOptions.NoInlining)]
private int Helper1(Struct32B data)
{
    return data.Value1;
}

[MethodImpl(MethodImplOptions.NoInlining)]
private int Helper1(ref Struct32B data)
{
    return data.Value1;
}

[MethodImpl(MethodImplOptions.NoInlining)]
private int Helper2(BigClass data)
{
    return data.Value1;
}

public struct Struct32B
{
    public int Value1;
    public int Value2;
    public int Value3;
    public int Value4;
    public int Value5;
    public int Value6;
    public int Value7;
    public int Value8;
}
}
```

来自 DotNetBenchmark 工具的这样一个简单的基准测试的结果清楚地展示了通过引用传递的优势(参见图 13-7)。无论结构的大小如何，按引用传递都展示出相同的性能(并且与类引用传递相似，无论其大小如何)。另一方面，随着结构的大小越大，常规的按值传递(涉及结构复制)就变得越慢。这同样适用于 ref 返回值，因此为了简洁起见，省略了这个非常相似的基准测试。

```
       Method |     Mean | Allocated |
--------------- |---------:|----------:|
     Struct32B | 1,560 ns |       0 B |
    Struct112B | 5.229 ns |       0 B |
    Struct192B | 7.457 ns |       0 B |
ByRefStruc32tB | 1.332 ns |       0 B |
ByRefStruct112B | 1.343 ns |      0 B |
ByRefStruct192B | 1.329 ns |      0 B |
   ClassAccess | 1.098 ns |       0 B |
```

图 13-7 代码清单 10-52 中的基准测试结果

因此，在使用大型值类型时，引入 ref 变量就尤为重要。有了它们，我们就应该不再害怕结构复制。此外，我们可以通过前面提到的只读 ref 和即将讲述的只读结构来控制这种数据的可变性。所有这些都是为了使值类型在高性能场景中更可用而引入的。

但是，即使在平凡的情况下，ref 变量也可能是有用的。代码清单 13-53 展示了 .NET 文档中的一个很好的示例。这是一个专门用于在给定矩阵中查找值的方法，它有两种写法：按值元组返回已找到的元素和按引用返回已找到的元素。这两者之间不会有显著的性能差异(因为返回值元组被更准确地注册，并且不会进行结构复制)。但是，第二个版本允许非常快速地修改返回值。第一个仅返回矩阵中的索引。修改需要对这些索引指定的元素进行第二次矩阵访问。显然，这是我们想向该方法的用户公开 API 的问题。虽然由此产生的性能差异可能不大，但如果经常调用这种方法，这一点是可以累积显示出来的。

代码清单 13-53　ref 返回值示例，可提供更灵活、更快的可变性

```
public static (int i, int j) FindValueReturn(int[,] matrix, Func<int, bool>
predicate)
{
        for (int i = 0; i < matrix.GetLength(0); i++)
        for (int j = 0; j < matrix.GetLength(1); j++)
        if (predicate(matrix[i, j]))
            return (i, j);
    return (-1, -1); // Not found
}

public static ref int FindRefReturn(int[,] matrix, Func<int, bool>
predicate)
{
    for (int i = 0; i < matrix.GetLength(0); i++)
        for (int j = 0; j < matrix.GetLength(1); j++)
            if (predicate(matrix[i, j]))
                return ref matrix[i, j];
    throw new InvalidOperationException("Not found");
}
```

ref 结构将很快得到解释；它不会改变当前上下文的任何内容。

由于 ref 变量，ref 返回集合会更受欢迎。它们对于存储大型值类型的集合特别有用，因为允许它们访问其元素而无须复制。代码清单 13-54 提供了这种简单集合的示例。它公开了一个索引器，该索引器通过引用返回指定的元素。这样就可以直接访问元素而不需要像常规引用那样进行复制(参见代码清单 13-54 中的 Main 方法)。

代码清单 13-54　自定义 ref 返回集合的简单示例

```
public class SomeStructRefList
{
    private SomeStruct[] items;

    public SomeStructRefList(int count)
    {
        this.items = new SomeStruct[count];
    }
    public ref SomeStruct this[int index] => ref items[index];
```

```
}

static void Main(string[] args)
{
  SomeStructRefList refList = new SomeStructRefList(3);
  for (var i = 0; i < 3; ++i)
     refList[i].Field = i;
  for (var i = 0; i < 3; ++i)
     Console.Write(refList[i].Field); // Prints 012
}
```

显然，有时可能会对外公开一些 API，这些 API 只提供只读集合，而不允许我们修改返回的元素。借助于前面解释过的只读 ref，这是完全有可能的(参见代码清单 13-55)。但是请记住这样做的所有后果——特别是当调用方法时对值进行防御性复制(参见代码清单 13-55 中的 Main 方法)。

代码清单 13-55 自定义只读 ref 返回值集合的简单示例

```
public struct SomeStruct
{
    public int Field;

    public void ModifyMe()
    {
        this.Field = 9;
    }
}

public class SomeStructReadOnlyRefList
{
    private SomeStruct[] items;

    public SomeStructReadOnlyRefList(int count)
    {
        this.items = new SomeStruct[count];
    }
    public ref readonly SomeStruct this[int index] => ref items[index];
}

static void Main(string[] args)
{
    SomeStructReadOnlyRefList readOnlyRefList = new
    SomeStructReadOnlyRefList(3);
    for (var i = 0; i < 3; ++i)
        //readOnlyRefList[i].Field = i; // Error CS8332: Cannot assign to
        a member of property 'SomeStructRefList.this[int]' because it is a
        readonly variable
        readOnlyRefList[i].ModifyMe(); // Called on defensive copy! Does
        not modify orignal value.
    for (var i = 0; i < 3; ++i)
        Console.WriteLine(readOnlyRefList[i].Field); // Prints 000 instead
                                                 of 999
}
```

如果我们比较代码清单 13-54 和 13-55 中 Main 方法的 CIL 代码的相关部分，我们会注意到上面所提到的防御性复制。ref 返回值代码仅对索引器返回的元素调用 ModifyMe 方法：

```
IL_0008: ldc.i4.0
IL_0009: callvirt instance valuetype SomeStruct&
SomeStructRefList::get_Item(int32)
IL_000e: call instance void SomeStruct::ModifyMe()
```

另一方面，将只读 ref 值复制到另一个额外的临时局部变量中：

```
IL_0008: ldc.i4.0
IL_0009: callvirt instance valuetype SomeStruct&
modreq(InAttribute) SomeStructRefList2::get_Item(int32)
IL_000e: ldobj C/SomeStruct // Load object from the
                               returned address on the
                               evaluation stack
IL_0013: stloc.0            // Store the value from the evaluation
                               stack into local variable
IL_0014: ldloca.s 0         // Load the address of the local variable
IL_0016: call instance void C/SomeStruct::ModifyMe()
```

在 C# 7.2 中引入了更灵活的 ref 变量之后，我们可以期待会有越来越多的公共集合的公共 API 包含 ref 返回值语义。该方法名已经按照标准化命名为 ItemRef。目前，System.Collections.Immutable 命名空间中的大多数不可变集合(例如 ImmutableArray，ImmutableList 等)都包含了这样的更改。ref 返回值逻辑可能比单独访问底层存储更复杂。例如，ImmutableSortedSet 内部存储基于 AVL 树节点。因此，其 ItemRef 实现基于二叉树遍历(参见代码清单 13-56)。

代码清单 13-56 一个更复杂的 ref 返回值集合实现的示例

```
public sealed partial class ImmutableSortedSet<T>
{
    internal sealed class Node : IBinaryTree<T>, IEnumerable<T>
    {
        ...
        internal ref readonly T ItemRef(int index)
        {
            if (index < _left._count)
            {
                return ref _left.ItemRef(index);
            }
            if (index > _left._count)
            {
                return ref _right.ItemRef(index - _left._count - 1);
            }
            return ref _key;
        }
        ...
    }
    ...
}
```

实现 ref 返回行为并不总是那么简单的，因为它公开了集合条目。而这有时是不需要的，因为这样的集合可能会：

- 需要对其条目进行特殊处理，而通过 byref 对这些条目进行公开时会忽略掉此处理——例如，应该要记录集合条目的每次修改或需要其他处理(例如版本控制)。
- 当想要重新组织其内部存储时，这会使返回的 byref 无效——例如，底层存储是基于数组的，那么当需要增加集合时就需要重新创建数组。

正是这两个问题使得将 ItemRef 引入流行的 List <T>(或 Dictionary <TKey, TValue>)时会有问题：

- List <T>(或 Dictionary <TKey, TValue>)使用了内部_version 计数器(用于序列化)。
- List <T>(或 Dictionary <TKey, TValue>)由于内部的数组存储，可能会需要重新组织条目。

13.4　关于结构的更多知识

结构从一开始就位于.NET 中。从一开始，它们就一直不是很流行，这一点不容忽视。只有在过去的一两年里，我们才注意到结构的日益流行和知名度。对性能要求很高的时代对 GC 和内存使用总量提出了越来越多的限制。因此，大家开始回过头来使用结构——如果小心地使用的话，将不会有堆分配，这样会极大地提高性能，从而将 GC 从工作中释放出来。作为一名性能迷，我非常高兴看到了这一点。现在，许多会不小心进行分配的地方都改成了基于结构的类型，从而避免了分配(通常是能完全避免的)。

这是一个很好的方向，我想在此强调。随着与.NET 相关的 Microsoft 团队对结构的认识不断提高，C#发布了越来越多的关于它们的功能。本书已经提到了很多——ref 局部变量和返回值还有 ref 参数——以使当使用值类型时不会进行复制。只读 ref 和 in 参数使控制使用值的可变性变得更加容易。此外，C# 7.2 中还添加了另外两个重要的新特性，需要仔细地描述它们——只读结构和 ref 结构。我预计在未来几年里，它们的流行度会有显著的增长，至少在具有高性能需求的代码中会是如此。我并不认为 CRUD 业务层会突然被所有那些与结构相关的特性弄得一团糟。

13.4.1　只读结构

我们已经看到过只读 ref 和 in 参数，通过它们可以禁止在指定上下文中修改参数。这在控制用于值类型的 ref 变量不允许程序员修改其值时，可能会很有用。然而，可以更进一步地创建不可变的结构——一旦创建就不能修改的结构。我希望你已经看到了了 C#编译器优化和 JIT 编译器优化，这些优化来自于这一事实——在调用方法时安全地删除防御性副本的可能性。

我们通过在结构声明中添加 readonly 修饰符来定义一个只读结构(参见代码清单 13-57)。C#编译器会强制将此类结构的每个字段也定义为只读。

代码清单 13-57　只读结构声明的示例

```
public readonly struct ReadonlyBook
{
    public readonly string Title;
    public readonly string Author;

    public ReadonlyBook(string title, string author)
    {
        this.Title = title;
        this.Author = author;
    }
}
```

```
public void ModifyAuthor()
{
    //this.Author = "XXX"; // Compilation error: A readonly field
                           //                    cannot be assigned to (except in a
                           //                    constructor or a variable initializer)
    Console.WriteLine(this.Author);
}
}
```

如果从业务和/或逻辑需求的角度来看，你的类型是不变的，那么在高性能代码段中使用通过引用传递的只读结构(借助 in 关键字)总是值得考虑的。

正如 MSDN 声明："你可以在只读结构为参数的每个位置使用 in 修饰符。此外，当返回的对象的生存期超出返回对象的方法的范围时，你可以将只读结构作为 ref 返回值。"因此，使用只读结构是一种以安全和性能感知的方式操作不可变类型的非常便捷的方法。

例如，让我们修改代码清单 13-27 的 BookCollection 类，使其内部包含一个只读结构数组，而不是常规结构(参见代码清单 13-58)。可以在这样的数组中对它们进行堆分配，因为 ReadOnlyBookCollection 实例是堆分配的引用类型。但是，所有对不可变性的保证仍然存在。因此，编译器将省略 CheckBook 方法中的防御性副本的创建。

代码清单 13-58 修改代码清单 13-27 的代码——存储只读结构

```
public class ReadOnlyBookCollection
{
    private ReadonlyBook[] books = {
            new ReadonlyBook("Call of the Wild, The", "Jack London" ),
            new ReadonlyBook("Tale of Two Cities, A", "Charles Dickens")
    };
    private ReadonlyBook nobook = default;
    public ref readonly ReadonlyBook GetBookByTitle(string title)
    {
        for (int ctr = 0; ctr < books.Length; ctr++)
        {
            if (title == books[ctr].Title)
                return ref books[ctr];
        }
        return ref nobook;
    }
    public void CheckBook(in ReadonlyBook book)
    {
        //book.Title = "XXX"; // Would generate compiler error.
        book.DoSomething();    // It is guaranteed that DoSomething does not
                               //             modify book's fields.
    }
}

public static void Main(string[] args)
{
    var coll = new ReadOnlyBookCollection();
    ref readonly var book = ref coll.GetBookByTitle("Call of the Wild,
    The");
    book.Author = "XXX";        // Compiler error: A readonly field cannot be
                                //             assigned to (except in a constructor or a
                                //             variable initializer)
}
```

13.4.2　ref 结构(类似于托管指针的类型)

托管指针有其合理的局限性——尤其是它们不允许出现在托管堆上(作为引用类型的字段或仅通过装箱形式)。但是,对于稍后要讲述的一些场景,最好具有一个包含托管指针的类型。这种类型应具有与托管指针本身类似的限制(不会破坏所包含的托管指针的限制)。因此,这些类型通常称为类似于托管指针(byref-like)的类型(因为托管指针的另一个简称是 byref)。

从 C# 7.3 开始,可以通过在结构声明中添加 ref 修饰符来以 ref 结构的形式声明自定义的类似于 byref 的类型。(参见代码清单 13-59)。

代码清单 13-59　ref 结构声明的示例

```
public ref struct RefBook
{
    public string Title;
    public string Author;
}
```

C#编译器对 ref 结构施加了许多限制,以确保它们只会被堆栈分配。
- 不能将其声明为类或常规结构的字段(因为这样可以将其装箱)。
- 出于相同的原因,不能将其声明为静态字段。
- 不能装箱——因此无法将其分配/强制转换为对象、动态或任何接口类型。也不可能将它们用作数组元素,因为数组存储的是装箱结构。
- 不能用作迭代器、泛型参数,也不能实现接口(因为它随后会被装箱)。
- 不能在异步方法中用作局部变量——因为它可以作为异步状态机的一部分来进行装箱。
- 不能被 lambda 表达式或局部函数捕获——因为它将会被相应的闭包类装箱(参见第 6 章)。
在这些情况下尝试使用 ref 结构会导致编译错误。代码清单 13-60 展示了一些示例。

代码清单 13-60　一些不可能的 ref 结构用法示例

```
public class RefBookTest
{
  private RefBook book; // Compilation error: Field or auto-implemented
                        property cannot be of type 'RefBook' unless
                        it is an instance member of a ref struct
  public void Test()
  {
    RefBook localBook = new RefBook();
    object box = (object) localBook; // Compilation error: Cannot
                                      convert type 'CoreCLR.Unsafe
                                      Tests.RefBook' to 'object'
    RefBook[] array = new RefBook[4]; // Compilation error: Array
                                       elements cannot be of type
                                       'RefBook'
  }
}
```

与托管指针类似,ref 结构只能用作方法参数和局部变量。也可以将 ref 结构用作其他 ref 结构的字段类型(参见代码清单 13-61)。

代码清单 13-61　ref 结构作为其他 ref 结构的字段的示例

```
public ref struct RefBook
{
    public string Title;
    public string Author;
    public RefPublisher Publisher;
}

public ref struct RefPublisher
{
    public string Name;
}
```

另外,我们可以声明 readonly ref struct 以将只读和 ref 结构特性组合在一起——声明仅存在于堆栈中的不可变结构。这样有助于 C#编译器和 JIT 编译器在使用它们时进行进一步的优化(例如忽略防御性副本的创建)。

虽然我们已经知道 ref 结构提供了什么,但是有人可能会好奇,哪里可以用到它们,如果它们真的有用的话? 显然,如果没有,就不会引入它们。根据它们的局限性,它们提供了两个非常重要的特性。

- 它们永远不会被堆分配:这允许以一种特殊的方式使用它们,因为它们的生存期保证性非常强。如本节开头所述,它们的主要优点是可以包含一个托管指针作为它们的字段(尽管当前在 C#中,这不是直接公开的特性,我们将很快对此进行详细说明)。
- 它们永远不会被多个线程访问到:由于在线程之间传递堆栈地址是非法的,因此保证堆栈分配的 ref 结构仅能由其自己的线程访问。这以一种简单的方式消除了任何麻烦的同步问题,而没有任何同步成本。

这两个特性使得 ref 结构本身非常有趣。然而,ref 结构的主要动机是 Span<T>结构,这将在下一章加以说明。

有人可能会问为什么在声明 "ref 结构" 时不使用 stackonly 关键字而使用 ref 关键字? 其背后的原因是,"ref 结构" 比简单的 "stackonly 分配" 提供了更强的限制:例如,如上所述,它们不能用作泛型参数和指针类型。因此,将它们命名为 stackonly 会产生误导。

13.4.3　固定大小的缓冲区

当我们将结构的一个字段定义为数组时,显然只有对这样的堆分配数组的引用(而不是数组本身)才是此类结构的一部分(参见代码清单 13-62 和图 13-8(a))。这可能适合你的需要,也可能不适合你的需求。

代码清单 13-62　将结构的一个字段定义为数组的示例

```
public struct StructWithArray
{
    public char[] Text;
    public int F2;
    // other fields...
}

static void Main(string[] args)
```

```
    {
        StructWithArray data = new StructWithArray();
        data.Text = new char[128];
        ...
    }
```

不过，也有可能将整个数组嵌入结构中——这就是所谓的固定大小缓冲区。唯一的限制是数组必须具有预定义的大小，并且其类型只能是基元类型之一：bool、byte、char、short、int、long、sbyte、ushort、uint、ulong、float 或 double。此外，使用固定大小缓冲区的结构必须标记为 unsafe(参见代码清单 13-63 和图 13-8(b))。类中不允许使用固定数组缓冲区。从图 13-8(b)中可以清楚地看出，最好将它们命名为缓冲区，而不是数组，因为它们是给定元素的简单顺序布局(没有任何类型或大小信息)。

代码清单 13-63   结构中固定大小的缓冲区的示例

```
public unsafe struct StructWithFixedBuffer
{
    public fixed char Text[128];
    public int F2;
    // other fields...
}
```

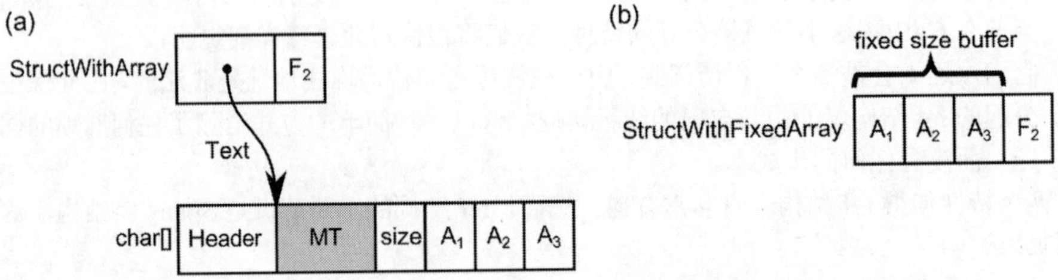

图 13-8   结构字段之间的形式上的差异：(a)典型的堆分配数组，(b)固定大小的缓冲区

固定大小的缓冲区最常用于 P/Invoke 上下文中，用于定义 Interop marshal 结构(参见代码清单 13-64)，通常表示字符或整数的非托管数组结构(例如，表示系统句柄数组)。

代码清单 13-64   CoreFX 代码库中的固定大小缓冲区示例

```
public unsafe ref partial struct FileSystemEntry
{
    private const int FileNameBufferSize = 256;
    ...
    private fixed char _fileNameBuffer[FileNameBufferSize];

internal unsafe struct WIN32_FIND_DATA
{
    internal uint dwFileAttributes;
    ...
    private fixed char _cFileName[MAX_PATH];
    private fixed char _cAlternateFileName[14];

    internal ReadOnlySpan<char> cFileName
    {
```

```
        get { fixed (char* c = _cFileName) return new ReadOnlySpan<char>
        (c, MAX_PATH); }
    }
}
```

但是，我们可以考虑将它们用于通用代码，作为一种定义更密集数据结构的便捷方法。即使将此类结构作为泛型集合的一部分来进行堆分配，生成的代码也会提供更好的数据局部性。让我们以在泛型 List<T>中的用法举例说明一下(参见代码清单 13-65)。

代码清单 13-65　使用装箱结构作为 List <T>元素

```
List<StructWithArray> list = new List<StructWithArray>();
List<StructWithFixedBuffer> list = new List<StructWithFixedBuffer>();
```

由此产生的数据局部性差异在图 13-9 中清晰可见。如果使用常规的堆分配数组作为装箱结构字段，则在托管堆周围会散落许多对象(其明显优点就是，每个结构元素都可能具有不同大小的数组)。另一方面，对于固定大小的缓冲区，只有单个数组嵌入了所有元素(其明显的缺点就是每个嵌入的缓冲区具有相同的大小)。后一种方法提供了更密集的数据布局，由于 CPU 缓存利用率更高，因此在高性能场景中可能会很有用 [1]。

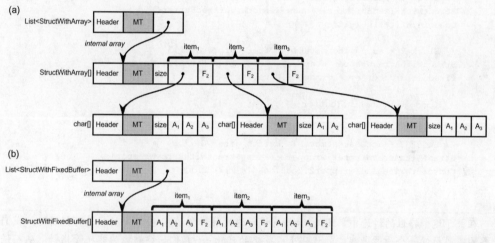

图 13-9　对于具有以下内容的装箱结构，在 List <T>的数据局部性的差异：(a)普通数组，(b)固定大小的缓冲区

对于堆栈分配的数据，使用 stackalloc 运算符可以获得类似的结果。因此，在这种场景下，如果选择堆栈式代理缓冲区或自定义结构的固定大小缓冲区(并可选地使其成为 ref 结构以确保它不会被装箱)，则更具优先权。

C# 7.3 添加了一个名为"索引可移动固定缓冲区"的特性。一个可移动的固定缓冲区就是作为一个固定大小的缓冲区成为堆分配对象的一部分(例如在我们的常规 List <T>的装箱示例中)。它之所以被称为"可移动"，是因为 GC 在压缩阶段重新定位整个对象时会移动它。如果没有这个特性，在这种情况下，需要在访问其元素之前固定整个缓冲区。让我们通过使用一个包装了 StructWithFixedArray 类的附加类来对此进行解释(参见代码清单 13-66)。

---

1 你可以看到，这种方法与在结构中定义许多相同类型的字段没有什么不同。在该应用程序中，区别在于对此类数据的访问更加方便(索引化)。

代码清单 13-66 对固定大小缓冲区装箱的包装器

```
public class StructWithFixedArrayWrapper
{
    public StructWithFixedArray Data = new StructWithFixedArray();
}
```

在结构未装箱的情况下，通过索引访问固定大小的缓冲区显然是安全的，因为堆栈分配的结构不会移动，所以根本不需要固定(参见代码清单 13-67 的第一个代码块)。但是，如果试图在装箱结构的情况下使用对缓冲区的索引访问，则会导致编译器错误："You cannot use fixed size buffers contained in unfixed expressions. Try using the fixed statement." 因此，在 C# 7.3 之前，需要固定整个缓冲区(参见代码清单 13-67 的第二个代码块)。你可以看到，这里的固定实际上是奇怪且不必要的——索引是相对于相应字段开头的相对操作，移动整个对象不会改变这里的任何东西。因此，自 C# 7.3 以来，这个小小的不便已经消除了(参见代码清单 13-67 的第三个代码块)。

代码清单 13-67 C# 7.3 中固定大小缓冲区索引更改

```
static void Main(string[] args)
{
    // Block 1 - accessing stack-allocated fixed buffer
    StructWithFixedBuffer s1 = new StructWithFixedBuffer();
    Console.WriteLine(s1.text[4]);

    // Block 2 - accessing movable buffer before C# 7.3
    StructWithArrayWrapper wrapper1 = new StructWithArrayWrapper();
    fixed (char* buffer = wrapper1.Data.Text)
    {
        Console.WriteLine(buffer[4]);
    }

    // Block 3 - accessing movable buffer after C# 7.3
    StructWithArrayWrapper wrapper2 = new StructWithArrayWrapper();
    Console.WriteLine(wrapper2.Data.text[4]);
}
```

在关于这个特性的讨论中，阅读 C#语言设计者的注释会很有趣："当目标是可移动时，我们需要固定目标的一个原因是我们的代码生成策略的产物——我们始终转换为非托管指针，从而强制用户通过固定语句来固定。但是，在进行索引编制时不必转换为非托管。当接收器以托管指针的形式存在时，同样的不安全指针也同样适用。如果我们这样做的话，中间引用将得到管理(GC 跟踪)，并且不需要固定。"

关于使用固定大小缓冲区的最后一点，请记住，可以将它们与 stackalloc 组合使用，以创建包含其他"数组"(缓冲区)的元素的堆栈分配数组。由于第 6 章中所述的限制，在使用常规堆分配的数组字段时，这将是不可能的。

代码清单 13-68 将 stackalloc 与固定大小缓冲区相组合

```
var data = stackalloc StructWithArray[4]; // Not-possible with compilation
error: Cannot take the address of, get the size of, or declare a pointer to
a managed type ('StructWithArray')
var data = stackalloc StructWithFixedBuffer[4]; // Possible
```

13.5 对象/结构布局

你是否曾经看过你所创建的类或结构的实例的内存布局是怎样的？可能没有，这是一件好事。在使用托管代码时，它应该完全不会让你去考虑如何组织字段。CLR 在类型字段对应布局方面做得很好。研究它们很可能就是过度设计的事情。但是，当你确实想知道这种布局，甚至想控制它时，总会有一些例外。在绝大多数情况下，当你将类型实例传递给非托管代码时，这些代码期待在其他地方(如在系统 API 调用中)已经定义了一些显式布局。另一方面，当你如此关注内存的最佳使用并高效地访问它时，也会出现一些罕见的情况，仅仅依靠自动字段布局是不够的。

由于整本书，特别是本章，非常关注这样的边界情况，因此，我们现在专门介绍一下对象在内存中的布局。此外，了解事物的底层工作原理，而不仅仅满足于它们是能工作就行了，也正是本书的口号之一。

到目前为止，我们已经学过，对于引用类型的实例，在每个实例的开头总有一个对象标头和 MethodTable 引用。另一方面，值类型实例则没有对象标头和 MethodTable 引用，值类型实例仅包含其字段值(参见第 4 章的图 4-17 和图 4-18)。那字段呢？

高效内存访问有一个黄金法则，而字段布局就严重依赖于它——数据对齐。每种基元数据类型(如整数、各种浮点数等)都有其自己首选的对齐方式——应该是存储它的地址(以字节表示)的值的倍数。通常，这种基元类型对齐方式与其大小相等。因此，4 字节的 int32 具有 4 字节的对齐方式(其地址应乘以 4)，8 字节的 double 具有 8 字节的对齐方式，以此类推。最简单的是 1 字节的 char 和 byte 类型，因为它们的对齐方式为 1 字节——即它们存储在任何位置都是对齐的。现代 CPU 可以使用高效的代码来访问对齐的数据。访问未对齐的数据虽然仍然是可以的，但需要更多的指令，因此速度会慢一些。

包含基元类型字段的复杂类型在布局这些字段时应该要考虑到它们的对齐要求。这会在字段之间引入填充——只是因为下一个字段需要位于特定的对齐地址下，所以存在未使用的字节(我们将在接下来的示例中看到填充)。复杂类型实例本身也应对齐——以确保当其成为其他更复杂的类型(或数组)的一部分时，它们的字段仍然是对齐的。

所有这些导致了 MSDN 为有关对象的布局定义了以下三个规则。

- 类型的对齐方式是其最大元素的大小(1、2、4、8 等字节)或指定的打包大小(以较小者为准)。
- 每个字段必须与其自身大小(1、2、4、8 等字节)或类型的对齐方式(以较小者为准)对齐。因为类型的默认对齐方式是其最大元素的大小，该大小大于或等于所有其他字段长度，所以这通常意味着字段是按其大小对齐的。例如，即使类型中最大的字段是 64 位(8 字节)整数或 Pack 字段设置为 8，则 Byte 字段将会在 1 字节边界对齐，Int16 字段将会在 2 字节边界对齐，Int32 字段将会在 4 字节边界上对齐。
- 在字段之间添加填充以满足对齐要求 [1]。

牢记对齐黄金法则和上面给出的三个规则之外，我们还应该要了解有关两种类型类别中字段布局的设计决策。

- 结构：默认情况下具有顺序布局，因此字段是按照定义的顺序存储在内存中。这主要是因为假定它们会被传递给非托管代码，并且字段的定义顺序不是偶然的，而是经过思考设计过的。在.NET 设计之初，人们通常认为结构会用于 Interop 场景中，因此这种默认行为是合理的。但是，这仅适用于第 6 章已经定义的"非托管类型"(我们很快在新的非托管约

---

1 将会对打包做进一步描述，但打包与自动字段布局的当前上下文无关。

束的上下文中再次看到它)。即使明确定义了字段的顺序，其布局仍然会考虑对齐要求。这会引入填充并增加生成的结构的大小(作为高效对齐字段访问的成本)。

- 类：默认情况下具有自动布局，因此可以自由地对字段进行重新排序。因为 CLR 是此类数据的唯一所有者，所以如何布局字段取决于 CLR。字段会以最高效的方式重新排序，包括 CPU 访问时间(考虑对齐)和内存使用情况。

如今，随着值类型在常规通用代码中的日益普及，结构的默认顺序对齐方式可能不是最理想的，最好要知道其备选的方法。

让我们看一看这一切是如何起作用的。代码清单 13-69 中有一个简单的结构，其字段布局类似于图 13-10(a)所示——所有三个字段都按定义时的顺序存储在内存中。但是，由于对齐要求，此类结构中的字段是从以下地址开始的。

- 0 字节偏移量：第一个字段是 1 字节对齐的字节，因此它可以存储在任何地址。
- 8 字节偏移量：第二个字段是具有 8 字节对齐的 double，因此它必须从 8 倍乘法的地址开始。遗憾的是，它引入了很大的、7 字节的填充，这完全浪费了空间。
- 16 字节偏移量：最后一个字段是 4 字节对齐的整型，因此可以从地址 16 开始。

另外，整个结构的对齐方式必须为其最大元素的大小——在本例中则为 8 字节。换言之，整个结构的大小必须是 8 的乘积。它已经占用了 20 字节，因此将其舍入到 24 字节的大小，并在末尾添加了额外的填充。

整个结构的对齐方式要确保该结构的实例的字段是始终对齐的，以数组元素为例(见图 13-10(b))。如果整个结构未被正确对齐(末尾没有额外的填充)，则这样的场景会产生未对齐的数据(见图 13-10(c))。

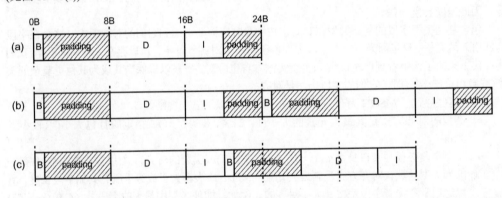

图 13-10　结构中的默认字段布局：(a)代码清单 13-69 中的结构布局，(b)使用 AlignedDouble 结构作为数组元素的示例，(c)使用 AlignedDouble 结构的 inproper 示例(如果整个结构没有正确对齐)

我们可以看到，这里介绍的结构字段的顺序布局会有相当大的内存开销——11 个字节没有被使用，这几乎是整个结构的一半！如果只是偶尔使用这种结构，那很可能不会成为问题。另一方面，如果你的代码严重依赖于值类型，并且应该要以高性能执行的方式来处理数百万个值类型，那么此类浪费将可能会带来影响。

代码清单 13-69　简单的结构示例(用于研究字段的布局)

```
public struct AlignedDouble
{
    public byte B;
```

```
    public double D;
    public int I;
}
```

.NET 提供了一种控制字段布局的方法。这同样主要是面向 Interop 场景所设计的，我们可以利用该特性控制内存布局，以便在一般情况下更好地满足我们的需要。字段布局由 StructLayout 属性控制，该属性可用于类和结构，可以采用三个值。

- LayoutKind.Sequential：前面已经讲述过的顺序布局，按照字段定义的顺序存储并且保证正确的字段对齐。这是非托管结构的默认值(如第 6 章所述，并且会很快被回顾)。
- LayoutKind.Auto：前面已经讲述过的布局，保证字段的对齐，但可以对字段进行重新排序(以高效利用内存)。这是托管的类和结构的默认值。
- LayoutKind.Explicit：不能保证任何内容的布局，因为我们显式定义了布局。

代码清单 13-69 中的示例结构(默认使用 LayoutKind.Sequential 布局)可以很容易地更改为使用自动布局(参见代码清单 13-70)。正如我们在图 13-11 中所看到的那样，该选项确实产生了更好的布局，因为引入了更少的填充(3 字节)(所有字段仍然都正确对齐了)。

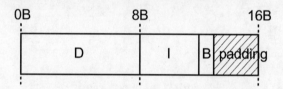

图 13-11 代码清单 13-70 中结构的自动字段布局

代码清单 13-70 简单的结构示例(用于研究自动字段布局)

```
[StructLayout(LayoutKind.Auto)]
public struct AlignedDoubleAuto
{
    public byte B;
    public double D;
    public int I;
}
```

自动布局的主要缺点是我们不能在 Interop 中使用这种结构。然而，我主要设想是在高性能通用代码中使用它，而我们根本不关心这个限制。因此，当你使用值类型是因为它们的内存管理优势(堆栈分配、数据局部性、较少的空间占用)时，你很可能会对使用自动布局而不是默认布局感兴趣！

字段越多，其大小差异越大，越可能引入更不幸的顺序布局。作为练习，我建议你去理解为什么要使用代码清单 13-71 中的结构。

- 使用 LayoutKind.Sequential 布局的 64 字节(其中由于填充而浪费了 28 字节)
- 使用 LayoutKind. Auto 布局的 64 字节(其中仅浪费了 4 字节)

代码清单 13-71 所选布局会严重影响其大小的结构示例

```
public struct ManyDoubles
{
    public byte B1;
    public double D1;
```

```
    public byte B2;
    public double D2;
    public byte B3;
    public double D3;
    public byte B4;
    public double D5;
}
```

到目前为止,所展示过的结构都是非托管类型的示例。回想一下——非托管类型是指不是引用类型且不包含引用类型字段的类型。但是,我们显然可以创建托管结构——只需要向它们添加单个引用类型字段即可(参见代码清单 13-72)。如前所述,这会将默认布局更改为自动布局,就与引用类型一样。正如我们在图 13-12 中所看到的,AlignedDoubleWithReference 字段的确像 LayoutKind.Auto 模式中的那样被重新排序了。

代码清单 13-72 非托管结构的示例

```
public struct AlignedDoubleWithReference
{
    public byte B;
    public double D;
    public int I;
    public object O;
}
```

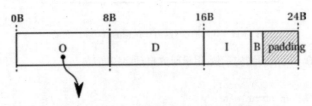

图 13-12 代码清单 13-72 中结构的默认字段布局

托管结构(non-unmanaged struct)的默认行为将会发生更改,因为它们不允许通过 P/Invoke 传递。这是因为它们包含了对托管对象的引用,该对象可能会在 GC 期间更改。由于其非托管使用被阻止了,因此对此类结构使用自动布局是安全的。

请注意,自动布局倾向于将对象引用作为第一个字段。你应该已经猜到为什么会这样。这点在标记阶段非常有用,因为缓存线利用率更高了,因此可以更高效地进行对象遍历。大多数对象引用将会与已访问的 MT 字段位于同一缓存线中。

当该结构包含了具有 LayoutKind.Auto 布局的其他结构时,默认布局行为也将会更改为自动。大多数常用的内置结构(Decimal、Guid、Char、Boolean)是顺序的,因此使用它们不会改变布局行为。但是,令人惊讶的是 DateTime 却具有自动布局,因此当 DateTime 用作另一个结构字段时,它将其布局也更改为自动(参见代码清单 13-73)。

代码清单 13-73 不同类型的字段及其布局的影响

```
public struct StructWithFields
{
    public byte B;
    public double D;
```

```
    public int I;
    //public SomeEnum E;        // Still sequential
    //public SomeStruct AD;     // Still sequential
    //public unsafe void* P;    // Still sequential
    //public decimal DE;        // Still sequential
    //public Guid G;            // Still sequential
    //public char C;            // Still sequential
    //public Boolean BL;        // Still sequential
    //public object O;          // Triggers automatic
    //public DateTime DT;       // Triggers automatic because DateTime has
                                //   automatic layout
}
```

如果你确实在乎内存使用情况(那你很可能会决定使用结构)，那么对其布局的认识应该会困扰到你。想象一下，由于堆栈锁定数组中的填充而浪费了宝贵的堆栈空间字节！ 但是，空间利用率并不是唯一的问题——有时我们还应该因为缓存利用率问题要加以关注(稍后将在下一章的面向数据的设计部分中进行讨论)。

请注意，类和非托管结构的自动布局是不能更改的——即使显式设置成 LayoutKind.Sequential 也会被忽略。

目前还尚未描述的显式布局在 P/Invoke 场景中特别有用，因为它使你能够完全控制结构存储的外观(参见代码清单 13-74)。你可以创建与非托管代码期望的布局相对应的布局，并带有 100% 的保证。显然，你应该记住，通过如此全面的控制，要满足对齐要求这个责任就扔给你了，因此很容易就会引入未对齐的字段(见图 13-13)。

在 P/Invoke 场景中，这是无关紧要的，但是在显式地为密集的、高性能的使用场景设计结构时就要小心了 [1]。

代码清单 13-74 简单的结构示例(用于研究显式字段布局)

```
[StructLayout(LayoutKind.Explicit)]
public struct UnalignedDouble
{
    [FieldOffset(0)]
    public byte B;
    [FieldOffset(1)]
    public double D;
    [FieldOffset(9)]
    public int I;
}
```

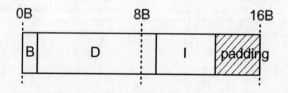

图 13-13   代码清单 13-74 中的结构的显式字段布局

---

1 老实说，当我从 AlignedDouble 和 UnalignedDouble 结构访问 double 字段时，我执行的基准测试并没有显示出明显的性能变化。看来在我的 Intel CPU 中所使用的底层 Intel®Advanced Vector Extensions(Intel®AVX)指令确实能够很好地处理未对齐的 double 访问。但是，这是些实现细节，对齐内存仍然是推荐的设计。

特别是，编译器并没有要求我们的显式布局中的字段不能重叠。因此，在指定偏移量时，我们必须小心谨慎，不要创建相互重叠干扰的字段。这在一个场景中甚至是可取的——创建可区分联合(discriminated union)。可区分联合是一种能够表示各种数据集的类型。通过使用显式布局并将不同类型的字段的偏移量设置为相同的值，我们就可以简单地模拟这种可区分联合(参见代码清单 13-75)。

代码清单 13-75　可区分联合的简单示例

```
[StructLayout(LayoutKind.Explicit)]
public struct DiscriminatedUnion
{
    [FieldOffset(0)]
    public bool Bool;
    [FieldOffset(0)]
    public byte Byte;
    [FieldOffset(0)]
    public int Integer;
}
```

当然，这需要程序员遵守规则，才能读取与写入的类型相同的类型，除非我们想使用这种技术在类型之间提供基于内存的转换。可以考虑使用固定大小的缓冲区以及使用不同粒度来访问同一内存(参见代码清单 13-76)。

代码清单 13-76　使用固定缓冲区的可区分联合实例

```
[StructLayout(LayoutKind.Explicit)]
public struct DiscriminatedUnion
{
    [FieldOffset(0)]
    public bool Bool;
    [FieldOffset(0)]
    public byte Byte;
    [FieldOffset(0)]
    public int Integer;
    [FieldOffset(0)]
    Public fixed byte Buffer[8];
}
```

打包形式对对象布局还有另外一个额外的控制。StructLayout 属性的 Pack 字段控制内存中类型字段的对齐方式。例如，我们可以将 Pack 值定义为 1 字节。

```
[StructLayout(LayoutKind.Sequential, Pack = 1)]
public struct AlignedDouble
{
public byte B;
public double D;
public int I;
}
```

那么最终的布局会是什么样子呢？让我们回想一下前面 MSDN 文档中的第一条规则："类型的对齐方式是其最大元素的大小(1、2、4、8 等字节)或指定的打包大小(以较小者为准)。"因此，在我们的例子中，类型对齐不是 8 字节对齐(double 的大小)，而是 1 字节对齐。第二条规则是："每

(续)

个字段必须与其自身大小(1、2、4、8 等字节)或类型的对齐方式(以较小者为准)对齐。"因此,每个字段对齐方式也只有 1 字节。因此,将会生成一个非常密集的 13 字节内存布局,而没有任何填充(但字段与其最佳对齐要求并不一致)。

如果你想调查你的类型布局,有几种方法可以做到这一点。有两个很出色的免费工具可以用来做这件事。第一个是由 Sergey Teplyakov 编写的一个很出色的 ObjectLayoutInspector 库(在 GitHub 上有,可作为 NuGet 软件包使用),专门用于检查对象的内存布局。它提供了一种非常方便的方法,只需一个方法调用就可以分析类型(参见代码清单 13-77)。然后以 ASCII 方式很好地展现出结果(参见代码清单 13-78)。

代码清单 13-77 使用 ObjectLayoutInspector 打印代码清单 13-69 和 13-72 中的结构的布局

```
static void Main(string[] args)
{
    TypeLayout.PrintLayout<AlignedDouble>();
    TypeLayout.PrintLayout<AlignedDoubleWithReference>();
}
```

代码清单 13-78 代码清单 13-77 所示控制台程序的结果

```
Type layout for 'AlignedDouble'
Size: 24 bytes. Paddings: 11 bytes (%45 of empty space)
|=========================|
|      0: Byte B (1 byte) |
|-------------------------|
|    1-7: padding (7 bytes) |
|-------------------------|
|  8-15: Double D (8 bytes) |
|-------------------------|
| 16-19: Int32 I (4 bytes) |
|-------------------------|
| 20-23: padding (4 bytes) |
|=========================|

Type layout for 'AlignedDoubleWithReference'
Size: 24 bytes. Paddings: 3 bytes (%12 of empty space)
|=========================|
|  0-7: Object O (8 bytes) |
|-------------------------|
|  8-15: Double D (8 bytes) |
|-------------------------|
| 16-19: Int32 I (4 bytes) |
|-------------------------|
|     20: Byte B (1 byte) |
|-------------------------|
| 21-23: padding (3 bytes) |
|=========================|
```

如果你不想使用控制台应用程序开箱即用地打印对象的布局,则可以使用手动分析的布局(参见代码清单 13-79)。

代码清单 13-79 使用 ObjectLayoutInspector 手动分析结构的布局

```
static void Main(string[] args)
{
    TypeLayout layout = TypeLayout.GetLayout<AlignedDouble>();
    Console.WriteLine($"Total size {layout.FullSize}B with {layout.Paddings}
    B padding.");
    foreach (var fieldBase in layout.Fields)
    {
        switch (fieldBase)
        {
            case FieldLayout field: Console.WriteLine($"{field.Offset}
            {field.Size} {field.FieldInfo.Name}"); break;
            case Padding padding: Console.WriteLine($"{padding.Offset}
            {padding.Size} Padding"); break;
        }
    }
}
```

显然，与目标应用程序的运行时相比，这样的工具更有可能在你的自定义构建步骤中使用，或者在开发期间离线使用。

第二个工具：https://sharplab.io 网页，它提供了出色的.NET 代码分析功能。它提供了 Inspect.Heap 和 Inspect.Stack 静态方法，这些方法可打印指定类型的布局(参见代码清单 13-80 和图 13-14)。

代码清单 13-80 Sharplab.io 中用于检查内存布局的示例脚本

```
using System;
using System.Runtime.InteropServices;

public class C {
    public static void Main() {
    var o = new AlignedDouble();
    Inspect.Heap(new AlignedDouble());
    Inspect.Stack(in o);
  }
}
```

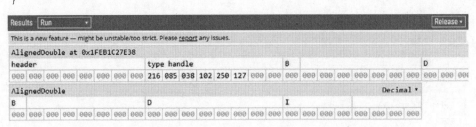

图 13-14 代码清单 13-80 中 https://sharplab.io 在线工具脚本的结果

在这两个出色的工具面前，我希望你不需要使用像 WinDbg 这样的底层工具手动检查对象。如果你还是决定这么做，我建议你使用 SOS !dumpobject(用于类)和!dumpvc(用于值类型)命令(参见代码清单 13-81)。

代码清单 13-81 在 WinDbg 中使用 dumpvc SOS 命令来检查对象布局

```
> !dumpvc 00007ffda2725e18 00007ffda2725e18
Name:           CoreCLR.ObjectLayout.AlignedDouble
MethodTable:    00007ffda2725e18
EEClass:        00007ffda2872110
Size:           40(0x28) bytes
File:           (...)\CoreCLR.ObjectLayout.dll
Fields:
                MT      Field    Offset          Type VT      Attr
Value Name
00007ffdfd6a8b60    4000001      0      System.Byte 1 instance
0 B
00007ffdfd6b0858    4000002      8      System.Double 1 instance
0.000000 D
00007ffdfd6c66d8    4000003     10      System.Int32 1 instance
-43316160 I
```

13.6　非托管约束

非托管类型在本章的"非托管结构"的上下文中介绍过了。从 C# 7.3 开始，引入一个新的通用约束-非托管(unmanaged)。它允许我们编写对非托管类型和指向它们的指针进行操作的通用代码。

让我们回顾一下其在 MSDN 中的简短定义："非托管类型是一种不是引用类型的类型，并且在任何嵌套级别都不包含引用类型字段。"已经提到过的 Stackalloc 限制更精确地说明了这一点："非托管类型只能包含基元类型、枚举和指针类型以及满足相同条件的用户自定义的结构。"[1]

代码清单 13-82 展示了两个结构的示例，其中只有第一个满足了非托管类型条件。请记住，要检查所有的嵌套级别，因此，如果结构 A 包含结构 B，而结构 B 包含其他结构 C，而结构 C 又包含了引用类型的结构 D，那么整个结构 A 还是会被视为非托管的。

代码清单 13-82 非托管和托管类型的示例

```
public struct UnmanagedStruct
{
    public int Field;
}

public struct NonUnmanagedStruct
{
    public int Field;
    public object O;
}
```

借助新的非托管泛型约束，编译器会为我们检查非托管类型条件。如果不满足，则会生成相应的编译错误。我们可以将其用于泛型方法(参见代码清单 13-83)和泛型结构类型(参见代码清单 13-84)。

代码清单 13-83 在方法中使用非托管泛型约束的示例

```
public static void UnamagedContraint<T>(T arg) where T : unmanaged
{
```

---

[1] 关于非托管类型更严格的定义已经在 ECMA-334 C#语言规范的 23.3 指针类型中列出。

```
}

static void Main(string[] args)
{
    UnamanagedContraint(new UnmanagedStruct());
    UnamanagedContraint(new NonUnmanagedStruct()); // Compilation error: The
type 'NonUnmanagedStruct' must be a non-nullable value type, along with all
fields at any level of nesting, in order to use it as parameter 'T' in the
generic type or method 'Constraints.UnamanagedContraint<T>(T)'
}
```

代码清单 13-84 在类型中使用非托管泛型约束的示例

```
public struct UnmanagedStruct<T> where T : unmanaged
{
    ...
}

static void Main(string[] args)
{
    var obj = new UnmanagedGenericStruct<object>(); // Compilation error:
The type 'object' must be a non-nullable value type, along with all fields
at any level of nesting, in order to use it as parameter 'T' in the generic
type or method 'UnmanagedGenericStruct<T>'
}
```

非托管约束给我们带来了什么？有了它，以下事情将会变成可能。

- 可以使用 T 的指针：如果类型 T 满足了非托管约束，也可以将其用作 T*指针(也可以转换为 void *)。
- 可以使用 sizeof(T)。
- 可以对 T 使用 stackallock。

如果没有非托管约束，则无法进行上述每个操作，即使在将 T 约束为结构的情况下，也会导致编译错误 "Cannot take the address of, get the size of, or declare a pointer to a managed type ('T')"。显然，这些操作需要一个 unsafe 上下文，在其中无论非托管约束如何(它本身并不需要 unsafe 代码)，都不会更改。

当然，上面列出的所有操作都是非常底层的，在底层内存管理场景中(如数据的快速序列化)是非常有用的。不过，不要指望在常规业务代码中会看到非托管约束！

代码清单 13-85 展示了一个利用了来自非托管约束的可能操作的方法的示例。请注意一个有趣的事实——在代码清单 13-85 中，我们不需要固定即可获取参数的指针。这是由于非托管约束意味着 T 是一个值类型，因此是通过值传递的。在这种情况下，取一个地址是安全的(因为值不是堆分配的)。

代码清单 13-85 非托管约束用法的简单示例

```
unsafe public static int UseUnmanagedConstraint<T>(T arg) where T :
unmanaged
{
    T* ptr = &arg;            // Use T* pointer
    T* sa = stackalloc T[16]; // Use stackalloc
    return sizeof(T);         // Use sizeof
}
```

对于简单的结构用法，类似的代码不需要非托管约束即可工作(参见代码清单 13-86)。

代码清单 13-86 类似于代码清单 13-85 的常规结构用法

```
unsafe static public void UseUnmanagedConstraint2(SomeStruct obj)
{
    SomeStruct* p = &obj;
    ...
}
```

但是，如果我们通过引用传递具有非托管约束的对象，则必须显式地固定它，因为它可能是堆分配的，例如，因为装箱(参见代码清单 13-87)。

代码清单 13-87 对通过引用传递的对象使用非托管约束的简单示例

```
unsafe public int UseUnmanagedRefConstraint<T>(ref T arg) where T :
unmanaged
{
    fixed (T* ptr = &arg)
    {
        Console.WriteLine((long) ptr);
        return sizeof(T);
    }
}
```

由于相同的原因，当在结构实例方法中使用结构时，我们必须显式固定结构的字段(参见代码清单 13-88)，因为方法可以在装箱的结构实例上调用 [1]。

代码清单 13-88 结构方法中非托管约束用法的示例

```
public struct StructWithUnmanagedField<T> where T : unmanaged
{
    private T field;
    unsafe public void Use()
    {
        fixed (T* ptr = &field)
        {
            // ...
        }
    }
}
```

非托管泛型约束的实际使用场景是哪些呢？它的设计旨在允许以泛型方式处理类型，否则将需要很多具体的实现。完美的示例是各种类型的序列化。例如，由于 sizeof(T)变得可用，我们可以创建一个通用的 ToByteArray 序列化程序(参见代码清单 13-89)。

代码清单 13-89 泛型序列化示例(摘自 MSDN 文档)

```
unsafe public static byte[] ToByteArray<T>(this T argument) where T :
unmanaged
{
    var size = sizeof(T);
```

---

1 在 C# 7.3 的当前状态下，将 StructWithUnmanagedField 更改为 ref 结构并不会更改该行为，尽管它是可以更改的，就像在 Use 方法上下文字段中可以保证进行堆栈分配。

```
    var result = new Byte[size];
    Byte* p = (byte*)&argument;
    for (var i = 0; i < size; i++)
        result[i] = *p++;
    return result;
}
```

我们还可以想到一种通用的日志记录机制，在这种机制中，传递的参数以底层的方式使用，如代码清单 13-90 所示。在这里，stackalloc helper 结构是传递给某个核心日志例程的记录值(通过提供其地址和大小)的描述。为了使这种方法真正有用，可能需要至少两个或三个重载，分别接受两个和三个参数(以及使用 stackalloc 和更大的数组)。

代码清单 13-90　通用的底层日志记录示例(灵感来自于.NET 代码中的 ETW 日志记录代码)

```
public unsafe void LogData<T>(T arg) where T : unmanaged
{
    if (IsEnabled())
    {
        EventData* data = stackalloc EventData[1];
        data[0].DataPointer = (IntPtr)(&arg);
        data[0].Size = sizeof(T);
        WriteEventCore(data);
    }
}
```

在创建使用非托管内存(尤其是集合)的类型时，非托管泛型约束也可能很有用。代码清单 13-91 给出了这种类型的一个非常简单的示例。如果没有泛型约束，则无法创建这样的泛型类型，因为 sizeof 将是不可到达的(元素大小可能应该要在构造函数中提供)。更重要的是，借助于非托管约束，我们可以自由地使用 T*指针——这使索引变得微不足道，并且可以使用 ref 返回值 T(在没有约束的情况下，我们将不得不使用 void*和难看的指针强制转换来实现索引器的 getter 和 setter)。

代码清单 13-91　包装非托管内存类型的示例

```
public unsafe class UnmanagedArray<T> : IDisposable
    where T : unmanaged
{
    private T* data;
    public UnmanagedArray(int length)
    {
       data = (T*)Marshal.AllocHGlobal(length * sizeof(T));
    }
    public ref T this[int index]
    {
        get { return ref data[index]; }
    }

    public void Dispose()
    {
        Marshal.FreeHGlobal((IntPtr)data);
    }
}

static void Main(string[] args)
```

```
{
    using (UnmanagedArray<int> array = new UnmanagedArray<int>(20))
    {
        array[10] = 10;
        for (int i = 0; i < 20; i++)
            Console.WriteLine(array[i]); // Will print garbage and only 10 for
                                            10th element
    }
}
```

blittable 类型

除了非托管类型之外，还有 blittable 类型，blittable 类型被定义为托管和非托管代码在内存中都具有相同的表示形式。blittable 类型通常会在 Interop marshal 处理中遇到，因为在使用 P/Invoke 时不需要任何转换。

非托管类型和 blittable 类型几乎相同，但后者比前者更为严格一些。这是因为有些值类型只是"有时是 blittable"，它们预期的表示形式在托管和非托管方面偶尔会有所不同。

- decimal：它的二进制表示形式不够完善，因此不能采用非托管方面的格式；
- bool：通常在托管和非托管方面两边都占用 1 字节，但有时在非托管方面占用会更大(例如，C 语言可能会使用 4 字节)；
- char：通常占用 2 字节，但有时在非托管方面会更小或更大(取决于编码)；
- DateTime：由于历史原因，如我们所见，它具有自动布局的结构，因此它不能 blittable；
- Guid：其内部表示取决于机器端。

因此，包含这样一个特殊值类型字段之一的结构是有效的非托管类型(因此它将满足非托管泛型约束)，但在 Interop marshal 意义上是不能 blittable 的。尽管在命名方面有点混乱，但这种事情在计算机科学中经常发生。

使事情变得更加复杂的是，GCHandle.Alloc 调用只能固定 blittable 类型(因为假定固定是由于随后的 AddrOfPinnedObject 调用和将整个对象地址传递到非托管代码中而完成的)。因此，非托管泛型约束不足以保证这种固定将会成功(参见代码清单 13-92)。WeirdStruct 是非 blittable 的，因为它包含了非 blittable 类型的字段(实际上是所有类型的字段)。但是，它仍然是非托管类型(因为它没有违反非托管类型要求)。因此，它可以在 UseUnmanagedConstraint 方法中与非托管约束一起使用，而在尝试使用 GCHandle.Alloc 调用固定时，它会抛出对应的 ArgumentException 异常。

代码清单 13-92 使用 GCHandle 固定时，blittable 与托管类型的差异

```
public struct WeirdStruct
{
    public decimal DE;
    public DateTime DT;
    public Guid G;
    public char C;
    public Boolean BL;
}

unsafe public static int UseUnmanagedConstraint<T>(T obj) where T : unmanaged
{
    var handle = GCHandle.Alloc(obj, GCHandleType.Pinned); // throws System.
ArgumentException: Object contains non-primitive or non-blittable data.
    ...
```

```
}

static void Main(string[] args)
{
    var s = new WeirdStruct();
    UseUnmanagedConstraint(s);
}
```

总而言之，我们可以如下所示地声明。

- 非托管类型(以及非托管泛型约束)：在通用编程中使用，用于对序列化和反序列化、哈希等功能进行底层内存优化。因为在这种情况下它们是通用的，所以我们对其进行了更仔细的描述。当它们在底层内存上操作时，通常会在 unsafe 上下文中使用，而非托管约束则不会强制使用。
- Blittable 类型：在 Interop marshal 处理场景中使用。因为本书没有把太多注意力放在 Interop 上，所以它们只是在这里被简要地提及。对我们而言可能唯一重要的方面是通过 GCHandle 进行固定的 blittable 要求。

为了使事情变得更加复杂，decimal 是一个特殊的例外——它不是 blittable，但是包含它的结构仍然可以通过 GCHandle 来进行固定。

13.7 本章小结

在本章中，我们触及了很多有趣并且大多是底层的主题。从对线程静态字段的深入解释开始，我们转到了托管指针——这极大地有助于理解.NET 中的引用机制。这些在当今日益增多的与结构使用流行度相关的所有主题中特别有用。

实际上，本章的很大一部分内容都是由与值类型相关的所有内容组成的——ref 结构、类 byref 类型、类 byref 字段类型等。还引入了对托管指针的全面描述，作为理解所有这些事物的非常必要的基础。如今，通过仔细地研究性能，压缩每一个不必要的堆分配，这些主题在.NET 生态系统中越来越受到关注。显然，在编写常规的业务驱动型应用程序时，很可能不需要使用它们。但是，本章一般不专门讨论常规的业务驱动型应用程序这类编程，因此，如此多的词汇被提及就不足为奇了。

然后，介绍了有关托管布局的有趣信息，这些信息并不总是像人们想象的那么明显。本章以最近添加到 C#中的泛型非托管约束的描述作为结尾(以及与 blittable 类型稍微相关的主题)。

所有这些主题本身都是有用的，但也为下一章所介绍的主题奠定了良好的基础——特别是有关 Span <T>的用法和实现。

第14章

高 级 技 巧

本章将延续上一章的内容,继续讲述.NET 中的各种高级技巧。请注意,上一章的知识有助于读者理解本章内容(尤其是 ref 类型、ref 返回值和 ref 结构等内容)。

本章内容紧跟.NET 编程的最新趋势(至少是那些与性能改进有关的趋势),努力压榨每一个CPU 时钟周期和每一点内存占用,使托管框架和应用程序能运行得更快。这些主题令人为之着迷。通过将当前使用的代码替换成基于高效的 Span<T>和/或管道(pipelines)的新代码,越来越多的类库和它们的 API 都已被 "Span 化" 和/或 "管道化"。我希望本章介绍的内容可以帮助你更好地了解最新的.NET 世界。说到这一点,本章的结尾部分将介绍一些尚未发布(或仅在预览版本中发布)的.NET 新特性。

14.1   Span<T>和 Memory<T>

我们可以在 C#中以不同方式分配不同类型的连续内存区间,它们包括位于堆的常规数组、固定缓冲区、使用 stackalloc 分配于堆栈的数组和位于非托管内存区域的内存块。如果能够以一种统一而且高效的方式表示所有不同类型的内存区间,使它们的使用体验类似普通数组,无疑将大大方便开发人员。此外,这种内存区间通常需要被 "切片(sliced)" 成一块子区间交给其他方法处理。所有这些需求都应在不必产生对性能有显著影响的堆分配的情况下实现,于是 Span<T>应运而生。

> 请注意,本章的后面部分将使用一些简化的堆栈和堆分配的分类法。根据第 4 章的介绍,某种类型是堆分配还是堆栈分配属于实现细节,选择使用哪种只是为了使数据的生存期特性符合预期。为了不让读者觉得啰嗦,本章后续小节不会对两者只是实现细节这一点再重复强调。Span<T>和 Memory<T>某种程度上泄露了底层抽象,因此它们本身其实利用了不同类型的数据在具体实现上具有不同分配方式的事实。

14.1.1   Span<T>

.NET Core 2.1 引入了新的泛型 Span<T>类型。它是一个值类型(ref struct),因此它自身不会引发堆分配。它具有 ref 返回值索引器,因此可以像数组一样使用它。此外它内置切片(slicing)功能,用户可以高效使用它里面的子区间,子区间同样表现为一个 Span<T> ref struct 类型,因此同样也不需要额外分配[1]。

代码清单 14-1 展示了少量典型的 Span<T>使用场景。无论我们在 UseSpan 方法的结尾部分使用哪个 span 实例(不同实例代表不同类型的内存区间),都可以通过 Span<T>暴露的 Length 和索引

---

1 最开始,曾经计划将切片类型命名为 Slice 而非 Span。

器成员以类似数组的方式访问它。请注意，UseSpan 方法被标记为 unsafe 的原因是因为方法中使用了指针，而并非因为使用了 Span<T>。

代码清单 14-1　Span<T>的典型使用场景

```
unsafe public static void UseSpan()
{
  var array = new int[64];
  Span<int> span1 = new Span<int>(array);
  Span<int> span2 = new Span<int>(array, start: 8, length: 4);
  Span<int> span3 = span1.Slice(0, 4);

  Span<int> span4 = stackalloc[] { 1, 2, 3, 4, 5 };
  Span<int> span5 = span4.Slice(0, 2);

  IntPtr memory = Marshal.AllocHGlobal(64);
  void* ptr = memory.ToPointer();
  Span<byte> span6 = new Span<byte>(ptr, 64);

  var span = span1; // or span2, span3, ...
  for (int i = 0; i < span.Length; i++)
    Console.WriteLine(span[i]);

  Marshal.FreeHGlobal(memory);
}
```

显然，并非每一块内存区间都支持写入操作。ReadOnlySpan<T>类型对应了不支持写入的内存区间。它的典型使用场景包括表示字符串数据。字符串属于不可变类型，将一个字符串暴露为 Span<char>类型无疑会破坏它的不可变性。因此，字符串的 AsSpan 扩展方法返回的是 ReadOnlySpan<char>。当然，也可以使用 ReadOnlySpan<T>表示普通数据(或普通 Span<T>)，使数据只能以只读的方式访问(如代码清单 14-2 所示)。

代码清单 14-2　ReadOnlySpan<T>的典型使用场景

```
public static void UseReadOnlySpan()
{
  var array = new int[64];
  ReadOnlySpan<int> span1 = new ReadOnlySpan<int>(array);
  ReadOnlySpan<int> span2 = new Span<int>(array);

  string str = "Hello world";
  ReadOnlySpan<char> span3 = str.AsSpan();
  ReadOnlySpan<char> span4 = str.AsSpan(start: 6, length: 5);
}
```

尽管 Span<T>乍看上去平淡无奇，但它在许多应用程序中扮演了举足轻重的角色。首先，它可以极大地简化某些 API。让我们假设有一个可以处理各种类型内存区间的整数解析程序，为了覆盖各种可能的使用场景，它会迅速膨胀成多个方法(如代码清单 14-3 所示)。但如果它使用 Span<char>作为 API 的参数类型，则可以将自己简化为一个单一的 API 方法(如代码清单 14-4 所示)。

代码清单 14-3 有问题的整数解析 API

```
int Parse(string input);
int Parse(string input, int startIndex, int length);
unsafe int Parse(char* input, int length);
unsafe int Parse(char* input, int startIndex, int length);
```

代码清单 14-4 使用 Span<T>后的简化整数解析 API

```
int Parse(Span<char> input);
```

由于 Span<T>可以表示各种形式的值的连续集合(例如数组、字符串、指向非托管数组的指针等)，它可以极大地简化操作集合数据的 API，既避免创建一大堆重载函数，也不必强迫用户创建不必要的副本(为了将数据适配为 API 所需的类型)。

其次，Span<T>极大地简化了编写高性能代码的过程，代码清单 14-1 演示了如何安全地使用 stackalloc 分配的数据结构。更重要的是，Span<T>提供的切片功能可以在不引入额外开销的前提下操作小型内存块(比如进行解析)并将它们在代码中传递。我们很快将介绍它如何实现高效切片。尤其是 Span<T>的这些功能大多以统一的方式完成，因此可以方便地基于它编写辅助方法或辅助类。

编译器也能够智能地处理封装到 Span<T>中的数据的生存期。从方法返回一个封装托管数组的 Span<T>是允许的(因为数组的生存期比方法更长，如代码清单 14-5 中的 ReturnArrayAsSpan 方法所示)，但是返回一个局部 stack 数据则不被允许(因为局部 stack 数据的生存期和方法相同，所以代码清单 14-5 中的 ReturnStackallocAsSpan 方法无法通过编译)。如果使用 Span<T>封装非托管内存，要记住使用完之后显式释放它(代码清单 14-5 中的 ReturnNativeAsSpan 方法分配了内存但没有释放)。

代码清单 14-5 从方法返回 Span<T>的三个示例

```
public Span<int> ReturnArrayAsSpan()
{
  var array = new int[64];
  return new Span<int>(array);
}

public unsafe Span<int> ReturnStackallocAsSpan()
{
  Span<int> span = stackalloc[] { 1, 2, 3, 4, 5 }; // Compilation Error
  CS8352: Cannot use local 'span' in this context because it may expose
  referenced variables outside of their declaration scope
  return span;
}

public unsafe Span<int> ReturnNativeAsSpan()
{
  IntPtr memory = Marshal.AllocHGlobal(64);
  return new Span<int>(memory.ToPointer(), 8);
}
```

1. 应用示例

让我们看几个 Span<T>的应用示例。请注意，Span<T>在撰写本书时还是.NET 中的一个新生事物，因此几乎没有针对它的成熟的设计模式。但在社区中已经有不少不错的示例，尤其是开源.NET 库。

用于宿主 ASP.NET Core Web 应用程序的 Kestrel server 很好地利用了大型数据的切片功能。代码清单 14-6 展示了 KestrelHttpServer GitHub 项目库中 HttpParser 类的部分代码片段。我们可以看到，代码使用 Span<T>切片逐行解析传入的 HTTP 请求。首先，每一行作为一个单独的切片传递进 ParseRequestLine 方法。然后，此行的每个相关部分(比如 HTTP 路径或 query 参数)再被切片成单独的 Span<T>并进一步传递给 OnStartLine 方法。整个处理过程都不会发生内存复制(但如果使用 string.Substring 一定会触发复制)。由于 Span<T>分配在堆栈上，因此也完全没有堆分配。

OnStartLine 方法使用传入的 Span<T>实现需要的逻辑。HttpParse 类也会以类似的方式分析切片的 HTTP 标头。

代码清单 14-6   KestrelHttpServer 源代码中 HttpParse 类的片段

```
public unsafe bool ParseRequestLine(TRequestHandler handler, in
ReadOnlySequence<byte> buffer, out SequencePosition consumed, out
SequencePosition examined)
{
  var span = buffer.First.Span;
  var lineIndex = span.IndexOf(ByteLF);
  if (lineIndex >= 0)
  {
    consumed = buffer.GetPosition(lineIndex + 1, consumed);
    span = span.Slice(0, lineIndex + 1);
  }
  ...
  // Fix and parse the span
  fixed (byte* data = &MemoryMarshal.GetReference(span))
  {
    ParseRequestLine(handler, data, span.Length);
  }
}

private unsafe void ParseRequestLine(TRequestHandler handler, byte* data,
int length)
{
    int offset;
    // Get Method and set the offset
    var method = HttpUtilities.GetKnownMethod(data, length, out offset);

    // Find pathStart index
    var pathBuffer = new Span<byte>(data + pathStart, offset - pathStart);
    ...
    // Find queryStart index
    var targetBuffer = new Span<byte>(data + pathStart, offset - pathStart);
    var query = new Span<byte>(data + queryStart, offset - queryStart);

    handler.OnStartLine(method, httpVersion, targetBuffer, pathBuffer, query,
    customMethod, pathEncoded);
}
```

另一个使用 Span<T>的例子是.NET CoreFX 库中定义的 internal ValueStringBuilder ref struct。顾名思义，它是可变字符串 StringBuilder 的值类型版本。

作为一个 ref struct，它总是分配在堆栈上，从而摆脱了多线程的困扰(因为它只能被当前线程访问)。它的内部存储使用 Span<char>，这使它的实现独立于具体存储(如代码清单 14-7 所示)。因此，可以使用 stackalloc、原生或分配在堆上的数组对它进行初始化。它的 ref 返回值索引器可以高效地返回单个字符。

代码清单 14-7 internal ValueStringBuilder 类的片段

```
internal ref struct ValueStringBuilder
{
 private char[] _arrayToReturnToPool;
 private Span<char> _chars;
 private int _pos;

 public ValueStringBuilder(Span<char> initialBuffer)
 {
  _arrayToReturnToPool = null;
  _chars = initialBuffer;
  _pos = 0;
 }

 public ref char this[int index]
 {
  get
  {
   Debug.Assert(index < _pos);
   return ref _chars[index];
  }
 }
 ...
}
```

如以上代码清单所示，私有的_pos 字段是一个标识已经使用字符数量的游标。这样它可以很容易地通过一组 AsSpan 方法(如代码清单 14-8 所示)，使用切片返回当前已构建的内容(再次强调，此处同样不必进行任何堆分配)。

代码清单 14-8 internal ValueStringBuilder 类的片段(切片)

```
public ReadOnlySpan<char> AsSpan() => _chars.Slice(0, _pos);
public ReadOnlySpan<char> AsSpan(int start) => _chars.Slice(start, _pos - start);
public ReadOnlySpan<char> AsSpan(int start, int length) => _chars.Slice(start, length);
```

如果确实需要 string 类型的字符串，它提供一个使用堆分配的 ToString 方法(如代码清单 14-9 所示)。请注意，ValueStringBuilder 将在此时假定此实例已使用完毕，因此它将调用 Dispose 方法(稍后将解释其原因)。

代码清单 14-9 internal ValueStringBuilder 类的片段(生成并返回 string)

```
public override string ToString()
{
 var s = new string(_chars.Slice(0, _pos));
 Dispose();
 return s;
}
```

向一个字符串构造器添加内容通常只需要设置游标所在位置的字符即可(如果添加的是字符串，则需要设置多个字符)，如代码清单 14-10 所示。显然，如果把初始化的 Span<char>的容量用光，需要对它进行扩展。在这种情况下，ValueStringBuilder 将向 ArrayPool<char>请求一个数组以获取更大的存储空间(如代码清单 14-10 中的 Grow 方法所示)，请求自 ArrayPool<char>的数组将被赋值给内部的 Span<char>字段，因为后者并不关心底层数据所用的具体存储方式。

代码清单 14-10　　internal ValueStringBuilder 类的片段(添加逻辑)

```
public void Append(char c)
{
  int pos = _pos;
  if (pos < _chars.Length)
  {
    _chars[pos] = c;
    _pos = pos + 1;
  }
  else
  {
    GrowAndAppend(c);
  }
}

[MethodImpl(MethodImplOptions.NoInlining)]
private void GrowAndAppend(char c)
{
  Grow(1);
  Append(c);
}

[MethodImpl(MethodImplOptions.NoInlining)]
private void Grow(int requiredAdditionalCapacity)
{
  Debug.Assert(requiredAdditionalCapacity > 0);
  char[] poolArray = ArrayPool<char>.Shared.Rent(Math.Max(_pos +
   requiredAdditionalCapacity, _chars.Length * 2));
  _chars.CopyTo(poolArray);
  char[] toReturn = _arrayToReturnToPool;
  _chars = _arrayToReturnToPool = poolArray;
  if (toReturn != null)
  {
    ArrayPool<char>.Shared.Return(toReturn);
  }
}
```

显然，从数组池请求的数组最终需要归还给数组池。归还数组的工作由 Dispose 方法完成(如代码清单 14-11 所示)。请注意，虽然此方法的名字是 Dispose，但 ValueStringBuilder 并未实现 IDisposable 接口，因为 ref struct 不支持实现接口！因此，显式调用 ValueStringBuilder 实例的 Dispose 方法的责任完全由程序员承担。

代码清单 14-11　　internal ValueStringBuilder 类的片段(清理逻辑)

```
[MethodImpl(MethodImplOptions.AggressiveInlining)]
public void Dispose()
{
```

```
    char[] toReturn = _arrayToReturnToPool;
    this = default; // for safety, to avoid using pooled array if this instance is erroneously
appended to again
    if (toReturn != null)
    {
        ArrayPool<char>.Shared.Return(toReturn);
    }
}
```

ValueStringBuilder 的用法很简单，只需要初始化一个字符集合存储(最常用的是一个小型 stackalloc 缓冲)，然后把它传递给 ValueStringBuilder 的构造函数(如代码清单 14-12 所示)。

代码清单 14-12 ValueStringBuilder 用法示例

```
public string UseValueStringBuilder()
{
  Span<char> initialBuffer = stackalloc char[40];
  var builder = new ValueStringBuilder(initialBuffer);
  // Logic using builder.Append(...);
  string result = builder.ToString();
  builder.Dispose();
  return result;
}
```

ValueStringBuilder 是一个使用了诸多.NET 最新特性(ref struct、ref 返回值、Span<T>、ArrayPool<T>和经常用到的 stackalloc)的完美示例。如果能很好地理解它，也就能理解它使用的这些最新特性。请仔细阅读位于 CoreFX Github 库的 ValueStringBuilder 源代码。

> CoreFX 代码中还有一个非常相似的 ValueListBuilder 结构。我也同样推荐你阅读它的源代码!

感受到 Span<T>灵活性之后，我们可能会想到使用一个简单的方案来解决小型局部缓冲容量限制的问题，如代码清单 14-13 所示。如果需要的容量低于某个较小的阈值，我们就使用 stackalloc 分配一个局部缓冲，否则就使用一个取自 ArrayPool 的较大的数组。这看起来似乎是一个不错的方案，代码也能正常编译，但它有一个严重的缺点：我们无法将获取自 ArrayPool 的数组还回去(从 Span<T>实例无法取回它封装的原始数组)!

代码清单 14-13 尝试根据一个简单的条件选择使用局部缓冲或对象池数组

```
private const int StackAllocSafeThreshold = 128;
public void UseSpanNotWisely(int size)
{
  Span<int> span = size < StackAllocSafeThreshold ? stackalloc int[size] :
  ArrayPool<int>.Shared.Rent(size);
  for (int i = 0; i < size; ++i)
    Console.WriteLine(span[i]);
  //ArrayPool<int>.Shared.Return(??);
}
```

如果稍作思考，会发现 ValueStringBuilder 在代码清单 14-10 中已经展示过如何解决这个问题(代码清单 14-10 同时包括了扩展局部缓冲容量的功能)。

如果希望完善代码清单 14-13 的功能，将遇到当前 C#的一些语法限制(撰写本书时最新的 C# 版本是 7.3)。例如，C#不允许将 stackalloc 的执行结果赋值给一个已经定义的变量(它只能赋值给正在初始化的变量)。因此为了实现功能，需要编写一些稍显复杂和混乱的辅助代码(如代码清单14-14 所示)。我们可能会在.NET 基础库中经常看到类似的代码，因为只有这样才能正确实现功能(由于使用了指针，必须把方法标注为 unsafe)。

代码清单 14-14　尝试根据精确的条件选择使用局部缓冲或对象池数组

```
public unsafe void UseSpanWisely(int size)
{
  int* ptr = default;
  int[] array = null;
  if (size < StackAllocSafeThreshold)
  {
    int* localPtr = stackalloc int[size];
    ptr = localPtr;
  }
  else
  {
    array = ArrayPool<int>.Shared.Rent(size);
  }
  Span<int> span = array ?? new Span<int>(ptr, size);
  for (int i = 0; i < size; ++i)
    Console.WriteLine(span[i]);
  if (array != null) ArrayPool<int>.Shared.Return(array);
}
```

Span 的另外一个典型使用场景是通过使用"some string".AsSpan().Slice(...)方法实现非分配式子字符串截取，这是一个避免使用开销较大的 string.Substring 来实现字符串解析的好办法。

2. Span<T>的内部实现

介绍完一些 Span<T>的应用示例之后，让我们接着讨论它的实现原理。Span<T>的实现不像表面上看起来那样简单，它牵涉一些有趣的 CLR 内部机制，因此我将使用大量篇幅逐步解释Span<T>内部工作原理背后的各种设计决策。如果你的时间不多，可以跳过这个部分。但我仍然鼓励你完整阅读完此小节的内容！Span<T>确实是.NET 生态系统的一个最新核心特性，充分理解它很有必要。

我们已经知道 Span<T>应该提供哪些功能，为了提供这些功能，它应当如何设计自己呢？首先我们会想到以下问题。

- 由于它可能需要表示分配在堆栈上的内存区间(比如 stackalloc)，因此它自己不应该分配在堆中(否则它的生存期会超过其封装的内容)——因此我们必须使用分配在堆栈上的结构实现 Span<T>，并以某种方式确保它不会被装箱(这是面临的第一个挑战)。
- 基于性能的考虑，它最好使用结构实现(避免堆分配)。
- 由于需要表示内存区间，因此它至少要包含两个信息：指针(地址)和大小。
- 如果 Span<T>同时包含指针和大小两个信息而且有多个线程使用它，那么它将面临多线程问题(称为 struct tearing)——必须在一个原子操作中同时修改两个字段。由于 Span<T>的目标应用场景是高性能代码，因此这个强制性同步操作必须非常高效(这是第二个挑战)。
- Span<T>可以表示一个托管数组的子区间(比如使用它的切片功能时)，因此它内部的指针需要指向一个托管对象的内部——如果这使你想起了内部指针(interior pointer)，那好极了！Span<T>在内部最好使用一个托管指针(托管指针可以指向对象内部)，但是托管指针仅允许用于局部变量、参数和返回值，而不允许用于字段。由于结构可能被装箱，因此结构的字段同样也不允许使用托管指针(这是第三个挑战)。

上面总结了设计 Span<T>时需要考虑的最关键事项。如果能够满足下面的条件，我们面临的 3 个挑战都可以解决以下问题。

- 有一种只能分配在堆栈上的类型——这样就可以在里面安全地存储堆栈地址，并同时默认避开了多线程问题。
- 可以将托管指针用作 Span<T>的字段——这样就可以安全的方式定位任何内存类型。

你显然已经注意到，确实存在一种只能分配在堆栈上的类型：ref struct！这种 byref 式类型确实可以完美地契合我们的需求(实际上，它们被发明出来主要就是为了满足 Span<T>的需要)。此外，byref 式类型不需要运行时做任何修改。它的功能大部分都通过 C#编译器完成，而且在 CIL 级别可以与当前的.NET Core 和.NET Framework 保持兼容。因此，可以认为我们的第一个需求已满足。

第二个需求更重要。有些人可能以为 byref 式类型中可以定义 byref 式实例字段——托管指针，毕竟它们有着相似的限制。换言之，一个托管指针应该可以安全地成为仅能分配在堆栈上的 ref struct 的字段，因为它可以保证绝不会放到堆中。可惜，在不修改运行时的前提下，当前 C#和 CIL 都不支持这种 byref 式实例字段(byref-like instance field)。为了 Span<T>类型的需要，运行时引入了一个新类型以表示 byref 式实例字段。因此只有特意引入了这个修改的运行时才能满足第二个需求。当前只有.NET Core 2.1(和后续版本)引入了此修改。

但是这个问题也不是全无转圜余地，在没有运行时支持的情况下，可以使用一些变通的方法(我们将很快看到如何变通)。这导致存在两个不同版本的 Span<T>，如下所示。

- 慢速 Span：运行在.NET Framework 和.NET Core 2.1 之前版本上的向后兼容版本，不需要运行时为它做任何修改。为了避免修改带来的向后兼容性风险，.NET Framework 很可能永远不会包含这些修改。
- 快速 Span：运行在添加了 byref 式实例字段支持的.NET Core 2.1 上的版本。

不用过分纠结于"慢速"和"快速"这两个名字，它们其实都很快！慢速 Span 只比快速 Span 稍微慢一点。对代码清单 14-15 进行的性能测试和代码清单 14-16 展示的测试结果清楚地表明：

- .NET Core 2.1 中的"快速"Span<T>实现了与常规.NET 数组相似的性能。
- .NET Framework 中的"慢速"Span<T>确实慢了大约 25%。

但请注意，这个有些刻意的性能测试完全聚焦于基于索引器进行数据访问的性能差异。更贴近实际使用场景的示例所体现出来的性能差异为 12%~15%。

代码清单 14-15 Span(.NET Framework 中使用慢速 Span，.NET Core 中使用快速 Span)和常规数组的访问时间的简单性能对比测试

```
public class SpanBenchmark
{
  private byte[] array;

  [GlobalSetup]
  public void Setup()
  {
    array = new byte[128];
    for (int i = 0; i < 128; ++i)
      array[i] = (byte)i;
  }
```

```
[Benchmark]
public int SpanAccess()
{
  var span = new Span<byte>(this.array);
  int result = 0;
  for (int i = 0; i < 128; ++i)
  {
    result += span[i];
  }
  return result;
}

[Benchmark]
public int ArrayAccess()
{
  int result = 0;
  for (int i = 0; i < 128; ++i)
  {
    result += this.array[i];
  }
  return result;
}
}
```

代码清单 14-16　对代码清单 14-15 使用 BenchmarkDotNet 进行测试的结果

Method	Job	Mean	Error	Allocated
SpanAccess	.NET 4.7.1	90.35 ns	0.1085 ns	0 B
ArrayAccess	.NET 4.7.1	66.86 ns	0.7334 ns	0 B
SpanAccess	.NET Core 2.1	65.81 ns	0.7035 ns	0 B
ArrayAccess	.NET Core 2.1	66.18 ns	0.0603 ns	0 B

现在让我们分别看看这两个版本的实现细节。我们将仅仅关注实现中最有趣的部分，包括如何从托管和非托管内存中构建出 Span<T> 以及如何实现索引器。

本章后面的代码清单将经常使用 Unsafe 类。它是一个提供内存和指针底层操作的通用类。本章稍后将对 Unsafe 类稍加介绍。本章所演示的 Unsafe 类的用法基本上都很简单明了，我们通常使用它进行强制转换和简单的指针运算。

3. 慢速 Span

"慢速 Span" 必须能够在没有 byref 式字段的支持下工作。为了在字段中模拟一个内部指针 (interior pointer) 的功能，必须存储一个对象引用及其内部的偏移量(如代码清单 14-17 所示)。保存对象引用是为了确保当它被封装进 Span<T> 时始终处于可到达状态。显然，Span<T> 还需要知道对象的长度。

代码清单 14-17　CoreFX 代码库中声明的 "慢速" Span<T>

```
public readonly ref partial struct Span<T>
{
  private readonly Pinnable<T> _pinnable;
  private readonly IntPtr _byteOffset;
  private readonly int _length;
```

```
    ...
}
// This class exists solely so that arbitrary objects can be Unsafe-casted to it to get
    a ref to the start of the user data.
[StructLayout(LayoutKind.Sequential)]
internal sealed class Pinnable<T>
{
    public T Data;
}
```

那么，Span<T>如何封装托管和非托管数据呢？它封装托管数组的方式非常直观(如代码清单14-18 所示)。我们保存了对数组的引用(使其处于可到达状态以避免被回收)和数组起始位置的偏移量(使用 ArrayAdjustment 的返回值)，如果对数组使用切片功能，则相应地移动偏移量位置。

代码清单 14-18 封装托管数组的"慢速" Span<T>

```
public Span(T[] array)
{
    ...
    _length = array.Length;
    _pinnable = Unsafe.As<Pinnable<T>>(array);
    _byteOffset = SpanHelpers.PerTypeValues<T>.ArrayAdjustment;
}

public Span(T[] array, int start, int length)
{
    ...
    _length = length;
    _pinnable = Unsafe.As<Pinnable<T>>(array);
    _byteOffset = SpanHelpers.PerTypeValues<T>.ArrayAdjustment.
    Add<T>(start);          // Add method realizes pointer arithmetic
}
```

由于不用保存对象引用,封装非托管数组的方法甚至更简单(如代码清单14-19所示)。Span<T>只需要保存长度和地址。

代码清单 14-19 封装非托管内存的"慢速" Span<T>

```
public unsafe Span(void* pointer, int length)
{
    ...
    _length = length;
    _pinnable = null;
    _byteOffset = new IntPtr(pointer);
}
```

两种 Span<T>类型之间性能差异最明显的场景是访问内存元素。"慢速 Span"的索引器必须执行更多计算，对于托管数组，它需要在数据开始所在位置的对象地址偏移量之上加上给定索引位置元素的偏移量(如代码清单 14-20 所示)。

代码清单 14-20 "慢速" Span<T>的索引器实现

```
public ref T this[int index]
{
```

```
get
{
  if (_pinnable == null)
    unsafe { return ref Unsafe.Add<T>(ref Unsafe.AsRef<T>(_byteOffset.ToPointer()),
      index); }
  else
    return ref Unsafe.Add<T>(ref Unsafe.AddByteOffset<T>(ref _pinnable.Data,
    _byteOffset), index);
}
}
```

如果你对"慢速"Span<T>的源代码感兴趣，请查看.\corefx\src\System.Memory\src\System\Span.Portable.cs 文件。

4. 快速 Span

"快速 Span"具备 byref 式字段的运行时支持。你可能想象 byref 式字段的用法和代码清单14-21 类似，但其实 C#并不支持这种语法。因此在 C#添加这种新语法之前，必须使用一种专门的类型表示这种字段。

代码清单 14-21 想象的"快速"Span<T>声明中 byref 式字段的语法

```
public readonly ref partial struct Span<T>
{
  internal readonly ref T _pointer;
  private readonly int _length;
  ...
}
```

此类型名为 ByReference<T>，因此真正的"快速"Span<T>声明其实如代码清单 14-22 所示。运行时会对 internal ByReference<T>类型特殊处理，以包装其托管指针的性质(目前只有 Span<T>和 ReadOnlySpan<T>在使用它)。

代码清单 14-22 CoreFX 代码库中的快速 Span 声明(包括 ByReference<T>类型)

```
// ByReference<T> is meant to be used to represent "ref T" fields. It is
// working around lack of first class support for byref fields in C# and IL.
// The JIT and type loader has special handling for it that turns it
// into a thin wrapper around ref T.
[NonVersionable]
internal ref struct ByReference<T>
{
  private IntPtr _value;
  ...
}

public readonly ref partial struct Span<T>
{
  /// <summary>A byref or a native ptr.</summary>
  internal readonly ByReference<T> _pointer;
  /// <summary>The number of elements this Span contains.</summary>
  private readonly int _length;
  ...
}
```

得益于这个 byref 式字段，Span<T>快速版本的实现更加简单。托管和非托管数据都由这样一个 byref 式字段持有(如代码清单 14-23 所示)。由于 GC 能识别托管指针(内部指针)，因此不存在相关托管对象被提前回收的风险。

代码清单 14-23 封装托管和非托管内存的"快速"Span<T>

```
public Span(T[] array)
{
  _pointer = new ByReference<T>(ref Unsafe.As<byte, T>(ref array.GetRawSzArrayData()));
  _length = array.Length;
}

public Span(T[] array, int start, int length)
{
  _pointer = new ByReference<T>(ref Unsafe.Add(ref Unsafe.As<byte, T>(ref
  array.GetRawSzArrayData()), start));
  _length = length;
}

public unsafe Span(void* pointer, int length)
{
  _pointer = new ByReference<T>(ref Unsafe.As<byte, T>(ref *(byte*)pointer));
  _length = length;
}
```

此外，访问内存元素对于"快速"Span<T>而言很简单，只需要执行非常快速的指针运算即可(如代码清单 14-24 所示)，这使"快速"Span<T>具备与普通数组相当的性能。

代码清单 14-24 "快速"Span<T>的索引器实现

```
public ref T this[int index]
{
  get
  {
    return ref Unsafe.Add(ref _pointer.Value, index);
  }
}
```

"快速"Span<T>的另外一个性能优势来自于 CoreCLR 对 JIT 编译器的改进。首先，遍历"快速"Span 时可以消除边界检查。其次，"快速"Span 体积更小，将它按值传递时速度更快，而有些代码会执行大量的传递操作。

有趣的是，如果从 GC 开销的角度考虑"慢速"和"快速"Span<T>，它们的性能表现会对调。"慢速"版本(在封装托管对象的情况下)包含直接的对象引用，因此它的遍历速度更快。"快速"版本则包含内部指针，该指针的解引用(dereferencing)速度较慢(需要 plug 遍历和扫描)。但这种性能差异几乎可以忽略不计，大量使用 Span<T>的应用程序几乎感觉不到两者的性能差异。

是否未来能直接实现通用的 byref 式字段呢？是否有机会在 C#中添加对通用 byref 字段的支持呢？不太可能允许在类声明中使用 byref 字段(这将导致从堆到堆的内部指针)。正如之前所述，此特性带来的好处难以抵消实现它的难度。

那么，为 byref 式类型(ref struct)添加通用 byref 式字段支持怎么样？代码清单 14-21 中的代码有可能成为现实吗？对这个问题的讨论仍在进行中，阅读本书一两年后，你可能就知道这个问题的最终答案了。除了 Span<T>已经提供的数组切片功能之外，还可以想到其他一些 byref 式字段的使用场景：为了能更快地遍历而通过指针相互连接的结构，返回单个 byref 式结构中的多个 byref 返回值等。但据我所知，CLR 团队尚未有计划为 C#实现通用的 byref 式字段功能。

14.1.2　Memory<T>

Span<T>又好又快。但正如所见，它有很多限制。考虑到异步代码使用场景，许多限制尤其令人头疼。比如，Span<T>无法存在于堆中，这意味着它不能被装箱，因此可能存储到堆中的异步状态机不能将 Span<T>用于字段。为了弥补这些限制，引入了一个新的类型：Memory<T>。和 Span<T>类似，它表示的也是任意内存中的一段连续区间，但它既不是 byref 式类型，也不包含 byref 式实例字段。因此与 Span<T>不同，Memory<T>可以存储在堆中(尽管出于性能原因它仍然是结构而并非 ref struct)。它可以是普通对象的字段，也可以用于异步状态机中。不允许使用 Memory<T>封装 stack 数据(比如 stackalloc 的返回值)。

Memory<T>可以封装如下数据(如代码清单 14-25 所示)。

- arrayT[]：用作可重用的预分配缓冲，比如异步调用或由于 Span<T>的限制而无法使用 Span<T>的 API；
- 字符串(string)：由于字符串是不可变的，因此将它表示为 ReadOnlyMemory<char>；
- 实现 IMemoryOwner<T>的类型：用于需要对 Memory<T>实例的生存期有更多控制的场景(我们将在稍后介绍此类场景)。

代码清单 14-25　Memory<T>用法示例

```
byte[] array = new byte[] {1, 2, 3};
Memory<byte> memory1 = new Memory<byte>(array);
Memory<byte> memory2 = new Memory<byte>(array, start: 1, length: 2);
ReadOnlyMemory<char> memory3 = "Hello world".AsMemory();
```

你可以将 Memory<T>想象成能自由分配并通过方法传入传出的一个盒子。通常不会直接访问其存储的内容。使用它的方法如下所示。

- 从它生成 Span<T>以供局部高效使用(因此 Memory<T>经常被称为"Span 工厂")。
- 对于 Memory<char>，可以调用 ToString 生成字符串，对于其他非 char 数据类型，可以调用 ToArray 生成数组(请记住，这两种用法都将分配新的引用类型对象！)。
- 与 Span<T>一样，通过 Slice 方法对其切片。

切片和生成 Span<T>都是非常高效的操作，过程中不必分配任何对象，仅仅将指定的内存区间封装到一个结构中。我们已经知道，有时候整个操作都可能被寄存器化，这时甚至不需要使用堆栈。

如前所述，在异步代码中使用 Memory<T>替代 Span<T>是它的最常用场景(如代码清单 14-26 所示)。在异步代码内可能以上面提到的那几种方式访问 Memory<T>的数据(代码清单 14-26 使用了 ToString 转换)。

代码清单 14-26　在异步代码中使用 ReadOnlyMemory<T>替代 Span<T>的示例

```
public static async Task<string> FetchStringAsync(ReadOnlySpan<
char> requestUrl) // Error CS4012 Parameters or locals of type
```

```
'ReadOnlySpan<char>' cannot be declared in async methods or lambda
expressions.
{
  HttpClient client = new HttpClient();
  var task = client.GetStringAsync(requestUrl.ToString());
  return await task;
}

public static async Task<string> FetchStringAsync(ReadOnlyMemory<char> requestUrl)
{
    HttpClient client = new HttpClient();
    var task = client.GetStringAsync(requestUrl.ToString());
    return await task;
}
```

让我们再看一个更复杂的例子(如代码清单 14-27 所示)。BufferedWriter 类实现了对一个给定 Stream 的缓冲式写入[1]。它在内部使用一个小型 byte 数组(writeBuffer),并通过 writeOffset 字段跟踪数组的当前使用量。唯一公开的 WriteAsync 方法是一个异步方法,接收 ReadOnlyMemory<byte> 作为数据源。使用 ReadOnlyMemory<byte>作为输入参数类型比使用其他各种数组、字符串、原生内存指针之类的更具通用性。只要数据源与 ReadOnlyMemory<T>兼容,仅处理这一种输入类型使我们的代码更加简洁。

异步 WriteAsync 方法基于 ReadOnlyMemory<T>构建一个 Span,将其传递给同步的私有 WriteToBuffer 方法。为了使用方便的 CopyTo 方法,WriteToBuffer()方法又创建了另外一个封装 writeBuffer 的 Span<T>。此外,切片功能可以使 WriteAsync 方法很方便地实现简单 while 循环并在循环中逐块使用传入的数据源。另请注意,除了 writeBuffer 字段以外,BufferedWriter 类没有分配其他任何对象。

代码清单 14-27 协同使用 ReadOnlyMemory<T>和 ReadOnlySpan<T>的示例

```csharp
public class BufferedWriter : IDisposable
{
  private const int WriteBufferSize = 32;
  private readonly byte[] writeBuffer = new byte[WriteBufferSize];
  private readonly Stream stream;
  private int writeOffset = 0;

  public BufferedWriter(Stream stream)
  {
    this.stream = stream;
  }

  public async Task WriteAsync(ReadOnlyMemory<byte> source)
  {
    int remaining = writeBuffer.Length - writeOffset;
    if (source.Length <= remaining)
    {
      // Fits in current write buffer. Just copy and return.
      WriteToBuffer(source.Span);
      return;
    }
```

---

[1] 特定的 Stream 类可以自己实现缓冲和刷新机制,此示例仅出于演示的目的。实际上,FileStream 等类型使用了类似的设计,其中的流被原生 OS 调用所替代。

```
    while (source.Length > 0)
    {
      // Fit what we can in the current write buffer and flush it.
      remaining = Math.Min(writeBuffer.Length - writeOffset, source.Length);
      WriteToBuffer(source.Slice(0, remaining).Span);
      source = source.Slice(remaining);
      await FlushAsync().ConfigureAwait(false);
    }
  }
  private void WriteToBuffer(ReadOnlySpan<byte> source)
  {
    source.CopyTo(new Span<byte>(writeBuffer, writeOffset, source.Length));
    writeOffset += source.Length;
  }

  private Task FlushAsync()
  {
    if (writeOffset > 0)
    {
      Task task = stream.WriteAsync(writeBuffer, 0, writeOffset);
      writeOffset = 0;
      return task;
    }
    return default;
  }

  public void Dispose()
  {
    stream?.Dispose();
  }
}
```

14.1.3 IMemoryOwner<T>

Memory<T>有一个问题：生存期控制。Span<T>的生存期被严格限制在其所在方法的生存期内，因此它可以保证其封装的内存的生存期不会超过它 [1]。与之相反，Memory<T>对生存期没有太严格的限制(因为它可能封装分配在堆中的对象)。换言之，Memory<T>和它封装的内存之间的关系并不明显。

有人可能觉得应当让 Memory<T>使用显式资源管理，因为其封装的内存可以被视为一种资源。在.NET 中，这意味着让它成为 disposable 对象。但 Memory<T>实例会在各个方法(包括异步方法)之间传递，在这种情况下，应当由谁在何时调用它的 Dispose 方法呢？这无疑是一个问题。我们还可以为它实现一个引用计数方案，但也同样有问题——由于 Memory<T>必须被用于各种通用场景，引用计数方案必须实现多线程同步。

因此，Memory<T>使用了一个更灵活的解决方案——对 Memory<T>实例的所有权实施额外级别的控制。如果需要 Memory<T>具有可控的生存期，必须将它的所有者以 IMemoryOwner<T>接口形式提供(如代码清单 14-28 所示)。通过所有者的公共 Memory 属性可以得到 Memory<T>实例。IMemoryOwner<T>接口实现了 IDisposable 接口，因此很明显，所有者通过实现显式资源管理，控制其给出的 Memory<T>的所有权。

---

1 除非我们将一个非托管地址传给它，如代码清单 14-5 中的 ReturnNativeAsSpan 方法所示。

　　IMemoryOwner 实例的使用方式符合 IDisposable 的惯例，我们必须记住使用 using 子句调用它的 Dispose 方法。如果不使用 using 子句，则应当在使用它时遵循所有者语义，即应当始终只有一个对象(或方法)"拥有" IMemoryOwner 实例，实例的所有者完成工作后，必须调用其拥有的实例的 Dispose 方法。

　　代码清单 14-28　IMemoryOwner<T>接口声明

```
/// <summary>
/// Owner of Memory<typeparamref name="T"/> that is responsible for disposing the
       underlying memory appropriately.
/// </summary>
public interface IMemoryOwner<T> : IDisposable
{
    Memory<T> Memory { get; }
}
```

　　代码清单 14-25 这样的简单场景不需要使用 IMemoryOwner<T>和所有者语义。GC 在这种时候成为底层内存的唯一隐式"所有者"。当封装底层内存的所有 Memory<T>实例死亡后，GC 负责回收底层内存。

　　需要显式资源管理的一个典型场景是使用来自对象池的对象(比如来自 ArrayPool<T>的数组，如代码清单 14-29 所示)。如果从池中获取了一个数组并将其封装进 Memory<T>，应当何时将数组返还到池中？是在示例代码中的 Consume 方法中返还？或许应该等到 await 结束？但如果 Consume 方法保存了指向传入 Memory<T>的引用，该怎么办(由于它可以被装箱，因此这是可能的)？

　　代码清单 14-29　Memory<T>底层内存的所有权不明

```
Memory<int> pooledMemory = new Memory<int>(ArrayPool<int>.Shared.Rent(128));
await Consume(pooledMemory);
```

　　IMemoryOwner<T>接口有助于解决此类问题，只有持有它的方法或类才能执行显式资源清理。应该非常小心地传递 IMemoryOwner<T>实例，如果某个方法或某个类型的构造函数接受该实例，则此方法或此类型将被视为 Memory<T>底层内存的新所有者(负责调用 Dispose 或将该实例再传给别人)。所有者(某个方法或某个类)将假定可以安全地使用底层的 Memory 属性。

　　如果想看 IMemoryOwner<T>在实际项目中的应用示例，可以尝试使用 System.Memory Nuget 包中的 MemoryPool<T>类，该类封装了从 ArrayPool<T>.Shared 获取的数组实例。代码清单 14-30 展示了一个所有权被 using 子句控制的简单示例，代码清单 14-31 展示了底层内存所有者是整个类型的示例。在后一个场景中，此类型也应当是 disposable 类型，以明确表明它需要执行一些显式清理。

　　代码清单 14-30　显式所有者是一个方法的 Memory<T>示例

```
using (IMemoryOwner<int> owner = MemoryPool<int>.Shared.Rent(128))
{
 Memory<int> memory = owner.Memory;
 ConsumeMemory(memory);
 ConsumeSpan(memory.Span);
}
```

代码清单 14-31　显式所有者是一个类型的 Memory<T>示例

```
public class Worker : IDisposable
{
  private readonly IMemoryOwner<byte> memoryOwner;

  public Worker(IMemoryOwner<byte> memoryOwner)
  {
    this.memoryOwner = memoryOwner;
  }

  public UseMemory()
  {
    ConsumeMemory(memoryOwner.Memory);
    ConsumeSpan(memoryOwner.Memory.Span);
  }

  public void Dispose()
  {
    this.memoryOwner?.Dispose();
  }
}
```

MemoryPool<T>.Shared 返回一个静态 ArrayMemoryPool<T>实例，它的 Rent 方法返回一个新的 ArrayMemoryPoolBuffer<T>实例。它实现 IMemoryOwner<T>的方法很简单，它的构造函数从 ArrayPool<T>.Shared 取出一个合适大小的数组，它的 Dispose 方法将取到的数组还回池中。ArrayMemoryPool<T>.Memory 属性将取到的数组封装到一个新的 Memory<T>实例中。如果对它们的源代码感兴趣，请阅读 .\corefx\src\System.Memory\src\System\Buffers\ ArrayMemoryPool.cs 和 .\corefx\src\System.Memory\src\System\ Buffers\ArrayMemoryPool.ArrayMemoryPoolBuffer.cs 文件。

让代码清单 14-27 中的 BufferedWriter 使用传入的 IMemoryOwner<byte>作为内部缓冲，替代自己分配一个缓冲区的做法，可以使其更具灵活性(如代码清单 14-32 所示)。这使我们可以使用取自对象池的数组或者非托管内存作为内部缓冲。

代码清单 14-32　修改代码清单 14-27 中的 BufferedWriter 以使用外部提供的缓冲

```
public class FlexibleBufferedWriter : IDisposable
{
  private const int WriteBufferSize = 32;
  private readonly IMemoryOwner<byte> memoryOwner;
  private readonly Stream stream;
  private int writeOffset = 0;

  public FlexibleBufferedWriter(Stream stream, IMemoryOwner<byte> memoryOwner)
  {
    Debug.Assert(memoryOwner.Memory.Length > MinimumWriteBufferSize);
    this.stream = stream;
    this.memoryOwner = memoryOwner;
  }

  ...
```

```
public void Dispose()
{
  stream?.Dispose();
  memoryOwner?.Dispose();
}
}
```

由于可以从 Memory<T>获取到 Span<T>，修改后的 FlexibleBufferedWriter 和原始版本 BufferedWriter 非常相似。例如，WriteToBuffer 方法现在在输入的 Span<T>和 memoryOwner 拥有的 Span<T>之间使用 CopyTo 方法(如代码清单 14-33 所示)。在 WriteAsync 方法中，所有对 writeBuffer.Length 的调用都可以安全地替换为 memoryOwner.Memory.Length。

代码清单 14-33　FlexibleBufferedWriter.WriteToBuffer 方法

```
private void WriteToBuffer(ReadOnlySpan<byte> source)
{
  source.CopyTo(memoryOwner.Memory.Span.Slice(writeOffset, source.Length));
  writeOffset += source.Length;
}
```

可惜的是，并非所有 API 都能接受 Span/Memory 类(尽管我们希望大部分 BCL 类型将很快应用它们)。例如，Stream.WriteAsync 方法在.NET Core 2.1 之前只接受 byte 数组作为参数。这时我们必须对其进行相应的转换(如代码清单 14-34 所示)。如果底层存储幸运的是一个数组，MemoryMarshal.TryGetArray 将执行成功(我们将在本章后面介绍 MemoryMarshal)，我们将直接得到底层的数组实例，不需要以复制方式新建一个数组。在底层存储并非数组的情况下，我们必须将数据复制到一个临时数组(最好从对象池获取一个重用的数组以避免分配)。请注意，如果 FlushAsync 方法确实从对象池获取了一个用作缓冲的数组，则 FlushAsync 的调用者必须将它还回池中。

通过学习如何编写这种底层代码，我们了解了如何实现各种需要的功能。虽然 Stream API 进行调整(直接添加对 Span/Memory 的支持)之后可能不再需要代码清单 14-34 中的代码，但它很好地示范了本章所介绍的各种功能之间如何协同工作。

代码清单 14-34　FlexibleBufferedWriter.FlushAsync 方法

```
private Task FlushAsync(out byte[] sharedBuffer)
{
  sharedBuffer = null;
  if (writeOffset > 0)
  {
    Task result;
    if (MemoryMarshal.TryGetArray(memoryOwner.Memory, out ArraySegment<byte> array))
    {
      result = stream.WriteAsync(array.Array, array.Offset, writeOffset);
    }
    else
    {
      sharedBuffer = ArrayPool<byte>.Shared.Rent(writeOffset);
      memoryOwner.Memory.Span.Slice(0, writeOffset).CopyTo(sharedBuffer);
      result = stream.WriteAsync(sharedBuffer, 0, writeOffset);
    }
```

```
    writeOffset = 0;
    return result;
  }
  return default;
}
```

让通用目的类支持向其提供缓冲(就像 FlexibleBufferedWriter 可以接受一个 IMemoryOwner<byte>作为其内部缓冲)通常是一种良好的设计模式,类库作者应当尽量遵循它(至少使类库支持这种可能性)。如果各种序列化器或其他内存敏感代码允许我们显式提供缓冲或对象池机制,它们将有更佳的性能表现。可以将自定义的缓冲机制嵌入那些类中,替代它们自己的内部机制(在最坏的情况下,它们内部可能没有使用缓冲,而是只要需要就分配新对象)。

Memory<T>可以被用于 P/Invoke 场景中,这时需要将底层内存固定住。Memory<T>为此公开了一个返回 MemoryHandle 结构实例[表示被固定内存(pinned memory)的 disposable 对象]的 Pin 方法。如果 Memory<T>封装的是字符串或数组,它通过 GCHandle 固定住它们。对于返回自 IMemoryOwner<T>的 Memory<T>,则假设其所有者实现了抽象类 MemoryManager<T>。此类实现了一个额外的 IPinnable 接口(包含 Pin 和 Unpin 方法)。Memory<T>.Pin 方法将调用实现 IPinnable 接口的 Pin 方法,MemoryHandle.Dispose 方法则将调用 Unpin 方法。这样,内存所有者将负责正确地固定和放开其拥有的内存。由于 Memory<T>的固定机制主要与 P/Invoke 场景有关,这并非本书聚焦的主题,因此不再赘述。

14.1.4　Memory<T>的内部实现

与 Span<T>不同,Memory<T>的实现相当朴实明了,不包含任何特别的技巧。当然,这是由于当前运行时对托管指针的限制所致。设计 Memory<T>时,我们需要考虑如下几点。

- 它应当具有引用类型的生存期:尽管它最开始是结构,仅在需要时才装箱。
- 通过引用表示分配在堆上的对象:由于现在内部指针无法驻留在堆上,因此这一点显而易见。这简化了 Memory<T>的设计,因为只有数组和字符串类型的"内部指针式"行为才有意义(它们可以通过索引访问且支持切片)。
- 不需要表示分配在堆栈上的地址。
- 非托管内存需要显式资源管理:因此,如前所述,它需要一个额外的所有者类对其进行资源管理。

通过上面几点,可以看出 Memory<T>的实现步骤可以很简单。代码清单 14-35 展示了当前版本 CoreFX 源代码中 Memory<T>的片段。它基本上仅保留了一个托管引用(引用一个数组或字符串)、索引和长度(用于实现切片)。构造函数内的操作也很简单。

代码清单 14-35　CoreFX 代码库内 Memory<T>的声明(包括一个构造函数的例子)

```
public readonly struct Memory<T>
{
  private readonly object _object;
  private readonly int _index;
  private readonly int _length;
  ...

  public Memory(T[] array, int start, int length)
  {
```

```
    ...
    _object = array;
    _index = start;
    _length = length;
}
```

但由于 Memory<T>必须保持灵活性，因此它无法暴露一个通用的索引器。如前所述，可以通过切片访问 Memory<T>封装的内存并将它转换为 Span<T>。其 Span 属性的实现也很简单(如代码清单 14-36 所示)。如果封装的是数组或字符串，将返回切片后的 Span。如果封装的是一段被某个所有者拥有的内存，则获取 Span 的操作将委托给其所有者(通过调用它的 GetSpan 方法)。

代码清单 14-36 Memory<T>实现 Span 属性的代码片段

```
public Span<T> Span
{
  get
  {
    if (_index < 0)
    {
      return ((MemoryManager<T>)_object).GetSpan().Slice(_index & RemoveFlagsBitMask,
      _length);
    }
    else if (typeof(T) == typeof(char) && _object is string s)
    {
      // return string slice as a Span
    }
    else if (_object != null)
    {
      return new Span<T>((T[])_object, _index, _length & RemoveFlagsBitMask);
    }
    ...
  }
}
```

分析 Memory<T>的源代码时，你会注意到有时会使用 bit 标志对_index 和_length 执行位操作以指示其封装的内存类型。这是为了尽量减少内存的使用量。如果为此特意添加一个额外的字段(例如使用一个枚举值指示封装的内存类型)，显然会显著增加对象的大小。因此，Memory<T>使用_index 的最高位 bit 标识_object 是一个数组/字符串还是一段被(某个所有者)拥有的内存。

你可能想知道代码清单 14-35 中所示的 Memory<T>字段如何表示非托管内存。由于非托管内存需要显式清理，因此_object 字段将表示一个负责分配和释放底层内存的 MemoryManager<T>对象。代码清单 14-37 大致展示了一个 MemoryManager<T>的具体实现(MemoryManager<T>本身是一个抽象类)，其灵感来自 System.Buffers 命名空间中的 internal NativeMemoryManager 类。

代码清单 14-37 NativeMemoryManager 示例

```
class NativeMemoryManager : MemoryManager<byte>
{
  private readonly int _length;
  private IntPtr _ptr;

  public NativeMemoryManager(int length)
```

```
{
  _length = length;
  _ptr = Marshal.AllocHGlobal(length);
}

protected override void Dispose(bool disposing)
{
  ...
  Marshal.FreeHGlobal(_ptr);
  ...
}

public override Memory<byte> Memory => CreateMemory(_length);
// Creates Memory<T> instance that sets this as wrapped object
public override unsafe Span<byte> GetSpan() => new Span<byte>((void*)_ptr, _length);
```

14.1.5　Span<T>和 Memory<T>使用准则

我们已经学习了大量关于这两个类型的内容，随之而来的问题是，应该什么时候使用它们？哪个是首选使用的类型？下面是它们的用法规则。

- 在高性能的通用代码中使用 Span<T>和 Memory<T>：很可能你不需要在业务逻辑代码中处处用到它们。
- 在方法参数中尽量使用 Span<T>而非 Memory<T>：Span<T>更快(带有运行时支持)，可以表示更多的内存类型。但在异步代码中，只能选择 Memory<T>。
- 优先选择这两个类型的只读版本：只读版本明确地表达了只应对它们执行读操作的意图，使得代码更安全。不要默认使用常规的(非只读)版本。另外，只读版本的兼容性更好。比如，如果某个方法的参数是 Span<T>，不能将一个 ReadOnlySpan<T>传给它。但如果方法参数是 ReadOnlySpan<T>，却可以将 ReadOnlySpan<T>和 Span<T>传给它。
- 切记 IMemoryOwner<T>(或 MemoryManager<T>)实例代表着所有权：必须在某个时候调用它的 Dispose 方法。为了安全起见，最好同一时间只让一个对象持有此实例。持有 IMemoryOwner<T>(它是一个 disposable object)的类型也应该是一个 disposable 类型(以正确地管理持有的资源)。

14.2　Unsafe

相比于使用普通的不安全代码(基于指针和 fixed 语句)，System.Runtime.CompilerServices. Unsafe 包提供了一组泛型/底层功能，以一种更安全的方式操作指针，并暴露了一些 CIL 支持但 C#不直接支持的功能。但是，它所做的操作仍然是不安全且危险的！由于它具备的灵活性，Unsafe 类被广泛用于最新的.NET 类库代码中(包括 Span<T>的 Memory<T>的诸多类型在底层都依赖 Unsafe 类)。

本书的篇幅远远不足以介绍 Unsafe 类的方方面面，Unsafe 提供了有关指针运算、指针类型转换(casting)的所有功能，实际上，你可以使用它完成任何你想做的(与指针有关的)事情。因而，本小节将只对 Unsafe 类的方法进行简要介绍并展示一些用法示例，以使你对 Unsafe 本身以及如何使用 Unsafe 有所了解。

System.Runtime.CompilerServices.Unsafe 提供了大量方法(如代码清单 14-38 所示)。按功能，

它们可以被分组如下。

- 类型转换(casting)和重解释(reinterpretation): 在非托管指针和 ref 类型之间来回转换。此外,还可以在任意两种 ref 类型之间转换(不过这确实很危险)。
- 指针运算: 你可以像操作普通指针一样对 ref 类型实例做加法和减法(如果你还记得对托管指针的描述,那么可以想象得到各种边界情况将会多么危险)。
- 信息: 获取各种信息,比如两个 ref 类型实例的大小或字节差异。
- 内存访问: 从任何位置写入或读取任何内容。

代码清单 14-38 Unsafe 类 API——移除了一些影响展示的重载,方法已按功能重排,注释是本书作者所加

```
public static partial class Unsafe
{
  // Casting/reinterpretation
  public unsafe static void* AsPointer<T>(ref T value)
  public unsafe static ref T AsRef<T>(void* source)
  public static ref TTo As<TFrom, TTo>(ref TFrom source)
  // Pointer arithmetic
  public static ref T Add<T>(ref T source, int elementOffset)
  public static ref T Subtract<T>(ref T source, int elementOffset)

  // Informative methods
  public static int SizeOf<T>()
  public static System.IntPtr ByteOffset<T>(ref T origin, ref T target)
  public static bool IsAddressGreaterThan<T>(ref T left, ref T right)
  public static bool IsAddressLessThan<T>(ref T left, ref T right)
  public static bool AreSame<T>(ref T left, ref T right)

  // Memory access methods
  public unsafe static T Read<T>(void* source)
  public unsafe static void Write<T>(void* destination, T value)
  public unsafe static void Copy<T>(void* destination, ref T source)

  // Block-based memory access
  public static void CopyBlock(ref byte destination, ref byte source, uint byteCount)
  public unsafe static void InitBlock(void* startAddress, byte value, uint byteCount)
}
```

很显然,Unsafe 不是一个用于常规场景的通用类。它只能使用在程序员真正知道要做什么并且考虑到了所有罕见边界情况的非特定且控制良好的场景中。不要将 Unsafe 视为克服奇怪的类型安全问题的工具,例如,不要使用它打破面向对象编程中的类型继承链!

让我们看几个使用 Unsafe 类的例子。我们在前面章节的代码清单 14-18、14 20、14-23 和 14-24 中见过 Unsafe 类的重要用法,在 Span<T> 的实现代码中用到了类型转换和指针运算。

类型转换是一种强大的武器。例如,我们可以将一个托管类型转换为另一种完全不相关的类型(如代码清单 14-39 所示)。源实例的内存将按照目标实例的字段布局重新解释。在我们的示例中,两个连续的整数被重解释为一个长整数(long),这倒也说得过去。请注意,即使使用这种底层的指针操作,DangerousPlays 方法也没有标记为 unsafe,因为 Unsafe 类封装了所有 unsafe 操作。

代码清单 14-39 危险但可以正确执行的代码——使用 Unsafe.As 类型转换

```
public class SomeClass
{
  public int Field1;
  public int Field2;
}

public class SomeOtherClass
{
  public long Field;
}

public void DangerousPlays(SomeClass obj)
{
  ref SomeOtherClass target = ref Unsafe.As<SomeClass, SomeOtherClass>(ref obj);
  Console.WriteLine(target.Field);
}
```

如此强大的类型转换可以用来打破可变性规则，并允许在 Memory<T>和 ReadOnlyMemory <T>之间相互转换。当然，这需要两种类型有相同的内存布局。

在 BitConverter 静态类中大量使用了类型转换功能，在字节数组和各种类型之间相互转换(如代码清单 14-40 所示)。

代码清单 14-40 在 BitConverter 类中使用 Unsafe 的例子

```
public static byte[] GetBytes(double value)
{
  byte[] bytes = new byte[sizeof(double)];
  Unsafe.As<byte, double>(ref bytes[0]) = value;
  return bytes;
}
```

使用内存重解释时，想象一下将基元类型重解释为引用，或将引用重解释为基元类型的场景！显然，这种操作非常危险，很可能导致整个运行时崩溃。作为演示，代码清单 14-41 展示了一个不谨慎类型转换的例子。VeryDangerous 方法将抛出 AccessViolationException 异常(除非 Long1 的值非常幸运地恰好可以类型转换成一个字符串)。

代码清单 14-41 非常危险的代码——使用 Unsafe.As 类型转换

```
public struct UnmanagedStruct
{
  public long Long1;
  public long Long2;
}

public struct ManagedStruct
{
  public string String;
  public long Long2;
}

public void VeryDangerous(ref UnmanagedStruct data)
```

```
  ref ManagedStruct target = ref Unsafe.As<UnmanagedStruct, ManagedStruct>(ref data);
  Console.WriteLine(target.String); // Value of Long1 is now treated as string reference!
}
```

Unsafe 的另一种常见用法是执行指针运算。Array.Reverse 静态方法的实现是一个很好的用法示例(如代码清单 14-42 所示)。普通 C 或 C++代码中经常能看到这种通过操作指针来反转数组的用法。

代码清单 14-42 在 Array.Reverse 静态方法中使用 Unsafe 的例子

```
public static void Reverse<T>(T[] array, int index, int length)
{
  ...
  ref T first = ref Unsafe.Add(ref Unsafe.As<byte, T>(ref array.GetRawSzArrayData()),
  index);
  ref T last = ref Unsafe.Add(ref Unsafe.Add(ref first, length), -1);
  do
  {
    T temp = first;
    first = last;
    last = temp;
    first = ref Unsafe.Add(ref first, 1);
    last = ref Unsafe.Add(ref last, -1);
  } while (Unsafe.IsAddressLessThan(ref first, ref last));
}
```

由于 Span<T>、Memory<T>和 Unsafe 的许多用法都需要遵循相似的模式，因此引入了一个包含许多静态方法的 MemoryMarshal 辅助类。下面列出了一些 MemoryMarshal 提供的方法。

- AsBytes：将任何基元类型(结构)的 Span<T>转换为 Span<byte>；
- Cast：在两种不同基元类型(结构)Span<T>之间相互转换；
- TryGetArray，TryGetMemoryManager，TryGetString：尝试将指定的 Memory<T>(或 ReadOnlyMemory<T>)转换成一种特定的类型；
- GetReference：以 ref 返回值(ref return)方式返回底层 Span<T>或 ReadOnlySpan<T>对象。

使用 MemoryMarshal 类可以更容易地耍"魔术"。例如，我们可以将某些结构的一部分重解释成另一种结构，整个过程完全不需要复制数据(如代码清单 14-43 所示)。

代码清单 14-43 MemoryMarshal 用法示例

```
public struct SmallStruct
{
  public byte B1;
  public byte B2;
  public byte B3;
  public byte B4;
  public byte B5;
  public byte B6;
  public byte B7;
  public byte B8;
}

public unsafe void Reinterpretation(ref UnmanagedStruct data)
{
```

```
    var span = new Span<UnmanagedStruct>(Unsafe.AsPointer(ref data), 1);
    ref var part = ref MemoryMarshal
                        // cast from Span<byte> to Span<SmallStruct>
                        .Cast<byte, SmallStruct>(
                          // cast from Span<UnmanagedStruct> to Span<byte>
                          MemoryMarshal.AsBytes(span)
                                // slice accordingly and access first element
                                .Slice(0, 8))[0];
        Console.WriteLine(part.B1); // Get the first byte
    }
```

有些人可能想知道所有这些“魔术”对他到底有什么用。一个普通的.NET 开发人员是否真的需要 Unsafe？老实说，大部分人并不需要它。我觉得只有执行底层操作的类库(包括序列化、二进制日志、网络通信等)才需要用到 Unsafe。比如，流行的 jemalloc.NET 类库使用 Unsafe 在底层非托管内存之上提供强类型能力(如代码清单 14-44 所示)。

代码清单 14-44　jemalloc.NET 中使用 Unsafe 的示例——FixedBuffer.Read 方法

```
[MethodImpl(MethodImplOptions.AggressiveInlining)]
public unsafe ref C Read<C>(int index) where C : struct
{
  return ref Unsafe.AsRef<C>(PtrTo(index));
}
```

jemalloc.NET 是由 Allister Beharry 编写的一个很出色的 .NET 类库，项目托管在 GitHub(https://github.com/allisterb/jemalloc.NET)。引用作者的说法，它“基于 jemalloc 原生内存分配器，为大型内存计算密集型.NET 应用程序提供了由原生内存支持的高效数据结构。”jemalloc 确实是一个流行且高效的 malloc 替代品。请在 http://jemalloc.NET/ 阅读有关它内部实现的内容，并亲自体验 jemalloc.NET。受限于本书篇幅，我只能略过对它的描述。

说到对非托管内存的封装，微软也有一个相关的项目：Snowflake。目前此项目的状态暂时停滞，希望能尽早看到它的后续进展。此项目网站位于 https://www. microsoft.com/en-us/research/publication/project- snowflake- non-blocking-safe-manual-memory-management-net/。

Unsafe 内部实现

事实上，Unsafe 类的实现方式是封装各种受 IL 支持但在 C#代码中无法实现的功能，因为 IL 的类型限制不如 C#编译器严格。大多数 Unsafe 方法的 CIL 实现其实很简单(如代码清单 14-45 所示)。

代码清单 14-45　Unsafe 方法实现示例(以 Common Intermediate Language 格式)

```
.method public hidebysig static !!TTo& As<TFrom, TTo> (!!TFrom& source) cil managed
{
  IL_0000: ldarg.0
  IL_0001: ret
}

.method public hidebysig static !!T& Add<T> (!!T& source, int32 elementOffset) cil managed
{
  IL_0000: ldarg.0
```

```
    IL_0001: ldarg.1
    IL_0002: sizeof !!T
    IL_0008: conv.i
    IL_0009: mul
    IL_000A: add
    IL_000B: ret
}
```

Unsafe 并没有耍什么魔法。它真正的作用是将所有 IL 支持的底层操作暴露出来，使安全代码也可以调用那些底层功能。

14.3 面向数据设计

CPU 性能与内存访问时间之间的差异不断拉大。我们已经在第 2 章进行了非常全面的讨论，包括 CPU 如何与内存通过分层缓冲协同工作，数据按 cache line 对齐以及内存内部实现如何显著影响我们编写的代码的性能，循序数据访问带来的时间/空间局部性优势等等。

对于业务导向的常规 Web 或桌面应用程序而言，关注底层内存访问必要性不大。对于少量数据处理、处理 HTTP 请求或响应 UI 交互等场景，毫秒级别的性能差异无关紧要。设计此类应用程序时，源代码的可读性、可扩展性和表现力，以及快速编写、交互、扩展软件的能力，才是最受关注、最重要的因素。面向对象编程以及随之发展出来的所有设计模式和 SOLID 原则，体现的正是这种软件开发方式。

但是，有一小类应用程序可以从打破这些通用法则中受益。这些应用程序必须以最高效的方式和最短的时间来处理大量数据。每一毫秒的性能提升都至关重要。此类应用程序如下所示。

- 金融软件：特别是实时交易和所有需要基于大量各种数据以尽快得出答案的分析决策。
- 大数据：虽然大数据通常都是批量、慢速处理，但如果处理每笔数据都慢一点点，加起来就会将总体处理时间拉长数小时或数天。此外，有些应用程序，比如搜索引擎，同样需要快速得到问题的答案。
- 游戏：在一个 FPS(每秒帧数)决定了游戏接受度和图像质量上限的世界中，每一毫秒都不能浪费。
- 机器学习：使用日益广泛的 ML 需要越来越强的计算能力去执行各种复杂算法。

请注意，尽管乍一看许多此类应用程序的性能似乎是受限于 CPU(即需要执行复杂的算法)，但由于上面提到的 CPU 与内存之间的性能差异，它们真正的性能瓶颈可能是内存访问。另一个尚未提到的角度是并行处理，它使应用程序可以受益于安装在我们个人或服务器计算机上的多个逻辑处理器内核。

这些应用程序的需求引出了软件的面向数据设计，即基于最高效内存访问的目的来设计数据的表现方式与架构。它与面向对象设计针锋相对，因为类似封装、多态之类的技术肯定与高效内存访问的目的南辕北辙。

面向数据设计的着眼点在于：

- 设计类型和数据时尽量实现循序内存访问，并同时考虑 cache-line 的限制(将最常用的数据打包在一起)和分层缓存的影响(将尽可能多的数据保持在高层缓存中)。
- 设计类型和数据以及使用它们的算法时，使其易于并行化且无需高开销的同步锁定。

我们将面向数据设计进一步分成两类。

- 战术型面向数据设计：专注于"局部"数据结构，例如最高效的字段布局或以正确的顺序访问数据。此类设计着眼于局部，可以很容易地在现存的面向对象应用程序中应用它们。

- 战略型面向数据设计：从架构的角度专注于应用程序的高层设计。它需要将设计思路从面向对象的结构转变成面向数据的结构。

我们将在后续两个小节分别讲述战术型和战略型面向数据设计。.

14.3.1　战术型设计

本书对战术型面向数据设计的讲述始自第 2 章，我们从第 2 章学到了提高缓存利用率的重要性，并将核心内容总结成"规则 2：避免随机访问，拥抱循序访问"和"规则 3：提高空间和时间数据局部性"。

战术型设计由多种模式构成。让我们在这里对各个模式进行总结，并列出本书其他相关章节和附加示例作为参考。

1. 将类型设计成把尽可能多的关联数据容纳进首个 Cache Line

我们在考虑托管类型的自动内存布局时已经看到了此规则的实际应用：引用字段全部位于对象的起始位置，这让它们可以被容纳进包含 MethodTable 指针的 cache line 并提前加载到缓存，提高 GC 访问它们的速度。虽然这是 CLR 内部进行的优化，但我们应该意识到这一点。

考虑到数据访问频率的影响时，这种自动内存布局可能是也可能不是最理想的布局。假设有一个类的定义如代码清单 14-46 所示。显然，面向对象程序员会对这种设计相当满意[1]——所有数据都封装在一个对象内部，唯一暴露的公开接口只有对象的行为(计算得分)。

代码清单 14-46　演示 cache line 效率的示范类

```
class Customer
{
  private double Earnings;
  // ... some other fields ...
  private DateTime DateOfBirth;
  // ... some other fields ...
  private bool IsSmoking;
  // ... some other fields ...
  private double Scoring;
  // ... some other fields ...
  private HealthData Health;
  private AuxiliaryData Auxiliary;

  public void UpdateScoring()
  {
    this.Scoring = this.Earnings * (this.IsSmoking ? 0.8 : 1.0) *
                   ProcessAge(this.DateOfBirth);
  }
  private double ProcessAge(DateTime dateOfBirth) => 1.0;
}
```

面向对象程序员完全不会对 Customer 对象的最终自动布局有任何兴趣。但是，假如我们大量使用 Customer 类并且每秒钟在数百万个 Customer 实例上调用 UpdateScoring 方法。由于 UpdateScoring 方法使用 Scoring、Earning、IsSmoking 和 DateOfBirth 字段，因此应当将它们排列在首个 cache line 的范围之内(使用 Customer 实例时总会访问它的第一个 cache line)。类型默认使

---

[1] 如果考虑领域驱动设计，它可能会更加复杂，比如使用单独的类型表示货币或其他数据。

用的 LayoutKind.Automatic 布局方式显然对此并不在意，它会将(可能很少使用的)HealthData 和
AuxiliaryData 引用放在对象的起始位置，然后按照对齐的要求排列剩下的其他字段。

我们应该已经知道这个问题的解决方案——必须将Customer改成可以使用顺序布局的非托管
结构(如代码清单 14-47 所述)。其步骤如下所示。

- 将 HealthData 和 AuxiliaryData 改成值类型标识符，避免使用引用——这不仅有助于将此类
  型改成非托管类型，同时也可以减轻 GC 的标记开销(因为每个 Customer 实例都不再是另
  外两个对象的根)。
- 将 DateTime 改成其他类型，因为 DateTime 的自动布局将导致整个结构也使用自动布局，
  如第 13 章所述。

然后，我们可以使用 LayoutKind.Sequential，按照自定义顺序小心地设计字段布局(为了使内
存中的数据对齐，可能导致产生 padding，但也许可以浪费一点点空间以换取速度)。4 个最常用
的字段应该放在结构的开头位置。

代码清单 14-47 使结构的布局充分考虑 cache-line 效率

```
[StructLayout(LayoutKind.Sequential)]
struct CustomerValue
{
  public double Earnings;
  public double Scoring;
  public long DateOfBirthInTicks;
  public bool IsSmoking;
  // ... some other fields ...
  public int HealthDataId;
  public int AuxiliaryDataId;
}
```

虽然并非总是需要，但我们必须使用顺序布局才能实现良好的空间局部性。有时候，只需要
确保基元类型具有良好的数据局部性就可以了(换言之，确保经常访问的字段都排列在一起)。

FrugalObjectList<T>和 FrugalStructList<T>是 WPF 内部使用的两个非常有趣的 internal 集合
类。它们的内部存储使用了以下特定集合类型之一的实例：SingleItemList <T>、ThreeItemList <T>、
SixItemList <T>和 ArrayItemList <T>。当添加或删除元素时，其内部存储将在这几个类型之间进
行切换(ArrayItemList <T>用于处理超过 6 个元素的情况)。这有什么好处呢？对于包含少于 7 个元
素的场景，索引器使用了几个非常简洁明了、主要基于 switch 实现的 IndexOf、SetAt 或 EntryAt
方法(代码清单 14-48 展示了 ThreeItemList<T>的片段)。这么做除了可以避免常规数组的开销(比
如边界检查)，还通过将 3 个或 6 个字段紧密排列获得了良好的空间局部性。

代码清单 14-48 ThreeItemList<T>类的代码片段(FrugalObjectList<T>和 FrugalStructList<T>
使用的内部存储类型之一)

```
/// <summary>
/// A simple class to handle a list with 3 items. Perf analysis showed
/// that this yielded better memory locality and perf than an object and an array.
/// </summary>
internal sealed class ThreeItemList<T> : FrugalListBase<T>
{
  public override T EntryAt(int index)
  {
    switch (index)
```

```
    {
      case 0:
        return _entry0;
      case 1:
        return _entry1;
      case 2:
        return _entry2;

      default:
        throw new ArgumentOutOfRangeException("index");
    }
  }
  private T _entry0;
  private T _entry1;
  private T _entry2;
}
```

正如这些类型的注释所言："性能测试表明，Avalon[1] 有许多仅包含少量数据的列表，其中经常只有 0 个或单个元素。因此，这些类在结构上倾向于从 0 个元素开始的存储模型，并采取保守的增长策略以最大限度地减少固定状态的内存占用量。从 CPU 的角度来看，代码的结构也表现良好。性能分析显示，由于减少了处理器缓存未命中(cache miss)的次数，FrugalList 比 ArrayList 或 List<T>更快，尤其在仅有 6 个或更少元素的场景中。"

2. 将数据设计成可以填充进更高层级的缓存

代码清单 2-5 和第 2 章中对应的图 2-11 已经清楚地展现了不同层次缓存的开销。你应当搞清楚你有多少数据以及它们与典型 CPU 缓存大小的关系(这决定了你的数据可以填充进哪个层级的缓存)。

3. 将数据设计成易于并行化

并行处理的主题超出了本书范围。但良好的数据布局和算法设计可以允许(通过多核和/或 SIMD 指令集)并行处理数据的某些部分。请同时不要忘记代码清单 2-6 所展示的伪共享(false-sharing)问题和表 2-3 中相应的测试结果。

4. 避免非循序，特别是随机式的内存访问

第 2 章通过解释 DRAM 的工作原理以及应该优先使用循序访问的原因，对此规则进行了详细解释。代码清单 2-1 对比展示了以按行和按列两种方式访问一个二维数组，表 2-1 展示了两者的性能测试结果，显示出大量缓存未命中(cache miss)会导致内存访问速度下降。

与其他集合相比，访问 T[]的顺序连续内存区域具有更好的性能，尤其当 T 是一个结构时(请参考第 4 章中图 4-24 对结构数组和类数组的数据局部性对比)。我们将在介绍战略型设计时使用此设计规则。

14.3.2 战略型设计

战略型设计推动面向数据设计，使它进一步远离典型的面向对象设计实践。基于面向数据设计所产生的代码可能会令习惯 OOP 的开发人员非常吃惊，但如果进行深入思考，它们就会变得越来越合理。因此不同于战术型设计，战略型设计需要程序员大幅转变自己的思维。现在让我们

---

1 Avalon 是 WPF 的代码名。

了解一些使用最广泛的战略型设计技术。

1. 从 Array-of-Structures 走向 Structure-of-Arrays

在面向对象编程中,数据被封装在内部。对象和方法表示了精心设计的、遵循单一职责原则的行为。让我们举一个例子,假设需要将代码清单 14-46 中定义的 Customer 实例保存到一个单独的"容器"中,然后通过一个 UpdateScorings 方法遍历所有 Customer 实例,请求它们更新分数(如代码清单 14-49 所示)。这是每个使用 OOP 的开发人员都能理解的简单代码。

代码清单 14-49 存储代码清单 14-46 的 Customer 对象的容器

```
class CustomerRepository
{
  List<Customer> customers = new List<Customer>();
  public void UpdateScorings()
  {
    foreach (var customer in customers)
    {
      customer.UpdateScoring();
    }
  }
}
```

这种代码会触发许多次 cache-line 未命中,因为 Customer 实例分散在 GC Heap 中,无法保证它们被分配在彼此相邻的位置(如图 14-1 所示)。尽管压缩式 GC 最终会让大致同一时间分配的对象具有较好的数据局部性,但代码执行过程中未必始终如此。另外,虽然 bump-a-pointer 分配器应该会在一开始将 Customer 实例分配在堆中相邻的位置,但这只是一种理论上的假设,而非保证。比如,由于填充的 allocation context 换成了一个新的,且新旧两个 allocation context 分布在暂存段的不同位置,因此,即使两个前后连续分配的 Customer 实例都可能位于全然不同的位置。这样导致的结果就是,我们必须假设对于引用类型的数组而言,每个 cache line 仅包含少量关联数据,而剩下的则是附近位置上大量的无关内容。

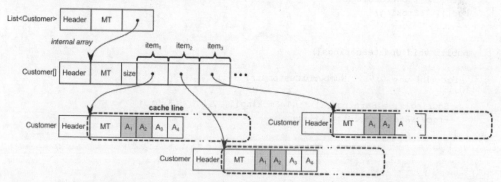

图 14-1 引用类型数组糟糕的数据局部性导致需要用许多 cache line 读取大量无关数据(需要的数据显示为灰色)

我们知道,结构数组提供了好得多的数据局部性,因此 CustomerRepository 中存储的不再是一组指向 Customer 实例的引用,而是一组紧密的 CustomerValue 实例(如图 14-2 所示)。循序读取列表的底层数组可以更好地利用 cache line,因为 CPU 的预取单元能轻松识别这种模式并提前预取数据。每个 cache line 中不再充斥着大量不需要的无关垃圾数据,而是仅包含 CustomerValue 实例中当前不需要的其他字段。

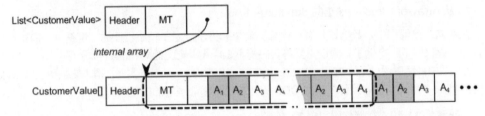

图 14-2　值类型数组更好的数据局部性大大减少了 cache line 读取的无关数据(需要的数据显示为灰色)

　　但在对性能有极高要求的场景中，读取那些不需要的数据(字段)仍然代价高昂。现在到了颠覆 OOP 范式、打破一切传统模式的时刻了。在面向数据设计中，最重要的并非封装起来的对象和行为，而是数据本身。对于我们这个示例，数据由客户的一些重要属性构成(均为输入和输出属性)。

　　进一步提高数据访问性能的第一个方法是将客户数据分散到两个独立值类型数据中，第一个数组包含打分算法需要使用的"热数据"，第二个则包含其他相关度较低的字段。

　　但我们还可以走得更远。与其让代码操作客户(Customer 或 CustomerValue)，不如将客户的每一项相关数据放到单独的数组中，使代码直接操作数据本身(如代码清单 14-50 所示)。这个方法是面向数据设计中最流行的方法之一，它通常被称为将布局从 AoS(Array-of-Structures)改为 SoA(Structure-of-Arrays)。

代码清单 14-50　Structure-of-Arrays 数据组织示例

```
class CustomerRepository
{
  int NumberOfCustomers;
  double[] Scoring;
  double[] Earnings;
  DateTime[] DateOfBirth;
  bool[] IsSmoking;
  // ...

  public void UpdateScorings()
  {
    for (int i = 0; i < NumberOfCustomers; ++i)
    {
      Scoring[i] = Earnings[i] * (IsSmoking[i] ? 0.8 : 1.0) *
      ProcessAge(DateOfBirth[i]);
    }
  }
  ...
}
```

　　通过直接暴露数据，这个设计中实际上没有了"客户"实体的概念。"客户"只是各个数组在某个索引位置上的一堆数据。数组密集地封装了相关数据并被频繁执行的算法循序访问。cache-line 的使用效率非常高(如图 14-3 所示)。CPU 可以不断检测到发生了多次循序读取，因此预取单元将在每次数组访问时大显身手。

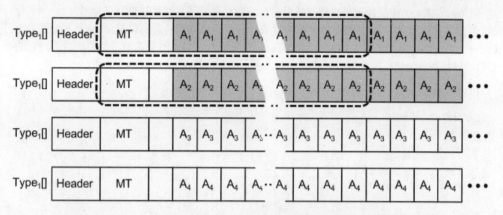

图 14-3 Structure-of-Arrays 方法所产生的良好数据局部性(需要的数据显示为灰色)

Structure-of-Arrays 方法的另外一个优点是它提供了很好的灵活性。如果稍后需要添加其他使用不同字段的高性能算法，这种数据组织方式仍将受益匪浅。

我们可以类似的方法将层级化(树型)数据展平。通常树型数据中的每个节点都将存储它的子节点列表。显然，访问散布在 GC Heap 中的节点实例时，由于大量发生的缓存未命中，遍历这种树型数据的开销不低。

代码清单 14-51 展示了一个包含简单示范算法的简单示例，Process 方法将把每个节点的值更改为它和上级节点的值之和[1]。

代码清单 14-51   一个简单的树型数据节点

```
public class Node
{
  public int Value { get; set; }
  public List<Node> Children = new List<Node>();
  public Node(int value) => Value = value;
  public void AddChild(Node child) => Children.Add(child);

  public void Process()
  {
    InternalProcess(null);
  }

  private void InternalProcess(Node parent)
  {
    if (parent != null)
      this.Value = this.Value + parent.Value; // Imagine more complex processing here

    foreach (var child in Children)
    {
      child.InternalProcess(this);
    }
  }
}
```

---

1 请注意，为了保持示例的简洁，对每个节点的处理非常简单，但这并不影响其演示的目的。

但是，这样一个树型数据可以通过展开的节点数组来表示，数组中的每个元素表示一个节点，元素中存储其父节点的引用(或者用更好的方法，只存储父节点的索引位置)。这个方法很可能需要将一个更自然、更面向对象的树型数据初始化到数组中。当树型数据被正确展平后，对它的处理可以线性进行(如代码清单 14-52 所示)。

代码清单 14-52 以值类型数组表示的展平后的树型数据示例

```
public class Tree
{
  public struct ValueNode
  {
    public int Value;
    public int Parent;
  }

  private ValueNode[] nodes;

  private static Tree PrecalculateFromRoot(OOP.Node root)
  {
    // Flatten tree navigating it in pre-order depth-first manner...
  }

  public void Process()
  {
    for (int i = 1; i < nodes.Length; ++i)
    {
      ref var node = ref nodes[i];
      node.Value = node.Value + nodes[node.Parent].Value;
    }
  }
}
```

展平树型数据时请小心。代码清单 14-52 中的特定示例之所以能正常工作，是因为它的处理算法(Process 方法中对值的累计)只依赖每个节点的父节点的值，所以使用前序(pre-order)深度优先(depth-first)遍历完全可行。示例的 nodes 数组中，每个节点始终位于其已被处理过的父节点的后面。如果我们的算法依赖于子节点的值(比如每个节点的值是其所有子节点值之和)，则应使用后序(post-order)深度优先遍历，以保证展平后的数组中的每个节点都位于其所有子节点的后面。

2. Entity Component System

继承和封装是面向对象编程的核心功能。一个复杂应用程序的继承树可能相当复杂，许多对象通过继承共享某些行为。游戏就是这样一种典型的例子，一个游戏中可能存在几十种行为各异的实体类型。比如，坦克是一种武装车辆，卡车是一种不带武器的车辆，但它们都是装载工具。又比如，常规士兵可以移动并且具有诸如健康值等的属性，但不一定总是携带武器。图 14-4 演示了一个继承树的示例。

在整个软件开发周期中维护继承树相当麻烦，因为每次添加一种只需要共享部分行为的新实体类型非常之复杂，我们需要对新实体类型做大量"修剪"，比如重载适当的方法以体现出它的新行为(图 14-4 演示了添加 MagicTree 类的复杂性，它既"可定位"又是一个生物，但它无法移动)。

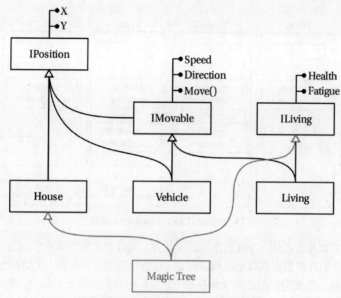

图 14-4　表示某些游戏对象的继承树示例

从面向数据的角度，使用继承树维护实体类型的缺点显而易见，数据被分散在继承树结构的各个地方。如果一个普通 OOP 程序中只有少量需要彼此协作的业务对象，使用继承树完全可行。但如果必须处理成千上万个类似的实体(比如在游戏中同时更新许多车辆的位置)，这样的设计将成为一个瓶颈。

我们可以使用 structure-of-arrays 方法将代表房屋、车辆、生物等实体的结构保存在单独的列表中。但这个方法不太实用，许多算法需要访问包含在这些列表中的各种属性集(这种访问模式破坏了良好数据局部性的优势)。

针对这个问题的解决方案是 Entity Component System，简单来说，它倾向于使用组合而非继承。我们将很快看到，它的基础理念之一是良好的数据局部性与 structure-of-arrays 思想的统一。

在 Entity Component System 中，没有表示房屋、车辆或其他任何生物的类型。实体(Entity)由动态添加或移除的组件(Component)组合而成，每个组件表示某种能力(功能)。然后，由代表不同逻辑的各个系统(System)对实体进行处理。换言之，ECS 的三个主要组成部分如下所示(见图 14-5)。

- 实体(Entity)：一个具有标识符的简单对象，不包含任何数据或逻辑。定义实体的功能是通过向它添加或移除特定的组件。因此，假如我们在游戏中需要一个类似车辆的东西，就创建一个实体并为它分配相应的组件(在我们的简单示例中添加的是 Position 和 Movable 组件)。

- 组件(Component)：只包含数据而不包含逻辑的简单对象。组件包含的数据表示了它所代表的功能的当前状态(比如 Position 组件包含位置数据，Movable 组件包含速度数据)。

- 系统(System)：特定功能与特性的逻辑所在。系统对过滤后的实体列表逐个进行操作。比如，Move 系统可以过滤出所有分配了 Position 和 Movable 组件的实体(它的逻辑知道如何转换/处理这些组件的属性)。

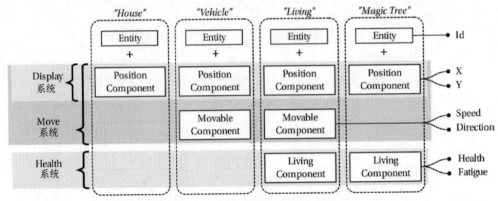

图 14-5　Entity Component System 总览

在游戏的主循环中，系统一个接一个地依次执行。我希望你已经看出了 ECS 的强大之处。使用这种设计，每个组件的数据都以 structure-of-arrays 方法依序分开保存。比如，当 Display 系统遍历实体时，它实际上需要遍历的是连续保存的 Position 组件数据集合。显然，系统需要能够高效地过滤实体(以找出附加了指定组件的实体)。但这些只是实现细节，我们在这里不再赘述。我们将实现一个尽可能简单的 ECS，希望通过这个示例能让我们更好地阐述整个 ECS 的概念。

首先，实体是仅包含标识符的非常简单的类型(如代码清单 14-53 所示)。它是一个 readonly struct，这使它可以密集地放置到实体数组中，并避免通过参数等途径传递它时创建防御性副本。

代码清单 14-53　实体的定义

```
public readonly struct Entity
{
  public readonly long Id;
  public Entity(long id)
  {
    Id = id;
  }
}
```

组件也仅是数据的简单容器。同样，为了让它可以密集排列于组件数组中，也将它定义为结构(如代码清单 14-54 所示)。组件是可变的，感谢 ref return 功能，我们可以从存储中取出组件以对它进行修改。

代码清单 14-54　几个示范组件

```
public struct PositionComponent
{
  public double X;
  public double Y;
}

public struct MovableComponent
{
  public double Speed;
  public double Direction;
}
```

```
public struct LivingComponent
{
  public double Fatigue;
}
```

为了以面向数据方式高效地存储特定组件的数据,我们引入一个 ComponentManager<T>类(如代码清单 14-55 所示)。它的主要部分是 registeredComponents,一个保存某种类型组件的数组。为实体注册组件只需要将组件填充进数组中的下一个空闲位置(为了保持示例的简洁,省略取消注册的实现代码并忽略取消所带来的数组元素碎片化问题)。检查某个实体(由其 Id 标识)是否已分配某个组件只需要在字典中做一个查找,同样,虽然使用字典远非最佳方案,但可以让示例尽量保持简洁(实例忽略字典访问的多线程问题)。使用 ref return 返回一个数组中的元素避免了内存复制操作。

代码清单 14-55　管理组件数据的 ComponentManager<T>类

```
public class ComponentManager<T>
{
  private static T Nothing = default;
  private static int registeredComponentsCount = 0;
  private static T[] registeredComponents = ArrayPool<T>.Shared.Rent(128);
  private static Dictionary<long, int> entityIdtoComponentIndex = new Dictionary<long,
  int>();

  public static void Register(in Entity entity, in T initialValue)
  {
    registeredComponents[registeredComponentsCount] = initialValue;
    entityIdtoComponentIndex.Add(entity.Id, registeredComponentsCount);
    registeredComponentsCount++;
  }

  public static ref T TryGetRegistered(in Entity entity)
  {
    if (entityIdtoComponentIndex.TryGetValue(entity.Id, out int index))
    {
      //result = true;
      return ref registeredComponents[index];
    }
    //result = false;
    return ref Nothing;
  }
}
```

然后,我们需要一个表示系统的抽象类(如代码清单 14-56 所示)和一个将三者连接在一起的管理器(如代码清单 14-57 所示)。

代码清单 14-56　简单的系统抽象基类

```
public abstract class SystemBase
{
  public abstract void Update(List<Entity> entities);
}
```

代码清单 14-57　Manager 存储了实体和系统的列表

```
public class Manager
{
  private List<Entity> entities = new List<Entity>();
  private List<SystemBase> systems = new List<SystemBase>();
  public void RegisterSystem(SystemBase system)
  {
    systems.Add(system);
  }

  public Entity CreateEntity()
  {
    var entity = new Entity(entities.Count);
    entities.Add(entity);
    return entity;
  }

  public void Update()
  {
    foreach (var system in systems)
    {
      system.Update(entities);
    }
  }
}
```

准备好所有模块之后，接下来该编写一个系统的示例了。MoveSystem 需要实体同时具有 Position 和 Movable 组件，因此它的 Update 方法将执行相应的过滤操作(如代码清单 14-58 所示)。在这里可以清楚地看出，过滤实体的效率对系统很重要。但只要管理得当，数据组件将被循序访问，从而提供良好的数据局部性和预取命中率。

代码清单 14-58　移动(Moving)系统示例

```
public class MoveSystem : SystemBase
{
  public override void Update(List<Entity> entities)
  {
    foreach (var entity in entities)
    {
      bool hasPosition = false;
      bool isMovable = false;
      ref var position = ref ComponentManager<PositionComponent>.TryGetRegistered(in
      entity, out hasPosition);
      ref var movable = ref ComponentManager<MovableComponent>.TryGetRegistered(in entity,
      out isMovable);
      if (hasPosition && isMovable)
      {
        position.X += CalculateDX(movable.Speed, movable.Direction);
        position.Y += CalculateDY(movable.Speed, movable.Direction);
      }
    }
  }
}
```

请注意，上面的 ECS 示例在很多方面都进行了过度简化。如前所述，它没有线程同步功能，为它实现的实体-组件管理也非常简单。实现一个完整、甚至接近真实应用程序的 ECS 远远超出了本书的范畴。在真实的 ECS 类库中，比如 Entitas(由 Simon Schmid 创建，项目网站位于 https://github.com/sschmid/Entitas-CSharp)和最近 Unity 中重写的 Entity Component System，都考虑到这些问题并有更好的实现。比如，系统通常不会自己负责过滤实体，而是接收动态管理的、已过滤的实体列表(向实体添加或移除组件时将更新此列表)。示例中展示的 API 也远非完美。此外，一个成熟的 ECS 实现必须支持系统间通信和系统间关联(通过某种形式的消息机制进行支持)，我们的示例对此全无涉及。

Entity Component System 在游戏开发领域广受欢迎，但我相信在使用面向数据设计的高性能场景中，它也应有一席之地。你的应用程序中是否也有许多具有各种特性的不同"实体"并且需要对它们做批量处理？这听起来岂不正是 ECS 的用武之地？

14.4 未来特性

本小节包含一组也许可以放在本章任何其他部分(或上一章)的功能，因为它们具有广泛的适用性。我决定将它们统一放在本小节，是因为在作者撰写本书时它们仅仅计划添加到.NET 或近或远的未来版本中。等到你阅读本书时，这些特性也许已经处于可用状态，甚至已经在.NET 领域被广泛使用。但另一方面，有一些新引入的类型(比如已经发布的 Span<T>)可能需要好几年时间才会逐渐被.NET 程序员所熟知。

14.4.1 可为空引用类型

尽管不是百分之百确定，但 C# 8.0 将引入可为空引用类型(译者注：C# 8.0 确实已引入此功能)。虽然它与内存管理没有直接关系——是否使用它对性能或内存占用量没有任何影响——但它是一项与众所周知的内存安全性有关的重大改进，每本有关.NET 内存的书籍都无法简单地无视它。

空引用 null 归功于英国计算机科学家 Tony Hoare，他在设计 ALGOL 语言时发明了 null。2009 年，他为这个发明道歉。

我称之为十亿美元错误。空引用发明于 1965 年。那时我正为一门面向对象语言(ALGOL W)中的引用设计首个完整的类型系统。我的目标是确保对所有引用的使用都绝对安全，并由编译器自动执行此项检查。但我无法抗拒引入空引用的诱惑，因为太容易实现它了。这个发明导致了无数的错误、漏洞和系统崩溃，在近四十年里，它可能造成了十亿美元的痛苦和破坏。

null 真的是一个错误吗？你能想象一个没有 null 和所有与之相关的 NullReferenceException 错误的 C#和.NET 世界吗？一般而言，很难想象一种没有"虚无一物"概念的编程语言。某些值天然就是可有可无的(比如人名中的"中间名")。真正使 null 成为一个问题的是缺乏一种明确的表示手段，以表示在特定的上下文中是否应当允许"虚无一物"(因为默认情况下总是允许使用 null，所以 null 无法表示不应当允许"虚无一物"的情况)。

有些编程语言(特别是函数式语言)用可选类型替代了可为空类型。可选类型是一种表示可选值的多态类型(因此它可以表示"虚无一物"或"有一个值"这两种可选状态)。例如，F#使用 Option 类型来定义带有两种可选值的可区分联合(discriminated union)：Some("有一个值")和 None("虚无一物")。有了可选类型，就可以显式地表明某个值可能"虚无一物"。程序员访问这种类型的值之前需要进行相应的检查(或至少由编译器执行检查)。

理想情况下，C#中的引用类型应包含这种“可选择性为空”的引用类型，以避免当前的“始终为空”引用类型的问题。为了明确表明可为空的意图，C#计划引入两个新的安全引用类型。

- 可为空引用类型(nullable reference type)：它们可以被赋值为 null，因此对它们解引用(即使用它们指向的对象实例)之前必须进行 null 值检查(并且 C#编译器可以强制要求必须进行检查)。请注意，它们不同于当前的引用类型，虽然后者始终可以为空，但现在解引用它们不受编译器检查的保护。此类型用于表示类似 F#中 Option 那样的可选值。
- 不可为空引用类型(non-nullable reference type)：它们永远不会有 null 值，因此始终可以安全地解引用它们。

当然，将它们引入 C#之时应当小心，以确保它们能帮助我们发现现有代码中的错误的同时，不必重新编写代码。为了让现有代码能够使用它们，必须让当前的引用类型默认成为上面两种新的引用类型之一(而不是在保留当前引用类型不变的同时，又引入新的可为空引用类型和不可为空类型)。C#团队最终决定当前未标注的引用类型将被视为不可为空引用类型。Mads Torgersen 代表整个 C#语言团队解释了这个决定的原因：

- C#团队相信，真正需要将引用类型赋值为 null 的情况并不像我们想象的那么多。
- C#语言已经为可为空值类型设计了 ? 语法，因此可以直接将此语法用于可为空引用类型。
- “默认不可为空、可为空时需要显式声明”，这种用法比(“默认可为空、不可为空时需要显式声明”)似乎更有道理。

换言之，在未来的某个 C#版本中，当前现有的引用类型将成为不可为空引用类型，同时使用 ? 语法添加一种新的可为空引用类型(如代码清单 14-59 所示)。这就是为什么此功能的正式名称是可为空引用类型，但我们应该记住，实际上此功能引入了两个拥有新行为的新引用类型。

代码清单 14-59　一个同时包含不可为空(默认)和可为空(显式声明)引用类型字段的类

```
public class SomeClass
{
  public int Field;
  public OtherClass? NullableReference;   // May be null
  public OtherClass NonNullableReference; // May not be null
}

public class OtherClass
{
  public int OtherField;
}
```

显然，这个变化会导致编译现有代码时产生大量编译错误。但这是特意而为之，因为引入这些类型的目的就是在一开始帮助我们找到与 null 有关的 bug。为了不影响正常的开发工作进展，所有与 null 有关的此类问题都被视作警告而非错误(但你仍然可以通过调整设置，将此类问题视作编译错误)。

有了这个特性之后，C#编译器可以最大限度地检查出可能的 null 违规问题，尤其在访问局部变量和参数的场合(如代码清单 14-60 所示)。如果不带检查地访问可为空对象实例(比如代码清单 14-60 的第一行)，C#编译器将发出警告。同样的警告也会在直接访问 null 时发出(比如代码清单

14-60 的最后一行)。从代码清单 14-60 可以看出，编译器会考虑程序的执行流控制(如条件判断和循环)。

代码清单 14-60　使用可为空引用类型参数时编译器的行为

```
public static void UseNullableReference(SomeClass? obj)
{
  Console.WriteLine(obj.Field); // Warning CS8602: Possible dereference of a null
                                             reference.
  Console.WriteLine(obj?.Field); // Ok, checked
  if (obj == null)
    return;
  Console.WriteLine(obj.Field); // Ok, checked above
  obj = null;
  Console.WriteLine(obj.Field); // Warning CS8602: Possible dereference of a null
                                             reference.
}
```

但是，编译器对 null 违规问题的检查深度始终是一个问题。编译器当前将忽略方法调用，因为它无法预料调用的方法中包含的逻辑复杂到什么程度。因此，即使 ArgumentsValid 方法在内部检查了参数是否为 null(如代码清单 14-61 所示)，编译器仍会生成一个警告。

代码清单 14-61　使用可为空引用类型参数时编译器的行为

```
public static void UseChainedNullableReference(SomeClass? obj)
{
  if (!ArgumentsValid(obj))
    return;
  Console.WriteLine(obj.Reference.OtherField);//Warning or not, depending on the check used
}
```

另一方面，访问不可为空引用类型安全得多，因此编译器产生的错误更少(如代码清单 14-62 所示)。

代码清单 14-62　使用不可为空引用类型参数时编译器的行为

```
public static void UseNonNullableReference(SomeClass obj)
{
  Console.WriteLine(obj.Field);    // Ok
  Console.WriteLine(obj?.Field);   // Ok, checked
  if (obj == null)
    return;
  Console.WriteLine(obj.Field);    // Ok, checked above
  obj = null;                      // Warning CS8600: Converting null literal or possible
                                      null value to non-nullable type.
  Console.WriteLine(obj.Field);    // Warning CS8602: Possible dereference of a null
                                      reference.
}
```

警告 CS8600 的出现令人惊讶，因为似乎我们仍然可以将 null 赋值给不可为空引用类型！这是因为这种操作在很多时候是必要的(大部分此类操作将生成警告)，比如像代码清单 14-62 这样显式地将 null 赋值给不可为空引用类型，或者将一个可为空引用类型赋值给不可为空引用类型。不会生成任何警告的一个例外场景是创建数组(如代码清单 14-63 所示)。如果创建一个不可为空类型的数组，编译器理应要求初始化所有成员(使它们不为空)，但这会使很多现有的代码无法正常通过编译。代码清单 14-63 中的数组声明语法已被程序员广泛使用，因此，即使编译器对这种用法产生大量警告，也只会被程序员无视。

代码清单 14-63　使用不可为空引用类型数组时编译器的行为

```
SomeClass[] array = new SomeClass[4];
UseNonNullableReference(array[1]);       // Ok, warning is not generated.
```

本节介绍的有关此特性的设计与用法仅仅为了使你全面了解其功能和作用。阅读本书时，请参考.NET 官方文档，获取此特性的最新说明。

到底 null 是什么？一般而言，它表示一个永远不应该出现在常规代码中的有别于有效指针(或.NET 中的有效引用)的地址。它在所有流行的编程语言中表现为一个值为 0 的地址，由于第一个 OS 内存 page 始终保持空闲(未使用)状态，因此地址 0 是一个永远无效的地址。使用 0 表示 null 还有一个好处，由于位于被清零内存区域中的指针和引用(如一个对象中的引用类型字段)的内存值都是 0，它们将默认等于 null。

每次访问无效 page(比如上面提到的第一个 OS page)都会导致 OS 触发异常，然后被 CLR 处理。如果访问第一个 page(通常是第一个 64KB 区间)，CLR 将抛出 NullReferenceException 异常。如果访问的是其他 page，抛出的则是 AccessViolationException 异常。因此，如果在 C#中尝试访问一个非托管零指针，将触发 NullReferenceException 异常(如代码清单 14-64 所示)。

代码清单 14-64　unsafe 代码触发 NullReferenceException 异常的示例

```
unsafe { int read = *((int*)IntPtr.Zero); }
```

但是，如果我们尝试访问一个高于首个 64KB 区间的地址，则将触发 AccessViolationException 异常(如代码清单 14-65 所示)。

代码清单 14-65　unsafe 代码触发 AccessViolationException 异常的示例

```
unsafe { int read = *((int*)0x1_0000 + 1); }
```

普通 C#代码中大部分 NullReferenceException 异常都发生在我们尝试访问一个 null 引用字段的时候(如代码清单 14-66 所示)。这种场景下抛出异常的原理和上面所说的相同，因为访问一个对象的字段等同于对字段所在地址执行解引用，而字段地址是在引用自身地址的基础上(按照字段布局)加上一点点偏移量(如代码清单 14-67 所示)。在我们的示例中，如果传入 rcx 的引用参数是 0，对应的字段地址将被计算成 0x8(假设 Field 是 SomeClass 的第一个字段)。由于地址 0x8 位于第一个 page 区间内，因此访问此地址仍将抛出 NullReferenceException 异常。

代码清单 14-66　托管代码触发 NullReferenceException 异常的示例(假设 obj 为 null)

```
public static void Test(SomeClass obj)
{
  Console.WriteLine(obj.Field);
}
```

代码清单 14-67　代码清单 14-66 的 Test 方法所生成的汇编代码

```
C.Test(SomeClass)
  L0000: sub rsp, 0x28
  L0004: mov ecx, [rcx+0x8]
  L0007: call System.Console.WriteLine(Int32)
  L000c: nop
  L000d: add rsp, 0x28
  L0011: ret
```

我们立刻会产生一个疑问：如果一个对象的大小超出了第一个 page 的区间，(通过 null 引用)访问超出区间的字段时，会发生什么呢？这时抛出的是 AccessViolationException 异常还是 NullReferenceException 异常？答案是，仍然会抛出 NullReferenceException 异常。JIT 会生成适当的代码处理这种情况。例如，如果传入一个数组，JIT 始终会注入边界检查的代码(访问数组的 size 字段)，因此在我们的代码尝试访问给定元素之前就会(由于访问一个 null 引用的 size 字段)抛出 NullReferenceException 异常。如果一个超大型对象定义了数千字段(如代码清单 14-68 所示)，JIT 会添加代码，在访问特定字段之前对整个对象执行 null 检查(见代码清单 14-69)。代码清单 14-69 中的第二个汇编代码指令只会在访问 SomeClass 实例的高位字段时生成(如果 rcx 为 0，则抛出 NullReferenceException 异常)。

代码清单 14-68　托管代码触发 NullReferenceException 异常的示例(假设 obj 为 null)

```
public class SomeClass
{
  public long Field0;
  public long Field1;
  public long Field2;
  ...
  public long Field8229;
  public long Field8230;
}
public static void Test(SomeClass obj)
{
  Console.WriteLine(obj.Field8000);
}
```

代码清单 14-69　代码清单 14-68 的 Test 方法所生成的汇编代码

```
C.Test(SomeClass)
  L0000: sub rsp, 0x28
  L0004: cmp [rcx], ecx
  L0006: mov rcx, [rcx+0xfa08]
  L000d: call System.Console.WriteLine(Int64)
  L0012: nop
  L0013: add rsp, 0x28
  L0017: ret
```

请注意，这里所说的地址 0 和第一个 page 都是指的虚拟内存地址，这意味着 null page 可能映射到任何物理 page。

14.4.2　Pipelines

Streams 的历史和.NET 一样古老。它们很棒也很能干，但并不适用于高性能代码。它们会分配大量内存且随处复制内存，在多线程场景中使用它们时会引入同步开销。为了有效使用缓冲写出高效代码，必须发明一些新的东西替代 Streams。在为新的 Kestrel Web hosting 服务器创建 network streaming 基础架构时，.NET 团队创建了一个全新的 Pipelines 库(最初称为 Channels)。虽然 Kestrel 是 Pipelines 的主要使用者之一，但 Pipelines 仍然公开成一个通用类库。

作者编写本书时，预计.NET 的下个版本将包含全新的 Pipelines API，此 API 可以被视为类似 Stream 的缓冲，旨在解决与高性能和高伸缩性代码有关的一系列问题。它们被设计成生产者-消费者风格，因此包含了一个写入者(发送数据)和一个接收者(读取那些数据)。据它当前文档所述："一个 pipeline 就像一个把数据推给你(而非从中拉取数据)的 Stream。一段代码将数据送入 pipeline，另外一段代码等待数据并从 pipeline 中拉取数据。"和本章介绍的其他技巧一样，很可能只有底层类库的开发人员才会对它感兴趣，将它用于网络或序列化代码中。

由于 pipelines 从一开始就考虑了高性能和可伸缩性的需求，因此它们具有以下特点。
- 它们的内存使用方式基于内部缓冲池：这使得它们避免了堆分配。
- 它们在 API 级别大量使用 Span<T>和 Memory<T>：这使得它们实现了数据的零复制(通过切片内部缓冲向使用者提供数据，所以不必做任何复制)。
- 它们是异步的，而且以高效的方式实现了线程安全。

虽然其底层实现颇为复杂，但 pipelines 的 API 非常直观。首先我们必须配置一个 pipeline 实例，让它使用一个提供给它的内存池(如代码清单 14-70 所示)。Pipeline 还有其他一些配置项，包括与 pipe 调度器有关的配置。由于本节的目的是简要介绍其功能与用法，尽管那些配置相当有趣，但不再对它们一一赘述。

代码清单 14-70　pipelines 配置示例

```
var pool = MemoryPool<byte>.Shared;
var options = new PipeOptions(pool);
var pipe = new Pipe(options);
```

实例化后的 pipeline 提供两个关键属性：Writer 和 Reader。代码清单 14-71 展示了它们的基本用法。请记住，可以在两个不同的线程中安全地分别执行写入和读取操作。如示例所示，使用 pipelines 时必须调用 FlushAsync 方法显式刷新写入缓冲(使数据对读取方可见)。读取方也必须调用 AdvanceTo 方法显式更新读取位置(以通知 pipeline 已读取底层数据，因此 pipeline 可以释放相应的缓冲)。

代码清单 14-71　pipelines 的基本用法

```
static async Task AsynchronousBasicUsage(Pipe pipe)
{
  // Write data
  pipe.Writer.Write(new byte[] { 1, 2, 3 }.AsReadOnlySpan());
  await pipe.Writer.FlushAsync();

  // Read data
  var result = await pipe.Reader.ReadAsync();
  byte[] data = result.Buffer.ToArray();
  pipe.Reader.AdvanceTo(result.Buffer.End);
```

```
  data.Print();
}
```

虽然代码清单 14-71 清楚地展示了 pipelines 的基本用法，但它使用的是一种反模式 (anti-pattern，即错误的模式)。这是因为

- 写入方发送数据之前，在堆中分配了一个 byte 数组；
- 读取方在堆中分配了一个 byte 数组，将读取的数据复制到里面。

显然，上面的做法与本节开头提到的目标背道而驰。为了更好地使用 pipelines 功能，我们应当直接从 pipeline 获取缓冲内存区。

让我们从改进数据写入开始(如代码清单 14-72 所示)。正如代码所示，我们可以直接从 Writer 获取到缓冲的 Span<byte>或 Memory<byte>(从内部缓冲返回一个所需大小的切片)，不必进行任何分配。修改 Span<T>中的数据后，必须通过 Advance 方法显式更新写入位置，通知 pipeline 将要写入的字节数，然后通过后续的 FlushAsync 方法执行缓冲刷新。

代码清单 14-72 pipelines 使用缓冲内存的用法。由于使用 Span<byte>，此方法不能是异步方法。

```
static void SynchronousGetSpanUsage(Pipe pipe)
{
  Span<byte> span = pipe.Writer.GetSpan(minimumLength: 2);
  span[0] = 1;
  span[1] = 2;
  pipe.Writer.Advance(2);
  pipe.Writer.FlushAsync().GetAwaiter().GetResult();

  var readResult = pipe.Reader.ReadAsync().GetAwaiter().GetResult();
  byte[] data = readResult.Buffer.ToArray();
  pipe.Reader.AdvanceTo(readResult.Buffer.End);
  data.Print();
  pipe.Reader.Complete();
}
```

从概念上讲，我们应当将 GetSpan 和 GetMemory 的返回值视为将要写入 pipeline 的单独数据块。这些数据块的最小容量可以进行配置，默认值是 2048 字节。即使我们请求数据块时将 minimumLength 设置为几字节，也会收到一块 2KB 大小的内存(由于此块内存来自内部缓冲池，不需要执行堆分配，因此这种浪费不是问题)。请注意，返回的很可能是一个重用的内存块，因此里面可能已经包含一些先前写入的数据。所以，必须调用 Advance 方法来声明真正使用的字节数。代码清单 14-73 进行了两次连续的数据写入，虽然每次实际只修改 2 字节，但却声明使用了 4 字节。这导致稍后读出的数据会包含一些未定义的值(在我们的示例中，未定义值是 0)。

代码清单 14-73 pipelines 使用缓冲内存的用法。由于使用 Memory<byte>，此方法可以是异步方法。

```
static async Task AsynchronousGetMemoryUsage(Pipe pipe)
{
  Memory<byte> memory = pipe.Writer.GetMemory(minimumLength: 2);
  memory.Span[0] = 1;
  memory.Span[1] = 2;
  Console.WriteLine(memory.Length); // Prints 2048
  pipe.Writer.Advance(4);
```

```
    await pipe.Writer.FlushAsync();

    Memory<byte> memory2 = pipe.Writer.GetMemory(minimumLength: 2);
    memory2.Span[0] = 3;
    memory2.Span[1] = 4;
    pipe.Writer.Advance(4);              // Prints 2048
    await pipe.Writer.FlushAsync();
    //pipe.Writer.Complete(); close the pipeline from writer side (so reader will not expect
      more data)

    var readResult = await pipe.Reader.ReadAsync();
    byte[] data = readResult.Buffer.ToArray();
    pipe.Reader.AdvanceTo(readResult.Buffer.End);
    data.Print(); // 1,2,0,0,3,4,0,0
    //pipe.Reader.Complete(); no more reads possible
}
```

改进 pipeline 的数据读取使代码实现内存零复制，需要进行稍多但仍算直观的修改。与其读出所有 readResult.Buffer 数据并将它们复制到一个新创建的数组，不如直接访问其中的数据。Reader.Buffer 的类型是 ReadOnlySequence<byte>，它提供如下功能。

- 此序列(缓冲)表示从生产者收到的一个或多个 segment；
- 它的 IsSigleSegment 属性标识序列是否仅包含一个 segment；
- 它的 First 属性的类型是 ReadOnlyMemory<byte>，返回序列的第一个 segment；
- 它是可枚举的，每个枚举项都是一个表示单个 segment 的 ReadOnlyMemory<byte>元素。

这些属性引出了使用 Reader.Buffer 的标准使用模式(如代码清单 14-74 所示)。请注意，在展示的代码中无需任何堆分配，需要读取的数据由切片的 ReadOnlyMemory<byte> 和 ReadOnlySpan<byte>表示。

此外，代码清单 14-74 还展示了 pipeline 的另外一个功能，读取方的 AdvanceTo 方法可以更新两个不同的读取位置。

- 已处理位置(consumed position)：用来通知到此位置为止的内存已被读取(处理)，不再需要它们了。下次调用 ReadAsync 时，这些数据将不再返回(并且可以通过底层缓冲机制释放它们)。
- 已检查位置(examined position)：用来通知尽管已经读取到了此位置(已经看见到此位置为止的数据)，但还不够。比如，我们仅仅读取了传入消息的部分数据，必须等待后续数据的到来才能完成对整个消息的解析处理。下次调用 ReadAsync 时，已处理位置和已检查位置之间的数据将连同后续收到的数据一起返回。

代码清单 14-74 pipeline 以零复制方式读取数据的示例

```
static async Task Process(Pipe pipe)
{
  PipeReader reader = pipe.Reader;
  var readResult = await pipe.Reader.ReadAsync();
  var readBuffer = readResult.Buffer;
  SequencePosition consumed;
  SequencePosition examined;
  try
  {
    ProcessBuffer(in readBuffer, out consumed, out examined);
  }
```

```
      finally
      {
        reader.AdvanceTo(consumed, examined);
      }
    }

    private static void ProcessBuffer(in ReadOnlySequence<byte> sequence, out
  SequencePosition consumed, out SequencePosition examined)
    {
      consumed = sequence.Start;
      examined = sequence.End;
      if (sequence.IsSingleSegment)
      {
        // Consume buffer as single span
        var span = sequence.First.Span;
        Consume(in span);
      }
      else
      {
        // Consume buffer as collections of spans
        foreach (var segment in sequence)
        {
          var span = segment.Span;
          Consume(in span);
        }
      }
      // out consumed - to which position we have already consumed the data (and do not need
          them anymore)
      // out examined - to which position we have already analyzed the data (data between
          consumed and examined will be provided again when new data arrives)
    }

    private static void Consume(in ReadOnlySpan<byte> span) // No defensive copy as
    ReadOnlySpan is readonly struct
    {
      //...
    }
```

代码清单 14-74 展示的以零复制方式从 pipelines 读取数据的方法，很可能将成为一种常见的设计模式。例如，代码清单 14-6 中 KestrelHttpServer 的 HttpParser 类已经使用了此模式(见代码清单 14-75)。HttpParser 的数据解析器需要逐行处理传入的网络数据。因此，应当修改 ProcessBuffer 方法中的数据使用模式，让它读取传入的缓冲数据并寻找换行符。如果找到一个行尾字符，则相应地设置已处理位置。如果没有找到，则仅将数据标记为已检查，以便下次收到新数据时再次处理。

代码清单 14-75　KestrelHttpServer 的 HttpParser 类的 ParseRequestLine 方法的完整代码

```
public unsafe bool ParseRequestLine(TRequestHandler handler, in
  ReadOnlySequence<byte> buffer, out SequencePosition consumed, out
  SequencePosition examined)
{
  consumed = buffer.Start;
  examined = buffer.End;

  // Prepare the first span
```

```
    var span = buffer.First.Span;
    var lineIndex = span.IndexOf(ByteLF);
    if (lineIndex >= 0)
    {
      consumed = buffer.GetPosition(lineIndex + 1, consumed);
      span = span.Slice(0, lineIndex + 1);
    }
    else if (buffer.IsSingleSegment)
    {
      // No request line end
      return false;
    }
    else if (TryGetNewLine(buffer, out var found))
    {
      span = buffer.Slice(consumed, found).ToSpan();
      consumed = found;
    }
    else
    {
      // No request line end
      return false;
    }
    // Fix and parse the span
    fixed (byte* data = &MemoryMarshal.GetReference(span))
    {
      ParseRequestLine(handler, data, span.Length);
    }
    examined = consumed;
    return true;
  }

  private static bool TryGetNewLine(in ReadOnlySequence<byte> buffer, out SequencePosition
found)
  {
    var byteLfPosition = buffer.PositionOf(ByteLF);
    if (byteLfPosition != null)
    {
      // Move 1 byte past the \n
      found = buffer.GetPosition(1, byteLfPosition.Value);
      return true;
    }
    found = default;
    return false;
  }
```

从读取缓冲(read buffer)解析处理传入 segment 的过程颇为烦琐。我们需要维护解析状态并正确地处理连续多个 segment 的解析(我们解析的字节数据很可能分成多个 segment)。为了简化将底层 segment 解析为字节流的常用场景,引入了 BufferReader 辅助类(如代码清单 14-76 所示)。它在底层封装了解析连续多个 segment 的工作,并通过 Read 方法提供访问单个或连续多个字节流的功能。显然,由于它在内部也使用零复制方法,因此同样不会产生任何堆分配。

代码清单 14-76 BufferReader 辅助类的用法示例

```
private static void ProcessWithBufferReader(in ReadOnlySequence<byte>
  sequence, out SequencePosition consumed, out SequencePosition examined)
```

```
{
  var byteReader = BufferReader.Create(sequence);
  while (!byteReader.End)
  {
    var ch = byteReader.Read();
    // Consume... read more, and so on, so forth.
    // setting:
    consumed = byteReader.Position;
    examined = byteReader.Position; // or less if Peek was used
    // return if you are done with some part
  }
}
```

14.5   本章小结

本章涵盖了许多不同的主题。它将各种看似无关的技术与类型放在一起进行了介绍。但在我看来，这些技术和类型都有一个共同点：它们都是高深且高度专业化的东西，主要应用于需要高性能的非常特定的代码之中。这也正是使用"高级技巧"作为本章标题的原因。

我们花许多篇幅讨论了 Span<T>、Memory<T>类型和 Unsafe 工具类，它们使我们可以写出效率极高、不需要堆分配的代码。

最后，我们介绍了一些 C#和.NET 未来版本将引入的功能。当然，预测未来总有困难，因此我并没有介绍太过遥远的东西。本章简要介绍的是两个从内存管理角度而言最为重要的新特性：可为空引用类型和 pipelines(另外一个计划引入且同样值得一提的重要新特性是 UTF8 字符串)。

本章没有包含任何"规则"。如果要我提出一个通用规则，那么它将是：不要过度设计(do not over-engineer)。本章介绍的大多数技巧都只应当用于底层代码，它们的最佳使用地点是软件的基础架构层，而且最好把对它们的使用封装在类库或 NuGet 包中。不要在业务逻辑层滥用 Span<T>或 Memory<T>之类的东西。它们绝对不属于业务领域，业务领域的表现力(而非性能)是应用程序领域建模中最重要的因素之一。Span<T>和 Memory<T>是实现零复制数据处理的最佳工具，性能攸关的高级场景才是它们的用武之地。

第 15 章
编 程 API

这是本书的最后一章。到目前为止，我们已经看到许多与.NET 内存管理相关的主题——包括对.NET 中垃圾回收器工作原理的全面描述。还描述了其他重要的主题，包括借助于 finalization 和 disposable 对象的资源管理、各种类型的句柄、结构或许多诊断方案的使用，以及与所有这些相关的实用建议。此时此刻，我们应该对内存管理的主题感到很自在，尽管知识量可能有点太大了，因此至少回顾一下这本书的某些部分是完全可以理解和可取的。

那还剩下什么？确实没有多少了。在本章中，将介绍一些与 GC 相关的编程 API。它们可以从不同级别的代码中获得，从而提供不同级别的灵活性。我相信这是结束本书的一个好主题。我们已经或多或少地了解了 GC 的操作，现在可以看看如何通过代码来控制和测量它。我们首先从回顾一个已经众所周知的 GC 类开始，主要是作为参考，因为本书中各处都已使用了其大多数可用的方法。然后，介绍了 CLR Hosting 功能。最后，展示了两个提供深层诊断功能的出色库——ClrMD 和 TraceEvent。书中有几句话专门提到了将整个 GC 改为我们自己定制的 GC 的可能性。

15.1 GC API

如前所述，带有静态方法的静态 GC 类在前面的章节中已经被大量使用了。在这里，我想简要地总结一下它的用法，并展示那些尚未提及或没有足够细节描述的小的可能性。我将不再赘述，因此，如果已经给出过使用特定方法的示例，则我只会引用它们。所有方法都被组织成一些功能组，以小节的形式呈现。此外，除了 GC 类本身之外，还介绍了一些完全适合整个"编程 GC API"部分的其他方法和类型。

15.1.1 收集数据和统计

第一组包含的属性和方法用于告知我们有关 GC 状态和内存内部状态的信息。

1. GC.MaxGeneration

该属性告知了 GC 当前实现的最大代数。它对于希望遍历所有可用代(而不是对其数量进行硬编码)的代码非常有用—— 就像下面介绍的连续调用 GC.CollectionCount 一样。或者，当你想借助 GC.GetGeneration 方法来检查对象是否已经存在于最老的一代中时(这种用法也会在后面演示)。请注意，该属性的值目前为 2，因为最老的第 2 代和 LOH 将被视为一个(在完全 GC 期间回收在一起)。

2. GC.CollectionCount(Int32)

该方法告知了自程序启动以来特定代的 GC 出现次数。我们请求的代的数字应该不小于 0 且不大于 GC.MaxGeneration 返回的值。请记住，这类计数是包含性的，因此，如果第 1 代被判决，则第 0 代和第 1 代计数器都会增加。代码清单 15-1 将产生如代码清单 15-2 所示的结果(每个年轻一代的回收计数器都会包含老一代的回收)。

代码清单 15-1 GC.CollectionCount 方法的使用说明

```
GC.Collect(0);
Console.WriteLine($"{GC.CollectionCount(0)} {GC.CollectionCount(1)}
{GC.CollectionCount(2)}");
GC.Collect(1);
Console.WriteLine($"{GC.CollectionCount(0)} {GC.CollectionCount(1)} {
GC.CollectionCount(2)}");
GC.Collect(2);
Console.WriteLine($"{GC.CollectionCount(0)} {GC.CollectionCount(1)}
{GC.CollectionCount(2)}");
```

代码清单 15-2 代码清单 15-1 中的代码结果

```
1 0 0
2 1 0
3 2 1
```

我们可以使用该方法从应用程序内部进行诊断和记录。但是，最流行的用法可能是仅在其自身未发生时实现"智能"显式 GC 调用(参见代码清单 15-3)。这样，我们想要触发 GC 的代码就不会那么激进了。回想一下第 7 章中关于显式调用 GC 的详细说明。我们还可以使用此类代码来定期检查每代计数器，以发现最近发生的给定代的回收(因此，如果检查粒度足够小，则允许我们创建一种在每个 GC 之后执行的回调)。

代码清单 15-3 有条件的显式 GC 调用(如果其自身未发生)

```
if (lastGen2CollectionCount == GC.CollectionCount(2))
{
    GC.Collect(2);
}
lastGen2CollectionCount = GC.CollectionCount(2);
```

3. GC.GetGeneration

该方法将告知给定对象所属的代。对于托管堆上的有效对象，它将返回介于 0 和 GC.MaxGeneration 之间的值。

例如，可以使用它来创建一些可感知代的缓存策略。假设我们想要创建一个被固定对象的池，那么最好只重用最老一代的对象，这些对象很可能只活在 gen2only 段中。假设对象被固定的时间很短，那么固定在 gen2only 段中就不那么严重了，因为在这段时间里完全 GC 的概率要小得多。

多亏了 GC.GetGeneration 方法，我们可以创建这样的一个池，以维护一个已经"老化"的对象的列表(首选从池中租用)和另一个较年轻的对象的列表(期望它们会在某个时间老化) 。代码清单 15-4 给出了这种池的草稿。如果有人想从池中租借一个对象(通过调用 Rent 方法)，则首先检查已经老化的对象是否可用。

如果没有，则在 RentYoungObject 方法中检查已维护的较年轻对象的列表。如果仍然没有，则通过提供的工厂方法创建一个新对象。当对象被返回到池中时(通过调用 Return 方法)，将借助 GC.GetGeneration 方法来检查其 age，并根据结果将其添加到适当的集合中，以供以后重用。此外，Gen2GcCallback 类(在第 12 章中描述过)用于对每个完全 GC 都执行操作以维护两个列表——将那些已经在最老一代中着陆的对象从年轻的集合移到老化的集合中。

代码清单 15-4 PinnableObjectPool <T>实现的草稿，倾向于提供最老一代的对象

```
public class PinnableObjectPool<T> where T : class
{
  private readonly Func<T> factory;
  private ConcurrentStack<T> agedObjects = new ConcurrentStack<T>();
  private ConcurrentStack<T> notAgedObjects = new ConcurrentStack<T>();

  public PinnableObjectPool(Func<T> factory)
  {
      this.factory = factory;
      Gen2GcCallback.Register(Gen2GcCallbackFunc, this);
  }

  public T Rent()
  {
      if (!agedObjects.TryPop(out T result))
          RentYoungObject(out result);
      return result;
  }

  public void Return(T obj)
  {
    if (GC.GetGeneration(obj) < GC.MaxGeneration)
      notAgedObjects.Push(obj);
    else
      agedObjects.Push(obj);
  }

  private void RentYoungObject(out T result)
  {
      if (!notAgedObjects.TryPop(out result))
      {
          result = factory();
      }
  }

  private static bool Gen2GcCallbackFunc(object targetObj)
  {
      ((PinnableObjectPool<T>)(targetObj)).AgeObjects();
      return true;
  }

  private void AgeObjects()
  {
    List<T> notAgedList = new List<T>();
    foreach (var candidateObject in notAgedObjects)
    {
        if (GC.GetGeneration(candidateObject) == GC.MaxGeneration)
        {
            agedObjects.Push(candidateObject);
        }
        else
        {
```

```
                    notAgedList.Add(candidateObject);
                }
        }
        notAgedObjects.Clear();
        foreach (var notAgedObject in notAgedList)
        {
            notAgedObjects.Push(notAgedObject);
        }
    }
}
```

显然，为简洁起见，这里展现的 PinnableObjectPool <T>进行了简化，并不包括诸如缓存调整或多线程同步(尤其是 AgeObjects 方法)之类的重要方面。

在第 12 章中已经提到过.NET 基础库(CoreFX)中的一个内部 PinnableBufferCache 类，该类是一个类似于代码清单 15-4 所示的池的真实实现。它包括缓存修剪、对最佳多线程访问的大量关注，以及与管理两个对象集合相关的另一种优化。我强烈建议你花点时间仔细研究这个类的代码。它是对本书所讨论的许多方面的极好的总结。

请注意，如果我们将一个无效的对象传递给 GetGeneration 方法，我们则应该将其结果视为未定义的(请参见代码清单 15-5)——例如，在这种情况下，当前的.NET Core 实现将始终返回 2，因为它假设如果一个对象不属于某个临时段，那么它将属于某个 LOH 或第 2 代的段。

代码清单 15-5 将无效的、堆栈分配的对象传递给 GC.GetGeneration 方法

```
UnmanagedStruct us = new UnmanagedStruct { Long1 = 1, Long2 = 2 };
int gen = GC.GetGeneration(Unsafe.As<UnmanagedStruct, object>(ref us));
Console.WriteLine(gen);

Output:

2
```

4. GC.GetTotalMemory

该方法将返回所有代中正在使用的字节总数(不包括碎片)。换言之，它是托管堆上所有托管对象的总大小。如果我们之前没有触发显式 GC，则这将包括已经无法到达的死对象的大小。如第 12 章(其中介绍了该方法实现)中所述(参见代码清单 12-9)，请注意，当调用该方法时 forceFullCollection 参数传递为 true 时，该方法可能非常昂贵。在最坏的情况下，它可能会触发 20 次全面阻塞 GC 以尝试获得稳定的结果[1]！

GetTotalMemory 方法显然可用于诊断和日志记录目的。它广泛应用于各种单元测试和实验中。但是，为了跟踪测试期间的分配，GC.GetAllocatedBytesForCurrentThread 将是一个更好的选择，稍后将会介绍。

此外，在使用该方法进行基于内存的限制处理(如 Web 请求节流)时，请务必谨慎。由于没有计算段管理的碎片和总体开销(例如，提前提交某些段的页面)，这种测量方法并不能准确地反映内存的总体压力。对于这样的场景，最好使用 Process 类提供的总体内存测量值(或至少将

---

1 严格地说，由于在显式触发 GC 和调用 GetTotalMemory 方法之间可能会发生许多事情，因此某些对象也可能变得无法访问，除非没有其他线程在运行。

GC.GetTotalMemory 结果与它们相关联)。代码清单 15-6 中的简单 Hello world 示例说明了这一差异(有关结果参阅代码清单 15-7)。GC 堆中的对象占用了大约 600KB 的内存。但是,整个进程的私有内存使用量大约为 9MB(而虚拟内存明显更大,参阅第 2 章进程的内存分类)。

代码清单 15-6　使用 GC.GetTotalMemory 以及各种进程内存相关测量

```
static void Main(string[] args)
{
    Console.WriteLine("Hello world!");
    var process = Process.GetCurrentProcess();
    Console.WriteLine($"{process.PrivateMemorySize64:N0}");
    Console.WriteLine($"{process.WorkingSet64:N0}");
    Console.WriteLine($"{process.VirtualMemorySize64:N0}");
    Console.WriteLine($"{GC.GetTotalMemory(true):N0}");
    Console.Readline();
}
```

代码清单 15-7　代码清单 15-6 的代码结果

```
Hello world!
9,162,752
146,680,064
2,199,553,761,280
620,496
```

甚至托管堆占用的内存也明显大于其中对象的总大小(见图 15-1)。我们可以看到,GC 段提交的内存占用了 1772KB,而代码清单 15-7 中的结果显示只有大约 600KB。

是的,大部分的区别在于没有把碎片计入在内。我们可以通过使用 WinDbg 的 SOS 扩展中的 HeapStat 命令来确认(见代码清单 15-8),可以很容易地计算出可用空间所占的总空间。

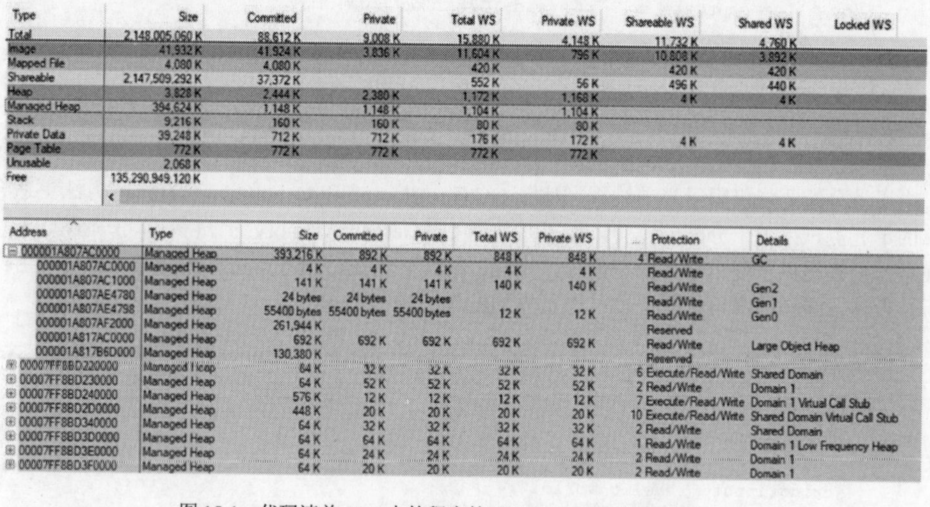

Type	Size	Committed	Private	Total WS	Private WS	Shareable WS	Shared WS	Locked WS
Total	2,148,005,060 K	88,612 K	9,008 K	15,880 K	4,148 K	11,732 K	4,760 K	
Image	41,932 K	41,924 K	3,836 K	11,604 K	796 K	10,808 K	3,892 K	
Mapped File	4,080 K	4,080 K		420 K		420 K	420 K	
Shareable	2,147,509,292 K	37,372 K		552 K	56 K	496 K	440 K	
Heap	3,828 K	2,444 K	2,380 K	1,172 K	1,168 K	4 K	4 K	
Managed Heap	394,624 K	1,148 K	1,148 K	1,104 K	1,104 K			
Stack	9,216 K	160 K	160 K	80 K	80 K			
Private Data	39,248 K	712 K	712 K	176 K	172 K	4 K	4 K	
Page Table	772 K	772 K	772 K	772 K	772 K			
Unusable	2,068 K							
Free	135,290,949,120 K							

Address	Type	Size	Committed	Private	Total WS	Private WS		Protection	Details
⊟ 000001A807AC0000	Managed Heap	393,216 K	892 K	892 K	848 K	848 K	4	Read/Write	GC
000001A807AC0000	Managed Heap	4 K	4 K	4 K	4 K	4 K		Read/Write	
000001A807AC1000	Managed Heap	141 K	141 K	141 K	140 K	140 K		Read/Write	Gen2
000001A807AE4780	Managed Heap	24 bytes	24 bytes	24 bytes				Read/Write	Gen1
000001A807AE4798	Managed Heap	55400 bytes	55400 bytes	55400 bytes	12 K	12 K		Read/Write	Gen0
000001A807AF2000	Managed Heap	261,944 K						Reserved	
000001A817AC0000	Managed Heap	692 K	692 K	692 K	692 K	692 K		Read/Write	Large Object Heap
000001A817B6D000	Managed Heap	130,380 K						Reserved	
⊞ 00007FF88D220000	Managed Heap	64 K	32 K	32 K	32 K	32 K	6	Execute/Read/Write	Shared Domain
⊞ 00007FF88D230000	Managed Heap	64 K	52 K	52 K	52 K	52 K	2	Read/Write	Domain 1
⊞ 00007FF88D240000	Managed Heap	576 K	12 K	12 K	12 K	12 K	7	Execute/Read/Write	Domain 1 Virtual Call Stub
⊞ 00007FF88D2D0000	Managed Heap	448 K	20 K	20 K	20 K	20 K	10	Execute/Read/Write	Shared Domain Virtual Call Stub
⊞ 00007FF88D340000	Managed Heap	64 K	32 K	32 K	32 K	32 K	2	Read/Write	Shared Domain
⊞ 00007FF88D3D0000	Managed Heap	64 K	64 K	64 K	64 K	64 K	1	Read/Write	Domain 1 Low Frequency Heap
⊞ 00007FF88D3E0000	Managed Heap	64 K	24 K	24 K	24 K	24 K	2	Read/Write	Domain 1
⊞ 00007FF88D3F0000	Managed Heap	64 K	20 K	20 K	20 K	20 K	2	Read/Write	Domain 1

图 15-1　代码清单 15-6 中的程序的 VMMAP 视图(停在最后一行)

代码清单 15-8　代码清单 15-6 中程序的 HeapStat SOS 命令结果

```
> !heapstat -inclUnrooted
Heap        Gen0        Gen1        Gen2        LOH
```

```
Heap0        8216      24     145280    701024

Free space:                             Percentage
Heap0         24        0     94576     131280 SOH: 61% LOH: 18%

Unrooted objects:                       Percentage
Heap0         40        0     184           0 SOH: 0% LOH: 0%
```

遗憾的是，要获得最有意思的 Working set - private 值，你需要使用 PerformanceCounter 类来读取你自己进程的性能计数器数据。除了使用本章后面介绍的基于 ClrMD 或 ETW 的 TraceEvent 库之外，无法以编程方式获得包括碎片在内的整体托管堆大小。还有一个内部的、返回此类信息的 GC.GetMemoryInfo 方法已被添加到.NET Core 2.1 中，但在撰写本文时，已决定不公开。

5. GC.GetAllocatedBytesForCurrentThread

该方法返回当前线程到目前为止分配过的字节总数。请注意，这是一个累加值，并且会一直在增长。它只考虑分配的数量，并不考虑在垃圾回收后回收了多少对象/字节。

因为它仅返回当前线程的值，所以无法询问其他线程上的分配情况。得益于此，它的实现是快速和直接的(参见代码清单 15-9)：它汇总了前面的分配上下文中到目前为止分配的字节数，以及当前分配上下文中已消耗的部分(回想一下第 5 章，其中详细描述了分配上下文)。

代码清单 15-9　CoreCLR 的 GC.GetAllocatedBytesForCurrentThread 方法的实现

```
FCIMPL0(INT64, GCInterface::GetAllocatedBytesForCurrentThread)
{
    ...
    INT64 currentAllocated = 0;
    Thread *pThread = GetThread();
    gc_alloc_context* ac = pThread->GetAllocContext();
    currentAllocated = ac->alloc_bytes + ac->alloc_bytes_loh -
    (ac->alloc_limit - ac->alloc_ptr);
    return currentAllocated;
}
FCIMPLEND
```

由于该分配测量仅限于当前线程，因此 GC.GetAllocatedBytesForCurrentThread 方法更适合于隔离的单元测试或关于分配的实验，而不是使用 GC.GetTotalMemory 方法(参见代码清单 15-10)。请注意，后者提供了整个进程的总内存使用量，因此其他的分配线程将会影响结果。另一方面，对于该方法，线程隔离可提供干净且可重复的结果。

代码清单 15-10　在单元测试中使用 GC.GetAllocatedBytesForCurrentThread 的示例

```
[Fact]
public void SampleTest()
{
    string input = "Hello world!";
    var startAllocations = GC.GetAllocatedBytesForCurrentThread();

    ReadOnlySpan<char> span = input.AsSpan().Slice(0, 5);

    var endAllocations = GC.GetAllocatedBytesForCurrentThread();
    Assert.Equal(startAllocations, endAllocations);
```

```
        Assert.Equal("Hello", span.ToString());
    }
```

另请注意，此方法是在.NET Core 2.1 才添加的，在.NET Framework 中尚不可用。另一方面，.NET Framework 还公开了另一种借助 AppDomain 类及其两个属性以编程方式来测量内存使用情况的方法[1]。

- MonitoringTotalAllocatedMemorySize：它返回应用程序域到目前为止分配的字节总数。它类似于 GC.GetAllocatedBytesForCurrentThread 方法，但它是在 AppDomain 上工作的，而不是线程级别。而且，它会在每次分配上下文更改时都会进行更新(这可能比 GC 发生的频率更高)。因此，它具有分配上下文粒度，其精确度能达到几 KB。

- MonitoringSurvivedMemorySize：它返回上一次 GC 之后还存活的对象所占用的字节总数。尽管它更新的频率较高，但准确性较低，只有在完全 GC 后才能保证其准确性。

当前分配测量方法的不匹配导致在编写与.NET Standard 兼容、设计为.NET Core 和.NET Framework 一起使用的代码时会造成困难。例如，BenchmarkDotNet 库在每种情况下都使用尽可能最佳的方法(最精确的方法)来解决这个问题(参见代码清单 15-11)。

代码清单 15-11　MemoryDiagnoser 使用的 BenchmarkDotNet 的 GcStats 类的代码片段

```
public struct GcStats
{
    private static readonly Func<long>
GetAllocatedBytesForCurrentThreadDelegate =
GetAllocatedBytesForCurrentThread();

  private static Func<long> GetAllocatedBytesForCurrentThread()
  {
      // for some versions of .NET Core this method is internal,
      // for some public and for others public and exposed ;)
      var method = typeof(GC).GetTypeInfo().GetMethod("GetAllocatedBytesFor
      CurrentThread",
                BindingFlags.Public | BindingFlags.Static)
            ?? typeof(GC).GetTypeInfo().GetMethod("GetAllocatedBytesForCu
            rrentThread",
                BindingFlags.NonPublic | BindingFlags.Static);
      return () => (long)method.Invoke(null, null);
  }
private static long GetAllocatedBytes()
{
    ...
    // "This instance Int64 property returns the number of bytes that
       have been allocated by a specific
    // AppDomain. The number is accurate as of the last garbage
       collection." - CLR via C#
    // so we enforce GC.Collect here just to make sure we get accurate
       results
    GC.Collect();
#if CLASSIC
    return AppDomain.CurrentDomain.MonitoringTotalAllocatedMemorySize;
#elif NETSTANDARD2_0
```

1　要使用这些属性，我们必须启用 Application Domain Resource Monitoring——请参阅 MSDN 以了解执行该操作的方法。

```
    ...
    // https://apisof.net/catalog/System.GC.GetAllocatedBytesForCurrentT
        hread() is not part of the .NET Standard, so we use reflection to
        call it..
     return GetAllocatedBytesForCurrentThreadDelegate.Invoke();
#elif NETCOREAPP2_1
    // but CoreRT does not support the reflection yet, so only because of
        that we have to target .NET Core 2.1
    // to be able to call this method without reflection and get
        MemoryDiagnoser support for CoreRT ;)
    return System.GC.GetAllocatedBytesForCurrentThread();
#endif
  }
  ...
}
```

6. GC.KeepAlive

GC.KeepAlive 方法是一个延长堆栈根存活性的方法，因为它使传递的参数在调用此方法时至少可以到达行(从而影响生成的 GC 信息)。第 8 章讨论过该方法的用途和重要性(参见代码清单 8-16 和 8-17)。在本书的其他几个示例中也使用了它。

7. GCSettings.LargeObjectHeapCompactionMode

通过将该属性设置为 GCLargeObjectHeapCompactionMode.CompactOnce 值，我们可以显式地请求在发生第一个完全阻塞 GC 时压缩 LOH。在第 10 章的"场景 10-1：大对象堆碎片"中详细描述过该设置的使用和性能影响。

8. GCSettings.LatencyMode

通过设置该属性，我们可以控制 GC 的延迟模式，这使我们得以控制 GC 的并发性，并启用其他模式，例如 LowLatency 或 SustainedLowLatency。第 11 章介绍过各种延迟模式的用法以及我们应该选择哪种模式的详细说明。

9. GCSettings.IsServerGC

该属性指出 CLR 是在工作站模式还是服务器 GC 模式下启动的(参见第 11 章)。请注意，这是一个只读属性，因为运行时启动后将无法更改 GC 模式。该字段值也不受任何其他设置的影响，例如延迟模式。再加上指针的大小(指定进程的位)和处理器的数量一起，它可以提供非常全面的诊断数据，你可能希望在应用程序启动期间记录这些数据(参见代码清单 15-12)。

代码清单 15-12 获取简单诊断数据的示例

```
Console.WriteLine("{0} on {1}-bit with {2} CPUs",
                  (GCSettings.IsServerGC ? "Server" : "Workstation"),
                  ((IntPtr.Size == 8) ? 64 : 32),
                  Environment.ProcessorCount);
```

15.1.2 GC 通知

GC API 的一部分是通知，它使我们可以收到有关完全阻塞 GC 的可能性的通知。这种需求主要来自.NET 4.5 之前的版本，其中服务器 GC 只有非并发阻塞版本。由于此类 GC 可能需要一段时间，因此能够对其做出反应是非常有用的。一个典型的示例是使用此类通知来告诉负载均衡器使该服务器实例在完全阻塞 GC 期间不可用。如今，GC 通知已经失去了其重要性，因为大多数 Web 应用程序都是在后台 GC 模式下运行，很少有明显的停顿时间。此外，只有阻塞垃圾回收才会引发此类通知。因此，如果启用了并发配置，则不会发出后台垃圾回收。

通知 API 包含以下方法。

- GC.RegisterForFullGCNotification(int maxGenerationThreshold, int largeObjectHeapThreshold)：注册 GC 通知，如果满足完全阻塞 GC 的条件，则将引发此通知。这些条件基于第 2 代或 LOH 分配预算的利用率。因此，请务必记住，这些通知与真实的 GC 并不直接相关。正如 MSDN 所说："请注意，该通知并不能保证将会发生完全 GC，只有条件达到足以进行完全 GC 的阈值才会发生。"如果我们指定的值太高，将会收到大量在实际 GC 未发生之前发送的误报通知。另一方面，如果我们指定的值太低，那么可能会错过实际 GC 发生的通知。
- GC.CancelFullGCNotification：取消 GC 通知的注册。
- GC.WaitForFullGCApproach：这是一个阻塞调用，它无限期地等待 GC 通知(还有一个带有指定超时值参数的方法重载)。
- GC.WaitForFullGCComplete：这是一个阻塞调用，它无限期地等待完全 GC 的完成(同样，还有一个带有指定超时值参数的方法重载)。

代码清单 15-13 给出了 GC 通知用法的一个典型示例。其中一个专用线程定期等待 GC 通知，并在发生 GC 通知时采取适当的操作。

代码清单 15-13　使用 GC 通知的示例

```
GC.RegisterForFullGCNotification(10, 10);
Thread startpolling = new Thread(() =>
{
  while (true)
  {
      GCNotificationStatus s = GC.WaitForFullGCApproach(1000);
      if (s == GCNotificationStatus.Succeeded)
      {
          Console.WriteLine("GC is about to begin");
      }
  else if (s == GCNotificationStatus.Timeout)
      continue;

  // ...
  // react to full GC, for example call code disabling current server
      from load balancer
  // ...
  s = GC.WaitForFullGCComplete(10_000);
  if (s == GCNotificationStatus.Succeeded)
  {
  Console.WriteLine("GC has ended");
  }
  else if (s == GCNotificationStatus.Timeout)
      Console.WriteLine("GC took alarming amount of time");
  }
});
startpolling.Start();
GC.CancelFullGCNotification();
```

记住，该 API 在设计上并不精确，因为要预测未来。因此，它需要对你的工作负载进行试验，以找到合适的 GC.RegisterForFullGCNotification 参数值。

有人可能会抱怨猜测提供给 RegisterForFullGCNotification 的阈值的必要性，但是实际上还没有更好的替代方法。在真实世界中，情况总是变化的，因此，如果它不是完全规律的，很难指望我们能精确地预测未来。借助上述阈值进行微调，我们至少可以适应典型的工作负载。

15.1.3 控制非托管内存压力

通过调用以下方法，我们可以通知 GC 某些托管对象正在持有(或释放)一些对其不直接可见的非托管内存。

- GC.AddMemoryPressure(Int64)
- GC.RemoveMemoryPressure(Int64)

如果超出了该类内存的某个阈值，则会触发 GC。如第 7 章所述，场景 7-3 分析显式 GC 调用中这些方法的用法，当前该阈值起始于 100 000 字节，随后再进行动态调整。第 12 章中的代码清单 12-3 则是该方法用法的另一个典型示例。

注意，你可以根据需要实现自己的类似机制，如果默认实现对你而言效果不佳的话。尽管该机制是由 GC 类公开的，但该机制不是 GC 的内部机制(尽管仍在运行时实现)。

15.1.4 显式回收

显式调用 GC 的可能性已经在第 7 章中详细描述过了。有关更多详细信息，请参阅第 7 章中的"显式触发器"部分，以及前面提到的"场景 7-3：分析显式 GC 调用"。

为了完整起见，列出用于诱导(induce)此类显式回收的 GC 方法重载列表。

- Collect()
- Collect(int generation)
- Collect(int generation, GCCollectionMode mode)
- Collect(int generation, GCCollectionMode mode, bool blocking)
- Collect(int generation, GCCollectionMode mode, bool blocking, bool compacting)

15.1.5 无 GC 区域

可以借助以下方法来创建运行时尝试禁止 GC 的代码区域。

- GC.TryStartNoGCRegion(long totalSize)
- GC.TryStartNoGCRegion(long totalSize, bool disallowFullBlockingGC)
- GC.TryStartNoGCRegion(long totalSize, long)
- GC.TryStartNoGCRegion(long totalSize, long lohSize, bool disallowFullBlockingGC)
- GC.EndNoGCRegion()

在第 11 章的"无 GC 区域"一节中已经对这些方法的使用进行了进一步的讨论、解释和示例。

15.1.6 终结(Finalization)管理

第 12 章详细解释了 GC API 中允许我们控制终结行为的方法集。此类 API 包含三个方法：

- GC.ReRegisterForFinalize(object obj)
- GC.SuppressFinalize(object obj)
- GC.WaitForPendingFinalizers()

15.1.7　内存使用率

处理 OutOfMemoryException 异常非常麻烦，尤其是在重要处理过程中发生的时候。为了主动避免这种情况，我们可以使用 MemoryFailPoint 类，该类试图确保在开始处理非常重要的数据之前有足够的可用内存。请记住，并不能保证使用该 API 时不会抛出 Out Of MemoryException 异常。只能是尽量避免而已。

该类的用法简单明了(参见代码清单 15-14)。如果可用内存少于所需内存，则 MemoryFailPoint 构造函数将抛出 InsufficientMemoryException 异常。由于多线程使用需要内部簿记(bookkeeping)，而 MemoryFailPoint 是一个 disposable 对象，因此我们要记住调用其 Dispose 方法(或使用 using 子句)。

代码清单 15-14　MemoryFailPoint 用法的简单示例

```
try
{
    using (MemoryFailPoint failPoint = new MemoryFailPoint(sizeInMegabytes:
    1024))
    {
        // Do calculations
    }
}
catch (InsufficientMemoryException e)
{
    Console.WriteLine(e);
    throw;
}
```

务必要注意的是，目前只有基于 Windows 的运行时实现了这个类的功能。对于其他系统，MemoryFailPoint 构造函数将总是成功的。

对于目前的 Windows 实现，MemoryFailPoint 通过以下步骤来检查分配指定数量的托管内存的可能性。

- 通常是否有足够的虚拟地址空间：在 64 位巨大的地址空间的情况下应该总是如此，而且很难想象需要一次就分配超过 32 位虚拟地址空间的内存。
- 显式调用完全、阻塞和压缩 GC，以便尽可能地释放未使用的段并压缩托管内存使用率。
- 检查是否有足够的可用虚拟内存。
- 检查是否需要增加操作系统页面文件以容纳所需大小内存。
- 如果需要，会检查是否有足够的连续可用虚拟内存来创建 GC 段。

如果你有兴趣管理进程的可用内存空间，我强烈建议你阅读 MemoryFailPoint 类的源代码。在内部，它使用 Win32 API 调用获取当前可用内存(私有 CheckForAvailableMemory 方法)，使用 Virtual API 的 VirtualQuery 调用查找连续的可用虚拟地址区域(私有 MemFreeAfterAddress 方法)。还有在运行时中实现的私有和内部静态方法 GetMemorySettings(out ulong maxGCSegmentSize, out

(续)

ulong topOfMemory)，该方法返回 GC 段大小和进程的最大可用虚拟地址。依赖于这些实现细节，我们甚至可以通过以下反射用法将其用于获取有关分段大小的信息。

```
var args = new object[2];

var mi = typeof(MemoryFailPoint).GetMethod("GetMemorySettings",
BindingFlags.Static | BindingFlags.NonPublic); mi.Invoke(null,
args);    // As a result, args[0] contains maxGCSegmentSize
value
```

15.1.8　GC 类中的内部调用

如果你好奇的话，静态 GC 类主要是围绕内部的、运行时方法实现的精简包装器。它的大多数方法被标记为InternalCall(参见代码清单 15-15)，这些方法被映射到CoreCLR 的.\src\vm\ecalllist.h 文件(参见代码清单 15-16)中的对应运行时方法。

代码清单 15-15　CoreFX 源代码中 GC 类实现的代码片段

```
public static class GC
{
    [MethodImplAttribute(MethodImplOptions.InternalCall)]
    public static extern int GetGeneration(Object obj);
    [MethodImplAttribute(MethodImplOptions.InternalCall)]
    internal static extern bool IsServerGC();
    ...
}
```

代码清单 15-16　CoreCLR 源代码中 GC 类运行时接口的代码片段

```
FCFuncStart(gGCInterfaceFuncs)
    FCFuncElement("IsServerGC", SystemNative::IsServerGC)
    FCFuncElement("GetGeneration", GCInterface::GetGeneration)
    ...
FCFuncEnd()
```

静态 GCInterface 方法主要调用 gc.cpp 文件中定义的方法(参见代码清单 15-17)。

代码清单 15-17　GC 方法的运行时实现示例

```
FCIMPL1(int, GCInterface::GetGeneration, Object* objUNSAFE)
{
  FCALL_CONTRACT;
  if (objUNSAFE == NULL)
    FCThrowArgumentNull(W("obj"));
    int result = (INT32)GCHeapUtilities::GetGCHeap()->WhichGeneration
    (objUNSAFE);
    FC_GC_POLL_RET();
    return result;
}
FCIMPLEND
```

15.2 CLR Hosting

整个 CLR 运行时可以看成一组库,这组库能够从兼容的.NET 程序集中加载和执行 CIL 代码。实际上,每次我们使用 .NET 时,都必须在某个进程中承载此类运行时。对于常规的.NET Framework,由于是原生 Windows 支持,因此 EXE 文件本身就包含这样的托管 bootstrap。对于.NET Core,也有一个众所周知的.NET Host 应用程序。如果我们自己来构建 CoreCLR,那还有简化版的测试用的 CoreRun Host。所有这些 Host 都有一个共同点——它们将相应的 CLR 运行时加载到进程内存中,对其进行配置,并执行加载的程序集代码(从相应的程序集文件中指定)。例如,在 SQL Server 实例中也包括这样的 Host,以允许从其内部执行托管代码。

Hosting API 是对外公开的,每个人都可以编写自己的 CLR Hosting 进程。我们可以想象出许多不同的用例,但是至少有两个常见的用例。

- 创建一个内部 CLR 运行时,以便能够从原生进程中调用托管代码——这实际上就是 SQL Server 的例子。
- 创建自定义的 CLR 运行时以控制 CLR 的工作方式,包括 GC。

由于 CLR Hosting 提供了许多配置功能,因此我们可以某种方式来打造适合自己需要的 "我们自己的运行时"。显然这是非常罕见的需要,因此,我将不在此处创建一个完整的 CLR Hosting 教程。该功能已经有很好的文档。相反,让我们看看几个示例,看看它在内存管理上下文中是如何使用的。

当使用 CLR Hosting API 时,我们进入了 C++和 COM 世界——充满了具有明确指定的功能并且定义良好的接口。CLR Hosting API 中的每个对象都由特定的接口表示。表示运行时本身的主程序名为 ICLRRuntimeHost(在.NET Framework 中)或 ICLRRuntimeHost4(在.NET Core 中)[1]。

.NET Core 和.NET Framework 中的 CLR Hosting API 略有不同。由于当前 .NET Core 版本还不支持许多我们感兴趣的功能,因此此处仅显示.NET Framework 示例。请参阅 MSDN 文档以了解.NET Core 版本的当前状态和 API。目前.NET Core 版本的 CLR Hosting 主要支持加载运行时和执行代码,而无法通过下面描述的接口对其进行自定义。

在进入示例之前,让我们简要地浏览一下与内存管理相关的 CLR Hosting 接口列表(包括一些通用的、经常使用的接口),以了解在内存管理领域可能出现的情况。尽管所有这些信息都可以在 MSDN 上获得,但我还是决定在此处提供一个简短的摘要,因为合并所有这些信息需要一段时间(包括删去已经过时的接口等)。目前,从我们的角度来看,最有趣的接口如下。

- ICLRControl——用于获取表达各种特定功能(如 GC、调试、程序集管理等)的各种管理器的接口。关于.NET 内存管理,有很有趣的两个管理器:ICLRGCManager2 和 ICLRAppDomainResourceMonitor。
- ICLRGCManager2——表达对 GC 的某些控制的接口。更具体而言,它包括以下方法。
  - ◆ Collect:显式触发 GC。
  - ◆ GetStats:获取有关垃圾回收的一组当前统计信息——它们直接基于与由相应性能计数器所表示值相同的值(因此,在 CoreCLR 构建中,这些统计信息不可用)。
  - ◆ SetGCStartupLimitsEx:设置 GC 段的大小以及运行时初始化期间所使用的第 0 代的最大大小。

- ICLRAppDomainResourceMonitor——它提供了有关 AppDomain 的测量值,与 AppDomain 对象的 MonitoringTotalAllocatedMemorySize 和 MonitoringSurvivedMemorySize 属性相同。
- IhostControl——允许将各种"host 管理器"注入被承载的 CLR 中的接口。从内存管理的角度来看,有两个有趣的地方:IHostGCManager 和 IHostMemoryManager。如果要注入自己的管理器,则必须适当地重写 GetHostManager 方法,返回这些接口的自定义实现。
- IHostGCManager——该接口提供有关 GC 挂起的通知,其中包含我们必须实现的以下方法。
  - SuspensionStarting:当 CLR 由于 GC 而开始挂起线程时触发。
  - SuspensionEnding:当 CLR 由于给定代的 GC 已结束而恢复挂起线程时触发。
  - ThreadIsBlockingForSuspension:在每个正在运行的线程被挂起之前触发。
- IhostMemoryManager——该接口提供了一系列与内存管理相关的重要方法。通过实现它,我们可以完全控制 CLR 如何为其目的而使用系统内存。例如,我们可以将其完全从使用 Windows 的虚拟 API 改为使用其他库(或修改虚拟 API 的使用方式)。必须实现以下方法。
  - AcquiredVirtualAddressSpace:通知 CLR 已从操作系统获取指定数量的内存。
  - CreateMalloc:获取一个负责从 CLR 内部请求堆内存分配的 IHostmalloc 接口实现。通过这种方式,我们可以完全改变为 CLR 内部目的分配内存的方式——例如,用 jemalloc 内存分配器替换默认的 malloc 调用(在第 14 章中提到过)。请注意,这是内部运行时的分配器,用于为私有 CLR 数据分配内存。它不会替换用于在托管堆上分配托管对象的 GC 分配器。
  - GetMemoryLoad:返回当前正在使用的物理内存数量。
  - NeedsVirtualAddressSpace:向 Host 通知公共语言运行时(CLR)将要尝试使用指定大小的内存。
  - RegisterMemoryNotificationCallback:注册 ICLRMemoryNotificationCallback 接口实现,用于通知 CLR 处于高内存使用率。
  - ReleasedVirtualAddressSpace:通知 Host CLR 不再需要指定数量的内存。
  - VirtualAlloc:用于从系统获取虚拟内存。通过这种方法,我们可以替换或修改 CLR 使用虚拟 API 获取内存页面的方式。
  - VirtualFree:用于将虚拟内存释放回系统。
  - VirtualProtect:用于修改对给定虚拟内存区域的保护。
  - VirtualQuery:用于查询有关给定虚拟内存区域的信息。
- IHostMalloc
  - Alloc:由运行时调用,请求 Host 从堆中分配指定数量的内存。
  - DebugAlloc:与上面类似,但另外还会跟踪内存的分配位置。
  - Free:由运行时调用以释放使用 Alloc 或 DebugAlloc 方法分配的内存。

图 15-2 概述了所有这些相关接口是如何协作的。这里总结一下,与我们最相关的就是:在我们的自定义 CLR Host 中,我们可以重写运行时从非托管堆中获取内存页面和内存的部分。

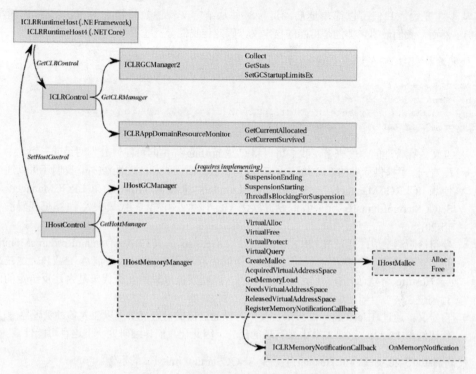

图 15-2　CLR Hosting API 中与内存最相关的接口

在使用自定义 CLR Host 时，还有许多其他可能性，但这里只介绍了与我们最相关的部分。例如，可以通过 ICLROnEventManager 对 StackOverflowException 采取措施。还请注意，2.0 版本之前的 .NET Framework 使用了另一组接口，从表示运行时的 ICorRuntimeHost 开始到用于控制 GC 的 IGCHost。为了简洁起见，这里将不描述这些接口了，因为它们相当古老，不再使用了。

代码清单 15-18 给出了加载 CLR 运行时以及获取 ICLRRuntimeHost 和 ICLRControl 接口的示例。请记住，所提供的 CLR Hosting 示例是用非托管 C++代码编写的(并且所提供的示例项目是用常规 Windows 控制台应用程序创建的)[1]。

代码清单 15-18　CLR Hosting 的初始化

```
ICLRRuntimeHost* runtimeHost;
ICLRMetaHost *pMetaHost = nullptr;
ICLRRuntimeInfo *pRuntimeInfo = nullptr;
hr = CLRCreateInstance(CLSID_CLRMetaHost, IID_ICLRMetaHost,
(LPVOID*)&pMetaHost);
hr = pMetaHost->GetRuntime(L"v4.0.30319", IID_PPV_ARGS(&pRuntimeInfo));
hr = pRuntimeInfo->GetInterface(CLSID_CLRRuntimeHost, IID_ICLRRuntimeHost,
(LPVOID*)&runtimeHost);

ICLRControl* clrControl;
hr = runtimeHost->GetCLRControl(&clrControl);
```

---

1 为了简洁起见，后续示例中将只给出代码中最相关的部分。请参阅本书配套的 GitHub 代码库以获取完整的示例代码。

从现在开始，我们可以简单地启动运行时并从给定文件中执行指定的方法(见代码清单 15-19)。然而，我们最感兴趣的是可能的自定义，因此让我们看一些更进一步的示例。

代码清单 15-19 在 CLR Hosting 中执行代码

```
DWORD dwReturn;
hr = runtimeHost->Start();
hr = runtimeHost->ExecuteInDefaultAppDomain(targetApp, L"HelloWorld.
Program", L"Test", L"", &dwReturn);
```

从 CLR 内存管理的角度来看，我们可以将 CLR hosting 提供的可能性分为两级或三组。

- 配置：除了提供标准的 CLR 标志(GC 工作站/服务器模式和并发性)之外，我们还可以通过使用 ICLRGCManager2 :: SetGCStartupLimitsEx 来微调 GC，该 ICLRGCManager2 :: SetGCStartupLimitsEx 允许我们设置默认 GC 段大小和第 0 代最大大小(参见代码清单 15-20)。

- 获得诊断测量值：通过 ICLRGCManager2 :: GetStats 或 ICLRAppDomainResourceMonitor 接口，我们可以观察被承载的 CLR 实例的内存利用率(参见代码清单 15-21)。这在高层 Hosting 环境(如生产环境)中特别有用，以观察被承载的托管代码是否违反给定的内存阈值。

- 自定义：通过 IHostControl 接口，我们可以通过提供自定义实现以注入各种管理器(参见代码清单 15-22)。这是本节中最有趣的部分，因此让我们详细研究一下这种可能性。

代码清单 15-20 在 CLR Hosting 中设置 SetGCStartupLimitsEx 的示例

```
ICLRGCManager2* clrGCManager;
hr = clrControl->GetCLRManager(IID_ICLRGCManager2, (void**)&clrGCManager);
SIZE_T segmentSize = 4 * 1024 * 1024 * 1024;
SIZE_T maxGen0Size = 4 * 1024 * 1024 * 1024;
hr = clrGCManager->SetGCStartupLimitsEx(segmentSize, maxGen0Size);
```

代码清单 15-21 在 CLR Hosting 中获取 CLR 内存使用数据的示例

```
_COR_GC_STATS gcStats;
gcStats.Flags = COR_GC_COUNTS | COR_GC_MEMORYUSAGE;
// Based on perf counters so does not work in CoreCLR
hr = clrGCManager->GetStats(&gcStats);
cout << gcStats.CommittedKBytes << endl
    << gcStats.Gen0HeapSizeKBytes << endl
    << gcStats.Gen1HeapSizeKBytes << endl
    << gcStats.Gen2HeapSizeKBytes << endl
    << gcStats.LargeObjectHeapSizeKBytes << endl
    << gcStats.ExplicitGCCount << endl
    << gcStats.GenCollectionsTaken[0] << endl
    << gcStats.GenCollectionsTaken[1] << endl
    << gcStats.GenCollectionsTaken[2] << endl;
```

代码清单 15-22 在 CLR Hosting 中设置自定义 host 控制器

```
CustomHostControl customHostControl;
hr = runtimeHost->SetHostControl(&customHostControl);
```

自定义 IHostControl 必须实现 CLR 调用的 GetHostManager 方法，以获取必要的管理器(参见代码清单 15-23)。如果此方法返回 E_NOINTERFACE，则将使用默认管理器。在我们的示例中，我们想重写 IHostMemoryManager 实现以返回 CustomHostMemoryManager 类。请注意，所有 COM 接口也应实现通用的 IUnknown 方法：AddRef、Release 和 QueryInterface。这里给出了一些代码，但是为了简洁起见，在后面的代码清单中会将其省略。

代码清单 15-23 自定义 IHostControl 实现的示例

```
class CustomHostControl : public IHostControl
{
    ULONG referenceCounter;

public:
    CustomHostControl()
    {
        referenceCounter = 0;
    }
    // Inherited via IHostControl
    virtual HRESULT GetHostManager(REFIID riid, void ** ppObject) override
    {
        if (riid == IID_IHostMemoryManager)
        {
            IHostMemoryManager *pMemoryManager = new CustomHostMemory
            Manager();
            *ppObject = pMemoryManager;
            return S_OK;
        }
        *ppObject = NULL;
        return E_NOINTERFACE;
    }
    virtual HRESULT QueryInterface(const IID &riid, void **ppvObject)
    {
        if (riid == IID_IUnknown)
        {
            *ppvObject = static_cast<IUnknown*>(static_cast<IHostControl*>(
            this));
            return S_OK;
        }
        if (riid == IID_IHostControl)
        {
            *ppvObject = static_cast<IHostControl*>(this);
            return S_OK;
        }
        *ppvObject = NULL;
        return E_NOINTERFACE;
    }
    virtual ULONG AddRef()
    {
        return referenceCounter++;
    }
    virtual ULONG Release()
    {
        return referenceCounter--;
    }
};
```

　　自定义 HostMemoryManager 具有替换所有虚拟内存管理和堆分配处理的强大功能。请记住，整个 GC(及其内部分配器)被视为一个黑匣子——将为其获取内存页面，就像其他任何必要区域一样。实际上，无法将获取托管堆页面的 VirtualAlloc 调用与其他调用区分开来。

　　但是，即使在这样的自定义级别上，我们也可以实现有趣的事情。例如，我们可以重写 VirtualAlloc 方法以将所有获取的页面锁定在物理内存中，这样它们就永远不会被分页到磁盘上(概率很高)。在这种情况下，我们可能会将其他方法用作常规虚拟 API 的精简包装器(参见代码清单 15-24)。主动的页面锁定可以提高.NET 应用程序的性能，因为它的内存很可能始终驻留在物理 RAM 中。

代码清单 15-24　在物理内存中实现主动页面锁定的自定义 host 内存管理器示例

```cpp
class CustomHostMemoryManager : public IHostMemoryManager
{
    ULONG referenceCounter;

public:
  CustomHostMemoryManager() : referenceCounter(0) { }

  // Inherited via IHostMemoryManager
  virtual HRESULT CreateMalloc(DWORD dwMallocType, IHostMalloc **
  ppMalloc) override
  {
        *ppMalloc = new CustomHostMalloc();
        return S_OK;
  }
  virtual HRESULT VirtualAlloc(void * pAddress, SIZE_T dwSize, DWORD
  flAllocationType, DWORD flProtect, EMemoryCriticalLevel eCriticalLevel,
  void ** ppMem) override
  {
      void* result = ::VirtualAlloc(pAddress, dwSize, flAllocationType,
      flProtect);
      *ppMem = result;
      BOOL locked = false;
      if (flAllocationType & MEM_COMMIT)
      {
          locked = ::VirtualLock(*ppMem, dwSize);
      }
      cout << "VirtualAlloc " << *ppMem << " (" << dwSize << "),
      flags: " << flAllocationType << " " << flProtect << " => "
      << pAddress << " " << locked << endl;
      return S_OK;
  }
  virtual HRESULT VirtualFree(LPVOID lpAddress, SIZE_T dwSize, DWORD
  dwFreeType) override
  {
      ::VirtualFree(lpAddress, dwSize, dwFreeType);
      return S_OK;
  }
  virtual HRESULT VirtualQuery(void * lpAddress, void * lpBuffer, SIZE_T
  dwLength, SIZE_T * pResult) override
  {
      *pResult = ::VirtualQuery(lpAddress, (PMEMORY_BASIC_INFORMATION)
      lpBuffer, dwLength);
```

```
        return S_OK;
    }
    virtual HRESULT VirtualProtect(void * lpAddress, SIZE_T dwSize, DWORD
    flNewProtect, DWORD * pflOldProtect) override
    {
        ::VirtualProtect(lpAddress, dwSize, flNewProtect, pflOldProtect);
        return S_OK;
    }
    virtual HRESULT GetMemoryLoad(DWORD * pMemoryLoad, SIZE_T *
    pAvailableBytes) override
    {
        // Simulate no problems
        *pMemoryLoad = 1;
        *pAvailableBytes = 1024 * 1024 * 1024;
        return S_OK;
    }
    virtual HRESULT RegisterMemoryNotificationCallback(ICLRMemoryNotificati
    onCallback * pCallback) override
    {
        return S_OK;
    }
    virtual HRESULT NeedsVirtualAddressSpace(LPVOID startAddress, SIZE_T
    size) override
    {
        return S_OK;
    }
    virtual HRESULT AcquiredVirtualAddressSpace(LPVOID startAddress, SIZE_T
    size) override
    {
        return S_OK;
    }
    virtual HRESULT ReleasedVirtualAddressSpace(LPVOID startAddress)
    override
    {
        return S_OK;
    }
    // Inherited via IUnknown
    // ...
};
```

所提供的自定义 IHostMemoryManager 重写还包括 CreateMalloc 方法，该方法返回我们的自定义 IHostMalloc 实现(参见代码清单 15-25)。该代码清单只是用于演示目的，但是我们可以想象出在这里可以有一整套不同的实现，包括使用前面提到的 jemalloc 库来代替 malloc 和 free 函数。

代码清单 15-25　被承载的 CLR 的自定义堆分配实现示例

```
class CustomHostMalloc : public IHostMalloc
{
    ULONG referenceCounter;

public:
    CustomHostMalloc() : referenceCounter(0) { }

    // Inherited via IHostMalloc
    virtual HRESULT Alloc(SIZE_T cbSize, EMemoryCriticalLevel
    eCriticalLevel, void ** ppMem) override
```

```
{
    *ppMem = ::malloc(cbSize);
    cout << " Alloc " << *ppMem << " (" << cbSize << ")" << endl;
    return S_OK;
}
virtual HRESULT DebugAlloc(SIZE_T cbSize, EMemoryCriticalLevel
eCriticalLevel, char * pszFileName, int iLineNo, void ** ppMem)
override
{
    *ppMem = ::malloc(cbSize);
    return S_OK;
}
virtual HRESULT Free(void * pMem) override
{
    ::free(pMem);
    return S_OK;
}

// Inherited via IUnknown
  // ...
};
```

这样的 "非分页 CLR host" 显然只是一个简单的草稿。Sasha Goldshtein 和 Alon Fliess 已经准备了全面的、更周全的实现，目前可以从 https://archive.codeplex.com/?p=nonpagedclrhost 获得。我强烈建议阅读其源代码。例如，它考虑了可能的页面锁定的限制。显然，过于积极的锁定可能会对整体系统性能产生负面影响，因为其他应用程序的可用物理内存将会更少。正如 MSDN 声明：
"一个进程可以锁定的最大页面数等于其最小工作集中的页面数减去少量开销。"因此，Sasha 和 Alon 的实现使用 SetProcessWorkingSetSize Win32 调用来适当地配置工作集限制。

15.3 ClrMD

Microsoft.Diagnostics.Runtime 库，也称为 ClrMD(或 CLR MD)，是一组用于自检托管进程和内存转储的托管 API。它的设计旨在构建诊断工具和小的代码片段，而不是将其用作进程的自我监控解决方案(尽管这种可能性也存在，正如我们将很快看到的)。它提供了与 WinDBG 的 SOS 扩展相似的功能，但是可以通过 C#代码来更方便地使用。Microsoft.Diagnostics.Runtime 库以 NuGet 包的形式提供，并且可以在.NET Framework 和.NET Core 应用程序中用于分析.NET Framework 和.NET Core 目标。此外，ClrMD 的完整源代码可在 GitHub 上公开获得，因此你可以研究它是如何实现的！

请注意，由于本书空间的限制，无法在此处描述该库的所有可能性。下面所提供的以下示例，只是让你全面了解什么是可能的，以及该库有多强大。请不要将本节视为 ClrMD 教程或完整的用例描述。有关更多知识，请参阅 ClrMD 的文档和示例。

使用 ClrMD 所需的根对象是 DataTarget 类实例，可以通过以下静态方法将其附加到正在运行的进程或加载内存转储来获得。

- AttachToProcess——允许我们附加到给定 PID(进程 ID)的现有进程上。可以通过以下不同的方式来完成。
  - Invasive：该进程将被暂停，我们将能够像从常规调试器中附加的那样对其进行控制。在正常情况下，这是首选方法。

- ◆ NonInvasive：该进程将被暂停，但我们将无法控制该进程。因为通常只有一个调试器可以控制任何进程，如果我们想要附加到已附加了其他调试器的进程，该方法将非常有用。
- ◆ Passive：该进程不会被暂停，并且在任何模式下均不会附加调试器。我们应该知道，许多关于动态数据的查询，比如线程堆栈或对象引用，可能经常不一致。该模式的总体思路是，使用 ClrMD 的程序负责执行所有与进程控制相关的工作(例如挂起所观察的进程)。这给开发人员在如何控制目标流程方面提供了完全的灵活性。
- LoadCrashDump：允许我们加载内存转储文件(例如，借助 ProcDump)。

请注意，Passive 模式理论上允许我们甚至附加到我们自己的进程上，从而得以提供自我监控的能力。但是，如果你深入思考，这会带来很多问题——例如 ClrMD 如何处理进程的动态变化状态，在 GC 和分配正在发生时检查堆等。因此，ClrMD 维护者并没有明确禁止自我检查，因为它在少数情况下可能很有用。但是，能够正确地做到这一点很惊心动魄，并且，如果你遇到问题，这种情况将不受维护者支持。

初始化 DataTarget 之后，我们可以开始调查底层数据，以寻找其中正在(或曾经)使用的运行时(参见代码清单 15-26)。这包括有关所需的底层 DAC(数据访问组件)的信息，它负责了解 CLR 的所有内部数据结构。

代码清单 15-26　简单的 ClrMD 使用示例——附加到已运行的进程上

```
using (DataTarget target = DataTarget.AttachToProcess(pid, 5000,
AttachFlag.Invasive))
{
  foreach (ClrInfo clrInfo in target.ClrVersions)
  {
      Console.WriteLine("Found CLR Version:" + clrInfo.Version.ToString());

      // This is the data needed to request the dac from the symbol server:
      ModuleInfo dacInfo = clrInfo.DacInfo;
      Console.WriteLine($"Filesize: {dacInfo.FileSize:X}");
      Console.WriteLine($"Timestamp: {dacInfo.TimeStamp:X}");
      Console.WriteLine($"Dac File: {dacInfo.FileName}");

      ClrRuntime runtime = clrInfo.CreateRuntime();
      ...
  }
}
```

正确初始化了 ClrRuntime 实例之后，我们可以做很多非常有趣的事情。让我们来看看几个例子。请注意，此处仅显示所使用的 ClrMD 对象的方法或属性的一小部分。请参阅文档以查看所有内容。

我们可以检查所有正在运行的线程并打印其当前堆栈(参见代码清单 15-27)。

代码清单 15-27　ClrMD 用法示例——列出所有线程的调用堆栈

```
foreach (ClrThread thread in runtime.Threads)
{
  if (!thread.IsAlive)
     continue;
```

```
Console.WriteLine("Thread {0:X}:", thread.OSThreadId);
foreach (ClrStackFrame frame in thread.StackTrace)
    Console.WriteLine("{0,12:X} {1,12:X} {2}", frame.StackPointer, frame.
    InstructionPointer,
        frame.ToString());
Console.WriteLine();
}
```

我们可以遍历运行时加载的所有 **AppDomain** 和模块，以及它们已使用的每个托管类型(参见代码清单 15-28)。

代码清单 15-28 ClrMD 用法示例——列出所有已加载的 AppDomain、模块和类型

```
foreach (var domain in runtime.AppDomains)
{
    Console.WriteLine($"AppDomain {domain.Name} ({domain.Address:X})");
    foreach (var module in domain.Modules)
    {
        Console.WriteLine($" Module {module.Name} ({(module.IsFile ?
        module.FileName : "")})");
        foreach (var type in module.EnumerateTypes())
        {
            Console.WriteLine($"{type.Name} Fields: {type.Fields.Count}");
        }
    }
}
```

请注意，ClrMD 给出了运行时如何查看进程状态的视图，而不是在代码中如何定义对象的视图。例如，假设加载了一个模块，该模块定义了一个 Foo 类型，而该进程从未使用过 Foo。在这种情况下，EnumerateTypes 可能返回 Foo，也可能不会返回 Foo。这取决于运行时是否决定从模块中加载该类型。话虽这么说，是否确实加载 Foo 只是一个实现细节，该细节可能会因版本而异。

但是，从我们的角度来看，最有趣的显然是所有与内存相关的信息。例如，我们可以调查 CLR 使用的所有内存区域，包括托管堆(参见代码清单 15-29 和 15-30 中的示例结果)。

代码清单 15-29 ClrMD 用法示例——列出进程的所有内存区域

```
foreach (var region in runtime.EnumerateMemoryRegions().OrderBy(r =>
r.Address))
{
  Console.WriteLine($"0x{region.Address:X} (bytes: {region.Size:N0}) -
  {region.Type} " +
                    $"{(region.Type == ClrMemoryRegionType.GCSegment ?
                    "(" + region.GCSegmentType.ToString() + ")" : "")}");
}
```

代码清单 15-30 代码清单 15-29 中的代码示例结果

```
0x24198CC1000     (bytes: 4,096) - HandleTableChunk
0x24199541000     (bytes: 200,704) - GCSegment (Ephemeral)
0x24199572000     (bytes: 268,230,656) - ReservedGCSegment
0x241A9541000     (bytes: 69,632) - GCSegment (LargeObject)
0x241A9552000     (bytes: 134,144,000) - ReservedGCSegment
```

```
0x7FF9F5250000   (bytes: 12,288) - LowFrequencyLoaderHeap
0x7FF9F5250000   (bytes: 12,288) - LowFrequencyLoaderHeap
0x7FF9F5256000   (bytes: 28,672) - HighFrequencyLoaderHeap
0x7FF9F5256000   (bytes: 28,672) - HighFrequencyLoaderHeap
0x7FF9F525D000   (bytes: 12,288) - StubHeap
0x7FF9F525D000   (bytes: 12,288) - StubHeap
0x7FF9F5260000   (bytes: 12,288) - LowFrequencyLoaderHeap
0x7FF9F5263000   (bytes: 40,960) - HighFrequencyLoaderHeap
0x7FF9F5274000   (bytes: 28,672) - CacheEntryHeap
0x7FF9F527D000   (bytes: 192,512) - DispatchHeap
0x7FF9F52AC000   (bytes: 344,064) - ResolveHeap
0x7FF9F5300000   (bytes: 24,576) - IndcellHeap
0x7FF9F5300000   (bytes: 24,576) - IndcellHeap
0x7FF9F5306000   (bytes: 24,576) - CacheEntryHeap
0x7FF9F5306000   (bytes: 24,576) - CacheEntryHeap
0x7FF9F530C000   (bytes: 16,384) - LookupHeap
0x7FF9F530C000   (bytes: 16,384) - LookupHeap
0x7FF9F5310000   (bytes: 155,648) - DispatchHeap
0x7FF9F5310000   (bytes: 155,648) - DispatchHeap
0x7FF9F5336000   (bytes: 237,568) - ResolveHeap
0x7FF9F5336000   (bytes: 237,568) - ResolveHeap
0x7FF9F53B0000   (bytes: 65,536) - LowFrequencyLoaderHeap
```

可以通过 ClrRuntime 的 Heap 属性所提供的 ClrHeap 类来进一步研究托管堆。它允许遍历所有当前存在的托管对象，以及遍历这些对象字段和引用(有关相应结果，请参见代码清单 15-31 和 15-32)。

代码清单 15-31　ClrMD 用法示例——列出某些托管类型实例的引用

```
ClrHeap heap = runtime.Heap;
foreach (var clrObject in heap.EnumerateObjects())
{
   if (clrObject.Type.Name.EndsWith("SampleClass"))
      ShowObject(heap, clrObject, string.Empty);
}

private static void ShowObject(ClrHeap heap, ClrObject clrObject, string
indent)
{
    Console.WriteLine($"{indent}{clrObject.Type.Name} ({clrObject.
    HexAddress}) - gen{heap.GetGeneration(clrObject.Address)}");
    foreach (var reference in clrObject.EnumerateObjectReferences())
    {
        ShowObject(heap, reference, " ");
    }
}
```

代码清单 15-32　代码清单 15-31 中的代码示例结果

```
CoreCLR.HelloWorld.SampleClass (24199564fa0) - gen0
    CoreCLR.HelloWorld.AnotherClass (24199564fc0) - gen0
    CoreCLR.HelloWorld.AnotherClass (24199564fd8) - gen0
    CoreCLR.HelloWorld.SomeOtherClass (24199564ff0) - gen0
```

通过 ClrHeap 的 Segments 属性，还可以对各个 GC 段进行研究。每个这样的 ClrSegment 都提供了各种有趣的数据，包括其内部结构，如其包含的代(参见代码清单 15-33 和 15-34 中的示例结果)。

代码清单 15-33 ClrMD 用法示例——列出进程的所有 GC 段

```
foreach (var segment in heap.Segments)
{
  Console.WriteLine($"{segment.Start:X16} - {segment.End:X16} ({segment.
  CommittedEnd:X16}) Heap#: {segment.ProcessorAffinity}");
  if (segment.IsEphemeral)
  {
    Console.WriteLine($" Gen0: {segment.Gen0Start:X16} ({
    segment.
    Gen0Length})");
    Console.WriteLine($" Gen1: {segment.Gen1Start:X16} ({segment.
    Gen1Length})");
    if (segment.Gen2Start >= segment.Start &&
       segment.Gen2Start < segment.CommittedEnd)
    {
        Console.WriteLine($" Gen2: {segment.Gen2Start:X16} ({segment.
        Gen2Length})");
    }
  }
  else if (segment.IsLarge)
  {
      Console.WriteLine($" LOH: {segment.Start} ({segment.Length})");
  }
  else
  {
      Console.WriteLine($" Gen2: {segment.Gen2Start:X16} ({segment.
      Gen2Length})");
  }

  foreach (var address in segment.EnumerateObjectAddresses())
  {
      var type = heap.GetObjectType(address);
      if (type == heap.Free)
      {
          Console.WriteLine($"{type.GetSize(address)}");
      }
  }
}
```

代码清单 15-34 代码清单 15-33 中的代码示例结果

```
000002551B871000 - 000002551B896730 (000002551B8A2000) Heap#: 0
  Gen0: 000002551B871030 (153344)
  Gen1: 000002551B871018 (24)
  Gen2: 000002551B871000 (24)
```

我们已经知道此处的 GC 实现细节是将段(表示为堆)链接到处理分配、标记等的 CPU。

但是，从概念上讲，更应该将 ProcessorAffinity 字段视为它处于哪个 heap#中。从本质上讲，应该将其命名为 HeapNumber 之类的名称，而不是当前的 ProcessorAffinity。

用越来越多的示例填充本节似乎是多余的。我相信你已经注意到了 ClrMD 的真正力量。我只想在这里提及一些其他有趣的可能性：

- 借助 runtime.EnumerateFinalizerQueueObjectAddresses()方法遍历 fReachable 队列中的所有对象；
- 借助 runtime. EnumerateHandles()遍历所有句柄；
- 借助 heap. EnumerateRoots()遍历当前所有 GC 根；
- 遍历给定线程的所有当前堆栈根；
- 获取 JIT 后的方法代码的地址(因此我们可以使用一些反汇编程序来查看其原生代码)。

使用 ClrMD(尤其是用于内存转储分析)的非常流行的方法是在 LINQPad 应用程序中使用 ClrMD。它提供了很好的脚本功能，因此我们可以轻松地使用 ClrMD，而不必使用 Visual Studio 来创建专门的项目。

尽管它如此地强大，但是有时我们可能会注意到 ClrMD 仍然没有公开某些我们所需要的属性。其中一个示例就是调查当前线程的分配上下文。尽管 ClrMD 知道这些信息，但是无法直接访问相关属性。我们只能够使用反射来获取它们(但是请记住，不能保证这些属性在将来的版本中不会更改)。

```
foreach (ClrThread thread in runtime.Threads)
{
    var mi = runtime.GetType().GetMethod("GetThread", BindingFlags.Instance
    | BindingFlags.NonPublic);
    var threadData = mi.Invoke(runtime, new object[] {thread.Address});
    var pi = threadData.GetType().GetProperty("AllocPtr", BindingFlags.
    Instance | BindingFlags.Public);
    ulong allocPtr = (ulong) pi.GetValue(threadData);
    pi = threadData.GetType().GetProperty("AllocLimit", BindingFlags.
    Instance | BindingFlags.Public);
    ulong allocLimit = (ulong) pi.GetValue(threadData);
}
```

这是一个对挖掘 ClrMD 源代码有所帮助的示例!

如果你像我一样，由于这些可能性，你可以亲眼看到所有这些你能够编写的出色诊断工具。实际上，目前有许多出于各种原因的、或小或大的、来创建这种工具的计划(大多数是开源的)。这里不可能全部列出它们，其中最重要的两个是：Netext 和 SOSEX。这些 WinDbg 扩展被编写为围绕 ClrMD 的包装器。是的，有点讽刺的是，.NET 诊断的最佳 WinDbg 扩展之一就是用.NET 编写的。

如果你想获得基于 ClrMD(或以某种方式与之集成)的最新工具列表，请查找由 Matt Warren 维护的 ClrMD 工具在线列表: http://mattwarren.org/2018/06/15/Tools-forExploring-.NET-Internals。

15.4 TraceEvent 库

Microsoft.Diagnostics.Tracing.TraceEvent 是一个提供 ETW 数据收集和处理功能的.NET 库。它是 PerfView 主要部件的相关部分，现在作为一个单独的 Nuget 包公开(但是其源代码还是作为 PerfView 代码库的一部分提供)。

我想避免在这里重复使用 TraceEvent 基本示例而导致人为地延长这本书的篇幅。你可以在以下地址找到完整的文档和示例：https://github.com/Microsoft/perfview/blob/master/documentation/ TraceEvent/TraceEventProgrammersGuide.md。让我们简单地概括一下，TraceEvent 库允许我们将 ETW 会话记录到文件(PerfView 已知的常规 ETL 文件)中，并在之后分析该文件，或者只是实时创建和使用 ETW 会话。可以启用每个 ETW provider，并使用其对应的事件。

为了方便使用最常见的 ETW provider，TraceEvent 库提供了两个内置的强类型解析器：ClrTraceEventParser 和 KernelTraceEventParser(由 session 的 Source 属性的 Clr 和 Kernel 属性表达。由于前者知道如何解析所有公共语言运行时事件,因此它在所有与 GC 相关的场景中也非常有用。我们只是使用表示对感兴趣事件的反应的强类型回调。代码清单 15-35 展示了一个创建 ETW 会话的示例，该会话对 GC 启动和停止事件实时做出反应，并打印 GC 统计信息。

代码清单 15-35　TraceEvent 用法示例——使用内置的 CLR provider 解析器

```
using (var session = new TraceEventSession("SampleETWSession"))
{
  Console.CancelKeyPress += (object sender, ConsoleCancelEventArgs
  cancelArgs) =>
  {
      session.Dispose();
      cancelArgs.Cancel = true;
  };

  session.EnableProvider(ClrTraceEventParser.ProviderGuid,
  TraceEventLevel.Verbose, (ulong)ClrTraceEventParser.Keywords.Default);
  session.Source.Clr.GCStart += ClrOnGcStart;
  session.Source.Clr.GCStop += ClrOnGcStop;
  session.Source.Clr.GCHeapStats += ClrOnGcHeapStats;
  session.Source.Process();
}

private static void ClrOnGcStart(GCStartTraceData data)
{
      Console.WriteLine($"[{data.ProcessName}] GC gen{data.Depth} because
{data.Reason} started {data.Type}.");
}

private static void ClrOnGcStop(GCEndTraceData data)
{
    Console.WriteLine($"[{data.ProcessName}] GC ended.");
}

private static void ClrOnGcHeapStats(GCHeapStatsTraceData data)
{
      Console.WriteLine($"[{data.ProcessName}] Heapstats -
{data.GenerationSize0:N0}|{data.GenerationSize1:N0}|{data.
GenerationSize2:N0}|{data.GenerationSize3}");
  }
```

使用带有适当回调的 CLR 和内核解析器，可以使 ETW 数据的使用变得简单而愉快。显然，我们可以通过 ProcessID 字段筛选传入的事件来观察与我们自己的进程相关的事件。它使我们能够以非常低的开销对进程提供非常深入的自我监控洞察力(假设我们谨慎选择启用provider和关键字的数量以避免传入事件像洪水一样涌向我们)。

此外，在 TraceEvent 的帮助下，我们可以使用 ETW 功能来记录事件的堆栈跟踪。为了实现这一点，必须使用名为 TraceLog 的"高级"类型的会话解释器。如果对我们感兴趣的事件启用了堆栈注册，我们可以对接收到的跟踪数据使用 CallStack()方法来获取堆栈帧的集合。请参阅 TraceEvent 库代码示例以查看相关示例。还要记住，启用堆栈跟踪捕获会显著增加会话开销，因此应谨慎使用。

至此，我们已经描述了如何从进程中监视应用程序内存使用情况的所有可能性。

- 我们可以通过调用 GC.GetAllocatedBytesForCurrentThread 方法来观察每个线程的分配(参见本章前面的代码清单 15-10)。显然，我们可以在该功能的基础上构建一些进程范围的统计信息，从每个线程收集数据。请记住，这只是有关分配的信息，并不能以任何方式告知已分配内存的存活量。因此，它不能说明进程的整体内存使用情况。对于.NET Framework，我们也可以出于相同目的来使用 AppDomain 的 MonitoringTotalAllocatedMemorySize 属性(参见前面展示的代码清单 15-11)。

- 通过调用 GC.GetTotalMemory 方法，我们可以观察所有代中托管对象占用的总大小(不包括碎片)(参见代码清单 15-6)。如前所述，这是一个信息量非常大的测量值，但是不考虑碎片和托管堆占用的总内存，从操作系统的角度来看，它与进程内存消耗没有太大关系。但是，当托管堆上有越来越多的可到达对象时，这是一种很好的通知内存泄漏的方法。此外，我们还可以通过诸如 WorkingSet64 或 PrivateMemorySize64 之类的进程属性来观察整个进程的内存使用情况，以支持 GC.GetTotalMemory 测量值。

- 我们可以观察我们自己进程的.NET CLR 内存性能计数器。这提供了对一个进程(代大小\虚拟内存消耗等)的深入了解，该进程最多提供一秒的粒度，这对于许多情况而言已经足够了。主要缺点就是性能计数器仅在 Windows .NET Framework 上受支持。

- 我们可以使用 TraceEvent 库来观察 GC ETW 事件。它提供了对一个进程更为精确和深入的了解，因为正如我们在本书中多次看到的那样，ETW 提供了大量的信息。ETW 引入的开销量与捕获的事件数成正比。观察不太常见的 GC start/end/GCheapstats 事件是获取高级别内存信息的合理方法。

- 我们可以被动的方式将 ClrMD 库自附加到我们自己的进程上，从而使我们能够深入了解托管堆(包括段、对象及其引用、根、终结队列等内存组织)。在 Debug 版本中，这是一种很好的诊断方法，但是将其包含在生产版本之前，我建议你要仔细考虑。请记住，ClrMD 维护者是不支持被动模式下的自附加，因此这样做很冒险，可能会导致你遇到一些奇怪的问题。

15.5 自定义 GC

从.NET Core 2.1 开始，垃圾回收器与执行引擎之间的耦合已经松动了很多。在该版本之前，垃圾回收器代码与 CoreCLR 其余代码非常紧密地耦合在一起。但是，.NET Core 2.1 引入了本地 GC 的概念，这意味着运行时可以在其自己的 dll 中使用 GC，这意味着 GC 现在是可插拔的。我们可以通过设置单个环境变量来插入自定义 GC(参见代码清单 15-36)。

代码清单 15-36 设置相应的环境变量以替换 GC 实现

```
set COMPlus_GCName=f:\GithubProjects\CoreCLR.ZeroGC\x64\Release\ZeroGC.dll
```

.NET Core 在初始化时就会注意到这样一个环境变量，并将尝试从指定的库而不是默认的内置 GC 中加载 GC 代码。自定义 GC 可以包含与默认 GC 完全不同的实现。像代、段、分配器和终结之类的概念在自定义 GC 中可能不可用。

本地 GC 最简单的可能实现并不是很复杂。它只需要直接从 CoreCLR 代码中包含几个文件即可进行编译：debugmacros.h，gcenv.base.h 和 gcinterface.h。请注意，为了简洁起见，此处仅展示此类代码的大多数演示性部分。有关整个工作示例，请参阅本书配套的源代码库。

一个自定义 GC 库仅需要定义两个必需的导出函数，CoreCLR 将在初始化期间调用它们：GC_Initialize 和 GC_VersionInfo(参见代码清单 15-37)。前者应指定两个关键接口的自定义实现：IGCHeap 和 IGCHandleManager。后者用于管理向后兼容性，因为你可以指定我们的自定义 GC 所需的运行时版本(更准确地说是其 GC 接口)。

代码清单 15-37　本地 GC 库中两个必需的导出函数

```
extern "C" DLLEXPORT HRESULT
GC_Initialize(
    /* In */ IGCToCLR* clrToGC,
    /* Out */ IGCHeap** gcHeap,
    /* Out */ IGCHandleManager** gcHandleManager,
    /* Out */ GcDacVars* gcDacVars
)
{
    IGCHeap* heap = new ZeroGCHeap(clrToGC);
    IGCHandleManager* handleManager = new ZeroGCHandleManager();
    *gcHeap = heap;
    *gcHandleManager = handleManager;
    return S_OK;
}

extern "C" DLLEXPORT void
GC_VersionInfo(
    /* Out */ VersionInfo* result
)
{
    result->MajorVersion = GC_INTERFACE_MAJOR_VERSION;
    result->MinorVersion = GC_INTERFACE_MINOR_VERSION;
    result->BuildVersion = 0;
    result->Name = "Zero GC";
}
```

我们还应该存储提供的 IGCToCLR 接口地址，该地址用于从我们的 GC 代码内部与 CLR 通信。它包含很多方法，其中一些最有趣的方法如下。

- SuspendEE 和 RestartEE：请求运行时出于给定的原因挂起和恢复托管线程(我们可以使用它来实现自定义 GC 的非并发部分)。
- GcScanRoots：对所有托管线程执行堆栈遍历，并在堆栈上遇到的所有 GC 根上调用给定的 promote_func(我们将在自定义标记阶段实现中需要这样做)。
- GcStartWork 和 GcDone：通知运行时 GC 已启动和完成。

自定义 IGCHeap 接口实现是代表核心垃圾回收功能的主要接口(参见代码清单 15-38)。实现 IGCHeap 需要实现大约 71 个方法！不过，并不是所有方法都真正需要有效的实现，它们只是在内置的当前 GC 设计中声明的——因此，我们将提供像 SetGcLatencyMode 或 SetLOHCompactionMode

等方法的一些伪实现，因为我们的自定义 GC 可能根本没有延迟模式或 LOH 的概念。

代码清单 15-38　自定义 IGCHeap 实现的代码片段

```
class ZeroGCHeap : public IGCHeap
{
private:
    IGCToCLR* gcToCLR;
public:
    ZeroGCHeap(IGCToCLR* gcToCLR)
    {
        this->gcToCLR = gcToCLR;
    }

    // Inherited via IGCHeap
    ...
}
```

在 各 个 IGCHeap 方 法 中 ， 顶 级 方 法 包 括 分 配 (IGCHeap::Alloc) 和 垃 圾 回 收 (IGCHeap::GarbageCollect)。最简单的 Zero-GC(只能够分配对象，但不能回收内存)可以实现成代码清单 15-39 所示。请注意，我们的自定义 GC 不必区分"小"或"大"对象(即 SOH 和 LOH)。我们可以按照自己的意愿来分配对象，而不必考虑对象的大小，例如，始终以常规 calloc 函数调用来使用 Heap API。

代码清单 15-39　自定义 IGCHeap 的 2 个顶级方法实现的示例

```
class ObjHeader
{
private:
#ifdef _WIN64
    DWORD  m_alignpad;
#endif // _WIN64
    DWORD m_SyncBlockValue;
};

Object * ZeroGCHeap::Alloc(gc_alloc_context * acontext, size_t size,
uint32_t flags)
{
    int sizeWithHeader = size + sizeof(ObjHeader);
    ObjHeader* address = (ObjHeader*)calloc(sizeWithHeader, sizeof(char*));
    return (Object*)(address + 1);
}

HRESULT ZeroGCHeap::GarbageCollect(int generation, bool low_memory_p, int
mode)
{
    return NOERROR;
}
```

看到只有一行代码的 GarbageCollect 方法真的很有趣——在默认.NET GC 的情况下，该方法会触发执行几千行代码，这些代码在本书中花了数百页去描述。在这里，只有我们的想象力才是极限。随意实现自己的 GC 吧！

通过编写自定义 GC，我们可以替换所有默认的 GC 功能。因此，仅仅"稍微"修改默认行为并不容易。如果获取整个内置的 GC 代码再进行修改再将其作为独立的 GC 库发布，则完成起来就会容易得多了。

由于写屏障只是用汇编代码编写并由 JIT 注入的经过特殊处理的函数，因此目前没有 API 可以替代它们。正如我们可能还记得的，第 5 章所述，写屏障负责更新卡表，因此它们预期是存在的，即使我们的实现不需要它们。可以在本书附带的示例中查找 ZeroGCHeap:: Initialize 方法，以了解如何将 IGCToCLR:: StompWriteBarrier 配置为通过操作最低和最高的临时段地址来省略其用法。即使在自定义 GC 中，区分工作站模式和服务器模式也是没有任何意义的，因为写屏障的存在，它仍然很重要：只有在工作站模式下，写屏障才会检查临时段边界(如第 5 章代码清单 5-8 所述)，因此可以使用它来省略卡表更新。但是，使用自定义 GC 的服务器 GC 模式会导致运行时崩溃，因为使用了 JIT_WriteBarrier_SVR64，它需要无条件有效的卡表地址。

请注意，为了简洁起见，省略了 IGCHandleManager 和 IGCHandleStore 伪实现。我邀请你阅读本书配套源代码的 Zero GC 实现。

15.6 本章小结

本章介绍了以编程方式控制和监视.NET 内存使用情况的各种方法。基于前几章所获得的知识，我们应该在利用所示功能编写代码时感到很自在。正如我们可能注意到的，了解 CLR 和 GC 内部的知识对于正确配置和解释本章中描述的库提供的数据通常是很有帮助的。

首先，提供了静态 GC 类方法和属性的综合列表，以总结其所展示的可能性，以及到目前为止尚未很好地描述或根本没有描述的内容(例如 GC 通知)。GC 类的使用在整本书中相当频繁，因此你可能已经注意到了，它在各种场景下都非常有用。从本章中介绍的所有技术来看，GC 类(和一些辅助类)似乎是日常开发人员中最常见的技术。

然后，展示了 CLR Hosting 在内存管理领域最相关的接口，展示了使用它可以实现什么。我不期望 CLR Hosting 会在你的开发中大受欢迎，但我确实想展示它以扩展你的工具箱。也许你的用例包括从非托管应用程序中调用托管代码(例如 SQL Server 中的.NET 脚本功能)，因此操纵被承载的 CLR 如何使用内存的方式可能对你有益(具有一些可用的监视功能)。

所展示的 ClrMD 和 TraceEvent 是两个强大的库，专门用于深入诊断和监视.NET 进程(在自我监视的场景下还能包括你自己的进程)。它们可以一起使用或者单独使用，从而使我们可以获得有关.NET 运行时和应用程序行为的详细信息。即使在实现各种诊断工具时，它们也非常受欢迎，你也可以考虑在自我监控场景中使用它，因为它们提供了相对较小的开销(这种可能性在预生产环境中特别诱人)。

以防你可能感到好奇，本章的最后一节介绍了当前仅在 .NET Core 2.1 中实现的一种新可能性，它允许完全替换 GC 的实现。我相信它非常具有讽刺意味地结束了这本书，整本书专门所描述的默认的内置 GC，现在有可能会被删除，代之以完全不同的东西。我强烈邀请你试用 Zero GC，作为此类自定义 GC 的示例。借助你在本书中学到的全部知识，包括第 1 章的理论介绍，你现在应该具备了扎实的基础知识，可以开始编写自己的、不那么琐碎的 GC 实现啦！